ENCYCLOPÉDIE THÉORIQUE & PRATIQUE DES CONNAISSANCES CIVILES & MILITAIRES

(Publiée sous le patronage de la Réunion des Officiers)

PARTIE CIVILE

COURS DE CONSTRUCTION

Publié sous la direction de

G. OSLET, INGÉNIEUR DES ARTS ET MANUFACTURES

DIXIÈME PARTIE

TRAITÉ

DES

CHEMINS DE FER

PAR

AUGUSTE MOREAU, I. ✺, ✳, ✳, ✠,

Ingénieur des Arts et Manufactures. — Membre du Comité de la Société des Ingénieurs civils de France.
Ancien chef de section des travaux neufs au chemin de fer du Nord. — Ancien Ingénieur en chef et chef de l'exploitation
des chemins de fer secondaires. — Secrétaire du Congrès international des procédés de construction
à l'Exposition Universelle de 1889.

TOME IV. — LOCOMOTIVES COMPOUND
LOCOMOTIVES ÉTRANGÈRES. — FREINS. — CHAUFFAGE, ÉCLAIRAGE
ET VENTILATION DES VOITURES A VOYAGEURS

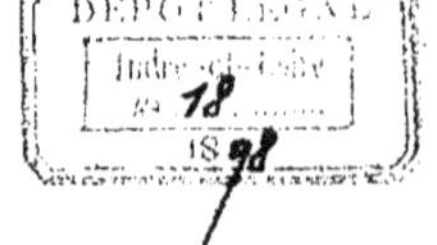

PARIS

GEORGES FANCHON, EDITEUR

25, RUE DE GRENELLE, 25

CYCLOPÉDIE THÉORIQUE & PRATIQUE DES CONNAISSANCES CIVILES & MILITAIRES

(Publiée sous le patronage de la Réunion des Officiers)

PARTIE CIVILE

COURS DE CONSTRUCTION

Publié sous la direction de

G. OSLET, INGÉNIEUR DES ARTS ET MANUFACTURES

DIXIÈME PARTIE

TRAITÉ

DES

CHEMINS DE FER

PAR

AUGUSTE MOREAU, I.✱✱✱✱,

Ingénieur des Arts et Manufactures. — Membre du Comité de la Société des Ingénieurs civils de France.
Ancien chef de section des travaux neufs au chemin de fer du Nord. — Ancien Ingénieur en chef et chef de l'exploitation
des chemins de fer secondaires. — Secrétaire du Congrès international des procédés de construction
à l'Exposition Universelle de 1889.

TOME IV. — LOCOMOTIVES COMPOUND
LOCOMOTIVES ÉTRANGÈRES. — FREINS. — CHAUFFAGE, ÉCLAIRAGE
ET VENTILATION DES VOITURES A VOYAGEURS

PARIS

GEORGES FANCHON, ÉDITEUR

25, RUE DE GRENELLE, 25

TRAITÉ DES PONTS

(3ᵉ partie du Cours de Construction)

Par J. CHAIX, Ingénieur des Arts et Manufactures, chef de travaux graphiques à l'École centrale, professeur dans les Cours industriels de la ville de Paris, ancien ingénieur attaché à la construction des chemins de fer de Besançon à la frontière suisse et de Tunis à la frontière algérienne, ancien chef de section à la compagnie des chemins de fer du Nord (service des ponts).

Ouvrage honoré d'une souscription du Ministère de l'Intérieur

PROGRAMME SOMMAIRE

TRAITÉ D'HYDRAULIQUE

ALIMENTATION ET DISTRIBUTION D'EAU. — JAUGEAGES. — ÉTABLISSEMENT DE FONTAINES PUBLIQUES

(12ᵉ partie du Cours de Construction)

Par J.-A. OLIVE

Ingénieur des Arts et Manufactures, membre de la Société centrale des Architectes.

Ouvrage honoré d'une souscription du ministère de l'Agriculture

---

INTRODUCTION HISTORIQUE

TRAITÉ

DES

CHEMINS DE FER

ERRATA DU TOME IV

TRAITÉ DES CHEMINS DE FER

IV. — MATÉRIEL ET TRACTION (*fin*)
EXPLOITATION TECHNIQUE & COMMERCIALE -- STATISTIQUE

CHAPITRE PREMIER

TRACTION (*fin*)

§ I. — *LOCOMOTIVES COMPOUND*

1. Nous avons dit précédemment en quoi consiste la machine compound : c'est une machine dans laquelle la vapeur, après avoir agi dans un premier cylindre, achève d'être utilisée dans un second, au lieu d'être immédiatement envoyée dans l'atmosphère.

Les locomotives compound, ainsi nommées d'un mot anglais qui signifie *composé*, *combiné*, ne sont que l'application, aux moteurs des chemins de fer, d'un principe appliqué déjà depuis longtemps aux machines à vapeur fixes, spécialement dans la marine. Leur but est surtout de conserver une admission prolongée dans chacun des cylindres employés, tout en obtenant une grande détente.

Types compound et Woolf.

2. Comme dans les machines ordinaires, les locomotives à double expansion se divisent en deux catégories : les machines du système *Woolf* et les *compound* proprement dites. La caractéristique de ces dernières est l'emploi entre les deux cylindres d'un réservoir intermédiaire, ce qui permet de placer les manivelles dans des positions relatives quelconques.

Dans le type Woolf, au contraire, il y a transvasement direct de la vapeur d'un cylindre dans l'autre : le mécanisme est disposé de telle sorte que la communication s'établit entre eux quand le petit piston arrive au fond de sa course et au moment où il va rétrograder. De la sorte, la vapeur résultant de la pleine admission dans le petit cylindre va se détendre dans le grand sur la face correspondante du second piston. Le volume occupé par la vapeur pendant sa détente se compose donc à chaque instant d'une fraction du volume de chaque cylindre, fractions qui varient en sens inverse l'une de l'autre, et de plus les deux pistons sont condamnés à marcher parallèlement, les manivelles étant elles-mêmes parallèles dans des positions concordantes ou directement opposées.

Au point de vue purement thermique, le principe compound est préférable au système Woolf, car, dans ce dernier, la chute de température que subit la vapeur dans le grand cylindre est un peu plus grande que dans le premier.

Mais, de toutes façons, la machine ne reçoit au total que le même poids de vapeur que si elle n'avait qu'un seul cylindre.

Historique.

3. M. l'ingénieur Mallet, le premier, eut l'idée d'appliquer le principe compound à la suite d'études approfondies faites sur les machines marines. En 1877, il remportait le prix Fourneyron de l'Institut de France, et, en 1884, une médaille d'or de la Société d'Encouragement pour l'Industrie nationale. Tous les mémoires de M. Mallet ont été publiés dans le *Bulletin de la Société des Ingénieurs civils de France*, de janvier 1877 à juillet 1893.

Les premières locomotives compound, construites en 1877, étaient des machines-tenders à trois essieux, dont deux, puis trois couplés, qui fonctionnaient sur la ligne d'intérêt local à voie normale de Bayonne à Biarritz.

Le système, considéré avec indifférence en France, et même dans la plus grande partie de l'Europe, fut cependant appliqué presque immédiatement sur les chemins de fer du Sud-Ouest russe par l'ingénieur en chef de cette ligne, M. Borodine, dont le nom restera, conjointement avec celui de M. Mallet, attaché à l'expansion du type compound.

En 1880, on vit les premières adoptées en Allemagne par M. Von Bories sur les chemins de fer du Hanovre.

En Angleterre, son apparition eut lieu l'année suivante en 1881. M. Webb, ingénieur en chef au London and North Western, l'introduisit sous la forme qu'il a faite sienne, de machine à trois cylindres.

C'est en 1886 seulement que la Compagnie du Nord, en France, fit construire la première machine de ce type, et en 1889, que les ingénieurs américains, partisans de la simplicité avant tout, se décidèrent à l'adopter. Depuis ce temps, elle s'est rapidement répandue dans ces deux pays.

A la fin de 1889, il y avait déjà en exploitation en Europe, près de huit cents locomotives compound, la plupart à deux cylindres du système Mallet, ayant même course et des diamètres différents. Aujourd'hui on a dépassé mille.

Types divers de machines compound.

4. Les types actuellement en usage sont nombreux ; les plus simples, comme ceux de l'État français, du North Eastern en Angleterre, de M. Borodine en Russie, etc.. ne comportent que deux cylindres de diamètres différents actionnant le même essieu. Le petit cylindre à haute pression, placé à droite, envoie sa vapeur d'échappement dans le grand, placé à gauche. On comprend que la machine soit ainsi en apparence un peu déséquilibrée, et que ce système convienne mieux aux grands efforts que les machines à trois et quatre cylindres.

On a commencé par employer trois cylindres, soit en admettant la vapeur dans un cylindre central, pour la détendre ensuite dans deux extérieurs (locomotive à trois essieux couplés du Nord), soit en faisant l'inverse comme au North Western (type Webb). Dans les deux cas, d'ailleurs, les pistons moteurs peuvent actionner, soit le même essieu, soit deux essieux différents.

Ces dispositions sont encore commandées par le besoin de donner au grand cylindre des dimensions suffisantes, ce qui n'est pas toujours possible, car on manque souvent de place pour le loger.

5. *Machines à trois cylindres.* — Ainsi, dans la machine anglaise de Webb, employée à l'Ouest depuis 1884, il y a trois cylindres, savoir : deux cylindres à haute pression qui actionnent l'essieu d'arrière, et un cylindre unique à basse pression placé sous la boîte à fumée qui attaque l'essieu du milieu. Les deux essieux moteurs n'ont ainsi pas besoin d'être couplés.

Il paraîtrait plus logique dans tous les cas, avec trois cylindres, de diviser en deux le gros à basse pression, et non le petit.

La première locomotive compound à trois cylindres date de 1877, et n'a pas donné de résultats favorables.

Ce système est cependant encore aujourd'hui préconisé par M. Webb qui le croit le meilleur.

Le reproche qu'on lui fait à juste titre est la grande variation de l'effort exercé sur un essieu par le grand cylindre.

De son côté, M. Webb reproche surtout aux compound à quatre cylindres leur tirage excessif, et persiste à croire que la vraie solution consiste dans l'emploi de ses trois cylindres, dont un seul extérieur de détente, attaquant l'essieu coudé en son milieu. Dans ces conditions, aucun effort de torsion ne se produit sur l'essieu.

6. *Machines à quatre cylindres.* — On peut, au contraire, disposer sur la machine deux groupes de cylindres, placés symétriquement par rapport à l'axe, actionnant le premier, un des essieux de la machine, et le second un autre essieu, ces deux essieux étant, soit indépendants l'un de l'autre, soit couplés.

Les machines compound à quatre cylindres ne datent que de 1884. La machine construite par M. Glehn, ingénieur de la Société Alsacienne de Construction mécanique pour la Compagnie du Nord, a ses deux cylindres à haute pression intérieurs et les cylindres de détente extérieurs. Il n'y a pas de bielles d'accouplement. Ces bielles ont été conservées dans les machines de la Compagnie P.-L.-M. à deux, trois ou quatre essieux couplés.

M. Henry, ingénieur en chef du matériel et de la traction, a persisté à accoupler les essieux, bien que les cylindres à haute et basse pression agissent sur des essieux différents. Il a déterminé les positions relatives des manivelles, de manière à assurer autant d'uniformité que possible, au moment moteur, surtout au démarrage.

On obtient ainsi un démarrage franc. Il s'est même trouvé que, pour les machines à grande vitesse, on a été conduit par cette considération à placer les manivelles à 180 degrés l'une de l'autre, ce qui, au point de vue des perturbations, doit donner d'excellents résultats.

La pression de la vapeur est limitée pour les chaudières de ces locomotives, à 15 kilogrammes ; le rapport des volumes des cylindres varie de 2,602 à 2,250. La principale objection qu'on leur a faite, surtout au début, est leur grande complication. Il a été démontré, depuis, que celle-ci est plus apparente que réelle, et qu'elle n'entraîne pas les frais d'entretien que l'on redoutait.

7. *Types divers.* — Une tentative faite par M. Middleberg consistait à donner aux deux cylindres le même diamètre ; mais alors le cylindre de détente devait avoir une longueur beaucoup plus grande, ce qui entraînait une course exagérée du piston et des organes annexes.

M. de Landsée avait essayé de laisser aux deux cylindres les mêmes dimensions, ce qui permettait de rendre Compound les locomotives ordinaires. Cette disposition dite anisométrique a été aussi abandonnée.

8. *Remarque sur les machines à deux cylindres.* — Les machines compound à deux cylindres sont très employées en Allemagne, en Russie et en Suisse. Elles sont moins goûtées en France, où cependant elles sont nées. Cela tiendrait-il à ce que M. Mallet est un ingénieur civil indépendant, n'appartenant à aucune grande Compagnie ? Quoi qu'il en soit, nous commençons seulement, sous ce rapport, à suivre le mouvement dans lequel se sont lancés depuis longtemps les étrangers. Et cependant voilà vingt ans que l'on a vu circuler avec succès les premières machines de ce genre sur la ligne de Bayonne-Biarritz !

Un fait à remarquer, c'est que, dès le début, M. Mallet a posé ce principe que, pour fournir toute sa puissance et donner toute sécurité, une locomotive compound à deux cylindres doit être disposée de manière à pouvoir fonctionner au besoin comme locomotive ordinaire.

Cette idée a souvent été combattue, surtout en Allemagne, et, pendant dix années, toutes les locomotives construites dans ce pays ont été disposées autrement, c'est-à-dire, sans la faculté de pouvoir fonctionner autrement qu'en compound. Aujourd'hui, en Allemagne comme en Suisse, on revient aux idées de l'inventeur : on remplace les appareils de démarrage par les siens et quatre-vingts locomotives de la dernière commande de l'Etat Prussien ont été munies de l'appareil de démarrage Mallet-Bories. En somme, M. Mallet avait vu juste dès le premier jour, et on commence à le reconnaître un peu partout.

En Russie, cependant, les types Mallet ont été adoptés dès l'origine à peu près intégralement, et maintenus après avoir donné toute satisfaction.

Propriétés de la machine compound.

9. Le travail de la vapeur dans deux cylindres successifs ne peut être obtenu sans qu'une certaine chute de pression ait lieu de l'un à l'autre sans production de travail mécanique; cette chute n'est pas d'ordinaire susceptible de compromettre l'économie du système, qui paraît reposer principalement sur une atténuation importante des phénomènes de condensation et de vaporisation dans les cylindres.

De remarquables expériences ont été faites à ce sujet en Russie par M. Borodine (*Bulletin de la Société des Ingénieurs civils*, septembre 1886).

La pression dans le réservoir intermédiaire est donc forcément plus faible que dans le petit cylindre, et plus forte que dans le grand.

Dans son mouvement en avant, le même poids de vapeur voit donc sa pression diminuer constamment, et, par suite, s'il n'y a pas de condensation, son volume augmenter.

C'est pourquoi le second cylindre doit être nécessairement plus grand que le premier.

En pratique, l'échappement du petit cylindre fermant un peu avant la fin de la course du piston, avec une certaine compression, le volume de vapeur échappée est inférieur à celui du petit cylindre; en théorie, le volume ouvert à l'admission dans le grand cylindre doit toujours être un peu plus grand que le volume ouvert à l'échappement dans le petit. On s'arrête, par suite, à la règle consistant à prendre pour volume d'admission, dans le grand cylindre, le volume du petit.

On donne, d'ailleurs, au second cylindre deux ou trois fois le volume du premier, afin de permettre à la vapeur de s'y détendre deux ou trois fois.

La proportion des volumes des deux cylindres se fixe en général de manière à faire produire, autant que possible, la moitié du travail total par chacun d'eux.

En somme, on voit que la chute de pression est la même, partant du timbre de la chaudière pour aboutir à l'atmosphère, aussi bien dans la machine à cylindre unique que dans la machine compound.

Au premier abord, il y a même désavantage pour la compound, à cause des pertes inévitables de charge qu'elle éprouve, par suite du double mouvement de la vapeur. Mais elle fournit d'autres avantages, entre autres, une consommation moindre qui la fait aujourd'hui généralement préférer.

Lorsque l'inventeur, M. Mallet, combina ce genre de machine, il avait surtout pour objectif la grande variation d'efforts permise par cette disposition, au moins autant que l'économie de combustible. Ce fut peut-être cette faculté qui séduisit le plus les directeurs de la ligne de Bayonne-Biarritz et leur fit prendre l'initiative hardie de la commande de ces premières locomotives.

Aussi M. Mallet continua-t-il à préconiser la possibilité du fonctionnement mixte, c'est-à-dire en locomotive ordinaire au besoin, comme une des conditions fondamentales de sa machine.

10. *Avantages de la locomotive compound.* — Pour tirer tout le parti possible des hautes pressions de vapeur actuellement en usage, il faut une grande détente, soit six à huit fois le volume pris dans la chaudière. Or, il est difficile d'obtenir ce résultat avec les systèmes simples de distribution à tiroir, obligatoirement en usage sur les locomotives. On ne peut y arriver qu'en exagérant les périodes d'échappement anticipé et de compression et par une faible ouverture des lumières pendant l'admission, ce qui entraîne le laminage de la vapeur.

Il faudrait, pour obtenir ce résultat avec un cylindre unique, substituer à la distribution par tiroir celle par soupape, par exemple du genre Corliss. C'est ce qui a été tenté au chemin de fer d'Orléans par MM. Polonceau, Durand et Lencauchez. Mais la complication et la délicatesse du système empêcheront longtemps, nous le craignons bien, l'utilisation pratique de cette machine, qui en est encore aujourd'hui à la période des essais.

Les espaces libres entre le cylindre et la chaudière sont plus faibles dans la compound que dans une machine à cylindre unique équivalente, qui devrait avoir pour dimension le grand cylindre de la compound.

On règle également avec plus de facilité la compression dans les deux cylindres de la compound, à cause des moindres écarts de pression que chacun d'eux présente à l'admission et à l'échappement.

Les condensations, qui sont également fontions directes des chutes de température, sont naturellement plus faibles avec la compound. Ainsi, une partie de la vapeur admise dans un cylindre se condense pendant l'admission, et se retransforme en vapeur pendant l'échappement qui se fait à 100 degrés et à la pression atmosphérique. Dans la compound, les écarts de température dans chaque cylindre sont notablement réduits, ce qui diminue notablement la quantité de vapeur condensée à l'admission.

Les tiroirs, dont les deux faces supportent des pressions moins différentes, se trouvent en partie équilibrés et éprouvent des frottements et une usure beaucoup moindres ; il en est de même des fuites de vapeur autour des pistons et des tiroirs, toujours à cause de la plus faible chute de pression dans chaque cylindre.

Enfin, l'effort moteur est plus régulier et les pièces du mécanisme moins fatiguées, à cause de la réduction de la détente et, par suite, de la chute de pression dans chacun des cylindres.

On comprend que tous ces avantages accumulés se traduisent par une supériorité aujourd'hui reconnue, en faveur de la machine compound.

Les grandes Compagnies reconnaissent actuellement que l'économie réalisée par l'emploi de la machine compound varie de 7,24 à 29 0/0 ; ce dernier chiffre est beaucoup plus près de la vérité.

11. *Démarrage.* — Le grand cylindre d'une compound est à peu près égal, comme dimension, au cylindre d'une locomotive ordinaire, il n'y a donc là rien d'anormal ; mais il faut un mécanisme spécial de démarrage qui, d'ailleurs, peut être fort simple et consiste, par exemple, à admettre dans le réservoir intermédiaire de la vapeur prise directement dans la chaudière. Le grand piston est alors actionné, tandis que le petit cylindre ne reçoit aucune vapeur. Cette admission a lieu au moyen d'un robinet ou d'une petite soupape ; le réservoir intermédiaire est muni à cet effet d'une soupape de sûreté, empêchant la pression de s'élever au-dessus de ce qu'elle doit être au maximum dans le grand cylindre.

Ce mécanisme de démarrage est indispensable dans les locomotives compound à deux cylindres, car le tiroir du petit cylindre peut être arrêté dans une position telle qu'il ne découvre aucune des deux lumières d'admission, et il est alors impossible de remettre la machine en marche.

Mais il faut remarquer que le réservoir intermédiaire, qui communique avec l'admission du grand cylindre, est en même temps en relation avec l'échappement du petit. La vapeur admise dans ce réservoir actionne donc directement le grand piston, et en sens contraire le petit, produisant ainsi un effort en sens inverse qui paralyse partiellement l'action du premier.

On a cherché et trouvé plusieurs moyens pour obvier à ce sérieux inconvénient.

L'idée la plus simple consiste à interposer entre le petit cylindre et le réservoir un clapet fermé à l'arrêt, et qui s'ouvre aussitôt que la machine se met en marche.

M. Mallet, en outre de ce clapet, dispose pour le petit cylindre un échappement spécial au dehors ; cela transforme momentanément la locomotive compound en machine à deux cylindres séparés, avec cette simple particularité que la pression est réduite pour le plus grand des deux cylindres.

On peut même se passer de tout système spécial pour le démarrage. Il suffit pour cela de disposer une distribution donnant des admissions très longues et des communications de petites dimensions démasquées par les tiroirs.

Il en est de même quand la locomotive est à plus de deux cylindres ; ce système qui complique un peu la machine présente, en revanche, l'avantage de se prêter à des groupements commodes des organes et surtout de ne soumettre chacun des mécanismes qu'à des efforts réduits, ce qui diminue l'usure.

L'appareil spécial de démarrage n'est plus utile ici ou, du moins, il suffit généralement d'un simple robinet d'admission directe au réservoir.

Nous étudierons d'ailleurs, plus loin, les appareils de démarrage dans un chapitre spécial.

Étude du système compound.

12 (*Bulletin de la Société des Ingénieurs civils*, mai 1889). — M. Pulin considère comme impropre à une bonne utilisation de la vapeur l'augmentation de volume des cylindres faite en vue d'obtenir une détente plus prolongée que la détente très incomplète réalisée dans les locomotives ordinaires, surtout si, en même temps, on emploie une pression élevée. Le fonctionnement compound peut concilier la bonne utilisation de la vapeur et la puissance, à la condition de prévoir l'admission directe facultative de la vapeur de la chaudière sur le ou les pistons.

Il repose sur des principes essentiels, auxquels il est indispensable de toujours se reporter sous peine d'aboutir à des mécomptes. Ces principes ont été exposés d'une manière très nette, il y a plus de quinze ans, par M. Mallet.

Ce sont les suivants :

1° Au point de vue théorique : le travail d'une machine compound est le même que si, le cylindre détendeur existant seul, la vapeur de la chaudière y était admise directement et y subissait la détente totale ;

2° Le cylindre de détente doit toujours pouvoir débiter la vapeur qui provient du cylindre admetteur sans occasionner dans ce dernier une contre-pression exagérée. Ce volume de la vapeur admise au second cylindre ne doit donc pas être inférieur au volume du cylindre d'admission ;

3° Lorsque la pression au réservoir intermédiaire est égale à la pression finale du cylindre de haute pression, ou n'en diffère que très peu, l'expansion totale est égale au produit des expansions partielles dans les deux cylindres, et l'expansion au cylindre détendeur est égale au rapport des volumes des cylindres.

Le calcul montre qu'au point de vue théorique l'admission au grand cylindre doit être constante et indépendante du poids de vapeur admise à chaque coup de piston dans le petit cylindre.

13. *Rapport des volumes des cylindres.* — D'après le premier principe exposé plus haut, le travail d'une machine compound est indépendant du volume du petit cylindre ; il y aurait donc intérêt à donner le plus grand volume possible au cylindre détendeur.

On est limité dans la pratique par la nécessité de ne pas sortir du gabarit et d'éviter des condensations importantes à l'admission.

Quant au petit cylindre, son volume doit suffire à l'utilisation de la quantité de vapeur nécessaire pour produire, avec le fonctionnement compound, et par l'emploi d'une détente peu prolongée dans ce cylindre, le maximum de puissance demandé à la machine en marche.

En somme, les volumes des cylindres d'une compound, considérés isolément, sont soumis à certaines conditions qui imposent à leur rapport des limites assez étroites.

En général, ce rapport n'est pas inférieur à 2, et le plus souvent compris entre 2,25 et 2,50.

Il est possible d'établir une locomotive compound à cylindres égaux ; il suffit que l'admission au cylindre de basse pression soit prolongée pendant la course entière. Nous avons vu que la chose a été, en effet, essayée sans succès.

Le réservoir intermédiaire présente ordinairement des dimensions égales à une fois, ou une fois et demie, celles du petit cylindre, et toutes les fois que c'est possible, ce réservoir, qui n'est autre que le tuyau de communication entre les deux cylindres, passe à l'intérieur de la boîte à fumée, afin d'éviter le refroidissement de la vapeur et de recevoir même de la chaleur des gaz. M. Lindner, ingénieur en chef des chemins de fer de l'État saxon, a rapproché les cylindres de la roue motrice et fait passer ce tuyau-réservoir dans la chaudière elle-même.

Il n'est pas nécessaire que le réservoir soit très grand. En lui donnant un volume égal à une fois et demie environ celui du petit cylindre, on obtient une pression peu variable dans ce réservoir. Ce dernier se compose de chambres ménagées contre les parois des cylindres, ou de tuyaux de gros diamètre. La pression de la vapeur d'échappement du petit cylindre est sensiblement celle du réservoir, tandis que celle du grand cylindre est voisine de la pression atmosphérique, comme dans les locomotives ordinaires.

14. *Relations entre les distributions.* — Les distributions du grand et du petit cylindre peuvent être liées ensemble de façon à fonctionner simultanément, ou être indépendantes l'une de l'autre.

Dans le premier cas, elles donnent le plus souvent des admissions toujours égales entre elles dans chaque cylindre.

Dans le second, on obtient de très bons résultats avec ce système, quoique l'indépendance soit généralement préférée, pourvu que le rapport des volumes des cylindres soit égal au moins à 2,2. On réalise ainsi une simplification de mécanisme qui peut avoir son importance; il y a lieu cependant de ne pas sacrifier à cette simplification d'autres avantages qui peuvent être plus sérieux : cela dépend des cas. De toutes façons, le faible inconvénient qui résulte de cette liaison est d'autant moindre que le rapport des volumes est plus grand.

Dans le second cas, on a encore la possibilité de choisir le degré d'admission au grand cylindre, qui fait produire à la vapeur le maximum de travail total. Ou bien encore on peut obtenir, autant que possible, l'égalité des travaux réalisés par coup de piston dans les deux cylindres. Quand la machine développe son travail normal, cette condition est avantageuse, pour obtenir une bonne régularité de marche. Enfin, les distributions indépendantes permettent de mieux approprier le travail de la machine aux variations de vitesse.

15. *Pression dans le réservoir intermédiaire.* — Il est facile de voir la pression minimum qui doit exister dans le réservoir intermédiaire.

A la fin de la détente dans le grand cylindre, en effet, la pression doit être égale à la pression atmosphérique, c'est-à-dire 1 kilogramme par centimètre carré. Et cela est indispensable pour deux raisons : d'abord parce que, si l'on s'arrêtait au dessus, on n'utiliserait pas tout le travail de la vapeur. Et, si l'on descendait au dessous, il y aurait aspiration par les pistons des gaz de la boîte à fumée, ce qui présente nombre d'inconvénients, et exige-

rait la complication d'une soupape de rentrée d'air.

Si donc x est la pression du réservoir, la vapeur est passée du volume v à la pression x du réservoir, au volume V du grand cylindre, à la pression 1 kilogramme; on a, d'après la loi de Mariotte,

$$vx = V$$

d'où :

$$x = \frac{V}{v},$$

c'est-à-dire exactement le rapport des volumes des cylindres.

Quant au maximum, c'est évidemment la pression de la chaudière obtenue quand il y a pleine admission au petit cylindre, ce qui l'annule, et laisse le grand seul en action. Ce cas ne se présente jamais, puisque le maximum d'admission est toujours de 75 à 80 0/0.

Il est intéressant, dans le cas des machines compound, de relever deux diagrammes simultanément. A la Compagnie du Nord, on se sert pour cela d'un indicateur double, manœuvré par un seul opérateur.

16. *Effort maximum pratique de traction.* — L'effort de traction mesuré aux circonférences des roues motrices d'une locomotive compound à deux cylindres, peut être estimé par la formule pratique suivante de M. Mallet :

$$F_m = 0,50\,\frac{pd^2l}{D}, \qquad (1)$$

dans laquelle p représente le timbre de la chaudière, l et d les dimensions du petit cylindre, et D le diamètre des roues motrices à la jante.

Pour les machines présentant deux cylindres à haute pression, il n'y a qu'à doubler le coefficient, de sorte que la formule devient :

$$F_m = \frac{pd^2l}{D}.$$

Ces formules donnent une évaluation par défaut de l'effort maximum pratique des locomotives compound. MM. Deharme et Pulin donnent pour une compound à quatre cylindres :

$$F_m = 1,10\,\frac{pd^3l}{D}.$$

On peut en conclure que :

« L'effort maximum pratique de traction aux jantes des roues motrices d'une locomotive compound, fonctionnant en compound, est au moins égal à l'effort maximum théorique d'une locomotive à simple expansion, qui aurait des cylindres de même volume que le ou les petits cylindres de la machine Compound, les autres conditions d'établissement étant les mêmes.

« L'effort maximum *pratique* des locomotives ordinaires étant de :

$$F_{m_1} = 0,76 \, \frac{pd^2l}{D}, \qquad (2)$$

on voit que :

$$\frac{F_m}{F_{m_1}} = \frac{0,50}{0,76} = \text{environ } {}^2/_3,$$

d'où l'on déduit qu'une locomotive compound, fonctionnant en compound, développe en marchant à pleine admission un effort pratique maximum de traction au moins égal aux 2/3 de celui d'une locomotive à simple expansion, en dépensant moitié moins de vapeur. »

Cela revient à dire que, pour développer un même effort, la locomotive compound dépense $1/2 \times 3/2$ ou les 3/4 de la quantité de vapeur dépensée par la machine non compound, d'où une économie de vapeur de 1/4 ou 25 0/0. Mais ce calcul ne peut tenir compte de l'avantage thermique indiscutable du système compound, consistant dans la réduction de la quantité de vapeur condensée pendant l'admission. En réalité, pour la pleine introduction l'économie est très supérieure à 25 0/0. » (Deharme et Pulin, *Traction*.)

Locomotives du type Woolf.

17. Les machines du système Woolf présentent une douceur et une régularité d'allure très remarquables et bien tentantes pour les locomotives. Leur inconvénient est la nécessité absolue d'employer deux paires de cylindres, puisque dans chaque groupe de deux cylindres les manivelles sont forcément parallèles. Or, l'essieu moteur doit être nécessairement commandé par deux manivelles à angle droit.

D'un autre côté, si l'on emploie quatre cylindres Woolf, on est en état d'infériorité sur le système compound, qui permet d'atteler deux par deux les cylindres à des essieux différents.

A la Compagnie du Nord, on a construit un type simple de locomotive Woolf à quatre cylindres en tandem. Les grands cylindres de détente précèdent les cylindres à haute pression sans réservoir intermédiaire. Le rapport des volumes est 3,0165, et la distribution se fait avec un tiroir unique.

On peut, à volonté, envoyer la vapeur directement dans les grands cylindres.

18. *Effort maximum de traction des machines Woolf.* — Dans les locomotives du type Woolf, comme dans celles du système compound, le maximum de travail est naturellement obtenu avec l'admission complète au grand cylindre conjointement avec la plus grande admission possible aux petits cylindres. Mais le système Woolf présente cette supériorité, dans le cas qui nous occupe, de permettre la pleine admission au grand cylindre sans la chute de pression inévitable avec les machines compound.

En outre, l'utilisation de la détente de la vapeur subsiste lors même que les changements de marche sont à fond de course ; il doit donc en résulter au démarrage un effort de traction plus élevé dans la machine Woolf, pour un même poids de vapeur dépensé.

En somme, si l'on admet comme précédemment le coefficient 0,85 pour représenter l'effet utile du mécanisme, la somme des travaux obtenus dans les conditions ci-dessus sera :

$$F_m = 0,85 \, (K + rK') \frac{pd^2l}{D},$$

dans laquelle K et K' représentent les coefficients respectifs de réduction de la pression p de la chaudière, dans chacun des cylindres, et r le rapport des volumes des cylindres, ou, puisqu'ils ont la même longueur, des surfaces des pistons.

Cette formule atteint son maximum quand le coefficient total $0,85 \, (K + rK')$ atteint lui-même sa plus grande valeur.

Ainsi sur la locomotive type Woolf du chemin de fer du Nord que nous verrons, plus loin, on a $r = 3$ avec $K = 0,62$ et $K' = 0,35$, il vient donc

$$0,85 (K + rK') = 1,42$$

et la formule précédente se transforme en

$$F_m = 1,42 \frac{pd^2l}{D}.$$

Tandis que, pour les meilleurs compounds à quatre cylindres, on n'obtient que

$$F_m = 1,10 \frac{pd^2l}{D},$$

19. *Locomotive compound Mallet. Type Bayonne-Biarritz.* — La machine compound, que préfère encore aujourd'hui M. Mallet pour les besoins courants, est celle du type Bayonne-Biarritz, qu'il fit construire pour la première fois en 1876.

Elle est à deux cylindres : un admetteur et un détendeur, commandant des manivelles à angle droit, avec interposition entre les cylindres, d'une capacité intermédiaire plus ou moins considérable, et d'un appareil spécial permettant de rendre à volonté le fonctionnement de chaque cylindre direct et indépendant.

« Cette disposition, dit M. Mallet, a soulevé de vives objections, mais elle a réussi en pratique, et nous croyons que son emploi n'a de limites que les dimensions à donner au grand cylindre ; en allant pour celui-ci à $0^m,54$ ou $0^m,55$, ce qui est en général possible pour les machines ordinaires, on aura l'équivalent d'une machine à cylindres de $0^m,38$ à $0^m,40$ de diamètre, et même 0^m42 si on consent à réduire un peu l'expansion, pour bénéficier surtout des meilleures conditions où on la réalise. Sur un chemin de fer étranger où le gabarit de la voie permet plus de latitude, nous avons pu aller jusqu'à $0^m,60$ pour le diamètre du grand cylindre ».

Les machines de la ligne de Bayonne-Biarritz devaient avoir, une fraction de l'année, et même dans le reste, une partie du jour à faire un travail assez modéré ; tandis qu'à d'autres moments, il fallait développer une puissance beaucoup plus considérable, les charges à remorquer variant ainsi dans des proportions pouvant passer de 1 à 4. Et le problème à résoudre, se compliquait encore de ce fait que le parcours présentait, sur une notable partie de sa longueur, des rampes de 15 millimètres par mètre.

On sait, d'après ce que nous avons dit précédemment au sujet des machines Colosses, ce qu'il y aurait eu d'irrationnel à établir une locomotive pour le maximum de puissance, et qui n'aurait été utilisée dans son entier que sur une partie du trajet. Il eut, en réalité, fallu construire deux locomotives de forces différentes, et les employer chacune à leur tour dans les sections où elles convenaient.

M. Mallet a préféré utiliser le système compound en se servant d'un petit et d'un grand cylindre, l'un travaillant avec la vapeur de détente de l'autre ; et en cas de besoin, les faisant fonctionner tous les deux à admission et échappement directs, comme une locomotive ordinaire. La pratique a démontré, d'ailleurs, que ce dernier mode de fonctionnement était rarement nécessaire, excepté au moment du démarrage qui nécessite un tiroir particulier, étudié plus loin en traitant de la question du démarrage.

Les figures 1 et 2 représentent l'ensemble du côté gauche, c'est-à-dire du petit cylindre, et la coupe transversale par la boîte à fumée, de la première machine compound construite par M. Mallet. Dans le fonctionnement normal, la vapeur n'est envoyée directement de la chaudière qu'au petit cylindre, et après avoir agi dans celui-ci, elle passe dans le grand au moyen d'un gros tube traversant la boîte à fumée ; de là elle s'échappe par la cheminée dans l'atmosphère.

« Ainsi, fait remarquer M. Mallet, l'avantage de la disposition adoptée est facile à apprécier. Si l'on suppose deux cylindres ayant l'un une section de piston 1, l'autre 2,5, le travail avec le fonctionnement compound sera le même que si la vapeur agissait dans un cylindre unique, ayant une section de 2,5, mais on dispose d'un effort maximum avec admission directe correspondant à une section de 3,5. »

Pour avoir le même effort maximum avec la machine ordinaire, il faudrait un cylindre de 3,5 de section, et pour avoir un travail égal à celui qu'on aurait avec la machine compound, en admettant à moitié au petit cylindre, soit une expansion de $\frac{2,5}{0,5} = 5$ volumes il faudrait réduire l'expansion à

$$0,25 \times \frac{25}{35} = 0,14.$$

ou 1/7 environ de la course, ce qui conduirait à de mauvaises conditions, soit pour la distribution, soit pour l'utilisation de la vapeur.

Ces machines mises en service permirent immédiatement à M. Mallet de tirer des conclusions très nettes et fort intéressantes :

1° Sur l'allure de la machine ;

2° La production de la vapeur ;

3° L'économie de combustible réalisée par le fonctionnement compound.

20. *Allure de la machine.* — La première inquiétude qui se manifesta dans le monde des ingénieurs, au sujet du système

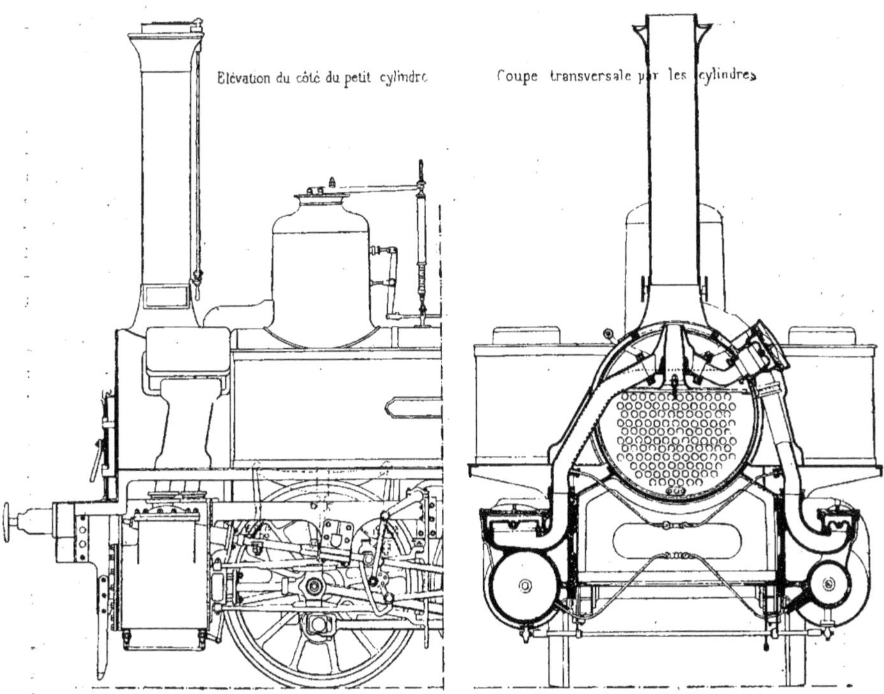

Fig. 1 et 2. — Locomotive compound Mallet.

compound, était relative à l'inégalité des cylindres et à l'allure déséquilibrée que l'on redoutait de ce fait pour la machine. Et cela, malgré l'opinion de M. Couche qui dit nettement dans son *Traité des chemins de fer* (t. III, p. 749), que « la dissymétrie du mécanisme ne paraît pas incompatible avec une bonne allure de la machine ». M. Mallet avait aussi à l'avance cette profonde conviction, et l'expérience

s'est chargée de la justifier pleinement. Non seulement la pratique courante, mais les diagrammes relevés au dynamomètre de traction, au chemin de fer d'Orléans, entre Paris et Choisy-le-Roi, ont indiqué une régularité tout à fait satisfaisante dans l'effort de traction.

21. *Production de la vapeur.* — La seconde objection formulée par les adversaires des machines compound était relative à la production de la vapeur. Le nombre des coups d'échappement diminuant de moitié, il devait en résulter, dans le tirage, une diminution correspondante, rendant insuffisante cette production.

L'expérience a victorieusement démontré le contraire, et cela était à prévoir puisque la dépense de vapeur diminue en même temps, par suite d'une meilleure utilisation; on peut donc parfaitement accepter une réduction dans le tirage. Les essais précités du chemin de fer d'Orléans ont surabondamment prouvé tous ces faits.

Sur ses machines neuves, d'ailleurs, M. Mallet a favorisé ces résultats, au moyen de différents procédés accessibles à tous : échappement annulaire, emploi d'une grille de grande surface, d'un foyer très vaste et de tubes courts, réduisant la résistance au passage des gaz.

22. *Économies réalisées.* — Le profil en long de la ligne de Bayonne à Biarritz comporte une rampe continue de 15 millimètres, sur environ 2 500 mètres et 12^{mm},5 sur 800 mètres ; et dans le sens inverse, une de 14^{mm},5 sur 700 mètres, très voisine de la gare de Biarritz et qu'il est, par suite, impossible de franchir par accumulation de puissance vive.

La vitesse de marche est de 32 à 40 kilomètres et le poids moyen des trains, sans la locomotive, de 50 tonnes. Le combustible employé est la houille de Cardiff qui revient à bon compte au port de Bayonne.

M. Mallet crut devoir rapporter les quantités brutes de combustibles allouées aux machines, au parcours kilométrique effectué, sans faire de défalcations pour allumages, stationnements, etc. Manière de procéder qui donne évidemment des résultats trop forts, mais qui présente l'avantage de supprimer les incertitudes dues à des répartitions plus ou moins arbitraires.

La moyenne de consommation obtenue pour les trois machines en service à cette époque, et pour un parcours de 32 392 kilomètres, fut de 3^k,98 ; les mécaniciens, il est bon de le noter, n'ayant aucune prime sur les économies réalisées.

La consommation moyenne par tonne kilométrique brute correspondante, a été de 58 grammes, qui est même descendue quelquefois à 55 grammes, ce qui est un chiffre très faible, surtout si l'on tient compte du profil et des conditions de la traction. L'économie réalisée est de 25 0/0 au moins sur les consommations les plus faibles connues, et notablement plus sur celles qu'on rencontre le plus souvent dans les grandes Compagnies de chemins de fer.

23. *Dimensions principales.* — Les principales dimensions des machines primitives des chemins de fer de Bayonne-Biarritz étaient les suivantes :

Surface de grille	1^{m2},00
Surface de chauffe du foyer.	4 ,60
Surface de chauffe totale. .	45 ,00
Longueur des tubes. . . .	2 ,40
Timbre de la chaudière. .	10 kil.
Diamètre du petit cylindre.	0^m,24
Diamètre du grand cylindre . . . . . , ...	0 ,40
Course des pistons. . . .	0 ,45
Diamètre des roues, milieu et avant.	1 ,20
Diamètre des roues, milieu et arrière.	0 ,90
Poids de la machine à vide.	15 500 kil.
Poids de la machine en charge.	19 500
Poids adhérent.	15 200

24. *Machines Mallet perfectionnées.* — Devant le succès de ce genre de machines, et l'augmentation notable du trafic sur la ligne de Bayonne-Biarritz, dont la longueur totale n'est cependant que de 8 kilomètres, M. Mallet fit établir un nouveau type à trois essieux couplés, dont un certain nombre fut immédiatement appliqué aux chemins de fer d'intérêt local de la Meuse. D'autres à quatre roues furent destinées à certains tramways sur route.

Les dimensions de ces locomotives étaient les suivantes (Voir page 12):

« Le réservoir intermédiaire, formé seulement par le tuyau de communication entre les deux cylindres, ne peut guère avoir qu'une faible capacité ; la dépendance de distribution des deux appareils, qui avait été adoptée pour plus de simplicité sur les machines de Bayonne-Biarritz, conduit, avec la cause précédente, à une certaine irrégularité de pression dans ce réservoir. De plus, si on réduit notablement l'introduction au petit cylindre, on

NUMÉROS DES TYPES	1.	2.	3.	4.
LIGNES AUXQUELLLES APPARTIENNENT LES MACHINES	BAYONNE ANGLET-BIARRITZ.	BAYONNE-ANGLET-BIARRITZ	CHEMINS d'intérêt local DE LA MEUSE	TRAMWAYS sur ROUTE
	m.	m.	m.	m.
Largeur de la voie	1.45	1.45	1.00	1.45
Nombre de machines	3	2	5	2
Constructeurs	Schneider et Cⁱᵉ.	Ateliers de Passy	Ateliers de Passy	Corpet et Bourdon.
Surface de grille	$1^{mq}.00$	1.26	0.65	0.33
Surface de chauffe des tubes (diamètre moyen).	40.50	51	29.40	12.43
Surface de chauffe directe	4.60	5.7	3.20	2.49
Surface de chauffe totale	45.10	56.7	32.60	14.92
Rapport de la surface totale à la surface directe.	9.80	10	10	6
Rapport de la surface totale à la surface de grille	45.10	45	50	45.2
Diamètre extérieur des tubes	$45^{m}/^{m}$	45	45	45
Longueur entre plaques	2.400	2.900	2.200	1.880
Nombre	125	130	99	49
Diamètre moyen du corps cylindrique	1.000	1.020	0.900	0.700
Volume d'eau de la chaudière	$1 370^{l}$	1 800	1 000	800
Timbre	10^{kg}	10	10	12
Hauteur de l'axe au-dessus du rail	1.600	1.860	1.400	1.250
Diamètre du petit cylindre	0.240	0.280	0.220	0.150
Diamètre du grand cylindre	0.400	0.420	0.350	0.240
Rapport des sections des cylindres	2.78	2.25	2 53	2.56
Course des pistons	0.450	9.550	0.400	0.320
Entre-axe des cylindres	1.910	1.950	1.410	1.520
Nombre de roues	6	6.	6	4
Nombre de roues accouplées	4	6	6	4
Diamètre des roues accouplées	1.200	1.200	0.750	0.700
Diamètre des roues de support	0.900	»	»	»
Écartement des essieux extrêmes	2.700	2.700	1.680	1.300
Longueur de la machine hors traverses	5.740	6.760	5.340	4.100
Capacité des caisses à eau	$1 800^{l}$	2 500	1 900	1 000
Poids de la machine vide	$15 500^{kg}$	20 000	13 000	5 500
Poids moyen en service	19 500	24 000	15 500	7 000
Poids moyen adhérent	15 200	24 000	15 500	7 000

peut être conduit à comprimer, dans ce récipient, la vapeur à des pressions exagérées ; c'est cette crainte qui avait fait, dans les premières machines, établir des soupapes de sûreté sur les fonds du petit cylindre ; il en résulte quelquefois une perte de vapeur assez notable. Enfin, il est a désirer de pouvoir, autant que possible, et dans toute circonstance, éviter les écarts exagérés d'efforts d'un cylindre à l'autre. Aussi, dans les nouvelles machines, la distribution peut être modifiée séparément de chaque côté. On peut donc donner à volonté une admission différente à chaque cylindre, mais on peut également, pour le renversement de la marche, manœuvrer ensemble les deux distributions. »

« La figure 3 représente cet arrangement, tel qu'il a été exécuté sur les machines des chemins de fer d'intérêt local de la Meuse. L'écrou de la vis de changement de marche commande à la fois la barre de relevage manœuvrant la coulisse de droite (grand cylindre), et un secteur à cinq crans portant un levier qui commande la barre de relevage de la coulisse de gauche (petit cylindre) ; si le levier est au cran central du secteur, la vis commande à la fois les deux distributions, tandis que, si l'on met le levier à l'un des autres crans, on peut donner aux deux cylindres des introductions différentes. »

25. *Changement d'une machine ordinaire en machine compound.* — M. Mallet dans son mémoire (*Société des Ingénieurs civils,* novembre 1877), expose ainsi le cas où il s'est trouvé de modifier une locomotive ordinaire, et de la transformer en compound par le simple changement des cylindres.

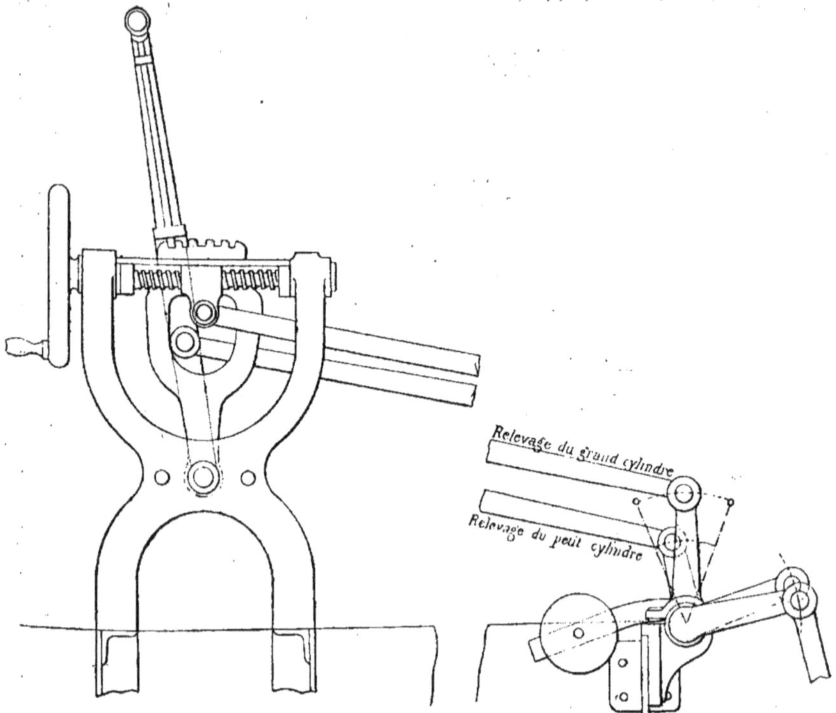

Fig. 3. — Modificateur de distribution Mallet.

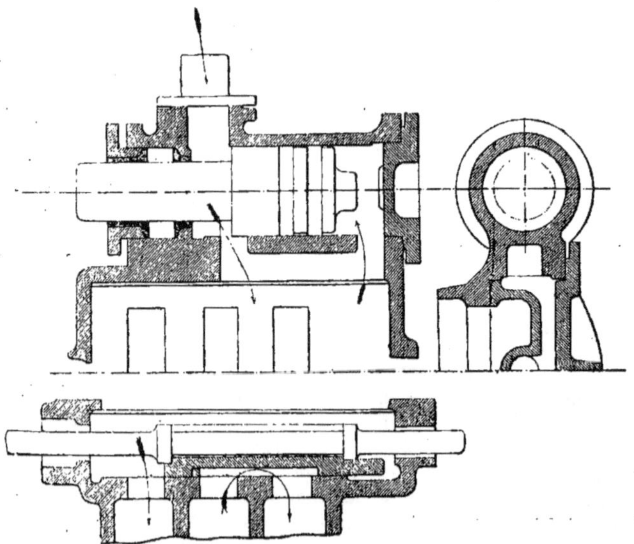

Fig. 4. — Détendeur automatique.

« Il peut être alors désirable de conserver, lors de la marche à introduction directe, une sensible égalité d'efforts sur les deux côtés de la machine, dans le but surtout de ne pas faire subir aux pièces conservées du mécanisme d'efforts sensiblement supérieurs à ceux qu'elles supportent actuellement. Il en résulte que, si on remplace, par exemple, un cylindre de $0^m,42$ de diamètre, par un de $0^m,55$, pour que l'effort total reste le même sur chaque piston et chaque mécanisme, il faudra que la pression par unité de surface soit réduite sur le grand piston à

$$p \times \frac{42}{55^2} = 0,56p.$$

Pour obtenir ce résultat, quelle que soit la valeur absolue de p, nous disposons dans ce cas un détendeur automatique (*fig. 4*), formé d'un piston à deux diamètres commandant un obturateur qui réduit, dans la boîte du tiroir de démarrage, la pression de la vapeur à n'être qu'une fraction de la pression de la chaudière, réglée par le rapport de la section totale du piston du détendeur, à la section annulaire sur laquelle agit la vapeur vive, rapport qui est également celui des sections des cylindres. Cette disposition a, de plus, l'avantage de réduire notablement la pression sur le tiroir de démarrage et, par suite, l'effort à exercer pour le manœuvrer, ce qui n'est pas sans intérêt pour les machines d'une puissance déjà assez considérable, en vue desquelles cet arrangement a été étudié. »

« On a reproché à cette disposition de baisser la pression initiale de la vapeur et de diminuer, par conséquent, son effet utile. Vous pouvez observer qu'il n'y a qu'un abaissement de pression sans travail externe, et, par conséquent, sans perte de chaleur ; mais, y eût-il, d'ailleurs, perte d'effet utile comme il y a perte absolue de puissance, la conséquence est peu importante, puisqu'il s'agit d'un fonctionnement de courte durée, du démarrage, ou pour un effort plus considérable à effectuer momentanément et exceptionnellement. L'objection n'est donc pas sérieuse. »

Mise en marche ou démarrage.

26. *Généralités.* — Nous avons dit précédemment quelques mots du *démarrage* ; nous allons l'étudier maintenant plus complètement. Le mécanisme de mise en marche d'une machine compound se compose, presque toujours, d'appareils destinés à admettre et à intercepter la vapeur interposée entre les cylindres de haute pression et de détente.

Les premiers ont pour but d'introduire de la vapeur dans le réservoir intermédiaire, et à la suite dans le grand cylindre, le tiroir du petit cylindre étant fermé ; les derniers servent à empêcher cette vapeur, introduite directement au delà du petit cylindre, de revenir en arrière faire contre-pression dans celui-ci.

Dans les machines Mallet, pour amener le démarrage, on renverse la position du tiroir spécial, et alors la vapeur de la chaudière arrive directement sur chacun des deux pistons, puis, après avoir agi, s'échappe directement dans la cheminée. D'après M. Mallet, cette disposition est bien supérieure à celle qui consiste à envoyer tout simplement de la vapeur de la chaudière au grand cylindre ; cette dernière suffit pour les machines marines qui n'ont aucun effort à exercer au départ, mais elle est généralement insuffisante sur une locomotive.

Le meilleur appareil de démarrage permet donc d'introduire la vapeur de la chaudière directement au réservoir intermédiaire, de manière à agir en même temps sur les deux pistons. Une disposition spéciale permet alors de faire échapper dans l'atmosphère la vapeur qui a fait mouvoir le petit piston.

Sur ses premières locomotives, M. Mallet employait un tiroir de démarrage qui, selon sa position, permettait à la machine de fonctionner avec admission au petit cylindre seul et échappement au réservoir, ou avec admission directe et échappement direct dans l'atmosphère pour les deux cylindres : c'est ce qu'on appelle le *fonctionnement mixte*.

Le tiroir de démarrage sert, en effet, en outre, à augmenter la puissance de la machine, lorsqu'on a un effort momentané et considérable à exercer, comme sur une rampe, par exemple. Il est mû par une tige à vis et un volant disposé symétriquement à celui du changement de marche, et sa manœuvre ne présente aucune difficulté.

27. *Démarrage d'une locomotive ordinaire.* — Dans les locomotives ordinaires, l'admission maximum se fait rarement à plus de 75 0/0; le tiroir ferme donc l'admission en D quand le piston est aux 3/4 de sa course. Cela posé, la position la plus défavorable des manivelles, pour le démarrage, est celle pour laquelle le tiroir ferme l'introduction de la vapeur dans l'un des deux cylindres ; les manivelles, sont chacune dans une position voisine de 45 degrés, l'un plus près de la verticale et l'autre, au contraire, plus voisine de l'horizontale (*fig.* 5).

En supposant que ce soit le cylindre de droite D qui vienne de voir son admission

rizontale. Le tiroir du grand cylindre est ouvert à l'admission, et le piston ne demande qu'à avancer si on lui fournit la force nécessaire.

Il faut donc admettre, dans ce cylindre, de la vapeur directe de la chaudière par un appareil quelconque dont le plus simple est un robinet A. Remarquons toutefois, que cette vapeur a besoin de présenter une pression qui n'est que 2,2 fois plus faible que celle d'une locomotive ordinaire, puisque la surface du grand piston est généralement égale à 2,2 fois celle du petit.

Il faut en même temps, comme nous l'avons dit plus haut, empêcher cette vapeur envoyée dans le réservoir intermédiaire, en se répandant à droite et à

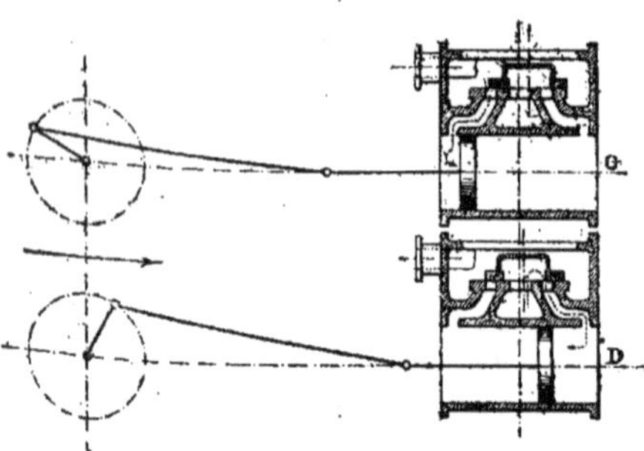

Fig. 5. — Démarrage de locomotive ordinaire.

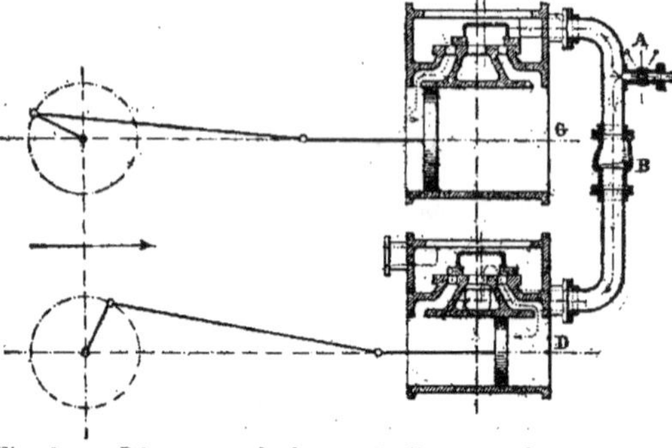

Fig. 6. — Démarrage de locomotive compound à deux cylindres.

fermée, celui de gauche a sa manivelle très inclinée, mais la vapeur y exerce déjà son effet et le démarrage se produit très bien ainsi avec un seul cylindre.

28. *Démarrage dans une locomotive compound à deux cylindres.* — Dans le compound à deux cylindres, la position la plus critique est analogue à la précédente. Ainsi, en supposant que le petit cylindre à haute pression soit à droite, et celui de détente à gauche, le moment le plus défavorable pour le démarrage est indiqué (*fig.* 6), dans laquelle le tiroir d'admission du petit cylindre vient de se fermer, le piston de celui-ci étant aux 3/4 de sa course. Les manivelles sont dans les mêmes positions que précédemment, celle du grand piston très inclinée sur l'ho-

gauche, de venir faire contre-pression dans le petit cylindre et produire un effort opposé au sens de la marche. Ce résultat s'obtient au moyen d'un second appareil obturateur B, clapet, soupape, tiroir, etc., qui intercepte toute communication avec le petit cylindre pendant la période d'admission directe au cylindre de basse pression. Ces appareils sont quelquefois automatiques; mais, dans tous les cas, ils doivent cesser de fonctionner aussitôt que la machine marche en compound, c'est-à-dire aussitôt que la vapeur s'échappe pour la première fois du petit cylindre.

En résumé, l'appareil type de démarrage d'une locomotive compound doit présenter deux séries d'accessoires : des robinets ou analogues pour permettre l'accès de la vapeur vive dans le grand cylindre ; et d'autres, pour empêcher l'arrivée en arrière de la même dans le petit.

29. *Démarrage d'après le nombre des cylindres.* — Le système employé pour le démarrage a longtemps été la seule différence existant entre les diverses locomotives compound, qui se sont rapidement répandues à l'étranger en copiant le type Mallet.

Au point de vue du démarrage seul, il y a lieu de faire une distinction entre les machines d'après le nombre de leurs cylindres. Pour celles qui n'en ont que deux, il est évidemment indispensable de faire arriver la vapeur directement dans le grand cylindre, c'est-à-dire dans le réservoir intermédiaire, une locomotive, quelle qu'elle soit, étant dans l'impossibilité de démarrer avec un seul cylindre.

A l'origine, les inventeurs se sont souvent attachés, sur les machines à deux cylindres, à avoir des appareils automatiques, quelquefois assez compliqués et présentant l'inconvénient capital des appareils de cette catégorie, qui est de paralyser l'initiative du mécanicien. Il est préférable, en effet, que cet appareil d'admission directe au grand cylindre, permettant momentanément la marche comme une locomotive ordinaire, reste à la disposition du machiniste. De la sorte, ce dernier peut beaucoup mieux donner au démarrage la durée qu'il juge nécessaire, et dans certains cas spéciaux en pleine marche, il est encore à même de l'utiliser pour donner un coup de collier.

30. La possibilité d'admettre ainsi directement la vapeur dans le cylindre de détente est moins obligatoire pour les machines à trois et quatre cylindres. Le démarrage étant plus probable, soit par un groupe, soit par l'autre, qui dans tous les cas éprouve une fatigue exceptionnelle, puisqu'il est obligé, à lui seul, de faire mouvoir la locomotive entière. Mais cette admission n'en est pas moins très utile, car elle permet d'obtenir immédiatement une pression que l'on n'obtiendrait sans cela qu'après une série de coups de pistons. C'est pourquoi la Compagnie du Nord en a décidé l'application sur toutes ses machines à quatre cylindres construites

depuis 1886. Toutefois, dans les types les plus récents, on peut envoyer la vapeur d'échappement des petits cylindres dans l'atmosphère, en même temps qu'on admet la vapeur vive directement dans le réservoir intermédiaire.

Cet appareil, dont le fonctionnement est absolument certain, n'est pas une complication, et le mécanicien est fort heureux, quoiqu'il s'en serve rarement, de l'avoir sous la main au moment opportun.

Diverses catégories d'appareils de démarrage.

31. Pour les machines à deux cylindres, l'appareil de démarrage est la seule complication, si c'en est une, qu'elles présentent par rapport aux machines ordinaires.

Ces appareils ont aujourd'hui des formes variées, mais ils rentrent tous dans les trois classes suivantes :

32. *Appareils de première catégorie.* — La première, la plus ancienne est constituée par le système que M. Mallet proposa en 1874 et appliqua en 1876 sur les locomotives du petit chemin de fer de Bayonne-Biarritz, lesquelles sont les premières locomotives compound construites, et les plus anciennes actuellement, puisqu'elles sont en service depuis près de vingt ans.

Le principe de ce système est la faculté donnée au mécanicien, de convertir à tout moment la machine en une locomotive ordinaire, dans laquelle chaque cylindre a son admission et son échappement distincts. Puis, de continuer à fonctionner aussi longtemps qu'on le désire, soit non seulement pour le démarrage, mais pour un coup de collier ou un accident de route.

M. Mallet attribue lui-même une grande importance à la possibilité de ce fonctionnement mixte, un peu négligé depuis, bien à tort, et qui a joué un rôle capital au début dans l'introduction de la machine compound.

33. *Tiroir de démarrage primitif de M. Mallet.* — Le tiroir de démarrage, primitivement employé sur les machines compound de la ligne de Bayonne-Biarritz, est représenté (*fig.* 7 et 8).

Ce tiroir est mû par une tige à vis et

un volant, le tout constituant un appareil de manœuvre symétrique de celui du changement de marche, et dont la conduite excessivement simple, est confiée au chauffeur. On voit que, dans le fonctionnement compound, la vapeur directe de la chaudière n'arrive qu'au petit cylindre, pendant que le grand donne à l'échappement cette vapeur qu'il a détendue au passage. Dans le fonctionnement en pleine pression, au contraire, chaque cylindre reçoit directement la vapeur de la chaudière, et la laisse individuellement échapper dans l'atmosphère (*fig.* 8). C'est cette

Fonctionnement Compound

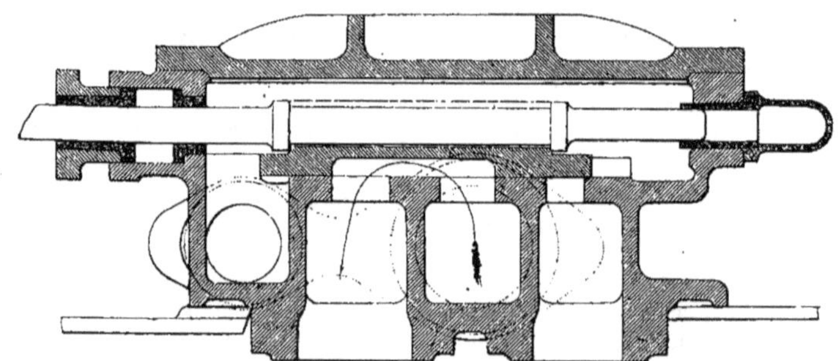

Fig. 7. — Tiroir de démarrage. — Ligne de Bayonne-Biarritz.

dernière disposition que M. Mallet recommande pour le démarrage, et qu'il croit de beaucoup préférable à celle qui consiste à n'envoyer de vapeur directe, à ce moment, qu'au grand cylindre qui n'en reçoit pas d'ordinaire.

Fonctionnement pleine pression

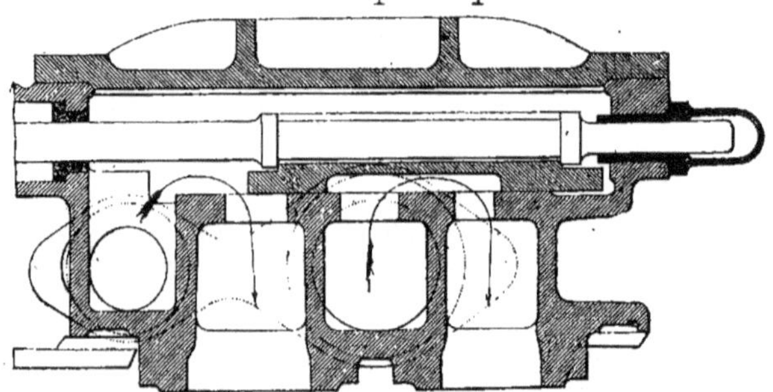

Fig. 8. — Tiroir de démarrage. — Ligne de Bayonne-Biarritz.

Et cette préférence est basée, non seulement sur le supplément d'effort que l'on peut ainsi instantanément produire au moment du démarrage, mais sur l'utilité incontestable de posséder un appareil, permettant d'augmenter momentanément la puissance de la locomotive, suivant les besoins, ce qui, nous le rappelons, a toujours été la constante et très judicieuse préoccupation de l'inventeur.

34. *Objections.* — « On a objecté que, pour les machines à arrêts trop fréquents, comme les machines de tramways, la disposition avec tiroir de démarrage des machines de Biarritz ne présenterait pas d'avantages sérieux, parce qu'il faudrait employer à chaque instant le fonctionnement direct, que dès lors on n'obtiendrait aucune économie. Nous pourrions répondre, dit M. Mallet, que dans le cas dont il s'agit, l'avantage de la machine compound est encore plus dans son élasticité de puissance, que dans l'économie de combustible ; mais il y a mieux : si l'on arrête la machine dans un temps très court avec la vis des coulisses, au point mort, et le serrage des freins, et que l'arrêt ne dure que quelques secondes, comme cela a lieu lorsqu'il ne s'agit que d'arrêter une voiture de tramway pour faire monter ou descendre des voyageurs, la machine repart sans aucune difficulté en compound, par l'effet de la vapeur qui reste dans le réservoir intermédiaire, et qui n'a pas le temps de se condenser. Ce n'est que si l'arrêt était prolongé, ou que si le démarrage présentait une difficulté spéciale, qu'il serait nécessaire d'employer l'action directe.

Ce fait est journellement vérifié avec les

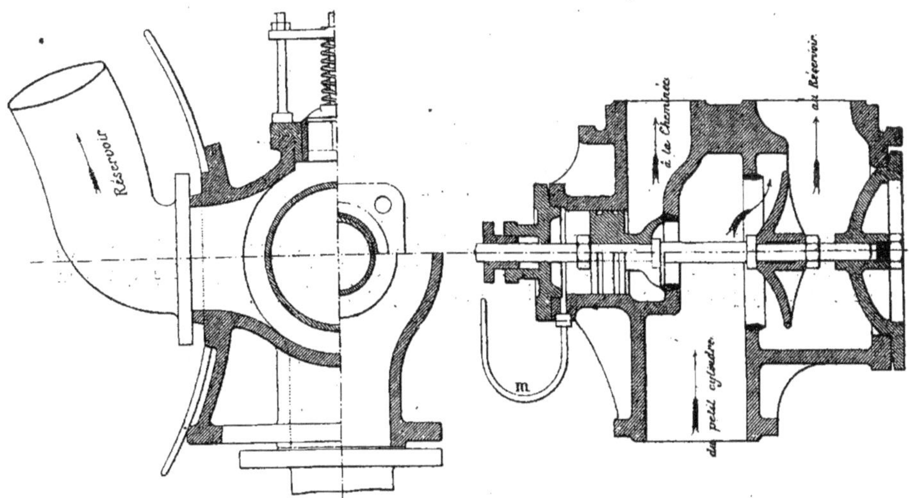

Fig. 9 et 10. — Appareil de démarrage, perfectionné (Mallet).

machines de Biarritz dans les manœuvres de gare, notamment dans celles qui ont lieu sur les plaques tournantes. »

35. *Appareil de démarrage perfectionné de M. Mallet (1884).* — L'appareil de démarrage, placé sur le côté gauche de la boîte à fumée, dans les anciennes locomotives de Bayonne-Biarritz, présentait deux défauts : celui d'avoir des dimensions un peu exagérées pour de grosses machines, et, en outre, d'exiger une manœuvre de force.

Sur quelques machines du Sud-Ouest Russe, M. Borodine modifia la forme, mais non le principe de cet appareil, en appliquant un tiroir cylindrique ou à piston ; en outre, un petit robinet à deux voies, placé à la portée du mécanicien, permettait d'en faire la manœuvre avec facilité et de supprimer la seconde difficulté.

Les figures 9 et 10 représentent le nouvel appareil de démarrage, présenté par M. Mallet en 1884, et qui fonctionne à la main du mécanicien, sans aucune manœuvre de force ; la description suivante est extraite du *Bulletin* de la Société des Ingénieurs civils de France, juillet 1890.

C'est une boîte placée sur le côté gauche

de la boîte à fumée, et à laquelle se rattachent le tuyau d'échappement du petit cylindre, le tuyau allant au grand cylindre, formant réservoir intermédiaire, et le tuyau d'échappement direct du petit cylindre à la cheminée. Dans la boîte se trouve un grand clapet susceptible de fermer le passage du petit cylindre au réservoir, suivant la position qu'il occupe. Sur la même tige est fixé un petit clapet équilibré par un piston, et servant à ouvrir ou à fermer la communication entre le petit cylindre et l'échappement au dehors, suivant la position du grand clapet. Cette position est déterminée par la pression qui règne dans le réservoir intermédiaire.

Si, par la manœuvre d'un régulateur auxiliaire placé sur le côté droit de la boîte à fumée, on admet la vapeur de la chaudière, à une pression réduite par un détendeur ou un étranglement dans le réservoir, cette pression ferme le grand clapet et ouvre le clapet d'échappement ; la machine fonctionne donc comme une machine ordinaire. Si on ferme l'arrivée de la vapeur fraîche du réservoir, la pression baissera dans celui-ci et il tendra à s'y faire une dépression, laquelle, combinée avec la pression exercée sur la face intérieure du grand clapet par la vapeur d'échappement du petit cylindre, ouvrira ce grand clapet en fermant le petit, de sorte que la marche se transformera en marche en compound.

Le passage d'une marche à l'autre est déterminé par la manœuvre de l'appareil que nous avons appelé régulateur auxiliaire, et qui n'exige que le simple déplacement, sans effort sensible, d'un petit levier par le machiniste. Pour empêcher en marche le ballottement possible des clapets, ce qui ferait perdre de la vapeur par l'échappement direct à la cheminée, et pour rendre en même temps plus rapide le passage de la marche directe à la marche en compound, on dispose le régulateur suivant les figures 11 et 12. Le robinet a ouvre ou ferme, suivant sa position, l'arrivée de la vapeur fraîche au réservoir intermédiaire. La noix de ce robinet porte une cavité qui met en communication un tuyau m, avec un trou n, aboutissant au dehors, ou dans une autre position de la noix avec la vapeur de la chaudière. Le tuyau m va re-

joindre la boîte à clapets dans la partie en avant du piston d'équilibre (*fig.* 10).

Il résulte de cette disposition que, si l'appareil, étant dans la position représentée (*fig.* 10), on manœuvre le robinet pour lui donner la position (*fig.* 11 et 12), la vapeur pénètre dans le réservoir intermédiaire, et va repousser le grand clapet, tandis que l'avant du piston d'équilibre, se trouvant en communication avec l'extérieur par la cavité du robinet et le trou n, il n'y a aucune pression sur ce piston. Si, au contraire, la machine ayant la marche directe, on ferme l'arrivée de la vapeur vive au réservoir, l'avant du piston d'équi-

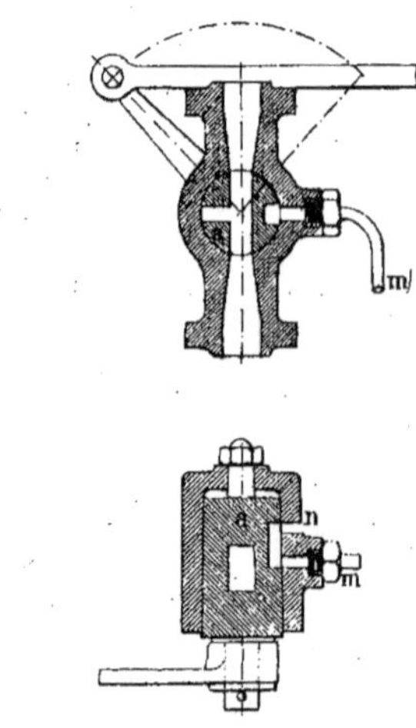

Fig. 11 et 12.

libre se trouve pressé par la vapeur venant de la chaudière, ce qui détermine l'ouverture du grand clapet et la marche en compound. De plus, comme il a été dit plus haut, cette pression empêche tout ballottement des clapets pendant la marche.

Cette disposition fonctionne d'une manière tout à fait satisfaisante : elle a été appliquée sur un certain nombre de grosses machines en France, en Suisse et en Autriche ; elle figure, notamment, sur la locomotive compound à six roues couplées des chemins de fer de l'État français, exposée à Paris en 1889.

Dans cet arrangement, la passage de

la marche directe à la marche compound se fait par l'intervention du mécanicien, mais ce passage pourrait, au besoin, être rendu automatique. On peut, en effet, au moins dans certaines machines, faire actionner le robinet de mise en train par un organe analogue à un régulateur de vitesse, de telle sorte que la marche en compound se produise forcément, dès que la vitesse de la machine dépasserait un minimum fixé et que, par contre, la machine arrêtée fût toujours prête à repartir avec admission directe aux deux cylindres. Cette disposition est applicable aux locomotives des tramways.

La boîte à clapet, qui vient d'être décrite, porte, sur la partie qui est en communication avec le réservoir intermédiaire, une soupape de sûreté chargée à 4 1/2 ou 5 kilogrammes, dont le rôle est, notamment, de prévenir les conséquences de la fermeture du grand clapet, lors de la marche à contre-vapeur.

Au lieu d'avoir les deux clapets sur une même tige et dans le même axe, on peut les disposer l'un à côté de l'autre, avec leur tiges reliées par une sorte de balancier. Cette variante a été employée en Russie.

36. *Appareils de deuxième catégorie.* — Dans la seconde catégorie, nous rencontrons les appareils automatiques, dont le type est celui de M. von Bories, ingénieur des chemins de fer de l'État du Hanovre. On sait que cette administration n'emploie plus d'autres locomotives que des compounds, pour tous ses services.

M. von Bories se proposa de simplifier la disposition de M. Mallet, et ne recula point, dans ce but, devant la suppression absolue de la faculté de la marche directe ; il essaya, pendant quelque temps, un appareil d'une extrême simplicité, qui ne réussit pas, et qu'il perfectionna peu à peu par tâtonnements. C'est ainsi qu'il arriva à son démarreur automatique.

Le principe de cet appareil est un obturateur mobile, qui sépare le réservoir en deux parties, dont l'une n'a pas, au départ, de pression qui s'exerce derrière le petit piston, tandis que l'autre reçoit de la chaudière de la vapeur vive, qui agit sur le grand piston. Aussitôt que la machine tourne et que le petit cylindre

est échappé dans le réservoir, la vapeur d'échappement ouvre l'obturateur, ferme en même temps l'arrivée de vapeur auxiliaire et détermine la marche en compound. Cette disposition est évidemment très ingénieuse, c'est celle qu'on emploie le plus aujourd'hui dans cette catégorie.

Comme inconvénient: d'abord, elle n'est plus aussi simple que paraissait, au début, le désirer son inventeur ; en second lieu, et ce qui est plus grave, elle limite la période de démarrage proprement dit, à une fraction de tour de roue.

Nous devrons cependant ajouter que M. von Bories a reconnu que, pour tirer d'une compound tout le parti possible, et ne pas être obligé d'exagérer le diamètre

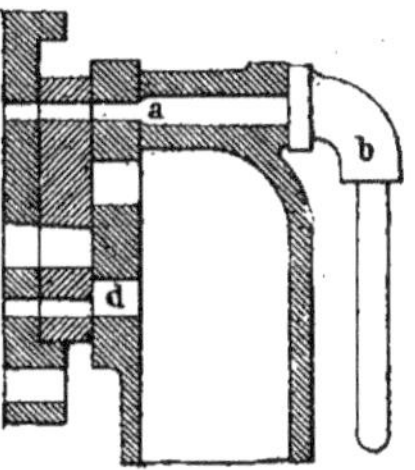

Fig. 13. — Appareil de démarrage von Bories.

des cylindres, déjà à leurs limites dans les grandes machines à deux cylindres, ces locomotives devaient avoir la faculté de fonctionner comme locomotives simples au démarrage, et dans les fortes rampes, de manière à donner momentanément plus d'effort que la marche compound elle-même ne permet d'en obtenir. Aussi, M. von Bories en est-il revenu, dans ce cas, à la disposition Mallet, qu'il reconnaît la seule capable de réaliser ce desideratum, et qu'il a fait appliquer à un certain nombre de nouvelles machines.

37. *Appareil de démarrage von Bories.* — Voici la description de l'appareil cité plus haut, et employé par M. von Bories, qui ne voulait, à l'origine, employer le fonctionnement ordinaire dans aucun cas, même au démarrage, il employait au moment du démarrage, un régulateur représenté (*fig.* 13), qui se caractérise par une recherche excessive de la simplicité de la manœuvre.

La vapeur fraîche est amenée au réservoir intermédiaire par un petit conduit ab; elle parvient à la fois dans les deux cylindres par les lumières a (petit cylindre) et d (grand cylindre) du régulateur. Si l'on ouvre davantage ce dernier, en le poussant vers le haut, l'orifice se referme, tandis que l'arrivée de la vapeur au petit cylindre s'ouvre en grand.

Dans la position extrême opposée, toutes les lumières sont fermées.

Cet appareil, avons nous dit, se montre insuffisant pour les fortes machines, et M. von Bories dut adopter un autre appareil (fig. 14) analogue à celui de M. Mallet, permettant de partir avec la pleine pression de la chaudière sur le petit piston, au lieu de n'avoir que la différence entre cette pression et la pression du réservoir intermédiaire. Cela consiste à interposer, en un point du réservoir intermé-

diaire, une soupape qui empêche la pression de la vapeur dans ce réservoir de réagir derrière le petit piston absolument comme

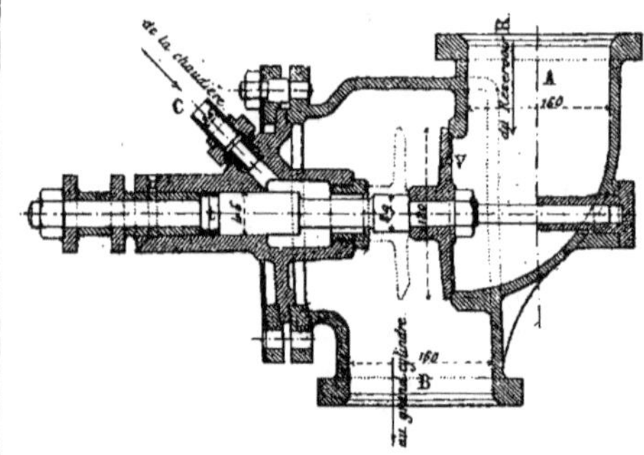

Fig. 14. — Appareil von Bories perfectionné.

dans l'appareil Mallet perfectionné de 1884; cette soupape d'interception est représenté (fig. 14).

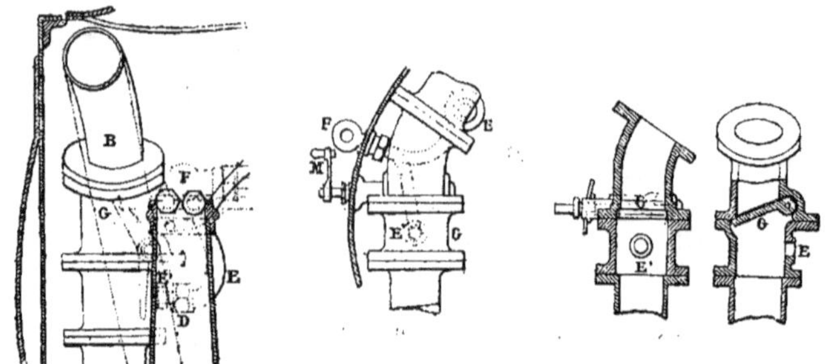

Fig. 15. — Appareil de démarrage Worsdell.

« Au départ, le machiniste pousse la tringle qui porte la soupape V et appuie celle-ci sur son siège; la vapeur de la chaudière s'introduit alors dans le réservoir intermédiaire par le petit tuyau C, elle agit sur le grand piston, et ne peut réagir derrière le petit. Lorsque la machine avance, la décharge du petit cylindre fait rouvrir le clapet V dès que la pression derrière celui-ci devient supérieure à celle qui règne au réservoir intermédiaire; l'arrivée de vapeur par C se trouve alors supprimée. On voit que le temps néces-

saire pour que cette pression opère l'ouverture du clapet, dépend du volume de la partie du réservoir intermédiaire située en amont du clapet; aussi, place-t-on celui-ci le plus loin possible du petit cylindre. Néanmoins, comme ce réservoir ne peut jamais être bien grand, l'ouverture du clapet se produit au bout d'un tour au plus, ce qui ne permet le démarrage à pleine pression, que pendant un laps de temps très court, tandis que l'appareil Mallet permet de prolonger cette période autant qu'on le désire, jusqu'à ce que, par exemple, la pleine vitesse de marche soit atteinte. De plus, certaines circonstances, telles qu'un patinage ou un refoulement avant le démarrage, amèneraient le remplissage des réservoirs et rendraient le départ définitif plus difficile. C'est ce qui ne peut pas arriver avec la disposition non automatique.

38. *Appareil Worsdell.* — L'appareil von Bories a été modifié par M. Worsdell, qui emploie un clapet à charnière au lieu d'une soupape d'interception (*fig.* 15).

Le gros tube B représente le réservoir intermédiaire. Les démarrages peuvent se faire en admettant directement la vapeur dans les deux cylindres de la manière suivante.

Pour cela, le réservoir B est relié à la chaudière par un tuyau spécial de prise de vapeur E, muni d'un robinet F ; en ouvrant celui-ci, on fait immédiatement communiquer la chaudière avec la boîte à vapeur du cylindre à basse pression. Pour empêcher la vapeur, ainsi adressée directement au réservoir, de rétrograder dans l'échappement du petit cylindre, on a intercepté cette communication au moyen du clapet à charnière G, monté sur le tuyau B et commandé par une tringle à la disposition du mécanicien, qui le ferme

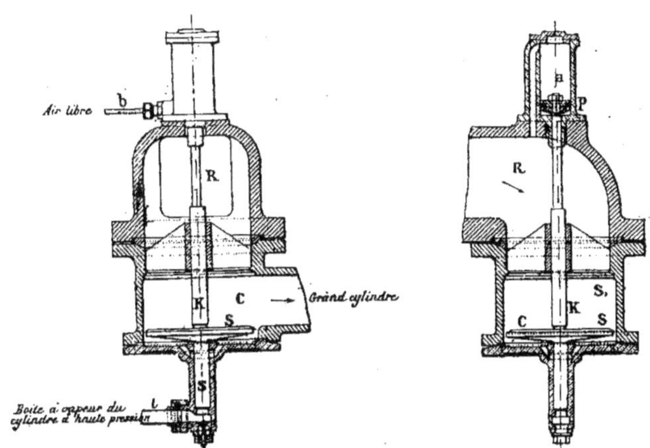

Fig. 16 et 17. — Clapet de démarrage de Winterthur.

avant d'ouvrir le robinet F. Ce clapet retombe de lui-même dès le premier coup d'échappement du petit cylindre.

39. *Appareil Lapage.* — Puis M. Lapage supprime entièrement la tringle de manœuvre. Le grand clapet est fermé par la pression même de la vapeur qui arrive de la chaudière au réservoir intermédiaire, jusqu'à ce que la pression de l'échappement du petit cylindre devienne suffisante pour ouvrir ce grand clapet.

Pour prévenir ce défaut, M. von Bories, dans ses dernières machines, a ajouté à son appareil un doigt d'arrêt, commandé de la plate-forme du mécanicien par une tringle.

Dans l'appareil de M. Mallet, aucune complication nouvelle n'est à introduire pour arriver à ce résultat ; le piston d'équilibre l'obtient directement.

40. *Appareil Urquhart.* — M. Urquhart emploie, sur ses machines à voyageurs, un système opérant comme celui de M. Mallet, mais beaucoup plus compliqué : il faut manœuvrer plusieurs tringles pour fermer des clapets et en ouvrir d'autres ; cette complication tient, paraît-il, à ce qu'on a voulu utiliser, pour la transformation des machines, des pièces provenant de freins à vapeur.

41. *Appareil de Winterthur.* — On remarquait à l'Exposition de 1889 une locomotive compound, sortie des ateliers de la fabrique suisse de Winterthur (*fig.* 16 et 17).

On y avait prévu l'inconvénient de marcher avec une faible pression, comme en descendant une pente, par exemple, ce qui peut entraîner des oscillations de la soupape et des rentrées de vapeur.

L'appareil de démarrage était, en effet, celui de Lapage avec addition d'un petit piston pour aider à la pression sur la partie supérieure de la soupape d'interception, et maintenir fermée la prise de vapeur directe.

42. *Appareils de troisième catégorie.* — Certains ingénieurs ont cherché à simplifier ces appareils, en se basant sur les considérations suivantes, développées par M. Lavezzari, dans une communication faite le 6 octobre 1893 à la Société des Ingénieurs civils de France, considérations contestées, d'ailleurs, dans la discussion qui suivit. Il signalait que « si le problème résolu pour les machines du Nord est intéressant, surtout pour les locomotives à grande vitesse circulant sur des voies très encombrées, il n'est pas toujours de toute nécessité de l'aborder, principalement pour les machines à marchandises, ce qui permet de réaliser des économies, et surtout des simplifications importantes dans la construction. Il est en effet permis d'admettre, dans bien des cas, que si une avarie survient à une locomotive, elle ne peut pas continuer son service ; c'est ce qui arrive pour toutes les machines compound à deux cylindres seulement. Il est d'autant plus important de simplifier les appareils de démarrage, qu'ils ne servent presque jamais. (!) »

Dans cette troisième catégorie, on admet la vapeur vive directement au réservoir intermédiaire, avec cette particularité que les organes de l'appareil sont reliés au changement de marche, de manière qu'ils ne s'ouvrent qu'aux positions extrêmes de celui-ci, dans les deux sens de marche, avant et arrière. Tels sont les systèmes *Lindner* et *Golsdorf* ; ce dernier est appliqué sur les chemins de fer de l'État Autrichien.

L'appareil Lindner est de beaucoup le plus répandu avec plus ou moins de variantes.

L'avantage des appareils de cette famille est une grande simplicité ; mais ils ne peuvent fonctionner efficacement sans l'addition de diverses dispositions, telles que trous pratiqués dans les bandes du tiroir ou tiroirs auxiliaires, etc. En revanche, ils n'ont pas une efficacité comme sûreté, comparable à celles du fonctionnement mixte, et donnent un démarrage inégal sur les deux côtés de la machine, beaucoup plus brutal si c'est le grand cylindre qui détermine le départ, parce que rien ne

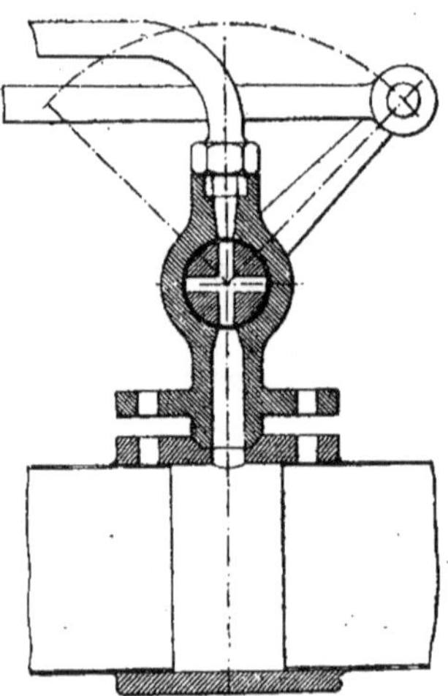

Fig. 18. — Appareil Lindner.

limite la pression du réservoir. Le moyen d'éviter ces inconvénients serait de faire usage de détendeurs de soupapes de sûreté, etc.

43. *Appareil Lindner.* — M. Lindner, ingénieur des chemins de fer saxons, a cherché, dans son appareil, à supprimer, comme nous venons de le dire, les deux séries de soupapes. Pour cela, un robinet manœuvré automatiquement par la barre de changement de marche, envoie la vapeur directe dans le réservoir intermédiaire.

Pour éviter au mécanicien une manœuvre spéciale, ce robinet est disposé d'une façon particulière : la clef présente deux canaux à angle droit l'un sur l'autre, de manière que le passage soit ouvert aux deux positions extrêmes et fermé à la position intermédiaire.

Ce robinet ne livre passage à la vapeur que lorsque l'admission dans un sens ou dans l'autre atteint 80 p. 100, et il se ferme dès qu'on ramème la vis à la position de 72 à 75 p. 100 (*fig.* 18).

Pour détruire la contre-pression inévitable derrière le petit piston, deux petits orifices de 1 centimètre carré de section (6 × 17 millimètres) sont percés dans les bandes du tiroir du petit cylindre et à l'intérieur, de manière qu'au démarrage la vapeur, arrivant du réservoir et agissant en sens contraire du mouvement, pénètre dans le petit cylindre et exerce également sa pression sur l'autre face du petit piston. Il y a donc équilibre dans ce cylindre (*fig.* 19).

Fig. 19. — Appareil Linder.

Il y a cependant là un inconvénient, c'est que l'équilibre est assez long à réaliser. Le mécanicien n'a souvent pas le temps d'attendre et préfère recourir à un changement de marche, et modifier la position des bielles. Au lieu du robinet précédent, M. Lindner a aussi employé une disposition de régulateur, ouvrant au départ un orifice auxiliaire allant au réservoir intermédiaire, assez analogue à la première disposition de M. von Bories.

44. *Appareil Krauss.* — M. Krauss, de Munich, a modifié l'appareil de Lindner en remplaçant les trous pratiqués dans les bandes du tiroir par l'addition, entre le robinet et le réservoir intermédiaire, d'une petite plaque-tiroir, mue par un renvoi de mouvement de la crosse du petit piston.

Lorsque ce dernier est en position pour le démarrage, c'est-à-dire vers le milieu de sa course, cette plaque forme le passage de la vapeur de la chaudière au réservoir intermédiaire, et empêche toute contre-pression derrière le petit piston ; quand, au contraire, celui-ci est au fond de son cylindre, au bout de sa course, le grand piston est à son tour, en bonne position et la plaque, débouchant les orifices aux extrémités de sa course, laisse arriver la vapeur de la chaudière au réservoir intermédiaire et, par suite, au grand cylindre.

Cette disposition est incontestablement ingénieuse, et produit le même effet que le clapet d'interception. Elle présente seulement l'inconvénient d'être un peu compliquée, et entraîne la présence de pièces en mouvement continuel.

45. *Résumé et conclusion.* — En résumé, de ces trois catégories, l'efficacité est en raison inverse de la simplicité ; il s'opère d'ailleurs, depuis quelques années, une réaction contre cette recherche de la simplicité quand même, qui empêche souvent l'usage des meilleures solutions, et ne permet pas de tirer du système compound tous les avantages qu'on est en droit de lui demander.

Voici, d'ailleurs, comment M. Mallet résume lui-même la question des démarrages, sur les machines à deux cylindres : d'un côté les appareils automatiques permettant la mise en marche sans manœuvre spéciale, mais réduisant à un temps extrêmement court la période énergique d'action de la vapeur ; et les appareils non automatiques, qui permettent de prolonger cette période pendant le temps nécessaire pour que la machine acquière sa pleine vitesse, et qui donnent, d'ailleurs, une certaine sécurité contre des accidents toujours possibles en cours de route, ainsi que l'expérience l'a déjà démontré.

Les partisans des premiers reprochent aux seconds une certaine complication, la nécessité d'une manœuvre spéciale (qu'on peut éviter d'ailleurs), et surtout la possibilité qu'ont les mécaniciens de perdre de la vapeur, en abusant du fonctionnement direct en dehors du démarrage.

On répond à cette objection : que les démarrages automatiques s,imples au début, deviennent de plus en plus compliqués par les additions qu'on leur fait pour leur donner la sécurité nécessaire, et qu'ils le sont alors autant que les systèmes non automatiques ; qu'ils nécessitent des tringles et des leviers comme les autres, pour la même raison de sécurité ; que à l'époque actuelle où on ne craint pas de surcharger les locomotives d'appareils complexes et les mécaniciens de manœuvres multiples, les uns et les autres souvent dans un but étranger au fonctionnement de la machine proprement dite, ce serait un scrupule exagéré que de supprimer des pièces très simples et une manœuvre insignifiante, telle qu'un simple déplacement de levier à chaque démarrage, en privant la machine d'une de ses qualités les plus essentielles. Quant à la crainte de voir les mécaniciens abuser de l'introduction directe de la vapeur, voici ce que dit M. Usmos Urguhart qui emploie des appareils non automatiques : «Quant à la possibilité de perdre de la vapeur par un usage abusif de la valve du démarrage, on est suffisamment garanti par les primes payées aux machinistes : ceux-ci veillent à leurs intérêts et ne se servent pas de cette valve plus qu'il n'est nécessaire ».

Sur les lignes du Sud-Ouest Russe, où l'on n'emploie également que des appareils non automatiques, on n'a jamais éprouvé aucun inconvénient de ce chef.

On obtient des économies aussi importantes sur ces deux lignes que sur n'importe laquelle employant des appareils automatiques, et il est certain que ceux-ci exigent, à effet égal, des pressions plus élevées à la chaudière, si on ne veut ou ne peut pas augmenter le diamètre du petit cylindre, comme le fait remarquer, avec raison, M. Lœvy, ingénieur en chef des Études du matériel et de la traction des chemins de fer du Sud-Ouest de la Russie, qui conclut à la supériorité du système non automatique employé sur cette ligne.

En Russie, l'Administration n'autorise pas l'emploi de pressions supérieures à 11 kilogrammes effectifs, ce qui donne un intérêt sérieux à la considération résumée plus haut.

46. Nous aurons l'occasion, plus loin, en étudiant les principaux types extraits de locomotives compound, de donner quelques exemples d'appareils de démarrage, sur lesquels nous avons dû passer rapidement dans ces considérations générales.

Nous verrons, en particulier, les appareils adoptés aux machines à cylindres multiples, Nord, Lyon, etc.

CHANGEMENTS DE MARCHE

Appareils liés ou distincts.

47. Les deux cylindres d'une locomotive ordinaire sont deux organes identiques, fonctionnant rigoureusement de la même manière. Dans la machine compound, les deux cylindres se commandent, le petit recevant de la chaudière une quantité plus ou moins grande de vapeur, mais qui doit passer tout entière dans le second cylindre. Elle peut, d'ailleurs, y passer dans diverses conditions d'introduction et, par suite, de pressions qui ont une influence capitale sur le résultat final (M. MALLET, *Bulletin des Ingénieurs civils*, 6 août 1886).

Quand le rapport des volumes des cylindres d'une locomotive compound est peu élevé (de 2 à 2,1 environ), il est indispensable de donner aux deux cylindres des admissions différentes, comme l'a fait M. Borodine en Russie.

« Dans les premières machines compound construites par M. Mallet, celles des chemins de fer Bayonne-Biarritz, le rapport des volumes des cylindres était relativement élevé, $2^m,78$; le point critique, c'est-à-dire l'admission minima tolérable au grand cylindre, descendait donc à peu près à l'inverse de ce rapport, c'est-à-dire $0^m,36$ de la course du grand cylindre ; on voit qu'avec les deux distributions liées, c'est-à dire variant ensemble de la même manière, on pouvait encore obtenir une expansion très considérable, soit : $\dfrac{2^m,78}{0^m,36}$ $= 7,7$ volumes apparents, sans dépasser le point critique. Avec les rapports de 2,25 entre les deux cylindres, les deux distributeurs peuvent encore, à la rigueur, être liés. Mais, si l'on arrive aux environs de

2 volumes et à plus forte raison au dessous, les choses ne se passent plus de même, et il faut employer des distributions indépendantes. Quant au danger de voir les machinistes en tirer un mauvais parti et mettre leurs machines dans des conditions de fonctionnement vicieux, il est très facile de le prévenir par des moyens pratiques des plus simples. »

Les machines qui servirent les trois premières sur la ligne de Bayonne-Biarritz étaient conformes à ces derniers principes. M. Mallet employa un système permettant de varier l'introduction séparément à chaque cylindre, tout en laissant les distributions liées par le renversement de la marche. Cette disposition a été employée sur la machine d'essai de M. Borodine et sur diverses autres, et également sur la machine compound 701 du chemin de fer du Nord. Nous l'avons vue précédemment en étudiant les machines Mallet.

48. *Appareil Borodine.* — M. Borodine a introduit, sur quelques-unes de ses machines, une modification fort heureuse de ce système, par la substitution d'une vis creuse à la vis pleine du changement de marche, cette vis renfermant, dans son intérieur, une seconde vis commandant la distribution du petit cylindre; cette dernière vis remplaçant le levier de la disposition première.

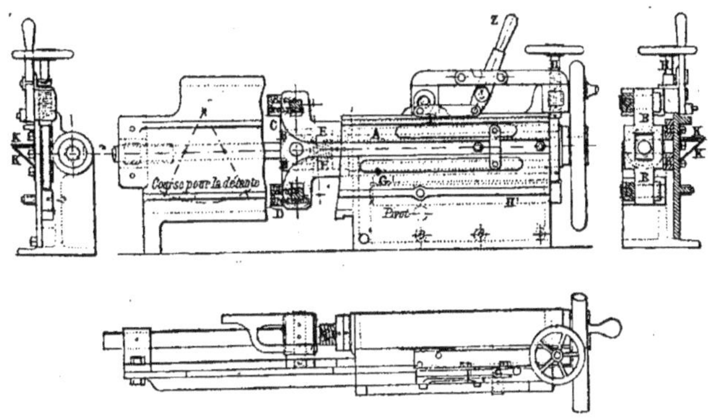

Fig. 20. — Appareil Webb pour changement de marche.

49. *Appareil Webb.* — M. Webb a employé un appareil réalisant le même objet représenté (*fig.* 20). C'est un changement de marché unique, permettant de commander ensemble ou isolément les deux distributions à la volonté du mécanicien.

« Il comporte une seule vis agissant vers le milieu d'un balancier B, aux extrémités duquel chacune des tringles C et D, commandant l'un des arbres de relevage, se trouve attachée. A chaque extrémité du balancier, se trouve aussi fixée une réglette E en métal.

Celle du haut porte des entailles sur le plat et peut être fixée à volonté au moyen d'une pièce de fer à entailles F, manœuvrée à l'aide d'une excentrique et d'une poignée z.

La réglette du bas peut être serrée au moyen d'une vis, laquelle fait pression par l'intermédiaire d'un fléau H' agissant sur une pièce mobile C. Lorsque l'une des tringles est arrêtée, l'autre se meut seule, ce qui permet d'obtenir toutes les combinaisons de détente voulue. En laissant libres les deux réglettes, on change les deux marches en même temps. Deux index KK, mobiles sur une règle graduée, indiquent la position de chacune des réglettes. »

50. *Remarque.* — Il est incontestable que la possibilité de donner, dans toutes les conditions de la marche, les introductions rigoureusement nécessaires aux deux cylindres, permet d'obtenir, non seulement le fonctionnement le plus économique, mais encore l'effort maximum de la marche compound. Cette dernière considération a été fort bien expliquée par M. Pulin (*Bulletin des Ingénieurs civils*, mai 1889).

« Mais il est non moins certain que, si les mécaniciens ne suivent pas à la lettre les instructions qui leur sont données et n'emploient pas les introductions convenables, ils tireront un mauvais parti de leur machine. » Cette objection a été faite avec quelque raison à notre disposition, dit M. Mallet, par M. von Bories, qui avait d'abord employé, sur ses premières petites machines, un arrangement analogue, et qui emploie, depuis, un système variant les admissions aux deux cylindres d'une manière automatique.

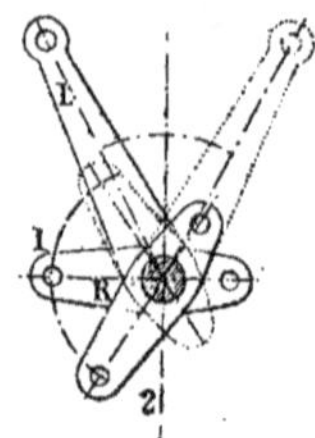

Fig. 21. — Appareil Von Bories.

51. *Appareil von Bories.* — Ce système consiste dans un calage différent des leviers de suspension des coulisses (*fig.* 21), ou dans une longueur différente des bielles de suspension des mêmes coulisses.

On comprend que, lorsque le levier de commande L se déplace vers la droite de la position en traits pleins à la position en traits ponctués, le levier 2 déplace sa coulisse moins vite que le levier 1 la sienne. On obtient ainsi les introductions correspondantes suivantes, pour la marche en avant :

PETIT CYLINDRE	GRAND CYLINDRE
0,75	0,75
0,40	0,50
0,20	0,33

Mais la marche en arrière est complè-tement sacrifiée ; c'est quelquefois sans grande importance, mais il n'en est pas toujours ainsi, et, en tout cas, cette imperfection donne lieu à une objection sérieuse. M. Mallet y a obvié de la manière suivante (*Idem*, juillet 1890) :

52. *Appareil Mallet perfectionné.* — Le principe de l'appareil perfectionné de M. Mallet est représenté (*fig.* 22 et 23).

« Un arbre O porte un levier A formant une coulisse dans laquelle glisse un coulisseau, dont l'axe est à l'extrémité d'un levier B calé sur l'arbre O'. Si le système se déplace entre les positions extrêmes indiquées sur la figure 23, on voit que les déplacements angulaires du levier A sont moins rapides que ceux du levier B.

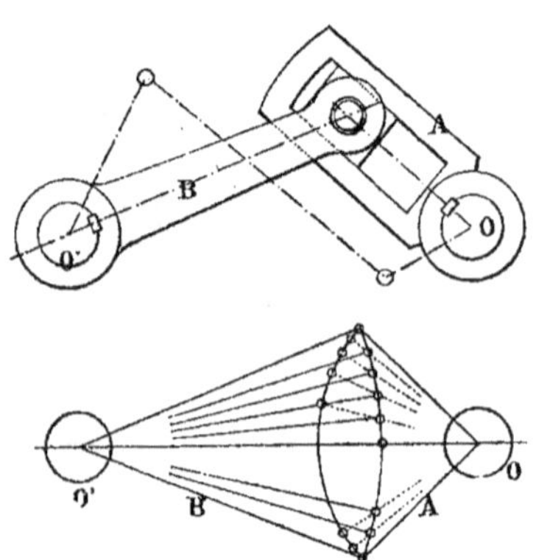

Fig. 22 et 23. — Appareil Mallet perfectionné.

« Si donc O' est l'arbre de changement de marche, et que la coulisse du petit cylindre soit suspendue au levier B et la coulisse du grand au levier A, on aura les introductions au grand cylindre plus prolongées qu'au petit, comme dans la suspension von Bories ; mais les points morts seront communs, et la proportion des admissions la même pour les marches en avant et en arrière. On a généralement intérêt à renvoyer la suspension du grand cylindre de l'arbre auxiliaire O à l'arbre même de relevage O', par un système de levier tel que celui qui est représenté (*fig.* 24). La coulisse du grand cylindre est alors suspendue à un levier ou sur l'arbre de relevage et actionné par le mouvement différentiel.

« Cette disposition appliquée d'abord à la machine 102 des chemins de fer de la Suisse occidentale (aujourd'hui 502 Jura-Simplon), machine type Bourbonnais transformée en compound, aux ateliers de la Suisse occidentale, et Yverdon en 1887-1888, a parfaitement réussi. Elle est également employée sur des machines autrichiennes et sur la machine compound des chemins de fer de l'État français exposée pour la première fois en 1889. Ce système a été reproduit en 1890 par un ingénieur de la maison Henschell et fils de Cassel, et appliqué à des locomotives compound de l'État prussien. »

Conclusion.

53. Le mieux est d'établir le rapport de volumes des deux cylindres à $2^m,20$ ou $2^m,25$ et au dessus, et alors, comme nous l'avons dit plus haut, on peut laisser sans inconvénient bien sensible les distributions liées, ce qui est la meilleure solution.

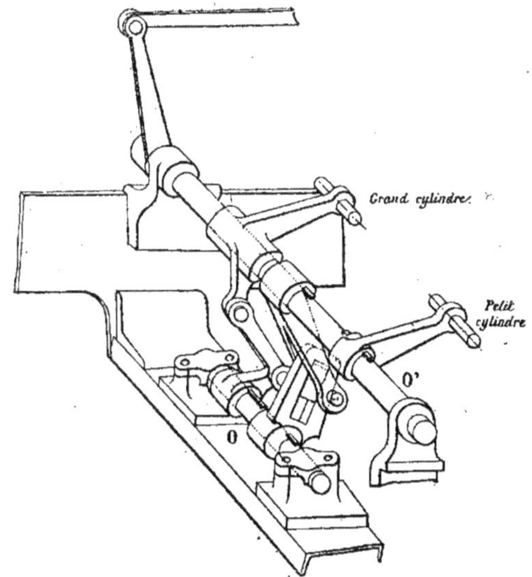

Fig. 24. — Appareil Mallet perfectionné.

C'est donc à ce parti qu'on s'arrête généralement, quand le gabarit ou d'autres considérations spéciales ne forcent pas à réduire le diamètre du grand cylindre.

Cela paraît, au premier abord, en contradiction avec les conclusions de M. l'ingénieur russe Borodine, à la suite de ses expériences spéciales présentées à la Société des Ingénieurs civils en 1886, savoir que : « Il est impossible de trouver des combinaisons permanentes d'admission, pour les deux cylindres avec lesquels le travail développé serait le même dans le petit et le grand, pour toutes les vitesses et toutes les pressions qui se présentent dans le service des locomotives. »

M. Mallet ne pense cependant pas ainsi : « L'on doit chercher à éviter à la fois une trop grande irrégularité de travail des deux cylindres, et une chute de pression exagérée entre ces organes ; et toute disposition qui conciliera cette double condition dans des limites suffisantes pour la pratique, et d'une manière automatique, pourra être préférée, dans la plupart des cas, à une disposition plus parfaite théoriquement, mais laissant trop de part à l'initiative du machiniste. Le raisonnement de M. Borodine ne s'appliquait d'ailleurs qu'à la machine expérimentée par lui, et où le rapport des volumes des deux cylindres était de 2^m,04. »

Remarques sur le réservoir intermédiaire.

54. Nous avons vu que le réservoir intermédiaire est, le plus souvent, un gros tuyau de jonction réunissant les deux cylindres et contournant à l'intérieur la partie supérieure de la boîte à fumée.

Quelques ingénieurs, comme sur les chemins de fer de l'Etat Saxon, ont cru devoir faire pénétrer ce tuyau dans l'intérieur même de la chaudière.

Cette dernière disposition est évidemment inférieure à la première, car le réchauffage, qui est une chose incontestablement utile, se fait aux dépens de la vapeur, n'ayant encore produit aucun travail.

Dans l'autre, au contraire, ce résultat est obtenu gratuitement au moyen des gaz qui s'échappent dans la boîte à fumée.

Ajoutons, en outre, qu'il ne faut jamais rechercher ce réchauffage au moyen de conduits longs et compliqués et à joints nombreux ; on perd, en effet, alors par la résistance à la circulation de la vapeur, plus que l'on ne gagne en la séchant. Comme l'expérience l'a montré pour les machines marines, le passage d'un cylindre à l'autre doit être aussi court et aussi droit que possible : le mieux pour les locomotives

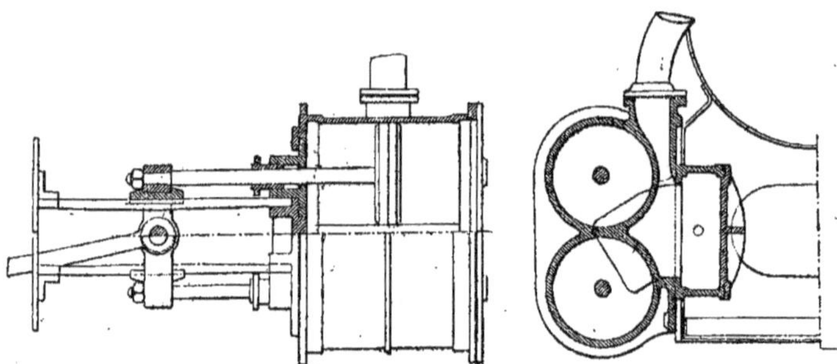

Fig. 25 et 26. — Disposition des cylindres, système Mallet (1879).

est, nous le répétons, le passage à travers la boîte à fumée.

Objections contre les machines à deux cylindres.

55. Dès 1877, M. Mallet affirmait que la seule limite à l'emploi de la machine compound résidait dans les dimensions qu'il était possible de donner au grand cylindre. Cette limite s'est trouvée beaucoup plus reculée qu'on ne le supposait à cette époque.

Dans le mémoire qu'il publia sur la question, en 1889, M. E. Polonceau fit cette critique : « Qu'il faudrait être libre de donner aux cylindres les dimensions voulues ; or, entre les longerons, la place est insuffisante, et, en dehors, elle manque par suite du gabarit. La locomotive compound établie ainsi à deux cylindres n'est donc pas économique. »

C'est là une conclusion un peu hâtive, car on a pu réaliser jusqu'ici en compound à deux cylindres tous les types de machines existant de un à quatre essieux moteurs. On est, d'ailleurs, généralement, beaucoup plus gêné par la position des longerons que par les dimensions restreintes du gabarit, pour le diamètre à donner au grand cylindre. C'est pour ce motif que l'on se trouve beaucoup plus à l'aise dans les machines neuves, que dans celles qui sont simplement transformées.

Néanmoins, l'inconvénient est notablement moindre que ne le redoute M. Polonceau : dans bien des cas, un simple artifice, un cylindre incliné, etc., permettent de gagner un peu de la place qui paraît manquer au premier abord. « Les grands cylindres de 650, pour les fortes machines à six roues couplées, correspondent aux cylindres de 450 et 460 des machines ordinaires, avec des rapports de volumes de 2,08 à 2 ; les grands cylindres de 665 et 710, donnant des rapports de 2 environ, sont employés sur les machines à huit roues couplées, ayant des cylindres de 470 ou 500, machines qui se construisent en grand nombre pour les chemins de fer russes, avec des poids de 40 à 51 tonnes. M. Worsdell a pu loger à l'intérieur des longerons un cylindre de $0^m,508$ et un de $0^m,712$, par un artifice consistant à incliner l'axe de l'un d'eux dans un sens, et celui du deuxième dans l'autre, et en abaissant le rapport des volumes à 1,96 ».

La Schenectady Locomotive Works a

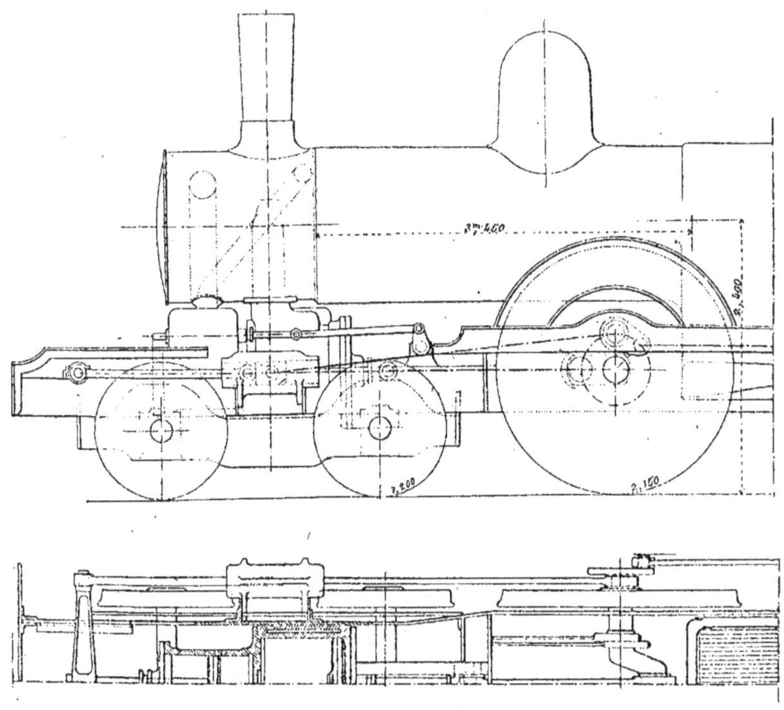

Fig. 27 et 28. — Locomotive Mallet à cylindres centraux (1889).

construit, pour le Michigan Central Railroad, une machine compound dont le grand cylindre a $0^m,737$ de diamètre.

Nouvelles dispositions des cylindres.

56. *Disposition de M. Mallet* (1879). — Pour trop absolue que soit la critique citée plus haut, M. Mallet ne s'est pas moins préoccupé d'en tenir compte dans les limites où elle peut paraître fondée.

Dès 1879, il proposa de dédoubler le grand cylindre en le remplaçant par deux autres superposés et égaux au petit, un seul tiroir servant pour les deux. M. Lapage a, dans ces dernières années, proposé de nouveau cette disposition (patente anglaise du 7 janvier 1889).

Il indiqua également une autre solution,

consistant à placer les deux cylindres dans l'axe longitudinal de la machine en *tandem*, c'est-à-dire l'un derrière l'autre. Non seulement cela permet l'emploi de très forts diamètres, mais, en outre, de ramener tout l'effort moteur dans l'axe de la machine, et de supprimer les perturbations dans le sens transversal, même aux

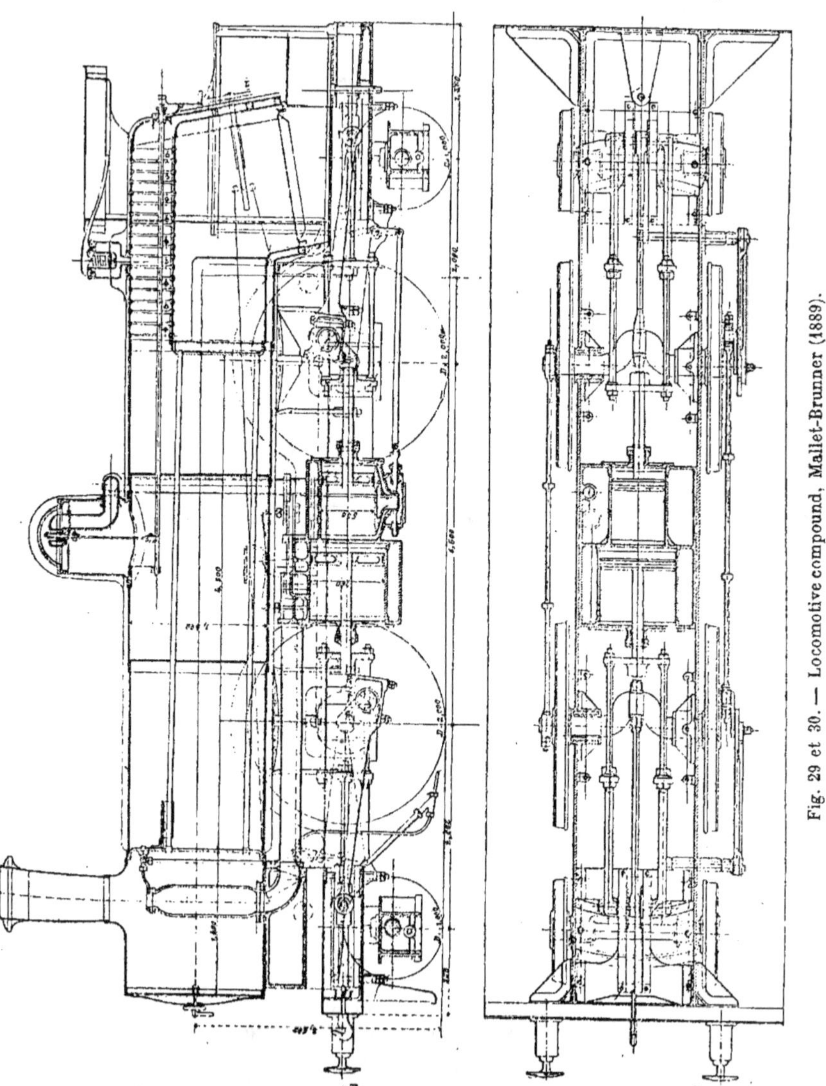

Fig. 29 et 30. — Locomotive compound, Mallet-Brunner (1889).

vitesses les plus grandes. Nous en verrons des exemples plus loin.

57. *Locomotive Mallet à cylindres centraux, projet 1889.* — M. Mallet a, disons-nous, étudié un projet de locomotive compound à grande vitesse avec cylindres dans l'axe, l'un devant l'autre, représentée (*fig.* 27 et 28).

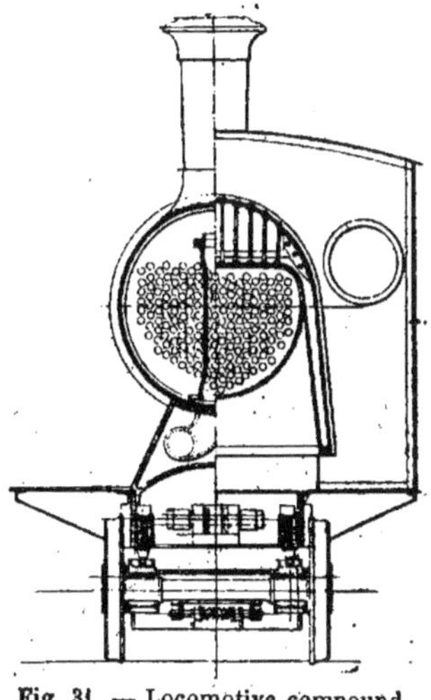

Fig. 31. — Locomotive compound, Mallet-Brunner (1889).

Un seul essieu moteur est attaqué par le grand piston directement au moyen d'un

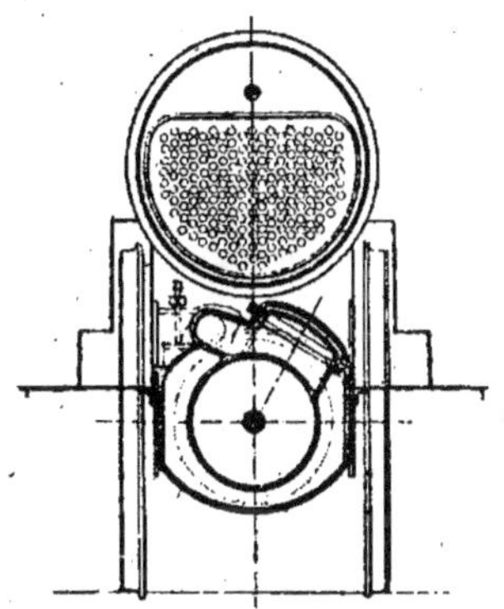

Fig. 32. — Locomotive compound, Mallet-Brunner (1889).

coude et indirectement par le petit piston au moyen de traverses et de bielles extérieures. Celles-ci actionnent deux boutons de manivelles fixées aux roues à 90 degré du coude central.

La machine présente, en outre, un second essieu couplé avec le précédent et un bogie porteur à l'avant.

L'accouplement a lieu au moyen de contre-manivelles très courtes, fixées aux boutons précédents, et qui dévient à 45 degrés, l'une dans un sens, l'autre dans l'autre, les boutons-manivelles des manivelles d'accouplement; celles-ci se trouvent alors à 90 degrés l'une de l'autre, comme d'ordinaire.

Voici quels sont les principaux éléments

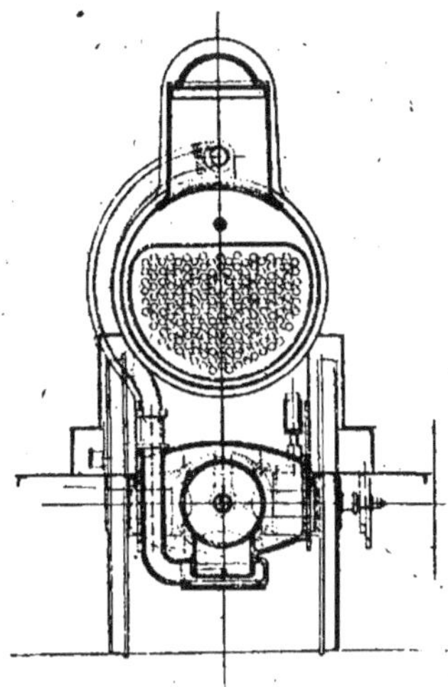

Fig. 33. — Locomotive compound, Mallet-Brunner (1889).

de cette machine, restée jusqu'à ce jour à l'état de projet :

Surface de grille	$2^{mq},00$
Surface de chauffe totale	$120 \quad ,00$
Timbre de la chaudière	12^k
Diamètre du petit cylindre	$0^m,540$
Diamètre du grand cylindre	$0 ,810$
Rapport des volumes des cylindres	$2,25$
Course des pistons	$0^m,610$
Diamètre des roues motrices	$2 ,150$
Poids adhérent	30^t
Poids total	50^t
Effort de traction $0,50\ p\ \dfrac{d^2 l}{D}$	$5\ 028^k$

58. *Locomotive compound Mallet-Brunner, projet de 1889.* — Un autre type de locomotive compound à grande vitesse, type Mallet, avec cylindres au centre de la machine, a été étudié par M. Brunner (*fig.* 29 à 33). Ici, les cylindres sont non seulement dans l'axe longitudinal, mais, en outre, au milieu de cet axe, ce qui est une excellente condition pour assurer la stabilité de l'ensemble. Chaque cylindre commande un essieu coudé distinct, et les deux essieux sont couplés par des bielles extérieures, disposées de telle sorte que les coudes extérieurs se présentent comme d'ordinaire, à 90 degrés l'un de l'autre. Ces bielles d'accouplement ne travaillent guère qu'au démarrage ; on pourrait donc leur donner, sans inconvénient, une longueur exceptionnelle, atteignant 3 mètres et même 3^m,50. En plus de deux essieux moteurs, la machine comporte un essieu porteur à chaque extrémité.

Voici quelles seraient les principales dimensions de ce projet :

Surface de grille	25^{m2},2
Surface de chauffe totale	160 ,00
Timbre de la chaudière	12^k
Diamètre du petit cylindre	0^m,520
Diamètre du grand cylindre	0^m,790
Rapport des volumes des cylindres	2 ,30
Course des pistons	0^m,610
Diamètre des roues motrices	2^t,000
Poids adhérent	30^t
Poids total	50^t
Effort de traction 0,50 p $\dfrac{d^2 l}{D}$	4 948^k

Les locomotives compound à la Compagnie de l'Est.

59. La Compagnie de l'Est est une des rares Compagnies qui aient absolument tenu à conserver les locomotives Crampton rejetées depuis longtemps par tous comme insuffisantes, et qui aient cherché par tous les moyens possibles à les perfectionner plutôt qu'à les abandonner résolument. Ce culte de la tradition lui a cependant causé quelques désagréments.

Les trains internationaux de Calais et de Paris vers l'Europe centrale et la Suisse, empruntant le réseau de l'Est, pèsent souvent 200 et 220 tonnes avec la machine et son tender. Ils doivent souvent parcourir, à la vitesse de 100 et 110 kilomètres à l'heure, des sections longues et accidentées, et exigent alors la double traction qui est une solution irrationnelle et humiliante.

D'un autre côté, la Compagnie de l'Est se refusait absolument à adopter le système compound qui l'aurait tirée d'embarras dans la crainte, aujourd'hui reconnue mal fondée, d'un supplément de frais d'entretien et de graissage, résultant de la complication des organes.

Il est cependant de toute évidence qu'une compound à deux cylindres n'est pas plus compliquée qu'une machine ordinaire, et ce seul fait aurait dû trancher la question, du moment que les autres avantages du système étaient reconnus. Mais il est, en outre, démontré aujourd'hui qu'avec les locomotives compound à trois et quatre cylindres cette crainte n'est pas plus justifiée.

Il en est de cela comme de l'emploi des pompes alimentaires que certains tiennent absolument à employer, quand l'usage de l'injecteur est aujourd'hui universel.

C'est, d'ailleurs, ce qu'a reconnu la Compagnie de l'Est elle-même, qui vient de se rendre à l'évidence et d'adopter les locomotives compound à deux cylindres.

60. *Locomotive compound à trois essieux couplés de la Compagnie de l'Est* (M. Sauvage, *La Machine locomotive*). — Ces locomotives, construites tout récemment en 1893, sont portées par trois essieux couplés avec roues de 1^m,400, donnant chacune un poids sur rails de 7 500 kilogrammes. Elles sont étudiées pour exercer un effort de traction, comparable à celui des locomotives à quatre essieux couplés de la même Compagnie, mais avec plus de facilité pour marcher à moyenne vitesse, vu le plus grand diamètre de leurs roues. Les chaudières sont timbrées à 13 kilogrammes.

En plaçant les cylindres à l'intérieur de longerons extérieurs, on a toute la place désirable pour donner au grand cylindre un diamètre suffisant. Les cylindres sont alors nécessairement en avant des roues du premier essieu couplé, comme lorsqu'ils sont extérieurs. Le troisième essieu passe sous le foyer qui est très long.

Les cylindres ont des diamètres intérieurs de 530 et 850 millimètres ; la course des pistons est de 650 millimètres. Les boîtes à tiroir sont placées latéralement. L'échap-pement du petit cylindre se fait dans une capacité qui renferme le mécanisme spécial de démarrage, et de là, lors de la marche normale (en compound), dans le

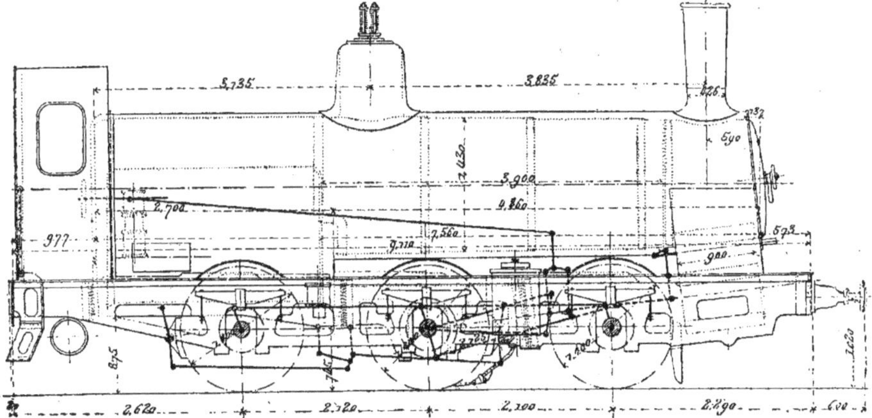

Fig. 34. — Compagnie Est. — Locomotive compound à trois essieux couplés.

réservoir ; ce réservoir est formé de deux chambres ménagées à la partie supérieure des cylindres, et d'un tuyau qui fait le tour de la boîte à fumée en libre communication avec la boîte à vapeur du grand cylindre. Une soupape de sûreté, montée

Fig. 35. — Compagnie Est. — Locomotive compound à trois essieux couplés.

sur l'arrière du grand cylindre, limite la pression, dans le réservoir, à 5 kilogrammes par centimètre carré (*fig.* 34 à 36). L'échappement se fait normalement par le grand cylindre seul. Un échappement dérivé vient du petit cylindre, et ne doit fonctionner que pour le démarrage. Une rondelle, montée sur le joint de ce tuyau d'échappement auxiliaire, peut être remplacée par une plaque non percée, de manière à le paralyser, car il n'est pas indispensable.

Les deux cylindres sont fortement boulonnés ensemble et aux longerons. Une équerre rivée aux longerons reçoit la rangée supérieure des boulons de fixation du grand cylindre. L'appareil spécial de démarrage est installé dans une cavité de la partie supérieure du cylindre à haute pression : il est accessible, avec quelque peine, il est vrai, par des ouvertures ménagées sur les faces avant et arrière du cylindre.

Cet appareil comprend trois organes distincts : une soupape d'admission directe de vapeur dans le réservoir, un clapet d'isolement du petit cylindre et du réservoir, une soupape ouvrant une issue extérieure à l'échappement du petit cylindre.

La soupape d'admission directe prend la vapeur dans la boîte à vapeur du cylindre à haute pression, et non dans la chaudière ; cette dernière disposition introduit une cause de danger : l'admission directe pouvant rester ouverte en stationnement, sans qu'on le remarque, et donner lieu à un départ intempestif de la machine. La section de la soupape est faible, parce que la vapeur, dans le réservoir, ne doit avoir qu'une pression réduite. La section choisie paraît convenable, car les démarrages sont faciles, ce qui montre que l'orifice du passage est assez grand, et la soupape de sûreté du réservoir ne se lève pas trop fréquemment, ce qui aurait lieu si l'admission directe était trop forte.

L'échappement direct du cylindre à haute pression a une section relativement petite, car il ne doit être ouvert que pour quelques coups de piston au plus, donnés à très faible vitesse.

Pour le démarrage, l'admission directe de vapeur au réservoir est ouverte, ainsi que l'échappement direct du petit cylindre, et le clapet de séparation est fermé. Pour passer à la marche en compound, le mécanisme unique de commande commence par fermer la soupape d'admission directe, puis la soupape d'échappement direct, et enfin il ouvre le clapet de séparation : cette succession a été prévue pour éviter une perte de vapeur par l'échappement pendant la manœuvre, ce qui viderait le réservoir. Une fois la machine en route, on se met le plus vite possible à la marche en compound.

L'ordre de succession pendant la manœuvre inverse n'a pas d'importance, parce qu'elle ne doit se faire que lorsque le régulateur est fermé.

Sauf pendant les stationnements, ou par mesure de nécessité, il doit être au point mort. Ce changement de marche donne toujours une admission de 45 à 50 0/0 au moins. Pour les très grands efforts en

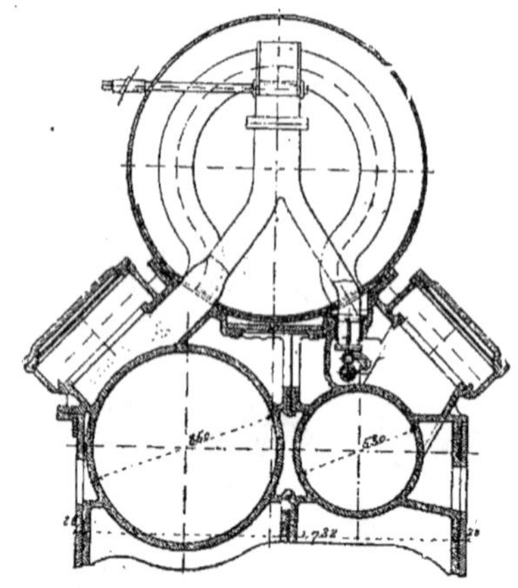

Fig. 36.

marche lente, on peut avoir une admission plus forte ; pour la marche rapide, il convient aussi d'allonger un peu l'admission, puis d'accroître les chutes de pression du petit cylindre au réservoir et du réservoir au grand cylindre, ce qui est utile quand la vitesse augmente. La pratique indique jusqu'à quel point peut être poussé cet allongement d'admission ; dans chaque cas, il y a quelques tâtonnements à faire.

Quand le travail donné par l'admission à 45 ou 50 0/0 est trop fort, on le réduit en fermant partiellement le régulateur. Il convient de *laminer* de même, avec le régulateur, la vapeur à la sortie de la chaudière, si, en marche rapide, avec le changement de marche placé entre les crans 5 et 6, la pression est trop grande.

En un mot, en marche normale, c'est surtout avec le régulateur qu'on fait varier la puissance de la machine.

Locomotives compound à trois cylindres.

61. Dans le mémoire présenté, en 1877 à la Société des ingénieurs civils et cité plus haut, M. Mallet examine ainsi la possibilité d'employer trois cylindres dans les locomotives compound :

« Trois cylindres, dont un central admetteur et deux latéraux détendeurs agissant sur des manivelles généralement, mais non nécessairement, calées à 120 degrés. Ce système est séduisant au premier abord; il a été et est encore employé en marine, et on a cru pouvoir l'importer de toutes pièces sur les chemins de fer. On a imaginé, à l'appui, la machine à trois cylindres de Stephenson, dont on a fort exagéré la valeur qui, en pratique, a été trouvée fort médiocre. (Voir *Transactions of the Institution official Engineers*, 1862, p. 84.)

Après un examen un peu attentif, il est facile de voir que, de toutes les solutions, à part celle de quatre cylindres ayant chacun un mécanisme particulier, c'est celle qui se prête le plus difficilement à une installation économique, et qui exige le plus de remaniement dans la disposition actuelle des machines. Elle est, à coup sûr, plus compliquée, en réalité, que la solution à quatre cylindres en prolongement l'un de l'autre, avec un seul mécanisme pour chaque groupe. Notre collègue M. Morandière avait proposé, depuis longtemps déjà, l'emploi de trois cylindres fonctionnant dans ce système, dont deux agissent sur un essieu et le troisième sur un autre essieu. Cette disposition avait pour but d'éviter l'accouplement. »

L'avant-projet de M. Morandière, destiné au Métropolitain de Londres, a été publié dans l'*Engineering* du 23 novembre 1866.

M. Andrade, ingénieur de la Marine, en mission au Creusot, pendant qu'on y construisait les locomotives destinées à la ligne de Bayonne-Biarritz, proposa, dès 1875, d'employer, au lieu de deux cylindres dissymétriques, trois cylindres, l'un au centre, recevant la vapeur et échappant dans les deux autres extérieurs. Les trois cylindres commandaient le même essieu par des manivelles, à 120 degrés. La machine pouvait fonctionner en compound, ou comme machine ordinaire au moyen d'un tiroir de démarrage analogue à celui de M. Mallet, mais mû par un cylindre à vapeur.

En 1876, la locomotive compound à trois cylindres fut encore préconisée par un ingénieur Suisse, John Moschell. M. Mallet entama, avec cet ingénieur, une discussion dans l'*Eisenbahn*, et soutint la supériorité du type ordinaire à deux cylindres, ou, si la puissance de la machine le rendait insuffisant, le type à quatre cylindres disposés par groupe de deux, l'un devant l'autre, en *tandem*. On sait que cette dernière solution a été, depuis, adoptée par la Compagnie du chemin de fer du Nord, pour ses locomotives à quatre essieux couplés.

Mais le véritable propagateur convaincu de la machine compound à trois cylindres est M. Webb, quoiqu'il fût devancé, dans la construction de son propre type, par l'usine Etruwe à Kolomna, en Russie (1881). Dans cette machine, la vapeur directe arrivait dans le cylindre central, et s'échappait dans les deux cylindres extérieurs; tous les cylindres actionnaient le même essieu : le cylindre à haute pression, au moyen d'un coude, et les deux autres, par des manivelles extérieures parallèles entre elles et calées à 90 degrés de la première. Les résultats ne furent, d'ailleurs, pas favorables.

M. Webb réalisait lui-même son type célèbre à deux cylindres extérieurs à haute pression, et un central à basse pression vers la fin de 1881. La locomotive s'appelait *Experiment*. Elle supprimait les bielles d'accouplement en attelant les deux cylindres extérieurs à un essieu, et le cylindre central à un autre, avec des manivelles d'un groupe à l'autre calées à 90 degés.

Mais l'inconvénient fondamental de ce type est la commande d'un essieu par un cylindre unique. Quand le piston de ce cylindre est, en effet, à son point mort, il ne peut concourir au démarrage. Mais il faut compter, en outre, sur l'excessive variation dans les moments de rotation autour de l'axe moteur, que produit l'emploi d'un cylindre unique, comparativement à l'emploi de deux cylindres de section totale équivalente, entraînant des manivelles à angle droit. Cette variation se combat dans les machines fixes au moyen du volant; dans la machine Webb, la roue attaquée est notoirement insuffisante pour faire volant, au-dessous d'une vitesse facile à déterminer par le calcul, et qui est de cent cinquante tours à la minute ou 56 kilomètres à l'heure.

Au-dessous de cette vitesse, l'effort tangentiel sera périodiquement supérieur à l'adhérence, et entraînera un glissement. Pour empêcher ce dernier, on sera condamné à ne faire faire au cylindre qu'un travail relativement faible.

Cette locomotive est donc une machine rapide par nécessité, et sa marche est toujours quand même défectueuse, jusqu'à ce qu'elle ait atteint la vitesse nécessaire pour faire disparaître cette difficulté. Non seulement, il y a incertitude au démarrage, mais surtout irrégularité de la marche des roues motrices d'avant, pendant le laps de temps nécessaire pour atteindre le minimum de vitesse tolérable.

« Avec le cylindre unique, on est forcément conduit, avant d'atteindre la vitesse normale, à réduire par une admission

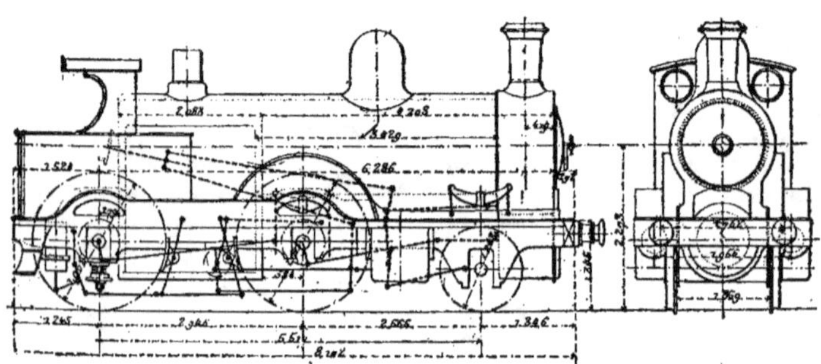

Fig. 37. — Locomotive compound à trois cylindres, de Webb.

prolongée, diminuant la pression au réservoir intermédiaire, la part du travail de ce cylindre, condition qui, en dehors d'une mauvaise utilisation des poids et du mécanisme, amène une répartition très inégale des chutes de température, entre les deux groupes, laquelle, aussi bien que celle des pressions, fait perdre une partie des avantages du fonctionnement compound.

« Quant à la disposition générale de la machine, la position du cylindre, étant dans l'axe longitudinal, est de nature à assurer d'excellentes conditions de stabilité à une locomotive à grande vitesse. Ce serait une conception des plus heureuses, si elle n'entraînait pas dans ce type, tel qu'il est considéré, des inconvénients qui font plus que compenser ses avantages. »

62. *Disposition de M. Morandière.* — Dans la disposition de M. Morandière, il y avait, à l'inverse de M. Webb, un petit cylindre et deux grands. Dans une discussion récente à l'*Institution of civil Engineers* de Londres, on considérait cela comme un perfectionnement sérieux de la machine compound à trois cylindres. On se basait, pour cela, sur la plus grande facilité du démarrage, opéré avec les deux grands cylindres, sur le volume réduit de chacun de ceux-ci, sur la possibilité d'avoir trois cylindres égaux, et de pouvoir, au besoin, marcher avec la vapeur directe dans les trois, etc.

M. Mallet ne croit pas beaucoup à l'efficacité de cette modification: « Son avantage le plus apparent, l'emploi de trois cylindres égaux, n'exigeant qu'un modèle de piston, perd beaucoup de son importance, si l'on considère qu'on n'obtient ainsi que le rapport de volume de deux (à moins de leur donner des courses différentes), minimum qu'avec les pressions actuelles il est désirable de voir dépasser ».

Dans tous les cas, rien ne peut atténuer le vice rédhibitoire de cette machine, qui est la commande d'un essieu par un cylindre unique. Le seul remède est le dédoublement de ce cylindre.

63. *Locomotives compound à trois cylindres. — Type Webb Experiment.* — Comme nous l'avons dit plus haut, le grand

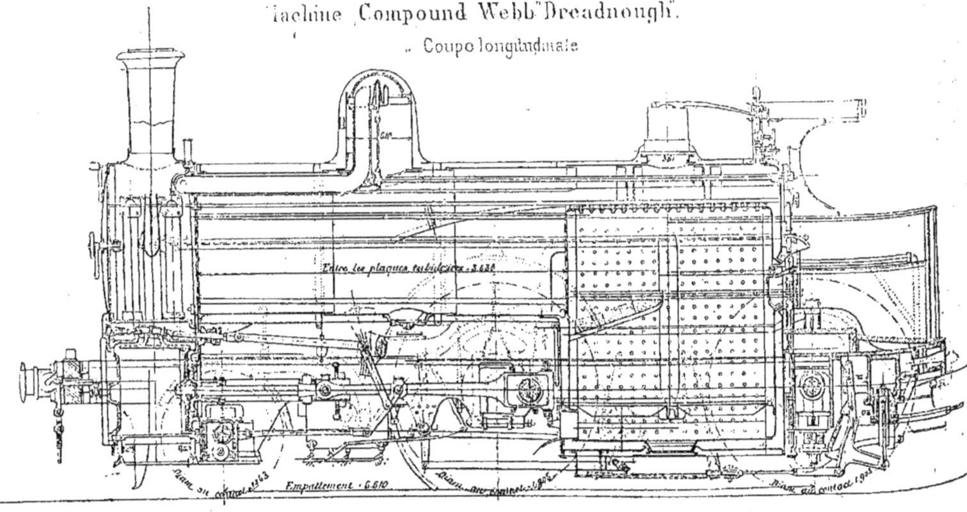

Coupes horizontales.

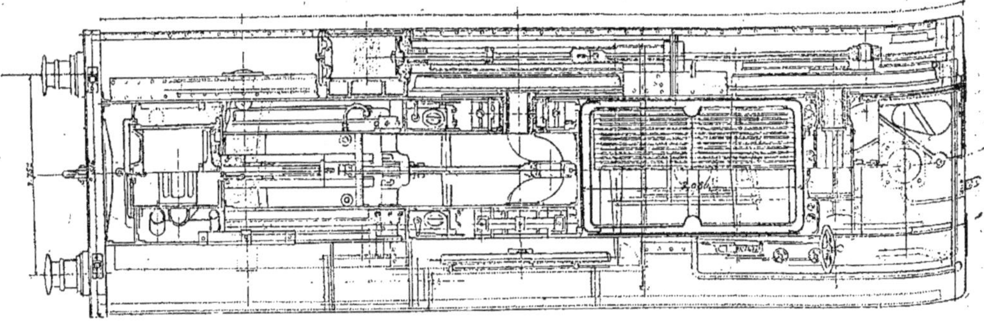

Fig. 38 et 39. — Locomotive compound à trois cylindres, de Webb Dreadnough.

propagateur de l'idée du compound à trois cylindres est M. Webb, du North Western.

Dès 1878, en effet, cet ingénieur avait transformé une locomotive ordinaire en machine du type Mallet, en réduisant le volume d'un des cylindres de 0^m,381 à 0^m,229, au moyen d'un revêtement intérieur (*fig.* 37).

C'est à la suite de ces essais, que M. Webb fit construire sa première machine compound à trois cylindres, dont deux petits et un grand central unique. Il supprimait en même temps les bielles d'accouplement, qui ne durent que cinq à six ans, en actionnant l'essieu d'arrière, au moyen des pistons à basse pression, et celui du milieu, par le piston à haute pression, placé dans l'axe longitudinal de la chaudière.

Voici les dimensions principales de cette machine appelée l'*Experiment* :

Surface de grille...................	1^m,59
Surface de chauffe totale...........	100 ,7
Diamètre du petit cylindre.........	0 ,33
» du grand »	0 ,66
Course commune des pistons........	0 ,61
Rapport des volumes des cylindres.	2
Timbre de la chaudière............	11^K,5
Diamètre des roues motrices des deux essieux arrière...............	1^m,982
Diamètre des roues de l'essieu porteur avant....................	1 ,07
Poids de la machine à vide........	34 750^K
» » en charge.....	37 750
Poids adhérent sur l'ensemble des deux essieux arrière..............	27 350
Effort de traction : 0,50 $p \dfrac{d^2 l}{D}$	3 857

Notons, en outre, que la boîte à tiroir du grand cylindre est munie d'une soupape de sûreté qui y limite la pression à 5 kilogrammes. Les appareils de changements de marche des deux catégories de cylindres sont indépendants.

Les résultats économiques furent satisfaisants, puisque, entre Londres et Crewe, la consommation de combustible, ordinairement de 9^{kg},5 par kilomètre, dans les trains de voyageurs, tombe immédiatement à 7^{kg},5.

Voici, d'après l'*Engineering*, quelques chiffres sur le trajet accompli par les machines Webb du North-Western en octobre 1883, dans des conditions particulièrement difficiles. La locomotive considérée était attelée au Scoth-Express, sur la grande ligne d'Écosse. Le trajet entre Londres et Carlisle (terminus), soit 483 kilomètres, a été franchi par le train en sept heures vingt minutes, avec quatre arrêts seulement savoir : deux minutes à Wilisden (kil. 8), cinq minutes à Rugby (kil. 132), sept minutes à Crewe (kil. 254), et vingt minutes à Preston (kil. 338). Il en résulte une vitesse moyenne de 70,5 kilomètres à l'heure, déduction faite des arrêts.

Le train comprenait treize voitures, du poids mort de 154 tonnes et contenait deux cents voyageurs et leurs bagages, pesant au total environ 15 tonnes ; la machine et son tender pèsent 63 tonnes ; le poids total du train remorqué peut donc être évalué à 169 tonnes environ. Une forte rampe de 13,3 millimètres à Tebay (kil. 122) a pu être montée sans l'aide de la machine de secours ordinaire.

La consommation moyenne de houille, allumage compris, a été de 8^{kg},3 par kilomètre ; il a été vaporisé 342 850 kilogrammes d'eau, soit 8^{kg},5 par kilogramme de houille brûlée.

64. *Type Webb Dreadnough.* — En 1884, M. Webb fit construire une machine analogue, mais de dimensions un peu plus

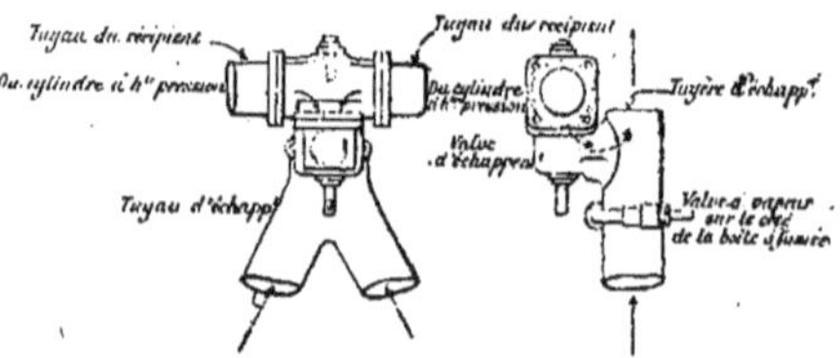

Fig. 40. — Locomotive compound à trois cylindres, de Webb Dreadnough.

fortes, la *Dreadnough*, dont voici quelques données (*fig.* 38 à 40) :

Surface de grille....	1^m,85
Surface de chauffe totale...........	126 ,5
Diamètre des roues motrices.......	1 ,90
» » porteuses......	1 ,140
Timbre de la chaudière............	12^K,5
Diamètre des petits cylindres.......	0^m,356
» du grand cylindre........	0 ,760
Course des pistons................	0 ,610
Rapport entre les volumes des cylindres (du grand à la somme des petits).........................	2 ,3
Poids total en charge.............	44 000^K
Poids adhérent...................	30 000^K
Effort de traction : 0,50 $p \dfrac{d^2 l}{D}$	5 070

65. *Locomotive Webb type Teutonic-Class.* — En 1889, M. Webb créa un nouveau type semblable au précédent, mais avec des roues motrices de $2^m,160$. Il mit en service deux machines de ce modèle destinées à remorquer les trains les plus rapides.

Le tiroir à basse pression a été muni d'un compensateur, et son échappement se fait directement par le dos. Le grand piston porte une contre-tige. Les autres détails sont les mêmes que ceux du type Dreadnough.

66. *Tableau des dimensions des locomotives Webb.* — Le tableau ci-dessous donne d'ailleurs les dimensions comparatives des locomotives compound système Webb successivement employées sur le North-Western en Angleterre.

	COMPOUND class EXPERIMENT	DREADNOUGH CLASS	TEUTONIC CLASS	METROPOLITAN	MARCHANDISES TENDER	MACHINE-TENDER A HUIT ROUES
Nombre des cylindres........	3	3	3	3	3	3
Diamètre des cylindres. { HP..	$0^m,330$	$0^m,356$	$0^m,356$	$0^m,330$	$0^m,356$	$0^m,356$
{ BP..	0 ,660	0 ,762	0 ,711	0 ,660	0 ,762	0 ,690
Course des pistons..........	0 ,610	0 ,610	0 ,610	0 ,610	0 ,510	0 ,457 / 0 ,610
Rapport des volumes........	2 ,000	2 ,290	2 ,000	2 ,000	2 ,290	2 ,230
Surface de chauffe..........	$100^{m2},66$	$126^{m2},50$	$130^{m2},60$	$95^{m2},60$	$107^{m2},10$	»
Surface de grille........	1 ,59	1 ,85	1 ,90	1 ,35	1 ,60	»
Longueur des tubes	$3^m,070$	$3^m,430$	$3^m,430$	$3^m,278$	$3^m,150$	»
Nombre des tubes............	183	225	225	177	198	»
Diamètre du corps cylindrique.	$1^m,249$	$1^m,296$	$1^m,296$	$1^m,180$	$1^m,245$	»
Timbre....................	$10^K,54$	$12^K,30$	$12^K,30$	$10^K,54$	$11^K,20$	$12^K,70$
Hauteur du corps cylindrique au-dessus des rails........	$2^m,251$	$2^m,270$	$2^m,388$	$2^m,10$	$2^m,100$	»
Diamètre des roues porteuses..	1 ,067	1 ,140	1 ,256	0 ,880	1 ,243	»
— — motrices...	1 ,981	1 ,900	2 ,158	1 ,752	1 ,390	»
Empâtement..................	5 ,360	5 ,514	5 ,544	5 ,536	6 ,550	»
Poids total à vide...........	$34^t,750$	$40^t,300$	$41^t,300$	»	$43^t,500$	»
Poids en charge { avant.....	10 ,400	14 ,000	14 ,000	$11^t,350$	»	»
{ milieu	14 ,200	15 ,000	15 ,500	18 ,050	»	»
{ arrière....	13 ,150	15 ,000	15 ,500	17 ,450	»	»
Poids total en service........	37 ,750	44 ,000	45 ,000	46 ,850	55^t 000	»
Date de la mise en service...	1883	1884	1889	1884	1887	1887

67. *Locomotive compound Webb Greater Britain, dernier type.* — Dans ces dernières années, M. Webb a mis en service, toujours sur le North-Western, pour les trains lourds et rapides de voyageurs entre Londres et Carlisle, un nouveau type de locomotive compound à trois cylindres et deux essieux moteurs indépendants. Seulement, il y a ici quatre essieux dont deux porteurs à l'avant et à l'arrière, au lieu de trois seulement comme dans les anciens types ; l'essieu porteur d'avant est muni de boîtes de déplacement axial du même ingénieur ; celui d'arrière, placé derrière la boîte à feu, présente un déplacement latéral de 13 millimètres de chaque côté. Cette addition est motivée par un allongement important de la chaudière proprement dite.

Cette chaudière présente une disposition nouvelle que M. Webb a fait breveter en 1892, et qui consiste à diviser le faisceau tubulaire en deux sections par une chambre de combustion : une porte, disposée à la partie inférieure, se manœuvre de la plate-forme du mécanicien, et permet l'évacuation des escarbilles en même temps qu'elle ouvre un large accès aux tubes.

Voici les principales dimensions de cette machine :

Diamètre des petits cylindres... ..		$0^m,381$
» du grand »		0 ,762
Course commune des 3 pistons....		0 ,610
Diamètre des roues motrices.......		2 ,159
» » porteuses......		1 ,257
Nombre des tubes.................		156
Diamètre extérieur des tubes.......		0 ,054
Longueur des tubes entre les premières plaques tubulaires........		1 ,778
Longueur de la chambre de combustion		0 ,825
Longueur des tubes entre les dernières plaques tubulaires.........		3 ,302
SURFACE DE CHAUFFE	du foyer	$11^{m2}2038$
	des tubes (section arrière),	45 8000
	de la chambre de combustion..................	3 6324
	des tubes (section avant).	79 2441
	totale..................	$139^{m2}8803$
Surface de grille.................		1 9045
Rapport de la surface de grille à la surface de chauffe totale.........		1 à 73,4
Hauteur de l'axe de la chaudière au-dessus du rail.................		2 390
Timbre de la chaudière............		$12^K,3$
Longueur de la machine hors traverses.................		$9^m,887$
Écartement des essieux :		
De l'essieu porteur arrière au premier moteur.................		2 ,134
Entre les deux essieux moteurs....		2 ,515
Du second essieu moteur au porteur avant.................		2 ,565
Empâtement total.................		7 ,214
Poids total et charge.............		$52 937^K$
» sur l'essieu porteur arrière..		8 433
» » le premier essieu moteur.		15 749
» » le deuxième »		15 749
» » l'essieu porteur avant....		13 006
Poids adhérent.................		31 498
Rapport du poids adhérent au poids total		59,5 $^0/_0$

68. *Locomotives compound, système Webb, du chemin de fer de l'Ouest.* — A la suite de l'essai tenté en 1883, par M. Webb, avec les locomotives compound à trois cylindres, type *Experiment*, la Compagnie de l'Ouest fit construire à titre d'essai une locomotive à voyageurs de ce système, exactement sur les plans de M. Webb (*fig.* 41 à 44).

C'est une machine à trois essieux, dont deux moteurs, quoique indépendants, et munis de roues de grand diamètre ; les roues directrices d'avant sont placées à peu près dans l'axe de la cheminée. Les essieux moteurs sont ceux du milieu et de l'arrière, le premier à coude central unique, mû par le piston du grand cylindre, situé sous la boîte à fumée, au-dessus de l'essieu d'avant, dans l'axe de la chaudière. Les deux petits cylindres *aa* actionnent

le troisième essieu, placé à l'arrière du foyer ; ces cylindres à haute pression sont fixes, extérieurement aux longerons entre les roues d'avant et celles du milieu.

La vapeur est amenée de la chaudière par les tuyaux B et C, qui aboutissent au grand cylindre, au moyen des tuyaux D, formant réservoir intermédiaire, en contournant la boîte à fumée ; on évite, en outre, le refroidissement des tuyaux C et D, en dehors de la boîte à fumée, en les renfermant dans une boîte remplie de coton minéral de laitiers. On peut admettre directement la vapeur au réservoir et dans le petit cylindre, au moyen d'un petit tuyau et d'un robinet spécial, et une soupape de sûreté E, limitée à 5 kilogrammes de pression dans l'intérieur de ces dernières. Cette soupape est placée sur le couvercle de la boîte à tiroir, et débouche dans le tuyau d'échappement F. La pression admise au grand cylindre est constamment indiquée par un manomètre.

Le système compound ne comporte pas l'emploi d'une distribution spéciale : c'est par pure préférence personnelle que M. Webb a adopté la distribution Joy, qui supprime l'emploi des excentriques, et prend son mouvement en un point de la bielle motrice ; le tiroir du grand cylindre est placé au-dessus de celui-ci, tandis que ceux des petits cylindres sont en dessous ; les deux appareils de distribution sont, d'ailleurs, indépendants de manière à pouvoir régler séparément l'admission de la vapeur, dans chaque groupe de cylindres. L'arbre de changement de marche du grand cylindre est commandé par un levier L, tandis que celui des petits cylindres est mû au moyen d'un volant à main V et d'une vis.

La mise en marche s'opère exactement comme celle d'une locomotive à roues couplées, et sans appareil spécial de démarrage. L'admission à pleine pression dans les petits cylindres est de 70 0/0, et l'admission correspondante dans les grands de 75 0/0. Le timbre de la chaudière étant de $10^K,7$, la pression, dans le réservoir intermédiaire, est encore d'au moins 4 kilogrammes. En marche normale, le grand cylindre fonctionne presque toujours en pleine admission, tandis que le

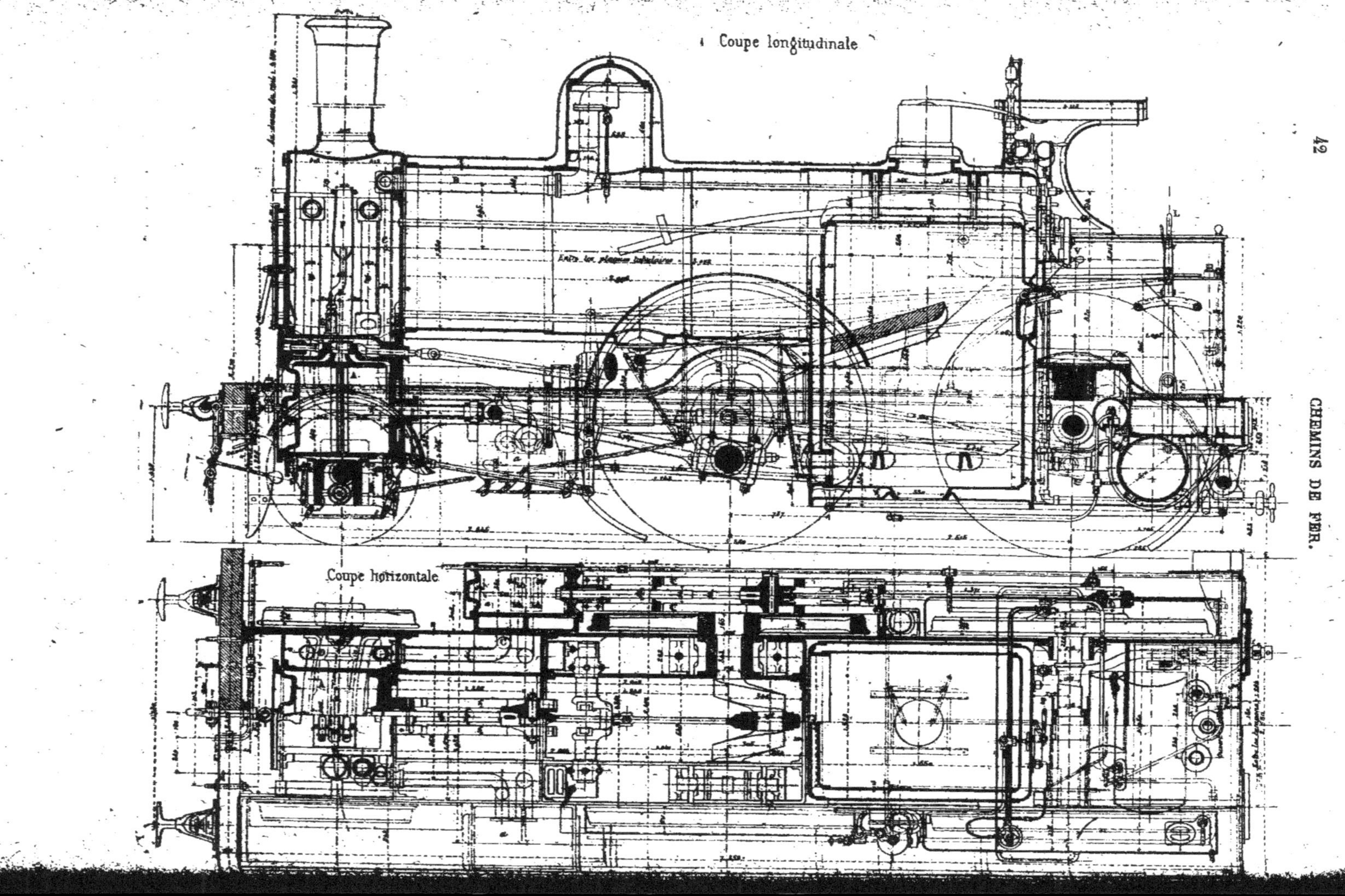
Coupe longitudinale
Coupe horizontale
CHEMINS DE FER.
42

degré d'admission, dans les petits, se règle suivant le travail à produire et d'après les indications du manomètre. Cependant, si l'on était obligé d'admettre au-dessous de 20 0/0 dans les petits cylindres, il deviendrait alors préférable de faire varier l'admission au grand cylindre.

69. *Chaudière. — Détails de construction.* — L'acier a remplacé le fer dans toutes les pièces du corps de chaudière et la paroi extérieure de la boîte à feu; les viroles du corps cylindrique ont 10 millimètres d'épaisseur; celle de la boîte à feu, 12. Le cuivre est maintenu pour le foyer et les plaques tubulaires, même celle de la boîte à fumée, mais les tubes sont en fer.

Le cadre rigide ordinaire du fond du foyer est supprimé, de sorte que le foyer est complètement entouré d'eau, ce qui augmente la circulation de celle-ci, et évite les incrustations dans une région particulièrement dangereuse où les parois sont soumises, d'une manière exceptionnelle, à l'action du feu. Le cendrier est ainsi compris entre la cloison d'eau inférieure et la grille. Une ouverture circulaire, à bords emboutis comme pour la porte du foyer, est pratiquée au milieu de la cloison inférieure pour l'enlèvement des cendres; deux portes à coulisse manœuvrées de la plate-forme, ferment cette ouverture.

Une grande ouverture rectangulaire munie d'un clapet est ménagée à l'avant du foyer; elle permet de remplacer la plaque tubulaire, sans être obligé de démonter les autres parties de la boîte à feu.

Le niveau d'eau est du système à billes sans robinet. L'alimentation se fait au moyen de deux injecteurs verticaux du type Webb, munis d'un long tuyau de refoulement, amenant l'eau jusque vers le milieu de la chaudière. Les soupapes de sûreté sont du système Ramsbotom-Webb; le levier de charge agit sur un étrier qui comprime un fort ressort en hélice impossible à caler, grâce à une gaine qui l'enferme complètement.

70. *Châssis.* — Le châssis est formé de longerons en acier de 23 millimètres d'épaisseur; le grand cylindre est fixé sur deux contre-longerons intérieurs, qui aident en même temps à supporter les paliers de l'essieu coudé.

La répartition convenable de la charge sur les roues est obtenue en disposant celles-ci sous la machine; l'essieu d'avant est muni de boîtes radiales du système Webb, permettant un déplacement de 30 à 35 millimètres de chaque côté de l'axe.

Les fusées ont de longues portées, propriété à laquelle M. Webb attache une grande importance. Grâce à la distribution Joy qui lui a permis de supprimer les excentriques, les fusées de l'essieu coudé

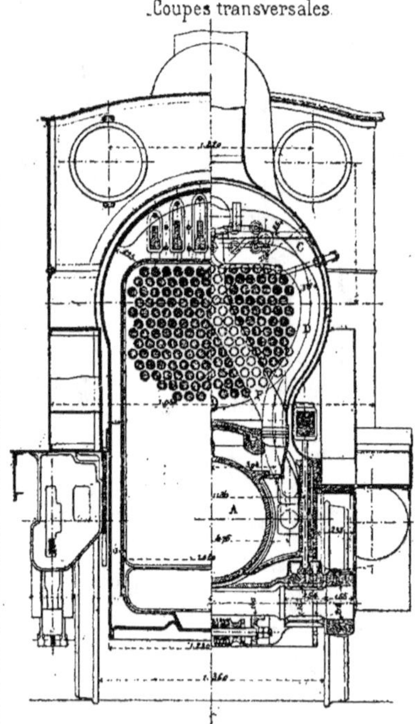

Fig. 43 et 44. — Compagnie Ouest. — Locomotive compound à trois cylindres, de Webb.

ont 0^m,342 de long sur 0^m,178 de diamètre; la fusée du coude a 0^m,140 de long sur 0^m,196 de diamètre. Les fusées de l'essieu d'arrière ont 0^m,230 de long sur 0^m,178 de diamètre et celles de l'essieu d'avant 0^m,254 de long sur 0^m,152 de diamètre. Les ressorts de suspension sont tous indépendants et disposés au-dessus des boîtes.

La machine est munie de quatre boîtes

à sable savoir : deux à l'avant des roues motrices du milieu, et les deux autres à l'arrière des roues motrices d'arrière. Elle

Longueur du foyer (en haut)	$1^m,450$
— — (en bas)	1 480
Largeur du foyer	1 060
Hauteur du ciel du foyer au-dessus de la grille	1 658
Diamètre intérieur du corps cylindrique de la chaudière (grande virole)	1 280
Longueur des tubes entre les plaques tubulaires	3 072
Diamètre extérieur des tubes	0 050
Nombre de tubes	186
Volume d'eau dans la chaudière ($0^m,10$ au-dessus du ciel du foyer)	$2^{mc},900$
Volume de vapeur dans la chaudière	1 000
Timbre de la chaudière	$10^k,5$
Surface de chauffe du foyer	$8^{m2},70$
— des tubes	89 80
— totale	98 50
Surface de la grille	1 57
Diamètre des cylindres à haute pression	$0^m,330$
Diamètre du cylindre à basse pression	0 660
Course des pistons	0 610
Rapport des volumes	2

Distribution système Joy.

	Petits cylindres	Gr. cylindres
Course maximum des tiroirs	$0^m,080$	$0^m,114$
Recouvrement extérieur	$0^m,019$	0 025
Section des lumières d'admission	$0^m,029 \times 0^m,230$	$0,051 \times 0,406$
Section des lumières d'échappement	$0^m,064 \times 0^m,230$	$0,083 \times 0,406$
Introduction à pleine admission	70 0/0	75 0/0
Diamètre des roues directrices (au contact des rails)		$1^m,106$
Diamètre des roues motrices (au contact des rails)		2 020
Ecartement des essieux avant et milieu (d'axe en axe)		2 845
Ecartement des essieux milieu et arrière (d'axe en axe)		2 515
Ecartement des essieux extrêmes (d'axe en axe)		5 360

Dimensions des ressorts.

Avant, 10 lames de $114 \times 9,5$	812 de long.
Milieu, 21 » $\begin{cases} 2 \text{ de } 102 \times 9,5 \\ 19 \text{ de } 102 \times 8 \end{cases}$	912 »
Arrière, 14 » de 114×13	$1^m,150$

Poids.

Machine vide	$33\ 900^k$
— en état de service { avant	11 000
milieu	13 000
arrière	13 000
Poids total	37 000
Poids adhérent	26 000
Effort de traction, $0,50p \dfrac{d^2 l}{D}$	3 453

est munie du frein à air comprimé Westinghouse, adopté par la Compagnie de l'Ouest et dont toutes les pièces sont ici groupées à l'arrière.

Dimensions principales. — Voici les principales données de cette machine qui a eu son heure de célébrité (v. ci-contre col. 1.

71. *Machine compound à trois cylindres et trois essieux couplés de la Compagnie du Nord.* — Cette machine est à trois cylindres et à quatre essieux, dont trois couplés et un porteur radial du système Roy à l'avant. Elle peut fonctionner indifféremment comme machine ordinaire et comme machine-compound. Elle était exposée, en 1889, par la Compagnie du Nord français. Le type en est entièrement différent de celui de M. Webb, et a été étudié par M. Sauvage, ingénieur de la Compagnie.

Les cylindres extérieurs sont à basse pression et ne servent normalement qu'à la détente : au centre de la machine se trouve un cylindre unique à haute pression : les trois cylindres placés transversalement sur la même ligne actionnent le même essieu (*fig.* 45 à 48).

Voici les principales données de cette machine :

Longueur des tampons	10.400
Empâtement extrême	6.630
Diamètre des roues couplées, D =	1.650
— — porteuses	1.010
Hauteur de l'axe du corps cylindrique au-dessus du rail	2.225
Surface de grille	$2^{m2},091$
Surface de chauffe du foyer	9 30
Nombre de tubes	208
Longueur des tubes	$4^m,00$
Rapport de la surface des tubes à celui du foyer	11.2
Surface de chauffe des tubes	104.50
— — totale	113.80
Timbre de la chaudière p =	14^k
Diamètre des cylindres à haute pression d =	0.432
Diamètre des cylindres à basse pression d =	0.500
Course commune des pistons à haute pression l =	0.700
Effort de traction, $0^m,65p \dfrac{d^2 l}{D}$	$6\ 130^k$
Poids à vide	43 650
Poids en service	47 400
Poids adhérent	40 600
Adhérence au 1/6	6 770
Rapport de l'effort de traction à l'adhérence	0.90
Effort de traction par tonne du poids total	129^k

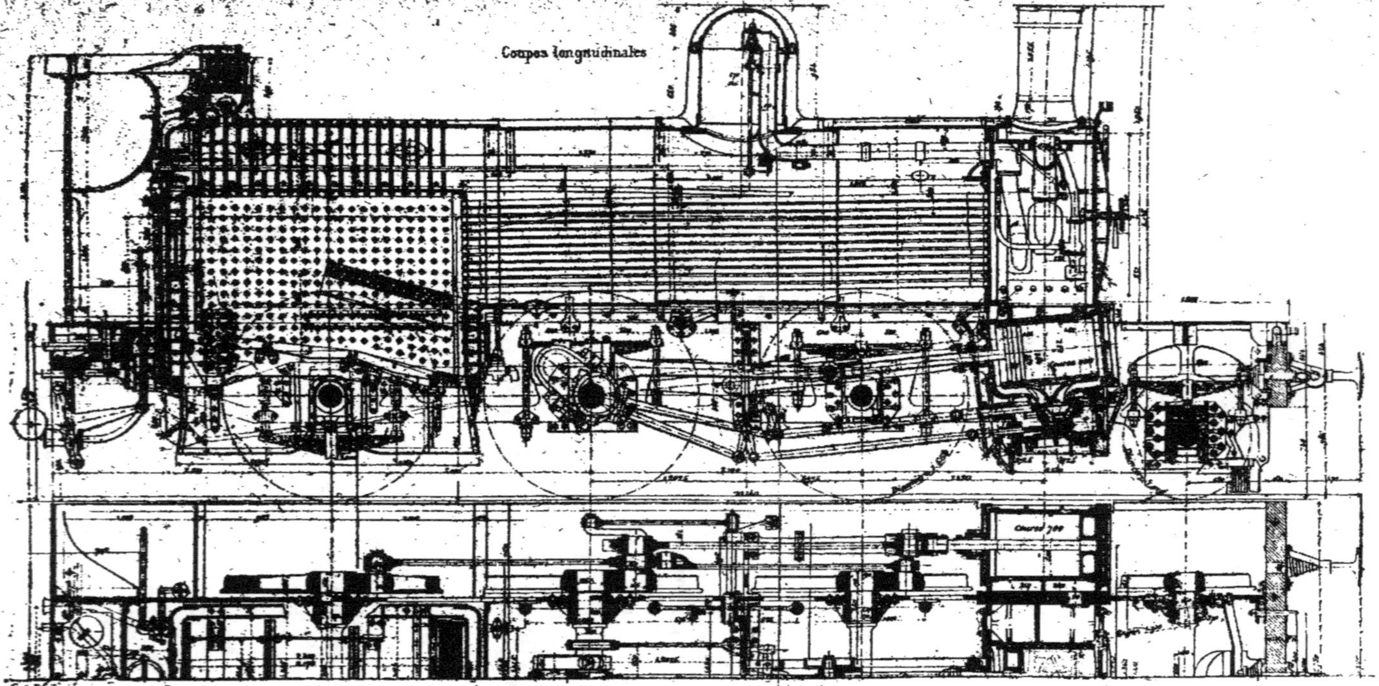

Fig. 45 et 46. — Compagnie Nord. — Locomotive compound à trois cylindres.

Le réservoir intermédiaire se compose de chambres qui existent de part et d'autre du cylindre intérieur et font corps avec lui. On évite les compressions exagérées obtenues fréquemment dans les cylindres à haute pression, au moyen d'une distribution spéciale à deux tiroirs, dérivée du type Meyer, limitant la compression; l'ouverture maxima se produit au moment où le piston acquiert une vitesse importante.

Il n'y a pas de coulisse, et le changement d'admission est obtenu par le déplacement transversal du tiroir, lequel donne aussi l'admission facultative directe dans les grands cylindres extérieurs.

Cette machine a d'abord fait le service des voyageurs, puis a été essayée aux marchandises : elle a pu remorquer la charge maxima des locomotives à huit roues couplées, à la même vitesse. Avant d'être envoyée à l'Exposition de 1889, elle avait remorqué un train de 550 tonnes de Lens à la Chapelle, en six heures et demie, sans exagération de la vitesse sur les pentes.

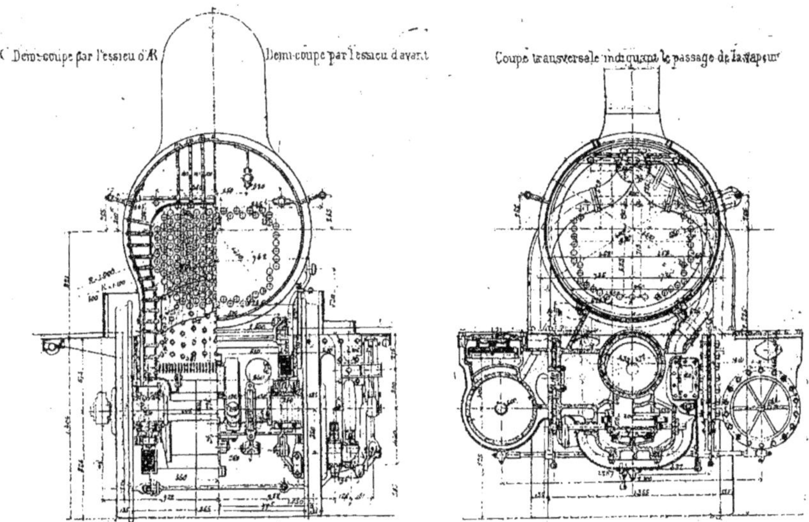

Fig. 47 et 48. — Compagnie Nord. — Locomotive compound à trois cylindres.

Cette machine est puissante, présente un démarrage facile, et peut aller en vitesse, grâce au diamètre de ses roues. Mais, étant donné qu'elle a plus de deux cylindres, on ne s'explique point pourquoi on s'est privé du bénéfice évident que permet de réaliser le fonctionnement compound, en attaquant deux essieux au lieu d'un.

Locomotives compound à quatre cylindres.

72. Dès 1877, M. Mallet exposait ainsi la possibilité des locomotives compound à quatre cylindres :

1° Dans les quatre cylindres, deux peuvent être admetteurs et deux détendeurs, *chacun de ces cylindres ayant un mécanisme particulier.* Les quatre cylindres peuvent actionner le même essieu, et alors, en faisant agir les cylindres du même groupe sur des coudes à 180 degrés, on peut réaliser pour l'essieu moteur, des conditions d'équilibre très satisfaisantes comme l'ont fait Randolphe et Elder pour les machines marines. On peut aussi faire agir chaque groupe de cylindres sur un essieu différent, ces essieux étant accouplés ou ne l'étant pas ; dans ce dernier cas, on aurait une machine Meyer ou Fairlie à fonctionnement compound, ce qui serait une très bonne disposition, car la complication de l'arrangement serait justifiée à la fois par le principe même du système de machines, c'est-à-dire la flexibilité, et par le fait du meilleur fonctionnement comme machine à vapeur proprement dite ;

2° Quatre cylindres disposés par groupes composés chacun d'un cylindre admetteur et d'un cylindre détendeur, placés en prolongement l'un de l'autre *avec un seul mécanisme pour chaque groupe*. Ce système, avec des dispositions de détails bien étudiés, surtout pour le passage de la tige commune des pistons entre les deux cylindres, nous paraît le seul praticable pour les puissantes machines, où l'emploi d'un seul cylindre détendeur conduirait à des dimensions inadmissibles en pratique. C'est ce mode d'application qui a été le plus souvent proposé. Il a l'avantage de conserver la symétrie de l'appareil, et n'a guère contre lui qu'une apparence de complication ; mais cette apparence a suffi pour le faire écarter jusqu'ici ; il est toutefois probable que, lorsqu'on se sera familiarisé avec le principe du fonctionnement compound appliqué aux locomotives, on ne craindra pas d'accepter les quatre cylindres, lorsqu'il le faudra absolument.

73. *Machines à quatre cylindres et deux mécanismes.* — La première machine de ce genre exécutée avec ses cylindres en tandem est une locomotive du Boston and Albany Railway (1883). Elle ne donna pas de bons résultats.

Ensuite, la machine *Niesbet* du North British Railway, et celle M. de Dean du Great-Western, qui n'ont pas été reproduites.

Puis, la machine Woolf à huit roues couplées du chemin de fer du Nord, étudiée par M. du Bousquet et dans laquelle on a cherché surtout une augmentation de puissance. M. Mallet fait remarquer, à ce sujet, que la disposition en tandem appliquée aux machines à six et surtout huit roues couplées a l'inconvénient de surcharger l'avant, et, par suite, d'exiger quelquefois un lestage à l'arrière ou l'addition d'un essieu porteur à l'avant.

Le lestage est fort discutable : quant au nouvel essieu, il ne permet pas d'utiliser la totalité du poids pour l'adhérence, et conduit à une augmentation du poids mort.

74. *Machines à quatre cylindres et à quatre mécanismes.* — Ici, chaque cylindre a son mécanisme particulier, sans qu'il existe, entre ces mécanismes, aucun groupement avant l'attaque de l'essieu.

On peut donc avoir une machine à quatre cylindres avec manivelle à 180 degrés, forme qui a été réalisée une fois, ou bien la division en deux groupes séparés, qui se subdivise elle-même en deux cas, suivant que les deux groupes font partie d'un même châssis rigide, ou bien que les châssis différents peuvent obliquer l'un par rapport à l'autre, afin de faciliter le passage en courbe.

75. Le *Scinde Punjab and Delhi Railway* a fait aussi construire une machine compound, le *Vulcan*, à quatre cylindres avec manivelles à 180 degrés pour un groupe, et 90 degrés du premier, pour le second groupe.

C'est une ancienne machine transformée en 1884.

La machine 701, construite par la Société Alsacienne pour la Compagnie du chemin de fer du Nord, est le type de la locomotive à deux groupes moteurs, sans accouplements et châssis rigide. M. Mallet la considère comme un excellent modèle. Il regrette seulement que le diamètre des grands cylindres ne soit pas un peu plus fort. Avec $0^m,500$, au lieu de $0^m,460$, on aurait eu un rapport de volumes de 2,30, ce qui eût été préférable avec la pression de 11 kilogrammes à la chaudière.

Sur le dernier type du Nord (1891) et au chemin de fer de Lyon, la même forme se présente avec accouplement, c'est-à-dire que les essieux différents sur lesquels agissent les deux groupes distincts de cylindres sont accouplés entre eux.

La préoccupation dominante dans ces machines a été de donner une grande régularité aux moments de rotation ; des combinaisons étudiées avec le plus grand soin ont permis d'obtenir ce résultat, non

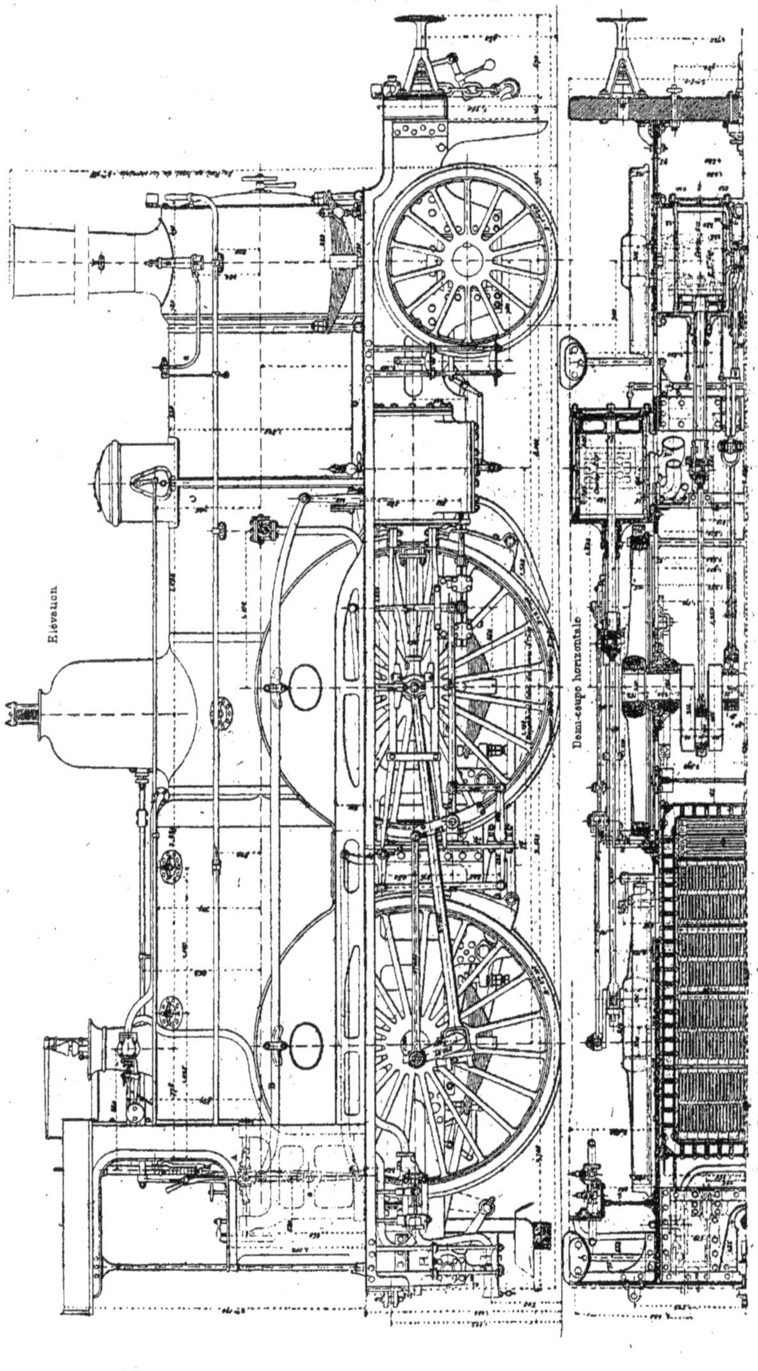

Fig. 49 et 50. — Compagnie Nord. — Locomotive compound à quatre cylindres.

sans des complications assez considérables.

Enfin, une dernière catégorie place les deux groupes de cylindres sur des châssis pouvant obliquer l'un par rapport à l'autre : c'est le type étudié par M. Mallet pour les lignes à courbes raides, spécialement les chemins de fer à voie étroite et qui a été appliqué aux Chemins de fer départementaux, au chemin de fer de Durango à Zumaraga et surtout au chemin de fer Decauville de l'Exposition de 1889.

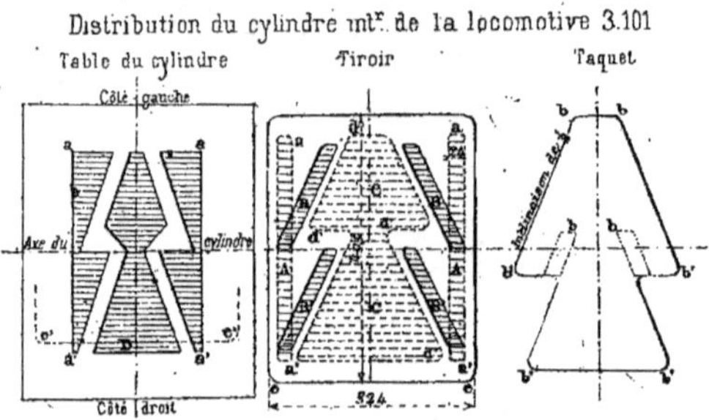

Fig. 51 à 53. — Compagnie Nord. — Locomotive compound à quatre cylindres.

La partie fixe de la machine est composée de la chaudière, des caisses à eau et d'un châssis porté par les roues du groupe arrière auquel sont fixés les petits cylindres. Il n'y a, en somme, qu'un truck à l'avant duquel sont adaptés les cylindres à basse pression. La tuyauterie à haute pression est donc fixe, comme dans une locomotive ordinaire, et il n'y a de mobile que le tuyau faisant communiquer les deux groupes de cylindres, et ne contenant de la vapeur qu'à une pression maximum de 4 kilogrammes, et le tuyau d'échappement.

76. *Locomotive compound à quatre cylindres pour express de la Compagnie du Nord* (1878). — Cette locomotive numéro 701 a été construite par la Société Alsacienne de construction mécanique de Belfort, sur les plans de M. Glehn, ingénieur de la Société ; elle diffère peu, comme dispositions générales, des autres machines à grande vitesse de la même Compagnie, en usage depuis 1878 ; seul, le fonctionnement compound est entièrement nouveau (*fig.* 49 à 56).

Cette machine est à quatre cylindres : deux intérieurs à haute pression qui actionnent l'essieu coudé du milieu, et deux extérieurs à basse pression agissant sur l'essieu d'arrière. Cette double disposition permet de supprimer les bielles d'accouplement. Le réservoir intermédiaire se compose d'un gros tuyau, logé dans la boîte à fumée, en réunissant les deux chambres

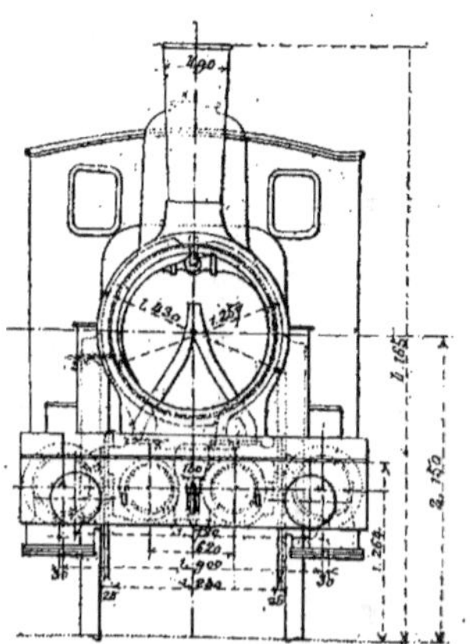

Fig. 54. — Compagnie Nord. — Locomotive compound à quatre cylindres.

d'échappement des petits cylindres, et par les deux tuyaux qui mettent ces chambres en communication avec la boîte à vapeur des cylindres à basse pression. Le volume de ce réservoir est le double du grand cylindre et le quadruple du petit. La pression, qui est de 11 kilogrammes à la chaudière, est limitée à 5^{kg},7 dans ce réservoir, par une soupape de sûreté.

Les distributions sont ordinairement indépendantes ; mais elles peuvent aussi être commandées simultanément par le volant du changement de marche, au moyen d'un système analogue au dernier de M. Mallet. Si l'on est, dans ce cas, parti du cran zéro, pour l'une et pour l'autre, on obtient des admissions sensiblement égales dans les deux groupes de cylindres.

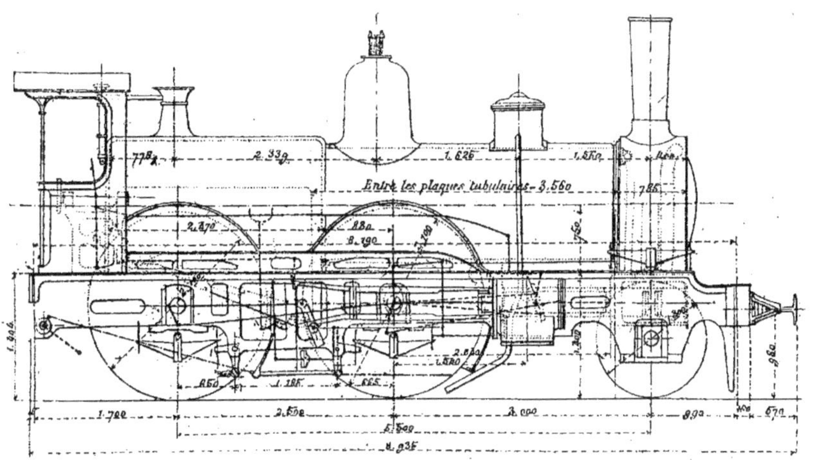

Fig. 55. — Compagnie Nord. — Locomotive compound à quatre cylindres. — Diagramme.

Quant au démarrage, il est facilité par un robinet et un tuyau de 20 millimètres, permettant d'envoyer directement la vapeur de la chaudière au réservoir intermédiaire.

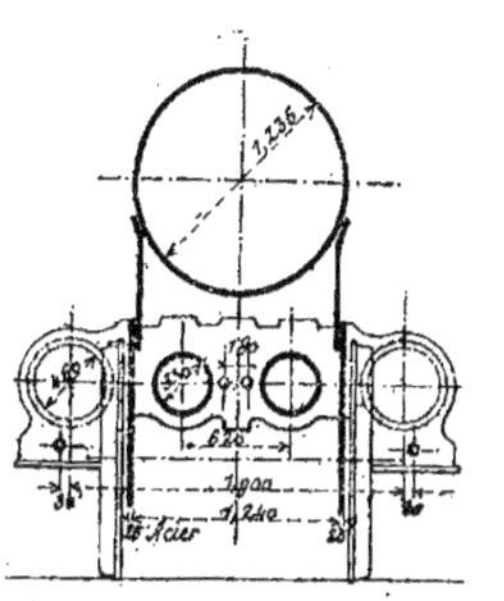

Fig. 56. — Compagnie Nord. — Locomotive compound à quatre cylindres. — Coupe transversale.

Ce démarrage se fait le plus souvent sans le secours de l'admission directe au réservoir intermédiaire, mais un peu lentement, l'effort de la traction n'étant que de 5 030 kilogrammes, au lieu de 5 420 kilo-grammes, présenté par les autres machines à grande vitesse de la même Compagnie; cette infériorité est surtout due à l'indépendance des essieux moteurs, qui ont chacun une adhérence d'environ 14 tonnes. Pour faciliter la mise en marche, on a appliqué aux roues centrales commandées par les petits cylindres, la sablière à vapeur Gresham et Craven ; on surmonte ainsi aisément l'inconvénient de l'indépendance des essieux.

77. On sait que, dans toutes les machines compound, il y a compression exagérée de la vapeur dans les cylindres à haute pression; on a supprimé ce défaut, dans la locomotive que nous considérons, par l'emploi de pistons évidés, ce qui augmente les espaces neutres ; cela diminue légèrement la détente dans les petits cylindres, ce qui est sans influence sérieuse, puisque cette détente se continue ensuite largement dans les grands cylindres.

L'indépendance des distributions est également très utile sur cette locomotive, parce que l'admission aux grands cylindres doit être changée entre des limites assez étendues, par exemple, pour faciliter le roulement de la machine à très grande vitesse. Il y a, en effet, lieu, dans ce cas, d'employer une introduction plus prolongée à ces cylindres, ce qui réduit la pression au réservoir intermédiaire, et, par suite, la contre-pression dans les cylindres à haute pression.

M. Pulin a constaté (*Bulletin des Ingénieurs civils*, mai 1887), en étudiant les diagrammes, que le passage de la vapeur d'un cylindre à l'autre entraînait une perte par condensation d'environ 10 0/0. Cette perte assez élevée tient, sans doute, à l'inefficacité du réchauffage de la vapeur qui n'est pas obligée de circuler dans le tuyau de la boîte à fumée, et à la condensation dans les tuyaux d'admission des grands cylindres.

Enfin, pour les admissions prolongées aux petits cylindres, nécessaires sur les rampes, la pression d'échappement des grands cylindres est un peu plus élevée qu'il ne convient pour le tirage ; on aurait donc gagné à pousser plus loin la détente, en adoptant des cylindres d'étendue plus grands.

Un certain nombre d'imperfections étrangères au système compound, et que nous verrons plus loin dans le chapitre : *Expériences et résultats obtenus*, n'a pas permis d'apprécier, avec cette machine, tout le parti qu'on pouvait en tirer.

C'est pourquoi l'on en est revenu au principe Woolf, à quatre cylindres en tandem.

78. Cette locomotive ne peut admettre la vapeur directement dans les grands cylindres qu'au démarrage. Il serait préférable que cette admission pût se faire en toutes circonstances suivant les besoins ; le système compound présente, en effet, cet avantage précieux, de pouvoir fournir un maximum de puissance, selon les besoins des circonstances de route, les accidents de la voie, les influences climatériques et la charge remorquée.

Il paraît, en outre, original, au premier abord, de mettre les petits cylindres à l'intérieur et les grands au dehors. Le besoin seul de transformer en compound les anciennes machines pouvait l'expliquer,

car la place manquait entre le bogie et la boîte à fumée pour y loger les grands cylindres. Sans cela, le chemin parcouru par la vapeur est très allongé. Il part du dôme du milieu de la machine, pour aller aux petits cylindres qui sont à l'avant ; de là, aux grands cylindres, placés aussi vers le milieu ; puis, de nouveau à l'avant, pour gagner l'échappement dans la cheminée. Il en résulte un abus de tuyauterie avec tous les inconvénients qu'il comporte, et des saillies plus fortes à l'extérieur de la machine, ce qu'il est toujours bon d'éviter.

Ce type du Nord à quatre cylindres ne diffère d'ailleurs de l'ancien type *Outrance* que par l'addition des grands cylindres extérieurs d'expansion, qui actionnent l'essieu d'arrière, et par la suppression des bielles d'accouplement.

79. *Données principales.* — La chaudière est en fer et timbrée à 11 kilogrammes. L'empâtement est de 5^m,50. Il y a un troisième essieu uniquement porteur à l'avant.

Le tender a trois essieux et contient 15 mètres cubes d'eau. Les principaux éléments de cette locomotive sont :

Surface de grille	2^{m2},270
Surface de chauffe totale	103 ,03
Hauteur de l'axe de la chaudière au-dessus du rail	2^m,150
Longueur hors tampons	8 ,935
Diamètre des roues motrices	2 ,100
— — porteuses	1 ,300
Diamètre des cylindres à haute pression	» ,330
Diamètre des cylindres à basse pression	» ,460
Rapport des volumes des cylindres	1 ,950
Course des pistons à haute pression	» ,600
— — basse —	» ,610
Poids de la machine à vide	34 800^K
— en service	37 800
Poids adhérent	27 600
Effort de traction, $0,50\, p\, \dfrac{d^2 l}{D}$	3 474
Adhérence au $^1/_6$	4 600

80. *Locomotive Woolf à quatre cylindres en tandem de la Compagnie du Nord* (1887). — Nous avons parlé plus haut du système Woolf en compound dépourvu de réservoir intermédiaire ; au point de vue spécial de son application aux locomotives, sur lesquelles les manivelles ne peuvent jamais être parallèles (concordantes ou opposées), le type, Woolf exige donc l'emploi de quatre cylindres et, par conséquent, n'est réellement indiqué que pour les locomotives puissantes.

C'est ce qu'a compris et exécuté M. du Bousquet, ingénieur en chef de la Traction au chemin de fer du Nord, qui a ainsi transformé les anciennes machines à quatre essieux couplés. Sa préoccupation était surtout d'obtenir un plus grand travail d'un poids donné de vapeur, sans rien changer au mécanisme de distribution, et sans augmenter, pour l'admission maxima aux petits cylindres, le travail par coup de piston ; et, pour utiliser la détente le mieux possible, il a cherché une augmentation d'expansion donnant, d'après la quantité de vapeur dépensée en palier, une pression d'échappement très peu supérieure à la pression atmosphérique.

M. du Bousquet s'est arrêté à l'emploi des quatre cylindres placés en tandem, ce qui n'exigeait d'autres modifications de l'ancien mécanisme, que l'emploi d'une seule crosse de piston pour les deux cylindres successifs ; ce projet ne changeait donc rien aux dispositions générales de la machine, en vue de l'extension possible du système à un type dont la Compagnie possédait à l'époque quatre cents exemplaires.

Les principales données de la machine, avant transformation, sont résumées ci-dessous :

Surface de grille	$2^m,08$
Surface de chauffe totale	125 ,98
Diamètre des cylindres	0 ,500
Course des pistons	0 ,650
Timbre de la chaudière	10^k
Diamètre des roues	$1^m,300$
Poids total entièrement adhérent	44 700
Effort de traction, $p\,\dfrac{d^2 l}{D}$	12 500

Pour le fonctionnement Woolf, le cylindre unique de 0,500 a été remplacé par deux cylindres dont le petit a $0^m,38$, et le grand $0^m,66$ de diamètre, avec course commune de $0^m,65$, de manière à conserver le même effort total sur les organes du mécanisme. Les longerons devant recevoir les cylindres en tandem ont été allon-

gés de $0^m,54$: les volumes occupés finalement par la vapeur dans la machine Woolf et la machine ordinaire sont comme 1,74 est à 1.

Afin d'obtenir une répartition convenable de la charge, avec des cylindres beaucoup plus lourds, on a dû placer une traverse en fonte de trois tonnes sous la plate-forme du mécanicien, ce qui a porté à $51^t,7$ au lieu de $44^t,7$ le poids de la locomotive en ordre de marche. On a d'ailleurs pu, sans être obligé d'ajouter un essieu porteur, ne pas dépasser la charge de 14 à $14^t,3$ par essieu admise par la Compagnie.

Le démarrage peut être facilité par le renvoi direct de la vapeur aux grands cylindres, au moyen d'un tuyau de 30 millimètres de diamètre.

La marche à régulateur fermé est souvent très prolongée sur ces machines exclusivement réservées aux marchandises ; en raison du très grand volume des cylindres de basse pression, il en pouvait résulter une forte aspiration des gaz de la boîte à fumée jusque dans ces cylindres. Cet inconvénient a été évité, en munissant ces dernières de soupapes automatiques d'une disposition spéciale, étudiée de façon à éviter tout battement sur leurs sièges, (*fig.* 57 et 58).

81. Cela posé, dans ce type, Woolf en tandem adopté en 1887 par la Compagnie du Nord pour transformer ses mêmes machines à quatre essieux couplés, la vapeur sortant d'un cylindre se détend dans un second, comme dans le système compound. Seulement, les deux cylindres sont au bout l'un de l'autre, de chaque côté de la machine, et fonctionnent ensemble dans le même sens, au lieu d'être voisins et d'avoir leurs manivelles calées à 90 degrés l'une de l'autre.

L'ancien type employé par la Compagnie est, d'ailleurs, très rationnellement étudié, et l'on a cherché à s'en éloigner le moins possible, tout en faisant usage de la double expansion.

Les deux cylindres en tandem ont été fondus ensemble ; ils ne forment, en réalité, qu'une seule pièce, divisée en deux capacités au moyen d'une cloison. Le grand cylindre est vers l'avant.

La table à tiroir (*fig.* 59) est percée de

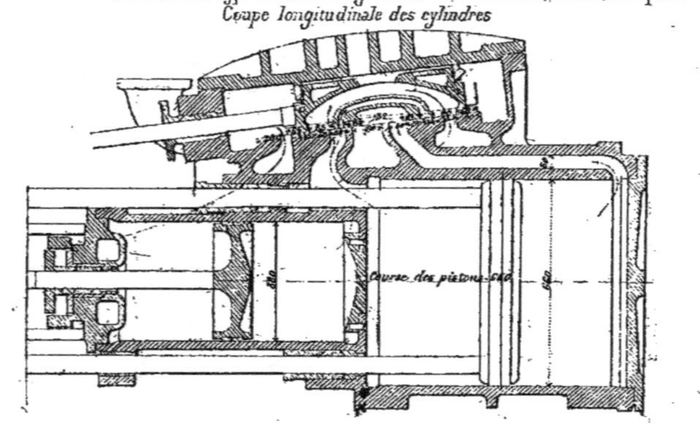

Fig. 57 à 59. — Locomotive compound. — Type Woolf.

cinq lumières; un tiroir unique et une boîte à vapeur commune aux deux cylindres servent à la distribution. Les lumières du petit cylindre sont aux extrémités ; l'échappement est au centre comme d'ordinaire, et les orifices intermédiaires servent à l'admission dans le grand cylindre.

Primitivement, le timbre de la chaudière était de 10 kilogrammes ; aujourd'hui on l'a porté à 12 kilogrammes.

Voici les principales données de cette locomotive :

Longueur hors tampons	9^{m} ,635
Surface de grille	2^{m2} ,080
Surface de chauffe du foyer	9^{m2} ,200
Hauteur de l'axe du corps cylindrique au-dessus du rail.................	2 ,050
Longueur des tubes................	4 ,200
Surface de chauffe des tubes	116 ,78
Surface de chauffe totale............	125 ,98
Empâtement extérieur.............	4 ,250
Diamètre des roues	1 ,300
Rapport de la surface des tubes à celle du foyer..................	12 ,7

82. *Remarques.* — Nous ferons au sujet de cette machine plusieurs remarques.

D'abord, au point de vue du principe, d'après M. Mallet, l'avantage de la diminution de perte de pression d'un cylindre à l'autre dans les machines Woolf est largement compensé par la chute plus grande de température qui s'opère dans les cylindres (*Bulletin de la Société des Ingénieurs civils de France*, novembre et décembre 1877.) En effet, la pression descend derrière le petit piston presque jusqu'à la pression finale du grand, tandis qu'au grand cylindre la pression initiale est plus élevée que dans la machine à réservoir qui, d'ailleurs, a encore une autre supériorité de la part de l'effet économique de la compression.

« Nous ne pouvons donc, conclut M. Mallet, partager l'opinion qui consiste à attribuer une supériorité de ce chef à la machine à points morts concordants, et nous ne voyons, par conséquent, pas grande utilité à rechercher les arrangements plus ou moins compliqués pour supprimer les espaces intermédiaires. Le réservoir peut servir avantageusement à recueillir l'eau entraînée avant son entrée au grand cylindre. Somme toute, il est, croyons-nous, impossible de citer un fait qui permette d'attribuer une supériorité économique réelle à une machine Woolf proprement dite sur une machine compound à réservoir, dans les mêmes conditions de détente, et toutes choses égales par ailleurs. »

83. *Observations de M. Mallet.* — En outre, M. Mallet a adressé au type précédent les critiques ci-dessous relatives « à l'exagération du diamètre des grands cylindres, dont le rapport des volumes 3 avec les petits paraît excessif. Le bénéfice obtenu par la prolongation de l'extension de la vapeur doit être plus qu'absorbé par les frottements, et surtout par l'accroissement des surfaces offertes au refroidissement par les cylindres et les pistons. Il s'agit ici des surfaces en contact avec la vapeur.

« Nous avons eu la curiosité de rechercher quel était, pour les diverses locomotives compound construites jusqu'ici le volume offert à la détente de la vapeur. Ce volume est celui du ou des grands cylindres, multiplié par le rapport de la course au diamètre des roues motrices. Le terme le plus rationnel auquel il ait paru possible de le ramener, pour la comparaison, est le poids adhérent. D'autres fois, il semble équitable de réduire la valeur ainsi obtenue à une pression uniforme, 10 kilogrammes par exemple, puisqu'on doit rechercher une expansion d'autant plus prolongée que la pression de la chaudière est plus élevée. On calculera ainsi la valeur $\dfrac{d^2 l}{DP}$, ainsi que $\dfrac{d'^2 l}{DPp}$, d' étant le diamètre du grand cylindre, s'il n'y en a qu'un, ou le diamètre du cylindre fictif égal à la somme des sections des grands cylindres, s'il y en a plusieurs.

« Nous avons ainsi obtenu les coefficients consignés dans les deux dernières colonnes du tableau des pages 42 et 43 (juillet 1890, *Ingénieurs Civils*). On voit que la machine Woolf du chemin de fer du Nord présente le rapport de 8,42, alors que ce rapport n'est que très exceptionnellement supérieur à 6 dans la locomotive compound, et pour la même pression de 10 kilogrammes redescend jusqu'à 2,96 ;

mais sa valeur la plus générale est entre 4 et 5.

Il est vrai qu'avec l'augmentation à 12 kilogrammes de la pression le chiffre de la machine Woolf se trouve ramené à 7, chiffre plus raisonnable, mais encore bien supérieur à ceux de presque toutes les machines construites. Il n'est que juste de faire observer que le rapport de volumes de cylindres de 3 n'a pas été, nous le supposons du moins, adopté de propos délibéré ; c'est une conséquence du mode de liaison des pistons des cylindres accolés, mode de liaison par deux tiges, qui exige une différence relativement considérable entre les diamètres des deux cylindres. Cette liaison est assez simple, mais nous ne savons pas jusqu'à quel point cette qualité peut compenser des inconvénients, provenant d'un accroissement gênant dans le volume, le poids et les surfaces de refroidissement des grands cylindres.

« Le système Woolf, c'est-à-dire à transvasement direct de la vapeur sans réservoir proprement dit, exige des rapports de volume assez élevés, surtout avec une distribution commune. Mais on pourrait

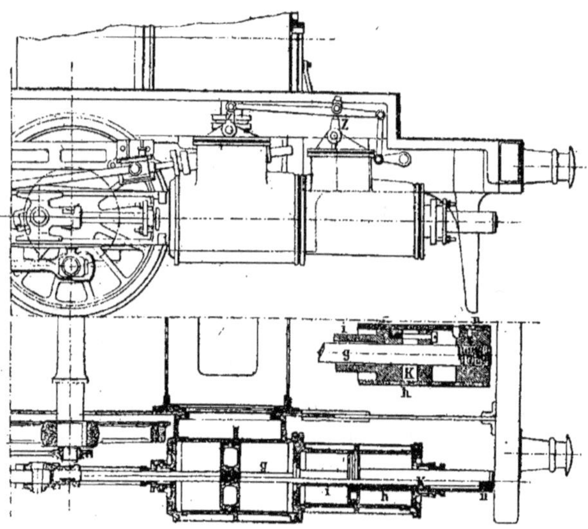

Fig. 60 à 62. — Locomotive compound, type Mallet (projet de 1879).

se contenter, probablement, d'un rapport de 2,50, qui réduirait le diamètre des grands cylindres de 0,660 à 0,600 ; d'ailleurs, la disposition à réservoir pourrait être adoptée, pour diminuer encore un peu ce diamètre. Le fonctionnement au Woolf donne, il est vrai, un peu plus de puissance maxima, à cause de l'élimination presque complète de la chute de pression entre les cylindres. Mais un avantage équivalent peut être obtenu par le réchauffage, en faisant passer dans la boîte à fumée les tuyaux formant réservoir intermédiaire entre les cylindres de chaque paire, agissant en compound.

« Ce qui précède suppose un mode de liaison différent entre les pistons du même côté, et ne paraît pas être un problème irréalisable. »

Et M. Mallet rappelle, à ce sujet, son projet de 1879, destiné à la transformation d'une locomotive à marchandises des chemins de fer du Nord de l'Espagne (fig. 60 et 61). On allongeait simplement les longerons et l'on ajoutait un petit cylindre admetteur sur le fond avant de

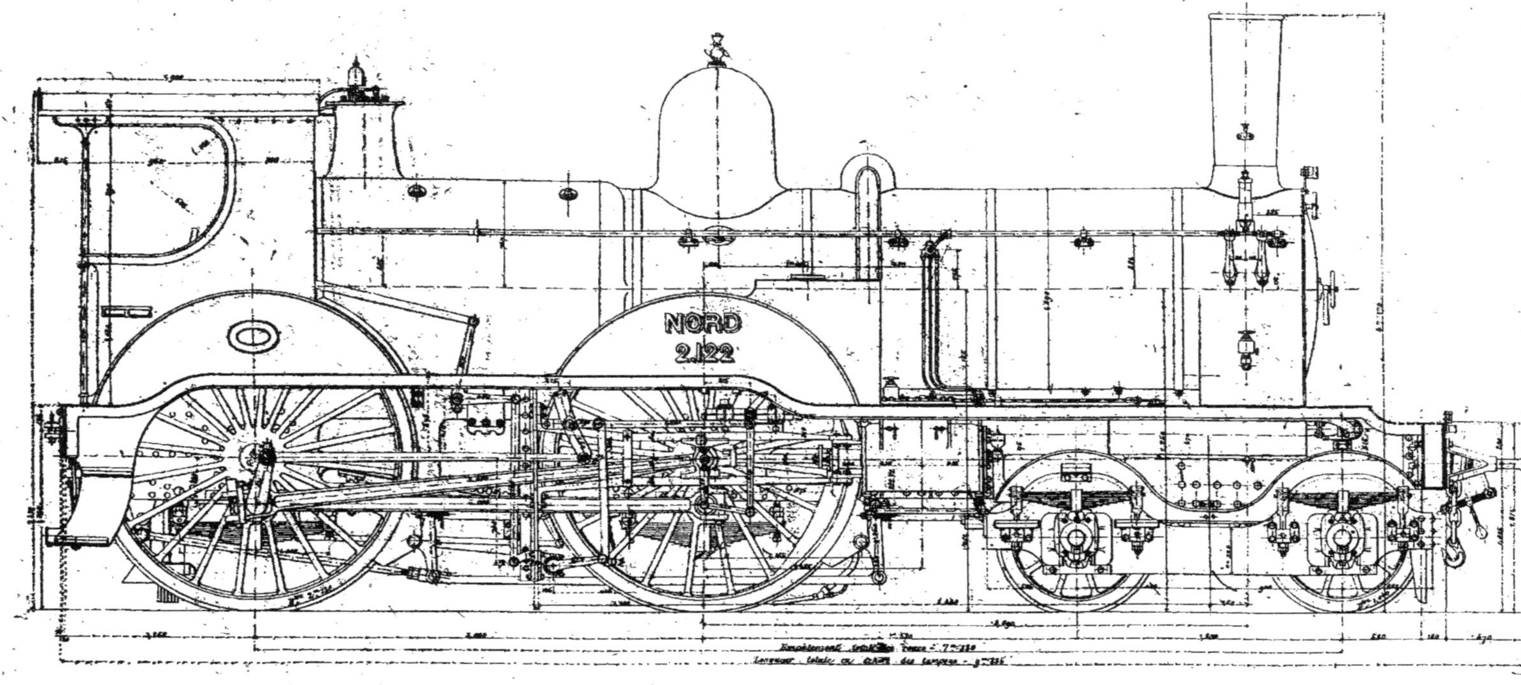

Fig. 63. — Compagnie Nord. — Locomotive compound à quatre cylindres. — Typé 1891.

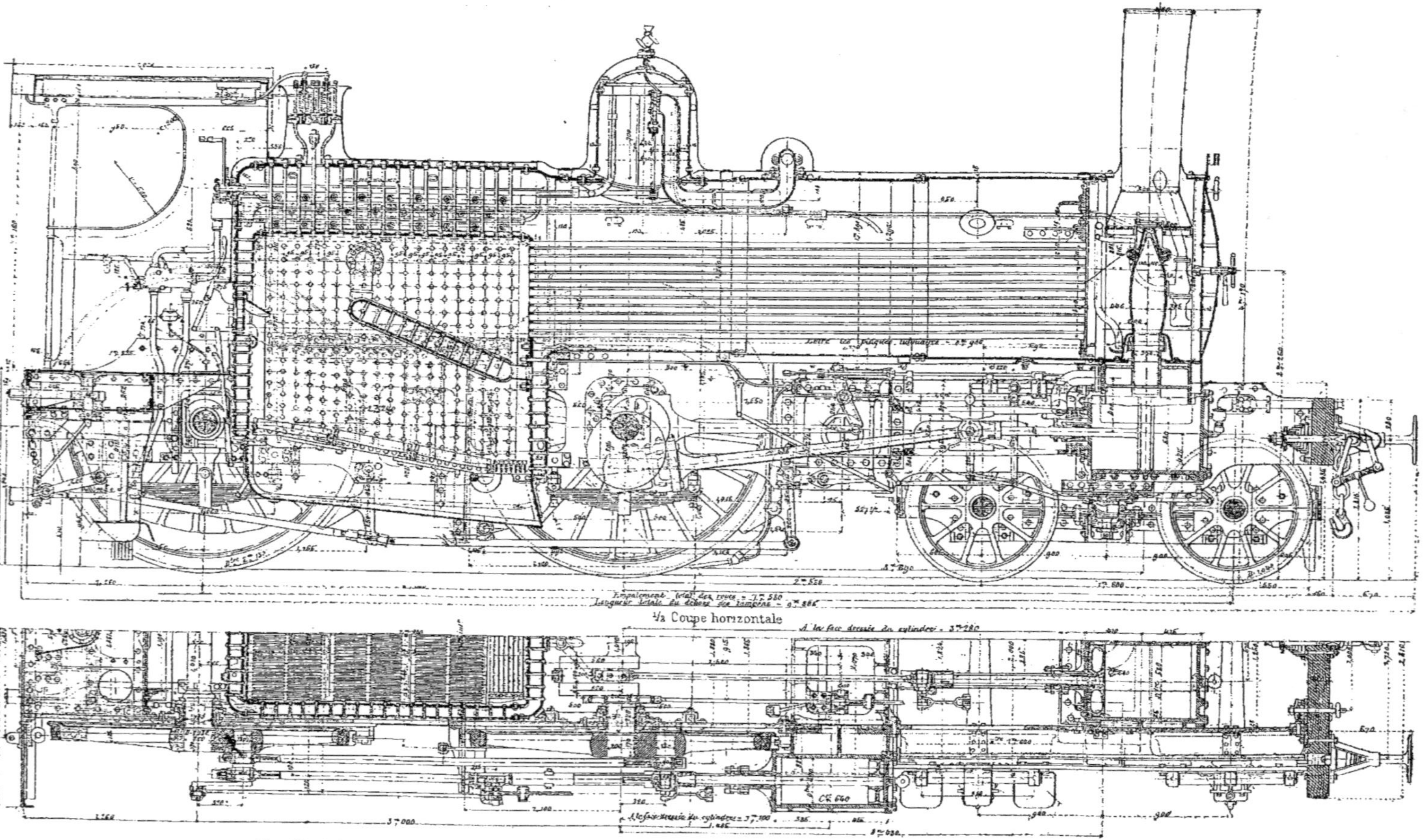

Fig. 64 et 65. — Compagnie Nord. — Locomotive compound à quatre cylindres. — Type 1891.

chacun des anciens cylindres devenus détendeurs. On voit à plus grande échelle, sur la figure 62, le presse-étoupes intérieur, faisant joint entre la tige creuse h du petit piston et la tige pleine g du grand, par l'intermédiaire d'un tube i fixé à la cloison qui sépare les deux cylindres.

84. *Nouvelles locomotives compound à quatre cylindres de la Compagnie du Nord, type 1891.* — Les excellents services rendus par la machine compound 701 signalés plus haut, et construite par la Société Alsacienne de Belfort, engagèrent la Compagnie du Nord à étudier un nouveau type de ce genre, en augmentant encore sa puissance et faisant disparaître les quelques défauts révélés par l'usage, qui sont les suivants :

1° Chauffages répétés des boîtes d'arrière placées sous le foyer ;

2° Patinages fréquents ;

3° Démarrages pénibles.

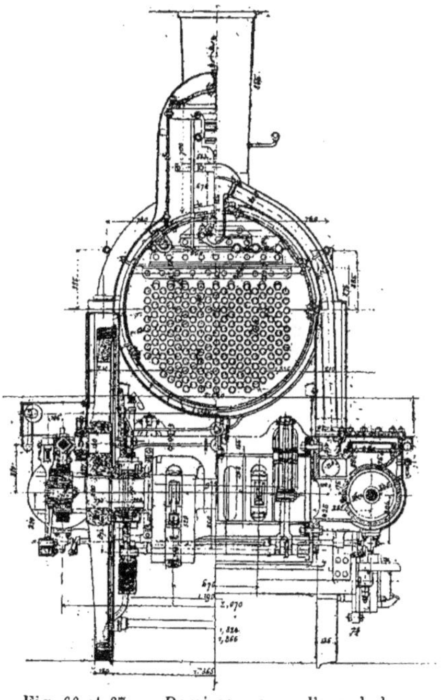

M. du Bousquet, pour remédier à ces inconvénients, a été conduit à :

1° Placer le dernier essieu derrière le foyer ;

2° Coupler les deux essieux moteurs ;

3° Employer un appareil permettant, quand la nécessité s'en fait sentir, d'envoyer directement la vapeur des petits cylindres à l'échappement, en alimentant les grands cylindres par de la vapeur à 6 kilogrammes, prise directement au générateur.

Deux nouvelles machines ont été construites d'après ces données par la même Société Alsacienne et mises en service en août et septembre 1891.

85. *Description générale (Revue générale des chemins de fer, juin 1892, M. du Bousquet).* — Dans ces nouvelles machines (*fig.* 63 à 70), les cylindres sont au nombre de quatre, deux extérieurs à haute pres-

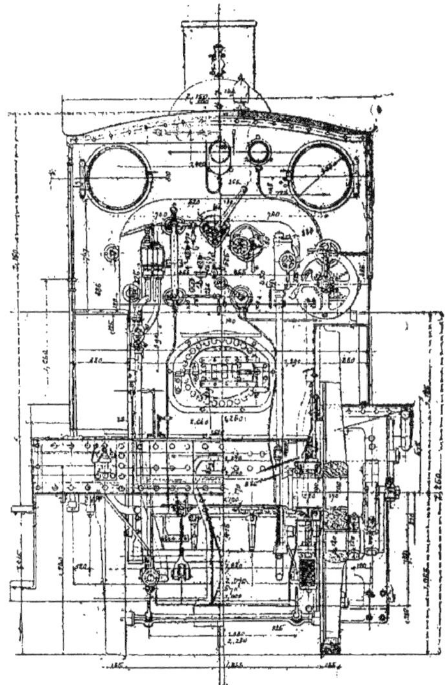

Fig. 66 et 67. — Demi-coupe par l'axe de la roue motrice d'avant et demi-coupe par l'axe du cylindre à haute pression.

Fig. 68. — Vue d'arrière.

sion et deux intérieurs à basse pression ces derniers sous la boîte à fumée. Les boîtes à vapeur de ceux-ci sont extérieures, de manière à faciliter la visite des tiroirs (*fig.* 69). La vapeur se rend du premier groupe dans le second, en passant dans un réservoir intermédiaire commun, situé directement sous la virole de la boîte à fumée et fondu avec les grands cylindres qui sont d'une seule pièce. Sur l'ancienne locomotive 701, les cylindres de haute pression se trouvaient à l'intérieur des longerons et ceux de basse pression à l'extérieur. La disposition inverse adoptée sur les nouvelles locomotives a paru plus rationnelle, en ce sens que le trajet de la vapeur, qui se rend de la chaudière à l'échappement, est plus direct ; en outre, le plan, dans lequel s'exerce l'effort moteur des cylindres extérieurs, se trouve plus rapproché des longerons qui sont ainsi moins exposés à fléchir.

Les cylindres intérieurs de basse pression actionnent l'essieu qui vient à la suite de l'avant-train, et les cylindres extérieurs de haute pression agissent sur celui d'arrière. Les efforts maximum sur les manivelles motrices sont ainsi beaucoup diminués. Ils ne sont plus que de 12 710 kilogrammes pour les cylindres à haute pression, et 13 235 kilogrammes pour ceux à basse pression. On revient ainsi aux efforts qui se produisaient sur les machines à deux essieux couplés et cylindres intérieurs, destinés aux trains express, et connus sous le nom d'*Outrances*. Celles-ci permettaient de faire de très longs parcours, sans remplacement d'essieux coudés. Les roues de l'essieu moteur d'avant ont été munies de la sablière à vapeur, système Gresham.

86. *Chaudière*. — La chaudière timbrée à 14 kilogrammes, en tôle de fer de 18 millimètres d'épaisseur, a été étudiée en vue d'une grande production de vapeur ; le foyer de l'une des machines est muni d'un bouilleur Tembrinck, l'autre d'une voûte en briques. La surface de chauffe directe est de 11 mètres carrés, et 13,80 avec le Tembrinck.

Le corps cylindrique est de forme télescopique, et la virole d'arrière, la seule dont le diamètre soit limité par les coudes de

l'essieu, est la plus petite. Le dôme est placé dans cette virole, et la prise de vapeur s'y fait, à l'aide de deux tiroirs superposés, disposition favorable à la mise en marche et au laminage facultatif de la vapeur, prise dans la chaudière. Les deux soupapes de sûreté sont à charge directe, et placées à l'arrière de la boîte à feu. L'échappement est variable, par le système de valve généralement employé.

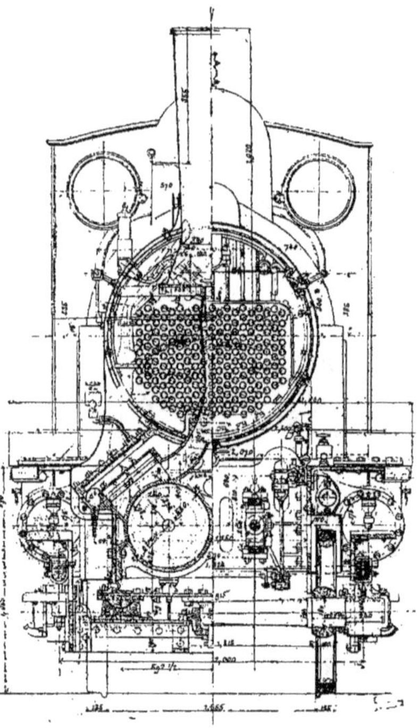

Fig. 69 et 70. — Demi-coupe par le cylindre à basse pression et demi-coupe par l'axe de la roue d'arrière du bogie.

87. *Mécanisme.* — Le mécanisme de propulsion ne présente aucune particularité. Les deux distributions sont du système Walschaert, et peuvent être liées ou indépendantes, à la volonté du mécanicien, résultat obtenu comme suit (*fig.* 71 et 72) : il y a deux changements de marche à vis, placés côte à côte, et commandés par un même volant, monté sur la vis de changement de marche des cylindres intérieurs à basse pression. Ce volant V fait corps avec un pignon R, et les deux pièces peuvent être calées ou rendues folles sur la partie lisse de la vis, par la simple ma- nœuvre d'un cliquet B, semblable à celui que portent les volants des locomotives ordinaires, pour fixer leur position à un

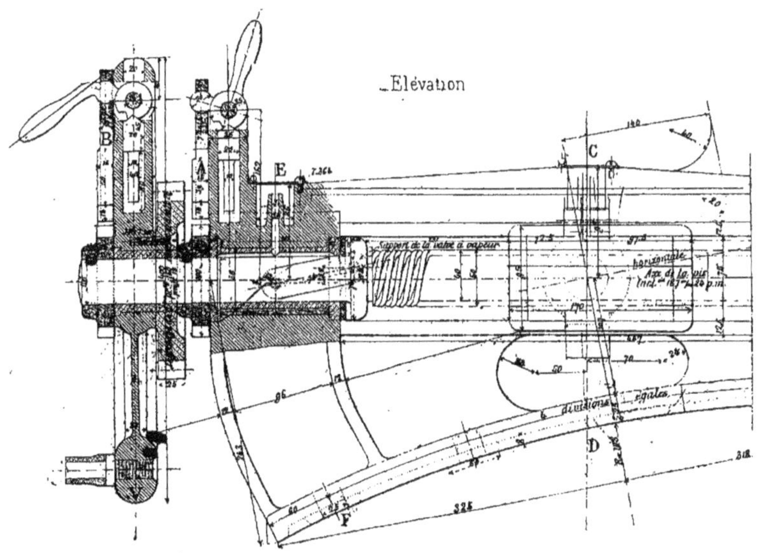

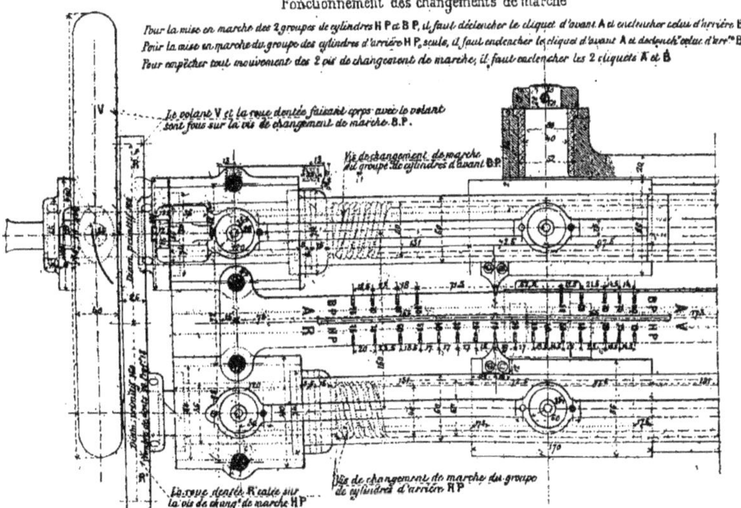

Fig. 71 et 72. — Compagnie Nord. — Locomotive compound à quatre cylindres (1891).
Changement de marche à vis.

cran quelconque. Enfin, un second pignon R', semblable au premier, et engrenant avec lui, est calé à l'extrémité de la vis de changement de marche des cylindres extérieurs de haute pression.

Lorsque le volant V est calé sur son axe par le cliquet B, on obtient, en le manœuvrant, et en partant des points morts coïncidents, des admissions toujours égales entre elles, dans les deux groupes de cylindres. C'est ce qui a lieu, notamment, pour le démarrage à fond de course. En marche, les variations d'admission dans les cylindres de haute pression peuvent être obtenues sans changement d'admission dans les grands cylindres par le déclenchement du verrou.

Le recouvrement extérieur des tiroirs des cylindres de haute pression (— 1^{mm},5 de chaque côté) est négatif, dans le but de diminuer la compression dans ces cylindres; après étude des diagrammes relevés, on a décidé de le porter à — 3 millimètres.

88. *Châssis.*—Le bâti de la machine est constitué par des longerons simples en fer de 28 millimètres d'épaisseur, solidement entretoisés, entre l'essieu moteur d'avant, et le second essieu du bogie, par une sorte de cage en acier coulé, de 0^m,680 de long. Cette pièce sert de support, à sa partie antérieure, aux glissières des têtes de piston, et, à sa partie supérieure, aux coulisses de distribution du mouvement intérieur. A la hauteur des boîtes, les longerons sont renforcés par des cornières en acier, épousant la forme de l'évidement. L'avant-train articulé, sans déplacement latéral, est disposé comme dans les autres locomotives à grande vitesse de la Compagnie du Nord; ses longerons sont extérieurs aux roues. L'essieu moteur coudé est du type Worsdell, à manivelles circulaires: cette disposition permet d'augmenter la section des branches de manivelles, tout en réduisant leur épaisseur, et simplifie le travail de finissage de l'essieu.

La machine est munie du frein à vide Smith-Hardy actionné par deux éjecteurs qui se trouvent logés dans la boîte à fumée. Les quatre roues couplées sont freinées par des sabots commandés par deux sacs de frein système Hardy, placés à l'avant du tender.

Enfin, la plate-forme du mécanicien porte un abri dont la toiture est munie d'une lampe pour l'éclairage général et intense des appareils de la boîte à feu.

89. *Tender.* — Le tender est porté par trois essieux ; sa contenance est de 14 tonnes en eau et de 4 tonnes en combustible. Il est muni d'un frein à six sabots actionné par deux sacs de frein à vide. L'attelage entre locomotive et tender est constitué par une barre rigide et deux tampons de connexion dont les tiges portent sur des ressorts coniques.

Dimensions principales.

1° MACHINE		Valeur
GRILLE	Longueur horizontale	2^m,013
	Longueur	1 ,012
	Surface	2 ,040
HAUTEUR INTÉRIEURE DU FOYER	à l'avant	1 ,725
	à l'arrière	1 ,475
CORPS CYLINDRIQUE	diamètre intérieur moyen	1 ,260
	épaisseur des tôles	0 ,018
	hauteur de l'axe au-dessus des rails	2 ,242
TUBES A AIR CHAUD	nombre	202
	diamètre extérieur	0^m,045
	épaisseur	0 ,0025
	longueur entre les plaques tubulaires	3 ,900
SURFACE DE CHAUFFE	du foyer	10^{mq},87
	du Tembrinck	2 ,70
	des tubes à l'intérieur	98 ,98
	totale	112 ,55
Timbre de la chaudière		14^k
Pression maxima au réservoir intermédiaire		6
Écartement intérieur des longerons		1^m,250
Epaisseur des longerons		0 ,028
DIAMÈTRE DES ROUES AU CONTACT	1re	1 ,040
	2me	
	3me	2 ,114
	4me	
ÉCARTEMENT DES ESSIEUX	1re-2me	1 ,800
	2me-3me	2 ,530
	3me-4me	3 ,000
Écartement des essieux extrêmes		7 ,330
Distance de l'axe du bogie à l'essieu d'arrière		6 ,430
Rayon des manivelles d'accouplement		0, 320

CYLINDRES		Haute pression.	Basse pression
	écartement d'axe en axe	2^m,070	0^m,570
	diamètre	0 ,340	0 ,530
	course des pistons	0 ,640	0 ,640
Rapport du volume des cylindres		2,42	
Rapport du volume du réservoir intermédiaire au volume des deux petits cylindres		1,36	

	Haute pression.	Basse pression
RECOUVREMENT TOTAL DES TIROIRS { extérieur	$0^m,054$	$0^m,054$
{ intérieur	$-0,003$	$-0,003$
Effort de traction maximum théorique (fonctionnement compound).		$7 847^{kg}$
Effort de traction maximum théorique (avec échappement des petits cylindres dans l'atmosphère et admission directe de la vapeur de la chaudière dans les grands cylindres à la pression maxima de 6 kg.)		10 000
Effort de traction pratique en compound (coefficient : 0,65)		5 070
POIDS DE LA MACHINE { vide		$43^t,80$
{ en charge..		47 ,80
RÉPARTITION DU POIDS PAR ESSIEU (machine en charge) { 1er		17 ,30
{ 2me		
{ 3me		15 ,35
{ 4me		15 ,15
Poids utile pour l'adhérence		30 ,500

2° TENDER

Diamètre des roues au contact		$1^m,2475$
ÉCARTEMENT DES ESSIEUX { 1er-2me		1 ,800
{ 2me-3me		1 ,500
APPROVISIONNEMENTS { eau		$14^t,16$
{ combustible.		4 ,00
POIDS DU TENDER { vide sans agrès		15 ,00
{ plein avec 300 kg. d'agrès		33 ,60
RÉPARTITION DU POIDS PAR ESSIEU (en charge) { 1er		11 ,14
{ 2me		11 ,25
{ 3me		11 ,39

3° MACHINE ET TENDER ATTELÉS

Écartement des essieux extrêmes...	$13^m,360$
Saillie des tampons sur les roues d'avant de la machine	1 ,260
Saillie des tampons sur les roues d'arrière du tender	1 ,820
Longueur totale de tampon à tampon	16 ,440

Démarrage dans les machines à cylindres multiples.

90. Nous avons dit que les machines à deux groupes de cylindres démarrent généralement avec les petits cylindres seuls. On peut donc se contenter de les munir d'un robinet auxiliaire destiné à permettre l'envoi éventuel de la vapeur de la chaudière dans le réservoir intermédiaire. On munit, en outre, ce réservoir d'une soupape de sûreté limitant la pression dans l'intérieur de la moitié au plus du timbre de la chaudière. Néanmoins, certains ingénieurs de la plus haute compétence, comme M. du Bousquet et M. Mallet lui-même, estiment que, même dans ce cas, il est encore préférable de donner à ces machines des appareils de démarrage semblables à ceux des locomotives à deux cylindres.

L'application en a été faite également sur les grosses machines du Gothard.

91. *Appareil de démarrage de la machine à quatre cylindres du Nord, nouveau type 1891.* — Pour les trains dont la vitesse de marche est considérable, il est d'une extrême importance d'éviter les pertes de temps au démarrage et à l'arrêt.

Le frein continu a supprimé les dernières. Pour réduire les premières, les manivelles motrices des cylindres, à haute et basse pression d'un même côté, au lieu d'être calées rigoureusement à 180 degrés, position la plus avantageuse au point de vue de l'équilibre des pièces en mouvement, font entre elles un angle de 162 degrés, tel que l'admission de la vapeur dans l'un ou l'autre cylindre est toujours amenée.

La simple admission de la vapeur de la chaudière au réservoir intermédiaire ne suffirait cependant pas, pour produire le démarrage en avant, dans toutes les positions, cette vapeur créant une contre-pression importante derrière les petits pistons. Pour l'éviter, on s'est donné la possibilité d'envoyer directement, dans le tuyau d'échappement, la vapeur sortant des petits cylindres.

Cet échappement direct est obtenu, à la volonté du mécanicien, par la manœuvre de deux appareils, faisant fonction de robinets à trois voies ; ils sont montés sur les tubulures des cylindres de basse pression, aboutissant au réservoir intermédiaire et se trouvent, en outre, fixés aux longerons.

Chaque tuyau d'échappement des petits cylindres débouche dans une boîte en fonte A (*fig.* 73), par une garniture métallique qui fait joint, tout en permettant au tuyau de se dilater librement. Ce tuyau peut être mis en communication soit avec la tubulure dont il vient d'être parlé, soit avec le tuyau T d'échappement dans l'atmosphère, à l'aide d'une lanterne cylindrique B, également en fonte, qui se meut dans la partie alésée de la boîte, et à laquelle on donne la position convenable par une rotation d'un quart de tour. A cet effet, la lanterne est munie d'une tige en fer t, qui traverse une garniture métallique J. La commande de ces tiges par tringles et leviers eût été compliquée ; on a adopté une autre solution, consistant à introduire la vapeur du générateur dans un cylindre de très petit diamètre placé sous la chaudière, de manière à déplacer, dans un cas ou dans l'autre, le piston qu'il renferme. Ce servo-moteur agit par un mécanisme très simple sur les clefs des deux robinets. Grâce à cet appareil, l'effort de traction au démarrage peut être porté à 10 000 kilogrammes, la pression au réservoir intermédiaire étant cependant maintenue à 6 kilogrammes (M. DU BOUS-QUET, *Revue générale*, juin 1892).

On remarquera, en outre, que ce dispositif permet quatre fonctionnements différents de la machine :

1° Fonctionnement habituel en compound ;

2° Fonctionnement extraordinaire en machines indépendantes, l'une à 14 kilogrammes, l'autre à 6 kilogrammes pour les démarrages ;

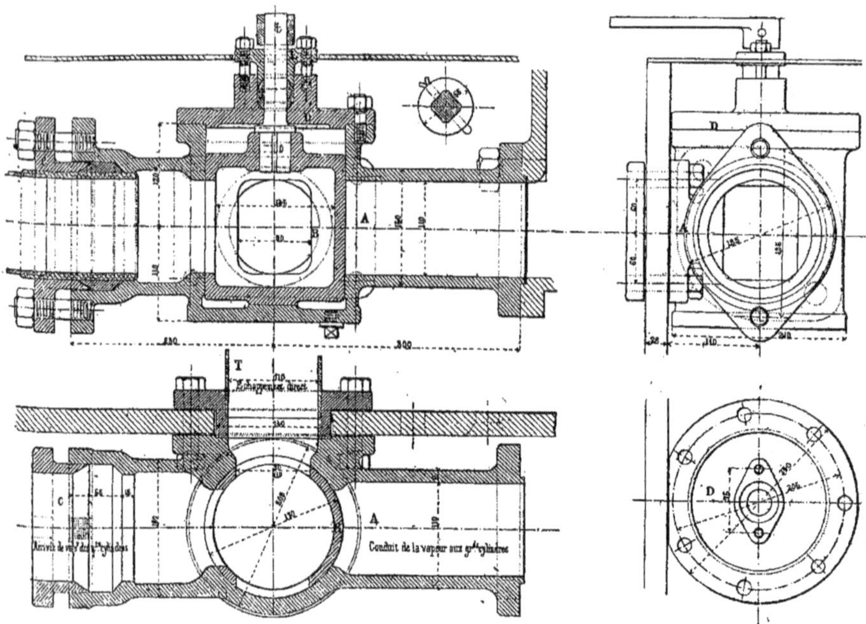

Fig. 73. — Compagnie Nord. — Locomotive compound à quatre cylindres (1891).
Appareil de démarrage.

3° Fonctionnement avec les petits cylindres seuls, en cas d'avaries aux grands cylindres ;

4° Fonctionnement avec les grands cylindres seuls, en cas d'avaries aux petits.

Locomotives compound de la Compagnie de Lyon.

92. La Compagnie des chemins de fer de Paris-Lyon-Méditerranée a construit et mis en service, à partir de l'Exposition de 1889, des machines compound à quatre cylindres et de trois types différents, savoir :

Des locomotives à grandes vitesses, à deux essieux couplés ;

Des locomotives pour trains mixtes à trois essieux couplés ;

Enfin, des machines à marchandises à quatre essieux couplés.

Le timbre de la chaudière a été uniformément porté au chiffre élevé de 15 kilogrammes. Les petits cylindres sont à l'intérieur des longerons et actionnent le second essieu ; les cylindres de détente agissent sur le troisième essieu, et sont disposés à l'extérieur. Malgré cela, les bielles d'accouplement ont été conservées.

Les dimensions comparées des cylindres dans ces trois types sont les suivantes :

	DEUX ESSIEUX couplés	TROIS ESSIEUX couplés	QUATRE ESSIEUX couplés
DIAMÈTRE DES CYLINDRES { H[te] pression	0.310	0.340	0.360
{ B[se] pression	0.500	0.540	0.540
Rapport des volumes.....	2.602	2.522	2.250
Course des pistons.......	0.620	0.650	0.650

93. *Locomotive compound express à quatre cylindres (type 1889).* — Cette machine est à deux essieux couplés. Ses dimensions sont les suivantes (type C₂, *fig.* 74 et 75) :

Surface de grille..................	2^m ,34
Surface de chauffe du foyer........	11 ,62
» des tubes	116 ,41
» totale...........	128 ,03
Longueur des tubes entre les plaques tubulaires......................	4^m,035
Diamètre des petits cylindres.......	0 ,310
Diamètre des grands cylindres.....	0 ,500
Course des pistons........	0 ,620
Timbre de la chaudière............	15^k
Diamètre des roues motrices..... .	2^m,000
Poids total.......................	53 300^k
Poids adhérent...................	29 600 »
Effort de traction 0,50 $p\, \dfrac{d^2l}{D}$	4 469 »

94. *Locomotive compound à marchandises, à quatre cylindres et à quatre essieux couplés.* — Cette locomotive, mise en service en 1889, figurait à l'Exposition universelle dans la Galerie des Machines. Elle est destinée, comme toutes les machines à quatre essieux couplés, à faire le service sur des rampes de 25 à 30 millimètres (*fig.* 76 et 77).

Elle comporte quatre cylindres : deux extérieurs, cylindres de détente, qui agissent sur le troisième essieu, et deux intérieurs, cylindres d'admission directe, actionnant le second qui est forcément coudé. Les quatre essieux sont à fusées intérieures et tous couplés.

Le foyer est en cuivre, comme d'ordinaire, mais les tubes, en fer ; la boîte à feu est en acier, du système Belpaire déjà cité.

Les essieux d'avant sont conjugués par des balanciers à bras inégaux, répartissant également les charges sur la voie. La charge est répartie également sur les deux essieux d'arrière, au moyen d'un ressort unique.

Les essieux extrêmes présentent des boîtes ayant un jeu de 25 millimètres de chaque côté de leur position moyenne. Les boulons des bielles d'accouplement sont, en outre, sphériques, afin de faciliter le passage en courbe.

Le tender à deux essieux présente une caisse à eau de 8 mètres cubes, et une soute à charbon de 500 kilogrammes. Son poids est de 26 310 kilogrammes en charge.

Voici quelques données concernant cette machine :

Longueur hors tampons............	9^m,430
Surface de grille	2^{m2},180
Surface de chauffe du foyer........	10 ,96
Surface de chauffe totale......	157 ,68
Nombre des tubes	247
Longueur des tubes...............	4^m,15
Surface de chauffe des tubes.......	146^{m2},72
Timbre de la chaudière	15^k
Empâtement total.......	4^k ,05
Diamètre des roues	1^m,260
Poids de la machine en charge.....	57 000^k
Poids adhérent...................	57 000
Adhérence au 1/6.................	9 500
Poids à vide.....................	51 590
Hauteur de l'axe du corps cylindrique au-dessous du rail............	2^m,260
Diamètre des cylindres d'admission	0^m,360
» » de détente.	0 ,540
Course des pistons d'admission......	0 ,650
» de détente......	0 ,650
Effort de traction à l'introduction maximum	10 300^k
Rapport de la surface des tubes à celle du foyer....................	13 ,4
Rapport de l'effort de traction à l'adhérence	1 ,08
Effort de traction par tonne du poids total...........................	180^k

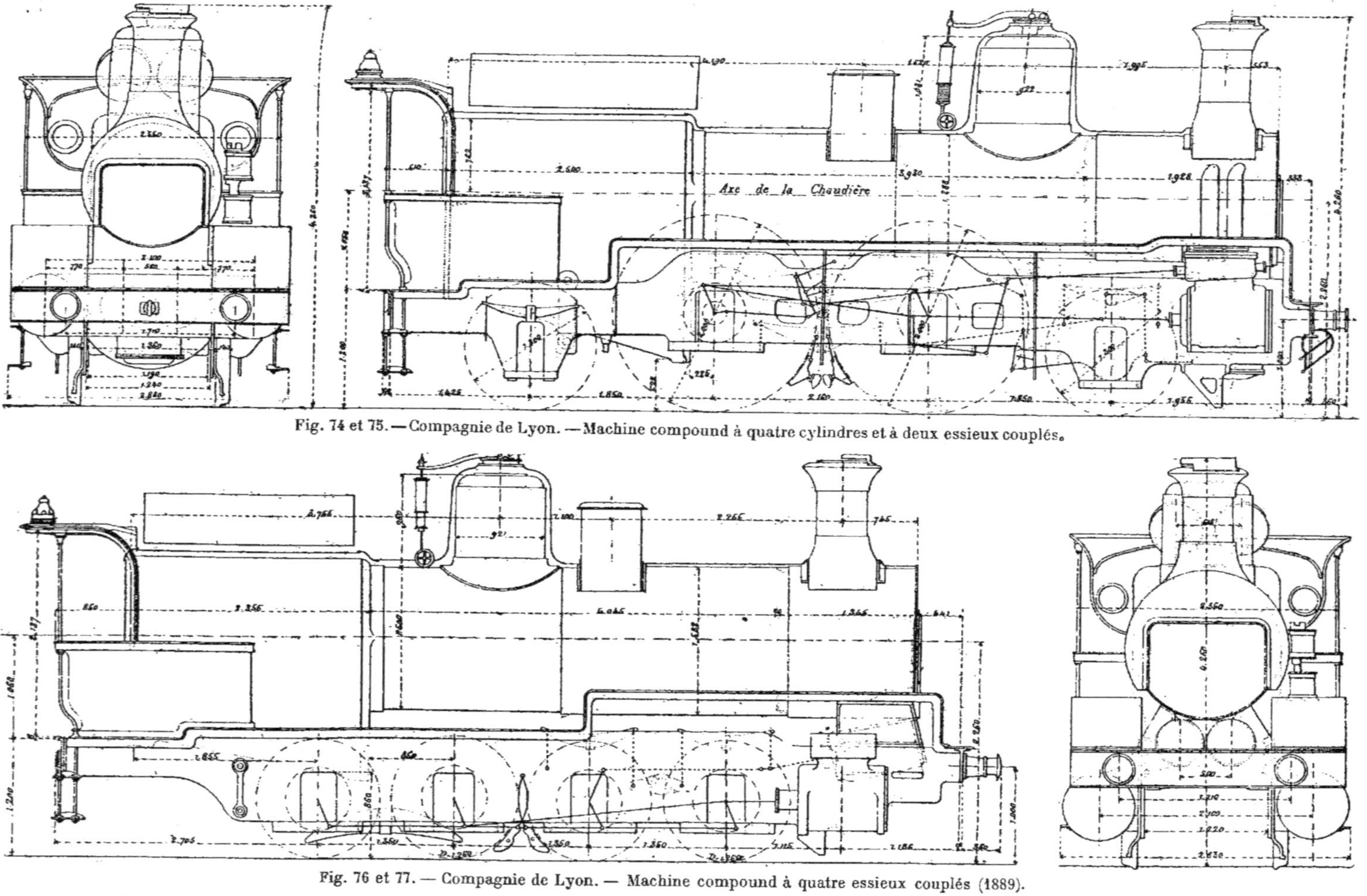

Fig. 74 et 75. — Compagnie de Lyon. — Machine compound à quatre cylindres et à deux essieux couplés.

Fig. 76 et 77. — Compagnie de Lyon. — Machine compound à quatre essieux couplés (1889).

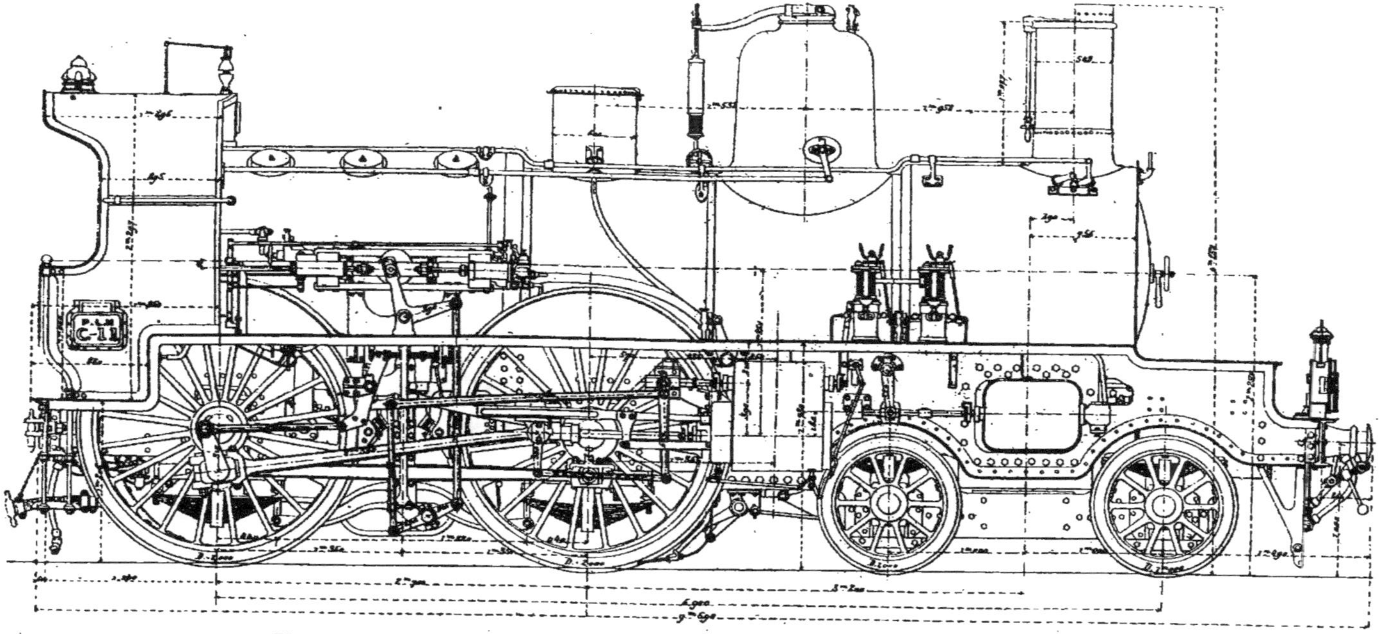

Fig. 78. — Compagnie de Lyon. — Machine compound à quatre cylindres et à grande vitesse (1892).

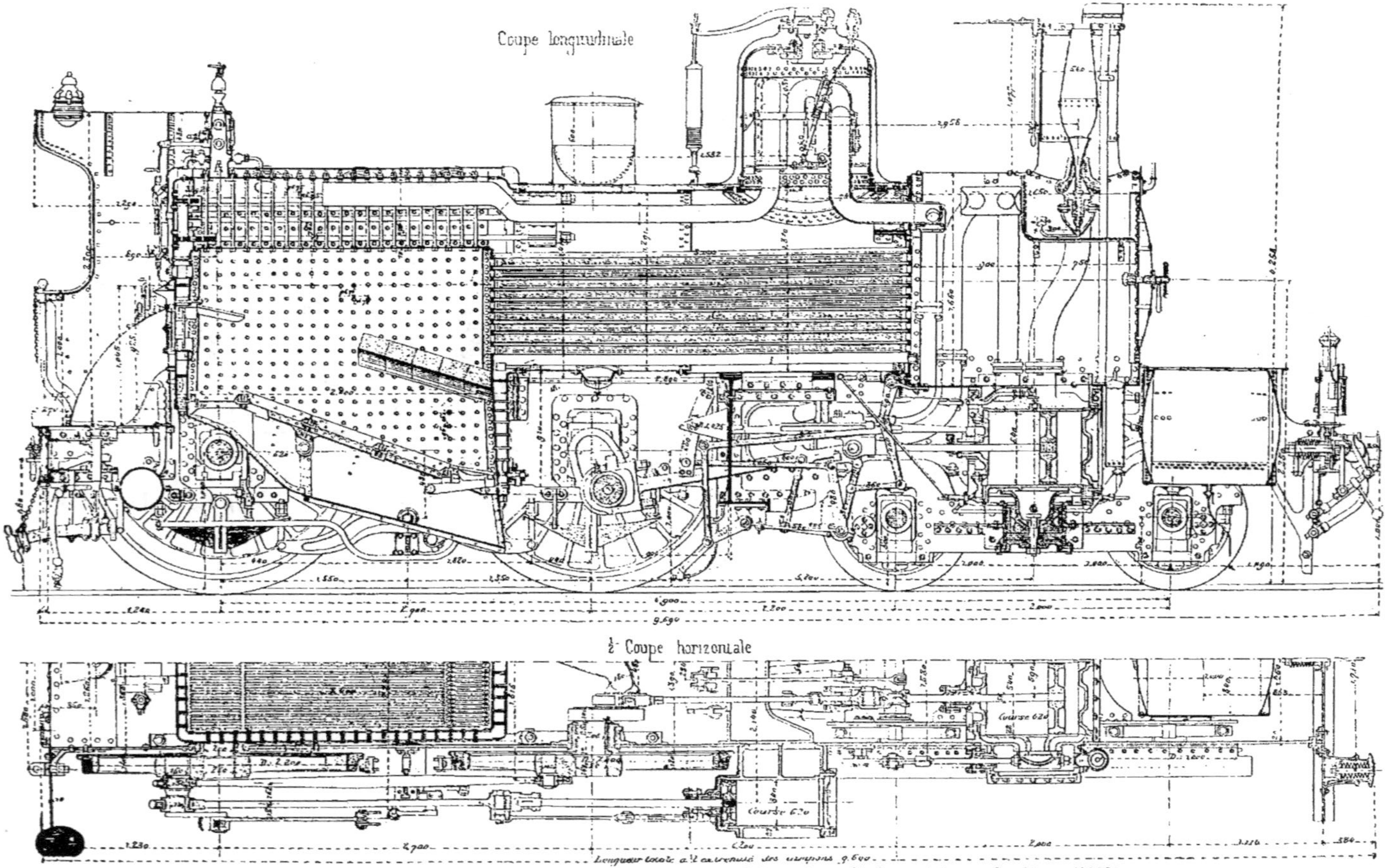

Fig. 79 et 80. — Compagnie de Lyon. — Machine compound à quatre cylindres et à grande vitesse (1892).

95. *Locomotive compound à grande vitesse (type* 1892*).* — Cette machine est analogue à celle que la même Compagnie exposait en 1889 ; elle présente seulement une plus grande puissance, en même temps qu'une plus grande légèreté (*fig.* 78 à 81).

Pour cela on a porté le diamètre du corps cylindrique de 1,26 à 1,32, ce qui lui permet de loger cent trente-trois tubes Serve à ailettes, et de porter de 0^{m2},20 à 0^{m2},26 la section *s* du passage des gaz dans les tubes aux viroles des boîtes à feu,

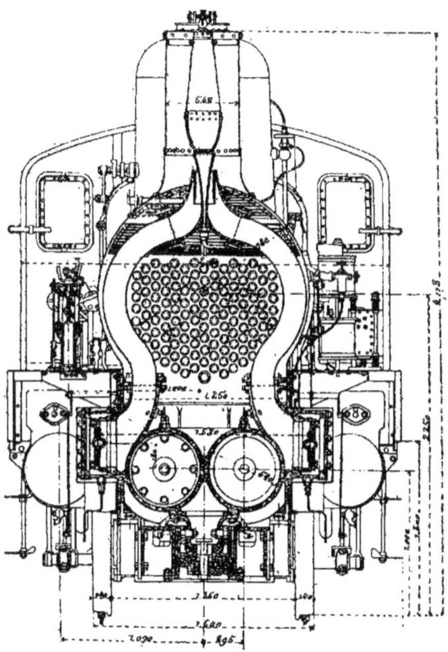

Fig. 81. — Coupe transversale par le milieu des cylindres à basse pression.

et de 0^{m2},30 à 0^{m2},34 la section S des mêmes au milieu de la partie tubulaire. Cette augmentation de diamètre des tubes (0^{m},065 extérieur), qui ont 3 mètres de long, a augmenté de 21 0/0 la puissance de vaporisation de la chaudière tout entière en acier. Il résulte, en effet, d'expériences faites à la Compagnie Paris-Lyon-Méditerranée, qu'avec des tubes ayant la longueur du maximum de production, et

la surface de grilles restant la même, cette puissance de vaporisation varie à peu près comme $\sqrt{S}$.

Il en est résulté une augmentation de 20 0/0 dans le diamètre des cylindres qui sont 0^{m},34 et 0^{m},54, avec une course commune de 0^{m},62. Le rapport des volumes est de 0^{m},40 comme précédemment. Le foyer est entièrement en acier de 10 millimètres d'épaisseur, au lieu d'être en cuivre, comme dans l'ancien type, avec une épaisseur de 18 millimètres. On a réduit dans les mêmes proportions la tête d'enveloppe de la boîte à feu, reliée à la précédente par des entretoises et des tirants. Cette substitution de l'acier au cuivre a permis d'économiser une tonne sur le poids total. Les nouvelles machines, d'ailleurs, avec leur bogie, ne pèsent au total, en charge, que 47 910 kilogrammes, tandis que les anciennes atteignaient le chiffre de 53 500 kilogrammes, ce qui représente une économie de 10 0/0, malgré l'augmentation de puissance de 21 0/0.

Quant aux essieux, le dernier est sous le foyer comme dans les anciennes machines ; mais, à l'avant, les cylindres ne sont plus devant le premier essieu : les deux cylindres intérieurs à basse pression sont exactement dans l'axe du bogie, et les deux autres à haute pression, au centre de la locomotive ; ce qui augmente la stabilité de la machine et diminue les chances de déformation transversale de la voie. Les deux premiers actionnent l'essieu d'arrière, les deux petits celui du milieu : malgré cela, ils sont couplés avec des manivelles calées à 135 degrés l'une de l'autre.

Le pivot du bogie repose sur une crapaudine qui peut tourner autour de son axe vertical en s'élevant, toutes les fois qu'elle tourne, grâce à un siège à surfaces hélicoïdales sur lequel elle est assise. Tout déplacement horizontal du bogie entraîne donc un léger soulèvement de l'avant de la machine. La crapaudine présente, d'ailleurs également, un déplacement transversal de 15 millimètres de chaque côté de sa position centrale.

La distribution est du système Walschaert pour les petits cylindres. Celle des grands cylindres est du système spécial déjà adopté, en 1888, pour les machines de l'ancien type.

96. *Changement de marche.* — Le changement de marche se fait, comme dans les anciennes machines, par un mécanisme unique à contrepoids de vapeur, commandant à la fois les quatre distributions et établissant entre elles, pour chaque cran de détente, un rapport indépendant de la volonté du mécanicien et déterminé à l'avance (*fig.* 82 à 85).

L'appareil permettant d'obtenir ce résultat se compose de deux cames montées sur un axe qui se déplace dans un plan horizontal de l'avant vers l'arrière de la machine, au moyen d'un écrou et d'une vis manœuvrée à la main. Ce déplacement en longueur détermine une rotation simultanée au moyen de secteurs dentés fixés aux cames et engrenant avec une crémaillère fixe.

97. *Démarrage.* — Pour le démarrage,

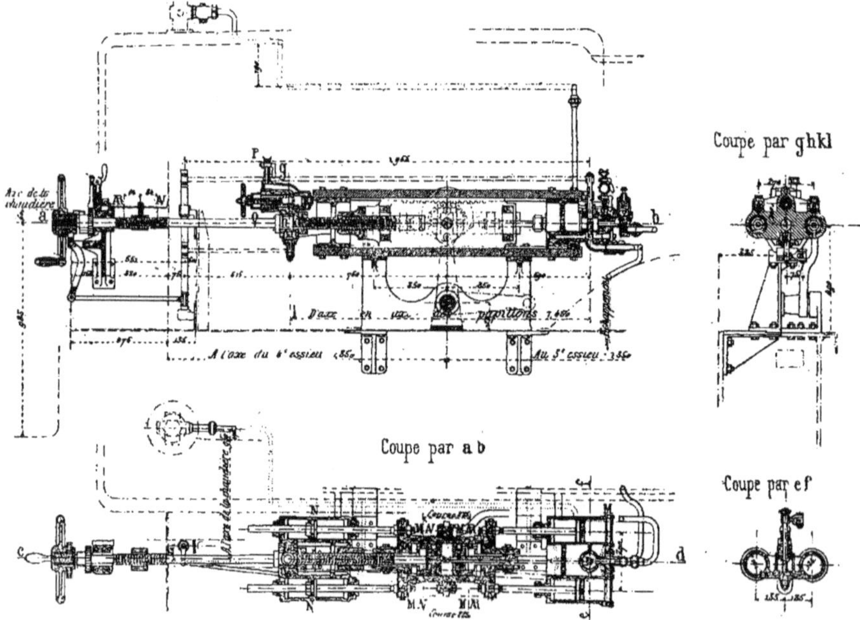

Fig. 82 à 85. — Changement de marche.

la Compagnie de Lyon fait usage d'un appareil qui a, dans son ensemble, quelque analogie avec celui de la Compagnie du Nord. Mais il n'y a pas la même indépendance entre les commandes de changement de marche, et l'arrivée de vapeur au réservoir intermédiaire est obtenue au moyen d'un robinet spécial manœuvré par le mécanicien.

On empêche la pression de monter dans ce réservoir à plus de 6 kilogrammes, à l'aide d'une soupape de sûreté. La section du robinet et celle du tuyau sont d'ailleurs en rapport avec celle de la soupape, de manière que celle-ci suffit, dans tous les cas, à maintenir la pression au-dessus de la limite qu'on s'est imposée.

98. *Détails de construction.* — La cheminée est du type adopté par la Compagnie depuis 1888, c'est-à-dire de grand diamètre, mais rétrécie à l'intérieur par un noyau central, placé au-dessus de l'échappement, et disposé de manière à produire l'épanouissement du jet de vapeur. Celle-ci est lancée dans la cheminée par un échappement à section rectangulaire à valve mobile. Le souffleur l'évacue dans la cheminée par une couronne de petits trous percés dans le noyau central.

L'alimentation se fait au moyen de deux injecteurs Sellers de 6mm,5 et 7mm,5.

Les boîtes à huile des essieux moteurs sont du système Raymond et Heurard, à trois coussinets, dont un supérieur et deux latéraux.

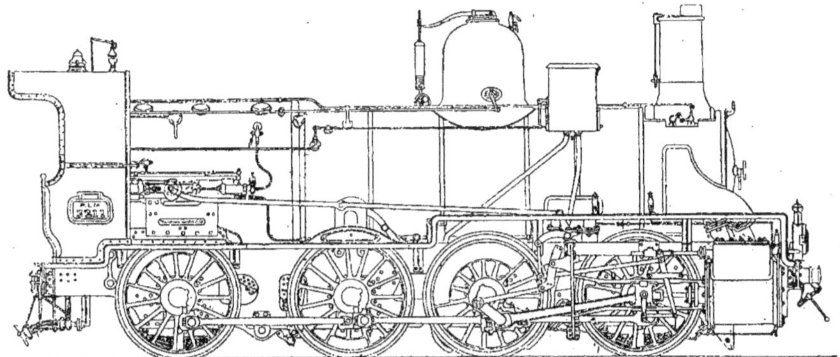

Fig. 86. — Compagnie de Lyon. — Locomotive compound (type 1893). — Élévation.

Le graissage des cylindres est obtenu au moyen d'un graisseur Mollerup-Drevdal double.

Les pistons sont en fonte avec tiges vissées en acier ; les bielles sont en acier ; les écrous et les bandages sont également en acier, et les roues en fer forgé.

L'essieu coudé ne portant pas d'excen-

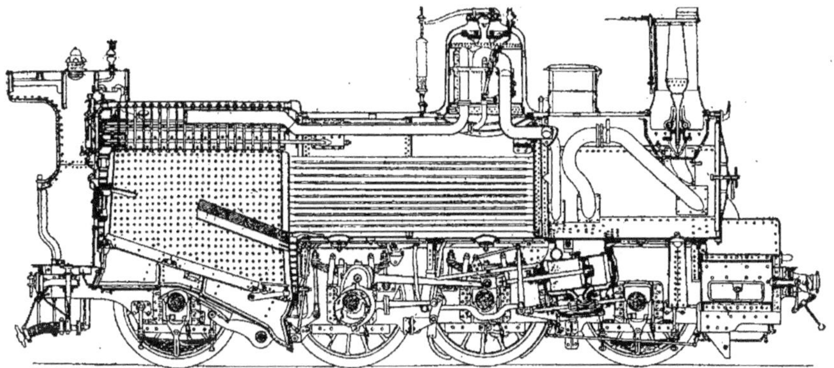

Fig. 87. — Compagnie de Lyon. — Locomotive compound (type 1893). — Coupe longitudinale.

trique à ses tourillons reliés par une partie droite allant directement d'un tourillon à l'autre. Les manivelles sont frettées en acier, et les tourillons traversés, suivant l'axe, d'un boulon de sûreté en fer.

Le frein employé est le Westinghouse à air comprimé, automatique et modérable agissant sur les deux roues motrices.

Dimensions principales. — Voici les principales données de cette machine :

Longueur totale de la machine.....	$9^m,690$
Diamètre intérieur du corps cylindrique (grande virole)...............	$1,32$
Surface de chauffe totale............	$147^{m2},80$
Diamètre des roues porteuses......	$1^m,00$
Ecartement des essieux extrêmes..	$6,900$
Largeur totale de la machine......	$2,930$
Surface de grille	$2^{m2},32$
Surface de chauffe du foyer	$10,42$
Nombre des tubes Serve à ailettes..	133
Surface intérieure des tubes	$137^{m2},38$
Longueur des tubes...............	$3^m,00$
Diamètre intérieur des tubes.	$62^{mil},5$
Timbre........................	15^k
Diamètre des cylindres intérieurs à haute pression...................	340 mil.
Diamètre des cylindres extérieurs à basse pression...................	540
Course des pistons...............	620
Diamètre des roues motrices.......	$2^m,00$
Poids de la machine à vide.........	$44\ 660^k$
Poids de l'eau et du combustible...	3 250
Poids de la machine en charge.....	47 960
Poids adhérent	30 150

99. *Locomotives mixtes compound à quatre cylindres et quatre essieux couplés* (*type* 1893). — La locomotive mixte actuelle compound de la Compagnie de Lyon est à quatre cylindres et quatre essieux couplés (*fig.* 86 à 88). La puissance et le grand diamètre des roues de ces machines ($1^m,500$) les rendent également propres à la traction directe des trains de marchandises sur les profils faciles, et des trains de voyageurs ou mixtes sur les fortes rampes, et à une vitesse assez grande.

La chaudière, construite en tôle d'acier, avec les plus grands soins, est timbrée à 15 kilogrammes ; le foyer est en cuivre ; la grille a une surface de $2^{m2},37$; le corps cylindrique, dont le diamètre moyen est de $1^m,400$, contient cent trente-neuf tubes à ailettes longs de 3 mètres, avec diamètre intérieur de 65 millimètres ; les tubes ont une épaisseur de 15 millimètres. La surface de chauffe totale, comptée au contact avec les gaz chauds, est de $161^m,95$.

La vapeur agit d'abord dans deux cylindres à haute pression placés à l'intérieur des longerons ; le diamètre est de 360 millimètres ; la course, de 650 millimètres. Les pistons commandent le troisième essieu. La vapeur s'échappe dans un grand réservoir intermédiaire formé d'un tuyau à l'intérieur de la boîte à fumée, puis agit dans les cylindres à basse pression, qui sont extérieurs et commandent

le deuxième essieu. Leur diamètre est de 590 millimètres avec course de 650 millimètres.

Pour faciliter les démarrages, un robinet spécial permet l'envoi de vapeur dans le réservoir intermédiaire ; une soupape de sûreté y limite la pression.

Les distributions des deux groupes sont du système Walschaert ; elles sont commandées simultanément par un changement de marche à vapeur, vu précédem-

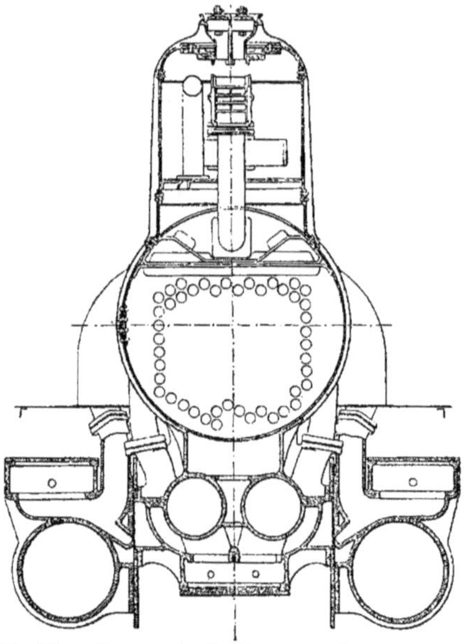

Fig. 88. — Compagnie de Lyon. — Locomotive compound (type 1893). — Coupe transversale.

ment, et réglées de manière à donner, dans les cylindres de chaque groupe, les degrés d'admissions jugés les plus convenables pour chaque cran de marche.

L'accouplement de tous les essieux contribue au bon équilibre des pièces des mécanismes.

Ces machines pèsent vides 50 à 51 tonnes, et 54 à 55 tonnes en ordre de marche. Les différences de poids tiennent surtout à ce que certaines de ces machines sont munies du frein à air comprimé. Elles ne sont pas plus difficiles à conduire que les locomotives ordinaires ; elles présentent seulement un plus grand nombre d'articulations à graisser.

100. *Locomotive à grande vitesse à deux essieux couplés à bec* (*fig.* 89 à 94). — La locomotive à bec est une locomotive compound à grande vitesse et à quatre cylindres du type de la Compagnie de Lyon, mais qui présente certaines dispositions particulières destinées à lui permettre d'opposer moins de résistance à l'air ambiant.

Dès les débuts de la locomotive, Stephenson avait eu l'idée de munir l'avant de ses machines de proues analogues à celles des bateaux et destinées à fendre l'air. Les vitesses relativement faibles auxquelles on marchait à cette époque, et qui n'augmentèrent que peu dans la suite, ne démontrèrent pas l'urgence, ni même l'utilité immédiate de cette complication. Aujourd'hui que ces vitesses ont considérablement augmenté, et s'accroîtront encore lorsque la locomotive électrique aura conquis la place qui lui est due, cette amélioration s'impose.

Dès 1887, M. Ricour, ingénieur en chef de la traction, aux chemins de fer de l'État, avait fait à ce sujet des expériences qui ont certainement été le point de départ des perfectionnements actuels. La résistance de l'air augmente, en effet, comme le carré de la vitesse, et M. Ricour a trouvé qu'elle atteignait 49 kilogrammes par mètre carré à la vitesse de 70 kilomètres à l'heure. En doublant cette vitesse, cette résistance a atteint jusqu'à 230 kilogrammes.

Elle joue donc un rôle important dans l'ensemble des résistances d'un train, car, en admettant que la surface résistante d'une locomotive et de son tender normalement au sens de la marche, soit de $12^{m2},5$, cette résistance atteint $612^k,50$, ce qui est énorme.

M. Ricour avait proposé, à cette époque, de substituer, à toutes les surfaces normales à la marche, des plans inclinés de 3 de base pour 4 de hauteur; il reliait, en outre, par des surfaces continues le grand dôme de vapeur à la cheminée; enfin, il employait des roues à rais reliés par des secteurs en bois; l'économie devait être d'environ 10 0/0 sur les prix de traction,

soit environ 4 000 francs par machine et par an.

Ces expériences furent reprises et contrôlées sur le même réseau par M. Desdouits en 1890, et on arriva au même résultat de 9 à 10 0/0 d'économie; et cela s'explique, car tout le monde sait qu'en substituant à l'avant carré des bateaux de rivière la proue effilée des navires de mer, l'effort de traction est diminué des quatre cinquièmes.

M. Desdouits fit, en outre, une seconde expérience consistant à faire marcher à blanc et seule une locomotive devant une autre remorquant un train, exactement comme procèdent les entraîneurs avec les bicyclistes. Cette dernière machine, ainsi remorquée par la première, présenta une diminution de résistance de 275 kilos.

La cause paraît donc jugée, et la Compagnie de Lyon vient de la mettre en pratique par la construction de ses locomotives à bec. Nous remarquerons, en passant, que l'augmentation de poids résultant de ces additions de pièces, inutiles au premier abord, peut être atténuée par l'emploi de l'aluminium.

101. La modification consiste essentiellement à munir toutes les pièces cylindriques ou verticales : cheminée, dôme, boîte à feu, boîte à fumée, traverse d'avant, abri d'arrière, etc., de masques verticaux inclinés à 45 degrés sur la voie; l'appendice de la boîte à fumée a la forme d'un conoïde.

On ne peut cependant se dispenser de remarquer que bon nombre d'appareils présentant une réelle résistance ont été laissés intacts : tels sont les fonds avant des cylindres, la pompe à air du frein Westinghouse, les graisseurs à pistons plongeurs, l'horloge du contrôle de marche, et le mécanisme intérieur qui pouvait être masqué par une tôle placée au-dessous de la traverse d'avant.

La vitesse de marche de ces machines atteint et dépasse même quelquefois 100 kilomètres à l'heure, soit 28 mètres par seconde, ce qui donne une résistance de l'air de 96 kilogrammes par mètre carré, sur une surface perpendiculaire au sens de la marche. Avec un plan incliné à 45 degrés, cette résistance tombe à 35 0/0,

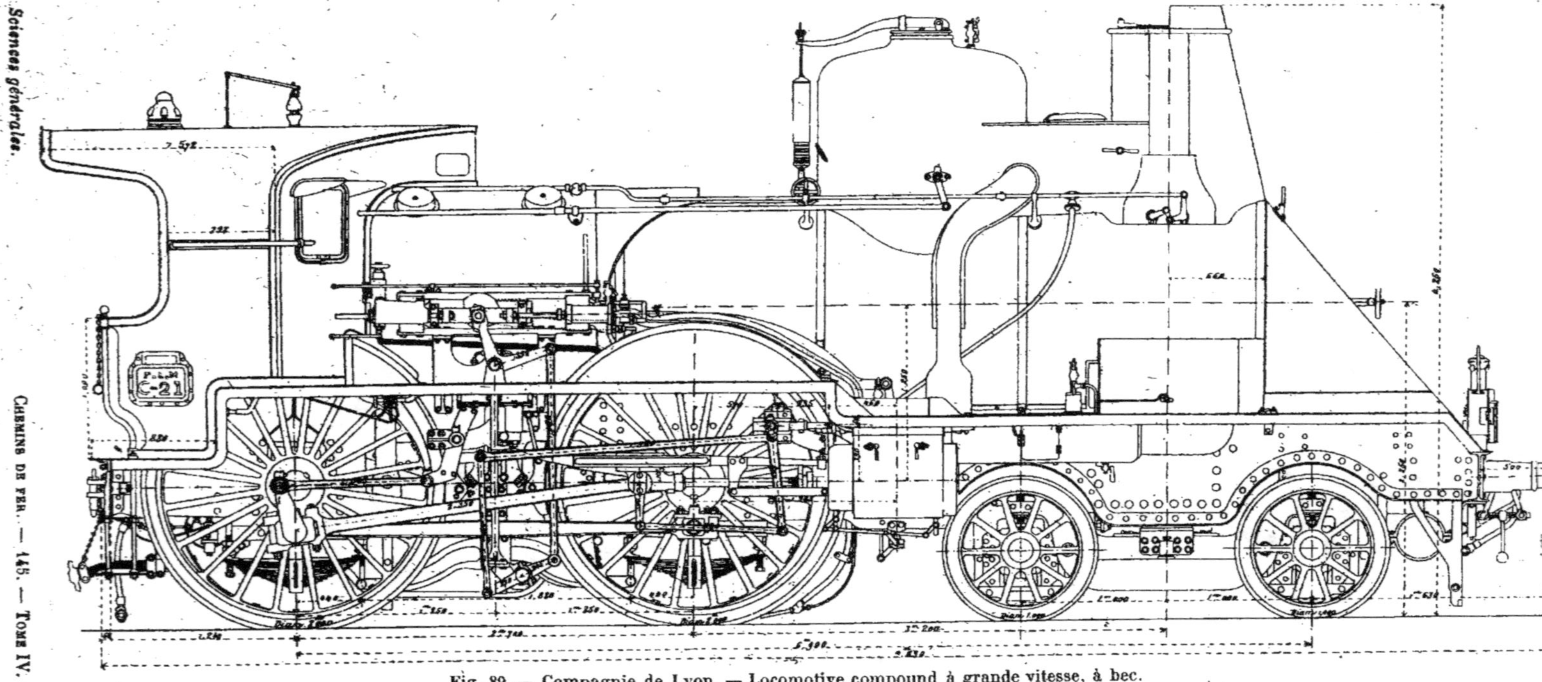

Fig. 89. — Compagnie de Lyon. — Locomotive compound à grande vitesse, à bec.

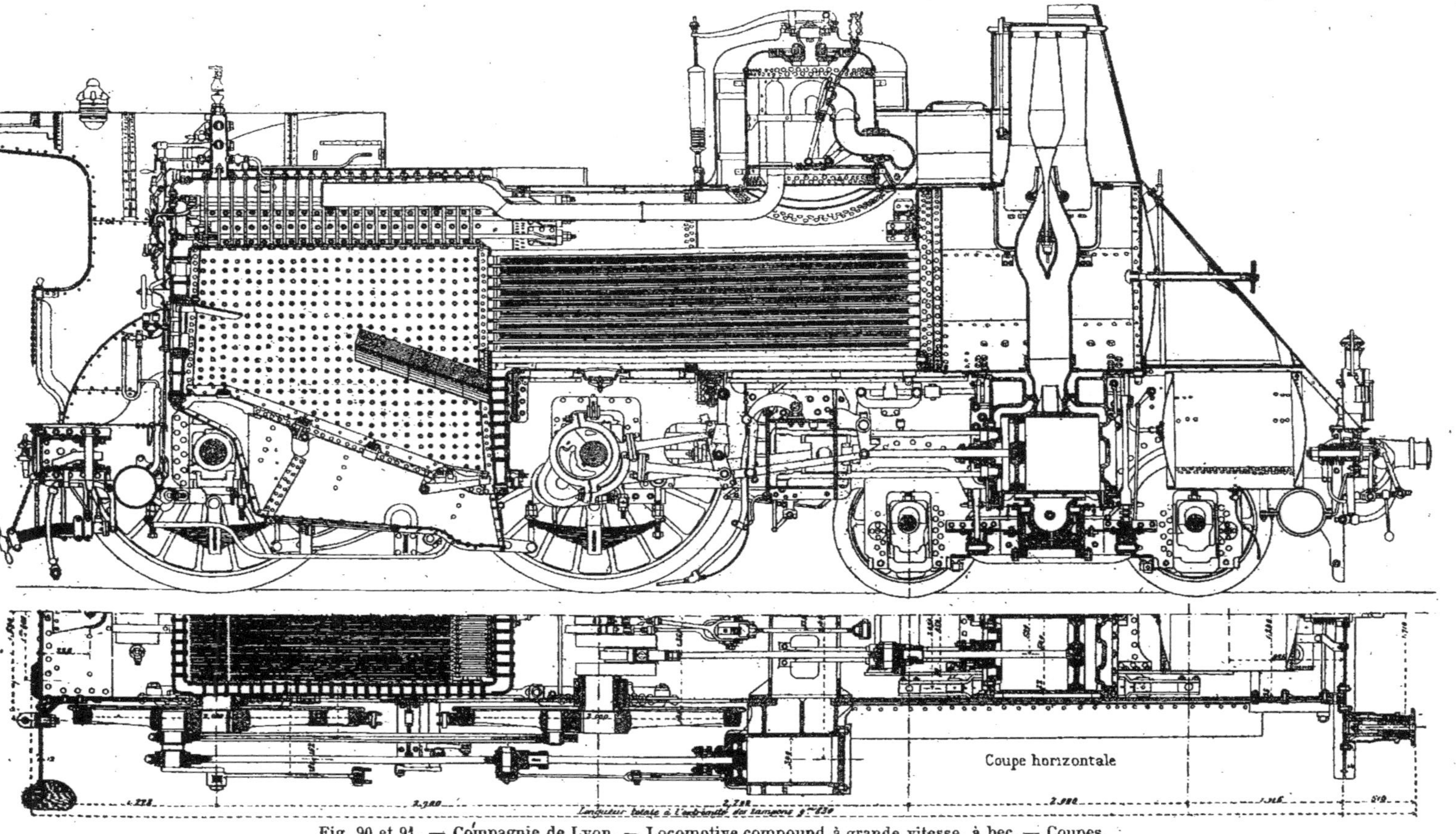

Fig. 90 et 91. — Compagnie de Lyon. — Locomotive compound à grande vitesse, à bec. — Coupes.

d'où un bénéfice de 65 0/0 ou 62^k,4 par mètre carré. En admettant que la projection des surfaces obliques supplémentaires sur un plan normal soit de 4 mètres carrés, la résistance totale de l'air sera donc ainsi réduite de 249 kilogrammes, ce qui, avec un effort de traction de 11 kilogrammes par tonne de train à la vitesse considérée, entraîne une réduction de 22 tonnes supplémentaires, que la locomotive pourra

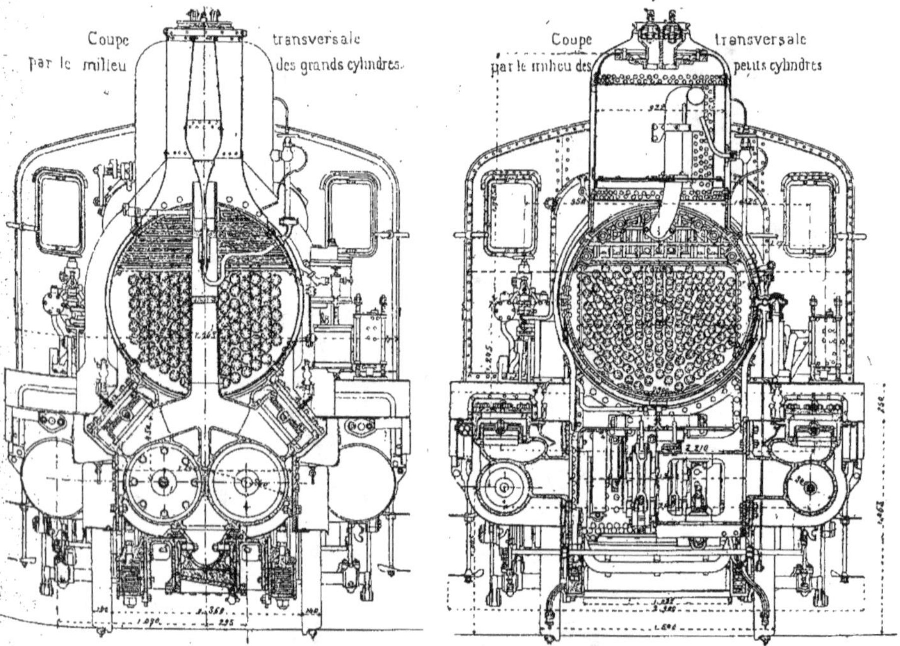

Fig. 92 à 94. — Compagnie de Lyon. — Locomotive compound à grande vitesse, à bec. — Coupes et vue d'ensemble.

remorquer, toutes choses égales d'ailleurs ; cette disposition en *coupe-vents* est donc des plus rationnelles, et deviendra sous peu le complément logique et indispensable des locomotives compound à grandes vitesses.

102. *Description de la nouvelle machine à bec.* — Cela posé, la nouvelle locomotive est du même type que celle de 1892, décrite précédemment. Elle en diffère cependant par un certain nombre de points assez importants (*fig.* 89 à 94).

Elle est du type compound à quatre cylindres, deux cylindres extérieurs à haute pression actionnant l'essieu moteur d'arrière, et deux cylindres intérieurs à basse pression, agissant sur l'essieu moteur d'avant, coudé à cet effet ; les manivelles de ces derniers sont calées à 135 degrés des premières. Malgré cette action divisée des pistons sur les essieux, les deux essieux moteurs sont couplés, afin de faciliter le démarrage.

La Compagnie est revenue au cuivre pour le foyer ; mais tout le reste de la chaudière est en acier : celle-ci présente, d'ailleurs sensiblement, les mêmes dimensions et la même puissance qu'en 1892. Les tubes sont à ailettes du type Serve, également en acier, mais raboutis en cuivre rouge du côté de la boîte à feu ; l'épaisseur des longerons a été portée de 20 à 25 millimètres, et on a renforcé l'entretoise placée entre les deux cylindres d'admission directe ; le poids net de la locomotive est, par suite, un peu plus élevé et dépasse 50 tonnes.

On a maintenu les mêmes dimensions des cylindres, mais les conduites d'arrivée de vapeur et le réservoir intermédiaire sont aussi courts que possible, au lieu de les développer pour les réchauffer dans la boîte à fumée. La distribution Walschaert a été appliquée aux grands, comme aux petits cylindres.

Le changement de marche se fait, comme en 1892, par un mécanisme unique, à contrepoids de vapeur, commandant à la fois les quatre distributions, et établissant entre elles, pour chaque cran de détente, un rapport indépendant de la volonté du mécanicien et fixé à l'avance. Mais aujourd'hui les cames des nouveaux changements de marche ont été tracées de manière à conserver aux cylindres de détente une introduction à peu près fixe et voisine de 0,6, quelle que soit l'introduction dans les petits cylindres ; c'est la condition qui a paru la plus avantageuse, aussi bien pour économiser le combustible que pour faciliter les grandes vitesses.

Le démarreur est le même qu'en 1892 : c'est un simple robinet manœuvré par le mécanicien et permettant d'envoyer directement de la vapeur de la chaudière dans le réservoir intermédiaire, entre le grand et le petit cylindre. On empêche la pression de monter à plus de 6 kilogrammes dans le réservoir au moyen d'une soupape de sûreté.

En dehors des deux essieux moteurs, la machine repose à l'avant sur un bogie différant un peu de celui de 1892. Comme ce dernier, il ne supporte la machine qu'en son milieu, dans une crapaudine sphérique tournant autour de son axe vertical en même temps que le pivot, en s'élevant le long de surfaces hélicoïdales sur lesquelles elle repose, et qui peut, en outre, se déplacer transversalement par rapport au bogie en montant sur des plans inclinés à 15 0/0. Mais, en 1892, chaque essieu de la locomotive avait ses ressorts propres, tandis que le nouveau bogie ne repose que sur deux ressorts qui transmettent chacun la charge aux deux boîtes du même côté de la machine ; il en résulte que les charges de ces deux boîtes sont toujours égales ; comme, d'un autre côté, la charge du pivot se répartit toujours également entre les deux essieux, et que son égale répartition entre les deux côtés du bogie n'est altérée que par le léger déplacement transversal de la crapaudine, il en résulte que, sauf cette légère réserve, les quatre roues sont toujours également chargées.

Dans le bogie de 1892, un boulon central de sûreté réunissait le pivot et la crapaudine. Dans le type actuel, ce boulon est remplacé par deux bielles convenablement disposées.

Les autres détails de construction sont complètement analogues à ceux du type de 1892.

Voici les principales données de cette locomotive, dernier type construit par la Compagnie Paris-Lyon-Méditerranée :

Grille.

Longueur développée...............	2^m,3236
Largeur........................	1 ,0240
Surface..................... G	2^{m2},3800
Inclinaison.....................	20°,40'

Foyer.

Hauteur intérieure (comptée jusqu'au-dessous du cadre)	à l'avant...	1^m,813
	à l'arrière..	1 ,133
Longueur intérieure, en haut.......		2 ,129
— — en bas........		2 ,223
Largeur intérieure, en haut.......		1 ,087
— — en bas........		1 ,024
Épaisseur du cuivre	des parois latérales et plaques d'AR.........	0 ,014
	de la plaque tubulaire aux tubes............	0 ,025
	de la plaque tubulaire en bas..............	0 ,014

Tubes (à ailettes).

Nature du métal..................	acier
Nombre.....................	133
Diamètre extérieur	0^m,065
Epaisseur	0 ,0025
Nombre d'ailettes à chaque tube...	8
Hauteur des ailettes......	0^m,012
Epaisseur moyenne des ailettes	0 ,0025
Longueur entre les plaques tubulaires	3 ,000

Surface de chauffe.

Foyer (comptée au-dessus de la grille...... .... F		10^{m2},02
Tubes (développement intérieur, y compris l'épaisseur des plaques tubulaires)................... T	138	,05
Totale .... S	148	,07
Rapport de la surface des tubes à celle du foyer............. T/F	13	,77
Rapport de la surface totale à celle de la grille .... S/G	62	,21

Chaudière.

Longueur extérieure de la boîte à feu........................	2^m,400
Largeur extérieure de la boîte à feu : en haut.....	1 ,340
en bas......	1 ,200
Diamètre intérieur de la grande virole du corps cylindrique.............	1 ,320
Longueur du corps cylindrique.....	2 ,890
Épaisseur des tôles du corps cylindrique	0 ,0145
Nature du métal des tôles du corps cylindrique...................	acier
Longueur intérieure de la boîte à fumée	1^m,560
Diamètre intérieur de la boîte à fumée	1 ,349
Du dessus du rail à l'axe de la chaudière	2 ,250
Du dessus du rail au-dessous du cadre du foyer à l'avant..........	0 ,680
Volume d'eau avec 0,100 au-dessus du ciel du foyer.................	2^{m3},820
Volume de vapeur.................	2 ,300
Capacité totale de la chaudière.....	5 ,120
Timbre de la chaudière...........	15^k

Cheminée.

Diamètre intérieur de la cheminée..	0^m,540
Diamètre du noyau central de la cheminée......................	0 ,270
Hauteur du dessus de la boîte à fumée au-dessus de la cheminée.......	1 ,3295
Hauteur du dessus du rail au-dessus de la cheminée..................	4 ,260

Sections de passage d'air.

A travers la grille........ 0,500 G		1 ,19
A travers les tubes à l'extrémité près de la boîte à feu.............. t		0 ,2734
A travers les tubes au milieu.......		0 ,3431
Section intérieure libre de la cheminée..................... c		0 ,1706
Rapport.................... t/c		1 ,61

Châssis.

Ecartement intérieur des longerons.	1 ,240
Epaisseur des longerons	0 ,025
Largeur extérieure du tablier, à l'avant	2 ,500
» » » à l'arrière.	2 ,900
Longueur de la machine à l'extrémité des tampons................	9 ,830
Ecartement des essieux : 1er et 2me.	2 ,000
» » 2me et 3me.	2 ,200
» » 3me et 4me..	2 ,700
» » extrêmes..	6 ,900

Roues montées et essieux.

Diamètre des roues : premier essieu..	1 ,000
» » deuxième essieu.	1 ,000
» » troisième essieu.	2 ,000
» » quatrième essieu.	2 ,000
Jeu latéral du bogie	0 ,016
Jeu latéral des essieux accouplés de chaque côté de la machine........	0 ,001
Ecartement intérieur des bandages..	1 ,360

Mouvement.

	Admission.	Détente
Nombre des cylindres......	2	2
Diamètre des cylindres.....	0^m,340	0^m,540
Courses des pistons.......	0 ,620	0 ,620
Section des cylindres.... C	0^{m2},0907	0^{m2},2290
Volume d'une cylindrée....	0^{m3},056	0 ,142
Ecartement d'axe en axe des cylindres	2^m,140	0^m ,590
Longueur des bielles motrices................ L	2 ,350	1 ,840
Rayon des manivelles... R	0 ,310	0 ,310
Rapport de la longueur des bielles aux manivelles L/R	7 ,58	5,93
Avance des manivelles des cylindres de détente sur celles des cylindres d'admission................	135°	135°

Distribution.

	Admission.	Détente
Type de la distribution..	Walschaert.	Gooch
Type du tiroir........	à double admission	à double admiss.
Tiroir : longueur	0^m,310	0 ,400
largeur.........	0 ,264	0 ,327
surface.........	0^{m2},0818	0^{m2},1308
Course maxima du tiroir.	0^m,122	0^m,150

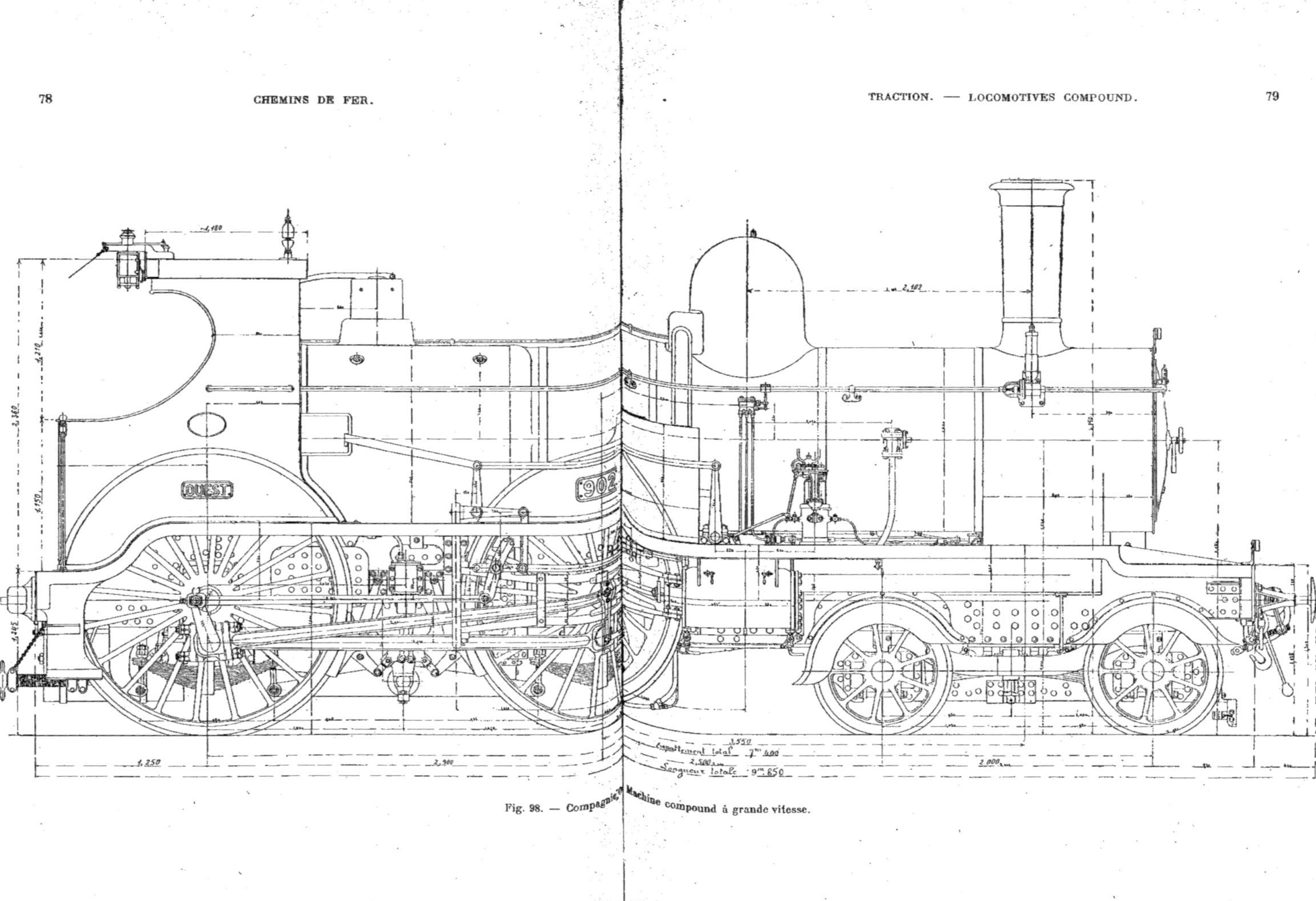

Fig. 98. — Compagnie de l'Ouest. Machine compound à grande vitesse.

	Admission.	Détente
Recouvrement extérieur { avant..	0^m,026	0^m,0345
{ arrière.	0 ,026	0 ,0345
Recouvrement intérieur.	0 ,000	0 ,000
Introduction moyenne maxima sur les deux faces du piston... 0/0	72,5	74.5
Angle d'oscillation de la coulisse..............	34°	41°,45'

Sections de passage de vapeur.

	Admission.	Détente
Largeur des lumières...	0^m,240	0^m,330
Section des lumières d'admission............ A	0^{m2},0086	0^{m2},0161
Section des lumières d'échappement........ E	0 ,0192	0 ,0330
Tuyau d'admission ... a	0 ,0095	0 ,0154
Tuyau d'échappement. e	0 ,0154	0 ,0231
Rapport .... { C/A	10,55	14,22
{ C/E	4,72	6,939
{ C/a	9,58	14,87
{ C/e	5,89	9,91

Échappement variable.

Section pour l'ouverture maxima...	0^{m2},0200
Section pour l'ouverture minima...	0 ,0060

Réservoir intermédiaire de vapeur.

Volume.................	0^{m3},250

Poids.

Machine vide	47 480^k
Machine en ordre de marche : 1er essieu	9 360
» » 2e essieu.	9 360
» » 3e essieu.	15 940
» » 4e essieu.	15 940
Total.................	50 600
Poids suspendu..................	37 870
Poids non suspendu................	12 730
Poids adhérent.......	31 880

Nouvelle machine compound à quatre cylindres à grande vitesse de la Compagnie de l'Ouest (1894).

103. Nous avons vu précédemment que la Compagnie de l'Ouest avait été une des premières à mettre à l'essai le type de machine compound à trois cylindres de M. Webb, employée en Angleterre sur le North-Western.

Mais, à la suite des considérations exposées plus haut, cet essai n'a pas été suivi de l'adoption définitive, pas plus que celui de M. Sauvage modifié, au chemin de fer du Nord.

Cependant le système compound s'imposant de plus en plus, et les avantages qu'il présente ressortant chaque jour d'une façon de plus en plus évidente pour tout esprit impartial, la Compagnie de l'Ouest fit construire, en 1894, une machine à grande vitesse à quatre cylindres. C'est la Société alsacienne de Construction mécanique de Belfort, qui fut chargée de l'établissement de cette locomotive, analogue à celle du même genre déjà en service sur les lignes du Nord et du Midi, mais avec certains détails spéciaux (*fig.* 95 à 102).

C'est une machine à grande vitesse à deux essieux couplés encadrant le foyer, et bogie porteur à l'avant du type de

Fig. 95. — Compagnie Ouest. — Machine compound à grande vitesse.

l'Ouest ; l'axe du bogie est le même que celui de la cheminée : le système compound est obtenu au moyen de deux groupes de deux cylindres, chacun d'eux présentant un cylindre intérieur et l'autre extérieur.

Les deux cylindres extérieurs sont à haute pression placés en avant de l'essieu du milieu et actionnent l'essieu d'arrière : les cylindres intérieurs sont à basse pression placés sous la boîte à fumée et commandent l'essieu coudé du milieu. Les deux groupes de cylindres peuvent, d'ailleurs, fonctionner isolément en cas de besoin, au moyen de robinets à trois voies mus par un piston à vapeur. La vapeur vierge de la chaudière est alors admise directement aux grands cylindres au moyen d'une valve spéciale. La distribution est du système Walschaert qui s'est répandue de plus en plus dans ces dernières années sur les nouveaux types de locomotives récemment construites.

On sait que les premiers ingénieurs, entre autres M. Webb, qui ont proposé de supprimer l'accouplement dans les locomotives compound, avaient spécialement pour but de supprimer les pertes dues aux frottements qui en sont la conséquence. On préfère aujourd'hui en France conserver l'accouplement et ses divers inconvénients, afin de conserver la liberté de faire varier les degrés d'admission, individuellement dans l'un ou l'autre groupe de cy-

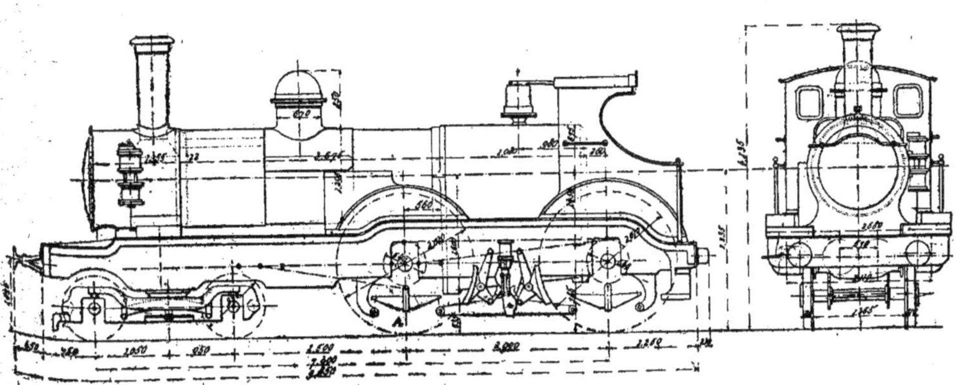

Fig. 96 et 97. — Compagnie Ouest. — Machine compound à grande vitesse.

lindres : c'est ce que réalise heureusement l'appareil de changement de marche employé par la Compagnie de l'Ouest.

104. *Changement de marche.* — Le mécanisme permettant de changer de marche sert, au besoin, à rendre les deux distributions indépendantes l'une de l'autre (*fig.* 103 et 104) et à faire varier les admissions dans ces deux distributions. Ce sont deux vis placées bout à bout, une pour chaque arbre de relevage ; la vis arrière, la plus rapprochée du volant, est creuse et livre passage dans son intérieur, à une tige prolongeant la seconde vis. Chacune de ces vis porte calée une roue dentée, et ces deux pignons peuvent engrener simultanément ou séparément sur le volant de commande, grâce à un encliquetage double adapté au volant et manœuvré par une seule poignée mobile ; on peut ainsi rendre solidaires les deux distributions ou en actionner une seule à la fois. Pour cela la poignée mobile peut occuper trois positions : horizontale, supérieure et inférieure.

Dans la position horizontale, les deux vis sont solidaires du volant et les deux distributions fonctionnent ensemble ; à la partie inférieure, la vis d'arrière marche seule et la distribution des cylindres à haute pression est seule en marche : enfin, quand la poignée est à la partie supérieure, la vis d'avant est dégagée, celle d'arrière reste immobile, et le mécanicien actionne

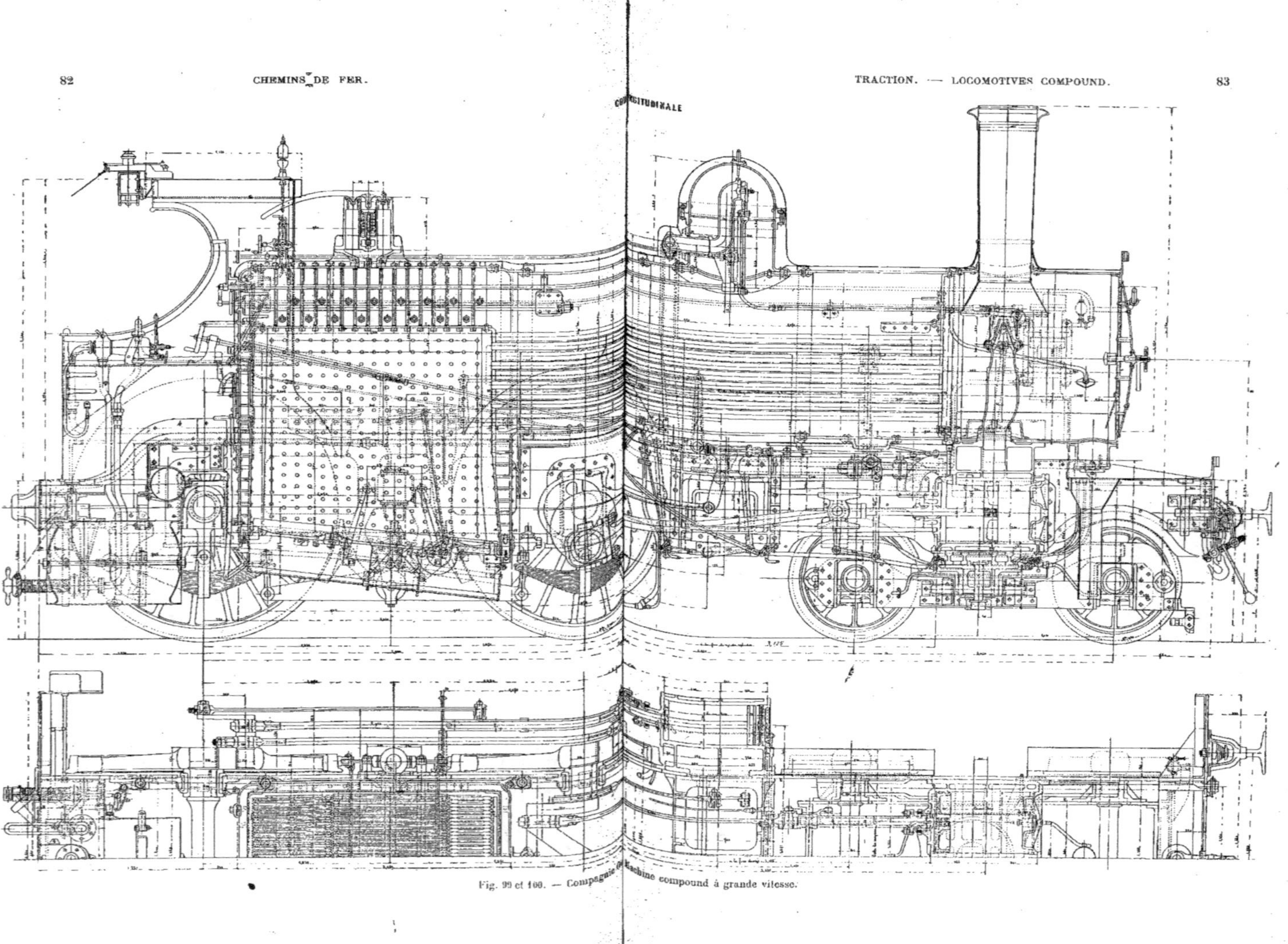

Fig. 99 et 100. — Compound système compound à grande vitesse.

COUPES TRANSVERSALES

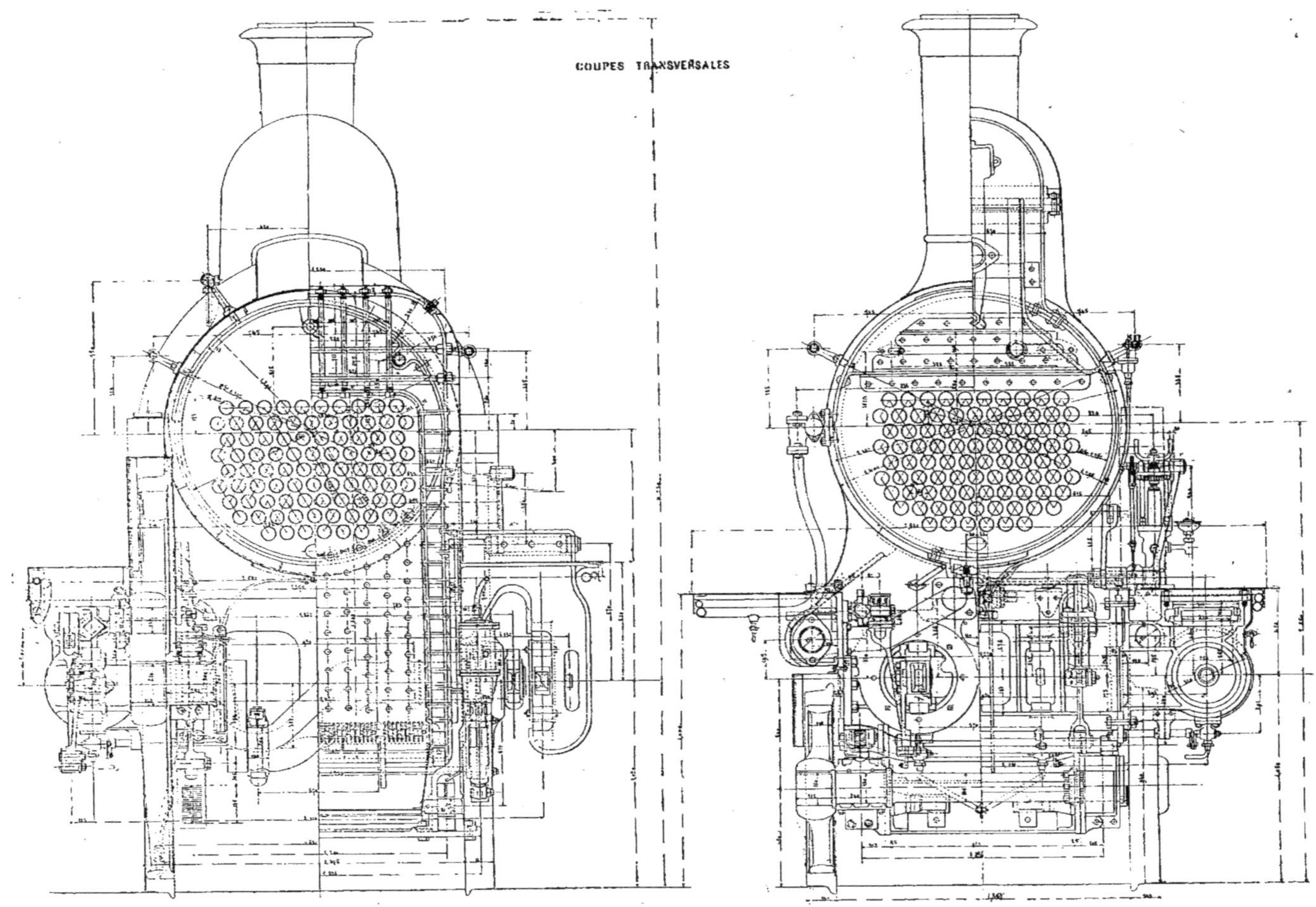

Fig. 101 et 102. — Compagnie Ouest. — Machine compound à grande vitesse.

seulement la distribution des grands cylindres de détente.

Comme dans les changements de marche ordinaires, une roue dentée spéciale, fixée sur la vis d'arrière, permet, à l'aide d'un cliquet, d'empêcher tout déplacement du volant.

Cet appareil est aussi satisfaisant que possible, l'expérience ayant démontré la nécessité de pouvoir supprimer le fonctionnement compound à volonté, non seulement au démarrage, mais même pendant la marche.

105. *Données principales.* — Voici les principales données de cette machine :

Longueur totale hors tampons......	10ᵐ,06
Longueur de la grille...............	1 ,90
Largeur de la grille...............	1 ,052
Surface de la grille...............	2ᵐ2,000
Nombre de tubes...................	88
Diamètre extérieur des tubes.......	0ᵐ,07
Longueur des tubes...............	3 ,80
Surface de chauffe intérieure des tubes	131 ,00
Surface de chauffe du foyer	10 ,90
Surface de chauffe totale...........	141 ,90
Rapport de la surface de chauffe à la surface de grille...............	71
Timbre de la chaudière.............	14ᵏ
Diamètre intérieur des petits cylindres	0ᵐ,32
Diamètre intérieur des grands cylindres	0 ,50
Course commune des pistons.......	0 ,64
Pression maximum ou réservoir intermédiaire...................	6ᵏ
Diamètre des roues motrices couplées.	2ᵐ,04
Écartement des roues motrices couplées	2 ,90
Écartement des essieux du bogie...	2 ,00
Empâtement extrême...............	7 ,40
Poids à vide...................	43 400ᵏ
Poids en charge moyenne de service..	47 600
Poids adhérent sur les essieux moteurs...................	29 500
Poids sur le bogie...............	18 100
Rapport du poids adhérent au poids total...................	62 %
Effort de traction...............	4 200ᵏ
Train remorqué à 14 kil. par tonne..	300ᵗ

Locomotive compound à quatre cylindres à avant-train moteur et articulé de M. Mallet.

106. La locomotive que nous nous proposons d'exposer ci-dessous est née, en 1876, de la préoccupation d'avoir un grand nombre d'essieux couplés et une puissante adhérence, en même temps

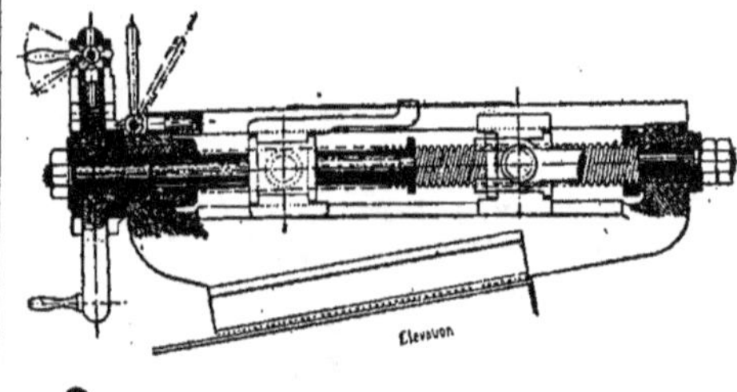

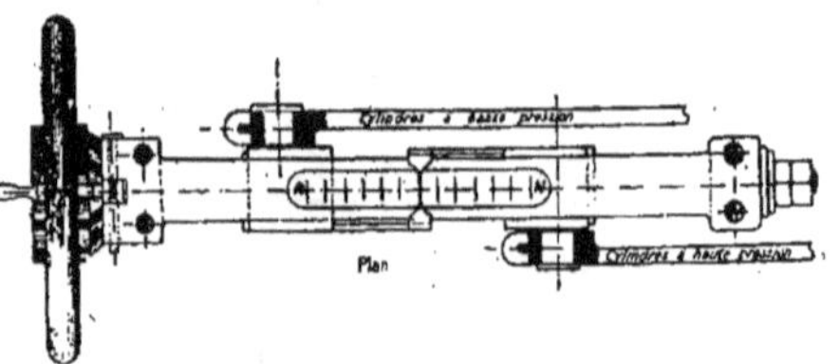

Fig. 103 et 104. — Compagnie Ouest. — Machine compound à grande vitesse. — Changement de marche.

qu'une flexibilité suffisante pour franchir les courbes de faible rayon.

Nous avons vu précédemment un certain nombre de systèmes, conçus dans l'espoir d'atteindre ce but, et y parvenant plus ou moins incomplètement. M. Mallet a résolu le problème d'une manière tout à fait satisfaisante comme suit :

Il part du type américain à avant-train

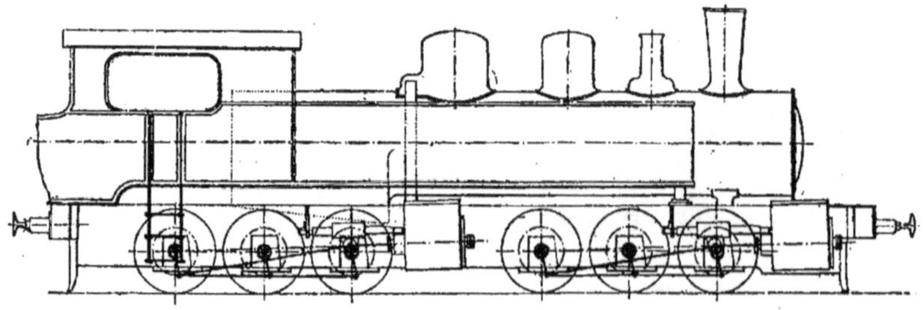

Fig. 105. — Machine Mallet à six essieux.

articulé, qui donne une flexibilité incontestable, mais présente, comme nous savons, l'inconvénient d'inutiliser une partie du poids de la machine qu'on aurait, dans certains cas, intérêt à pouvoir rendre adhérent.

M. Mallet conserve ce truck, le munit lui-même de cylindres ; mais, au lieu d'ali-

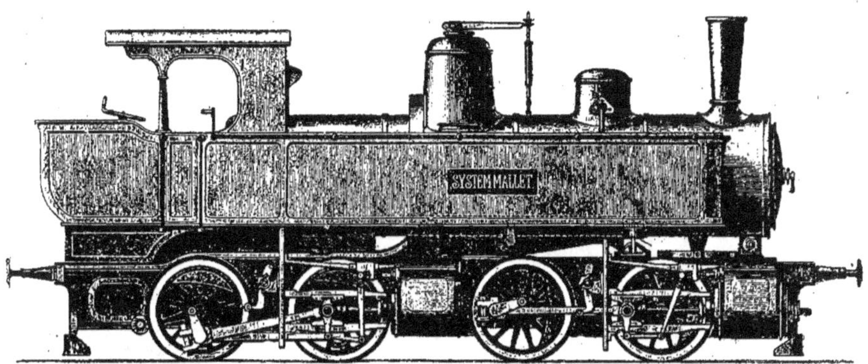

Fig. 106. — Central-Suisse. — Locomotive compound de 60 tonnes.

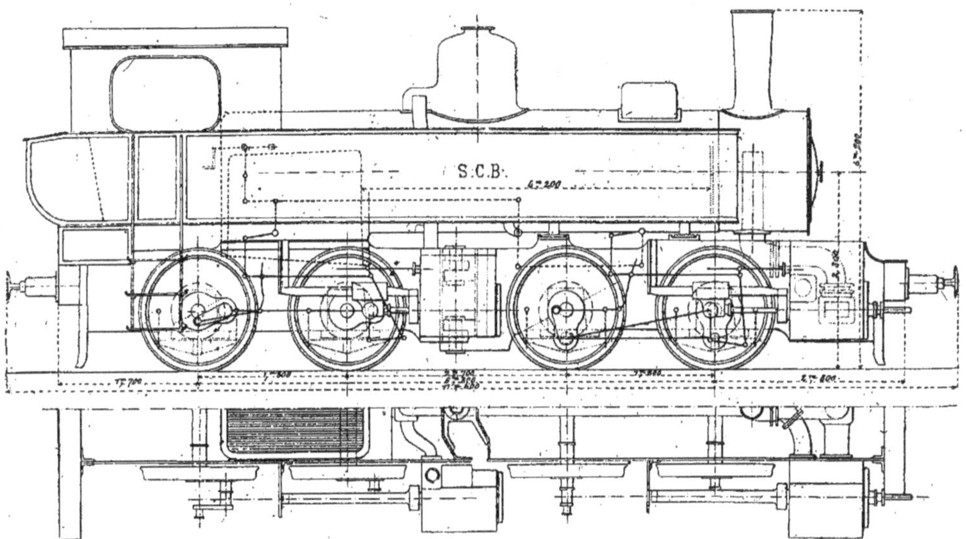

Fig. 107 et 108. — Central-Suisse. — Locomotive compound de 60 tonnes.

menter ces derniers par la vapeur directe venant de la chaudière, il fait intervenir très judicieusement l'application du système compound, en alimentant ces derniers cylindres par la vapeur d'échappement provenant des premiers (*fig.* 105).

Il en résulte trois avantages fondamentaux :

1° On utilise pour l'adhérence le poids entier de la machine ;

2° On supprime la plus grande difficulté du tuyautage articulé des machines essayées dans cette direction, comme les types Wiener-Neustadt, Seraing, Meyer et Fairlie. La tuyauterie mobile de la machine actuelle ne livre, en effet, passage qu'à de la vapeur à basse pression, 4 kilogrammes à 4^k,5 au maximum par centimètre carré;

3° Le type de machine ainsi obtenu reste simple, ne présentant qu'un truck au lieu de deux, et un seul tuyau articulé à faible pression au lieu de deux à haute pression.

C'est en 1884 que M. Mallet présenta son projet sous la forme actuelle, et il eut l'occasion de l'appliquer pour la première fois, le 26 mai 1888, sur le chemin de fer Decauville à voie étroite de 0^m,60, établi de la gare à la ville de Laon ; puis, en 1889, sur le petit railway de l'Exposition universelle de Paris.

Noûs étudierons ces ingénieuses machines dans la partie ultérieure de cet ouvrage, traitant des chemins de fer à voie étroite. Nous nous bornerons, pour le moment, à examiner les machines de ce genre construites dans ces dernières années pour les chemins de fer à voie normale.

Ces dernières applications sont, en réalité, moins nombreuses et, cela s'explique, car c'est surtout sur les chemins de fer économiques que se fait plus impérieusement sentir le besoin de concilier la puissance avec la flexibilité. C'est ce besoin, d'ailleurs, qui se manifeste également sur

Fig. 109. — Chemin de fer du Gothard. — Locomotive compound de 85 tonnes.

les grandes lignes, au pays des montagnes, et c'est pourquoi nous voyons les premières utilisations des machines Mallet, à avant-train articulé, sur les lignes du Central-Suisse et du Gothard.

107. *Locomotive du Central-Suisse.* — Ces machines présentent deux groupes articulés, de deux essieux chacun : elles datent de 1890 et ont été construites par la maison Maffei de Munich, qui avait déjà établi précédemment les types *Bavaria* et *Seraing*. Elles ont été installées pour remorquer les trains de marchandises sur une ligne où se rencontrent de fortes rampes, entre autres une de 27 millimètres dans un tunnel de 2 520 mètres de longueur à Hauenstein. Elles ont immédiatement, et à travail égal, réalisé une économie de 15 à 22 0/0 (*fig.* 106 à 108).

Cette machine pèse près de 60 000 kilogrammes en service. Voici ses principales dimensions :

Surface de grille	1^m,54
Surface de chauffe totale	106 ,50
Timbre de la chaudière	14^k
Diamètre des petits cylindres	0^m,350
Diamètre des grands cylindres	0 ,540
Course des pistons	0 ,610
Diamètre des roues	1 ,200
Écartement des essieux de chaque groupe	1 ,680
Écartement des essieux extrêmes	5 ,580
Volume des caisses à eau	7^{m}3,200
Poids de la machine à vide	43 500^k
» » en service	58 500
Effort de traction, $0,30 p \dfrac{d^2 l}{D}$	8 500
Poids du rail	37
Rayon minimum des courbes	90

108. *Machine du Gothard.* — Les plus fortes machines du Gothard étaient à quatre essieux couplés : aujourd'hui, on ne construit plus, pour les remplacer, que des loco-

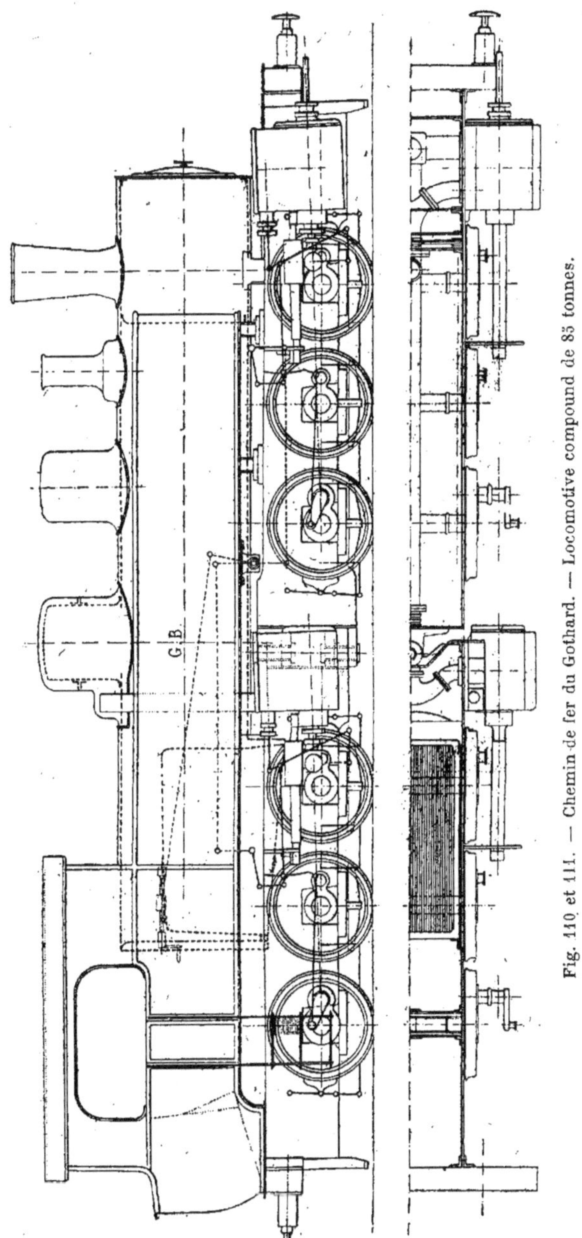

Fig. 110 et 111. — Chemin de fer du Gothard. — Locomotive compound de 85 tonnes.

motives articulées à deux groupes de trois essieux, pesant 54 tonnes en charge et accompagnées d'un tender de 30 tonnes en service (*fig.* 109 à 111). Le groupe d'essieux d'arrière, solidaire avec la chaudière, est actionné par les deux cylindres à haute pression, le groupe d'avant est commandé par les deux grands cylindres de détente, et il est articulé avec le précédent par une cheville ouvrière placée à peu près au milieu de la longueur de la machine.

La chaudière, fixée invariablement au châssis arrière, repose sur le châssis avant par des glissières noyées dans l'huile ; le déplacement latéral de cet avant-train est réglé par des ressorts, placés de chaque côté dans la partie antérieure de la machine.

Les distributions sont reliées ensemble, et du système Walschaert, commandant des tiroirs Trick : la manœuvre unique se fait au moyen d'une vis.

Les essieux sont reliés dans les deux groupes par des balanciers égalisateurs : les ressorts des essieux les plus rapprochés du centre, sont, de chaque côté, acouplés par des balanciers longitudinaux, et les deux ressorts des essieux extrêmes le sont également par un balancier transversal.

La machine porte elle-même ses provisions d'eau et de charbon : elle rentre donc dans la catégorie des machines tenders. Les soutes à eau sont disposées latéralement à la chaudière, et celle du charbon est à l'arrière.

Chaque groupe d'essieux comporte en outre une boîte à sable avec manœuvre à la main commune pour les deux. Le frein est du système à vide, il comprend : deux cylindres à frein commandant chacun quatre sabots, un pour chaque groupe. Les sabots du groupe d'arrière peuvent, en outre, être serrés à la main.

Le démarrage se faisait, jusque dans ces derniers temps, au moyen d'un simple robinet auxiliaire permettant d'envoyer de la vapeur directe de la chaudière aux réservoirs intermédiaires. Cela suffit en effet pour la majorité des cas. Il a cependant paru prudent, pour les derniers types construits, de prévoir un dispositif permettant d'opérer le démarrage des trains

lourds sur les rampes de 26 à 27 millimètres, par l'action directe et indépendante de chaque paire de cylindres.

Les avantages réalisés par la nouvelle machine sur les anciennes ont été les suivants :

1° Remorquer avec le même poids total de moteur et sans augmentation de la fatigue des rails, les mêmes trains dans des conditions d'adhérence plus favorable, de manière à donner une garantie contre les chances de rester en détresse, dans les tunnels si nombreux sur cette ligne, ou par le mauvais temps ;

2° Remorquer des charges plus fortes dans des conditions climatériques favorables ;

3° Réaliser une vitesse plus considérable avec les mêmes charges ;

4° Présenter moins de résistance dans les courbes de 300 mètres de rayon ;

5° Réaliser une économie de combustibles, à charge remorquée égale, question très importante pour des machines brûlant par kilomètre plus de 30 kilogrammes d'un combustible revenant sur place à 33 fr. la tonne.

La nouvelle machine, en effet, pour un train de 200 tonnes, moteur non compris, doit remorquer 285 tonnes pour une adhérence de 85 à 73 au minimum, soit environ 4 pour 1 : tandis que la machine ordinaire doit remorquer 284 tonnes pour une adhérence de 54 soit 5,2 pour 1. L'adhérence présente donc un avantage de 23 0/0 avec le nouveau type.

La pratique a, en effet, comfirmé ces données : la machine du Gothard a d'abord été essayée quelque temps sur les lignes de l'État bavarois : elle a remorqué entre Munich et Schliessée, sur un profil comportant des rampes de 16 millimètres, un train de 43 wagons pesant 400 tonnes à une vitesse de 20 kilomètres à l'heure, ce qui représente un effort de traction de près de 10 000 kilogrammes et un travail de 750 chevaux, soit 4, 8 chevaux par mètre carré de surface de chauffe.

Au Gothard, avec les rampes fréquentes de 25, 26 et même 27 millimètres, elle remorque facilement par un beau temps 220 tonnes et, par les plus mauvais temps,

200 tonnes, alors que les machines ordinaires ne dépassent pas 175 tonnes.

Dimensions principales. — Voici les principales données de cette machine :

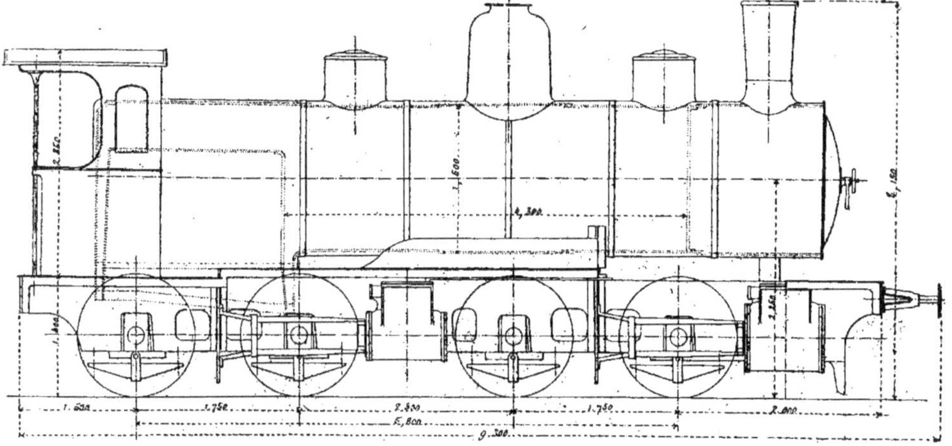

Fig. 112. — Locomotive compound articulée de l'État Badois et de l'État Prussien.

Surface de grille	2m,20
Surface de chauffe totale	155 ,00
Timbre de la chaudière	12k
Diamètre des petits cylindres	0m,400
Diamètre des grands cylindres	0 ,580
Course des pistons	0 ,640
Diamètre des roues	1 ,230
Écartement des essieux de chaque groupe	2 ,700
Écartement des essieux extérieurs	8 ,130
Volume des soutes à eau	7 ,000
Poids de la machine à vide	67 000k
» » en service	85 000
Effort de traction	10 000
Poids du rail	37 à 48
Rayon minimum des courbes	120

Machines des chemins de fer badois et prussiens. — Les chemins de fer de la Forêt-Noire (Bade), comportent de fortes déclivités et des courbes de faible rayon. Le gouvernement Grand-ducal à mis en service, depuis 1893, des machines à deux trains de deux essieux, type articulé Mallet à tender séparé, destinées à faire le service concurremment avec les machines ordinaires à quatre essieux couplés employées sur cette ligne (*fig.* 112 et 113).

Les chemins de fer prussiens de la rive gauche du Rhin ont également mis à l'essai cette machine, destinée au service des marchandises sur l'ensemble de son réseau.

Ces locomotives ont été fabriquées par

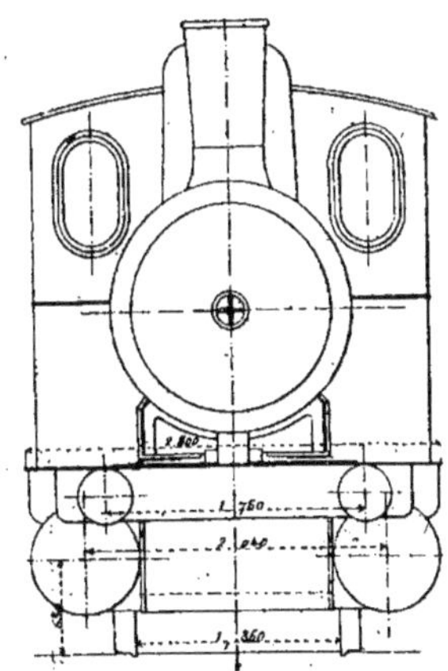

Fig. 113. — Locomotive compound articulée de l'État Badois et de l'État Prussien.

la Société alsacienne de construction mécanique de Graffenstaden.

En voici les principales données :

Surface de grille......................	$1^m,96$
Surface de chauffe totale.............	$137,50$
Timbre de la chaudière..............	12^k
Diamètre des petits cylindres.......	$0^m,390$
Diamètre des grands cylindres......	$0,600$
Course des pistons..................	$0,600$
Diamètre des roues.................	$1,260$
Écartement des essieux de chaque groupe.........................	$1,750$
Écartement des essieux extérieurs..	$5,800$
Poids de la machine à vide.........	$49\ 500^k$
» » en charge......	$55\ 500$
Effort de traction $0,50\ p\dfrac{d^2 l}{D}$..........	$8\ 700$
Rayon minimum des courbes.......	100^m

Les essais de ces machines furent assez satisfaisants pour que l'usine Maffei reçût de nouvelles commandes de types analogues, non seulement par les lignes citées plus haut, mais pour l'État bavarois et les chemins de fer ottomans d'Anatolie.

107. *Machines des chemins de fer de l'Hérault.* — Les lignes secondaires de l'Hérault sont à voie normale et ont adopté une locomotive articulée type Mallet (*fig. 114* et *115*).

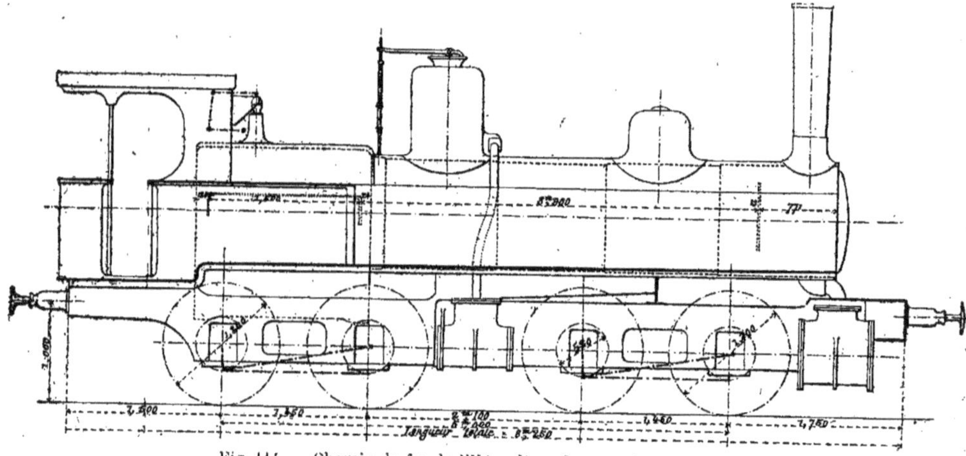

Fig. 114. — Chemin de fer de l'Hérault. — Locomotive compound.

Voici les principales dimensions de cette machine:

Surface de grille......................	$1^m,50$
Surface de chauffe totale.............	$76,5$
Timbre de la chaudière.............	12^k
Diamètre des petits cylindres......	$0^m,305$
Diamètre des grands cylindres......	$0,460$
Rapport des volumes...............	$2,27$
Course des pistons..................	$0^m,520$
Diamètre des roues motrices.......	$1,200$
Poids adhérent....................	$31\ 000^k$
Poids total........................	$31\ 000$
Effort de traction, $0,50\ p\dfrac{d^2 l}{D}$........	$4\ 836$

État hongrois.

108. *Locomotive express compound à quatre cylindres en tandem.* — Sur les

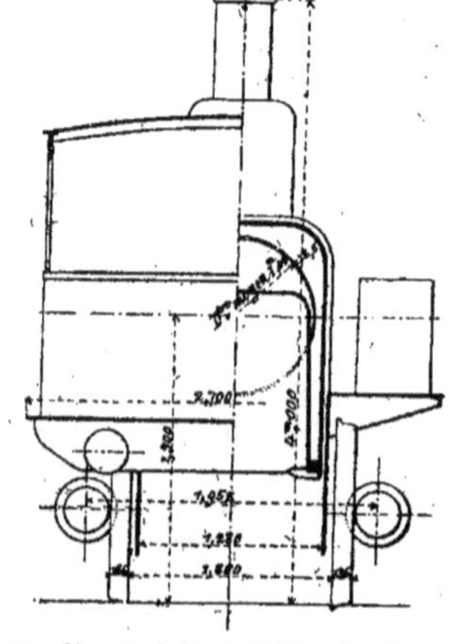

Fig. 115. — Chemin de fer de l'Hérault. — Locomotive compound.

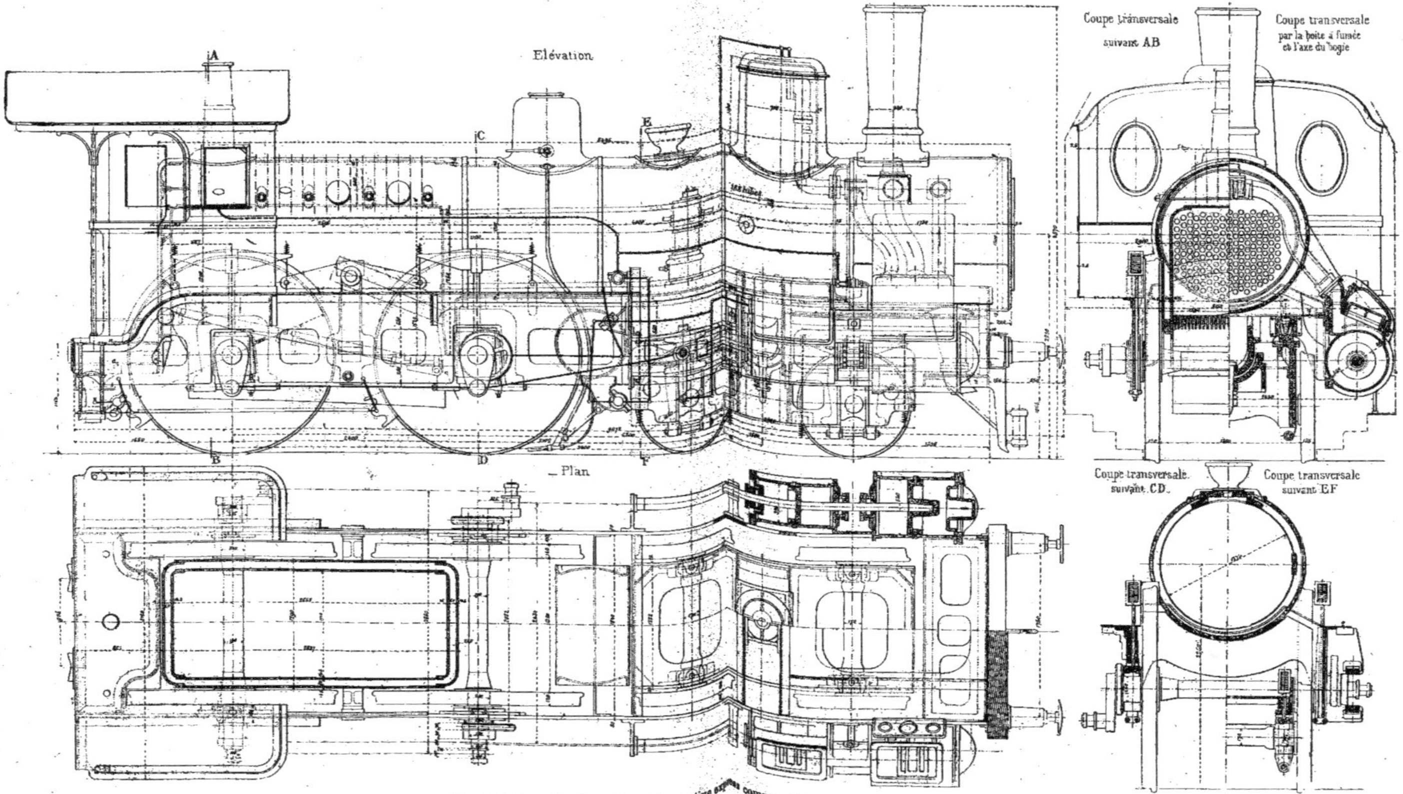

Fig. 116 à 119. — État Hongrois. — Locomotive système compound à quatre cylindres en tandem.

chemins de fer de l'État hongrois comme ailleurs, le trafic augmentant régulièrement en même temps que le poids des trains, on a eu l'idée de recourir à la locomotive compound, pour remplacer les locomotives express en usage qui exigeaient fréquemment la double traction.

Le réseau de l'État hongrois est, d'ailleurs, construit dans des conditions spécialement difficiles pour l'exploitation de trains à grande vitesse. On y rencontre de nombreuses rampes de 0^m,0067 par mètre et des courbes de petit rayon ; le poids des rails interdit de dépasser 14 tonnes de charge par essieu ; dans ces conditions, la vitesse maximum en palier est de 80 kilomètres à l'heure, et en rampe de 60 kilomètres avec des trains à remorquer pesant au plus 160 tonnes.

La machine actuelle (*fig.* 116 à 119) est à quatre cylindres disposés en tandem par groupes de deux, extérieurement aux longerons de chaque côté ; elle est à deux essieux moteurs couplés et un bogie à deux essieux à l'avant. L'essieu moteur proprement dit est celui du milieu ou troisième essieu, muni de manivelles de Hall avec excentriques en fer forgé ; le quatrième essieu couplé avec le précédent, avec manivelles rapportées, est placé sous la boîte à feu.

Chaudière. — La chaudière est en acier doux Martin, rompant sous une charge de de 34 à 40 kilogrammes par millimètre carré de section avec allongement de 20 0/0 sur une éprouvette de 0^m,200. La quantité de vapeur à produire étant importante et le combustible médiocre (lignite), la boîte à feu et la grille sont de grandes dimensions ; les parois du foyer en sont en cuivre avec entretoises en acier doux. Les tubes sont également en acier avec raboutages en cuivre. Les parois de la chaudière, autour de la porte s'ouvrant à l'extérieur, sont embouties et reliées à la boîte à feu au moyen de rivets, d'après le type Webb.

La boîte à fumée est allongée et munie d'un pare-étincelles américain, précautions indispensables avec le lignite employé comme combustible sur ces locomotives.

L'alimentation se fait au moyen de deux injecteurs non aspirants Gresham et Craven ; la chaudière est munie de deux niveaux d'eau et protégés contre les déperditions de chaleur, au moyen d'une enveloppe en bois supportée par un cadre en fer et placé à une distance de 0^m,03 à 0^m,04 des tôles.

Châssis. — Les longerons sont d'une seule pièce en acier doux, identique à celui de la chaudière et renforcés au droit des essieux par des plaques de garde en acier fondu. Il en est de même du bâtis du bogie ; afin de répartir également les charges sur les ressorts de ce bogie, la partie avant de la machine repose sur une crapaudine fixée au truck au moyen d'un pivot hémisphérique en acier fixé au bâtis principal : pour faciliter les mouvements de cette dernière, la crapaudine est garnie de métal blanc.

Les ressorts sont du type belge, sans flèche de fabrication quand ils ne supportent aucune charge.

La machine est munie de deux sablières du système Gresham placées chacune à l'avant de la roue motrice ; mais l'aspiration du sable est faite, non par la vapeur de la chaudière, mais par l'air comprimé provenant du réservoir du frein Westinghouse.

Mécanisme. — Chaque groupe de deux cylindres venus de fonte d'un seul bloc, porte à l'arrière le cylindre à haute pression et à l'avant, celui de détente ; entre les deux se trouve le réservoir intermédiaire muni d'une soupape de rentrée d'air, dans le but d'empêcher l'aspiration des gaz dans la boîte à fumée et leur entrée dans les cylindres, quand on marche à régulateur fermé. Ce réservoir est, comme toujours, composé de tuyaux qui pénètrent dans la boîte à fumée ; il en est de même d'autres tuyaux qui amènent la vapeur directe de la chaudière dans les petits cylindres au moment du démarrage.

Les tiroirs des deux cylindres de chaque groupe sont commandés par la même tige ; le changement de marche du système Walschaert est commandé au moyen d'une vis manœuvrée par un volant. Le piston du petit cylindre est venu de forge avec sa tige ; celui du cylindre à basse pression est fixé sur la même au moyen d'une clavette en acier.

Les bielles motrices et d'accouplement

sont en acier doux et présentent la forme du **I** ; les bielles d'accouplement n'ont pas de clavettes, mais sont munies de coussinets fixes en bronze.

Démarrage. — Pour faciliter le démarrage, on a placé sur le côté droit de la locomotive, et près des petits cylindres, une soupape à piston reliée au changement de marche et qui envoie automatiquement de la vapeur fraîche dans le réservoir intermédiaire, et, par conséquent, dans le cylindre à basse pression, quand le régulateur est ouvert et que la distribution est à fond de course.

Tender. — Le tender est à trois essieux renfermant 8 tonnes de combustible et 17 mètres cubes d'eau. Il pèse à vide 15 500 kilogrammes et en charge 40 500 kilogrammes. Il peut, avec de fortes charges, faire aisément sans arrêt des parcours de deux heures et demie.

Indicateur de vitesse. — Un indicateur de vitesse du système Petit est disposé sur cette locomotive, comme d'ailleurs sur toutes les machines express du réseau des chemins de fer de l'État hongrois.

Dimensions principales. — Voici les principales données de cette machine :

Surface de grille	3^{m2},00
Nombre des tubes	188
Diamètre extérieur des tubes	0^m,052
Longueur des tubes entre plaques tubulaires	4 ,000
Surface de chauffe des tubes	122 ,90
» » de la boîte à feu	12 ,00
» » totale	134 ,90
Hauteur de l'axe de la chaudière au dessus du rail	2 ,250
Timbre de la chaudière	13^k
Diamètre des petits cylindres	0^m,370
Diamètre des grands cylindres	0 ,550
Course des pistons	0 ,650
Rapport des volumes des cylindres	2 ,30
Diamètre des roues motrices	2 ,000
Diamètre des roues du bogie	1 ,05
Écartement des essieux moteurs	
Distance de l'essieu moteur avant au centre du bogie	2 ,400 3 ,000
Écartement des essieux du bogie	1 ,800
Empâtement total	6 ,300
Poids à vide	50 000^k
» en service	54 400
» adhérent	27 900
» sur le bogie	26 500
Effort maximum de traction	5 100

La nécessité de décharger les essieux moteurs a fait reculer le bogie sous la ma-

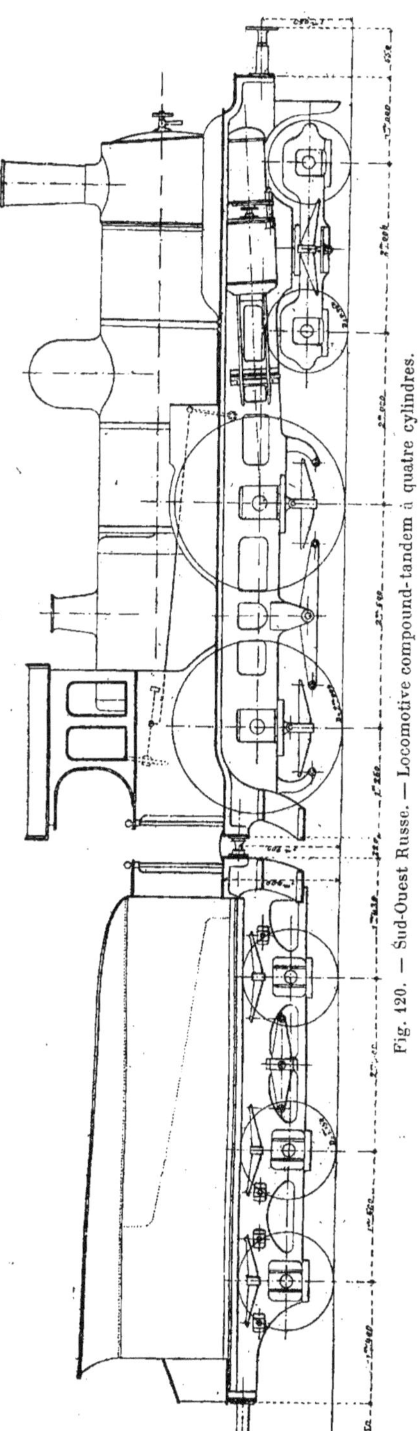

Fig. 120. — Sud-Ouest Russe. — Locomotive compound-tandem à quatre cylindres.

chine, au grand préjudice de la stabilité, au point que l'essieu d'avant de ce dernier est à $0^m,42$ en arrière de la cheminée. En outre, l'idée d'employer quatre cylindres pour actionner un seul essieu n'est pas heureuse et il eut été bien préférable de rendre deux essieux individuellement moteurs en les reliant à des groupes distincts de deux cylindres: on sait que cela n'empêche pas d'employer l'accouplement, qui peut être utile comme compensateur et au démarrage. Enfin, la réunion des deux groupes de cylindres à l'avant, surtout les grands cylindres en tête en porte-à-faux par rapport au premier essieu du bogie, n'est pas réussie. Tout cela est encore exagéré par les proportions inaccoutumées de la boîte à fumée, au détriment de l'aspect et de la stabilité. En somme ce type n'est pas à imiter.

Sud-Ouest russe.

109. *Locomotive compound-tandem à quatre cylindres.* — Cette machine a une forme et des dispositions analogues à celle de l'État hongrois avec quelques amélioration: c'est ainsi que le petit cylindre est à

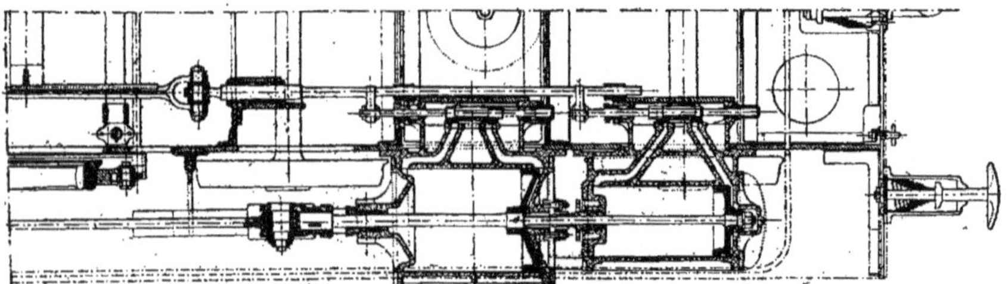

Fig. 121. — Sud-Ouest Russe. — Demi-coupe par l'axe des cylindres.

l'avant du groupe des deux, de chaque côté de la machine et à l'aplomb du premier essieu du bogie au lieu d'être en porte-à-faux. La boîte à fumée ne présente pas non plus l'exagération du type hongrois. Mais on rencontre encore dans ce système l'utilisation irrationnelle de quatre cylindres pour actionner un seul et même essieu (*fig.* 120 à 122).

Cette machine (*Bulletin des ingénieurs civils*, octobre 1892), a été étudiée en détails et construite d'après un avant-projet de M. de Borodine, par la Société alsacienne de construction mécanique, dans ses ateliers de Belfort, sous le contrôle et la surveillance de M. Mallet, délégué à cet effet. Elle a été commencée à la fin de 1890 et terminée en septembre 1891.

On s'est proposé de réaliser une machine aussi puissante que possible dans les limites fixées par l'administration supérieure russe, savoir: 13 tonnes de charge maximum par essieu et 11 atmosphères de pression maximum à la chaudière, et en même temps aussi simple que le comportait l'emploi de quatre cylindres, emploi rendu nécessaire par l'impossibilité de faire, dans le cas d'une compound à deux cylindres, le cylindre unique à basse pression d'assez grand diamètre.

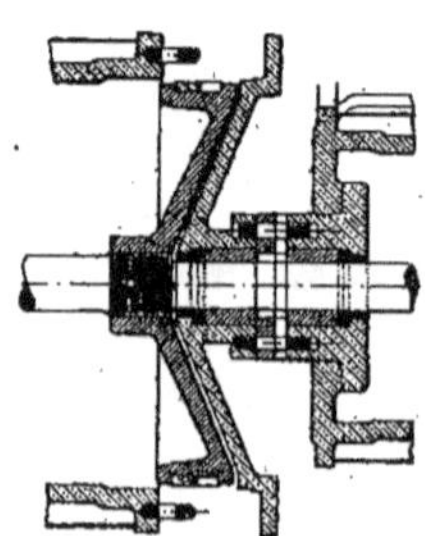

Fig. 122. — Sud-Ouest Russe. — Coupe du piston.

Description. — Cette machine présente à l'arrière deux essieux moteurs accouplés, entre lesquels se trouve placé le foyer, et, à l'avant, un bogie articulé supportant une partie du poids de la locomotive. Les cylindres disposés légèrement inclinés par groupes de deux, sont placés symétriquement de chaque côté de la machine et au-dessus du bogie, le cylindre à haute pression, c'est-à-dire le plus petit, en avant, le grand ou le plus lourd, en arrière, son axe à peu près dans l'axe du bogie.

La vapeur introduite d'abord dans le petit cylindre passe ensuite dans le grand situé de l'autre côté de la machine, au moyen d'un gros tuyau faisant réservoir intermédiaire et traversant la boîte à fumée. Les deux tiroirs de chaque couple sont solidaires d'une même tige mue par une coulisse Stephenson.

L'effort supplémentaire du démarrage est obtenu au moyen d'un robinet amenant la vapeur directement de la chaudière dans les grands cylindres, par un tuyau de faible diamètre, pour réduire sa pression à son entrée dans les cylindres. La locomotive ainsi que le tender soit munis de freins système Westinghouse.

Dimensions principales. — Voici les principales données de cette machine :

Poids de la machine à vide	39 100^k
Eau dans la chaudière et combustible sur la grille	3 900
Poids de la machine en service	43 000
Charge sur les essieux couplés	26 000
Charge sur l'avant-train	17 000
Diamètre moyen de la chaudière	1 251
Timbre de la chaudière	11 atm.
Nombre des tubes	208
Longueur des tubes	3^m,800
Diamètre intérieur des tubes	0 ,040
Surface de chauffe des tubes	112 ,000
Surface de chauffe du foyer	10 ,400
Surface de chauffe totale	122 ,400
Surface de la grille	1 ,900
Diamètre des cylindres d'admission	0 ,330
Diamètre des cylindres de détente	0 ,500
Course des pistons	0 ,600
Diamètre des roues couplées	2 ,000
Diamètre des roues porteuses	0 ,950
Ecartement des essieux extrêmes	6 ,600
Longueur totale de la machine	9 ,400
Largeur totale de la machine	2 ,630
Entre les mentonnets des rails	1 ,525
Poids du tender à vide	15 000^k
Eau dans les soutes	15 000
Combustible	3 500
Poids du tender en service	33 500
Diamètre des roues	1 150
Ecartement des essieux extrêmes	3 500
Longueur totale du tender	7 100
Largeur totale du tender	3 050

Remarques. — La figure 122 montre le système employé pour permettre une visite

et un remplacement faciles des segments des grands pistons.

Comme les machines de l'État hongrois, ce type n'est pas à l'abri de toute critique ; le groupement de quatre cylindres à l'avant augmente le poids mort au détriment du poids adhérent ; le bogie est encore trop ramené sous la machine, puisque son axe est à 0^{m}35, environ en arrière de l'axe de la cheminée. Cette obligation a été probablement entraînée par les dimensions des ponts tournants de la ligne. Mais la disposition le plus attaquable est, nous le répétons, de voir l'effort total des quatre pistons, s'exercer directement sur un même essieu, quand il y a tant d'avantages, sous tous les rapports, à diviser les cylindres par groupes de deux actionnant deux essieux moteurs différents.

Enfin, la solidarité des tiroirs ne permet pas de faire venir l'admission dans les cylindres à haute ou à basse pression, indépendamment l'un de l'autre, ce qui peut être fort précieux pour augmenter la vitesse sans qu'il en soit de même de la consommation. Les petits cylindres n'ont, en outre, aucun dispositif pour évacuer directement à l'échappement ; les grands ne peuvent plus admettre la vapeur froide en cours de route ; on ne peut donc atteindre au maximum de puissance que peut procurer le système, ni en cas d'avarie d'un des groupes, marcher indifféremment avec l'autre, à haute ou basse pression, comme avec une locomotive ordinaire.

Locomotive des chemins de fer de l'État autrichien. Système Goelsdorf.

110. Nous avons parlé précédemment d'un type de machines autrichiennes, dans lesquelles on a supprimé tout appareil spécial de mise en marche : c'est le type Goelsdorf, représenté sous forme de diagramme dans les figures 124 à 126.

La légende suivante donne l'explication des objets désignés par certaines lettres sur la figure :

h. Cylindre de haute pression ;
N. Cylindre de basse pression ;

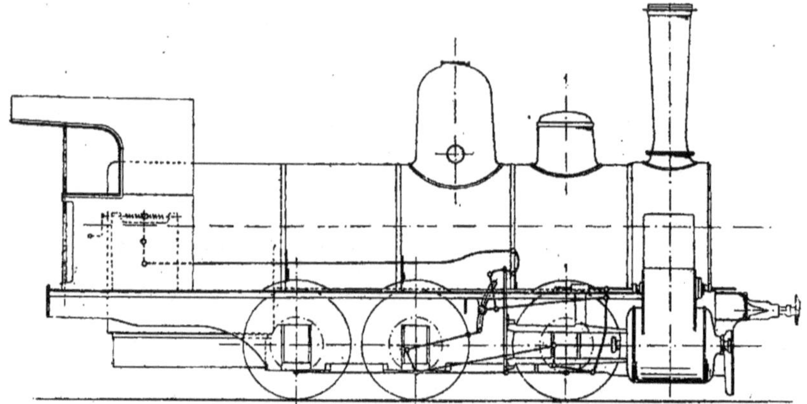

Fig. 124. — État Autrichien. — Locomotive compound, système Goelsdorf. — Diagramme.

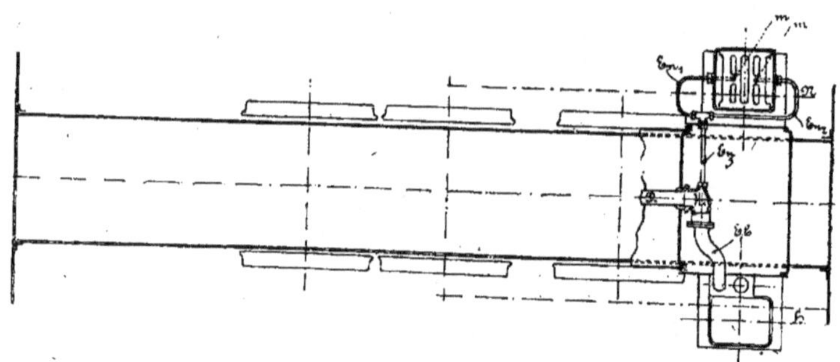

Fig. 125. — État Autrichien. — Locomotive compound, système Goelsdorf. — Coupe horizontale.

R.   Réservoir intermédiaire ;
B.   Tuyau d'échappement ;
D.   Tuyau de prise de vapeur dans la chaudière ;
K.   Tuyau d'arrivée de vapeur ;
Eh. Tuyau d'arrivée dans le cylindre de haute pression ;
Ez; En_1, En_2. Petits tuyaux d'amenée dans le cylindre de basse pression ;
m. Orifices dans la glace du tiroir.

La première locomotive établie sur ce modèle a été construite par les ateliers de Wiener-Neustadt. C'est une machine à marchandises, ayant rigoureusement la même chaudière que les anciennes locomotives destinées à cet usage, mais possédant une puissance beaucoup plus grande.

Ainsi le poids maximum des trains, fixé, pour la section de Penkendorf-Reckarwin-

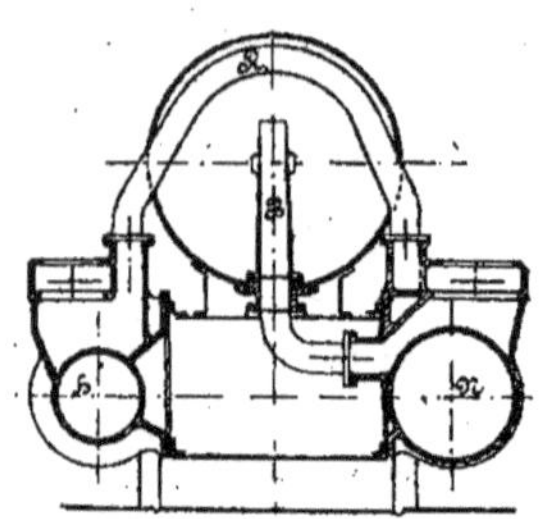

Fig. 126. — État Autrichien. — Locomotive compound, système Goelsdorf. — Coupe verticale.

kel, qui est constamment en rampe de 10 millimètres sur une longueur de 13 kilomètres est de 460 tonnes, non compris la machine et son tender. Avec la machine actuelle compound, on a pu atteindre en service régulier 596 tonnes (114 essieux) avec une vitesse de 17^{km},5 à l'heure, ce qui correspond à un effort de 590 chevaux.

La conduite de ces locomotives est, d'ailleurs, exactement la même que celle des locomotives ordinaires, puisqu'elles ne comportent aucun appareil spécial de mise en marche : on peut les mettre entre les mains du premier mécanicien venu, après une simple explication sommaire du système compound.

Le graissage des pistons et des tiroirs se fait à l'huile minérale, comme d'ailleurs sur toutes les locomotives des chemins de fer de l'État autrichien.

On a construit deux séries différentes de ces machines (*fig.* 127 à 130) dont voici les principales dimensions :

Fig. 127. — État Autrichien. — Locomotive compound, système Goelsdorf. — Vue perspective.

Série 56

Diamètre des cylindres.................	450 mm
Course du piston....................	632 »
Diamètre des roues motrices.........	1 290 »
Timbre............................	11 kil.
Tubes : nombre.....................	186
» longueur.	4 165 m.
» diamètre extérieur............	51 mm.
Surface de grille................	1,80 m. carré
Surface de chauffe du foyer...... 8 »	»
» » » des tubes..... 124 »	»
» » » totale........ 132 »	»
Poids à vide....................	36 500 kil.
» en ordre de marche..........	41 500 »
Commande de distribution, système Allan.	

Série 59

Diamètre des cylindres..{ haute pression 500 mm. / basse pression 740 »	
Course du piston....................	632 »
Diamètre des roues motrices.........	1290 »
Timbre............................	12 kil.
Tubes : nombre.....................	186
» longueur..................	4 165 m.
» diamètre extérieur............	51 mm.
Surface de grille................	1,80 m. carré
Surface de chauffe du foyer..... 8 »	»
» » » des tubes.... 124 »	»
» » » totale........ 132 »	»
Poids à vide....................	37 200 kil.
» en ordre de marche..........	42 000 »
Commande de distribution : syst. Heusinger.	

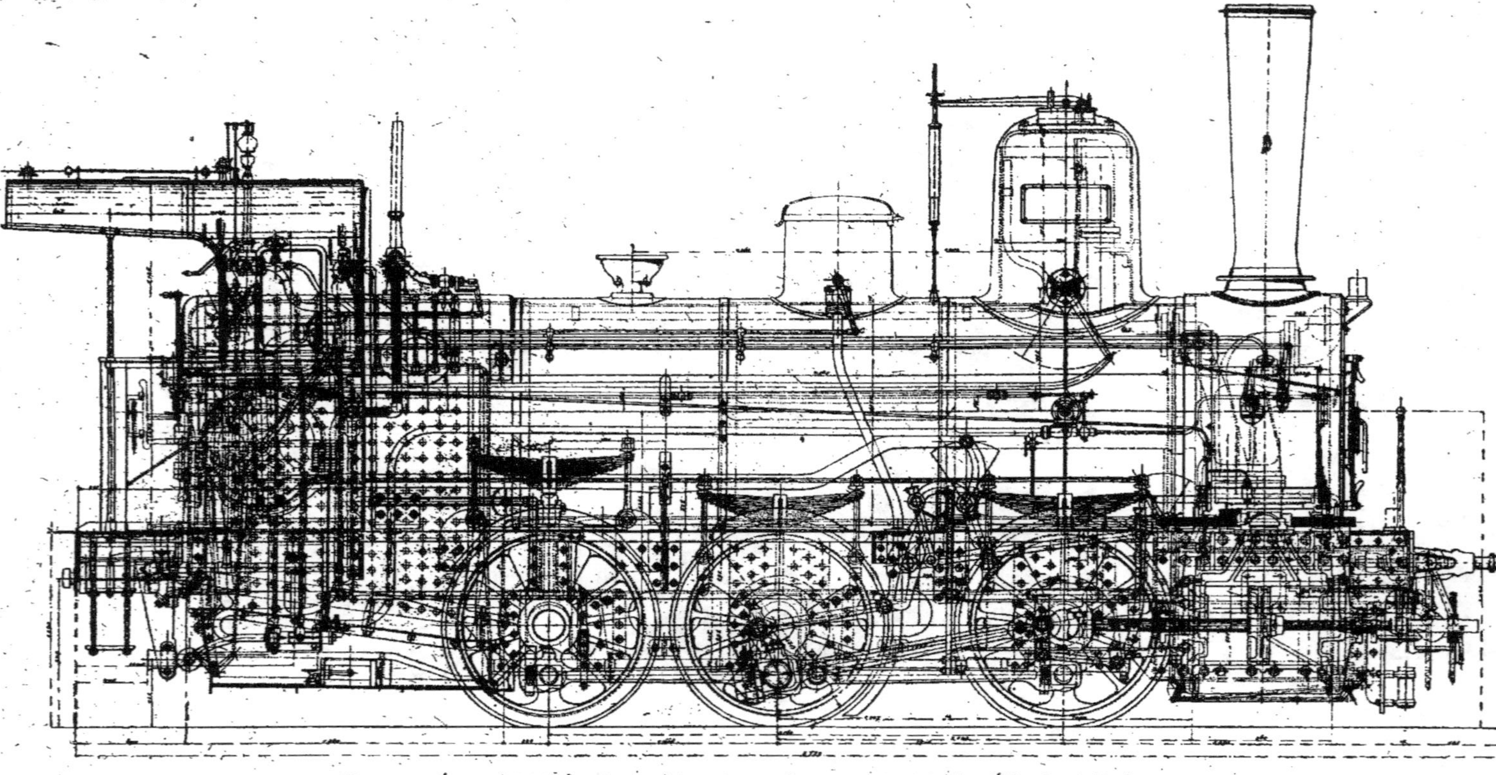

Fig. 128. — État Autrichien. — Locomotive compound, système Goelsdorf. — Élévation latérale.

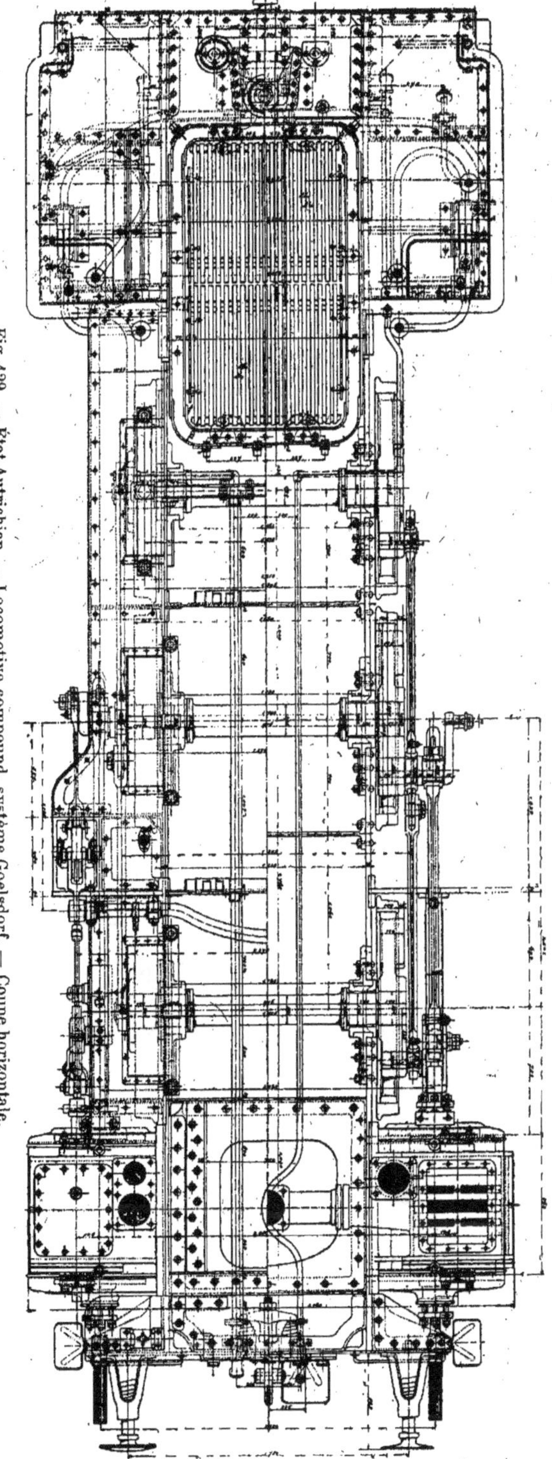

Fig. 129. — État Autrichien. — Locomotive compound, système Goelsdorf. — Coupe horizontale.

111. *Suppression du changement de marche.* — Nous insisterons un peu sur cette particularité toute spéciale à cette machine compound, et à laquelle l'inventeur attache une réelle importance, la suppression du changement de marche.

Pour que la mise en marche d'une machine compound s'effectue sans plus de difficultés que celle d'une locomotive ordinaire, il faut que la force tangentielle ait pour valeur minimum dans une position analogue à celle de la figure 6 (p. 15),

$$T = KPs$$

qui est l'expression de l'effort tangentiel

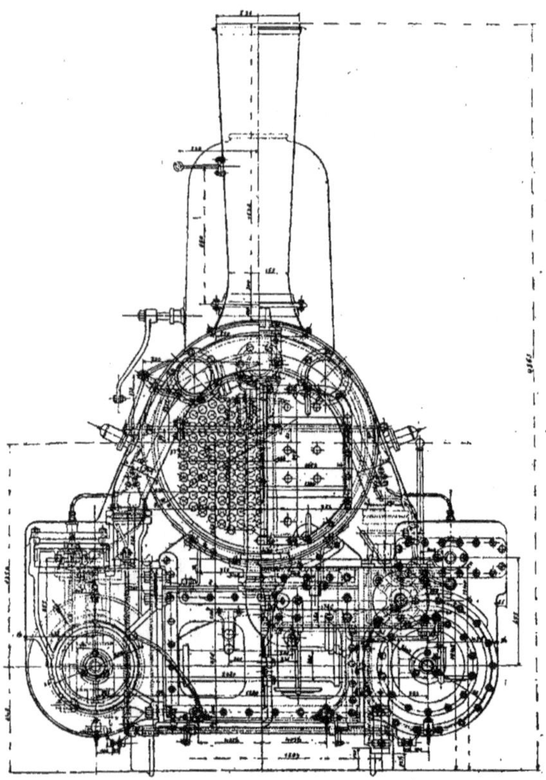

Fig. 130. — État Autrichien. — Locomotive compound, système Goelsdorf. — Coupe verticale.

dans une locomotive ordinaire non compound. P, étant la pression dans la chaudière, *s* la surface du piston, et K, un coefficient complexe renfermant tous les facteurs pouvant modifier l'effort T, suivant la position des manivelles.

Nous avons indiqué (page 15, n° 28) la manière dont se fait le démarrage dans une machine compound à deux cylindres, avec une pression $\frac{P}{2.2}$ au lieu de P, pression dans la chaudière, puisque la surface du grand piston est 2,2 fois celui du petit.

Cette vapeur, introduite ainsi directement dans le réservoir intermédiaire, viendrait agir en faisant contre-pression dans le petit cylindre, produisant un effort contraire à celui de la marche égale à :

$$T_1 = K_1 s \frac{P}{2.2},$$

dans laquelle $K_1 > K$ en raison des positions respectives des manivelles. L'effort réel de démarrage serait donc donné par la différence :

$$T' = T - T_1 = (Ks - K_1 s) \frac{P}{2.2},$$

dont la valeur numérique est inférieure de moitié environ à celle qui correspond au démarrage d'une machine ordinaire, et peut même devenir nulle dans les machines où l'admission maximum ne dépasse pas 68 à 70 0/0.

De là l'utilité des appareils d'interception que nous avons vus précédemment et que M. Goelsdorf supprime complètement, affirmant réaliser là un réel progrès, parce que ces appareils exigent une surveillance assez difficile, et donnent lieu à des fuites dont on ne s'aperçoit que quand elles deviennent très importantes.

M. Lavezzari affirmait, comme nous l'avons dit (*Ingénieurs civils*, octobre, 1893), à propos des appareils de démarrage que, pour les machines à marchandises, il n'est pas utile d'adopter l'indépendance des deux groupes de cylindres, ce qui n'est indiqué que pour les très grandes vitesses, comme sur la dernière machine de la Compagnie du Nord français.

M. Goelsdorf va plus loin et supprime tout appareil spécial de démarrage, qu'il trouve inutile dès que la commande de distribution est modifiée, de manière que la vapeur puisse pénétrer dans les deux cylindres pendant la presque totalité de la course du piston, et permet une admission de 94 0/0 (*fig.* 131).

« Dans le cas qui se présente le plus souvent avec démarrage, manivelles voisines de 45 degrés (lignes pointillées), les deux tiroirs sont ouverts, l'introduction de vapeur et la force tangentielle qui produit ce démarrage est :

$$T'' = Ks \frac{P}{2.2} - K_1 s \frac{P}{2.2} + K_1 s P$$

valeur supérieure de 60 0/0 en chiffres ronds à celle de la force tangentielle minima développée dans la même position, dans une locomotive ordinaire ou dans une machine compound, pourvue d'un appareil de mise en marche fonctionnant avec précision. »

Si la mise en marche s'accomplit pour une position, dans laquelle l'introduction dans le cylindre de haute pression est fermée par le tiroir (lignes pleines) la force de mise en marche sera donnée par la formule :

$$T''_{mim.} = K_2 s \frac{P}{2.2} - K_3 s \frac{P}{2.2}$$

dans laquelle K_2, en raison de la position presque verticale de la manivelle de basse pression, est à peu près égal à $2 K_1$, tandis que K_3, en raison de la position presque horizontale de la manivelle de haute pression est sensiblement égal à $\frac{K_1}{2}$. Par suite T''_{min} est encore supérieur à T ou T'.

Une approximation suffisante sera donc fournie par la formule :

$$T''_{min.} = 2Ks \frac{P}{2.2} - \frac{1}{2} Ks \frac{P}{2.2}.$$

ce qui est encore supérieur à l'effort du démarrage des machines ordinaires.

Or, ce cas est le plus défavorable ; donc avec un mécanisme permettant une admission de 94 0/0 qui donne une contre-pression négligeable, la valve d'interruption n'est plus indispensable. Une commande de distribution de ce genre doit néanmoins être établie de telle sorte que, malgré la valeur élevée de l'admission maximum, l'admission dans la position moyenne puisse descendre jusqu'à 13 ou 15 0/0, pour que la marche reste encore économique pour de faibles efforts de 20 à 25 0/0 d'admission.

La commande de distribution la plus appropriée à ce but est celle du système Heussinger, qui se prête le mieux à une proportion convenable, entre la longueur utile de la coulisse et celle du bras oscillant permettant d'atteindre ce but. Ce mécanisme présente, en outre, l'avantage de comporter de grandes lumières et une grande rapidité d'ouverture et de fermeture des conduits de vapeur.

112. *Disposition Goelsdorf.* — La disposition employée par M. Goelsdorf, pour obtenir ces résultats, est représentée (*fig.* 132 à 134), montrant diverses coupes faites dans la boîte à tiroir du grand cylindre de détente.

Les robinets ordinaires d'admission de

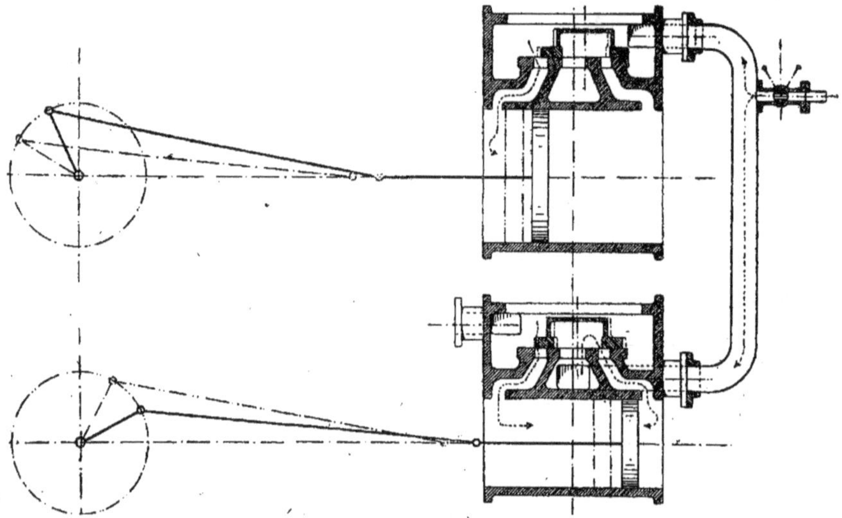

Fig. 131. — État Autrichien. — Locomotives compound, cylindres.

vapeur directe au grand cylindre n'étant ouverts que lorsqu'on doit développer les plus grands efforts, la commande de distribution est, dans ce cas, disposée pour l'admission maximum.

M. Goelsdorf supplée alors à ces robinets au moyen de trous m percés dans la glace même des tiroirs du cylindre à basse pression, de telle sorte qu'ils ne soient découverts que quand l'admission est supérieure à celle de la machine ordinaire.

Ces trous sont, en effet, généralement recouverts par la nervure s de la coquille du tiroir, et reliés par des tubes en cuivre E_1, E_2 au tuyau unique E_3 qui va puiser la vapeur directe dans la conduite amenant la vapeur au petit cylindre (*fig.* 125).

« Quand on ouvre le régulateur, la vapeur reste dans la boîte du tiroir du grand cylindre et en même temps dans l'orifice m qui correspond à la direction du mouvement et qui, en vertu du développement complet de la commande de distribution, est ouvert pendant la presque totalité de de la course du piston (l'orifice symétrique étant formé par la nervure s) : la vapeur entre ainsi dans la boîte du tiroir du cy-

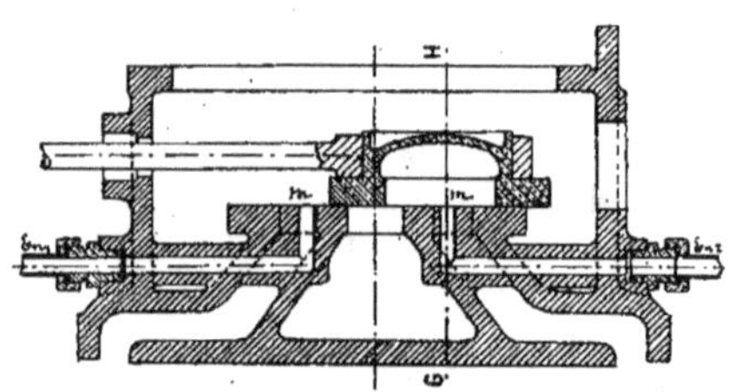

Fig. 132. — État Autrichien. — Locomotive compound, tiroir. — Coupe longitudinale.

lindre à basse pression et dans ce cylindre lui-même ».

« La dimension de ces orifices doit être calculée de telle sorte que la tension de la vapeur, dans le réservoir intermédiaire (le tiroir du cylindre à haute pression étant fermé), atteigne en 1 ou 2 secondes 5 kilogrammes ; dans la locomotive du type habituel pour voie normale un orifice de 4 centimètres carrés suffira. »

« Comme toute locomotive et, par suite, aussi la locomotive compound, celle-ci doit être construite au point de vue des dimensions des cylindres, de façon à ce que son fonctionnement reste économique même en rampe, lorsque la traction sur les tenders se rapproche de la limite d'adhérence alors que l'admission est d'environ 50 0/0 ; il ne faut pas que les orifices m soient découverts pour une admission inférieure. »

« Si, par suite de négligence dans l'alimentation, de l'emploi de médiocres combustibles, ou de mauvais temps, etc., il se produit un abaissement de pression, obligeant à augmenter l'admission au-delà de 50 0/0, les orifices seront démasqués par le tiroir, ce qui sera, en ce cas, un avantage,

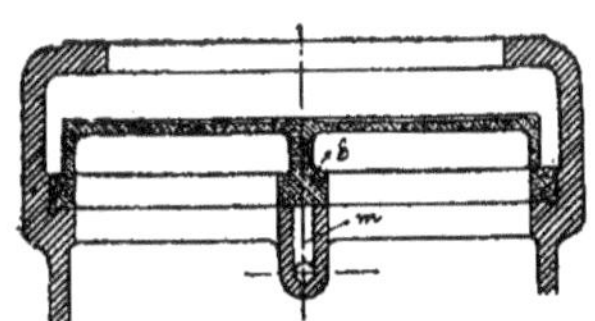

Fig. 133. — État Autrichien. — Locomotive compound, tiroir. — Coupe transversale.

l'afflux direct de la vapeur vive venant de la chaudière ayant pour effet de relever un peu la pression dans le cylindre de basse pression. »

En établissant l'épure de la distribution Heussinger dans les conditions sus-énoncées, on voit qu'au moment de la mise en marche les orifices m sont fermés par le tiroir de basse pression lors de son retour à environ 85 0/0 de la course du piston, et se démasquent à environ 1,5 à 2 0/0 de cette course. Mais, pendant cette période, le piston du petit cylindre n'éprouvera aucune contre-pression, puisque les orifices restent fermés ; la mise en marche s'effectue au moyen du petit piston seul, avec la plus grande rapidité et la plus grande précision, la direction de la manivelle correspondante étant dans ces conditions presque verticale.

« L'introduction de la vapeur vive dans le grand cylindre par m, m a en outre pour effet, toujours au point de vue de la mise en marche, de décharger quelque peu l'essieu moteur, la vapeur ne pénétrant à travers les orifices que lorsque la manivelle de basse pression a atteint une position correspondant à peu près à 2 0/0 de la course du piston, pour laquelle le moment tangentiel est égal au moment de frottement dans le coussinet de l'essieu moteur. »

Discussion. — En dehors des avantages précédemment signalés par M. Goelsdorf, on peut citer encore celui-ci que, grâce à sa simplicité, cette machine se conduit comme une machine ordinaire, et n'im-

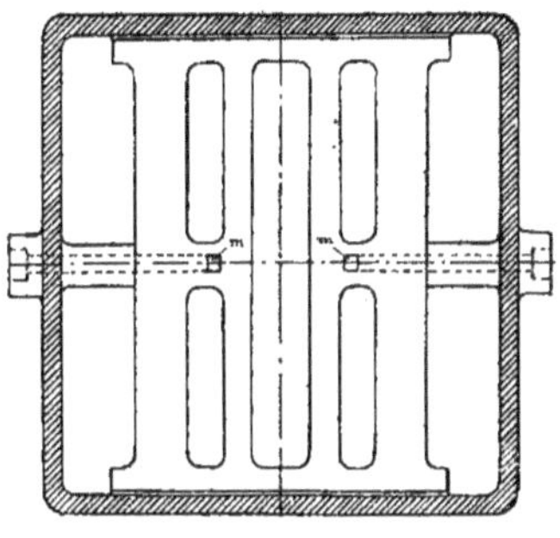

Fig. 134. — État Autrichien. — Locomotive compound, tiroir. — Coupe horizontale.

porte quel mécanicien peut en être chargé sans instructions spéciales.

Mais le système n'a pas été sans soulever les critiques des personnes compétentes, et voici en quels termes en parlait M. Pulin dans la discussion du 6 octobre 1893 à la *Société des Ingénieurs civils de France :*

« La distribution donnant une introduction maximum de 94 0/0 aux petits cylindres est avantageuse, surtout si elle procure en même temps une ouverture et une fermeture rapides des lumières ; mais il est à craindre que ce perfectionnement et la disposition prévue pour l'admission directe de la vapeur dans la boîte à tiroir du grand cylindre ne soit pas suffisants pour permettre la suppression de la valve d'interception ou des dispositions produisant le même effet.

« La position des manivelles motrices et l'importance du travail par coup de piston

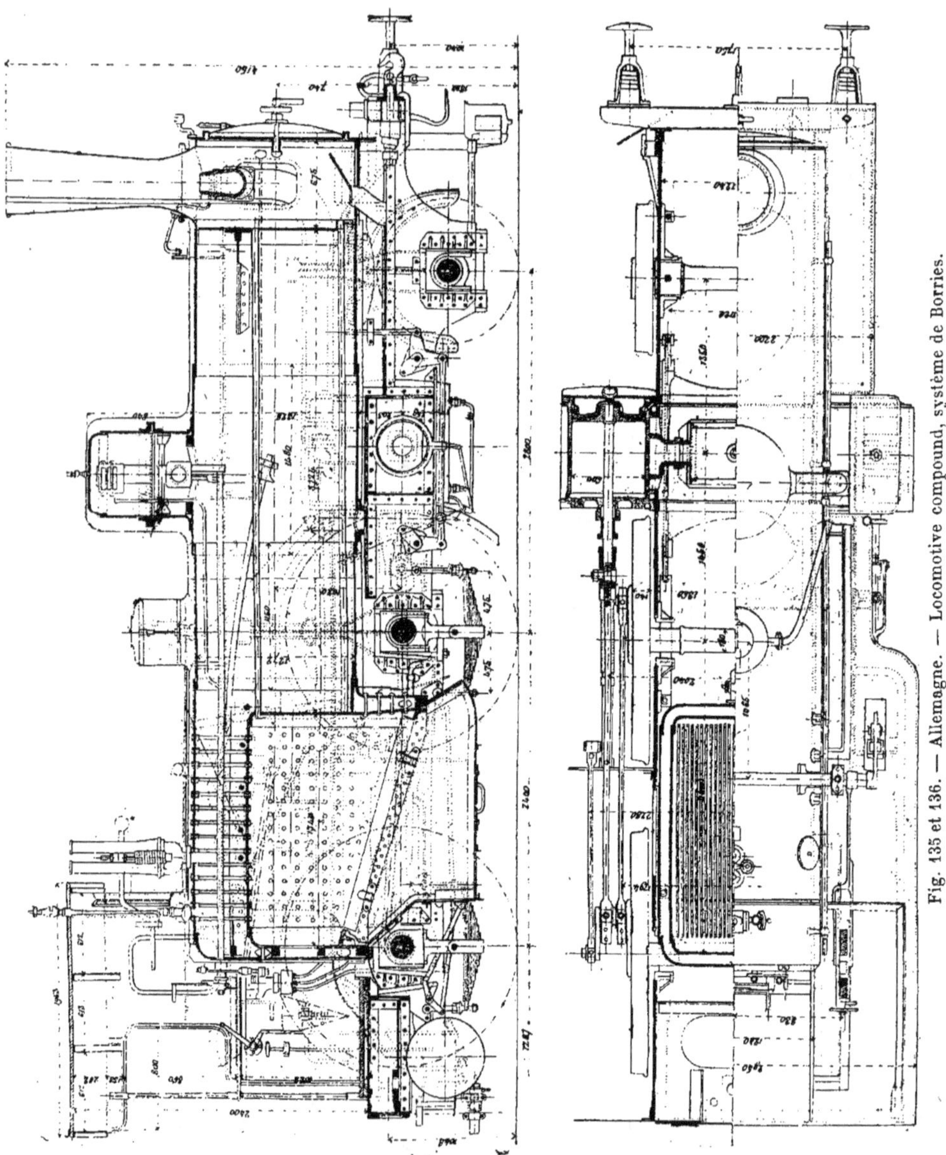

Fig. 135 et 136. — Allemagne. — Locomotive compound, système de Borries.

obtenu avec la vapeur à une pression déterminée dans un cylindre de volume donné, ne sont pas les seuls éléments à considérer ici. Il faut se préoccuper, dans les locomomotives compound à deux cylindres, d'égaliser le plus possible les travaux développés des deux côtés de la machine lorsque l'effort de traction est important. Or, on ne peut obtenir ce résultat si la vapeur admise dans le réservoir intermédiaire annule ou réduit notablement l'effort moteur qui s'exerce sur le petit piston.

« Enfin, la disposition employée sur la machine en question pour amener la vapeur vive dans la boîte à vapeur du grand cylindre, paraît critiquable. Cette vapeur s'y introduit par deux orifices pratiqués dans la

conde pour obtenir dans la boîte à vapeur une pression égale à la moitié de celle de la chaudière.

M. Pulin répond qu'il ne faut pas se contenter de produire l'effort maximum au premier instant de démarrage, avec la disposition proposée, alors qu'il n'y a pour ainsi dire pas d'écoulement de vapeur. On peut craindre que, dès les premiers tours de roue, la pression baisse en raison du débit qui occasionne une perte de charge dans les tuyaux, et pour les locomotives à

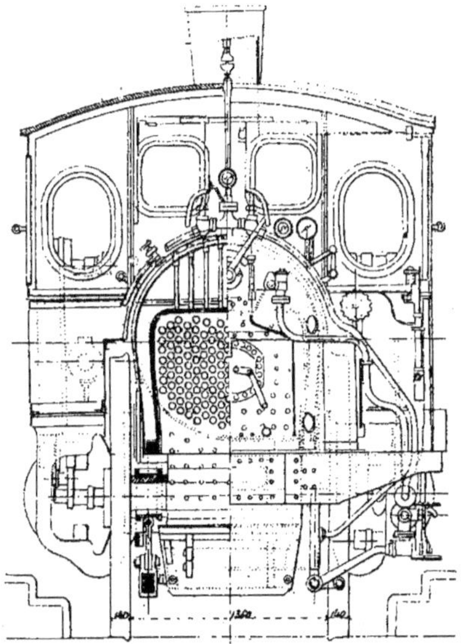

Fig. 137. — Allemagne. — Locomotive compound, système de Borries. — Vue arrière.

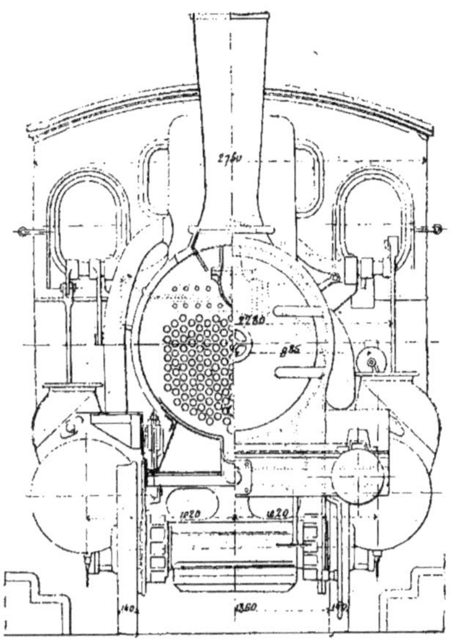

Fig. 138. — Allemagne. — Locomotive compound, système de Borries. — Vue d'avant.

table du tiroir, lorsque l'admission acquiert un taux déterminé, 500/0 dans le cas actuel. On peut objecter d'abord que c'est là encore un système automatique; en second lieu, cette disposition interdit l'emploi du fonctionnement compound avec les admissions au grand cylindre égales ou supérieures à 50 0/0, lesquelles sont pourtant assez usitées. En troisième lieu, la faible section qu'il faut inévitablement donner à ces orifices fait craindre une certaine lenteur de démarrage. »

« *M. Lavezzari* dit qu'il suffit d'une se-

voyageurs surtout l'effort maximum doit avoir une certaine durée. Ces observations s'appliquent à plus forte raison au cas où l'on voudrait admettre de la vapeur vive dans le grand cylindre en pleine marche. Ce cas, pour être rare, n'en mérite pas moins une sérieuse considération, les locomotives devant, pour la régularité du service, pouvoir marcher temporairement avec un seul mécanisme de propulsion, lorsque l'autre est avarié : cette ressource peut être utilisée très avantageusement lorsque, pour un motif quelconque, la pression vient à s'abaisser beaucoup dans la chaudière. »

D'ailleurs, dans une locomotive compound, la possibilité d'admettre franchement la vapeur de la chaudière directement dans le grand cylindre en cours de route, est toujours à recommander.

Allemagne.

111. *Machine Borries.* — C'est en 1880 que M. Von Borries appliqua le système compound sur deux petites machines de

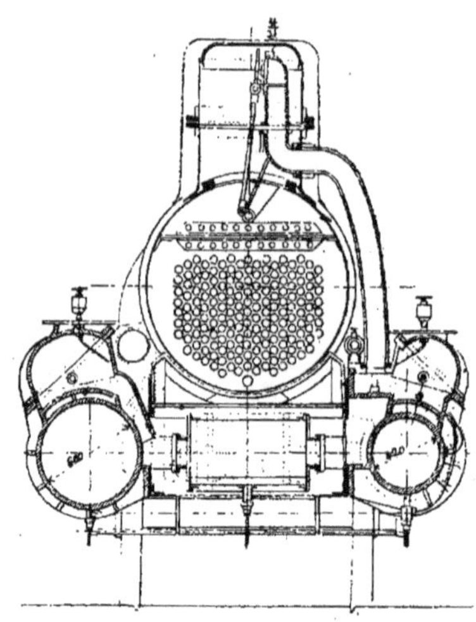

Fig. 139. — Allemagne. — Locomotive compound, système de Borries. — Coupe.

trains-tramways à deux essieux couplés, ayant les dimensions suivantes :

Diamètre des grands cylindres......	$0^m,30$
» des petits »	$0,20$
Rapport des volumes.............	$2,25$
Course des pistons...............	$0,40$
Timbre de la chaudière............	12^k
Diamètre des roues	$1^m,13$
Poids maxima....................	15^t

En 1882, dix machines de ce type furent mises en service, et donnèrent des résultats assez satisfaisants pour encourager à continuer.

Aussi, construisit-on bientôt deux grandes machines à marchandises pour le même chemin de fer du Hanovre aux ateliers d'Henschel, à Cassel : mais l'expérience fut cette fois moins heureuse ; les deux coups d'échappement par tour de roue suffisaient à peine à entretenir le feu nécessaire à la production de la vapeur.

L'effort de traction d'une machine compound, dans laquelle le rapport des volumes des cylindres est 2, est donné par M. Von Borries, par la formule :

$$F = 0,55 \frac{p d'_2 l}{2D},$$

dans laquelle d' est le diamètre du grand cylindre ;

p, la pression ;

l, la course du piston ;

D, le diamètre des roues motrices.

112. Depuis, M. Von Borries a construit des locomotives compound pour trains express à deux essieux moteurs couplés encadrant le foyer, et un troisième essieu porteur à l'avant. Les cylindres sont un peu en avant de l'essieu du milieu, c'est-à-dire le plus possible rapprochés du centre de la machine ; on sait que c'est là une bonne condition au point de vue de la stabilité. Les figures 135 à 139 donnent toutes les dispositions principales de cette machine, dont voici quelques dimensions :

Diamètre des cylindres	Droite.....	420^{mm}
	Gauche....	600
Course des pistons.............		580
Diamètre des roues motrices.......		1 860
» » libres..........		1 130
Empâtement extérieur.............		5 200
Pression du timbre		12 atm.
Surface de grille................		$1^{m2},74$
» de chauffe totale..........		$97^{m2},34$
Poids à vide....................		$33\ 500^k$
» en feu....................		38 000
Poids adhérent		26 000

Angleterre.

113. *Machine Worsdell.* — Les machines Worsdell employées au Great-Eastern, en Angleterre, depuis 1885, sont à deux cylindres. Dans les premiers modèles à deux essieux couplés, l'avant pré-

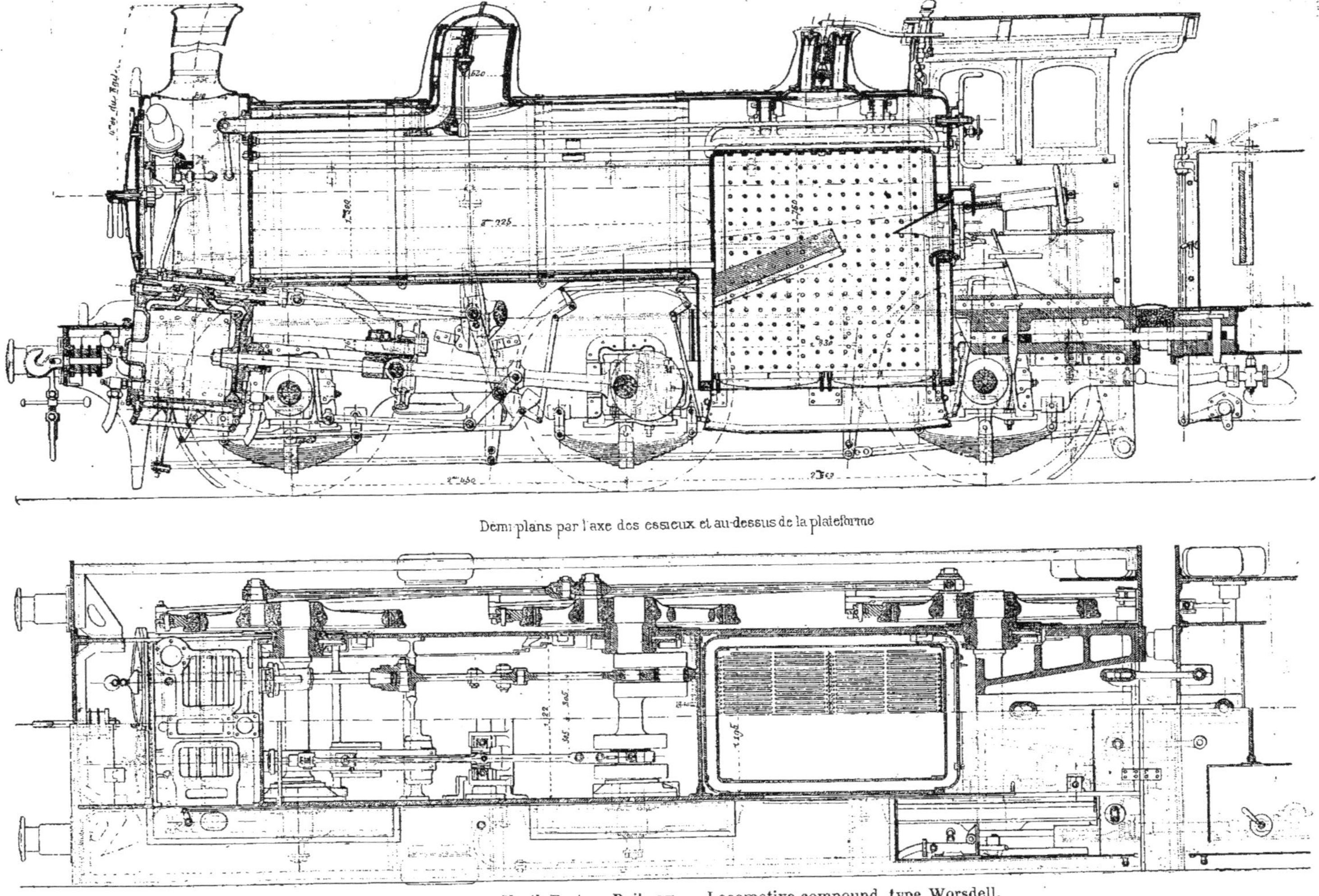

Fig. 140 et 141. — North-Eastern Railway. — Locomotive compound, type Worsdell.

sentait un essieu porteur et dans les derniers un bogie.

On a appliqué, depuis, le même type sur le North-Eastern en 1888 pour les express de York, Newcastle, Edimbourg.

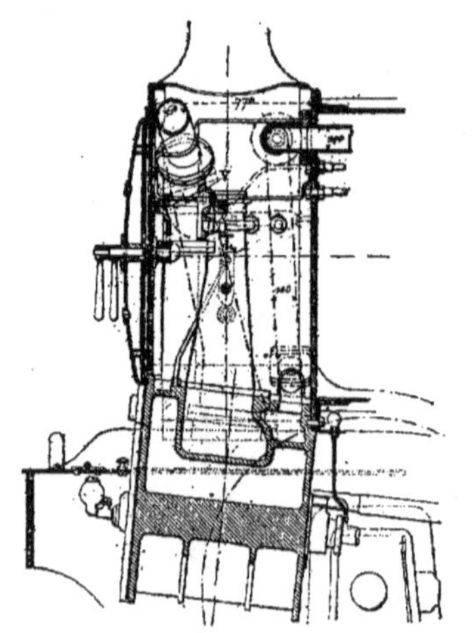

Fig. 142. — North-Eastern Railway. — Locomotive compound, type Worsdell. — Coupe longitudinale par l'axe de l'échappement.

Comme ensemble, cette locomotive a l'aspect général des « Outrance » de la Compagnie du Nord, c'est-à-dire que les cylindres sont intérieurs, le foyer placé entre les deux essieux moteurs, et qu'elle

est munie d'un bogie à l'avant. Les deux cylindres sont ici disposés en compound, et la machine n'est, en somme, qu'une

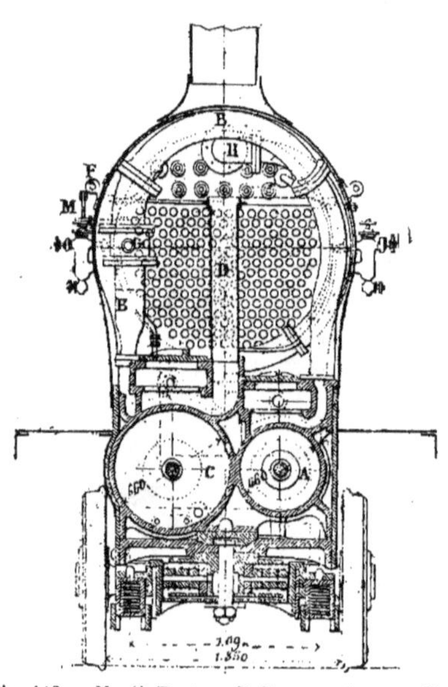

Fig. 143. — North-Eastern Railway. — Locomotive compound, type Worsdell. — Coupe transversale.

machine Mallet; le réservoir intermédiaire est formé d'un gros tuyau en fer à cheval BB′ qui longe les parois intérieures de la boîte à fumée.

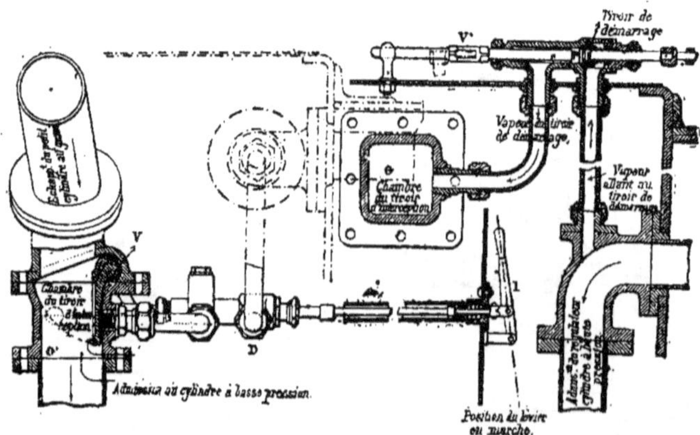

Fig. 144. — North-Eastern Railway. — Locomotive compound, type Worsdell. — Démarrage.

La distribution est du système Joy. Un | commande les deux tiroirs, qui sont iden-
seul appareil de changement de marche | tiques. Les lumières d'introduction sont

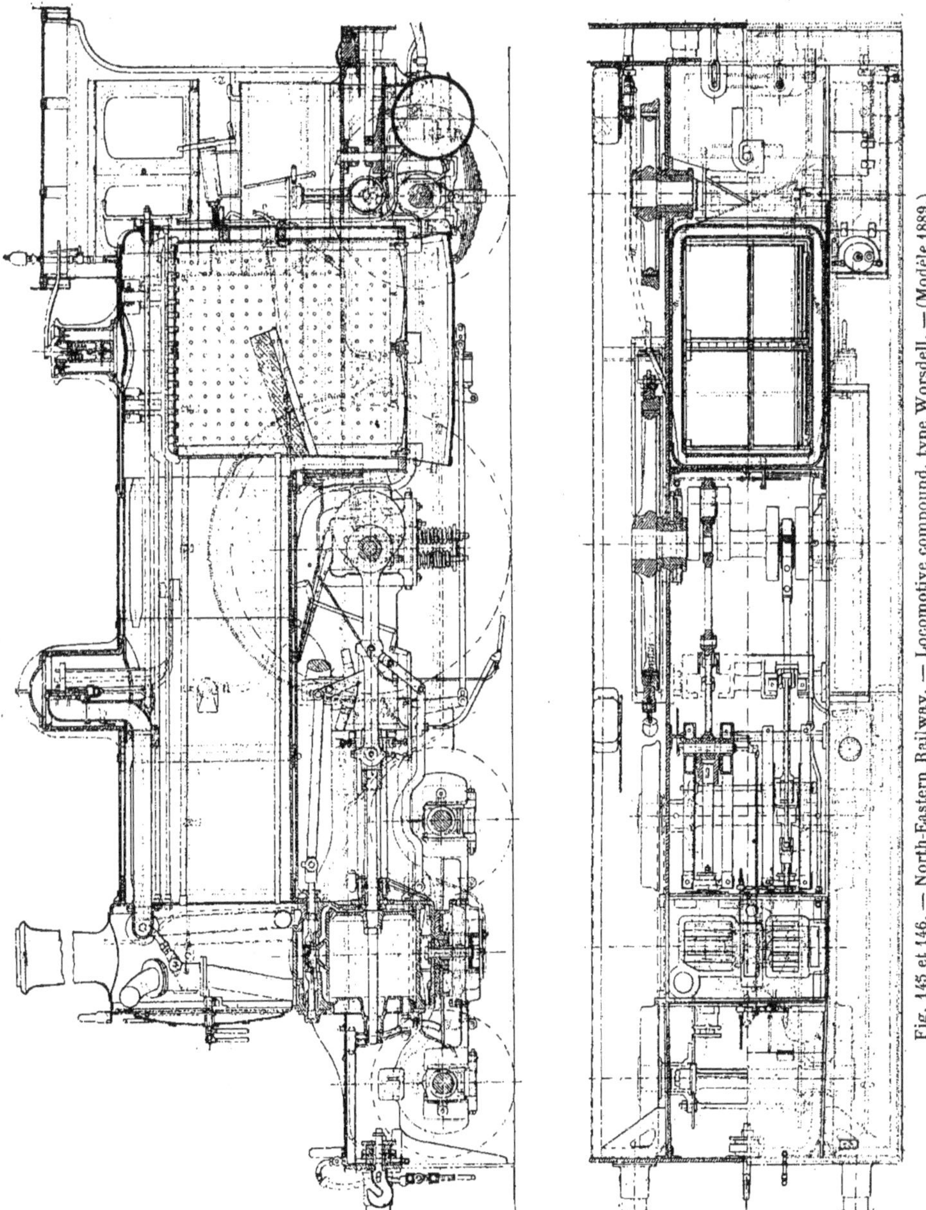

Fig. 145 et 146. — North-Eastern Railway. — Locomotive compound, type Worsdell. — (Modèle 1889.)

plus grandes pour les cylindres à basse pression que pour les petits cylindres.

Le démarrage se fait au moyen de l'appareil que nous avons étudié précédemment dans le chapitre spécial.

Le grand cylindre est muni de deux soupapes réglées à 56ᵏ,00 ; la pression de la chaudière était de 11ᵏ,200 (*fig.* 140 à 144).

Voici les principales données de ces machines au Great-Eastern.

Diamètre du petit cylindre..........	0ᵐ,454
» du grand cylindre	0 ,664
Rapport des volumes..............	2 ,12
Course commune des pistons.......	0 ,610
Timbre de la chaudière............	12ᵏ
Diamètre des roues motrices........	2ᵐ,03
Surface de chauffe	112ᵐ²

Au North-Eastern, on adopta les suivantes :

Surface de grille...................	1,61
Surface de chauffe totale...........	111
Timbre de la chaudière........... ..	112ᵏ
Diamètre du petit cylindre.........	0ᵐ,456
— du grand cylindre.........	0 .664
Course des pistons	0 ,610
Rapport des volumes..............	2 ,12
Diamètre des roues motrices........	2 ,134
Poids adhérent................... ..	32 500ᵏ
Effort de traction $0{,}50\,p\,\dfrac{d^2 l}{D}$	3 330

114. En 1889, la même Compagnie établit une locomotive à deux essieux indépendants, et bogie à l'avant, différant un peu de la précédente (*fig.* 145 à 147).

Surface de grille	1ᵐ²,85
» de chauffe totale	105 ,9
Timbre de la chaudière............	12ᵏ,4
Diamètre du petit cylindre.........	0ᵐ,508
» du grand cylindre........	0 ,711
Rapport des volumes..............	1 ,96
Course des pistons...............	0 ,610
Diamètre des roues motrices........	2 ,320
Poids adhérent...................	18 000ᵏ
Poids total......................	47 400
Effort de traction $0{,}50\,p\,\dfrac{d^2 l}{D}$	4 214

115. En 1890, le Great-Eastern adopta pour le service de ses marchandises une machine du même type Worsdell à trois

essieux couplés avec les dimensions suivantes :

Surface de grille....................	1ᵐ,50
Surface de chauffe totale...........	121 ,2
Timbre de la chaudière.............	11ᵏ
Diamètre des petits cylindres.......	0ᵐ,450
» grands »	0 ,640
Rapport des volumes..............	2,01
Course des pistons......	0ᵐ,650
Diamètre des roues motrices.......	1 ,520
Poids adhérent.....................	36 000ᵏ
Poids total.......................	45 200
Effort de traction..................	4 767

116. *Démarrage.* — La mise en train

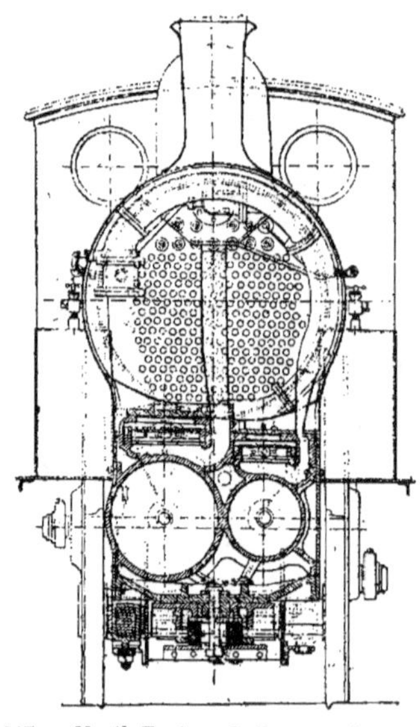

Fig. 147. — North-Eastern Railway. — Locomotive compound, type Worsdell. — (Modèle 1889.)

de ces machines, nous le rappelons, ressemblait beaucoup à celle de M. Von Borries, et les appareils de ce genre désignés sous le nom du système Worsdel, Von Borries furent appliqués à un grand nombre de locomotives à deux cylindres, construites pour diverses lignes, en Europe, dans l'Amérique du Sud et dans les Indes anglaises.

Dans la machine à marchandises à trois essieux couplés, la manœuvre pour le démarrage a été légèrement simplifiée (M. Polonceau, *Bulletin des Ingénieurs civils*, juillet 1889) (*fig. 144*).

Lorsque le mécanicien tire le levier de démarrage *l*, il ouvre la soupape D et admet ainsi la vapeur de la chaudière P sur le piston de démarrage, qui, reculant vers la gauche, envoie la vapeur directement au tiroir du grand cylindre par G, en même temps qu'il ferme par V′ la valve intermédiaire V. Cette fermeture empêche la vapeur qui s'échappe du petit cylindre de pénétrer dans le grand cylindre par son chemin habituel G′ à l'encontre de la vapeur à haute pression admise au grand cylindre par G, pour le démarrage seulement. Il suffit de repousser le levier *l*, pour que l'échappement du petit cylindre ouvre automatiquement la valve intermédiaire V et ramène le piston P dans la position de la marche en compound.

117. *Machines Goelsdorf pour trains rapides* (1894). — Les chemins de fer de

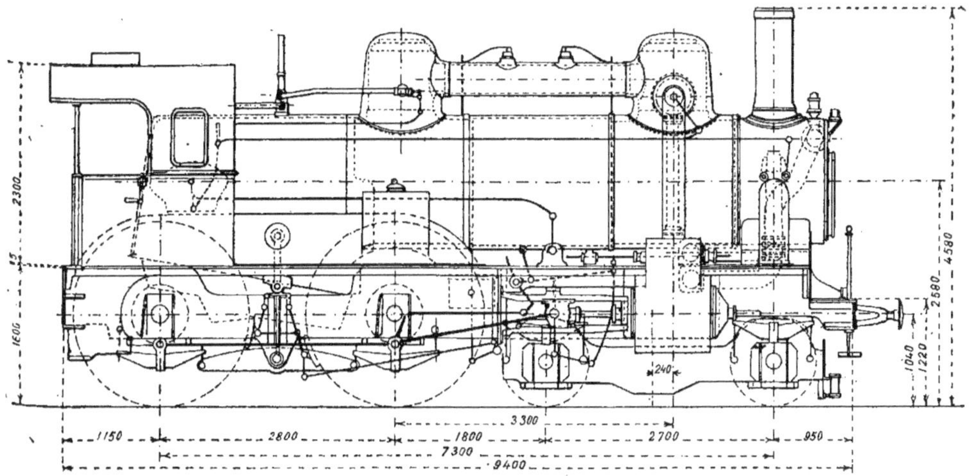

Fig. 148. — Machine Goelsdorf pour trains rapides.

l'État autrichien ont apprécié suffisamment la simplicité du système Goelsdorf pour en faire l'application aux nouvelles machines compound, destinées aux trains express.

Ces locomotives (*fig.* 148) sont à deux essieux moteurs couplés à l'arrière et un bogie à l'avant. La première roue de ce dernier étant à l'aplomb de l'axe de la cheminée, ce qui ramène le truck en entier sous la locomotive et nuit à la stabilité. Les cylindres sont, au contraire, judicieusement ramenés vers l'arrière, au lieu de surcharger l'avant comme dans beaucoup de types de cette famille, et sont dans l'axe même du bogie.

Voici les principales données de cette machine :

Empâtement total	7^m,300
Longueur du châssis	9 ,400
Distance entre les essieux moteurs	2 ,800
— — — du bogie	2 ,740
Distance entre le premier essieu moteur et le dernier essieu du bogie	1 ,800
Diamètre du grand cylindre	0 ,740
— petit cylindre	0 ,500
Course commune des pistons	0 ,680
Surface de chauffe du foyer	11^{m2}
— — des tubes	144 ,5
— — totale	155 ,5
Surface de grille	2 ,9
Timbre de la chaudière	13^k
Poids à vide	49 600^k
— en charge	55 600
— adhérent	23 600

Suisse.

118. *Type Mogul de Winterthur.* — Nous avons déjà vu précédemment les types de locomotives compound du Gothard et du Jura-Simplon.

La Cie de Winthertur a construit, dans ces dernières années, pour le Jura bernois une locomotive compound à deux cylindres, représentée (*fig.* 149 à 152). Cette

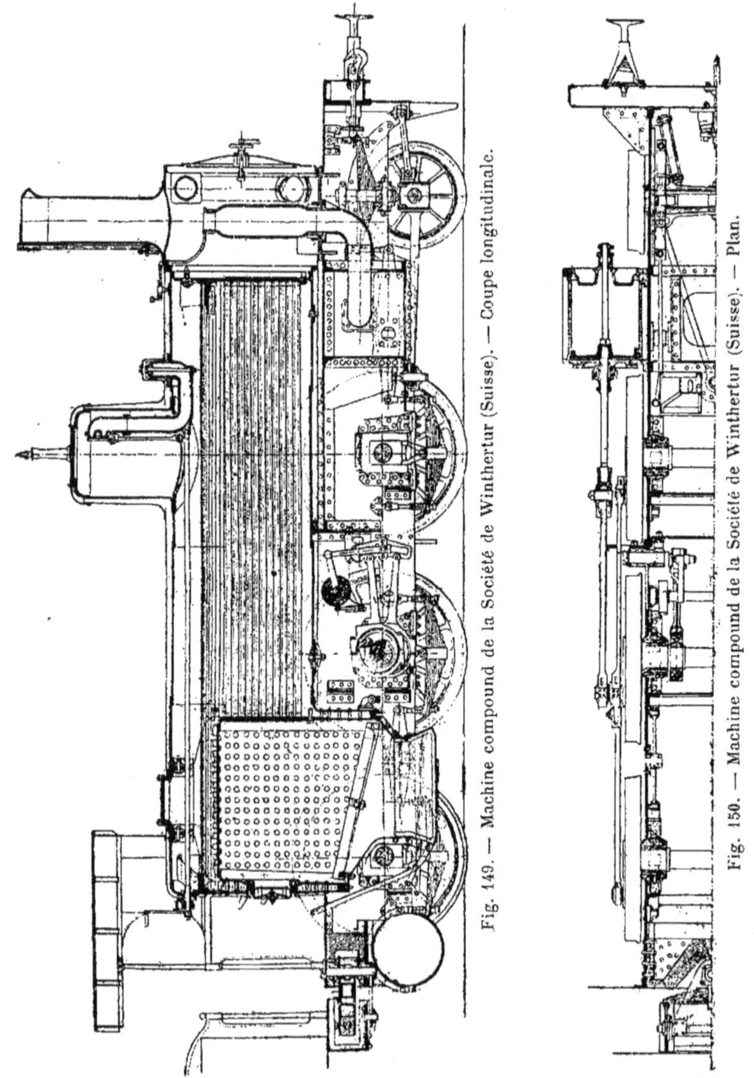

machine était exposée au Champ de Mars en 1889.

C'est une machine de montagne et, par conséquent, ayant besoin de puissance. Elle présente donc trois essieux couplés avec un bissel articulé à l'avant, type Mogul, lui permettant de franchir aisément les courbes.

Elle est munie d'un appareil spécial de démarrage, laissant admettre la vapeur dans le grand cylindre à une pression de 5 kilogrammes, alors que le petit cylindre reçoit normalement la vapeur de la chaudière à 11 kilogrammes.

Voie	1m,4357
Diamètre des cylindres (grand cylindre)	640
Diamètre des cylindres (petit cylindre)	450
Course des pistons	650
Diamètre des roues motrices	1 ,520
» » porteuses	930
Empâtement rigide	3.700
» total	6.100
Timbre de la chaudière	11 atm.
» d'essai	17,5
Surface de chauffe { directe	7m2,5
indirecte	113 ,7
totale	121 ,2
Surface de la grille	1m2,5
Volume de la vapeur 150 millimètres au-dessus de la boîte à feu	10m3,600
Eau dans la chaudière 150 millimètres	3 700
» le tender	7m3
Charbon »	4m3
Poids de la machine à vide	41t,5
» » en charge	45 ,2

119. *Locomotives compound à grande vitesse du Jura-Simplon.* — En 1893, la Société suisse de construction de locomotives de Winthertur établissait pour la ligne du Jura-Simplon (sections de : 1° Genève-Lausanne-Fribourg-Berne ; 2° Lausanne-Biel ; 3° Bâle et Delle) des locomotives compound à deux cylindres et bogie à l'avant, dont la vitesse peut atteindre 90 kilomètres à l'heure, et pouvant remorquer encore 180 tonnes avec une vitesse de 45 kilomètres à l'heure, sur une rampe de 10 millimètres par mètre. Ces machines sont munies de la valve automatique de démarrage, système Von Borries. A l'arrière, elles présentent deux essieux couplés. Les cylindres et les boîtes à tiroirs sont extérieurs ; ces dernières sont actionnées par une coulisse de Stephenson qui est à l'intérieur, et le renvoi de mouvement est obtenu au moyen d'un arbre intermédiaire, comme dans les machines américaines. La chaudière est en acier doux avec plaques tubulaires en

cuivre. En outre, la locomotive présente les installations nécessaires au frein Wes-

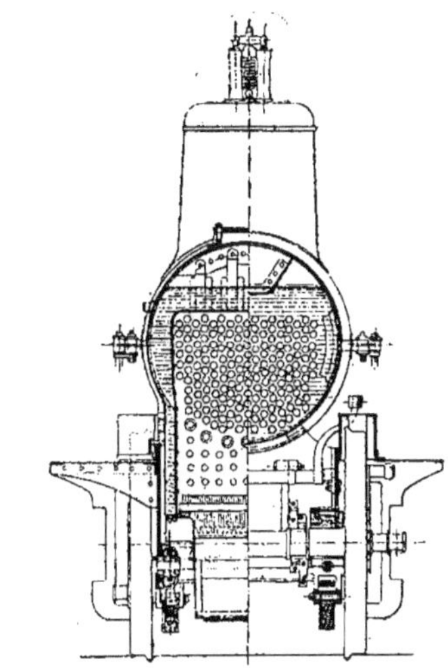

Fig. 151. — Machine compound de la Société de Winthertur (Suisse). — Coupes transversales.

tinghouse et au chauffage à la vapeur des voitures du train (*fig.* 153 à 156).

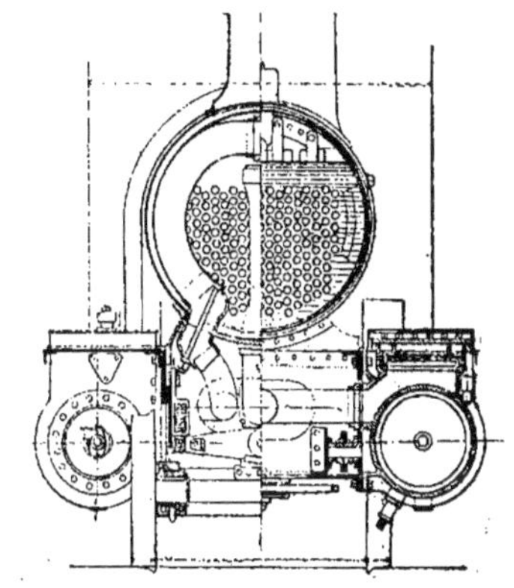

Fig. 152. — Machine compound de la Société de Winthertur (Suisse). — Coupes transversales.

Voici les principales dimensions de cette machine :

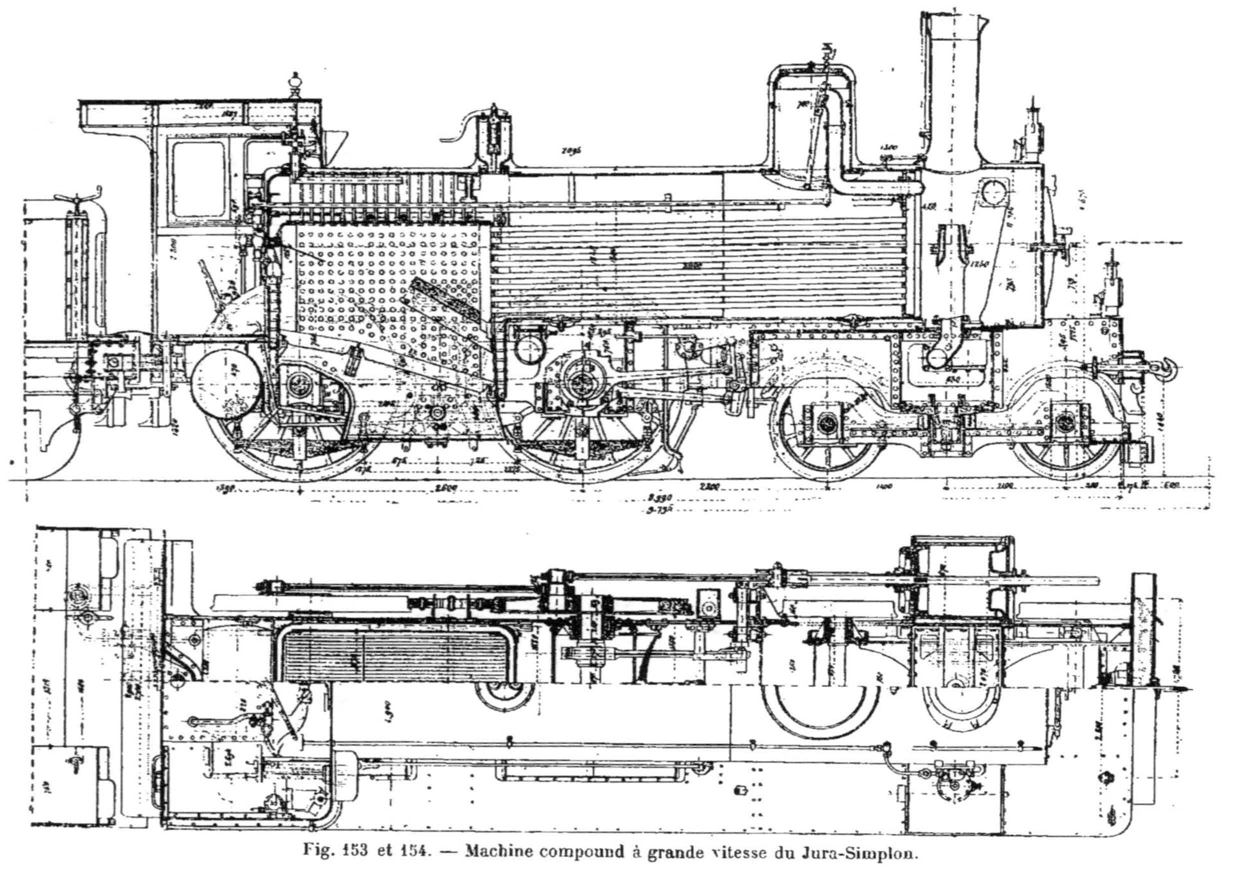

Fig. 153 et 154. — Machine compound à grande vitesse du Jura-Simplon.

LOCOMOTIVE	
Diamètre du cylindre à haute pression	0ᵐ,450
Diamètre du cylindre à basse pression	0 ,670
Rapport des volumes	2,200
Course des pistons	0ᵐ,650
Diamètre des roues motrices	1 ,830
Diamètre des roues du bogie	1 ,030
Distance entre les essieux couplés	2 ,600
Empâtement total	7 ,100
SURFACE DE CHAUFFE { Indirecte : 224 tubes de $^{41}/_{46}$ et 3ᵐ,80 de longueur	120ᵐ²,16
Directe	9 ,10
Surface de chauffe totale	129ᵐ²,26
Surface de grille	2 ,00
Pression effective	12 atm.
Eau dans la chaudière avec 150 millimètres au-dessus du ciel du foyer	4 150 lit.
Poids de la machine à vide	43 000ᵏ
» » en service	46 800
RÉPARTITION DU POIDS { bogie	19 000
1ᵉʳ essieu moteur	13 700
2ᵉ essieu moteur	14 100
TENDER	
Diamètre des roues	1ᵐ,020
Nombre d'essieux	3
Empâtement total	3ᵐ,200
Cube d'eau	13 000 lit.
Charbon	5 000ᵏ
Poids à vide	11 700
Poids en service	30 000

120. *Nouvelles locomotives du Gothard pour voyageurs* (M. Sauvage, *Revue générale*, juillet 1895). — La Compagnie du Gothard vient de mettre à l'essai deux nouveaux types de machines compound pour train express ; l'un est à trois cylindres, et l'autre à quatre ; en dehors de cela, tous les autres éléments sont identiques : elles sont portées par trois essieux couplés et un bogie à l'avant.

La machine à quatre cylindres présente ses deux petits cylindres à haute pression à l'intérieur et ceux de détente à l'extérieur. Dans le type à trois cylindres, les deux cylindres extérieurs sont à basse pression et de dimensions plus faibles que sur la première machine (*fig.* 157 à 167).

Dans les deux cas, le mécanisme à haute pression attaque le premier essieu moteur naturellement coudé : les mécanismes à basse pression extérieurs actionnent le second essieu moteur. On peut donner l'admission et l'échappement directs dans

tous les cylindres au moyen d'un appareil spécial.

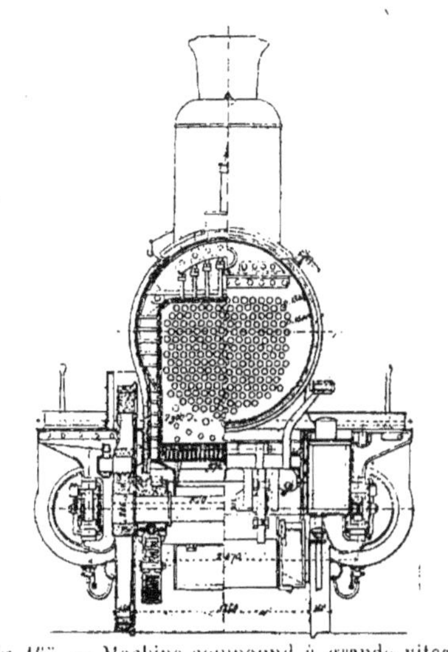

Fig. 155. — Machine compound à grande vitesse du Jura-Simplon. — Coupe transversale.

Les tiroirs sont en fonte et à canal : ils sont commandés par des coulisses Wals-

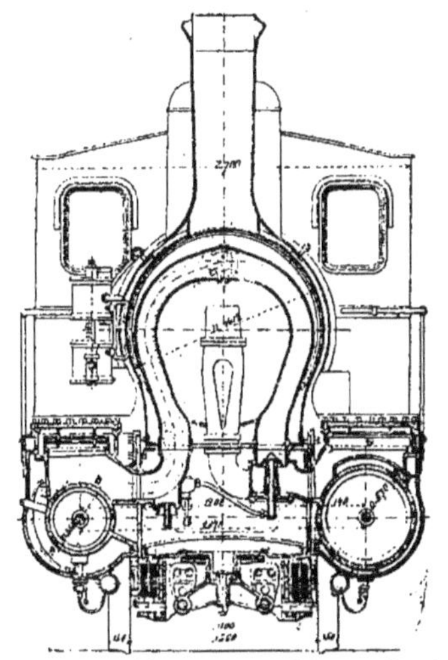

Fig. 156. — Machine compound à grande vitesse du Jura-Simplon. — Coupe transversale.

chaert avec balanciers de renvoi pour les mécanismes intérieurs.

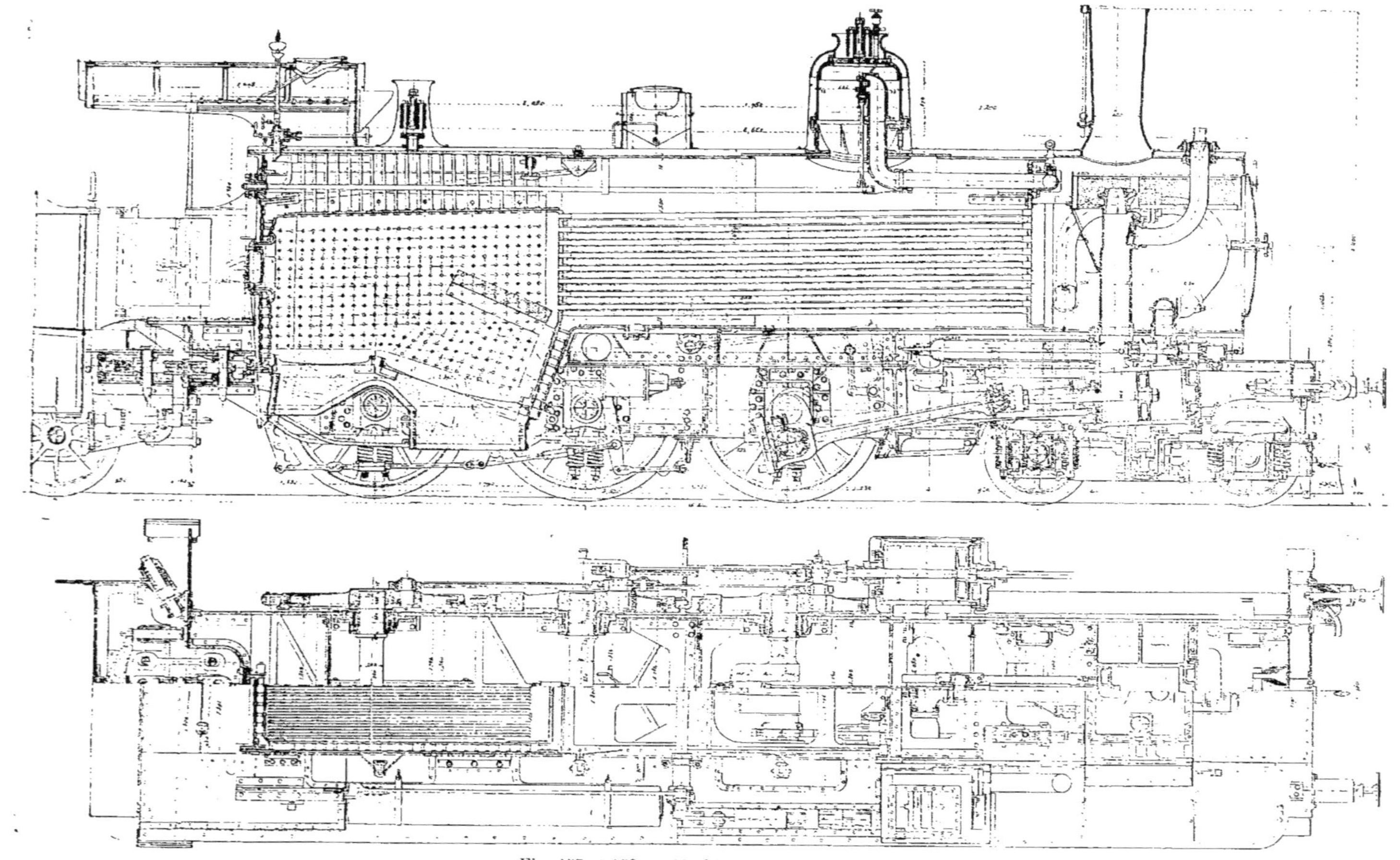

Fig. 157 et 158. — Machine compound à trois cylindres.

Comme détails, nous remarquerons les bandages qui sont laminés avec un talon extérieur et fixés par rabattement sur un anneau de fer en plusieurs pièces, suivant le type généralement adopté en Suisse.

La suspension est partout faite sur ressorts à boudins, aussi bien pour les essieux moteurs que pour ceux du bogie. Ce dernier peut d'ailleurs prendre un déplacement latéral contrôlé par des bielles de suspension : ses roues passent sous les longerons de la machine; de puissants chasse-pierres sont disposés aux extrémi-

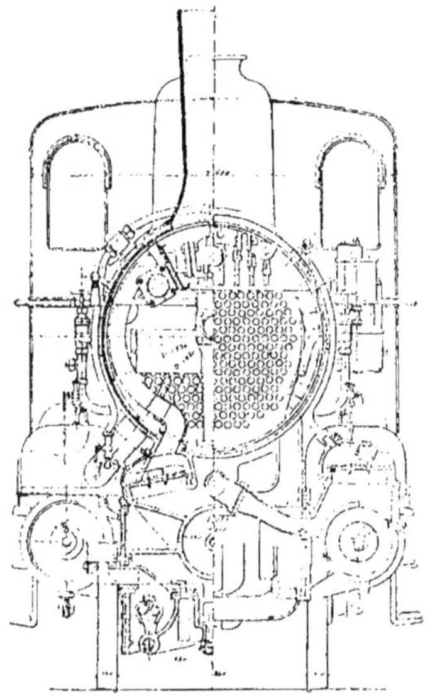

Fig. 159. — Nouvelle machine compound du Gothard, à trois cylindres.—Coupe transversale.

tés du châssis du bogie : ces chasse-pierres sont fixés dans une position un peu inclinée, de manière à rejeter les corps rencontrés en dehors de la voie : sur toutes les lignes du Gothard les chasse-pierres sont disposés de cette façon.

La chaudière de grand diamètre, 1ᵐ,50 à l'intérieur de la plus petite virole est munie de quatre soupapes de sûreté de 0ᵐ,070 de diamètre ; les grilles disposées derrière les portes du cendrier s'opposent à la chute des escarbilles. La boîte à fumée est longue. L'alimentation se fait au moyen

de trois injecteurs, dont deux fonctionnent souvent ensemble; deux tubes de niveau d'eau en verre, indiquent le niveau minimum que doit observer l'eau, quand la locomotive est en rampe de 0ᵐ,027 millimètres.

L'adhérence est assurée au moyen d'un appareil à laver les rails, lançant l'eau entre les roues du bogie et par une sablière avec envoi du sable par l'air comprimé.

La tuyère d'échappement peut être fermée au moyen d'un clapet manœuvré à la main qui ouvre alors une entrée d'air.

121. *Changement de marche et démarrage.* — Les changements de marche des deux groupes de cylindre, haute et basse pression, sont commandés par deux vis

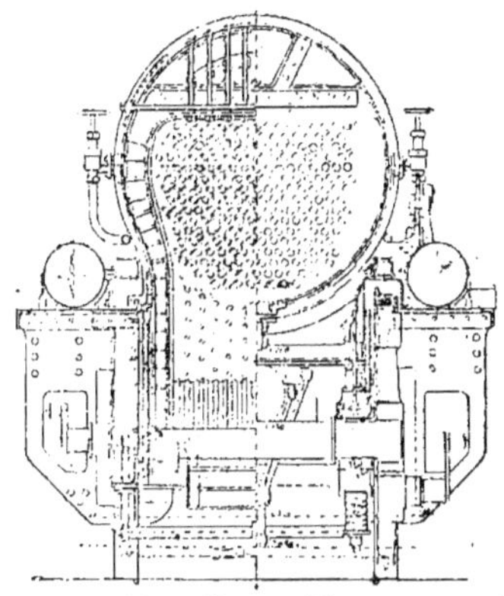

Fig. 160. — Nouvelle machine compound du Gothard, à trois cylindres. — Coupe transversale.

reliées par engrenages, qui peuvent être manœuvrées simultanément au moyen d'un volant unique. On peut ainsi à volonté manœuvrer une vis seule en l'isolant de l'autre au moyen de verrous.

Pour le démarrage, on fait usage d'un régulateur spécial de très petite dimension composé de pistons que déplace le jeu d'un robinet, permettant d'envoyer au réservoir intermédiaire la vapeur directe de la chaudière et d'avancer directement celle du petit cylindre à la cheminée.

On peut ainsi avoir les quatre combinaisons suivantes :

1° Marche normale en compound ;

2° Marche avec les petits cylindres à

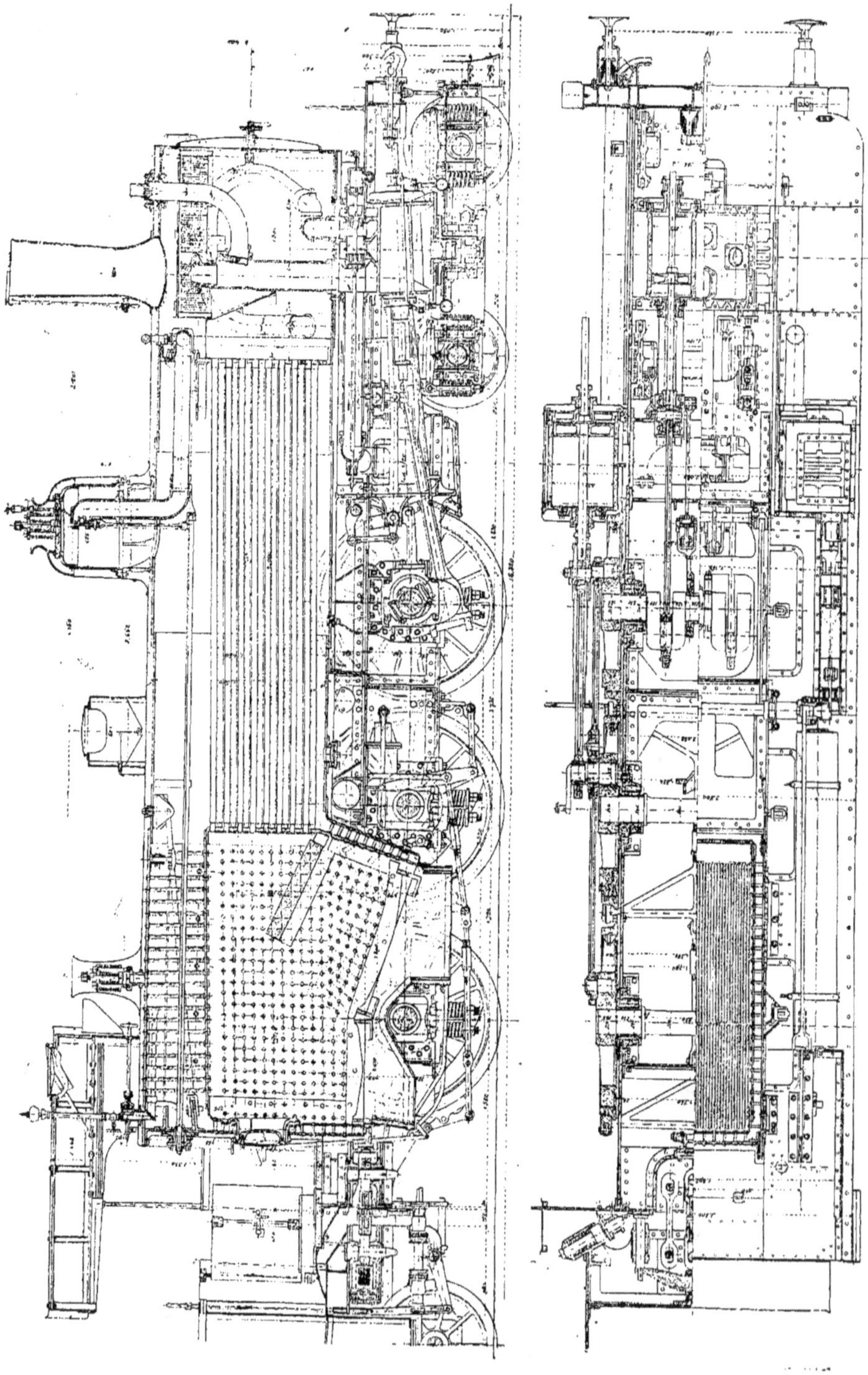

Fig. 161 et 162. — Nouvelle machine compound du Gothard, à quatre cylindres.

haute pression seuls, échappant directement dans l'atmosphère ;

3° Marche avec les grands cylindres de détente seuls, par l'ouverture du petit régulateur spécial cité plus haut. L'appareil reste dans la même position que pour la seconde combinaison et le régulateur principal enfermé.

4° Marche avec admission directe dans tous les cylindres. Le régulateur principal seul est ouvert.

122. Le graissage des tiroirs et pistons est assuré par deux graisseurs à condensation et à gouttes visibles, montés dans l'abri du personnel.

Les dimensions principales de ces machines sont les suivantes :

Surface de chauffe du foyer.........	12m2,3
Surface de chauffe des tubes à l'intérieur...........................	138
Total............	150m2,3
Diamètre intérieur minimum de la chaudière.......................	1m,500
Nombre de tubes..................	244
Diamètre intérieur..............	45mm
Diamètre extérieur..............	50 -
Longueur.......................	4m
Surface de grille.................	2m2,3
Timbre.........................	14k
Diamètre des roues motrices.......	1m,600
— — porteuses	0 ,850
Ecartement des essieux moteurs....	3 ,520
— — extrêmes...	7 ,470
Diamètres des cylindres :	
Machine à 〈 2 à haute pression....	0 ,350
4 cylindres 〉 2 à basse pression....	0 ,530
Machine à 〈 1 à haute pression ...	0 ,440
3 cylindres 〉 2 à basse pression....	0 ,480
Course des pistons................	0 ,600
Poids à vide............... environ	59t
Poids en charge........... —	65
dont poids adhérent....... —	45
TENDER	
Diamètre des roues	1m,020
Ecartement total..................	3 ,200
Combustible......................	5t
Eau.............................	15 000lit
Poids à vide............... environ	13t
Poids en charge........... —	33t
Longueur totale de la locomotive avec son tender.................	16m,320
Ecartement total des essieux extrêmes de la locomotive avec son tender.	13 ,400
Poids total de la locomotive avec son tender :	
A vide........ environ	72t
En charge...... —	98

Des expériences faites en 1894 sur ces

deux types de machines, il résulte que les ingénieurs du Gothard paraissent préférer celle à quatre cylindres. Il est pro-

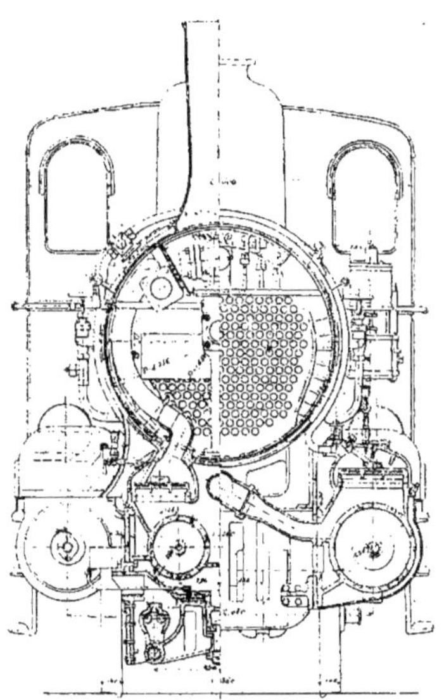

Fig. 163. — Nouvelle machine compound du Gothard, à quatre cylindres. — Coupe transversale.

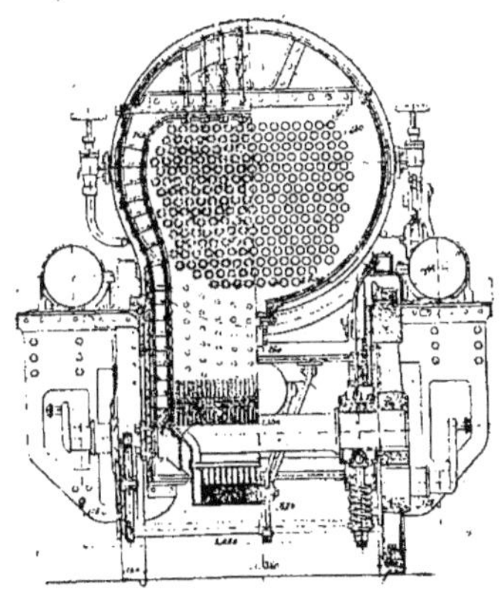

Fig. 164. — Nouvelle machine compound du Gothard, à quatre cylindres. — Coupe transversale.

bable que la dimension plus grande de ses cylindres à basse pression lui donne plus de puissance avec une meilleure utilisation de la vapeur.

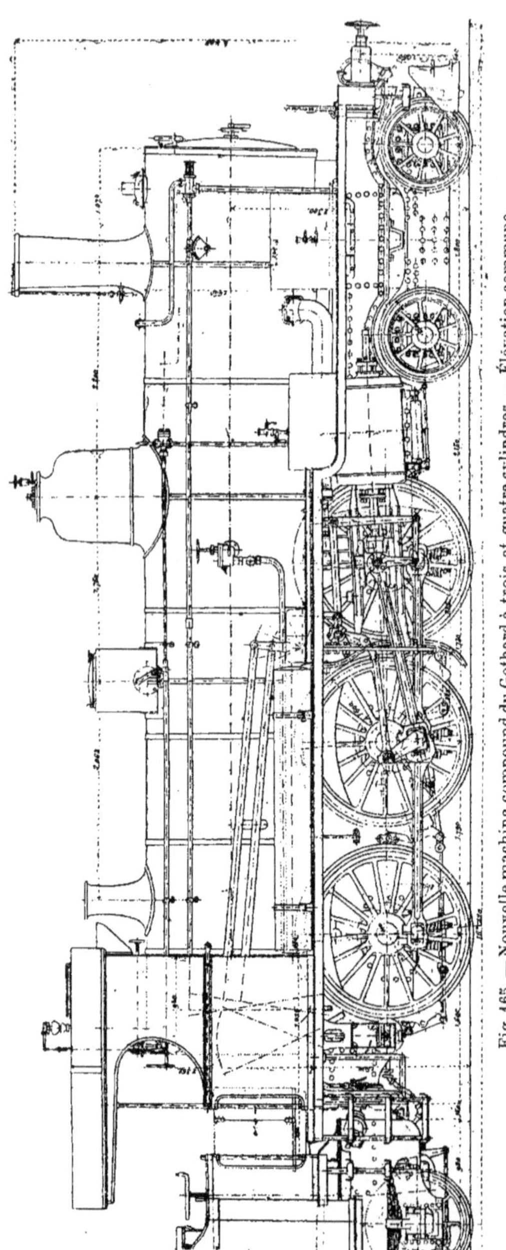

Fig. 165. — Nouvelle machine compound du Gothard à trois et quatre cylindres. — Élévation commune.

Ces expériences ont conduit d'ailleurs à quelques modifications : la machine à

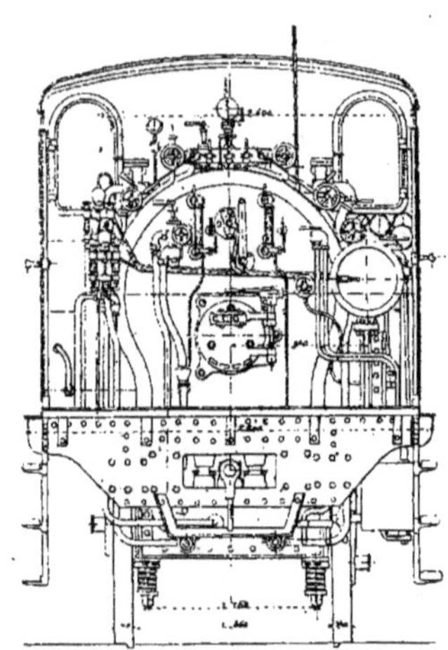

Fig. 166. — Nouvelle machine compound à trois et quatre cylindres. — Vue arrière commune.

trois cylindres qui était un peu faible, a été disposée pour marcher constamment avec

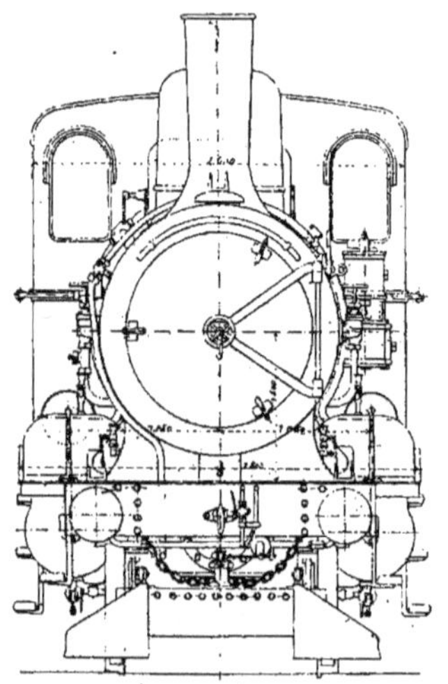

Fig. 167. — Nouvelle machine compound du Gothard, à trois et quatre cylindres. — Vue avant commune.

admission directe dans les trois cylindres. Quant à celle à quatre cylindres, qui a donné de meilleurs résultats, elle fonctionne exclusivement en compound en franchissant aisément des courbes de 300 mètres, à la vitesse de 85 kilomètres à l'heure : en palier, elle a atteint la vitesse maximum de 105 kilomètres.

123. *Résultats.* — Les conditions imposées à la construction étaient les suivantes :

Remorquer : 120 tonnes à la vitesse de 40 kilomètres à l'heure sur rampe de 25 à 27 millimètres ;

200 tonnes à la vitesse de 60 kilomètres à l'heure sur rampe de 10 millimètres ;

200 tonnes à la vitesse de 90 kilomètres, sur palier et rampe de 5 millimètres.

Dans la pratique, ces chiffres ont été dépassés et la machine à quatre cylindres numéro 202 a pu remorquer, à la vitesse de 55 kilomètres à l'heure, 120 tonnes en rampes de 26.

L'admission était alors de 60 0/0 dans les grands cylindres et de 55 0/0 dans les petits.

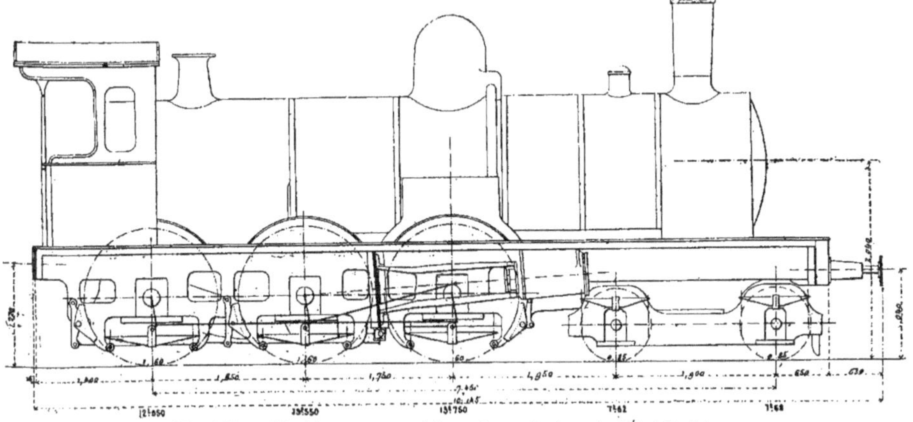

Fig. 168. — Machine compound à quatre cylindres de l'État Badois.

Avec une admission de 70 0/0 dans les grands cylindres et de 65 0/0 dans les petits, on a pu remorquer, sur la même rampe de 26, 136 tonnes à la vitesse de 40 kilomètres.

Bade.

124. *Machine à quatre cylindres de l'État badois.* — Les chemins de fer de l'État badois ont mis en service, en 1894, pour franchir le faîte de séparation de la vallée du Rhin de celle du Danube, une locomotive compound à quatre cylindres. Cette machine, analogue à celle de la Compagnie du Nord français, présente les deux cylindres à haute pression à l'extérieur et les cylindres de détente à l'intérieur (*fig.* 168). Elle porte, en outre, trois essieux couplés et un bogie à l'avant.

La distribution des deux groupes de cylindres est du système Walschaert avec relevage indépendant, au moyen de deux vis situées dans le prolongement l'une de l'autre, mais actionnées par un volant unique.

Le bogie est à longerons extérieurs. Le tender à six roues pèse environ 30 tonnes en charge. Dimensions principales :

Surface de grille	2^{m2},100
Surface de chauffe du foyer	11 ,150
» des tubes (intérieurs)	117 ,270
» totale	128 ,420
Diamètre moyen de la chaudière	1 ,430
Nombre des tubes	191
Longueur »	4 ,250
Diamètre intérieur des tubes	0 ,046
Diamètre des petits cylindres	0 ,350
» » grands »	0 ,550
Course commune des pistons	0 ,640
Longueur totale de la machine	10 ,145
Poids de la machine à vide	50 500^k
» » en charge	55 500
» » sur les essieux couplés	40 200
Poids de la machine sur la bogie	15 300

Bavière.

125. *État bavarois.* — Les chemins de fer de l'État bavarois ont, comme nous avons eu l'occasion de le signaler à plusieurs reprises, adopté la locomotive compound pour tous leurs types : voyageurs, marchandises, chemins de fer vicinaux.

1° *Locomotive à voyageurs* (1890). — Le type à voyageurs est à trois essieux, dont un couplé et compound à deux cylindres. Elle est du système Lindner et sort des ateliers de Krauss.

Voici ses principales dimensions :

Surface de grille	$1^{m2},89$
Surface de chauffe totale	110 ,6
Timbre de la chaudière.............	12^k
Diamètre du petit cylindre.........	$0^m,430$
— grand —	0 ,610
Rapport des volumes...............	2
Course des pistons.................	0 ,610
Diamètre des roues motrices........	1 ,860
Poids total en charge	$42\ 500^k$
Poids adhérent....................	29 000
Effort de traction $0,50\ p\ \dfrac{d^2 l}{D}$	3 639

126. 3° *Locomotive à marchandises* (1889).—Le type à marchandises est à trois essieux couplés et a été le premier muni du système compound ; il date de 1889 ; il est du système Lindner-Krauss et sort du même atelier que le précédent.

En voici les principales données :

Surface de grille..................	$1^{m2},66$
Surface de chauffe totale...........	125 ,9
Timbre de la chaudière.............	12^k
Diamètre du petit cylindre..........	$0^m,486$
— grand —	0 ,705
Rapport des volumes...............	2.10
Course commune des pistons......	0 ,630
Diamètre des roues motrices.......	1 ,330
Poids total en charge	$41\ 000^k$
Poids adhérent...................	41 000
Effort de traction $0,50\ p.\ \dfrac{d^2 l}{D}$	6 717

127. 3° *Locomotive pour chemins vicinaux.* — Enfin, le type pour chemins vicinaux est une locomotive-tender construite en 1890 ; il est également du système Lindner-Krauss, et sort des ateliers Krauss ; elle est à quatre essieux dont trois couplés.

Les principales dimensions sont les suivantes :

Surface de grille	$1^{m2},30$
Surface de chauffe totale	72 ,6
Timbre de la chaudière.............	12^k
Diamètre du petit cylindre.........	$0^m,360$
» grand »	0 ,560
Course commune des pistons	0 ,500
Rapport des volumes...............	2 ,40
Diamètre des roues motrices........	1 ,090
Poids total en charge.............	$33\ 900^k$
Poids adhérent	27 000
Effort de traction $0,50\ p\ \dfrac{d^2 l}{D}$	3 844

Saxe.

128. *État saxon.* — Nous avons eu également, à plusieurs reprises, l'occasion de citer les chemins de fer de l'État saxon à propos des appareils spéciaux de M. Lindner. La locomotive compound a été adoptée sur ces lignes dès 1885, sous forme de machine à marchandises, en 1886 comme machine express et, en 1889, comme machine courante à voyageurs. Toutes sortent des ateliers de Chemnitz et sont du système Lindner.

129. 1° *Locomotive express.* — La machine express est à trois essieux dont deux couplés : elle présente les principales dimensions suivantes :

Surface de grille.................	$1^{m2},82$
Surface de chauffe totale...........	102 ,
Timbre de la chaudière.............	12^k
Diamètre du petit cylindre..........	$0^m,420$
» grand »	0 ,650
Course commune des pistons......	0 ,560
Rapport des volumes...............	2 ,40
Diamètre des roues motrices.......	1 ,560
Poids total.......................	$40\ 500^k$
Poids adhérent....................	27 300
Effort de traction $0,50\ p\ \dfrac{d^2 l}{D}$	5 567

130. 2° *Locomotive à voyageurs.* — Elle présente également trois essieux dont deux couplés et les dimensions ci-dessous :

Surface de grille....	$1^{m2},82$
» de chauffe totale............	97^{m2}
Timbre de la chaudière	12^k
Diamètre du petit cylindre.........	$0^m,420$
» grand »	0 ,650
Course commune des pistons	0 ,560
Rapport des volumes...............	2 ,40
Diamètre des roues motrices........	1 ,560
Poids total en service.............	$40\ 500^k$
Poids adhérent....................	27 300
Effort de traction $0,50\ p\ \dfrac{d^2 l}{D}$	3 670

131. 3° *Locomotive à marchandises.* — Celle-ci est à trois essieux couplés avec les données principales ci-dessous :

Surface de grille....................	$1^{m2},41$
» de chauffe totale............	115
Timbre de la chaudière.............	12^k
Diamètre du petit cylindre..........	$0^m,460$
» grand »	0 ,650
Course commune des pistons.......	0 ,610
Rapport des volumes...............	2
Diamètre des roues motrices........	1 ,390
Poids total en charge	$42\ 000^k$
Poids adhérent	42 000
Effort de traction $0.50\ p\ \dfrac{d^2 l}{D}$	3 639

Russie.

132. En dehors des machines Mallet vues précédemment, et mises en service depuis 1878 sur les chemins de fer du Sud-Ouest russe, différentes lignes russes ont adopté le système compound.

133. *Chemin de Griazi-Tzaritzin.* — L'ingénieur de cette Compagnie, M. Urquhart, transforma d'abord, en 1887, d'après ses plans, une locomotive à marchandises à six roues couplées, à titre d'essai, en locomotive compound.

Les résultats furent très satisfaisants, et, après quelques modifications dans la distribution, suggérées par des diagrammes relevés à différentes vitesses, on obtint une économie de 22 0/0. A la suite de cet essai concluant, on commença la transformation d'autres machines, pour marchandises et voyageurs, et, en 1890, la Compagnie comptait environ douze locomotives compound à trois essieux couplés et trois à deux essieux couplés. Toutes les autres machines suivront et seront transformées à leur tour, à mesure que les ateliers pourront suffire au travail nécessaire.

La machine compound Urquhart est à deux cylindres, la distribution effectuée par des tiroirs compensés. Le démarrage est, comme toujours, facilité par une introduction directe de vapeur au réservoir intermédiaire (voir n° 40, page 22). La valve qui sert à cet effet est manœuvrée par le mécanicien, et n'est pas automatique : on peut, à volonté, et aussi longtemps qu'on le désire, faire fonctionner la locomotive comme une machine ordinaire. Ces machines sont également munies d'une valve de rentrée d'air au grand cylindre pour la descente des pentes à régulateur fermé.

Une particularité de ces locomotives, c'est qu'elles sont chauffées au pétrole.

134. Voici les principales dimensions de ces deux types :

1° *Voyageurs.* — Machine à trois essieux dont deux couplés (*ancienne machine transformée*) ;

Voie	$1^m,523$
Timbre de la chaudière.............	9^k
Diamètre du petit cylindre.........	0 ,438
— grand —	0 ,640
Course commune des pistons	0 ,650
Rapport des volumes...............	2,15
Diamètre des roues motrices	1 ,600
Poids adhérent.....................	$24\ 000^k$
Effort de traction $0,50\ p\ \dfrac{d^2 l}{D}$	3 334

2° *Machine à marchandises.* — Trois essieux couplés.

Données principales :

Surface de grille....................	$1^{m2},58$
Surface de chauffe totale...........	114 ,7
Timbre de la chaudière.............	9^k
Diamètre du petit cylindre	$0^m,470$
— grand —	0 ,650
Course commune des pistons.......	0 ,610
Rapport des volumes..............	1 ,910
Diamètre des roues motrices.......	1 ,300
Poids total	$36\ 000^k$
Poids adhérent....................	36 000
Effort de traction $0,50\ p\ \dfrac{d^2 l}{D}$	4 662

135. *Chemin du Wladicaucase.* — Ici c'est le système Lindner qui a été appliqué aux machines à marchandises, en 1889, dans les ateliers Struwe à Kolomna ; c'est une locomotive à quatre essieux couplés, dont les principales données sont les suivantes :

Voie.............................	$1^m,523$
Surface de grille	$1^{m2},85$
Surface de chauffe totale	1 ,78
Timbre de la chaudière	11^k
Diamètre du petit cylindre	$0^m,500$
— grand ··	0 ,710
Course commune des pistons	0 ,650
Rapport des volumes..............	2 ,010
Diamètre des roues motrices.......	1 ,200
Poids total en charge	$49\ 500^k$
Poids adhérent.....................	49 509
Effort de traction..................	7 439

Espagne.

136. *Chemin du nord de l'Espagne.*
— Le voisinage de ces chemins de la ligne de Bayonne-Biarritz où est née la locomotive compound et la présence, dans les deux Compagnies, d'administrateurs en même temps ingénieurs, comme M. Péreire, ont entraîné l'application presque immédiate sur le nord de l'Espagne du système compound, aussitôt qu'il eut fait ses preuves.

Dès 1878, M. Mallet était autorisé à transformer en compound une machine à marchandises de cette Compagnie, faite comme tous les véhicules espagnols, pour la voie de 1,676 entre rails.

Cette machine, transformée dans les ateliers de la Compagnie, est à trois essieux couplés, et présente les données générales suivantes :

Surface de grille	1^{m2} ,32
Surface de chauffe totale	110 ,6
Timbre de la chaudière	7^{k}
Diamètre du petit cylindre	0 ,440
— grand —	0 ,600
Course commune des pistons	0 ,600
Rapport des volumes	1 ,85
Diamètre des roues motrices	1 ,300
Poids total en charge	$32\ 500^{k}$
Poids adhérents	32 500
Effort de traction $0{,}50\ p\ \dfrac{d^2 l}{D}$	3 123

Indes Anglaises.

137. *Locomotives Vampire et Vulcan.*
— La locomotive compound fut essayée aux Indes, en 1883, par M. Landifort, en transformant d'anciennes machines. On obtint ensuite le *Vampire* et le *Vulcan*.

Les bielles d'accouplement étaient conservées, l'essieu d'avant recevant à la fois le mouvement de tous les cylindres. Le *Vampire* était une machine à deux cylindres, ayant pour principales dimensions :

Diamètre du grand cylindre	0^{m},600
— petit —	0 ,400
Course commune des pistons	0 ,560
Rapport des volumes	1 ,75
Timbre de la chaudière	7^{k},40
Diamètre des roues motrices	1^{m},50
Charge remorquée	500^{t}
Vitesse à l'heure	32^{km}
Dépense de charbon par train kilomètre	9^{k},4

Le *Vulcan* était une machine à 4 cylindres, dont les dimensions étaient les suivantes :

Diamètre du petit cylindre	0^{m},300
— grand —	0 ,430
Course des pistons	0 ,560
Rapport des volumes	2 ,05
Diamètre des roues motrices	1 ,50
Timbre de la chaudière	7 ,40
Vitesse à l'heure	32^{k}
Charge remorquée	520^{t}
Dépense de charbon par train kilomètre	9^{k},5

AMÉRIQUE DU NORD

138. Dès 1884, on construisait une locomotive compound dans les ateliers de la « Boston Albany rail-road ». C'était une machine à marchandises à quatre cylindres, deux à haute pression, deux à basse pression ; la chaudière était timbrée à 11 kilogrammes.

Nous allons passer rapidement en revue les types qui paraissent aujourd'hui jouir de la faveur du public américain.

Machines à deux cylindres.

139. *Locomotive du Michigan central railroad.* — La Schecnetady locomotive Works a construit, en 1889, pour cette Compagnie, une machine compound à trois essieux couplés et bogie dont le grand cylindre a reçu le diamètre énorme de 0^{m},737 ; le petit a lui-même le diamètre fort respectable de 0^{m},508. Cette machine est munie d'une valve de démarrage automatique du système Perkin, et a donné les résultats les plus satisfaisants ; aussi a-t-elle été le point de départ d'une application étendue de la double expansion sur les chemins de fer américains (*fig.* 169).

Voici les principales dimensions de cette machine :

Surface de grille.....................	2ᵐ211
» de chauffe direct...........	12 ,75
» des tubes..................	143 ,21
» totale.....................	155 ,96
Timbre de la chaudière.............	12ᵏ,85
Diamètre du petit cylindre.........	0ᵐ,508
» grand »	0 ,737
Rapport des volumes...............	2 ,1
Course commune des pistons.......	0 ,610
Diamètre des 6 roues couplées	1 ,728
Poids total en service..............	57 440ᵏ
Poids sur les roues couplées........	43 940

140. *Locomotive compound du Chicago Milwaukee and Saint-Paul railroad.* — Cette machine, construite par les ateliers de Rhode-Island, est destinée aux transports à grande vitesse et à grande puissance; elle se répand de plus en plus aux États-Unis. Elle est à six essieux dont trois

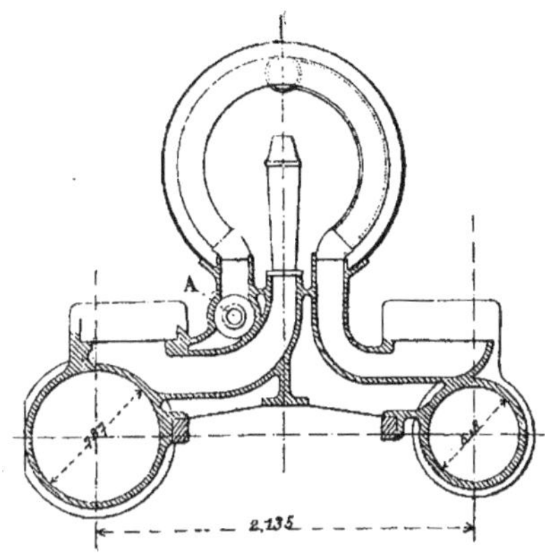

Fig. 169. — Machine compound du Michigan central railroad (1889).

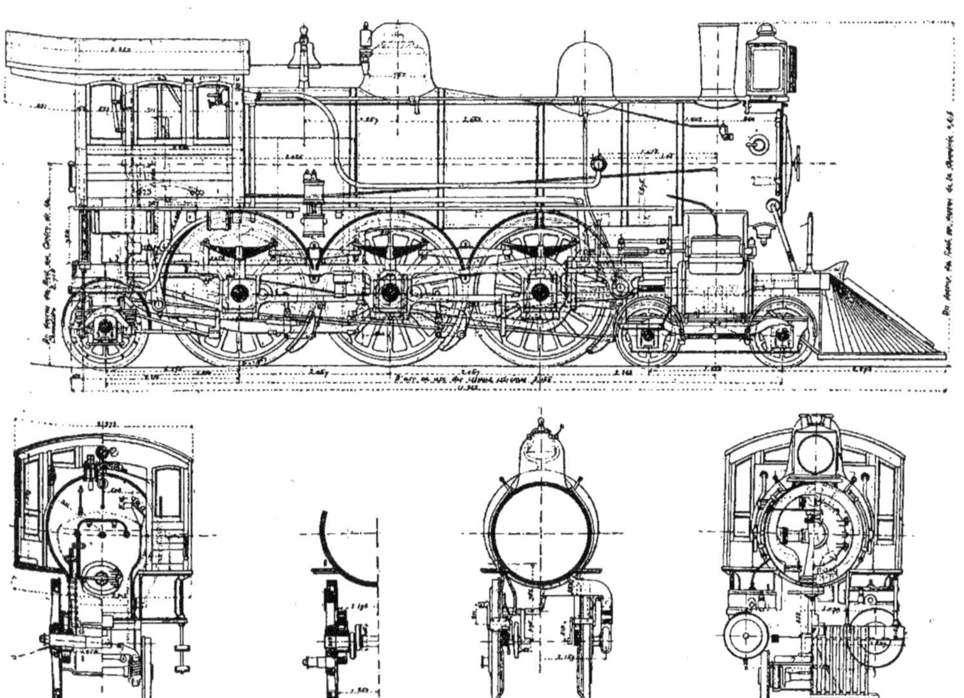

Fig. 170 à 174. — Machine compound du Chicago, Milwaukee et Saint-Paul railroad.

couplés, un porteur à l'arrière en bissel et deux dans un bogie à l'avant, avec déplacement latéral.

C'est une machine compound à deux cylindres dissymétriques et du système automatique, c'est-à-dire qu'au démarrage, la vapeur est admise dans les deux cylindres, et le fonctionnement compound se produit seul quand la vapeur d'échappement du petit cylindre a atteint une pression fixée à l'avance (*fig.* 170 à 174).

La chaudière est très importante, puisqu'elle présente 3ᵐ,048 de longueur de boîte à feu, et du type *Wagon top*. Ce dernier signifie que la boîte à feu est extérieure et d'un diamètre plus grand que celui du corps cylindrique auquel elle est raccordée par une virole conique. C'est là une disposition défectueuse très répandue anciennement aux États-Unis, et qui tend à disparaître. On comprend, en effet, que surtout sous l'effet des hautes pressions, la virole conique fatigue d'une manière exceptionnelle, et travaille dans de mauvaises conditions.

On remarque, en outre, dans cette locomotive, comme dans toutes celles qui ont été construites dans ces dernières années en Amérique, une tendance à surélever la chaudière qui permet d'augmenter notablement la surface de chauffe, la hauteur du ciel du foyer au-dessus de la grille, et facilite l'entretien et le graissage du mécanisme.

C'est du moins l'opinion de M. Grille, dont l'ouvrage nous fournit tous ces détails (*Les chemins de fer à l'Exposition de Chicago. Les locomotives*, par MM. Grille et Laborde).

Nous pensons, cependant, que ces chaudières haut perchées doivent être singulièrement peu favorables à une bonne stabilité en pleine marche. Il paraît qu'en pratique il n'en est rien ; mais, comme pour beaucoup de choses qui nous viennent d'Amérique, la question reste à approfondir.

Cette machine est surtout intéressante, en ce que, devant circuler sur des voies extrêmement légères, munies de rails du poids de 30 kilogrammes le mètre courant, la charge par essieu couplé ne dépasse pas 13 tonnes ; celle que supporte le truck est de 16 550 kilogrammes ; et cependant, le poids total de la machine dépasse 64 tonnes.

Les longerons sont en fer carré et les roues en fonte, comme sur toutes les machines américaines. L'essieu couplé d'arrière est placé au milieu du foyer ; la suspension a lieu sur balanciers.

Les principales dimensions de cette machine sont les suivantes :

Surface de grille	2ᵐ2,60
Surface de chauffe du foyer	15 ,00
» » des tubes	160 ,00
» » totale	175 ,00
Longueur de la boîte à feu	3ᵐ,048
Largeur »	0 ,864
Diamètre du corps cylindrique	1 ,575
Hauteur de l'axe du corps cylindrique au-dessus du rail	2 ,718
Nombre des tubes	272
Diamètre »	0ᵐ,051
Diamètre du petit cylindre	0 ,533
» grand »	0 ,787
Timbre de la chaudière	14ᵏ,5
Acier du foyer, épaisseur. { parois latérales	8ᵐᵐ
» arrière	10
ciel	10
plaque tubulaire	13
Empâtement total	9ᵐ,155
Distance entre les essieux couplés	2 ,067
» » du bogie	1 ,829
Diamètre des roues couplées	1 ,981
Poids total en service	64 000ᵏ
» adhérent sur chaque essieu couplé	13 000
» sur le bogie	16 550
» sur le bissel porteur arrière	8 450

Ces machines remorquent des trains formés de neuf voitures, pesant quarante tonnes à la vitesse de 70 kilomètres à l'heure.

141. *Locomotive compound à grande vitesse du New-York, New-Haven and Hartford.* — Cette machine sort des mêmes ateliers de Rhode-Island que la précédente avec laquelle elle a beaucoup de pièces communes et interchangeables : tiroirs, cylindres, pistons, etc. Cependant, la disposition générale n'est pas la même ; elle ne comporte que deux essieux couplés et un bogie à l'avant, car elle est destinée à circuler sur une voie bien installée et solide, présentant des rails de 45 kilogrammes ; la suppression d'un essieu couplé et du bissel d'arrière à permis d'alléger l'ensemble de huit tonnes (*fig.* 175 à 179).

La chaudière est également un peu plus

petite et le foyer moins profond ; la grille est néanmoins un peu plus large et atteint 1^m,064, le cadre du foyer reposant sur le dessus du longeron.

La suspension se compose de six ressorts à lames conjugués trois par trois, et constitue un ensemble très intéressant et très simple malgré sa complication apparente.

La chaudière toujours assez élevée a son axe à 1^m,616 au-dessus du rail.

Machines à quatre cylindres.

142. *Locomotives Woolf Vauclain des ateliers Baldwin.* — Les machines du système Vauclain ont été construites en Amérique par les ateliers Baldwin de Philadelphie.

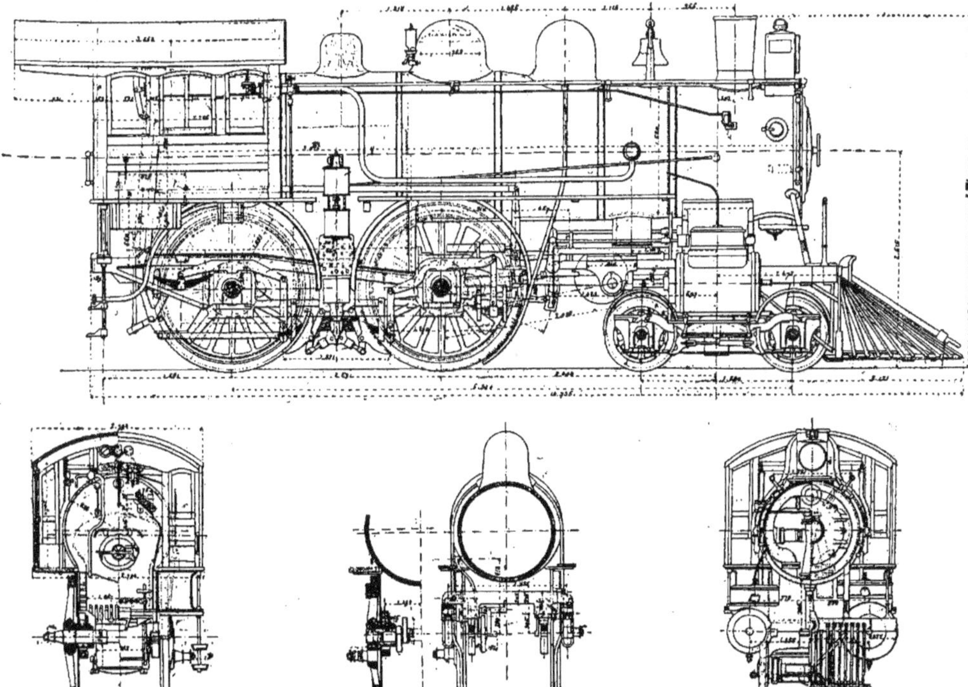

Fig. 175 à 179.— Machine compound du New-York, New-Haven et Hartford railroad.

Ce sont des machines à quatre cylindres disposés en deux groupes extérieurs au châssis ; chaque groupe présente les deux cylindres, de haute et basse pression, l'un au-dessus de l'autre, le grand au-dessus du petit ; ils sont venus de fonte d'une seule pièce avec leur boîte de distribution, les conduits de vapeur, les brides et plaques d'attache et de support. En outre, ces cylindres sont superposés au lieu d'être en prolongement l'un de l'autre. Les tiges de pistons de chaque groupe actionnent une même crosse, portant en son centre l'articulation de la bielle : c'est donc une machine du type Woolf.

La disposition Vauclain, en outre de ses cylindres superposés, est caractérisée par l'emploi d'un tiroir cylindrique au lieu du double tiroir plan ordinaire (*fig.* 180 et 181). Ce tiroir est un cylindre creux, muni de fonds vers chaque extrémité, un rebord cylindrique limité par deux cercles joints :

la partie médiane du tiroir est évidée extérieurement de manière à laisser un plus large passage à la vapeur d'échappement; les lumières, situées respectivement entre chaque paire de rebords, ne sont pas obstruées par les côtes qui réunissent les trois parties du tiroir. La glace est un fourneau de bronze percé de rangées annulaires de fenêtres correspondant, à partir de chaque extrémité, à l'admission aux deux cylindres, et au milieu de sa longueur, à l'échappement. Ces divers canaux se prolongent sur tout le pourtour du fourreau. Cette forme cylindrique soumise à la pression de tous côtés donne ainsi un tiroir parfaitement équilibré à son poids près. La tige de ce tiroir peut donc être assemblée très simplement au moyen d'une extrémité filetée et d'un écrou, et l'effort nécessaire au déplacement de cet organe se trouve réduit au minimum. Cela présente d'incontestables avantages pour les pièces de la transmission, la facilité de leur manœuvre et la force qu'elles consomment. On sait que les déplacements des tiroirs-plans des locomotives ordinaires absorbent un effort de plusieurs tonnes.

Les constructeurs ont eu pour but, disent-ils, de réaliser une disposition de double cylindre pouvant s'adapter avec facilité et économie à toutes les locomotives américaines, et se sont surtout proposés d'avoir des passages aussi simples et aussi directs que possible entre les deux cylindres; c'est, d'ailleurs, le premier exemple de cette

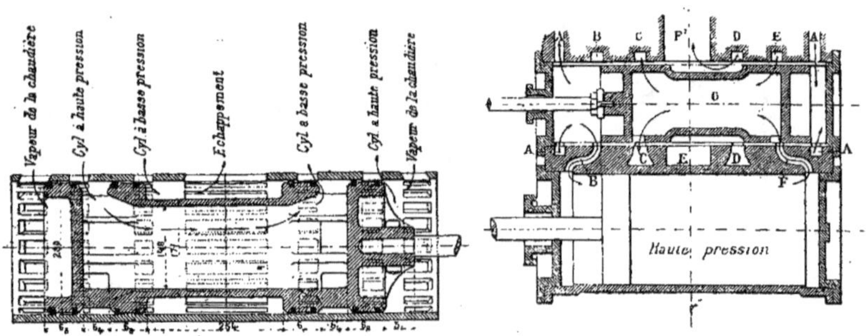

Fig. 180 et 181. — Tiroir cylindrique Vauclain.

solution souvent proposée, mais non encore réalisée, de cylindres accolés deux à deux. Le passage direct et facile d'un cylindre dans l'autre a bien été obtenu, mais grâce à une pièce des plus compliquées; car les deux cylindres, la boîte à tiroir et la cavité de la selle sont venus de fonte du même morceau. Cette disposition donne d'ailleurs lieu à une objection assez sérieuse pour une forte machine. (M. Mallet. *Bulletin des Ingénieurs civils de France*, 1890).

« Le système Wolf permet d'obtenir un effort maximum un peu supérieur à celui du système à réservoir, mais à condition d'accepter une certaine différence entre les efforts exercés par les deux pistons. D'après les diagrammes d'indicateur élevés sur cette machine, le rapport des efforts est au démarrage de 1 pour le petit cylindre contre 1,385 pour le grand; et même avec le système de mise en train employé qui annule l'action du petit piston, l'effort peut, au départ, s'exercer uniquement sur le grand piston.

« Cette différence, qui n'a aucun inconvénient dans la machine tandem et qui n'en a pas beaucoup dans la machine compound à deux cylindres, ne doit pas être au contraire négligeable, lorsque ces pistons agissent aux extrémités d'une traverse dont le milieu actionne la bielle motrice. A ce point de vue, la disposition qui nous occupe paraît donc inférieure à la forme en tandem. Elle ne saurait d'ailleurs s'appliquer, tout au moins sans modification, à toutes les machines. Le point le plus bas

Fig. 182. — Machine compound express de Baldwin,

du grand cylindre descendant à 0^m,56 au-dessous de l'axe commun, les roues ne pourraient avoir, à moins d'incliner les cylindres, ce qui n'est guère dans les habitudes américaines, un diamètre inférieur à 1^m,35 ou 1^m,40, ce qui est beaucoup trop pour les machines du type *Consolidation* dont les roues ont généralement 1^m,265 de diamètre au plus.

143. *Locomotive Woolf du Baltimore and*

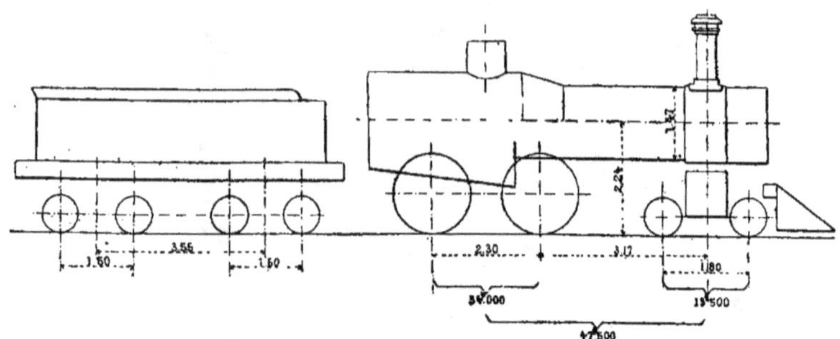

Fig. 183. — Machine compound express de Baldwin.

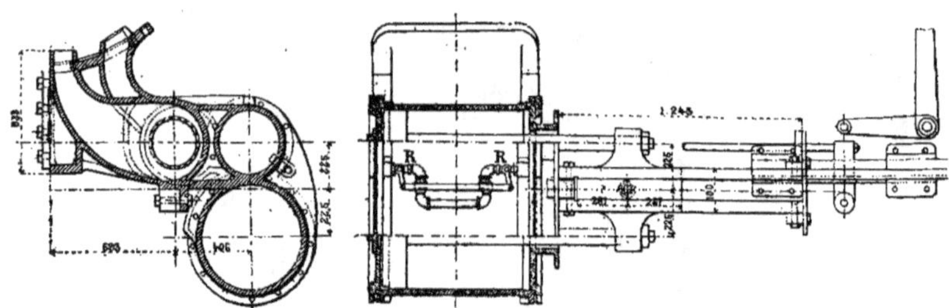

Fig. 184 et 185. — Machine compound express de Baldwin. — Coupes des cylindres.

Ohio Railroad 1889. — Cela dit, les ateliers Baldwin ont construit pour cette Compagnie, en 1889, une locomotive à deux essieux couplés et bogie à l'avant du type Woolf à cylindres en deux groupes système Vauclain : au lieu de se trouver l'un au bout de l'autre, comme cela se présente le plus souvent, ils sont ici l'un au-dessus de l'autre, le petit au-dessus du grand avec un tiroir cylindrique commun aux deux (*fig.* 182 à 185).

Les deux tiges sont fixées à une traverse qui se meut entre quatre guidages parallèles et au milieu de laquelle est adaptée la bielle motrice. Le tiroir cylindrique équilibré (*fig.* 180 et 181) est actionné directement par la coulisse.

Les principales dimensions de cette machine sont les suivantes :

Diamètre du corps cylindrique......	1^m,47
Diamètre moyen de l'échappement..	0 ,115
Nombre des tubes....................	251
Longueur des tubes.................	3^m,80
Diamètre »	0 ,051
Diamètre des petits cylindres.......	0 ,305
» grands »	0 ,508
Course.....	0 ,610
Rapport de volumes.................	2 ,77
Diamètre des roues motrices et cou-plées	1 ,676
Surface de grille...................	2 ,24
Surface de chauffe totale 13,5-+-135,5=	149
Pression à la chaudière	11 1/2
Poids adhérent.....................	34 200^k
Poids total........................	47 800

Recouvrements adoptés pour les parties du tiroir unique correspondant aux deux cylindres de chaque paire :

	Petits cylindres	Grands cylindres
Recouvrement extérieur.	19^{mm}	16^{mm}
» intérieur.	— 3,2	6,4

Le tiroir distributeur cylindrique desservant un groupe de deux cylindres (*fig.* 180 et 181) est placé à l'intérieur de la machine, commandé directement par la coulisse. La vapeur y circule au travers d'orifices multiples percés sur toute la périphérie de l'enveloppe ; on obtient ainsi des dégagements importants et faciles, parfaitement réglés avec de faibles mouvements du distributeur. La vapeur y arrive par A et passe dans la position indiquée *fig.* 181) par B au cylindre de haute pression dont l'échappement s'opère

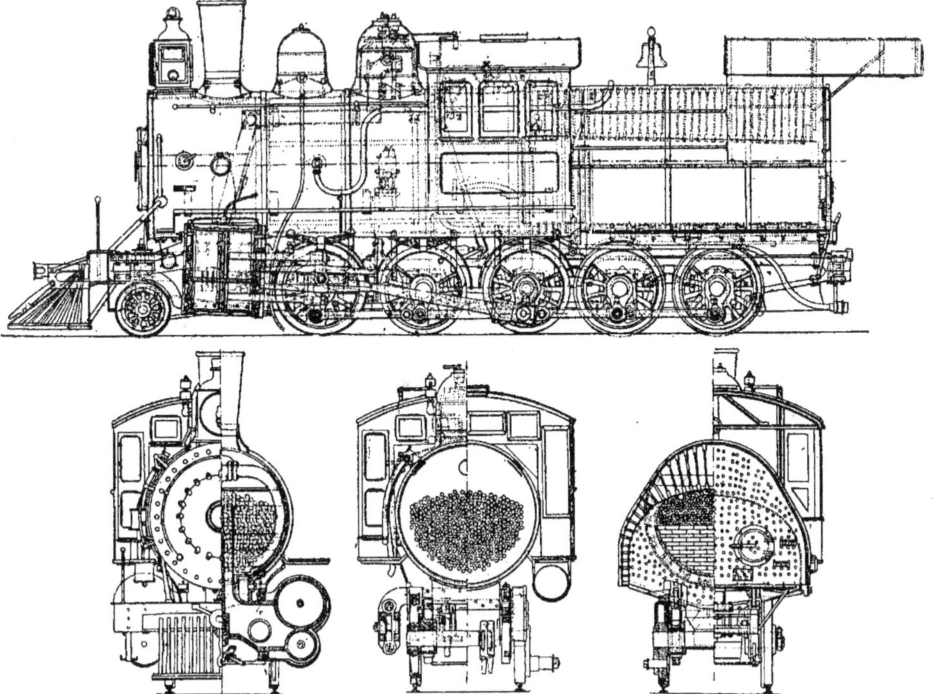

Fig. 186 à 189. — Machine à marchandises compound, du New-York, Lake Erié et Western railroad.

au cylindre de détente par FC. Ce dernier évacue en même temps dans la cheminée par DEF'.

Le démarrage s'opère au moyen de deux robinets RR (*fig.* 185), réunissant les cylindres de chaque groupe par des orifices convenablement étranglés, de manière que la vapeur passe de la chaudière aux cylindres de détente par ceux de haute pression et par ces robinets. Ce système très simple donne, paraît-il, des démarrages dociles et puissants. Aussitôt le démarrage effectué, on ferme les robinets R d'un coup de pédale, puis on marche en compound avec une détente totale d'environ 3,7.

144. *Locomotive Vauclain à marchan-*

dises du New-York Lac Erié et Western. — Cette machine sort encore des ateliers Baldwin ; c'était la plus importante de toutes celles qui étaient exposées à Chicago. Elle présente la disposition Woolf Vauclain avec cylindres superposés, mais ici le grand au-dessus du petit. Ce système, que nous avons déjà vu précédemment, présente cet avantage de conserver toutes les dispositions générales des machines, chaque groupe de cylindres fondus ensemble constituant une application complète de la double expansion (*fig.* 186 à 189).

Le foyer du type Wooten présente de très grandes dimensions ; il est destiné à brûler des menus d'anthracite.

Voici les principales dimensions de cette machine :

Longueur du foyer	$3^m,342$
Largeur du foyer	$2,492$
Diamètre du corps cylindrique	$1,892$
Epaisseur des tôles d'acier de la chaudière	19^{mm}
Timbre de la chaudière	13^k
Nombre des tubes	354
Diamètre des tubes	51^{mm}
Longueur des tubes	$3^m,664$
Diamètre des petits cylindres	$0,408$
» grands »	$0,686$

145. *Locomotive Woolf Vauclain à marchandises de la Nouvelle-Galle du Sud (Australie).* — La machine sur laquelle a été appliqué ce système est une « Consolidation » à quatre essieux couplés et essieux porteur à l'extrême-avant.

Comme nous l'avons dit plus haut, les deux cylindres sont superposés et les guides se trouvent respectivement au-dessus et au-dessous des deux tiges de piston, de sorte que la crosse unique qui les relie présente la largeur fort respectable de $0^m,686$. L'axe du tiroir est dans le plan du châssis, à peu près à mi-hauteur des axes des cylindres.

Des essais précis et suffisamment prolongés, ont démontré que cette locomotive réalisait sur les types ordinaires une économie de combustible de 20 p. 0/0.

Voici ses principales dimensions :

Diamètre des petits cylindres	$0^m,343$
» grands »	$0,559$
Rapport des volumes	$1,63$
Course commune des pistons	$0^m,660$
Surface de la grille	$3,^{m2}07$
Surface de chauffe du foyer	$14,68$
» » des tubes	$168,06$
» » totale	$182,74$
Rapport de la surface de grille à la surface de chauffe totale	$1/60$
Timbre de la chaudière	12^k3
Diamètre des roues couplées	$1^m,295$
» » d'avant	$0,762$
Poids total en service	62200^k
» sur les essieux couplés	55800
» sur l'essieu porteur	6400
Rapport du poids adhérent au poids total	$90 0/0$
Poids du tender en ordre de marche	32700
Largeur de la voie	$1^m,435$

146. *Locomotive Woolf Vauclain du Philadelphie and Reading-Railway.* — Les ateliers Baldwin ont également mis en service pour la Compagnie du Philadelphie and Reading, un nouveau type de locomotive Woolf à voyageurs, à deux essieux couplés et un porteur à l'avant, muni de cylindres superposés et de tiroirs Vauclain. Ces deux couples de cylindres sont placés au droit de la boîte à fumée, dans une position un peu trop propice au mouvement de lacet, défaut aggravé par ce fait que l'avant n'est muni que d'un essieu porteur au lieu du bogie ordinaire des machines américaines ; les effets du lacet ne se transmettent donc qu'en un seul point à la voie, qui doit avoir particulièrement à souffrir, surtout dans les grandes vitesses.

Le diamètre des roues motrices est de $1^m,981$; les deux essieux moteurs sont sous le corps du générateur, l'essieu porteur étant à l'extrême-avant.

Ces machines sont munies du foyer Wooten qui s'étend latéralement au-dessus du châssis sans y pénétrer, prenant toute la largeur du gabarit. La cabine du mécanicien est immédiatement devant le foyer, à cheval sur le générateur. Le chauffeur se tient sur le tender, la longueur du foyer empêchant la machine d'avoir une plate-forme arrière. Il résulte de tout cela le double inconvénient de surélever le centre

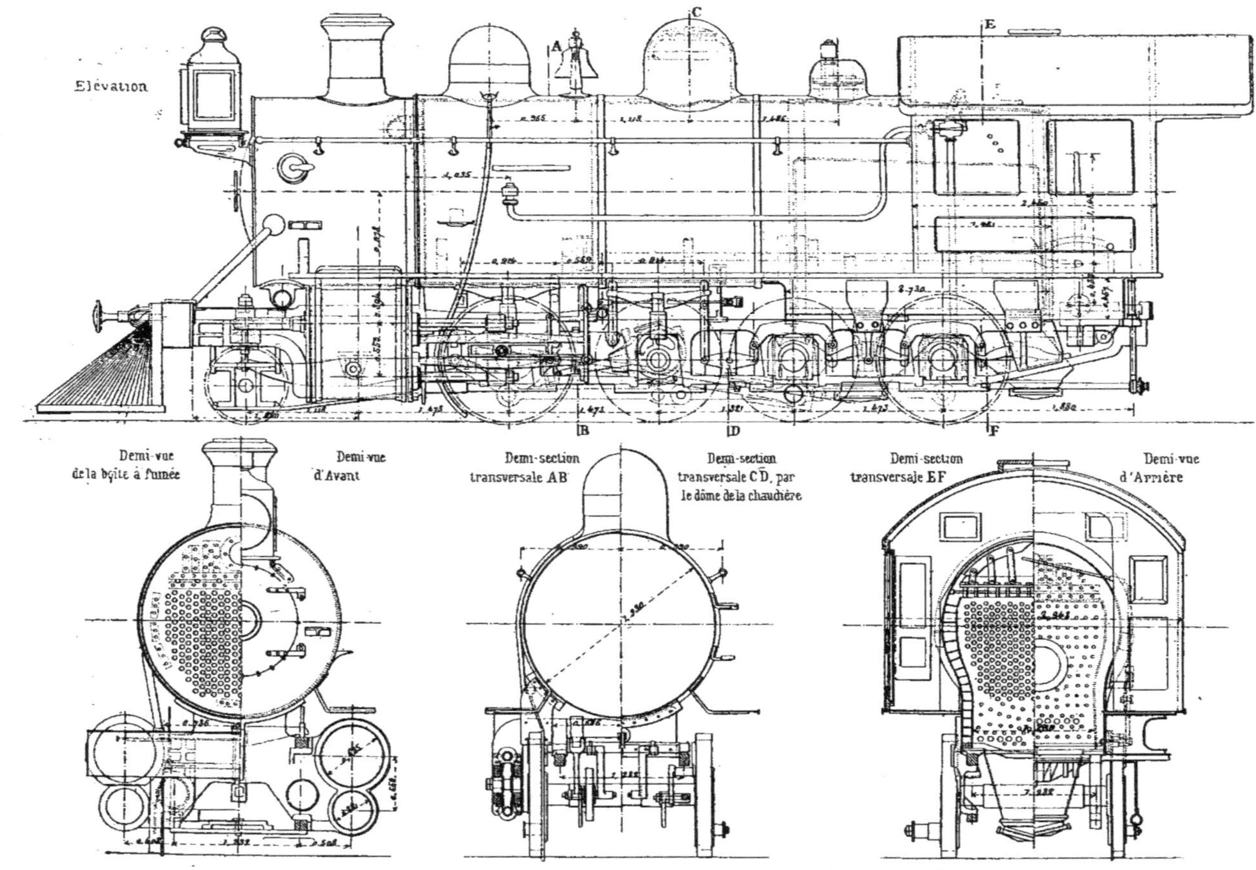

Fig. 190 à 196. — Machine compound de la Compagnie Paulista (Brésil).

de gravité de la machine, ce qui nuit à la stabilité, et de supprimer toute communication entre le mécanicien et le chauffeur.

147. *Locomotive Woolf Vauclain de la Compagnie Paulista (Brésil).* — Les États-Unis commencent à déborder sur le continent américain tout entier et la locomotive suivante, construite pour la Compagnie Paulista du Brésil (voie de 1^m,60), a été créée par les ateliers Baldwin, de Philadelphie. C'est dire que c'est également une locomotive du type Vauclain à quatre cylindres divisés en deux groupes superposés, le grand au-dessus du petit, avec tiroir cylindrique spécial (*fig.* 190 à 196).

Comme forme en dehors du compound, elle est du type « Consolidation » c'est-à-dire à quatre essieux couplés et un bissel à l'extrême-avant. Le foyer ne présente pas les dimensions grandioses de certaines machines récentes construites en Amérique et brûlant des houilles maigres ; cela tient à ce qu'il est ici destiné à brûler des charbons bitumineux ; le foyer et les entretoises sont en cuivre, ce qui est encore une exception formellement commandée par la Compagnie. L'enveloppe de la chaudière est en acier.

Le mécanisme est du type américain courant avec coulisses et mouvement de distribution intérieurs. Les têtes de bielles motrices sont à chapes, et les têtes de bielles d'accouplement à bagues, sans moyen spécial pour regagner le jeu.

Les huit roues couplées sont en fonte spéciale, avec bandages rapportés en acier ; les deux paires de roues du milieu sont dépourvues de boudins pour faciliter le passage en courbe, et leur bandage est un peu plus large que celui des autres roues. Grâce à cette précaution et au bissel d'avant, ces machines peuvent passer dans des courbes de 95 mètres de rayon.

Ces machines sont munies du frein à air comprimé de Westinghouse, de la sablière à vapeur Gresham, d'injecteur Korting et de graisseurs à débit visibles du système Nathan.

Voici leurs principales dimensions :

Longueur du foyer	2^m,45
Largeur du foyer	1 ,23
Surface de grille	2^m2,81
Hauteur intérieure du foyer avant	1^m,61
» » » arrière	1 ,52
Epaisseur de l'acier de la chaudière	0 ,019
Diamètre intérieur minimum de la chaudière	1 ,93
Longueur du corps cylindrique	3 ,66
Timbre	12,65
Nombre des tubes	301
Diamètre des tubes	0^m,051
Longueur »	3 ,66
Diamètre des petits cylindres	0 ,381
» grands »	0 ,634
Course commune des pistons	0 ,710
Diamètre des roues couplées	1 ,270
Longueur des bandages couplés	0 ,125
» roues sans boudin	0 .140
Diamètre des roues du bissel d'avant	0 ,762
» fusées des essieux couplés	0 ,229
Longueur des fusées des essieux couplés	0 ,229
Longueur des fusées du bissel	0 ,250
Diamètre » »	0 ,125
Empâtement total	6 ,850
» rigide maximum	4 ,270
Poids total à vide	65 000^k
» en charge	74 580
» sur le bissel	9 000
» premier essieu couplé	16 780
» deuxième »	16 100
» troisième »	16 500
» quatrième »	16 200

TENDER

Diamètre des roues des deux bogies	0^m,838
Volume d'eau	14 500^k
Poids total en charge	37 000

148. *Locomotive Woolf Vauclain à voyageurs du Central Brésilien.* — Cette machine est du type américain classique, et du même modèle que les précédents, c'est-à-dire compound avec tiroir Vauclain : dans chaque groupe de cylindre c'est le petit qui surmonte le grand. L'emploi de la locomotive compound s'imposait spécialement au Brésil, où la houille n'existe pas et vient en totalité d'Angleterre.

Les dimensions sont les suivantes :

Diamètre des petits cylindres	0^m,292
» grands »	0 ,483
Course commune des pistons	0 ,610
Diamètre des roues motrices	1 ,676
Poids en service	44 700^k
» sur les roues motrices	27 200
Rapport du poids adhérent au poids total	65 0/0
Poids sur le bogie	14 500^k
Poids du tender en service	30 000

149. *Remarque.* — La partie faible de cette locomotive est la flexibilité obligatoire du châssis composé de longerons en forme de poutres armées, au lieu d'être une pièce pleine en tôle comme dans les locomotives européennes. Cette flexibilité entraîne un travail extérieur spécial, et une fatigue dangereuse pour le générateur; or, on sait que ce dernier doit être entièrement mis à l'abri de tout travail extérieur.

150. *Locomotive Woolf Johnstone du Central Mexicain.* — La Compagnie du chemin de fer Central Mexicain paie fort cher la houille rendue sur place (60 fr. la tonne) : elle a donc cherché à faire sur ce chapitre certaines économies, et pour cela s'est décidée à transformer ses machines en compound. Voici la description de cette transformation, telle que nous la trouvons dans le *Moniteur Industriel* du 25 juin 1891.

On choisit pour cet essai la machine n° 66, une « Consolidation » de Roger, construite en 1882. Cette machine avait des cylindres extérieurs de 0^m,508 avec course de pistons de 0^m610, des roues motrices de 1^m,27 avec 37 tonnes de poids adhèrent et un foyer de 1^m,83 de longueur intérieure. Elle était d'une telle insuffisance qu'on avait résolu de la retirer du service et de la laisser attendre au dehors qu'une place fût libre dans les ateliers surchargés de besogne. De là vint que le projet de M. Johnstone, dressé dès 1889, ne put être soumis à l'expérience qu'en l'été

Coupe transversale   Coupe longitudinale.

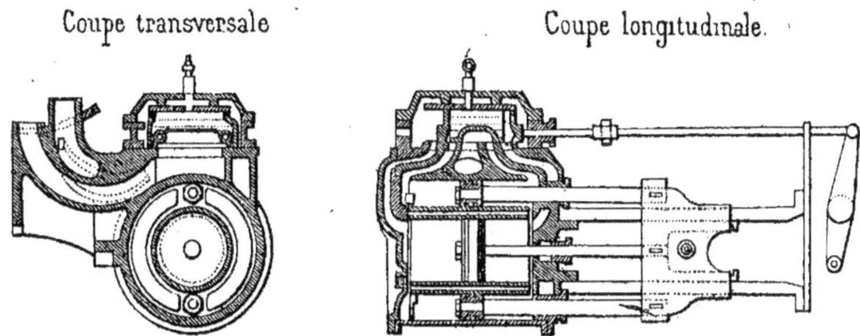

Fig. 197 et 198. — Cylindre Woolf Johnstone.

de 1890. En même temps que les cylindres compound, la machine reçut un nouveau foyer de 2^m,845 de longueur intérieure.

Les résultats furent tels, tant au point de vue de la puissance, que comme économie de combustibles, que l'on décida d'adopter la disposition Johnstone comme type normal, pour toutes les machines de la Compagnie. Six machines à dix roues (donc six motrices), ont été commandées aux ateliers de construction de Rhode Island, sur les plans de M. Johnstone et les autres sont transformées peu à peu jusqu'à épuisement des machines existantes. Cette décision vaut tous les arguments que l'on voudrait reproduire en faveur du principe Woolf ou Compound.

C'est en effet une machine de Woolf, analogue à celle de la Compagnie du Nord français, étudiée précédemment. Qu'on se figure les cylindres en tandem du Nord télescopés, le grand reculé sur le petit et par conséquent le contenant, de sorte que le grand piston est annulaire (*fig.* 197 et 198). La boîte de distribution est en dessous et la distribution s'opère par un seul tiroir genre Hick du Nord, modifié comme nous le verrons plus loin. La glace est à cinq lumières; les deux extrêmes communiquant avec le cylindre interne ou à haute pression, les deux lumières intermédiaires avec le grand cylindre de détente, et la lumière du milieu avec l'échappement. Le fond commun des cylindres porte dans le plan vertical, le presse-étoupe de la tige du petit piston, au centre, puis de part et d'autre, les consoles venues de fonte auxquelles se fixent les deux guides de la crosse ; et enfin, les presse-étoupes des deux tiges du piston annulaire ou grand piston. Dans le fond et le couvercle commun sont en outre ménagés les conduits de vapeur du cylindre interne, en prolongement de ceux qui sont venus de fonte avec la paroi du grand cylindre : celui-ci, d'ailleurs, fait corps avec les conduites d'accès et d'échappement, les consoles, plaques, etc., d'assemblages des groupes entre eux, avec le châssis et le générateur. La paroi du cylindre interne est constituée par un tube de fonte un peu encastré dans le fond, et sur lequel s'applique le couvercle ; autour de ce tube se place de la même manière et sans le toucher, un second tube qui forme la paroi centrale du grand cylindre.

Tiroir. — On sait que le tiroir Hick comporte quatre rebords ou bandes, et un canal intérieur, de manière que, lorsqu'il est au bout de sa course, il découvre une des lumières du petit cylindre, met en communication la seconde de celles-ci avec la première des lumières du grand cylindre, et fait communiquer la seconde de ces dernières avec la lumière d'échappement. Il s'en suit que, pour les deux cylindres, l'admission cesse et la compression commence respectivement aux mêmes points de la course des pistons, quelle que soit celle du tiroir.

Disons en passant que dans les machines de Woolf fixes, on dispose généralement les choses de telle sorte que la distribution entière s'effectue à l'intérieur du tiroir, dont la course est invariable, et que l'on complète la disposition par l'adjonction d'un double tiroir de détente système Meyer.

Si cette dernière disposition est une complication inadmissible pour les locomotives, où l'idéal de la simplicité est un tiroir unique actionné par l'intermédiaire d'une coulisse avec ou sans combinaison, le tiroir Hick ordinaire présente l'inconvénient de l'excès de la compression ici très nuisible. M. Johnstone a évité cet inconvénient d'une manière très ingénieuse.

Son tiroir est formé de deux parties, c'est-à-dire que les bandes internes et la paroi qui les relie, au lieu de faire corps avec l'ensemble, comme dans le tiroir Hick, sont remplacées par un tiroir en coquille libre dans le caisson du tiroir proprement dit. L'indépendance de cette co-

quille à droite et à gauche du centre est d'un douzième de la course pleine du tiroir. Il s'ensuit que quand celui-ci est au fond de sa course, il doit parcourir en sens inverse, un sixième de cette course avant de rencontrer et d'entraîner avec lui la coquille ; la course de cette dernière n'est donc que les cinq sixièmes de celle du tiroir, quand la coulisse est à fond.

L'effet de cette disposition est de retarder l'interruption, autrement dit de prolonger l'admission au grand cylindre, et par conséquent, de réduire la compression devant le petit piston.

Le caisson de ce tiroir, ouvert par le haut, est surmonté d'une contre-glace fixe, disposition également recommandable. La coquille relativement indépendante du caisson s'use moins qu'un tiroir ordinaire, n'étant soumise qu'à la vapeur d'étendue ; par contre, le caisson s'use plus vite qu'un tiroir Hick, sa surface d'appui sur la glace étant notablement moindre. Quant à l'effort pour mouvoir le tiroir, il est majoré du frottement de la coquille.

Dans l'application du système aux machines à dix roues ci-dessus, la course minimum des pistons est de $0^m,610$, le diamètre du cylindre à haute pression est de $0^m,356$, et le grand diamètre du cylindre de détente est de $0^{in},781$. La section utile annulaire de ce dernier est équivalente à la section pleine d'un cylindre de $0^m,616$ de diamètre. Le rapport des sections est donc 1 à 3. La course entière du tiroir est de $0^m,1524$; le retard à l'entraînement étant le sixième de cette longueur est $0^m,0254$. On voit que la course correspondante de la coquille est de $0^m,127$.

Dans cette machine, il est naturellement impossible de supprimer à volonté le fonctionnement compound, et de marcher à haute pression dans les quatre cylindres au besoin. C'est une sérieuse lacune qu'on n'évite que dans les machines à distribution propre, en adoptant l'échappement direct facultatif par le ou les petits cylindres, et l'admission directe facultative dans le ou les grands solidairement.

Démarrage. — Pour le démarrage, une soupape permet l'accès de la vapeur fraîche dans chacun des grands cylindres ; par le fait, il y a équilibre de pression sur les petits pistons, mis ainsi momentanément hors d'action, et la machine se trouve dans les conditions d'une locomotive ordinaire dont les cylindres auraient 0^m,616 de diamètre.

Économies. — Un contrôle très soigné a fait reconnaître que la consommation a été réduite de plus de 20 0/0, pour le combustible et de 16 0/0 pour l'eau.

151. *Remarque.* — Les cylindres télescopés de M. Johnstone constituent un ensemble d'un notable volume. Ainsi : pour les dimensions ci-dessus, le diamètre des brides des fonds et couvercles n'est pas inférieur à 0^m,950. Bien que les cylindres extérieurs ne s'emploient qu'exceptionnellement avec le châssis extérieur, cet ensemble, accompagné de sa tuyauterie et accessoires, n'est pas commode à appliquer aux machines compound à châssis plein, tandis qu'il s'est logé assez aisément sur le châssis forgé des locomotives américaines.

On ne peut évidemment songer à étendre l'application de ce système aux machines à cylindres intérieurs.

152. *Locomotive Woolf en tandem système Canfield.* — Dans le type Canfield, les cylindres sont ramenés l'un au bout de l'autre en tandem, le grand en avant, les deux pistons montés sur la même tige. La distribution se fait au moyen d'un tiroir cylindrique entièrement entouré de vapeur fraîche ou de vapeur d'échappement, à l'intérieur duquel passe la vapeur, pour se

Fig. 199. — Machine de rampe de l'Erié railroad.

rendre du petit cylindre au cylindre de détente. Ce tiroir est donc équilibré et son frottement se réduit à celui des garnitures et de son poids, et offre, en outre, l'avantage du réchauffement de la vapeur détendue, diminuant ainsi notablement la condensation.

La locomotive qui nous occupe est destinée au service des voyageurs et présente des cylindres de 0^m,356 et 0^m,597 de diamètre. Elle présente le même inconvénient que le type Vauclain, au point de vue du manque de rigidité du châssis et de la fatigue ; elle a en outre le défaut de toutes les machines tandem : complication des manipulations et difficultés des visites et du démontage.

Enfin elle présente le vice capital de toutes les machines à tiroir unique, pour un groupe de cylindres successifs, la Vauclain comprise : l'impossibilité de l'admission directe au grand cylindre pendant la marche, cette admission n'ayant pas lieu par l'organe de distribution, mais au moyen d'une valve spéciale indépendante et manœuvrée à la main.

En somme, à notre avis, toutes ces machines américaines ne sont pas à imiter.

Machines à huit cylindres.

153. *Locomotive Woolf Vauclain à huit cylindres pour fortes rampes.* — Les ateliers de Baldwin en Amérique ont construit, en 1892, une locomotive destinée au Pensylvanian, pour la section particulièrement accidentée de Sinnemahonning Valley (*fig.* 199). Le fait caractéristique de cette machine c'est qu'elle a huit cylindres, en quatre couples.

Un châssis unique porte la chaudière de la locomotive et la caisse du tender ; deux soutes à eau sont, en outre, disposées de chaque côté du générateur ; la cabine du mécanicien est à cheval sur le tender et le foyer. Celui-ci se trouve placé entre deux trucks à trois essieux couplés distants de $6^m,096$ d'axe en axe ; les essieux de chaque truck sont commandés à l'extérieur par deux couples de cylindre du type Vauclain vu précédemment avec petit cylindre en dessous du grand ; et à l'encontre de ce qu'on fait d'ordinaire, les cylindres sont à l'arrière des mécanismes.

Voici les principales dimensions de cette machine :

Diamètre des petits cylindres	$0^m,241$
» grands »	$0^m,406$
Rapport des volumes..............	2,84
Course commune des pistons......	$0^m,457$
Distance entre axes des trucks....	6 ,096
Empâtement d'un truck............	2 ,286
Empâtement total de la machine...	8 ,382
Diamètre des roues...............	1 ,016
Poids en service.................	$68\ 000^K$
Poids sur chaque truck...........	34 000
Poids de l'eau { soutes latérales....	7 270
{ tender............	4 090
Poids d'eau total maximum	11 360
Poids du combustible.............	4 000

154. *Remarque.* — Cette machine présente un défaut fondamental, c'est de faire travailler à la traction les chevilles arrière des bogies qui doivent toujours rester de simples articulations. Les trucks sont en effet moteurs, et l'attelage du train est porté par le châssis principal portant la chaudière et le tender ; tous les efforts s'accumulent donc sur les chevilles, ce qui n'est pas leur rôle. Les trucks ont bien d'autres surfaces de contact avec le véhicule qu'ils portent, mais ce sont de simples points d'appui. Il est à craindre, que de ce fait, de graves accidents se produisent et que les trucks ne se séparent avec la plus grande facilité du reste de la machine, entraînant les conséquences les plus fâcheuses.

Nous préférons de beaucoup le type à deux trains articulés de M. Mallet, genre Gothard, Central Suisse, etc., on se rappelle que dans ce cas, le groupe d'essieux d'arrière est engagé dans le châssis fixe de la machine. Tandis que celui du truck mobile, ou bissel d'avant, commandé par les cylindres de détente, supporte l'avant de la machine, et exerce ses efforts par l'intermédiaire de l'attelage spécial qui relie le bissel au châssis principal. Il y a donc séparation des deux fonctions et non cumul comme dans la machine américaine.

Valeur relative des différents types de locomotives compound employées en Amérique.

155. Nous extrayons de la *Revue générale des chemins de fer* (janvier 1892), une discussion des plus intéressantes qui a eu lieu à ce sujet à la réunion des *Master Mechanics*, les 17, 18 et 19 juin 1891.

Voici le résumé des opinions émises par les auteurs mêmes des types de machines compound américaines, et les principaux ingénieurs les plus compétents en ces matières, aux États-Unis.

M. *Vauclain* (ingénieur des ateliers Baldwin), pense que le moment est venu de s'occuper des locomotives compound ; mais on construit tant de systèmes différents de locomotives (six cents pour cinquante-une largeurs de voies différentes) qu'il est très important de déterminer quel est le type de compound auquel il faut donner la préférence. L'application du compound aux petites locomotives est relativement facile, mais s'il s'agit de machines puissantes, il se produit alors des problèmes difficiles à résoudre. Dans ce cas, M. Mallet avec un type de machine compound à deux cylindres, a recours au système articulé, c'est-à-dire à l'accouplement de deux machines séparées, indiquant ainsi que ce type ne pouvait s'appliquer que dans certaines limites aux fortes locomotives. MM. Worsdell et von Borries ont suivi la voie qu'il avait frayée, en construisant de très bonnes locomotives compound à deux cylindres. Mais la puissance de ces machines est loin d'égaler celles des fortes locomotives employées aujourd'hui aux États-Unis.

M. Vauclain pense qu'il serait mauvais d'appliquer, en Amérique, le compound à deux cylindres à toutes les machines. Aucune voie ne serait assez large pour qu'il fût possible de l'appliquer à des locomotives dont les cylindres ont $0^m,558$ et $0^m,608$ de diamètre, en raison du diamètre du cylindre à basse pression qu'il faudrait placer d'un côté de la machine. Personne, à son avis, ne peut recommander l'emploi de cylindres de $0^m,913$ et $0^m,964$ de diamètre sur les voies d'Amérique. On est donc conduit alors à adopter la disposition à quatre cylindres.

C'est dans cet ordre d'idées qu'il a étudié le dispositif connu sous le nom de *compound de Baldwin*, qui comporte un cylindre à haute et basse pression de chaque côté.

Ce système présente plusieurs avantages. Il permet la suppression du réservoir intermédiaire, et donne une meilleure détente d'un cylindre à l'autre. Les deux cylindres d'un même côté n'ont qu'un distributeur parfaitement équilibré. De plus, en cas d'avarie d'un côté, la machine peut marcher avec l'autre, après démontage des pièces rompues.

Le système Baldwin donne une grande puissance de démarrage, et permet de mettre en mouvement, sans difficulté, de lourdes charges, tandis que la locomotive compound à deux cylindres, ne permet que difficilement le démarrage en rampe avec de fortes charges.

M. Vauclain demande que l'Association des Master Mechanics nomme une commission d'hommes compétents chargés, non pas d'indiquer le meilleur type de compound, mais de se prononcer sur l'opportunité d'adopter un des systèmes à deux, trois ou quatre cylindres.

Comme on le sait, il existe des compound à deux cylindres aux États-Unis ; on y trouve aussi des compound Baldwin à quatre cylindres, tandis qu'à Mexico fonctionnent les compound Johnstone à cylindres concentriques et une compound Webb à trois cylindres.

Les résultats donnés par les compound Baldwin ont été d'autant plus concluants que les machines construites étaient destinées à des réseaux étrangers, dont la voie est différente de celle des États-Unis. Récemment, la maison Baldwin a reçu la commande de deux locomotives de puissance équivalente à celle des machines type : « Consolidation ». La largeur de voie était de $1^m,434$, et elles ont été essayées sur la ligne Le High Walley présentant des rampes de 19 millimètres, d'une longueur de $18^{km},9$, ainsi que des courbes et contre-courbes de 194 mètres de rayon. Leur fonctionnement n'a rien laissé à désirer et les diagrammes relevés, tant dans ces essais que dans ceux exécutés sur le Reading and Pensylvania railroad, sont remarquables par l'absence de contre-pression au cylindre de détente, et par la faiblesse de chute de pression entre les petits et grands cylindres. Si on les compare aux relevés sur une machine ordinaire, on constate une différence sensible entre les pressions finales. Dans la machine ordinaire, la vapeur pénètre dans l'orifice d'échappement à une pression qui peut varier de $7^k,87$ à $4^k,50$, tandis que, dans la machine compound, cette pression n'est que de $2^k,46$ à $1^k,40$, ce qui représente une économie considérable.

La consommation d'eau, déduite des diagrammes, a été, pour la machine ordinaire, qui était cependant excellente, de 32 0/0 plus élevé que celle de la machine compound.

L'économie est évidente ; de plus, si l'échappement est violent, beaucoup de combustible passe à travers les tubes et va remplir la boîte à fumée d'escarbilles dont il faut se débarrasser deux ou trois fois pour un parcours de 160 kilomètres.

Une machine compound peut, au contraire, marcher trois semaines sans qu'il soit nécessaire de nettoyer la boîte à fumée. C'est là une nouvelle économie, car beaucoup de Compagnies dépensent d'assez fortes sommes pour se débarrasser de ces escarbilles, tandis qu'avec la compound Baldwin on les utilise en les brûlant dans le foyer.

Dans tous les essais faits avec des compound de ce système, l'économie de combustible a toujours été supérieure à l'économie d'eau. Si on les compare aux machines de la classe R ordinaire, on arrive aux résultats suivants :

Avec un train lourd, la machine compound a brûlé, entre Altona et Harrisbourg, 5 893 kilogrammes de combustible, tandis que la machine ordinaire en a consommé 11 969 kilogrammes, bien que remorquant cinq wagons de moins.

Les ateliers Baldwin construisent, en ce moment, quarante-quatre machines de ce type qui doivent être livrées à bref délai.

M. *Barnes* aurait désiré connaître l'avis de M. Vauclain sur le meilleur rapport des cylindres à adopter pour une locomotive compound, et l'entendre démontrer qu'il était impossible à réaliser avec le système à deux cylindres.

M. *Vauclain* ne pense pas qu'on puisse obtenir un bon résultat avec un rapport inférieur à 3. Il s'est cependant quelquefois tenu légèrement en dessous, mais il préfère un rapport supérieur à ce nombre. S'il a, pour certaines machines, adopté un rapport inférieur, c'était pour maintenir une progression constante entre les diverses grandeurs de cylindres et éviter les fractions de pouces. Sur les types qu'il a créés, les diamètres des cylindres à haute et basse pression croissent par demi-pouce. Les cylindres à haute pression d'une machine compound équivalent à une locomotive ordinaire munie de cylindres de $0^m,352$ de diamètre n'ont que $0^m,342$, ce qui, pour une machine compound à deux cylindres de rapport 1 à 3, conduirait à $0^m,927$ pour le cylindre de détente.

Où placer un tel cylindre et que deviendraient les longerons? Un piston de ce diamètre devrait être lourd pour résister aux efforts qu'il aurait à supporter, et sa rupture est certaine si, pour une cause quelconque, la valve réductrice lui laisse supporter un excès de pression. Il n'y a aucun doute à cet égard si l'on considère l'historique des compound à deux cylindres employées en Amérique, car les ruptures de piston qui se sont produites, et qui étaient inévitables, ont donné beaucoup d'ennuis.

M. *Vauclain* pour montrer la difficulté d'employer la compound à deux cylindres, a dessiné quelques diagrammes. On peut constater que pour ce système, le rapport le plus élevé entre les cylindres est 2,1. Ces diagrammes représentent les cylindres d'une machine ordinaire et de machines équivalentes de Baldwin, Worsdell, Johnstone à cylindres concentriques.

Il s'agit de savoir quel est celui des quatre systèmes qu'il serait préférable d'adopter pour toutes les classes des machines, mais M. Vauclain peut ajouter que, pour des machines à cylindres de $0^m,608$ de diamètre, avec $0^m,710$ de course, dont elle a la commande, la maison Baldwin a fait tous ses efforts pour que ces machines fussent compound, en raison des difficultés qu'on rencontre avec le système ordinaire, pour fournir de la vapeur à des cylindres de cette dimension.

M. *Hickey* désirerait connaître les objections de M. Vauclain contre le réservoir intermédiaire.

M. *Vauclain* lui reproche d'être une cause de perte de puissance entre les cylindres et d'absorber une partie de la chaleur de la vapeur. Cette perte de puissance est due à ce qu'avec le réservoir intermédiaire, la vapeur se détend avant d'agir sur le second piston. Il est d'ailleurs douteux qu'on puisse réchauffer la vapeur pendant son passage au réservoir, et si on examine les diagrammes d'une machine compound à deux cylindres, on constatera toujours une perte de puissance entre ces deux cylindres.

Les Anglais ont trouvé qu'avec ce système de compound, on pourrait employer des roues de grand diamètre, mais il en est de même avec les compound à quatre cylindres, sur lesquelles la vitesse du piston a atteint $7^m,50$ par seconde.

M. *Barnes* demande à éclaircir deux points : le premier relatif aux avantages que présente le système compound tant pour les machines lourdes que pour les machines express ; le second sur les condensations qui se produisent au cylindre, cause mystérieuse d'économie dont M. Vauclain n'a pas parlé. Il désirerait savoir quelle valeur ce dernier accorde à l'économie due tant à la réduction de ces condensations qu'à une meilleure détente.

M. *Vauclain* déclare qu'à son avis, la réduction des condensations est une source importante d'économie et en offre la preuve suivante :

Dans une locomotive ordinaire, la consommation d'eau était de 25 0/0 supérieure à celle indiquée par les diagrammes, tandis que dans une locomotive compound, la différence ne sera que de 10 0/0, d'où une économie de 15 0/0 sur le type ordinaire, économie due à la seule réduction des condensations. La température du cylindre à haute pression, est en effet bien plus voisine que celle de la vapeur d'admission dans la machine compound que dans la machine ordinaire.

M. Barnes ajoute que d'après les diagrammes donnés, la consommation est de 50 0/0 moins considérable pour la machine compound que pour l'ordinaire, ce qui ajouté aux 15 0/0 trouvés d'autre part, donne 65 0/0 d'économie.

Il croit que toute l'économie due au compound peut se déduire de l'étude des diagrammes.

M. Vauclain partage cet avis. La plus grande économie correspond au travail à pleine puissance, et elle diminue quand la vitesse croît. Dans des expériences faites sur une compound destinée à l'Australie, M. Vauclain a trouvé en rampe, une consommation de combustible peu différente de celle en palier, ce qui lui semble inexplicable à première vue. Ce ne fut qu'en calculant la vaporisation par kilogramme de combustible qu'il se rendit compte de ce qui s'était passé. S'il faut en effet pour remorquer en rampe de 25 millimètres plus de puissance qu'en palier, et qu'on consomme un peu moins de combustible, les diagrammes seuls peuvent en donner l'explication.

Les diagrammes relevées en rampe indiquaient une consommation de 7^k,70 pendant que ceux correspondant au palier, quand la machine travaille moins, en dénote une de 9^k,96, c'est-à-dire que la perte et par suite la dépense qu'elle occasionne, sont de 25 0/0. ·

M. A.-M. White (des ateliers de Shenectady), défend la locomotive Compound à deux cylindres, et commence par donner quelques renseignements sur la machine construite par les établissements auxquels il appartient.

Leur directeur, M. Petkin, a fait il y a 18 mois un voyage en Europe pour examiner par lui-même, ce qui se faisait alors. Il n'a trouvé que peu de machines compound ayant plus de deux cylindres, et a constaté que leur rapport variait de 2 à 2/2, sans dépasser jamais ce chiffre.

La machine construite par les établissements de Shenectady, est une machine à voyageurs à dix roues, destinée au chemin du Michigan Central. Mise en service, il y a 18 mois, elle fait, si on excepte quelques voyages à faible charge, un service des plus durs, tant comme voyageurs que comme marchandises. Cette machine a été reçue et payée trente jours après sa livraison.

Son succès se trouve d'ailleurs confirmé par une nouvelle commande d'une machine semblable qui, mise en service, il y a environ un an, remorque avec facilité et économie des trains lourds et rapides.

Au mois de juilllet dernier, deux nouvelles compound du type « Consolidation », ont été construites pour la Compagnie de de l' « *East Tenessée, Virginia and Georgia* » ainsi qu'une compound pour trains de voyageurs. Les machines du type Consolidation, faisaient partie d'un lot de dix-huit machines semblables, tandis que la machine à dix roues était seule et semblable à une machine ordinaire construite précédemment. Ces deux types ont donc marché communément avec les machines du même type. Ne sachant pas que la question viendrait ainsi en discussion, M. Withe regrette de ne pouvoir soumettre à l'appréciation de l'assemblée quelques diagrammes d'indicateur, mais les résultats donnés par ces machines sont des plus satisfaisantes ; l'économie ayant varié de 17 à 30 0/0, chiffre inscrit.

M. B. Michel, ingénieur en chef de la division des machines de l'East Tenessée Virginia and Georgia, a donné sur leur fonctionnement les renseignements suivants :

L'économie de combustible réalisée pendant les derniers mois par la machine compound à dix roues, sur sa similaire du type ordinaire, ressort d'après les relevés officiels à 22,55 0/0. Pour les machines du type Consolidation, elle s'est élevée pour les onze derniers mois à 17,12 0/0. Pendant le mois d'avril dernier, elle a atteint pour la première machine 23 0/0 et 19,5 0/0 pour la seconde. La consommation de graissage loin de s'accroître, a au contraire diminué de 38 0/0 pour les six derniers mois, ce qui tient à la réduction de dépense de graissage du grand cylindre, qui n'a guère consommé que la moitié de ce qu'a nécessité le cylindre à haute pression.

Les établissements de Shenectady, ont aussi fourni à la Compagnie du *Southern Pacific*, une paire de cylindres compound destinés à une machine, faisant partie d'un lot de dix locomotives ordinaires à cylindres de 0ᵐ,507 de diamètre avec 0ᵐ,660 de courses et à douze roues, construites deux ans auparavant. La machine modifiée, a fait un service très dur sur les rampes du Pacific, tout en donnant des économies très notables.

Enfin ils ont fourni des machines aux compagnies de *Atchinson Topeka and Santa-Fé*, et *Adirondale and Saint-Lawrence*.

Un des arguments contre la compound à deux cylindres est l'impossibilité, en cas d'avarie, de marcher avec un seul côté. M White est surpris d'une telle assertion, et il peut citer comme exemple du contraire la machine compound de l'East Ténessée Virginia and Georgia, qui a fonctionné d'un seul côté pendant la moitié d'un voyage, a conduit son train à destination, et est revenue dans les mêmes conditions. Un fait analogue s'est d'ailleurs aussi produit sur le Michigan Central.

On peut remarquer sur les diagrammes présentés par M. Vauclain que, sur la machine Baldwin, la vapeur à haute pression doit passer dans un distributeur entouré par la vapeur d'échappement et dont les ouvertures sont nécessairement faibles et divisées par des languettes. C'est là une disposition défectueuse, car tout le monde sait que les enveloppes de vapeur alimentées par l'échappement ne peuvent donner de bons résultats.

La disposition qui consiste à relier à une même crosse les deux tiges de pistons soumis au même moment à des pressions différentes, paraît à M. White contraire à la mécanique. Elle exige une qualité de métal supérieure. Pourquoi d'ailleurs recourir à la complication de quatre pistons quand deux suffisent ? M. Vauclain s'est avancé beaucoup en affirmant qu'il se produit de fréquentes ruptures de tiges des grands pistons. M. White ne saurait non plus partager l'avis de M. Vauclain en ce qui concerne le réservoir intermédiaire. Il le trouve très utile, d'accord en cela avec les ingénieurs éminents, qui ont étudié la question à fond.

L'emploi de quatre cylindres est-il nécessité par la largeur de la voie? La chose est difficile à admettre pour tous ceux qui voudront réfléchir que les machines compound les plus puissantes sont à cylindres intérieurs. C'est d'ailleurs là, une disposition secondaire dont il y a lieu de s'occuper lors de l'établissement des plans.

Les locomotives compound sont de plus en plus en faveur et la forme la plus simple est aussi la plus répandue.

M. Vauclain n'a pas voulu dire que les compound à deux cylindres ne fussent pas économiques : il reconnaît le contraire ainsi que l'ont prouvé les chiffres produits il y a quelque temps; mais il trouve l'économie insuffisante et préfère pour cette raison la compound à quatre cylindres.

La critique faite par M. White au sujet de la vapeur d'échappement qui entourerait de la vapeur à haute pression n'est pas tout à fait exacte. Comme on peut le voir sur le croquis qu'il soumet à l'assemblée, la vapeur à haute pression entre par une extrémité du distributeur et le traverse ensuite pour se rendre au cylindre à basse pression. C'est par suite à moyenne, et non à basse pression, que la vapeur d'échappement passe auprès de la vapeur à haute pression ; d'ailleurs, M. Vauclain ne connaît pas de machines où les vapeurs à haute et basse pression soient séparées par autre chose qu'une cloison métallique.

Quant aux autres objections, ce sont des questions de détails qui pourraient êtres discutées devant la Commission dont il demande la nomination. Pour juger de la popularité des différents types examinés, il suffira de dire qu'il existe aujourd'hui environ 750 machines compound à deux cylindres pendant qu'en moins de sept mois, les ateliers Baldwin ont construit 44 compounds à quatre cylindres de toutes classes. La proportion est donc très élevée en faveur de ces dernières, puisqu'à la fin de l'année elles représenteront 1/7 du nombre total de compound.

Une seule ligne vient de faire à la fois une commande de 17 machines de ce type. Les ateliers de Shenectady n'ont fait que suivre la voie frayée par cent autres avant eux, de plus, le distributeur qu'ils ont d'abord employé a dû être remplacé par un autre, en raison de sa défectuosité. Certes la machine compound construite à Rhode-Island est fort bonne, mais ce n'est pas une raison pour que tous les constructeurs s'inspirent de ce type. D'ailleurs, M. Vauclain est en instance à Washington pour l'obtention d'un brevet relatif à un système de compound à deux cylindres. Il construira d'autres types que celui dont il a parlé, et ne veut en recommander aucun particulièrement. Comme constructeur de locomotive, il en établira de tous types suivant les demandes. C'est ainsi qu'il exécute actuellement une machine du type Worsdell qui fonctionnera convenablement avec une machine à quatre cylindres.

EXPÉRIENCES SUR LE SYSTÈME COMPOUND

Machines à deux cylindres.

156. *Expériences de M. Borodine.* — C'est en 1882 que M. Borodine fit une série d'essais des plus importants et des plus concluants sur deux machines à voyageurs à deux essieux couplés, l'une compound, type Mallet, à cylindres de $0^m,60$ de course et de $0^m,42$ et $0^m,60$ de diamètre ; l'autre ordinaire à cylindre de $0^m,42$ de diamètre et $0^m,60$ de course. Les essais consistaient en expériences d'ateliers et épreuves de trains en marche.

157. *Expériences d'ateliers.* — Ces expériences ont été faites dans un atelier pourvu de freins ; les roues motrices, transformées en poulies volantes, actionnaient l'arbre de couche de l'atelier en faisant de quatre-vingt-douze à cent deux tours par minute, correspondant à une vitesse de marche de 28 à 31 kilomètres. La machine était munie de tous les appareils nécessaires : manomètre, compteur de tours, indicateur de pression ; la vapeur d'échappement était condensée et pesée ; on mesurait la vapeur condensée. Enfin, on relevait des diagrammes du travail de la vapeur.

Avec la même pression initiale dans la chaudière, la machine compound a fonctionné avec une économie de vapeur de 17 0/0 sur la machine simple.

158. *Expériences sur les trains en marche.* — Les résultats trouvés sur les trains en marche furent les suivants :

Les dépenses d'eau furent de 10 à 20 0/0 moins élevés qu'avec une machine simple aux mêmes détentes. Les économies de combustible, de 20 à 32 0/0, avec des détentes variant de 2,5 à 4,75.

A dépense égale d'eau et de combustible, la machine compound développe un supplément de travail de 19 0/0. En résumé, les économies de combustible sont de 15 à 20 0/0.

159. *Expériences du North Eastern Railway.* — Une expérience comparative a été faite pendant deux mois consécutifs, en janvier et février 1888, entre la machine compound en service sur cette Compagnie et une locomotive ordinaire.

Ces deux machines ont été placées dans des conditions aussi identiques que possible, remorquant les mêmes trains de vingt voitures et de cent soixante tonnes pour le service des voyageurs entre Heaton jonction et Tweedmouth, et faisant même nombre de voyages à la même vitesse.

Les données et les résultats de ces expériences sont consignés dans les chiffres suivants :

	COMPOUND	ORDINAIRE
Nombre de véhicules	20	20
Poids des véhicules	162^T	162^T
Poids de la machine et du tender	83	73
Poids du train	244	
Dépense de combustible par machine et kilomètre	7^K,4	234
Dépense de combustible par train kilométrique	3 ,	9^K,5 / 10-12
Dépense d'eau par kilogramme de charbon	8 ,25	8

La machine compound réalise donc, par train kilomètre et pour la même vaporisation, une économie de 21 0/0 de charbon.

De nombreuses constatations faites sur dix machines ont permis de constater une économie de ce chef de 15 à 20 0/0.

La même comparaison a été faite pour le service des marchandises sur dix locomotives de chaque système. L'économie de charbon réalisée par les machines compound a été de 14,67 0/0, ce qui est sensiblement moins que pour la compound-express à voyageurs. Cela tient aux nombreux arrêts et coups de collier que doit forcément subir la machine compound à marchandises, et pendant lesquels elle fonctionne comme une machine ordinaire.

En résumé, la Compagnie a admis que le système compound réalise une économie de 15 à 20 0/0 sur le combustible, et qu'il y a lieu d'en généraliser l'emploi.

Des essais faits aux Indes sur des machines Sandiford ont donné des résultats tout à fait analogues.

160. *État Wurtembergeois.* — Des essais comparatifs ont été faits, de juin à novembre 1889, sur l'État Wurtembergeois, entre des locomotives ordinaires et des locomotives compound à deux essieux couplés et un essieu porteur.

Les dimensions de ces machines étaient rigoureusement les mêmes, sauf en ce que les compound avaient deux cylindres différents. Ces dimensions étaient les suivantes :

Surface de grille	1^{m²},60
Timbre de la chaudière	12 atm.
Diamètre des cylindres machine ordinaire	0^m,420
Diamètre des petits cylindres compound	0 ,420
Diamètre des grands cylindres compound	0 ,600
Course des pistons	0 ,560
Empâtement	4 ,000
Diamètre des roues motrices	1 ,650
Poids adhérent	28 000^K
Poids total	41 000

Les essais comparatifs ont duré six mois ; ils ont donné les résultats suivants :

	LOCOMOTIVES ORDINAIRES	LOCOMOTIVES COMPOUND
Parcours	143 680	142.530
Consommation totale de charbon	1 251 230	1.171.190
Consommation par kilomètre	8,71	8,22

On voit donc que les économies de combustible ont été de 0^k,49 par kilomètre parcouru, soit 5,64 0/0.

Cela est fort peu, et il est manifeste qu'on n'a pas su tirer du système compound tout ce qu'il est capable de donner.

161. *Expériences des ateliers de Rhode Island.* — En 1890, des expériences ont été faites par les ateliers américains de Rhode Island sur deux locomotives, l'une ordinaire, l'autre compound à deux essieux couplés et bogie du type dit « Forney ». Ces machines étaient placées exactement dans les mêmes conditions et parfaitement identiques, sauf naturellement en ce qui concerne les cylindres. Les essais furent faits sur l'Elevated de New-York, où étaient employées ces locomotives.

Les données principales de ces deux machines sont indiquées au tableau ci-dessous. (V. page 147.)

Comme cela se fait en Europe, on a augmenté les espaces morts du petit cylindre, de manière à parer aux compressions exagérées pouvant se produire. On a, en outre, réduit de 12 0/0 le diamètre de la tuyère d'échappement de la machine

	MACHINE COMPOUND	MACHINE ORDINAIRE
Diamètre de la chaudière	1^m,060	1^m,060
Tubes — Diamètre	0 ,037	0 ,037
Tubes — Longueur	1 ,738	1 ,738
Tubes — Nombre	124	124
Système de grille	Barreaux à eau	Barreaux à eaux
Dimensions de la grille	1^m,390 $\times$ 1^m,040	1^m,390 $\times$ 1^m,040
Surface »	1^{mq},459	1^{mq},459
Surface de chauffe du foyer	4 ,21	4 ,21
» » des tubes	22 ,67	22 ,67
» » totale	26 ,88	26 ,88
Rapport de la surface de chauffe à la surface de grille	18,5	18,5
Cylindre à haute pression — diamètre	0^m,292	0^m,279
Cylindre à haute pression — course	0 ,406	0 ,406
Cylindre à basse pression — diamètre	0 ,457	»
Cylindre à basse pression — course	0 ,406	»
Lumière d'admission du cylindre HP — longueur	0 ,022	0 ,022
Lumière d'admission du cylindre HP — largeur	0 ,253	0 ,216
Lumière d'admission du cylindre BP — longueur	0 ,025	»
Lumière d'admission du cylindre BP — largeur	0 ,432	»
Lumière d'échappement du cylindre HP — longueur	0 ,050	0 ,044
Lumière d'échappement du cylindre HP — largeur	0 ,253	0 ,216
Lumière d'échappement du cylindre BP — longueur	0 ,050	»
Lumière d'échappement du cylindre BP — largeur	0 ,432	»
Espace nuisible du cylindre HP	11 $^o/_o$	8 $^o/_o$
» » BP	10,2 $^o/_o$	»
Diamètre du tuyau d'admission-cylindre HP	0^m,050	0^m,076
» » BP	0 ,088	»
Diamètre de la tuyère d'échappement	0 ,076	0 ,082
Diamètre des tiges des pistons	0 ,050	0 ,050
Diamètre des roues accouplées	1 ,060	1 ,060
Système de tiroir	Équilibré	Équilibré
Course maxima	0^m,127	0^m,101
Recouvrement extérieur du tiroir HP	0 ,022	0 ,016
» » BP	0 ,025	»
Répartition de la charge — sur les roues accouplées	14 304^K	14 100^K
Répartition de la charge — sur le bogie	6.493	- 6 493
Poids total en charge	20.797	20 593

compound, afin de compenser la diminution du nombre des coups d'échappement, en donnant au jet de vapeur une vitesse d'écoulement, et par suite une puissance plus grande.

Les deux cylindres, reliés comme de coutume par un réservoir intermédiaire, ont pu avoir leurs distributions liées sans inconvénient au moyen d'une valve réductrice automatique réglant la pression dans le grand cylindre, de manière à assurer, autant que possible, l'égalité des pressions totales sur les deux pistons. Cette valve sert, en outre, au démarrage ou au moment où l'on veut faire fonctionner la machine comme locomotive ordinaire, par l'admission directe de la vapeur au grand cylindre.

Ces machines ont à satisfaire à un service excessivement dur à cause des rapprochements des stations, à moins de 500 mètres l'une de l'autre, de la raideur des courbes et des rampes.

Les trains remorqués se composent généralement de deux grandes voitures ; le matin et le soir, il y en a jusqu'à quatre.

Tout d'abord, à l'avantage des machines compound, on a constaté la douceur de marche très appréciable sur ces trains courts ; leur marche était également moins bruyante, les escarbilles et les étincelles moins nombreuses, toutes choses fort précieuses pour un service de chemins de fer à l'intérieur d'une ville.

Les différentes parties du mécanisme, et en particulier les manivelles, étaient soumises à des variations d'efforts beaucoup moins considérables ; leur usure, par conséquent, moins rapide.

Quant aux autres économies réalisées et qui démontrent on ne peut plus victorieusement la supériorité du système compound, elles sont résumées dans le tableau suivant :

Économie de charbon par jour......	37,85 %
Consommation de la locomotive ordinaire par kilomètre	3^K,17
Consommation de la locomotive compound par kilomètre.............	1 ,97
Économie d'eau par jour............	23,36 %
» avec deux voitures.	20,09 %
» avec trois ou quatre voitures...........................	26, 1 %
Poids d'eau vaporisée par la machine ordinaire, de 14°,5 à la pression de 9^K,840, par kilogramme de charbon.	6^K,7
Poids d'eau vaporisée par la machine compound, de 14°,5 à la pression de 10^K,890 par kilogramme de charbon	8 ,25
Consommation d'eau par voiture-kilomètre avec une voiture ordinaire	22^l
Consommation d'eau par voiture-kilomètre avec une voiture compound	15^l,8
Consommation d'eau par voiture-kilomètre avec deux voitures ordinaires	25 ,25
Consommation d'eau par voiture-kilomètre avec deux voitures compound	20 ,5
Consommation d'eau par voiture kilomètre avec trois ou quatre voitures ordinaires.................	18, 3
Consommation d'eau par voiture kilomètre avec trois ou quatre voitures compound	13 ,8

Machines à trois cylindres.

162. *Expériences sur les locomotives compound à trois cylindres système Webb.* — La locomotive compound à trois cylindres système Webb, la *greater Britain*, a été soumise à une série d'expériences dont voici les résultats :

Le train d'essai se composait de vingt-cinq véhicules à trois essieux pesant 310^T,382 et représentant une longueur de 268^m,22. La machine pesant 52_T,937 et le tender plein 25^T,402 ; ces deux derniers ayant ensemble une longueur de 16^m,46 ; le poids total à remorquer sur la locomotive et son tender était donc de 388,721 tonnes reposant sur quatre-vingt deux essieux. On voit que la machine et son tender représentent $\dfrac{1}{3,96}$ du poids du train de véhicules et 20 0/0 du poids total de ce train.

Les essais eurent lieu entre Crewe et Easton, distant de 274^k,273, avec un seul arrêt de 21 minutes à Rugley. Arrêt compris, le trajet dura 4^h,2′, et la vitesse moyenne a été de 66,272 kilomètres entre Crewe et Rugby et de 71^k,760 entre cette dernière et Easton. Le maximum atteint a dépassé légèrement 89 kilomètres à l'heure.

Le combustible brûlé a été de 9^k,583 par kilomètre. En y ajoutant 500 kilogrammes pour l'allumage et répartissant ce supplément sur les deux voyages, aller et retour, la consommation a été, en somme, de 10^k,583 par kilomètre.

La quantité brûlée par kilomètre et par tonne de train remorqué est donc de 34^g,1.

La consommation d'eau a été 26788 litres ; chaque kilogramme de charbon a donc vaporisé 10^k,96 d'eau.

Ces chiffres sont évidemment excellents, quoiqu'il soit difficile de les comparer à un type similaire de locomotive non compound, puisque la locomotive ordinaire à trois cylindres n'existe pas.

Machines à quatre cylindres.

163. *Essais de la locomotive compound à quatre cylindres en tandem, du Sud-Ouest russe.* — Nous avons vu précédemment (p. 97, n° 110, *fig.* 120) la locomotive compound tandem des chemins de fer du Sud-Ouest russe. Voici les résultats d'expériences effectuées sur la locomotive numéro 101, le 12 juin 1892, en présence de la Commission spéciale présidée par le Directeur des chemins de fer du Sud-Ouest, le conseiller de cour, ingénieur Borodine, et composée du conseiller de cour, ingénieur, Koribout-Dachkewich, délégué du département des chemins de fer, et du conseiller de cour, ingénieur, Tichmeneff, adjoint de l'inspecteur des chemins de fer du Sud-Ouest.

Tout d'abord les machines avaient, pendant plus de six mois de fonctionnement, montré leurs qualités spéciales et leur supériorité sur les machines ordinaires, au double point de vue de la puissance et de l'économie.

Il a été néanmoins exécuté spécialement pour la Commission, deux voyages d'essais sur la section de Kieff-Kazatine, qui présente des rampes de 8 millimètres. Le premier s'est effectué avec un train de quinze voitures à trois essieux, avec un poids total de 240 tonnes et une vitesse de $49^k,5$ hectomètres à l'heure ; le temps était assez calme. On a relevé à chaque minute des diagrammes donnant le travail de la vapeur dans les cylindres, la pression de la vapeur dans la chaudière, qui a varié entre 9 et 11 atmosphères, les indications d'un compteur de roues motrices, et on a mesuré rigoureusement la dépense d'eau et de combustible ; la vitesse, à chaque instant, pouvait être appréciée, non seulement par l'indicateur de la locomotive, mais par un appareil Graftio disposé dans le fourgon. En moyenne, la vaporisation a été de $8^k,68$ par kilogramme de combustible, et la dépense de ce dernier par kilomètre de $9^k,34$.

Dans le second voyage, la machine remorquait onze voitures à trois essieux représentant un poids total de 187 tonnes à la vitesse moyenne de $63^k,3$ à l'heure, dépassant notablement celle des trains ordinaires du Sud-Ouest russe. La vaporisation a été de $9^k,26$ d'eau par kilogramme de charbon, et la consommation de combustible de $7^k,26$ par kilomètre.

D'après ces résultats, la Commission conclut que « la locomotive numéro 101 peut être considérée comme ayant atteint le but proposé, tant par son type que par sa construction ».

Postérieurement à ce rapport, M. Borodine a publié le tableau suivant sur cette même locomotive numéro 101, après parcours de plus de 50 000 kilomètres. (V. ci-contre, page 149, col. 2.)

164. *Résultats d'expériences de la machine numéro 701 à quatre cylindres de la Compagnie du Nord.* — Nous avons vu précédemment que cette locomotive avait été perfectionnée depuis ; ses principaux inconvénients étaient l'insuffisance de la section des lumières des petits cylindres, l'insuffisance du volume des grands cylindres, l'échappement fixe, et surtout la perte par condensation au réservoir intermédiaire.

Néanmoins, l'économie de charbon constatée pendant trois années de service a été d'un demi-kilogramme environ par kilomètre ; le parcours total de la machine, de sa mise en service, en janvier 1889, au

RÉSULTATS DES ESSAIS DE LA LOCOMOTIVE NUMÉRO 101

DATES DES ESSAIS	NUMÉROS DES TRAINS	COMPOSITION DES TRAINS (nombre de voitures)	TRAJET de à	DÉPENSE TOTALE D'EAU en kilogrammes	DÉPENSE TOTALE DE COMBUSTIBLE en kilogrammes	1 KILOGRAMME DE COMBUSTIBLE a vaporisé KILOGRAMMES D'EAU	PERTE DE VAPEUR par LES SOUPAPES	DÉPENSE DE VAPEUR PAR LE PETIT CHEVAL du frein Westinghouse	CONSOMMATION DE VAPEUR PAR LES MACHINES de la locomotive	TRAVAIL TOTAL indiqué EN KILOGRAMMÈTRES	CONSOMMATION DE VAPEUR PAR CHEVAL indiqué à l'heure	CONSOMMATION DE COMBUSTIBLE PAR CHEVAL indiqué à l'heure	ADMISSION MOYENNE DANS LES PETITS CYLINDRES EN 0/0 de course du piston	TRAVAIL MOYEN indiqué EN CHEVAUX VAPEUR
1891 22 novembre	3	14	Kieff-Kazatine....	11 335.8	1 408.1	8.05	616.7	0	10 749.1	339 824 168	8.51	1.06	41.65	377
1891 30 novembre	3	15	Kieff-Kazatine (1)..	10 356.6	1 145.2	9.04	616.7	0	9 739.9	302 266 788	8.70	0.96	41.52	346
1892 12 juillet	Spécial	15	Kieff-Kazatine.....	12 806.0	1 476.0	8.68	0	334	12 472.0	343 214 384	9.81	1.13	54.32	486

(1) De Fastoff à Kazatine, 13 voitures.

mois de mars 1889, avait été de 146 300 kilomètres. Pendant ce temps, elle n'a exigé que onze remplacements de segments de pistons au lieu de quatorze (un pour 10 000 kilomètres), et n'a usé que cinq tiroirs du poids de $18^k,5$, au lieu de onze pesant chacun 32 kilogrammes. Ces derniers avantages sont particulièrement précieux au point de vue de la régularité du service.

Les bandages des roues motrices ont été rafraichis une seule fois pour les mettre au profil après un parcours de 107 200 kilomètres. Et cependant, cette machine se trouve, sous ce rapport, dans des conditions assez défavorables à cause de l'indépendance des essieux.

165. *Essais de la machine Woolf à quatre cylindres en tandem de la Compagnie du Nord.* — Cette machine, vue plus haut, a permis de constater une économie de combustible de 12,6 0/0, une meilleure utilisation de la vapeur et un important accroissement de la puissance de démarrage. Ainsi elle a pu démarrer un train de charbon de 900 tonnes au pied d'une rampe de $0^m,0105$ sur une longueur de 600 mètres, qui réunit la gare de triage de La Chapelle à la gare aux charbons.

Des expériences ont été faites sur la ligne de Valenciennes à Hirson, qui comporte des rampes de $0^m,010$ et $0^m,011$, avec des charges croissantes de 400 jusqu'à 687 tonnes. On a constaté que l'économie augmente avec la charge, et il faut particulièrement noter qu'à la charge de 600 tonnes les locomotives ordinaires exigeaient la double traction. Le tableau suivant donne un résumé fort intéressant de ces expériences.

TABLEAU COMPARATIF DE LA CHARGE, DE LA CONSOMMATION DE COMBUSTIBLE ET DE LA DÉPENSE KILOMÉTRIQUE DES DIVERS TYPES DE MACHINES REMORQUANT DES TRAINS LOURDS SUR LA LIGNE DE VALENCIENNES A HIRSON.

CHARGE des TRAINS	TYPE DES MACHINES	CONSOMMATION				DÉPENSE		OBSERVATIONS
		HOUILLE	BRIQUETTES	TOTALE	PAR KILOM.	PRIX de la tonne de combustible en tenant compte de la proportion 0[0 de briquettes	DÉPENSE KILOMÉTR.	
tonnes		kilog.	kilog.	kilog.	kilog.	fr.	fr.	
400	Machine à 8 roues couplées ordinaire..... .	1 100	260	1 360	18.3	10.95	0.200	Dans ces essais, les rampes ont été franchies à la vitesse moyenne de 15 kilomètres à l'heure.
	Type Woolf...	1 150	92	1 242	16.6	10.05	0.167	
450	Machine à 8 roues couplées ordinaire......	1 300	442	1 742	23.2	11.25	0.255	
	Type Woolf...	1 350	92	1 442	19.4	10.45	0.202	
500	Machine à 8 roues couplées ordinaire......	1 250	414	1 664	22.2	11.25	0.250	
	Type Woolf...	1 450	»	1 450	19.3	10 »	0.193	
540	Machine à 8 roues couplées ordinaire......	1 300	765	2 065	27.5	11.85	0.325	
550	Type Woolf...	1 450	265	1 715	22.9	10.80	0.247	
596	Double traction : machine à 8 roues couplées et machine à 6 roues couplées......	2 950	500	3 450	46 »	10.75	0.494	
610	Machine à 8 roues couplées à cylindres agrandis...........	1 850	700	2 550	34 »	11.35	0.385	
605	Type Woolf...	1 775	382	2 157	28.8	10.90	0.315	
654	Double traction : machine à 8 roues couplées et machine à 6 roues couplées......	2 750	850	3 600	48 »	11.20	0.535	
685	Type Woolf...	2 000	490	2 490	33.2	10.90	0.362	

166. *Expériences avec la nouvelle machine compound à quatre cylindres du Nord, type 1891.* — Nous avons vu, p. 58, cette nouvelle machine, dont les essais ont eu lieu sur 217 094 kilomètres, comparée à des « *Outrance* » du type ordinaire de la Compagnie du Nord. L'avantage des premières a été de 15,72 0/0 sur les secondes au point de vue du combustible.

Les frais d'entretien de la compound se sont élevés à 0^r,1193 par kilomètre, et ceux de sa concurrente à 0^r,1207, d'où encore une économie de 1,16 0/0. Par contre, le graissage a été supérieur de 11,35 0/0, ce qui, à notre avis, est un médiocre inconvénient comparé aux avantages précités.

La Compagnie du Nord, qui a publié ces résultats, ne donne aucun chiffre concernant la consommation d'eau; on sait que, là aussi, l'économie est certaine.

167. *Essai sur une locomotive Baldwin du Central New-Jersey.* — Cette locomotive est du même type que celle du Baltimore and Ohio Ry (p. 136, n° 143), et du système Vauclain.

Elle présente les dimensions suivantes :

Surface de grille, 3,32 × 1,07 ... =	3^m,55
Nombre des tubes	250
Longueur »	3^m,609
Diamètre »	0 ,051
Diamètre du corps cylindrique (acier)	1 ,47
» des petits cylindres	0 ,330
» » grands »	0 ,559
Course	0 ,610
Diamètre des roues motrices	1 ,981
Écartement des essieux moteurs	2 ,287
Empâtement total	6 ,794
Poids total en service	55 710^k
Poids adhérent	39 780
Volume d'eau du tender	15 900^l

Cette machine est destinée à faire le service entre Jersey-City et Philadelphie, villes séparées de 144 kilomètres; le parcours est effectué en 2^h,15′, y compris neuf arrêts et plusieurs ralentissements.

Des expériences fort intéressantes ont été faites du 25 au 29 février; le 26 février, la vitesse a atteint, à un moment donné, 147 kilomètres à l'heure, près de Bonnel-Brook. La vitesse la plus forte n'est pas tombée au-dessous de 56 kilomètres. Cela représente une puissance en chevaux variant de 567 à 930, avec un nombre de tours par minute de 151 à 393. On relevait constamment des diagrammes.

Cela posé, voici les principaux résultats moyens obtenus :

Charbon consommé par mètre carré de grille et par heure	235^k,4
Poids d'eau évaporé par kilogramme de charbon	9 ,00
Poids du charbon par kilomètre et par tonne	0 ,044
Poids moyen total du train	224^T,400

Central mexicain.

168. *Essais comparatifs d'une locomotive ordinaire et d'une locomotive compound du type Johnstone.* — Nous avons vu précédemment en quoi consistait le type compound Johnstone à cylindres concentriques. Nous allons exposer aujourd'hui quelques essais effectués en 1890 sur ces machines, comparativement avec des locomotives ordinaires. Ces essais ont eu lieu sur le Central Mexicain.

Voici les dimensions des deux locomotives numéro 107 (ordinaire) et numéro 66 (compound) qui avaient été mises en présence. (V. page 152.)

On voit immédiatement que, dans la machine compound, la surface de grille, la surface de chauffe, le volume de la chaudière, eau ou vapeur, étaient notablement inférieurs aux mêmes dimensions de la machine ordinaire. Celle-ci, sortie des ateliers Baldwin, de Philadelphie, était d'ailleurs installée dans d'excellentes conditions.

Les expériences furent effectuées sur 190 kilomètres, entre Mexico et San-Juan del Rio, les trains lourds partant de cette dernière et allant le plus souvent sans rompre charge jusqu'à la capitale. On eut soin, pour rendre les résultats plus concluants, de varier le combustible employé: ce fut d'abord de la houille américaine, puis des briquettes anglaises et des charbons bitumeux anglais.

En résumé, l'économie en faveur de la machine compound fut de 25 0/0 pour le

	MACHINE COMPOUND N° 66		MACHINE ORDINAIRE N° 107
	HP	BP	
Cylindres..... { Course	0^m,610	0^m,610	0^m,610
{ Diamètre	0 ,355	0 ,780	0 ,507
Rapport des cylindres	1 : 3		»
Diamètre des roues motrices	1^m,219		1 ,219
Nombre des roues couplées	8		8
Charge sur les roues couplées (poids adhérent)	45 341^k		45 341^k
Poids de la machine et des caisses	81 614		81 614
Diamètre du corps cylindrique de la chaudière	1^m,320		1^m,520
Tubes ...... { Longueur	3 ,529		3 ,988
{ Diamètre	0 ,050		0 ,050
Surface de grille	1^{m2},95		2^{m2},789
Surface de chauffe... { du foyer	13 ,73		14 ,10
{ des tubes	111 ,48		138 ,31
{ totale	125 ,21		152 ,41
Timbre de la chaudière	10^k,54		10^k,54
Volume du réservoir d'eau.... { les dimensions de la machine	1		1,18
» de vapeur { compound	1		1,68
Surface de grille .... { étant prises comme unité.	1		1,41

charbon et de 12 à 24 0/0 pour l'eau, suivant les sections de la ligne ; cette dernière, économie généralement inférieure à celle du combustible, peut s'expliquer par ce fait que la vapeur de la machine ordinaire est généralement plus sèche que celle de la locomotive compound, dont le réservoir de vapeur est inférieur de 68 0/0 à celui de sa concurrente.

Cette remarque s'applique à toutes les dimensions inférieures signalées plus haut, de la compound. L'économie d'eau eut certainement augmenté d'après celle du combustible, à dimensions égales, surtout pour la chaudière.

RÉSUMÉ ET CONCLUSIONS

169. Comme l'a fait remarquer au troisième Congrès des chemins de fer (Paris, 1889), M. Marthias, ancien ingénieur en chef de la traction au chemin de fer du Nord, la transformation des machines ordinaires en machines compound n'a pas exclusivement pour but de réaliser une économie de combustible, mais aussi d'augmenter la puissance des machines. Quand on a élevé le timbre de la chaudière, on ne peut utiliser toute la vapeur qu'en augmentant le diamètre des cylindres ; l'effort exercé sur la manivelle devient alors excessif, surtout en ce qui concerne les essieux coudés. En outre, à moins d'exagérer les dimensions du cylindre, on est contraint d'accepter une contre-pression énorme à l'échappement. Le système compound permet d'échapper à ces difficultés.

L'élévation de la pression n'est pas cependant la seule cause de l'économie procurée par les machines compound ; ces machines ont, en outre, permis d'utiliser avantageusement ces hautes pressions, grâce au prolongement de la détente qui permet de mieux recueillir l'augmentation de travail théorique. Cela est tellement vrai, que le pays où le système compound s'est le plus rapidement répandu est la Russie, où l'administration ne tolère pas dans les locomotives une pression de plus de 11^k,3 par centimètre carré. Or, on sait que ces pressions sont depuis longtemps employées d'une manière courante dans les locomotives ordinaires des autres pays.

En outre, la division de la chute de pression entre plusieurs cylindres permet une plus grande étanchéité des pistons, parce que la différence des pressions sur leur deux faces se trouve diminuée.

170. On sait que le travail à produire

par la locomotive croît comme le carré de la vitesse, et cette dernière augmente sans cesse sous la pression des besoins de jour en jour plus exigents.

Le besoin de donner aux machines leur maximum de puissance s'impose donc également de plus en plus ; c'est pourquoi l'on a été conduit à leur donner quatre essieux, avec bogie ou bissel à l'avant, autant que possible.

Un progrès notable a encore été réalisé par l'emploi de la tôle d'acier pour les chaudières, ce qui a permis de porter le timbre de 10 à 12 kilogrammes jusqu'à 15 à 16 kilogrammes.

Mais, en ce qui concerne la puissance de vaporisation de la machine, on est arrivé aujourd'hui à peu près partout au maximum permis par le combustible employé. Il y a donc lieu de se préoccuper d'une meilleure utilisation de la vapeur, ce que permet le fonctionnement compound en augmentant notablement la période de détente et permettant d'élever le timbre de la chaudière.

Enfin le système compound permet encore la réalisation d'un nouveau progrès lorsqu'on fait usage de trois ou quatre cylindres ; on peut, en effet, atteler directement les groupes de cylindres à des essieux différents, et supprimer ainsi la sujétion de l'accouplement et tous les inconvénients qu'il comporte, c'est-à-dire surtout la rigidité et la difficulté du passage dans les courbes.

171. *Conclusion du quatrième Congrès des chemins de fer (Saint-Pétersbourg).* — Voici quelles ont été les conclusions adoptées par le quatrième Congrès international des chemins de fer.

« Le Congrès constate que l'emploi du principe compound offre, entre autres avantages, un moyen d'utilisation des hautes pressions et une économie réalisée dans la consommation du combustible et de l'eau. Il estime que ce système permet une augmentation de puissance sans exagération de la fatigue des pièces ; il admet, en revanche, qu'il en résulte une certaine augmentation des frais d'entretien et de graissage pour les machines possédant plus de deux cylindres et des chaudières à

plus hautes pressions que celles des machines ordinaires.

« Le nombre et la disposition des cylindres à employer, ainsi que l'usage d'un appareil de démarrage automatique, sont des questions d'espèce. »

En somme, les conclusions du Congrès sont entièrement favorables à l'adoption des machines compound.

172. *Conclusions diverses.* — En dehors de ces conclusions, des recherches théoriques et expérimentales ont été faites, qui ont donné les résultats suivants :

M. Borodine a appliqué en Russie la méthode expérimentale de Hirn ; il en a conclu que la marche en compound procure incontestablement une économie de vapeur et de combustible de 15 à 20 0/0 en service ordinaire, mais qui varie notablement suivant les conditions de marche de la locomotive. L'économie de vapeur permet de remorquer des trains plus lourds, à condition d'avoir une adhérence et une puissance de traction correspondantes. Finalement, pour M. Borodine, l'emploi des machines compound est d'un avantage exceptionnel et incontestable.

M. Worthington exposait en 1888, à l'Institut des Ingénieurs civils de Londres, qu'avec les locomotives compound on obtient une économie moyenne de combustible de 18 0/0.

MM. Pulin et du Bousquet ont exécuté, au chemin de fer du Nord, des expériences relatées dans la *Revue générale des chemins de fer* en 1887 et 1892. Ils annoncent également une économie importante de combustible ; mais, en outre, des frais de graissage peu supérieurs à ceux des types courants, et même des frais d'entretien moindres.

M. Nadal, ingénieur au corps des Mines, a publié dans les *Annales des Mines* (7e livraison de 1894) une étude sur les locomotives compound, dans laquelle il démontre leurs avantages par l'application de la théorie mathématique des machines à vapeur. Nous y renvoyons les spécialistes que ces questions intéressent et ne reproduirons simplement ici que les conclusions.

Les locomotives compound permettent d'utiliser de hautes pressions, lesquelles sont éminemment avantageuses pour produire avec économie une grande somme de travail. On ne pourrait le faire sans le système compound, qu'en munissant les cylindres de distributions genre Corliss; mais on n'obtiendrait quand même pas des degrés de détente aussi élevés qu'avec les machines compound, et on ne pourrait augmenter la puissance autant qu'avec ces dernières, qu'en donnant aux cylindres des dimensions considérables : ce qui est contraire à l'économie, à cause des condensations de vapeur. Or, on cherche dans les machines compound, non seulement l'économie, mais aussi la grande puissance qui est nécessaire, pour remorquer des trains rapides à une vitesse uniforme, même sur les rampes. La solution donnée par les distributions spéciales est donc incomplète à tous les points de vue. En outre, ces distributions sont très compliquées, plus compliquées que la double distribution par tiroirs des machines compound. Il faut enfin régler les phases des distributions genre Corliss avec beaucoup d'attention, sinon on s'expose à des mécomptes.

Les locomotives compound sont seules capables de donner à la fois une économie notable et une grande augmentation de puissance.

Leur autre avantage indispensable, pour réaliser de grandes vitesses sans fatiguer les voies, consiste en ce que les mouvements parasites peuvent être considérablement atténués, sinon supprimés. Il est, pour cela, indispensable que les locomotives soient à quatre cylindres, deux intérieurs et deux extérieurs.

Bien que les machines compound soient plus compliquées que les machines ordinaires, comme les pièces du mécanisme sont plus légères, les dépenses d'entretien et de graissage doivent être finalement peu augmentées. D'autre part, les frais de premier établissement sont plus élevés.

Les machines compound présentent ce désavantage, que la détente se fait d'une façon défectueuse, puisqu'il y a une chute de pression inévitable entre les deux cylindres qui entraîne une assez grande perte de travail.

La conclusion à tirer de ce fait, c'est que toutes les fois qu'on peut faire avec un seul cylindre une détente à peu près complète (il faut pour cela que la pression initiale de la vapeur ne soit pas trop élevée, et que le cylindre soit assez grand), la machine compound est inférieure à la machine à un seul cylindre.

Les locomotives compound sont plus difficiles à construire que les machines ordinaires et, devant être bien dirigées, nécessitent un personnel de choix; sinon, elles ne donnent que de médiocres résultats. C'est ainsi que, dans un certain nombre d'essais entrepris jusqu'à ce jour, on a attribué au système compound une défectuosité qui, en réalité, tient non au système lui-même, mais aux mauvais moyens employés pour l'appliquer.

D'après les résultats obtenus en service courant avec la locomotive compound du Nord (qui paraît être la plus parfaite qu'on ait construite jusqu'à ce jour), elle présente, sur les locomotives ordinaires, une économie de 15 à 20 0/0.

Il y a là un progrès incontestable, mais il pourrait être poussé plus loin.

La théorie indique que, par des modifications relativement très simples et applicables aux machines non compound existantes, des cylindres et de la distribution, on pourrait, avec le fonctionnement compound, réaliser une économie moyenne un peu inférieure à 30 0/0.

Telle est la limite du progrès à accomplir avec les locomotives à vapeur. Une économie d'un tiers n'est d'ailleurs pas à dédaigner, étant donné que les chemins de fer français dépensent annuellement plus de 50 millions de combustible. Un tel progrès ne pourrait, bien entendu, être réalisé du jour au lendemain à cause du matériel qui existe, mais il serait possible d'en transformer une grande partie.

173. M. du Bousquet, l'éminent ingénieur en chef de la Traction de la Compagnie du Nord, concluait ainsi à la suite d'une discussion sur les locomotives compound.

Il se demandrait « si les promoteurs du système compound n'ont pas été, en quelque sorte, dans l'obligation de chercher à faire une machine aussi simple que la locomotive ordinaire, par les résistances qu'ils ont rencontrées». Il croit que « les complications que l'on veut éviter offrent en réalité bien peu d'inconvénients, et que presque toutes les solutions qu'on présente pour les éviter ont pour résultats d'empêcher de tirer des locomotives compound tout ce qu'on est en droit d'en attendre ».

174. A l'Est, les locomotives compound restèrent longtemps impopulaires, et c'est pourquoi l'on imagina la machine à double chaudière superposée Flaman. On voit aujourd'hui que les prétendues augmentations de frais d'entretien et de graissage sont illusoires, et que tous les avantages restent, en somme, à la machine compound.

Avantages mécaniques.

175. L'usage des admissions prolongées présente, au point de vue mécanique, plusieurs avantages pour les locomotives.

D'abord, on obtient ainsi une plus grande uniformité du moment de rotation de l'essieu moteur, et comme conséquence, une meilleure utilisation de l'adhérence.

En outre, les longues admissions atténuent nécessairement le laminage de la vapeur, et la coulisse, cet organe fondamental des locomotives, fonctionne mieux qu'avec les courtes introductions.

Pour un travail donné transmis aux manivelles motrices, c'est-à-dire pour un même effort moyen par coup de piston, le travail, pendant une course est moins variable sur une locomotive compound que sur une machine ordinaire, et l'effort initial sur la bielle motrice est moins élevé. Il résulte de cette plus grande uniformité du travail une usure moindre de bandages des roues motrices.

En outre d'une utilisation plus complète de la vapeur, il permet de donner plus d'élasticité à la série des efforts que peut développer le moteur ; de cette meilleure utilisation de la force et de la possibilité de mieux proportionner la dépense à l'effort produit résulte une réelle économie. De plus, comme avantage très appréciable, il faut compter l'amortissement de la puissance due à l'élévation, rendue possible sans perte, du timbre de la chaudière.

Le système compound utilise mieux la puissance d'expansion de la vapeur ; à travail égal, la vaporisation peut donc être moindre, ou pour une puissance de vaporisation donnée, une locomotive compound fournira plus de travail qu'une machine ordinaire similaire. Comme conséquences, la consommation d'eau est moindre et l'alimentation a besoin d'être moins fréquente, ce qui est précieux sur les lignes accidentées où la marche est facilement compromise par les chutes de pression. Si, avec cela, la machine n'a que deux cylindres, ces avantages importants sont obtenus sans augmentation sensible du poids de la machine.

Cette dernière considération est d'autant plus précieuse que l'augmentation de puissance s'impose partout et entraînera le changement et le renforcement des voies à bref délai. L'adoption des machines compound peut retarder cette coûteuse transformation.

Observations concernant les expériences.

176. Les chiffres de consommation de charbon d'une locomotive sont liés à la fois au rendement de la chaudière, à celui du moteur et à l'habileté personnelle du mécanicien ; il peut donc exister, d'une machine à une autre, malgré l'identité apparente, des différences sensibles, exigeant des précautions spéciales pour ne point commettre d'erreurs. Le mieux, pour avoir des résultats exacts et de procéder à des expériences spéciales, en estimant par exemple la dépense de combustible par tonne kilométrique transportée dans des conditions bien semblables par une locomotive compound et une machine ordinaire, et en se rendant compte autant que possible de l'utilisation du combustible sur la grille. Cette économie descend rarement au-dessous de 15 0/0 pour dépasser souvent 20 0/0 ; cela s'explique aisément, d'après M. Mallet, en ce que le combustible est mieux utilisé, le feu n'ayant pas besoin d'être poussé aussi activement.

L'économie d'eau est moins facile à évaluer ; elle dépend à peu près exclusivement de l'utilisation de la vapeur dans les cylindres et présente des causes de pertes

ÉLÉVATION

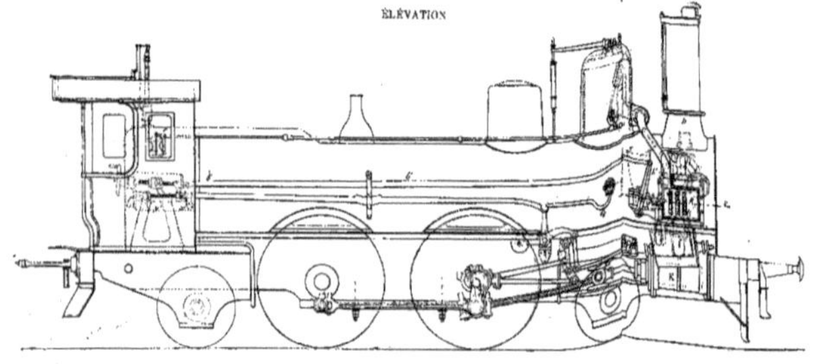

COUPES LONGITUDINALES

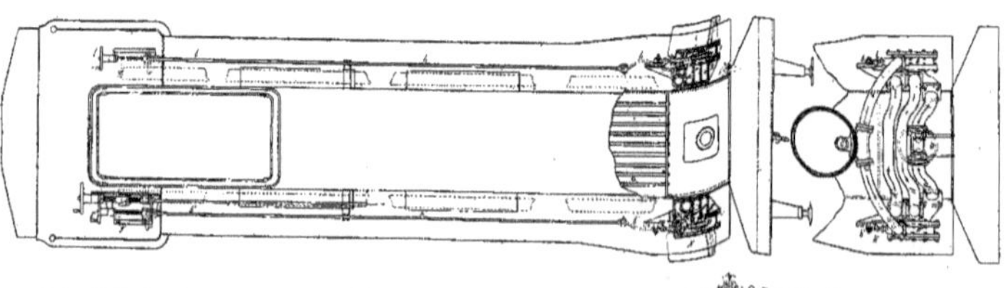

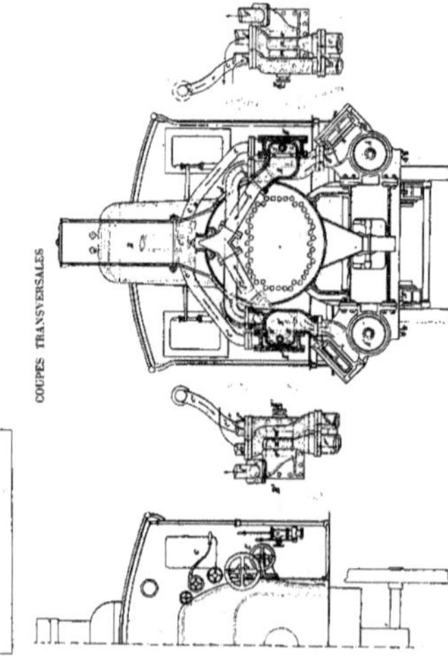

Fig. 200 à 206. — A, Cylindre, côté gauche de la machine ; A', Cylindre, côté droit de la machine ; B et B', Boîte à vapeur gauche et droite ; C, Régulateur ; D, Cheminée ; m, n, o, Lumière de la boîte B ; m', n', o', Lumière de la boîte B' ; i, k, h, t, Tiroir, levier, tringle, manette de la boîte B, côté gauche ; i' k' h' t', Tiroir, levier, tringle, manette de la boîte B' côté droit ; g, Tuyau d'introduction de la vapeur du cylindre, côté gauche ; g', Tuyau d'introduction de la vapeur du cylindre côté droit ; f, Tuyau d'échappement du cylindre, côté gauche ; f', Tuyau d'échappement du cylindre, côté droit ; c et c', Tuyau d'introduction de vapeur du régulateur, gauche et droit ; d et d', Tuyau de la vapeur d'échappement allant en guise d'admission du cylindre A en A' et de A' en A.

de toutes sortes en eau et en vapeurs ; en outre, la comparaison au travail produit, de la quantité d'eau introduite dans la chaudière, nécessite des mesures dont l'exactitude laisse souvent à désirer. En général, l'économie d'eau est moins grande que celle du combustible. Nous rappelons d'ailleurs, que les économies de charbon et d'eau, sont loin de représenter la seule conséquence remarquable du système compound appliqué aux locomotives.

Quant au graissage son économie est peu importante ou nulle ; une économie dans cette direction est d'ailleurs peu intéressante à côté des autres. Il peut même se présenter un surcroît de consommation d'huile dans les machines à plus de deux cylindres, léger inconvénient qui est loin de compenser les avantages du système.

Type Woolf.

177. Malgré leur analogie et certains avantages spéciaux au type Woolf, le système compound est préférable. Dans le premier, en effet, la pression beaucoup plus faible à laquelle la vapeur se trouve ramenée à la fin de l'échappement du premier cylindre, paraît devoir diminuer l'avantage thermique d'une moindre condensation à l'admission, cause primordiale de la supériorité du système compound sur le type ordinaire.

Inconvénients.

178. *Inconvénients.* — D'un autre côté, le passage dans le réservoir intermédiaire entraîne forcément un léger abaissement de température, et par suite, de pression dans la vapeur. En outre, les machines de ce genre ont une tendance à l'exagération de la compression, surtout dans le petit cylindre ; on y remédie en augmentant les espaces neutres cessant d'être des espaces nuisibles, et en supprimant les recouvrements intérieurs des tiroirs, qui sont même négatifs et deviennent de véritables découvrements.

Mais les avantages reconnus dépassent de beaucoup ces inconvénients, et justifient la faveur dont jouit actuellement ce système qui se répand de plus en plus.

179. *Remarque.* — On pourrait obtenir une meilleure utilisation de la vapeur en supprimant le laminage au moyen de tiroirs rotatifs du genre Corliss. Cette machine déjà essayée, et que nous avons signalée précédemment, n'a pas encore fait ses preuves. Nous en donnerons le principe plus loin. Jusqu'à nouvel ordre, donc, la locomotive compound marque une étape nouvelle dans l'histoire de ce genre de machines, et constitue la véritable locomotive moderne.

Conclusion.

180. Pour donner le résultat que l'on est en droit d'attendre des machines compound, il faut qu'elles puissent fonctionner comme locomotives ordinaires, c'est-à-dire avec admission directe de vapeur dans les petits et grands cylindres, de façon à donner le maximum de puissance au démarrage et gagner ainsi le plus rapidement possible la vitesse de marche. Puis, une fois le régime établi, le train lancé, et l'effort de traction diminué, il faut pouvoir restreindre la puissance de la machine et sa consommation, en augmentant la détente de la vapeur, c'est-à-dire faire fonctionner la machine comme compound.

Il est superflu aujourd'hui de défendre les machines compound et d'en démontrer les réels avantages ; mais, ce qu'il y a de surprenant, c'est le temps et la réflexion qu'ont mis les Compagnies françaises pour les admettre. Le système compound, en effet, n'est pas nouveau et connu dans ses moindres détails ; il y a longtemps qu'il est employé dans la marine. Il n'y avait donc aucune déconvenue à craindre, ni aucun essai coûteux à faire : simplement à construire une machine du nouveau type, avec un mécanisme spécial, ce qui était un jeu pour nos ingénieurs, et ce qu'ils se sont, en effet, décidés à faire avec succès.

Système anisométrique de M. de Landsée.

181. Ce système, dit *anisométrique* ou à *simple admission*, permet de transformer à volonté, par l'adjonction d'un appareil spécial, les locomotives ordinaires en machines compound à cylindres égaux. M. de Landsée attribuait une certaine importance à ce fait, que la force expansive de la vapeur sortant du cylindre à haute pression et poussant devant elle le piston du cylindre à basse pression, peut aussi transformer le maximum de sa force expansive en travail sans perdre la majeure partie de cette force, comme cela arrive forcément au compound ordinaire, par le seul fait de son transversement dans un volume plus grand. M. de Landsée se déclarait d'abord également partisan d'un seul organe de distribution, la subdivision de ces organes ne pouvant présenter aucun avantage réel et compliquant simplement le mécanisme de la machine. La distribution de la vapeur sur une machine Landsée devait donc rester telle qu'elle est sans aucun changement ; l'expérience a d'ailleurs démontré que ce dédoublement s'imposait.

D'après un calcul simple, l'auteur démontre que l'économie réalisée en circonstances ordinaires, avec une admission de 50 0/0 (tandis que deux cylindres ordinaires, admettant à 30 ou 35 0/0, représenteraient 65 0/0 à eux deux) est d'environ 15 0/0 sur le système ordinaire à double admission. L'adaptation du système peut se faire à une locomotive quelconque moyennant une somme de 1 200 à 1 500 fr. par machine, à la condition, bien entendu, de procéder par série d'un cinquantaine de machines. En admettant un parcours moyen annuel de 3 600 kilomètres pour dix mois par an, une allocation moyenne kilométrique de 10 tonnes de houille à 20 fr., la machine transformée devrait réaliser un bénéfice annuel de 1 000 fr.

Cela posé, voici comment M. de Landsée exposait lui-même son mode de fonctionnement indiqué (*fig.* 200 à 206), et dont la légende annexe donne une description très suffisante. En résumé, l'appareil se compose essentiellement d'une boîte placée à l'avant de la machine, renfermant un papillon et un truc distributeur qui peuvent être manœuvrés à distance. Le distributeur est analogue à celui qu'employait M. Mallet sur ses premières machines compound.

Premier mode de marche à double admission, comme à l'ordinaire, c'est-à-dire avec haute pression dans les deux cylindres A et A'.

Le mécanicien baissera les deux leviers *b* et *b'* (*fig.* 200) dans la position indiquée en X.

La vapeur sortant du régulateur C passera par le tuyau *c* dans la boîte B ; elle se rendra par la lumière *m* dans le tuyau *d*, le tuyau passant à travers la boîte à fumée communique (*fig.* 204) avec le tuyau d'admission *g'* du cylindre A'. Après avoir effectué son travail dans ce cylindre, la vapeur échappera par le tuyau *e'* (*fig.* 204), passera par la lumière *n'* de la boîte B' en dessous du tiroir *i'* pour se rendre par la lumière *o'* (*fig.* 201) dans les tuyaux *f'* et de là dans la cheminée D.

Quant à la vapeur sortant du régulateur C par le tuyau *c'*, elle se rend dans la boîte à vapeur B', de là, par la lumière *m'* dans le tuyau *d'*, ce dernier tuyau passant à travers la boîte à fumée, communique (*fig.* 206) avec le tuyau ordinaire *g* du cylindre A, effectuant son travail dans ce dernier cylindre, elle échappe par le tuyau *e* (*fig.* 206) ; passant ensuite par la lumière *n* de la boîte B en dessous du tiroir *i* pour se rendre par la lumière *o* (*fig.* 201) dans le tuyau *f* et de là dans la cheminée D.

Deuxième mode de marche à simple admission dans le cylindre A, haute pression, côté gauche, et à basse pression dans le cylindre A' (côté droit).

Le mécanicien laissera le mouvement, côté droit de la machine, en repos, c'est-à-dire le levier *b'* devra rester dans la position indiquée en X (*fig.* 200); mais, par contre, il tournera le petit volant *l'* (*fig.* 201), côté gauche de la machine, de manière que le levier *b* ramène le point *x* en *y*. A la suite de ce mouvement, le tiroir *i* se déplace en arrière, couvrant complètement la lumière *o*, en mettant la lumière *n* en communication avec la lumière *m*.

Il s'en suit, en premier lieu, que la vapeur du régulateur C passant par le tuyau *c*, est interceptée dans la boîte B et ne peut plus se rendre dans le cylindre A. Cela dit, voici ce qui se passe : le mécanicien n'ayant pas touché au mouvement du tiroir i' de la boîte B', la vapeur c', passe donc à travers la lumière m', dans le tuyau d' et se rend, de là, dans le tuyau d'introduction e du cylindre A (*fig.* 206) (côté gauche); après avoir effectué son travail dans ce dernier cylindre, la vapeur fait son échappement par le tuyau e, passe à travers la lumière n de la boîte B, en dessous du tiroir i, se rend par la lumière m dans le tuyau d (*fig.* 206) et qui passent, comme il a été déjà expliqué, à travers la boîte à fumée, pour se rendre en guise d'admission dans le cylindre A' par le tuyau g'. La vapeur introduite dans ce cylindre travaille à basse pression, et s'échappe, en dernier lieu, par e' à travers la lumière n' en passant au-dessous du tiroir i', par la lumière o' et le tuyau f' dans la cheminée.

Troisième mode de marche avec simple admission, cylindre A' h.p. (côté droit) et cylindre A. b. p. (côté gauche).

Le mécanicien aura soin avant de procéder au troisième mode de marche, de remettre, d'abord le tiroir i à l'aide du petit volant l, (*fig.* 201), dans la position primitive de x, c'est-à-dire qu'il tournera de manière que le point y revient de nouveau en x.

A ce moment, il fera venir, à l'aide du petit volant l', côté droit de la machine, le levier b' du point x' en y'. Tout se passera d'une manière tout à fait analogue comme il est décrit ci-dessus, avec cette différence que ce sera le cylindre A' qui recevra la vapeur à haute pression et qui échappera ensuite pour rentrer en guise d'admission dans le cylindre A et de là dans la cheminée.

La disposition à *triple effet* a pour but de faire travailler la machine alternativement, afin de compenser, s'il y a lieu, les frottements inégaux qui pourraient éventuellement se manifester.

182. *Discussion.* — Cet appareil ayant pour but de constituer, de toutes pièces, une locomotive compound à cylindres égaux, il est bon d'être fixé sur ce cas particulier de la question. Voici, à son sujet, l'opinion des hommes compétents exprimée par la plume de l'un d'eux, M. Pulin (*Bulletin des ingénieurs civils*, mai 1889).

« D'après ce que nous venons de dire, si l'on transforme une locomotive simple en compound en remplaçant un des cylindres par un autre de volume double, l'expansion totale reste la même ; mais on peut supposer une augmentation de volume moindre que celle-ci, auquel cas on a une expansion réduite, tout en conservant les caractères du principe compound, et cela jusqu'à la limite de réduction de volume, consistant à employer un cylindre de basse pression égal à celui de haute pression, ce qui donne le rapport 1 possible comme les autres, et ce qui revient à admettre la vapeur dans un cylindre seulement d'une machine ordinaire, en diminuant de moitié l'expansion totale. On a alors la *locomotive compound à cylindres égaux*. Mais pour que son fonctionnement soit rationnel, il faut, comme nous l'avons vu, que le volume de la vapeur admise au second cylindre, soit sensiblement égal au volume du premier, c'est-à-dire que l'admission ait lieu, au maximum, dans le cylindre détendeur. De plus, ainsi que nous l'avons remarqué à propos du calcul de l'effort maximum de traction, l'hypothèse de l'égalité de volume des cylindres, revient à annuler le premier lorsqu'il reçoit la vapeur pendant toute la course, la pression du réservoir intermédiaire se trouvant alors théoriquement égale à celle de la chaudière.

Pratiquement, en raison de l'avance à l'échappement, et de la petite quantité de vapeur conservée pour la compression, on devrait recueillir un certain travail effectif dans le cylindre de haute pression. Mais en réalité, cela n'a généralement pas lieu à cause du travail négatif anormal qui résulte d'une compression anticipée, et par suite, exagérée.

L'admission à fond de course dans les deux cylindres revient donc bien à la marche avec un seul, et la marche en compound n'est réelle qu'avec une admission partielle au cylindre à haute pression. »

Ce que nous venons de dire, au sujet du fonctionnement compound avec cylindres égaux, montre que la marche anisométrique est rationnelle seulement dans le cas où le changement de marche se trouve à fond de course, et encore, le travail effectif du cylindre admetteur est-il à peu près nul. Avec une admission partielle et toujours la même de part et d'autre, celle du cylindre de basse pression est insuffisante pour débiter la vapeur que reçoit le réservoir intermédiaire. Le travail effectif du cylindre admetteur devient alors généralement négatif, par suite de la compression excessive qui s'y exerce, circonstance nuisible à la bonne marche de la machine.

L'appareil fut proposé pour la première fois en 1886 à la Compagnie du Nord, et mis à l'essai sur la ligne de Lille à Tourcoing avec la machine n° 79, ancienne locomotive Stephenson, à deux essieux couplés transformée en machines tenders pour le service des trains-tramways. Voici qu'elles étaient les principales données de cette machine:

Surface de grille	$0^{m2},88$
Surface de chauffe du foyer	4 ,80
» » des tubes	67 1 ,5
» » totale	72 ,31
Volume de l'eau de la chaudière	$1^{m3},750$
» la vapeur »	1 ,150
Diamètre des cylindres	$0^{m},380$
Course des pistons	0 ,560
Timbre de la chaudière	51^{k}
Diamètre des roues couplées	$1^{m},739$
» » porteuses	1 ,040
Poids adhérent de la machine en charge	$18\ 300^{k}$
Poids de la machine en charge	30 500
Charge sur le premier essieu	$10\ 800^{k}$
» » deuxième »	10 100
» » troisième »	9 600
Effort maximum théorique de traction $p\ \dfrac{d^2 l}{D}$	2 324

Les inconvénients signalés plus haut se montrèrent pleinement sur cette machine, qui se trouvait cependant par l'importance des espaces nuisibles (9, 6 0/0 du volume des cylindres), et par la faible pression de la chaudière, dans des conditions favorables relativement à la compression dans le premier cylindre.

Pour remédier à cet inconvénient, il a fallu rendre les distributions indépendantes de manière à pouvoir laisser celles du cylindres détendeur toujours au maximum d'admission. Dès lors le fonctionnement du système s'est trouvé beaucoup amélioré au double point de vue de la marche et de la consommation de combustible.

Le fonctionnement à la manière ordinaire, et celui que donne l'appareil anisométrique avec admission égales aux deux cylindres, entraînaient à peu près la même consommation; avec les distributions indépendantes, on a immédiatemment constaté une économie de charbon de 10 à 12 0/0 en remorquant sur un profil facile une seule voiture de tramways à quatre essieux du poids de 16 tonnes, ce qui permettait de n'admettre toujours la vapeur de la chaudière que dans un seul cylindre. Cette économie, qui n'est pas très élevée en elle-même, nous paraît cependant fort importante à noter. On remarquera d'abord qu'elle est due entièrement au fonctionnement compound réalisé par l'indépendance des distributions. En second lieu, si on compare ce fonctionnement à celui de la machine à simple expansion, on trouve qu'une admission de 25 0/0 dans les deux cylindres de celle-ci, nécessaire pour produire le travail moyen demandé à la machine, correspond à 50 0/0 d'admission dans un seul cylindre avec la marche en compound, et que l'expansion qui est de quatre volumes dans le premier cas, si l'on néglige l'influence des espaces nuisibles, se trouve être de deux volumes seulement dans le second.

C'est donc en réduisant l'expansion de près de moitié qu'on a obtenu une économie sensible de charbon, et on ne peut voir là qu'une démonstration indirecte mais très caractéristique de l'avantage des longues admissions pour réduire la perte de vapeur par condensation. Ainsi se trouvent vérifiées les prévisions de M. Mallet qui a toujours attribué, dans le résultat économique du principe compound, plus d'importance à la diminution de la condensation qu'à l'accroissement de la détente, et qui, d'ailleurs, avait prévu cette marche en compound avec les locomotives ordinaires, pour les cas spéciaux où elles se trouveraient de ne jamais utiliser leur puissance totale de traction.

183. M. Middelberg, ingénieur en chef du matériel et de la traction à la Compagnie royale des chemins de fer hollandais, a renouvelé ces expériences sur le fonctionnement compound, appliqué à des locomotives ayant deux cylindres égaux ou deux cylindres de volumes inégaux mais de même diamètre. Ces résultats confirment en tous points ce que nous avons dit plus haut à propos des essais de l'appareil Landsée au chemin de fer du Nord. (Voir *Revue générale des chemins de fer*, mai 1885.)

LOCOMOTIVE A DISTRIBUTION LENCAUCHEZ ET DURAND

Considérations générales.

184. Nous avons eu à plusieurs reprises l'occasion de signaler au passage un nouvel essai de locomotive différant du système compound, et imité des machines fixes à tiroirs rotatifs du genre Corliss.

Cette machine est due à l'initiative de deux ingénieurs fort distingués, MM. Lencauchez et Durand ; elle a pour objet d'améliorer les conditions actuelles du fonctionnement de la vapeur, dont la distribution se fait ordinairement au moyen de coulisses et de tiroirs ; le but poursuivi est, comme toujours, une économie de combustible résultant d'une meilleure utilisation de la vapeur dans les cylindres et de la diminution du frottement des pièces du mécanisme.

Voici comment les inventeurs exposent eux-mêmes ce nouveau type mis à l'essai à la Compagnie d'Orléans, sous la direction de M. l'ingénieur en chef, E. Polonceau (*Bulletin de la Société des Ingénieurs civils de France*, Juin 1890). Nous y retrouverons d'ailleurs quelques arguments généraux déjà connus.

Si l'on examine les conditions dans lesquelles se produisent les différentes phases d'une distribution par coulisse et avec un seul tiroir, on constate que le degré d'admission de la vapeur et le degré d'avance à l'échappement sont fatalement liés entre eux, et qu'à une forte admission correspond une faible avance à l'échappement, tandis que cette dernière croît avec la diminution de l'admission, jusqu'à devenir au point mort, égale à la moitié de la course du piston ; il en résulte que la vapeur commence à s'échapper dans l'atmosphère bien avant d'avoir épuisé sa force expansive.

Pour fixer les idées, calculons la perte qui provient théoriquement de ce fait ; au point mort, aux environs desquels on marche au service des trains de voyageurs sur les profils faciles, l'admission est de 10 0/0 environ ; l'espace nuisible représentant de chaque côté du piston un volume moyen de 8 0/0, l'admission au point mort représente 18 0/0 du volume engendré par le piston ; l'échappement commençant à moitié de la course, l'expansion possible est de $\frac{50 + 8}{18}$ soit 3 volumes 2 ; c'est-à-dire que si la vapeur d'admission a une pression de 10 kilogrammes, cette vapeur commence à s'échapper à 3,2 kilogrammes, et il est à remarquer que la perte résultant de cette évacuation anticipée dans l'atmosphère, de la vapeur à haute pression, sera d'autant plus grande que le timbre sera plus élevé ; or, il y a actuellement tendance à porter le timbre à 12 et 13 kilogrammes. On comprend donc l'intérêt qu'il y a à faire commencer l'échappement le plus près possible de la fin de la course du piston, tout en permettant à la vapeur de s'échapper sans produire de contre-pression.

185. On peut arriver à ce résultat en rendant l'introduction et l'échappement indépendants l'un de l'autre, le tiroir ordinaire modifié continuant à fonctionner pour l'admission et la détente dans des conditions analogues à celles actuelles, au moyen, par exemple, de deux excentriques actionnant la coulisse, et le tiroir spécial à l'échappement recevant un mouvement alternatif au moyen d'une des dispositions qui seront décrites plus loin.

Cette combinaison permet de réaliser, en les améliorant, toutes les phases des distributions actuelles ; elle présente, en outre, l'avantage de donner à volonté à l'échappement anticipé un degré fixe, qui peut être réduit autant que permet l'évacuation de la vapeur dont la durée peut varier suivant la vitesse du piston. En outre, la compression peut être fixe aussi ou variable, suivant les combinaisons cinématiques qui seront indiquées ci-après, et telle qu'à chaque nouvelle cylindrée de vapeur, la compression aura rempli l'espace nuisible de vapeur à la pression de la chaudière, et la vapeur vive viendra s'y mélanger sans perte de charge, dans un milieu réchauffé par le travail de la compression. De plus, dans ces conditions, l'avance linéaire qui est ordinairement de $0^m,05$ à $0^m,06$ pourra être réduite à $0^m,03$ ou $0^m,04$, et il sera possible alors d'admettre à 5 ou 6 0/0 ; l'espace nuisible qui est actuellement de 8 0/0 au minimum, peut être lui-même réduit à 4 0/0 par suite de la possibilité de placer les tiroirs près du fond.

L'admission minimum pourra donc être de $6 + 4 = 10$ 0/0 et la vapeur se détendra dans un volume de $75 + 4 = 79$. L'expansion pourra donc être 7,9, soit 8 volumes en chiffre rond. La vapeur étant théoriquement introduite à 10 kilogrammes s'échappera donc théoriquement à 1,25 kilogrammes au lieu de 3,2 indiqué ci-dessus. L'avantage théorique sera par suite $3,20 - 1,25 = 1,95$ kilogramme. Ce chiffre, comparé à celui qui correspond actuellement à la pression utilisée qui est théoriquement de $10 - 3,2 = 6,8$, représente une très notable économie de plus de 25 0/0.

186. Évidemment, dans la pratique, par suite des condensations et des vaporisations qui résultent des chutes de pressions et des refroidissements, et à cause de la grande vitesse des pistons, les choses ne se passent pas conformément aux considérations théoriques ; mais il n'en est pas moins évident que, toutes choses égales d'ailleurs, il doit y avoir un avantage économique :

1° A prolonger la période de détente ;

2° A augmenter la compression jusqu'à remplir les espaces nuisibles à la pression du timbre ;

3° A diminuer l'espace nuisible.

Car toutes ces conditions concourent à une meilleure utilisation de la vapeur.

L'économie théorique étant évaluée à 25 0/0, il y a lieu de se demander dans quelles conditions pratiques se fait aujourd'hui, pour les locomotives, l'emploi de la vapeur par rapport à une utilisation com-

plète. D'après Zeuner, une machine sans condensation parfaite, c'est-à-dire dans laquelle la vapeur serait utilisée jusqu'à 100 degrés, et sans refroidissement ni chute de pression, doit consommer $7^k,5$ de vapeur par cheval et par heure. Or, pour le timbre de 10 kilogrammes, les expériences faites sur les locomotives, au moyen de dynamomètre et d'indicateur et en jaugeant l'eau dépensée, ont permis de constater que la quantité de vapeur consommée par cheval et par heure n'est pas inférieure à 14 kilogrammes. Le rendement de l'utilisation de la vapeur étant donc actuellement de 50 0/0 environ, il ne paraît pas impossible de l'augmenter d'une façon sensible.

187. Indépendamment des avantages précités, qu'on peut appeler étrangers, et qui, de même que ceux recherchés par les dispositions compound, doivent tendre au rendement adiabatique de la vapeur, la disposition présentée en possède d'autres à divers points de vue.

Elle facilite la manœuvre du changement de marche pour les pressions trop élevées, sans qu'il soit besoin de recourir à l'emploi du servo-moteur ; la course et la surface des tiroirs peuvent être réduites et les tiroirs sont presque équilibrés. Le travail du frottement est donc diminué, l'effort à exercer sur le volant de changement de marche est diminué dans la même proportion, ce qui constitue un notable avantage, surtout au point de vue de la marche rapide à contre-sens ; en cas d'arrêt urgent dans cette marche à contre-vapeur, l'action retardatrice est augmentée, la disposition des tiroirs d'échappement à la partie inférieure des cylindres permet la purge naturelle par l'échappement et la suppression ou tout au moins l'emploi moins fréquent des purgeurs.

Le démarrage peut être assuré par une admission limite de 80 0/0.

Enfin, il n'y a plus à craindre que la vapeur d'admission soit condensée par suite de contact des parois des lumières d'échappement ; il y aura donc probablement moins d'eau entraînée dans le cylindre.

Les tiroirs d'admission et d'échappement peuvent présenter en outre une forme spéciale, ayant pour effet de permettre à la va-

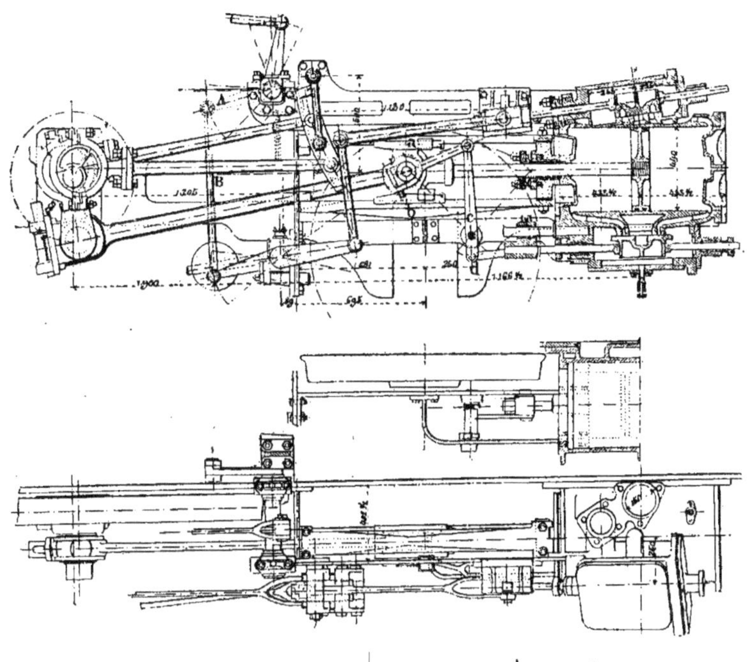

peur de s'introduire dans le cylindre de
chaque côté des lumières. La quantité de
vapeur introduite ou expulsée pendant le
même temps sera donc augmentée, et la
chute de pression à l'introduction que l'on
constate à grande vitesse, ainsi que la
contre-pression, seront notablement atté-
nuées.

Ces considérations générales étant bien
établies, MM. Lencauchez et Durand
donnent la description de différentes dispositions mises en œuvre pour réaliser
ces desiderata dans la pratique.

188. *Disposition donnant une avance à
l'échappement et une compression fixes. —
Premier type. Machine numéro 67.* — Dans
cette combinaison, les tiroirs d'échappement sont commandés par la tige du piston,
et dans le premier type que nous allons
examiner, les tiroirs d'admission et d'échappement sont encore tous à glace plane
(*fig.* 207 à 212).

Le tiroir de distribution de vapeur reçoit
le mouvement par l'intermédiaire d'une
coulisse de Gooch ; il donne les mêmes

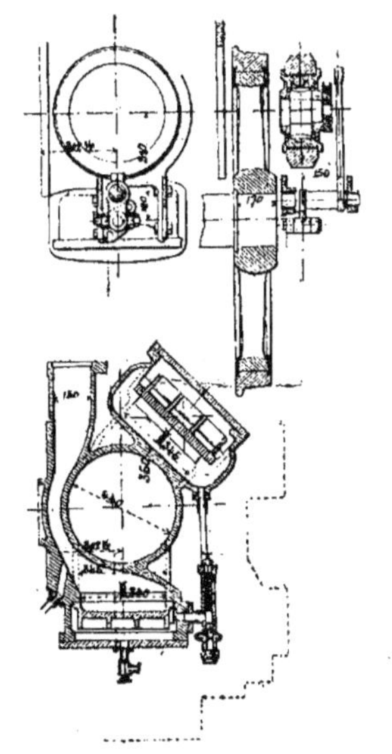

Fig. 207 à 212.

phases d'admission que les tiroirs ordinaires, mais il présente certaines particu-

larités de construction qui ont pour objet d'en faciliter la conduite par un équilibre partiel de la pression qui agit sur lui et de doubler la section de lumière d'introduction. A cet effet, la table du cylindre présente, entre les deux lumières aboutis-sant à chaque fond de cylindre, une encoche qui est en communication avec la boîte à vapeur. De plus, deux encoches pratiquées dans le tiroir permettent à la vapeur d'y pénétrer quand elles se présentent au-dessus des encoches ou des

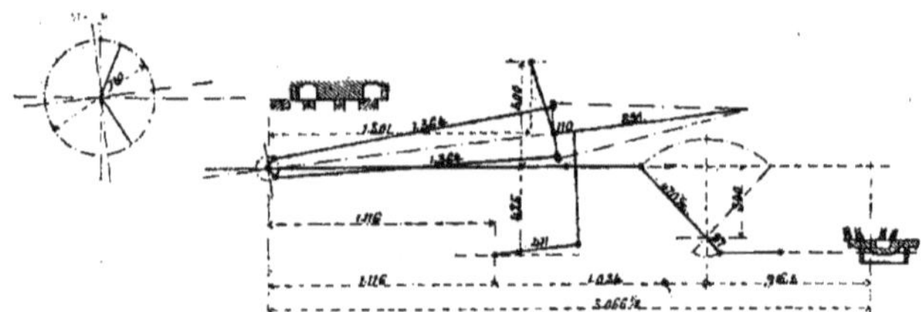

Fig. 213.

lumières de la table du cylindre. On conçoit donc que le tiroir ne supporte plus que la pression qui correspond aux parties en contact avec les tables du cylindre, et est déchargé d'environ de 50 0/0. En outre, les encoches, ainsi que l'indiquent les flèches (*fig.* 213), permettent à la vapeur de pénétrer dans le cylindre par deux orifices.

Nous ne donnerons pas ici toutes les dimensions, ni toutes les phases de cette distribution que l'on pourra trouver dans le *Bulletin* précité de la Société des ingénieurs civils de France. Nous nous contenterons de signaler que l'avance à l'échappement est invariablement de 22 0/0 pour les diverses admissions, et la compression de 78 0/0. La durée de l'échappement est donc de 44 0/0 seulement de la course du piston, tandis qu'ordinairement, cette durée est égale à la course du piston. La détente est prolongée jusqu'à 18 0/0 pour toutes les admissions.

A des vitesses même modérées, la com-

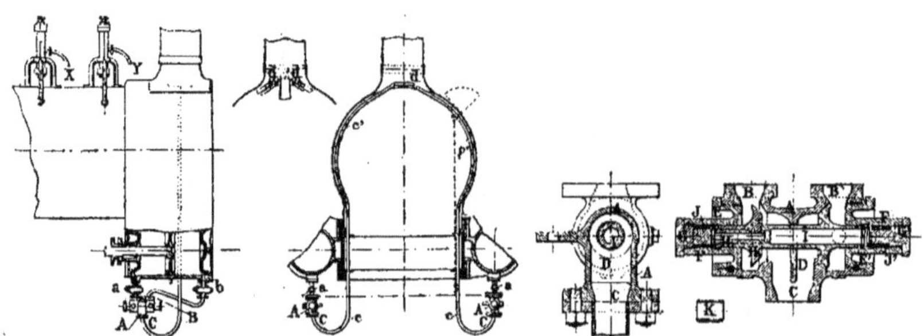

Fig. 214 à 218.

pression remplit les espaces morts de vapeur à une pression supérieure à celle de la chaudière ; pour cette cause, et aussi par suite de la double introduction, la période d'admission a lieu presque sans chute de pression, ainsi que l'indiquent les diagrammes relevés. Cependant, malgré cet avantage, et celui qui résulte de la prolongation de la détente, les résultats pratiques ont été mauvais, et ont montré que la compression nécessaire pour amortir le choc des pièces en mouvement à la fin de leur course, est tout à fait désavantageuse au point de vue du rendement économique, si elle est poussée trop loin.

Cette compression donnait d'ailleurs lieu à des difficultés de démarrage et augmentait la durée de la mise en vitesse de la machine. On a donc dû prendre des dispositions spéciales pour éviter ces inconvénients.

Un premier moyen, employé pour faciliter le démarrage, consiste à ouvrir les purgeurs des cylindres, afin d'annuler les effets en sens contraires qui peuvent résulter des compressions intérieures. On comprend facilement que ce moyen peut aussi être employé pour faciliter la mise en vitesse des machines, mais il en résulte une perte de vapeur considérable qui, jointe à la dépense correspondant à une forte admission, fait baisser rapidement la pression, et si, d'une part, on augmente la vitesse de traction, on diminue notablement d'autre part les moyens de soutenir la vitesse obtenue. MM. Lencauchez et Durand ont donc été conduits à rechercher un appareil qui permette d'annuler la compressions sans déperditions de vapeur. C'est un purgeur automatique (*fig.* 214 à 218).

189. *Purgeur automatique.* — Pour empêcher, lorsqu'on le juge convenable, la contre-pression dans les cylindres au moment où le piston arrive à fond de course, chaque cylindre est muni de robinets *a*, *b* (*fig.* 214 à 216), qui sont eux-mêmes mis en communication entre eux au moyen d'un appareil spécial, permettant, au moyen de clapets, de mettre en communication avec l'atmosphère, et alternativement, chacun des côtés du cylindre séparé par les clapets (*fig.* 217 et 218. Cet appareil spécial de purge comporte une boîte à clapets A communiquant respectivement par les orifices BB' avec les robinets de purge *ab* et par l'orifice C avec l'atmosphère, ou mieux, dans le cas de son application aux locomotives, avec la cheminée (*fig.* 215). La boîte A est divisée en deux parties symétriques par une cloison médiane *d*.

Les fonds EE' sont amovibles et fixés par des vis. Ils comportent chacun en leur centre un petit cylindre FF' fermé par un bouchon fileté GG' muni d'un prolongement intérieur.

Par les fonds FF' on engage la boîte dans les clapets HH'; le clapet H' est fondu avec un axe tubulaire I, qui traverse le diaphragme D et qui se termine d'un côté par une partie d'un plus petit diamètre et fileté pour recevoir l'autre clapet H, fondu avec un manchon H.

Des ressort, soit à boudins, JJ', soit formés de rondelles en caoutchouc K', sont logés dans l'espace annulaire laissé libre entre le prolongement des bouchons GG' et des cylindres FF'. Ces ressorts appuient contre les extrémités du tube I, de façon à maintenir, à l'état de repos de l'appareil, les deux clapets HH' à égale distance de leurs sièges respectifs.

Cela posé, lorsque les robinets purgeurs *a* et *b* (*fig.* 214 à 216) sont fermés, l'appareil reste inactif et la machine marche avec contre-pression à chaque fin de course. Mais si l'on ouvre les robinets *a* et *b*, la vapeur pénètre dans l'appareil par celui des orifices BB', qui se trouve en communication avec le côté du cylindre dans lequel s'effectue l'introduction alors que l'autre orifice communique avec le côté opposé qui est à l'échappement. La vapeur, en pénétrant par l'orifice B', par exemple, applique le clapet H contre son siège, en ouvrant au contraire le clapet opposé H'. Dans ces conditions, le côté du cylindre à l'échappement communique avec l'orifice C de l'appareil, et aucune contre-pression ne peut s'y produire.

Lorsque la vapeur aura été renversée dans le cylindre par la distribution, c'est le clapet H qui sera appliqué contre son siège et le clapet H' qui sera ouvert, reliant ainsi le nouveau côté du cylindre, en ce moment à l'échappement, avec l'orifice C. Au moyen de ces appareils la compression peut donc être presque annulée sans perte de vapeur.

Mais il est à remarquer que le travail de compression est complètement perdu et ne vient plus atténuer les chocs de fin de course. Ce purgeur automatique ne doit donc être employé qu'au démarrage ou à faible vitesse. Pour ne pas perdre le travail de compression, les inventeurs ont songé à l'utiliser pour le faire concourir au tirage en l'envoyant dans la cheminée (*fig.* 215).

Dans les machines ordinaires, l'emploi du purgeur automatique aurait l'avantage de faciliter le démarrage sans perte de vapeur et d'augmenter la puissance puisque la compression dans la marche à fond, qui est encore de 10 0/0, serait annulée ; mais un principal avantage serait de purger sans déperdition de vapeur, ce qui peut avoir un certain intérêt pour les trains omnibus et de banlieue, dont les arrêts sont très fréquents.

190. *Détendeur.* — Comme disposition accessoire du type de distribution à tiroir d'échappement indépendante et à glace plane, nous signalerons le détendeur spé-cial qui a été installé pour régler à volonté la pression sur le tiroir d'échappement et l'équilibrer.

Cet appareil est représenté en détails (*fig.* 212, 219 à 221 et 222). Il comporte un cylindre I portant à sa base un renfle ment annulaire J, par lequel il est mis en communication avec la chaudière au moyen d'un tube K ; ce cylindre est fermé à ses deux extrémités par des couvercles L. L', et il porte latéralement une tubulure M, par laquelle il communique avec la boîte du tiroir.

A l'intérieur du cylindre I est engagé un piston spécial, formé de deux parties évidées et pourvues de gorges étanches P. Q. La partie P est en communication

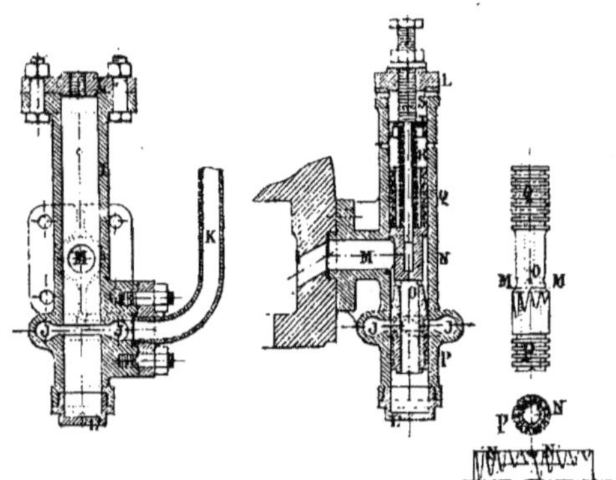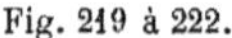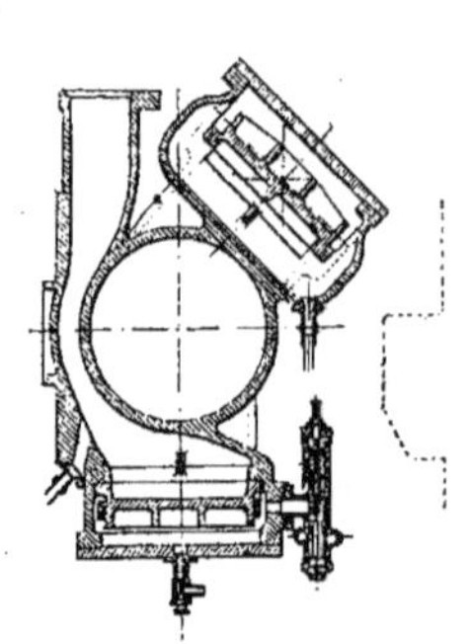

Fig. 219 à 222.

avec le cylindre I par son extrémité inférieure ouverte et par les orifices O. Elle est munie à sa partie inférieure de cannelures annulaires de longueurs différentes N.

La partie Q est fermée à sa partie inférieure et renferme un ressort R guidé par le prolongement d'une vis S, traversant le couvercle L.

Le ressort R s'appuie au fond du piston Q et contre un piston T, dont on règle la position par la vis S. En faisant descendre ou monter le piston T, on comprime ou détend le ressort R à volonté.

La vapeur arrivant dans la couronne J, ne peut passer dans la tubulure M, que par les cannelures N. Or, comme ces can-nelures sont de longueur inégale (*fig.* 221), il en résulte que plus le piston P sera descendu, plus grande sera la quantité de vapeur qui passera.

La position du piston P dépend de la résultante de deux forces contraires, savoir : la tension variable du ressort R d'une part, tendant à le faire descendre, et la pression constante de la vapeur ; d'autre part, contre l'extrémité du piston Q ayant pour effet de le soulever. Plus le ressort sera bandé, moins le piston sera soulevé, et plus la pression en M dans la boîte à vapeur d'échappement sera considérable.

On voit (*fig.* 212) comment la vapeur passe de la boîte d'introduction, à celle du

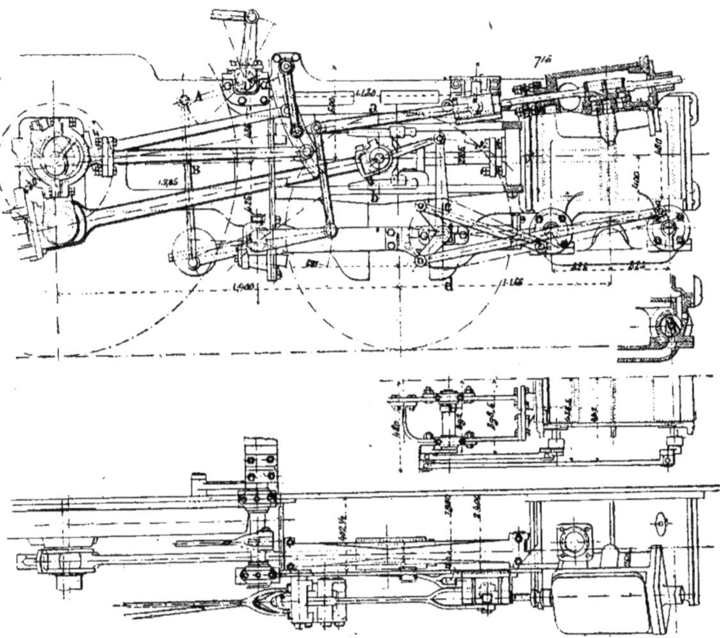

Fig. 223 à 225.

tiroir d'échappement, détendue comme il
vient d'être dit pour donner l'équilibre de
pression convenable à ce tiroir. Ce détendeur permet, en effet, de ne charger ce
dernier que de la pression suffisante pour
l'appliquer sur sa glace, soit 3 à 3,5 kilomètres pour une pression de 10 à 12 kilogrammes à la chaudière. Cette pression
réduite est obtenue en serrant plus ou
moins la vis S, qui bande le ressort R
donnant cette pression, limitée par la soupape de sûreté W.

Cet appareil pourrait s'appliquer utile-
ment pour la descente des pentes, avec la
machine à régulateur fermé, où il pourrait servir à envoyer dans le cylindre de
la vapeur morte et humide, pour lubrifier
les surfaces de frottement et éviter tout
grippage (*fig.* 214).

191. *Deuxième type.* — Dans le
deuxième type, machine nouvelle (*fig.* 223
à 230), les tiroirs d'échappement sont
cylindriques, et les cylindres sont d'un
diamètre un peu plus grand, que dans le

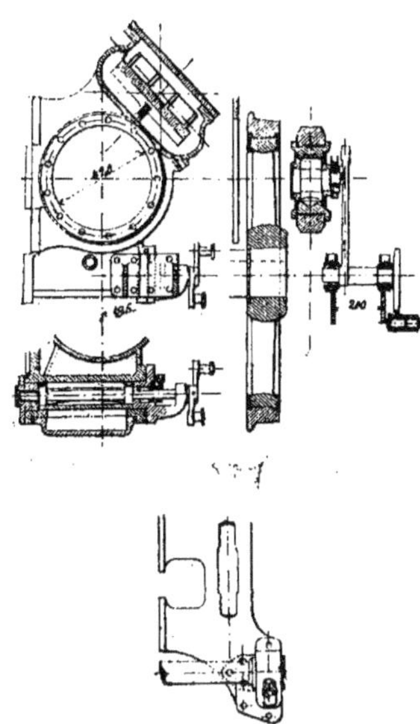

Fig. 226 à 229.

premier type. Cet essai avait pour but de permettre l'emploi de tiroirs d'échappement, sans être obligé d'avoir recours au détendeur, et d'atténuer les effets de la compression par une augmentation de puissance positive. Les autres conditions de la distribution sont naturellement les mêmes que précédemment.

Malgré l'amélioration obtenue, la compression a été trop forte, et les résultats pratiques n'ont pas été économiques.

Résumé. — En résumé, ces premières

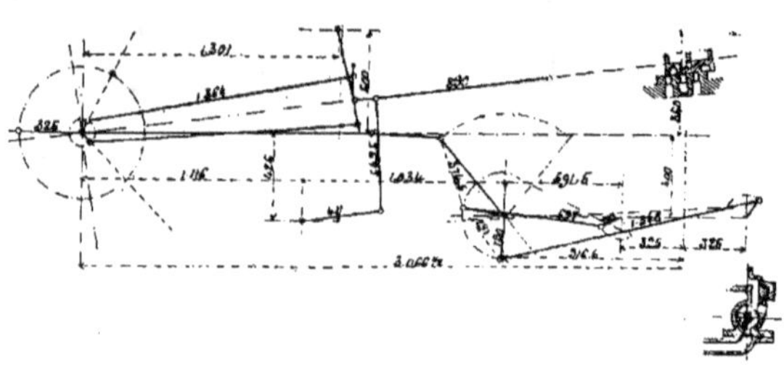

Fig. 230.

expériences ont démontré que les fortes compressions sont incompatibles avec la marche des locomotives à grande vitesse et on dut les abandonner ; mais il en ressort également que, pour les machines à condensation, le dispositif avec commande du tiroir d'échappement par la voie du piston doit être recommandé, puisqu'il aurait pour effet de produire une compression de 5 à 6 kilogrammes dans les espaces nuisibles. Compression qui serait utile pour amortir le choc des pièces en mouvement et remplir ces espaces nuisibles.

192. *Troisième modèle.* — Les inconvénients qui précèdent étant reconnus par de nombreux essais, les inventeurs conçurent et exécutèrent leur troisième type, le plus récent. La solution du problème consistait toujours à trouver un dispositif ne présentant pas d'inconvénient dans les diverses conditions de la marche, et permettant de rendre indépendants l'un de l'autre l'échappement anticipé et la compression qui, dans les dispositions qui précédent, ont nécessairement la même durée, puisqu'ils correspondent à la même bande du tiroir, et que ce dernier a un mouvement symétrique inverse. Voici comment on y est arrivé.

Cela consiste à faire jouer dans la même coulisse les deux bielles de commande des deux tiroirs d'admission et d'échappement; ces deux bielles étant reliées entre elles par des bielles entretoises de connexion, de longueur déterminée, et étant déplacées en même temps par le même arbre de changement de marche (*fig.* 231).

Le mécanisme est formé d'une coulisse c attelée aux deux barres d'excentriques, et dans laquelle peuvent glisser les deux bielles de commande bb' des tiroirs d'admission et d'échappement. Ces deux bielles sont solidarisées par les

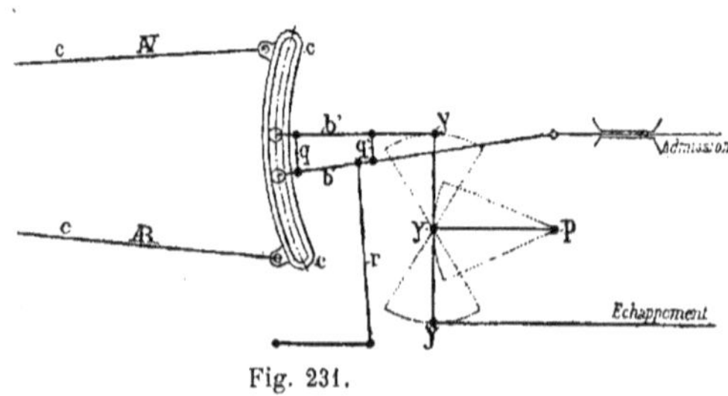

Fig. 231.

petites bielles entretoises q' et q. Cette dernière peut être remplacée par un coulisseau unique pour les deux bielles. Le relevage r de la coulisse se fait comme à l'ordinaire.

On voit que, dans ces conditions, le tiroir d'admission est conduit par la coulisse à la manière ordinaire, et le tiroir d'échappement peut avoir, selon la position relative de la bielle de commande, des phases de compression et d'échappe-

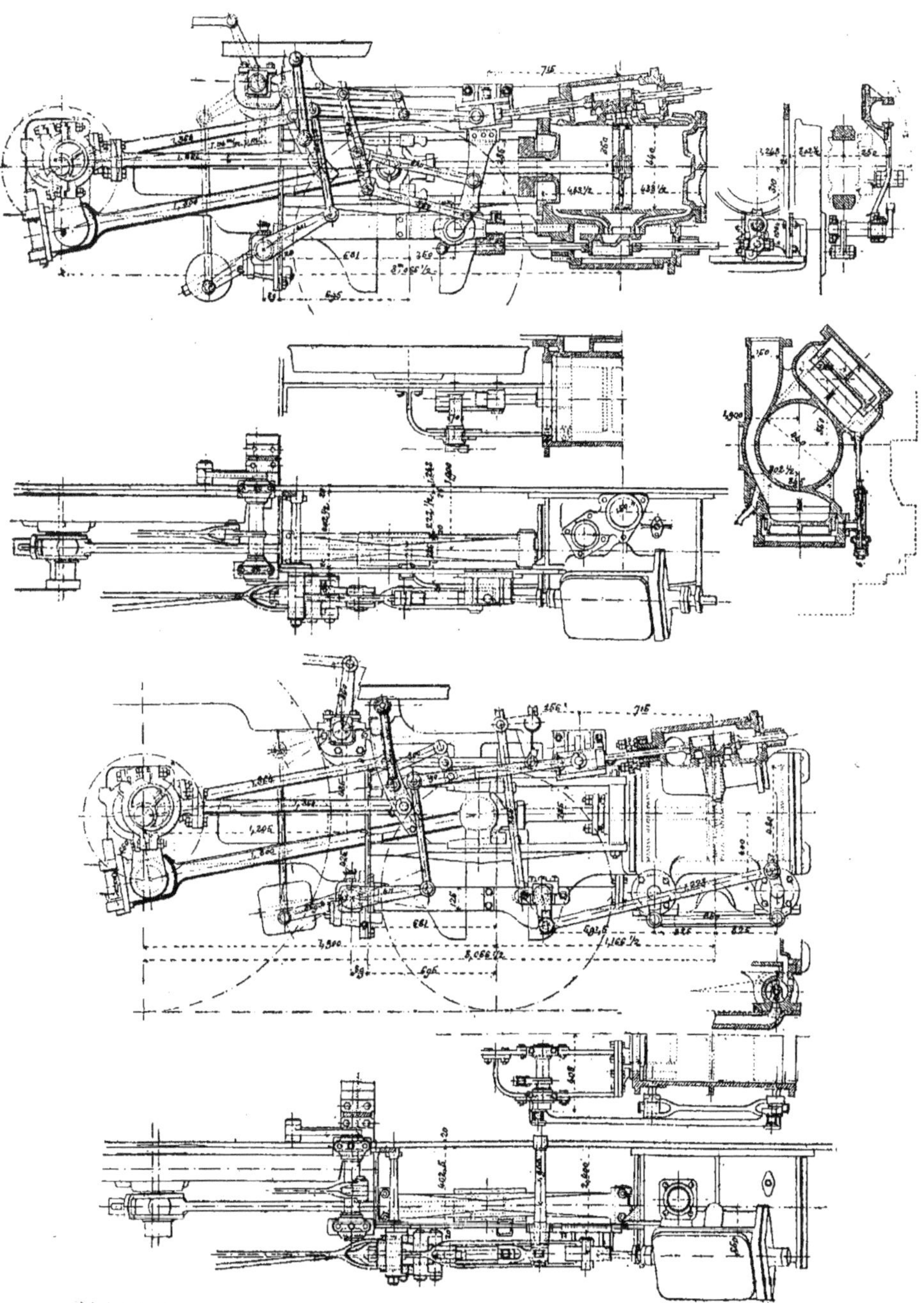

Fig. 232 à 239.

ment correspondantes à la position que le coulisseau occupe dans la coulisse.

Les deux machines 67 et 76, vues plus haut, ont donc été transformées, la machine 67 suivant les indications des figures 232 à 236 et la machine 76 d'après celles des figures 237 à 243.

Le mécanisme de la machine 67 comporte un balancier type Evans et celui de la machine 76 un type de mouvement par levier d'équerre.

Pour la machine 67, les principales phases de la distribution sont les suivantes :

Au point mort, l'échappement anticipé commence à 25 0/0 de la fin de course du piston, et la compression commence à environ 30 0/0 de la course rétrograde. La détente est donc, par rapport aux machines ordinaires, prolongée de 25 0/0 et la compression diminue de 20 0/0. Ces deux conditions sont évidemment favorables et se maintiennent pour tous les trains de marche. A fond de course, soit au démarrage, la compression n'est plus que 5 0/0, alors que dans les machines ordinaires

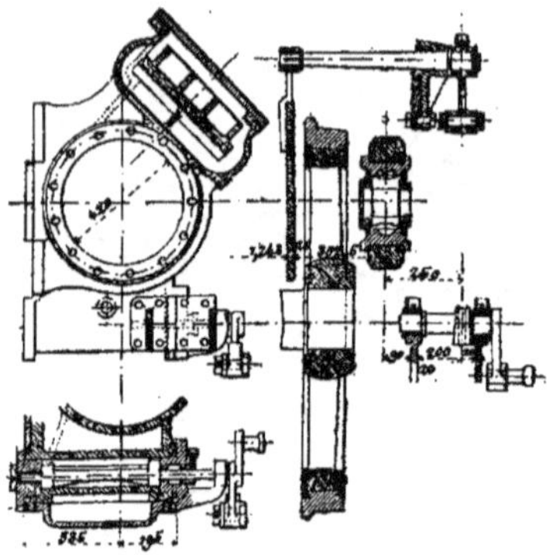

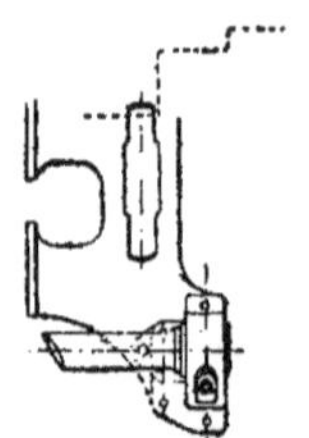

Fig. 240 à 243.

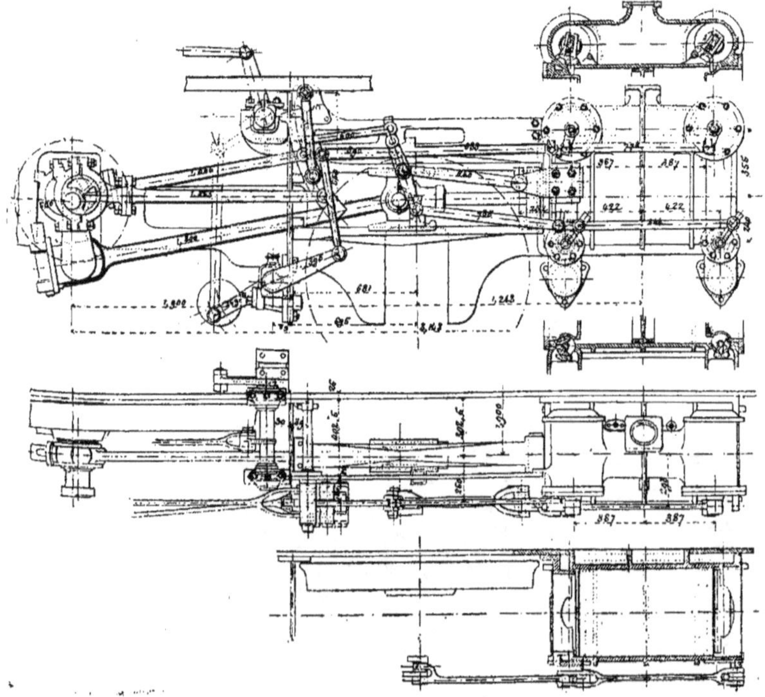

Fig. 244 à 246.

elle est de 10 0/0 ; le démarrage et la prise en vitesse sont donc facilités.

Les diagrammes relevés indiquent un travail supérieur de 12 0/0, pour le même poids de vapeur, à celui des machines ordinaires ; malheureusement, les cylindres créés pour le mécanisme à échappement et compression fixes, ont des espaces nuisibles trop grands, et à grande vitesse ; par suite de l'insuffisance de leur lumière d'évacuation, il se produit une contre pression qui absorbe, et au delà, tout l'avantage qu'on est en droit d'espérer, eu égard aux meilleurs conditions de détente et de compression. Nous verrons, plus loin, que ces cylindres ont depuis été transformés.

193. Quant à la machine 76, l'échappement anticipé présente une durée de 34 0/0 et la compression 29 0/0. Les diagrammes montrent, comme pour la machine 67, que l'espace nuisible est trop grand et les orifices d'échappement trop

faibles à grande vitesse. Malgré ces imperfections des cylindres, cette machine a marché dans des conditions aussi bonnes que les autres machines avec 6 0/0 d'éco-

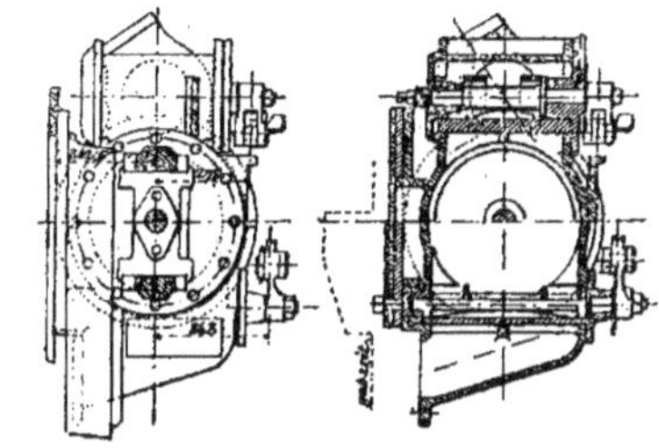

Fig. 247 et 248.

nomie de combustible. Son fonctionnement régulier, pendant plus d'une année, a montré que les tiroirs cylindriques, genre Corliss, sont susceptibles de bien fonctionner à très grande vitesse, et c'est ce type

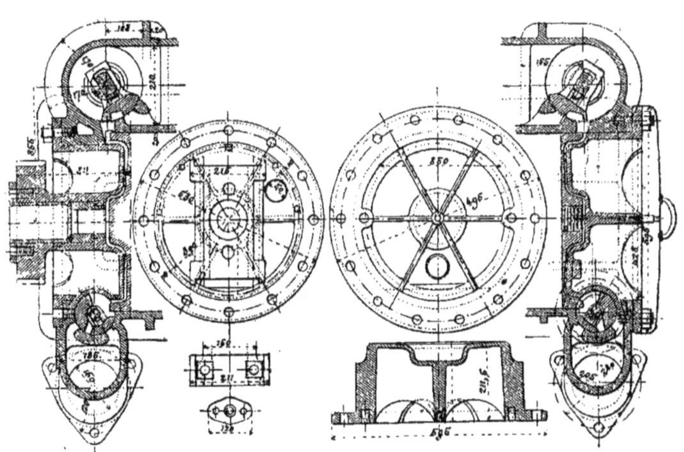

Fig. 249 à 253.

de tiroirs qui a été prévu pour les nouveaux cylindres de la machine 67.

194. Il est à remarquer que la disposition des commandes séparées des deux tiroirs, par une seule coulisse, ne peut donner pour la marche en arrière, les mêmes phases de distribution que pour la marche en avant. Au point de vue économique, la marche en arrière est évidemment sacrifiée, mais cela ne présente aucun inconvénient

pour les machines du service courant des trains qui ne marchent en arrière que pendant les manœuvres, et pour l'entrée ou la sortie dans les dépôts.

195. *Type définitif.* — La dernière disposition adoptée, en se basant sur toutes les remarques précédentes, a été appliquée à la machine numéro 67.

L'ensemble et les détails du mécanisme sont représentés (*fig.* 244 à 253).

Les figures 254 à 257 donnent le dessin du piston à double segment étanche et à rainures, précieux pour éviter les fuites de vapeur.

Chaque cylindre comporte quatre distributeurs cylindriques, deux pour l'admission, deux pour l'échappement. En les plaçant sur le fond même des cylindres, d'après le système Farcot, employé pour les machines Corliss fixes, on a pu réduire l'espace nuisible au minimum possible pour les locomotives, soit 4 0/0. Les tiroirs d'admission sont à double introduction, et ceux d'échappement à double lumière d'échappement.

Les avantages que présente cette nouvelle combinaison sont les suivants :

1° Au point de vue du refroidissement de la vapeur, avant son entrée dans le cylindre, les conditions sont meilleures que dans les machines ordinaires, puisqu'ici les boîtes à vapeur et les tiroirs ne sont pas refroidis par le passage de la vapeur d'échappement qui n'est qu'à 110 degrés environ, celle de la boîte à vapeur ayant 180 degrés. Il y a de ce fait, dans les cylindres ordinaires à un seul tiroir, une condensation qui n'existera pas dans les cylindres à quatre distributeurs distincts ;

2° Au point de vue de la chute de pression, à l'introduction, on peut admettre que cette perte sera évitée en partie puisque la vapeur afflue par une section presque doublée ;

3° Au point de vue de l'utilisation du

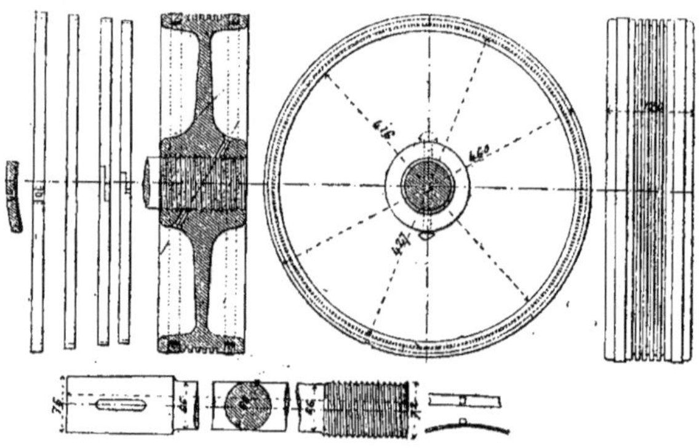

Fig. 254 à 257

travail de la vapeur dans le cylindre, l'espace nuisible diminué, la durée de la compression amoindrie, et la prolongation de la détente, sont autant d'éléments favorables à l'emploi de la nouvelle disposition ;

4° Au point de vue de l'emploi de la contre-vapeur, le travail résistant est augmenté, puisque la quantité de vapeur qui remplit les espaces neutres est diminuée ainsi que l'échappement anticipé.

Le travail positif à marche renversée est donc moindre. Or, l'emploi de la contre-vapeur est critiqué par un certain nombre d'ingénieurs, parce que son action est relativement faible, et ne correspond pas, à beaucoup près, à la totalité du poids adhérent. Aussi voit-on, sur un grand nombre de machines, le frein préféré à la contre-vapeur, dont l'usage est cependant d'une grande commodité. Il y a donc un grand intérêt à en augmenter la puissance ;

5° Au point de vue des frottements et de l'usure des pièces, voici comment la question peut être discutée, en attendant que l'expérience ait prononcé. La nouvelle disposition comporte, il est vrai, quatre tiroirs au lieu d'un, mais les tiroirs cylindriques d'admission sont presque équilibrés, et ceux d'échappement sont très peu chargés. Les tiroirs d'admission (*fig.* 249 à 253) ont une surface totale à peu près égale à celle d'un tiroir ordinaire ; mais, par suite de l'encoche disposée pour la double admission, ils ne supportent de pression que sur 1/3 environ de leur surface ; on peut donc admettre qu'ils ne prendront pas plus que les 2/3 de l'effort nécessaire pour la manœuvre d'un tiroir ordinaire.

Quant aux tiroirs d'échappement, ils sont maintenus étanches par la pression intérieure du cylindre, qui est en moyenne 1/4 de la pression totale de la vapeur à pleine pression.

Les quatre distributeurs doivent donc absorber un peu moins de frottement qu'un tiroir ordinaire. Le nombre des articulations est augmenté, il n'en peut être autrement, mais nous ne pensons pas que cette petite complication soit comparable, disent MM. Lencauchez et Durand, à celle qui résulte des dispositions compound et autres, qui ont été jusqu'à présent essayées dans le but de mieux utiliser le travail de la vapeur.

Bien entendu nous laissons à ces messieurs la responsabilité entière de cette affirmation, que l'expérience paraît à ce jour avoir absolument contredite.

196. *Expériences.* — Les machines de ce dernier type ont été l'objet d'essais officiels, le 17 juin 1890. Un train composé de 16 voitures et pesant 160 tonnes, a été remorqué par la machine 67, de Paris à Brétigny (31 kilomètres), à une vitesse de 55 kilomètres à l'heure à l'aller, et de 70 au retour.

Les diagrammes relevés et comparés à ceux d'une locomotive analogue, munie d'une distribution ordinaire, montrent une courbe de compression notablement renflée.

La courbe normale est en même temps plus renflée à l'admission et la contre-pression est diminuée à grande vitesse.

Si l'on calcule les dépenses de vapeur correspondant au travail produit, en déterminant le poids de vapeur présent au cylindre au commencement de l'échappement, et en déduisant le poids de vapeur qui remplit l'espace nuisible, on arrive à conclure que l'avantage au profit de la nouvelle distribution est en moyenne de 18,9 0/0.

Plusieurs conditions ayant une influence sur la dépense de vapeur, ne ressortent pas de l'analyse des diagrammes, comme par exemple l'eau entraînée ; mais il n'y a pas de raison pour qu'elle soit différente dans des conditions identiques de production de vapeur.

L'espace nuisible est réduit de moitié, 4,5 0/0 au lieu de 8 à 9 0/0, une plus grande quantité de vapeur sera utilisée comme pleine pression sur la machine 67.

La diminution de la compression donnera lieu à moins de travail résistant, comme frottement des organes du mécanisme.

Malgré le plus grand nombre des tiroirs et des articulations, le travail total de frottement est moins considérable que celui des tiroirs ordinaires.

Ainsi la pression totale sur chaque tiroir tournant d'admission est :

Pression minima . . . . . 1 600 kil.
Pression maxima. . . . . 4 180 —
                         5 840 —

Moyenne 2 920 kilogrammes ; la pression totale sur chaque tiroir tournant d'échappement est en moyenne 533 kilogrammes.

La pression moyenne pour les quatre tiroirs de la machine 67 est donc :

$2 \times 2\,920 + 2 \times 533 = 6\,946$ kilogr.

Pour la locomotive ordinaire la pression minima est de . . . . 6 905 kil.

La pression maxima est de . . . . 9 010 —
                         15 915 —

Moyenne 7 957 kilogrammes.

Le coefficient de frottement étant supposé 0,10, le travail résistant qui résulte est, par tour de roues, pour les deux cylindres :

Pour la machine ordinaire 210 kilogrammètres ;

Pour la machine à quatre tiroirs rotatifs 180 kilogrammètres.

Conclusion.

197. Nous avons donné impartialement, et le plus souvent textuellement, les appréciations des inventeurs sur leurs propres machines, et leurs critiques du système compound ou autres. Nous sommes obligés de faire à ce sujet toutes nos réserves, les expériences précitées n'ayant pas été suffisamment prolongées ni répétées pour être concluantes.

Nous sommes heureux, dans tous les cas,

de signaler ces ingénieuses dispositions, qui pourront peut-être un jour réaliser, de leur côté, un nouveau progrès dans les locomotives, comme l'a fait, d'une manière magistrale et aujourd'hui admise par tous, le système compound.

LOCOMOTIVES ÉTRANGÈRES

Introduction.

198. Nous avons eu précédemment, à plusieurs reprises, occasion de signaler au passage, afin de spécifier certains types, des locomotives étrangères. Nous nous sommes, en particulier, étendus sur ces dernières, à propos des locomotives compound. Il nous reste, pour terminer le sujet, à étudier quelques généralités et les

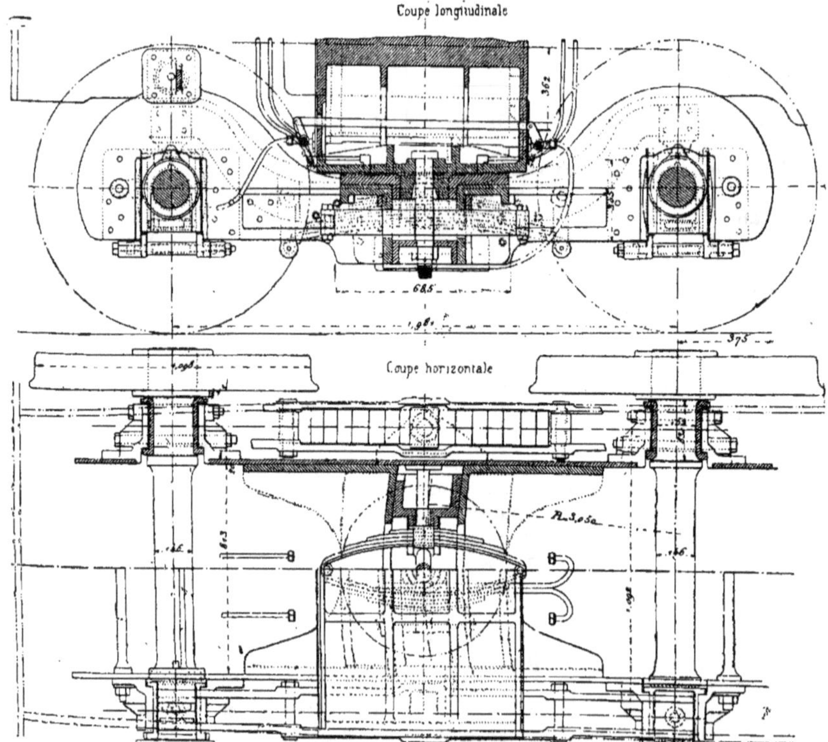

Fig. 258 et 259. — Bogie des machines compound du North-Eastern.

types de construction récente, mis en service dans les principaux pays d'Europe ; puis à examiner, d'une manière toute spéciale, les machines adoptées en Amérique. Nous commencerons par donner une idée générale de l'état actuel des locomotives en Angleterre ; le travail a été fait dans un ouvrage spécial, par M. l'ingénieur Demoulin, et nous lui empruntons l'étude ci-dessous, qu'il a publiée dans *le Portefeuille des Machines* (juin 1889).

Véhicule.

199. *Châssis.* — Parmi les machines neuves, quelques locomotives à essieux indépendants ont seules conservé les longerons extérieurs et doubles pour les roues motrices (Midland).

Les longerons doubles se rencontrent encore assez fréquemment sur les machines à quatre roues couplées, mais le châssis extérieur ne porte que sur les boîtes à graisse de l'essieu non accouplé (Great-Eastern. M. Holdn, 1887).

Les longerons intérieurs tendent à se généraliser de plus en plus à cause de leur légèreté.

200. *Bogies.* — On sait que l'emploi du bogie s'est à peu près généralisé en Angleterre, excepté sur le London and North-Western, le London Brighton et le Great-Western. Ses avantages sont trop connus ajourd'hui pour que nous y insistions.

Sauf quelques exceptions, les bogies anglais jouissent d'un jeu latéral contrôlé par des ressorts à lame et à pincettes, ou par des rondelles de caoutchouc. On a renoncé à l'interposition d'une rondelle en caoutchouc ou en bois entre la machine et le pivot.

Nous avons donné dans notre tome III les types de nombreux bogies anglais. Nous représentons aujourd'hui (*fig.* 258 et 259) un des derniers construits en Angleterre; c'est celui des nouvelles compound de North-Eastern (V. p. 108). Il se distingue des autres trucks articulés en ce que son châssis porte une glissière courbe d'un rayon moyen de 3ᵐ,05, dans lequel pénètre le pivot. Ce bogie est en réalité un bissel dont la tringle d'attache est remplacée par une glissière cintrée.

Le jeu latéral est contrôlé par une paire de ressorts à pincettes. L'avant du châssis du truck est muni de petits tampons qui viennent buter contre les longerons pour limiter le jeu.

Le graissage des bogies est assuré par des godets et des boîtes facilement accessibles. Les surfaces frottantes portent des pattes d'araignée. Dans les machines écossaises, les godets sont directement vissés sur des pattes venues de fonte avec la pièce intermédiaire du pivot. Ils sont généralement au nombre de huit : quatre d'entre eux servent à lubrifier le pivot, et les quatre autres, les glissières du bogie.

Au London and South-Western, le graissage est effectué au moyen de deux boîtes placées contre l'entretoise du longeron, et communiquant par des tuyaux avec des pattes d'araignée.

201. *Boîtes radiales.* — On emploie beaucoup la boîte radiale à glissières courbes système Webb, ou à plans obliques verticaux, soit pour l'essieu avant des machines à quatre roues couplées qui n'ont

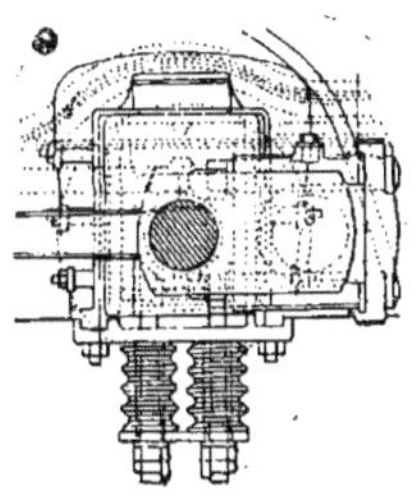

Fig. 260.—Ressort d'essieu moteur du North-British

pas de bogie, soit pour l'essieu porteur arrière des machines à tenders. Tel est le cas du London and South-Western, du London and North-Western, du Tilbury and Southend, du Great-Eastern, etc.

Certaines de ces machines sont à dix roues, dont quatre couplées. A l'avant se trouve un bogie à jeu latéral ; à l'arrière, un essieu à boîtes radiales.

202. *Suspension.* — Les locomotives de construction récente ne sont que rarement munies de balanciers ; quelques-unes ont à l'essieu moteur d'arrière des ressorts à spirale (*fig.* 260).

Chaudières.

203. Il y a peu de choses à dire concernant les chaudières proprement dites, qui continuent à offrir les particularités usuelles aux locomotives anglaises, et aujourd'hui bien connues en France.

Les chaudières des locomotives, en Angleterre, étant destinées à utiliser un excellent combustible, dont la qualité varie peu d'une ligne à l'autre, ne présentent guère entre elles de grandes différences. Étant donnée la nature régulière du charbon, et la proportion à peu près constante de la surface de chauffe à la surface de grille, cette dernière peut généralement servir de base de comparaison entre deux chaudières données.

L'uniformité des types est frappante ; les tubes ont une faible longueur variant entre 3^m,25 et 3^m,50 ; le foyer, presque toujours du type Crampton est profond ; il porte une voûte en briques, et la grille n'est jamais placée au-dessus d'un essieu moteur ou couplé.

Les dômes sont généralement de petites dimensions et situés vers le milieu du corps cylindrique.

Voici quelques-unes des innovations récemment adoptées :

204. *Boîtes à feux.* — Les ingénieurs

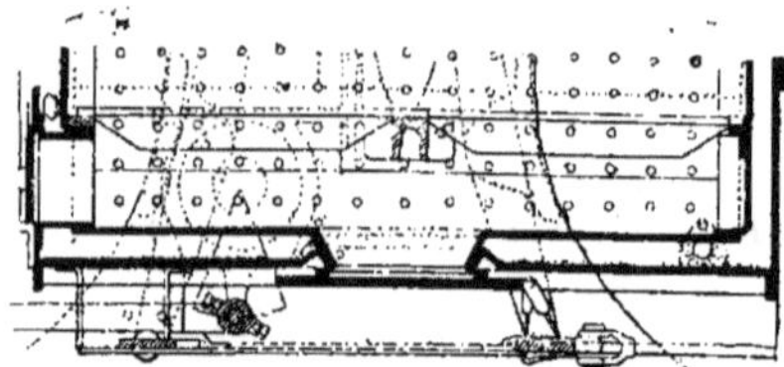

Fig. 261. — Cendrier Webb.

anglais ont tendance à augmenter les dimensions du foyer, quitte à employer de très longues bielles d'accouplement. Les foyers des machines récentes les plus

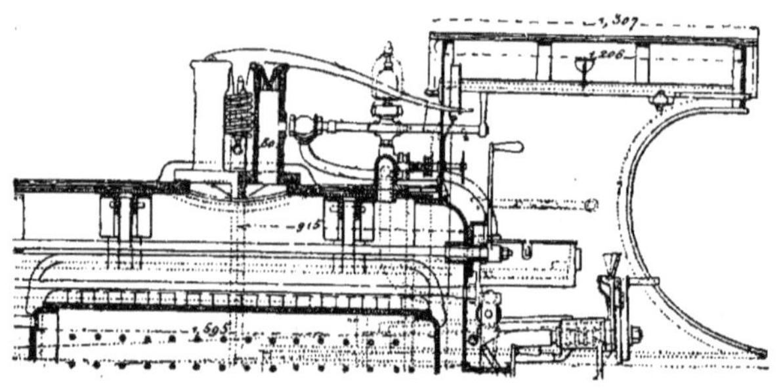

Fig. 262. — Appareils d'arrière des machines du London and South-Western.

fortes ont 1^m,98 de longueur, dimensions considérables, étant donnée la qualité du combustible.

M. Webb, pour ses compound du type *Dreadnough*, a adopté de très grands foyers, qui ont une lame d'eau sous la grille (*fig.* 261), en vue surtout d'augmenter un peu la circulation de l'eau autour du foyer.

Les foyers des machines anglaises sont tous profonds et comportent toujours une voûte en briques.

205. *Boîtes à fumée.* — Il paraît exister une tendance à abandonner l'ancienne attache du corps cylindrique à la plaque tubulaire avant au moyen d'une cornière cintrée.

Dans les nouvelles machines du Middland, la plaque en question est emboutie vers l'avant, et la tête de la boîte à fumée est directement rivée sur le prolongement de la dernière virole. La boîte à fumée se trouve ainsi dans le prolongement du corps cylindrique ; elle est entourée par la continuation de l'enveloppe de la chaudière.

Les dernières machines à essieux indépendants du Great-Western présentent une disposition de ce genre.

206. *Armatures du ciel du foyer.* — L'emploi des fermes longitudinales reste à peu près général, mais on les relie toujours au berceau par quelques armatures.

M. Worsdell a introduit au Great-Eastern, puis au North-Eastern, l'usage des fermes en acier coulé adoptées aussi par le London and South-Western, (*fig.* 262).

L'avantage de ces armatures consiste en ce qu'il est facile de leur donner une forme convenable pour la résistance, tout en les faisant légères, et d'y ménager les passages nécessaires pour l'attache des menottes ou des vis. Ces fermes sont d'une construction peu coûteuse, puisqu'elles sont faites suivant un modèle unique, en métal coulé, et que les parties seules qui doivent être dressées exigent une certaine main-d'œuvre.

Les fermes sont généralement reliées par des menottes pendantes à deux fers à **T**, cintrés suivant les contours du berceau auquel ils sont rivés.

L'espacement de ces fers à **T** est calculé de telle sorte que chaque ferme soit reliée à l'enveloppe du foyer en deux points également distants de leurs milieux et de leurs extrémités. Cette disposition qui, du reste, n'est pas spéciale aux machines anglaises, a l'avantage de décharger les parois verticales de la boîte à feu de l'effort dû à la pression sur le ciel.

Au Great-Eastern, au London and South-Western, on remplace les fers à **T** par deux cornières embrassant les menottes (*fig.* 262).

Quelques Compagnies, comme le Calédonian, le Manchester Sheffield and Lincolnshire, ont renoncé aux fermes : la première les remplace par des entretoises vissées dans le ciel et boulonnées par groupes de trois dans une petite armature horizontale reliée en son milieu au berceau par le moyen d'une menotte venue de forge (*fig.* 263).

Au Manchester Sheffield, les entretoises Perkins se sont répandues.

Au Calédonian et au North-British, les machines neuves portent un certain nombre d'entretoises longitudinales, remplaçant un égal nombre de tubes, entre les deux plaques tubulaires. Ces tirants sont en acier et en deux parties réunies, vers le milieu du corps cylindrique, par des ridoirs que l'on serre au moyen d'une clef.

Avec des tubes longs, cette disposition, qui empêche le bombement de la plaque tubulaire, aurait peut-être pour but d'amener des fuites à l'assemblage des tubes et des plaques, sous l'influence du glissement causé par les dilatations. Ce dispositif est, du reste, peu usité.

207. *Dôme.* — Certaines machines anglaises, même de construction récente, n'ont pas de dômes. Tel est le cas sur les lignes du Great-Northern, du South-Eastern, du Glascow and South-Western, qui sont d'un faible trafic, et dont les chaudières ne sont jamais forcées. Et les dômes, quand ils existent, sont plus petits que

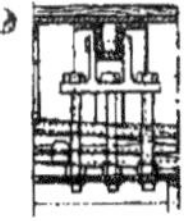

Fig. 263. — Armatures de foyer du Calédonian.

partout ailleurs. Pourtant, en Angleterre, les locomotives ont des chambres de vapeur peu volumineuses, des cylindres de fort volumes, et la chauffe y est énergique, toutes conditions qui devraient augmenter les entraînements d'eau.

L'expérience paraît cependant démontrer que ces machines ne sont pas plus sujettes que les autres à cet inconvénient. Voici quelle est, croyons-nous, l'explication de ce fait.

Quelque volumineux que soit le dôme d'une locomotive, il n'augmente la capacité de la chambre de vapeur que dans des limites étroites. On ne peut donc invoquer à son avantage que la distance à laquelle il élève la prise de vapeur au-dessus du niveau. Or, quand une ébullition se produit dans une chaudière, il ne faut pas croire que l'eau entraînée se cantonne à quelques centimètres du niveau. Cette eau se mélange intimement à la vapeur, et il se produit, dans toute la chambre, une vive émulsion, qui se fait sentir presque autant à la partie supérieure du dôme qu'au niveau de l'eau. Par exemple, dans certaines chaudières marines, très sujettes aux ébullitions à cause de la présence de l'huile provenant des condenseurs à surfaces, les soupapes de sûreté sont situées à plus de 1ᵐ,80 du niveau. Néanmoins, quand elles fusent brusquement, il y a souvent un entraînement d'eau violent qui rejette sur le pont une véritable trombe d'eau.

On conçoit donc qu'un dôme de faible capacité produit le même effet qu'un dôme volumineux.

Les dômes des locomotives anglaises sont

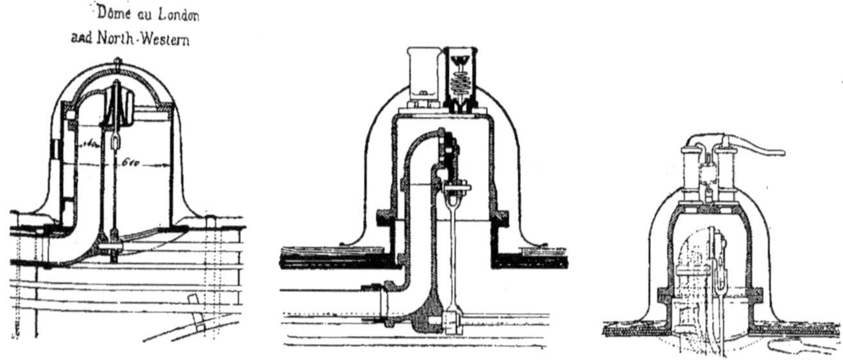

Fig. 264 à 266. — Dômes du London and North-Western, du North-British et du Caledonian.

en fonte ou en tôle, avec un couvercle de fonte boulonné qui se démonte pour la visite ou le démontage du régulateur. Celui-ci se trouve toujours à la partie supérieure du dôme, où il est facilement accessible (*fig.* 264 à 266).

Un inconvénient apparent du système est l'obligation où l'on est pour cette réparation

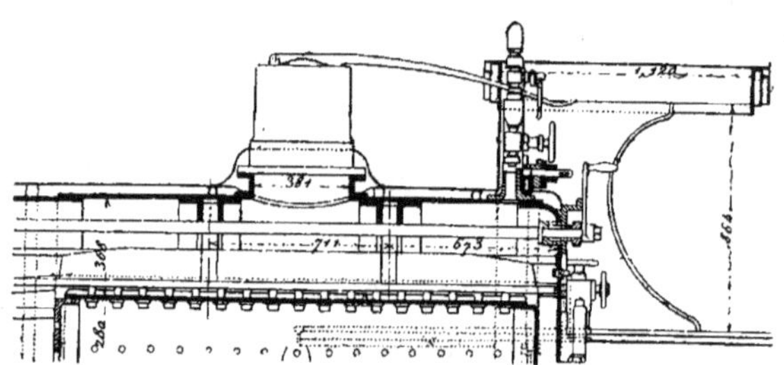

Fig. 267. — Appareils d'arrière des machines du London and North-Western.

de démonter l'enveloppe du dôme. Pour faciliter le démontage, quelques ingénieurs ont simplifié l'attache de cette enveloppe, et souvent reporté les soupapes de sûreté à un autre point.

Ainsi, M. Webb, au London and North-Western, ne fixe l'enveloppe du dôme à la chaudière que par une seule vis située dans l'axe, au sommet de la calotte, et qui pénètre dans une douille filetée, vissée elle-même sur le couvercle d'un trou d'homme (*fig*. 264). Le démontage de l'enveloppe est très rapide et a lieu par la tôle d'enveloppe. Sur la face avant du dôme est fixée une petite douille qui reçoit, lors des démontages, une potence servant à enlever le couvercle du dôme.

Accessoires de chaudières.

208. Un certain nombre d'accessoires de chaudières ont été récemment l'objet de perfectionnements sérieux. Nous noterons aussi ceux qui, bien que n'étant pas de date très récente, tendent manifestement à se répandre.

209. *Soupapes de sûreté.* — Nous signalerons avant tout la généralisation de plus en plus accentuée des soupapes à charge directe du système ordinaire Ramsbotton.

Seules, deux grandes Compagnies, la Middland et le London-Brighton continuent

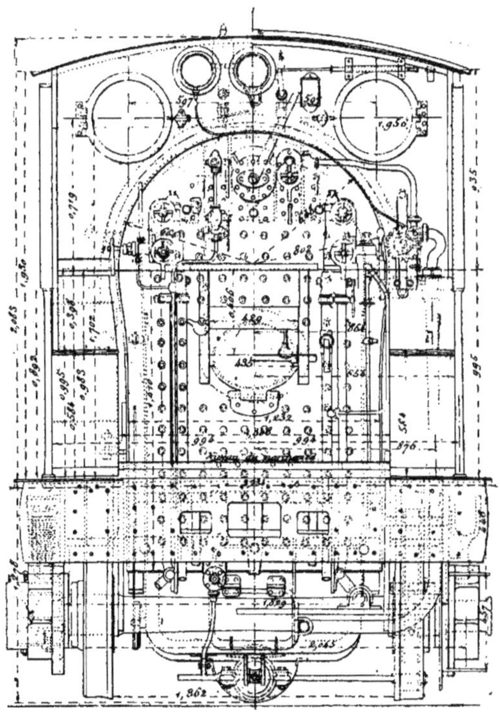

Fig. 268. — Midland. — Appareil d'arrière.

à employer des balances du type usuel, la première concurremment avec une soupape à charge directe au-dessous du foyer.

Les soupapes Adams à gorges sont très répandues.

La disposition Ramsbotton ou Webb est la plus usitée. Les soupapes sont alors placées sur deux colonnettes au-dessus du foyer (*fig*. 262 et 267), ou au milieu du corps cylindrique, s'il n'y a pas de dôme, comme au Glasgow and South-Western et au South-Eastern.

Dans quelques machines récentes, Caledonian, North-British, les soupapes ont été reportées sur le dôme afin de ne pas percer une seconde ouverture dans l'enveloppe de la chaudière.

Sur les machines du Caledonian, les soupapes sont du système Ramsbotton ; sur celles du North-British, au contraire, on n'a pas adopté ce système (*fig.* 265). Les soupapes à charges directes, sont placées l'une à côté de l'autre, sur le dessus du dôme, et sont marquées par de petites colonnettes.

210. *Groupements.* — Les ingénieurs anglais s'attachent de plus en plus à grouper toutes les pièces accessoires de vapeur sur une monture unique ; ils disposent souvent des tuyaux intérieurs allant prendre la vapeur à la partie supérieure du dôme.

Citons comme exemple le groupement de Webb (London and North-Western) (*fig.* 267). Les prises de vapeur du sifflet, des deux injecteurs, du manomètre, et de l'éjecteur du frein, se font sur une colonnette en bronze placée dans l'axe, contre la paroi de l'écran, vers l'intérieur de la cabine. La colonnette est recouverte par une enveloppe en tôle mince rattachée à la toiture de l'abri.

Au London and South-Western (*fig.* 262), une tubulure commune réunit les prises de vapeur du sifflet et des injecteurs. La prise de vapeur de l'éjecteur est greffée sur la colonnette arrière des soupapes.

Sur quelques lignes, la plupart des prises de vapeur accessoires se font sur l'arrière du foyer, dont la forme plate facilite l'établissement du joint.

Au Caledonian, au Great-Eastern, les prises de vapeur des injecteurs sont séparées et placées de côté, de part et d'autre ; sur la dernière de ces lignes, les robinets sont dans l'abri.

L'usage des robinets à vis est toujours général.

211. *Alimentation.* — L'alimentation se fait soit par des injecteurs horizontaux non aspirants, placés sous le tablier de la plate-forme, soit par des injecteurs verticaux accotés contre la façade arrière de la chaudière, ou des injecteurs horizontaux placés dans l'abri et quelquefois sur les couvre-roues arrière.

Dans le premier cas, la boîte de refoulement se trouve généralement à l'avant du corps cylindrique, suivant la méthode nouvelle. Dans le second cas, le refoulement, suivant une disposition qui tend à se répandre, se fait par la paroi arrière de la

boîte à feu extérieure. Un tuyau intérieur en cuivre rouge prolonge le tuyau de refoulement du Giffard et conduit l'eau d'alimentation vers l'avant du corps cylindrique.

Ce système, employé tout d'abord au London and North-Western, puis au Middland (*fig.* 268), présente plusieurs avantages. Il permet de supprimer une assez grande longueur de tuyautage supportant la pression de la chaudière. L'eau d'alimentation se réchauffe peu à peu

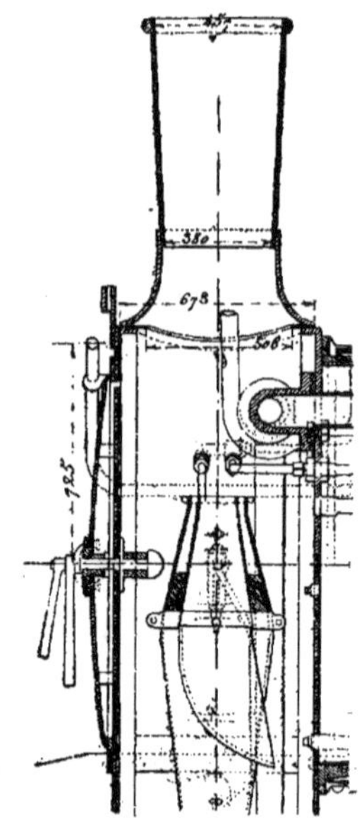

Fig. 269. — Cheminée du London and South-Western.

dans le tuyau intérieur, et ne se mélange au contenu de la chaudière que quand elle a atteint à peu près la température de ce dernier. On évite ainsi les inconvénients que présente, pour la conservation du générateur, l'introduction d'eau froide dans une chaudière où l'eau est portée à 185 degrés. Ajoutons que la majeure partie des dépôts se font dans le tuyau intérieur, dont le remplacement est facile et peu coûteux.

Cet arrangement est vraisemblablement appelé à se généraliser.

Le Middland et le London and North-Western emploient concurremment à ce système des injecteurs verticaux de petit volume, dont la chapelle de refoulement est directement fixée à la paroi arrière de la chaudière. L'injecteur du London and North-Western, du système Webb, est connu depuis longtemps. Celui du Middland est du système Adison.

212. *Cheminées*. — Les cheminées des machines récentes sont courtes, en raison de la hauteur du corps cylindrique et du gabarit, qui est de 4 mètres au plus.

Elles sont le plus souvent tronconiques,

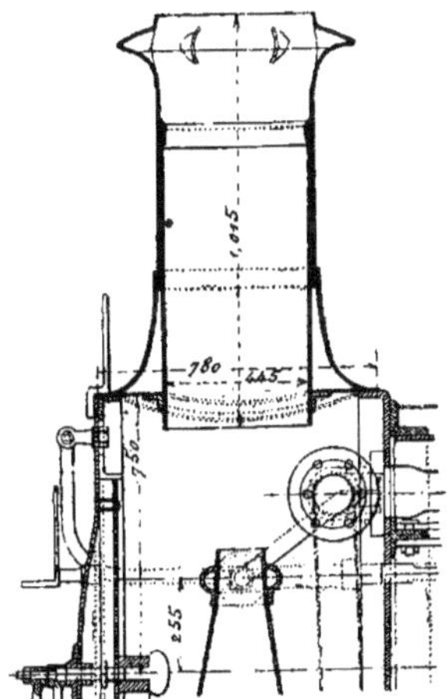

Fig. 270. — Cheminée du Middland.

avec la grande base en haut. La cheminée genre Sinclair (*fig.* 269) n'est guère employée que par trois Compagnies : le London and South-Western, le Caledonian, excepté sur les machines de construction récente et le Great-Eastern. Sur la plupart des lignes, les cheminées sont munies de chapiteaux en fonte, en bronze ou en laiton embouti. Quelques ingénieurs font même des cheminées entièrement en fonte mince.

Au Middland (*fig.* 270), les cheminées, tronconiques intérieurement, portent une enveloppe extérieure, dont la petite base est vers le haut. La partie supérieure est en fonte. Cette cheminée est élégante, et,

grâce à sa double enveloppe, la peinture se dégrade moins vite.

213. *Portes du foyer*. — Dans la plupart des machines neuves, la porte du foyer

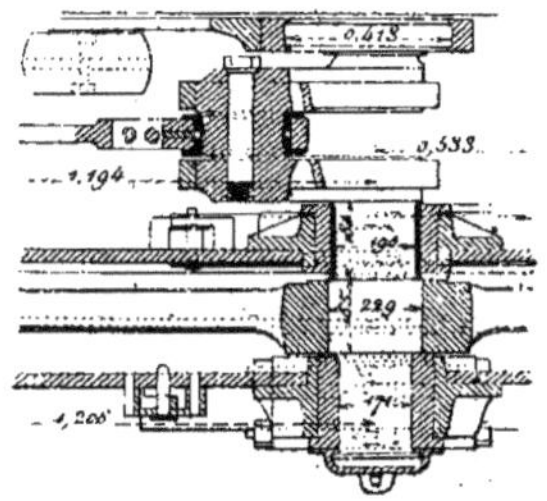

Fig. 271. — Essieu coudé du Middland.

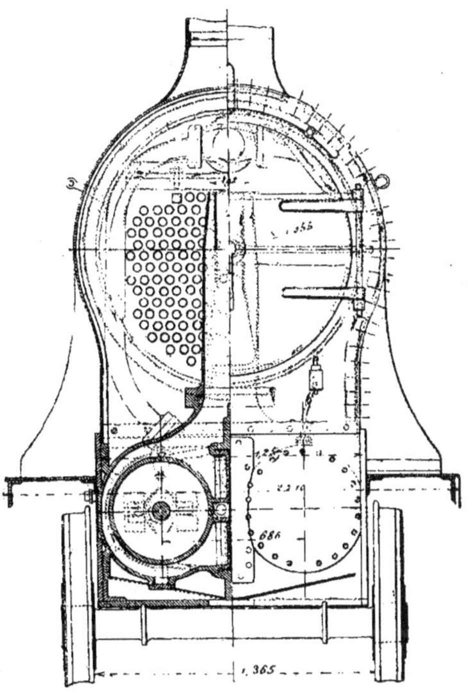

Fig. 272. — Boîte à fumée, cylindres et tuyaux d'échappement du Caledonian.

est en fonte et s'ouvre vers l'intérieur, de manière à former déflecteur et à empêcher l'air froid de se précipiter directement sur la plaque tubulaire. On ouvre cette porte au moyen d'un levier à secteur et d'une petite bielle. On dispose ordinairement une contre-porte pour protéger du rayonnement.

Mécanisme.

214. *Essieux coudés.* — Signalons l'essieu coudé récemment introduit au North-Eastern, par M. Worsdell. Les joues de chaque manivelle sont constituées par des disques excentrés venus de forge qui donnent à l'essieu coudé une grande solidité et permettent de finir l'essieu sur le tour.

Dans les dernières machines du Middland, chaque coude-manivelle est foré dans toute sa longueur, suivant son axe, d'un trou dans lequel passe un boulon (*fig.* 271). Cela, comme nous le savons, dans l'intention de retenir les différentes parties en cas de rupture. Dans beaucoup de machines neuves, les manivelles des essieux coudés sont frettées.

215. *Cylindres.* — Les cylindres de toutes les machines récentes ont de $0^m,46$ à $0^m,48$ de diamètre. Lorsque ces cylindres sont intérieurs, les conduits de vapeur sont nécessairement rétrécis, et les tiroirs très aplatis, quand ils restent, comme c'est le plus généralement l'usage, disposés verticalement dans l'axe. Pour y remédier, on donne une grande longueur aux lumières, et on les fractionne en deux parties (*fig.* 272). L'échappement se fait à moitié par le bas, au moyen d'un conduit circulaire qui contourne le cylindre et rejoint la base du tuyau d'échappement dans la boîte à fumée.

Dans les dernières machines de Great-Eastern, les tiroirs sont inclinés et placés dans les cylindres, comme dans les machines à quatre roues couplées du London-Brighton.

216. *Pistons.* — Le type qui se répand de plus en plus est le piston en acier moulé à souche simple, ayant la forme d'un tronc de cône aplati. L'assemblage avec la tige se fait sur portée conique, et le serrage, au moyen d'un boulon. La grande conicité de l'assemblage facilite le démontage.

217. *Tuyaux d'échappement.* — Les ingénieurs anglais paraissent chercher une meilleure utilisation de la vapeur d'échappement et une meilleure répartition du tirage dans une autre voie que les Américains. Ils ne semblent pas enclins à adopter le petticoat, mais ont fait récemment quelques applications de l'échappement dit *vortex* breveté par M. Adam.

La figure 269 représente le système tel qu'il est adopté au London and South-Western. Le tuyau d'échappement est partagé en deux branches qui se réunissent à la base d'un ajutage annulaire, dont le but est d'augmenter la surface du jet de vapeur, afin de faciliter l'entraînement des gaz. A la partie inférieure de l'échappement annulaire, se trouve une sorte de cuiller à pavillon élargi, et tourné vers la plaque de tête, qui a pour but d'augmenter le tirage des tubes inférieurs. Ceux-ci, sortant avec la voûte en briques, produisent ordinairement moins que les rangées supérieures.

Une disposition analogue a été adoptée sur les dernières machines du Caledonian ; seulement, dans ce cas, le pavillon n'est pas rapporté ; il est venu de fonte avec le tuyau d'échappement (*fig.* 272).

Les orifices d'échappement sont toujours très serrés dans les machines anglaises ; le diamètre des tuyaux varie de $0^m,098$ à $0^m,118$ pour les machines les plus puissantes. Néanmoins, le tirage n'est pas trop violent, car les mécaniciens anglais tiennent la porte du foyer constamment ouverte, ce qui, joint à l'usage général de la voûte en briques, rend le foyer fumivore.

218. *Glissières.* — Au Great-Eastern et au London and South-Western, on applique d'une manière générale les glissières à guide unique placé au-dessus de la tige. Les figures 273 à 276 donnent le modèle de crosse adopté par le Great-Eastern.

Signalons l'emploi de plus en plus fréquent de plaques-supports de glissières en fonte ou en acier coulé. Le métal fondu offre les mêmes avantages que pour les fermes de foyer. Il permet, à peu de frais, une disposition convenable de tous les bossages et nervures nécessaires. Les portées seules demandent une certaine main-d'œuvre d'ajustage. Grâce à la sup- pression des cornières, le poids de ces entretoises n'est pas plus grand que

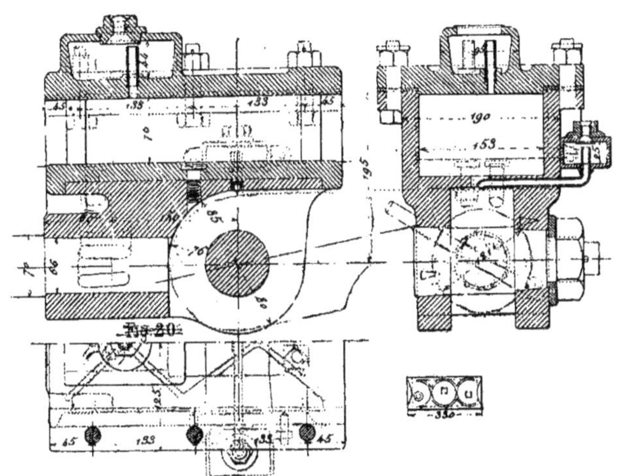

Fig. 273 à 276. — Crosse de tige de piston du Great-Eastern.

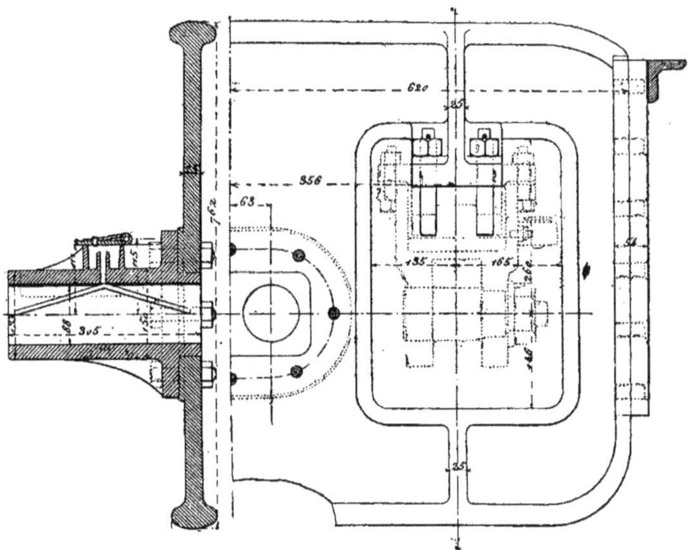

Fig. 277 et 278. — Support de glissière en acier coulé du Great-Eastern.

quand elles sont en tôle. Ces plaques forment d'excellentes entretoises de longerons.

Les figures 277 et 278 représentent en élévation et en coupe les plaques-supports glissières du Great-Eastern sur lesquelles on voit nettement l'attache des guides des tiges des tiroirs et glissières. La figure 279 est un purgeur à ressort très commode et très employé.

219. *Distribution.* — Malgré quelques essais de distributions radiales (Joy, Morton, Bayer-Douglas), les ingénieurs anglais sont restés fidèles à la coulisse de Stephenson. Au Middland, la distribution Joy a été abandonnée après plusieurs tentatives. M. Webb est seul resté fidèle à ce système, les tiroirs des machines compound étant placées au-dessus des cylindres.

220. *Excentriques.* — On emploie au Great-Eastern une nouvelle disposition de poulies d'excentriques représentée par les figures 280 et 281. Les deux parties d'une même poulie sont réunies par deux vis à têtes noyées. Les vis portent des têtes carrées, afin d'être serrées avec une clef à

douille. Le trou occupé par la tête de la vis est rempli de métal blanc arasé au niveau de la portée du collier.

En outre, afin d'éviter l'affaiblissement

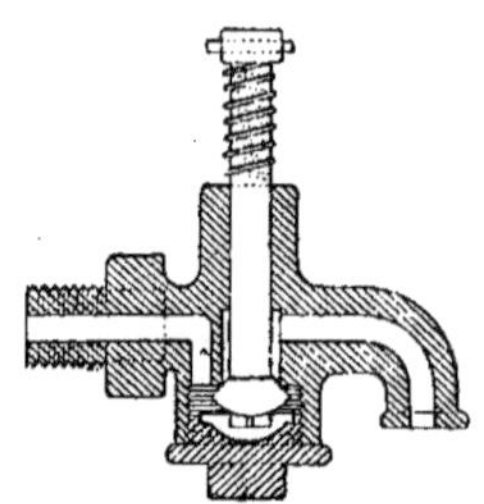

Fig. 279. — Purgeur à ressort.

de l'essieu, les poulies ne sont pas clavetées ; elles sont maintenues par des saillies qui épousent les joues adjacentes des essieux coudés. Les portées de ces deux

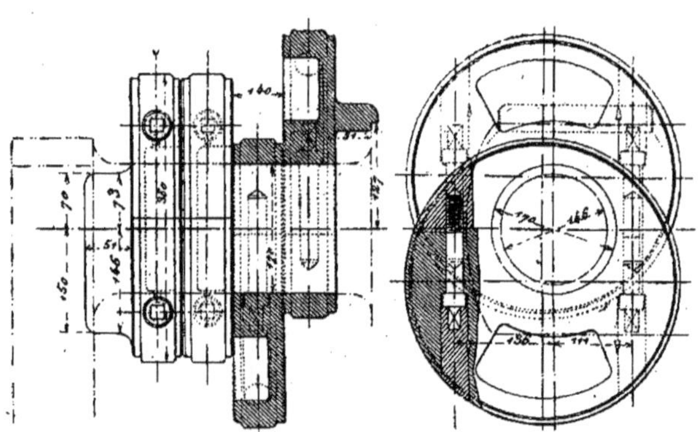

Fig. 280 et 281. — Poulies d'excentriques du Great-Eastern.

pièces en contact sont soigneusement rabotées et ajustées.

On continue l'emploi des colliers en fonte non antifrictionnés, qui donnent un bon frottement, mais sont nécessairement lourds et de forts échantillons.

221. *Changement de marche à vapeur.* — Les changements de marche à vapeur se rencontrent sur les machines du Glascow and South-Western et du South-Eastern, où ils ont été introduits par M. J. Stirling ; on les voit encore sur quelques machines du Caledonian.

L'appareil se compose d'un cylindre à

vapeur et d'un cylindre à huile formant cataracte. Une nouvelle disposition de M. Stirling permet de supprimer la barre de relevage ; on commande pour cela directement l'arbre de rappel au moyen d'une courte bielle articulée directement sur la tige commune aux deux cylindres. Ceux-ci sont verticaux et fixés : dans les machines express, vers l'avant de la sablière, qui prolonge les couvre-roues sur un support en fonte boulonné au longeron ; dans les machines-tenders, sur la façade des caisses à eau, qui se terminent à l'arrière de l'arbre de relevage. La commande de l'appareil (tiroir à vapeur, robinets de verrouillage et de vapeur) se fait au moyen de la main-courante, et d'une tringle additionnelle.

Divers.

222. *Mains-courantes.* — Les mains-courantes, souvent formées d'un tuyau, sont utilisées comme commandes du souffleur et de l'éjecteur, sur les machines qui sont munies de freins à vide. Elles font souvent le tour de la machine en se recourbant à la partie antérieure de la boîte à fumée (*fig.* 269 et 270).

223. *Pompes Westinghouse et éjecteurs.* — Ces pompes sont presque toujours placées verticalement contre le foyer, entre les tambours des roues motrices.

Elles sont le plus souvent fixées au foyer par des goujons. Pour éviter les inconvénients d'un tel système, au Caledonian, la pompe est boulonnée sur un petit bâti vertical en fonte, relié au tablier et indépendant de la chaudière. Le tuyau d'échappement est ordinairement dissimulé derrière la main-courante, ou sous le tablier.

Pour rendre l'aspect de la machine plus satisfaisant, les éjecteurs des freins à vide sont entièrement dissimulés dans la boîte à fumée, comme au Great-Southern and Western (Irlande), et au South-Eastern. D'autres fois ils sont disposés verticalement contre celle-ci, comme autrefois au Great-Northern, ou horizontalement dans le prolongement de la main-courante, comme au Middland. M. Webb dispose l'éjecteur dans la cabine, et le tuyau d'échappement, situé horizontalement à la hauteur du milieu du corps cylindrique, est en partie dissimulé derrière la main-courante, qui lui est fixée directement.

224. *Prise d'eau.* — Le London and North-Western, qui possède des tenders relativement petits, peut effectuer sans arrêt des parcours aussi longs que les autres lignes. Cela tient à ce que M. Webb a généralisé le système bien connu des trompes du type Ramsbotton, qui permettent de prendre de l'eau en route, dans des fosses pratiquées entre les rails. La Compagnie possède des prises d'eau de ce genre à Bushey, Wolverton, Lichfield, Warrington, Tebay, etc.

225. *Soutes à eau et à charbon.* — Dans les machines-tenders, les soutes à charbon ne sont jamais placées de part et d'autre du foyer. Le combustible est toujours, par raison d'équilibre, emmagasiné dans une caisse spéciale, située à l'arrière de la plate-forme.

Les caisses à eau s'arrêtent toujours un peu à l'arrière de l'arbre de relevage pour la même raison, ce qui facilite, en outre, la visite du mécanisme. Dans plusieurs machines récentes, comme au London and South-Western, elles ne dépassent même pas les tambours des roues motrices. Dans ce cas, les caisses à eau, entourant le foyer, s'étendent sous la plate-forme, et derrière celle-ci viennent entourer la soute à charbon. Les locomotives sont alors munies à l'arrière du foyer d'un essieu porteur à boîtes radiales; de telles machines sont en usage sur le London and North-Western, le Caledonian, le London and South-Western, le Tilbury-South-End, etc.

Au North-Bristish, au South-Eastern, et au Great-Northern, on a préféré reporter les roues couplées à l'avant et supporter l'arrière par un bogie entièrement placé à l'arrière du foyer.

226. *Cabines-abris.* — La tendance actuelle est d'augmenter l'importance des cabines-abris. Au North-Eastern, M. Worsdell a même adopté la cabine américaine en tôle, avec fenêtres latérales.

Les cabines avec colonnettes à l'arrière abritant toute la plate-forme se sont généralisées depuis quelques années à l'initiative de M. Stroudley.

Dans les machines-tenders, les cabines sont toujours fermées à l'arrière, où elles sont raccordées à la soute à charbon.

Sur quelques locomotives construites pour les colonies, on a même installé, sur l'avant des tenders, des toitures supportées par quatre colonnettes pour abriter du soleil.

Résumé et conclusion.

227. Pour résumer, nous publions ci-dessous quatre tableaux donnant les dimensions des principaux types de machines en service dans ces dernières années sur les chemins de fer anglais.

TABLEAU NUMÉRO 1.

DÉSIGNATION	MACHINES A ESSIEUX INDÉPENDANTS								
	GREAT-NORTHERN		GREAT-WESTERN	NORTH-BRITISH	LONDON-BRIGHTON	MIDDLAND	MANCHESTER-SHEFFIE D	CALEDONIAN	GREAT-EASTERN
	(1887)	(885)	(1885)	(1880)	(1875)	(1887)	(1883)	(1887)	(1880)
Position des cylindres	Extér.	Intér.	Intér.	Intér.	Intér.	Intér.	Extér.	Intér.	Extér.
Diamètre des roues motrices (m)	2.45	2.35	2.34	2.13	2.06	2.235	2.30	2.13	2.30
Empattement	6.90	5.45	5.49	4.70	4.80	6.64	4.80	6.43	6.57
Cylindres — Diamètre	0.460	0.470	0.457	0.430	0.430	0.457	0.445	0.450	0.460
Cylindres — Course	0.710	0.660	0.660	0.610	0.610	0.660	0.660	0.650	0.610
Tubes — Longueur	3.55	3 60	3.33	3.17	3.30	3.26	3.66	3.22	3.60
Tubes — Nombre	2.17	186	241	220	206	244	195	196	203
Surface de chauffe S — Tubulaire (m²)	97.00	93.00	104.07	96.60	95.00	104.33	98.20	90.50	110.75
Surface de chauffe S — Directe	10.30	10.20	12.08	8.63	10.30	10.87	8.10	10.42	10.35
Surface de chauffe S — Totale	107.30	103.20	116.15	105.23	105.30	115.20	106.30	100.92	121.10
Surface de grille s	1.64	1.70	1.79	1.44	1.80	1.82	1.58	1.62	1.58
Rapport $\frac{S}{s}$	66.00	60.7	65.00	73.1	58.2	63.04	69.7	62.34	76.3
Timbre (k)	12.00	12.00	10.54	10.00	10.00	11.25	10.00	10.54	10.00
Poids en charge — Essieu d'avant, ou bogie (t)	17.5 (bogie)	11.9	»	13.5	10.4	14.65 (bogie)	11.15	13.50 (bogie)	17.25 (bogie)
Poids en charge — Essieu milieu	16.5	17.0	17.5	17.0	14.0	17.50	17.55	17.00	15.00
Poids en charge — Essieu arrière	11.0	10.8	»	11.4	8.6	11.50	11.50	11.40	10.50
Poids en charge — Total	45.0	39.7	»	41.9	33.0 (à vide)	43.65	40.20	41.90	42.75

NOTA. — Les surfaces de chauffe tubulaires sont calculées extérieurement. La surface de la porte n'a pas été déduite de la surface de chauffe directe.

DÉSIGNATION	MACHINES A DEUX ESSIEUX COUPLÉS										
	LANGASHIRE AND YORKSHIRE (1887)	MIDDAND (1885)	NORTH-EASTERN[1] (1887)	CALEDONIAN (1884)	GLASGOW SOUTH-WESTERN (1888)	LONDON-BRIGTHON (1880)	GREAT-EASTERN[3] (1887)	LONDON AND SOUTH-WESTERN (1884)	LONDON AND NORTH-WESTERN[2] (1885)	NORTH-BRITISH (1885)	GRAT-EASTERN[4] (1885)
Position des cylindres	Intér.	Intér.	Intér.	Intér.	Intér.	Intér.	Intér.	Extér.	Int. et Ext.	Intér.	Intér.
Diamètre des roues motrices (m)	1.83	2.13	2.04	1.98	1.87	1.98	2.13	1.985	1.905	2.13	2.134
Empattement	6.45	6.60	6.68	6.74	6.80	4.75	5.32	6.70	5.51	6.77	6.90
Cylindres { Diamètres	0.437	0.457	0.457 0.660	0.482	0.463	0.463	0.457	0.451	0.356 0.762	0.460	0.456 0.664
Cylindres { Course	0.660	0.660	0.610	0.660	0.660	0.660	0.610	0.610	0.610	0.660	0.610
Tubes { Longueur	3.24	3.39	3.23	3.23	3.33	3.20	3.15	3.21	3.43	3.25	3.59
Tubes { Nombre	192	246	242	210	195	233	256	218	225	»	201
Surface de chauffe S { Tubulaire (m²)	86.95	106.93	112.48	101.10	89.55	127.17	104.42	103.30	115.38	»	100.20
Surface de chauffe S { Directe	8.82	10.22	10.40	11.33	9.38	11.33	9.80	10.60	14.77	»	10.80
Surface de chauffe S { Totale	95.77	117.15	122.88	112.43	98.93	138.50	114.22	113.90	130.15	»	111.00
Surface de grille s	1.74	1.63	1.61	1.80	1.49	1.51	1.65	1.60	1.50	1.80	1.61
Rapport $\frac{S}{s}$	55.04	71.8	76.2	62.4	65.8	73.1	68.7	71.2	68.36	»	69.3
Timbre (k)	10.54	11.25	11.95	10.54	11.25	10.54	10.54	11.25	12.30	10.54	11.25
Poids en charge { Essieu d'avant, ou bogie (t)	12.40 (bogie)	14.60 (bogie)	» (bogie)	14.60 (bogie)	14.20 (bogie)	13.50	14.40	16.33	12.50 (bogie)	14.50 (bogie)	14.80
Poids en charge { Essieu milieu	15.60	15.00	»	15.25	14.80	14.50	14.05	15.00	15.00	15.50	14.80
Poids en charge { Essieu arrière	13.75	13.10	»	15.15	13.18	11.32	13.50	15.20	15.00	15.00	14.90
Poids en charge { Total	41.75	42.70	»	45.00	42.18	39.32	41.95	46.53	42.50	45.00	44.50

[1] Compound, système Worsdell.
[2] Compound, système Webb (type Dreadnought).
[3] Non Compound (type de M. Holden).
[4] Compound. système Worsdell.
[5] Il existe aussi un modèle possédant des roues de 2m,13.

TABLEAU Nº 3.

DÉSIGNATION	MACHINES A TROIS ESSIEUX COUPLÉS							
	LONDON-BRIGHTON	LONDON-BRIGHTON	GREAT-EASTERN	MIDLAND	LONDON AND NORTH-WESTERN	SOUTH-EASTERN	NORTH-EASTERN	LONDON AND SOUTH-WESTERN
	(1877) (1)	(1877)	(1884)	(1880)	(1880)	(1880)	(1887) (2)	(1881)
Position des cylindres	Intérieur	Intérieur	Intérieur	Intérieur	Intérieur	Intérieur	Intérieur	Intérieur
Diamètre des roues motrices	m. 1.205	m. 1.52	m. 1.55	m. 1.586	m. 1.524	m. 1.549	m. 1.600	m. 1.548
Empattement	»	4.65	5.00	4.53	4.724	4.700	5.05	5.03
Cylindres { Diamètre	0.330	0.460	0.445	0.445	0.457	0.457	0.460 0.660	0.444
Cylindres { Course	0.500	0.660	0.620	0.660	0.610	0.660	0.610	0.660
Tubes { Longueur	2.52	3.20	3.25	3.40	3.07	3.30	3.34	3.30
Tubes { Nombre	125	317	233	221	199	230	203	»
Surface de chauffe S. { Tubulaire	m² 42 00	m² 122.0	m² 98.1	m² 111.88	m² 91.20	m² 96.16	m² 95.40	»
Surface de chauffe S. { Directe	4.97	8.40	9.8	10.20	8.80	8.83	10.20	»
Surface de chauffe S. { Totale	46.97	130.40	107.9	122.08	100.00	104.99	106.60	»
Surface de grille s	0.74	1.95	1.66	1.60	1.59	1.52	1.60	»
Rapport $\frac{S}{s}$	52.1	67.45	64.8	76.2	70.6	70	66.2	»
Timbre	k. 10	k. 10	k. 10.5	k. 10.5	k. 10.5	k. 10.5	k. 11.25	k. 11.25
Poids en charge.. { Essieu d'avant ou bogie	t. »	t. 13.10	t. 12.4	t. »	t. 11.30	t. »	t. 14.15	t. 13.4
Poids en charge.. { Essieu milieu	»	14.00	14.0	»	12.00	»	13.58	14.0
Poids en charge.. { Essieu arrière	»	12.65	10.1	»	10.05	»	12.45	11.4
Poids en charge.. { Total	24.5	39.75	36.5	38.25	33.35	31.95	41.80	38.8

(1) Type Terrier (Machine-tender à voyageurs).

(2) Compound, système Worsdell.

TABLEAU NUMÉRO 4.

DÉSIGNATION	MACHINES-TENDERS A DEUX ESSIEUX COUPLÉS						
	NORTH-BRITISH (1882)	GREAT-EASTERN (1882)	TILBURY-SOUTHEND (1883) (1)	LONDON-CHATAM (1874)	LONDON AND SOUTH-WESTERN (1888)	LONDON AND SOUTH-WESTERN (1879)	TAFF-VALE (1884)
Position des cylindres............	Intér.	Extér.	Extér.	Intér.	Extér.	Extér.	Extér.
Diamétré des roues motrices.....	m. 1.83	m. 1.625	m. 1.855	m. 1.600	m. 1.70	m. 1.70	m. 1.60
Empattement	6.43	7.114	8.85	6.10	8.74	6.60	6.26
Cylindres { Diamètre...........	0.432	0.457	0.430	0.440	0.444	0.457	0.406
Cylindres { Course.............	0.660	0.610	0.650	0.660	0.610	0.610	0.610
Tubes { Longueur	3.25	3.215	3.15	3.43	3.21	3.20	»
Tubes { Nombre...............	220	198	»	202	218	218	197
Surface de chauffe S { Tubulaire	m² 98.80	m² 89.81	m² 85.97	m² 97.80	m² 103.30	m² 103 30	m² 81.28
Surface de chauffe S { Directe............ ...	9.20	9.15	9.03	9.00	10.60	10.60	7.62
Surface de chauffe S { Totale........	108.00	98.76	95.00	106.80	113.90	113.70	88.90
Surface de grille s..............	1.60	1.43	1.50	1.53	1.60	1.60	1.45
Rapport $\frac{S}{s}$	69	69.02	63.3	69	71.2	71.2	62 3
Timbre	k. 10 54	k. 10.54	k. 10.54	k. 10.54	k. 11.25	k. 10.50	k. 10
Poids en charge { Essieu d'avant ou bogie..	t. 14.10	t. 12.91	t. 15.80	»	t. 13.0	t. 15.80	t. 14.13
Poids en charge { Essieu milieu	(Bogie) 15.00	15.75	(Bogie) 16.00	(Bogie) »	(Bogie) 15.0	(Bogie) 17.60	(Bogie) 15.12
Poids en charge { Essieu arrière..........	16.00	13.50	16.00	»	14.5	16.60	15.12
Poids en charge {		AR 9.90	AR 8.10		AR 9.5		
Poids en charge { Total	45.10	52.06	55.90	»	52.0	50.00	44.37

(1) Machine à cinq essieux : bogie à l'avant, essieu porteur à l'arrière.

Pour accompagner les tableaux qui précèdent et montrer le développement prodigieux du bogie en Angleterre, nous donnons les diagrammes ci-dessous d'un certain nombre de locomotives anglaises ; nous y retrouverons en passant les dia-

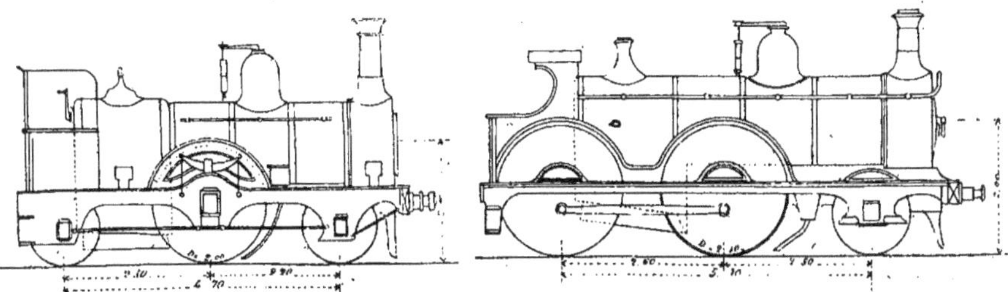

Fig. 282. — Machine du Midland. — Type de 1860. Fig. 283. — Machine du Midland. — Type de 1860.

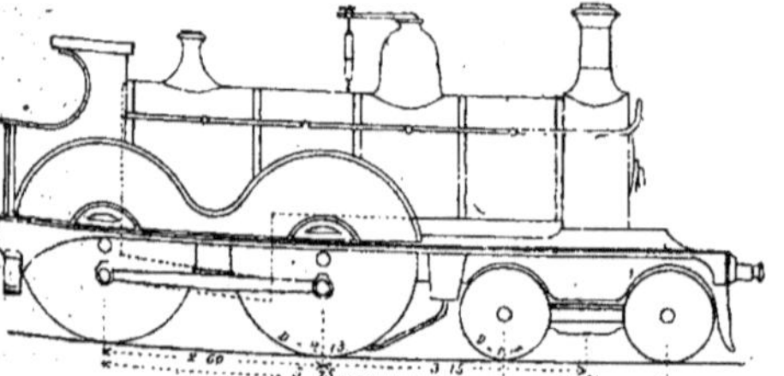

Fig. 284. — Machine du Midland. — Type de 1878.

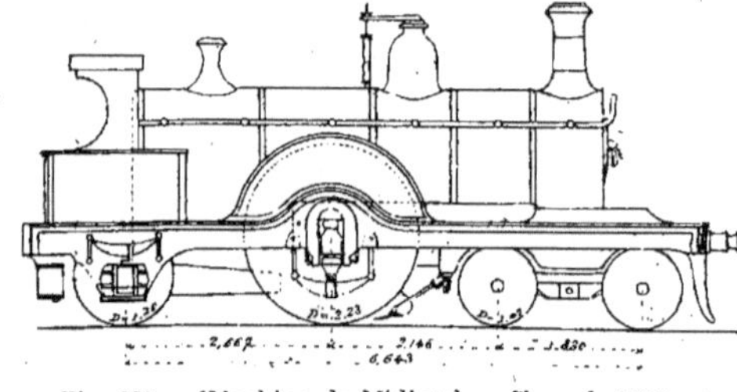

Fig. 285. — Machine du Midland. — Type de 1887.

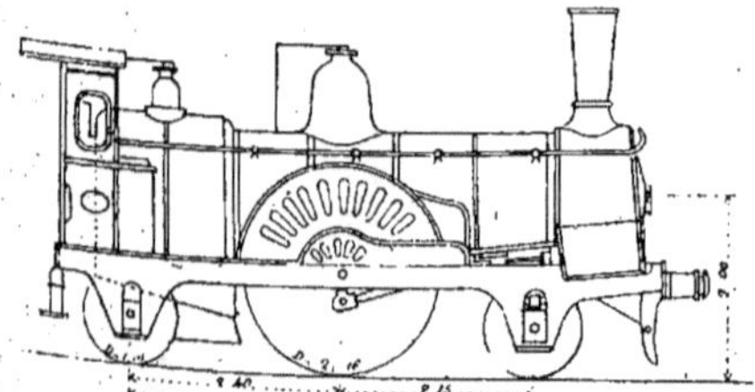

Fig. 286. — Machine du Great-Eastern. — Type de 1863.

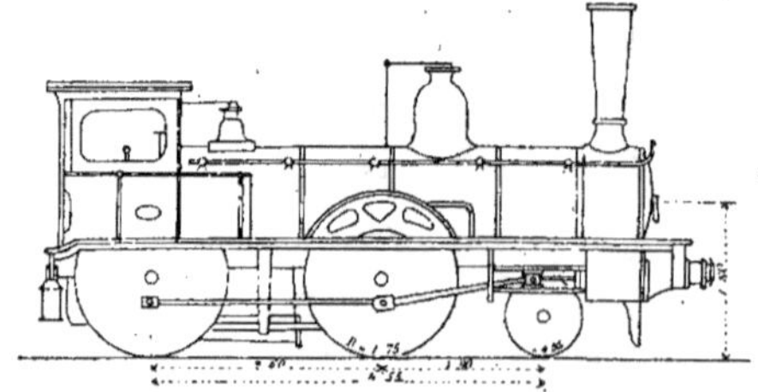

Fig. 287. — Machine du Great-Eastern. — Type de 1863.

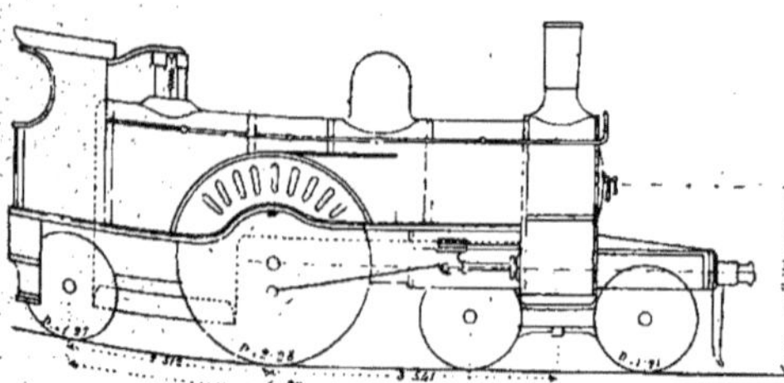

Fig. 288. — Machine du Great-Eastern. — Type de 1880.

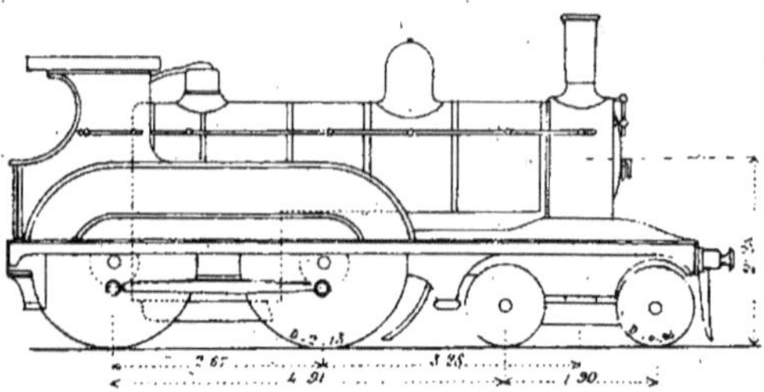

Fig 289. — Machine du Great-Eastern. — Type de 1885.

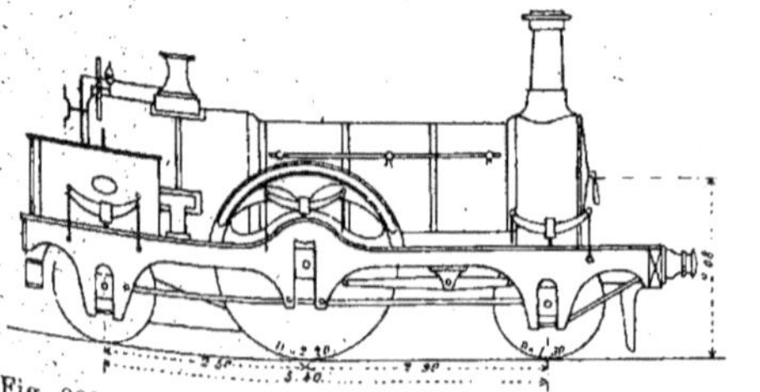

Fig. 290. — Machine du Great-Northern. — Type de 1858.

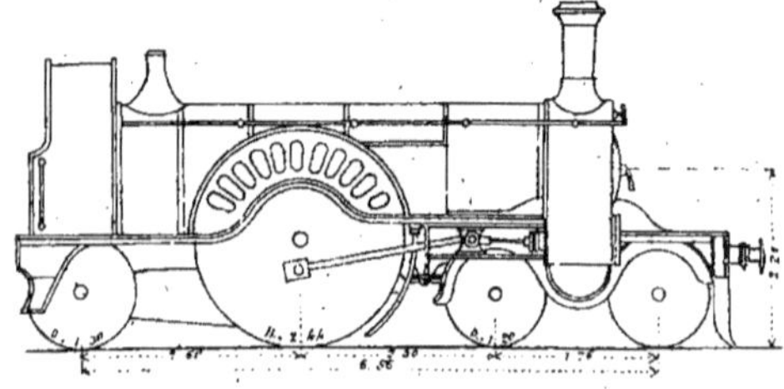

Fig. 291. Machine du Great-Northern. — Type de 1870.

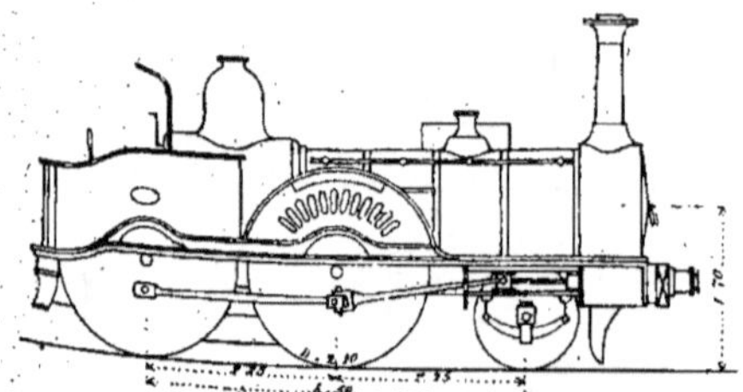

Fig. 292.—Machine du London and South-Western.—Type 1860.

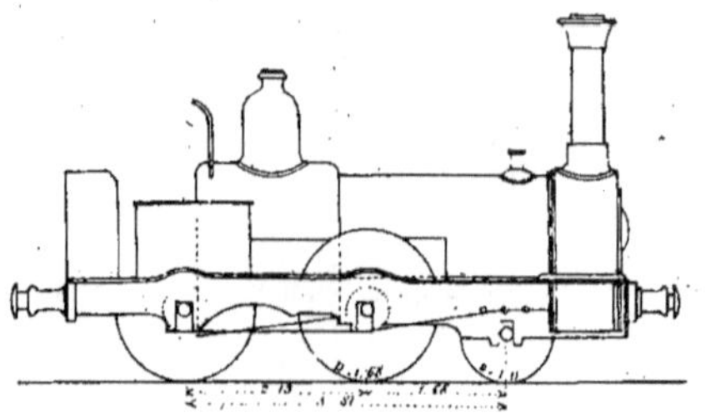

Fig. 293.—Machine du London and South-Western—Type 1863.

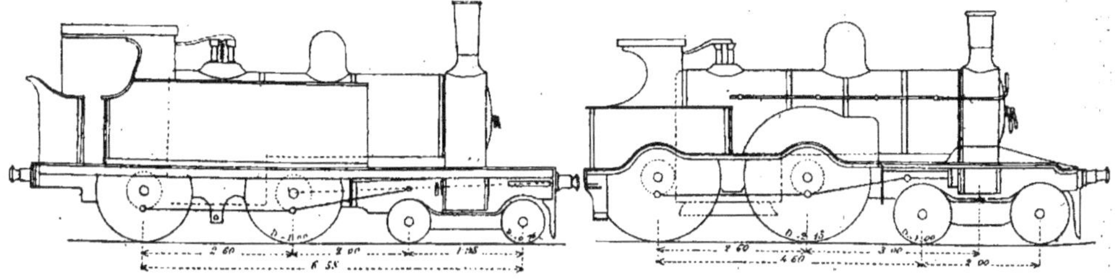

Fig. 294. — Machine du London and South-Western.
Type de 1877.

Fig. 295. — Machine du London and South-Western.
Type de 1883.

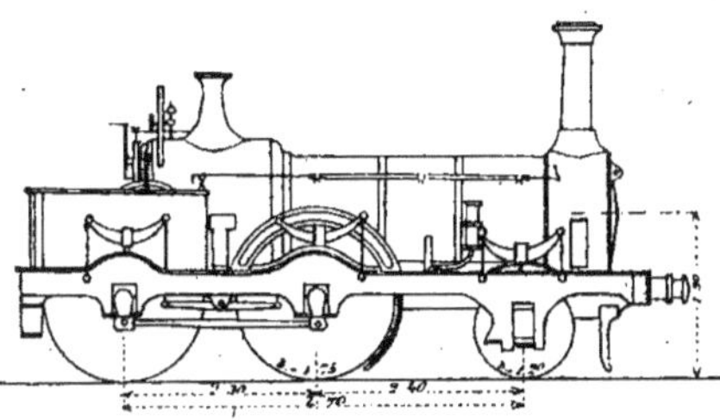

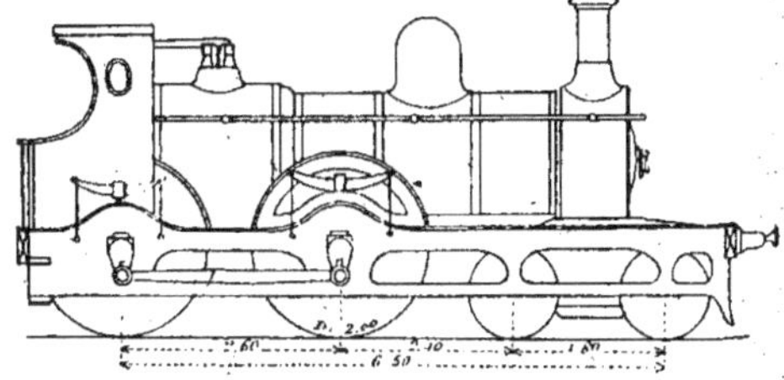

Fig. 296. — Machine du Manchester, Sheffield and
Lincolnshire. — Type de 1865

Fig. 297. — Machine du Manchester, Sheffield and
Lincolnshire. — Type de 1879.

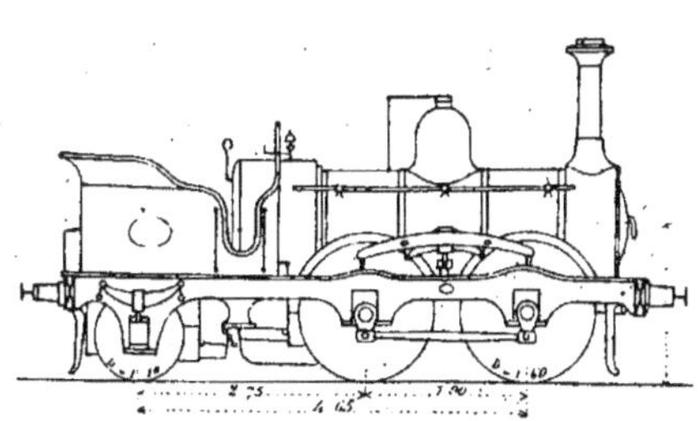

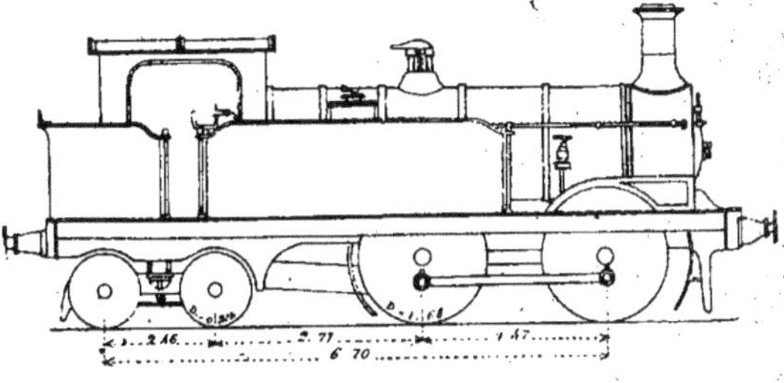

Fig. 298. — Machine du South-Eastern. — Type de 1860.

Fig. 299. — Machine du South-Eastern. — Type de 1878.

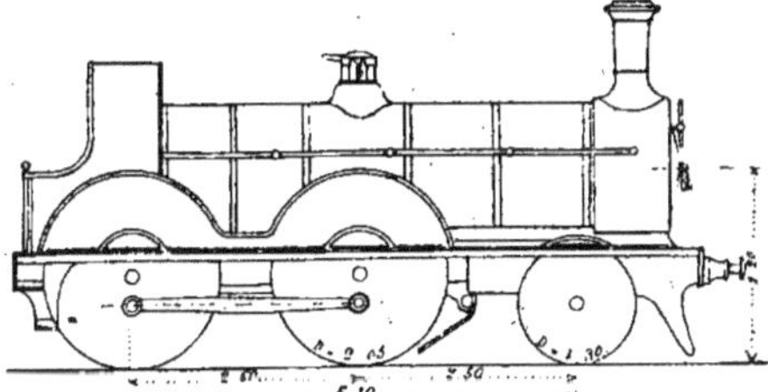

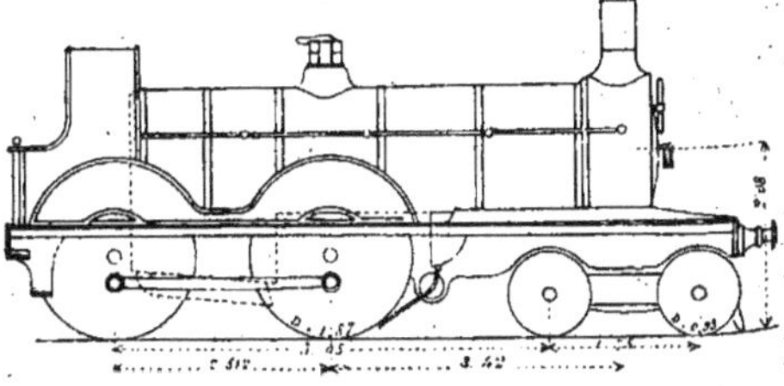

Fig. 300. — Machine du Glascow and South-Western.
Type 1879.

Fig. 301. — Machine du Glascow and South-Western.
Type 1878.

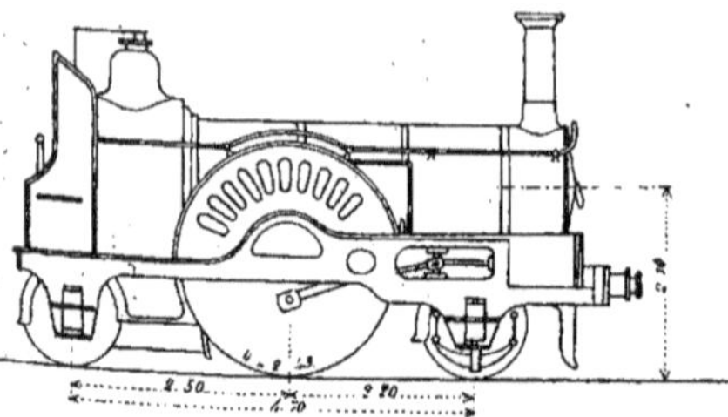

Fig. 302. — Machine du Caledonian. — Type 1862.

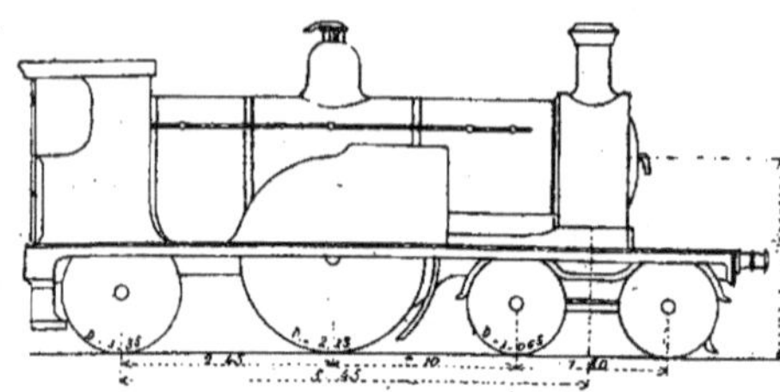

Fig 303. — Machine du Caledonian. — Type 1886.

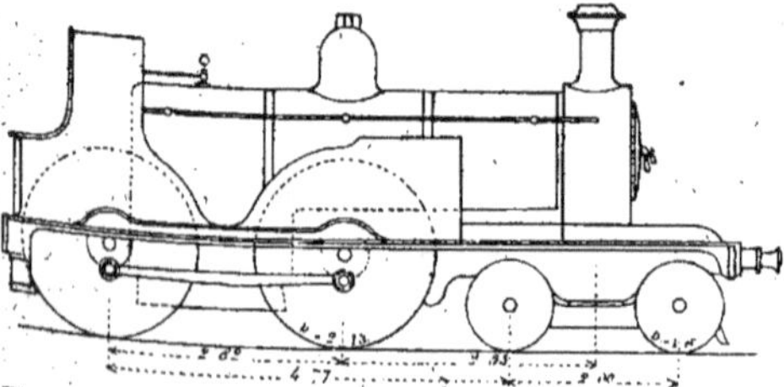

Fig 304. — Machine du North-British. — Type 1885.

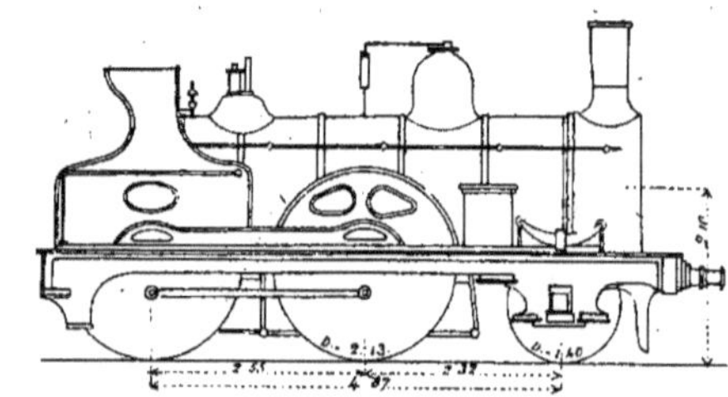

Fig. 305. — Machine du North-Eastern. — Type de 1874.

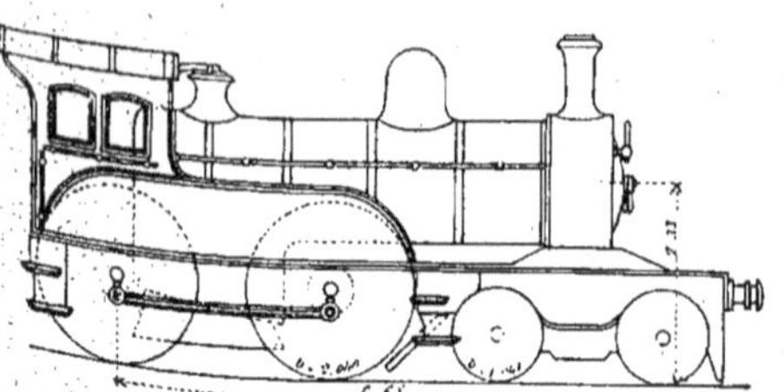

Fig. 306. — Machine du North-Eastern. — Type 1887.

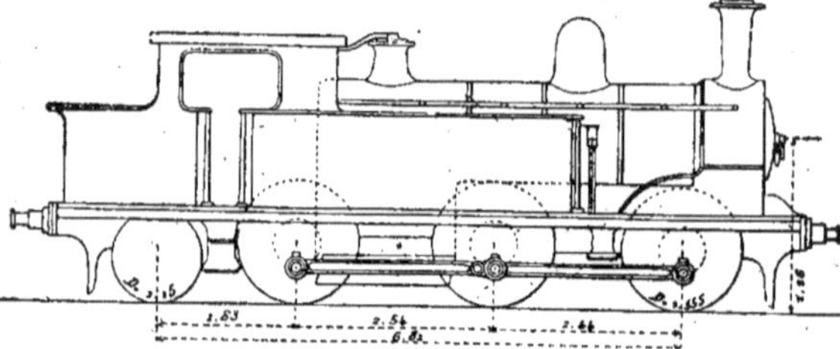

Fig. 307. — Machine du North-Eastern compound 1888.

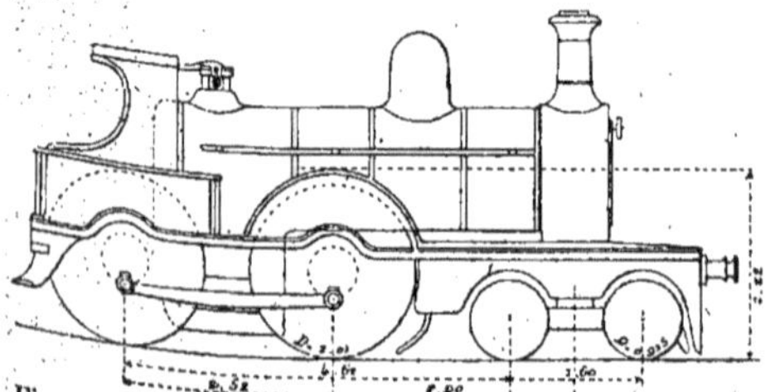

Fig. 308. — Machine du Great-Southern and Western (1884).

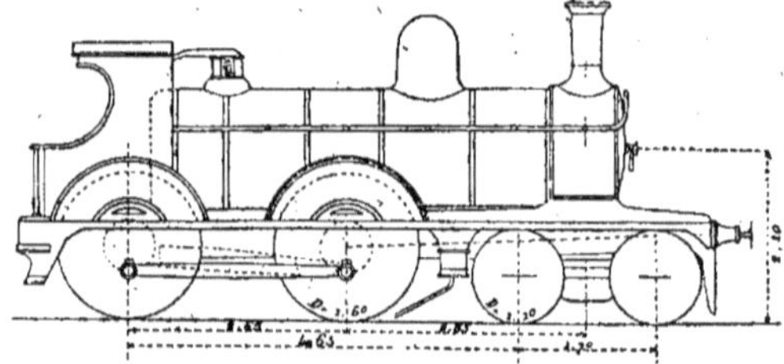

Fig. 309. — Machine du Lancashire and Yorkshire (1886).

grammes de quelques locomotives compound étudiées en détail précédemment (*fig.* 282 à 309).

Il est à remarquer que les ingénieurs anglais n'ont pas adopté le bogie, afin de pouvoir augmenter la puissance de leurs machines, ou dans le désir de ménager leurs voies, qui sont toutes très robustes. Ils ont eu surtout pour but d'améliorer la stabilité de leurs machines, et en particulier des locomotives express.

ÉTUDE DE QUELQUES TYPES RÉCENTS DE MACHINES ANGLAISES

Machines à grande vitesse à roues indépendantes.

228. *Locomotive express du Greast-Western Railway.* — Le Great-Western est une des Compagnies anglaises qui ont persisté à employer la locomotive à roues indépendantes pour la traction de trains express dont le poids atteint cependant 250 tonnes. Il est vrai qu'elle possède un profil en long peu accidenté.

Le dernier type mis en circulation par M. Dean, ingénieur de la traction de cette Compagnie, est représenté (*fig.* 310); cette locomotive à été construite, en 1890, dans les ateliers de la Compagnie, à Swindon. Elle est à châssis double et à cylindres intérieurs. Les boîtes de l'essieu moteur, seules, sont portées par le châssis intérieur : cela permet l'installation de quatre ressorts moteurs moins volumineux et plus facile à loger, condition avantageuse pour un essieu portant 18 tonnes. Toutes les boîtes à graisse sont en bronze.

Le grand diamètre des roues motrices $2^m,336$, oblige à placer assez haut la chau-

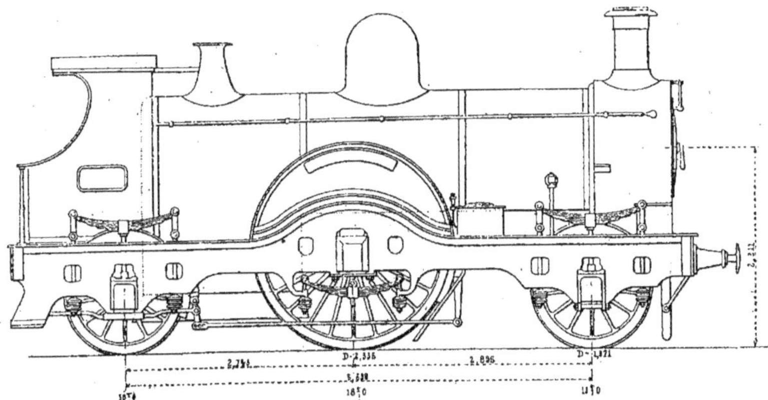

Fig. 310. — Locomotive express du Great-Western.

dière, dont l'axe se trouve à $2^m,31$ du rail. Cette chaudière est d'une grande puissance de vaporisation : le foyer profond plonge entre l'essieu moteur et l'essieu porteur arrière ; l'enveloppe de la boîte à feu est du type Crampton ; la boîte à fumée, très volumineuse, est en saillie sur le corps cylindrique : la cheminée est très courte.

Le dôme de prise de vapeur renfermant le régulateur est placé sous la virole arrière du corps du foyer. Une petite colonnette au-dessus de ce dernier supporte les soupapes à balances.

Les cylindres sont horizontaux et intérieurs, avec glissières à quatre guides et coulisseaux en fonte. Les tiroirs sont entre les cylindres et actionnés par des coulisses de Stephenson fendues. Les guides de ces tiroirs sont en bronze, de très large surface et fixés à la même entretoise des longerons que les glissières.

Les ressorts sont tous à lames : ceux de l'essieu moteur sont placés sous les boîtes ; ceux des roues porteuses, au-dessus de leurs essieux et du châssis. Ces ressorts sont très longs et les chandelles des tiges de suspension reçoivent le poids de la machine par l'intermédiaire de rondelles en caoutchouc d'excellente qualité.

Le régulateur est à doubles tiroirs verticaux et tringle de manœuvre intérieure. L'échappement circulaire fixe, placé au niveau de la rangée supérieure des tubes, a un diamètre de 0^m,118.

La machine est munie du frein à vide automatique et d'un abri très complet, fermé sur le côté avec glace circulaire fixe ; cet abri est fort étroit, comme dans toutes les machines anglaises.

Les enveloppes du dôme et de la colonnette des soupapes, ainsi que le chapiteau de la cheminée, sont en laiton poli.

Les principales dimensions de cette machine sont les suivantes :

Surface de grille	1^m,93
Longueur intérieure du foyer	1 ,930
Hauteur extérieure du foyer	1 ,810
Timbre	11^k,25
Nombre de tubes	262
Longueur des tubes	3^m,586
Diamètre des tubes	0 ,043
Diamètre extérieur du corps cylindrique	1 ,278
Surface de chauffe directe	11 ,47
Surface de chauffe tubulaire	131 ,88
Surface de chauffe totale	143 ,35
Diamètre des cylindres	0 ,500
Course des pistons	0 ,610
Orifice d'admission	0.300 ✕ 0.056
Orifice d'échappement	0.330 ✕ 0.087
Empatement total	5^m,638
Diamètre des roues motrices	2 ,336
Diamètre des roues porteuses	1 ,371
Poids total en charge	42000^k
Poids adhérent sur l'essieu milieu	18 000
Poids sur l'essieu avant	13 000
Poids sur l'essieu arrière	10 000

229. *Locomotive à roues indépendantes et bogie du Great-Western-Railway.* — Comme nous venons de le voir, le Great-Western employait jusque dans ces derniers temps, pour express des locomotives à roues libres et à trois essieux ; sur les sections plus accidentées du réseau, il avait des machines à deux essieux couplés et un essieu porteur. Récemment, il a décidé l'emploi de machines du même type, mais munies de bogie à l'avant. Cela réduit à deux le nombre des Compagnies anglaises qui ne font pas usage du truck articulé.

La figure 311 représente la machine à roues libres : le châssis, les longerons, le bogie, la chaudière, etc. sont exactement les mêmes que dans le type à deux essieux couplés décrit plus bas. Ces locomotives remorquent des express de 200 tonnes, de Bristol à Exeter à une vitesse de 85 kilo-

mètres à l'heure, en consommant 8^k,5 de houille par kilomètre.

Ces machines sont très soignées et peintes en rouge brun ; elles sont accompagnées d'un tender à 6 roues pouvant contenir 13^m3,6 d'eau et pesant 33 tonnes en charge.

L'essieu moteur est chargé de plus de 18 tonnes et porte sur quatre fusées, grâce à un double longeron de châssis, l'intérieur ne comportant d'ailleurs, de boîte que pour cet essieu moteur.

Ces quatre fusées répartissent la charge, diminuent les chances d'élévation de température en vitesse, permettant l'emploi de ressorts plus légers, plus maniables et plus faciles à installer.

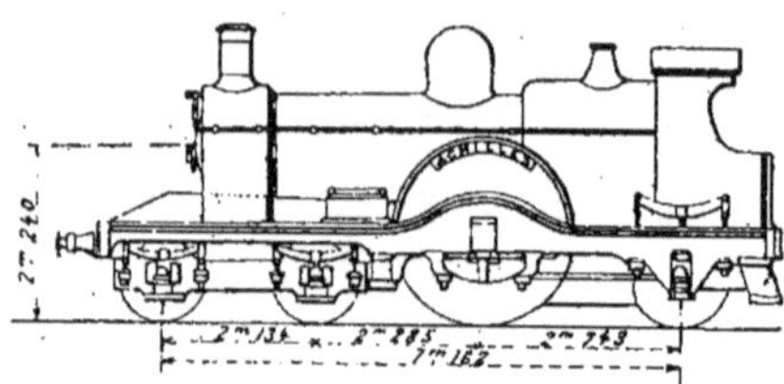

Fig. 311. — Locomotive à roues indépendantes du Great-Western.

Voici les principales dimensions de cette machine :

Surface de grille	1^m,93
Diamètre extér. du corps cylindrique	1 ,30
Longueur extérieure du corps cylindrique	3 ,50
Longueur extérieure de la boîte à feu	1 ,93
Largeur extérieure de la boîte à feu	1 ,22
Hauteur intérieure de la boîte à feu	1 ,32
Nombre de tubes	249
Longueur des tubes	3^m,588
Diamètre extérieur des tubes	0 ,045
Surface de chauffe directe	11 ,49
Surface de chauffe tubulaire	124 ,61
Surface de chauffe totale	136 ,10
Timbre	11^k,25
Diamètre des cylindres	0^m,48
Course des pistons	0 ,61
Diamètre des roues motrices	2 ,337
Diamètre des roues porteuses	1 ,372
Diamètre des roues du bogie	1 ,22
Empatement total	7 ,16
Poids total en charge avec le tender	82^k,470
Poids total en charge sans le tender	49 ,440
Poids sur l'essieu milieu	18 220^k
Poids sur l'essieu arrière	12 520
Poids sur le bogie	18 700

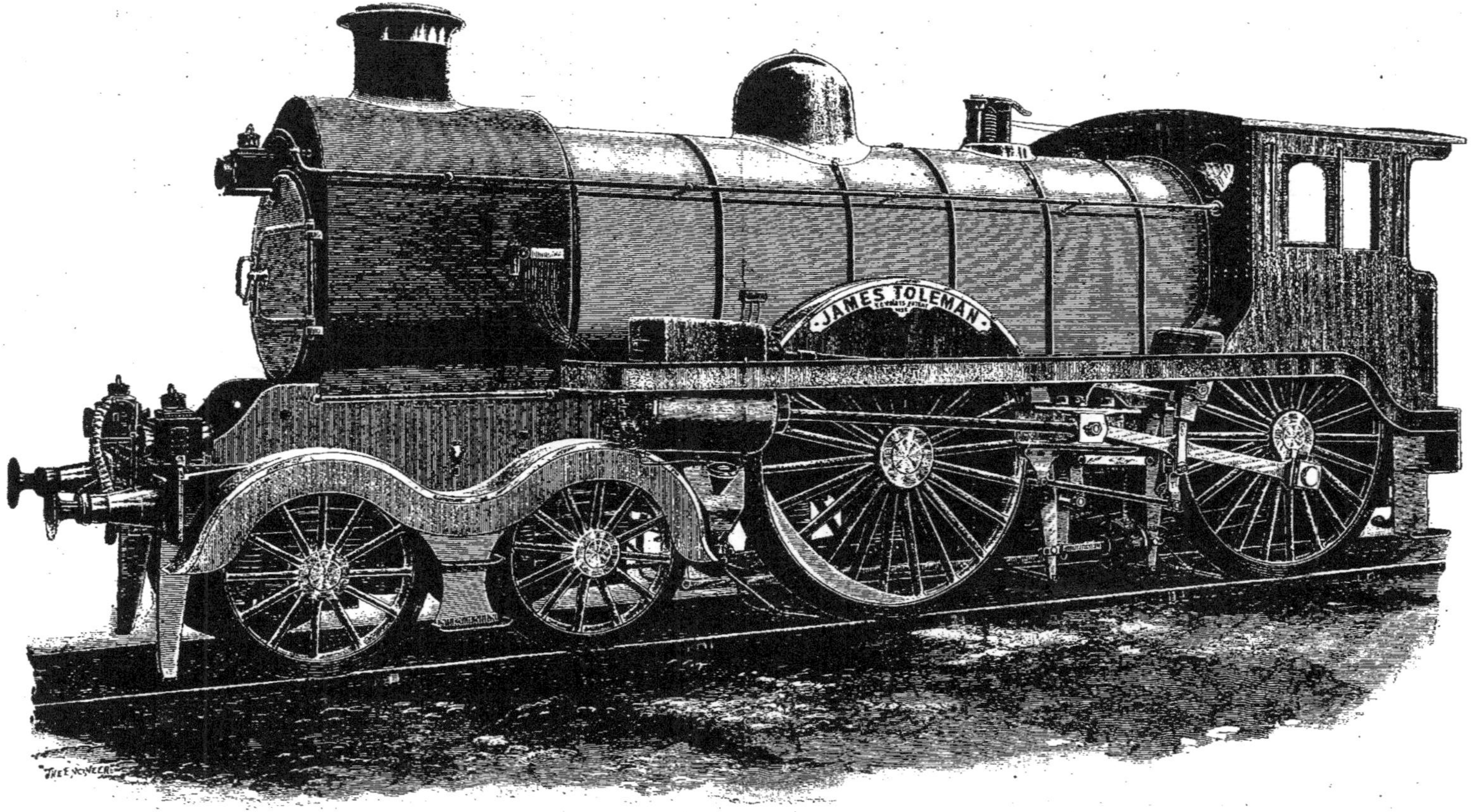

Fig. 312. — Angleterre. — Locomotive express Winby-Toleman. — Vue d'ensemble.

230. *Locomotive express Winby-Tole-man.* — Cette machine, construite par les ateliers R. et W. Hawborn, à Newcastle, et qui figurait à l'Exposition de Chicago, est une tentative de réaction contre la locomotive compound, qui avait échoué

Fig. 314 et 315. — Angleterre. — Locomotive express Winby-Toleman. — Vue perspective.

aux Etats-Unis sous la forme de la machine à trois cylindres de M. Webb. Ses auteurs l'ont eux-mêmes baptisée « la plus grande locomotive express du monde ».

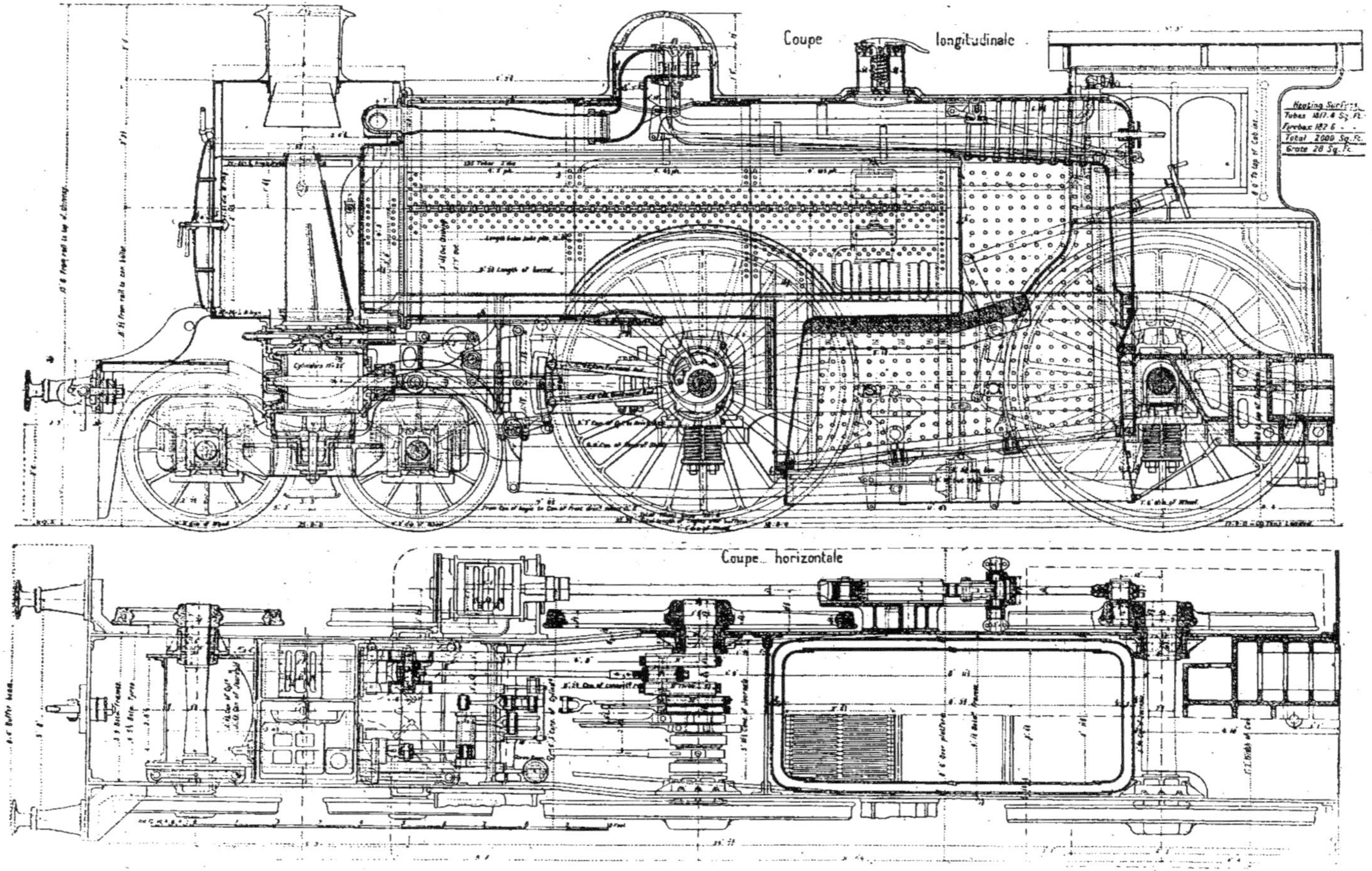

Fig. 314 et 315. — Angleterre. — Locomotive express Winby-Toleman. — Figures extraites de l'*Engineering*, mesures en pieds anglais (*feet*) de 0ᵐ,305 et en pouces (*inches*) de 0ᵐ,254.

Elle est à quatre cylindres à action directe et portée sur deux essieux indépendants, à roues de 2^m,29 et un bogie à deux essieux. Le premier des essieux est actionné par deux cylindres intérieurs de 0^m,560 de course placé sous la boîte à fumée; le second est mû par deux autres cylindres, qui ont 0^m,420 de diamètre et 0^m,620 de course ; ces derniers sont à l'extérieur, à l'arrière des roues du bogie ; les tiges des pistons ont une grande longueur exigée par la position des glissières qui sont fixées aux longerons au-delà de la roue.

La chaudière est en tôle d'acier; le foyer en cuivre ; et les tubes en laiton à la manière européenne ; le corps cylindrique a une section ovale ou plutôt formée de deux

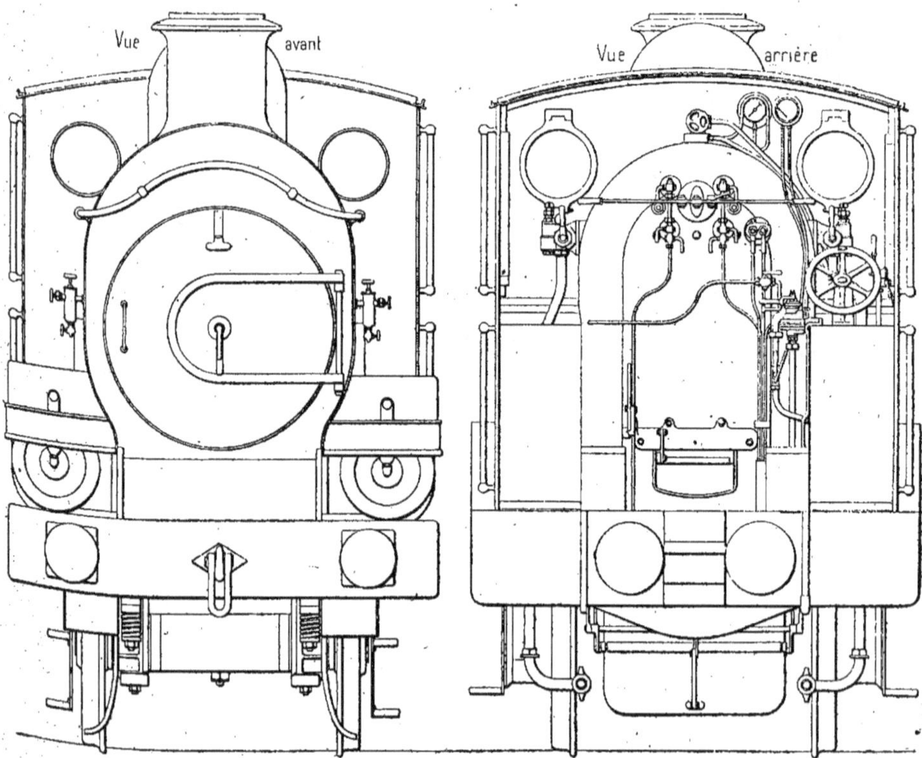

Fig. 316 et 317. — Angleterre. — Locomotive express Winby-Toleman.

portions de cordes se coupant afin de pouvoir s'inscrire entre les bandages des grandes roues et recevoir néanmoins un nombre suffisant de tubes ; elle est surmontée d'un dôme de prise de vapeur de grande dimension avec double soupape Ramsbotton.

On a obtenu une longue grille et de longs tubes sans avoir une trop longue chaudière au moyen de la disposition suivante :

La partie supérieure du foyer n'a que la moitié environ de la longueur de la grille, qui s'avance donc beaucoup vers l'avant de la plaque tubulaire, tandis que la partie inférieure du foyer se trouve au-dessous des tubes. Le ciel de cette partie inférieure est faiblement incliné et muni d'une garniture en briques se prolongeant à l'arrière pour former la voûte ordinaire en matériaux réfractaires.

La cheminée est grosse et courte et descend dans la boîte à fumée ; la tuyère, qui est dans le bas, est surmontée d'une enveloppe formant petticoat.

Les tiroirs des cylindres intérieurs sont commandés par des coulisses, et ceux des cylindres extérieurs, par une distribution Joy ; les quatre cylindres ont une commande commune à main et à vapeur.

Les huit coups d'échappement par tour de roue donnent un tirage tellement énergique qu'on devra, dit un journal américain, prévoir une introduction directe d'air extérieur dans la boîte à fumée, si l'on ne veut voir ce tirage arracher le feu, quand la machine travaillera en plein.

Voici les principales dimensions de cette machine :

Surface de grille..	2^m,60
Surface de chauffe directe.	12 ,83
Surface de chauffe des tubes	175 ,00
Surface de chauffe totale.	187 ,83
Nombre des tubes	189
Diamètre des tubes	0 ,061
Longueur des tubes	4 ,87
Timbre (marche ordinaire à 12 kil.).	14^к
Diamètre des essieux moteurs	3^m,47
Diamètre des essieux extérieurs.	7 ,21
Longueur totale hors tampon.	9 ,92
Poids total en service.	60 000^к
Poids du tender.	45 000
Poids sur l'essieu d'arrière.	17 000
Poids sur l'essieu du milieu	18 000
Poids sur le bogie.	25 000
Poids adhérent.	35 000
Rapport du poids adhérent au poids total.	0.583
Effort de traction par kilogramme de pression sur les pistons	900^к

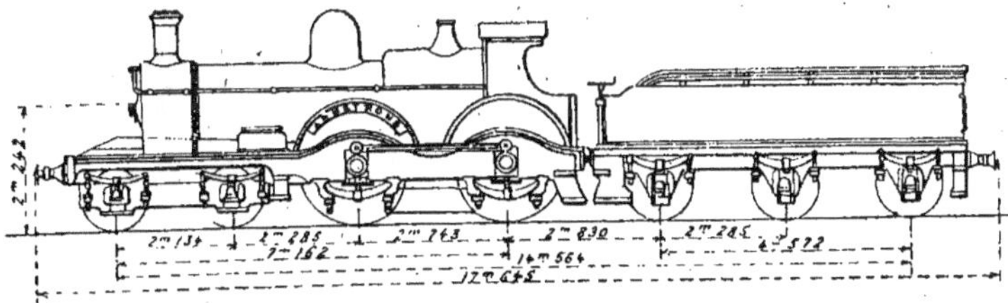

Fig. 318. — Angleterre. — Machine à deux essieux couplés du Great-Western.

En résumé, nous ne sommes pas inquiets sur la concurrence que pourra faire cette machine aux locomotives compound. Le développement incessant et universel de ces dernières est la meilleure réponse qu'on puisse faire à ce sujet.

Machines à deux essieux couplés.

231. *Locomotive express à deux essieux couplés et bogie du Great-Western Railway.* — La deuxième locomotive dont nous parlions plus haut est à deux essieux couplés et bogie ; la chaudière, le mécanisme et les dispositions de détail sont les mêmes que dans le type précédent. Ces deux machines sortent des ateliers de la Compagnie à Swindom.

Elles sont munies de doubles longerons embrassant les roues motrices (*fig.* 318). Cependant, les longerons intérieurs ne présentent de boîtes à huile que pour l'essieu moteur, qui se trouve ainsi chargé sur quatre fusées placées deux à deux de part et d'autre des roues ; cette disposition est aujourd'hui moins employée qu'autrefois, en Angleterre, car elle a l'inconvénient d'entraîner une notable augmentation de poids ; en revanche, elle donne beaucoup de rigidité au châssis et diminue les risques de rupture des essieux coudés.

Le bogie est à longerons extérieurs avec certaines dispositions spéciales nécessitées par le grand diamètre de ses roues 1^m,22, et par le volume considérable des cylindres dont les boîtes à tiroirs placées en dessous rendaient difficile l'installation de la traverse du support et du pivot. On a ménagé, en outre, un jeu latéral contrôlé par des ressorts hélicoïdaux disposés transversalement.

Les ressorts des roues motrices ou porteuses sont placés sous les boîtes ; ceux du bogie, au nombre de quatre et indépendants, sont placés au dessus.

Les cylindres sont intérieurs et horizontaux à distribution ordinaire par coulisses Stephenson.

La chaudière est placée à une grande hauteur au-dessus des rails (axe à $2^m,32$). Elle présente une enveloppe de boîte à feu renflée et un corps cylindrique assez court muni d'un dôme vers l'arrière. La boîte à fumée en saillie est volumineuse et de grand diamètre ; et la cheminée, très courte ; les tubes sont en laiton spécial, et le foyer, en cuivre ; la chaudière est en acier.

Voici les principales dimensions de cette locomotive analogue à la précédente :

Surface de grille	$1^m,93$
Diamètre extérieur du corps cylindrique	1 ,30
Longueur du corps cylindrique	3 ,50
Longueur extérieure de la boîte à feu	1 ,93
Largeur extérieure de la boîte à feu	1 ,22
Hauteur intérieure de la boîte à feu	1 ,32
Nombre de tubes	249
Longueur des tubes	$3^m,588$
Diamètre extérieur des tubes	0 ,045
Surface de chauffe directe	11 ,49
Surface de chauffe tubulaire	124 ,61
Surface de chauffe totale	136 ,10
Timbre	$11^K,25$
Diamètre des cylindres	$0^m,31$
Course des pistons	0 ,66
Diamètre des roues motrices	2 ,13
Poids total en charge avec le tender	$84 150^K$
Poids total en charge sans le tender	51 120
Poids sur l'essieu arrière	15 750
Poids sur l'essieu moteur	16 020
Poids sur le bogie	19 350

Machines à deux essieux couplés et bogie.

232. *Locomotive express du South-Western Railway.* — Cette locomotive a été particulièrement étudiée pour faire le service entre Glascow et Carlisle : la distance entre ces deux localités est de 185 kilomètres ; le profil présente des pentes très raides, variant de 10 à 15 millimètres par mètre, et le parcours s'effectue à la vitesse moyenne de 78 kilomètres à l'heure.

La machine est à deux essieux moteurs couplés et supportés à l'avant par un bogie avec ressorts reliés par un levier d'équilibre exerçant une égale répartition du poids (ensemble, *fig.* 319).

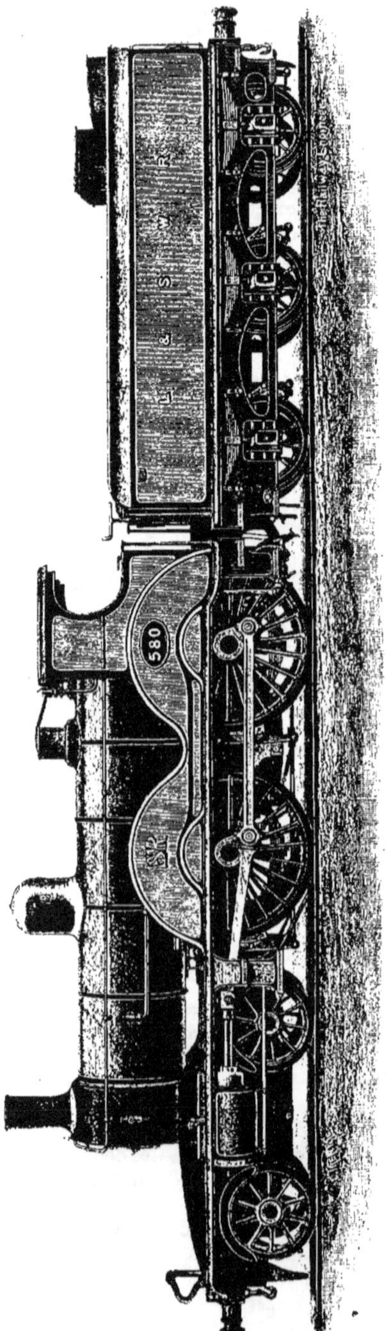

Fig. 319. — Angleterre. — Locomotive express du London and South-Western.

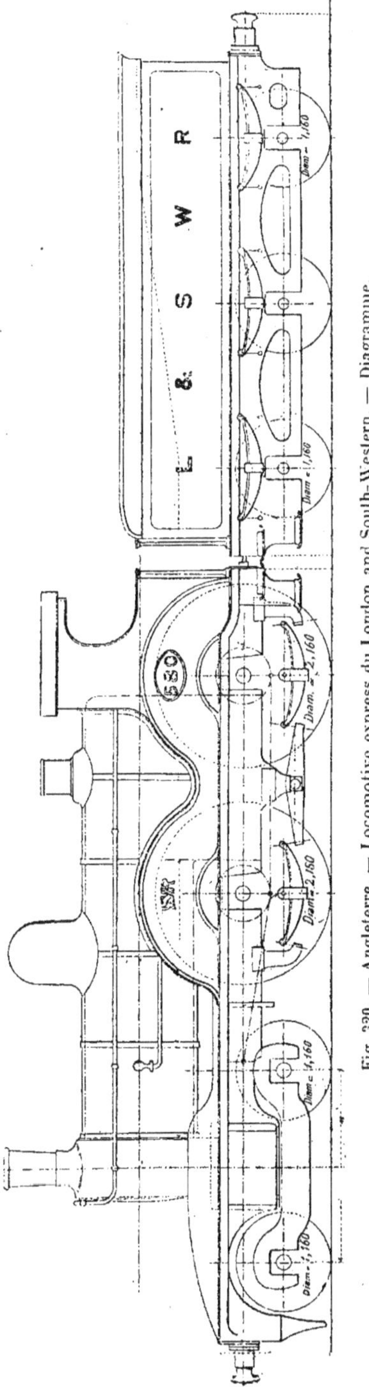

Fig. 320. — Angleterre. — Locomotive express du London and South-Western. — Diagramme.

La chaudière est en acier Siemens de 0^m,0127 d'épaisseur, à l'exception des tôles avant et arrière, qui ont 0^m,0144, et de la plaque tubulaire, qui a 0^m,0192. Le corps cylindrique, de forme télescopique, est formé de trois anneaux avec joints transversaux à simple rivure et joints longitudinaux à rivure double ; tous les trous de rivets étant, bien entendu, forés et non percés.

Le trou d'homme est placé au-dessus de l'essieu moteur ; il est muni de deux soupapes Ramsbottom chargées à 10 kilogrammes par centimètre carré ; la vapeur est prise par un tuyau perforé sur toute sa longueur.

Le foyer est en cuivre rouge de 0^m,0127 d'épaisseur ; les armatures latérales en cuivre rouge ont 0^m,0254 de diamètre ; celles du toit sont en fer du Yorkshire.

L'alimentation se fait par deux injecteurs automatiques, dont un seul est généralement en service. Le robinet d'injection, le sifflet, les robinets du frein à vapeur et du niveau, sont placés sur un même tuyau, à l'arrière de la chaudière. La machine et le tender sont, en effet, munis du frein à vapeur, les voitures du train étant munies du frein à vide.

La valve régulatrice placée dans la boîte à fumée, est manœuvrée par une tige passant à travers la chaudière et commandée en arrière du foyer par une poignée double.

Les pistons sont en fonte avec bague en fonte et tiges en acier Siemens ; le changement de marche est obtenu par la vapeur. Toutes les parties du mécanisme sont en meilleur fer du Yorkshire, toutes les surfaces travaillantes étant durcies. Les essieux et les manivelles sont en acier Siemens. Les longerons du châssis, les plaques du mécanisme, les traverses et autres plats sont en acier doux.

Voici, d'ailleurs, le tableau des principales dimensions de cette machine :

CHAUDIÈRES.

Longueur du corps cylindrique.....	3m,196
Diamètre extérieur de la virole, minimum...................	1 ,271

FOYER (ENVELOPPE).

Longueur extérieure.	1 ,759
Largeur au bas.................	1 ,220

FOYER (CUIVRE ROUGE).

Longueur intérieure, supérieure....	1m,527
Largeur au sommet.............	1 ,106
» à la base.............	1 ,017
Épaisseur des tôles.............	0 ,0127
Distance entre la couronne du foyer et enveloppe.	0 ,432
Surface de grille	1 ,6382
Surface de chauffe du foyer........	9 ,9641

TUBES.

Longueur.................	3m,332
Diamètre extérieur..	0 ,041
Nombre......	238
Surface de chauffe	102m,6481

BOITE A FUMÉE.

Longueur extérieure.............	0m,852
Diamètre de la porte............	1 ,194
Plaques de côté, épaisseur..........	0 ,0127

CHEMINÉE.

Hauteur au-dessus des rails.........	3m,965
Diamètre intérieur au sommet......	0 ,432
» » à la base	0 ,407

CYLINDRES.

Diamètre.................	0m,463
Course.................	0 ,661
Centre à centre	0 ,725
Diamètre intérieur, tuyau de vapeur	0 ,108
Centre à centre...	0 ,725
Longueur des orifices............	0 ,407
Largeur des lumières d'admission...	0 ,038
» d'échappement.	0 ,082
Tiroir en bronze phosphoreux.......	
Travail en pleine marche. Course M.	0 ,111
Recouvrement	0 ,025
Avance.................	0 ,003

BOGIE.

Distance entre les tôles (acier)......	0 ,996
Épaisseur des tôles.............	0 ,025
Diamètre des roues.............	1 ,106
Centre à centre des coussinets......	1 ,146
Longueur des coussinets..........	0 ,229
Diamètre des coussinets..........	0 ,140
» des portées de roues......	0 ,178
» au centre.............	0 ,145
Centre à centre des ressorts........	0 ,623
Nombre de ressorts.............	11

BIELLES DE CONNEXION.

Longueur centre à centre..........	1 ,830
Diamètre des coussinets de manivelle.	0 ,203

BIELLES D'ACCOUPLEMENT.

Longueur centre à centre	2m,592

ROUES.

Diamètre des roues couplées........	2 ,072
Centre à centre roues motrice et arrière.........................	2 ,592
Centre à centre bogie à motrice....	3 ,088

ARBRE-MANIVELLE.

Centre à centre des coussinets......	1m,194
Longueur des coussinets	0 ,178
Diamètre des coussinets...........	0 ,191
» au centre	0 ,178

ESSIEU ARRIÈRE.

Centre à centre des coussinets......	1 ,194
Longueur des coussinets..........	0 ,178
Diamètre	0 ,178
Diamètre des portées de roues	0 ,216

CHASSIS (ACIER)..

Distance entre longerons...........	1 ,245
Épaisseur.................	0 ,025

POIDS EN MARCHE NORMALE.

Bogie.................	13 ,650
Sur les roues motrices...........	15 ,750
Sur les roues de support...........	12 ,850
Total	42m,250

TENDER. — CAISSE A EAU.

Longueur intérieure.............	5 ,249
Largeur..................	2 ,021
Profondeur.. .... 0 610 et	0 ,915
Épaisseur des tôles sup. et inf......	0 ,009
Épaisseur des tôles latérales........	1 ,006
Capacité de la caisse à eau	1m3,135
» de la caisse à charbon.....	4t

ROUES.

Diamètre.................	1 ,182
Distance des roues d'axe en axe....	1 ,830

ESSIEU.

Centre à centre des coussinets	1 ,899
Longueur des coussinets	0 ,248
Diamètre »	0 ,127
Diamètre des portées de roues......	0 ,158
» au centre	0 ,152

CHASSIS (ACIER).

Distance entre les longerons	1 ,708
Épaisseur.................	0 ,021

RESSORTS.

Longueur d'axe en axe.............	0 ,808
Nombre de lames..	11
Poids en ordre normale de marche..	30t

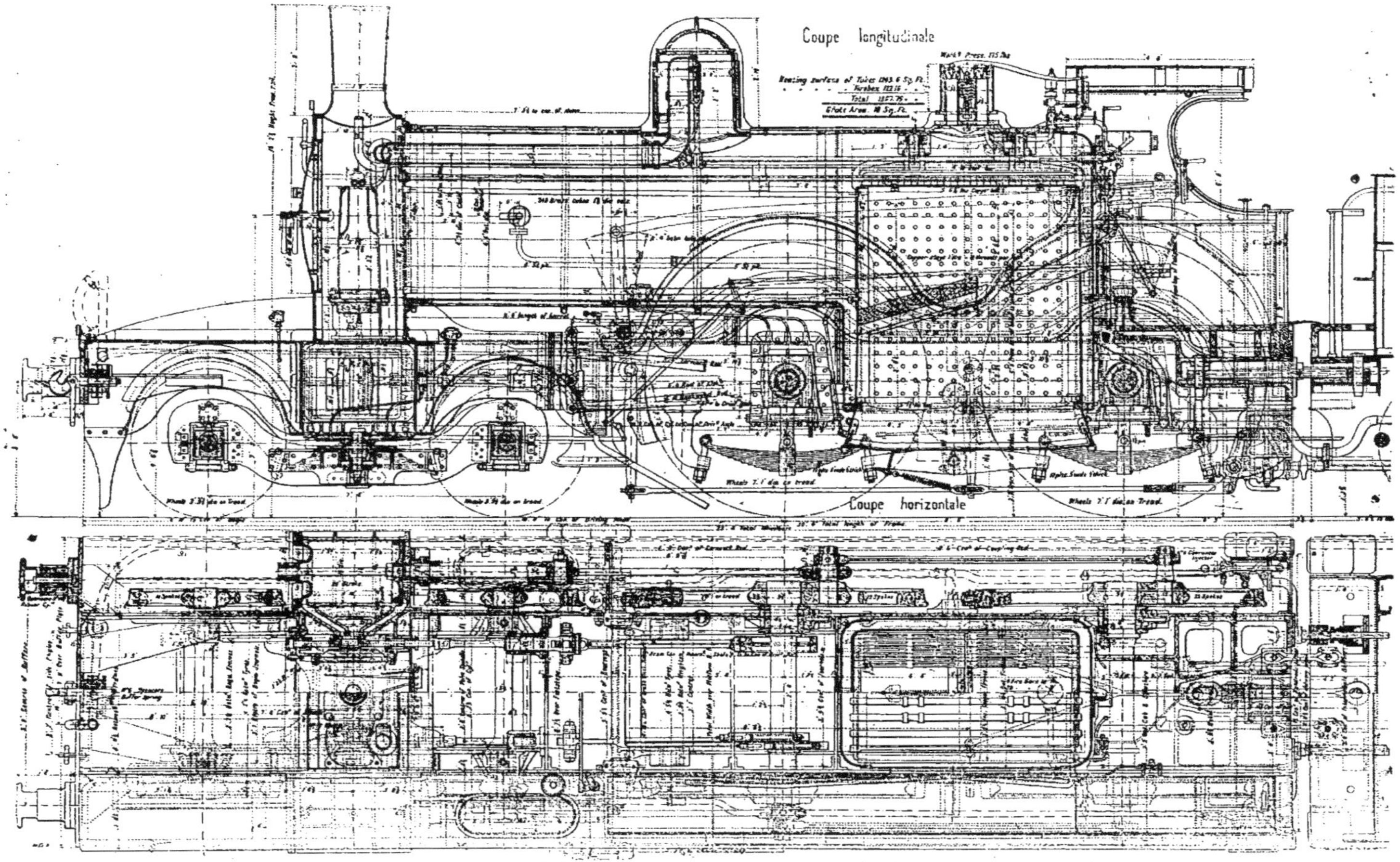

Fig. 321 et 322. — Angleterre. — Locomotive express du London and South-Western. — Figures extraites de l'*Engineering*. Mesures en pieds anglais (*feet*) de 0ᵐ,305 et en pouces (*inches*) de 0ᵐ,0254.

233. *Deuxième type du South-Western.*
— Dans ces dernières années, la locomotive précédente a été un peu modifiée conformément au tableau suivant (*fig.* 319 à 323).

Longueur du corps cylindrique entre plaques	3m,35
Longueur du corps extérieur de la boîte à feu	1 ,929
Diamètre extérieur du corps cylindrique	1 ,320
Diamètre des cylindres	0 ,480
Courses des pistons	0 ,66
Surface de chauffe : tubes	115m2,715
foyer	11 ,350
TOTALE	127m2,065
Surface de grille	1m2 ,672
Largeur à la base de la boîte à feu	1 ,180
Nombre de tubes	240
Diamètre extérieur des tubes	0 ,043
Hauteur de l'axe de la chaudière au-dessus du rail	2 ,361
Longueur des longerons de la machine	9 ,322
Epaisseur des longerons de la machine	0 ,025
Ecartement des longerons	1 ,205
Diamètre des roues du bogie à la table de roulement	1 ,160
Diamètre des roues motrices et d'arrière	2 ,159
Distance du centre du bogie au centre de l'essieu moteur	3 ,275
Distance d'axe en axe de l'essieu moteur à l'essieu arrière	2 ,590
Ecartement d'axe en axe des roues du bogie	2 ,285
Hauteur du centre des tampons au-dessus des rails	1 ,066
Pression de la vapeur par centimètre carré	12K,3
Poids de la machine (en service) : sur le bogie	18t,660
sur les roues motrices	15 ,690
sur les roues d'arrière	15 ,080
TOTAL	49t ,430
TENDER	
Diamètre des roues à la table de roulement	1m,160
Distance d'axe en axe des roues	1 ,980
Longueur de la fusée	0 ,228
Diamètre de la fusée	0 ,145
Diamètre de l'essieu à l'endroit de la roue	0 ,168
Diamètre de l'essieu au centre	0 ,154
Empatement des roues	3 ,961
Longueur des longerons	6 ,030
Empatement total des roues du tender et de machine	13 ,530
Longueur totale entre extrémités des tampons	13 ,452
Poids du tender : sur roues d'avant	10t,790
sur roues de milieu	10 ,790
sur roues d'arrière	12 ,135
TOTAL	33t,715
Poids total, en service, de la machine et du tender	83t,145

234. — *Locomotive à deux essieux couplés et bogie du South-Eastern Railway.* — Cette machine a été étudiée pour le service des trains express entre Londres et Douvres par l'ingénieur de la Compagnie, M. Stirling. Elle figura à l'Exposition de 1889 (*fig.* 324 à 332).

Chaudières. — La chaudière est en acier, du type Crampton et formée de trois viroles ; la boîte à feu est placée entre les deux essieux couplés avec grille légère-

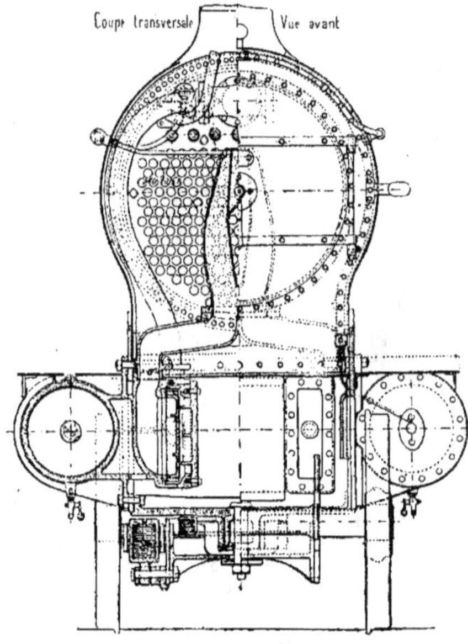

Fig. 323. — Angleterre. — Locomotive express du London and South-Western.

ment inclinée ; le ciel du foyer, qui est plat, est relié au berceau cylindrique extérieur par des entretoises rivées à la partie supérieure et boulonnées à l'autre extrémité.

Le régulateur est commandé par une double mannette permettant la manœuvre aussi bien par le chauffeur que par le mécanicien. Les soupapes Ramsbotom sont montées sur l'anneau le plus rapproché du foyer, dans l'axe de l'essieu moteur. La boîte à fumée est en saillie sur le corps cylindrique : elle renferme les clapets d'introduction de l'eau d'alimentation et la prise de vapeur à tiroir horizontal établi à

Fig. 324. — Angleterre. — Locomotive express du South-Eastern. — Vue d'ensemble.

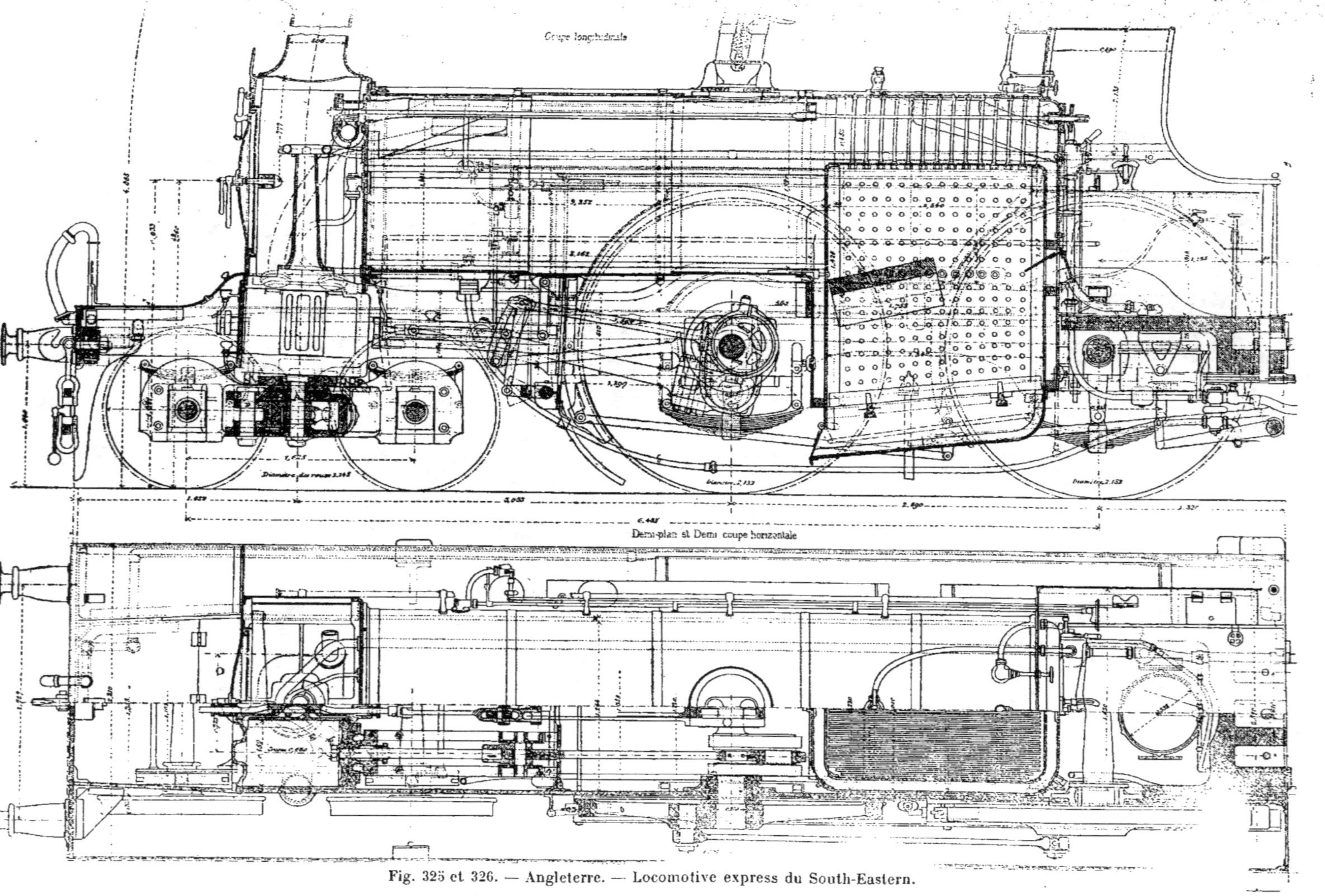

Fig. 325 et 326. — Angleterre. — Locomotive express du South-Eastern.

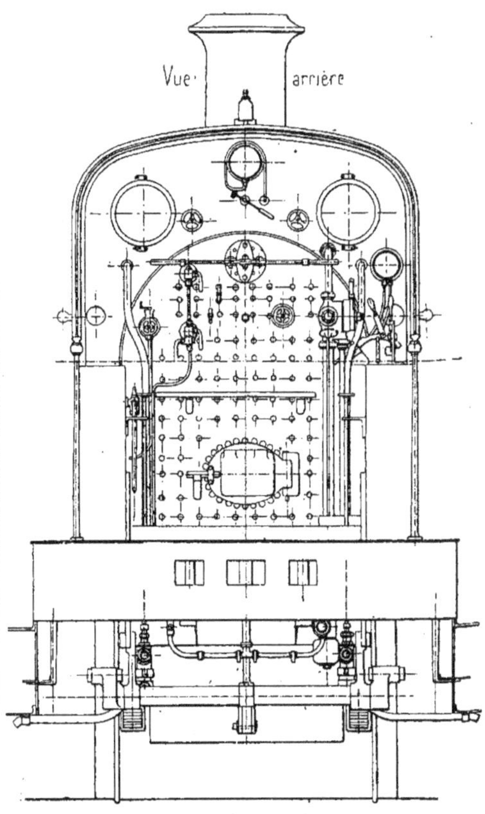

Fig. 327 et 328. — Angleterre. — Locomotive
express du South-Eastern.

Fig. 329. — Angleterre. — Locomotive express
du South-Eastern.

l'extrémité d'un long tuyau Crampton
percé de trous et prenant la vapeur sur
toute la longueur au sommet de la chaudière.

L'alimentation se fait au moyen de deux
injecteurs sous charge, dont les prises de
vapeur, du type à vis, sont montées sur

une pièce en bronze portant également la
colonnette du sifflet ; les clapets d'introduction sont adaptés sur la plaque tubulaire d'avant, dans la boîte à fumée ; le
souffleur est commandé par une vis et un
volant, et le tube traverse la chaudière,
débouchant dans la boîte à fumée à la
hauteur de l'échappement.

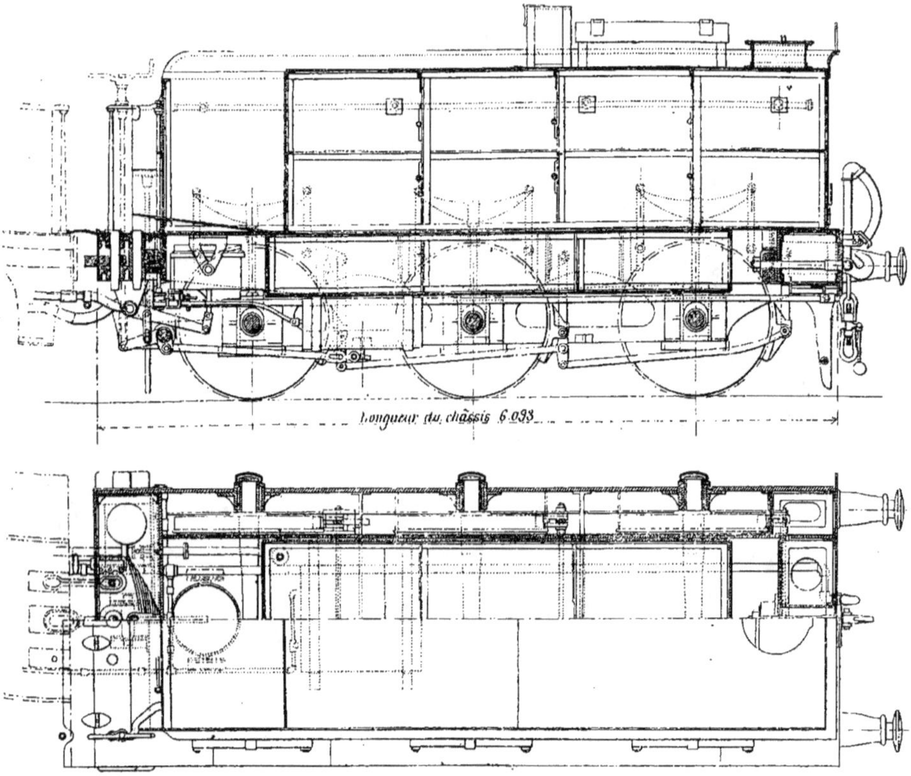

Fig. 330 et 331. — Angleterre. — Tender du South-Eastern. — Élévation, coupe et plan.

Mécanisme. — Les cylindres sont intérieurs au mécanisme moteur de distribution et légèrement inclinés ; les têtes de bielles motrices sont du modèle Sharp, et il y a quatre glissières par cylindre, appuyées sur une entretoise en tôle. Les coulisses sont du type Stephenson à cage ouverte, et la pièce de commande des tiges de tiroirs embrasse la coulisse et se relie à l'arrière à une bielle articulée au support des glissières.

L'appareil de graissage des cylindres est fixé sur l'arrière du foyer à côté des robinets d'épreuve.

Changement de marche système Stirling. — La machine est munie du système de changement de marche pour lequel M. Stirling a pris un brevet en 1873, et dont nous extrayons la description ci-dessous

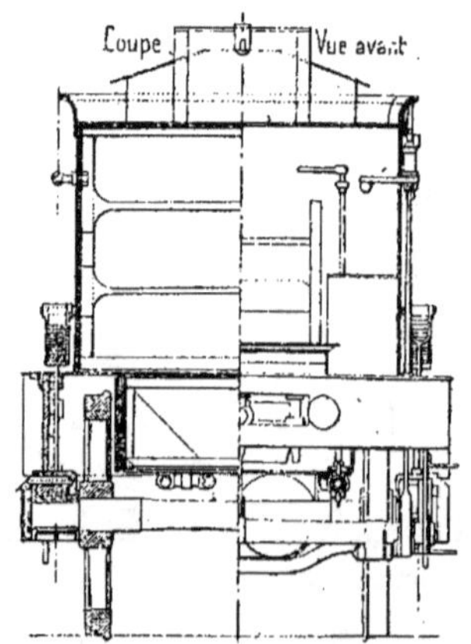

Fig. 332. — Angleterre. — Tender du South-
Eastern.

de la *Revue générale des Chemins de fer* (juillet 1875).

Cet appareil se compose de deux cylindres superposés l'un d'entraînement A, l'autre de verrouillage B, dont les pistons sont montés sur une tige commune agissant sur l'arbre de relevage C, par l'intermédiaire d'une bielle et d'un levier. Les deux cylindres sont fixés sur un bâti en

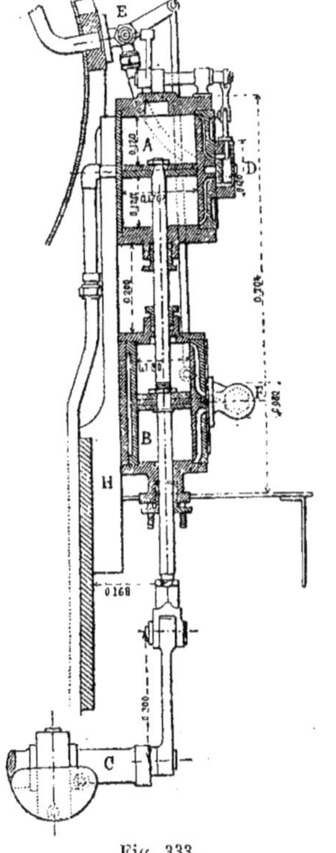

Fig. 333.

fonte H boulonné sur le longeron en avant du sablier, lequel fait partie du prolongement du couvre-roue (*fig.* 333).

Le cylindre moteur A, placé à la partie supérieure, porte un tiroir de distribution en bronze déterminant l'introduction sur l'une ou l'autre face du piston, et démasquant l'échappement lorsqu'il occupe la position intermédiaire. Ce tiroir reçoit la vapeur de la chaudière par un robinet E adapté sur le corps cylindrique, et il est commandé par un levier ramené sous la main du mécanicien.

Le cylindre de verrouillage B, à eau ou à huile, est muni d'un robinet de distribution F permettant au liquide de passer d'un côté à l'autre du piston et d'en limiter la course à volonté par interruption de la circulation.

Le robinet de prise de vapeur E du cylindre A, et celui de distribution F du cylindre B, sont conjugués et commandés par une même tringle à laquelle est imprimé un mouvement de rotation. Un secteur sur lequel sont indiqués les crans de la distribution est installé dans la cabine, sur le couvre-roue où aboutissent les mannettes de commande de l'appareil ; ce secteur porte un index en communication par une tringle avec le levier de relevage. Lorsque la position à donner aux coulisses est obtenue, on ouvre l'échappement du cylindre à vapeur en remettant le tiroir au point intermédiaire, et on intercepte simultanément, et par le même mouvement, la circulation dans le cylindre de verrouillage.

L'appareil, par sa structure, rappelle le compresseur d'air du frein Westinghouse, que nous verrons plus loin. Il supprime la barre de commande de relevage, la vis, le volant et le bâti, et, conséquemment, son poids est sensiblement inférieur.

Châssis. — Les longerons en fer sont à l'intérieur des roues ; ils ont 25 millimètres d'épaisseur et sont reliés par des traverses à un contrepoids en fonte en forme d'étrier, qui est fixé à l'arrière et remplace le sablier d'attelage.

Le bogie comporte un pivot central A et deux pivots latéraux de support S sur lesquels la charge est répartie ; une disposition spéciale, visible sur les figures, a été combinée dans le but d'atténuer les efforts exercés sur l'axe principal A. Elle comprend une première pièce C, rattachée par trois autres pièces, D, E et E', au cadre à glissières B. Le point D est un tourillon placé à 0^m,355 en avant de l'axe principal ; les pièces E et E' sont constituées par des tiges raccordées au cadre B par l'intermédiaire de fortes rondelles en caoutchouc F ; l'ouverture pour le passage du pivot principal permet un jeu latéral de 0m,018. Les réactions provenant du rappel des essieux s'exercent d'abord sur l'une ou l'autre des trois pièces, qui

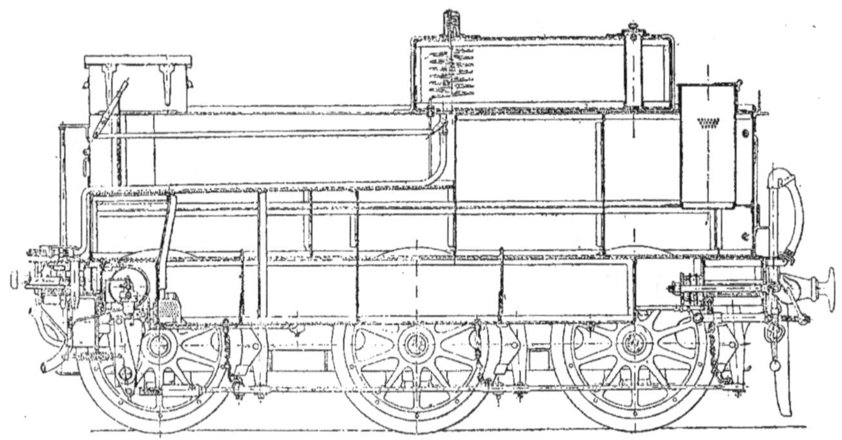

Fig. 334. — Angleterre. — Tender à combustible mixte du Great-Eastern.

agissent comme une sorte de parallélogramme.

Le bogie possède deux ressorts par essieu, placés au-dessus des boîtes ; ceux des

Fig. 335. — Angleterre. — Locomotive à combustible mixte du Great-Eastern.

essieux couplés sont reportés à la partie inférieure. Tous les ressorts sont indépendants.

Les bandages sont fixés sur les jantes par le procédé à talon.

La machine est munie du frein à vide

automatique; les sabots, symétriquement placés à l'avant des roues couplées, utilisent tout le poids adhérent.

L'abri se compose d'une toiture légèrement cintrée de 0^m,890 de longueur se raccordant par des congés avec les parois latérales. L'avant est pourvu de lunetttes circulaires.

Tender. — Le tender qui accompagne cette machine est à trois essieux également espacés ; le châssis est formé de quatre longerons, dont deux principaux extérieurs portent les boîtes de graissage, et deux placés intérieurement, entre lesquels est logée une caisse à eau de 3^m,835 de long sur 1^m,244 de largeur ; les ressorts sont reportés au-dessus du tablier.

Les faces ont 0^m,127 de diamètre et 0^m,253 de longueur. La contenance des caisses est de 12 mètres cubes d'eau, et le combustible 4 000 kilogrammes.

Dimensions principales. — Voici, d'ailleurs, les principales dimensions de cette machine :

Surface de grille............................	1^m,554
Longueur en haut du foyer.............	1 ,540
Largeur en haut du foyer................	0 ,920
Diamètre moyen du corps cylindrique	1 ,321
Hauteur de l'axe du corps cylindrique au-dessus du rail........................	2 ,260
Timbre.......................................	10^K,540
Nombre de tubes..........................	202
Longueur des tubes entre plaques...	3^m,352
Diamètre des tubes.......................	0 ,040
Surface de chauffe du foyer	9 ,51
» des tubes..........	84 ,91
» totale	94 ,42
Diamètre des cylindres.................	0 ,482
Course des pistons......................	0 ,660
Ecartement des cylindres d'axe en axe..	0 ,728
Diamètre des roues motrices	2 ,433
» porteuses du bogie	1 ,140
Longueur des bielles motrices.......	1 ,800
Longueur des barres d'exentrique..	1 ,593
Ecartement des tiges des tiroirs d'axe en axe.....................................	0 ,110
Poids total en charge...................	42 100^K
Poids sur chaque essieu du bogie....	6 900
» sur le premier essieu moteur,	15 500
» sur le deuxième essieu moteur.	12 800

235. *Locomotive à combustible mixte du Great-Eastern Railway.* — Le Great-Eastern Railway a mis en circulation dans ces dernières années sur la section accidentée de Liverpool-Street, à Harwich (rampes jusqu'à 14 millimètres), une nouvelle locomotive à deux essieux couplés à l'arrière et un porteur à l'avant, qui présente une particularité spéciale; elle peut être indifféremment chauffée par des combustibles solides ou liquides (*fig.* 334 à 337).

Nous avons déjà vu dans notre troi-

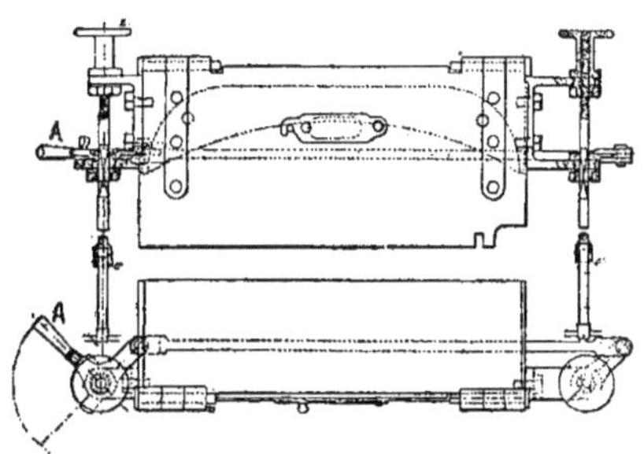

Fig. 336. — Angleterre. — Commande des valves de distribution du pétrole (Great-Eastern).

sième volume que, dans certains pays, comme la Russie et l'Amérique (p. 527, n° 720), on utilise avantageusement pour le service des locomotives, les combustibles liquides, généralement beaucoup plus économiques que la houille. Cependant, le chauffage à l'huile minérale s'est peu répandu dans les chemins de fer, à cause de la difficulté de compter d'une manière certaine sur un stock d'approvisionnement,

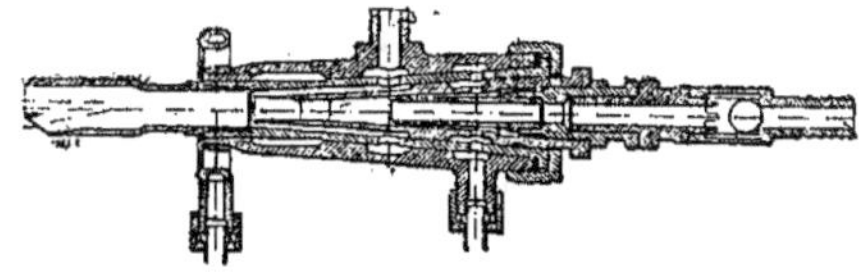

Fig. 337. — Angleterre. — Détails de l'injecteur (Great-Eastern).

à moins de se trouver dans les pays de production comme au Caucase ou à Oil-City. Les Compagnies houillères sont, en effet, très nombreuses et réparties en de nombreux points du globe, tandis que le pétrole et les analogues sont monopolisés par un très petit nombre de Sociétés, dont les prix de vente peuvent varier dans des limites impossibles à prévoir.

La Compagnie anglaise dont il est question en ce moment a reconnu elle-même, tout en établissant une locomotive à pétrole, le besoin de se mettre à l'abri de ces incertitudes et a disposé cette machine de façon à ce qu'elle puisse être indifféremment chauffée au charbon ou au pétrole.

Elle sort des ateliers de Strattford et a été exécutée d'après les projets de M. Holden. L'huile est emmagasinée dans des réservoirs surmontant les soutes à eau du tender (*fig.* 334 et 335).

Deux serpentins amenant de la vapeur de la chaudière maintiennent l'huile suffisamment fluide, même par les plus grands froids. Cette huile est amenée dans le foyer au moyen de deux injecteurs placés sur la plate-forme du mécanicien et en voyant leur liquide dans deux tuyères cylindriques traversant l'enveloppe d'eau du foyer au niveau de la plate forme. Ces tuyères sont composées de deux tubes concentriques, l'un extérieur, en cuivre rouge, monté sur les bords des trous percés dans les tôles, l'autre intérieur, en acier, foré dans le tube en cuivre rouge.

Les injecteurs (*fig.* 337) aspirent l'air d'un frein à vide, employé en même temps que le frein Westinghouse, et le vide obtenu dans les réservoirs peut être de $0^m,56$ de mercure. Quand on ne fait pas usage du frein à vide, on aspire l'air réchauffé par un passage à travers une batterie de tubes placés dans la boîte à fumée.

Chaque injecteur est muni d'un anneau souffleur composé d'une chambre annulaire, percée de trous, dans laquelle arrive la vapeur ; cette dernière, sortant par les trous, rencontre l'huile injectée et la pulvérise en la mélangeant intimement avec l'air entraîné, ce qui permet une combustion aussi parfaite que possible.

Le pétrole employé est de « l'Astatki », mais on pourrait aussi bien faire usage des huiles de goudron ou des produits créosotés. Le réglage de ce combustible liquide se fait au moyen de robinets spéciaux, combinaison du boisseau ordinaire et du type à vis ; l'écoulement de l'huile commence immédiatement, rien qu'en tournant le robinet A (*fig.* 336), d'une fraction de tour et le volant supérieur permet

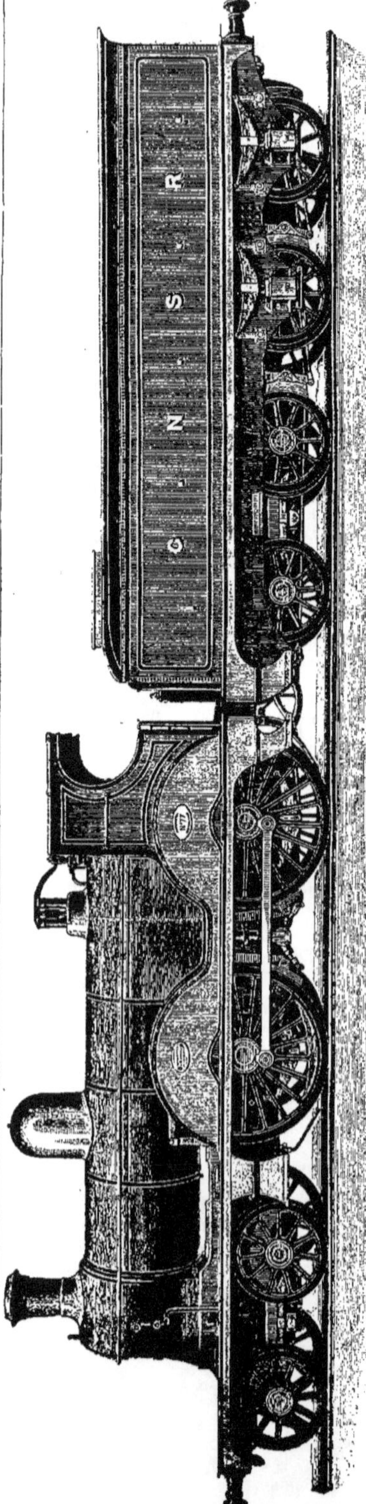

Fig. 338. — Écosse. — Locomotive express du Great-North avec son tender.

Fig. 339. — Ecosse. — Locomotive express du Great-North. — Élévation.

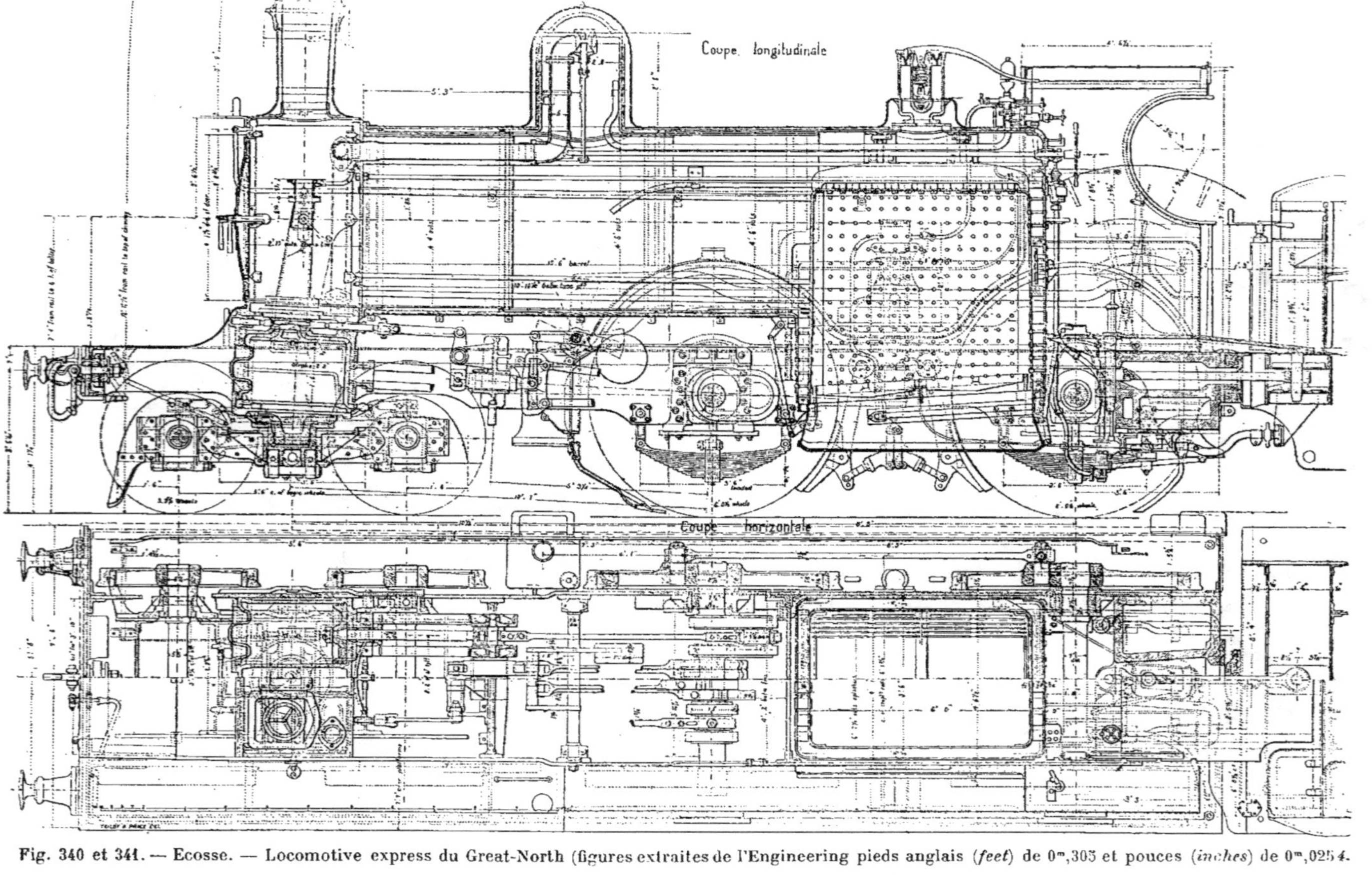

Fig. 340 et 341. — Ecosse. — Locomotive express du Great-North (figures extraites de l'Engineering pieds anglais (*feet*) de 0^m,305 et pouces (*inches*) de 0^m,0254.

l'ouverture en grand de ces robinets, dont les manettes sont, d'ailleurs, conjuguées.

En marche normale, quand on se sert des injecteurs, les choses sont disposées de manière à maintenir sur la grille une couche de combustible solide d'environ 7 à 8 centimètres. Ce combustible est composé de houille, de coke, d'un mélange de charbon et de calcaire, ou de charbon et d'argile réfractaire. La combustion de ces produits solides est réglée par un registre placé à l'avant du cendrier; l'air nécessaire à la combustion de l'huile est introduit, comme nous venons de le dire, par les anneaux souffleurs.

On comprendra l'intérêt que peut com-

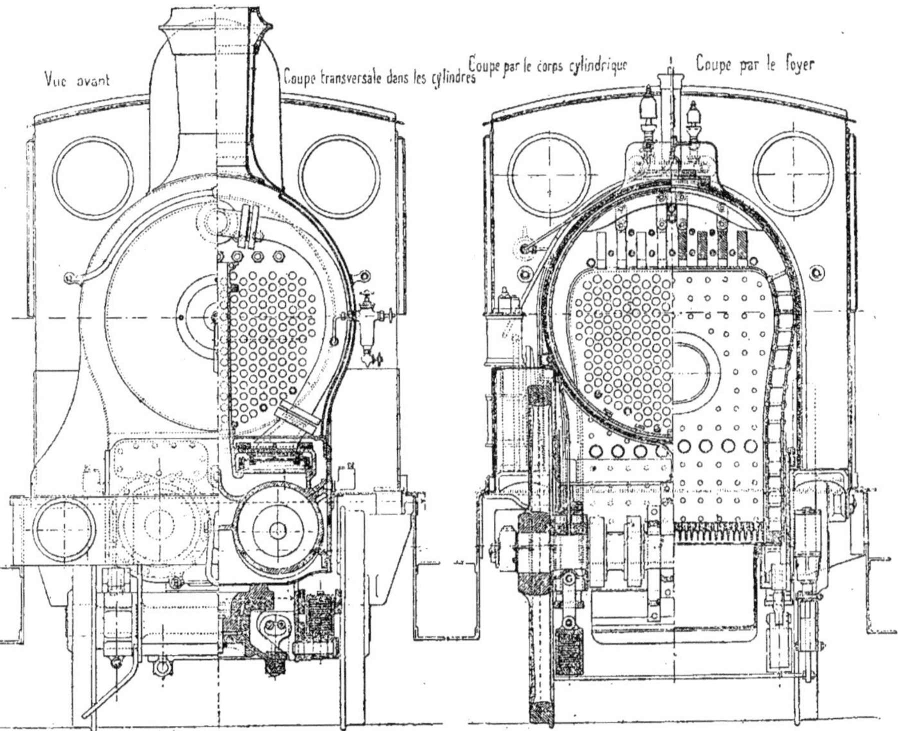

Fig. 342 et 343. — Ecosse. — Locomotive express du Great-North. — Coupe.

porter ce système nouveau, quand on saura qu'une tonne de combustible liquide remplace deux tonnes de charbon, à cause de la différence des puissances calorifiques des deux produits et aussi à ce que le souffleur permet la combustion parfaite du pétrole pulvérisé, sans qu'il y ait dans le foyer admission d'air en excès.

De plus, la facilité du réglage des injecteurs, au moyen de l'appareil vu plus haut, permet de faire varier instantanément l'intensité du feu, suivant les besoins, et d'obtenir aisément une pression des plus fixes dans la chaudière.

Dimensions. — Voici les principales dimensions de cette locomotive :

Surface de grille.....................	1ᵐ,67
Hauteur de l'axe du corps cylindrique acier au-dessus du rail.......	2ᵐ,286
Section totale des tubes............	0ᵐ²,24
Section de la cheminée.............	0 ,10
Surface de chauffe totale...	113 ,70
Diamètre des cylindres extérieurs...	0ᵐ,457
Course de pistons..................	0 ,609
Diamètre des roues motrices........	2 ,132
Empatement total.......	5 ,020
Poids total à vide	38 000ᵏ
Poids total en charge..............	42 000
Poids total du tender à vide	16 000
Poids total du tender en charge.....	30 000

236. *Locomotive express du Great-Northern railway d'Écosse.* — Cette machine est également à deux essieux couplés à l'arrière enserrant le foyer et un bogie à deux essieux à l'avant (*fig.* 338 à 344).

Les cylindres sont intérieurs et fondus d'une seule pièce avec tiroirs équilibrés Mauson, placés à la partie supérieure et manœuvrés par un changement de marche à coulisse.

Le bogie est disposé, comme dans toutes circonstances analogues, de manière à permettre à la locomotive le passage facile et doux en courbe ; les longerons sont en acier ; les roues, en fer forgé.

Le corps cylindrique et l'enveloppe de la boîte à feu sont en excellent fer du Iorkshire ; la boite à feu, en cuivre.

L'alimentation se fait au moyen de deux injecteurs Gresham et Craven, amenant l'eau au centre du corps cylindrique par un tuyau intérieur à la chaudière ; des boîtes à sable du type Gresham permettent d'envoyer au besoin du sable en avant de l'essieu moteur, c'est-à-dire celui du milieu.

La machine est munie du frein Westinghouse.

Le tender est porté par huit roues ; les deux premières forment le bogie.

Voici les principales dimensions de cette machine :

Surface de grille......................	1^{m2},690
Surface de chauffe des tubes........	100
Surface de chauffe du foyer.........	9^m,85
Surface de chauffe totale...........	109 ,85
Volume d'eau du tender.............	13 600^l
Poids du combustible..............	3 050^k
Poids total du tender en charge	36 600

237. *Locomotive express du Lancashire and Yorkshire railway.* — La machine représentée (*fig.* 345 à 347) a été construite dans les ateliers de la Compagnie du Lancashire and Yorkshire railway, par **M.** Aspinall, ingénieur en chef de la traction.

Elle a été établie dans le but de faire face à l'important trafic à grande vitesse que l'on rencontre sur les sections de Manchester à Southport, Manchester et Blackpool, Liverpool, Manchester et Leeds. De plus, tous les éléments principaux sont établis

de manière à pouvoir être remplacés aisément d'un type à l'autre en cas de réparation ou d'avaries ; les autres types auxquels nous faisons allusion sont des machines-tenders à voyageurs et des machines à marchandises. Ces nouveaux types, appelés *standards*, présentent les mêmes organes, comme chaudières, mécanisme et accessoires. Seuls, les roues, les longerons et les détails du frein présentent quelques différences. Toutes les anciennes locomotives qui ne peuvent recevoir les organes des nouveaux modèles sont mises en réforme à la première grosse réparation exigeant leur rentrée à l'atelier.

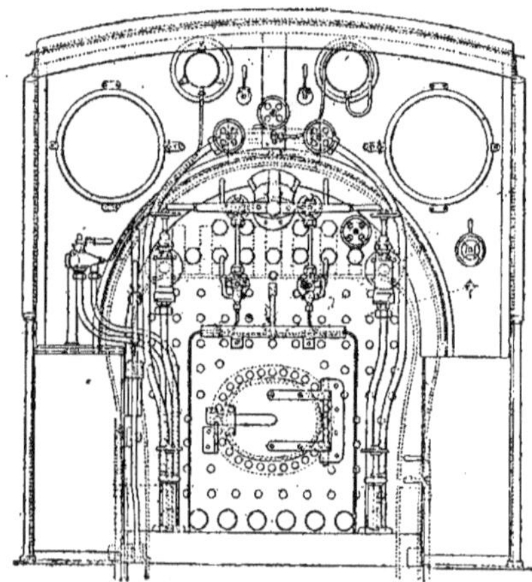

Fig. 344. — Ecosse. — Locomotive express du
Great-Northern. — Vue arrière.

Cela posé, les locomotives express présentent deux essieux couplés et un bogie à l'avant ; les roues ont 2^m,24 pour les trains les plus légers et 1^m,83 pour les plus lourds ou les moins rapides. Ainsi, les premiers se composent de dix voitures mixtes à bogie pesant 271 tonnes et remorquées à la vitesse moyenne de 80 kilomètres à l'heure. C'est la locomotive destinée à remorquer ces trains qui nous occupe en ce moment.

Les longerons sont intérieurs pour la machine et pour le bogie.

Chaudières. — L'enveloppe du corps cylindrique est en tôle d'acier doux de 0^m,013 d'épaisseur ; la plaque arrière de la boîte à feu a 0^m,016, et la plaque tubulaire,

Fig. 345. — Angleterre. — Locomotive express du Lancashire et Yorkshire railway. — Élévation.

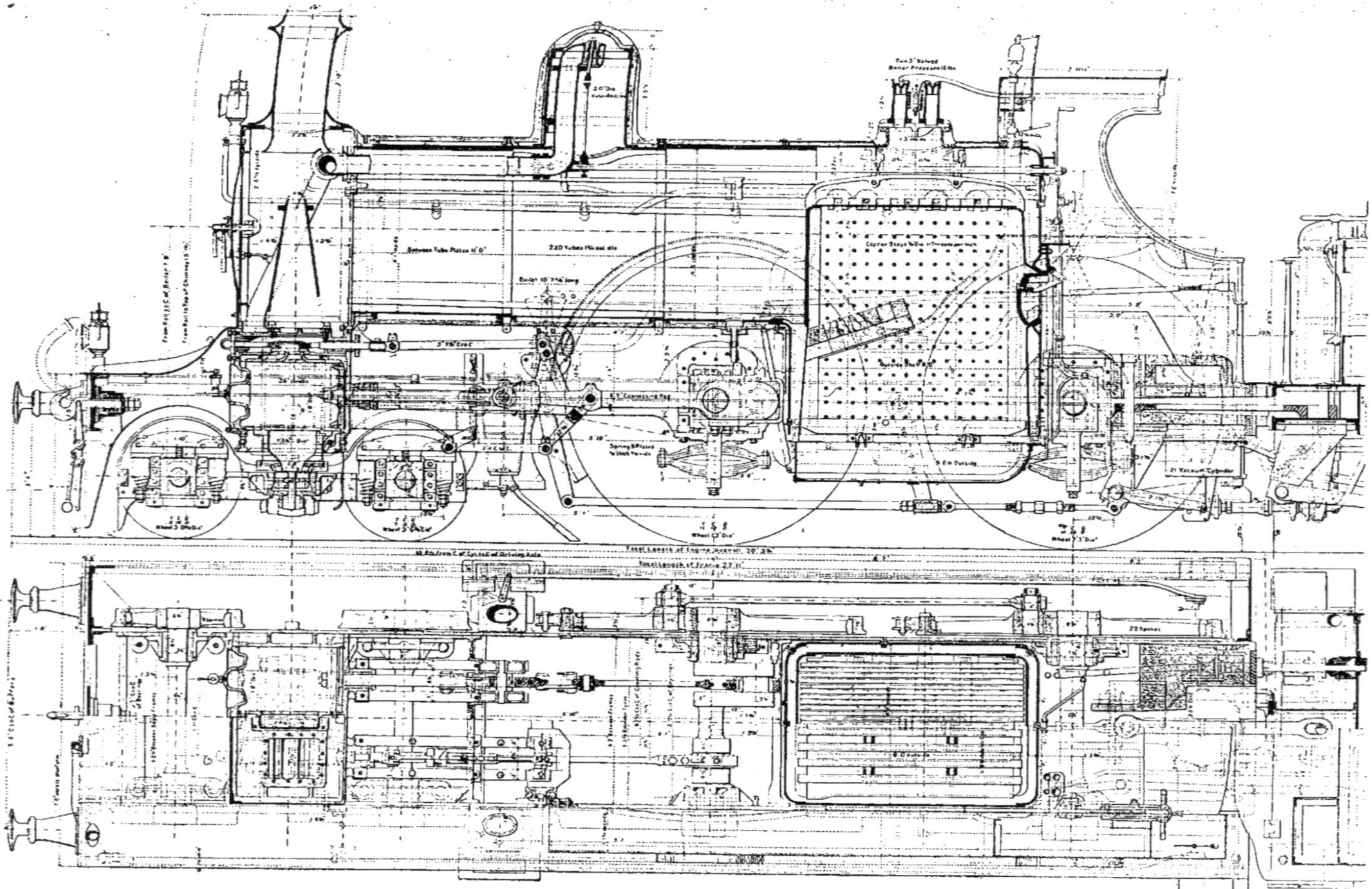

Fig. 346 et 347. — Locomotive express du Lancashire et Yorkshire railway. — Coupes ; mesures en pieds anglais (*feet*) de 0ᵐ,305 et en pouces (*inches*) de 0ᵐ 0254.

$0^m,022$. L'axe de la chaudière, placé à $2^m,352$ du rail, est à une hauteur suffisante pour dégager complètement le mécanisme et le rendre très accessible du dehors.

Le corps cylindrique est constitué par trois viroles télescopées, assemblées deux à deux, à recouvrement, avec rangée unique de rivets. Les joints longitudinaux sont à double contre-joint avec quatre rangées de rivets. Le dôme est monté sur la virole centrale ; il a un diamètre de $0^m,610$; les soupapes de sûreté ont leur embase placée sur l'enveloppe de la boîte à feu.

Les tubes, également en cuivre rouge spécial, sont au nombre de 220 et relativement courts (3,353) ; la plaque tubulaire, emboutie vers l'avant pour recevoir la tôle de la boîte à fumée, est rattachée au corps cylindrique par une cornière cintrée posée à l'extérieur. La partie inférieure de cette plaque est boulonnée sur une patte d'attache disposée transversalement au-dessus des boîtes à tiroir, à l'arrière, et venue de fonte avec les cylindres.

Le ciel du foyer est armé de poutrelles longitudinales en acier moulé, reliées à l'enveloppe par deux rangées de tirants articulés.

La grille est horizontale, en fonte, et formée de vingt-cinq barreaux, reposant sur deux sommiers intermédiaires en fonte.

Le foyer est en cuivre, très profond, mais pas très grand, il plonge entre les deux essieux couplés, comporte la voûte classique en briques et le déflecteur. On supplée à ses dimensions restreintes en y brûlant une couche épaisse d'un excellent combustible avec un échappement très serré, ce qui donne une combustion beaucoup plus active qu'on ne pourrait le supposer.

Dans le sens longitudinal, la chaudière est armée par des tirants boulonnés sur la plaque tubulaire de la boîte à fumée et sur la plaque arrière de la boîte à feu.

Quatre ouvertures de visite et de lavage à fermeture autoclave sont ménagées dans le berceau de chaque côté du foyer et au niveau du ciel de ce dernier. Une porte de vidange, munie d'un robinet, est disposée à la partie inférieure de la virole arrière ; le tuyau de décharge arrive très bas, afin d'éviter les projections de boue et d'eau sale sur les organes du mécanisme.

Le pourtour du foyer, au niveau supérieur du cadre, comporte, en outre, huit bouchons de lavage à vis.

Le boîte à fumée est en saillie sur le corps cylindrique et présente une porte ronde avec fermeture au centre ; la cheminée cylindrique est en fonte, se prolongeant par un entonnoir à l'intérieur de la boîte à fumée ; la partie inférieure de celle-ci est formée par le dessus des boîtes à tiroir.

Un régulateur à soupapes équilibrées et à tringle de manœuvre intérieure, est placé dans le dôme ; les soupapes de sûreté sont du système Ramsbotton et à charge directe ; l'alimentation se fait au moyen d'injecteurs Gresham placés contre la façade arrière de la boîte à feu. La chaudière porte, en outre, deux tubes de niveau d'eau et une enveloppe formée de douves jointives en bois s'appliquant directement sur la tôle enveloppe de la boîte à feu et laissant entre elles et le corps cylindrique un vide égal, selon l'emplacement, à deux et trois fois l'épaisseur des tôles. Le bois est lui-même recouvert d'une enveloppe en tôle mince découpée avec soin et peinte en noir.

Mécanisme. — Le mécanisme est entièrement à l'intérieur des longerons, comme les cylindres. Une distribution sans excentrique a été exigée par ces derniers, qui sont horizontaux et sans excentriques. Les tiroirs, à glaces horizontales, sont placés à la partie supérieure des cylindres, et les tuyaux de vapeur sont logés entièrement dans la boîte à fumée aboutissant à l'avant, au-dessus et dans l'angle extérieur des tiroirs. Le conduit d'échappement est vertical, sans aucun coude, et terminé à sa partie supérieure par une couronne fixe d'échappement circulaire de $0^m,120$ de diamètre. Le graissage des cylindres intérieurs se fait à distance par un graisseur placé dans l'abri.

La distribution est du système Joy, avec coulisses en acier moulé. Le relevage se fait par une manœuvre à vis placée à l'arrière du foyer sur un des couvre-roues. Les bielles motrices sont en fer cémenté et trempé avec têtes et chapes rapportées.

Les pistons sont en fer étampé à deux segments à souche évidée, assemblés sur leur tige par une partie conique et un écrou. La crosse est elle-même fixée à la tige par un cône claveté. Cette crosse est en acier canelé et à doubles coulisseaux, avec glissières latérales.

Ces glissières sont supportées au tiers environ de leur longueur par une entretoise des longerons, entièrement en acier coulé et comportant à sa partie inférieure les paliers d'articulation du parrallélogramme de la distribution.

Véhicules. — Les longerons sont en acier placés entre les roues, et évidés à l'avant pour permettre le passage des roues du bogie.

La suspension présente une disposition assez ingénieuse. Le ressort est à pincette, c'est-à-dire formé de deux branches réunies à chaque extrémité par un boulon, et sa partie inférieure repose, par l'intermédiaire d'une vis de réglage, sur un étrier suspendu au-dessus de la boîte. La partie supérieure reçoit, par l'intermédiaire de l'entretoise des plaques de garde, le poids de la machine. On peut démonter rapidement ce ressort en desserrant de quelques tours la vis disposée à la partie inférieure de l'étrier.

Les roues sont en acier coulé, avec bandages rapportés, agrafés du côté extérieur, et maintenues en place par des vis radiales.

Le bogie est à déplacement transversal; ses deux longerons sont intérieurs avec suspension formée de huit ressorts en hélice placés de chaque côté des boîtes et reliés deux à deux par une traverse reposant sur le sommet de celle-ci. La machine repose sur la crapaudine du pivot par l'intermédiaire d'une entretoise transversale boulonnée à la partie inférieure des cylindres. Les longerons, au moins à l'avant, sont complètement désintéressés des efforts verticaux dus au poids des cylindres et de la chaudière. Le jeu transversal du bogie est réglé par des menottes, et le rappel obtenu par les ressorts de suspension.

Sous le tablier, contre les longerons du grand châssis, sont placées des sablières Gresham à jet de vapeur agissant immédiatement à l'avant des roues motrices.

A l'arrière se trouve un abri en tôle muni de deux lunettes circulaires antérieures de grand diamètre et à charnières. La plate-forme arrière, sur laquelle se tient le chauffeur, a dû être surélevée, à cause du grand diamètre des roues motrices et de la hauteur à laquelle se trouve placée la chaudière.

Les roues couplées sont munies du frein à vide automatique.

Dimensions principales. — Le tableau ci-dessus donne les principales dimensions de cette machine.

1° CHAUDIÈRE.	
Corps cylindrique.	
Longueur du corps cylindrique.....	3^m,235
Diamètre minimum extérieur.......	1 ,270
Hauteur de l'axe au-dessus du rail..	2 ,352
Epaisseur des tôles................	0 ,013
Epaisseur de la plaque tubulaire avant	0 ,022
Ecartement des rivets d'axe en axe..	0 ,045
Diamètre des rivets	0 ,021
Timbre...........................	11^K,25
Boîte à feu.	
Longueur extérieure de la boîte à feu	1^m,830
Longueur extérieure en bas de la boîte à feu.......................	1 ,245
Epaisseur de la tôle avant..........	0 ,016
» arrière...........	0 ,013
» enveloppe	0 ,013
Ecartement des entretoises d'axe en en axe.........................	0 ,102
Diamètre des entretoises	0 ,025
Foyer.	
Longueur intérieure en bas (cuivre).	1^m,641
Largeur intérieure en bas (cuivre)...	1 ,067
Profondeur à l'avant...............	1 ,778
» l'arrière............	1 ,778
Surface de grille..................	1 ,74
Tubes.	
Nombre des tubes (cuivre)	220
Longueur entre plaques............	3^m,353
Diamètre extérieur................	0 ,045
Surface de chauffe.	
Surface de chauffe directe..........	10 ,000
» tubulaire.........	103 ,000
» totale........	113 ,000
2° MÉCANISME.	
Cylindres et tiroirs.	
Diamètre des cylindres.............	0 ,457
Course des pistons.................	0 ,660
Diamètre des tiges des pistons......	0 ,076
Entraxe des cylindres..............	0 ,584

Longueur des lumières d'admission..	0 ,318
» d'échappement	0 ,318
Largeur des lumières d'admission...	0 ,044
d'échappement...	0 ,089
Recouvrement extérieur,............	0 ,025
Course maximum des tiroirs........	0 ,115
Avance à l'admission	0 ,004
Longueur des coulisseaux de glissières	0 ,343

Essieux et roues.

Diamètre des roues motrices couplées	2 ,210
Diamètre des roues du bogie........	0 ,924
Longueur de la bielle motrice d'axe en axe	1 ,880
Essieu coudé : diamètre à l'emmanchement......................	0 ,219
Essieu coudé : diamètre des fusées...	0 ,191
» au milieu..	0 ,178
Écartement des boîtes d'axe en axe..	1 .156
Essieu coudé : Longueur des emmanchements....................	0 ,178
Essieu coudé : Longueur des fusées..	0 ,229
» Diamètre des tourillons moteurs........................	0 ,191
Longueur des tourillons moteurs....	0 ,114
Essieu couplé : Diamètre à l'emmanchement......................	0 ,219
Diamètre des fusées	0 ,191
Diamètre au milieu	0 ,165
Écartement des boîtes d'axe en axe..	1 ,156
Longueur des emmanchements	0 ,178
Longueur des fusées	0 ,229

Bogie.

Diamètre des essieux à l'emmanchement..........................	0 ,159
Diamètre de fusées.................	0 ,140
» au milieu.............	0 ,133
Écartement d'axe en axe des boîtes.	0 ,192
Longueur des emmanchements	0 ,154
Longueur des fusées...............	0 ,247
Empatement total du bogie	1 ,676

Longerons.

Distance de l'axe du bogie à l'essieu moteur.......................	3 ,111
Empatement fixe..................	2 ,620
Longueur totale des longerons.......	8 ,560
Écartement intérieur des longerons..	1 ,270
Epaisseur des longerons............	0 .025

Poids.

Poids total à vide.................	41 960ᴷ
» sur le bogie	13 000
» sur l'essieu moteur..........	15 180
» sur l'essieu couplé..........	13 780
» en charge	45 510
» sur le bogie	14 020
» sur l'essieu moteur..........	16 760
» couplé..........	14 730

Tender.

Nombre d'essieux..................	3
Empatement total	3ᵐ,20
Contenance des caisses à eau........	8ᵐ,177
Poids du combustible..............	3 050ᴷ
» à vide.................	15 230
» en charge..............	26 540

Locomotives à trois essieux couplés.

238. *Locomotives à grande vitesse à trois essieux couplés du Highland-Railway* (Écosse). — Ces machines, construites récemment, au nombre de quinze, sont les plus puissantes qui aient encore circulé sur les lignes anglaises. Elle sont imitées du type à trois essieux couplés très répandu en Amérique pour la traction des trains lourds de voyageurs ou pour les trains de marchandises à grande vitesse ; ce type avait déjà, d'ailleurs, paru en Europe sur les chemins norvégiens et au chemin de fer italien de la Méditerranée.

Ces machines sont, en effet, fort précieuses pour le service auquel elles sont destinées, car, n'ayant pas de porte-à-faux, elles présentent une grande stabilité, et, grâce à leur bogie, elles franchissent aisément les courbes de faible rayon ; en outre, le bogie supportant une partie du poids de la chaudière, il est possible de donner à celle-ci un grand volume par rapport à celui des cylindres.

La machine actuelle (*fig.* 348 à 350) a été construite par M. Sharp-Stewart, de Glascow, d'après les plans de M. Jones, ingénieur en chef de la Compagnie du High-land railway d'Écosse. Elle est destinée au remorquage des trains de voyageurs et de marchandises à grande vitesse sur la ligne à voie unique de Perth à Inverness, dont le profil, très accidenté, comporte en particulier une rampe de $0^m,015$ sur une longueur de 12 kilomètres. Sur ce profil, la machine en question remorque de quarante à quarante-cinq wagons chargés.

Description. — Comme nous venons de le dire, en dehors de ces trois essieux couplés, la machine présente un bogie à l'avant. Les cylindres sont extérieurs, avec tiroirs à l'intérieur des longerons. Le foyer s'étend un peu au-delà de l'essieu d'arrière, au-dessus duquel passe la grille légèrement inclinée.

Néanmoins, on a évité un foyer trop plat en mettant suffisamment haut l'axe du corps cylindrique.

Ce dernier est entièrement en acier avec foyer Crampton en cuivre ; il est composé de trois anneaux ou viroles télescopées, la virole du milieu supportant le dôme de petite dimension. Le ciel du foyer est consolidé par des fermes longitudinales en acier fondu reliées au berceau par des menottes articulées. La boîte à fumée n'est pas disposée à l'américaine, mais néanmoins longue, très volumineuse, et en saillie sur le corps cylindrique.

La cheminée, à enveloppe, est courte et de grand diamètre.

Les cylindres sont extérieurs et inclinés au 1/24, avec tiroirs verticaux placés à l'intérieur des longerons. Ces derniers sont commmandés par des coulisses de Stephenson qui actionnent des excentriques à colliers en fonte garnis intérieurement d'une chemise en bronze.

Les longerons sont en acier de 0^m,032 d'épaisseur et intérieurs aux roues, dans la machine comme dans le bogie. Les roues sont en acier coulé avec bandages en acier rapporté. Les bielles motrices actionnent l'essieu du milieu, dont les roues sont dépourvues de boudins, afin de faciliter le passage en courbe.

Cette machine est munie, enfin, de soupapes à charge directe au-dessus du foyer d'un abri très complet, de boîtes à sable et de freins à vide automatique.

Elle est accompagnée d'un long tender à six roues, très bas et très étroit ; elle a fréquemment franchi des courbes de 350 mètres de rayon à la vitesse de 95 kilomètres à l'heure.

Les principales dimensions de cette machine sont les suivantes :

CHAUDIÈRE.	
Surface de grille	2^m,10
Diamètre du corps cylindrique	1 .42
Epaisseur des tôles	0 ,014
» plaques tulubaires	0 ,022
Longueur intérieure du foyer	2 ,15
Hauteur »	1 ,41
Epaisseur des plaques tubulaires	0 ,022
Epaisseur des parois	0 ,0127
Nombres de tubes	211
Longueur des tubes	4^m,394
Diamètre extérieur des tubes	0 ,050
Longueur extérieure de la boîte à fumée	0 ,952
Diamètre des tuyaux de vapeur	0 ,127
Surface de chauffe directe	10 ,50
» des tubes	144 ,83
» totale	155 ,83
Timbre	12^k,30

Mécanisme.

Diamètre des cylindres	0^m,508
Course des pistons	0 ,610
Inclinaison des cylindres	724
Hauteur du piston	0^m,102
Diamètre de la tige du piston	0 ,086
Longueur des lumières	0 ,406
Hauteur des lumières	0 ,041

Véhicule.

Diamètre des roues motrices	1^m,613
» du bogie	0 ,978
Empatement totale	7 ,620
» rigide	4 ,038
Diamètre des essieux couplés	0 ,190
» des fusées couplées	0 ,203
Epaisseur des bandages	0 ,089
» des longerons	0 ,032

Condition générale.

Poids total en charge	56 000^k
» sur le bogie	14 000
» sur le 1er essieu couplé	13 50
» 2e »	14 50
» 3e »	14 00
Contenance du tender à eau	12$^m3$,60
» charbon	5 000^k

Fig. 348. — Écosse. — Locomotive du Highland railway. — Élévation.

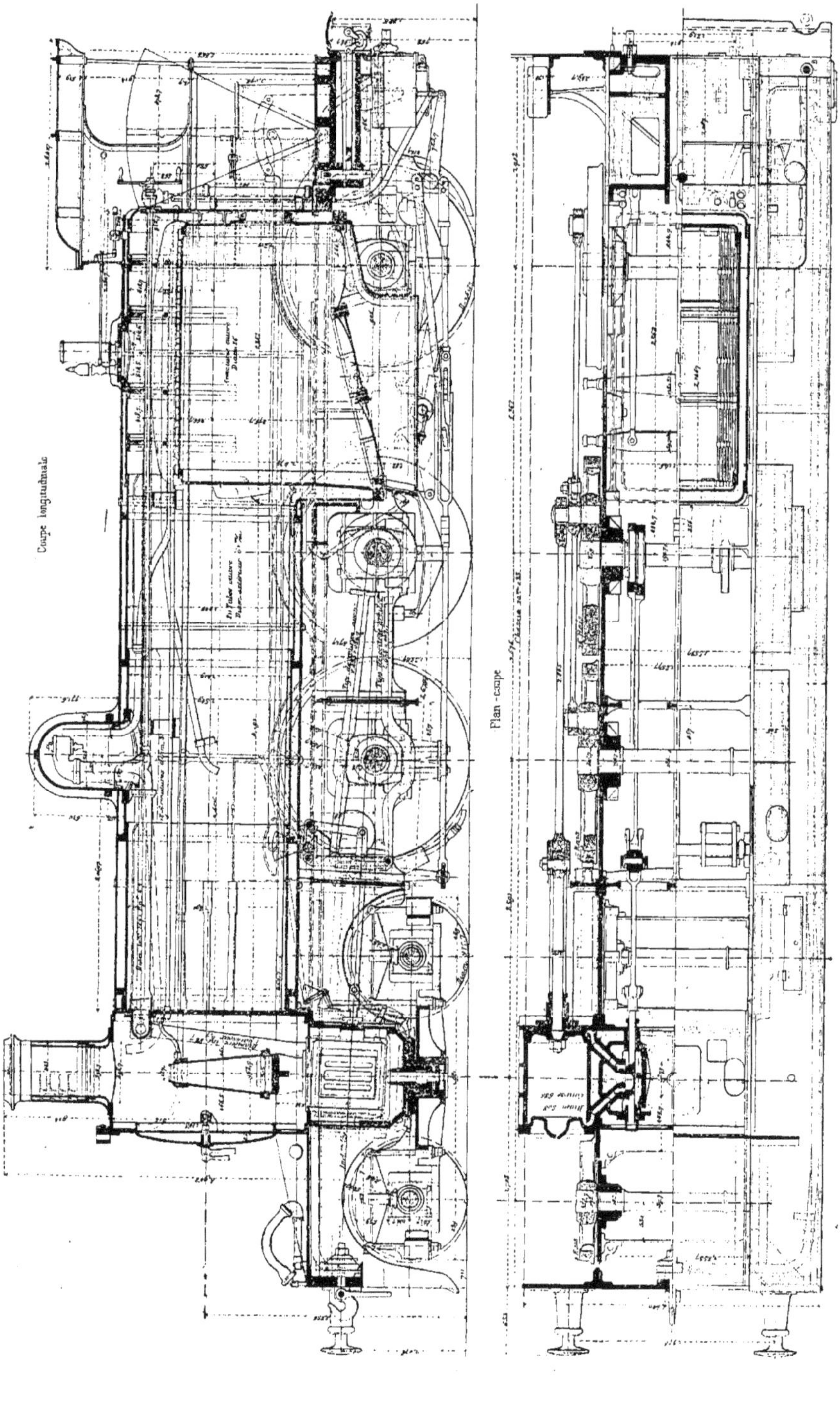

Coupe longitudinale

Plan-coupe

Fig. 349 et 350. — Écosse. — Locomotive du Highland railway. — Coupes.

LOCOMOTIVES-TENDERS

Considérations générales.

239. *Locomotive de banlieue.* — Tout le monde sait qu'en Angleterre, et principalement à Londres, le service des trains de banlieue est excessivement chargé, les arrêts fréquents et les démarrages rapides nécessaires ; toutes les Compagnies sauf une emploient à cet usage des locomotives-tenders : et encore, cette exception provient de ce que la Compagnie en question, le South-Eastern, possède un stock considérable de vieilles machines à tender séparé, trop faibles pour le service d'express et qu'elle utilise de la sorte.

Les machines employées pour le service des voyageurs sont généralement à deux essieux couplés ; les locomotives-tenders à trois essieux couplés sont utilisées pour le service des marchandises ; le London-Brighton seul en emploie quelques-unes de faibles dimensions (30 tonnes en charge) pour remorquer les trains de voyageurs.

Voici quelles sont les raisons des préférences des ingénieurs anglais pour le premier type. Les machines présentant un poids adhérent de 32 à 35 tonnes sont suffisantes pour la traction des trains de banlieue, les plus lourds des chemins de fer anglais ; on admet aisément, en Angleterre, des charges de 16 à 18 tonnes par essieu, ce qui permet de se contenter de deux essieux couplés. En outre, ces machines sont munies d'un essieu à boîte radiale ou d'un bogie passant plus aisément que les machines à trois essieux couplés dans les courbes de rayons toujours plus petits qu'ailleurs, sur les lignes de banlieue.

Nous devons cependant observer que, sur certaines lignes où les souterrains sont nombreux comme le Métropolitain, l'adhérence est souvent défectueuse, et les vitesses, faibles ; il y aurait peut-être là utilité à adopter de préférence des machines à trois essieux couplés.

Dispositions générales des divers types de machines-tenders.

240. Les types de ces locomotives sont au nombre de trois : d'abord les machines à deux essieux couplés, qui peuvent présenter ceux-ci à l'avant ou à l'arrière.

Dans le premier cas, le système porteur est complété par un troisième essieu libre ou un bogie à l'arrière ; les essieux couplés sont placés sur le corps cylindrique, et les cylindres sont toujours intérieurs.

Dans le second, les deux essieux couplés enserrent le foyer, qui descend dans l'intervalle des roues motrices ; le tout est complété par un essieu à boîtes radiales à chaque extrémité, un de ces essieux à l'arrière et un bogie à l'avant ou simplement un bogie ou un essieu porteur à l'avant. Les cylindres peuvent être intérieurs ou extérieurs.

Enfin, viennent les machines à trois essieux couplés, dans lesquels le foyer descend toujours entre les deux essieux d'arrière : on rencontre souvent un quatrième essieu simplement porteur à l'arrière, muni de boîtes radiales. Ces machines sont toujours à cylindres intérieurs.

Cela posé, tous ces types de machines présentent les dispositions générales suivantes :

Les chaudières sont placées à une assez grande hauteur au-dessus du rail, en général 2^m,20 ; les tubes sont relativement courts. Les foyers sont petits, mais profonds et produisent beaucoup, grâce à une charge en couche épaisse et à un fort tirage ; la boîte à feu est dans le prolongement du corps cylindrique, et la boîte à fumée, en saillie. On a réduit le plus possible la hauteur des cheminées, de façon à restreindre en même temps le gabarit des ouvrages d'art et des tunnels, si nombreux sur ces lignes de banlieue. C'est ainsi qu'au Métropolitain cette hauteur ne dépasse pas 3^m,80, soit 1 mètre de moins que d'ordinaire. Les gabarits nouveaux sont, d'ailleurs, plus étroits qu'en France.

Afin de permettre au mécanicien, avec ces gabarits restreints, de pouvoir néanmoins se pencher au dehors, les caisses à eau latérales ont été scellées sur le corps cylindrique ; ces caisses s'arrêtent toujours en avant des roues motrices, afin de permettre la visite facile du mécanisme intérieur, qui est ainsi assemblé comme dans une machine à tender séparé. En avant elles se prolongent au-delà de la façade postérieure du foyer, masquant aussi les couvre-roues placés sur la plate-forme. Celle-ci à rarement plus de $2^m,30$ de large, et l'abri, 2 mètres.

Les soutes à charbon sont toujours placées à l'arrière de la plate-forme, ce qui présente sur les soutes latérales un réel avantage au point de vue de la manœuvre du charbon et du chargement du foyer. En outre, les soutes à eau peuvent, de ce fait, comporter des dimensions assez grandes, sans être portées vers l'avant.

Quand les machines présentent un essieu porteur ou un bogie à l'arrière, la caisse à eau est souvent divisée en trois parties : deux latérales et une à l'arrière. Cette dernière, surmontée de la caisse à charbon ; ces différents compartiments, mis en communication les uns avec les autres au moyen de tuyaux.

Les longerons sont toujours intérieurs, avec des ressorts le plus souvent disposés sous les boîtes à graisse.

Les cylindres sont toujours horizontaux, sauf dans les locomotives où les deux essieux couplés sont à l'avant, afin d'éviter l'essieu directeur. Les cylindres intérieurs, avec des longerons qui le sont également, peuvent être amenés aussi près que possible de l'essieu avant, ce qui diminue le porte-à-faux.

Les tiroirs sont placés soit horizontalement, au-dessus des cylindres, soit verticalement, entre eux ; dans le premier cas, ils sont mus au moyen d'une distribution Joy et d'un arbre de renvoi.

La plate-forme est toujours abritée d'une cabine avec lunettes symétriques à l'avant et à l'arrière, les machines étant appelées à faire constamment le service dans les deux sens.

241. *Condensation de la vapeur sous les tunnels.* — Nous avons déjà dit que les tunnels étaient fréquents sur ces lignes de banlieue, et toutes les Compagnies ont dû se préoccuper de condenser la vapeur dans les soutes à eau pendant leur traversée, afin surtout de supprimer le tirage et l'écoulement des gaz de la combustion dans l'atmosphère.

Nous allons examiner quelques-uns des systèmes employés. (*Portefeuille des Machines*, janvier 1893.)

Le plus simple, et le plus usité, consiste à envoyer la vapeur dans des caisses à eau en bifurquant le tuyau d'échappement en deux parties se dirigeant de chaque côté vers l'arrière ; ces tuyaux pénètrent dans les caisses environ à mi-hauteur et remontent jusqu'à un petit dôme en fonte placé au-dessus de ces caisses. La vapeur se condense ainsi en descendant en lame à la surface de l'eau.

On évite ainsi le retour par aspiration de l'eau dans les cylindres, par exemple pendant la marche à contre-vapeur.

242. *Appareil du London and North-Western.* — Le *London and North Western* a adopté un appareil imaginé par M. Webb (*fig.* 351 et 352), et dans lequel le tuyau de dérivation de l'échappement aboutit dans un conduit en tôle horizontal surmontant les caisses et auquel aboutissent un certain nombre de tuyaux verticaux qui plongent jusque vers le fond de ces caisses. On obtient ainsi une meilleure division et, partant, une meilleure condensation du jet de vapeur ; mais, quand les caisses sont pleines, il se produit une légère contre-pression, le plus souvent négligeable en pratique.

Les tuyaux de dérivation viennent se brancher sur la colonne d'échappement, dans la boîte à fumée, un peu au-dessus de la tuyère, à peu près à la hauteur de l'axe de la chaudière et sont commandés par des clapets, à la main du mécanicien ; on peut ainsi passer instantanément de la marche ordinaire à la marche avec condensation. Quand les soutes sont pleines et froides, la condensation s'opère en totalité ; mais quand l'eau est basse et déjà échauffée, elle ne s'opère plus intégralement. Aussi a-t-on ménagé dans toutes

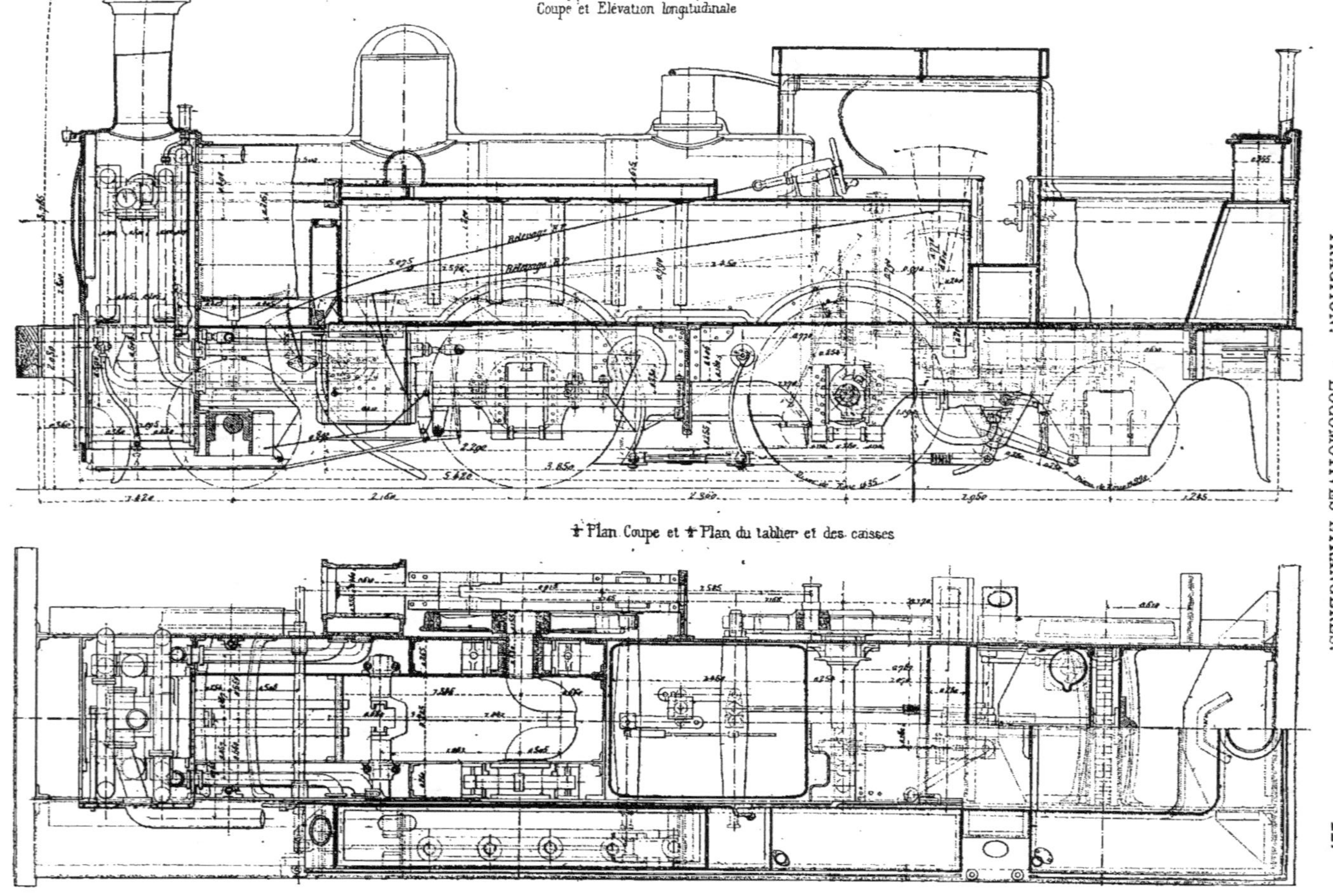

Fig. 351 et 352. — Machine-tender du London and North-Western railway.

Fig. 353. — Locomotive-tender à bogie du Métropolitan railway.

ces machines des tuyaux de décharge qui évacuent au dehors l'excès de vapeur non condensée. .

La température de l'eau atteignant parfois presque 75 degrés, on conçoit qu'il est impossible d'employer les injecteurs pour l'alimentation des chaudières.

Sur le Métropolitain (*fig.* 353, 354 et 355), où la plus grande partie des parcours se fait en tunnels, la précaution est encore plus complète ; les machines portent un registre, manœuvré par le mécanicien, qui permet de fermer complètement la cheminée, et d'éviter l'évacuation au dehors des produits de la combustion. Autrement, et en raison du grand nombre des trains, l'atmosphère des tunnels serait absolument irrespirable au bout de quelques instants ; malgré cela, l'air de ces souterrains est en réalité, fortement chargé de gaz, l'acide sulfureux en rend le séjour funeste, ou tout au moins désagréable, surtout dans la partie nord, où les tunnels sont plus longs.

Les machines du Métropolitain possèdent, d'ailleurs, un vaste foyer ; dès qu'il se présente une discontinuité dans les souterrains, le mécanicien en profite pour revenir au fonctionnement normal et raviver son feu. Le charbon est, en outre, excellent, et le feu s'éclaircit aux premiers coups d'échappement.

243. *Alimentation.* — Comme nous l'avons dit plus haut, l'usage de l'injecteur étant impossible à cause de la haute température de l'eau, on est obligé d'avoir recours aux pompes alimentaires.

Au London-Brighton, ces pompes aspirant continuellement comportent des clapets de retour manœuvrables par le mécanicien, qui règle, par leur intermédiaire, l'alimentation de la chaudière. Quand on n'alimente pas, l'eau refoulée par la pompe retombe en gerbe à la partie supérieure des caisses, et aide à la rapidité de la condensation.

Locomotives à deux essieux couplés à l'avant.

244. C'est le type le plus employé en Angleterre ; primitivement, il comportait un essieu porteur à l'arrière ; de-

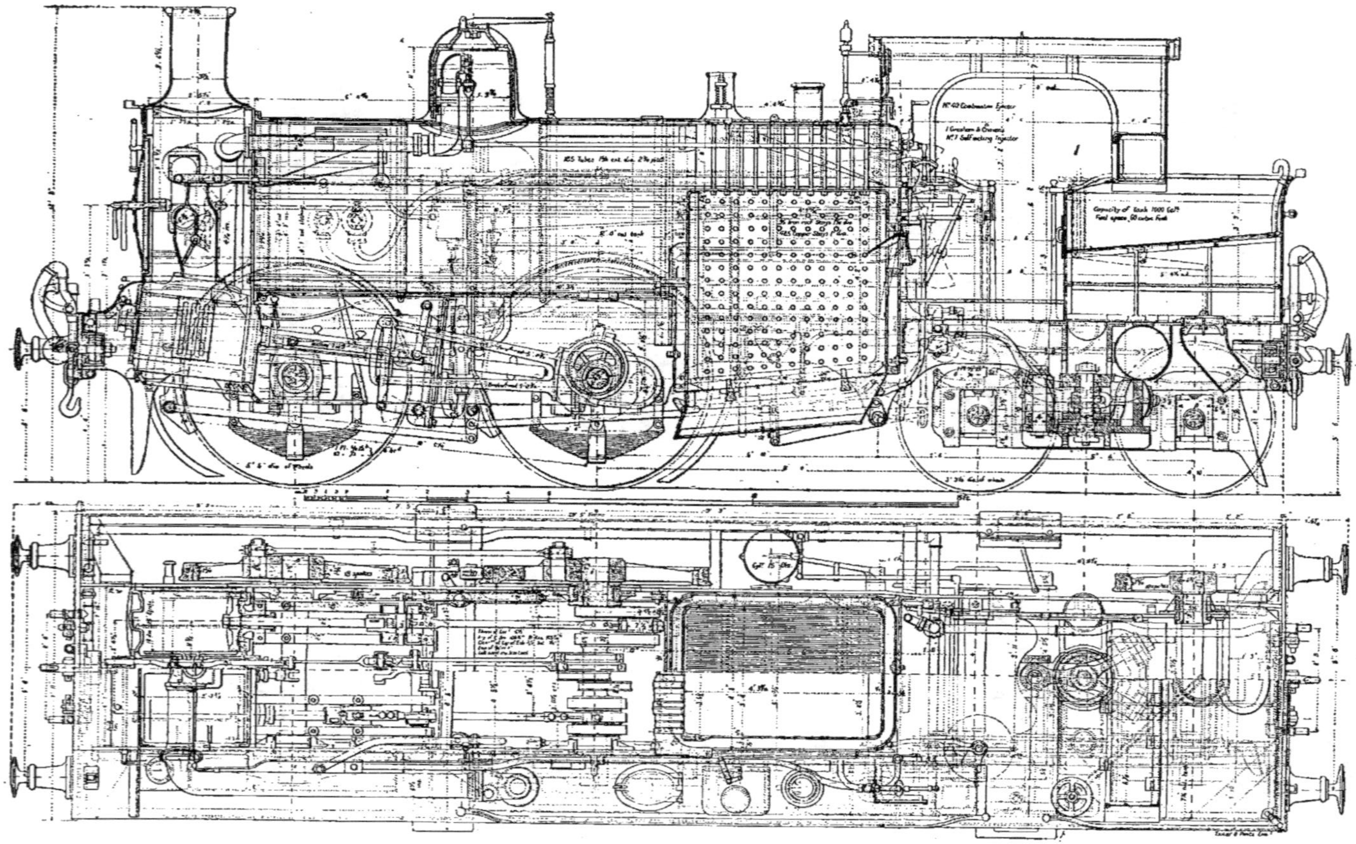

Fig. 354 et 355. — Locomotive-tender à bogie du Métropolitain. — Coupes. — Figures extraites de l'*Engineering*. — Mesure en pieds anglais (*feet*) de 0ᵐ,304 et en pouces (*inches*) de 0ᵐ,0254.

puis 1874, celui-ci est remplacé par un bogie, placé à l'arrière du foyer. On le rencontre communément avec d'autres types sur le Great-Eastern, le London and South-Western, le Lancashire et Yorkshire, etc. Il est employé à l'exclusion de tout autre système sur le Great-Northern, le London and Chatam, le Midland, le South-Eastern.

245. *Machine du London-Chatam and Dover.* — La figure 356 représente le diagramme des locomotives de ce type du London-Chatam construites en 1885, d'après les plans de M. l'ingénieur Kistley.

La chaudière est du type anglais ordinaire à tubes courts et à foyer profond, avec boîte à fumée renflée à dôme au milieu du corps cylindrique et soupapes Ramsbottom à l'arrière.

La cheminée est courte et n'atteint que $3^m,80$ au-dessus du rail, à cause de la réduction du gabarit. Les caisses à eau sont disposées partie sur les côtés du corps cylindrique, partie à l'arrière ; la soute à charbon est placée au-dessus de cette dernière.

Les cylindres intérieurs sont inclinés à cause de l'essieu d'avant, au-dessus duquel doivent passer les tiges de pistons.

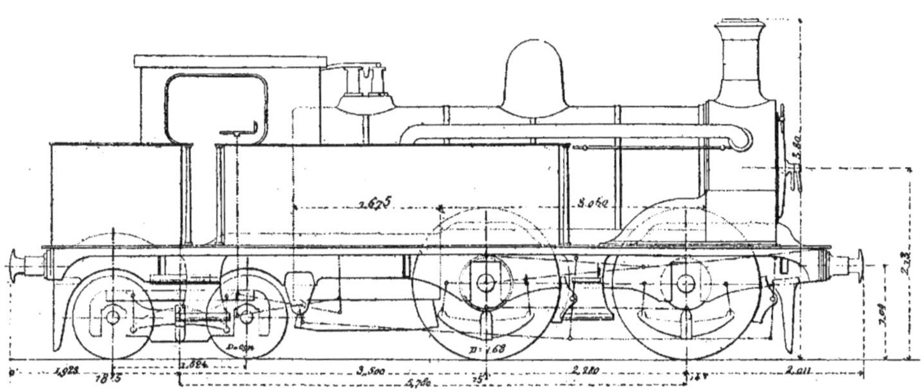

Fig. 356. — Machine-tender du London, Chatam et Dover railway.

Ils sont placés aussi près que possible de cet essieu, afin de diminuer le porte-à-faux.

Le bogie est du type à balanciers latéraux et à longerons intérieurs ; il possède un jeu latéral contrôlé par des ressorts en spirale. Les ressorts des roues motrices sont placés sous les boîtes.

Sur la plate-forme est un abri très ample, à joues latérales, muni de lunettes rondes à l'avant et à l'arrière.

Voici les principales dimensions de cette machine (voir ci-contre).

246. *Machine du Great-Northern.* — La locomotive du Great-Northern est plus puissante que la précédente, quoique exactement du même type ; elle est due à M. Stirling ; le dôme de vapeur est supprimé, la prise se faisant à la partie su-

Diamètre extérieur moyen du corps cylindrique	$1^m,29$
Hauteur de l'axe du corps cylindrique au-dessus du rail	2 ,14
Surface de grille	1 ,51
Longueur des tubes	3 ,15
Surface de chauffe directe	$9^{m2}23$
» » des tubes	90 ,37
» » totale	99 ,60
Diamètre des cylindres	$0^m,43$
Course des pistons	0 ,61
Timbre de la chaudière	$10^k,54$
Diamètre des roues motrices	$1^m,67$
Écartement des essieux moteurs	2 ,28
Diamètre des roues du bogie	0 ,915
Empattement total	6 ,55
Poids total en charge	$47\ 500^k$
Poids adhérent »	29 000
Contenance des caisses à eau	$4\ 950^l$
» » à charbon	$2\ 000^k$
Poids sur les essieux moteurs avant	14 000
» » du milieu	15 000
» » sur le bogie	18 500

périeure de la chaudière par un tuyau crépiné ; le régulateur à tringle, de manœuvre intérieure, est placé dans la boîte à fumée. Les soupapes à charge directe sont placées au-dessus du foyer (*fig.* 357).

Les soutes à eau latérales ne comportent aucun compartiment à l'arrière et se prolongent un peu plus loin, vers l'avant, que dans la machine du London-Chatam ; la soute à charbon seule est à l'arrière.

Les cylindres sont inclinés et de grand volume. L'absence d'une troisième paire de roues couplées, afin de maintenir le passage facile en courbes, a entraîné à des charges excessives par essieu qui ne seraient admises nulle part ailleurs qu'en Angleterre.

Les parois latérales des caisses forment elles-mêmes l'abri en se prolongeant ; cet abri, très encaissé, est recouvert d'une toiture courbe munie d'une ouverture à volet permettant au mécanicien d'aérer lorsqu'il est gêné par la chaleur.

L'échappement est très serré ; le tirage, très violent, et la production de la chaudière poussée aux extrêmes limites.

Voici quelques dimensions de cette locomotive :

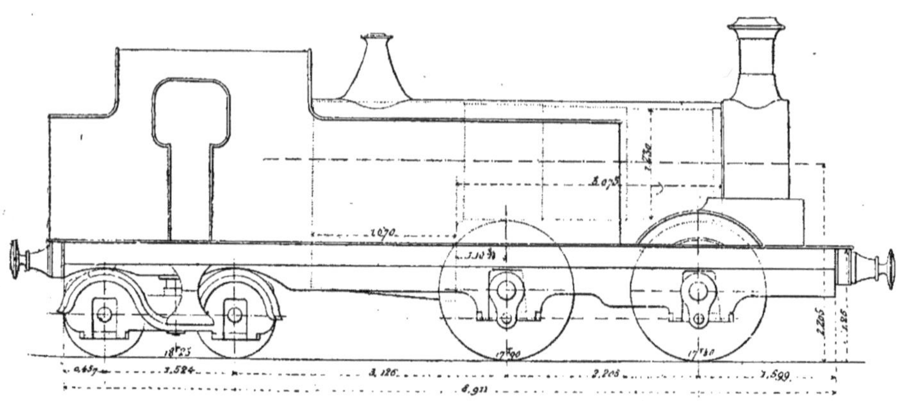

Fig. 357. — Machine-tender du Great-Northern.

Diamètre du corps cylindrique......	1ᵐ,230
Hauteur de l'axe du corps cylindrique au-dessus des rails........	2 ,205
Longueur du foyer...............	1 ,670
Surface de chauffe directe.........	8ᵐ²98
» » des tubes.......	90 ,02
» » totale..........	99 ,00
Diamètre des cylindres.............	0ᵐ,455
Course des pistons................	0 ,660
Diamètre des roues motrices........	1 ,670
» du bogie.................	0 ,915
Distance entre les essieux moteurs.	2 ,20
Empattement total................	6 ,86
Contenance des caisses à eau	4 500ˡ
» » à charbon..	3 000ᵏ
Poids total en charge.............	53 550
» sur l'essieu d'avant......	17 400
» du milieu...............	17 900
» sur le bogie	18 250

Ces machines font un service assez chargé sur des lignes où l'on rencontre des rampes de 20 millimètres.

247. La Compagnie du London and North-Western emploie également des machines de ce type, dont une vue d'ensemble est réprésentée (*fig.* 358).

248. *Machine du Midland.* — La locomotive du Midland est encore du même type ; elle a été étudiée par M. Johnston, en 1884, et, comme toutes les machines de cette Compagnie, elle est remarquablement proportionnée (*fig.* 359).

Voici ses principales dimensions :

Fig. 358. — Machine-tender du London et South-Western railway.

Diamètre du corps cylindrique.....	1m,350
Hauteur de l'axe du corps cylindrique au-dessus du rail.................	2 ,150
Surface du chauffe directe...........	8m2,50
» » des tubes........	89 ,50
» » totale............	98 ,00
Diamètre des cylindres.............	0m,444
Course des pistons.................	0 ,660
Contenance des caisses à eau.......	5 500l
» » à charbon..	2 000k
Poids total en charge..............	47 600
» sur l'essieu d'avant.....	14 000
» » milieu.......	15 200
» » le bogie	18 400

249. *Machines du Caledonian.* — Ces machines font le service de la banlieue de Glascow ; elles sont très petites ; voici en effet, leurs principales dimensions :

Surface de chauffe.................	65m2
Diamètre des cylindres............	0m,406
Course des pistons................	0 ,559
Diamètre des roues motrices.......	1 ,52
» » du bogie...	0 ,761
Contenance des caisses à eau......	3 730l
Poids en charge	37 800k

250. *Machines du London-Brighton.* — Celles-ci sont du type plus ancien qui présente un essieu porteur au lieu de bogie à l'arrière du foyer (*fig.* 360 à 362). Ces

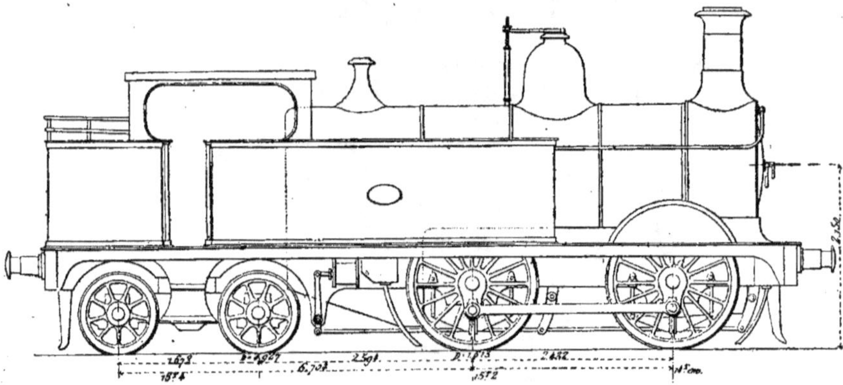

Fig. 359. — Machine-tender du Midland railway.

machines sont relativement légères et marchent souvent à des vitesses atteignant 90 kilomètres à l'heure. Elles présentent les dimensions principales suivantes :

Surface de chauffe.................	96m2,35
» de grille	1 ,423
Diamètre des cylindres..	0m,425
Course des pistons................	0 ,610
Diamètre des roues couplees........	1 ,670
» » porteuses.......	1 ,365
Empattement rigide...............	4 ,157

Locomotives à deux essieux couplés à l'arrière.

251. Nous rappelons que ce type est caractérisé par deux essieux couplés à l'arrière entre lesquels plonge le foyer ; en dehors de ceux-ci on rencontre des essieux porteurs sous trois différentes formes.

252. *Machine radiale compound du London and North-Western* (*fig.* 351 et 352). — Cette machine présente, en dehors de ses deux essieux couplés, deux essieux porteurs extrêmes à boîtes radiales, disposés l'un vers l'avant, à la partie postérieure des cylindres, et l'autre à l'arrière, sous la caisse à charbon. Cela donne à la locomotive une symétrie extrêmement propice aux besoins de la marche dans les deux sens, et c'est ce qui explique la grande faveur dont jouit ce type depuis quelque temps en Angleterre.

Cette machine, étudiée par M. Webb, est naturellement du système compound à

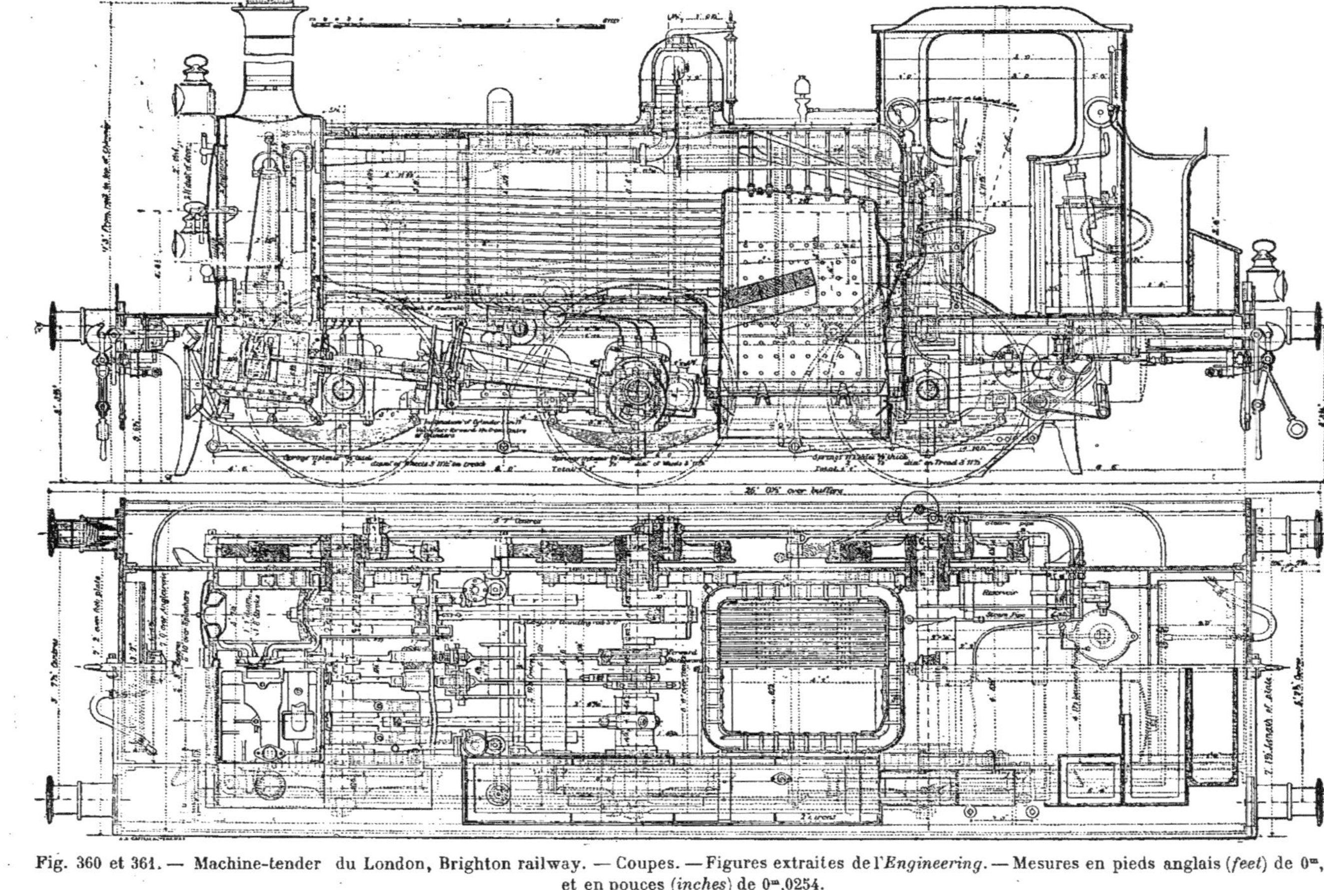

Fig. 360 et 361. — Machine-tender du London, Brighton railway. — Coupes. — Figures extraites de l'*Engineering*. — Mesures en pieds anglais (*feet*) de 0ᵐ,305 et en pouces (*inches*) de 0ᵐ,0254.

trois cylindres, sur lequel nous avons déjà donné précédemment notre opinion, et croyons inutile de revenir. L'échappement se faisant dans les caisses à eau, une pompe d'alimentation spéciale est éventuellement mue par un excentrique calé sur l'essieu moteur d'arrière.

Les principales dimensions sont les suivantes :

Surface de grille	$1^{m2},30$
Longueur du foyer	$1^m,447$
Surface de chauffe totale	$97^{m2},00$
Longueur des tubes	$3^m,180$
Diamètre des cylindres : haute pression	0 ,335
Diamètre des cylindres : basse pression	0 ,660
Course des pistons à haute pression	0 ,457
« « à basse pression	0 ,610
Distance entre les essieux couplés	2 ,361
Diamètre des roues couplées	1 ,435
» » porteuses	0 ,998
Empattement total	6 ,473
Contenance des caisses à eau	7^{m3}
» » à charbon	$3\ 000^L$
Poids total en charge	51 000

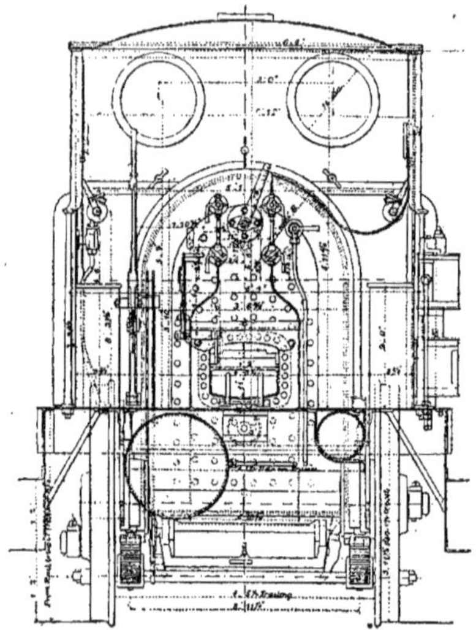

Fig. 362. — Machine-tender du London, Brighton railway. —Coupes. —Figures extraites de l'*Engineering*. — Mesures en pieds anglais (*feet*) $0^m,305$ et en pouces (*inches*) de $0^m,0254$.

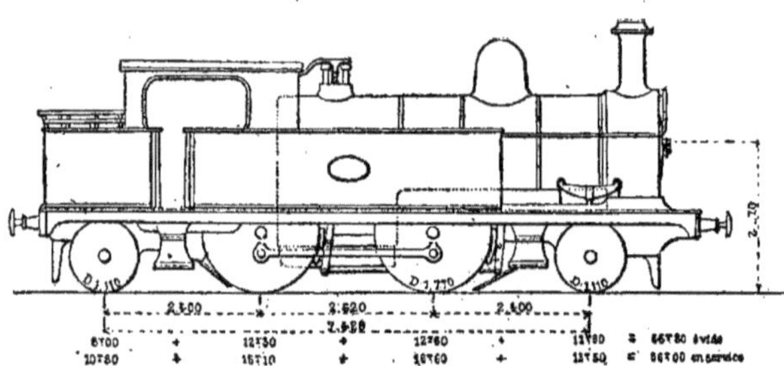

Fig. 363. — Locomotive-tender du Lancashire et Yorkshire railway.

253. *Locomotive du Lancashire et Yorkshire railway.* — Cette machine comporte également deux essieux couplés compris entre deux essieux porteurs. Elle est destinée au service des voyageurs et, exceptionnellement, à celui des marchandises ; sa construction générale est très analogue à celle de la machine à grande vitesse de la même Compagnie, que nous avons étudiée précédemment ; seuls diffèrent les longerons, le diamètre et la disposition des roues, et les soutes à eau et à combustible (*fig.* 363, 364 et 365).

Les deux essieux extrêmes sont placés : l'un presque immédiatement à l'arrière des cylindres intérieurs ; l'autre, sous les caisses à eau et à charbon disposées derrière la plate-forme du mécanicien. Ces caisses sont, en effet, placées mi-partie latéralement, mi-partie à l'arrière de la machine. Comme dans toutes les machines anglaises, les premiers sont accolés aussi près que

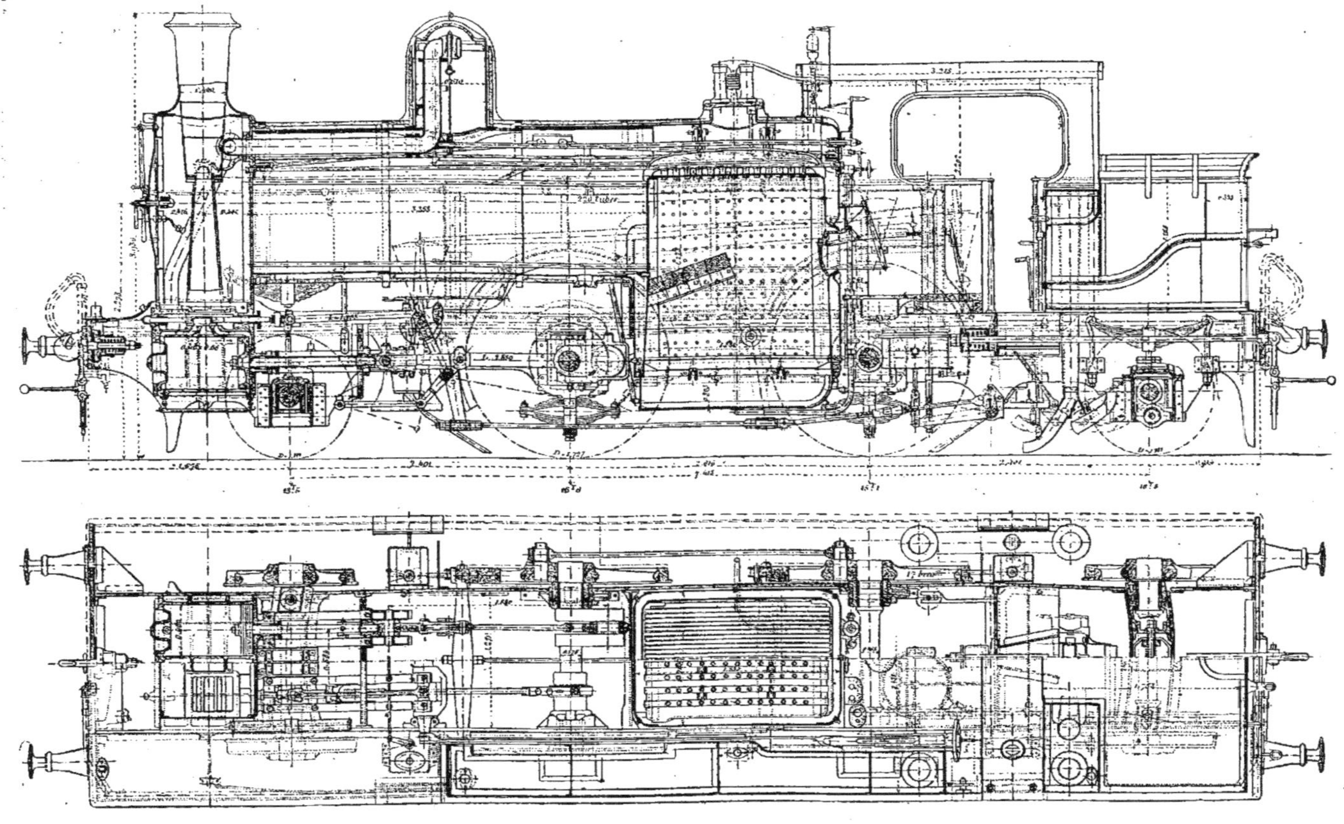

Fig. 364 et 365. — Locomotive-tender du Lancashire et Yorkshire railway. — Coupes.

possible du corps cylindrique et comportent intérieurement des cavités destinées à servir de couvre-roues. Elles communiquent avec les caisses arrière au moyen

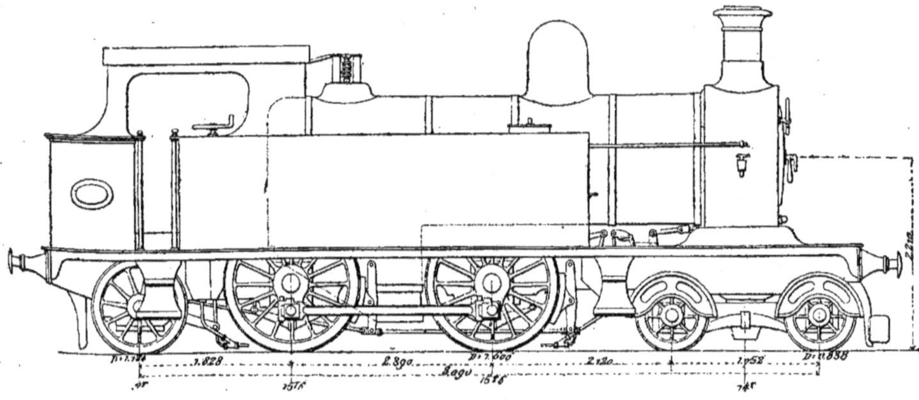

Fig. 366. — Locomotive-tender du Taff-Vale railway.

de deux gros tuyaux placés de chaque côté de la machine.

La soute à charbon est tout entière à l'arrière.

La plate-forme est munie d'un abri très complet, avec écrans et lucarnes sur les deux faces à cause de la marche fréquente en arrière.

Les principales dimensions de cette machine sont les suivantes :

Axe du corps cylindrique au-dessus du rail...........................	2ᵐ,273
Diamètre du corps cylindrique......	1 ,245
Longueur du foyer.................	1 ,830
Diamètre des cylindres.............	0 ,46
Course des pistons................	0 ,66
Écartement des essieux couplés.....	2 ,616
» des essieux extrêmes...	7 ,418
Diamètre des roues couplées.......	1 ,727
» » extrêmes.......	1 ,111
Poids à vide sur le 1ᵉʳ essieu avant.	12 900ᵏ
» » 2ᵉ essieu couplé.	12 600
» » 3ᵉ » »	12 300
» » 4ᵉ » arrière.	8 000
» » total.............	45 800
Poids en charge sur le 1ᵉʳ essieu avant	13 500
» » 2ᵉ » couplé	16 600
» » 3ᵉ » »	15 100
» » 4ᵉ » arrière	10 800
» » total......	56 000

254. *Machine du Taff-Vale Railway.*
— Quelquefois l'essieu porteur d'avant est remplacé par un bogie ; c'est le cas

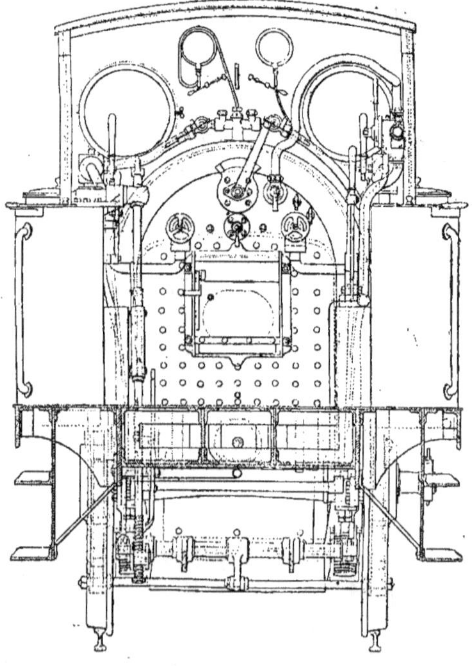

Fig. 367. — Locomotive-tender du Taff - Vale railway. Vue arrière.

de la locomotive du Taff-Vale railway (*fig.* 366 et 367).

Cette machine est à cylindres intérieurs

Fig. 368. — Locomotive-tender du London et South Western railway.

Fig. 369. — Locomotive-tender du London, Tilbury et Southend railway.

et présente les principales dimensions suivantes :

Surface de chauffe directe	9^{m2},20
» » totale............	109 ,50
Diamètre des cylindres.............	0^m,460
Course des pistons.................	0 ,660
Volume des soutes à eau...........	7 200^l
» caisses à charbon	2 250^k
Poids total en charge	54 200

255. *Machine du South-Western railway.* — Cette machine est du même type que la précédente, mais avec des cylin-

dres extérieurs : elle est due à M. Adams (*fig.* 368).

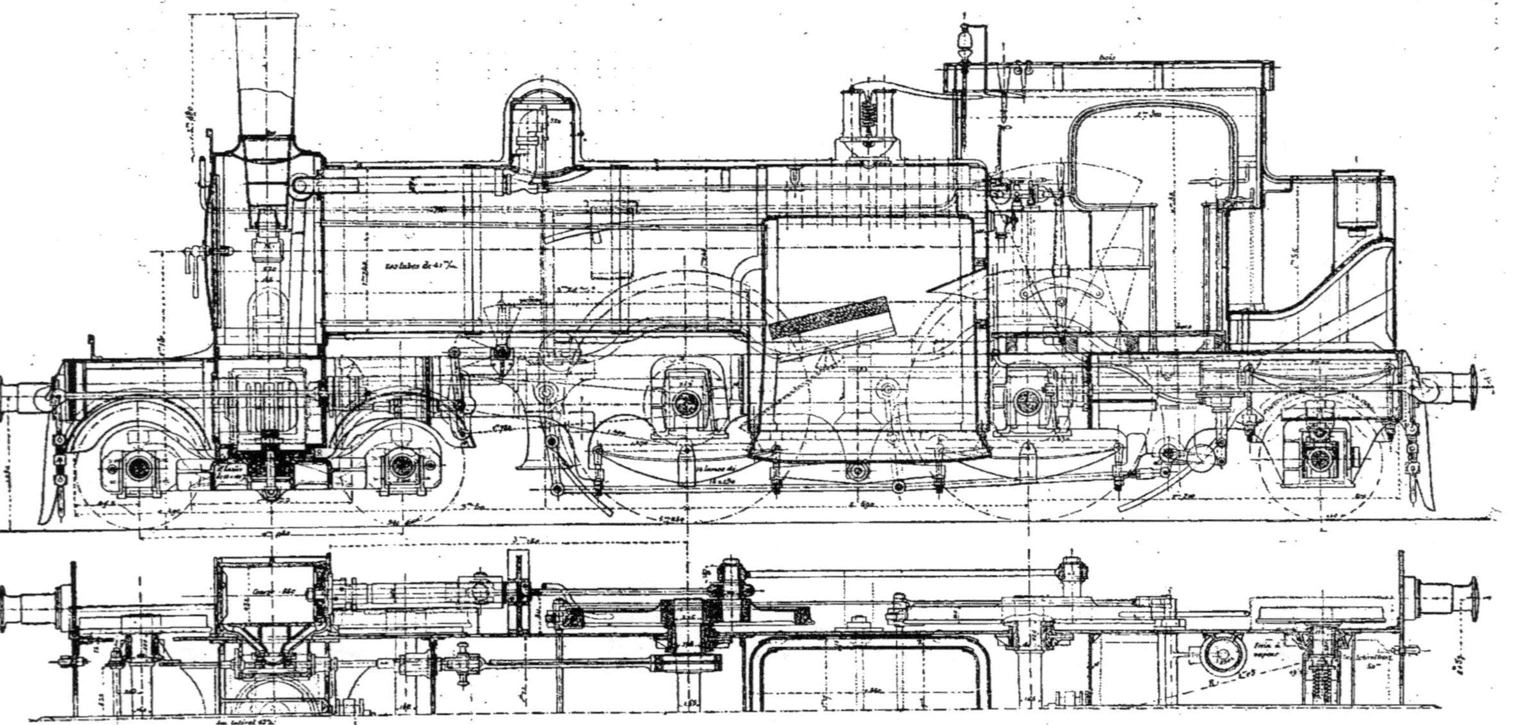

Fig. 370 et 371. — Locomotive-tender du London, Tilbury et South-End. — Coupes.

Voici ses principales dimensions :

Surface de chauffe directe...........	9m2,15
» » totale............	100 ,00
Diamètre des cylindres..............	0m,455
Course des pistons................	0 ,610
Volume des caisses à eau...........	7 425l
» » à charbon......	3 000k
Poids total en charge..............	57 700
» sur l'essieu moteur avant	17 400
» » arrière....,	16 650
» sur le bogie.................	16 400
» sur l'essieu porteur arrière...	7 200

Cette machine est surtout employée pour les trains de grande banlieue ; pour les petits trajets, on emploie de préférence

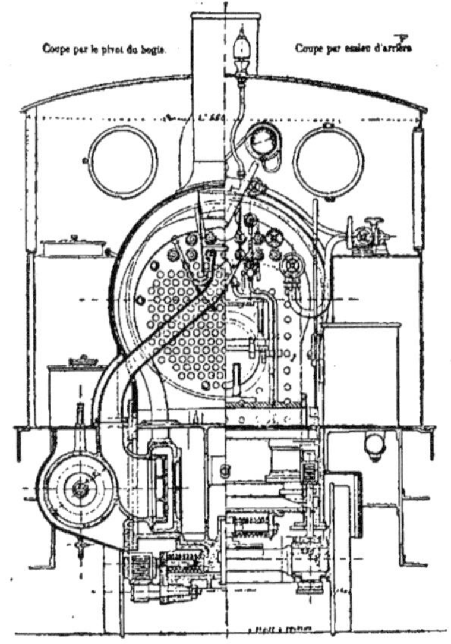

Fig. 372 et 373. — Locomotive-tender du London, Tilbury et South-End. — Coupes.

une machine de construction plus récente, à deux essieux couplés à l'avant et pesant environ 40 tonnes.

256. *Locomotive du London-Tilbury and South-End.* — Cette Compagnie a construit des machines analogues à la précédente pour remorquer les gros express sur des lignes à faibles parcours et à courbes de petits rayons ; elles sont disposées de manière à pouvoir marcher indifféremment dans les deux sens (*fig.* 369 à 373).

Cette machine est portée à l'avant par un bogie à pivot central porteur sans caoutchouc, et à l'arrière par un essieu à boîtes radiales, dont le jeu latéral, de 50 millimètres, est réglé par des ressorts ; il en est de même du jeu latéral du pivot du bogie, dont l'amplitude est de 63 millimètres. On a de la sorte un empattement rigide restreint à 2,959.

La charge est répartie, par des balanciers latéraux, sur quatre points d'appui.

Le foyer en cuivre, destiné, comme tous ceux des machines anglaises, à brûler des charbons de bonne qualité, est profond et à grille horizontale ; il est muni d'un auvent et d'une voûte en briques réfractaires.

Le ciel du foyer est armé d'entretoises directement attachées à la boîte à feu. Mais les deux rangées d'entretoises d'avant sont reliées à celles-ci par des articulations qui permettent au foyer de se dilater plus librement.

Voici les principales dimensions de cette machine :

VÉHICULE			
Entre-axes des essieux	1er et 2e avant.........		1m,980
	2e » 3e »		2 ,150
	3e » 4e »		2 ,590
	4e » 5e »		»
De l'axe du bogie	Extrêmes..........		8 ,930
	Au 3e essieu		3 ,150
	Au 4e »		5 ,740
Roues (diamètres)	Motrices...... D = ..		1 ,850
	Porteuses		0 ,940
Longerons.	Longueur totale.......		10 ,055
	Écartement intérieur...		1 ,22
	» extérieur ..		»
	(châssis double).......		
CHAUDIÈRE			
Foyer	Hauteur du ciel au-dessus du cadre AVt.		
	Hauteur du ciel au-dessus du cadre AR.		1m,65
	Longueur intérieure...		1m,63
	Largeur intérieure	bas.......	9 85
		haut.......	
	Épaisseur :	des parois longitudinales.	13m/m
		du ciel.......	13m/m
		des plaques tubulaires..	20m/m
Grille.....	Longueur..............		1m,630
	Largeur..............		985m/m
	Surface ...... G = ...		1m2,60

Corps cylindrique	Longueur			$3^m,20$
	Diamètre intérieur			$1\ ,245$
	Hauteur de l'axe au-dessus du rail			$2\ ,13$
	Epaisseur des tôles			$13^m/^m$
Tubes..	Nombre			200
	Longueur	$l' = .$		$3^m,30$
	Diamètre extérieur	$d' = .$		$45^m/^m$
	Calorimètre	$c' = .$		$0^m2,20$
	Rapport	$\dfrac{l'}{d'} = .$		73,3
Cheminée.	Diamètre minimum			$310^m/^m$
	Section minima			750^{c2}
	Rapports :	$\dfrac{c'}{c} = .$		2,6
		$\dfrac{G}{c} = .$		21
	Hauteur au-dessus du rail			$3^m,960$

MÉCANISMES.

Cylindres.	Diamètre	$d = $	430
	Course	$l = $	660
Rapport		$\dfrac{d^2l}{D} = .$	660
Timbre de la chaudière		$p = .$	10^k
Effort de traction	$0,65\ p\dfrac{d^2l}{D} = .$		$4\ 290^k$
Ecartement des cylindres			$1^m,900$

SURFACES DE CHAUFFE.

Tubes		$t = .$	85,75
Foyer		$f = .$	9^m2
Totale		$s = .$	$94\ ,75$
Rapports.		$\dfrac{s}{G} = .$	59,2
		$\dfrac{s}{f} = .$	10,5
		$\dfrac{t}{f} = .$	9,5
		$\dfrac{d^2l}{s} = .$	0,0013

RÉPARTITION EN MARCHE.

Essieux d'avant	N° 1			$7^t,95$
	N° 2			$7^t,95$
	N° 3			16
	N° 4			16
	N° 5			$8^t,15$
	Poids :	total	$P = .$	$56^t,05$
		adhérant.	$p' = .$	32
	Rapports		$\dfrac{P}{p'} = .$	1,75
		adhérence	$\dfrac{p'}{7} = .$	4,55

APPROVISIONNEMENTS.

Caisses à eau		»

Machines à train articulé à l'avant.

257. *Locomotive du Métropolitain.* — La Compagnie du Métropolitain et celle du North-London font usage depuis long-temps de locomotives à deux essieux couplés à l'arrière et qui ne diffèrent que par des détails ; à l'avant est un bissel porteur à deux essieux, l'essieu porteur d'arrière du type précédent se trouvant supprimé (*fig.* 374).

La boîte à feu est assez volumineuse et mesure 2 mètres de longueur, ce qui a porté l'écartement des essieux moteurs à $2^m,654$.

Les cylindres sont extérieurs et inclinés ; les tiroirs sont intérieurs et commandés par une coulisse de Stephenson. La prise de vapeur se fait dans un dôme placé à l'extrême avant ; et l'alimentation, au moyen de pompes alimentaires commandées par des excentriques calés sur l'essieu moteur. On sait que cette disposition est nécessitée pour l'envoi sous les tunnels, des gaz d'échappement dans les soutes à eau. Celle-ci est alors à une température trop élevée pour permettre l'usage de l'injecteur.

Le tablier de circulation et les soutes à eau s'arrêtent à l'avant des roues motrices : aussi les règlements de la Compagnie interdisent-ils aux agents de jamais quitter la plate-forme. La caisse à charbon est placée à l'extrême arrière et l'abri a été supprimé, la circulation sur ces lignes se faisait presque toujours en tunnel ou en tranchées couvertes.

Les principales dimensions de cette machine sont les suivantes :

Longueur du foyer	$2^m,000$
Longueur des tubes	$3\ ,15$
Diamètre moyen du corps cylindrique	$1\ ,40$
Diamètre des cylindres	$0\ ,482$
Course des pistons	$0\ ,600$
Diamètre des roues motrices	$1\ ,75$
» » du bissel	$0\ ,90$
Ecartement des essieux moteurs	$2\ ,654$

258. *Locomotives du North-London railway.* — Comme nous l'avons dit plus haut, cette machine ressemble beaucoup à la précédente (*fig.* 375 à 381) ; le foyer est moins grand ; le diamètre des roues, plus faible ; mais les cylindres sont plus volumineux, et le timbre, plus élevé. Aussi l'effort de traction est-il très sensiblement plus grand qu'avec la machine du Métropolitain.

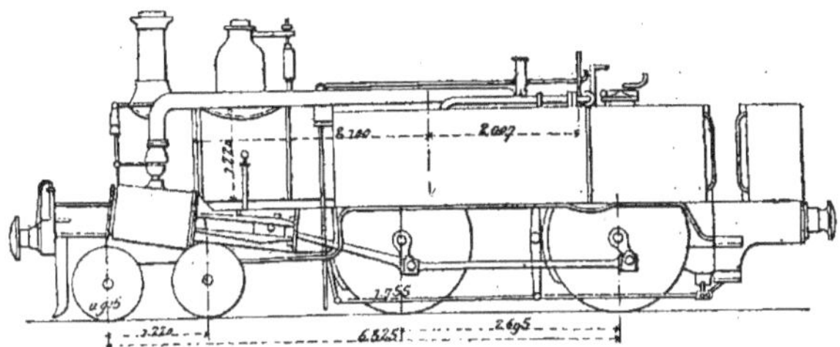

Fig. 374. — Locomotive-tender du Métropolitan railway.

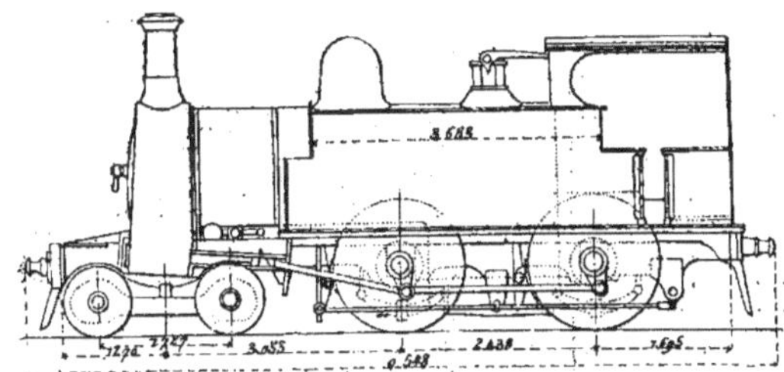

Fig. 375. — Locomotive-tender du North-London railway.

Fig. 376. — Locomotive-tender du North-London railway.

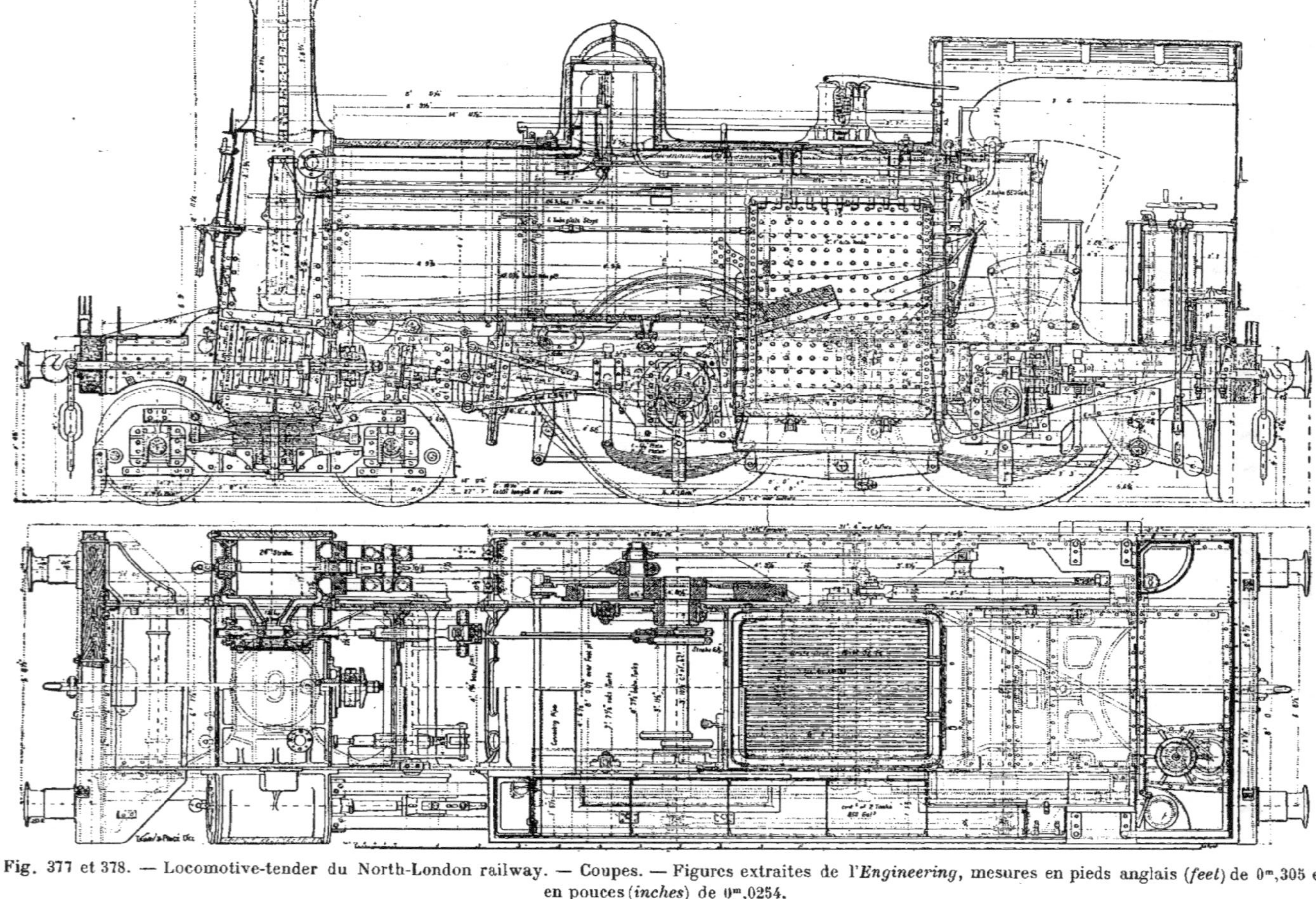

Fig. 377 et 378. — Locomotive-tender du North-London railway. — Coupes. — Figures extraites de l'*Engineering*, mesures en pieds anglais (*feet*) de 0ᵐ,305 et en pouces (*inches*) de 0ᵐ,0254.

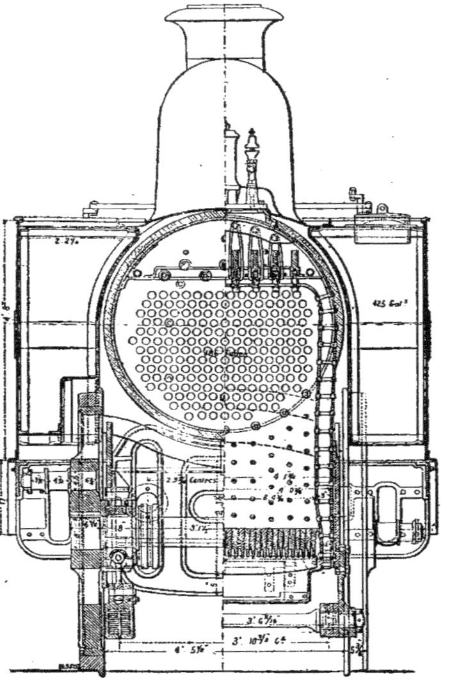

Fig. 379, 380 et 381. — Locomotive du North-London railway. — Vue arrière et coupes transversales. Figures extraites de l'*Engineering*, mesures en pieds anglais (*feet*) de 0ᵐ,305 et en pouces (*inches*) de 0ᵐ0254.

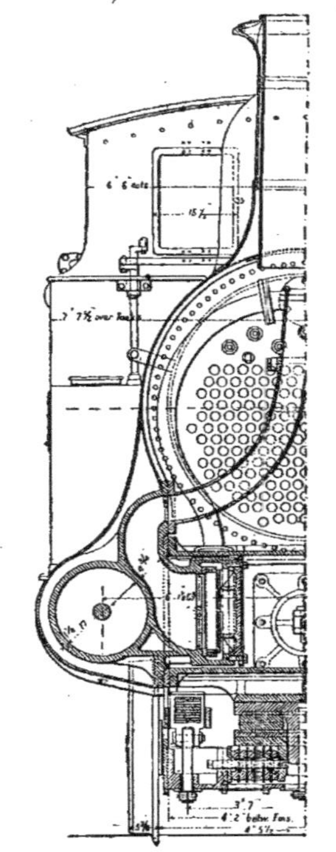

Voici ses principales dimensions :

Surface de grille....................	1ᵐ260
Surface de chauffe	98ᵐ²35
Timbre............................	11ᵏ,20
Diamètre des cylindres.............	0ᵐ,432
Course des pistons..................	0 ,610
Diamètre des roues motrices.......	1 ,670
Volume des soutes à eau............	3 885ˡ
» caisses à charbon........	1 250ᵏ
Poids total en charge	46 000
Poids adhérent	32 000
Poids sur le bissel	14 000

259. *Locomotive du Highland railway.* — La Compagnie du Highland railway possède également des machines du même type, représentées figures 382 à 388.

Ces figures, extraites de l'*Engineering*, donnent toutes les dimensions de ces locomotives exprimées en pieds anglais (*feet*), de 0ᵐ,305, et en pouces (*inches*), de 0ᵐ,0254.

260. *Locomotive du North-Western* (*fig.* 389). — Au North-Western et au Great-Western on trouve encore des locomotives à deux essieux couplés à l'arrière, et à cylindres intérieurs, mais ne portant qu'un essieu porteur à l'avant.

Voici les principales données de la machine du North-Western, qui, d'ailleurs, ne se construit plus.

Surface de chauffe	68ᵐ200
Diamètre des cylindres.............	0 ,432
Course des pistons..................	0 ,620
Diamètre des roues motrices	1 ,31
Empattement.......................	4 ,417
Poids à vide	31 000ᵏ

Machines à trois essieux couplés.

261. *Locomotive sans essieu porteur du London-Brighton.* — Ces machines datent de 1872 et ont été établies pour faire face, sur la banlieue nord de Londres, à un trafic notablement inférieur à ce qu'il est aujourd'hui ; néanmoins elles font un très bon service.

Les cylindres sont intérieurs, comme dans tous les types de cette catégorie ; il en est de même des tiroirs et longerons ; les caisses à eau sont sur les côtés de la machine, et la soute à charbon, à l'arrière. Une partie de la vapeur d'échappement peut, à l'aide de deux tuyaux spéciaux, se rendre dans les caisses à eau pour le réchauffage. Ces machines remorquent aisément de 8 à 12 voitures à trois essieux.

Voici quelques données de cette machine :

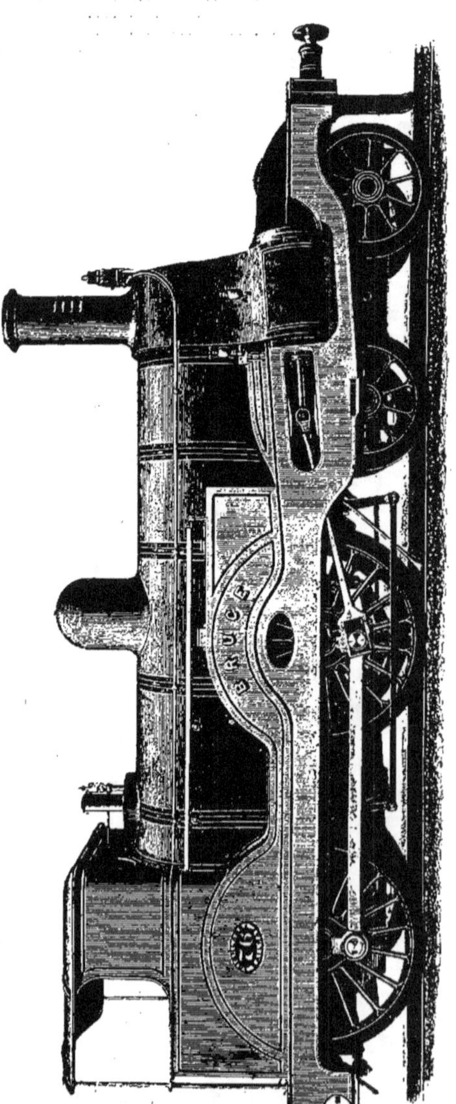

Fig. 382. — Locomotive du Highland railway.

Surface de chauffe	49^{m2}
Diamètre des cylindres	$0^m,330$
Course des pistons	0 ,500
Empattement	3 ,600
Diamètre des roues	1 ,202
Poids à vide	$24\ 500^k$

262. *Locomotive du North-Eastern à essieu porteur à l'arrière (fig.* 390). — Dans la machine du North-Eastern, on a ajouté un essieu porteur à l'arrière aux trois essieux couplés ; de plus, la machine est compound à deux cylindres, du

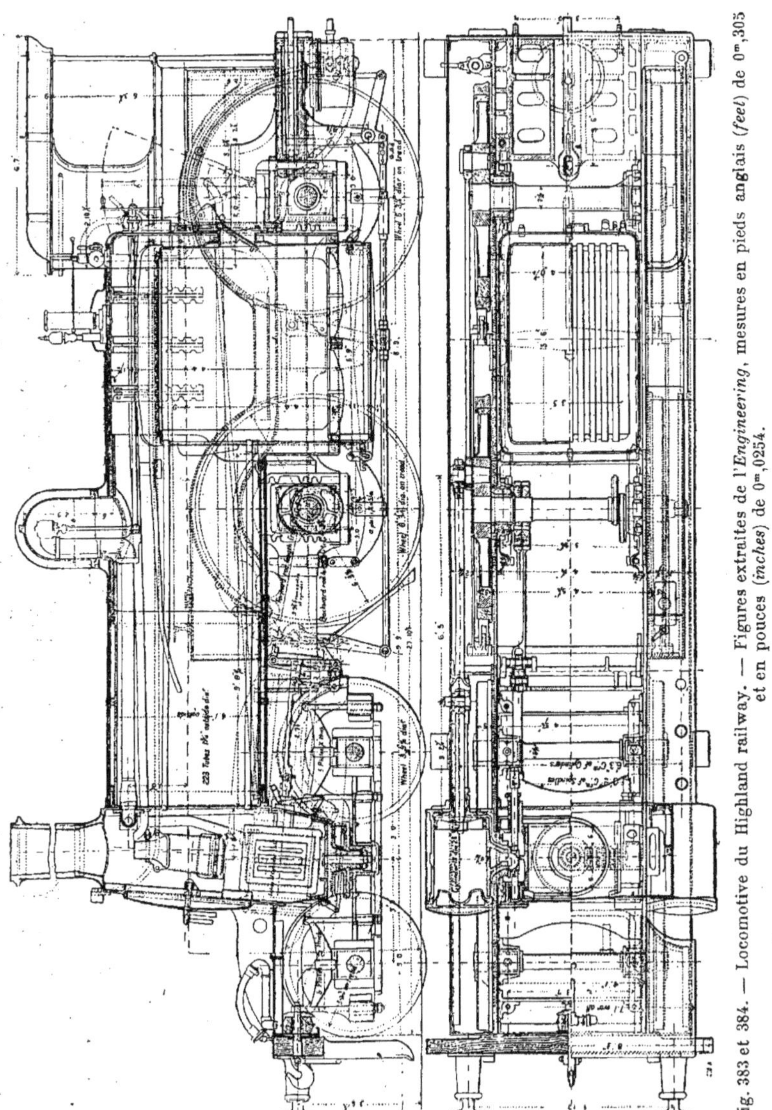

Fig. 383 et 384. — Locomotive du Highland railway. — Figures extraites de l'*Engineering*, mesures en pieds anglais (*feet*) de $0^m,305$ et en pouces (*inches*) de $0^m,0254$.

type Worsdell. L'addition de ce quatrième essieu libre et muni de boîtes radiales sous la soute à combustible, a permis d'augmenter la quantité d'eau des soutes

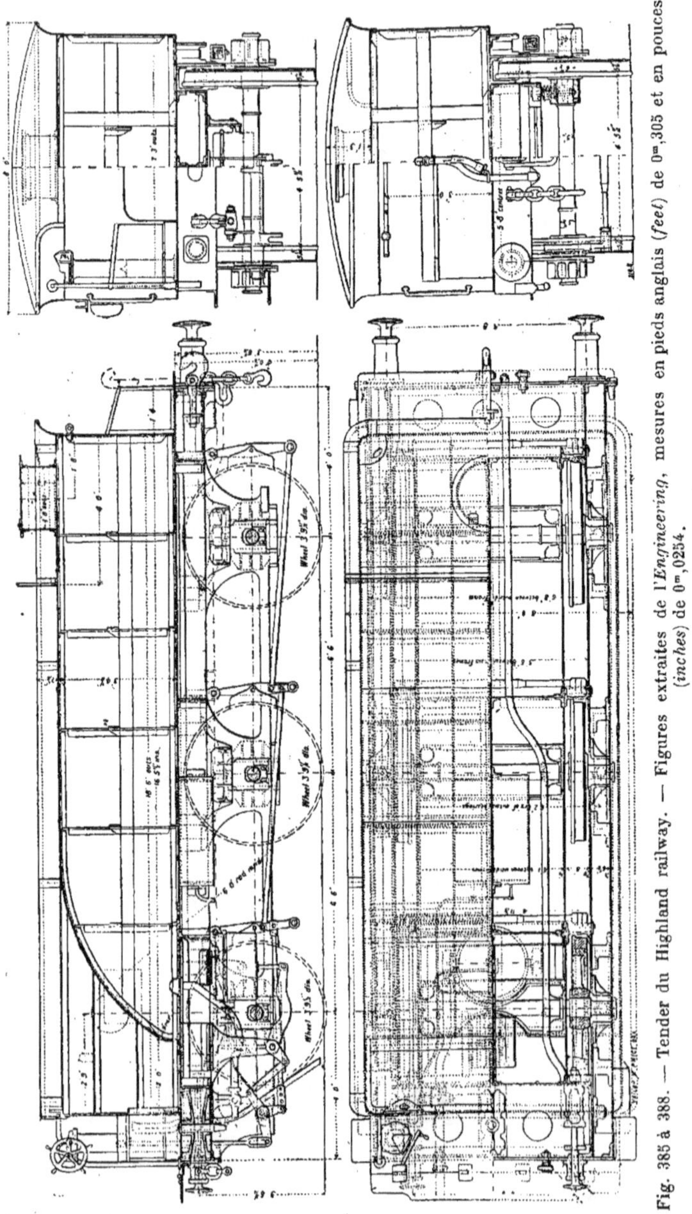

Fig. 385 à 388. — Tender du Highland railway. — Figures extraites de l'*Engineering*, mesures en pieds anglais (*feet*) de 0ᵐ,305 et en pouces (*inches*) de 0ᵐ,0254.

en plaçant la caisse à charbon à l'arrière de la plate-forme.

Le Manchester-Sheffield a mis en service une machine de ce type dont les dimensions sont les suivantes :

Surface de grille	1^m,72
Longueur extérieure de la boîte à feu	1 ,828
Longueur du corps cylindrique	3 ,258
» des tubes	3 ,352
Nombre des tubes	233
Surface de chauffe directe	9 ,20
» » totale	116^{m2}
Timbre	11^k,25
Diamètre des cylindres	0^m,460
Course des pistons	0 ,660
Diamètre des roues couplées	1 ,550
» » porteuses	1 ,066
Empatement total	6 ,070
» rigide	4 ,250
Volume d'eau des soutes	5 850^l
Poids total en charge	59 700^k
» sur l'essieu avant	15 200
» » moteur	16 800
» » arrière	14 100
» » porteur arrière	13 600

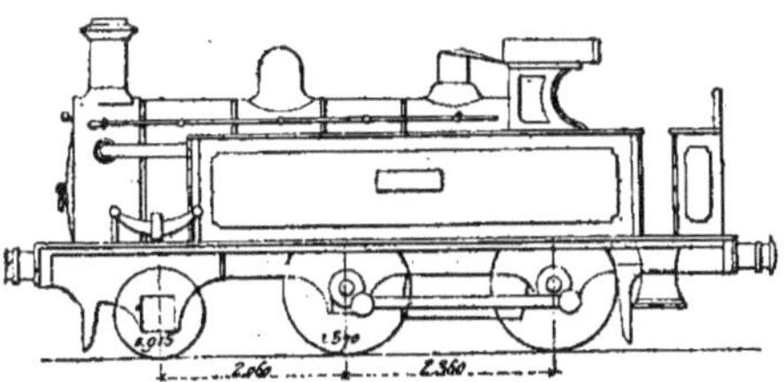

Fig. 389. — Machine du North-Western.

Toutes les autres machines à trois essieux couplés sont des locomotives à marchandises.

263. *Locomotive du Manchester-Sheffield and Lincolnshire-Railway.* — Un type de locomotive analogue au précédent est employé par la Compagnie de Manchester-Sheffield et Lincolnshire-Railway.

Les figures 391 à 393 en donnent la vue d'ensemble, la coupe horizontale et la coupe longitudinale, en mesures anglaises, comme précédemment.

264. *Locomotive du tunnel de la Mersay.* — Une puissante machine-tender à trois essieux couplés et un bogie à quatre roues, a été construite, en 1886, pour la traversée du tunnel de la Mersay,

par MM. Brunlees et Douglas Fox, ingénieurs en chef de la Compagnie. Ces machines remorquent des poids de 150 tonnes anglaises sur des rampes atteignant jusqu'à 35 millimètres par mètre (*fig.* 394).

On a muni ces machines du même appa-

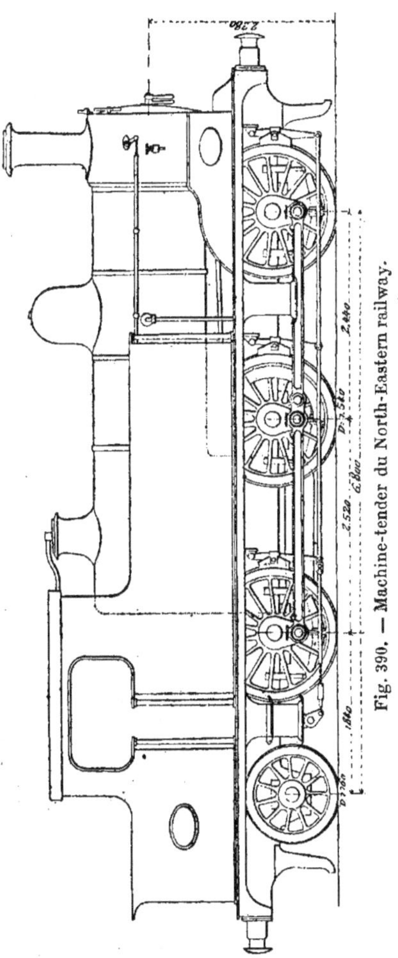

Fig. 390. — Machine-tender du North-Eastern railway.

reil de condensation des fumées et vapeurs vu plus haut.

Les cylindres sont intérieurs, et les six roues couplées sont placées sous la chaudière, entre la boîte à feu et la boîte à fumée, de manière à réduire autant que possible l'empattement rigide ; l'empatte-

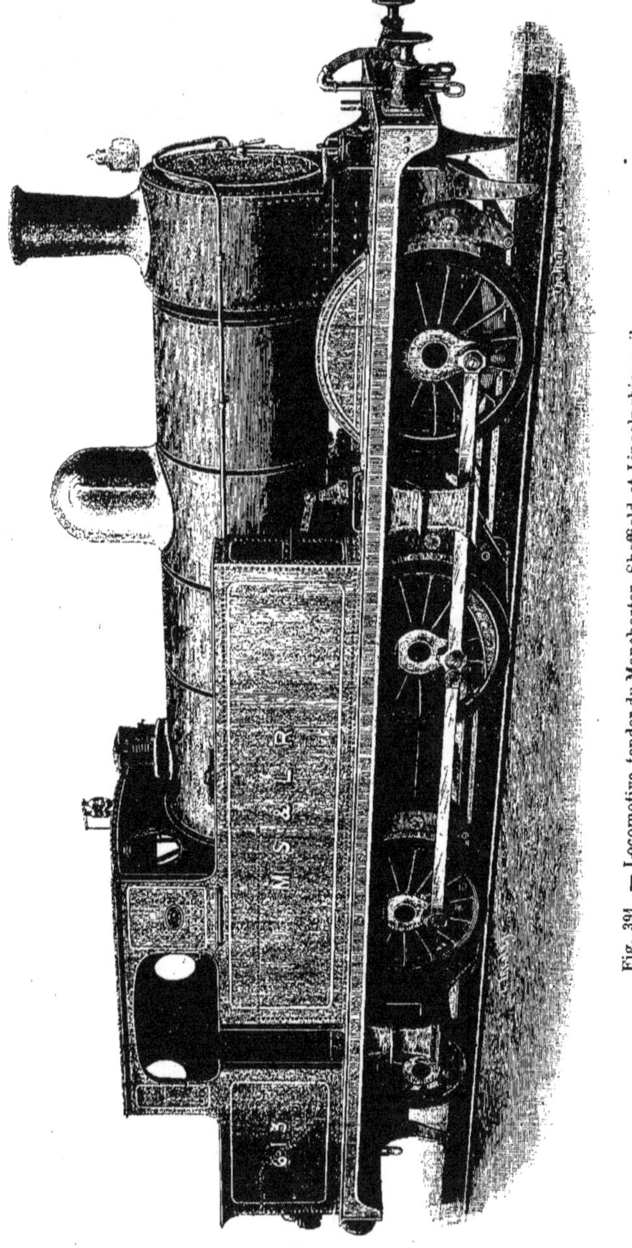

Fig. 391. — Locomotive-tender du Manchester, Sheffield et Lincolnshire railway.

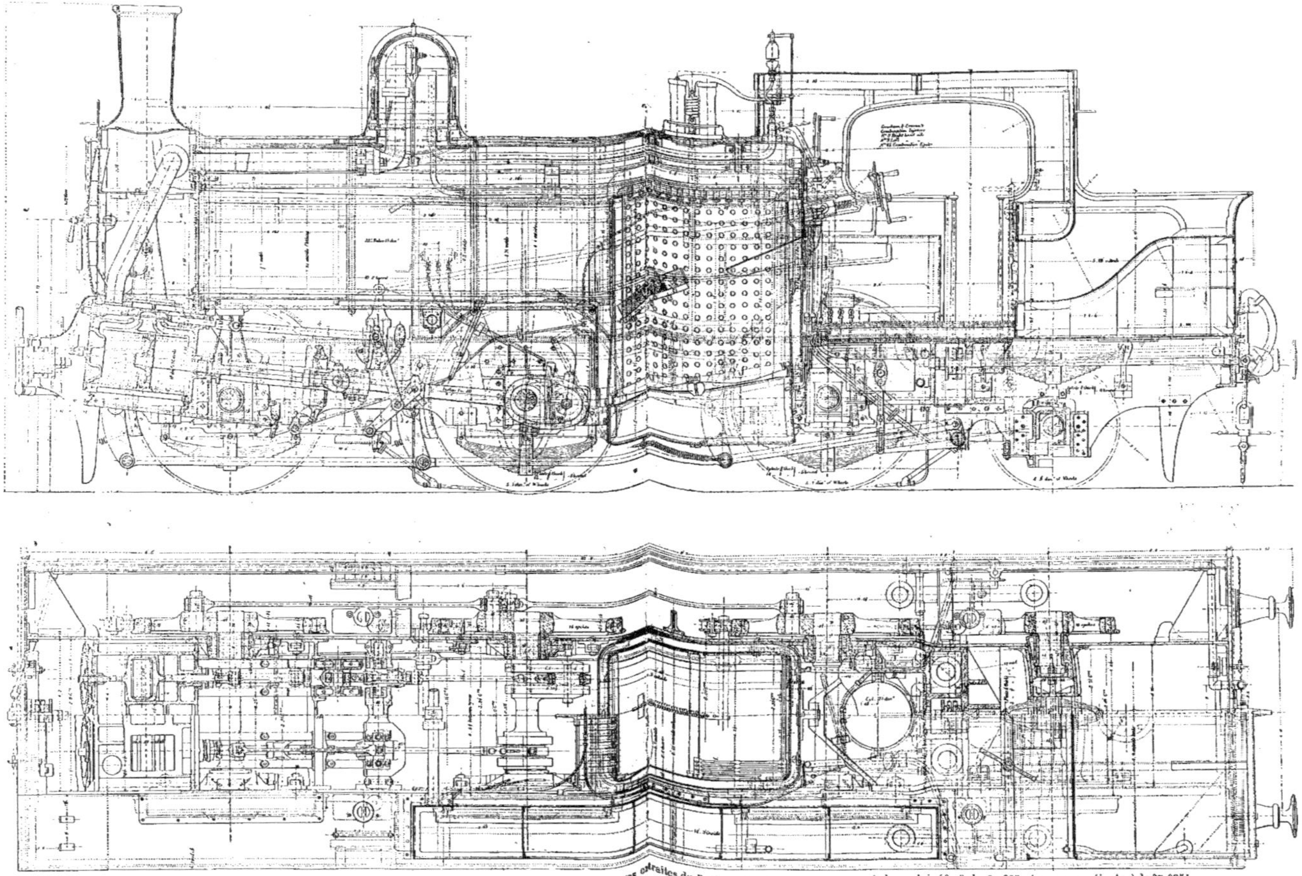

Fig. 392 et 393. — Locomotive-tender du Manchester, Sheffield et Lincolnshire railway. — Figures extraites du *Railway Engineer*, mesures en pieds anglais (*feet*) de 0ᵐ,305 et en pouces (*inches*) de 0ᵐ,0254.

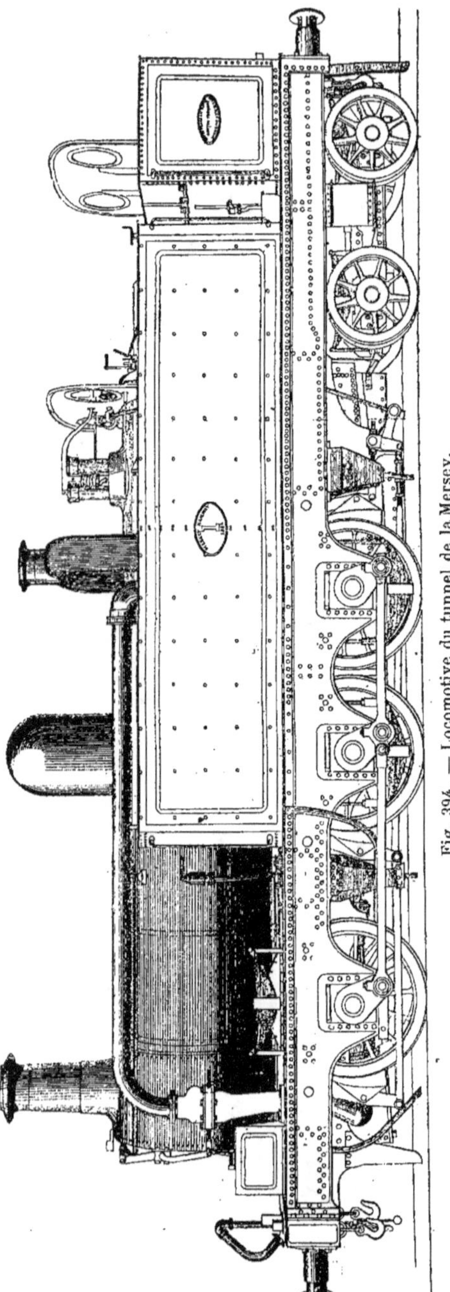

Fig. 394. — Locomotive du tunnel de la Mersey.

tement total est néanmoins assez important sans nuire au passage dans les courbes, grâce au bogie.

Résumé.

265. Les deux types actuellement les plus répandus en Angleterre sont la machine à deux essieux couplés à l'avant et bogie à l'arrière, et la machine à deux essieux couplés compris entre deux essieux porteurs à boîtes radiales placés aux extrémités. Ce dernier type prévaudra sans doute sous peu, à cause de la répulsion des ingénieurs anglais pour l'emploi de la machine à trois essieux couplés à la traction des trains de voyageurs, même à faible vitesse, qui circulent sur les lignes de banlieue.

Machines à trois essieux couplés pour le service des marchandises.

266. Les locomotives à voyageurs présentent en Angleterre, beaucoup plus de variétés qu'en Amérique; pour les machines à marchandises, c'est l'inverse, et tous les types de cette famille se ressemblent d'une manière frappante, comme on peut le constater en rapprochant les figures 395, Midland, 396, South-Eastern, et 397, North-Western.

La cheminée et le dessus du corps cylindrique sont parfaitement droits. Le dôme, quand on en fait usage, est toujours au milieu de la chaudière et non près du foyer. Le South-Eastern n'a pas de dôme, et la vapeur est prise au moyen d'un long tube perforé.

Les soupapes de sûreté, au South-Eastern et au Midland, sont du système Ramsbottom avec levier unique et un renvoi commun entre les deux. L'abri du mécanicien et du chauffeur est entièrement en fer; les roues sont dissimulées sous des garde-crottes fixés à l'extérieur du châssis sur le chemin de circulation qui fait le tour de la machine. Les roues sont reliées par des bielles d'accouplement munies de têtes robustes.

Les cylindres sont intérieurs, inclinés et actionnent l'essieu du milieu; l'essieu

Fig. 395. — Locomotives à marchandises du Midland railway.

Fig. 396. — Locomotive à marchandises du South-Eastern railway.

Fig. 397. — Locomotive à marchandises du London et North Western railway.

d'arrière est toujours rejeté au-delà du foyer ; celui d'avant, très près du bout, de sorte qu'il y a peu de porte-à-faux aussi bien à une extrémité qu'à l'autre.

La seule objection sérieuse à faire à ces machines est leurs cylindres intérieurs et leurs essieux coudés.

Voici les principales dimensions de ces machines :

	MIDLAND	SOUTH-EASTERN	NORTH-WESTERN
Diamètre des cylindres	0^m,444	0^m,457	0^m,431
Course des pistons	0 ,660	0 ,660	0 ,609
Diamètre des roues motrices	1 ,587	1 ,449	1 ,524
Empatement total	1 ,032	»	4 ,727
Surface de grille	1 ,560	»	1 ,413
Nombre de tubes	221	230	186
Diamètre intérieur des tubes	0 ,444	0 ,412	0 ,476
Surface de chauffe des tubes	113^{m2}848	95^{m2}257	70^{m2}603
» » du foyer	18 ,233	8 ,703	8 ,008
» » totale	132 ,071	103 ,960	97 ,611
Longueur de grille	1^m,855	1^m,474	»
Largeur de grille	0 ,849	»	»
Diamètre intérieur du corps cylindrique	1 ,296	1 ,296	»
Poids total en charge (adhérent)	86 311^k	71 963^k	64 178^k

267. *Locomotive à marchandises du Lancashire and Yorkshire Railway.* — Cette machine diffère de celles de la même Compagnie, étudiées précédemment, simplement par le diamètre des roues et la disposition du châssis.

Le corps cylindrique et les tubes ont cependant été raccourcis de 65 millimètres, afin de réduire l'empattement fixe et le

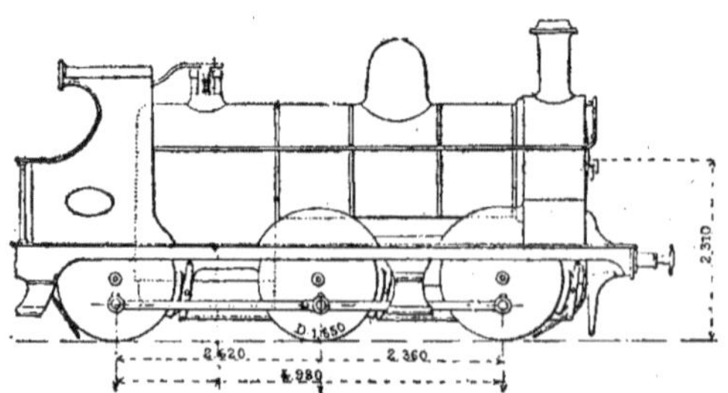

Fig. 398. — Locomotive à marchandises du Lancashire et Yorkshire railway.

porte-à-faux à l'avant (*fig.* 398 à 400) ; de même, l'axe des cylindres est un peu incliné.

La suspension est également un peu différente ; les ressorts placés sous les boîtes sont du modèle ordinaire et non à pincettes, comme dans les types déjà vus.

Enfin la barre de relevage du changement de marche est directement articulée sur le coulisseau de la vis de manœuvre.

Voici les dimensions spéciales à cette machine, toutes celles qui ne sont pas indiquées dans le tableau ci-dessous étant identiques à celles de la machine à grande vitesse de la même Compagnie.

Diamètre des roues motrices et couplées	15^m,49
Empatement fixe	4 ,949
Longueur totale des longerons	7 ,949
Hauteur de l'axe de la chaudière au-dessus du rail	2 ,311
Longueur du corps cylindrique	3 ,170
Longueur des tubes à la plaque tubulaire	3 ,288
Surface de chauffe des tubes	102^{m2}49
» » totale	112 49
Poids à vide, essieu d'avant	12 550^k
» » » moteur	14 010
» » » arrière	11 500
» » » total	38 060
Poids en charge, essieu d'avant	13 850
» » » moteur	15 000
» » » arrière	13 600
» » » total	42 450

268. *Locomotive-tender à marchandises, à trois essieux couplés du North-London.* — Cette locomotive présente la particularité d'avoir ses cylindres extérieurs, contrairement à l'usage généralement adopté

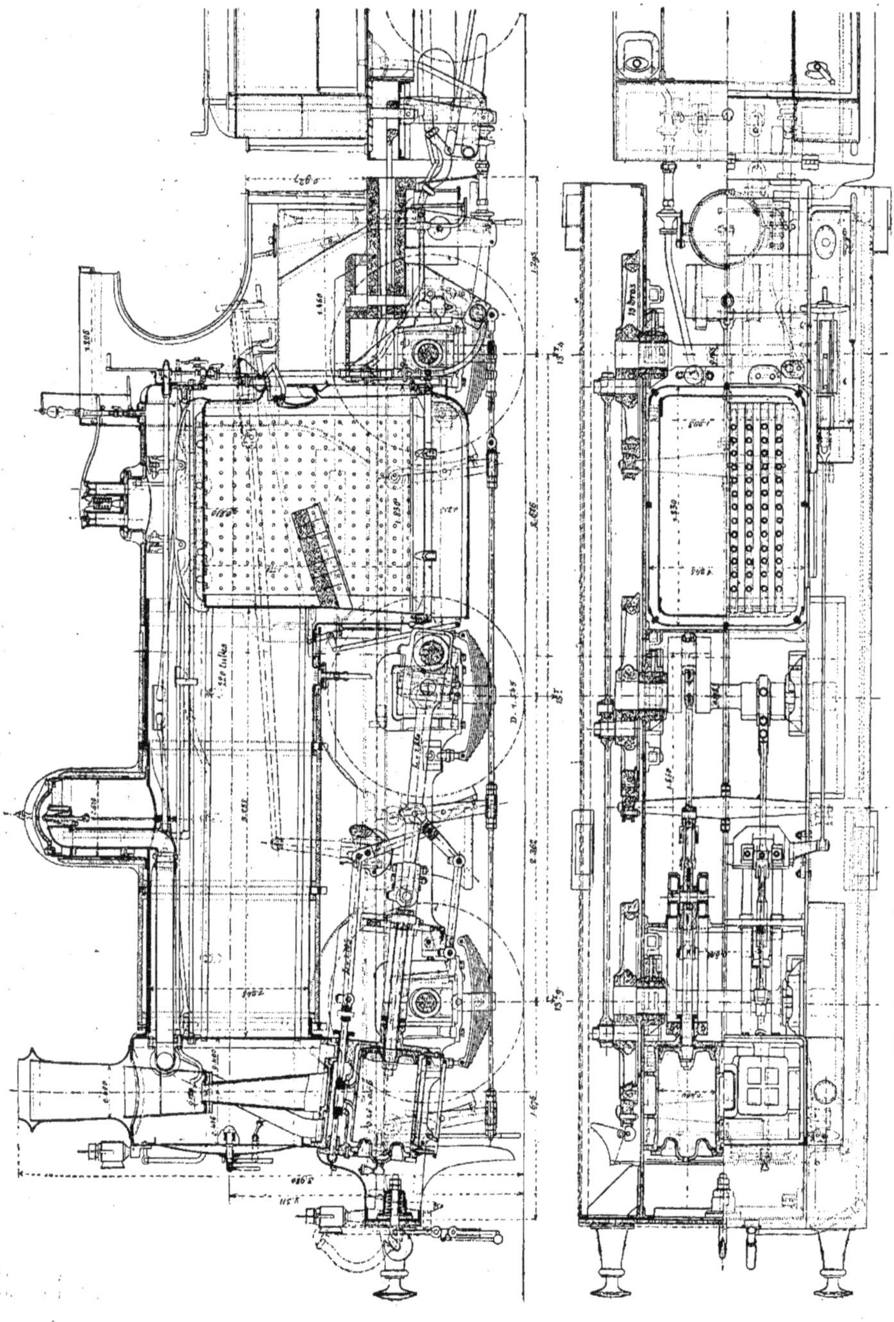

Fig. 399 et 400. — Locomotive à marchandises du Lancashire et Yorkshire railway. — Coupes.

en Angleterre pour les locomotives à marchandises. Elle a été construite par M. J. Park, spécialement pour faire face à l'important trafic de marchandises qui existe entre les maîtresses lignes du North-London et les docks de la Tamise (*fig.* 401 à 407).

Comme détails de construction, les roues sont en fonte, les essieux, les châssis, le mécanisme et la chaudière, en acier, le foyer en cuivre ; M. Park a également préféré l'acier pour les tubes.

Voici les principales dimensions de cette machine.

Fig. 401. — Locomotive-tender à marchandises du North-London.

CHAUDIÈRE	
Hauteur de l'axe au-dessus du rail..	2^m,000
Longueur entre plaques du corps cylindrique......................	3 ,024
Longueur totale du corps cylindrique.	4 ,500
Diamètre intérieur................	1 ,245
Epaisseur des tôles........	0 ,0127
Longueur de la boîte à feu (extérieur).	1 ,575
Largeur » » .	1 ,240
Profondeur » » »	1 ,270
Epaisseur des tôles	0 ,0127
Longueur intérieure du foyer (cuivre).	1 ,450
Nombre des tubes.................	192
Diamètre intérieur des tubes.......	0^m,045
Hauteur de la cheminée au-dessus du rail..........................	3 ,875

MÉCANISME	
Diamètre des cylindres............	0 ,432
Course des pistons................	0 ,610
Ecartement des cylindres d'axe en axe.............................	2 ,033
Diamètre des roues (fonte)........	1 ,32
Ecartement des essieux............	1 ,728
Empatement total.................	3 ,556
Longueur totale des longerons.....	7 ,340
Poids de la machine à vide environ.	35^t
Poids de la machine en charge.....	43
Poids de la machine sur chaque essieu.	14 ,3

269. *Locomotive à quatre essieux couplés du London and North-Western.* — Le London and North-Western a construit récemment, pour faire face à son trafic minier, une machine à quatre essieux couplés due à M. Webb. Cet ingénieur a employé ici la même chaudière que sur sa machine Compound, vue précédemment, la Greater Britain (*fig.* 408).

Les principaux éléments de cette machine sont les suivants :

Longueur du corps cylindrique.....	4^m,75
Diamètre du corps cylindrique......	1 ,30
Longueur de la boîte à feu.........	2 ,08
Nombre des tubes.................	156
Diamètre des tubes................	0^m,055
Diamètre des cylindres............	0 ,494
Course des pistons................	0 ,610
Diamètre des roues	1 ,36
Entre axe des essieux.............	1 ,753
Empatement total.................	5 ,264
Poids total en charge.............	46^t
Poids sur le premier essieu.........	11 ,5
Poids sur le deuxième essieu	12 ,5
Poids sur le troisième essieu.......	11 ,5
Poids sur le quatrième essieu.......	10 ,5
Poids du tender en ordre de marche.	25

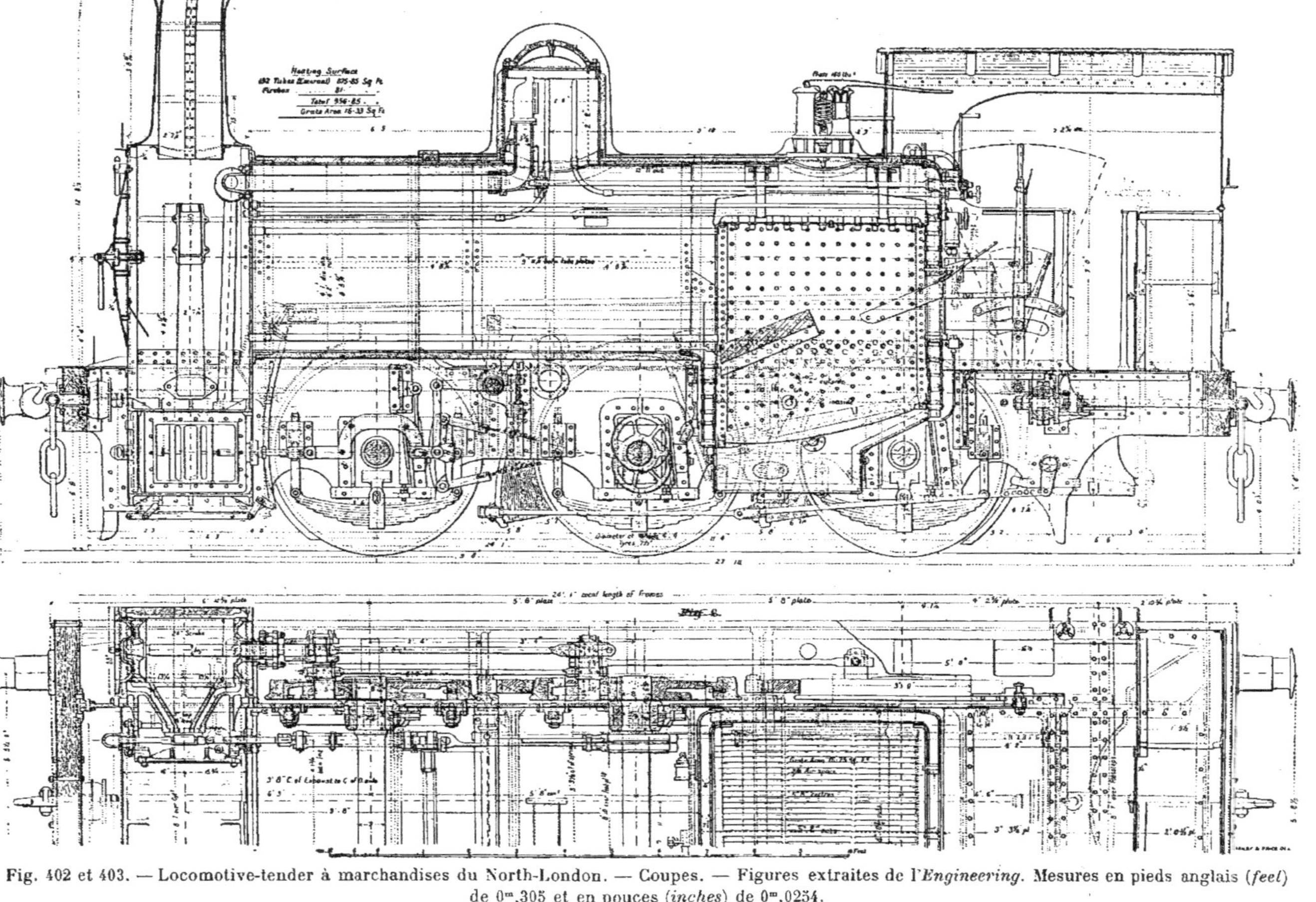

Fig. 402 et 403. — Locomotive-tender à marchandises du North-London. — Coupes. — Figures extraites de l'*Engineering*. Mesures en pieds anglais (*feet*) de 0^m,305 et en pouces (*inches*) de 0^m,0254.

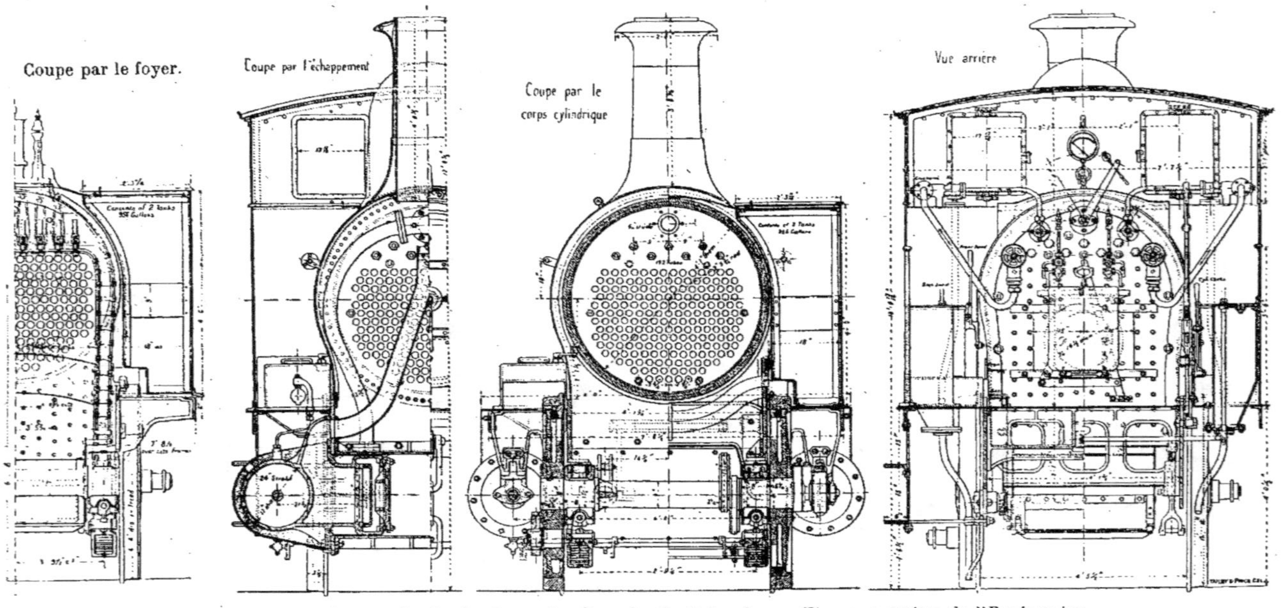

Fig. 404 à 407. — Locomotive-tender à marchandises du North-London. — Figures extraites de l'*Engineering*.

Fig. 408. — Locomotive à 4 essieux couplés du London and North-Western.

Tenders.

270. *Tender du Lancashire et York-shire railway.* — Nous ne nous étendrons pas sur ce chapitre et nous nous contente-rons de présenter les derniers types les plus

perfectionnés ayant vu le jour dans ces dernières années en Angleterre.

La Compagnie du Lancashire et York-shire n'emploie qu'un type de tender qui accompagne indifféremment les machines à voyageurs ou à marchandises. On n'a

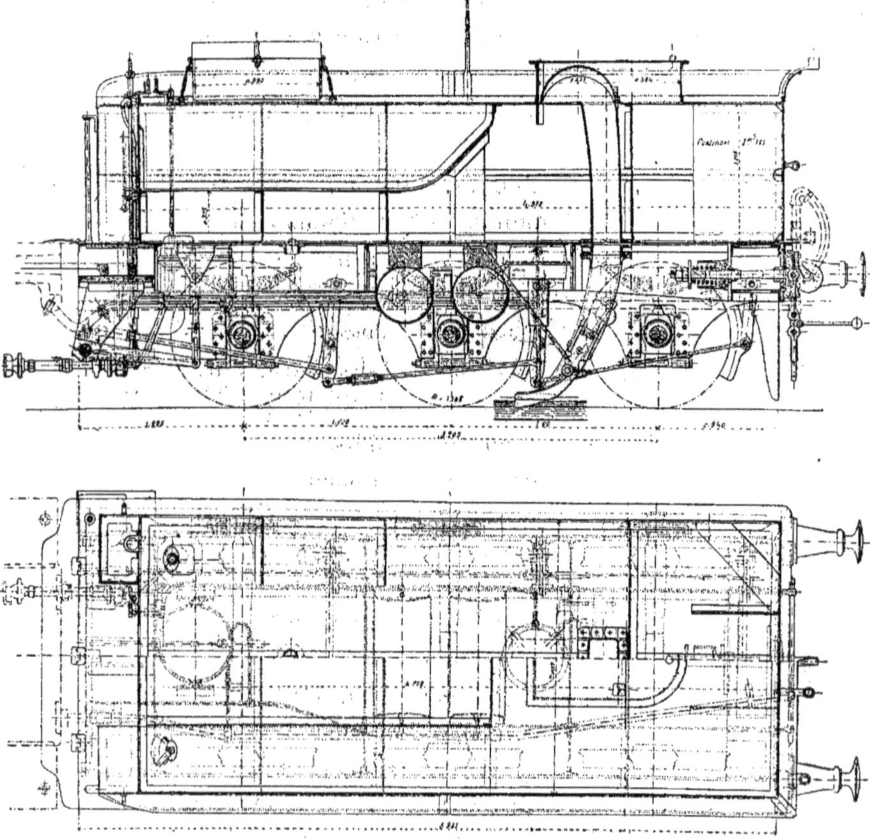

Fig. 409 et 410. — Tender du Lancashire and Yorkshire railway. — Elévation, coupe et plan.

pu arriver à ce résultat, que grâce au système employé sur cette compagnie, des trompes ou écopes Ramsbottom, permet-tant de faire de l'eau en route, seul moyen de diminuer la contenance des caisses pour les trains express.

Ce tender est à châssis extérieur très simple et à trois essieux également espa-cés. Les caisses à eau dont la longueur extérieure n'est que de 2^m,057 sont entail-lées vers l'avant de manière à présenter une cavité de forme rectangulaire dans laquelle on loge le combustible. Cette ca-vité est fermée à l'avant par une tôle debout, percée d'une ouverture de 0^m,610 seulement de largeur et par où se fait l'écoulement du combustible.

Nous avons parlé en son temps du sys-tème d'alimentation par le moyen des trompes ou écopes Ramsbottom. Cette disposition est clairement indiquée (*fig.* 409 à 412). Un piston à air analogue à celui du

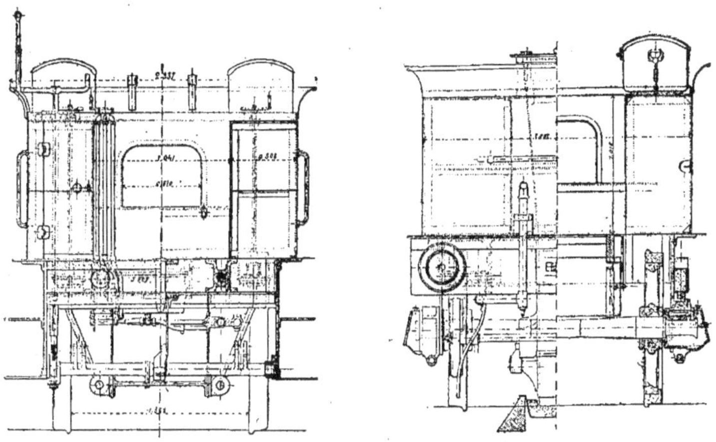

Fig. 411 et 412. — Tender du Lancashire and Yorkshire railway. — Coupes et élévations transversales.

frein à vide automatique dont est muni le tender, permet la manœuvre de la partie inférieure de l'écope. Le relevage de celle-ci se fait normalement au moyen d'un ressort à boudin enroulé autour de la tige du piston pneumatique. En manœuvrant un robinet placé à l'avant du tender, on met le dessous du piston en commu-

Fig. 413. — Locomotive et tender du Glasgow and South-Western.

nication avec la conduite principale du frein à vide automatique, et l'appareil reste abaissé jusqu'à ce qu'on ait opéré la manœuvre inverse.

Voici les principales dimensions de ce tender :

Nombre d'essieux	3
Empatement total	3^m,20
Contenance des caisses à eau	8 177^l
Contenance des combustibles	3 050^k
Poids à vide	15 230
Poids en charge	26 540

271. *Tender du Glascow and South Western.* Le type le plus courant aujourd'hui de tender à l'usage des grands xepress est représenté *fig.* 413 à 416. C'est celui de la Compagnie du Glascow and South Western.

Nous ne nous étendrons pas sur sa description très nettement représentée par

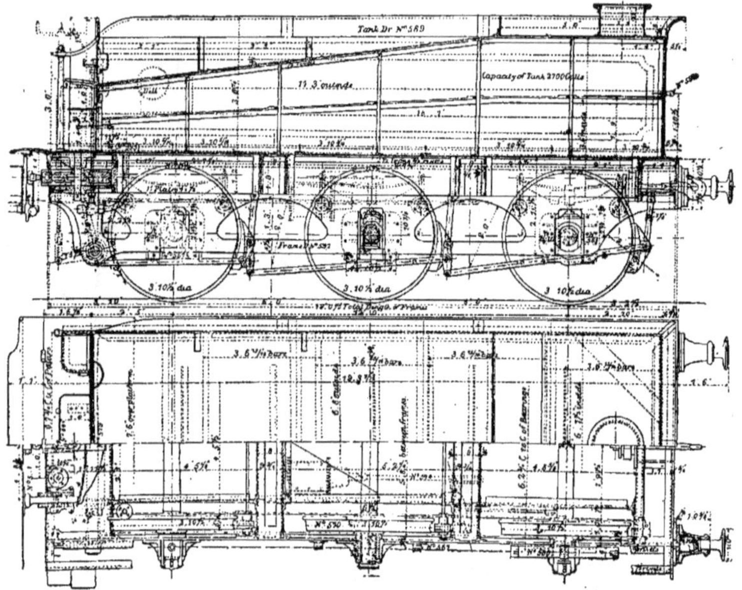

Fig. 414 et 415. — Tender du Glasgow and South-Western.

les figures qui donnent seulement ses principales dimensions exprimées en mesures anglaises pieds (*feet*), de 0^m,305, et pouces (*inches*), de 0^m,0254. En voici d'ailleurs quelques-unes :

Longueur (intérieur)................	5^m,198
Largeur......................	2 ,020
Hauteur....................0^m,610 et	1 ,067
Epaisseur des tôles, dessus et avant.	0 ,0095
Epaisseur des tôles, côtés et arrière.	0 ,006
Volume des soutes à eau...........	9 540^l
Contenance des caisses à charbon..	3 000^k
Diamètre des roues...............	1^m,182
Entre axe des essieux.............	1 .832
Poids en ordre de marche..........	27 500^k

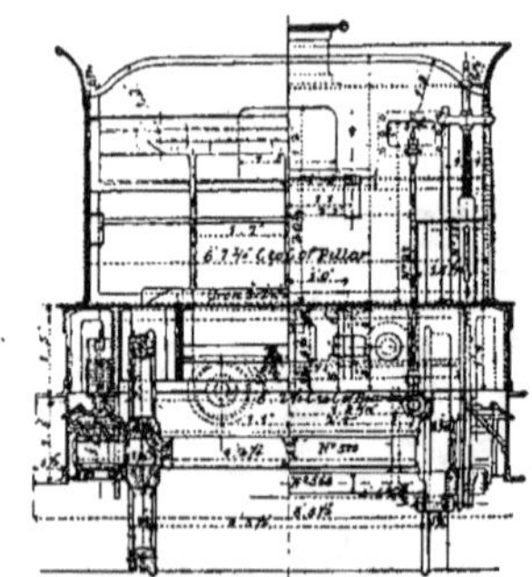

Fig. 416. — Tender du Glasgow and South-Western.

ALLEMAGNE

État Prussien.— Dispositions fondamentales pour la construction des locomotives (1881).

(*Extrail des Normes. — Revue générale des chemins de fer, décembre* 1881.)

272. Les locomotives doivent être construites d'une manière aussi simples que possible, et ne pas être trop lourdes afin de pouvoir utiliser en entier tout l'effort de traction qu'elles peuvent déterminer pour un poids déterminé des trains qu'elles remorquent

Le mécanisme et le châssis doivent former un ensemble absolument indépen-

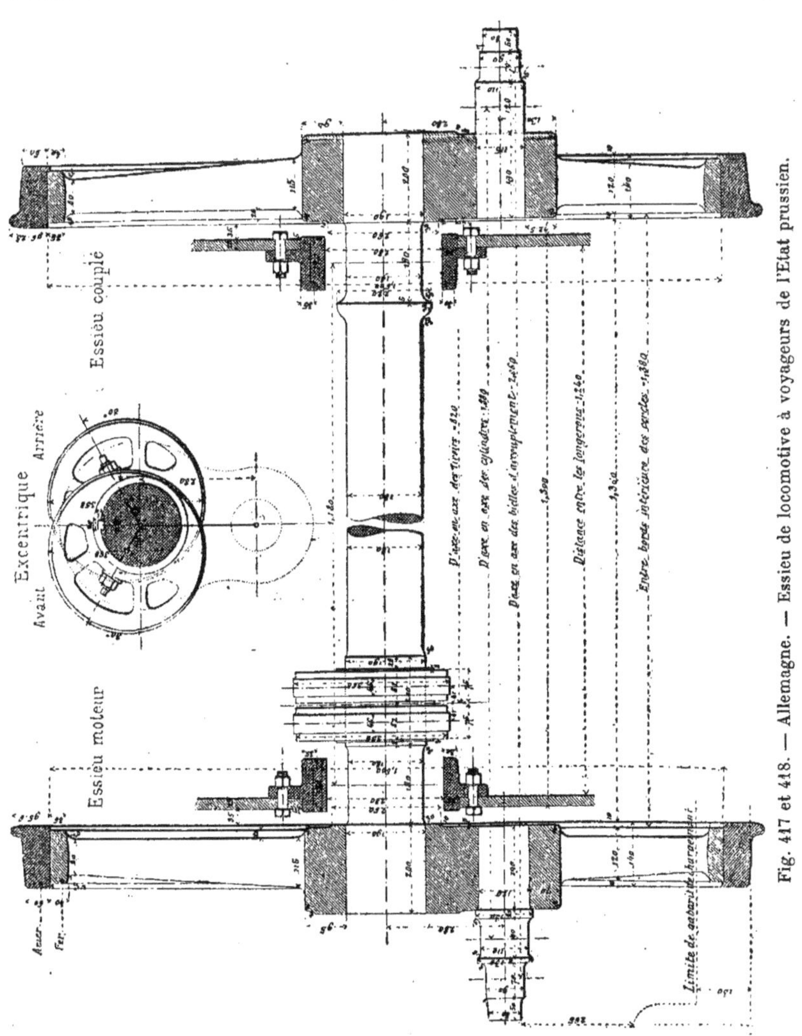

Fig. 417 et 418. — Allemagne. — Essieu de locomotive à voyageurs de l'État prussien.

dant de la chaudière et leur fournir seulement un point d'appui bien solide. La chaudière est fixée par la boîte à fumée et peut se dilater longitudinalement en glissant sur ses supports.

273. *Châssis.* — Les longerons intérieurs sont formés d'une seule tôle ; les cylindres sont horizontaux et disposés à l'intérieur.

Les pièces principales des longerons sont formées d'une seule tôle sans soudure ; elles doivent être rabotées sur une face au moins, quand elles ne sont pas bien polies ni d'épaisseur uniforme.

En dehors des traverses et des différentes pièces du mécanisme, les longerons sont encore consolidés au moyen des liaisons transversales suivantes ;

Des bandes horizontales en tôles percées, assemblées par des rivets avec les cornières des longerons, et des bandes verticales placées entre les cylindres ;

Un support de chaudière situé dans le plan des supports de glissières ;

Une liaison verticale voisine de l'essieu moteur, une tôle horizontale, rivée sur une cornière en fer forgé et voisine de l'essieu moteur ;

Un support pour le balancier transversal ;

Une tôle située devant la face d'avant de la boîte à feu et percée de trous disposés convenablement devant les têtes d'entretoises.

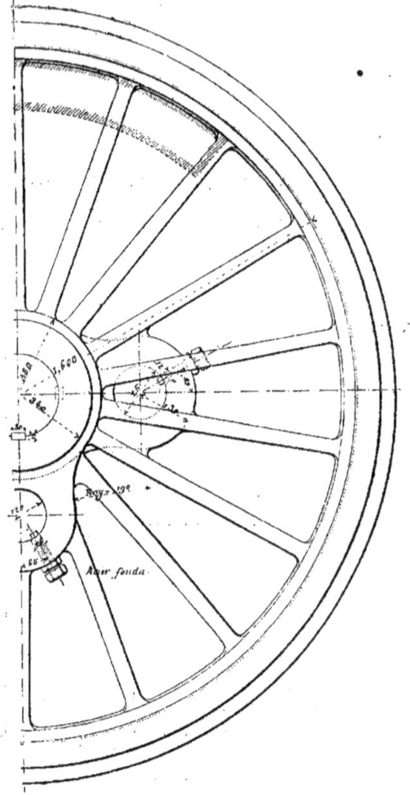

Fig. 419. — Allemagne. — Roue motrice de locomotive à voyageurs de l'Etat prussien.

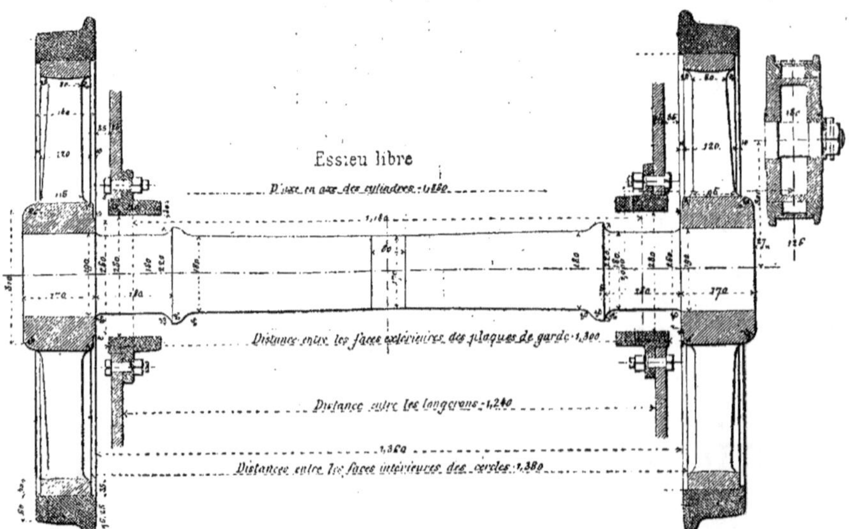

Fig. 420 et 421. — Allemagne. — Essieu libre et crosse du piston de locomotive de l'Etat prussien.

274. *Essieux montés* (*fig.* 417 à 422). — Les moyeux et les rais des centres des roues des locomotives sont en fer forgé ; les essieux porteurs des locomotives à voyageurs peuvent seuls être montés sur des roues à centre plein en acier fondu.

Les glissières des boîtes à graisses des essieux couplés sont munies de coins de réglage.

275. *Ressorts.* — Les feuilles d'acier employées sont garnies de nervures et présentent le même profil que celles des ressorts de wagons. Les supports intérieurs des ressorts d'avant sont maintenus par l'intermédiaire d'une chape et d'une vis de pression pour éviter toute rupture des ressorts dans cette région.

276. *Chaudière* (Voir *fig.* 423 à 436). — La chaudière doit pouvoir supporter en service une pression de 10 atmosphères et présenter des formes aussi simples que possibles. Le ciel de la boîte à feu doit être en prolongement direct du corps cylindrique ; il est réuni au ciel du foyer par des entretoises rivées formant six rangées parallèles à l'axe de la chaudière.

Le corps cylindrique est composé de trois viroles formées chacune d'une seule tôle. Il est surmonté d'un dôme destiné à loger le régulateur, et dans lequel débouche un

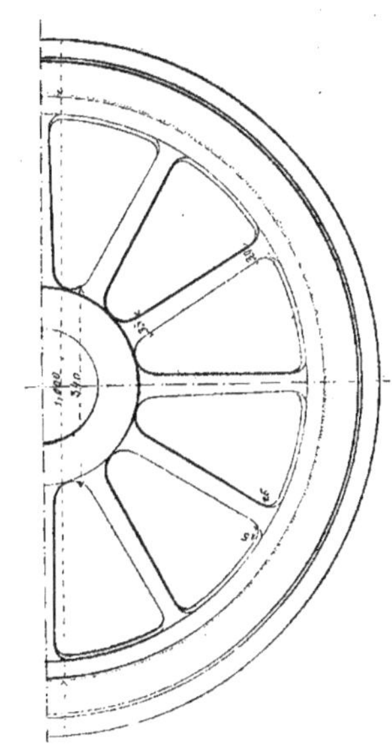

Fig. 422. — Allemagne. — Roue libre de locomotive.

tuyau de prise de vapeur fendu longitudinalement.

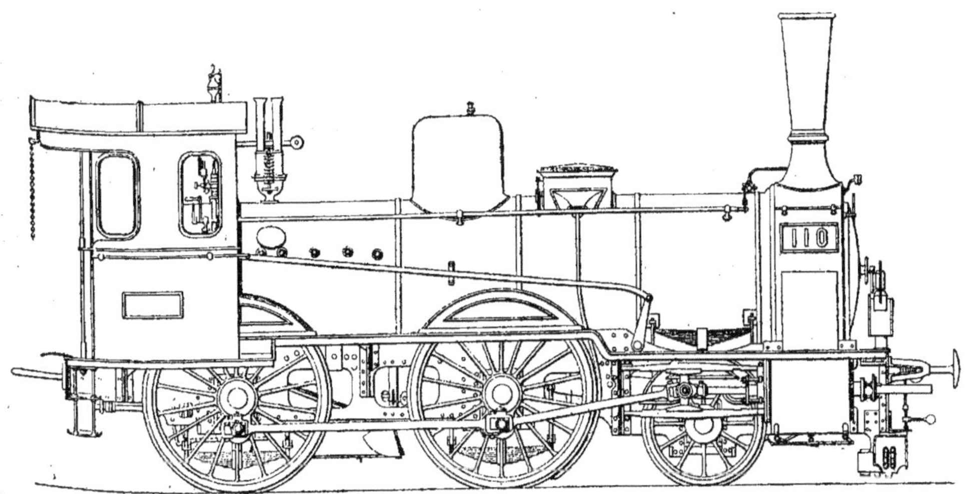

Fig. 423. — Allemagne. — Locomotive à voyageurs de l'Etat prussien.

La boîte à fumée est cylindrique. La plaque tubulaire est fixée à l'avant de la dernière virole de la chaudière au moyen d'une cornière annulaire. Quelquefois cependant dans les locomotives à voyageurs, pour décharger l'essieu d'avant, on

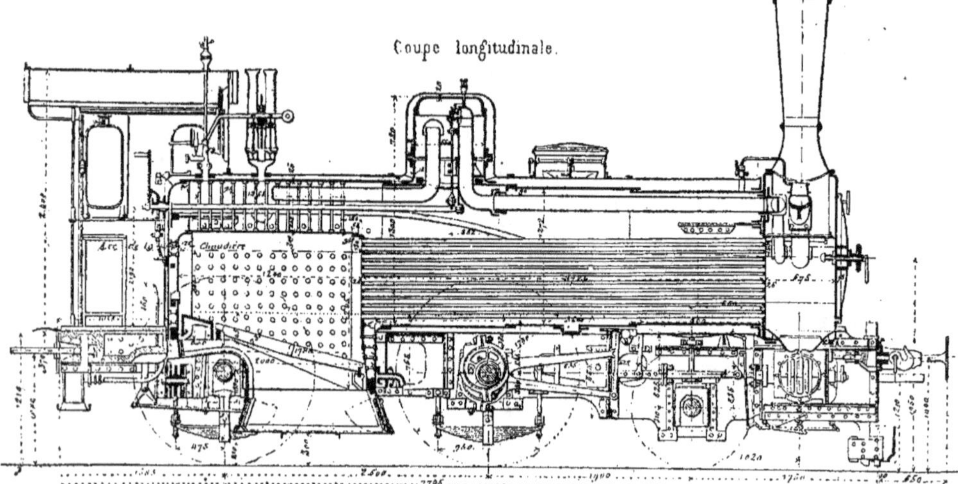

Fig. 424. — Allemagne. — Locomotive à voyageurs de l'État prussien.

prend une plaque tubulaire emboutie circulaire qu'on rapporte à l'intérieur de la virole d'avant.

Les parties planes des parois de la boîte à feu sont réunies à celles du foyer au moyen des entretoises du cadre de la porte et de celui du bas du foyer.

L'armature longitudinale de la chaudière

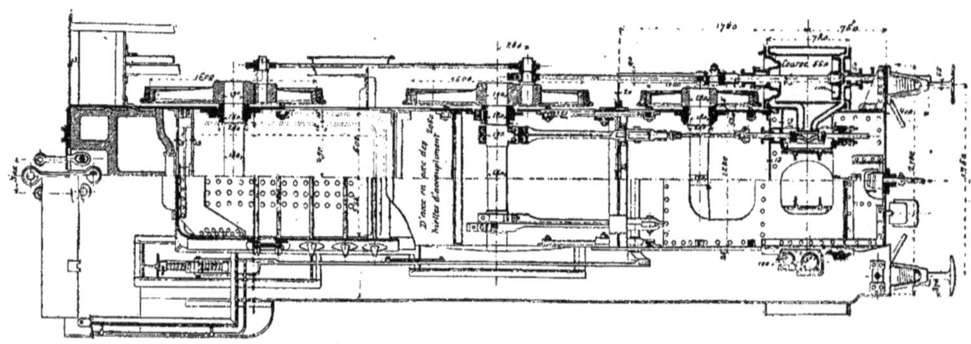

Fig. 425. — Allemagne. — Locomotive à voyageurs de l'État prussien. — Plan.

est assurée par les tubes, et en outre par des tirants horizontaux retenus par des cornières fixées sur le corps cylindrique ou la paroi d'arrière, et la plaque tubulaire d'avant.

On dispose en outre, dans la boîte à feu

à la naissance de la partie cylindrique, trois ou quatre poutres transversales au-dessus du ciel du foyer, avec une autre poutre à l'avant de la plaque tubulaire d'arrière.

Les entretoises, les supports du ciel du foyer, et les poutres transversales doivent être percées à chaque extrémité d'un petit trou pratiqué dans l'axe et dépassant de 13 millimètres environ la surface inté-rieure de la chaudière.

Pour nettoyer les chaudières, on ménage dans le corps plusieurs ouvertures de

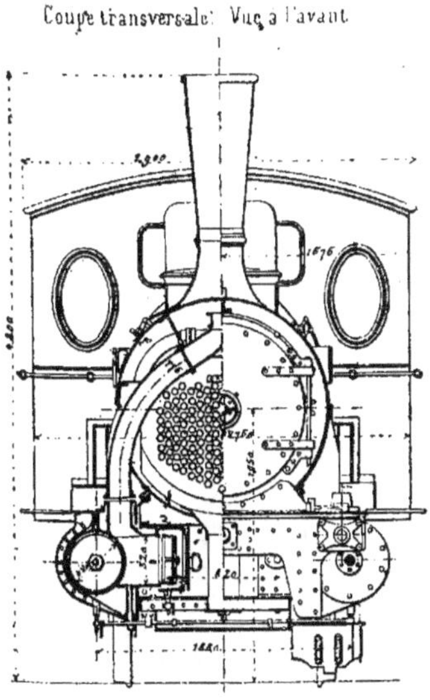

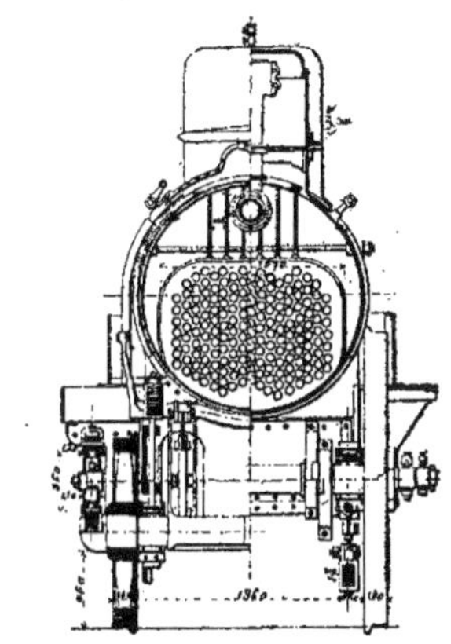
Fig. 427. — Allemagne. — Locomotive à voyageurs de l'Etat prussien. — Coupe transversale.

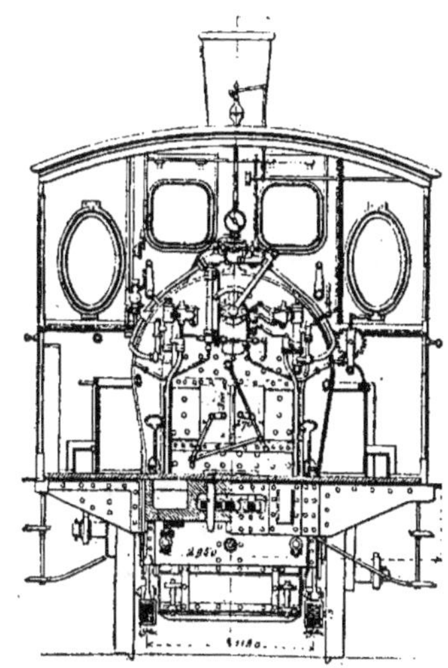

Fig. 426. — Allemagne. — Locomotive à voyageurs de l'Etat prussien..

vidange qu'on dispose de la manière sui-vante : une dans le corps cylindrique, auprès de la plaque tubulaire d'avant, deux sur les parois latérales de la boîte à feu, à la hauteur du ciel du foyer, deux dans le bas des angles de la paroi d'arrière, et deux autres dans le bas des angles d'avant ou même sur la face avant. On visse également des tampons coniques dans le cadre du bas du foyer et dans les angles d'arrière de la boîte à feu, un peu au-dessus du cadre de la porte. Les grandes ouvertures pratiquées dans les parois de

la chaudière sont garnies de tôle de ren-fort assez puissantes pour fournir une résistance égale à celle des parties enle-vées.

Pour éviter tout déplacement transver-

Fig. 428. — Allemagne. — Locomotive à voyageurs de l'Etat prussien. Vue arrière.

sal du châssis par rapport à la chaudière dans un plan horizontal, on dispose dans le châssis, au-dessous de la porte du foyer, des tasseaux servant en même temps de support pour la chaudière, et qui se logent exactement dans les glissières disposées à cet effet.

On emploie des soupapes système Rams-

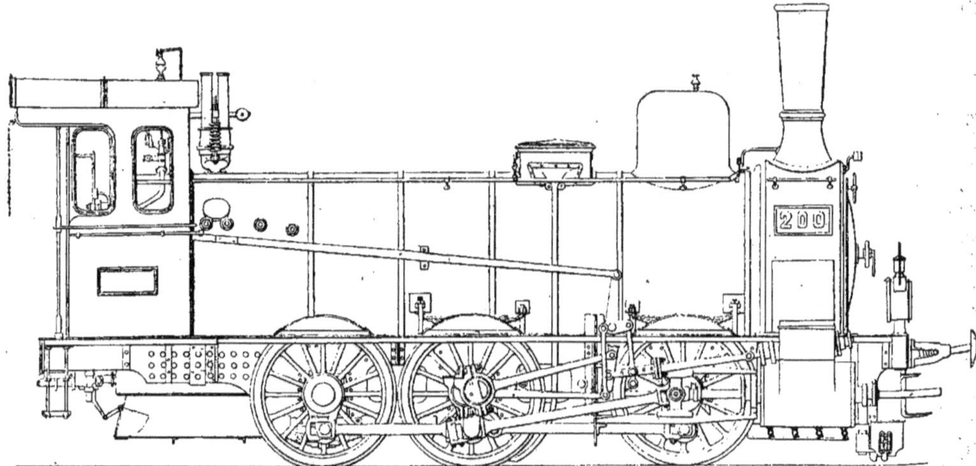

Fig. 429. — Allemagne. — Locomotive à marchandises de l'Etat prussien. — Elévation.

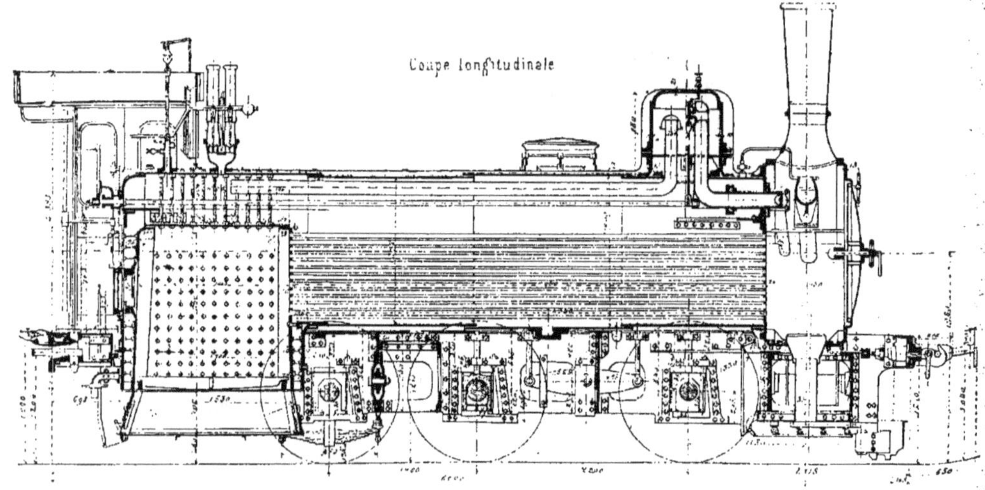

Fig. 430. — Allemagne. — Locomotive à marchandises de l'Etat prussien.

bottom qu'on dispose habituellement au nombre de deux, sur une ouverture unique pratiquée dans le ciel de la boîte à feu. La section de cette ouverture doit être égale au produit de la somme des circonférences des sièges des deux soupapes multipliée par leur hauteur de course qui est de trois millimètres. Ces soupapes au lieu d'être maintenues par des boulons spéciaux sont fixées au moyen des supports du ciel du foyer qu'on allonge à cet effet et dont on rive les têtes sur la surface extérieure de la boîte à feu.

La cheminée est de forme conique.

Le fond du cendrier n'est pas ouvert, mais pour servir de pare étincelle, en outre des tôles percées qu'on place dans la boîte à fumée, on prolonge les valves des parois latérales du cendrier, en les faisant reposer sur un cadre formé par une cornière rivée sur le fond. Avec cette disposition, on empêche la projection sur les côtés du cendrier, des charbons incandescents, et on peut même supprimer la tôle percée de la boîte à fumée, quand la nature du combustible le permet.

277. *Cylindres et mécanisme* (voir *fig.* 423 à 436). — La tige du piston doit être suffisamment renforcée à la crosse, elle peut être guidée par le fond antérieur du cylindre.

En fixant le cylindre au châssis, on devra mettre des supports verticaux en fer forgé disposés entre la traverse et les plateaux des cylindres, de manière à décharger les vices de soutien.

On ne peut pas encore formuler de règles précises pour fixer la position du

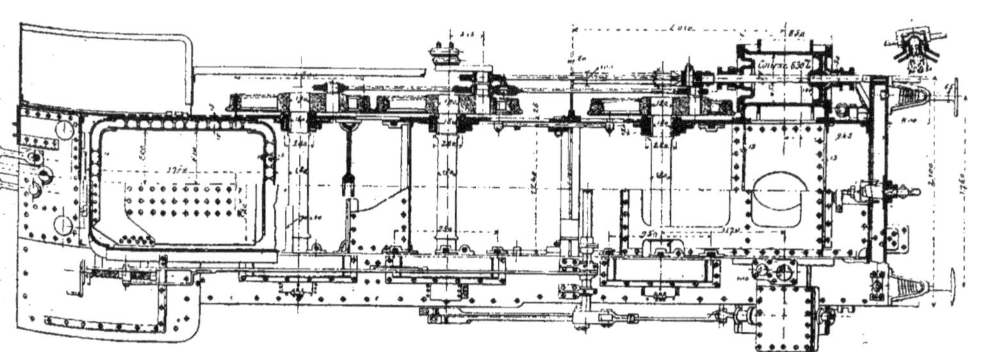

Fig. 431. — Allemagne. — Locomotive à marchandises de l'Etat prussien. — Plan.

mécanisme de distribution, plutôt à l'intérieur qu'à l'extérieur ; on peut donc adopter l'une ou l'autre des positons.

On emploie la distribution d'Allan avec des tiroirs à doubles canaux d'admission ; le changement de marche est toujours commandé par une vis.

Le couvercle de la boîte à vapeur est circulaire sur les machines munies d'une distribution intérieure ; il est rectangulaire dans le cas contraire.

La plate-forme du mécanicien est couverte ; l'écran renferme toutes les pièces accessoires disposées sur la boîte à feu, à l'exception des soupapes de sûreté ; il porte, en outre, deux fenêtres ovales mobiles autour de leur axe vertical.

On emploie les métaux suivants pour la fabrication des différentes pièces :

L'acier fondu pour les ressorts, les arbres, les essieux et les bandages des roues de locomotives et de tenders. On prend un acier un peu plus doux pour les tiges de piston, les bielles et les manivelles.

Le cuivre s'emploie pour les parois des foyers, les entretoises horizontales, les tuyaux de conduite de vapeur d'eau, et qu'on doit fabriquer sans soudure ainsi que pour les tuyaux de sablière. Les parois en cuivre du foyer sont assemblés avec des rivets en fer.

Les tubes d'échappement peuvent être fabriqués en fer forgé et étiré.

Les rotules des tuyaux allant du tender à la machine doivent être munies d'une garniture en caoutchoux et maintenues par un ressort en spirale.

Les segments des pistons et le corps du régulateur, dans le voisinage des ouvertures de prises de vapeur sont en fonte ; le tiroir du régulateur est en laiton ou en fonte.

Les écrous des vis placés dans la boîte à fumée, et à l'intérieur de la chaudière, sont en bronze et à chapeau.

Diamètre des pistons	0^m,420
Course des pistons	0 ,560
Diamètre de la roue motrice au cercle de roulement	1 ,730
Empatement total	4 400^k
Empatement total avec le tender	10 778
Distance des tampons de choc de la machine à ceux d'arrière du tender	14 768

L'essieu d'arrière est placé à 0^m,550 devant la paroi postérieure de la boîte à feu, il est écarté de 2^m,500 de l'essieu du milieu qui est moteur.

Le corps cylindrique est formé de viroles assemblées en télescope la virole d'avant a le diamètre le plus petit.

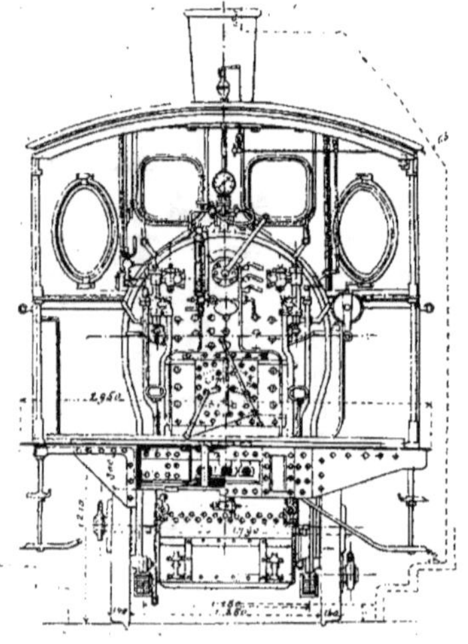

Fig. 432. — Allemagne. — Locomotive à marchandises de l'Etat prussien. — Vue arrière.

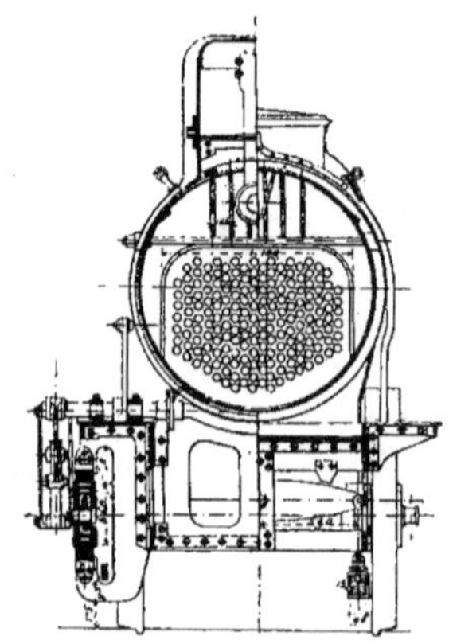

Fig. 433. — Allemagne. — Locomotive à marchandises de l'Etat prussien. — Coupe transversale.

Dispositions spéciales aux locomotives à voyageurs.

278. Ces locomotives ont trois essieux (voir *fig.* 417 à 422 et 423 à 428), l'essieu du milieu et celui d'arrière sont couplés ; l'essieu d'arrière est placé sous le foyer, dont le fond est incliné.

Sur les voies comprenant des courbes à faible rayon, il faut donner un certain jeu à l'essieu d'avant.

Dimensions principales de ces locomotives :

Par suite de cette disposition, les tubes sont emmanchés sur la plaque d'avant, 30 millimètres plus haut que sur la plaque tubulaire d'arrière.

Le dôme, qui n'est pas absolument nécessaire sur les locomotives à voyageurs doit être placé sur la virole d'arrière du corps cylindrique.

Le robinet de vidange est placé sur la face avant de la boîte à feu.

Tous les essieux sont munis de ressorts de suspension disposés latéralement, et qui sont au-dessus des fusées pour l'essieu d'avant, et au-dessous pour l'essieu d'arrière et celui du milieu.

Les ressorts des essieux d'avant et du

milieu sont conjugués par un balancier latéral, les ressorts de l'essieu d'arrière sont réunis par un balancier transversal.

Voici le poids moyen de ces locomotives et la répartition de ce poids, sur les différents essieux :

	Distribution extérieure	Distribution intérieure
Poids total à vide.............	33 100ᵏ	32 800ᵏ
Poids en charge avec 200 mill. d'eau au-dessus du foyer...	37 100	36 900
Poids sur l'essieu d'avant.....	12 600	12 600
» » du milieu...	12 200	12 000
» » d'arrière	12 300	12 300

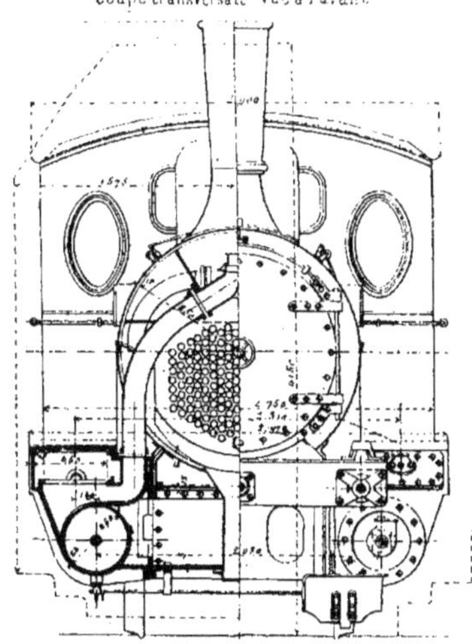

Fig. 434. — Allemagne. — Locomotive à marchandises de l'Etat prussien.

Dispositions spéciales aux locomotives à marchandises.

279. Ces machines ont trois essieux couplés, placés sous le corps cylindrique (voir *fig.* 429 à 434).

L'essieu d'arrière est placé à 0ᵐ,40 devant la paroi antérieure de la boîte à feu ; il est écarté de 1ᵐ,40 de l'essieu du milieu qui est moteur.

Le corps cylindrique est formé de viroles dont les mouvements sont alternatifs intérieurs et extérieurs, la virole du milieu a le diamètre le plus grand. Les tubes à feu sont horizontaux.

Le dôme est posé dans l'axe de l'essieu d'avant, sur la première virole. Le robinet de vidange est disposé à l'arrière de la boîte à feu.

Les ressorts de suspension de l'essieu d'avant et de l'essieu du milieu sont posés au-dessus des fusées ; ils sont reliés par un balancier transversal.

Les dimensions principales sont les suivantes :

	Distribution extérieure	Distribution intérieure
Poids total à vide............	33 300ᴷ	33 100ᴷ
Poids total en charge avec 200 mill d'eau sur le ciel du foyer	38 600	38 500
Poids sur l'essieu d'avant.....	12 500	12 600
» » du milieu...	12 400	12 400
» » d'arrière	13 600	13 400
Diamètre des pistons.	0ᵐ,450	
Course des pistons...........	0 ,630	
Diamètre des roues motrices.	1 ,330	
Empatement total...........	3 400ᴷ	
Empatement total avec tender.	10 838	
Distance des tampons d'avant de la machine à ceux d'arrière du tender............	15ᵐ,176	

Locomotive express des chemins de fer du Rhin (rive gauche).

280. Cette machine, tout à fait récente (1892), a été construite par l'usine Hohenzollern de Dusseldorf, conformément au type moderne à deux essieux couplés et bogie à l'avant (*fig.* 435).

La chaudière, du modèle Lentz, à foyer en tôle ondulée, est formée de trois viroles de 0ᵐ,017 d'épaisseur, et dont les deux extrêmes sont coniques, tandis que celle du milieu est cylindrique ; celle d'arrière est en outre inclinée sur l'axe du corps cylindrique. Les tôles sont soudées sans aucune rivure longitudinale ; la fixation au châssis a lieu par la boîte à fumée, et la chaudière repose à l'arrière sur deux appuis latéraux également fixés au châssis.

Ce dernier est formé de deux plaques de tôle entretoisées par des plaques transversales et par une tôle horizontale rivée à mi-hauteur des longerons sur toute leur longueur.

La grille est horizontale et en deux parties ; elle repose à l'avant sur un autel en fonte enveloppé de briques réfractaires, et en avant de cet autel se trouve une chambre de combustion où les gaz achèvent de se brûler. La plaque tubulaire de la boîte à

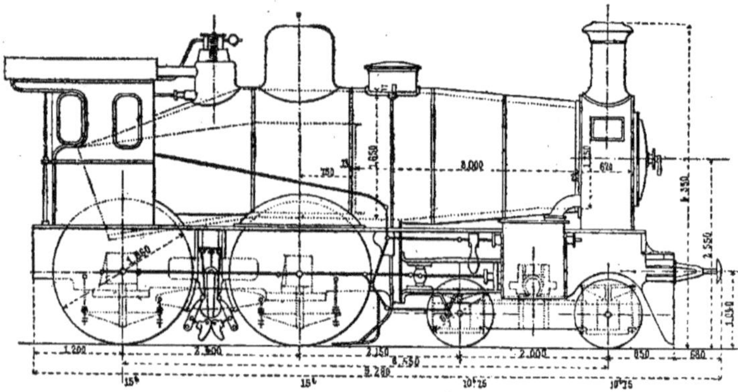

Fig. 435. — Allemagne. — Locomotive express des chemins de fer du Rhin (rive gauche).

feu n'a qu'une faible épaisseur (13 millimètres) car, elle doit supporter tout l'effort résultant de sa propre dilatation et de celle des tubes.

Le bogie est identique à celui des locomotives express italiennes des chemins de fer de la Méditerranée ; le pivot et la pièce qui repose sur lui, sont en acier fondu ;

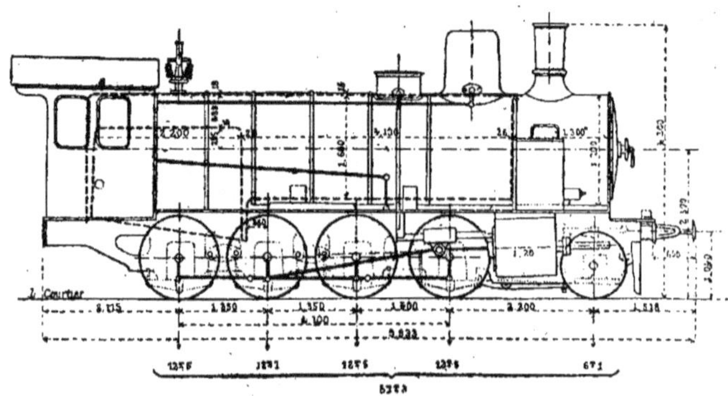

Fig. 436. — Etat prussien. — Locomotive à marchandises à quatre essieux couplés.

des ressorts en spirales, placés de chaque côté du truck, s'opposent au mouvement de roulis de l'avant de la machine, et des balanciers inclinés permettent le mouvement latéral du bogie. Ces balanciers sont disposés de manière à obtenir le mouvement et les pressions latérales suivantes, indépendamment toutefois du jeu pouvant exister entre le rail et le boudin de la roue.

RAYON DE LA COURBE	MOUVEMENT LATÉRAL	PRESSION LATÉRALE
1 000	9.5 mil.	470 kil.
300	31	1 260 »
180	51	2 010 »

Les cylindres sont extérieurs et placés horizontalement dans l'axe du bogie. La distribution est extérieure et du système Joy.

Voici les principales conditions d'établissement de cette locomotive :

Diamètre du corps cylindrique, virole centrale..........................	1^m,650
Diamètre du corps cylindrique, virole arrière.................. 1.650 et	1 ,250
Diamètre du corps cylindrique, virole avant.................. 1.650 et	1 ,260
Diamètre du corps cylindrique. Epaisseur des tôles.......................	0 ,017
Diamètre du foyer intérieur.........	1 ,100
» extérieur.........	1 ,200
Longueur de la grille...............	2 ,080
Surface de »	2 ,000
Timbre de la chaudière............	14 atm.
Nombre des tubes.................	241
Longueur des »	3^m,000
Diamètre intérieur des tubes........	0 ,041
» extérieur »	0 ,046
Surface de chauffe directe...........	11^{m2},03
» des tubes	93 ,17
» totale..................	104 ,20
Diamètre des cylindres.............	0 ,430
Course des pistons.................	0 ,610
Diamètre des roues couplées........	1^m,960
» du bogie.............	0 ,980
Epaisseur des tôles du châssis.....	0 ,025
Distance entre les essieux couplés..	2 ,400
» » du bogie	2 ,000
Empatement total..................	6 ,550
Poids à vide......................	45 450^k
Poids en charge...................	51 500
» essieux d'avant-bogie.	10 750
» 2e essieu »	10 750
» 1er essieu couplé »	15 000
» 2e » »	15 000
Contenance du tender d'eau........	15 000^l
« charbon....	5 000^k

Locomotives à marchandises à quatre essieux couplés de l'État prussien.

281. M. Bories dont nous avons déjà signalé le nom précédemment en parlant des machines compound, a introduit récemment (1895), sur les chemins de fer de l'Etat prussien des locomotives à 8 roues couplées et à bissel du type Américain dit *consolidation* (*fig.* 436).

Ces machines très puissantes, sont destinées au service des marchandises sur les sections du réseau qui présentent de longues rampes de 4 à 10 millimètres par mètre. Elles sont du système compound à deux cylindres avec tiroir spécial de mise en marche.

Elles sont munies de fortes chaudières avec foyer à cheval au-dessus de l'essieu d'arrière et sans aucun porte-à-faux à l'avant.

Les longerons sont intérieurs, les cylindres extérieurs inclinés au 1/12 avec boîte à tiroirs à l'intérieur des longerons. Les quatre essieux couplés sont à peu près également espacés et le bissel est placé à l'avant des cylindres. Les ressorts des roues couplées sont placés sous les boîtes et réunis deux à deux au moyen de balanciers longitudinaux.

Voici les principales dimensions de cette machine.

Diamètre moyen du corps cylindrique (intérieur)......................	1^m,60
Hauteur de l'axe du corps cylindrique au-dessus du rail..................	2 ,30
Longueur du foyer (intérieur).......	2 ,20
Nombre de tubes...................	235
Longueur »	4^m,10
Surface de grille...................	2 ,28
Surface de chauffe totale............	144^{m2},00
Diamètre du petit cylindre..........	0 ,530
» grand »	0 ,750
Course commune des pistons.......	0 ,630
Timbre de la chaudière.............	12^k
Diamètre des roues couplées.......	1^m,250
Poids total en charge.............	573 00^k
Poids adhérent.....................	51 200
Poids sur le bogie.................	6 10

Locomotive-tender de l'État prussien.

282. La machine représentée (*fig.* 437 et 438) est destinée à remorquer les trains de banlieue sur les chemins de fer de l'Etat prussien.

Elle est à deux essieux couplés et deux essieux porteurs extrêmes. Les cylindres sont extérieurs, et le châssis intérieur. L'essieu moteur arrière est immédiatement à l'avant de la boîte à feu ; l'autre, sous le corps cylindrique ; l'essieu porteur d'avant passe sous la boîte à fumée, tandis que celui d'arrière est sous la plate-forme du mécanicien. Les deux essieux porteurs sont munis de boîtes radiales du type Adams, avec glissières courbes et rappel par des ressorts.

La chaudière est à foyer Crampton et à grille horizontale ; le foyer est profond et plonge entre l'essieu moteur et l'essieu porteur d'arrière ; la boîte à fumée est prolongée sur l'avant. La prise de vapeur se fait sans dôme, à l'aide d'un long tuyau crépiné et d'un régulateur genre Crampton à tringle de manœuvre extérieure. Les soupapes, à charge directe, sont placées au-dessus du foyer.

Les cylindres sont extérieurs, horizon-

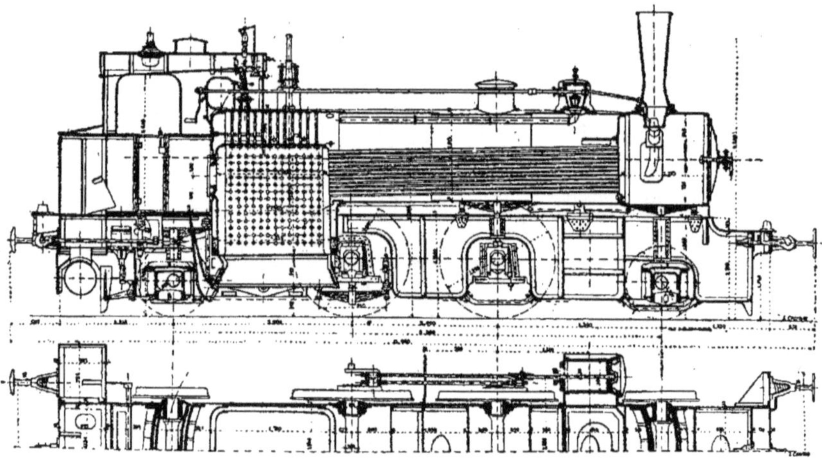

Fig. 437 et 438. — État prussien. — Locomotive-tender. — Coupe longitudinale et demi-plan.

taux, et placés entre les roues couplées et l'essieu porteur d'avant ; ils sont surmontés de leurs boîtes à tiroirs. La distribution est du système Walschaert. La bielle motrice attaque l'essieu placé immédiatement à l'avant du foyer.

Les caisses à eau sont sous la chaudière, entre les longerons du châssis ; elles présentent au droit des essieux couplés des évidements qui permettent de lever la machine sans démonter ces caisses.

La soute à charbon est placée à l'arrière de la plate-forme. Celle-ci est recouverte d'un abri très compact fermé même latéralement.

Voici les principales dimensions de cette machine :

Diamètre minimum du corps cylindrique (intérieur)	$1^m,216$
Longueur intérieure du foyer	$1,553$
» extérieure »	$1,750$
Nombre des tubes	171
Diamètre » (extérieur)	$0^m,046$
Surface de grille	$1,69$
Timbre de la chaudière	12^k
Surface de chauffe directe	$6^{m2},65$
» » des tubes	$88,10$
» » totale	$94,75$
Diamètre des cylindres	$0^m,420$
Course des pistons	$0,600$
Diamètre des roues motrices	$1,600$
» » porteuses	$1,000$
Distance entre les essieux couplés (empatement rigide)	$2,000$
Empatement total	$6,800$
Contenance des caisses à eau	$5\,500^l$
» » charbon	$1\,600^k$
Poids total à vide	$41\,050$
» en charge	$52\,200$
» adhérent	$26\,770$

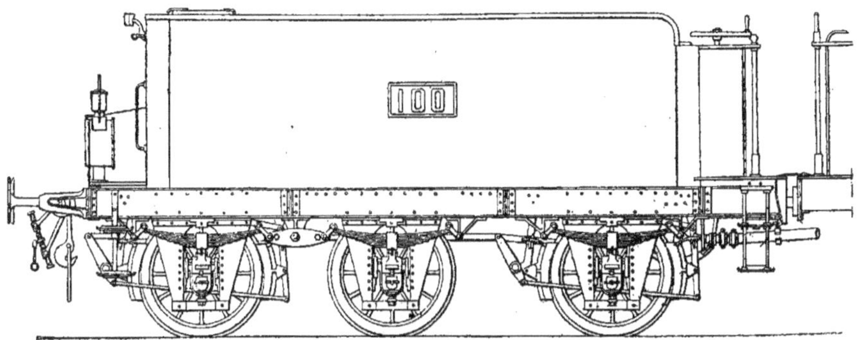

Fig. 439. — Etat prussien. — Tender. — Elévation.

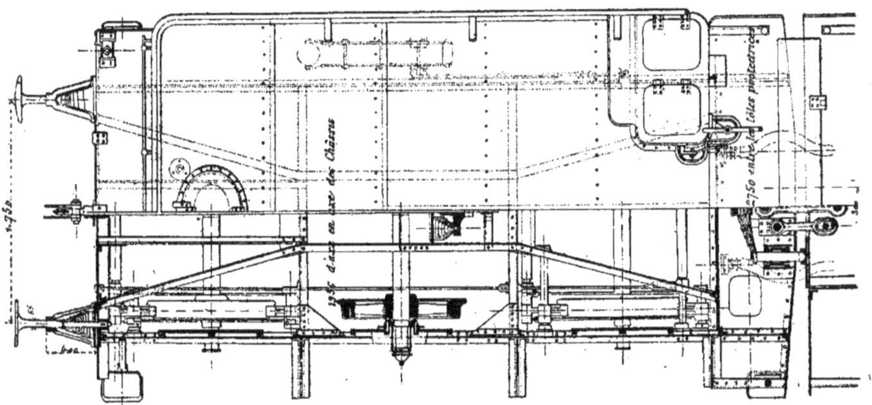

Fig. 440. — Etat prussien. — Tender. — Coupe et plan.

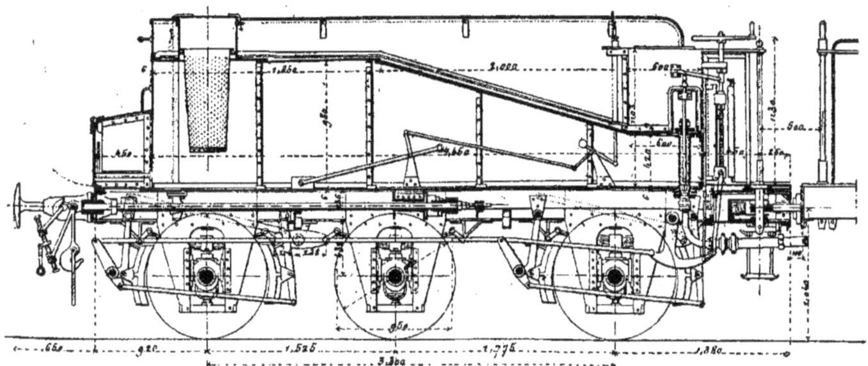

Fig. 441. — Etat prussien. — Tender. — Coupe longitudinale.

Tenders.

283. *Tenders de l'Etat Prussien* (d'après les *Normes*). Les tenders des locomotives à voyageurs ou à marchandises ont les mêmes dimensions ; ils doivent contenir 10 500 litres d'eau et 4 000 kilos de charbon (*fig.* 439 à 444).

Ils reposent sur trois essieux avec un empatement total de 3^m,300 ; la caisse à eau n'a pas la forme d'un fer à cheval afin d'assurer une meilleure répartition du poids sur les essieux : elle s'étend au-dessous de la soute à charbon et elle est consolidée par un simple cadre.

Le châssis est construit avec des longerons en fer de même profil que ceux des wagons : les plaques de garde sont soigneusement fixées, les portes principales ont 0^m,235 de hauteur et 0^m,012 d'épaisseur d'âme.

Comme les essieux d'un tender entièrement approvisionné d'eau et de charbon ont à supporter un poids considérable, il est nécessaire, au point de vue de la sécurité, d'amener le diamètre de la portée du calage à 0^m,140 et celui des fusées à 0^m,105.

Les ressorts de suspension placés sous les longerons sont fabriqués avec le même acier et suivant le profil adopté pour les locomotives et les voitures. Les ressorts de l'essieu du milieu et de celui d'arrière sont conjugués au moyen de balanciers latéraux.

Le ressort de choc de l'accouplement de la machine et du tender est dans la partie antérieure de la caisse du tender.

Les chaînes de sûreté qu'on plaçait à côté des crochets d'attelage ne sont plus usitées maintenant pour les tenders ; on préfère employer l'accouplement de sûreté adopté pour les wagons.

La caisse à eau est fixée sur les longerons du châssis au moyen de vis placées à l'extérieur de la caisse.

Le frein du tender doit agir seulement sur l'essieu d'avant et sur celui d'arrière, afin d'obtenir une action régulière, et de laisser un certain jeu à l'essieu du milieu.

Les sabots des freins doivent être en fonte ou en acier fondu ; la vis du frein doit être placée du côté du chauffeur.

Le tender présente les conditions suivantes :

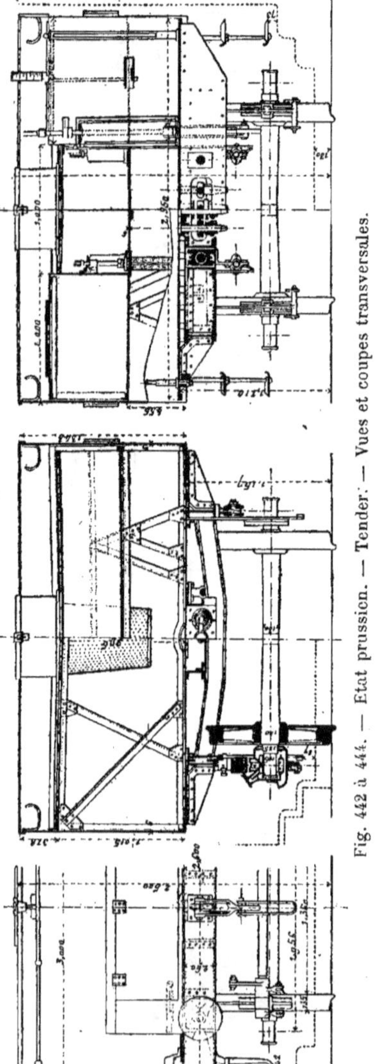

Fig. 442 à 444. — Etat prussien. — Tender: — Vues et coupes transversales.

Poids à vide	13 200^K
» en charge	27 500
» sur l'essieu d'avant	9 900
» » du milieu	8 500
» » d'arrière	9 100
Contenance des caisses à eau	10 500^l
» » à charbon	4 000^K

BAVIÈRE

Locomotives express
des chemins de l'État Bavarois.

284. Ces machines, construites en 1891 par les établissements Mafféi, de Munich, sont à deux essieux couplés à l'arrière, avec bogie à l'avant (*fig.* 445).

Le corps cylindrique en fer est formé de trois viroles avec deux rangs de rivets à chaque rivure longitudinale ou transversale ; le rivetage a été exécuté au moyen de riveuses hydrauliques Tweddel. Les tôles employées résistent à la rupture à un effort de 36 kilogrammes par millimètre carré de section avec un allongement minimum de 18 0/0. A la pression de service de douze atmosphères, ces tôles travaillent sous un effort de 5 kilogrammes dans les parties pleines, et de 7 kilogrammes dans les parties rivées. Le foyer est en cuivre, muni d'une voûte et d'un déflecteur au-dessus de la porte.

La boîte à feu extérieure est réunie au ciel du foyer au moyen de tirants rivés à la

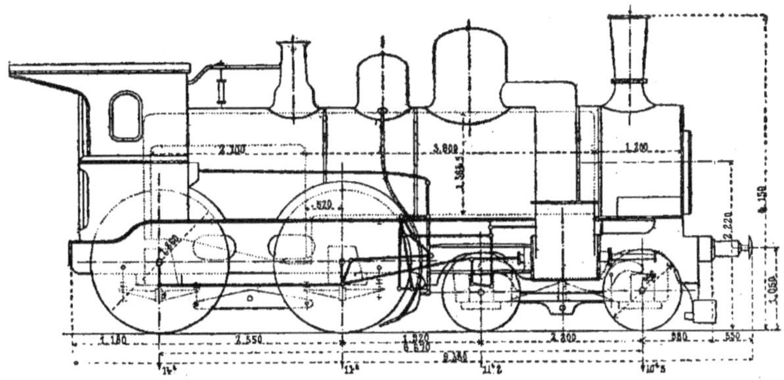

Fig. 445. — Etat bavarois. — Locomotive express.

partie extérieure de la boîte à feu et munis d'écrous sous le ciel du foyer. Les deux rangées de tirants du côté de la plaque tubulaire sont disposées de manière à en permettre la dilatation. Les ciels sont en fer, la grille est inclinée vers l'avant et divisée en trois parties.

La virole centrale du corps cylindrique présente un dôme dans lequel se fait la prise de vapeur au moyen d'un régulateur à tiroir double.

La boîte à fumée est munie d'un pare-étincelles et le tuyau d'échappement est du type annulaire Adams.

La boîte à feu est surmontée de deux soupapes de sûreté.

La chaudière repose sur les deux essieux couplés d'arrière par l'intermédiaire de deux balanciers latéraux extérieurs au châssis.

Le châssis se compose de deux tôles d'acier fortement entretoisées au moyen de plaques transversales. Ces tôles sont un peu plus rapprochées à l'avant qu'à l'arrière ; il en résulte une différence de 0^m,07 qui permet le jeu latéral du bogie : celui-ci est du type anglais adopté sur les machines du South-Eastern.

Les cylindres et la distribution sont extérieures. La distribution est du système Walschaert ; un indicateur du même système Pietri est installé sur la plate-forme du mécanicien. Le graissage des cylindres et tiroirs se fait au moyen du graisseur Nathan.

Cette machine est accompagnée d'un tender à trois essieux muni du frein à air comprimé Westinghouse et du frein à mains Exter.

La locomotive est en outre munie des appareils nécessaires pour le chauffage des voitures à la vapeur.

Voici les dimensions principales de cette locomotive.

Diamètre du corps cylindrique......	1ᵐ,40
Epaisseur des tôles »	0 ,0155
» aux plaques tubu-laires...........	0 ,026
» au ciel du foyer..	0 ,019
» au parois »	0 ,016
» de la boîte à feu extérieure......	0 ,018
Diamètre des soupapes de sûreté....	0 ,110
Longueur de la boîte à fumée.	1 ,200
Epaisseur des tôles des longerons...	0 ,0255
Surface de grille..........	2ᵐ²,200
Nombre de tubes...................	218
Longueur »	5ᵐ,900
Diamètre intérieur.................	41 mil
» extérieur..................	45 ,5
Surface de chauffe directe...........	9ᵐ²,9
» des tubes........	121 ,6
» totale	131 ,5
Timbre de la chaudière.............	12 atm.
Diamètre des cylindres............	0ᵐ²,430
Distance entre axes des cylindres..	2 ,030
Course des pistons.................	0 ,610
Distance entre essieux moteurs.....	2 ,550ᶠ
» du bogie......	2 ,200
Empatement total..................	6 ,670
Poids total en charge..............	49 700ᵏ
Poids sur le 1ᵉʳ essieu du bogie.....	10 500
» 2ᵉ »	11 200
» 1ᵉʳ essieu couplé......	14 000
» 2ᵉ »	14 000
Poids adhérent...................	28 000
Contenance du tender à eau........	12 300ˡ
» charbon....	6 000ᵏ
Nombre d'essieux du tender........	3
Diamètre des roues »	0ᵐ,985
Empatement total..................	3 ,30
Poids à vide.....................	13 000ᵏ
Poids en charge..................	32 000

Locomotive express des chemins de fer de l'Etat du Hanovre.

285. Les chemins de fer de l'État du Hanovre ont mis récemment en circulation une nouvelle machine express à deux essieux couplés et à bogie à l'avant (*fig.* 446 et 447).

Les cylindres sont extérieurs ; le corps cylindrique composé de trois viroles avec foyer en cuivre relié à la boîte à feu par des entretoises vissées dans les deux tôles. La grille est inclinée, la boîte à fumée cylindrique est assez longue : les tubes sont en fer, la cheminée en fonte.

La virole du milieu de la chaudière porte

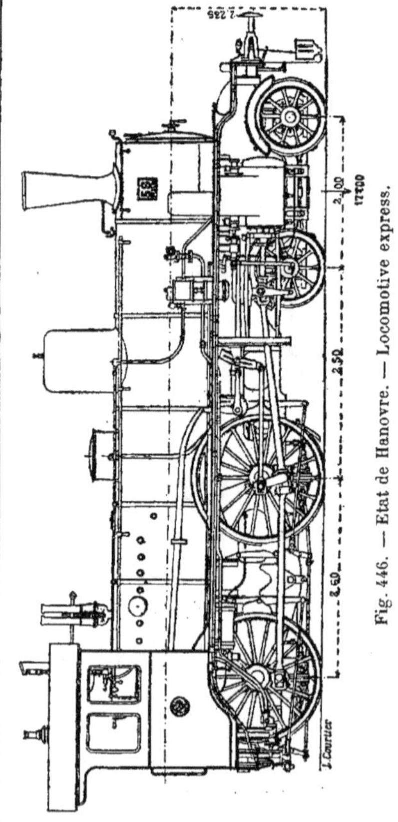

Fig. 446. — Etat de Hanovre. — Locomotive express.

un dôme de grande hauteur renfermant le régulateur à tringle de manœuvre et à tuyaux intérieurs. Les cylindres sont surmontés de leurs boîtes à tiroirs qui sont légèrement inclinées, la distribution est du système Walschaert.

Le bogie, à longeron intérieur, est du type à balanciers avec ressorts renversés ;

les ressorts des essieux couplés sont situés sous les boîtes.

Ces machines remorquent normalement 240 tonnes en palier, 160 tonnes sur des rampes de 10 millimètres et 120 tonnes sur les rampes de 15 millimètres.

Les machines circulant sur les sections les moins accidentées du réseau, ont accusé une consommation de 10^k,5 sous une charge moyenne de 110 tonnes.

Voici les principales conditions d'établissement de cette machine :

Diamètre moyen du corps cylindrique (intérieur)...............	1^m,40
Surface de grille....................	2^{m2},30
Nombre des tubes...................	219
Longueur »...............	3^m,90
Surface de chauffe directe...........	8^{m2},96
» » tubulaire........	111 ,00
» » totale...........	119 ,96
Timbre de la chaudière............	12^k,5
Diamètre des cylindres.............	0^m,460
Course des pistons.................	0 ,600
Diamètre des roues motrices et couplées...............	1 ,75
Diamètre des roues du bogie.......	1 ,00
Poids total en charge..............	45 440^k
Poids adhérent....................	28 440
Consommation moyenne de charbon par kilomètres..................	10^k,5

WURTEMBERG

Machine Klose.

286. Dans un mémoire publié au bulletin de mai 1894, à la Société des Ingénieurs civils de France, M. Mallet exposait un type de locomotives à six roues à essieux extérieurs convergents accouplés entre eux et en attribuait le principe à M. Klose, ancien ingénieur de l'Union Suisse, aujourd'hui aux chemins de fer wurtembergeois. Or il paraît démontré que l'idée première en est due à M. Lefer qui, dès 1867, en faisait la proposition à M. Forguenot au chemins de fer d'Orléans. M. Lefer en fait l'affirmation très nette dans une lettre écrite au Président de la Société et lue dans la séance du 20 octobre 1894.

Cela dit, le système fort ingénieux d'accouplement réalisé, sinon imaginé par M. Klose, a été appliqué aux machines à voie étroite de 0^m,76 du chemin de fer

militaire de Bosnie et à de grosses machines compound à trois cylindres et à cinq essieux, des chemins de fer de l'Etat wurtembergeois.

Voici en quoi il consiste : le bouton de manivelle de l'essieu moteur porte une espèce de losange dont deux sommets reçoivent les bielles d'accouplement des autres essieux ; l'inclinaison du losange dans un sens ou dans l'autre permettra aux essieux de se rapprocher ou de s'éloigner, et, s'ils s'approchent d'un côté et

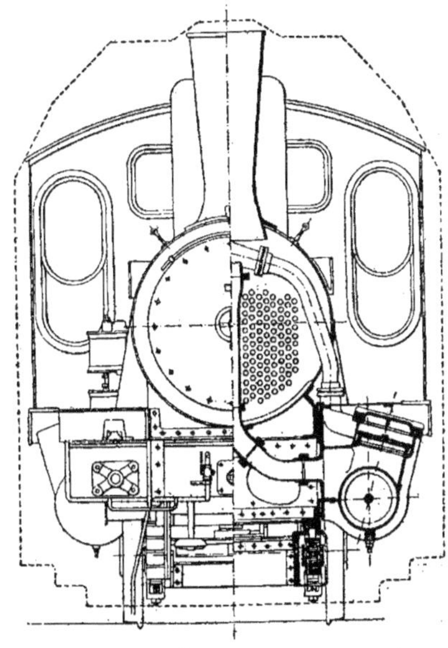

Fig. 447 — Etat de Hanovre. — Locomotive express. — Vue avant et coupe transversale.

s'éloignent de l'autre, le déplacement radial pourra se produire, sans que l'accouplement des essieux en soit gêné.

Les deux autres sommets du losange sont reliés aux essieux mêmes par un mécanisme de tringles et de bielles assez compliqué ; le tout disposé de façon que la convergence de ces essieux se trouve connexe avec la variation de longueur des bielles d'accouplement.

M. Helmholz, ingénieur en chef de la maison Krauss de Munich, a fait entre la machine Mallet et la machine Klose, une comparaison que nous croyons intéressant de reproduire ; voici comment cet ingénieur établit les avantages respectifs de chacun des deux systèmes par rapport à l'autre.

Système Mallet. — 1. Moindre résistance propre de la machine par suite du moins grand nombre d'essieux accouplés ensemble ;

2. Meilleure utilisation de la vapeur par suite de l'emploi du fonctionnement compound, d'où possibilité, à surface de chauffe égale, de réaliser le même effort à une plus grande vitesse ;

3. Moindre complication, les pièces ordinaires étant simplement en duplicata.

Système Klose. — 1. Plus grande stabilité pour un même rayon minimum des courbes, d'où plus grande vitesse possible ;

2. Meilleure utilisation de l'adhérence, parce que, dans la machine Mallet, il faut régler l'effort d'après la charge de chaque groupe. On ne peut, avec cette dernière, compter que sur une adhérence de 1/8, tandis qu'avec la machine Klose, on peut descendre à 1/6 et même 1/5. D'où plus grand effort de traction à poids égal ;

3. Suppression de tout tuyautage articulé.

M. Mallet croit que l'infériorité attribuée sur ces trois points à son système par M. Helmholz n'existe pas en pratique ;

1° Les machines de ce genre ne sont jamais destinées à aller vite. Cependant, avec des ressorts de réglage de l'avant-train bien disposés, on a pu réaliser sans inconvénient des vitesses de 50 à 60 kilomètres à l'heure avec des roues de 1^m,20 de diamètre. L'expérience l'a démontré à plusieurs reprises. On ne peut demander plus à des machines qui sont en définitive l'équivalent de machines à huit roues accouplées ;

2° L'adhérence peut être employée exactement à la même limite que dans les machines ordinaires, à la seule condition de proportionner dans chaque groupe l'effort à la charge portée par ce groupe, et cela seulement pour l'effort maximum. En général, les deux groupes sont également chargés, il suffit donc de faire faire l'effort des pistons égal sur chacun des groupes. Rien n'est plus facile, puisqu'il suffit de réaliser cette égalité pour l'effort maximum, le seul qui soit à considérer. En fait, on atteint journellement des efforts correspondant à des adhérences bien plus fortes que 1/8. Au chemin de fer de Montereau à Château-Landon, les machines de 24 tonnes ont traîné souvent 108 tonnes sur rampe de 25 0/00 avec courbes de 100 mètres. L'effort est donc de tout près de 4 000 kilogrammes et correspond au sixième du poids maximum de 24 tonnes de la machine. Il serait facile de multiplier ces exemples.

3° Lorsque le tuyautage articulé se réduit à une seule pièce donnant passage à la vapeur à 4 ou 4 1/2 kilogrammes de pression, on ne doit pas attacher d'importance à cette question ; surtout en présence de la formidable quantité de tringles et de leviers de la machine Klose. Certains ingénieurs se font un épouvantail de l'emploi d'un joint articulé et, pour éviter une difficulté imaginaire, absolument comme dans l'affaire de l'adhérence insuffisante au début des chemins de fer, ils ne craignent pas de se jeter dans des complications vraiment excessives.

Locomotive express des chemins de fer de l'État Wurtembergeois.

287. La sociéte Cockerill, de Seraing (Belgique), a construit en 1892, pour les chemins de fer de l'Etat Wurtembergeois, une locomotive express représentée *fig.* 448 et destinée à remorquer des trains de 150 tonnes sur des rampes continues de 10 millimètres par mètre, à la vitesse de 60 kilomètres à l'heure.

La chaudière est en acier doux : la résistance à la rupture est au minimum de 38 kilogrammes et au maximum de 45 kilogrammes par millimètre carré avec un allongement de 25 pour 0/0. Elle a été calculée pour résister à une pression de 15 atmosphères et a été essayée à 17, quoique en service courant elle n'ait pas à supporter plus de 12 kilogrammes par centimètre carré ; elle est prolongée à l'avant par une boîte à fumée et le ciel du foyer est consolidé au moyen d'entretoises.

Les cylindres sont au nombre de trois

de même diamètre pouvant agir soit en compound, soit à la manière ordinaire. Pour cela, une boîte de distribution recevant directement la vapeur de la chaudière est placée au-dessus du cylindre du milieu. Suivant la position occupée par le tiroir renfermé dans cette boîte, la vapeur de la chaudière pénètre dans le cylindre du milieu puis dans le réservoir intermédiaire et dans les deux cylindres latéraux où elle se détend pour se rendre enfin dans le tuyau d'échappement. En renversant la position du tiroir de la boîte de distribution, la vapeur de la chaudière pénètre directement par le réservoir intermédiaire dans chacun des cylindres latéraux et dans le cylindre du milieu d'où elle s'échappe dans l'atmosphère ; la locomotive fonctionne alors comme à l'ordinaire. Afin d'obtenir un travail égal dans les cylindres latéraux pendant le fonctionnement Compound, on a installé une soupape qui empêche la pression dans les cylindres extérieurs de dépasser la moitié de celle du cylindre central.

Les cylindres latéraux sont extérieurs et munis de la distribution Allan, le cylindre médian est muni de la distribution Walschaert : ces trois cylindres agissent sur le même essieu, celui d'avant ; nous avons dit plus haut ce que nous pensions de cette attaque d'un essieu unique quand on dispose de trois cylindres.

Le châssis est intérieur. Les essieux

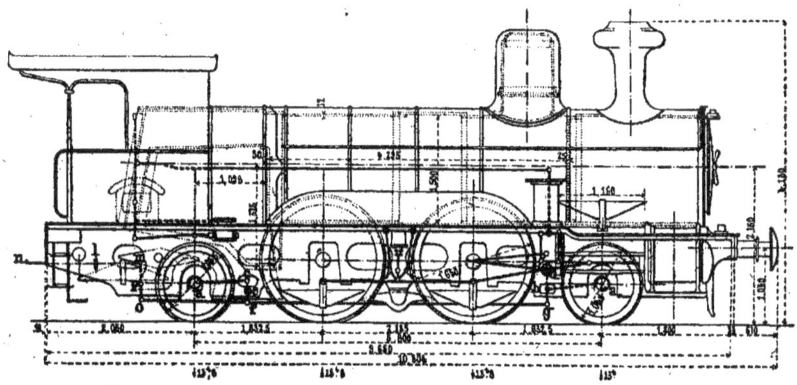

Fig. 448. — Etat Wurtembergeois. — Locomotive express.

sont au nombre de quatre : deux intérieurs couplés et deux extérieurs uniquement porteurs, l'un en avant, l'autre à l'arrière au-dessus du foyer.

Ces deux derniers sont munis d'une disposition radiale permettant à la machine de circuler dans les courbes de 150 mètres de rayon. Pour cela, une hélice a relie chaque essieu avec les points b et c des leviers verticaux dg et ef mobiles autour des points fixes d et e. Une bielle fg relie l'extrémité inférieure de chacun de ces leviers, et, par suite de cette disposition, lorsqu'un des deux essieux devient radial, son conjugué doit prendre la même position radiale. Le même dispositif existe de chaque côté de la machine. La bielle gf est prolongée jusqu'en o où elle est fixée au levier opm ; ce dernier est relié en m à un balancier horizontal mln, mobile autour du point fixe l, tandis que son extrémité n est fixée au tender. Lorsque celui-ci prend une position oblique par rapport à la machine, le balancier tourne autour du point l, et par suite de la position prise par les points m m, les essieux prennent la position radiale.

(*Revue générale des chemins de fer*, avril 1874).

Division des types de machines locomotives.

288. L'Autriche présente deux grands réseaux dont les conditions d'installation et par suite d'exploitation sont essentiellement différentes ; ce sont les sociétés Autrichienne-Hongroise-Privilégiée des chemins de fer de l'État et les chemins de fer du Sud de l'Autriche, dont les lignes sont en général beaucoup plus accidentées et où l'on rencontre le passage du Semmering et du Brenner. On conçoit que les types des locomotives employés diffèrent aussi notablement.

Sur les chemins de fer de l'État l'exploitation se fait sur toutes les lignes dans des conditions normales, les déclivités ne dépassant nulle part les limites ordinaires ; on a donc pu adopter là des types de locomotives susceptibles de circuler sur toutes les parties du réseau.

Le Sud de l'Autriche, au contraire, présente des sections où les rampes atteignent 25 millimètres par mètre comme au Semmering, sur la ligne de Vienne à

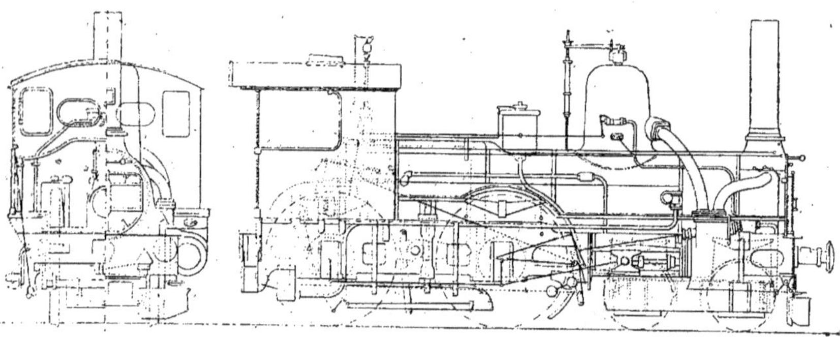

Fig. 449 et 450. — Autriche. — Locomotive à grande vitesse (modèle 1885-88).

Trieste, et au Brenner dans le Tyrol. Il a donc fallu adopter un matériel spécial pour les trains circulant sur cette partie du réseau.

Nous examinerons successivement ces deux séries de machines.

Chemins de fer du Sud de l'Autriche.

289. *Locomotive à grande vitesse à deux essieux couplés et bogie à l'avant (type 1885). (fig. 449 et 450).*

Ce type de locomotive est employé sur tout le réseau de la compagnie excepté sur les lignes accidentées du Brenner, du Semmering et du Franzensferde à Lienz. Cette machine a été établie avec la condition de passer dans des courbes de 189 mètres de rayon, ce qui exigeait un bogie, et de remorquer :

1° Des trains de 150 tonnes à la vitesse de 60 kilomètres à l'heure sur des rampes de 7 à 8 millimètres par mètre ;

2° Des trains de 200 tonnes à une vitesse de 40 à 45 kilomètres à l'heure sur des rampes de 7 à 8 millimètres par mètre ;

3° Des trains de 120 tonnes à la vitesse de 35 kilomètres à l'heure sur des rampes de 15 millimètres.

Chaudière. — La chaudière est de forme télescopique et présente trois viroles à diamètre croissant de l'avant à l'arrière assemblées à double rivure ; les tubes autrefois en laiton, sont aujourd'hui en acier rabouté en cuivre rouge sur 37 millimètres de long dans le voisinage du foyer. A l'autre extrémité ils sont recouverts d'un cône en fer ne présentant pas les mêmes difficultés que l'acier quand il faut en rabattre les bords sur la plaque tubulaire de la boîte à fumée.

La cheminée est un simple cylindre en tôle.

L'alimentation se fait au moyen de deux injecteurs Friedmann.

Le corps cylindrique, la boîte à feu extérieure, le dôme et la plaque tubulaire de la boîte à fumée, sont en fer soudé. Le foyer est entièrement en cuivre.

Les entretoises sont les unes en acier, les autres en fer. Elles sont percées à chacune de leurs extrémités d'un trou qui doit pénétrer jusqu'à une distance de 20 millimètres du côté de l'intérieur des tôles.

Les tuyaux de prises de vapeur sont en cuivre avec brides en fer forgé. Les tuyaux d'échappement sont en fonte ou en cuivre, toujours avec brides en fer forgé.

Mécanisme. — Les cylindres et la distribution sont extérieurs au châssis; les cylindres sont graissés avec le lubrificateur Nathan.

La coulisse est du type Stephenson ordinaire, les bielles ont une section à double T : elles sont en acier Martin de Donawetz (Silésie).

Les tiges et têtes des pistons sont en acier : les glissières sont en bronze avec métal blanc. Les boulons sont en fer soudé trempé en paquet. Les pistons sont en fer forgé avec anneaux de fonte.

Les tiroirs sont en bronze. Pour éprouver leur étanchéité on remplit d'eau leur coquille et on les abandonne à eux-mêmes pendant quelques jours.

La fonte des cylindres doit pouvoir supporter une traction de 19 kilogrammes par millimètre carré ; les couvercles sont passés à la meule.

Les boîtes à étoupes sont en fonte avec garniture de bronze. Elles sont en deux pièces.

Les bagues d'excentrique sont en fer soudé avec garniture de bronze fixée à la bague par des rivets de cuivre.

Suspension. — Le châssis est extérieur; chaque longeron est composé de deux tôles de 12 millimètres réunies par des pièces métalliques pleines. Le plus souvent toutes ces pièces sont en fer soudé,

quelquefois en fer fondu. Les essieux sont en acier Bessemer de Neuberg. Les centres des roues sont en fer soudé de Florisdof. Les bandages en acier au creuset de Krupp, ceux du tender sont en acier Bessemer et Witkowitz. Les coussinets sont en bronze avec garnitures de métal blanc.

Voici la composition du bronze :

Cuivre.	83
Etain.	17

Le métal blanc renferme :

Cuivre	9,4
Antimoine	12,5
Etain	78,1

Les boîtes à graisses sont en fer soudé.

Les ressorts de suspensions sont en lames étagées, en acier fondu au creuset d'Eibiswald répondant aux conditions suivantes :

Résistance à la traction par millimètre carré de section. . .	75 kil.
Striction.	20
Allongement pour 100.	10

Les essais à la traction sont faits sur des éprouvettes ayant au moins $0^m,600$ de long et pouvant n'avoir que $0^m,020$ de large.

Les tiges de suspensions des ressorts sont en fer soudé devant satisfaire aux conditions suivantes :

Résistance à la traction par millimètre carré de section.	33 à 36 kil.
Striction pour 100.	35
Allongement pour 100 . .	20

Les manivelles d'accouplement sont ne fer soudé et leurs boutons ont été trempés en paquet.

Les manivelles motrices sont en acier au creuset de Krupp.

L'attelage est du type dit anglais consistant en deux tiges soudées parallèles dont les extrémités sont réunies au moyen de boulons à deux pièces percées d'un œil. Le tender d'un côté et la locomotive de l'autre, portent chacun un piton vertical sur lequel on enfile l'œil de l'une des extrémités de la pièce d'attelage. Pour éviter la déformation des tiges lors des ralentissements des arrêts, on a réuni la partie moyenne de celles-ci au moyen d'une tôle dont les parties planes sont reliées l'une à l'autre.

Dimensions. — Voici les principales dimensions de cette machine :

1° CHAUDIÈRE

Longueur du corps cylindrique.....	$6^m,54$
Diamètre moyen »	1 ,26
Hauteur de l'axe au-dessus du rail..	1 ,82
Longueur de la grille...............	1 ,859
Largeur »	1 ,08
Surface »	$2^{m2},2$
Longueur intérieure du foyer en haut.	$1^m,775$
» » en bas..	1 ,859
Largeur intérieure du foyer en haut.	1 ,034
» » en bas..	1 ,08
Hauteur intérieure du foyer avant...	1 ,485
» » arrière..	1 ,485
Epaisseur des tôles...............	0 ,015
» de côté..........	0 ,015
» d'arrière..........	0 ,015
Epaisseur des tôles, plaque tubulaire, partie perforée..................	0 ,025
Epaisseur des tôles, plaque tubulaire, partie pleine..................	0 ,015
Longueur extérieure de la boîte à feu.	2 ,04
Largeur extérieure maxima ».	1 ,264
» minima ».	1 ,26
Hauteur de la boîte à feu..........	1 ,932
Epaisseur des tôles de la boîte à feu avant..................	0 ,016
Epaisseur des tôles de la boîte à feu arrière et côté..........	0 ,015
Epaisseur des tôles de la boîte à feu ciel..................	0 ,017
Nombre des tubes..............	186
Diamètre extérieur..............	$0^m,05$
Longueur entre les plaques tubulaires.	3 ,700
Surface de chauffe du foyer........	$8^{m2},93$
» des tubes........	108 ,10
» totale............	117 ,03
Rapport de la surface des tubes à celle du foyer...............	12 ,1
Diamètre intérieur du dôme.........	$0^m,79$
Hauteur au-dessus du corps cylindrique...............	1 ,15
Epaisseur des tôles du dôme : paroi.	0 ,014
» ciel..	0 ,019
Longueur intérieure de la boîte à fumée..................	0 ,9
Diamètre intérieur de la boîte à fumée..................	1 ,26
Epaisseur des tôles : plaques d'avant..	0 ,012
» » tubulaire	0 ,025
» » latérales.	2 ,011
Nombre des soupapes..............	2
Diamètre »	$0^m,10$
Timbre de la chaudière.............	12^K
Diamètre intérieur de la cheminée cylindrique...............	$0^m,438$
Hauteur de la cheminée au-dessus du rail..................	4 ,4

2° SUSPENSION

Longueur des longerons principaux.	$8^m,075$
Ecartement intérieur »	1 ,82
Epaisseur des tôles »	0 ,012
Longueur des longerons du bogie...	2 ,44
Ecartement intérieur.............	1 ,19
Epaisseur des tôles..............	0 ,026
Ecartement des essieux couplés....	2 ,5
Diamètre » »	0 ,18
» » de la fusée	0 ,176
» » de la portée de calage..................	0 ,190
Longueur de la fusée..............	0 ,158

Ecartement des essieux du bogie....	$1^m,5$
Empatement total..................	6 ,01
Diamètre des essieux du bogie.....	0 ,15
Diamètre des roues motrices........	1 ,91
» » du bogie.......	0 ,96

3° MÉCANISME

Diamètre des cylindres.....	$0^m,411$
Course des pistons..................	0 ,632
Distance d'axe en axe des cylindres.	2 ,482
» des tiges des tiroirs.	2 ,484
Longueur des bielles motrices......	1 ,85
Longueur des lumières d'admission ou d'échappement..................	0 ,33
Inclinaison des tiroirs sur l'horizontale..................	1/7
Diamètre des tuyaux de prises de vapeur..................	0 ,13
Diamètre des tuyaux d'échappement.	0 ,15
Poids total à vide..................	$40\ 435^k$
Poids en charge avec $0^m,15$ d'eau au dessus du ciel du foyer, 130 kilos de sable, 250 kilos de charbon sur la grille..................	$44\ 400^k$
Poids en charge sur le 1er essieu....	8 65
» » 2e »	8 65
» » 3e »	13 7
» » 4e »	13 4

Effort de traction.... à $0.65\,p\dfrac{d^2l}{D} =$.	4 324
Poids adhérent..................	27 100
Rapport du poids adhérent à l'effort de traction..................	6.4

Locomotives pour fortes rampes.

290. Les types les plus intéressants de locomotives autrichiennes sont celles qui ont été projetées et exécutées par M. Gottchalk pour les lignes du Brenner. Il y a là 125 kilomètres de chemin de fer reliant les chemins bavarois et du Tyrol autrichien au réseau du Tyrol italien et de la Haute Italie, en franchissant les Alpes au col du Brenner et reliant directement Inspruck (cote 578 mètres), sur le versant Nord, à Balzano sur le versant sud (cote 262 mètres). Cette ligne est une des plus difficiles à exploiter non pas seulement à cause du faible rayon de ses courbes, mais surtout à cause de l'importance de ses rampes, aussi bien comme longueur que comme inclinaison. A cela il faut encore ajouter des conditions climatériques exceptionnelles qui font tomber souvent le coefficient d'adhérence au-dessous de 1/15.

On se rendra compte aisément de ces difficultés exceptionnelles en examinant le profil de cette ligne qui comprend $11^{km},7$ en palier, $37^{km},5$ en rampe et $77^{km},8$ en pente. Pour le tracé, il présente $64^{km},6$ en alignements droits et 60ᵏ,6 en courbes dont le rayon descend souvent à 285 mètres en pleine voie. Quant aux inclinaisons, elles sont au minimum de 15 millimètres par mètre vers la section de Brixen-Bozen ; de 22 millimètres sur celles de Brenner-Brixen, et au maximum de 25 millimètres sur celles d'Inspruck-Brenner.

Pendant la première période de l'exploitation, le service de cette ligne fut effectué à l'aide de locomotives à trois essieux couplés du système Hall que nous avons eu l'occasion de citer précédemment et qui présente les avantages suivants : grâce à ses longerons extérieurs et à ses manivelles fusées ; diminution de la distance entre l'axe de la tige du piston et le plan des cercles de roulement des roues ; grande largeur du foyer et de la chaudière, abaissement du centre de gravtié, allure sûre et calme.

En revanche, le côté faible de ce système saute aux yeux : se sont de fréquentes ruptures des manivelles motrices suivies le plus souvent de ruptures d'essieux. M. Gottschalk commença par renforcer autant que possible les organes de ces machines, principalement les manivelles et les essieux, en substituant au fer l'acier Bessemer et même l'acier Bessemer raffiné au four Martin. Puis il dut abandonner ce système de locomotives et remplacer les châssis extérieurs par des châssis intérieurs, en conservant le mouvement extérieur.

Au bout de peu de temps l'expérience démontra que les contre-manivelles et têtes de bielles motrices correspondantes

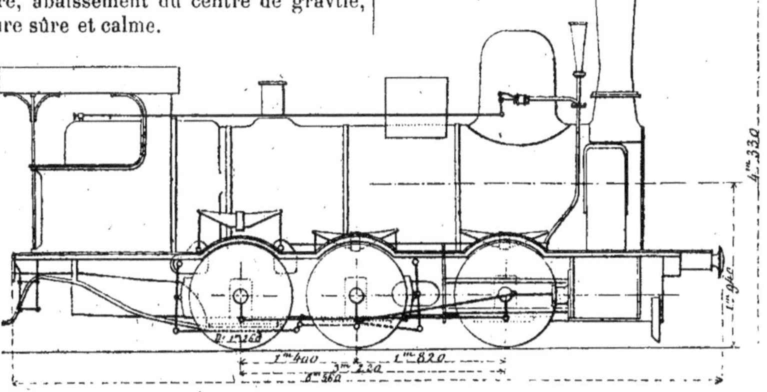

Fig. 451. — Locomotive du Sud de l'Autriche (modèle 1878).

donnaient lieu à de trop fréquentes réparations ; que les rampes exceptionnelles présentées par le profil exigeaient des roues d'un petit diamètre ; et, pour diminuer la largeur de la machine, il fallait renoncer à la distribution extérieure, tout en rendant la distribution intérieure adoptée facilement accessible pour la visite et l'entretien.

291. *Locomotives à voyageurs à trois essieux couplés.* — On a constitué alors une machine dont la chaudière est en tôle de fer, les essieux en acier Bessemer, les bandages en acier Krupp ; les bielles en fer, les boutons de manivelles en fer trempé, les tiges des pistons en acier, les

colliers d'excentriques en fer et les coulisses en fer trempé.

La machine est complétée par l'adjonction du frein à vide Smith Hardy, du frein à contre-vapeur Lechâtellier, de l'injecteur Friedmann, d'un graisseur pour les boudins des roues d'avant et d'un jet d'eau venant de la chaudière permettant de nettoyer les rails et d'utiliser l'adhérence, précaution (*fig.* 451) précieuse dans un pareil climat.

Cette machine, déjà ancienne (1878), remorque des trains de voyageurs de 120 tonnes à la vitesse de 17 à 20 kilomètres à l'heure.

Voici ses principales dimensions :

1° CHAUDIÈRE

Longueur de la grille.............	1m,708
Largeur »	1 ,000
Surface »	1m2,70
Longueur du foyer (minimum)	1m,635
» » (maximum)	1 ,700
Largeur » (minimun)	0 ,990
» » (maximun)	1 ,080
Hauteur du foyer avant	1 ,570
» » arrière...........	1 ,400
Epaisseur des tôles du foyer. Ciel et côtés	0 ,015
Epaisseur des tôles du foyer. Plaque tubulaire	0 ,025
Longueur du corps cylindrique......	6 ,960
Diamètre moyen.............	1 ,340
Longueur de la boîte à feu...........	1 ,880
Largeur maximum...».............	1 ,400
» minimum ...».............	1 ,480
Hauteur de l'axe de la chaudière au-dessus du rail	1 ,965
Hauteur de l'axe de la chaudière au-dessus du cadre du foyer...........	1 ,310
Epaisseur des tôles de la boîte à feu parois latérales.............	0 ,015
Epaisseur des tôles de la boîte à feu: plafond.............	0 ,016
Epaisseur des tôles du corps cylindrique.............	0 ,015
Epaisseur de la plaque tubulaire de la boîte à fumée.............	0 ,024
Timbre.............	11 atm.
Nombre des soupapes.............	2
Diamètre »	0m,100
Nombre des tubes.............	481
Longueur des tubes entre plaques tubulaires.............	4m,275
Diamètre extérieur.............	0 ,052
Surface de chauffe des tubes........	126m2,40
» » du foyer.........	8 ,70
» » totale.............	135 ,10
Diamètre de la cheminée, au sommet.	0m,470
» » minimun ..	0 ,340

2° MÉCANISME

Ecartement des longerons...........	1m,210
Dimensions des tôles des longerons............... 0m,032 sur	0 ,852
Diamètre de l'essieu moteur........	0 ,180
» » » à la fusée	0 ,184
» des essieux couplés	0 ,180
» » à la fusée	0 ,184
Longueur des fusées essieu moteur	0 ,170
» » essieux couplés	0 ,170
Distance entre axes des fusées de tous les essieux.............	1 ,170
Diamètre des roues	1 ,265
Ecartement des bandages...........	1 ,360
Diamètre des cylindres.............	0 ,480
Course des pistons	0 ,610
Distance entre axes des cylindres...	2 ,060
Longueur des bielles motrices......	1 ,740
Distance entre les axes des tiges de tiroirs.............	0 ,820
Course maximum des tiroirs.........	0 ,114
Avance linéaire.............	0 ,0035
» angulaire.............	16°
Recouvrement extérieur.............	0m,0275
» intérieur.............	0 ,001
Lumières d'admission, longueur...	0 ,280
» » largeur.....	0 ,039
Lumières d'échappement, longueur.	0m,280
» » largeur...	0 ,078
Poids de la machine à vide.........	36 000k
Poids en charge avec 0m,150 d'eau au-dessus du ciel de foyer, 300 kilos de charbon et 200 kilos de sable..	41 000k
Poids en charge sur l'essieu d'avant	13 300
» » » moteur	13 850
» » » d'arrière	13 850

292. *Locomotive à voyageurs à trois*

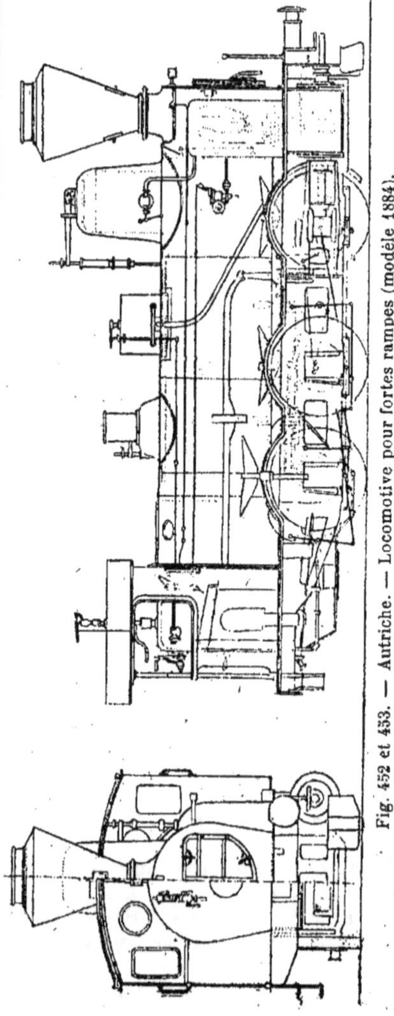

Fig. 452 et 453. — Autriche. — Locomotive pour fortes rampes (modèle 1884).

essieux couplés types 1884 *et* 1889. — La machine précédente devint rapidement insuffisante pour faire face au service des trains rapides et des trains-postes sur les lignes à fortes rampes des chemins de fer du sud de l'Autriche. Elle fut remplacée en 1884 par une nouvelle, modifiée elle-même en 1889. Dans celle-ci le timbre est de 11 kilogs au lieu de 10 et les trains remorqués peuvent atteindre 150 tonnes à la vitesse de 34 kilomètres à l'heure, au lieu de 120 à la vitesse de 20 kilomètres.

Les différents organes sont analogues à ceux des machines de la même compagnie étudiés précédemment : les dimensions seules ont changé et sont les suivantes dans le type le plus récent de 1889 (*fig.* 452 et 453).

1° CHAUDIÈRE

Longueur du corps cylindrique	5m,56
Diamètre moyen »	1 ,40
Hauteur de l'axe au-dessus du rail..	2 ,025
Longueur de la grille	1 ,889
Largeur »	1 ,030
Inclinaison sur l'horizontale	5°
Surface de grille	1m2,94
Longueur intérieure du foyer haut..	1 ,57
» » » bas...	1 ,889
Largeur intérieure » haut..	1 ,117
» » » bas...	0 ,99
Hauteur intérieure » avant.	1 ,47
» » » arrière	1 ,35
Epaisseur des tôles : ciel du foyer ..	0 ,017
» » » côté ...	0 ,0135
» » » arrière.	0 ,0145
» » » plaque tubulaire	0 ,025
partie perforée	0 ,015
Epaisseur des tôles plaque, tubulaire : partie pleine	2 ,07
Longueur extérieure de la boîte à feu	1 ,432
Largeur extérieure maximum	
» » minimum	1 ,204
Epaisseur des tôles de la boîte à feu : avant	0 ,016
Epaisseur des tôles de la boîte à feu : arrière	0 ,015
Epaisseur des tôles de la boîte à feu : côtés	0 ,0135
Epaisseur des tôles de la boîte à feu : ciel	0 ,019
Nombre des tubes	208
Diamètre extérieur des tubes	0 ,05
Longueur entre plaques tubulaires .	3 ,9
Surface de chauffe du foyer	9m2
» » des tôles	127 ,4
» » totale	136 ,4
Rapport de la surface des tubes à celle du foyer	14 ,1
Diamètre intérieur du dôme	0 ,79
Hauteur au-dessus de la chaudière .	1 ,19
Epaisseur des tôles ; parois	0 ,014
» » ciel	0 ,018

Nombre des soupapes	2
Diamètre »	0m,10
Longueur intérieure de la boîte à fumée	1 ,588
Diamètre intérieur de la boîte à fumée	1 ,40
Epaisseur des tôles : plaque tubulaire	0 ,024
Epaisseur des tôles : plaques latérales	0 ,010
Epaisseur des tôles : plaque d'avant	
Diamètre intérieur de la cheminée en haut	0 ,011
	0 ,50
Diamètre intérieur de la cheminée en bas	0 ,37
Hauteur au-dessus du rail	4 ,42

2° SUSPENSION

Longueur des longerons de châssis.	8m,33
Epaisseur des tôles de châssis	0 ,03
Ecartement intérieur »	1 ,22
Hauteur de la partie supérieure des longerons au-dessus des rails	1 ,2
Diamètre des essieux couplés au milieu	0 ,182
Diamètre des essieux couplés à la fusée	0 ,186
Distance d'axe en axe des essieux extrêmes	3m,24
Distance d'axe en axe du premier au deuxième essieu	1 ,87
Distance d'axe en axe du deuxième au troisième essieu	1 ,37
Distance d'axe en axe des fusées...	1 ,17
Longueur de la fusée	0 ,17
Diamètre des essieux couplés	1 ,276

3° MÉCANISME

Diamètre des cylindres	0 ,48
Course des pistons	0 ,61
Distance d'axe en axe des cylindres.	2 ,06
» » des tiges des tiroirs	0 ,82
Longueur des bielles motrices	1 ,78
Longueur des lumières d'admission ou d'échappement	0 ,30
Rayon d'excentricité	0 ,08
Diamètre des tuyaux de prise de vapeur	0 ,116
Diamètre des tuyaux d'échappement.	0 ,145
Poids à vide	36 400k
Poids en charge avec 0m,155 d'eau au-dessus du ciel du foyer, 350 kilogrammes de charbon sur la grille et 300 kilogrammes de sable	41 650
Poids en charge sur le premier essieu	13 850
Poids en charge sur le deuxième essieu	14 000
Poids en charge sur le troisième essieu	13 800
Poids adhérent	41 650
Effort de traction 0m,65 $\dfrac{p d^2 l}{D}$	7 864
Rapport du poids adhérent à l'effort de traction	5.2

293. *Locomotives à marchandises à quatre essieux couplés.* — La même ligne possède des machines à quatre essieux couplés, dont trois rigides et le quatrième, celui d'arrière, présentant un jeu latéral de 0^m,025 dans ses coussinets. Les longerons sont intérieurs et le mécanisme extérieur. Le premier type construit en en 1873, présentait les principales dimensions suivantes :

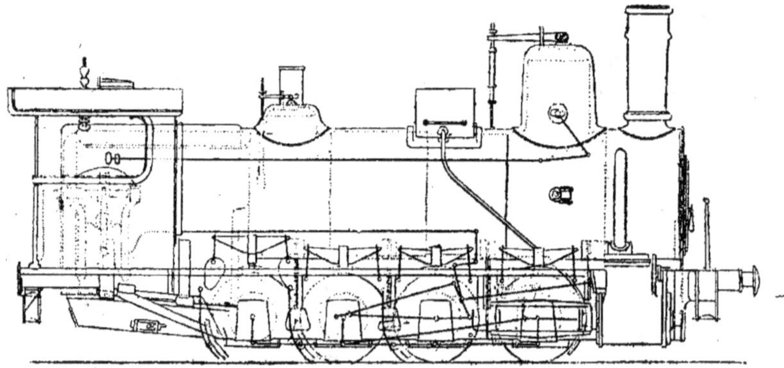

Fig. 454. — Autriche. — Locomotive à marchandises (modèle 1883).

Surface de grille	2^{m2},16
Nombre de tubes	205
Longueur des tubes	4^m,760
Surface de chauffe du foyer	10^{m2},70
Surface de chauffe des tubes	159 ,30
Timbre de la chaudière	9 atm.
Diamètre des cylindres	0^m,500
Course des pistons	0 ,610
Diamètre des roues	1 ,106
Ecartement des trois premiers essieux	2 ,380
Empatement total	3 ,560
Poids des machines à vide	44 000^k
Poids des machines en charge	50 500
Tender. Nombre des essieux	3
» Contenance des soutes à eau	8 500^l
» Contenance des soutes à charbon	7 300^k
Tender. Poids total à vide	10 500
Tender. Poids total en charge	26 500

294. *Locomotive à marchandises à quatre essieux couplés type* 1883. — La même machine a été renforcée en 1883 ; ainsi le timbre a été porté à 10^k,5 au lieu de 9. L'effort de traction qui était de 8,066 kil. atteint aujourd'hui 9,414 kil. permutant sur les mêmes rampes et à la même vitesse de 15 kilomètres à l'heure, de remorquer des trains de 230 tonnes au lieu de 200.

Voici les principales données de cette machine (*fig.* 454).

1° CHAUDIÈRE	
Longueur du corps cylindrique	4^m,66
Diamètre moyen du corps cylindrique	1 ,48
Epaisseur des tôles	0 ,016
Longueur de la grille	2 ,129
Largeur de la grille	1 ,01
Surface de la grille	2^{m2},15
Longueur intérieure du foyer en haut	2^m,061
» » » en bas	2 ,129
Largeur intérieure du foyer en haut	1 ,066
» » » en bas	1 ,01
Hauteur intérieure du foyer avant	1 ,665
» » » arrière	1 ,51
Timbre de la chaudière	10^k,5
Diamètre intérieur du dôme	0^m,85
Hauteur au-dessus de la chaudière	1 ,1
Nombre de tubes	213
Diamètre extérieur des tubes	0^m,052
Longueur entre les plaques tubulaires	4 ,76
Surface de chauffe du foyer	10^{m2},8
» » des tubes	159 ,2
» » totale	170
Rapport de la surface des tubes à celle du foyer	14 ,7
Longueur intérieure de la boîte à fumée	1^m,1
Diamètre intérieur de la boîte à fumée	1 ,48
Diamètre intérieur de la cheminée	1 ,35
Hauteur du sommet au-dessus du rail	1 ,066
2° SUSPENSION	
Longueur des longerons de châssis	8^m,865
Epaisseur des tôles	0 ,034
Ecartement intérieur	1 ,22
Hauteur de la partie supérieure des longerons au-dessus des rails	1^m,15

Diamètre des roues couplées........	1 ,406
Distance d'axe en axe des essieux extrêmes....................	3 ,75
Distance d'axe en axe du 1ᵉʳ au 2ᵉ..	1 ,35
» » du 2ᵉ au 3ᵉ..	1 ,2
» » du 3ᵉ au 4ᵉ..	1 ,2

3ᵉ MÉCANISME

Diamètre des cylindres............	0^m,50
Course des pistons................	0 ,61
Ecartement d'axe en axe des cylindres	2 ,08
Ecartement d'axe en axe des tiges de tiroirs	2 ,2
Longueur des bielles motrices......	2 ,4
Poids à vide.....................	45 125ᴷ
Poids en charge avec 0^m,15 d'eau au-dessus du ciel du foyer, 300 kilos de charbon sur la grille et 300 kil. de sable...................	51 900ᴷ
Poids adhérent...................	51 900
Poids sur le 1ᵉʳ essieu...........	12 76
» 2ᵉ »	12 82
» 3ᵉ »	12 5
» 4ᵃ »	12 82
Effort de traction 0,65 $p\dfrac{d^2l}{D} =$......	9 414
Rapport du poids adhérent à l'effort de traction	5,5

295. *Locomotive tender à deux essieux couplés.* — En outre des machines précédentes, la compagnie des chemins de fer du sud de l'Autriche possède des locomotives-tender destinées aussi bien à assurer le service sur les lignes secondaires qu'à remorquer les trains secondaires sur les lignes principales.

Il fallait pour cela des machines à charge maximum par essieux variant de 9 à 12 tonnes et pouvant remorquer des trains de 30 tonnes sur des rampes de 25 millimètres, à la vitesse de 30 à 35 kilomètres à l'heure. Les premières machines réalisant ce type furent construites en 1880; la charge par essieu n'excédait pas 8,600 kil.; elles pouvaient donc circuler sur toutes les lignes du réseau. Mais on reconnut plus tard l'utilité d'avoir des machines spécialement affectées au service en navette des embranchements et l'on construisit de 1883 à 1886 des locomotives dont la charge par essieux variait de 9,950 kil. à 11,950 kil. réservé aux voies pouvant supporter des charges de 10 et 12 tonnes.

Enfin la machine doit passer dans des courbes de 189ᵐ,60 de rayon.

Les locomotives qui réalisent ces condi-

tions sont de deux sortes : un type dit de série 4, ayant trois essieux et un compartiment à bagages; l'essieu moteur est à l'avant, un essieu couplé est au centre, et un essieu porteur à l'arrière ; un autre type dit de série 3 n'ayant que deux essieux : le deuxième moteur et le premier couplé.

296. *Locomotive tender à deux essieux couplés et un essieu porteur.* — Ce premier type date de 1880. C'est, comme nous venons de le dire, la série 4. Voici les principales dimensions de la plus puissante qu'on ait construite :

Surface de grille..............	0^{m2},81
Surface de chauffe directe..........	3 ,91
» » des tubes........	40 ,44
» » totale...........	44 ,35
Timbre de la chaudière...........	10ᵏ
Diamètre des cylindres...........	0^m,265
Course des pistons...............	0 ,400
Distance d'axe en axe du 1ᵉʳ au 2ᵉ essieu....................	1 ,40
Distance d'axe en axe du 2ᵉ au 3ᵉ essieu....................	2 ,20
Empatement total..................	3 ,60
Diamètre des roues	0 ,95
Contenance des caisses à eau.......	2 700ˡ
» » charbon....	1 100ᵏ
Poids à vide.....................	19 200
Poids en charge avec armement complet et 400 kilogrammes de charge dans le compartiment à bagages..	25 100ᵏ
Poids en charge sur le 1ᵉʳ essieu ...	8 600
» » 2ᵉ » ...	8 600
» » 3ᵉ » ...	7 900
Poids adhérent..................	17 200
Effort de traction 0,65 $p\dfrac{d^2l}{D} =$.....	1 896
Rapport du poids adhérent à l'effort de traction	9

297. *Locomotive-tender à deux essieux couplés (série 3) types* 1884 et 1886 (*fig.* 455 à 458). Dans ce type, l'essieu porteur a disparu et il n'y a plus comme nous l'avons déjà dit, que les deux essieux couplés. La machine série 4, vue plus haut, possède une réelle supériorité sur les autres grâce à l'élévation de son cœfficient d'adhérence qui n'exclut pas une charge par essieu moins considérable.

En revanche elle présente un point faible: c'est un compartiment à bagage en porte à faux à l'arrière du dernier essieu; en dehors du défectueux de cette position cette machine présente tous les inconvénients reconnus des voitures accompagnées de leurs moteurs, c'est-à-dire l'incommodité absolue du service des bagages dont les besoins, réparations et chômages sont absolument différents de ceux de la machine, ne présentent pas la même importance et ne se manifestent pas aux mêmes époques.

Ainsi de même qu'on a été amené à renoncer partout aux voitures à vapeur, a-t-on renoncé également ici au compartiment à bagage pour adopter la locomotive série 3 dont aucune partie n'est en porte à faux, et qui présente une stabilité parfaite : la suppression de ce compartiment a en même temps permis de supprimer l'essieu porteur d'arrière, aussi l'empatement total de la machine est-il tombé de 3ᵐ,600 à 2ᵐ,300 et quelquefois même à 2ᵐ,200.

Dans toutes ces locomotives, les cylindres placés en avant du premier essieu, et la distribution sont extérieurs; l'essieu moteur est à l'arrière, sous le foyer, et par conséquent il est suffisamment chargé.

Le foyer est en cuivre avec portes en

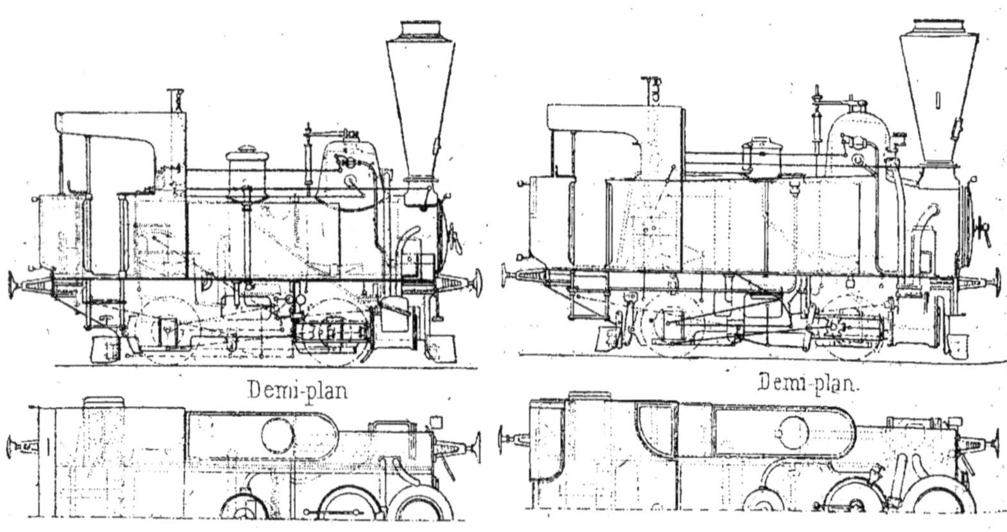

Fig. 455 et 456. — Autriche. — Locomotive-tender.
(modèle 1884).

Fig. 457 et 458. — Autriche. — Locomotive-tender,
(modèle 1886).

tôle au lieu de fonte, afin de l'alléger; de plus on a donné à la paroi qui limite la boîte à feu du côté de la plate-forme du mécanicien, une certaine inclinaison permettant d'augmenter la charge de combustible.

La chaudière présente deux viroles télescopiques; la boîte à fumée ne présente pas la disposition américaine, on la munit simplement d'une grille en fils de fer.

Les deux caisses à eau sont placées sur les côtés de la chaudière; les deux caisses à charbon se trouvent en arrière des précédentes de part et d'autre de la plate-forme.

La distribution est à coulisse à barres droite; les roues sont en fonte avec bandage fixé à l'allemande; le faible empatement dispense de toutes précautions particulières pour le passage dans les courbes.

Le châssis est intérieur et formé de deux longerons constitués chacun de deux tôles

Le frein est du système Smith Hardy vide.

Voici les principales dimensions du type 3 b construit en 1886.

1° CHAUDIÈRE

Longueur du corps cylindrique	3ᵐ,388
Diamètre moyen du corps cylindrique	1 ,346
Hauteur de l'axe du corps cylindrique au-dessus du rail	1 ,725
Hauteur de l'axe au-dessus du cadre inférieur du foyer	0 ,975
Epaisseur des tôles	0 ,014
Longueur de la grille	1 ,145
Largeur »	0 ,891
Surface »	1ᵐ²
Longueur intérieure du foyer : haut.	0ᵐ,935
» » » bas	1 ,140
Largeur intérieure du foyer : haut.	0 ,948
» » » bas	0 ,891
Hauteur du foyer avant	1 ,18
» » arrière	1 ,065
Epaisseur des tôles : ciel	0 ,017
» » côté	0 ,012
» » arrière	0 ,0125
» » plaque tubulaire perforée	0 ,021
Epaisseur des tôles : plaque tubulaire non perforée	0 ,013
Longueur extérieure de la boîte à feu	1 ,3
Largeur extérieure maxima	1 ,18
» » minima	1 ,05
Epaisseur des tôles avant	0 ,014
» » arrière	0 ,013
» » côté	0 ,013
» » ciel	0 ,018
Nombre des tubes	160
Diamètre extérieur	0ᵐ,044
Longueur entre plaques tubulaires	2 ,45
Suface de chauffe du foyer	4ᵐ²,2
» » des tubes	56 ,8
» » totale	61
Rapport de la surface des tubes à celles du foyer	14 ,2
Timbre de la chaudière	12ᵏ
Diamètre intérieur du dôme	0ᵐ,65
Hauteur du dôme au-dessus de la chaudière	0 ,78
Epaisseur des tôles : parois	0 ,013
» » ciel	0 ,018
Nombre des soupapes	2
Diamètre des soupapes	0ᵐ,07
Diamètre intérieur de la boîte à fumée	1 ,132
Longueur intérieure de la boîte à fumée	0 ,725
Epaisseur des tôles, plaque tubulaire	0 ,622
» » » latérale	0 ,008
» » » d'avant	0 ,008
Diamètre intérieur de la cheminée en bas	0 ,295
Diamètre intérieur de la cheminée en haut	0 ,60
Hauteur intérieure au-dessus du rail	4 ,4

2° SUSPENSION

Longueur totale des longerons	5ᵐ,285
Epaisseur des longerons	0 ,04
» des tôles des longerons	0 ,0075
Hauteur de la partie supérieure des longerons au-dessus des rails	1 ,03
Distance entre axes des essieux	2 ,30
Distance entre axes des fusées	1 ,24
Diamètre des essieux au milieu	0 ,144
» » à la fusée	0 ,146
Longueur de la fusée	0ᵐ,15
Diamètre des roues au contact	0 ,86

3° MÉCANISME

Diamètre des cylindres	0ᵐ,31
Course des pistons	0 ,42
Distance entre axes des cylindres	1 ,94
» » des tiges des tiroirs	2 ,01
Longueur des bielles motrices	2 ,09
Diamètre des tuyaux d'air ou de vapeur	0 ,08
Diamètre des tuyaux d'échappement	0 ,09
Poids à vide	17 060ᵏ
Contenance des caisses à eau	2ᵐ³,7
» » à charbon	1ᵐ³,5
Poids total en charge	23 500ᵏ
Poids sur le 1ᵉʳ essieu	11 550
» 2°	11 950
Poids adhérent	23 500
Effort de traction $0,65\, p\, \dfrac{d^2 l}{D} =$	3 660
Rapport du poids adhérent à l'effort de traction	6 ,4

Société Autrichienne-Hongroise des Chemins de fer de l'Etat.

298. La Société Impériale Royale Privilégiée possède les types suivants de locomotives :

1° Pour les trains de voyageurs, une machine ordinaire à grande vitesse ; une locomotive compound du système Webb à trois cylindres, essayée en 1884, a été depuis longtemps abandonnée ;

2° Pour les trains mixtes, la locomotive précédente, une machine spéciale et une machine compound Mallet ;

3° Pour les marchandises, une locomotive que l'on transforme depuis quelques années en locomotive compound Mallet ;

4° Enfin, des locomotives tender à trois ou quatre essieux couplés pour les lignes secondaires.

299. *Locomotive à grande vitesse à deux essieux couplés (1882-86-88).* — La locomotive actuelle a été établie de manière à satisfaire au programme suivant :

1° Remorquer sur des rampes de 7 à 8 millimètres par mètre des trains de 110 tonnes à une vitesse effective de 60 à 70 kilomètres à l'heure ;

2° Remorquer sur les mêmes rampes

des trains de 200 tonnes à une vitesse effective de 40 à 45 kilomètres à l'heure ;

3° Remorquer sur des rampes de 15 millimètres, des trains de 150 tonnes à une vitesse de 30 à 35 kilomètres à l'heure ;

4° Remorquer sur de faibles rampes de

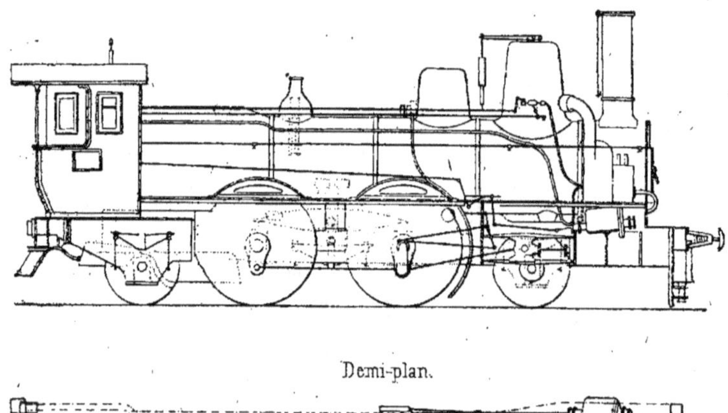

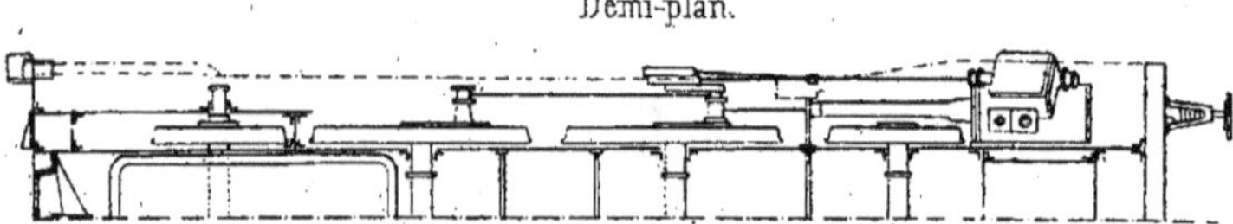

Fig. 459 et 460. — Autriche. — Locomotive à grande vitesse des chemins de fer de l'Etat (modèle 1882).

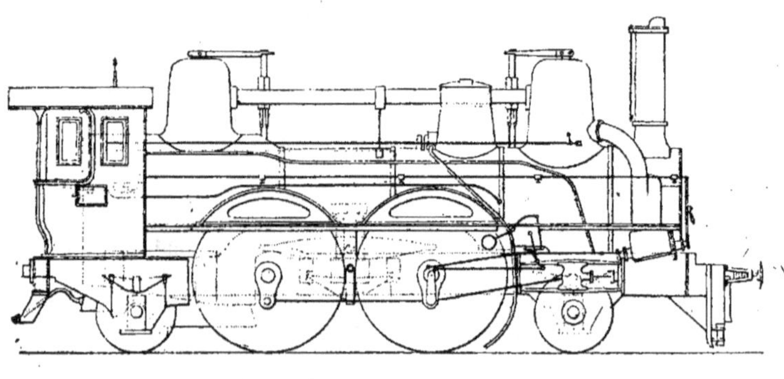

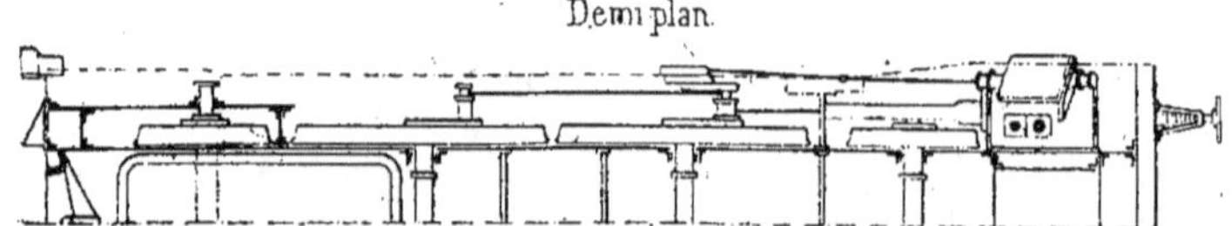

Fig. 461 et 462. — Autriche. — Locomotive à grande vitesse des chemins de fer de l'Etat (modèle 1886).

3 à 4 millimètres des trains de 150 tonnes à une vitesse de 75 kilomètres à l'heure ;

5° Pouvoir circuler dans des courbes de 285 mètres de rayon.

Le premier type de machine de ce genre a été construit dans les ateliers de la Société à Vienne en 1882 (*fig.* 459 à 460), ainsi que les deux types dérivés de celui-là exécutés en 1886 (*fig.* 461 et 462) et en 1888. Ces trois types diffèrent d'ailleurs assez peu entre eux.

Ces diverses machines ont toutes quatre essieux, dont deux couplés au centre, et un porteur à chaque extrémité.

Chaudière. — La chaudière est en acier Martin très doux et formée de trois viroles avec rivures doubles sauf pour l'assemblage des plaques tubulaires, afin de ne pas fatiguer la tôle du corps cylindrique. Les entretoises sont tantôt en cuivre, tantôt en acier Martin basique et percées de part en part.

Le foyer, du type ordinaire dans la machine de 1882, est du type Polonceau dans la machine de 1886 et du type belge Belpaire dans la locomotive de 1888. La grille est peu inclinée et munie d'un jette-feu mobile. Dans les deux premiers, le foyer se trouve en arrière des essieux couplés et au-dessous de l'essieu porteur d'arrière. Dans le deuxième, le foyer Belpaire a une largeur plus grande, ce qui a conduit à placer l'essieu porteur également sous le foyer.

De même celle-ci a des tubes en acier de 4 mètres de long, tandis que les deux autres ont des tubes de 5 mètres. Ces tubes sont raboutés en cuivre rouge sur 100 millimètres de long à leur extrémité voisine du foyer.

L'acier employé n'exige pas, comme aux chemins de fer du Sud de l'Autriche, à munir d'un bout en fer l'extrémité du tube voisin de la boîte à fumée.

La machine 1882 n'a qu'un dôme ; celle de 1888 en a deux qui augmentent le volume du corps cylindrique, et contribuent à débarrasser la vapeur de l'eau entraînée. Le tuyau de prise de vapeur sort directement de la base du dôme d'avant pour se rendre à l'extérieur de la chaudière, à la boîte à vapeur du tiroir de distribution.

Une grille à mailles, de 10 millimètres, est placée à la base de la cheminée ; dans le type 1886 la cheminée est munie d'un écran à charnière de 0^m,153 de haut, qui empêche le vent de nuire à la continuité du tirage.

L'alimentation est assurée par deux injecteurs Polonceau, de 9 millimètres au cône divergent, symétriques par rapport à l'axe longitudinal de la locomotive.

Mécanisme. — Les cylindres sont en fonte résistant à 12 kilogrammes par millimètre carré, légèrement inclinés et munis de pistons suédois ordinaires, en fer forgé avec anneaux de fonte. Le graissage de ces cylindres est obtenu au moyen d'un appareil ordinaire à injection placé sous la main du mécanicien. Ces cylindres, ainsi que le distributeur à coulisse de Gooch, sont extérieurs, position si favorable à une bonne surveillance et à un bon entretien.

Les couvercles de la boîte à vapeur sont en acier Martin.

Les coussinets de tous genres sont en bronze avec garniture en métal blanc. Voici la composition du bronze :

Cuivre 84
Étain 16

Celle du métal blanc est :

Plomb 60
Antimoine. 20
Étain 20

Les manivelles, bielles, crosses et tiges de pistons sont en acier au creuset remplissant les mêmes conditions que celui qui est employé dans la construction des essieux.

Les tiroirs sont en bronze phosphoreux composé de :

Cuivre 80
Étain 13.6
Plomb 6.4

La table des tiroirs est percée d'alvéoles tronconiques de 20 millimètres de diamètre à la base située à l'intérieur de la table, et 24 millimètres à la base située à l'intérieur du tiroir. La profondeur des alvéoles est de 15 millimètres : elles sont toutes remplies d'un métal antifriction composé de :

Étain 82
Cuivre 6
Antimoine. 12

Les bagues d'excentriques de la distribution sont en fer forgé, de même qualité que celui des rivets. Elles portent une garniture en bronze.

Les pièces du mécanisme de la distribution et la coulisse sont en acier profilé Martin.

Suspension. — Toutes ces locomotives sont munies de roues Arbel en fer forgé à bandages en acier Martin, fixés par la méthode allemande à cercle unique ; le bandage est réalisé au moyen de deux couronnes qui, rivées ensemble agrafent la jante et le bandage.

Pour faciliter le passage dans les courbes on a muni le premier et le quatrième essieu d'un jeu latéral total de 20 millimètres avec boîtes à graisse Dutheil, munies de plans inclinés de 12 0/0 à l'avant et de 20 0/0 à l'arrière.

La suspension proprement dite est obtenue par un balancier destiné à répartir

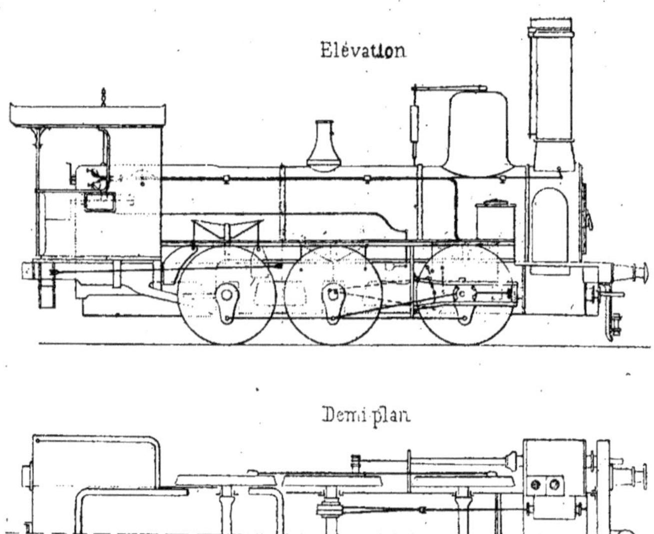

Fig. 463 et 464. — Autriche. — Locomotive pour trains mixtes des chemins de fer de l'Etat (modèle 1887).

sur les boîtes des roues motrices et couplées, la charge qu'il reçoit par l'intermédiaire de deux bielles, d'un ressort fixé en son centre au châssis Quant aux essieux extérieurs ils sont munis de ressorts distincts.

Le châssis en acier Martin, est intérieur et simple ; les longerons ne sont doublés qu'à la partie postérieure afin d'éloigner du foyer les boîtes à graisse de l'essieu d'arrière.

La boîte à sable est du type ordinaire à hélice. Les attelages avec le tender, qui étaient autrefois rigides, sont aujourd'hui munis de ressorts Belleville. La machine porte à l'arrière deux tampons secs à face verticale inclinée sur l'axe longitudinal de la machine ; ceux-ci reçoivent les tampons à ressort de l'avant du tender.

Les boîtes à plans inclinés qui facilitent le passage de la machine dans les courbes sont formées :

1° D'un plan fixé à la boîte par une partie centrale ;

2° D'un plan maintenu entre les joues du coussinet, le premier en acier Martin, le second en bronze phosphoreux.

Les ressorts de suspension sont en lames étagées en acier au creuset. Les éprouvettes sont essayées après la trempe et doivent résister à la rupture à 80 kilogrammes par millimètre carré de section. Après un premier essai, la flèche permanente ne doit pas être inférieure à 5 0/0 de la valeur que la flèche a atteint pendant l'épreuve. Un nouvel essai ne doit pas donner lieu à une flèche permanente.

Les tiges de suspension des ressorts sont en acier Martin de même qualité que celui des entretoises.

Les ressorts de l'attelage sont des ressorts Belleville en acier Martin, très dur et définis par les chiffres suivants :

Résistance à la traction par millimètre carré de section . . . . 60 kil.

Striction 0/0 35

Ils doivent subir les mêmes essais de flexion que les ressorts de suspension.

Les ressorts en spirales sont établis avec le même métal et présentent les dimensions suivantes :

Hauteur . . . . 260 mil.

Diamètre maximum . . . . 149 »

Diamètre minimum . . . . 51 »

Dimensions principales. — Nous donnons ci-dessous les principales dimensions de la machine type 1886.

1° CHAUDIÈRE	
Longueur du corps cylindrique	5ᵐ,05
Diamètre moyen	1 ,306
Hauteur de l'axe de la chaudière au-dessus du rail	2 ,06
Hauteur de l'axe de la chaudière au-dessus du cadre inférieur du foyer .	1 ,36
Longueur de la grille	2 ,218
Largeur »	1 ,04
Surface »	2ᵐ2,306
Inclinaison »	8°
Longueur intérieure du foyer en haut . .	2ᵐ,19
» » » en bas . .	2 ,218
Largeur » » en haut . .	1 ,07
» » » en bas . . .	1 ,038
Hauteur » » avant . . .	1 ,71
» » » arrière . .	1 ,38
Epaisseur des tôles : ciel	0 ,02
Epaisseur des tôles : côté	0 ,016
» » arrière	0 ,015
» » plaque tubulaire perforée	0 ,026
Epaisseur des tôles : plaque tubulaire pleine	0 ,018
Longueur extérieure de la boîte à feu	2ᵐ,421
Largeur extérieure de la boîte, maxima	1 ,236
» » » minima .	1 ,206
Hauteur » »	2 ,4
Epaisseur des tôles avant	0 ,015
» » arrière	0 ,015
» » côté	0 ,015
» » ciel	0 ,015
Nombre des tubes	149
Diamètre extérieur des tubes	0ᵐ,052
Longueur entre les plaques tubulaires	5 ,000
Surface de chauffe du foyer	10ᵐ2,1
» » des tubes	121 ,7
» » totale	131 ,8
Rapport de la surface de chauffe des tubes à celle du foyer	1 ,204
Timbre de la chaudière	9ᴷ,5
Nombre des dômes	2
Diamètre intérieur des dômes	0ᵐ,79
Hauteur au-dessus de la chaudière . . .	1 ,096
Epaisseur des tôles des dômes : parois	0 ,016
Epaisseur des tôles des dômes : ciel .	0 ,018
Nombre des soupapes	4
Diamètre »	0ᵐ,114
Longueur intérieure de la boîte à fumée	0 ,90
Diamètre intérieur de la boîte à fumée	1 ,30
Epaisseur des tôles : plaques tubulaires	0 ,024
Epaisseur des tôles : plaques latérales	0 ,015
Epaisseur des tôles : plaques d'avant .	0 ,012
Diamètre intérieur de la cheminée . .	0 ,44
Hauteur de la cheminée au-dessus du rail	4 ,483
2° SUSPENSION	
Longueur totale des longerons	9ᵐ,56
Ecartement intérieur	1 ,245
Epaisseur des tôles	0 ,03
Distance d'axe en axe des essieux moteurs	2 ,22
Entraxe des fusées	1 ,10
Diamètre des essieux moteurs	0 ,18
Diamètre des essieux porteurs d'avant	0ᵐ,17
» » » d'arrière	0 ,18
Empatement total	6 ,00
Diamètre des roues motrices	2 ,15
» » porteuses	1 ,10
MÉCANISME	
Diamètre des cylindres	0ᵐ,46
Course des pistons	0 ,65
Distance d'axe en axe des cylindres .	1 ,90
» » des tiges des tiroirs	2 ,40
Longueurs des bielles motrices	1 ,788
Longueur des lumières d'admission et d'échappement	0 ,34
Inclinaison de la table des tiroirs sur l'horizontal	117 pour 1000
Poids de la machine à vide	44 200ᵏ

Poids en charge avec $0^m,10$ d'eau au-dessus du rail du foyer et 200 kilogrammes de charbon sur la grille.	49 400^ك
Poids en charge sur le 1er essieu....	12 700
» » 2^e	13 700
» » 3^e	13 000
» » 4e ...	10 000
Effort de traction de $0,65\ p\ \dfrac{d^2 l}{D} =$..	4 037
Poids adhérent................	26 700
Rapport du poids adhérent à l'effort de traction..................	6^{k}61

Locomotives pour trains mixtes.

300. *Locomotive à trois essieux couplés type* 1887. — Cette machine a été établie par les ateliers de la Société à Vienne, de manière à satisfaire au programme suivant (*fig.* 463 et 464.) :

1° Remorquer sur des rampes de 7 à 8 millimètres des trains de 270 tonnes à la vitesse de 30 à 35 kilomètres à l'heure;

2° Remorquer sur les mêmes rampes des trains de 360 tonnes à la vitesse de 25 kilomètres à l'heure ;

3° Remorquer sur des rampes de 15 millimètres, des trains de 200 tonnes à la vitesse de 20 à 25 kilomètres à l'heure ;

4° Remorquer sur des rampes de 3 à 4 millimètres des trains de 380 tonnes marchant à la vitesse de 30 kilomètres à l'heure ;

5° Passer dans des courbes de 285 mètres de rayon.

Dispositions générales. — La chaudière est analogue à celle de la machine précédente, mais avec un seul dôme : le foyer est du type Belpaire avec l'essieu couplé d'arrière placé sous la boîte à feu.

Les cylindres sont extérieurs, avec distribution intérieure. La locomotive est à barres droites.

L'essieu moteur est celui du milieu, il porte l'excentrique de commande des tiroirs. Le passage dans les courbes a été facilité par son jeu latéral de 14 millimètres. La chaudière porte de chaque côté une sablière envoyant du sable en avant du premier essieu.

Le châssis est simple et intérieur : l'attelage avec le tender se fait au moyen d'une tige centrale et d'un ressort au lieu de l'attelage Polonceau employé il y a quelques années.

1° CHAUDIÈRE	
Longueur du corps cylindrique.....	6^m,936
Diamètre moyen................	1 ,36
Hauteur de l'axe au-dessus du rail..	2 ,196
» » du cadre intérieur du foyer................	0 ,98
Epaisseur des tôles................	0 ,013
Timbre................	10^k
Longueur de grille................	2^m,501
Largeur » ..	1 ,044
Surface »	2^{mq},51
Longueur intérieure du foyer en haut	2^m,49
» » en bas.	2 ,531
Largeur » en haut.	1 ,196
» » en bas..	1 ,044
Hauteur » avant...	1 ,35
» » arrière..	1 ,00
Epaisseur des tôles » ciel.....	0 ,015
» » côté....	0 ,015
» » arrière..	0 ,015
» » plaque tubulaire................	0 ,026
Epaisseur des tôles du foyer, partie pleine................	0 ,018
Longueur extérieure de la boîte à feu	2 ,751
Largeur extérieure de la boîte à feu maxima................	1 ,43
Largeur extérieure de la boîte à feu minima................	1 ,254
Hauteur................	2 ,33
Epaisseur des tôles................	0 ,015
Nombre de tubes................	193
Diamètre extérieur de la boîte à feu................	0^m,052
Longueur entre les plaques tubulaires................	3 ,5
Surface de chauffe du foyer........	10^{mq},59
» » des tubes........	110 ,38
» » totale........	120 ,97
Rapport de la surface des tubes à celle du foyer................	11 ,00
Nombre de soupapes...............	2
Diamètre »	0^m,114
Longueur intérieure de la boîte à fumée................	0 ,76
Diamètre intérieur de la boîte à fumée................	1 ,37
Epaisseur des tôles à plaque tubulaire.	0 ,024
» » » latérale..	0 ,012
» » » d'avance.	0 ,012
Hauteur de la cheminée au-dessus du rail................	4 ,347
Diamètre intérieur de la cheminée..	0 ,44
Diamètre du dôme................	0 ,79
Hauteur »	1 ,08
2° SUSPENSION	
Longueur totale des longerons......	7^m,958
Epaisseur des tôles ......»........	0 ,03
Ecartement intérieur.....»........	1 ,254
Hauteur de la partie supérieure des longerons au-dessus des rails.....	1 ,195
Distance entre essieux extrêmes....	3 ,42
» » le 1er et le 2e essieu..	1 ,89
Entre axes des fusées.............	1 ,168
Diamètre des essieux au milieu.....	0 ,158
» » à la fusée.....	0 ,165
Diamètre des roues motrices et couplées................	1 ,456

3° MÉCANISME	
Diamètre des cylindres........	0ᵐ,45
Course des pistons................	0 ,65
Distance d'axe en axe des cylindres..	2 ,068
» » des tiges des tiroirs.	0 .816
Longueurs des bielles motrices	1 ,90
Longueurs des lumières.............	0 ,29
Diamètre des tuyaux de prise de vapeur,...................	0 ,118
Diamètre des tuyaux d'échappement.	0 ,132
Poids à vide..............	34 600ᵏ
Poids en charge.................	38 300
» sur le 1ᵉʳ essieu.....	12 800
» 2° »	12 800
» 3° »	12 700
Effort de traction 0,65 $p \frac{d^2 l}{D} =$......	5 876
Poids adhérent.................	38 300
Rapport du poids adhérent à l'effort de traction.................	6 500

Locomotives à marchandises.

301. *Locomotive compound à quatre essieux couplés* (types **1875** et **1889**). —

Cette machine a été construite en vue de remorquer, sur des rampes de 10 millimètres, des trains de 400 tonnes, marchant à 15 kilomètres à l'heure, et sur des rampes de 15 millimètres, des trains de 300 tonnes à la même vitesse. Elle est du système compound Mallet à deux cylindres.

Les dispositions générales sont les mêmes que dans les machines précédentes.

Les essieux sont tous placés en avant du foyer ; c'est le troisième qui est l'essieu moteur ; les deux essieux extrêmes présentent un jeu latéral de 20 millimètres pour permettre le passage dans les courbes (*fig.* 465 et 466).

Les cylindres sont extérieurs ; la distribution, intérieure, avec coulisse de Gooch à barres droites. Le grand cylindre a un diamètre de 0ᵐ,665, et le petit de 0ᵐ,470, ce qui donne un rapport de 2 pour les volumes.

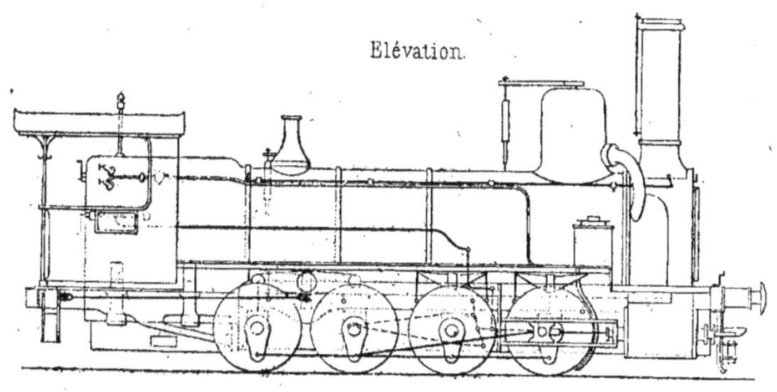

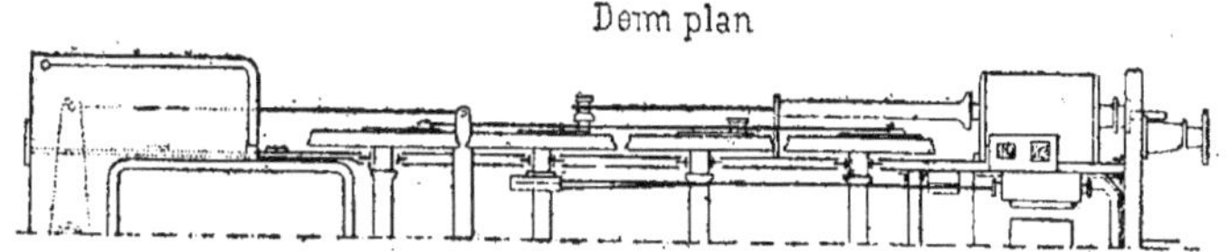

Fig. 465 et 466.

La formule, vue précédemment, de M. de Borries :

$$f = 0.55 \frac{p d^2 l}{2D},$$

qui convient au calcul de l'effort de traction d'une machine compound à deux cylindres, dont les volumes sont entre eux dans les rapports de 1 à 2 (diamètre du grand cylindre), donne pour cet effort :

$$f = 5\,837 \text{ kilogrammes.}$$

Voici les principales dimensions de cette locomotive :

1ᵉ Chaudière

Diamètre du corps cylindrique......	1ᵐ,422
Longueur » »	4 ,98
Hauteur de l'axe au-dessus du rail..	1 ,896
Epaisseur des tôles................	0 ,013
Timbre.............................	9ᵏ
Diamètre intérieur du dôme........	0ᵐ,79
Hauteur au-dessus de la chaudière.	1ᵐ,085
Epaisseur des tôles : parois.......	0 ,014
» » ciel..........	0 ,018
Longueur de la grille..............	1 ,816
Largeur »	1 ,018
Surface »	1ᵐ²,85
Longueur intérieure du foyer : haut...	1ᵐ,786
» » bas....	1 ,816
Largeur » haut...	1 ,089
» » bas...	1 ,018
Hauteur » avant..	1 ,786
» » arrière.	1 ,816
Epaisseur des tôles : ciel..........	0 ,02
» » côté..........	0 ,016
» » arrière........	0 ,016
» » plaque tubulaire perforée..................	0 ,026
Epaisseur des tôles : partie non perforée........................	0 ,018
Nombre de tubes...................	195
Diamètre extérieur des tubes......	0 ,052
Longueur entre plaques tubulaires..	5 ,002
Surface de chauffe directe.........	9ᵐ²,52
» des tubes.......	158 ,98
» totale	168 ,50
Rapport de la surface des tubes à celle du foyer..................	16 ,6
Diamètre des deux soupapes.......	0ᵐ,11
Longueur intérieure de la boîte à fumée............................	0 ,9
Diamètre intérieur de la boîte à fumée............................	1 ,72
Epaisseur des tôles...........	0 ,016
Diamètre intérieur de la cheminée..	0 ,43
Hauteur au-dessus du rail.........	4 ,20

2° Suspension

Longueur totale des longerons......	7ᵐ,92
Epaisseur des tôles »	0 ,03
Ecartement intérieur »	1 ,20
Hauteur de la partie supérieure au-dessus du rail..................	1 ,20

Diamètre des roues motrices et couplées........................	1ᵐ,185

3ᵉ Mécanisme

Diamètre du grand cylindre........	0ᵐ,665
» petit »	0 ,470
Course commune des pistons.......	0 ,632
Distance entre axes des cylindres...	2 ,041
» tiges des tiroirs......	0 ,816
Longueur des bielles motrices......	2 ,45
Longueur des lumières d'admission et d'échappement.................	0 ,294
Diamètre des tuyaux de prise de vapeur.............................	0 ,118
Diamètre des tuyaux d'échappement.	0 ,145
Poids à vide......................	39 350ᵏ
Poids en charge, personnel compris.	44 900
Poids sur le 1ᵉʳ essieu.............	11 200
» 2° »	11 200
» 3° »	11 300
» 4° »	11 200
Poids adhérent....................	44 900
Effort de traction de $0{,}55\,p\,\dfrac{d^2 l}{D} = $ ...	5 837

Locomotives pour lignes secondaires.

302. *Locomotive-tender à trois essieux couplés* (types 1879-81-82). — Les voies des lignes secondaires ne pouvant supporter une charge de plus de 9 500 kilogrammes, il a fallu construire des locomotives spéciales, dont la charge par essieu ne dépassât point ce chiffre.

En 1879, les ateliers de Vienne construisirent une locomotive à trois essieux couplés, répondant à ce desideratum, et du poids total de 27 150 kilogrammes. En 1881, le poids de cette machine était porté à 28 100 kilogrammes.

En 1882, on augmenta le diamètre des cylindres.

Le tableau suivant donne les principales dimensions de ces trois transformations successives :

	TYPE 1879	TYPE 1881	TYPE 1882
Diamètre des cylindres	0ᵐ,3	0ᵐ,3	0ᵐ,32
Course des pistons....................	0 ,46	0 ,46	0 ,46
Diamètre des roues motrices..........	1 ,11	1 ,105	1 ,105
Timbre...............................	10ᵏ	10ᵏ	10ᵏ
Poids en charge......................	27 150	28 100	27 800
Effort de traction $0{,}65\,\dfrac{p d^2 l}{D}$	2 424	2 446	2 860
Poids adhérent.......................	27 150	28 100	27 800
Rapport du poids adhérent à l'effort de traction....	11,2	11,4	9,7

Dès 1883, cependant, l'augmentation du trafic imposait un type plus puissant.

303. *Locomotive tender à trois essieux couplés* (type 1884) (*fig.* 467 et 468). —

Cette machine a été établie en vue de remorquer un train de 60 tonnes sur une rampe de 33 millimètres, et à la vitesse de 10 kilomètres à l'heure. Dans

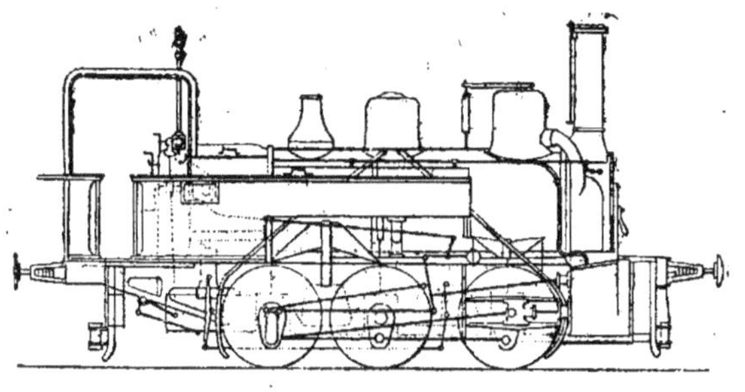

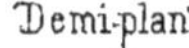

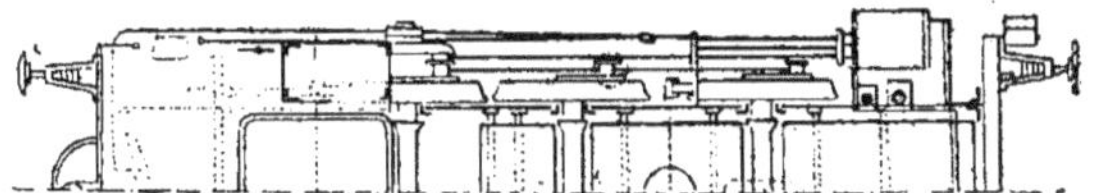

Fig. 467 et 468.

les mêmes conditions, la plus puissante des précédentes ne remorquait qu'un train de 55 tonnes.

Voici les principales conditions d'établissement de cette machine :

1° CHAUDIÈRE

Longueur du corps cylindrique	$3^m,388$
Diamètre moyen	$1,038$
Hauteur de l'axe au-dessus du rail	$1,78$
Epaisseur des tôles	$1,011$
Timbre	10^k
Diamètre intérieur du dôme	$0^m,5$
Hauteur du dôme au-dessus de la chaudière	$0,675$
Epaisseur des tôles : paroi	$0,011$
» : ciel	$0,018$
Diamètre des deux soupapes	$0,057$
Longueur de la grille	$0,92$
Largeur »	$1,008$
Surface »	$0^{m2},927$
Hauteur du foyer	$0^m,888$
Longueur intérieure du foyer	$1,020$
Largeur du foyer en haut	$0,994$
» » en bas	$1,108$
Epaisseur des tôles : ciel	$0,020$
» » côté	$0,015$
» » arrière	$0,015$
» » plaque tubulaire perforée	$0,026$
Epaisseur des tôles : plaque tubulaire non perforée	$0,003$
Longueur extérieure de la boîte à feu	$1,19$
Largeur extérieure maxima	$1,278$
» » minima	$1,194$
Hauteur	$1,71$
Epaisseur des tôles	$0,014$
Nombre des tubes	97
Diamètre extérieur des tubes	$0^m,052$
Longueur entre plaques tubulaires	$3,32$
Surface de chauffe directe	$4^{m2},15$
» » des tubes	$51,60$
» » totale	$56,10$
Rapport de la surface des tubes à celle du foyer	$11,4$
Longueur intérieure de la boîte à fumée	$0^m,600$
Diamètre intérieur	$1,038$
Epaisseur des tôles : plaque tubulaire	$0,022$
Epaisseur des tôles : plaque latérale	$0,015$
Epaisseur des tôles d'avant	$0,012$
Hauteur de la cheminée au-dessus du rail	$3,67$
Diamètre de la cheminée	$0,35$

2° SUSPENSION

Longueur totale des longerons	$6^m,536$
Epaisseur des tôles »	$0,022$
Ecartement intérieur »	$1,20$
Distance entre essieux extrêmes	$2,6$
» le 1er et le 2° essieu	$1,4$
» le 2° et le 3° »	$1,2$
Diamètre des essieux	$0,15$
» » à la fusée	$0,164$

3° MÉCANISME	
Diamètre des cylindres...............	0ᵐ,37
Course des pistons...................	0 ,46
Distance d'axe en axe des cylindres..	2 ,00
»　　des tiges des tiroirs..........	2 ,26
Longueur des bielles motrices.......	2 ,55
Longueur des lumières du tiroir....	0 ,20
Diamètre des tuyaux de prise de vapeur...................	0ᵐ,105
Diamètre des tuyaux d'échappement.	0 ,117
Poids à vide.....................	22 250ᴷ
Eau au-dessus du ciel du foyer.....	0ᵐ,105

Poids d'eau dans la chaudière......	2 240ᴷ
»　　des caisses à eau.............	3 600
»　　de charbon dans les soutes..	700
»　　total en charge.............	28 150
»　　»　　sur le 1ᵉʳ essieu.	9 250
»　　»　　»　2ᵉ essieu.	9 400
»　　»　　»　3ᵉ essieu.	9 500
Effort de traction $0,65\,p\,\dfrac{d^2 l}{D} =$	3 721
Poids adhérent.....................	28 150
Rapport du poids adhérent à l'effort de traction.....................	7,5
Contenance totale des caisses à eau.	3 600ˡ
»　　»　　combustible.....	800

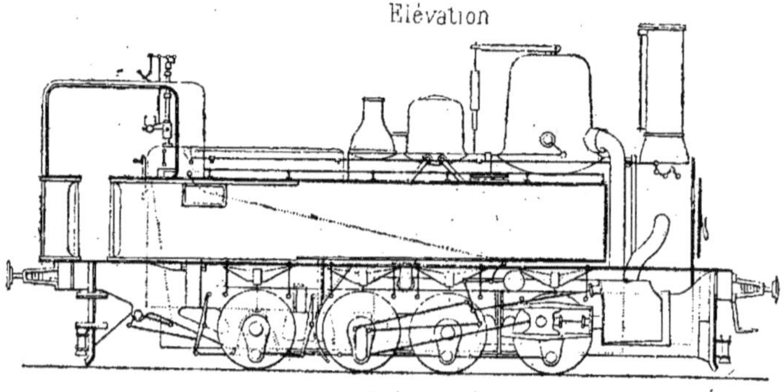

Élévation

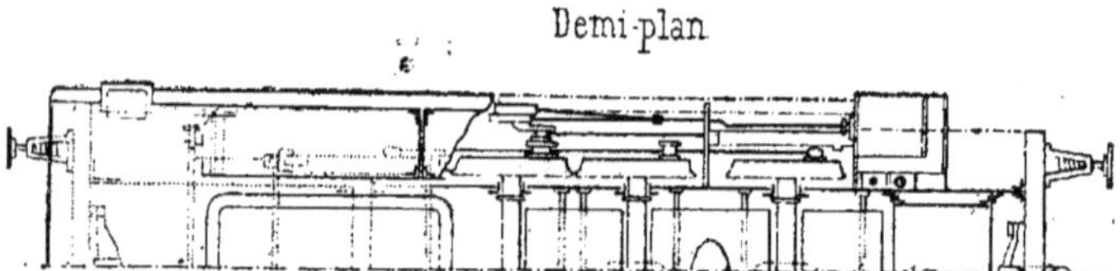

Demi-plan

Fig. 469, 470. — Autriche. — Locomotive-tender à quatre essieux couplés (type 1885).

304. *Locomotive-tender à quatre essieux couplés, type* 1885. (*Fig.* 469 et 470). — La machine à quatre essieux couplés est née du besoin d'augmenter le poids adhérent sans faire varier la charge par essieu, limitée, comme nous l'avons dit plus haut, par la force de la voie. Celle-ci, en effet, ne peut supporter plus de 9 500 kilogrammes.

Cela dit, les dispositions générales de cette locomotive sont les mêmes que celles de la précédente.

Voici quelles sont ses principales dimensions :

1° Chaudière	
Longueur du corps cylindrique.....	3ᵐ,57
Diamètre　　　» 　.....	1 ,284
Hauteur de l'axe au-dessus du rail..	1 ,775
Epaisseur des tôles	0 ,012
Timbre	10ᵏ
Diamètre intérieur du dôme........	0ᵐ,79
Hauteur au-dessus de la chaudière..	1 ,07
Longueur de la grille	1 ,70
Largeur　　　» 　...........	0 ,854
Surface　　　»	1ᵐ²,45
Longueur intérieure du foyer.......	1ᵐ,70
Largeur　　　» 　　» en haut	1 ,172
»　　　»　　　» en bas.	0 ,854
Hauteur　　　»　　　» 　......	1 ,672
Epaisseur des tôles : ciel..........	0 ,012
»　　　»　　　côté	0 ,015
»　　　»　　　arrière	0 ,015
»　　　»　　　plaque tubulaire perforée..................	0 ,026
Epaisseur des tôles : plaque tubulaire, partie pleine..............	0 ,018
Longueur extérieure de la boîte à feu.	1 ,87
Largeur extérieure maxima........	1 ,340
»　　　» minima	1 ,024
Hauteur	1 ,735
Epaisseur des tôles................	0 ,014
Nombre des tubes...	145
Diamètre extérieur des tubes......	0ᵐ,052
Longueur entre plaques tubulaires..	3ᵐ,50
Surface de chauffe directe..........	7ᵐ²,22
»　　　» des tubes.......	82 ,93
»　　　» totale...........	90 ,15
Rapport de la surface des tubes à celle du foyer..................	11ᵐ,40
Diamètre des soupapes.............	0 ,114
Longueur intérieure de la boîte à fumée	0 ,718
Diamètre intérieur de la boîte à fumée...........................	1 ,284
Epaisseur des tôles : plaque tubulaire.	0 ,022
»　　　»　　　» latérale..	0 ,015
»　　　»　　　» avant ...	0 ,012
Diamètre intérieur de la cheminée..	0 ,40
Hauteur　　» 　　» audessus du rail	3 ,698

2° Suspension	
Longueur totale des longerons	7 ,339
Epaisseur des tôles 　» 　.....	0 ,028
Ecartement intérieur 　» 　.....	1 ,188
Empatement extrême 　» 　.....	3 ,35
Distance du 1ᵉʳ au 2ᵉ essieu........	1 ,1825
»　　2ᵉ au 3ᵉ 　» 　..........	0 ,985
»　　3ᵉ au 4ᵉ 　» 　..........	1 ,1825
Diamètre des 1ᵉʳ et 4ᵉ essieux au milieu.....................	0 ,136
Diamètre des 2ᵉ et 3ᵉ essieux au milieu	0 ,146

3° Mécanisme	
Diamètre des cylindres.............	0 ,40
Course des pistons.................	0 ,46
Distance d'axe en axe des cylindres.	2 ,01
»　　　» des tiges des tiroirs	2 ,27
Longueur des bielles motrices......	1 ,98
Longueur des lumières.............	0 ,25
Diamètre des tuyaux de prise de vapeur.........................	0 ,105

Diamètre des tuyaux d'échappement.	0 ,117
Poids à vide......................	27 190ᵏ
Poids d'eau dans la chaudière	2 910
»　　　dans les soutes	4 300
Poids de charbon 　» 　........	1 740
Poids total en charge..............	36 500
Poids sur le 1ᵉʳ essieu.............	9 060
»　　2ᵉ 　» 　..............	9 030
»　　3ᵉ 　» 　..............	9 210
»　　4ᵉ 　» 　..............	9 200
Effort de traction $0{,}65\,\dfrac{pd^2l}{D}$	5 320
Poids adhérent	36 500
Rapport du poids adhérent à l'effort de traction	6 800

Tenders.

305. *Tender du sud de l'Autriche et de l'Etat autrichien.* — Au sud de l'Autriche, le tender est à trois essieux. En outre, la caisse à eau n'est pas en fer à cheval, comme cela se présente le plus généralement, mais placée sous le charbon. Les ingénieurs attribuent à cette disposition l'avantage de permettre une augmentation notable de la contenance du tender, sans obliger à exagérer la hauteur de la caisse à eau dont les tôles se voilent souvent.

Aux chemins de fer de l'Etat autrichien, la disposition est analogue dans certains types ; la caisse à eau plonge à la partie inférieure, entre les roues, au-dessus desquelles ses parties latérales sont supportées par un double châssis extérieur.

Le tableau suivant donne les principales dimensions de ces différents tenders (M. Bellom. *Annales des Mines*, 1891) ;

	LOCOMOTIVE DE LA SOCIÉTÉ AUTRICHIENNE-HONGROISE des chemins de fer de l'État			LOCOMOTIVE DES CHEMINS DE FER du sud de l'Autriche	
	TYPE 1882	TYPE 1886	TYPE 1887	TYPE 1884	TYPE 1889
Nombre de roues	4	4	6	6	»
Volume — d'eau contenue	10^{m3}	10^{m3}	$9^{m3},47$	$10^{m3},7$	$10^{m3},7$
Volume — de la capacité destinée au combustible	3 ,88	3 ,88	6 ,31	7	7
Épaisseur des tôles de la caisse à eau — Paroi intérieure	$0^{m},005$	$0^{m},005$	$0^{m},007$	»	»
Épaisseur des tôles de la caisse à eau — Paroi extérieure	0 ,003	0 ,003	0 ,008	»	»
Épaisseur des tôles de la caisse à eau — Fond	0 ,004	0 ,004	0 ,007	»	»
Épaisseur des tôles de la caisse à eau — Couvercle	0 ,004	0 ,004	»	»	»
Châssis — Écartement d'axe en axe des longerons	1 ,918	1 ,918	1 ,931	$1^{m},931$	$1^{m},931$
Châssis — Épaisseur des tôles des longerons	0 ,008	0 ,008	0 ,009	0 ,009	0 ,009
Essieux — Distance du 1er au 2e	0 ,003	0 ,003	1 ,633	1 ,66	1 ,66
Essieux — Distance du 2e au 3e	»	»	1 ,528	1 ,36	1 ,36
Essieux — Distance d'entre axe		2 ,05	1 ,931	»	»
Essieux — Distance des fusées	2 ,05				
Essieux — Diamètre de la fusée	0 ,13	0 ,13	0 ,088	0 ,11	0 ,11
Essieux — Longueur de la fusée	0 ,24	0 ,24	0 ,197	»	»
Essieux — Diamètre au milieu	0 ,18	0 ,18	0 ,131	0 ,145	0 ,145
Roues — Diamètre au contact	1 ,22	1 ,22	0 ,950	1 ,106	1 ,106
Roues — Diamètre à la jante	1 ,12	1 ,12	0 ,856	0 ,98	0 ,98
Ressorts de suspension — Nombre de feuilles	18	18	12	15	15
Ressorts de suspension — Section d'une feuille	90×10^{mm}	90×10^{mm}	90×10^{mm}	10×90^{mm}	10×90^{mm}
Ressorts de suspension — Corde de fabrication	$0^{m},98$	0 ,98	$0^{m},948$	»	»
Frein	à vide (Smith-Hardy).	à vide (Smith-Hardy).	»	à vide (Smith-Hardy),	à vide (Smith-Hardy).
Poids du tender — vide	$12^{t},25$	$12^{t},25$	$11^{t},75$	$12^{t},9$	$12^{t},9$
Poids du tender — en charge	25 ,9	25 ,9	26 ,8	30	30
Répartition par essieu du poids en charge — 1er essieu (avant)	12 ,95	12 ,95	9 ,05	10	10
Répartition par essieu du poids en charge — 2e (milieu)	id.	id.	8 ,6	id.	id.
Répartition par essieu du poids en charge — 3e (arrière)	»	»	9 ,15	id.	id.
Poids de combustible pour le tender en charge	3 ,65	3,65	5 ,58	6 ,4	6 ,4

BELGIQUE.

Caractères généraux des machines belges.

306. Les machines belges, représentées surtout par les compagnies de l'*État belge* et du *Grand Central*, ont toutes un certain nombre de traits communs ; ce sont :

Longerons extérieurs conservés surtout à cause de la facilité qu'ils donnent d'élargir le foyer ;

Essieu moteur accompagné d'un troisième longeron intérieur médian ;

Cylindres intérieurs ;

Tiroirs inclinés dans le sens transversal, mais placés au-dessus et vers l'extérieur des cylindres ;

Distribution Walschaert ;

Vaste foyer Belpaire s'étendant souvent au-dessus des roues arrière ;

Grille légèrement inclinée ;

Porte du foyer très large et au niveau de la grille pour faciliter le nettoyage du feu ;

Cheminée à large section, souvent carrée ;

Ressorts Belpaire sans flèche initiale ;

Emploi fréquent des balanciers de suspension.

La cheminée de section carrée a été adoptée afin d'augmenter la surface de 22 0/0 à largeur égale, cè qui permet d'assurer le tirage sans donner à la cheminée un diamètre anormal.

307. *Foyer Belpaire.* — Le foyer Belpaire est usité d'une manière générale sur les locomotives belges et sur quelques Compagnies du continent (Nord français, P.-

L.-M.), comme on a pu le voir dans l'étude qui précède. Il est surtout disposé de manière à permettre de brûler les menus de houille (*fig.* 471).

La grille est d'une grande surface, sa longueur atteint souvent 2ᵐ,60 et même 3 mètres, ce qui oblige le plus souvent de loger au-dessous d'elle un des essieux en disposant le cendrier en conséquence. Les barreaux sont très minces et très rapprochés (0ᵐ,005) et sensiblement inclinés vers l'avant, où se trouve un jette-feu mobile afin de faciliter le nettoyage.

On y dispose le combustible menu en couche mince, et toutes les dispositions sont prises pour que le chauffeur puisse facilement diriger son feu et nettoyer sa grille.

Le ciel est plat et entretoisé dans l'enveloppe, généralement de forme carrée, par des tirants verticaux en acier, perforés et ouverts à l'intérieur du foyer.

Il y a généralement aussi, comme au chemin de fer de Lyon (France), des entretoises horizontales pour maintenir les

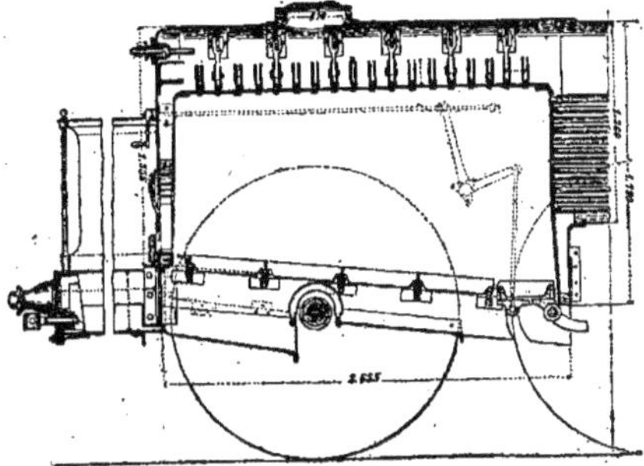

Fig. 471. — Belgique. — Foyer Belpaire.

parois verticales au-dessous du foyer. Ces dernières sont posées avec un double écrou de chaque côté, un en dedans, un

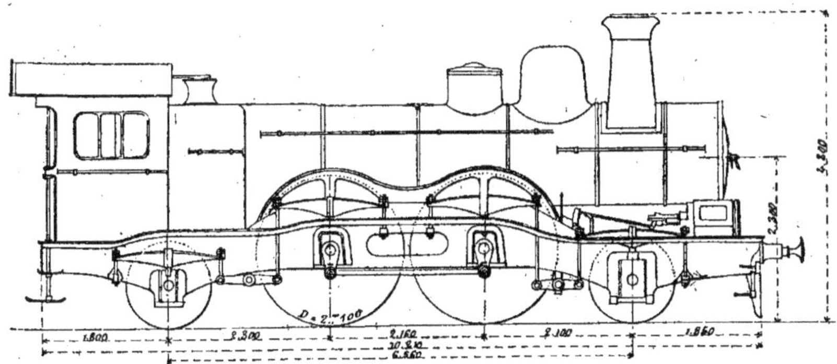

Fig. 472. — État belge. — Locomotive express à deux essieux couplés et deux porteurs.

en dehors: elles sont également perforées mais ouvrant à l'extérieur; la partie supérieure de l'enveloppe présente sur les côtés des portes de regard permettant la visite et le nettoyage du ciel du foyer.

Les entretoises réunissant les parois du foyer sont en cuivre rouge et, pour compléter la résistance, rivées à l'intérieur et à l'extérieur.

Locomotives de l'État belge.

308. *Locomotives express à deux essieux couplés et deux essieux porteurs.* — Cette

locomotive, construite par les ateliers Ockerill de Seraing est d'un type nouveau et destinée à remorquer les trains express sur les lignes peu accidentées (*fig.* 472 et 473).

Comme d'ordinaire, le mécanisme est intérieur, les longerons extérieurs, et il n'y a pas de troisième longeron.

La chaudière, comme dans toutes les machines de l'État belge, est munie d'un foyer Belpaire long et plat, destiné à brûler des menus de qualité inférieure. La grille est légèrement inclinée ; elle est munie d'un jette-feu qui se trouve à l'avant de la partie la plus large de la boîte à feu.

Le corps cylindrique est formé de deux viroles réunies par des couvre-joints extérieurs.

Le dôme renfermant le régulateur est placé à l'avant. Les soupapes à charge directe sont placées au-dessous du foyer et enveloppées dans une colonnette commune.

Le régulateur est à glace verticale avec tiroir de démarrage, simple de manœuvre, et tuyaux de vapeur intérieurs.

La boîte à fumée présente la disposition américaine, c'est-à-dire qu'elle se pro-longe vers l'avant au-delà de la cheminée, de manière à augmenter son volume et à régulariser le tirage.

La cheminée est de section carrée.

Les cylindres sont horizontaux et reportés à quelques distances en avant de l'essieu porteur, afin d'augmenter la longueur des bielles motrices.

Les tiroirs sont, vers le haut des cylindres, placés à l'extérieur et un peu inclinés ; la distribution est du système Walschaert.

Les bielles d'accouplement ont des têtes rondes sans rattrapage de jeu.

Les essieux couplés sont entre le foyer

Fig. 473. — État belge. — Locomotive express à deux essieux couplés et deux porteurs.

et l'essieu porteur avant ; l'essieu porteur arrière est situé sous la partie postérieure du foyer. L'essieu porteur d'avant est à boîtes radiales.

Les ressorts sont du système ordinaire de l'État belge, sans flèche de fabrication. La suspension se fait sur trois points par des balanciers longitudinaux reliant de chaque côté les ressorts des essieux moteurs et couplés à ceux des roues porteuses correspondantes. Les deux balanciers avant sont articulés sur l'extrémité d'un balancier transversal.

Le tout est complété par une sablière et une cabine en tôle très complète pour les agents de service.

Elle est accompagnée d'un tender à six roues portant 14 mètres cubes d'eau.

Voici les principales données de cette machine :

Longueur du corps cylindrique	3^m,80
Diamètre moyen du corps cylindrique	1 ,300
Hauteur de l'axe au-dessus du rail	2 ,300
Longueur intérieure du foyer	2 ,753
Surface de grille	5^{m2},00
Largeur intérieure du foyer : avant	1 ,08
» » arrière	2 ,16
Nombre de tubes	242
Diamètre intérieur des tubes	0^m,042
Longueur des tubes	3 ,800
Timbre	10^k
Surface de chauffe directe	12^{m2},00
» » des tubes	115 ,00
» » totale	127 ,00
Diamètre des cylindres	0^m,500
Course des pistons	0 ,600
Entre axes des cylindres	0 ,600
Diamètre des roues motrices	2 ,100
Empatement total	6 ,560
Longueur des ressorts	1 ,500
Poids total en charge	49 000^k
» sur le 1er essieu porteur	11 500
» » 2e » moteur	13 000
» » 3e » »	13 000
» » 4e » porteur	11 500

309. *Locomotive express à deux essieux couplés et un essieu porteur.* — Cette machine, exposée à Paris en 1889, a été établie par M. Bikd, ingénieur en chef des chemins de fer de l'Etat belge ; elle a pour but de remorquer les trains express sur des rampes relativement fortes. Elle a été construite par les ateliers Carels, de Gand, et ressemble beaucoup à une locomotive construite et exposée par la même maison à Anvers, en 1885, mais qui était notoirement plus faible, devant circuler sur des lignes dont les rampes ne dépassaient pas 5 millimètres par mètre (*fig.* 474).

Le foyer est toujours du système Belpaire régnant au-dessus de l'essieu d'arrière ; la grille est inclinée de 0^{mm},16 par mètre et comporte à l'avant un jette-feu mobile au moyen d'une vis maneuvrée de la plate-forme du mécanicien. Le cadre est en fer forgé d'une seule pièce.

Les deux premiers rangs d'armatures du ciel du foyer sont articulés de manière à faciliter la dilatation.

Les tubes sont courts, et la boîte à fumée est en saillie sur le corps cylindrique ; ce dernier est composé de trois viroles assemblées bout à bout par des couvre-joints rivés.

Les soupapes sont du système Wilson à charge directe et placées à l'arrière du foyer.

Les cylindres sont intérieurs, et le châssis extérieur. Au milieu existe le troisième longeron, dont nous avons parlé plus haut ; il est formé de deux plaques en tôle réu-

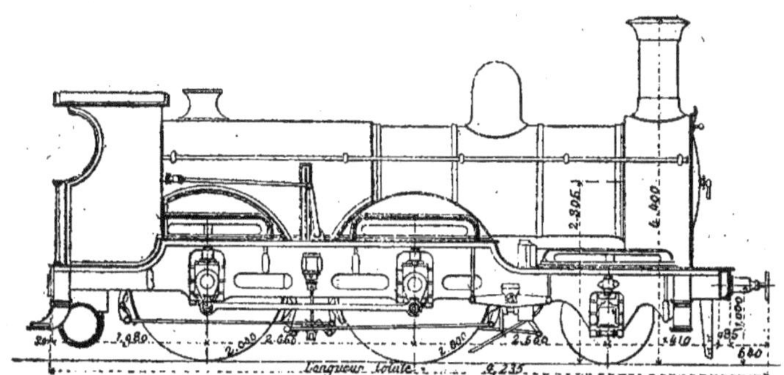

Fig. 474. — État belge. — Locomotive express à deux essieux couplés et un porteur.

nies par des entretoises et règne de l'avant du foyer au massif des cylindres, portant une boîte à graisse pour l'essieu moteur. Ce troisième longeron est destiné à maintenir l'essieu dans le sens longitudinal et à le soulager des efforts dus à la préssion et à la traction des bielles. Il est fixé à la boîte à feu au moyen d'une tôle d'acier emboutie de 0^m,010 d'épaisseur, qui donne la souplesse à l'ensemble.

Les cylindres sont très rapprochés, et les tiroirs du système Trick, à doubles orifices, placés à 45° environ dans le sens transversal, en haut des cylindres. Leurs couvercles, au nombre de deux par boîte, sont facilement accessibles du dehors ; l'un d'eux, très petit, placé à l'avant, s'enlève pour les visites courantes ; l'autre, plus grand, ne sert qu'en cas de réparation.

La distribution est, comme toujours du système Walschaert ; le point d'attache de la bielle de relevage a été reporté sur le coulisseau, un peu au-dessus de l'articulation de la barre du tiroir, ce qui diminue le glissement du coulisseau, le bras de relevage étant à la partie inférieure.

Le levier d'avance vient s'articuler dans une assiette de la tige du tiroir, laquelle est en bronze d'aluminium, et munie de joues pour protéger les articulations.

Le changement de marche à vapeur est du système Stirling, analogue à celui du South-Eastern ; les cylindres à eau et à vapeur sont placés en tandem horizontalement dans la cabine, sur le couvre-roue de droite.

La prise de vapeur se fait dans un dôme placé au milieu du corps cylindrique, mais le régulateur est dans la boîte à fumée avec tringle intérieure. Les deux tuyaux de vapeur sont également dans la boîte à fumée.

Les glissières sont doubles et placées latéralement de chaque côté des têtes de pistons; les coulisseaux sont placés sur ces dernières et un peu en arrière, de manière que la résultante due à l'obliquité de la bielle, au moment où la vitesse du piston est maximum, vienne diminuer le poids de ce dernier et atténuer l'usure du cylindre.

L'échappement est du système Boty à tuyère circulaire et variable à la main; un tuyau intérieur mobile permet de varier la section de l'orifice sans en modifier la forme.

L'alimentation est obtenue au moyen de deux injecteurs verticaux non aspirants placés entre les longerons sous la plate-forme du mécanicien; ils refoulent dans une boîte commune portant deux clapets de retenue et deux robinets, placés sur la face arrière de la chaudière, dans l'axe, au-dessous de la porte du foyer, que contournent les tuyaux. Un tuyau intérieur reporte l'eau d'alimentation vers le milieu du corps cylindrique. Les robinets d'épreuve, ou clarinettes, sont remplacés par un second tube de niveau. Toute la robinetterie est d'ailleurs placée à l'intérieur de l'abri, qui est fermé de tous côtés.

Les cylindres sont munis de graisseurs automatiques fonctionnant quand le régulateur est fermé. Toutes les pièces frottantes portent d'ailleurs des graisseurs automatiques facilement accessibles.

L'essieu d'avant est muni de boîtes à plan incliné permettant un certain jeu latéral. Les ressorts sont du système Belpaire, sans flèche initiale. Ceux des roues motrices et d'avant sont réunis par des balanciers.

Le réglage de chaque ressort se fait sur la chandelle de pression, au moyen d'un assemblage à vis avec contre-écrous.

La machine est munie du frein à air comprimé de Westinghouse.

Voici ses principales dimensions :

Diamètre du corps cylindrique......	1ᵐ,300
Hauteur de l'axe du corps cylindrique au-dessus du rail.................	2 ,305
Surface de grille	3ᵐ²,20
Longueur intérieure du foyer.......	3ᵐ,00
Epaisseur des tôles »	0 ,013
Ecartement des barreaux de la grille	0 ,004
Nombre de tubes	215
Longueur des tubes...............	3ᵐ,510
Surface de chauffe directe...........	11ᵐ²,70
» tubulaire	109 ,30
» totale............	121 ,00
Timbre	7ᵏ,5
Diamètre des cylindres.............	0ᵐ,460
Course des pistons	0 ,610
Entre axes des cylindres	0 ,530
Diamètre des roues motrices	2 ,000
» » porteuses	1 ,20
Empatement total..................	5 ,150
Longueur des ressorts	1 ,50
Nombre de feuilles................	16 et 17
Pois total en charge	42 000ᵏ
» » sur le 1ᵉʳ essieu.	12 350
» » » 2ᵉ » .	14 800
» » » 3ᵉ » .	14 850

310. *Locomotive à trois essieux couplés et deux porteurs.* — Cette machine présente cinq essieux, trois moteurs au centre et un porteur à chaque extrémité; elle a été établie en vue de desservir les lignes à profil accidenté et les embranchements sur lesquels n'existent que de petites plaques tournantes (*fig.* 475).

Les essieux extrêmes sont rayonnants, afin de permettre le facile passage en courbe. Indépendamment des embases extérieures des fusées, ils portent, au milieu de chaque fusée, une embase cylindrique, saillante, de 0ᵐ,020 sur 0ᵐ,050 d'épaisseur, servant à entraîner les boîtes dans leurs guides, dans les courbes.

Voici les principales conditions d'établissement de cette machine :

1° CHAUDIÈRE	
Longueur totale de la chaudière (extérieure).................	7ᵐ,148
Diamètre moyen du corps cylindrique (extérieur).................	1 ,300
Hauteur de l'axe au-dessus du rail...	2 ,100
Longueur de grille	2 ,739
Largeur »	1 ,110
Surface...........................	3ᵐ²,00
Longueur intérieure du foyer........	2ᵐ,710
Largeur intérieure du foyer haut ...	1 ,170
» » bas	1 ,076
Hauteur du ciel au-dessus du cadre avant	1 ,315

Hauteur du ciel au-dessus du cadre arrière	1ᵐ,015
Epaisseur des tôles du foyer en haut.	0 ,012
» » en bas.	0 ,025
Parois latérales .... 0,015 et	0 ,012
Ciel et plaque arrière	0 ,012
Longueur de la boîte à feu extérieure.	2 ,906
Largeur » en haut...	1 ,376
» » en bas....	1 ,282
Nombre de tubes	226
Longueur entre plaques	3ᵐ,467
Diamètre extérieur.	0 ,045
» intérieur	0 ,040
Surface de chauffe du foyer	10ᵐ2,950
» des tubes (extérieuré)	98 ,550
» totale	109 ,500
Timbre en atmosphères	8
Diamètre de la cheminée : haut	0ᵐ,465
» » bàs	0 ,535
Hauteur au-dessus du rail	4 ,300

2° SUSPENSION

Longueur totale entre tampons	11ᵐ,940
» » traverses (extérieure)	10 ,950
Ecartement intérieur des longerons.	1 ,848
Diamètre des roues couplées	1 ,700
» » porteuses	1 ,060
Distance entre le 1ᵉʳ et le 2ᵉ essieux avant	2 ,200
Distance entre le 2ᵉ et le 3ᵃ essieux avant	2 ,000
Distance entre le 3ᵉ et le 4ᵉ essieux avant	2 ,000
Distance entre le 4ᵉ et le 5ᵉ essieux avant	2 ,200
Empatement total	8 ,400

3° MÉCANISME

Diamètre des cylindres.	0ᵐ,450
Course des pistons	0 ,600
Volume des caisses à eau	9 950 lit.
» à charbon	2 000 »
Poids à vide	41 900ᵏ
» en charge	58 000
» sur le 1ᵉʳ essieu	10 000
» » 2ᵉ »	12 500
» » 3ᵉ »	13 000
» » 4ᵉ »	12 500
» » 5ᵉ »	10 000
Adhérence (coefficient 1/6)	6 338
Effort de traction $0{,}65\,\dfrac{pd^2l}{D}$	3 800

311. *Locomotive à trois essieux couplés et un porteur pour fortes rampes.* — Les longues rampes du Luxembourg, qui atteignent 16 millimètres par mètre, ont nécessité l'étude de la locomotive suivante, qui permet, sur un pareil profil, de remorquer des trains rapides et lourds, soit de 100 tonnes à la vitesse de 65 kilomètres à l'heure. Elle a été établie par les usines, de Haine-Saint-Pierre, sur les projets de M. Marni, ingénieur en chef aux chemins de fer de l'Etat belge. Ce n'est que la transformation d'un type qui existait en 1885 à l'exposition d'Anvers (*fig.* 476).

Le corps cylindrique est réuni à la plaque tubulaire par une cornière cintrée, ce qui met la boîte à fumée en saillie. Le foyer Belpaire, destiné à brûler des menus, est exceptionnellement grand, quoique très plat; il comporte une chambre de combustion et déborde au-dessus des roues : il est muni de deux portes de chargement.

Le régulateur est placé dans un dôme situé à l'avant du corps cylindrique, la tringle de manœuvre est intérieure, mais les tuyaux de vapeur sont extérieurs.

La cheminée est de section rectangulaire.

Le châssis est extérieur et présente au milieu un troisième longeron, qui ne porte de boîte à graisse que pour l'essieu moteur, et qui est articulé avec l'avant sur le massif des cylindres. L'essieu d'avant est à boîtes radiales.

Les ressorts sont de forme renversée, réunis par des balanciers longitudinaux pour les roues arrière et avant. En outre, un balancier transversal accouple les deux balanciers avant.

Les cylindres sont intérieurs, inclinés

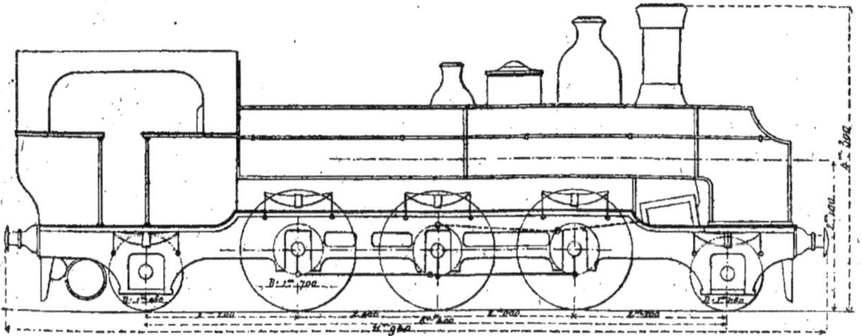

Fig. 475. — État belge. — Locomotive à trois essieux couplés et deux porteurs.

et à l'arrière de l'essieu porteur avant; les tiroirs, en bout et en dehors des cylindres dans une position inclinée.

La distribution, toujours du système Walschaert avec changement de marche à vapeur ; le cylindre qui commande ce der-nier est horizontal et placé sous la plate-forme.

Les têtes des bielles d'accouplement sont à bague et sans serrage ; les glissières sont simples pour chaque cylindre et placées au-dessus des tiges de piston.

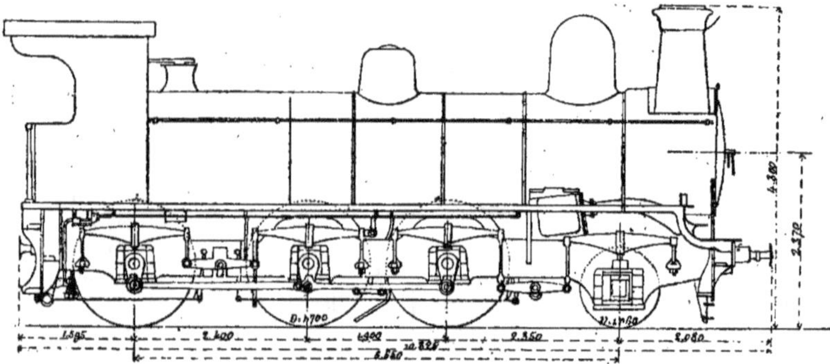

Fig. 476. — État belge. — Locomotive à trois essieux couplés et un porteur pour fortes rampes.

La locomotive est munie du frein Westinghouse ; voici ses principales dimensions :

Diamètre du corps cylindrique......	1^m,422
Hauteur de l'axe au-dessus du rail..	2 ,370
Longueur du foyer.................	2 ,950
Largeur »	2 ,610
Hauteur maximum.................	0 ,900
Longueur de grille.................	2 ,200
Surface de grille.................	6 ,700
Nombre des tubes.................	240
Longueur des tubes	4^m,000
Surface de chauffe des tubes........	152^{m2},000
» directe..........	15 ,00
» totale...........	167 ,00
Timbre............................	10^k
Diamètre des cylindres.............	0^m,500
Course des pistons	0 ,600
Entre axes des cylindres..........	0 ,570
Diamètre des roues motrices........	1 ,700
» » porteuses.......	1 ,060
Empatement total	6 ,650
Longueur des ressorts.............	1 ,50
Poids total en charge.............	55 000^k
» » 1er essieu.......	12 500
» » 2e »	14 000
» » 3e »	14 500
» » 4e »	14 000

312. *Locomotive-tender à trois essieux couplés.* — Ce type de machine a été construit par deux usines qui en présentaient des échantillons à l'Exposition universelle de 1889, la Société de Saint-Léonard et les ateliers de la Meuse à Liège.

Le problème à résoudre consistait à remorquer une charge de 110 tonnes à la vitesse de 30 kilomètres sur des rampes de 16 millimètres, ou à la vitesse de 35 kilomètres en palier, sans que le poids maximum dépassât 10 tonnes par essieu (*fig.* 477).

Le foyer est du système Belpaire et placé au-dessus de l'essieu arrière ; le corps cylindrique porte sur son milieu un dôme renfermant le régulateur à tringle de manœuvre et à tuyaux intérieurs. La cheminée est rectangulaire, comme dans toutes les nouvelles machines de l'État belge ; la boîte à fumée est volumineuse et fermée par une porte circulaire bombée.

Les caisses à eau sont placées de chaque côté du corps cylindrique et s'arrêtent à son extrémité antérieure.

Le charbon est renfermé dans deux petites caisses placées à l'arrière de la plate-forme.

Le châssis est intérieur ; les cylindres horizontaux et tout le mécanisme sont extérieurs ; les boîtes à tiroirs sont placées au-dessus des cylindres ; la distribution est du système Walschaert le relevage s'opère au moyen d'un levier.

L'abri du mécanicien est complètement fermé, même par les côtés, et peut communiquer avec le train par une porte postérieure et un pont volant au-dessus des attelages.

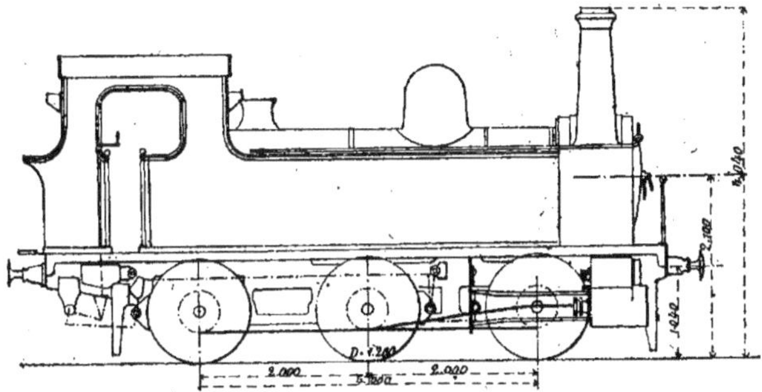

Fig. 477. — État Belge. — Locomotive-tender à trois essieux couplés.

Voici les principales dimensions de cette machine :

Diamètre moyen du corps cylindrique.	1^m,080
Surface de grille.	20 ,07
Hauteur de l'axe de la chaudière au-dessus du rail.	2 ,100
Nombre des tubes	147
Longueur des tubes.	2^m,500
Diamètre intérieur des tubes.	0 ,040
Timbre de la chaudière.	12^k
Surface de chauffe directe.	6^{m2},70
»　　　　des tubes.	46 ,49
»　　　　totale.	52 ,89
Diamètre des cylindres.	0 ,350
Course de piston.	0 ,500
Diamètre des roues motrices.	1 ,200
Empatement total.	4 ,000
Poids à vide.	24 ,000
Poids total en charge.	30 800^k
»　　　sur le 1er essieu.	10 200
»　　　　　2e　»	10 400
»　　　　　3e　»	10 200
Effort de traction 0,65 $p \dfrac{d^2 l}{D}$	3 978

313. *Locomotive à marchandises à trois essieux couplés.* — La Société de Marcinelle et Couillet a construit pour l'État belge une machine à marchandises à trois essieux couplés très puissante, pouvant remorquer une charge de 130 tonnes à la vitesse de 30 kilomètres à l'heure (*fig.* 478).

Le foyer a une forme un peu trapézoïdale et déborde au-dessus des roues. Le régulateur est dans un dôme placé à l'avant du corps cylindrique ; les tuyaux de vapeur sont dans la boîte à fumée. La porte de la boîte à fumée est circulaire et bombée avec fermeture centrale.

Tous les autres éléments sont analogues à ceux des machines précédemment décrites. Seules les dimensions diffèrent.

En voici les principales :

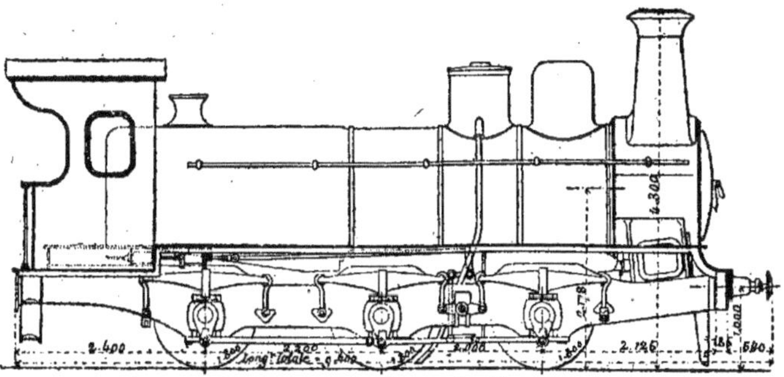

Fig. 478. — État belge. — Locomotive à marchandises à trois essieux couplés.

Diamètre moyen du corps cylindrique......	$1^m,400$
Hauteur au-dessus du rail...........	$2\ ,178$
Longueur du foyer.................	$2\ ,71$
Largeur »	$1\ ,77$
Surface de grille................	$5\ ,15$
Nombre des tubes................	254
Longueur des tubes..............	$3^m,510$
Surface de chauffe directe...........	$11^{m2},33$
» des tubes.......	$122\ ,67$
» totale...........	$134\ ,00$
Timbre................	10^k
Diamètre des cylindres...........	$0^m,500$
Course des pistons	$0\ ,600$
Diamètre des roues motrices........	$1\ ,300$
Empatement total...............	$4\ ,200$
Poids total en charge.............	$43\ 200^k$
» sur le 1er essieu......	$14\ 600$
» 2e »	$14\ 800$
» 3e »	$13\ 800$

Grand Central belge.

314. *Locomotive à deux essieux couplés, type* 1878. — C'est une locomotive-tender mixte à quatre essieux destinée à la remorque des trains peu chargés ; elle a été construite par la Société belge de Marcinelle et Couillet sur les plans de M. Maurice Urban, ingénieur en chef de la ligne (*fig.* 479, 480 et 481).

Le foyer est du système Belpaire et alimenté par de la houille menue demi-grasse. Les tubes sont en fer du bois. Les caisses à eau sont placées de chaque côté du corps cylindrique et communiquent entre elles par un tuyau maintenant cons-

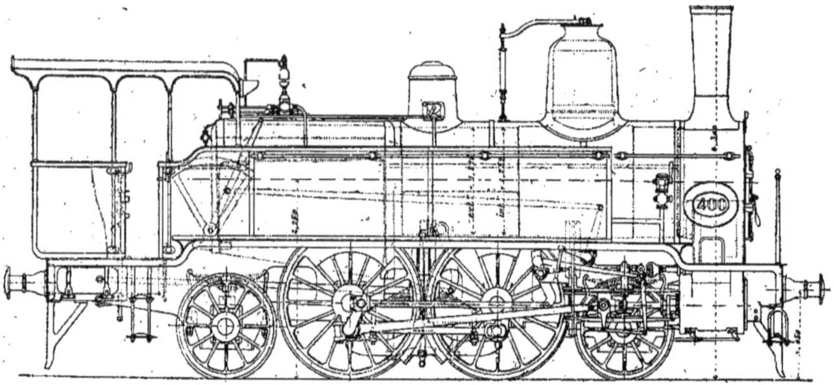

Fig. 479. — Grand Central belge. — Locomotive-tender à deux essieux couplés (type 1878).

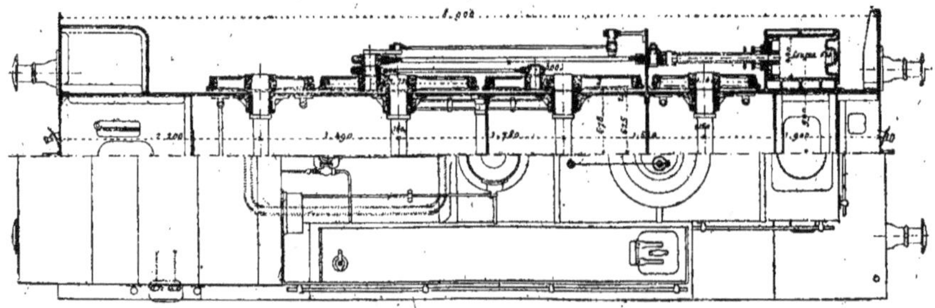

Fig. 480. — Grand Central belge. — Locomotive-tender. Plan et coupe.

tamment l'eau au même niveau dans les deux caisses.

Les cylindres sont extérieurs aux longerons, ainsi que le mécanisme ; la distri-bution, du système Walschaert, est munie du perfectionnement Belleroche, ingénieur du matériel de la Compagnie. C'est un appareil indicateur du mouvement des tiroirs, qui permet un contrôle courant et un réglage facile de la distribution sans démonter les couvercles des boîtes.

Les essieux sont en acier Bessemer ; les bandages, en acier fondu au creuset et le mécanisme en fer à grain fin, les boîtes à graisse et leurs guides, en U renversé en acier coulé.

Le poids adhérent est uniformément réparti sur les roues motrices, de chaque côté de la machine, au moyen du balancier suspendu à un ressort unique.

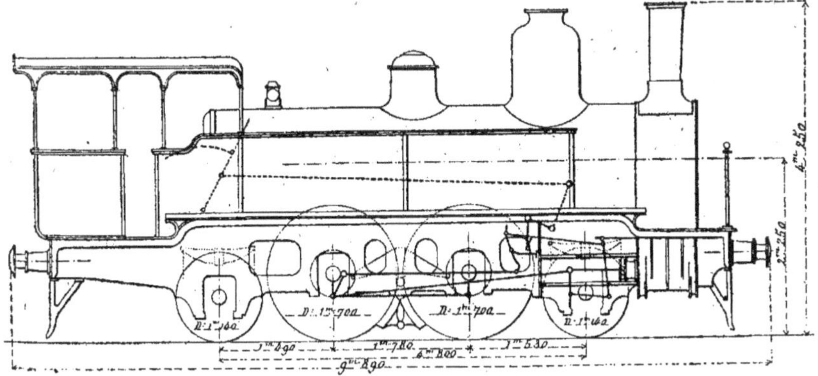

Fig. 481. — Grand Central belge. — Locomotive-tender. Diagramme.

Voici les principales dimensions de cette machine :

Diamètre du corps cylindrique......	1^m,252
Longueur intérieure de la boîte à feu.	2 ,000
Largeur » »	1 ,080
Hauteur » »	1 ,380
Épaisseur des tôles..............	0 ,012
Nombre des tubes................	1 ,88
Diamètre extérieur des tubes	0 ,050
Longueur entre plaques tubulaires..	3 ,500
Surface de chauffe des tubes.......	98^{m2},170
» du foyer........	7 ,920
Volume total de la chaudière.......	4 ,900
Volume de vapeur...............	1 ,750
Volume d'eau avec 0^m,10 au-dessus du foyer...................	3 ,150
Volume des caisses à eau..........	5,000^l
» à charbon......	3,000^k
Diamètre des cylindres...........	0^m,440
Course des pistons..............	0 ,600
Distance entre axes des cylindres...	1 ,980
Écartement intérieur des longerons.	1 ,250
Diamètre des roues motrices	1 ,700
» porteuses	1 ,140
Empatement total................	4 ,800
Longueur entre tampons	9 ,89
Poids à vide....................	20 900^k
Poids en charge	25 800
Effort de traction 65 $\dfrac{pd^2l}{D}$	3 650

315. *Locomotive-tender à quatre essieux couplés.* — Cette machine, due encore à M. Maurice Urban, était exposée à Paris, en 1889, et obtint un des deux grands prix décernés à la section belge, l'autre ayant été attribué aux ateliers Cocherill de Serading.

Elle est destinée à remorquer les lourds trains de marchandises de 400 tonnes sur de fortes rampes de 18 millimètres par mètre ; ce type fut créé en 1865, et l'exemple actuel en comporte les dernières modifications (*fig.* 482).

Les cylindres sont extérieurs avec boîtes d'admission à la partie supérieure ; la distribution est entièrement à mécanisme extérieur du type Walschaert. Les bielles sont articulées à l'essieu coudé de la troisième paire de roues.

Les quatre essieux sont couplés ; deux d'entre eux se trouvent sous la chaudière, et les deux autres sous la boîte à fumée. La machine n'est supportée que par quatre ressorts, deux pour les deux premières paires de roues, et deux pour la troisième et la quatrième.

Le foyer est du type Belpaire approprié pour brûler des menus ; la cheminée, du type Sinclair.

Voici les principaux éléments de cette machine :

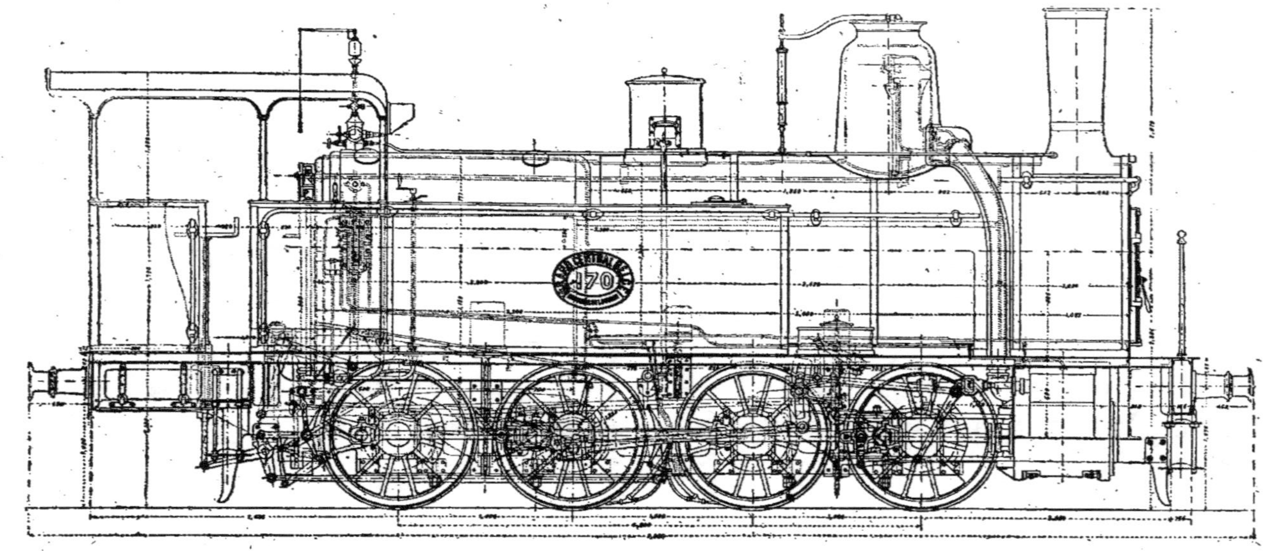

Fig. 482. — Grand Central belge. — Locomotive-tender à quatre essieux couplés.

Diamètre intérieur moyen de la chaudière	1ᵐ,500
Surface des grilles	2ᵐ²,312
Nombre de tubes	270
Longueur des tubes	3ᵐ,500
Diamètre intérieur des tubes	0 ,050
Surface de chauffe totale	159ᵐ²,19
Diamètre des cylindres	0ᵐ,48
Course des pistons	0 ,60
Ecartement des pistons d'axe en axe	2 ,000
Longueur des tubes entre centres	2 ,65
Diamètre des roues	1 ,22
Longueur des fusées	0 ,230
Diamètre »	0 ,165
Hauteur des longerons	0 ,31
Epaisseur »	0 ,025
Distance entre tampons	9 ,986
Empatement total	4 ,300
Distance entre le 1ᵉʳ et le 2ᵉ essieux	1 ,400
» » 2ᵉ » 3ᵉ »	1 ,500
» » 3ᵉ » 4ᵉ »	1 ,400
Timbre de la chaudière	10 atm.
Diamètre de la cheminée : haut.	0ᵐ,41
» » bas	0 ,48
Tender : soutes à eau	4.500 lit.
» » charbon	3.500 »

HOLLANDE

316. *Locomotive express du Chemin de fer Central néerlandais.* — Le type le plus récent de machine hollandaise a été mis en service en 1895 ; c'est une machine express à deux essieux couplés et bogie à l'avant (*fig.* 483), construite par M. Verloop, ingénieur en chef de la Compagnie.

La chaudière est munie d'un foyer Belpaire à grille inclinée et s'étendant sur l'essieu d'arrière ; le dôme est à l'arrière, renferme le régulateur à tringle de manœuvre intérieure.

Les cylindres sont intérieurs et venus de fonte d'une seule pièce ; la visite des tiroirs se fait aisément du dehors, grâce à une inclinaison de leurs tables de 45° sur l'extérieur.

La distribution a lieu au moyen de cou-

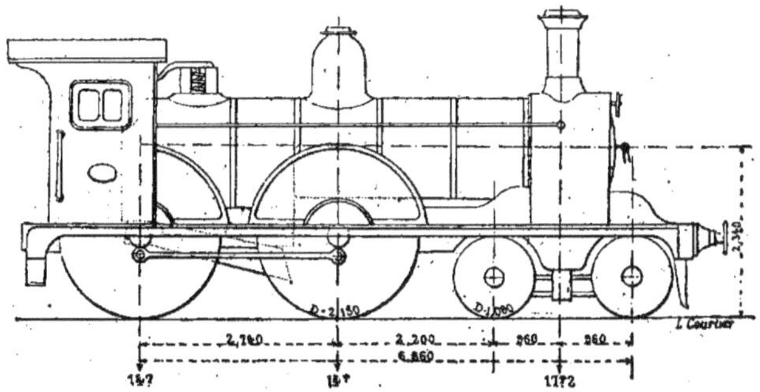

Fig 483. — Hollande. — Locomotive express du Central néerlandais.

lisse de Stephenson à relevage par-dessous.

Les longerons sont intérieurs et entaillés à l'avant pour le passage des roues du bogie ; ils sont en acier de 25 millimètres d'épaisseur.

Les roues sont en acier coulé avec bandages en acier Krupp. Les ressorts des essieux sont placés sous les boîtes.

Le bogie est du type Adams.

Cette locomotive remorque des trains de 200 tonnes (y compris la machine et son tender) à la vitesse de 90 kilomètres à l'heure en profil ordinaire.

Voici les principales conditions d'établissement de cette machine :

Diamètre du corps cylindrique	1ᵐ,289
Surface de grille	2ᵐ²,14
Nombre de tubes	217
Longueur des tubes	3ᵐ,20
Diamètre des tubes	0 ,0445
Timbre	10ᵏ
Surface de chauffe directe	10ᵐ²,30
» des tubes	102 ,80
» totale	113 ,10
Diamètre des roues motrices	2ᵐ,450
Poids total en charge	45 120ᵏ
Poids adhérent	28 000

ITALIE

Chemin de fer de la Méditerranée (Haute-Italie).

317. *Locomotive express à deux essieux couplés et bogie* (type 1889). — Cette machine est destinée au service des voyageurs sur les lignes du réseau de la Méditerranée. Ce n'est que la modification de détail de l'ancienne machine analogue existant depuis 1878, sur le même réseau qui por-

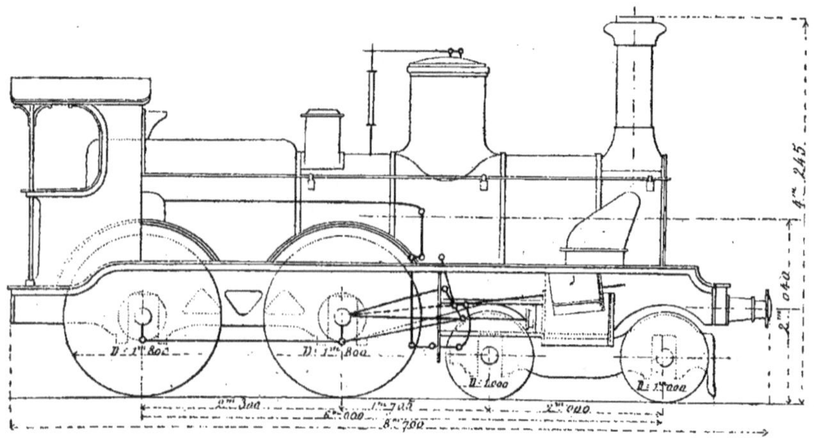

Fig. 484. — Italie. — Locomotive à deux essieux couplés et bogie de la Haute-Italie.

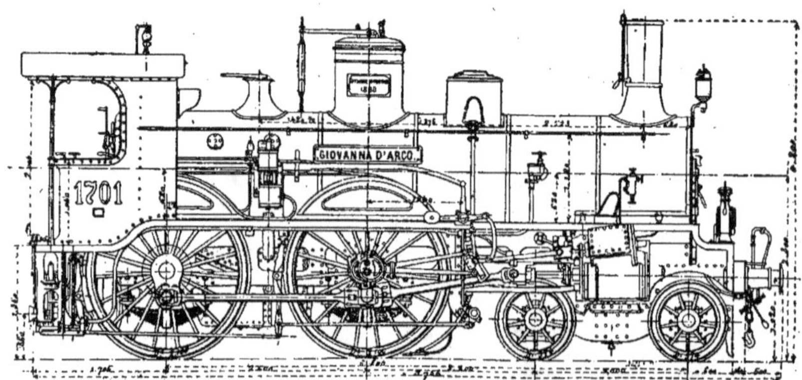

Fig. 485. — Italie. — Locomotive à deux essieux couplés et bogie de la Haute-Italie.

tait alors le nom de Haute-Italie (*fig.* 484). Dans la machine actuelle (*fig.* 485), le foyer est à grille inclinée et passe au-dessus de l'essieu couplé d'arrière ; le ciel est cylindrique, mais maintenu par des entretoises, comme dans le foyer Belpaire; les tubes sont de longueur moyenne, mais la boîte à fumée est de grand volume; la cheminée est du type Sinclair, sans chapiteau; elle est munie d'un capuchon.

Le corps cylindrique est accompagné d'un dôme placé au-dessus de l'essieu moteur et avec régulateur à tringle de manœuvre intérieure. Il est muni de soupapes de sûreté à balance. Il y a une autre soupape à charge directe au-dessus du foyer.

Les longerons sont intérieurs; les cylindres, les tiroirs et tout le mécanisme sont extérieurs. Les coulisses sont à une flasque du système de Gooch, et changement de marche à vis. Les glissières sont doubles; les têtes de bielles d'accouplement sont à rattrapage de jeu. Une sablière installée sur le corps cylindrique amène le sable en avant de l'essieu moteur.

L'alimentation se fait au moyen de deux injecteurs horizontaux non aspirants, placés sur la plate-forme et refoulant vers l'avant du corps cylindrique.

La machine est munie du frein Westinghouse agissant sur les deux paires de roues couplées.

Voici les principales dimensions de cette machine :

Diamètre du corps cylindrique	1^m,31
Hauteur de l'axe au-dessus du rail	2 ,30
Timbre	10^k
Surface de grille	2^{m2},300
Longueur des tubes	3^m,800
Nombre de tubes	170
Surface de chauffe directe	10^{m2}
» » des tubes	89 ,28
» » totale	99 ,28
Diamètre des cylindres	0^m,450
Course des pistons	0 ,620
Diamètre des roues motrices	2 ,100
» » porteuses	0 ,974
Empatement total	6, ,800
Volume d'eau dans la chaudière avec 0^m,20 au-dessus du ciel	3^{m3},800
Volume occupé par la vapeur	2 ,200
Poids total en charge	46 900^k
» sur l'essieu arrière	14 800
» » du milieu	14 700
» sur le bogie	17 400
Tenders. Contenance en eau	10^{m3}
» » en combustible	3 000^k

Ces machines sont construites dans les ateliers de la Compagnie, à Milan.

318. *Locomotives à voyageurs pour fortes rampes du col de Giovi.* — La ligne de Gênes à Turin franchit, à quelques kilo-mètres de la première, la chaîne des Apennins et les fortes rampes se trouvent combinées spécialement près du col de Giovi, avec les souterrains où l'adhérence est fortement diminuée.

Auparavant, la traction sur ces profils accidentés était scindée en deux sections. Sur la ligne de Gênes à Pontedecimo, qui a 14 kilomètres de longueur et des rampes inférieures à 12 millimètres, les trains étaient remorqués par des locomotives du poids de 25 tonnes à deux essieux couplés et bogie à l'avant, avec roues motrices de 1^m,40 de diamètre.

La section difficile de Pontedecimo à Busalla présentant des rampes de 25, et même au *Giovi* de 35 millimètres, était exploitée par des machines à tenders à deux essieux moteurs, accouplés par leurs plates-formes d'arrière, le tout formant un ensemble de quatre essieux moteurs conduits par un seul mécanicien et un seul chauffeur, comme dans le moteur à voie étroite de M. Fairlie. Ces machines remorquaient un train de 80 à 100 tonnes, suivant l'état de la voie.

Leurs principales dimensions étaient les suivantes :

Surface de chauffe directe	14^{m2},
» » des tubes	130
» » totale	144
Timbre	7 atm.
Diamètre des cylindres	0^m,356
Course des pistons	0 ,558
Diamètre des roues motrices	1 ,066
Poids des deux machines réunies en charge	54 000^k

319. On a remplacé plus tard le groupe précédent de machines à deux essieux par un autre groupe de machines à trois essieux, ce qui donnait six essieux moteurs.

Ces machines avaient les dimensions suivantes, qui leur permettaient, sur les rampes précédentes, de remorquer des trains de 120 tonnes, à la vitesse de 15 kilomètres à l'heure.

Surface de chauffe du foyer	14^{m2},600
» » des tubes	186 ,000
» » totale	200 ,000
Timbre	7,8 atm.
Diamètre des cylindres	0^m,406
Course des pistons	0 ,558
Poids en charge des deux machines réunies	66 000^k

320. *Locomotive à voyageur à trois essieux couplés et bogie à l'avant* (type 1884). — Cette machine, étudiée par M. Frescot, ingénieur de la Compagnie, a été mise en service en 1884 et figurait à l'Exposition de Turin. Elle a été spécialement établie pour permettre de franchir en vitesse, et avec des trains lourds, le col de Giovi de la ligne d'Alexandrie à Gênes, où, malgré une variante exécutée dans le but d'atténuer les anciennes déclivités, se présentent à la traversée des Apennins des rampes atteignant encore de 12 à 16 millimètres. Il fallait en un mot construire une locomotive capable de remorquer un train du poids de 120 à 130 tonnes, à la vitesse de 40 à 45 kilomètres à l'heure, sur les déclivités précédentes, et de continuer le parcours, sans changer de machine, en marchant à la vitesse de 60 kilomètres à l'heure en plaine. Tout cela exigeait une grande puissance de vaporisation, une forte adhérence et une bonne stabilité.

C'est pour ces motifs qu'on a adopté un type de machines à trois essieux couplés avec roues de grand diamètre et bogie à l'avant, afin de faciliter le passage dans les courbes.

Nous ne nous étendrons pas sur les détails de cette machine, nous proposant de les décrire ci-dessous dans le nouveau type perfectionné qu'on en a construit dans ces dernières années. Nous nous contenterons d'en donner les principales dimensions (*fig.* 486 et 487) :

FOYER (en cuivre).		
Hauteur totale intérieure, en avant.		1^m,780
Longueur intérieure, en haut.		2 ,200
Largeur intérieure		1 ,205
Chambre de combustion :	Longueur	0 ,891
	Largeur	1 ,173
	Hauteur	0 ,910
Epaisseur des tôles en cuivre :	Plaque tubulaire	0 ,025
	Parois latérales et face arrière	0 ,016
	Ciel	0 ,020
Surface de chauffe		15^{m2},20
»　　de la grille		2 ,20

TUBES A FEU (en laiton).	
Nombre des tubes	202
Diamètre extérieur	0^m,050
Epaisseur	0 ,003

Longueur entre les plaques tubulaires	3 ,810
Surface de chauffe	108^{m2},80

CHAUDIÈRE (en fer).		
Longueur totale		8^m,186
»　　du corps cylindrique		5 ,750
Diamètre intérieur de la grande virole.		1 ,369
Longueur de la boîte à feu		2 ,436
Largeur extérieure en haut		1 ,492
»　　　　»　　en bas		1 ,190
Longueur intérieure de la boîte à fumée		1 ,110
Diamètre intérieur de la boîte à fumée		1 ,369
Epaisseur des tôles :	parois latérales de la boîte à feu	0 ,016
	des tôles embouties	0 ,016
	des viroles du corps cylindrique	0 ,0155
	de la plaque tubulaire	0 ,025
Pression normale (atm. effect.)		10
Capacité en eau (10 cent. sur le ciel du foyer)		5^{m3},300
Capacité en vapeur		2 ,900
Alimentation par deux injecteurs Friedmann		»

CHASSIS, ROUES ET ESSIEUX.		
Ecartement entre les longerons		1^m,230
Diam. des roues au contact :	Motrice et accouplées	1 ,675
	Avant-train	0 ,840
Diam. des jantes des roues :	Motrice et accouplées	1 ,545
	Avant-train	0 ,710
Dimensions des fusées :	1er essieu (accouplé) Diamètre	0 ,190
	1er essieu (accouplé) Longueur	0 ,250
	2e essieu (moteur) Diamètre	0 ,190
	2e essieu (moteur) Longueur	0 ,250
	3e essieu (accouplé) Diamètre	0 ,190
	3e essieu (accouplé) Longueur	0 ,250
	Essieux de l'avant-train. Diamètre	0 ,140
	Essieux de l'avant-train. Longueur	0 ,240

MÉCANISME.	
Diamètre des cylindres	0^m,470
Course des pistons	0 ,620
Ecartement d'axe en axe des cylindres.	2 ,080
Distribution système Gooch.	
Rayon d'excentricité	0 ,062
Angle d'avance des excentriques	32°
Recouvrement intérieur	0^m,0015
»　　　extérieur	0 ,0300

POIDS DE LA MACHINE.		
A vide		49 ,000^k
En service :	1er essieu (accouplé)	12 ,500^k
	2e essieu (moteur)	12 ,500
	3e essieu (accouplé)	12 ,500
	Sur l'avant-train	15 ,500
	Total	53 ,000^k

FORCE DE LA MACHINE.	
Poids adhérent	37 ,500^k
Effort de traction normal (vitesse 45 kilomètres)	3 ,365
Effort de traction maximum	5 ,000

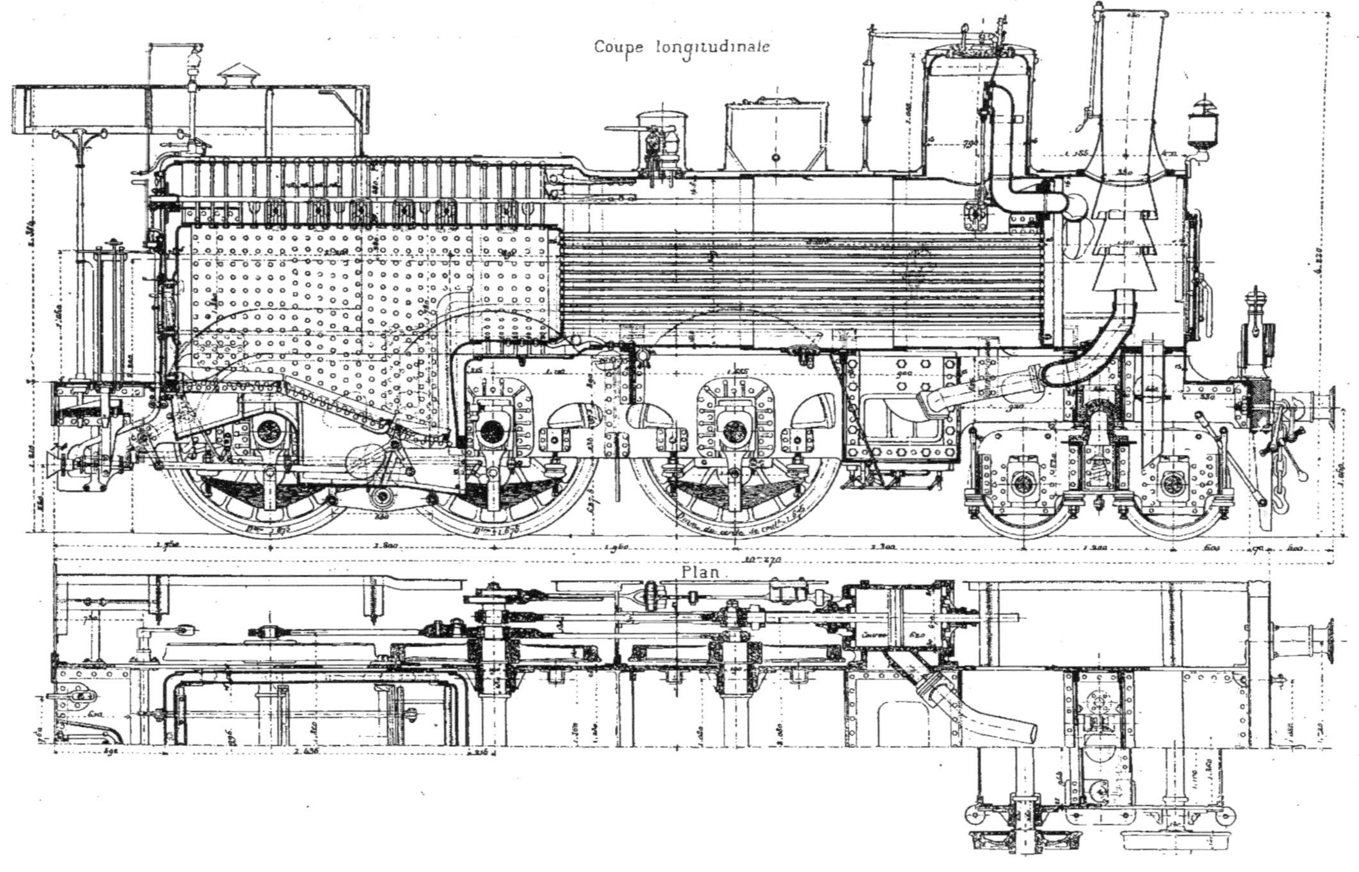

Fig. 486 et 487. — Italie. — Locomotive à trois essieux couplés et bogie de la Haute-Italie.

321. *Locomotive à trois essieux couplés et bogie à l'avant.* — Cette locomotive sert, comme la précédente, à remorquer les trains lourds de voyageurs.

Le foyer est encore du système Belpaire et passe au-dessus de l'essieu couplé d'arrière; dans les anciennes machines du même type (Voir au numéro précédent), ce foyer se terminait par une chambre de combustion qui a été supprimée, ce qui permet d'allonger les tubes. Le dôme de prise de vapeur est à l'avant du corps cylindrique et porte les soupapes ; on rencontre encore une soupape à charge directe un peu à l'avant du foyer. Le régulateur a sa tringle de manœuvre et ses tuyaux intérieurs. Le corps cylindrique est muni d'une sablière (*fig.* 488).

Les longerons sont intérieurs; le mécanisme, les cylindres et les tiroirs sont extérieurs.

Les cylindres sont un peu en arrière des roues du bogie, avec tiroirs à la partie supérieure commandés par des coulisses de Gooch.

Les ressorts des roues couplées sont placés sous les essieux; il y a deux balanciers latéraux pour les deux essieux d'arrière.

La machine est munie d'une cabine fermée sur le côté et accompagnée d'un tender à trois essieux également espacés, avec ressorts au-dessus du tablier et caisse comprise entre les ressorts des deux côtés.

Les principales dimensions de cette machine sont les suivantes :

Diamètre du corps cylindrique	1ᵐ,400
Hauteur de l'axe au-dessus du rail	2 ,200
Surface de grille	2ᵐ²,400
Nombre de tubes	203
Longueur des tubes	4ᵐ,500
Surface de chauffe directe	11ᵐ²,23
» » des tubes	131 ,54
» » totale	132 ,77
Timbre	10ᵏ
Diamètre des cylindres	0ᵐ,470
Course des pistons	0 ,620
Entre axes des cylindres	2 ,080
Diamètre des roues motrices	1 ,675
» porteuses	0 ,840
Empatement total	7 ,350
Poids total en charge	54 500ᵏ
Poids sur l'essieu d'arrière	13 400
» milieu	14 000
» avant	13 600
» bogie	13 500
Tender. Volume d'eau	8 000 lit.
» Poids de combustible	3 000ᵏ
» Poids en charge	24 800

Cette locomotive sort des ateliers Miani Silvestri de Milan et figurait à l'Exposition de Paris en 1889.

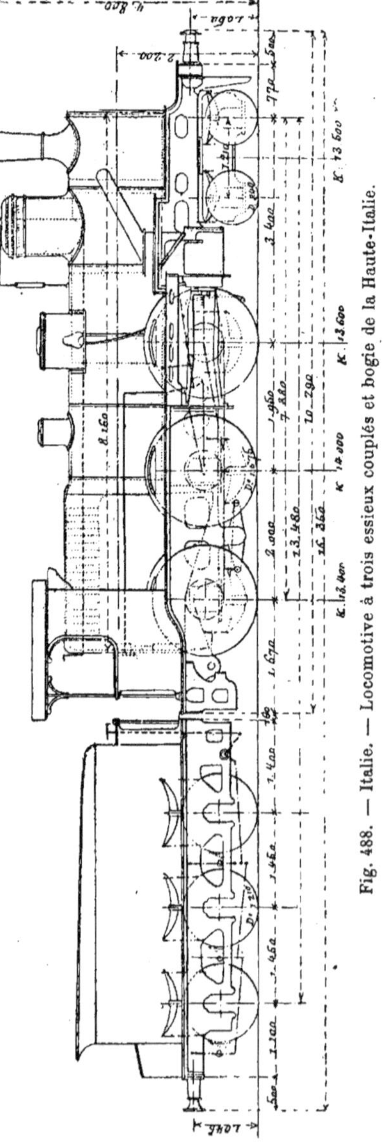

Fig. 488. — Italie. — Locomotive à trois essieux couplés et bogie de la Haute-Italie.

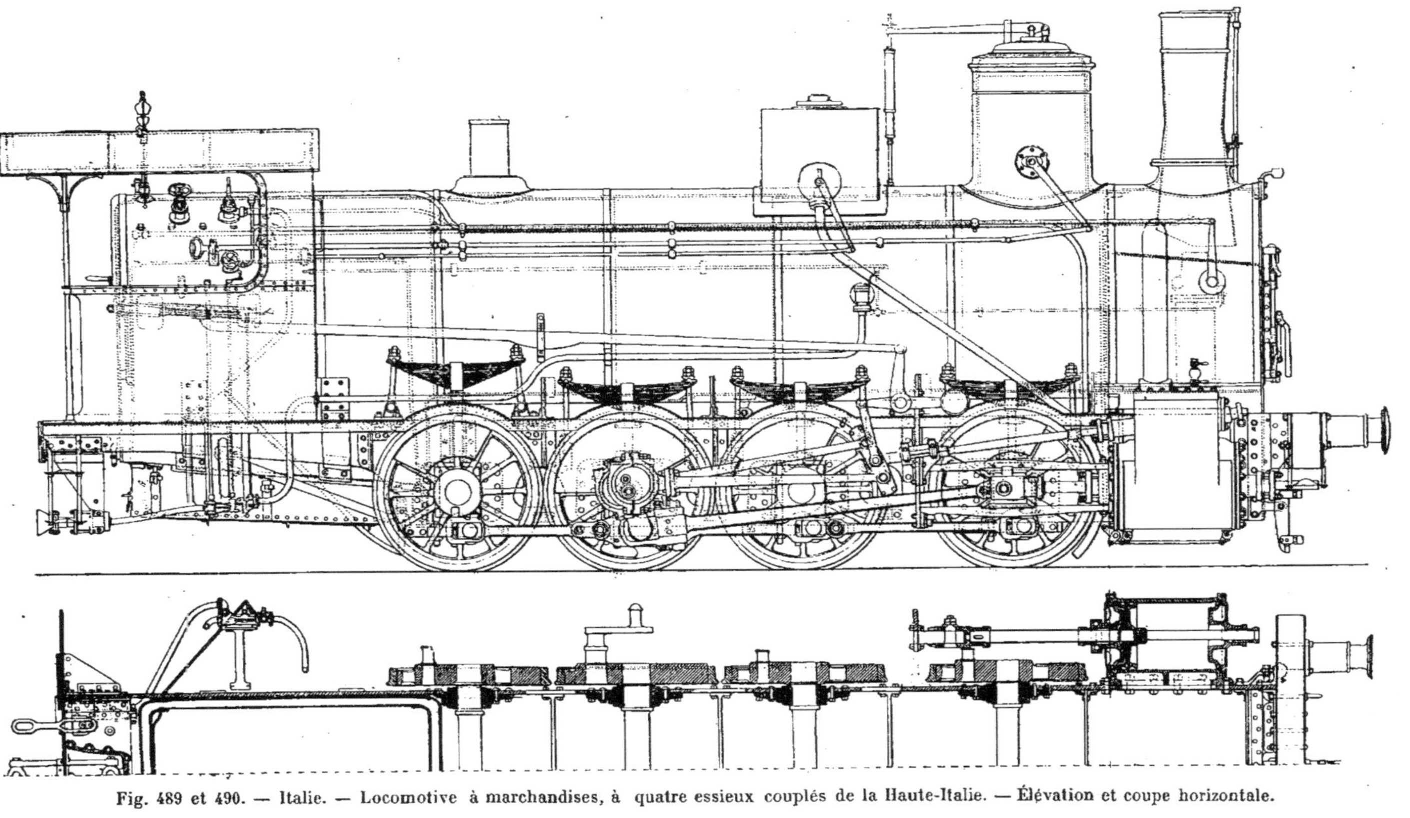

Fig. 489 et 490. — Italie. — Locomotive à marchandises, à quatre essieux couplés de la Haute-Italie. — Élévation et coupe horizontale.

322. *Locomotive à marchandises à quatre essieux couplés.* — Cette machine (*fig.* 489, 490, 491) ressemble en beaucoup de points à celle de l'Ouest français du même type.

Les cylindres sont extérieurs, ainsi que tout le mécanisme; le changement de marche est à vis. Les pistons sont en fer forgé avec tiges prolongées vers l'avant et

Fig. 491. — Italie — Locomotive à marchandises, à quatre essieux couplés, de la Haute-Italie. Coupe transversale.

traversant le fond du cylindre, afin d'être mieux supportées et mieux guidées.

Les quatre essieux sont tous placés sous le corps cylindrique, qui est d'une grande longueur. La grille est en trois parties, dont l'une d'elles, mobile à la volonté du mécanicien, forme jette-feu. Le régulateur est à l'intérieur du dôme, mais mis en mouvement par une tige extérieure dirigée de la cabine. Le dôme est garni de soupapes à balance. L'alimentation se fait au moyen de deux injecteurs Friedman non aspirants placés au-dessous de

la plate-forme; un tuyau spécial est disposé de manière à pouvoir envoyer de l'eau dans la boîte à fumée, qui est munie également d'un pare-étincelles.

La machine est munie du frein à contre-vapeur Le Châtellier. La boîte à sable, placée derrière le dôme, au-dessus du corps cylindrique, présente nécessairement des tuyaux un peu longs pour gagner la roue d'avant; mais, si le sable est fin et sec, ce qui a le plus souvent lieu en Italie, son écoulement se fait néanmoins assez bien dans un tuyau incliné.

Voici les principales dimensions de cette machine :

Diamètre du corps cylindrique	1^m,531
Longueur »	5 ,015
Epaisseur des tôles	0 ,0155
Longueur extérieure de la boîte à feu.	2 ,300
Largeur » au centre	1 ,530
» » au fond.........	1 ,200
Hauteur » à l'avant........	2 ,210
» » à l'arrière	2 ,020
Epaisseur des tôles : côtés...........	0 ,015
» ciel	0 ,020
Longueur du foyer.................	2 ,055
Largeur » au centre.........	1 ,110
» » au fond..........	1 ,020
Hauteur intérieure à l'avant.........	1 ,705
» à l'arrière........	1 ,515
Nombre de tubes	205
Longueur »	5 ,200
Diamètre »	0 ,052
Surface de chauffe directe..........	10^{m2},700
» des tubes.......	156 ,000
» totale..........	166 ,700
Surface de grille.................	2 ,150
Diamètre des cylindres.............	0^m,530
Course des pistons................	0 ,640
Entre axes des cylindres	2 ,080
Longueur des bielles d'accouplement.	2 ,690
» d'excentriques .	1 ,850
Diamètre des roues	1 ,240
Distance du 1er au 2e essieu........	1 ,540
» 2e » 3e »	1 ,280
» 3e » 4e »	1 ,280
Empatement total.................	4 ,100
Poids total en charge	45 000^k

Chemins de fer méridionaux.

323. *Locomotive à voyageurs à deux essieux couplés et bogie à l'avant.* — Cette machine sort des ateliers de la Compagnie à Vérone, et se fait remarquer par la grande simplicité de ses arrangements extérieurs (*fig.* 492).

Le foyer est au-dessus de l'essieu d'arrière avec grille légèrement inclinée : la boîte à fumée se prolonge sur l'avant à la mode américaine ; la cheminée est tronco-nique, sans capuchon. Le dôme de prise de vapeur est au-dessus de l'essieu mo-teur, et les soupapes à charge directe sont sur une colonnette au-dessus du foyer.

Les cylindres sont extérieurs avéc mé-canisme de distribution intérieure com-mandé par une coulisse de Stephenson ; les tiroirs sont placés au-dessus des cylindres et commandés par un mouvement de son-nette ; une glissière unique est placée au-dessus de la tige de chaque piston.

Les têtes de bielles d'accouplement sont à bagues et sans serrage :

La locomotive est accompagnée d'un tender à six roues à trois essieux égale-ment espacés et présentant toutes les al-lures des tenders anglais.

Les principales dimensions de cette machine sont les suivantes :

Diamètre du corps cylindrique	1ᵐ,33
Hauteur de l'axe au-dessus du rail..	2 ,24
Surface de grille......	2ᵐ²,02
Nombre de tubes......	181
Surface de chauffe directe..........	8ᵐ²,21
» des tubes........	92 ,12
» totale	100 ,30
Diamètre des cylindres.............	0ᵐ,450
Course des pistons	0 ,600
Entre axes des cylindres...........	1 ,920
Timbre.......................	10ᵏ
Diamètre des roues motrices........	1ᵐ,92
» porteuses	0 ,95
Empatement total.................	6 ,700
Tender. Volume d'eau............ ...	9 000 lit.
» Poids du combustible......	4 000ᵏ
» Poids en charge.............	26 300

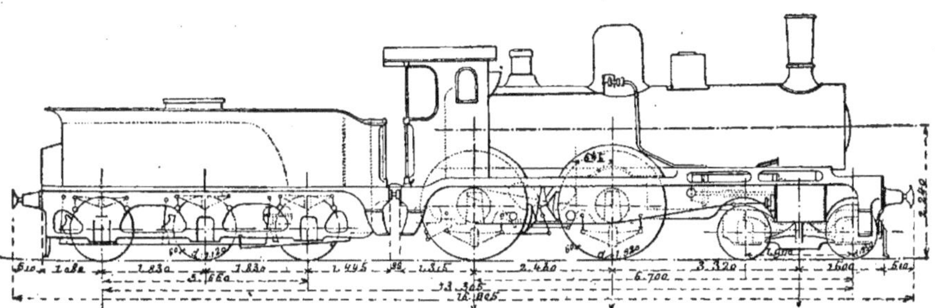

Fig. 492. — Italie. — Locomotive à deux essieux couplés et bogie des chemins de fer méridionaux.

RUSSIE

324. *Locomotive express à trois essieux couplés et bogie à l'avant.* — Les types les plus récents de locomotives employées en Russie sont ceux qui ont été livrés par la maison américaine Baldwin au chemin de fer du Sud-Est russe et du Vladicaucase.

La première est une machine à voya-geurs à trois essieux couplés et bogie à l'avant entièrement construite sur des types américains, sauf les foyers, qui sont en cuivre, et les tampons latéraux avec atte-lage séparé, qui remplacent le tampon central avec attelage. Le chasse-bœufs ou cowcatcher a également été remplacé par des chasse-pierres ordinaires (*fig.* 493).

La chaudière est en acier ; le foyer, du type Crampton, disposé pour brûler du pétrole ; la boîte à fumée est assez allongée. Le dôme est placé sur la première virole.

Les longerons sont en fer forgé du type américain ; les centres des roues, en acier moulé.

La machine est du type compound Vauclain à quatre cylindres entraînant deux à deux une même bielle motrice. Dans chaque groupe, le grand cylindre est au-dessus du petit. Elle est munie de deux injecteurs Sellers et d'un graisseur Nathan. Les garnitures des tiges de pistons et de tiroirs sont du système dit : *United States Metallic Packing*, qui permet un certain jeu latéral des tiges.

La sablière est placée au-dessous des roues, et l'abri se trouve très haut; cet abri est en bois avec portes sur l'avant et fenêtres à glaces mobiles sur les côtés.

Ces machines sont accompagnées d'un tender du type européen à trois essieux et à châssis extérieur.

Voici leurs principales dimensions :

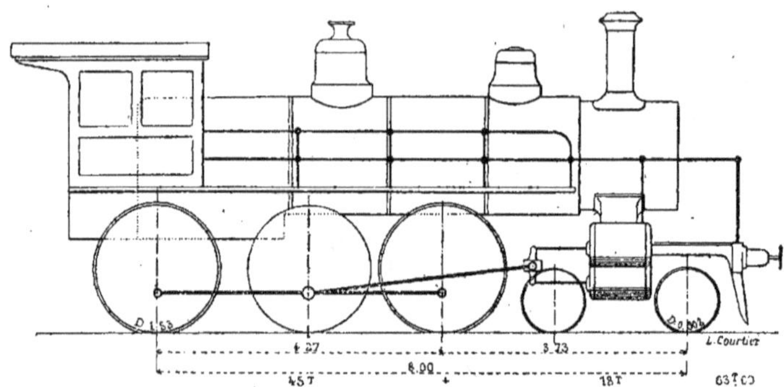

Fig. 493. — Russie. — Locomotive express à trois essieux couplés et bogie à l'avant.

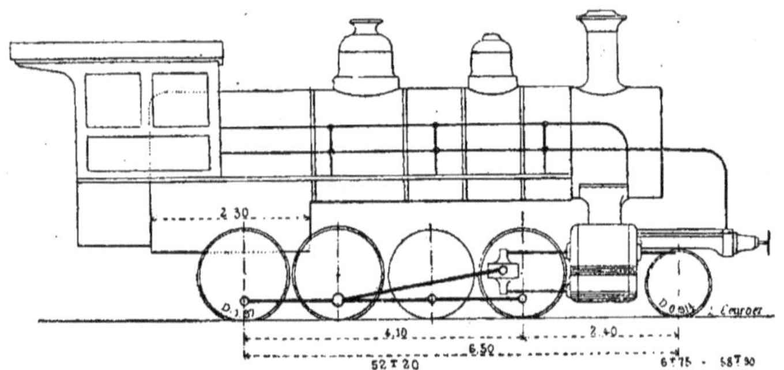

Fig. 494. — Russie. — Locomotive à marchandises à quatre essieux couplés et bissel.

Longueur intérieure du foyer.......	2^m,030
Largeur » »	0 ,914
Epaisseur des tôles de cuivre du foyer	0 ,0127
» » de la chaudière..	0 ,016
Nombre de tubes	223
Longueur »	4^m,35
Diamètre »	0 ,051
Surface de grille	1^{m2},85
» chauffe	147 ,90
Timbre..........................	12^k,66
Diamètre des cylindres à haute pression	0^m,355
Diamètre des cylindres de basse pression	0 ,650
Course commune des pistons.......	0 ,660
Empatement rigide................	4 ,270
» total..................	8 ,000
Diamètre des roues couplées........	1 ,830
» » porteuses.......	0 ,902
Poids total en charge	63 000^k
Poids adhérent en charge..........	45 000

325. *Locomotives à marchandises à quatre essieux couplés et bissel.* — Ces machines ont été fournies par la même maison américaine à la même Compagnie russe. Elles sont du type *Consolidation* à quatre essieux couplés avec un bissel à l'avant des cylindres (*fig.* 494).

Comme les précédentes, elles sont du type américain, à l'exception du foyer, des tampons, de l'attelage et des chasse-pierres. Les autres détails sont identiques à ceux de la précédente.

C'est encore une compound Vauclain; seulement les petits cylindres de chaque côté sont superposés au grand, à cause du faible diamètre des roues.

Ces machines sont livrées sans tender par la maison Baldwin.

En voici les principales données :

Longueur intérieure du foyer.......	$2^m,130$
Largeur » »	1 ,160
Epaisseur des tôles du foyer (acier).	0 ,0127
» » de la chaudière (acier)............................	0 ,016
Nombre de tubes	259
Longueur »	4 ,110
Diamètre »	0 ,051
Surface de grille...................	$2^{m2},47$
» chauffe..............	183 ,76
Timbre............................	$12^k,66$
Diamètre des cylindres à haute pression............................	0 ,342
Diamètre des cylindres à basse pression............................	0 ,711
Course commune des pistons.......	0 ,660
Empatement rigide................	4 ,10
» total................	6 ,50
Diamètre des roues couplées.......	1 ,270
» » porteuses......	0 ,914
Poids total en charge.............	$58 950^k$
» adhérent............	52 200

INDES ANGLAISES

326. *Besoins des locomotives actuelles.* — Aux Indes anglaises, les Compagnies de chemins de fer, assez nombreuses et possédant diverses largeurs de voie, sont toutes en face de la même difficulté : faire face aux besoins de plus en plus exigents du trafic, qui est de plus en plus important. Par suite, les trains sont de plus en plus lourds, et il en est de même des locomotives qui doivent en assurer la traction.

Ainsi, il y a trente ans, le poids le plus élevé d'un train de minerai ou de marchandises était de 400 tonnes aisément remorqué sur les profils de ces lignes, par des machines de 50 tonnes. Le poids des trains actuels atteint parfois 1 000 tonnes, et les locomotives les remorquant présentent maintenant d'une manière courante des poids de 70 tonnes en charge. Et cette augmentation de charge a concordé avec une augmentation de la vitesse des trains, augmentation longuement réclamée par le public, aussi bien pour le service des voyageurs que pour celui des marchandises.

Cela fait, nous examinerons quelques-uns des types les plus récents de ces machines.

327. *Locomotives-tenders à deux* *essieux couplés du Bombay Bacoda et Central India Railway.* — Ces machines, comme toutes celles qu'on emploie dans les Indes anglaises ont été construites en Angleterre par le Vulcan Foundry Compagy de Newton-le-Willows, sur le projet de M. Caroll, ingénieur en chef du matériel et de la traction de la Compagnie. Elles sont destinées au service suburbain des voyageurs de Bombay, service datant de 1878, et actuellement au moins aussi important que celui des Métropolitains de Londres.

Elles sont, en effet, destinées à remorquer des trains comportant 10 voitures de $8^m,24$ de long munies du frein à vide ou automatique, premier essai de ce frein aux Indes.

La longueur du trajet est d'environ 16 kilomètres avec arrêt tous les 1 200 mètres en moyenne ; les plus longs parcours sans arrêt sont de 3 kilomètres, et, malgré la petitesse de la chaudière dans ces trajets relativement longs, la vapeur ne fait jamais défaut.

Le foyer est en cuivre, et le ciel est maintenu par des fermes transversales en acier coulé ; le mécanisme est intérieur ainsi que les longerons du châssis ; en dehors des deux essieux moteurs et couplés, il existe deux autres essieux porteurs à roues plus petites l'un à l'avant, l'autre à l'arrière. Ces deux essieux porteurs sont munis de boîtes radiales dont le rayon théorique est de $1^m,61$; ces boîtes sont en acier coulé.

L'essieu moteur direct est l'essieu couplé d'avant ; la machine est entièrement nue, et tous les accessoires sont rassemblés à la portée de la main du mécanicien dans un abri formé seulement d'un toit suspendu sur des colonnettes, disposition en harmonie avec le climat. Le dôme de prise de vapeur est situé sur le corps cylindrique entre les deux essieux d'avant.

Le tender se compose de deux caisses latérales de 900 litres chacune et d'une soute arrière de 1 800, soit en tout 3 600 litres ; le charbon est déposé dans le tender arrière. La distribution se fait au moyen de coulisses Stephenson commandant des tiroirs appliqués verticalement contre les cylindres au centre de la machine.

Comme le service se fait dans les deux

sens cette locomotive présente à ses deux extrémités des chasse-bœufs dans le genre des machines américaines. Ajoutons qu'elle est établie pour la voie ultra-large de 1m,677 entre rails.

Voici ses principales dimensions (*fig.* 493 à 497) :

1° CHAUDIÈRE.	
Longueur du corps cylindrique.....	3m,05
Hauteur de l'axe au-dessus du rail..	1 ,932
Diamètre extérieur du corps cylindrique......................	1 ,220
Epaisseur des tôles	0 ,0127
» » de la plaque tubulaire......................	0 ,0190
Diamètre des rivets................	0 ,020
Longueur de la boîte à feu extérieure.	1 ,448
Largeur au niveau de la boîte à feu.	1 ,410
Distance de l'axe du corps cylindrique au sommet	1 ,372
Epaisseur des tôles de la boîte à feu : avant......................	0 ,0127
Epaissseur des tôles de la boîte à feu : arrière	0 ,0127
Epaisseur des tôles de la boîte à feu : côtés	0 ,0127
Ecartement des entretoises (cuivre).	0 ,1016
Diamètre »	0 ,0222
Longueur intérieure du foyer au sommet	1 ,258
Largeur intérieure du foyer au sommet	1 ,133
Nombre de tubes	168
Longueur des tubes	3m,126
Diamètre extérieur des tubes	0 ,0508
Distance entre le sommet de la cheminée et le rail	3 ,965
Surface de chauffe directe..........	8m2,40
» » des tubes.......	84 ,64
» » totale...........	93 ,06
Surface de grille.................	1 ,35

2° SUSPENSION.	
Diamètre des roues motrices.......	1m,525
» » porteuses......	1 ,067
Distance entre le 1er et le 2e essieux.	2 ,135
» » 2e » 3e » .	2 ,211
» » 3e » 4e » .	1 ,982
Essieu moteur. Diamètre à la portée de calage......................	0 ,216
Essieu moteur. Diamètre à la fusée.	0 ,177
» » au centre.	0 ,177
Distance entre les centres des fusées	1 ,372
Longueur de la portée de calage	0 ,177
» » de la fusée...	0 ,228
Essieu couplé. Diamètre de la portée de calage......................	0 ,216
Essieu couplé. Diamètre de la fusée.	0 ,177
» » du centre..	
» Longueur de la portée	0 ,165
de calage	0 ,177
Essieu couplé. Longueur de la fusée.	0 ,228
» Ecartement des centres des fusées..................	1 ,372
Essieu porteur. Diamètre de la portée de calage......................	0 ,178

Essieu porteur. Diamètre de la fusée	0m,152
» » centre.	0 ,140
» Longueur de la portée de calage	0 ,178
Essieu porteur. Longueur de la fusée.	0 ,229
» Ecartement des centres des fusées..................	1 ,347
Epaisseur des longerons (acier).....	0 ,0254
Ecartement »	1 ,435

3° MÉCANISME.	
Diamètre des cylindres............	0m,432
Course des pistons................	0 ,610
Longueur des lumières............	0 ,355
Largeur des lumières d'admission...	0m,0385
» » d'échappement	0 ,102
Distance entre axes des cylindres...	0 ,813
Contenance des soutes à eau.......	3 635l
» » charbon ..	2 500k
Poids en charge..................	45 200
» sur le 1er essieu....	10 170
» » 2e	13 140
» » 3e	12 110
» » 4e	8 000

328. *Locomotive à trois essieux couplés et bogie à l'avant de l'Etat indien.* — Cette machine a été établie comme la précédente pour la voie extra-large de 1m,67 (*fig.* 498). Le foyer en cuivre, d'excellente qualité, est à grille inclinée passant au-dessus de l'essieu ; des entretoises en cuivre relient la boîte à feu au ciel de ce foyer ; d'autres en fer relient les parois latérales à la même boîte à feu. Il est, en outre, muni de cornières permettant de recevoir les murs d'une voûte en briques. Deux tampons fusibles disposés dans le ciel du foyer permettent, en cas d'excès de température, et par suite de pression, du bouilleur, d'inonder immédiatement la grille et, enfin, d'éviter les coups de feu.

Les entretoises supérieures sont vissées dans le ciel du foyer et la tôle supérieure de la boîte à feu, est maintenue par des écrous. Chacune de ces entretoises est, bien entendu, composée d'une seule pièce de fer forgé.

La boîte à feu est munie d'une chapelle portant deux soupapes à ressort du type Ramsbottom.

Les tubes sont en laiton ; ils présentent une saillie de 6 millimètres sur la plaque tubulaire de la boîte à fumée et sont fixés au dudgen.

La porte de la boîte à feu et du foyer

Fig. 495. — Indes anglaises. — Locomotive-tender à deux essieux couplés du Bombay Bacoda et Central India Railway.

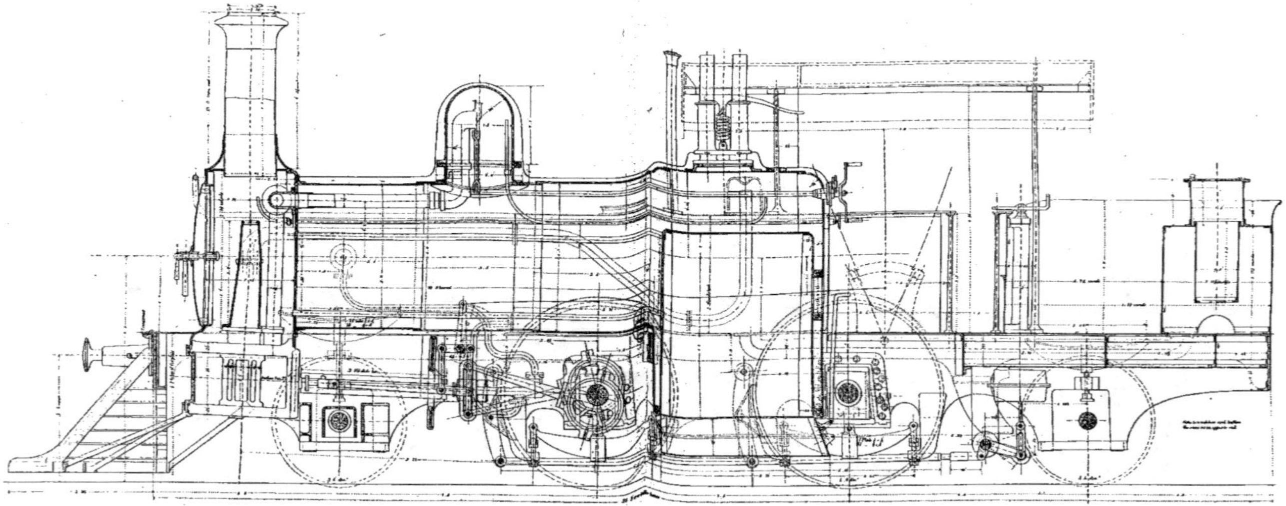

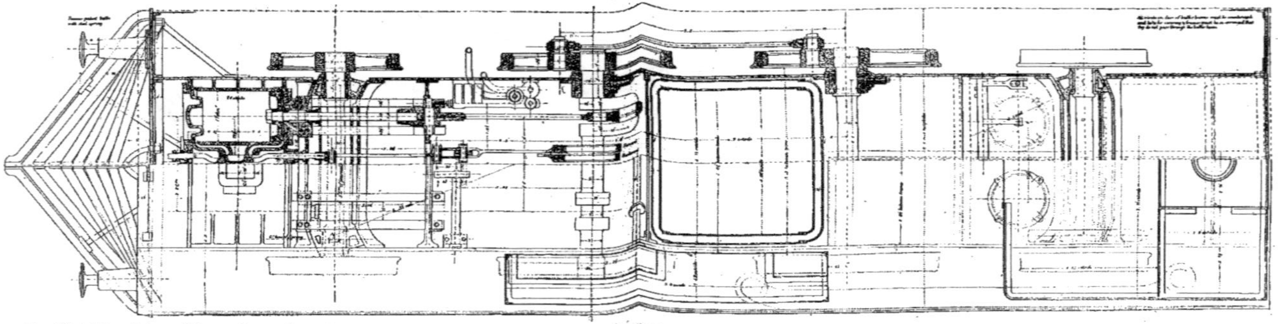

Fig. 496 et 497. — Indes anglaises. — Locomotive-tender du Bombay Bacoda et Central India Railway [Figures extraites du *Railway Engineer*, mesures en pieds anglais (*feet*), de 0^m,305, et en pouces (*inches*), de 0^m,0254].

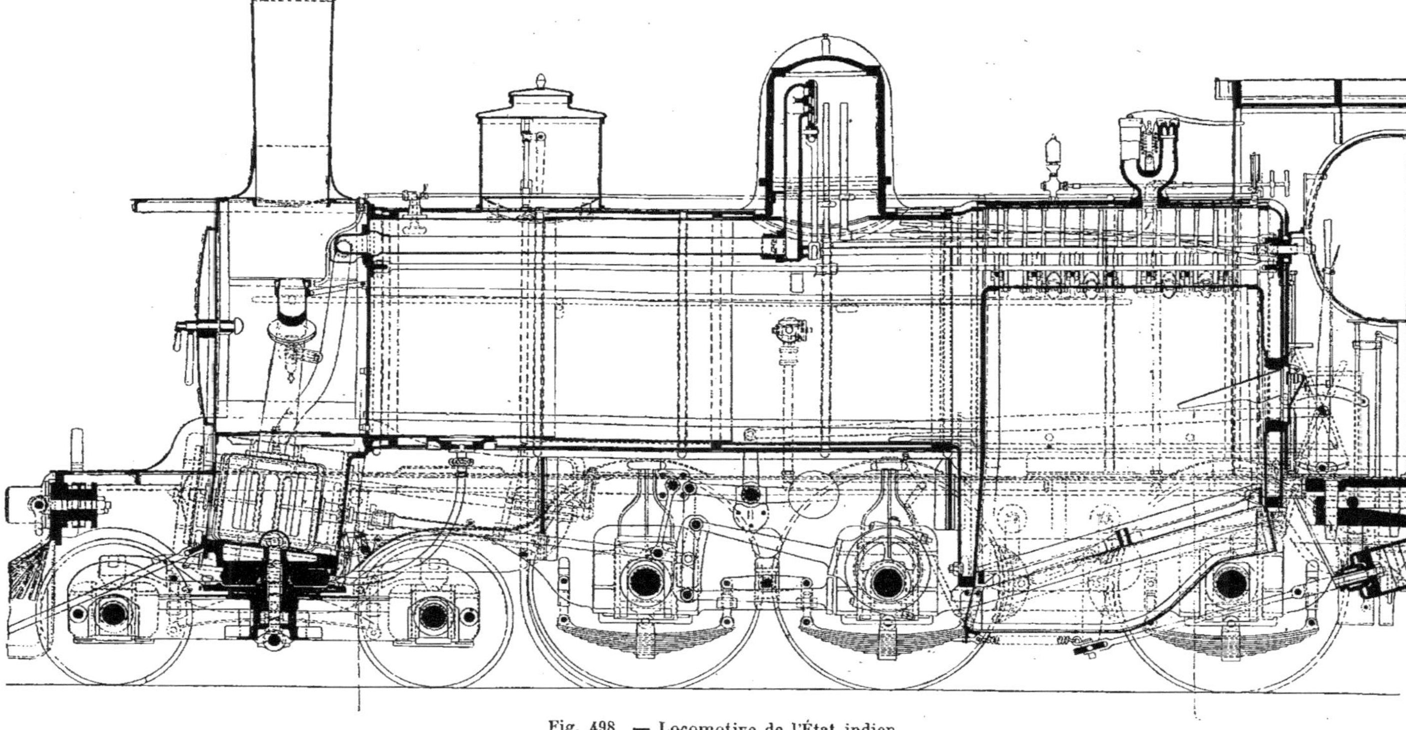

Fig. 498. — Locomotive de l'État indien.

est vissée ; elle est entourée d'un vigoureux anneau en fer forgé, faisant saillie d'environ 20 millimètres sur le cuivre du foyer. L'intérieur est muni d'un déflecteur empêchant la radiation du feu à l'extérieur, quand on ouvre la porte. Le cendrier, sous la grille, présente deux portes : une à l'avant et l'autre à l'arrière, mues au moyen de leviers et de tringles de connexion.

Le dôme est à peu près au milieu du corps cylindrique ; il renferme un régulateur en fonte muni de deux ouvertures ouvertes par des tiroirs. La manœuvre se fait au moyen d'une tige logée à la partie inférieure du corps cylindrique et sortant de la chaudière par un presse-étoupe, pour se terminer par une manivelle à la disposition du mécanicien.

Le tuyau de prise de vapeur est entièrement noyé dans la chaudière, dont il longe la partie haute ; c'est un gros tuyau de cuivre relié au régulateur par un dôme en fer bridé et boulonné. Il traverse la plaque tubulaire de la boîte à fumée à laquelle il est fixé par une pièce évasée d'excellent acier, pour se prolonger par une culotte en fer forgé et deux tuyaux en cuivre se rendant aux cylindres par l'intérieur de la boîte à fumée.

Le corps cylindrique est entièrement recouvert de bois de pin maintenu par une carcasse en fil de fer et ensuite d'une deuxième enveloppe en tôle. Il en est de même du dôme de prise de vapeur.

Les longerons de châssis sont d'une seule tôle.

Les cylindres en fonte sont extérieurs.

Vers l'arrière, se trouve une boîte à sable dont l'axe vertical est directement tangent à la première roue motrice, et se recourbe ensuite en épousant cette roue pour rejoindre le rail. Cela procure le maximum de chance de bonne chute du sable sur le rail, en avant de cette roue.

Cette boîte est manœuvrée par une tringle longeant le dessus du corps cylindrique, aboutissant à la plate-forme et se terminant par un petit volant à main.

Des robinets graisseurs et purgeurs en bronze accompagnent les cylindres comme à l'ordinaire. Les purgeurs sont manœu-

vrés de la plate-forme du mécanicien au moyen de tringles.

Les tuyaux d'échappement sont en cuivre, comme ceux de prise de vapeur.

Les tiroirs sont en bronze. — Les pistons sont en fonte avec segments en bronze ; ils sont fixés à leur tige au moyen de cônes et d'écrous.

Les bielles sont en fer, forgées d'une seule pièce ; les coussinets sont en bronze ; il en est de même des bielles d'accouplement ; les crosses des pistons sont en fer forgé avec anneaux en bronze.

Les excentriques sont en deux pièces : la plus petite en fer forgé, et la plus grande en fonte, toutes deux réunies par des boulons.

L'alimentation se fait au moyen de deux injecteurs n° 10 de Gresham et Steward, entièrement en bronze, dont toutes les parties sont faciles à démonter et à remplacer ; la tuyauterie qui les accompagne est en excellent cuivre étiré.

Le bogie est à deux essieux, du système Adam ; toutes les parties de ce truck sont en fer forgé ou en acier.

Les essieux sont en excellent fer forgé de la Lowmoor Company ; les roues y sont calées sous une pression hydraulique de $4^{T},7$ par centimètre de diamètre et maintenues par des clavettes en acier. Ces essieux sont garantis par le fournisseur comme pouvant parcourir 240 000 kilomètres.

Les boîtes à huile sont en fonte avec coussinets en bronze ; les plaques de garde sont en acier, sauf dans le bogie, où elles sont en fonte.

Les ressorts sont du meilleur acier et composés de lames étagées ; les deux ressorts du centre sont réunis par un balancier de répartition.

Le frein est composé de sabots agissant sur les roues motrices et actionnés par un cylindre à vapeur qui se met sur le tender. Un ressort de rappel en hélice ramène les choses au repos, quand la vapeur n'agit pas.

Dimensions principales. — La figure 498 donne à l'échelle de $0^{m},027$ par mètre, toutes les dimensions d'ensemble de cette locomotive, dont il peut être intéressant d'avoir les détails ci-dessous :

Foyer : épaisseur des tôles : plaque tubulaire..	0^m,0254

Foyer : épaisseur des tôles : plaque tubulaire..	0m,0254
» » partie pleine	0 ,0143
» » ciel........	0 ,0127
» » parois latérales.....	0 ,0127
Diamètre des rivets................	0 ,0190
Diamètre des entretoises des parois (cuivre)...................	0 ,0222
Ecartement des entretoises des parois	0 ,1016
Diamètre minimum des entretoises du ciel (fer)...................	0 ,0222
Diamètre maximum des entretoises du ciel au pas de vis............	0 ,0285
Corps cylindrique : diamètre du trou de la chapelle des soupapes.......	0 ,0900
Diamètre des soupapes de sûreté...	0 ,0635
Diamètre des tubes (extérieurs)	0 ,045
Saillie des tubes sur les plaques de la boîte à fumée................	0 ,006
Largeur de l'anneau encadrant la porte du foyer	0 ,070
Epaisseur de l'anneau encadrant la porte du foyer	0 ,070
Epaisseur maximum des barreaux de grille	0 ,015
Ecartement maximum des barreaux de grille	0 ,015
Epaisseur des tôles du cendrier......	
» de la boîte à fumée.	0 ,006
Diamètre du tuyau de prise de vapeur.	0 ,006
Epaisseurs des longerons du châssis.	0 ,102
Diamètre des cylindres	0 ,0285
Course des pistons................	0 ,456
Diamètre des tiges des pistons......	0 ,660
— des roues du bogie.........	0 ,069
Distance d'axe en axe des roues du bogie	0 ,633
Diamètre des roues motrices........	1 ,830
Ressort de suspension : largeur des lames...................	0 ,114
Ressort de suspension : épaisseur des lames...................	0 ,112

AUSTRALIE DU SUD

329. *Locomotive-tender du Kapunda and North-West Bend-Railway.* — Cette machine (*fig.* 499 et 500) est spécialement destinée à la traction à petite vitesse des trains lourds sur des profils accidentés munis de rails Vignole du poids de 25 kilogrammes par mètre. Elle a été construite pour le Gouvernement de l'Australie du Sud par MM. Beyer-Pucok et Compagnie sur les plans et projets de M. William Thow, ingénieur de la traction de la colonie. Elle est disposée pour la voie extra-large de 1^m,60 entre rails ; c'est une machine-tender à trois essieux couplés et bogie à l'arrière, sous la plate-forme du mécanicien.

Les cylindres, légèrement inclinés, et le mécanisme, sont intérieurs, actionnant l'essieu du milieu, qui est coudé ; les tiroirs sont dos à dos au centre de l'ensemble et appliqués latéralement à leurs cylindres respectifs.

Le dôme de prise de vapeur est au milieu du corps cylindrique, au-dessus de l'essieu moteur ; il renferme le régulateur et supporte les deux soupapes de sûreté ; sauf un trou d'homme au-dessus du foyer, la chaudière est donc dépourvue de tout appareil accessoire. La distribution se fait au moyen d'une coulisse de Gooch.

Le tender est formé de deux caisses latérales et d'une troisième en fer à cheval placée à l'arrière de la plate-forme. La tige du régulateur et le tuyau de prise de vapeur sont entièrement noyés dans la chaudière.

L'avant est muni du chasse-bœufs obligatoire dans ces pays neufs.

Voici les principales données de cette machine :

Longueur totale entre tampons.....	9^m,86
Diamètre intérieur moyen du corps cylindrique..................	1 ,41
Largeur extérieure du foyer........	1 ,525
Longueur » »	1 ,200
Nombre de tubes................	146
Longueur des tubes entre plaques..	3^m,586
Diamètre extérieur des tubes.......	0 ,046
Ecartement entre les tubes.........	0 ,174
Surface de chauffe du foyer........	7.500
» » des tubes........	78.323
» » totale............	85.823
Surface des grilles................	1^{m2},343
Timbre	9^k,2
Diamètre des cylindres............	0^m,412
Course des pistons................	0 ,508
Inclinaison des cylindres sur l'horizontale...................	1/9
Distance d'axe en axe des cylindres.	0^m,862
Distance du centre des cylindres à l'essieu moteur	2 ,480
Distance du centre des bielles d'accouplement:...................	1 ,500
Diamètre des roues motrices	1 ,220
» du bogie........	0 ,915
Empatement rigide................	3 ,130
» total.............	6 ,850
Rapport de la surface de grilles à la surface de chauffe.............	1 à 61,6
Rapport de la surface de chauffe du foyer à celle des tubes...........	1 à 10,318
Contenance des caisses à eau	4 800^l
» » charbon...	1 500^k
Poids total en charge.............	38 500
» sur le 1er essieu.........	7 100
» » 2e »	8 400
» » 3e »	8 400
» » bogie 1er essieu...	7 200
» » » 2e »	7 400

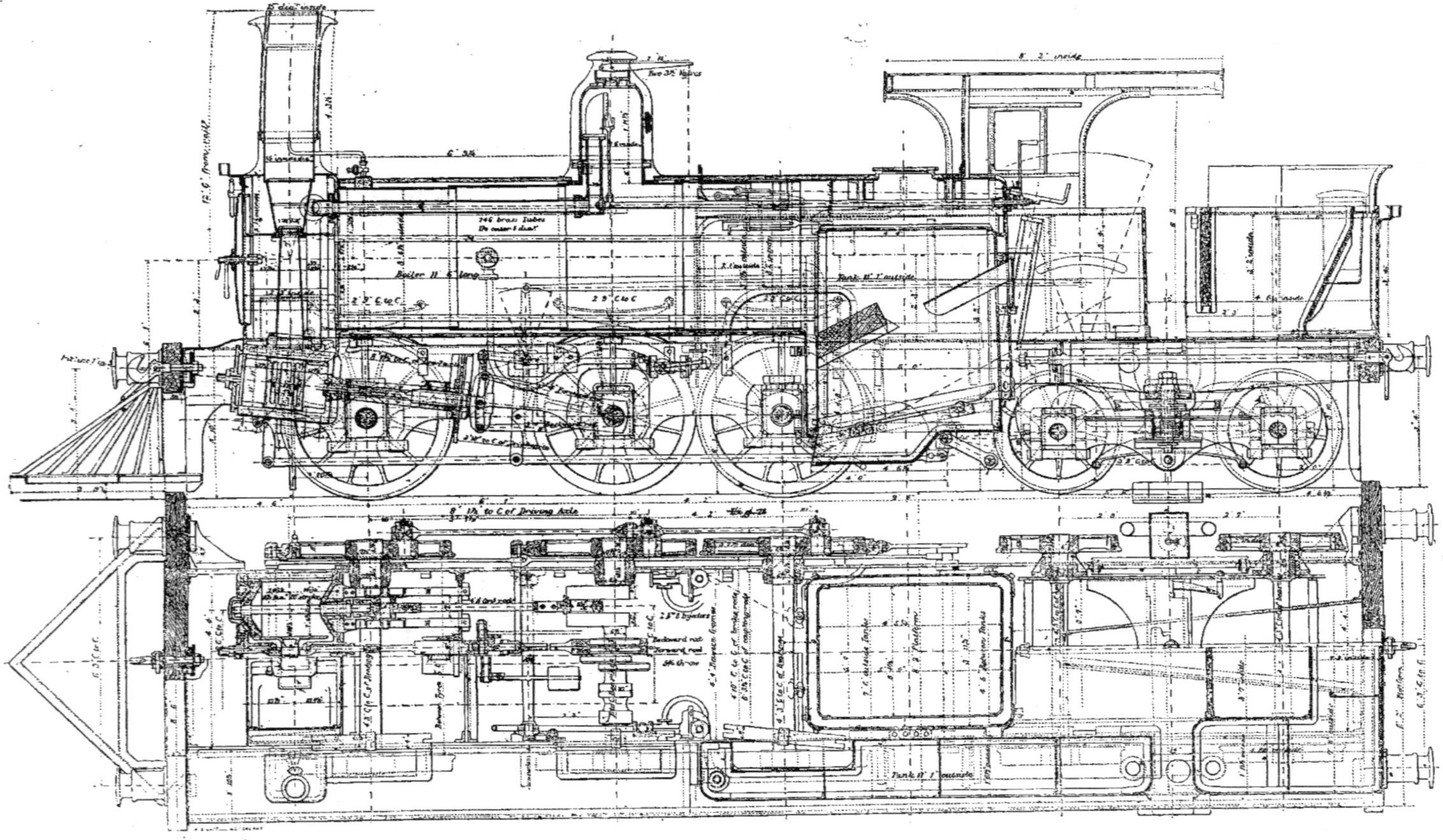

Fig. 499 et 500. — Australie. — Locomotive du Kapunda and North-West Bend Railway. — Extrait de l'*Engineering*, mesures en pieds anglais (*feet*) de 0ᵐ,305 et en pouces (*inches*) de 0ᵐ,0254.

Historique de la locomotive aux Etats-Unis.

330. C'est en 1829 qu'Allen introduisit pour la première fois la locomotive aux Etats-Unis ; les machines étaient munies de chaudières verticales qui furent remplacées, en 1831, par des chaudières horizontales ; jusqu'en 1832, elles ressemblaient beaucoup aux locomotives du continent ; mais à ce moment elles prirent un caractère tout spécial, grâce à l'introduction du bogie à l'avant. En 1833, Baldwin construisait la première machine avec cylindres horizontaux.

Les ingénieurs américains, et spécialement Baldwin et Rogers, réalisèrent de 1832 à 1840 les progrès suivants : accroissement de la pression effective de 4 à 9 atmosphères ; remplacement du bois des châssis par du fer ; disposition des cylindres sous la boîte à fumée ; répartition des charges au moyen de balanciers.

C'est en 1835 que Budwis construisit son type à deux essieux moteurs et avant-train mobile.

En 1844, on substitue le fer au cuivre pour la confection des tubes.

En 1848 furent établies les premières machines à grande vitesse.

En 1850 paraissaient les premières machines sans truck articulé, à trois, puis à quatre essieux couplés.

En 1857, Ross Wynans construisait la première locomotive à quatre essieux couplés et avant-train à quatre roues.

C'est en 1857 que l'on voit pour la première fois paraître le bissel sous le nom de *poney-truck*, dans les machines à trois essieux couplés.

A la même époque, on voit se généraliser l'emploi de la coulisse Stephenson, et l'acier se substitue au fer dans la construction des locomotives américaines, idée due à Smith, comme celle de l'extension de la boîte à feu.

Depuis une trentaine d'années, les locomotives n'ont plus subi d'autres modifications essentielles que celles qui sont dues au système compound, et que nous avons vues précédemment. Elles se divisent en trois catégories principales, dont les dispositions de détail seules varient, avec l'importance du trafic.

Le type *American* à deux essieux couplés moteurs et bogie à deux essieux à l'avant.

Le type *Mogul* à trois essieux couplés et bissel à l'avant.

Le type *Consolidation* à quatre essieux couplés et bissel à l'avant.

En dehors de ces types, on rencontre encore des *locomotives à grande vitesse* qui sont de construction relativement récente, et des *locomotives-tenders* spécialement affectées au service des gares.

Tenders. — Les tenders sont, en général, d'une contenance plus grande que ceux d'Europe, à cause du grand espacement des réservoirs d'alimentation. Ils sont montés sur deux trucks à deux ou trois essieux chacun et généralement tous deux munis de freins.

Considérations générales.

331. Les chemins de fer ont pris, comme l'on sait, un immense développement aux Etats-Unis, et cela s'explique aisément par les besoins aussi importants que multiples auxquels ils avaient à satisfaire dans ce pays neuf. Les transports, en effet, se font généralement à des distances beaucoup plus grandes que dans nos pays d'Europe, et dans des conditions très différentes, quant au trafic, au tracé et à l'entretien de la voie, etc.

Les locomotives américaines ont pour caractéristique leurs dimensions et leur puissance de traction généralement plus grandes que les nôtres ; leur parcours annuel est également plus étendu, et, par suite, leur rendement meilleur.

Pour établir une comparaison avec un pays et une race dont le génie national se rapproche le plus de celui des Américains, l'Angleterre, on constate immédiatement que le nombre des machines en service y est beaucoup plus grand qu'aux Etats-Unis par rapport au développement total des voies et au travail accompli.

Ainsi, en 1890, les Etats-Unis possédaient 287 000 kilomètres de lignes en exploitation, avec 32 241 locomotives, soit une machine pour $8^{km},3$; tandis qu'en Angleterre il y avait cette même année 16 237 locomotives pour 32 130 kilomètres, soit une par $1^k,9$, c'est-à-dire quatre fois plus qu'en Amérique, toutes choses égales d'ailleurs.

La libre concurrence a en même temps entraîné une grande diminution de tarifs ; ainsi, le prix moyen de la tonne kilométrique, qui était de $0^f,08$ en 1868, descendait à $0^f,06$ en 1882 et arrivait à $0^f,03$ en 1890. Cette réduction a grandement diminué les bénéfices des Compagnies et les a en même temps forcées à augmenter la puissance de leurs instruments de transport, en augmentant les quantités transportées.

La locomotive s'en est ressentie directement; elle a eu à développer un travail plus grand que celui qu'on lui avait d'abord demandé ; son ancien parcours annuel de 26 à 28 000 kilomètres a dû atteindre le chiffre de 38 000 kilomètres. Et au lieu d'un revenu brut de 125 000 francs comme en Angleterre, la machine américaine a rapporté, en 1890, plus de 175 000 francs, c'est-à-dire 54 275 francs de plus. Cette différence est encore plus importante qu'elle ne le paraît, car la moyenne des prix de transport est beaucoup plus élevée en Angleterre, au moins pour les marchandises. Et, s'il n'en est pas tout à fait de même pour les voyageurs cela tient au confortable américain aujourd'hui proverbial.

Aussi s'explique-t-on aisément l'extraordinaire développement du matériel roulant aux Etats-Unis dans ces dernières années, développement qui n'a fait que suivre celui du trafic auquel il est appelé à faire face.

Par exemple, de 1877 à 1890, le nombre des locomotives en service sur les lignes américaines a passé de 15 911 à 32 241. — En même temps celui des wagons à marchandises passait de 392 175 à 1 061 970, et celui des voitures à voyageurs de 12 053 à 12 957. Pendant cette période, le trafic des voyageurs et des marchandises a plus que doublé.

Dispositions spéciales aux machines américaines.

332. On remarque bien sur les locomotives américaines les dispositions générales et les organes fondamentaux des machines européennes; mais elles s'en distinguent cependant par des caractères spéciaux, dont les principaux sont : l'aspect extérieur, la nature des matériaux employés et, comme nous venons de dire, le service exceptionnel qu'elles effectuent.

Leur aspect extérieur est généralement peu flatteur à l'œil : les organes essentiels sont des pièces simplement ébauchées, le plus souvent fondues sans être finies, et donnant à l'ensemble une allure un peu hirsute. C'est que la préoccupation des constructeurs américains est de les faire avant tout robustes et résistantes, à cause du service spécial qu'elles doivent généralement effectuer sur des voies souvent médiocrement installées, et qu'il est quelquefois impossible d'entretenir pendant une longue saison d'hiver. Une locomotive trop soignée et munie d'organes trop délicats ferait sur ces réseaux assez mauvaise figure.

Ainsi les châssis sont formés de barres pleines en fer forgé ou en acier coulé, ce qui oblige à rehausser la chaudière pour pouvoir placer le foyer. Nous reviendrons plus loin sur cette surélévation du corps cylindrique, qui a, dans tous les cas, l'avantage de dégager complètement les pièces du mécanisme, ce qui en facilite la visite et l'entretien, toujours beaucoup moins commode avec un longeron en tôle ; le piston est généralement en fonte coulée avec sa tige ; nous avons vu précédemment que la roue en fonte est également en usage général. Les pièces mobiles du mécanisme, vu leurs dimensions et leurs poids, entraînent d'énormes contrepoids qui augmentent la charge par essieu. Il n'est pas rare de voir celles-ci atteindre 13 à 15 et même 20 tonnes, ce qui paraîtrait inadmissible en Europe avec des voies mieux établies et mieux entretenues. Hâtons-nous de dire que cela n'est pas à imiter, à moins d'y être contraint par la nécessité, car il en résulte une fatigue exceptionnelle des voies. Aussi est-on obligé de conjuguer tous les ressorts de suspension au moyen de balanciers compensateurs répartissant les charges supportées par les essieux.

Les foyers sont toujours en acier, à cause du prix de revient inférieur de ce métal comparé à celui du cuivre; en Europe, on est toujours revenu au cuivre quand on a voulu essayer l'acier, car le cuivre a l'avantage de se prêter beaucoup mieux aux réparations, et de prolonger l'existence de la machine, ce qu'on recherche toujours sur le continent. Tandis que les Américains, au contraire, ont pour principe de surmener leurs machines jusqu'à extinction, puis de s'en débarrasser en les jetant à la ferraille pour en adopter une autre, le plus souvent d'un type nouveau. Le mécanicien et le chauffeur qui descendent d'une locomotive, sont remplacés immédiatement tous deux, et la machine repart aussitôt; on n'interrompt jamais son service, sauf pour les nettoyages indispensables. Chez nous, au contraire, une locomotive est confiée à une équipe unique, qui en prend soin et en est responsable, ce qui est de beaucoup préférable au point de vue du bon entretien de tous les organes, et présente le seul inconvénient de voir les extinctions et allumages successifs du feu, soumettre le métal à des alternances toujours nuisibles à sa conservation.

En outre, les machines américaines travaillent toujours en fournissant leur effort maximum. Les machines à voyageurs ont à remorquer à la vitesse de 80 kilomètres à l'heure, et sur des voies très médiocres, des trains pesant jusqu'à 250 tonnes; celles des trains de marchandises sont attelées à des trains atteignant 400 et 500 tonnes, et marchant à la vitesse de 60 kilomètres à l'heure. Le fonctionnement de ces machines dans de pareilles conditions ne peut guère être économique; on les voit, en effet, brûler jusqu'à 600 kilogrammes de charbon par mètre carré de grille, soit plus du double de ce que nous consommons normalement, et cela pour produire seulement $5^k,500$ de vapeur par kilogramme de combustible. L'admission de vapeur est, enfin, au minimum de 30 0/0, et atteint souvent 90 0/0, au grand préjudice de la détente, comme le font voir, en effet, les diagrammes. Les Américains s'en soucient peu, car ils ont le combustible à bon marché, et tous leurs efforts sont concentrés sur le confortable que doivent offrir les voitures des trains.

333. La locomotive américaine doit sa flexibilité au truck articulé, bogie ou bissel, et sa stabilité aux balanciers, qui répartissent également les charges sur les roues motrices et sur celles du truck avant.

L'emploi du chasse-bœuf est indispensable; il est fixé à un prolongement des châssis, qui se fait à l'avant des cylindres. Le châssis, en général, présente plus d'épaisseur que de hauteur.

Les essieux sont semblables aux nôtres. Mais il n'en est pas de même des roues, comme nous l'avons vu au chapitre spécial traitant du véhicule. Celles-ci sont en fonte moulée en coquille, non seulement pour le truck articulé, mais, souvent même pour les roues motrices; ces dernières ont cependant le plus souvent le bandage en acier, avec jante, et rayons en fonte.

Les cylindres, toujours symétriques, sont placés à l'extérieur et à l'avant du châssis; ils ont généralement l'axe horizontal.

Les pistons en fonte ont des segments en bronze doublés de métal blanc.

Les boîtes à feu, d'où le cuivre est aujourd'hui complètement exclu, et les grilles, sont plus longues et plus larges qu'en Europe; en revanche, les tubes sont moins nombreux et moins longs; le corps cylindrique a également un diamètre extérieur plus petit.

Les grilles présentent des barreaux en fonte pleins, quand on brûle du bois ou de la houille; ce sont des barreaux creux à circulation d'eau, quand on brûle de l'anthracite ou de la houille maigre.

Les tuyaux d'échappement se rendent séparément dans la boîte à fumée, qui repose sur les cylindres; la cheminée est souvent munie d'un pare-étincelles.

L'alimentation se fait soit au moyen d'injecteurs, soit encore souvent au moyen de pompes.

Enfin, toutes ces machines sont munies d'une cabine complètement fermée et beaucoup plus confortable que celles d'Europe, quand il y en a. Le besoin de ce véritable compartiment spécial destiné au mécanicien et au chauffeur est justifié, non seulement par le climat, mais aussi par la longueur souvent très grande des trajets à parcourir et la durée des voyages à effectuer.

En outre de ces considérations, la main-d'œuvre est chère et exigeante aux Etats-Unis. C'est pourquoi, d'ailleurs, on a cherché, dans tous les détails de construction des locomotives, à réduire et à simplifier toutes les manipulations et toutes les manœuvres. C'est également pourquoi le mécanicien et le chauffeur sont si confortablement logés. Ils sont placés à une assez grande hauteur au-dessus de la voie, au-dessus et sur le côté du foyer ; leur cabine est munie de glaces sur trois faces, et de forts rideaux à l'arrière. Chacun d'eux peut s'asseoir sur un banc rembouré muni d'un dossier.

Le graissage est effectué de cette cabine par le mécanicien, qui n'a pas à se déranger, grâce à tout un tableau de leviers de manœuvre et de robinets qu'il possède à portée de la main et qui sont d'autant plus faciles à entretenir qu'ils sont complètement à l'abri de la pluie et de la poussière.

334. Si les cylindres sont toujours à l'extérieur des châssis, la distribution et les coulisses sont toujours à l'intérieur, mais facilement accessibles, grâce à la surélévation du corps cylindrique. Nous avons dit que, malgré cette surélévation, la stabilité est néanmoins assez grande pour permettre la circulation à des vitesses de 100 kilomètres à l'heure, avec des courbes beaucoup plus raides que celles des grandes lignes européennes. Nous reviendrons plus loin sur cet intéressant côté de la question.

La nuit, une grosse lanterne unique ou fanal, munie d'un réflecteur parabolique et placée à l'avant, à la base de la cheminée, éclaire la voie au loin devant le train.

Le sifflet est remplacé par une cloche.

Le niveau d'eau est quelquefois supprimé, et l'on ne conserve que la clarinette de trois robinets. Certaines Compagnies comme le Canadian-Pacific Railway, ont adopté la coutume française et font usage simultané des deux appareils.

La forte puissance des locomotives américaines provient, en grande partie, de la pression élevée de la vapeur dans la chaudière. Le seul inconvénient de cette manière de faire est d'entraîner de nombreuses escarbilles et des menus fragments de charbons incandescents par la cheminée, ce qui peut occasionner des incendies ; pour y obvier, on donne de grandes dimensions à la boîte à fumée et on la munit de cloisons en chicanes.

La cheminée tronconique, avec garnitures de toiles métalliques, n'est plus employée que lorsqu'on fait usage du bois comme combustible.

Les Compagnies américaines construisent rarement leurs locomotives ; elles se les procurent le plus souvent toutes faites d'après un modèle déterminé, et comme elles achèteraient un objet quelconque dans une grande maison spéciale. Le Canadian-Pacific, qui était primitivement obligé d'acheter ainsi toutes ses machines aux Etats-Unis, a fini par s'affranchir de cette tutelle en installant des ateliers spéciaux dans cette vue. Il réalise, de ce fait, une économie de 237 francs par tonne, ce qui est fort important.

On peut s'étonner, en effet, au premier abord, de l'uniformité des locomotives américaines et du petit nombre de types que l'on rencontre sur un territoire plus grand que celui de l'Europe, comprenant tant de régions, tant de Compagnies, tant de longueurs de réseaux différentes.

L'explication en est dans ce fait qu'un petit nombre de constructeurs ont monopolisé cette industrie, et, au contraire de ce qui se passe chez nous, ont imposé deux types aux Compagnies. Or, le constructeur a intérêt, pour abaisser ses prix de revient, à changer le moins possible ses modèles et à éviter toute complication coûteuse. Elles n'en sont d'ailleurs pas pour cela plus mal exécutées, et les preneurs se gardent des malfaçons en imposant aux établissements, qui les leur livrent, des délais de garantie assez prolongés. C'est pourquoi la locomotive américaine est établie surtout pour être robuste, capable de faire face à un service intensif, coûter le moins possible de frais d'acquisition et surtout de frais d'entretien. Le prix de 0^f,85 à 0^f,90 le kilogramme est fréquemment obtenu par les constructeurs américains, pour les machines à voie normale, et ce tarif économique, leur a permis d'évincer leurs concurrents anglais, non seulement dans presque toute l'Amérique, du nord au sud, mais même dans leurs propres colonies. Cela tient d'ailleurs également à la propriété spéciale de ces machines de se bien comporter sur les voies médiocres en vue desquelles on les construit. Les machines européennes, en général, et les machines anglaises, en particulier, exigent, au contraire, des voies robustes et très bien entretenues pour faire un bon service.

En résumé, les locomotives américaines sont un sujet intéressant d'études parce que en dehors de certains perfectionnements utiles, elles sont d'une grande simplicité, présentent un nombre très réduit d'organes eux-mêmes très simples et simplement ajustés.

C'est pourquoi nous allons examiner avec un peu plus de détails les organes principaux de ces machines.

335. *Foyer.* — Les chaudières des locomotives américaines n'appartiennent pas à de nombreuses variétés et en présentent cependant un peu plus que les autres organes.

Ces chaudières, appartenant ordinairement à des machines très puissantes, sont le plus souvent de très grand volume.

Dans l'ancienne machine du type dit *américan*, un foyer très profond descendait invariablement entre les deux essieux couplés d'arrière, rarement distants de plus de 2^m,70. Puis, la puissance des machines augmentant chaque jour en même temps que diminuait la qualité des combustibles, on fit déborder le foyer en deçà de l'essieu d'arrière, sans modifier l'écartement des deux essieux couplés.

Dans la nécessité de donner à la boîte à feu une profondeur suffisante pour permettre l'emploi de houilles, quelquefois très bitumineuses, on se vit contraint de monter l'axe du corps cylindrique à une très grande hauteur, variant de 2^m,50 à 2^m,70 au-dessus du rail. Le foyer pouvait avoir ainsi une profondeur suffisante avec des roues atteignant jusqu'à 1^m,80 et 2^m,10 de diamètre ; de plus, comme nous l'avons déjà signalé précédemment, les longerons ont une épaisseur assez forte, atteignant 0^m,075, ce qui réduit à 0^m,830 la largeur de la boîte à feu, quand elle descend à l'intérieur du chassis ; on a donc dû, pour obtenir une plus grande surface de grille, placer souvent le cadre du foyer au-dessus des longerons et se placer dans les mêmes conditions que si le châssis était extérieur. Cela a encore conduit à exhausser le centre de gravité de ces chaudières.

Les foyers, tout en acier, sont généralement vastes et présentent fréquemment des surfaces de grille de 2^m,50 à 3 mètres, même quand on brûle d'excellents combustibles. Avec les foyers *Wooten*, spécialement destinés à brûler des anthracites, cette surface atteint jusqu'à 8^{m2},40.

En somme, les foyers employés sur les locomotives américaines sont de trois types différents, selon la nature du combustible employé :

1° Des foyers très profonds pour les combustibles bitumineux (*fig.* 501 à 507) ;

2° Des foyers longs et modérément profonds, pour les charbons peu bitumineux ou qui exigent de grandes surfaces de grille (*fig.* 508 à 510) ;

3° Enfin, des foyers longs et plats, pour certaines qualités d'anthracite.

Dans la première catégorie, le foyer, assez étroit, plonge entre les deux essieux couplés (type *américan*).

L'acier, employé d'une manière générale à la confection de ces foyers, présente une résistance à la rupture de 43 à 45 kilogrammes par millimètre carré de section, avec un allongement de 25 à 30 0/0 mesuré sur des éprouvettes de 0^m,20. On rejette comme trop dures les tôles donnant une résistance supérieure à 47 kilogrammes, à moins que l'allongement correspondant ne dépasse 30 0/0.

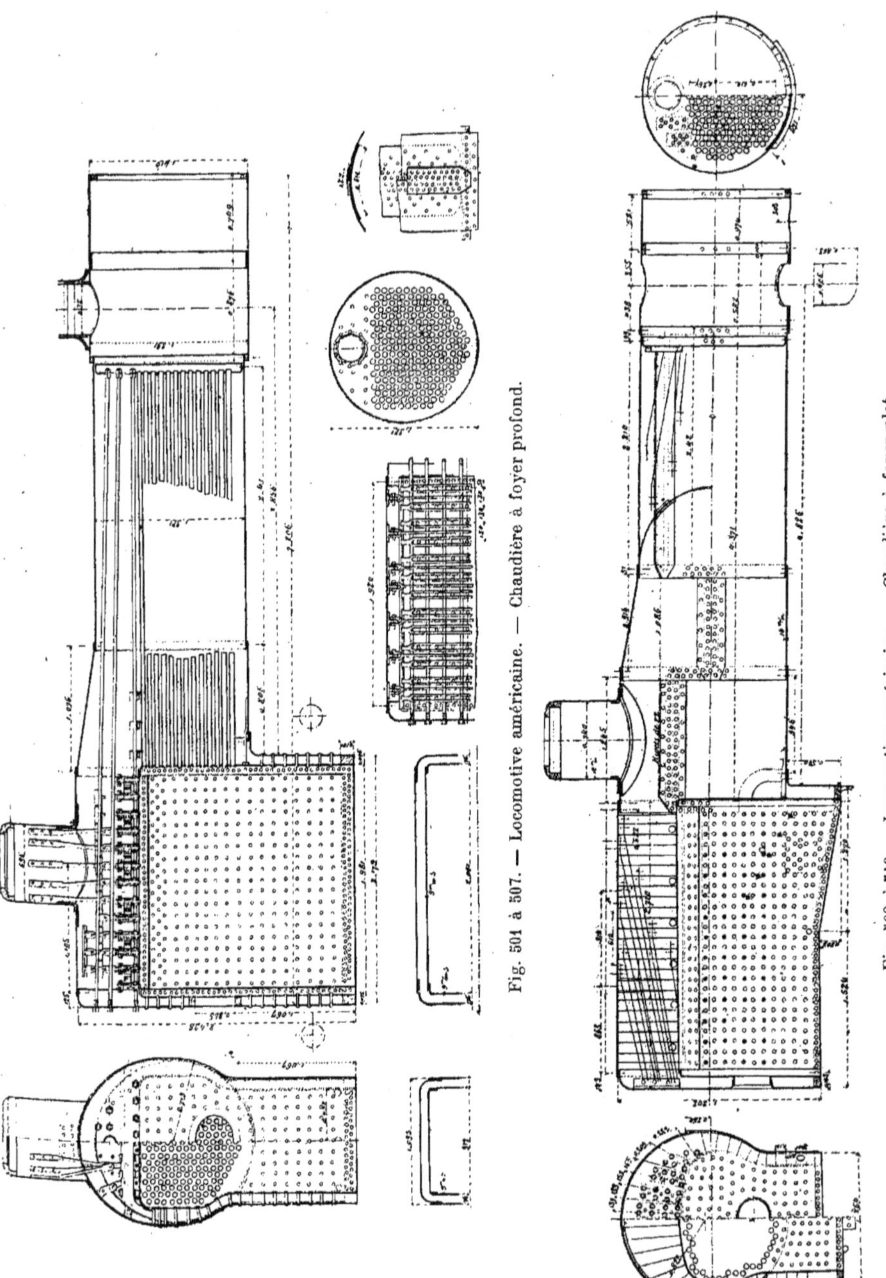

Fig. 501 à 507. — Locomotive américaine. — Chaudière à foyer profond.

Fig. 508 à 510. — Locomotive américaine. — Chaudière à foyer plat.

L'épaisseur de ces tôles ne dépasse jamais 8 millimètres pour les parois latérales, et 10 millimètres pour le ciel, même avec les plus hautes pressions employées.

Le ciel peut être plat et consolidé par des fermes transversales sans corbeaux, reliées au berceau supérieur de la boîte à feu par de petites bielles (*fig.* 501 et 502) ; d'autres fois, il est bombé et relié à l'enveloppe extérieure par des entretoises ou des tirants vissés et rivés aux deux extrémités (*fig.* 508 et 509). Quelquefois, enfin, on emploie la disposition adoptée dans le foyer Belpaire.

336. *Corps cylindrique.* — Le corps cylindrique est toujours en acier et présente un diamètre descendant rarement

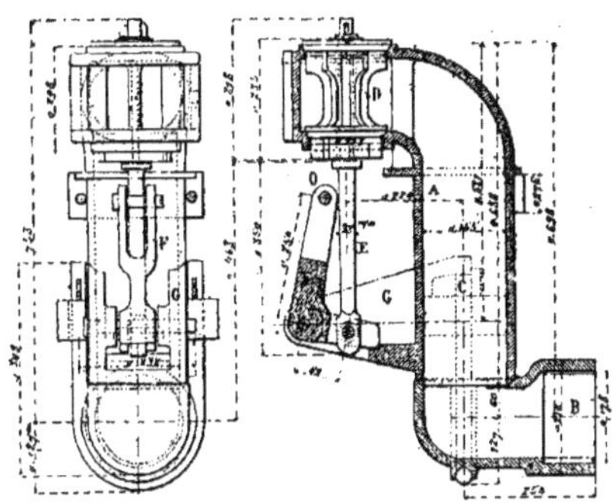

Fig. 511 et 512. — Locomotive américaine.
Régulateur fixe.

au-dessous de 1^m,35. Dans les plus grosses machines à quatre essieux couplés du type *Consolidation*, ce diamètre peut atteindre 1^m,85. L'enveloppe extérieure de la boîte à feu est cylindrique, mais presque toujours de diamètre plus grand que celle du corps cylindrique proprement dit, afin de permettre de relever le ciel du foyer et d'augmenter le nombre des tubes sans diminuer le volume de la chambre de vapeur et sans placer la prise de vapeur trop près du niveau. Il en résulte la nécessité d'une virole conique pour relier les deux parties de la chaudière (*fig.* 502). Quelquefois ce n'est pas la première virole qui est conique, mais la seconde (*fig.* 509). Dans beaucoup de ces machines, une

circulation d'eau est établie entre le bas du corps cylindrique et l'arrière du ciel du foyer, au moyen de tubes qui relient ces deux régions et les mettent en communication entre elles (vol. 3, p. 513). Ce dispositif, très rationnel en principe, est de plus en plus abandonné ; on le remplace quelquefois par une lame d'eau inclinée occupant toute la largeur de la boîte à feu et reliant la lame d'eau avant un peu au-dessous des tubes à la lame d'eau arrière au-dessus de la porte. Une ouverture circulaire, ménagée dans le centre de cette lame d'eau, permet le passage des produits de la combustion et sert à la visite des tubes.

La surface de chauffage varie généralement de 120 à 200 mètres cubes.

Toutes les tôles composant le corps cylindrique ont des épaisseurs faibles.

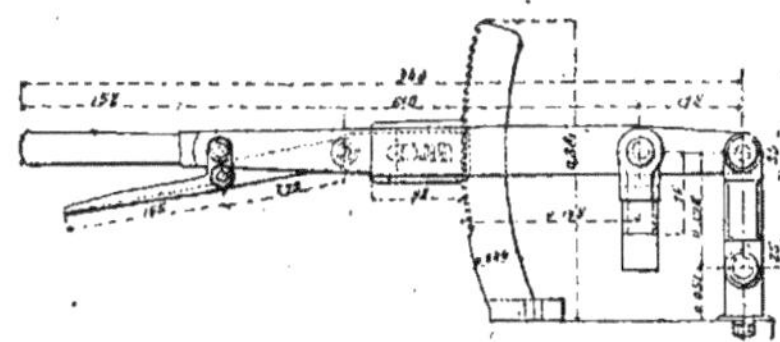

Fig. 513. — Locomotive américaine. — Levier de régulateur.

Ainsi un corps cylindrique de 1^m,50 de diamètre n'a pas plus de 0^m,0145 d'épaisseur, même aux plaques tubulaires, pour une pression de 11 à 12 kilogrammes.

Les injecteurs sont presque toujours du type aspirant à amorçage automatique, d'un modèle analogue à celui de Sellers. Les soupapes sont uniformément à charge directe sans leviers ; on les munit souvent d'étouffoirs qui ont pour but de diminuer le bruit produit par l'échappement de la vapeur. Ces soupapes sont presque toujours à gorge et dérivées du type Adam.

Le régulateur est représenté *fig* 511 et 512, et son levier *fig.* 513.

337. *Boîte à fumée.* — La boîte à fumée est toujours très longue et prolongée de 0^m,60 à 0^m,90 en avant de la cheminée ; elle est cylindrique et sert d'attache à la chaudière sur le massif en fonte reliant les cylindres et portant le pivot du truck articulé.

Le type actuel de la boîte à fumée américaine est représenté (*fig.* 514 et 515).

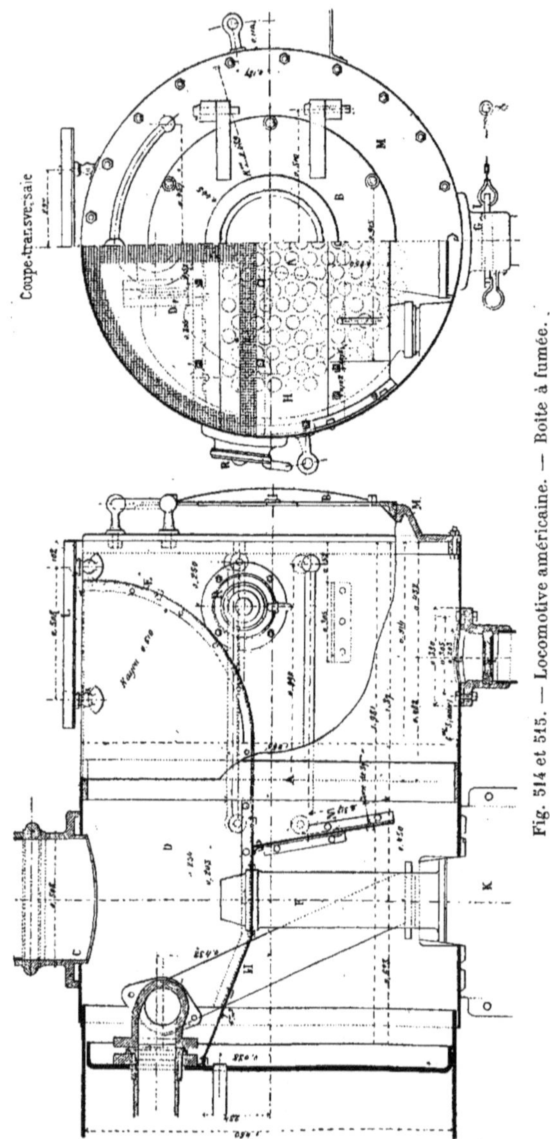

Fig. 514 et 515. — Locomotive américaine. — Boîte à fumée.

Nous en avons déjà parlé d'une manière générale et résumée dans le tome III du présent ouvrage (p. 562). Cette boîte est en tôle, sauf la cloison avant, qui est en

fonte et boulonnée sur le corps cylindrique; la porte ne s'ouvre que rarement
et se fixe également sur le fond au moyen
d'une couronne de boulons; une petite
porte R placée sur le côté sert à laisser
passer un balai qui pousse les escarbilles

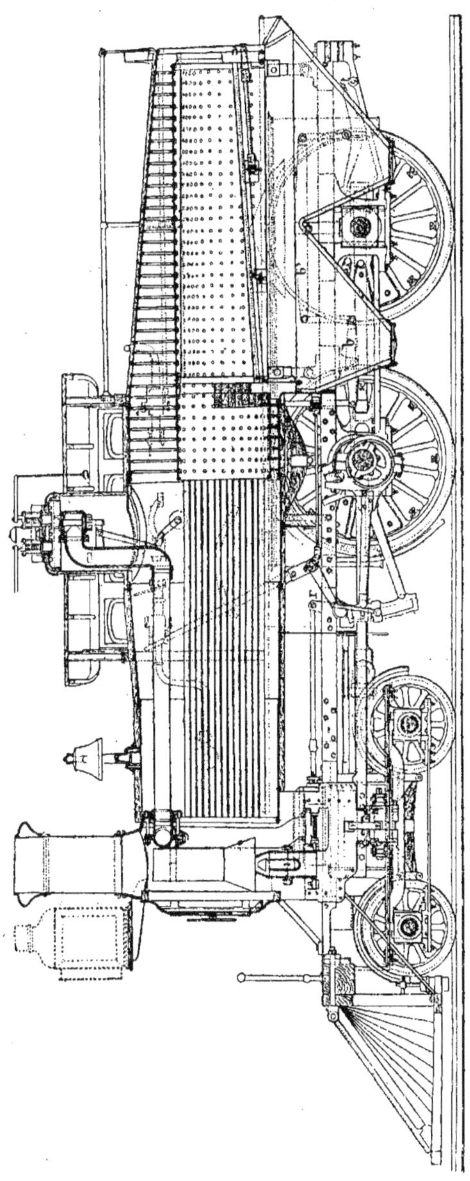

Fig. 516. — Locomotive américaine. — Type Wooten. — Coupe longitudinale.

entraînées et déposées dans la trémie d'évacuation G, que l'on ouvre à l'aide du clapet I.

La préoccupation d'empêcher l'entraînement de ces escarbilles au dehors a été l'idée dominante de tout l'agencement correspondant; les machines américaines fonctionnent, en effet, avec un charbon souvent très léger ou avec du bois, et toujours avec un tirage des plus violents. Si l'on ajoute à cela qu'elles traversent fréquemment sur leurs parcours des forêts épaisses, où la moindre étincelle peut déclarer un immense incendie, on comprendra que les boîtes à fumées soient munies de pare-étincelles souvent assez compliqués et qui ont remplacé, dans ces dernières années, l'ancienne cheminée classique en tronc de cône qui avait le même but et que nous avons étudiée précédemment.

La disposition adoptée est la suivante : la chambre D dans laquelle débouche le tuyau d'échappement F à hauteur de la rangée supérieure des tubes, est séparée du reste par une tôle H se prolongeant à l'avant par un panier à salade en toile métallique E à mailles de 4 à 5 millimètres.

D'un autre côté, les gaz de la combustion sortant des tubes rencontrent d'abord une plaque de tôle à peu près verticale N, les forçant à s'infléchir vers le bas, ce qui facilite le départ des escarbilles entraînées, dont les plus légères sont arrêtées ensuite par la toile métallique E. Cette tôle N se démonte quand on veut faire le nettoyage des tubes, qui ne se fait d'ailleurs que rarement ; ces tubes, en effet, s'encrassent peu, à cause de la qualité spéciale du combustible et du tirage intense auquel il est soumis.

338. *Foyer Wooten.* — Le but poursuivi par M. Wooten en construisant ses locomotives spéciales, et en particulier le foyer qui suit, a été de brûler économiquement, et en produisant une vaporisation très active, des menus d'anthracite des mines de Pensylvanie, qui ne peuvent être brûlés que sur de grandes grilles et en couches minces.

La boîte à feu est surbaissée au-dessus des roues d'arrière, et sa forme est

nettement indiquée (*fig.* 516 et 517). Les parois de ce foyer sont en acier doux ne prenant pas la trempe. Les épaisseurs des tôles sont les suivantes :

Tôles latérales.	0^m,0065
Ciel et arrière.	0 ,0080
Plaques tubulaires . . .	0 ,0095

Les parois du foyer sont reliées à celles de la boîte à feu par un quadrillage d'entretoises en fer de 0^m,019 de diamètre, espacées de 0^m,100, vissées puis rivées aux deux extrémités ; le ciel est armé de même par des entretoises rivées à la boîte à feu et boulonnées au foyer au moyen d'écrous.

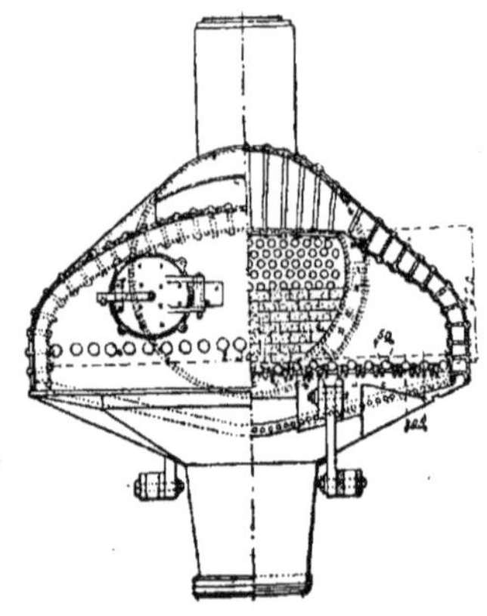

Fig. 517. — Locomotive américaine. — Type Wooten. — Coupe transversale.

Le foyer proprement dit, c'est-à-dire la boîte à feu où se trouve la grille, est séparé de la plaque tubulaire par un autel en matériaux réfractaires suivi d'une chambre de combustion, où les gaz se mélangent avec l'air ; en même temps cela protège la plaque tubulaire de l'action directe du feu, ce qui est assez important, car, comme dans la plupart des machines américaines, cette plaque est formée d'une simple tôle emboutie. Cette chambre recueille déjà une grande partie des escarbilles entraînées par le tirage.

La grille est légèrement inclinée et formée de tubes en fer à circulation d'eau, de 0^m,050 de diamètre, écartés de 0^m,105, entre lesquels on a disposé deux par deux des barreaux en fonte très serrés, dont l'arête supérieure est au niveau de l'axe des tubes à eau.

Le cendrier est entièrement fermé, sauf à l'arrière, muni de trémies à portes mobiles permettant d'évacuer les escarbilles et d'un déflecteur régularisant la distribution des cendres à ces deux trémies, en même temps qu'il réduit la rentrée de l'air en avant de la grille.

Le chargement du combustible se fait du tender, par deux petites portes circu-

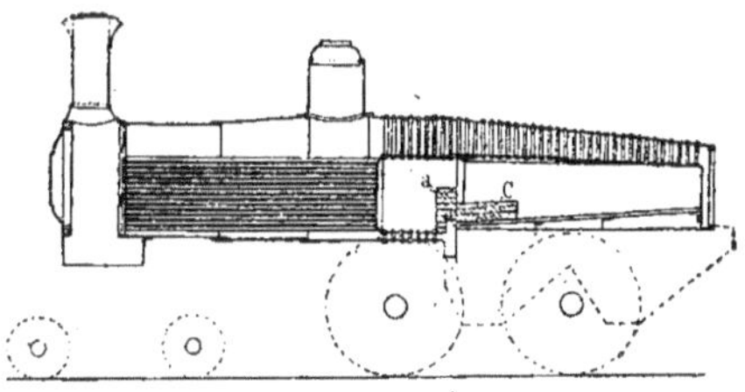

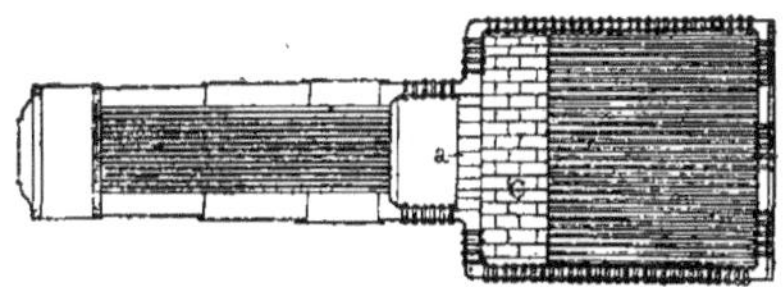

Fig. 518 et 519. — Locomotive américaine.
Foyer Wooten avec table en briques.

laires à doubles tôles percées de trous alternés laissant pénétrer une légère couche d'air au-dessus du feu.

339. M. Wooten a perfectionné le foyer précédent en y ajoutant une table en briques réfractaires (*fig.* 518 et 519), couvrant, suivant la nature du combustible de 10 à 25 0/0 de la grille. Cette table reçoit les menus emportés par le tirage et les empêche d'être entraînés sans brûler audessus de l'autel *a* ; elle facilite beaucoup la combustion des lignites et des houilles bitumineuses pour lesquelles le foyer Wooten est toutefois moins avantageux qu'avec l'anthracite. La grille s'encrasse ; il faut ouvrir souvent les portes, de là des

variations de températures assez brusques pour fatiguer et faire fuir les armatures et les tubes.

En résumé, le foyer Wooten peut s'adapter à tous les services et remplit parfaitement le but qu'il s'est proposé d'atteindre : brûler sans fumée, avec une puissance de vaporisation considérable et avec économie, les combustibles menus et de qualités inférieures.

On peut d'ailleurs considérer ce foyer comme une heureuse application à l'emploi des menus d'anthracite du foyer Belpaire, vu précédemment et employé avec succès à la combustion des menus demi-gros des houillères belges. (G. Richard, *La Chaudière Locomotive*).

Mécanisme.

340. *Cylindres.* — Nous avons dit précédemment que les machines américaines étaient toujours à cylindres extérieurs A avec tiroirs supérieurs horizontaux B actionnés par excentriques et coulisses intérieures, agissant par l'intermédiaire d'un mouvement de renvoi ; le tout remarquable par sa légèreté qui frappe à côté des bielles d'accouplement, au contraire, massives et robustes (*fig.* 520 à 524). (M. Dumoulin, *Portefeuille économique des Machines*, août 1895.)

Le massif des cylindres sert d'entretoise aux longerons et remplace en quelque sorte la traverse avant. Il supporte en outre la machine sur son bogie, par un pivot G, et constitue l'assise de la chaudière.

Le cylindre A, surmonté de sa boîte à tiroir B, est fondu avec une pièce creuse C contenant les conduits d'admission et d'échappement, qui, par une bride D, sert de support à la chaudière E, et par une bride K, se fixe à la pièce semblable venue de fonte avec le cylindre symétrique. Les longerons M s'encastrent dans une gorge du cylindre, auquel ils sont reliés par de nombreux boulons, et maintenus longitudinalement par deux épaulements évitant le travail de ces boulons au cisaillement (*fig.* 520 et 521, coupes avant de la machine).

Les figures 522, 523 et 524 représentent

plus particulièrement les cylindres avec leur mécanisme.

Le cylindre A est venu de fonte avec la pièce creuse D contenant les conduits d'admission L et N servant à le relier au cylindre conjugué à l'aide de la bride *ef*, placée dans l'axe de la machine, et à supporter, à l'aide de la bride F, la chaudière,

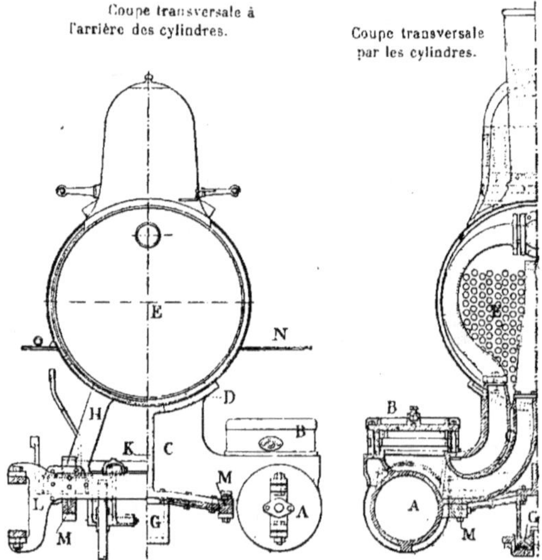

Fig. 520 et 521. — Locomotive américaine. — Coupes.

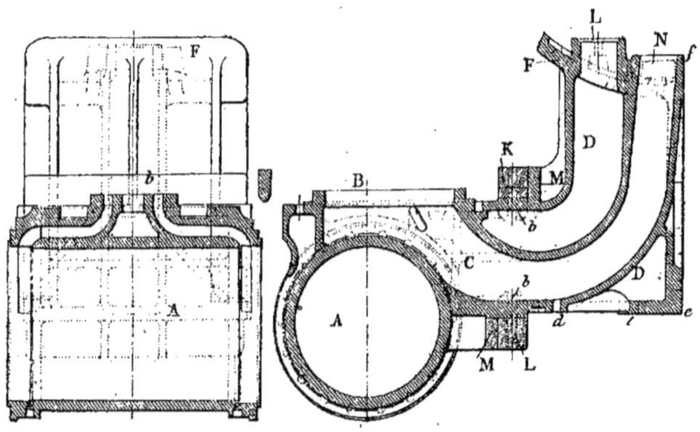

Fig. 522 et 523. — Locomotive américaine. — Cylindres.

qui vient s'y river par la boîte à fumée. Le support servant de pivot au truck vient se boulonner à cheval sur le joint *ef* en *l*. Les longerons K et L forment, dans le cas présent, un cadre autour de la grille d'attache du cylindre, auquel il est fixé par des brides M.

La glace du tiroir supérieur B n'est

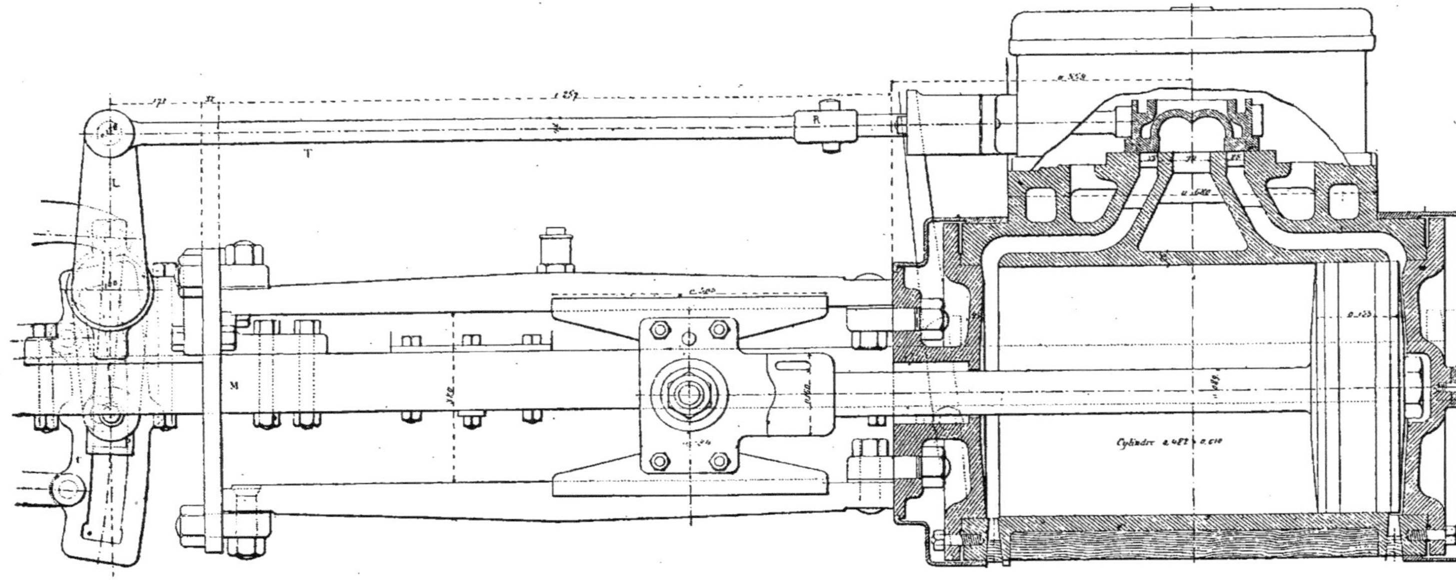

Fig. 524. — Locomotive américaine. — Cylindre, tiroir et glissières.

jamais inclinée, ce qui simplifie son ajustage, toutes les faces dressées du cylindre et de ses accessoires étant parallèles ou perpendiculaires. Les parois de la boîte à tiroirs sont supportées et traversées par les boulons servant à maintenir le couvercle. Il en résulte un joint de plus, celui de la boîte sur la glace, mais cela permet un facile rabotage de la table du tiroir.

En résumé, ce massif avant, formant entretoise des longerons, est d'exécution beaucoup moins coûteuse que dans les machines européennes à cylindres extérieurs, où il est en tôle et cornières rivées. Une seule pièce de fonte de chaque côté de la machine forme à la fois entretoise des longerons et support de la chaudière sur le bogie, en même temps qu'elle contient les conduits d'admission et d'échappement, et dispense de toute tuyauterie

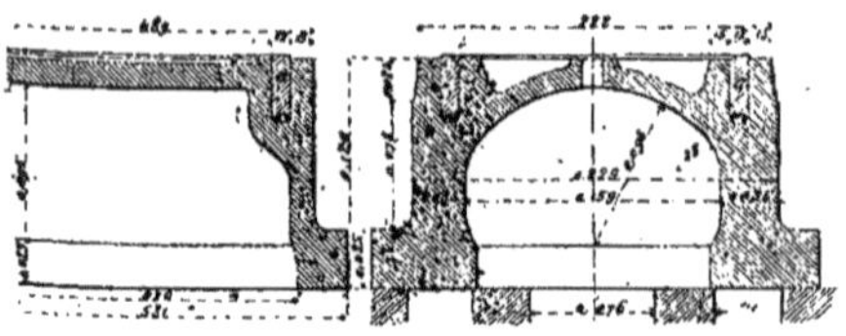

Fig. 525 et 526. — Locomotive américaine. — Tiroir

extérieure. Ainsi que le montre la figure 524, les tuyaux d'admission et d'échappement sont placés dans la boîte à fumée et viennent se fixer sur les brides L et N (*fig.* 523). Cette disposition est un peu plus lourde que celle qu'on emploie en Europe. Mais on sait que les constructeurs américains sont surtout préoccupés de la diminution des prix de montage et d'ajustage, qui leur incombent directement, et ne craignent pas le poids, qui est directement payé par l'acheteur.

Les fonds de cylindres et les boîtes à tiroirs sont recouverts de petites enveloppes en fonte mince (*fig.* 524), qui masquent les écrous en facilitant beaucoup le nettoyage et l'entretien des machines. La robinetterie et les accessoires sont traités avec une simplicité rudimentaire, et exclusivement en vue de diminuer les prix de revient. On n'emploie

que très peu de bronze et pour ainsi dire pas de cuivre ou de laiton. Les pièces de forme un peu compliquées se confectionnent en fonte, et la plupart des tuyaux sont en fer, avec coudes de même métal rapportés et vissés comme dans les conduites de freins.

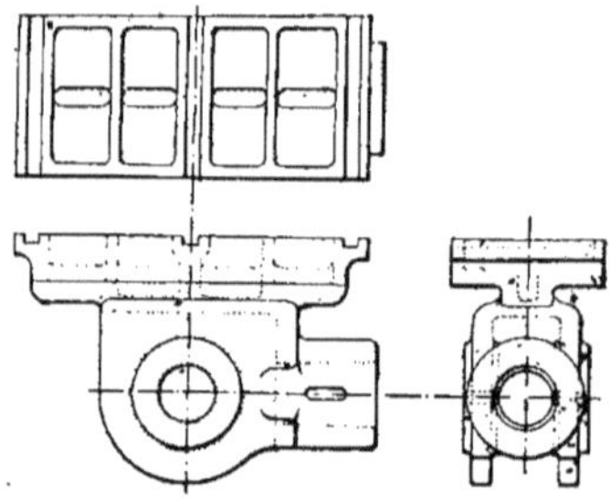

Fig. 527. — Locomotive américaine. — Crosse.

341. *Tiroirs.* — Le tiroir employé a presque toujours la forme indiquée *fig.* 525 et 526. Il se fait en fonte et en bronze. On fait usage également quelquefois de tiroirs-Trick à deux orifices.

Ces tiroirs sont autant que possible équilibrés au moyen d'une glace solidaire du couvercle de la boîte, parallèle à la table du tiroir vers laquelle elle est tour-

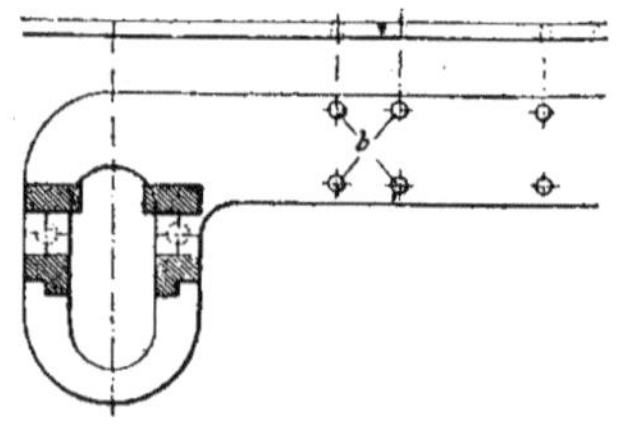

Fig. 528. — Locomotive américaine. — Glissières.

née et où viennent s'appliquer des bagues ou des platines en fonte qui se meuvent avec le tiroir, à la partie supérieure duquel elles sont reliées de manière à former un joint élastique et étanche.

La portion de glace supérieure comprise à l'intérieur de ces bagues n'est pas soumise à l'action de la vapeur. Pour éviter même que des fuites, si légères soient-elles, ne viennent peu à peu, rétablir la pression à l'intérieur du compensateur, la capacité centrale de ce dernier est en communication avec l'échappement au moyen d'un petit tuyau extérieur. La surface du tiroir soumise à la pression de la vapeur est diminuée de l'aire comprise à l'inté-

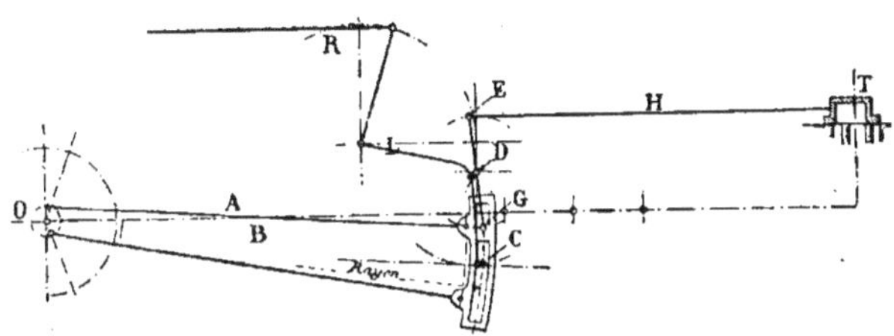

Fig. 529. — Locomotive américaine. — Distribution (schéma).

rieur des bagues ou platines constituant le compensateur.

342. *Crosses et glissières de piston.* — Les crosses du piston et les glissières présentent une assez grande variété de

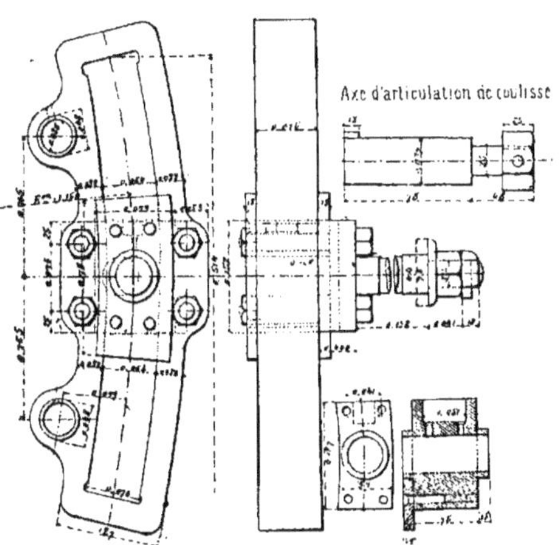

Fig. 530 à 532. — Locomotive américaine. — Coulisse

formes ; cependant, les glissières les plus usitées sont situées au-dessus de la tige du piston avec des crosses analogues à celles de la figure 527. L'extrémité postérieure des glissières est boulonnée à un support reposant sur le longeron et fixé à ce dernier au moyen d'une équerre et de boulons *b* (*fig.* 528).

D'autres fois, on rencontre une disposition analogue à celle des machines européennes (*fig.* 524), avec glissières placées dans le plan d'oscillation de la bielle. Les paliers de la crosse sont toutefois un peu plus longs que dans nos machines.

343. *Distribution.* — La distribution des machines américaines est représentée en schema (*fig.* 529) et en élévation (*fig.* 524 et 530 à 534). Nous avons dit que ce mécanisme est toujours intérieur et actionne le tiroir par un mouvement de renvoi.

Ainsi, O est l'essieu moteur, AB les barres d'excentriques allant rejoindre la coulisse C du type Stephenson, qui est actionnée par un levier de relevage L avec barre à main R. Le coulisseau G est articulé à l'extrémité inférieure d'un levier EDG, articulé en son centre D, à un palier fixe. L'extrémité supérieure E est articulée à la tige H du tiroir T. Le palier d'articulation de ce balancier, appelé *rocking-shaft*, est compris entre les deux parties ED, DG, et de longueur suffisante pour leur donner le départ latéral voulu, le plan vertical de la barre H ne coïncidant pas avec celui des barres A, B et de la coulisse C.

La disposition adoptée est indiquée (*fig.* 535 et 536), qui représentent une coupe transversale à l'arrière du rocking-shaft, et le rocking-shaft lui-même, tel qu'il est actuellement usité. La coulisse H est suspendue par la barre K au levier M de l'arbre de relevage R. La branche inférieure C du balancier, est articulée en bas au coulisseau. Le palier E du rocking-shaft est fixé en P sur le longeron O ; la branche supérieure D du balancier est articulée en haut à la tige du tiroir A. Cette disposition se retrouve en élévation longitudinale (*fig.* 524).

Il est à remarquer que, par simplification, il n'y a pas de bielle de tiroir ; la tige T de ce dernier est directement articulée sur le balancier de renvoi, quoique le tourillon de ce dernier décrive un arc de cercle. On compte sur l'élasticité de la tige, très longue, pour permettre le déplacement transversal de la tige dû à la

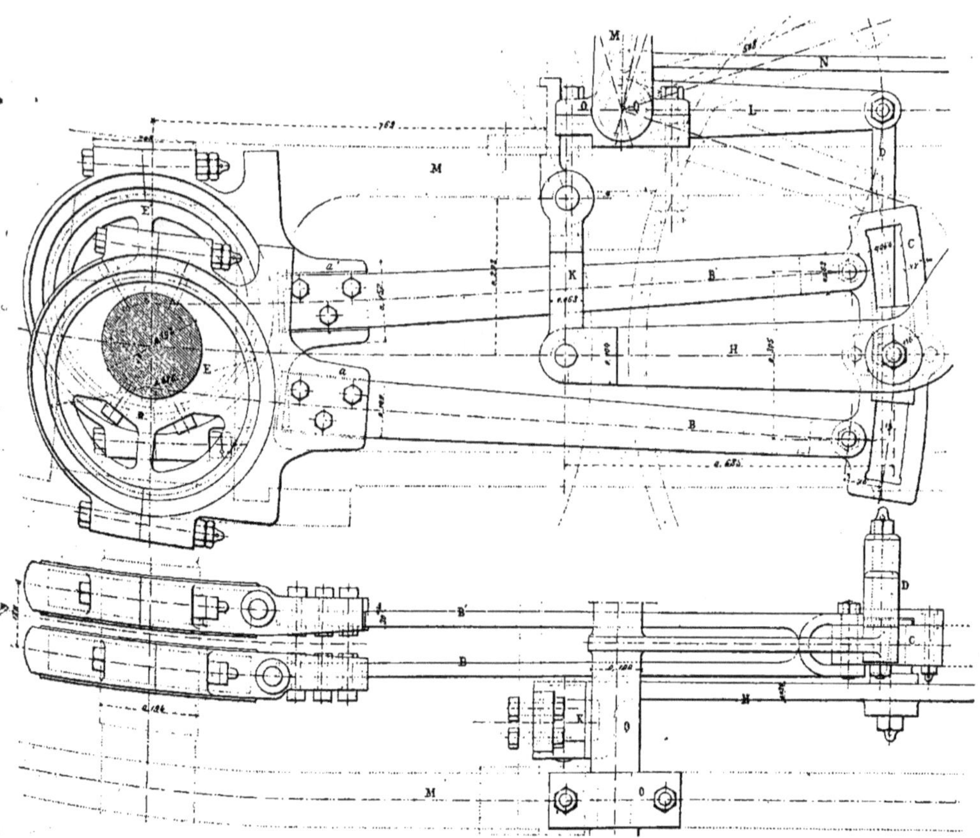

Fig. 533 et 534. — Locomotive américaine. — Mécanisme de changement de marche.

corde de l'arc décrit par le point d'articulation. En outre, il faut se rappeler que tous les presse-étoupes employés aux États-Unis sont disposés de manière à permettre un certain jeu latéral à la tige qui les traverse.

Le rocking-shaft est spécialement repré-

senté en élévation (*fig.* 536) ; B est le tourillon d'articulation sur le coulisseau ; E, le tourillon oscillant dans le palier fixe solidaire du longeron ; A, le tourillon articulé à l'extrémité de la tige du tiroir.

L'ensemble du mouvement de distribution avec excentriques, barres et coulisses se voit encore (*fig.* 533). Le coulisseau actionne le rocking-shaft non, comme plus

articulée sur le longeron et disposée sur le côté.

344. *Excentriques.* —Les excentriques

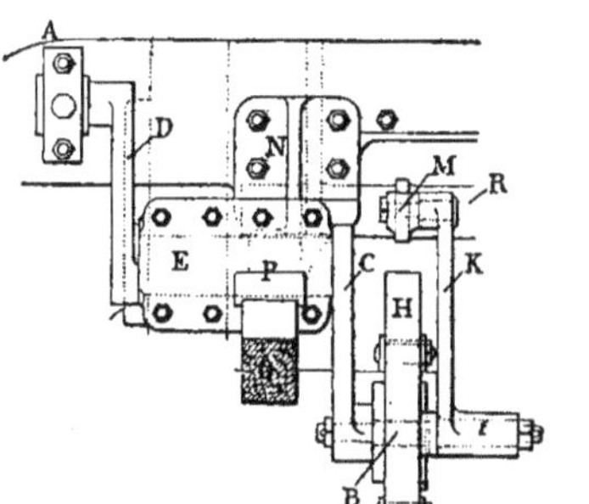

Fig. 535. — Locomotive américaine. — Vue arrière du *Rocking-Shaft.*

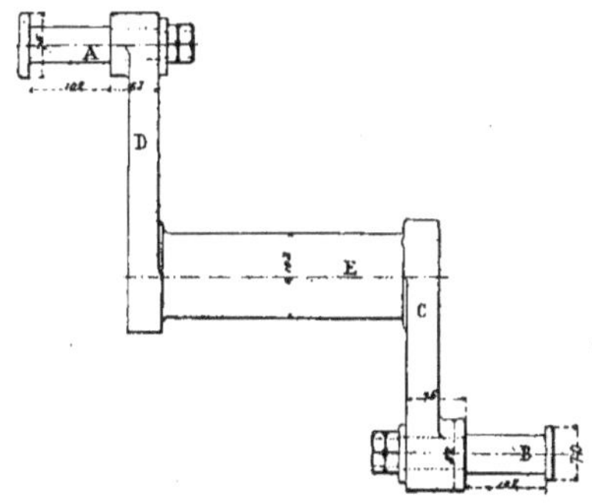

Fig. 536. — Locomotive américaine. — *Rocking-Shaft.*

haut, directement, mais par l'intermédiaire d'une barre H suspendue par son extrémité arrière à une bielle pendante K

présentent toujours leurs colliers en fonte à l'intérieur desquels on rapporte souvent une chemise en bronze (*fig.* 533 et 534).

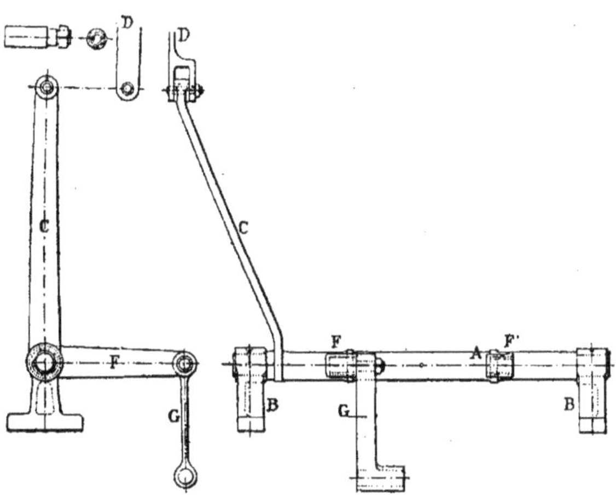

Fig. 537 et 538. — Locomotive américaine. — Mécanisme de relevage.

Les barres sont de dimensions assez faibles et de formes grossières, sans renflements, bossages ni congés ; elles sont fixées dans une rainure ménagée sur le côté d'un appendice venu de fonte avec le collier et fixé à demeure à l'aide de trois

boulons transversaux disposés en quinconce. Les axes d'articulation sur la coulisse sont de simples boulons avec tête à ergot (*fig.* 532).

345. *Coulisses.* — Les coulisses sont toujours du type Stephenson à flasque unique et fondue (*fig.* 530 et 531). Elles ne sont le plus souvent supportées que les œils servant d'articulation aux barres d'excentriques. Ces coulisses sont généralement en fer cémenté et trempé.

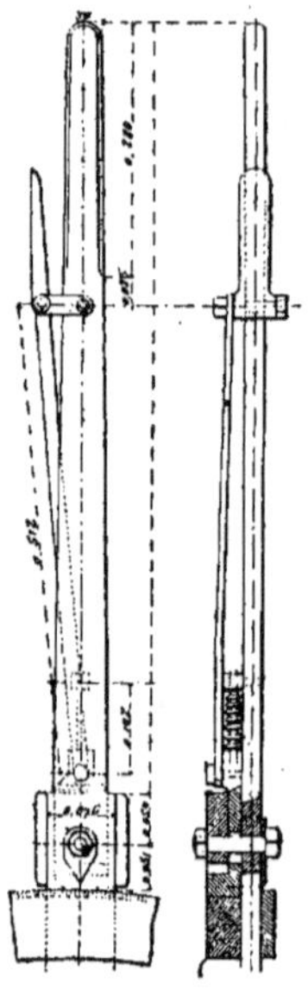

Fig. 541. — Locomotive américaine. — Section de bielle.

Tout le mécanisme de relevage, barres et arbres (*fig.* 533, 534 et 537, 538),

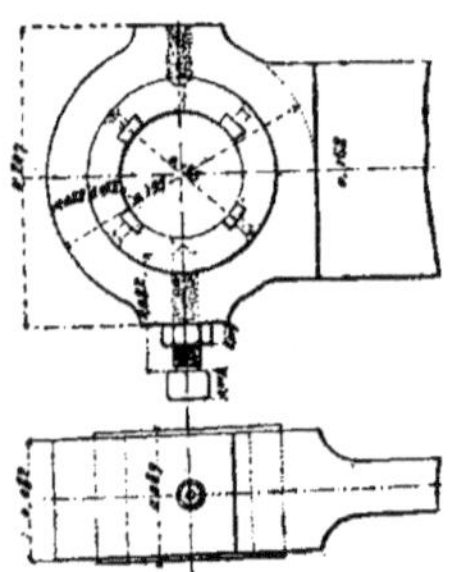

Fig. 542 et 543. — Locomotive américaine. — Tête de bielle d'accouplement.

Fig. 539 et 540.—Locomotive américaine.—Levier de changement de marche.

d'un seul côté en porte-à-faux. On rapporte des bagues en acier trempé dans est également assez rudimentaire, et plutôt du domaine de la serrurerie, que de la

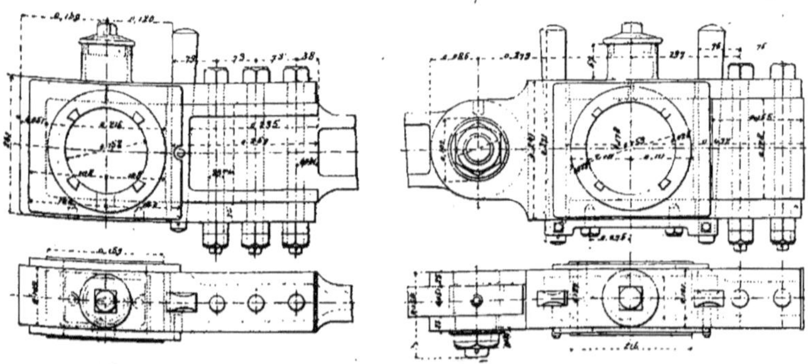

Fig. 544 à 547. — Locomotive américaine. — Têtes de bielles.

mécanique telle que nous sommes accoutumés à la concevoir en Europe. En résumé, tout ce mécanisme de distribution est d'une grande légèreté, ce qui s'explique par l'équilibrage des tiroirs au moyen des compensateurs vus plus haut, qui diminuent beaucoup l'effort nécessaire à leur entraînement ; puis à l'adoption de garnitures métalliques spéciales, telles que la *Jérome* et le *United States Packing*, qui serrent peu les tiges, tout en restant parfaitement étanches.

Le levier de changement de marche est représenté *fig.* 539 et 540.

346. *Bielles.* — La rudesse avec laquelle on conduit les machines américaines exige des bielles excessivement massives et robustes ; la section est ordinairement évidée en forme de $\mathbf{I}$ (*fig.* 541).

Dans les bielles d'accouplement, et pour s'implifier, les arêtes sont toujours parallèles deux à deux et les corps ne sont jamais renflés (*fig.* 533 et 534), ce qui donne incontestablement à la bielle un aspect un peu lourd, mais en simplifie

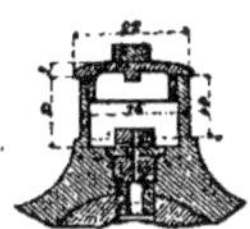

Fig. 548 — Locomotive américaine. — Graisseur.

beaucoup la façon. Le corps de la bielle n'a plus rien que la forme d'une poutre à $\mathbf{I}$ de section régulière obtenue en enlevant l'évidement à la fraise, ou simplement à la meule. Ces corps sont de grande hauteur, presque égale au diamètre extérieur de la tête (*fig.* 542 et 543).

Les têtes sont à rattrapage de jeu et toujours du type à chapes rapportées (*fig.* 544 à 547). Cette chape est boulonnée sur le corps, au moyen de trois boulons, dans les bielles motrices, et de deux boulons dans les bielles d'accouplement. Le serrage des coussinets s'obtient au moyen d'une seule clavette, sans contre clavette. Les chapes sont entièrement finies à la machine, à faces parallèles et à angles droits.

Les graisseurs sont toujours de petites coupes rapportées en bronze, sauf dans les têtes rondes (*fig.* 548).

Pour les bielles d'accouplement, on emploie de plus en plus les têtes rondes à bagues sans serrage (*fig.* 542 et 543).

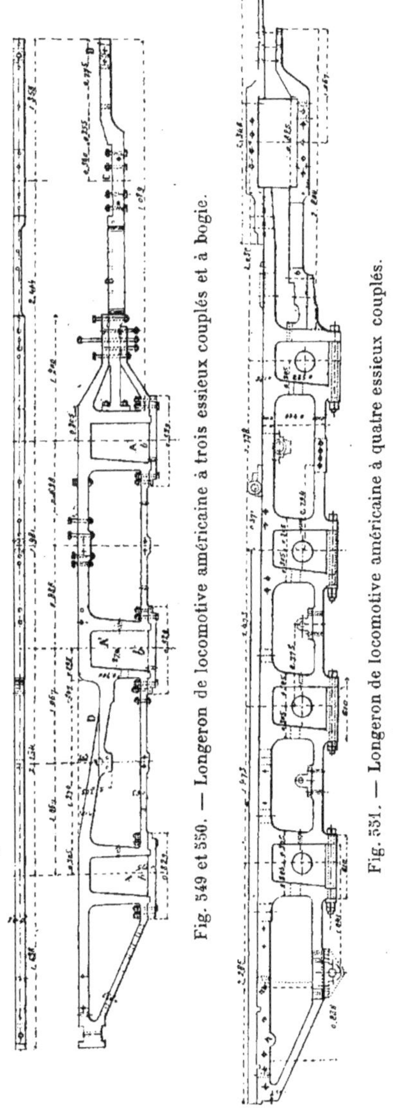

Fig. 549 et 550. — Longeron de locomotive américaine à trois essieux couplés et à bogie.

Fig. 551. — Longeron de locomotive américaine à quatre essieux couplés.

347. *Véhicule.* — Nous avons dit que les machines américaines étaient disposées de manière à ne jamais présenter de porte-à-faux et à montrer une grande souplesse. Ce dernier résultat est obtenu au moyen d'un bogie placé à l'avant et dont les deux essieux enserrent les cylindres.

C'est le cas de toutes les locomotives à voyageurs, à deux et trois essieux couplés et, exceptionnellement, de très puissantes machines à quatre essieux couplés ; ou bien on les munit d'un bissel à un essieu placé devant les cylindres, comme cela se voit pour la plupart des machines à marchandises à trois essieux couplés type Mogul, et à quatre essieux couplés, type Consolidation.

On rencontre encore quelques machines à adhérence totale ; ce sont exclusivement des machines de gares à deux et trois essieux.

On facilite le passage en courbe dans les machines à trois essieux couplés, en supprimant les boudins des roues du centre ; dans les locomotives à quatre essieux couplés, quelques constructeurs suppriment les boudins des deux paires de roues intermédiaires, ou du second et quatrième essieux.

348. *Longerons.* — Les longerons (*fig.* 549 à 551) sont toujours ici des barres en fer forgé, carrées ou rectangulaires, et présentent une épaisseur de $0^m,075$ à $0^m,120$.

Dans les machines à trois essieux couplés (*fig.* 549 et 550) les plaques de garde A, A′, A″, ont leur écartement maintenu par des entretoises inférieures $b, b′, b″$; toute la partie qui les relie entre elles et les boîtes à huile, est venue de forge et est composée de pièces soudées. Des pattes et des boulons relient ce corps principal à une entretoise droite B fixée elle-même en C à la traverse avant et aux cylindres. Le longeron est recourbé en D, afin de permettre le passage avant de la boîte à feu, dont le cadre se trouve placé au-dessus du châssis.

Dans les machines à quatre essieux couplés, les entretoises des plaques de garde ont une forme un peu différente (*fig.* 551), et la partie antérieure des longerons est double, de manière à entourer en C les pattes d'attache des cylindres.

Les deux longerons sont, comme d'or-

dinaire, reliés entre eux transversalement par un certain nombre d'entretoises en fer forgé, boulonnées. Pour éviter d'ailleurs du travail au cisaillement de tous les boulons employés aux assemblages des parties de longerons, on passe à travers les joints, des clavettes encastrées à mi-épaisseur du fer (*fig.* 550).

Ces longerons ainsi constitués présentent des avantages et des inconvénients.

Parmi les avantages, nous citerons celui de ne masquer en rien les organes du mécanisme placé entre les roues, qui reste parfaitement visible et accessible ; de plus, leur épaisseur dispense de toute glissière rapportée sur les plaques de garde ; les faces des plaques de garde sont rabotées à l'atelier sur les longerons eux-mêmes et avant le montage, ce qui est une garantie sérieuse contre tout défaut d'ajustage. Enfin, les organes accessoires qui doivent s'y fixer, tels que supports, paliers, entretoises, etc., présentent des attaches faciles et économiques.

Quant aux inconvénients, c'est d'abord une rigidité notablement inférieure à celle des châssis européens, surtout à cause du manque d'entretoisement dans les parties extrêmes ; mais on sait que la rigidité est une préoccupation secondaire pour les constructeurs américains, qui recherchent avant tout la souplesse. Aussi ces longerons ont-ils la réputation, peut-être exagérée en Europe, de ne servir que d'entretoises, le véritable châssis de la machine étant la chaudière.

En réalité, le plus grand inconvénient des longerons américains réside dans leur épaisseur, qui oblige à réduire la largeur du foyer ou à surélever celui-ci de manière à mettre son cadre inférieur entièrement en dehors des châssis, ce qui exhausse considérablement le centre de gravité de tout l'ensemble et paraît au premier abord être un grave défaut au point de vue de la stabilité. Les Américains contestent cet inconvénient, prétendent même que c'est un avantage, et la pratique jusqu'à ce jour paraît, en effet, leur avoir donné raison.

349. *Bogies et bissels.* — Nous avons donné précédemment (vol. III, p. 713) tous les détails concernant la construction de ces trucks rotatifs qu'on appelle les bogies et les bissels ; nous n'y reviendrons donc pas.

Le bogie américain le plus répandu (*fig.* 552 à 554) est simple et léger ; il est entièrement composé de barres en fer forgé ou de fer plat.

Le châssis C porte en son milieu une

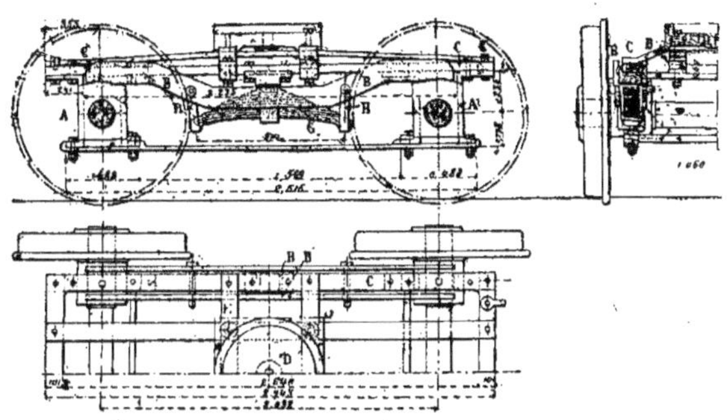

Fig. 552 à 554, — Locomotive américaine. — Bogie.

crapaudine en fonte D, qui reçoit le pivot fixé sur la machine. Le poids est transmis aux boîtes AA', de chaque côté, par un balancier longitudinal B, à double flasque, entre lesquelles est placé un ressort renversé G, dont les deux extrémités sont articulées à des menottes H reliées au balancier B. Le châssis du bogie est complètement désintéressé du poids de la machine aux deux extrémités ; il ne sert qu'à maintenir l'écartement des essieux.

On voit que ce bogie est complètement dépourvu de jeu transversal ; aussi lui préfère-t-on souvent aujourd'hui le système à déplacement latéral avec rappel par menottes inclinées.

Le bissel est adopté dans les cas où nous emploierions des boîtes radiales, qui sont totalement délaissées aux Etats-Unis ; dans le type le plus usité (*fig.* 555 à 557), le truck pivote autour d'une articulation placée en O à l'avant ou l'arrière de l'appareil, suivant que celui-ci est lui-même placé à l'avant ou à l'arrière de la machine.

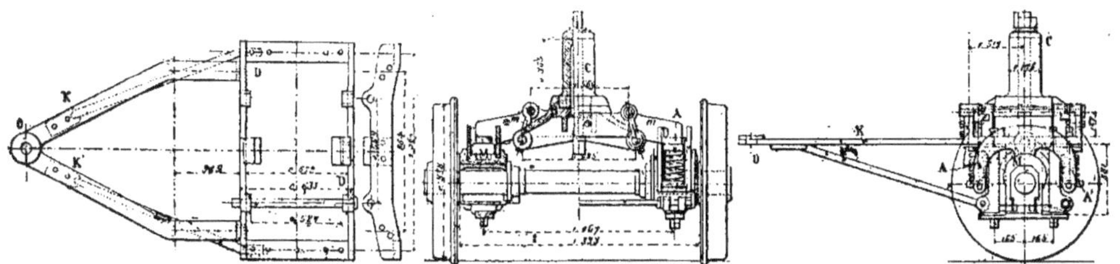

Fig. 555 à 557. — Locomotive américaine. — Bissel.

Le poids est transmis à l'essieu par un pivot fixe C et une platine B, suspendue à deux barres transversales D par quatre menottes inclinées *m* et peut osciller latéralement. Ces barres transversales reposent sur les dessus des boîtes par l'intermédiaire de balanciers longitudinaux L et des ressorts hélicoïdaux A, A'. L'inclinaison des menottes est telle que le système se trouve constamment rappelé par la pesanteur dans sa position moyenne ; il ne s'écarte de celle-ci que sous l'action transversale des boudins des roues, lors du passage en courbe. Ce genre de bissel est d'ailleurs connu et usité en Europe avec de légères variantes.

350. *Suspension.* — La suspension a dû se préoccuper avant tout de faire face aux difficultés spéciales dues aux voies américaines mal établies, mal entretenues

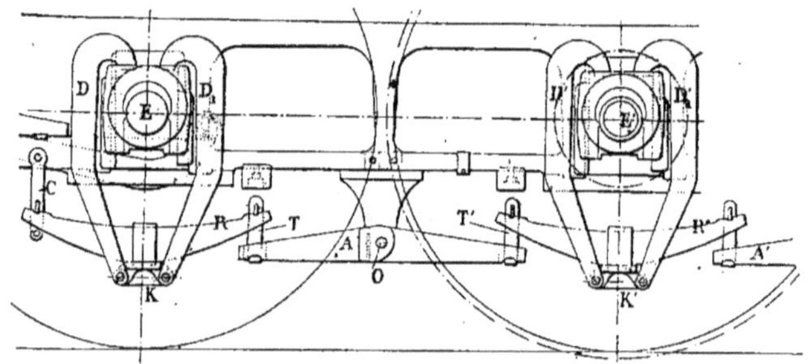

Fig. 558. — Locomotive américaine. — Suspension à deux ou trois essieux couplés.

et manquant complètement d'élasticité ; si l'on ajoute à cela que les bascules de pesage sont à peu près inconnues, on comprendra le besoin d'appareils permettant à chaque instant une égale répartition des charges sur les différents essieux. De là l'usage constant de balanciers longitudinaux reliant entre eux les ressorts des roues couplées ainsi que les roues des trucks. On n'emploie jamais de balanciers transversaux.

Dans les machines à deux essieux couplés, EE' (*fig.* 558), les ressorts de suspension R, R', sont généralement placés sous les boîtes reliées par le balancier A, articulé en un point convenablement choisi,

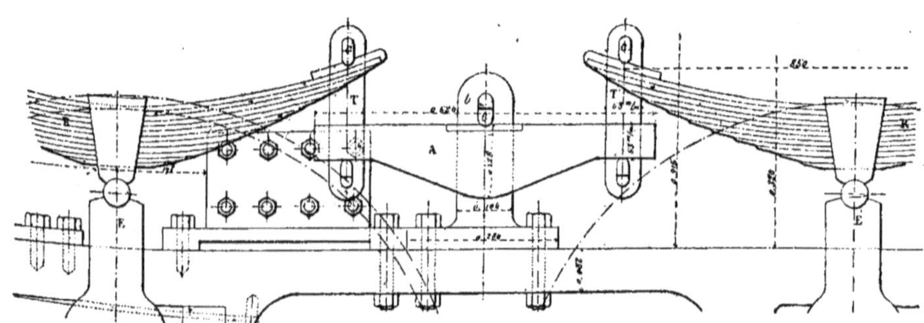

Fig. 559. — Locomotive américaine. — Suspension à quatre essieux couplés.

voisin de son milieu, à un support boulonné au longeron et relié aux ressorts par les tirants T, T' ; dans les machines à trois essieux couplés, un second balancier A' relie le ressort central à celui de l'essieu couplé d'avant.

Quand la locomotive possède quatre essieux couplés, les ressorts des deux essieux arrière sont seuls placés sous les boîtes pour éviter le foyer : ceux des essieux avant R, R' se trouvent au-dessus (*fig.* 559) des boîtes E, E'.

La charge supportée par les ressorts inférieurs est souvent reportée sur le sommet des boîtes afin d'éviter la fatigue exceptionnelle que cela entraînerait pour les dessous de celles-ci. Pour cela, la partie inférieure de la bride de chaque ressort est fixée à une pièce K (*fig.* 558) articulée à deux barres recourbées D,D jusqu'au dessus de la boîte et cintrées pour permettre le passage de l'essieu.

Les attaches des tiges de traction sur les ressorts ou les longerons et celles des balan-

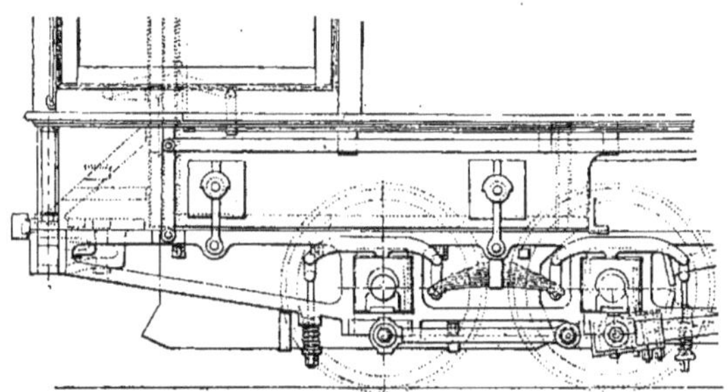

Fig. 560. — Locomotive américaine. — Suspension.

ciers de répartition, se font rarement à articulation, et cela dans un seul but d'économie. Le poids est transmis d'un organe à l'autre par des clavettes C formant côuteaux (*fig.* 559), qui s'appliquent sur des platines en acier dur rapportées. Ce système simple et primitif est évidemment peu coûteux ; mais l'usure des surfaces de contact est très rapide et elles sont trop faibles pour les charges qu'elles supportent.

Les constructeurs ont été quelquefois contraints de prendre des dispositions

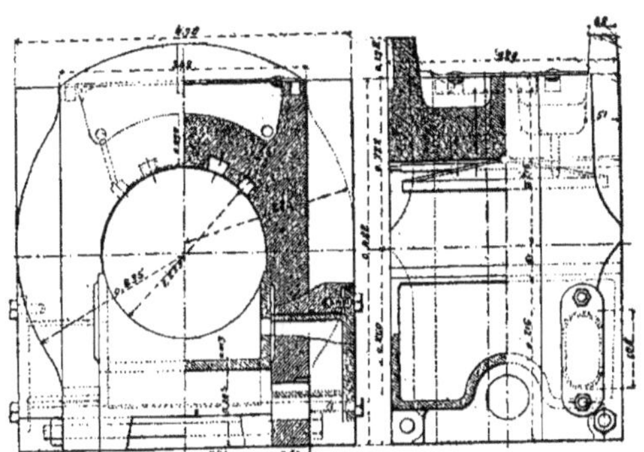

Fig. 561 et 562. — Locomotive américaine. — Boîte à huile pour essieux moteurs.

spéciales et compliquées de balanciers et de ressorts de toutes les formes, à cause du foyer plongeant entre les essieux arrière ou s'étendant au-dessus des longerons. Souvent aussi le balancier est remplacé par une poutre longitudinale dont les extrémités reposent sur les dessus de boîtes des deux essieux arrière et qui se trouvent chargée en deux points intermédiaires par un grand ressort renversé, dont la bride est articulée sur le longeron.

On fait également usage de la disposition suivante (*fig.* 560) : Le ressort renversé placé entre les boîtes et articulé en son milieu au longeron et par ses extrémités à deux leviers chargeant chacun les boîtes par l'intermédiaire d'un couteau placé à peu près à son centre. L'autre extrémité de chaque levier supporte le poids de la machine par le moyen d'une tige de pression et d'un ressort hélicoïdal.

Les boîtes à huile ne présentent rien de spécial. Les figures 561 et 562 donnent l'élévation et la coupe d'un modèle récent de boîtes entièrement en bronze.

351. *Roues.* — Nous avons dit que les roues des machines américaines, motrices

de 0ᵐ,075 d'épaisseur et atteignent quelquefois 0ᵐ,100.

Avantages de la chaudière surélevée.

352. Les Américains attribuent de réels avantages à la surélévation de leurs chaudières, qui n'a été qu'une conséquence de l'épaisseur de leurs longerons, conséquence elle-même de leur constante préoccupation de simplifier la construction et de diminuer les frais de montage et d'a-

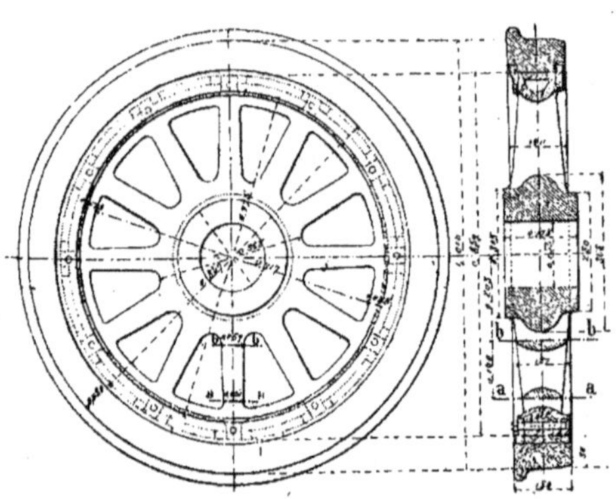

Fig. 563 et 564. — Locomotive américaine. — Roue porteuse en fonte pour bogie.

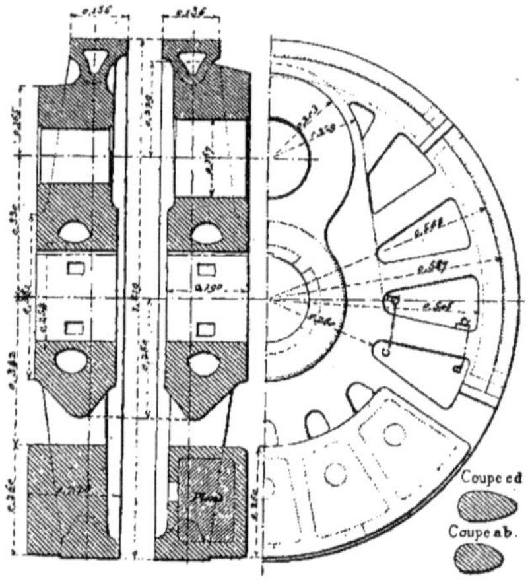

Fig. 565 à 567. — Locomotive américaine. — Roue motrice en fonte.

ou porteuses, sont, à de rares exceptions près, toujours en fonte ; il est vrai que c'est une fonte spéciale, très serrée et résistante au choc. Les échantillons de roue sont beaucoup plus forts qu'en Europe (*fig.* 563 et 564, roues de bogie, dont l'essieu ne supporte pas plus de 7ᵀ,5, et *fig.* 565 à 567, roues de machine à marchandises). La jante est creuse ou, au moins, munie d'une gorge circulaire, afin d'éviter les soufflures.

Les bandages sont en acier et rapportés. Ils sont généralement tenus à l'aide de doubles agrafes D,D′, reliées deux à deux par un boulon E qui traverse la jante. Ces bandages n'ont jamais moins

justage, sans regarder à l'augmentation de poids.

On ne peut en effet contester que le besoin de maintenir à une faible hauteur le centre de gravité des locomotives a certainement contribué à restreindre la largeur de la chaudière et la profondeur du foyer et, par suite, la puissance de ces machines. Les Anglais les premiers s'affranchirent en partie de cette tradition en construisant des locomotives sensiblement plus élevées que les nôtres ; les Américains, aiguillonnés par la nécessité, allèrent plus loin et placèrent franchement au-dessus du châssis, la chaudière tout entière, foyer compris, et la pratique a sanctionné cette tentative, puisque des machines à deux essieux couplés, comme celle de *New-York Central*, et qui remorquent l'Empire *state express* à une vitesse moyenne de 82 kilomètres à l'heure sur des voies à faibles devers, présentent l'axe de leurs corps cylindrique à 2ᵐ,73 au-dessus du rail, cote qui n'avait jamais été atteinte jusqu'à ce jour.

La figure 568 représente le schéma comparatif d'une machine américaine express normale et d'une locomotive express formée d'un type bien connu et apprécié. (*Génie civil* 23 novembre 1875).

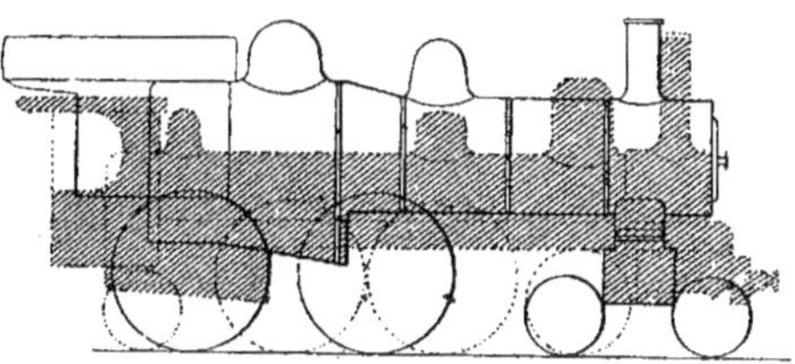

— Diagrammes comparatifs d'une locomotive française
et d'une locomotive américaine.

Fig. 568.

La figure 569 donne les ensembles de trois machines : l'ancienne Crampton employée en France, la machine express de Midland Railway et la locomotive américaine du New-York Central vue plus haut. La machine anglaise est déjà très haute, mais le diamètre du corps cylindrique est inférieur à l'écartement des bandages des roues, dont le diamètre atteint 2ᵐ,36. La chaudière américaine est beaucoup plus haute et déborde au-dessus des roues motrices dont le diamètre n'a rien d'exagéré (2ᵐ,16). Pour pouvoir la faire circuler sur nos voies, il faudrait couper à cette machine une partie de la cheminée et le haut du dôme. La génératrice supé-

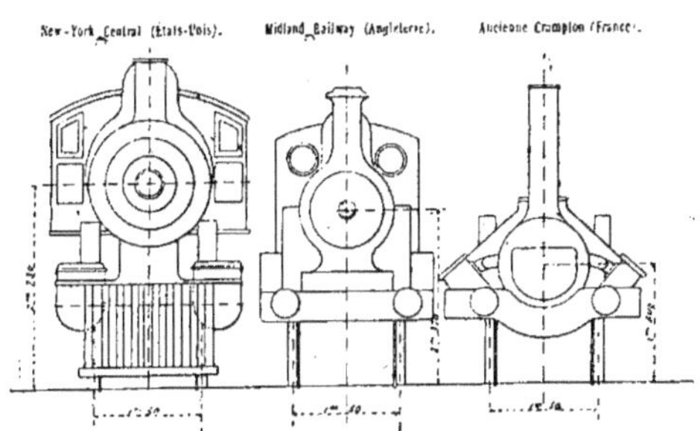

Fig. 569.

rieure de l'enveloppe de la boîte à feu est à 3ᵐ,75 au-dessus du rail.

En résumé, il est intéressant, devant ces faits accomplis, d'examiner la question sous sa double face, savoir : si l'élévation des centres de gravité est une bonne chose à tous égards au point de vue de la stabilité, de la sécurité, de l'accessibilité des organes, etc., comme le prétendent les Américains ; ou si, au contraire, ce n'est qu'un prétexte destiné à permettre l'accroissement de la chaudière et du foyer et, par suite, celui de la puissance des machines, comme on le soutient sur le continent.

353. *Avantages.* — Voici quels sont les principaux avantages attribués par les Américains à cette surélévation du centre de gravité :

D'abord, d'atténuer l'effort latéral sur le rail dû au lacet ou à la force centrifuge dans le passage en courbe. Cet effort serait, en effet, maximum. si le poids se trouvait au niveau de la voie, et minimum si ce dernier était à l'infini au-dessus de cette voie. Si donc on n'exhausse pas le centre de gravité de manière à compromettre la stabilité pour les vitesses et les courbes que l'on connaît à la ligne considérée, on a tout intérêt à procéder ainsi sous réserve de cette limite, afin de diminuer la tendance au ripage des rails.

Puis, la surélévation permet de donner à la chaudière un diamètre plus grand et, par conséquent, une puissance plus considérable. Cela est surtout important pour les machines à grande vitesse, qui ont souvent des roues de plus de 2 mètres de diamètre. Ainsi avec des roues de $2^m,16$, on peut même avoir une chaudière dont le diamètre est supérieur à la largeur de la voie (*fig.* 570).

Enfin, comme nous l'avons déjà dit, le mécanisme est plus accessible et plus visible. En même temps, la machine a une allure à la fois plus imposante et plus légère.

Il ne faut pas oublier, d'ailleurs, que la surélévation de la chaudière n'entraîne pas un exhaussement aussi important qu'on pourrait le croire du centre de gravité de tout l'ensemble. Le poids de la chaudière pleine d'eau ne dépasse pas, en effet, en général, le quart du poids total de la machine ; et le centre de gravité des trois autres quarts est toujours fort bas puisque c'est celui des roues du châssis, des essieux, du mécanisme et des cylindres.

« Soit, par exemple, une locomotive express à 4 roues couplées et à bogie pesant 48 tonnes en ordre de marche, possédant une chaudière à foyer profond avec un corps cylindrique de $1^m,24$ de diamètre et des roues de 2 mètres. Le centre de gravité des organes constituant le véhicule et le mécanisme, qui pèsent 36 tonnes, sera situé à $0^m,98$ environ au-dessus du rail ; le centre de gravité de la chaudière pleine

d'eau pesant 12 tonnes est situé à environ $0^m,30$ au-dessus de l'axe du corps cylindrique. Si donc celui-ci est placé à une hauteur de $2^m,10$ au-dessus des rails, le centre de gravité de l'ensemble se trouvera à $1^m,14$ seulement du plan supérieur des rails. Si l'on mettait l'axe de la chaudière à $2^m,50$ du rail, le centre de gravité général serait à une hauteur de $1^m,24$ seulement. Autrement dit, comme on pouvait le prévoir, en remontant la chaudière de $0^m,40$, on a seulement soulevé le centre de gravité de la machine de $0^m,10$, soit quatre fois

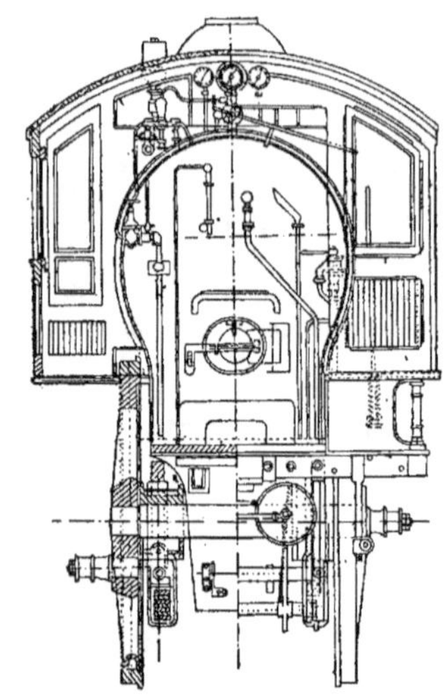

Fig. 570.—Locomotive américaine. — Vue arrière.

moins. Encore est-ce dans la supposition que la chaudière a été relevée dans toutes ses parties, alors que, dans bien des cas, le cadre du foyer reste au même niveau, la boîte à feu restant simplement plus profonde, et le centre de gravité de la chaudière ne se trouvant pas surélevé de la même quantité que l'axe du corps cylindrique. »

« Ainsi, dans une machine plus haute qu'aucune de celles qui circulent actuellement en Europe (axe du corps cylindrique à $2^m,50$ du rail), le centre de gravité général se trouve placé à une hauteur de $1^m,24$ seulement, très inférieur à la hauteur du centre de gravité des wagons chargés ou des voitures ordinaires de toutes classes et, à plus forte raison, des voitures de luxe à caisse élevée et lourde. Il circule sur les grandes lignes des véhicules dont le centre de gravité est situé à 1ᵐ,50 et plus au-dessus des rails ; pour que celui d'une locomotive répondant à peu près à la description ci-dessus se trouvât à la même hauteur, il faudrait que l'axe du corps cylindrique fût reporté à 3ᵐ,24 au-dessus du rail, cote bien supérieure à celle qui est atteinte dans les machines américaines les plus récentes. »

De tout ce qui précède, il paraît résulter que les Américains sont dans le vrai en construisant des machines hautes, qui sont les machines de l'avenir, même sur le continent.

354. *Prix des locomotives américaines.* — Les prix des locomotives et tenders en Amérique sont notablement inférieurs à ceux d'Europe, et descendent jusqu'à 0ʳ,88 le kilogramme ; cela s'explique, car on a supprimé le cuivre pour le foyer et les tubes, et le fer forgé pour les roues. En outre, on a eu généralement soin d'adopter un nombre très restreint de modèles dans chaque usine, ce qui facilite l'entretien, le remplacement des pièces, et diminue encore les dépenses.

PRINCIPAUX TYPES DE LOCOMOTIVES AMÉRICAINES

Locomotives à roues libres.

355. *Locomotive express Wooten à roues libres.* — Comme nous l'avons dit plus haut, les locomotives à voyageurs aux États-Unis sont, comme en Europe, presque toutes à deux essieux couplés. La machine à roues libres est en principe d'un meilleur rendement mécanique ; elle est plus simple, présente une marche plus régulière, une allure plus douce ; une fois lancée, son entretien est moins onéreux. Mais elle est généralement beaucoup trop faible, à moins de charger l'essieu moteur d'un poids impossible à faire supporter à la voie, et sa lenteur au démarrage est

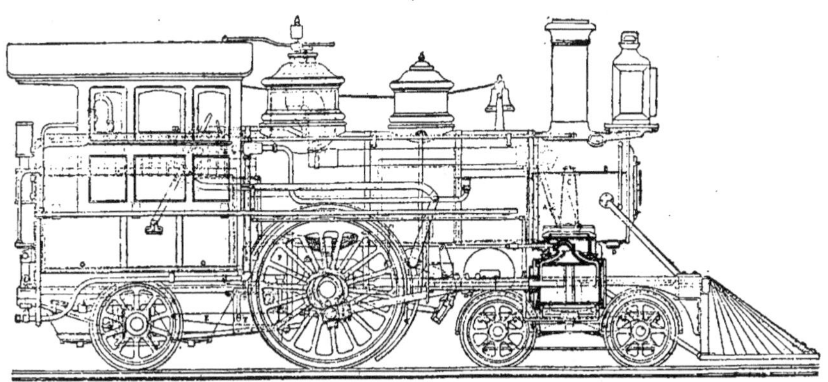

Fig. 571. — Amérique. — Machine express Wooten à roues libres. — Élévation.

toujours un grand inconvénient dans la pratique pour les trains rapides auxquels elle est particulièrement destinée.

La locomotive de M. Wooten, spécialement construite pour brûler les menus d'anthracite de Pensylvanie, est peut-être le seul type de locomotives à roues libres employé aux États-Unis ; elle a été construite par les ateliers Baldwin spécialement pour la Compagnie du *Philadelphia and Reading Railroad* pour remorquer les trains rapides de Philadelphie à New-York, par la route de Bound-Brook avec une vitesse de 110 kilomètres à l'heure ; de nombreuses ruptures de bielle d'accouplement avaient incité les constructeurs à adopter cette solution (*fig.* 571 à 573).

En dehors du foyer système Wooten décrit précédemment, et des conditions générales d'établissement des locomotives américaines, cette machine présente des balanciers latéraux à points d'appui mobiles permettant de faire varier de 15 870 kilogrammes à 21 410 kilogrammes la charge des roues motrices, pour augmenter leur adhérence au démarrage. A cet effet les axes sur lesquels ces balanciers reposent en temps ordinaire peuvent se déplacer dans des coulisses. Au démarrage, des cames actionnées par un cylindre à vapeur viennent soulever ces balanciers

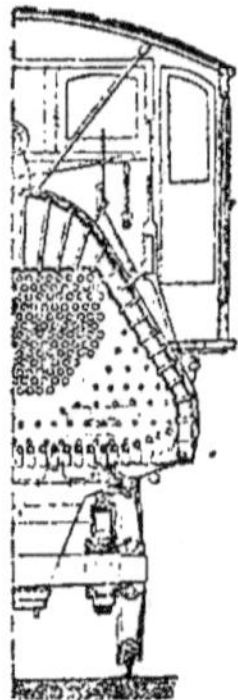

Fig. 572. — Amérique. — Machine express Wooten à roues libres. — Coupe par l'axe de l'essieu d'arrière

de manière à leur offrir un point d'appui plus rapproché de l'essieu moteur et à augmenter sa charge. La chaudière repose en réalité, comme on le voit, sur trois points d'appui.

L'alimentation se fait au moyen de deux injecteurs. La grille est formée de tubes à eau de $0^m,045$ de diamètre extérieur, de $0^m,006$ d'épaisseur, et de $0^m,011$ d'écartement, avec interposition de trois barreaux mobiles pour secouer le feu.

La distribution est à coulisse d'Allan, à double relevage avec recouvrement de $0^m,022$.

Elle est accompagnée d'un tender renfermant 18 200 litres d'eau pesant en charge 32 000 kilogrammes.

Cette machine remorque aisément des trains de 150 tonnes, machine comprise, à la vitesse de 100 kilomètres à l'heure. Dans certains essais elle atteignit la vitesse de 130 kilomètres sur des rampes de 3 millimètres.

Voici ses principales dimensions :

CHAUDIÈRE.		
Pression		10^{atm}
Foyer	Longueur	$2^m,450$
	Largeur	2 ,130
	Hauteur à l'avant	1 ,320
	» à l'arrière	1 ,120
	Diamètre des entretoises	0 ,022
	Surface de la grille $G =$	$5^{m2},20$
Tubes	Nombre	198
	Diamètre	$0^m,051$
	Longueur	3 ,730
Corps cylindrique	Epaisseur des tôles (acier)	0 ,011
	Diamètre moyen	1 ,330
Surface de chauffe totale	$S =$	$130^{m2},32$
Rapport	$\dfrac{S}{G} =$	25
MÉCANISME.		
Cylindres	Diamètre $d =$	$0^m,460$
	Surface du piston $A =$	$1^{m2},662$
	Course du piston $l =$	$0^m,610$
	Volume du cylindre $V =$	$0^{m3},100$
Rapports	$\dfrac{d^2l}{D} = 562^{ks};\quad \dfrac{d^2l}{V} =$	1300.
Lumières d'admission	Longueur	$0^m,400$
	Largeur	0 ,04
	Section $a =$	160^{m2}
Lumières d'échappement	Longueur	$0^m,400$
	Largeur	0 ,076
	Section $e =$	304^{m2}
Rapports	$\dfrac{A}{a} = 10,4;\quad \dfrac{A}{e} =$	5,5
VÉHICULE.		
Diamètre des roues	motrices $D =$	$1^m,980$
	du bogie	0 ,910
	d'arrière	1 ,140
Fusées des essieux du bogie	Diamètre	0 ,130
	Longueur	0 ,200
Fusée de l'essieu moteur	Diamètre	0 ,200
	Longueur	0 ,240
Fusées de l'essieu d'arrière	Diamètre	0 ,190
	Longueur	0 ,213
Distance d'axe en axe des essieux extrêmes		6 ,420
Distance de l'essieu moteur à l'essieu d'arrière		2 ,440
Poids total en charge		$38\ 550^k$
» sur l'essieu moteur en marche		15 870
» » au démarrage		21 410
Poids sur l'essieu d'arrière en marche		11 340
» » au démarrage		6 800
Poids sur le bogie		11 340
Tender. Poids total en charge		32 000
» Contenance des soutes à eau		$18\ 200^l$

356. *Locomotive compound à roues libres du Philadelphia and Reading.* — La machine précédente mise à l'essai donna de bons résultats. Les démarrages étant peu fréquents et le poids net des trains ne dépassant pas 140 tonnes, la diminution de l'adhérence n'avait aucun inconvénient, tandis que le roulement gagnait en douceur et que les incriptions en courbes se faisaient plus facilement, sans compter une diminution sensible des frais d'entretien et de graissage.

On décida donc de continuer à faire usage de locomotives à roues libres et l'on construisit un nouveau type de ce genre à un essieu moteur, un porteur sous le foyer à l'arrière et un bogie sans déplacement latéral à l'avant; c'est une machine compound Vauclin, toujours construite par

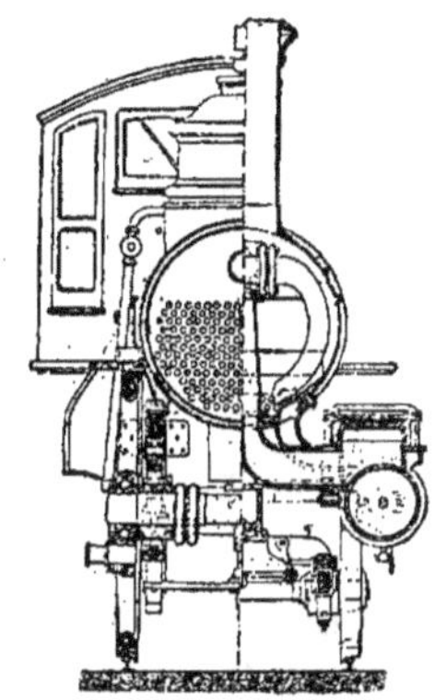

Fig. 573. — Amérique. — Machine express Wooten à roues libres. — Coupes par l'axe de l'essieu moteur et par l'axe de l'échappement.

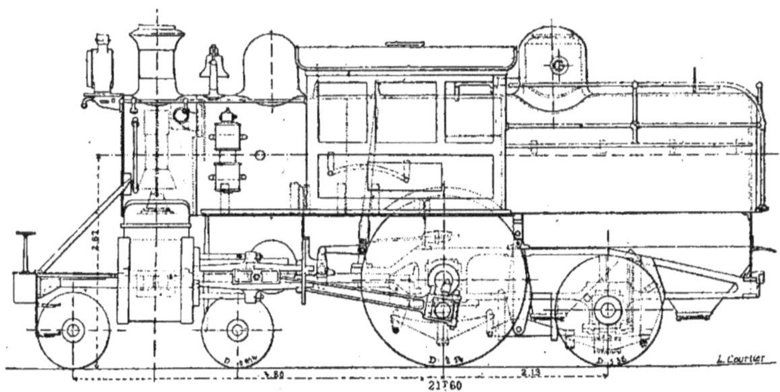

Fig. 574. — Amérique. — Locomotive compound à roues libres du Philadelphia and Reading railroad.

les ateliers Baldwin et destinée au service des trains entre New-York et Philadelphie (*fig.* 574).

Les cylindres, au nombre de quatre, sont disposés de chaque côté par groupes de deux et actionnent deux manivelles. L'essieu moteur est à l'avant du foyer; il supporte la charge peut-être unique, de 21 600 kilogrammes.

Le foyer, du type Wooten, pour brûler des anthracites, est très plat et très long, avec grille passant au-dessus des roues porteuses arrière et débordant de chaque côté.

L'abri du mécanicien est porté à l'avant du foyer, ce qui est obligatoire à cause de la grande largeur de la grille, qui empêche de l'installer sur les côtés, et donne à la machine une allure particulière.

Le chauffeur se tient sur le tender.

L'inconvénient dû aux machines à roues libres, de présenter des effets de tangage accentués aux grandes vitesses a été atténué en conjuguant les ressorts de l'essieu moteur et de l'essieu porteur arrière à l'aide de balanciers longitudinaux.

Voici les principales dimensions de cette machine :

Diamètre du corps cylindrique	$1^m,42$
Longueur intérieure du foyer	$2,89$
Largeur » »	$2,44$
Diamètre des petits cylindres	$0,330$
» grands cylindres	$0,559$
Course commune des pistons	0.660
Timbre de la chaudière	14^k
Diamètre des roues motrices	$2^m,14$
» » porteuses arrière	$1,38$
» » du bogie	$0,914$
Empatement total	$6^m 93$
Poids total en charge	$52\ 150^k$
» sur l'essieu moteur	$21\ 600$

Locomotives à deux essieux couplés pour trains rapides.

357. Les machines employées en Amérique à la traction des trains de voyageurs, et en particulier des express, sont le plus souvent à deux essieux couplés. Elles possèdent, en général, des roues de $1^m,75$ à $1^m,80$, des cylindres de $0^m,480$ de diamètre et $0^m,610$ de course, une surface de grille de $2^m,50$, et une surface de chauffe de 150 mètres carrés. Leur poids en charge oscille entre 48 et 68 tonnes.

Les machines employées dans les trains rapides sont, en outre, pour la plupart, du type *american* à deux essieux couplés et bogie à l'avant. Les modèles et les procédés se ressemblent beaucoup d'une usine à l'autre.

Les constructeurs américains ne sont guère divisés que sur la manière de compter la surface de chauffe; ainsi, les ateliers Baldwin et les ateliers Shenectady prennent l'extérieur, tandis que ceux de Rhode Island et un certain nombre d'autres prennnet l'intérieur des tubes.

Locomotives à deux essieux couplés et bogie type « american. »

358. *Généralités.* — Les locomotives à deux essieux couplés et bogie à l'avant, du vieux type american, sont des machines à grande vitesse. Nous rappelons que, anciennement, elles présentaient invariablement un foyer profond plongeant entre les deux essieux couplés dont l'écartement dépassait rarement $2^m,75$.

Le besoin de brûler des combustibles maigres ou inférieurs, et d'augmenter la puissance des machines, fit d'abord allonger le foyer à l'arrière en le faisant passer au-dessus du dernier essieu, et remontant le corps cylindrique à $2^m,50$ et $2^m,70$ au-dessus du rail. Comme corollaire de l'augmentation de la surface de grille, on était conduit à augmenter le diamètre du corps cylindrique, le nombre et le diamètre des tubes, la surface de chauffe, le diamètre des cylindres; tout cela, la plupart du temps, sans augmenter l'écartement des essieux couplés.

Dans les types articulés, le diamètre des roues motrices varie de $1^m,50$ à $2^m,18$. Dans ce dernier cas, les machines sont employées à la traction des trains légers rapides à profils faciles; dans le premier à celle des trains de voyageurs lourds ou de marchandises légers, peu rapides et à arrêts fréquents.

La maison Baldwin a, en outre, construit dans ces dernières années un type à deux essieux couplés compris entre deux essieux porteurs, que nous verrons plus loin.

Enfin, on rencontre des locomotives à deux essieux couplés sans bogie ni bissel et à adhérence totale, uniquement réservées au service des gares.

Il existe, d'ailleurs, en ce moment, aux Etats-Unis, une tendance marquée à augmenter le diamètre des roues motrices dans les locomotives express.

Ce diamètre était resté pendant longtemps inférieur à ce qui se fait en Europe, surtout à cause du service demandé aux machines indifféremment pour les trains de voyageurs ou de marchandises. Cette tendance s'accentuera de plus en plus à mesure que les vitesses augmenteront et que les services se spécialiseront davantage.

L'empatement maximum des machines à deux essieux couplés paraît être de $7^m,50$, l'empatement rigide dépassant rarement $2^m,60$.

Le volume des cylindres n'est généralement pas en rapport avec la surface de grille et la surface de chauffe. Ainsi, les machines présentant des surfaces de grille de $2^{m2},50$ et brûlant un excellent combustible, n'ont que des cylindres de $0^m,480$ de diamètre et $0^m,610$ de course des pistons.

Fig. 575. — Amérique. — Locomotive à voyageurs du Wabash railway.

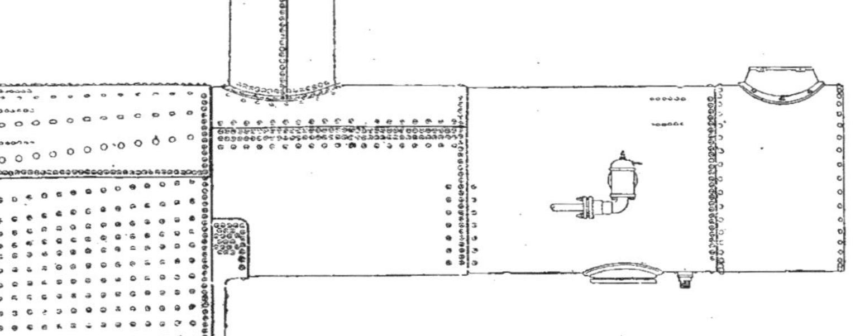

Fig. 576. — Amérique. — Locomotive à voyageurs du Wabash. — Chaudière, élévation latérale.

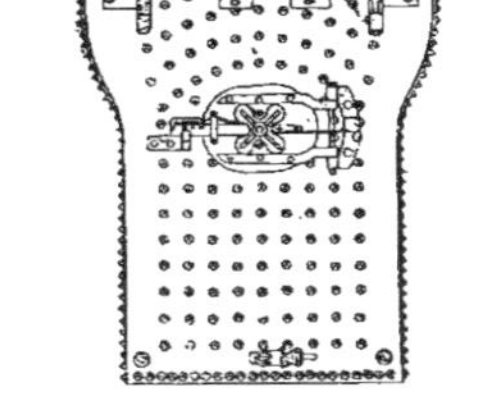

Fig. 577. — Amérique. — Locomotive à voyageurs du Wabash. Chaudière, vue arrière.

Exceptionnellement, dans quelques machines neuves, la course atteint 0^m,660.

Mais on sait que les tiroirs n'ont que de faibles recouvrements et que l'on marche généralement avec des admissions rarement inférieures à 35 0/0, même pour les express les plus rapides. Dans les trains de marchandises et de banlieue, l'introduction atteint souvent 45 à 60 0/0.

Comme poids, le chiffre varie entre 46 000 et 60 600 kilogrammes, le poids adhérent variant entre 0,64 et 0,68 du poids total en charge. La charge sur le bogie ne dépasse guère 18 à 20 tonnes dans les machines les plus lourdes.

Toutes les machines sont munies du frein à air comprimé de Westinghouse, et la tendance est d'en munir de plus en plus les bogies eux-mêmes dans les machines express.

L'ancien type de machine américaine à deux essieux couplés, et bogie à l'avant, est représenté dans les figures 575 à 579 (Illinois).

On y remarque le foyer plongeant entre les deux roues motrices, la forme ballonnée de la boîte à feu, la vieille boîte à fumée avec petticoat et cheminée tronconique, etc.

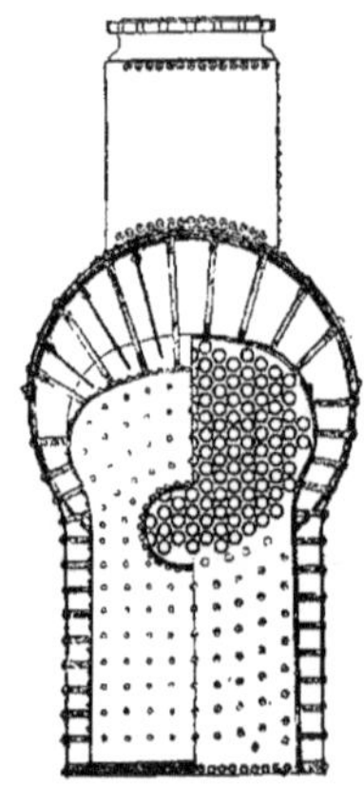

Fig. 578. — Amérique. — Locomotive à voyageurs du Wabash. — Chaudière, coupe transversale.

Le type moderne avec ses principales dimensions moyennes est, au contraire, représenté dans la figure 580.

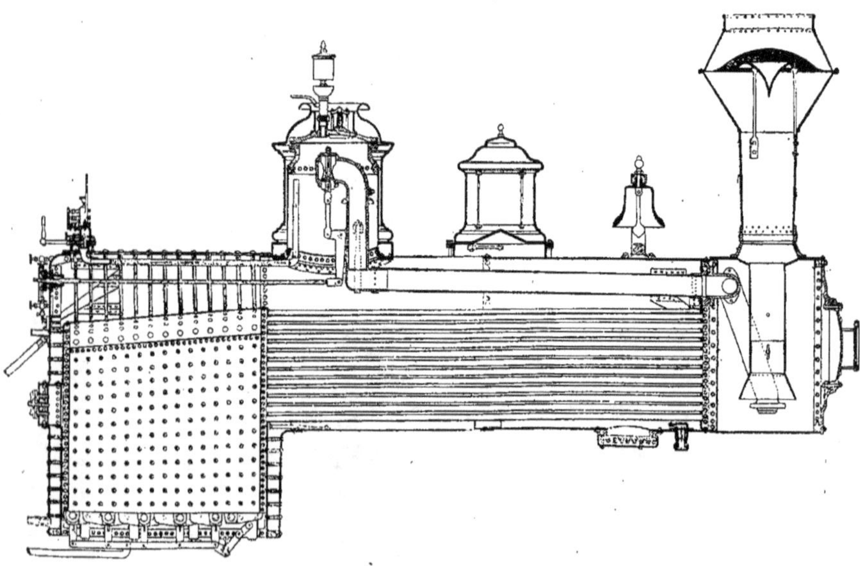

Fig. 579. — Amérique. — Locomotive à voyageurs du Wabash. — Chaudière, coupe longitudinale.

On y voit le foyer surélevé et la boîte à feu raccordée au corps cylindrique par une virole conique (wagon-top), la cheminée cylindrique, la cloche rapprochée de la main du mécanicien, etc.

359. *Locomotive express Baldwin de l'Exposition de Chicago* (1893). — La maison Baldwin avait exposé à Chicago en 1893, une locomotive à voyageurs du type américain à foyer plongeant entre les deux

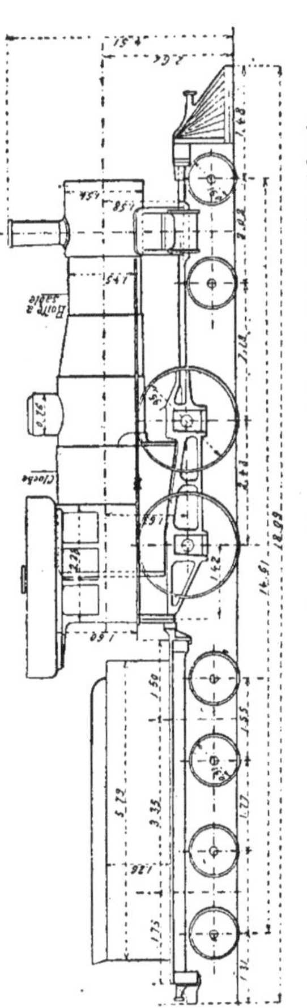

Fig. 580. — Amérique. — Locomotive express à deux essieux couplés et bogie.

Fig. 581. — Amérique. — Locomotive Baldwin à deux essieux couplés et bogie.

essieux couplés et qui résume toutes les particularités de la construction amériricaine (*fig.* 581 à 585).

La chaudière en acier présente une boîte à feu renflée avec virole tronconique de raccordement du système dit wagon-top. Les rivures sont à couvre-joints avec deux rangées de rivets pour les joints longitudinaux et une seule pour les joints transversaux. Le foyer est en acier et les tubes en fer ; la boîte à fumée allongée est munie du pare-étincelles. Les pistons sont en fonte. Le tender est à deux bogies.

En voici les dimensions assez détaillées :

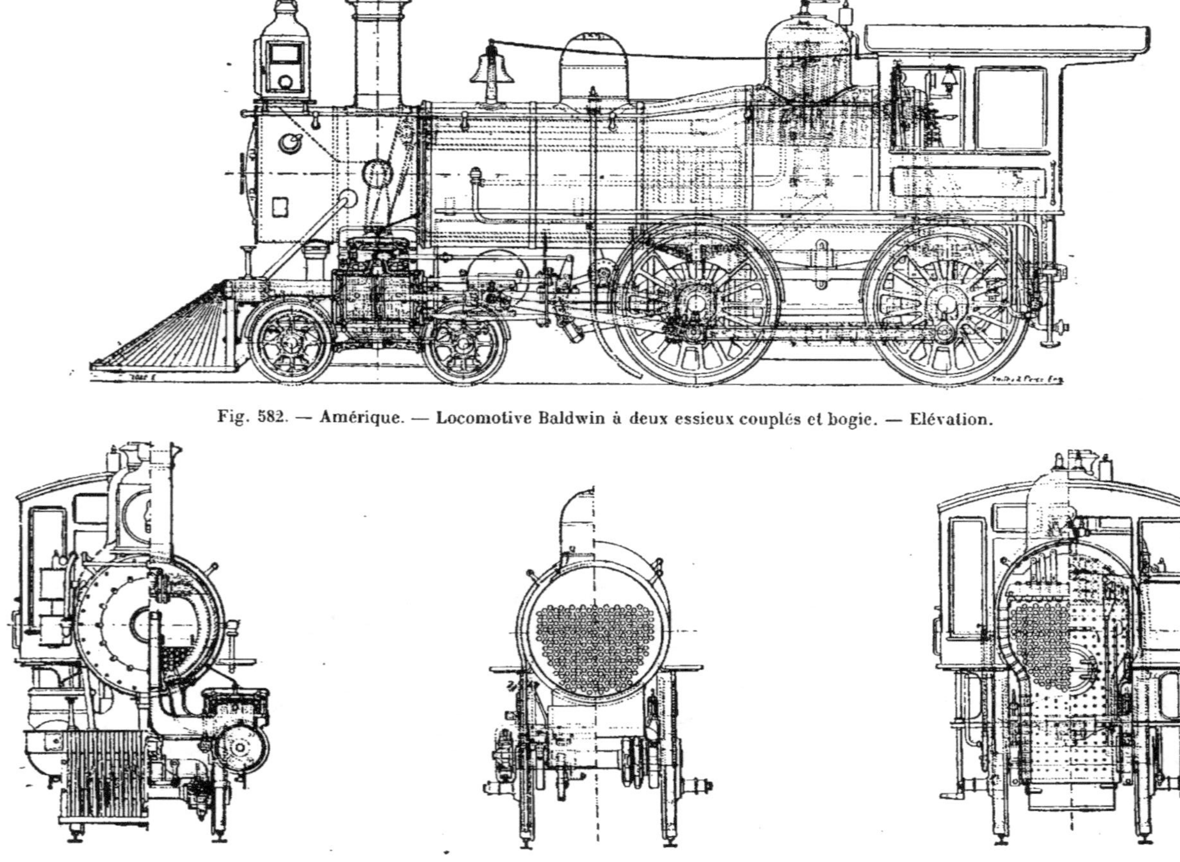

Fig. 582. — Amérique. — Locomotive Baldwin à deux essieux couplés et bogie. — Elévation.

Fig. 583 à 585. — Amérique. — Locomotive Baldwin à deux essieux couplés et bogie. — Coupes transversales

CHAUDIÈRE	
Diamètre du corps cylindrique. Intérieur de la virole minimum.......	1^m,70
Epaisseur des tôles (acier)...........	0 ,0127
Longueur intérieure du foyer (acier).	1 ,780
Largeur » »	0 ,873
Profondeur avant..................	2 ,045
» arrière	1 ,994
Epaisseur des lames d'eau : avant du foyer......................	0 ,102
Epaisseur des lames d'eau : côtés du foyer......................	0 ,076
Epaisseur des tôles de la boîte à feu.	0 ,0127
» » du foyer........	0 ,008
» » plaques tubulaires	0 ,0127
Nombre des tubes (fer)..............	244
Diamètre extérieur des tubes	0 ,051
Distance entre les centres des tubes.	0 ,07
Longueur des tubes entre plaques...	3 ,338
Timbre.......................	11^k
Diamètre du dôme	0^m,800
Hauteur »	0 ,500
Hauteur des barreaux de grille	0 ,240
Espace entre les barreaux	0 ,019
Surface de grille.................	1^{m2},638
Surface de chauffe du foyer........	13 ,177
» des tubes........	129 ,277
» totale.............	142 ,454
Hauteur du sommet de la boîte à fumée au-dessus du rail...........	4^m,295
MÉCANISME	
Diamètre des cylindres	0^m,457
Course des pistons.................	0 ,640
Diamètre de la tige du piston.......	0 ,076
Distance entre axes des cylindres...	1 ,934
Longueur des lumières d'admission.	0 ,406
Largeur » »	0 ,031
Longueur des lumières d'échappement..................	0 ,406
Largeur des lumières d'échappement.	0 ,064
Course maximum du tiroir	0 ,140
Recouvrement extérieur	0 ,019
» intérieur...........	0
SUSPENSION	
Diamètre des roues motrices	1 ,723
» » du bogie	0 ,836
Longueur des fusées motrices......	0 ,215
Diamètre » »	0 ,203
Longueur des fusées du bogie.......	0 ,254
Diamètre » »	0 ,127
Empatement total.................	7 ,810
Poids total en charge	$45 780^k$
Empatement total de la machine et son tender..................	14^m,151
Longueur totale hors saillies extrêmes de la machine et son tender.......	17 ,385
TENDER	
Diamètre des roues des bogies......	0 ,830
Longueur des fusées	0 ,178
Diamètre »	0 ,095
Empatement total.................	4 ,753
Distance entre axes des bogies......	1 ,545
Contenance des soutes à eau.......	$13 630^{lit}$
» » à combustibles	$6 000^k$
Poids du tender...................	$12 470^k$
» en charge...........	31 265

360. *Locomotive express Wooten à deux essieux couplés et bogie.* — Cette machine a été spécialement construite, comme toutes celles de M. Wooten, pour brûler des menus d'anthracites de Pensylvanie.

Nous avons vu précédemment le foyer spécial adopté à cet effet et l'élévation de cette machine. La figure 586 représente une coupe par le foyer et une vue en bout. Sur quelques machines on a couvert de briques une surface de 1^{m2},36 à l'avant de la grille, pour augmenter l'étendue de la chambre de combustion et rendre le foyer

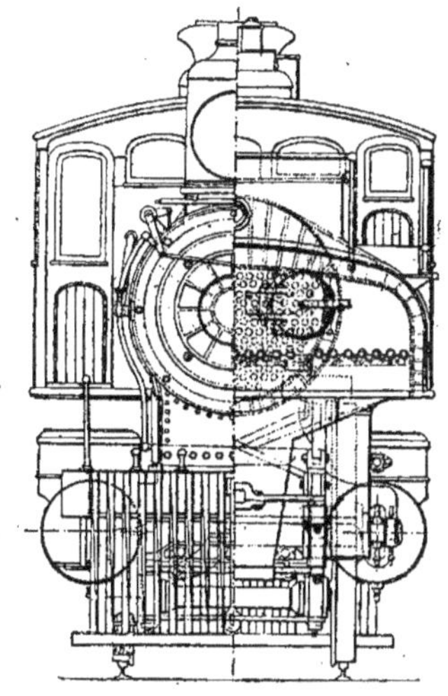

Fig. 586. — Amérique. — Locomotive express Wooten. — Vue avant et arrière.

presque entièrement fumivore. Le combustible est brûlé par couches de 0^m,100 à 0^m,150 d'épaisseur : la dépense d'anthracite en pleine marche n'est que de 24 kilogrammes. La vaporisation est de 10^{kg},4 par kilogramme de charbon, quoique les tubes n'aient que 3 mètres de longueur.

L'alimentation se fait au moyen de deux injecteurs Sellers n° 9, débitant chacun 200 litres par seconde.

L'axe de la chaudière est à 2^m,34 au-dessus des rails, malgré le diamètre sans exagération des roues motrices 1^m,73.

Le graissage des fusées, des tiroirs et des cylindres, extérieurs et commandés de l'intérieur comme toujours, se fait de la plate-forme du mécanicien. Dans le cas où les fusées de la machine et du tender viendraient à chauffer des tuyaux flexibles sont disposés de manière à les refroidir immédiatement au moyen d'un jet d'eau.

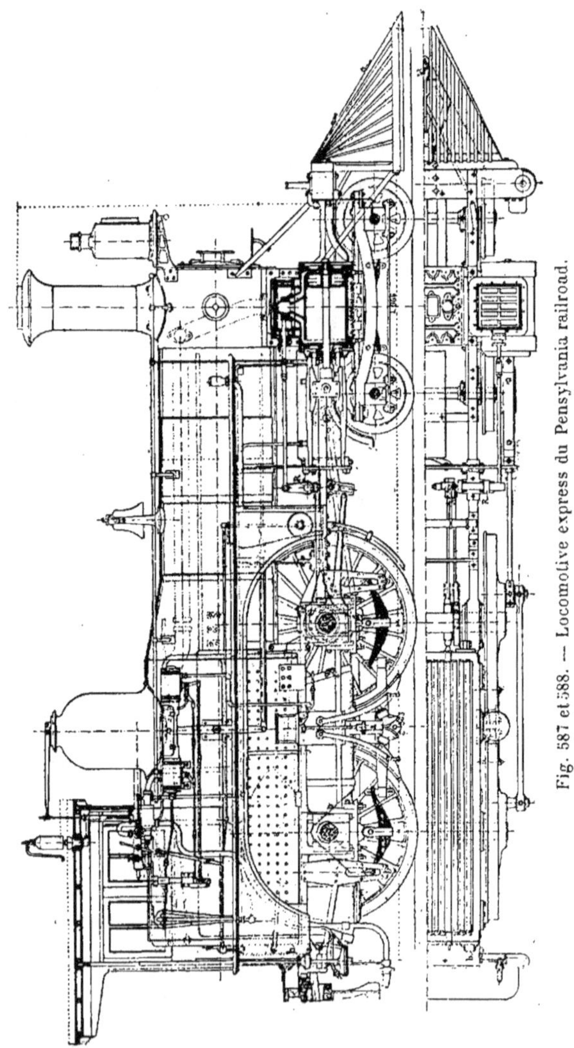

Fig. 587 et 588. — Locomotive express du Pensylvania railroad.

La machine est accompagnée d'un tender portant 4 500 kilogrammes de charbon et 20 mètres cubes d'eau. Cette dernière provision, très importante, permet de franchir sans renouvellement les 144 kilomètres séparant Jersey-City de Philadelphie.

Voici ses principales dimensions.

Surface de grille	7m2,06
Longueur du foyer	2m,900
Largeur »	2 ,440
Timbre	9k
Longueur des tubes	3m,110
Diamètre »	0 ,051
Surface de chauffe du foyer	12m2,54
» des tubes	91 ,20
» totale	103 ,74
Diamètre des cylindres	0m,530
Course des pistons	0 ,560
Diamètre des roues motrices	1 ,730
» porteuses	0 ,840
Effort de traction $0,65\,\dfrac{pd^2l}{D}$	4 430k
Poids en marche	44 540
Poids adhérent	29 150

La machine repose sur trois points d'appui : d'abord les pivots du bogie qui repose sur des menottes, puis les axes des balanciers qui conjuguent les essieux moteurs ; la marche est ainsi très douce même à la vitesse de 100 kilomètres à l'heure.

361. *Locomotive express du Pensylvania Railway.* — La Compagnie du Pensylvania Railway possède une voie exceptionnellement bien établie et tout à fait comparable à celles d'Europe, ce qui lui permet d'employer des locomotives très puissantes et comme on en rencontre beaucoup moins sur les autres réseaux.

Les locomotives ci-dessous, à deux essieux couplés et bogie à l'avant, de cette Compagnie (*fig.* 587 et 588), ont représenté pendant longtemps le type le plus classique et le plus répandu de la machine américaine, avant les types récents construits dans ces dernières années. Elles ont fait régulièrement le service de New-York à Philadelphie avec une vitesse de 75 kilomètres à l'heure.

Tous les éléments de la construction sont ceux que nous avons décrits précédemment : grand foyer à anthracite avec grille à tubes d'eau, petticoat dans la boîte à fumée, plancher du chauffeur sur le tender, foyer porté par des bielles laissant la chaudière libre de se dilater vers l'arrière.

Comme mécanisme, le changement de marche est actionné par la vapeur et présente un contrepoids remplacé par un ressort.

Voici les principales dimensions de cette machine :

CHAUDIÈRE

Diamètre intérieur maximum du corps cylindrique	1m,289
Diamètre intérieur minimum du corps cylindrique	1 ,252
Longueur intérieure du foyer au bas	3 ,087
Largeur » »	1 ,060
Hauteur du ciel au-dessus de la grille au centre	0 ,953
Nature de l'enveloppe et du foyer	acier
Epaisseur des tôles : du dôme	8mm
du corps cylindrique et de l'enveloppe du foyer	9,6
de la plaque de la boîte à fumée	12,5
des parois latérales du foyer	6,4
de la plaque de l'arrière et du ciel	8
de la plaque tubulaire	12,5
Hauteur de la chaudière au-dessus du rail	2m,267
Hauteur de la cheminée au-dessus du rail	4 ,575
Diamètre de la cheminée	0 ,457
Dimensions de la tuyère d'échappement $0,066\times$	0 .088
Nombre des tubes (en fer)	201
Longueur des tubes entre les plaques	3m,324
Diamètre intérieur des tubes	41mm
extérieur »	47,5
Surface de chauffe tubes (extérieur) $l =$	100m2,90
foyer $f =$	10 ,50
totale $S = f + l$	111 ,40
Surface de grille G	3 ,22
Section de passage par les tubes (sans les bagues) ou *calorimètre* t'	0,27
Section de passage par la cheminée $c =$	0,165
Rapport $\dfrac{S}{G} = 34,6$; $\dfrac{f}{G} = 3,25$; $\dfrac{l}{G} = 31$;	
$\dfrac{G}{t'} = 12$; $\dfrac{G}{e}$ $=$	19,7
Pression à la chaudière $p =$	10k

MÉCANISME

Diamètre des cylindres	0m,460
Course des pistons	0 .610
Volume des cylindres	0m3,100
Distance entre les axes des cylindres	1m,956
Course maximum des tiroirs	0 ,139
Recouvrement extérieur	0 ,0315
» intérieur	0
Avance	0 ,0015
Longueur des lumières	0 ,425
Largeur des lumières d'admission	0 ,038
» d'échappement	0 ,082

SUSPENSION

Diamètre des roues couplées	1 ,982
» du bogie	0 ,838
Distance entre axe des essieux couplés	2 ,363
Distance entre axe des essieux du bogie	1 ,956
Ecartement des essieux extrêmes	6 ,900
Largeur de la voie	1 ,450
Diamètre des fusées des essieux couplés	0 ,202
Longueur des fusées des essieux couplés	0 ,265

Diamètre des fusées des essieux du truck		0 ,120
Longueur des fusées des essieux du truck		0 ,190
Diamètre des boutons de manivelles motrices		0 ,116
Longueur des boutons de manivelles motrices		0 ,101
Diamètre des boutons de manivelles d'accouplement		0 ,088
Longueur des boutons de manivelles d'accouplement		0 ,088
Poids vide.	sur les roues accouplées.	26 700[k]
	sur le truck	11 650
	total. $P = 38\ 350^k\ \dfrac{P}{G} =$	1 200
Poids en service.	sur l'essieu moteur	15 200
	sur l'essieu accouplé	14 350
	sur le truck	12 400
	total	41 950
Module de traction $\dfrac{d^2l}{D} =$		640
Effort de traction $0{,}65\,\dfrac{pd^2l}{D} =$		4 160

362. *Nouvelle locomotive express du Pensylvania Railway.* — Le nouveau type récemment mis en service sur le Pensylvania Railway a été conçu comme toutes les machines américaines de ces dernières années, en vue d'augmenter la puissance de l'engin ((*fig.* 589).

La chaudière est de grand volume et se trouve placée à une grande hauteur; elle est accompagnée d'un foyer système Belpaire dont le cadre inférieur est placé au-dessus des longerons, ce qui lui permet la largeur maximum.

Le corps cylindrique est formé de deux viroles: une cylindrique à l'arrière portant le dôme, et l'autre tronconique reliant cette dernière à la boîte à fumée.

Les deux essieux couplés sont conjugués de chaque côté par un balancier longitudinal.

En outre de sa provision d'eau normale, le tender est muni d'écopes Ramsbottom pour l'approvisionnement pendant la marche, comme cela se fait généralement sur le chemin de fer de Pensylvanie.

Ces machines remorquent des trains express de 300 tonnes représentant la locomotive, son tender, et sept voitures Pullmann.

En voici les principales dimensions :

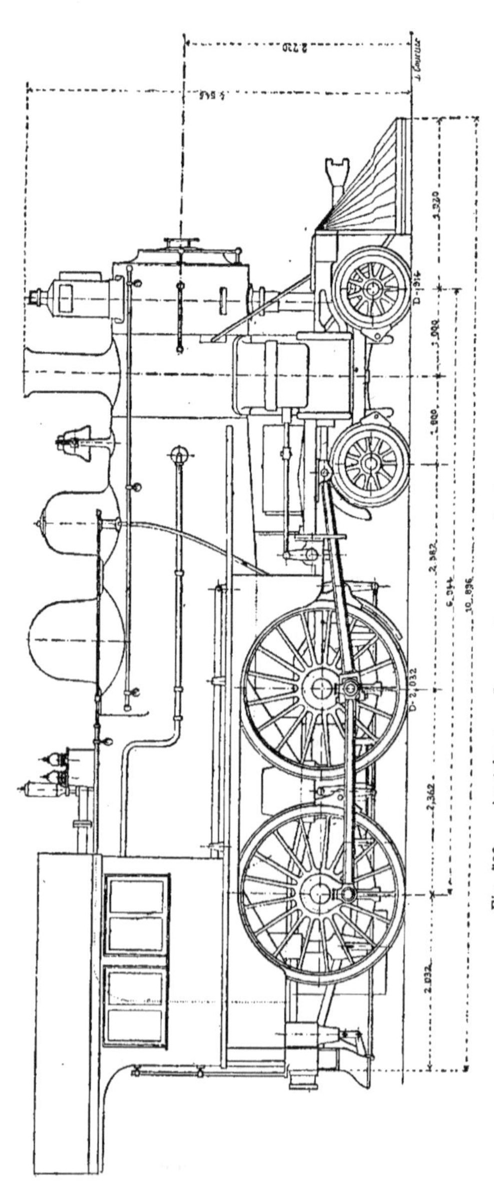

Fig. 589. — Amérique. — Locomotive express du Pensylvania Railroad.

Diamètre du corps cylindrique......	1^m,600
» de la boite à fumée	1 ,300
Hauteur de l'axe du corps cylindrique au-dessus du rail.................	2 ,730
Longueur de la boîte à feu	3 ,228
» intérieure du foyer.......	3 ,040
Largeur de la boîte à feu...........	1 ,200
Surface de grille....................	3^{m2},130
Nombre des tubes....................	310
Longueur utile des tubes...........	3^m,460
Surface de chauffe directe..........	16^{m2},40
» des tubes	164 ,10
» totale...........	180 ,50
Timbre	13^k
Diamètre des cylindres.............	0^m,462
Course des pistons.................	0 ,660
Diamètre des roues motrices	2 ,032
» porteuses du bogie	0 ,914
Empatement total...................	6 ,994
» fixe..............	2 ,362
Poids total en charge...............	$60\ 700^k$
» adhérent	41 200
» sur l'essieu moteur	21 200
» » couplé...........	20 000
Tender. Poids en charge............	31 500
Poids total. Machine et tender	92 200

363. *Locomotive mixte à deux essieux couplés du Cincinnati and Dayton Railway.* — Cette machine peut être considérée comme le type classique des machines mixtes aux Etats-Unis. Elle fait ordinairement le service des marchandises rapides, et au besoin celui des express entre Cincinnati et Dayton. Elle peut remorquer un train de 700 tonnes, machine et tender compris, à la vitesse moyenne de 50 kilomètres à l'heure.

Elle est à deux essieux couplés et bogie à l'avant avec les dimensions suivantes :

. CHAUDIÈRE		
Foyer. { Longueur à l'intérieur....		1^m,600
Hauteur »		1 ,540
Largeur »		0 ,857
Corps cylindrique. { Longueur...........		3 ,265
Diamètre		1 ,22
Boîte à fumée. Longueur		0 ,84
Tubes. { Longueur................		3 ,35
Diamètre extérieur........		0 ,051
Nombre		138
Surface de chauffe. { du foyer (f).............		8^{m2},73
des tubes...............		73 ,84
de la plaque tubulaire d'a-vant...................		0 ,93
totale (S)		83 ,50
Surface de la grille (G).............		1 ,40
Section transversale des tubes ou ca-lorimètre (t')...................		0 ,224
Section de la cheminée (c)		0 ,164

Rapports fondamentaux.. $\dfrac{S}{f} = 9,56$; $\dfrac{t'}{c} = 1,36$; $\dfrac{S}{G}$................ $=$			59,65
Dômes. { Nombre			2
Diamètre intérieur			0^m,60
Hauteur			0 ,710

MÉCANISME

Cylindres. { Diamètre...............			0 ,406
Course			0 ,610
Espace nuisible en fonction de la course.................			0 ,076
Section des orifices. { du régulateur...............			82^{cq}
des prises de vapeur........			112^{cq}
des lumières d'admission. .... $38 \times 3,2 =$			122^{cq}
des lumières d'échappement...... $38 \times 6,4 =$			244^{cq}
du tuyau d'échappement ..			38^{cq}
Course maxima des tiroirs..........			135^{mm}
Recouvrement. { extérieur			22^{mm}
intérieur.........			1^{mm},5
Diamètre des quatre roues accouplées.			1^m,55
Ecartement des essieux accouplés...			2 ,44
Empatement total			6 ,70
Poids sur les essieux accouplés			20^{ton},340
» total en charge...............			32^{ton},760

364. *Locomotives à deux essieux couplés et bogie du New-York Erié and Western Railway.* (M. Dumoulin, *Revue générale des Chemins de fer.*)

La Compagnie de New-York, Lake Erié and Western Railroad est une des plus importantes de l'est des Etats-Unis. Elle dessert, sur un parcours de 2 800 kilomètres, une région agricole et industrielle très riche, en reliant, en concurrence avec d'autres lignes New-York à Buffalo Cincinnati et Chicago.

La traction des trains de voyageurs y est effectuée au moyen de locomotives à deux ou trois essieux couplés. Ce sont les premières que nous nous proposons d'étudier en ce moment.

Ces locomotives appartiennent à des modèles assez semblables dans leurs grandes lignes (*fig.* 590 à 595). Les deux premiers sont du type dit « American ». Le foyer destiné à brûler des houilles bitumineuses est profond et descend entre les essieux couplés espacés de 2,59 d'axe en axe. Les roues motrices ont respectivement des diamètres de 1,727 et 1,575. La seconde de ces machines qui possède des cylindres de 0,457 de diamètre avec une course de piston de 0,610 présente un poids adhérent de 28 700 kilogrammes. Elle est plus puissante que la première, plus ancienne et réservée aux trains légers. Dans les deux cas, la chaudière est à foyer renflé et à boîte à fumée prolongée.

Récemment, on a adopté des foyers

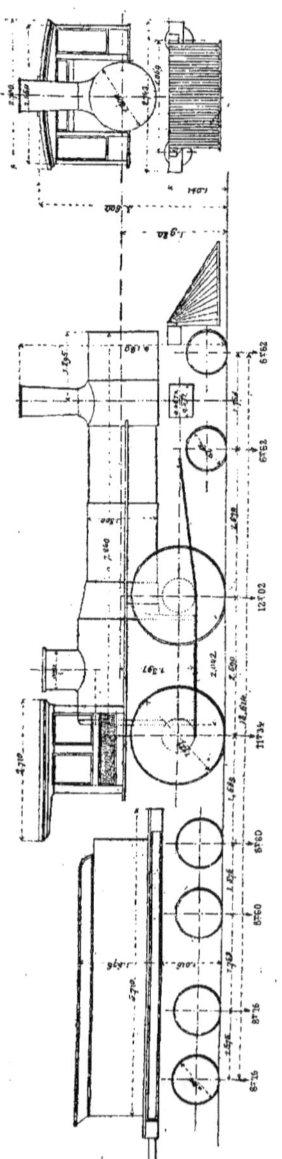
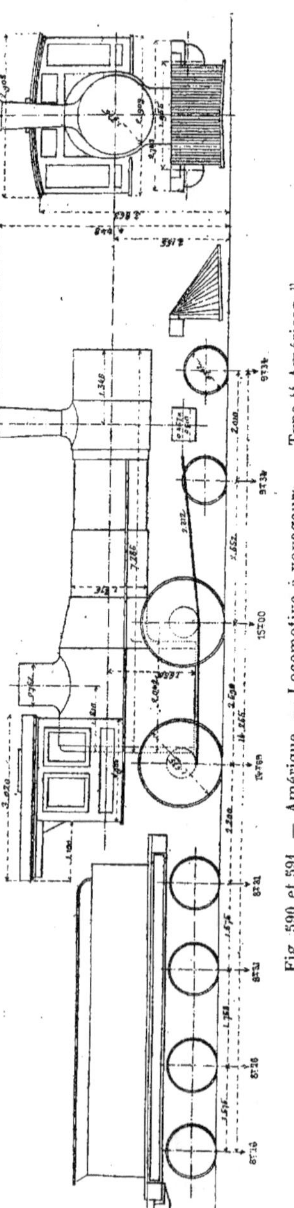

Fig. 590 et 591. — Amérique. — Locomotive à voyageurs. — Type " Américain ".

plats beaucoup plus longs, afin de pouvoir utiliser des houilles maigres et des anthracites que l'on rencontre en abondance dans la région traversée par la ligne, et en même temps pour accroître la puissance des machines sans augmenter l'écartement des essieux couplés.

Les figures 592 et 593 représentent

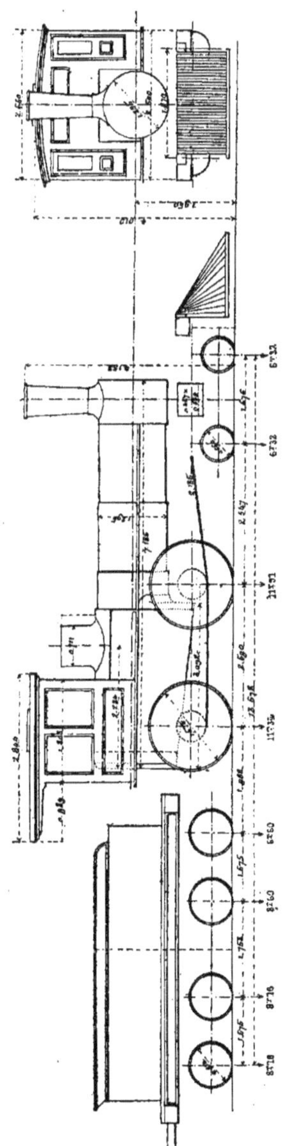
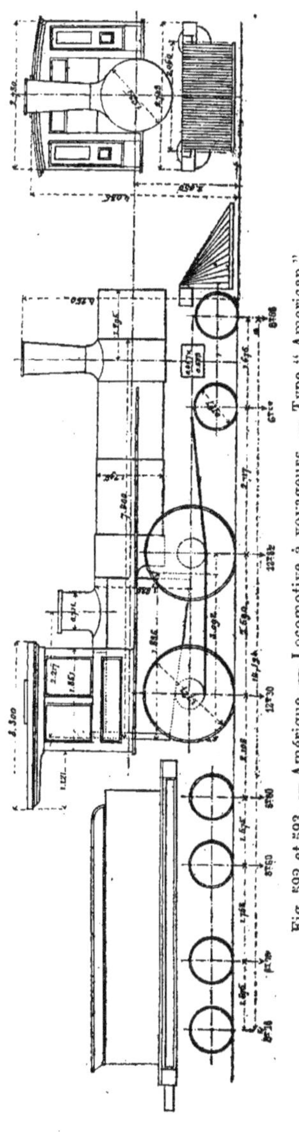

Fig. 592 et 593. — Amérique. — Locomotive à voyageurs. — Type « American ».

l'application de ce genre de foyer à d'anciennes machines transformées, et les figures 594 et 595 à de nouveaux types très puissants. Dans ces machines la

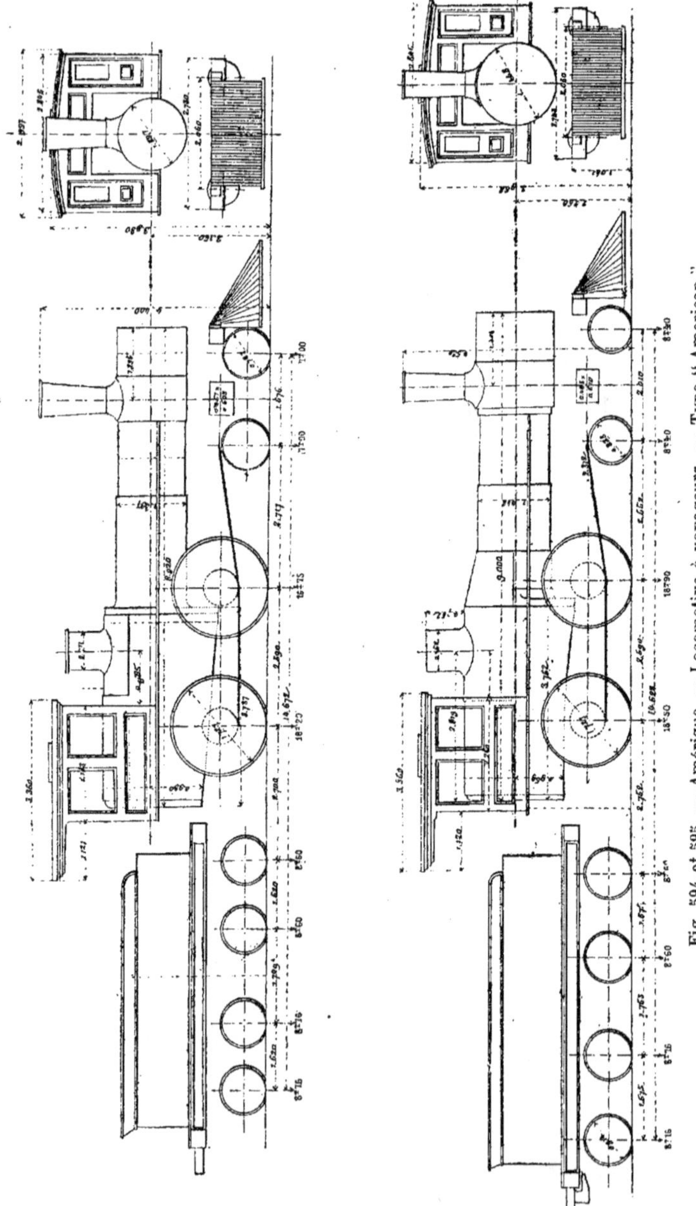

Fig. 594 et 595. — Amérique. — Locomotive à voyageurs. — Type " American ".

longueur extérieure de la boîte à feu atteint 3,762.

Ces dernières (*fig.* 594 et 595), dont le poids adhérent atteint respectivement 32 950 et 3 7400 kilomètres et dont les roues motrices ont 1,727 de diamètre, constituent le dernier type de machines à grande vitesse, et sont depuis plusieurs années employées au remorquage des grands express dont le poids dépasse souvent 400 tonnes sans la machine ni le tender. Les cylindres ne sont pas très volumineux par comparaison avec les autres dimensions de la machine puisqu'ils ont 0,482 de diamètre et 0,610 de course ; mais on marche normalement avec une forte introduction, et le tirage est très intense. La quantité de charbon brûlée par mètre carré de grille et par heure est jusqu'à trois fois plus considérable que ce que l'on regarde en France comme un maximum. C'est à cette condition que ces locomotives peuvent remorquer des trains de 400 à 500 tonnes sur un profil quelquefois accidenté, à une vitesse de 68 kilomètres à l'heure.

Elles ne suffisent cependant pas toujours, et, pour les trains très lourds ou sur les lignes difficiles, on a recours aux locomotives à trois essieux couplés à bissel, type Mogul, que nous verrons plus loin.

365. *Locomotive express de l'Empire State Express.* — Cette machine de cons-

Fig. 596. — Amérique. — Locomotives pour trains rapides de l'Empire State express.

truction récente, a été établie par M. Buchanan, ingénieur en chef du New-York Central and Hudson River Railroad, pour des trains express qui font couramment 100 kilomètres à l'heure sur des lignes à profil assez accidenté (*fig.* 596 à 599).

Dans ses grandes lignes, elle ressemble au type courant dit « American » ; elle s'en distingue seulement par sa puissance exceptionnelle et l'élévation inaccoutumée de sa chaudière.

Le châssis, comme celui du bogie, est du modèle américain ordinaire.

Les ressorts des roues couplées sont placés sous les boîtes, et reliés de chaque côté par un balancier longitudinal.

Le bogie est du type le plus répandu avec ressorts longitudinaux à lames, communs de chaque côté aux deux essieux. La machine est donc suspendue sur trois points.

Les roues sont comme toujours en fonte spéciale avec bandages en acier rapporté.

Les cylindres extérieurs sont disposés entre les roues du bogie ; ils sont surmontés de leurs boîtes à tiroirs actionnés par une coulisse intérieure et un rocking shaft. Les bielles motrices sont en acier forgé et les bielles d'accouplement à têtes rondes sont évidées.

La chaudière est très volumineuse ; elle est à foyer renflé et à grille inclinée passant vers l'arrière, au-dessus de l'essieu couplé. La hauteur exceptionnelle 0,2735 à laquelle a été placé l'axe de la chaudière est précisément due au besoin de mettre ce foyer très profond au-dessus du châssis et de rendre facilement visibles et accessibles les coulisses et les excentriques.

Un seul dôme de prise de vapeur est placé à l'arrière de la chaudière au-dessus du foyer; il renferme le régulateur à tuyaux intérieurs. Ce régulateur est à

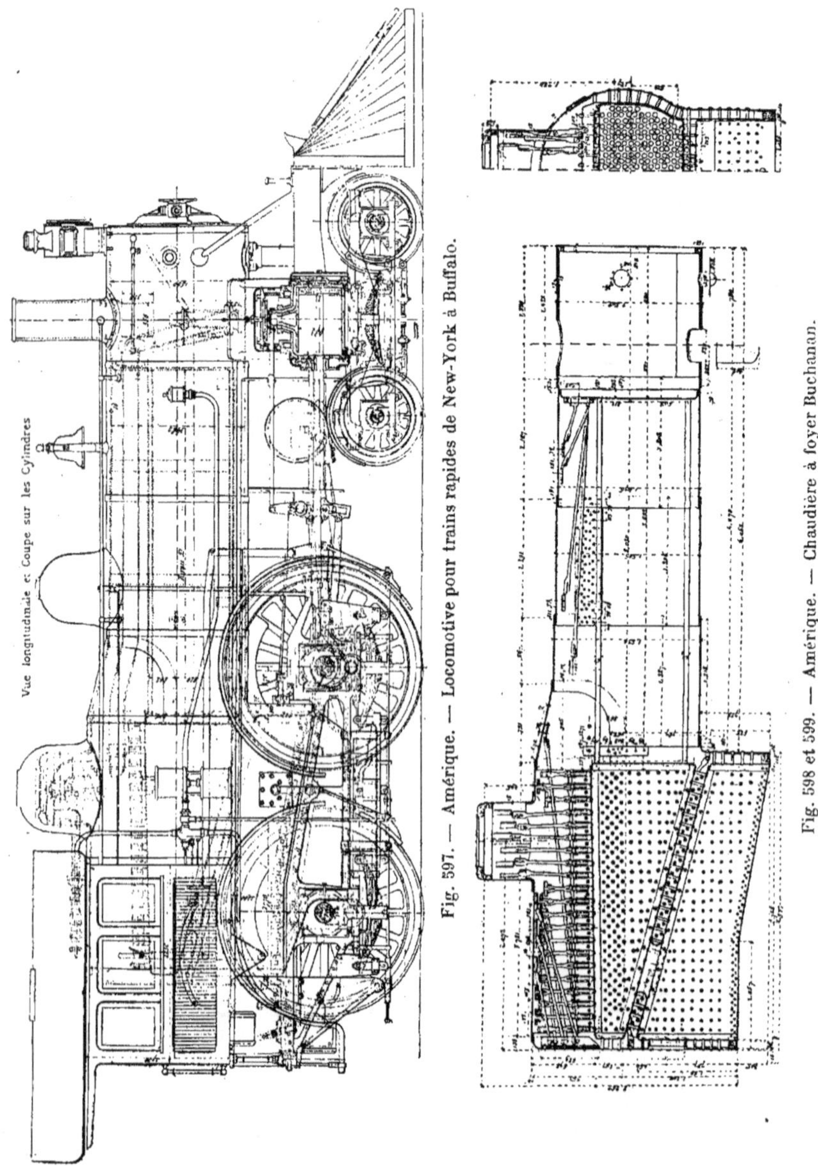

Fig. 597. — Amérique. — Locomotive pour trains rapides de New-York à Buffalo.

Fig. 598 et 599. — Amérique. — Chaudière à foyer Buchanan.

soupape équilibrée, à manœuvre très
facile·

Cette machine est complétée par un
abri en bois très complet, une très
longue boîte à fumée, le frein Westinghouse, etc.

Le foyer constitue la partie la plus
intéressante de cette locomotive. Aussi
profiterons-nous de l'occasion pour le
décrire complètement (*fig.* 598 et 599).

La caractérisque de ce foyer est un
bouilleur en tôle qui coupe obliquement en
hauteur la partie moyenne de la boîte renfermant la grille, et qui communique sur
tout son pourtour avec les lames d'eau de
la boîte à feu et du corps cylindrique.
Les deux parties ainsi séparées ne communiquent entre elles que par un trou
circulaire de $0^m,60$ de diamètre ménagé
vers l'arrière à la partie la plus élevée du
bouilleur, il en résulte, comme nous
l'avons expliqué dans l'étude spéciale
des foyers, un retour obligatoire en
arrière des produits de la combustion qui
se trouvent ainsi énergiquement brassés
et mélangés avec l'air atmosphérique ;
d'où une combustion beaucoup plus complète, comme cela se produit d'ailleurs
avec tous les bouilleurs.

L'avantage marqué de celui-ci est d'être
dépourvu de toute paroi latérale sujette à
déchirures dues aux différences de dilatation, comme cela se présente sur les bouilleurs partiels. Au contraire, sa continuité
forme une sorte de grande entretoise
entre les parois du foyer, ce qui atténue
la fatigue des tôles, ici toujours en acier.

Cette locomotive, quoique puissante, est
destinée plutôt à fournir de la vitesse que
de la force, car elle remorque des trains
d'un poids qui n'a rien d'exagéré. Elle est
spécialement affectée à un nouveau train
express établi entre New-York et Buffalo
et qu'on appelle l'*Empire State Express*,
qui fait le trajet de 704 kilomètres en
8 heures 26 minutes, c'est-à-dire avec une
vitesse commerciale de $82^k,4$ à l'heure.

Le train ne comprend en effet que
quatre grandes voitures à bogie pesant
en tout environ 160 tonnes, avec la machine et son tender, le poids total à
remorquer ne dépasse pas 250 tonnes. On
a donc certainement voulu en outre pré-

voir des besoins ultérieurs, car les machines anglaises du Great Northern, par
exemple, qui remorquent, à la même
vitesse, des trains du même poids, sont à
roues libres de $2^m,44$ de diamètre, et ne
pèsent que 44 000 kilogrammes.

Cela posé, ses principales dimensions
sont les suivantes :

Diamètre moyen du corps cylindrique	$1^m,473$
Diamètre des roues motrices	$2,184$
» du bogie	$0,914$
Hauteur de l'axe du corps cylindrique au-dessus du rail	$2,731$
Surface de grille	$2^{m2},56$
Epaisseur du bouilleur du foyer	$0^m,114$
Surface de chauffe totale	$169^{m2},20$
Nombre de tubes (fer)	268
Longueur des tubes	$3^m,658$
Diamètre »	$0,051$
Timbre	$13^k,37$
Empatement total	$7^m,289$
» rigide	$2,565$
Ecartement des essieux du bogie d'axe en axe	$2,031$
Diamètre des cylindres	$0,480$
Course des pistons	$0,610$
Poids total en charge	$56\ 250^k$
» adhérent	$38\ 100$
» sur la bogie	$18\ 150$
» sur chaque essieu moteur	$19\ 050$

On voit aux dimensions des cylindres
$0,480 \times 0,610$, à la surface de chauffe
170 mètres carrés obtenue avec des tubes
assez courts, et au poids excessif par
essieu moteur, 19 tonnes, que cette
machine est en effet très puissante.

Elle est accompagnée d'un tender à
deux bogies contenant 7 000 kilogrammes
de charbon et 16 000 kilogrammes d'eau.

Malgré cette grande capacité, il est
encore muni d'une trompe ou écope Ramsbottom, pour s'alimenter au besoin pendant
la marche.

366. *Machine Baldwin du Baltimore
Ohio.* — Cette machine, de construction
récente, est destinée à remorquer des
trains de 250 tonnes, compris la locomotive et son tender, à une vitesse moyenne
de 72 kilomètres et à une vitesse effective
par moments de plus de 100 kilomètres à
l'heure (*fig.* 600 à 603).

La chaudière présente une boîte à feu
ronde et non surélevée ; les rivures longitudinales sont faites sur couvre-joints à

l'intérieur et à l'extérieur, les rivures transversales ont une double rangée de rivets.

Le combustible employé est le charbon mou et bitumineux de Pensylvanie.

Le dôme est à l'arrière, non loin de la cabine du mécanicien et renferme deux soupapes de sûreté enveloppées dans un manchon et à fonctionnement silencieux (*fig.* 604). Ces soupapes sont constituées

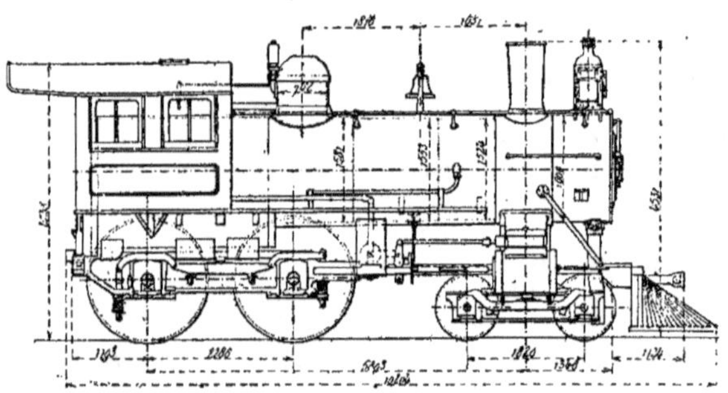

Fig. 600. — Amérique. — Locomotive Baldwin pour trains rapides du Baltimore Ohio Railway.

par un piston creux se mouvant dans un petit corps de pompe, avec prolongement cylindrique plein servant de guidage à la partie inférieure; la soupape et les ressorts sont enfermés complètement dans le dôme où ils se trouvent absolument protégés; la vapeur sort par les trous du manchon enveloppant qui sert à modérer le siffle-

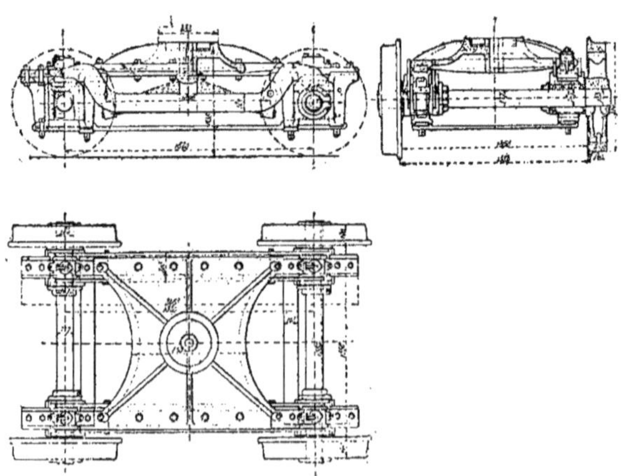

Fig. 601 à 603. — Amérique. — Elévation, coupe et plan d'un bogie.

ment. Un levier, à portée du mécanicien, sert d'ailleurs à manœuvrer à la main cette soupape, au besoin.

Les pistons sont en fonte, et présentent à l'avant un renfort en métal blanc fondu;

cette méthode est aujourd'hui la règle dans les ateliers Baldwin; ils sont, en outre, garnis de deux anneaux de fonte à expansion automatique.

Le bogie est de construction toute spéciale (*fig.* 604 à 603); les roues sont à l'extrémité des boîtes, et les fusées occupent ici la place des portées dans les véhicules ordinaires. Nous ne voyons pas bien l'avantage de rendre ainsi inaccessibles les boîtes à huile qui ont besoin d'un entretien et d'une surveillance de tous les instants, malgré les graisseurs les plus perfectionnés.

Le poids est réparti sur les boîtes par l'intermédiaire de ressorts et d'un balancier.

Ce bogie constitue d'ailleurs la partie la plus caractéristique de la machine, à cause de sa très grande simplicité de construction. Nous dirons même qu'il faut la sévérité apportée par la maison Baldwin dans la construction de ses machines,

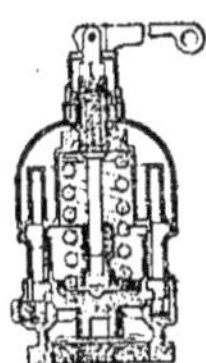

Fig. 604. — Amérique. — Coupe d'une soupape de sûreté.

pour que ce truck se comporte bien dans la pratique et ne soit pas rapidement déformé. Il gagnerait certainement à se rapprocher un peu plus des types ordinairement en usage, tant en Europe qu'en Amérique.

Le poids de la machine repose également sur les essieux couplés par l'intermédiaire de balanciers agissant sur des leviers portant sur les boîtes à huile, et reliés au châssis à leurs extrémités opposées au moyen de ressorts.

L'alimentation se fait par un injecteur du type Monitor.

Les roues motrices ont un diamètre modéré, 1m,980, au lieu de suivre la tendance générale qui est d'augmenter de plus en plus ce diamètre.

Voici les dimensions principales de cette locomotive :

Diamètre du corps cylindrique......	1m,524
Surface de grille	2m2,300
Epaisseur des barreaux de grille	0m,022
Vide entre les barreaux »	0 ,019
Nombre de tubes...................	251
Surface de chauffe du foyer.........	13m2,850
» des tubes........	143 ,150
» totale	157 ,000
Timbre de la chaudière	12k
Epaisseur des tôles : plaques tubulaires (acier)	0m,0127
Epaisseur des tôles, fonds et côtés du foyer	0 ,0080
Epaisseur des tôles, plafond du foyer.	0 ,0095
» enveloppe extérieure de la boîte à feu....	0 ,0143
» corps cylindrique	0 ,0143
Diamètre des cylindres	0 ,508
Course des pistons	0 ,610
Tiroir équilibré Richardson (fonte). Course moyenne	0 ,152
Tiroir équilibré, recouvrement extérieur.........................	0 ,0254
Tiroir équilibré, avance à l'échappement	0 ,0032
Diamètre des tuyaux d'arrivée de vapeur............................	0 ,035
Diamètre des tuyaux d'échappement	0 ,070
Longueur commune de ces tuyaux.	0 ,482
Section d'un tuyau d'admission (deux semblables).....................	126cm2
Section de la lumière d'échappement (deux semblables)...............	79cm2
Diamètre des roues motrices........	1m,980
» du bogie........	0 ,914
Diamètre des essieux moteurs	0 ,203
Longueur de fusée »	0 ,241
Ecartement des essieux couplés.....	2 ,286
» » du bogie....	1 ,829
» » extrêmes ...	6 ,800
Empâtement total avec le tender.. .	14 ,500
Poids de la traverse du pivot du bogie (fonte)......................	553k
Diamètre des boulons fixant cette traverse au châssis (12 semblables)..	0m,0254
Diamètre de la crapaudine..........	0 ,330
Longerons du bogie : hauteur	0 ,127
» » épaisseur	0 ,0254
Traverses reliant les plaques de garde : hauteur.......................	0 ,102
Traverses reliant les plaques : épaisseur............................	1 ,0254
Diamètre des essieux du bogie au milieu	0 ,117
Diamètre des essieux du bogie aux extrémités	0 ,127
Longueur des fusées du bogie	0 ,254
Poids total en charge...............	52 760k
» adhérent.................	34 000
Adhérence au 1/6...................	5 670
Effort de traction.. $0,75\,p\,\dfrac{d^2 l}{D} = ...$	6 690

367. *Locomotive express du Chicago Burlington and Quincy.* — Cette Compagnie avait envoyé à l'Exposition de Chicago une locomotive du type ordinaire *American* (*fig.* 605), ressemblant à toutes les machines analogues, nous ne nous y arrêterons donc pas.

Nous donnerons, au contraire, quelques détails sur un type de construction toute récente et que la même Compagnie a mis en service en 1895 (*fig.* 606). Elle sort des ateliers Rogers de Paterson.

Les deux essieux moteurs et couplés sont compris entre un essieu porteur à l'arrière sous le foyer et un bissel à l'avant des

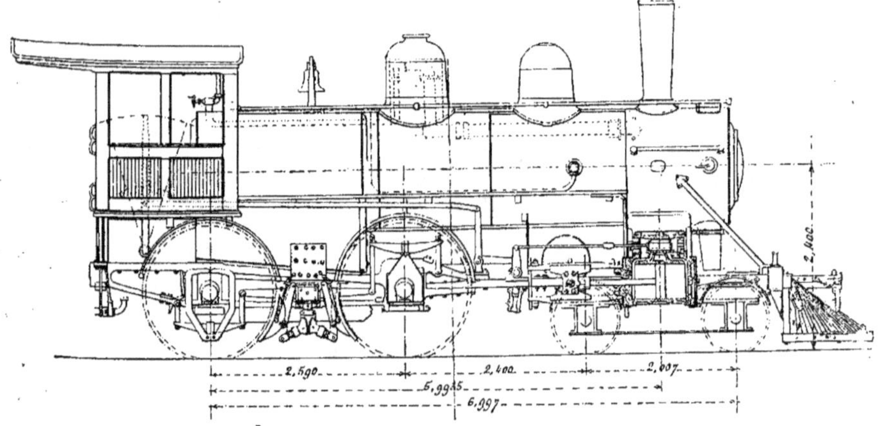

Fig. 605. — Amérique. — Locomotive du Chicago, Burlington and Quincy Railroad.

cylindres. Elle a été construite par les célèbres ateliers Baldwin de Philadelphie. Cette machine est à rapprocher de celle de l'État belge (p. 303) dont la disposition permet l'allongement du foyer vers l'arrière et son approfondissement, les longerons dans leur partie postérieure étant surbaissés de manière à laisser passer au-dessus d'eux le cadre du foyer. Grâce au faible diamètre des roues

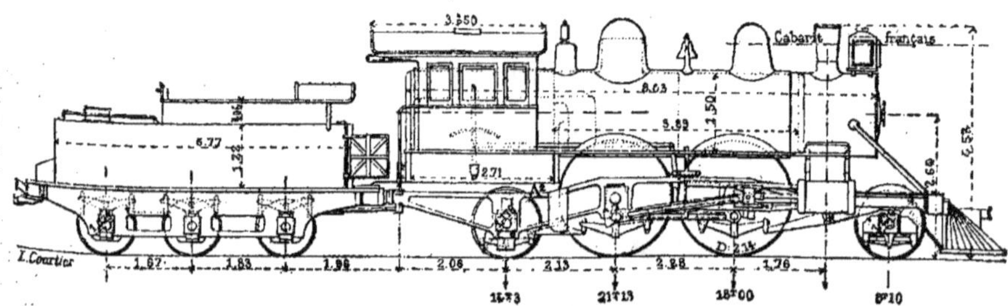

Fig. 606. — Amérique. — Locomotive express du Chicago, Burlington and Quincy Railroad.

porteuses, on peut élargir la grille en l'étendant de chaque côté au-dessus de ces roues. Cet élargissement a surtout pour but, dans la machine belge, d'accroître la puissance, tandis que dans la locomotive américaine elle permet en même temps de brûler des combustibles menus et de qualité inférieure, ce qui est fort important aux États-Unis, surtout avec les accroissements de poids et de vitesse présentés chaque jour par les trains de voyageurs.

Cette locomotive (*fig.* 606) est d'une grande puissance, et la disposition de son foyer dont la coupe transversale va en s'évasant vers le cadre inférieur en est la pièce caractéristique. Elle est à simple expansion et néanmoins munie d'une distribution par tiroirs cylindriques système Vauclain.

Les centres des roues sont en fer étampé et non en fonte ou en acier coulé, comme d'ordinaire en Amérique. Les ressorts des roues d'arrière et motrices sont conjugués par des balanciers longitudinaux ; il en est de même des roues couplées et du bissel, de sorte que la suspension est effectuée en trois points.

L'abri est placé à l'arrière et sur les côtés, le chauffeur se tenant sur le tender, protégé lui-même des intempéries par une légère toiture métallique.

Le tender est à six roues et à essieux fixes, au lieu d'être à bogie comme d'habitude.

Voici les principales dimensions de cette machine :

Diamètre minimum du corps cylindrique (intérieur).................	1^m,500
Longueur extérieure du foyer	2 ,910
»　　　intérieure　　»	2 ,710
Largeur intérieure	1 ,524
Surface de grille	4^{m2},120
Nombre de tubes....................	210
Longueur utile des tubes	3^m,890
Surface de chauffe directe..........	17^{m2},640
»　　　　des tubes........	129 ,360
»　　　　totale...........	147 ,000
Timbre	14^k
Diamètre des cylindres	0^m,482
Course des pistons	0 ,660
Diamètre des roues motrices	2 ,140
»　　　»　porteuses arrière	1 ,276
»　　　»　du bissel	1 ,276
Poids total en charge...............	62 530^k
»　adhérent...................	39 130
»　sur l'essieu arrière..........	14 300
»　sur le bissel................	9 100
»　sur l'essieu moteur	21 130
»　　»　couplé	18 000
Tender. Longueur des caisses.......	5^m,970
Contenance des caisses à eau.......	16^{m3}
»　　　»　à charbon ..	7 000^k

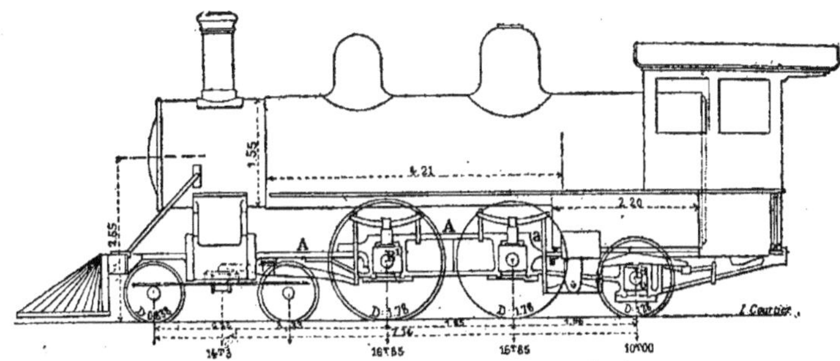

Fig. 607. — Amérique. — Locomotive express du Concord and Montréal Railroad.

368. *Locomotive express à deux essieux couplés, un essieu porteur et un bogie à l'avant du Concord and Montréal Railroad.* — Cette machine est du même type que la précédente et sort des mêmes ateliers. On emploie ce type quand le poids de la machine devient considérable ou que la faiblesse des voies contraint à diminuer la charge par essieu. Tous les éléments autres que le bogie sont identiques à ceux de la machine du Chicago Burlington and Quincy. En voici les principales dimensions (*fig.* 607) :

Diamètre minimum du corps cylindrique	1^m,520
Longueur extérieure du foyer.......	2^{m2},280
Longueur intérieure　　»	2 ,170
Nombre de tubes	234
Longueur des tubes................	4^m,270
Timbre	12^k
Diamètre des cylindres.............	0^m,482
Course des pistons	0 ,620
Diamètre des roues motrices	1 ,780
»　　»　porteuses arrière	1 ,276
»　　»　du bogie	0 ,839
Poids total en charge...............	58 000^k
»　adhérent...................	33 700
»　sur le bogie................	14 300
»　sur l'essieu arrière	10 000

Locomotives à trois essieux couplés et bogie type « Ten Wheeler ».

369. *Considérations générales* — Les machines à trois essieux couplés et bogie à l'avant sont destinées aux deux services : voyageurs et marchandises ; dans le premier cas, les roues ont un diamètre approchant de 1ᵐ,90 ; dans le second, de 1ᵐ,45 (variant de 1ᵐ,35 à 1ᵐ,58).

Le foyer peut plonger entre les deux essieux d'arrière, dont l'écartement est alors plus grand, ou bien il passe au-dessus du

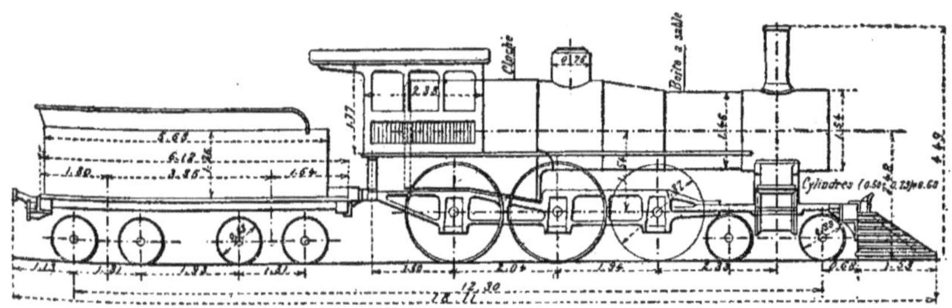

Fig. 608. — Amérique. — Locomotive à trois essieux couplés et bogie.

dernier, et les trois essieux ont alors à peu près le même écartement. Les machines actuelles, de plus en plus puissantes, présentent cette dernière disposition.

On comprend d'ailleurs que, dans ce dernier cas, le porte-à-faux arrière augmente en même temps que la puissance des machines et l'allongement du foyer. On est alors conduit à ajouter à l'arrière un bissel articulé, comme cela s'est présenté pour une locomotive du *Chicago Milwaukee and S. Paul* RR, construite par les ate-

Fig. 609. — Amérique. — Locomotive du Charleston et Savannah railway.

liers de Rhode Island (V. *Locomotives Compound*, p. 127).

Quand ces machines à trois essieux couplés sont employées au remorquage des trains de voyageurs, c'est que ces trains sont lourds, à allure modérément rapide, et le profil accidenté. Quand le profil est facile, le train léger et la vitesse considérable, le type employé est celui que nous avons vu plus haut à deux essieux couplés et bogie à l'avant. Il y a cependant quelques exceptions à cette règle, selon les besoins locaux.

Ces locomotives ont un empâtement

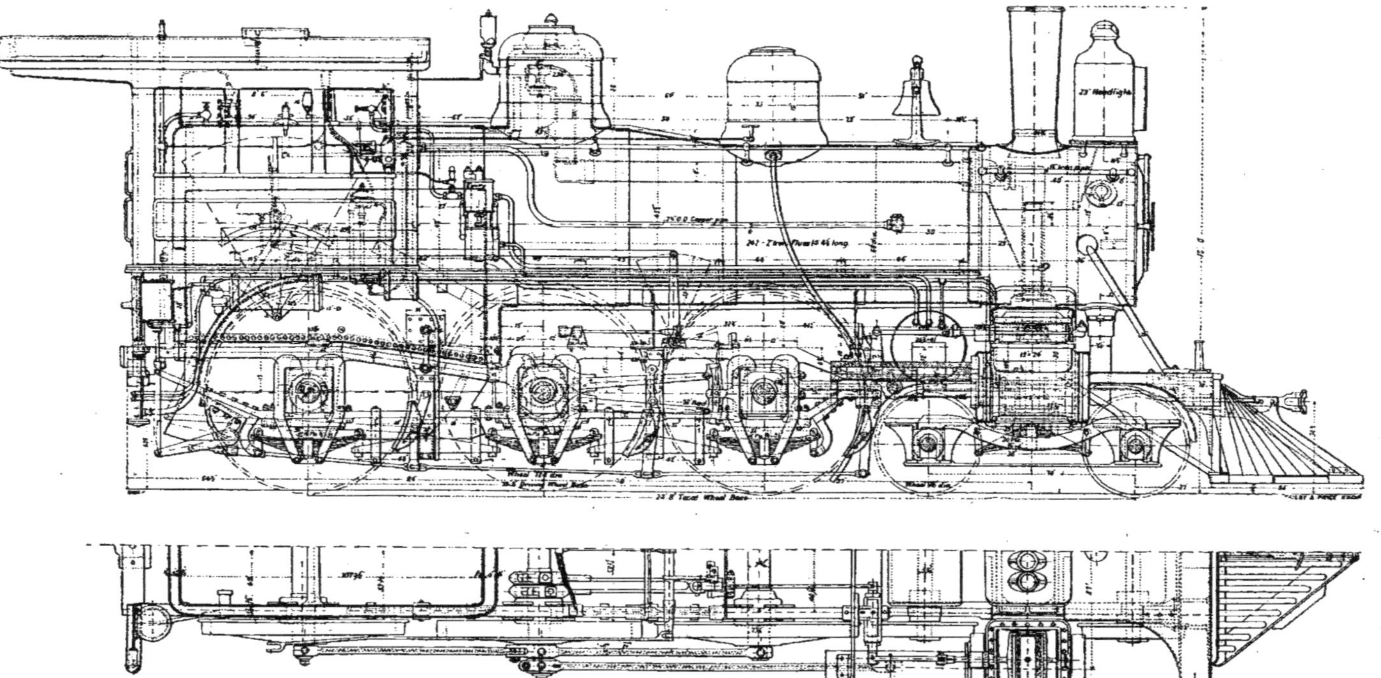

Fig. 610 et 611. — Amérique. — Locomotive du Charleston et Savannah railway. — Élévation latérale et plan (figures extraites de l'*Engineering*. Mesures en pieds anglais (*feet*) de 0ᵐ,305 et en pouces (*inches*) de 0ᵐ,0254.

total qui est généralement de 9ᵐ,07, l'empâtement rigide variant de 4 mètres à 4ᵐ,60, le plus souvent 4,15.

Le minimum de poids en charge est de 58 500 kilogrammes et atteint 68 600 kilogrammes. Le poids adhérent est ordinairement les 0,74 du poids total, et la charge sur le bogie n'arrive que rarement à 15 000 kilogrammes.

La figure 608 représente un schéma de ce genre de machines, avec les dispositions

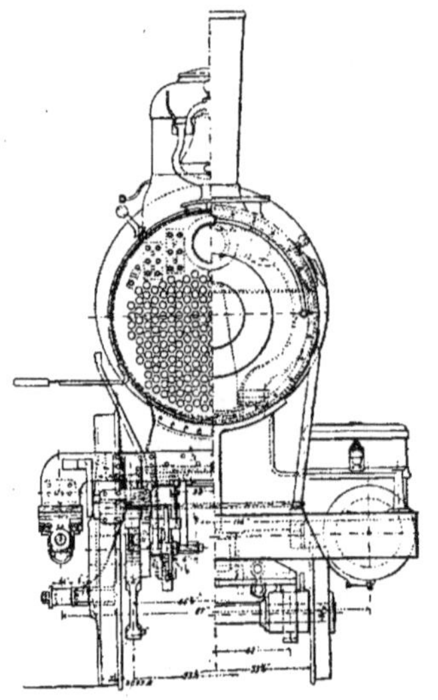

Fig. 612. — Amérique. — Locomotive du Charleston et Savannah railway. — Vue avant et coupe transversale.

et les dimensions les plus généralement employées pour les trains express. Nous allons, en outre, en examiner quelques autres.

370. *Locomotive à voyageurs du Charleston and Savannah railway.* — Cette machine a été construite par la Rogers Locomotive Cᵧ de Paterson et figurait à l'exposition de Chicago. Elle possède un foyer du type long et plat, destiné à brûler des combustibles bitumineux. La distribution se fait par une coulisse d'Allen. La chaudière est à virole tronconique de raccordement, du type wagon-top, le cadre

du foyer étant posé au-dessus des longerons du châssis. Les joints longitudinaux sont à couvre-joints avec quatre rangées

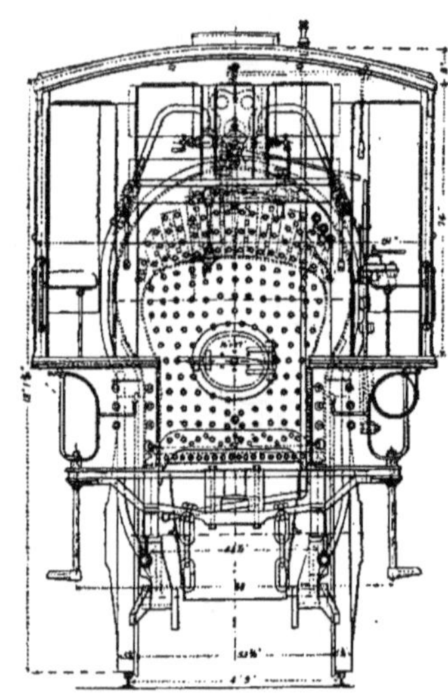

Fig. 613. — Amérique. — Locomotive du Charleston et Savannah railway. — Vue arrière.

de rivets ; les joints transversaux suivant la circonférence à simple recouvrement et deux rangées de rivets ; les barreaux de

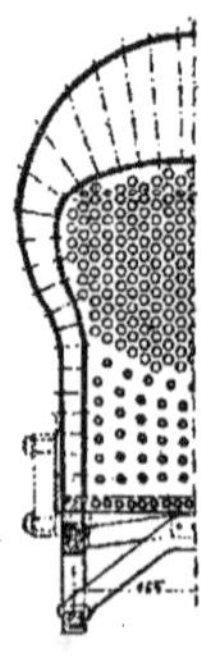

Fig. 614. — Amérique. — Locomotive du Charleston et Savannah railway. — Coupe par le foyer.

la grille sont en fonte. L'alimentation se fait par deux injecteurs Monitor n° 9, type 1888 (*fig.* 609 à 620).

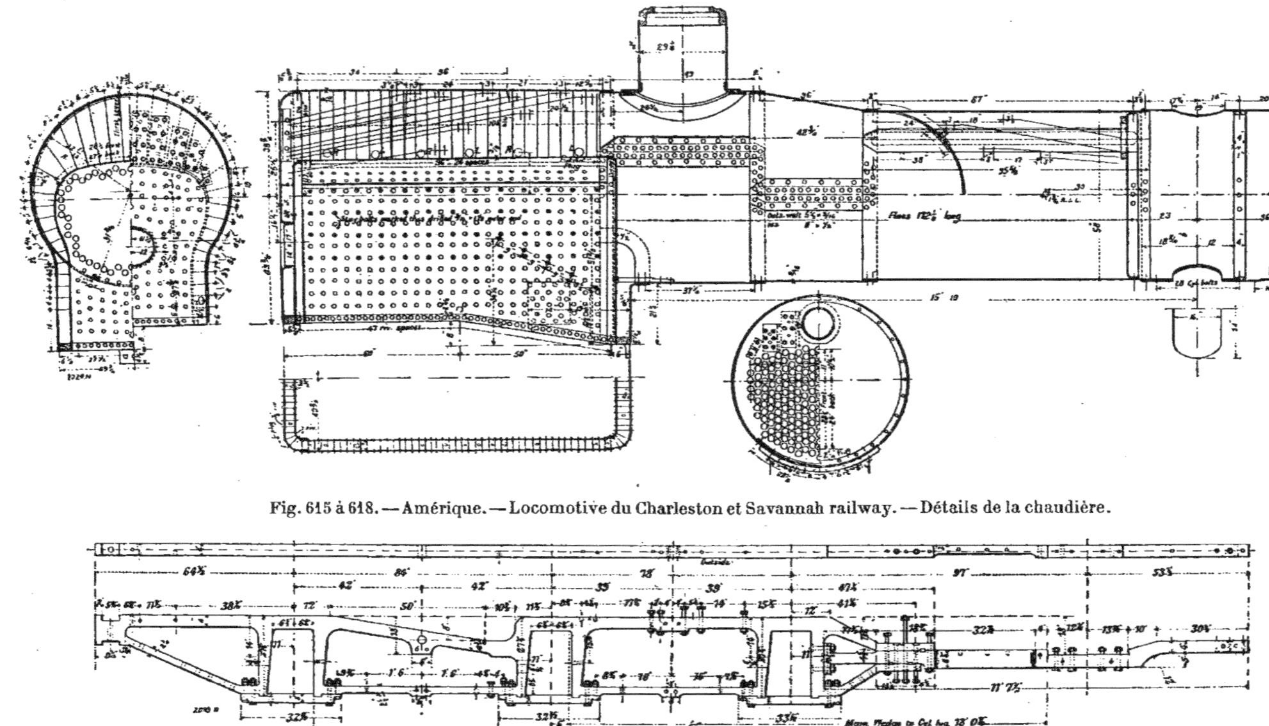

Fig. 615 à 618. — Amérique. — Locomotive du Charleston et Savannah railway. — Détails de la chaudière.

Fig. 619 et 620. — Amérique. — Locomotive du Charleston et Savannah railway. — Détails des longerons.

Voici les dimensions de cette machine :

Surface de grille....................	2m,733
Longueur du foyer....................	
Largeur »	1 ,066
Epaisseur de la lame d'eau à l'avant du foyer....................	0 ,102
Epaisseur de la lame d'eau à l'arrière du foyer....................	0 ,088
Epaisseur de la lame d'eau sur les côtés du foyer....................	0 ,088
Epaisseur des tôles d'acier : corps cylindrique....................	0 ,013
Epaisseur des tôles d'acier : boîte à feu, toit....................	0 ,009
Epaisseur des tôles d'acier : boîte à feu, côtés....................	0 ,009
Epaisseur des tôles d'acier : boîte à feu, arrière....................	0 ,009
Epaisseur des tôles d'acier : boîte à feu, plaque tubulaire....................	0 ,013
Nombre de tubes (fer)....................	242
Diamètre extérieur des tubes......	0m,050
Largeur entre plaques tubulaires....	4 ,372
Surface de chauffe directe..........	14m2,212
Surface de chauffe des tubes......	167 ,962
Surface de chauffe totale..........	172 ,174
Timbre de la chaudière..........	11k,8
Empattement total avec le tender...	15m,300
Empattement de la machine seule...	7 ,520
Empattement rigide....................	4 ,117
Diamètre des cylindres..........	0 ,482
Course des pistons..........	0 ,610
Ecartement des cylindres d'axe en axe....................	2 ,057
Longueur des lumières d'admission.	0 ,480
Largeur » »	0 ,031
Longueur des lumières d'échappement....................	0 ,480
Largeur des lumières d'échappement.	0 ,082
Diamètre de la tige du piston.......	0 ,082
Diamètre des roues motrices.......	1 ,842
Diamètre des roues du bogie.......	0 ,912
Hauteur du toit de la boîte à fumée au-dessus du rail....................	4 ,575
Poids total en ordre de marche....	60 450k
Poids adhérent....................	44 670

TENDER

Nombre de bogies....................	2
Nombre de roues....................	8
Empattement total....................	4m,80
Diamètre des roues....................	0 ,912
Volume des soutes à eau..........	15 900lit
» à charbon.......	7 100k
Poids total en ordre de marche.....	36 360

371. *Locomotive à marchandises du Pensylvania Railway.* — M. Wooten, dont il a été à plusieurs reprises question précédemment, a construit une locomotive à trois essieux couplés et bogie à l'avant, munie de son foyer spécial pour brûler les menus de Pensylvanie (*fig.* 621 et 622). On se rappelle ce foyer dont la caractéristique est la boîte surbaissée au-dessus des roues d'arrière : les autres particularités ont été exposées dans l'examen des autres modèles du même type déjà vus plus haut.

Voici les principales dimensions de cette locomotive :

Longueur du foyer..................	2m,600
Largeur »	2 ,300
Surface de grille..................	5m2,980
Nombre de tubes..................	160
Longueur »	3m,100
Diamètre »	0 ,051
Rapport de la longueur en diamètre.	61
Surface de chauffe du foyer..........	9m2,80
» des tubes.......	79 ,00
Surface de chauffe totale..........	88 ,80
Timbre de la chaudière..........	10k
Diamètre des cylindres..........	0m,460
Course des pistons..................	0 ,610
Diamètre des roues motrices.......	1 ,370
» » du bogie.......	0 ,760
Effort de traction $0,65\ \dfrac{pd^2l}{D}$	6 180k
Poids total en service..................	39 630
Poids adhérent....................	30 530

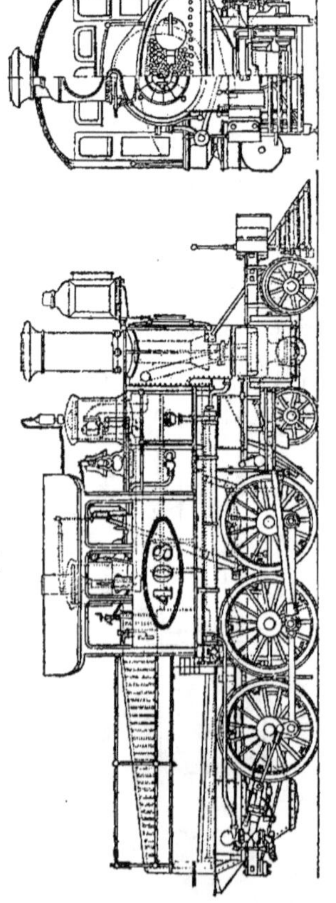

Fig. 621 et 622. — Amérique. — Locomotive à marchandises du Pensylvania railway. — Elévation et vue avant et arrière.

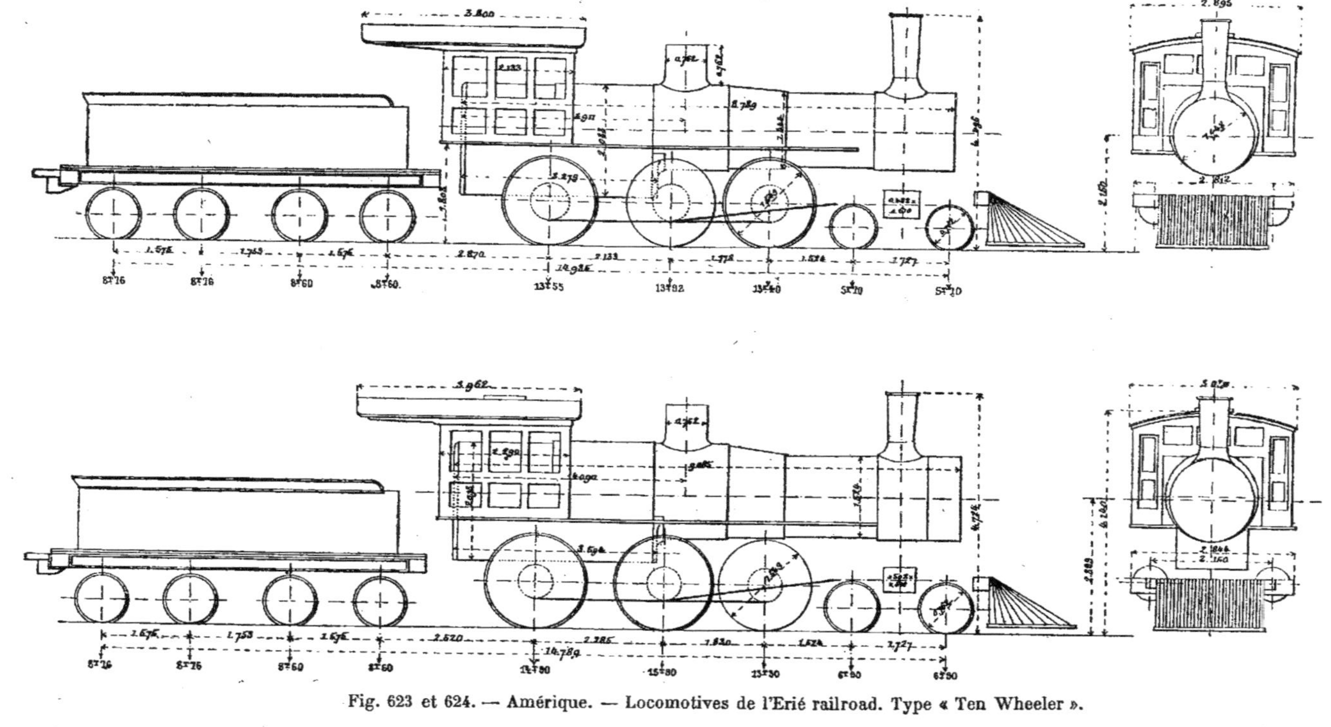

Fig. 623 et 624. — Amérique. — Locomotives de l'Erié railroad. Type « Ten Wheeler ».

372. *Locomotive Ten Wheeler à voyageurs de l'Erié Railroad.* — En dehors de la locomotive Wooten, vue précédemment, la Compagnie de l'Erié possède deux autres types récents de machines à trois essieux couplés et bogie. Les foyers, longs et plats, sont appropriés aux combustibles maigres. Les roues motrices du centre sont dépourvues de boudins.

Le premier (*fig.* 623) présente les dimensions suivantes :

Diamètre du corps cylindrique: petite virole	1^m,444
Hauteur du corps cylindrique au foyer	2 ,083
Largeur du foyer	3 ,279
Longueur du corps cylindrique	8 ,789
Hauteur de la cheminée au-dessus du rail	4 ,496
Hauteur et diamètre du dôme	0 ,762
Diamètre des cylindres	6 ,483
Course des pistons	0 ,610
Diamètre des roues motrices	1 ,549
» du bogie	0 ,762
Ecartement des 1er et 2e essieux couplés	1 ,778
Ecartement des 2e et 3e essieux couplés	2 ,133
Ecartement des essieux du bogie	1 ,727
Poids sur le 1er essieu couplé	13 400^k
» 2e »	13 920
» 3e »	13 550
» bogie	11 400
Poids total en charge	52 270
Poids adhérent	40 870

373. Le deuxième type est un peu plus puissant que le premier (*fig.* 624). Ici on a supprimé le boudin des roues couplées d'avant; voici ses dimensions principales :

Diamètre du corps cylindrique: virole minimum	1^m,524
Longueur du corps cylindrique	9 ,085
Diamètre du dôme	0 ,762
Hauteur »	0 ,762
Hauteur du foyer	2 ,093
Longueur du foyer	3 ,594
Hauteur de la cheminée au-dessus du rail	4 ,726
Diamètre des cylindres	0 ,508
Course des pistons	0 ,610
Diamètre des roues couplées	1 ,549
» du bogie	0 ,762
Surface de chauffe	191^{m2},85
Ecartement des 1er et 2e essieux couplés	1^m,830
Ecartement des 2e et 3e essieux couplés	2 ,285
Ecartement des essieux du bogie	1 ,727
Poids en charge sur le 1er essieu couplé	13 300^k
Poids en charge sur le 2e essieu couplé	15 300
Poids en charge sur le 3e essieu couplé	14 900
Poids en charge sur le bogie	13 800
Poids total en service	57 300
Poids adhérent	43 500

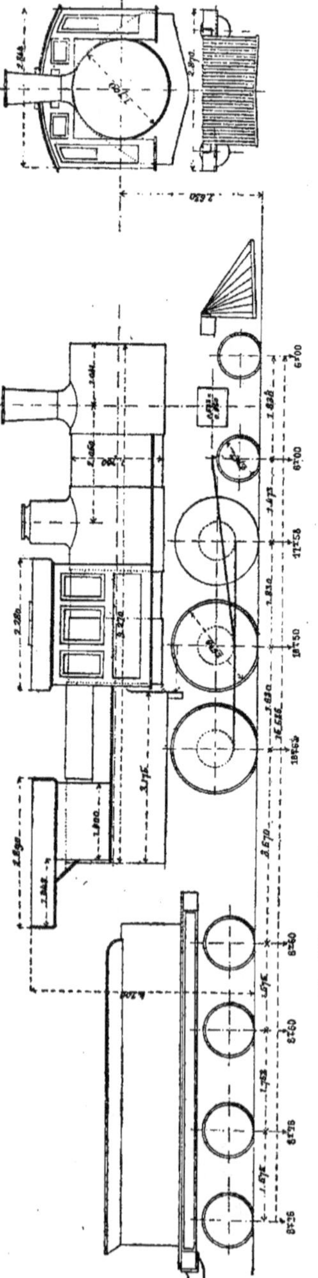

Fig. 625. — Amérique. — Locomotive Wooten de l'Erié railroad. — Type « Ten Weeler ».

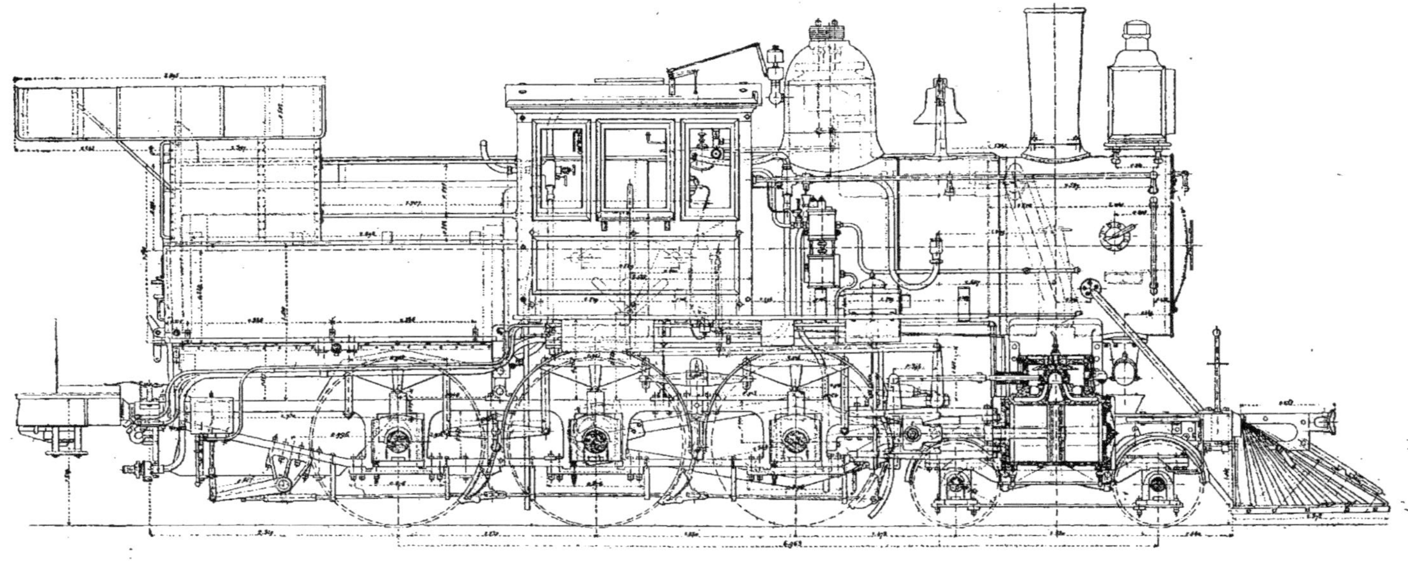

Fig. 626. — Amérique. — Locomotive Wooten de l'Erié railroad. Type « Ten Wheeler ».

374. *Locomotive Wooten à voyageurs de l'Erié Railroad.* — En dehors des deux types précédents, la Compagnie des chemins de fer de l'Erié a adopté un modèle encore plus puissant, qui est du type Wooten vu plus haut (*fig.* 625 et 626).

Nous ne nous appesantirons pas sur les avantages connus du foyer Wooten et les inconvénients de la cabine du mécanicien au milieu du corps cylindrique et éloignée du chauffeur, qui doit rester seul sur le tender. Nous nous contenterons de donner les dimensions de cette machine.

Les roues couplées d'avant sont dépourvues de boudins, comme dans la locomotive précédente. Au point de vue de l'inscription en couche, ces machines se trouvent dans la même situation que les locomotives à quatre roues couplées et bogie que nous verrons plus loin, malgré le faible diamètre de leurs roues, 1,549. Ces machines sont attelées aux express les plus importants.

En voici les dimensions principales :

Diamètre minimum du corps cylindrique	1^m,700
Largeur du foyer	3 ,175
Longueur totale du corps cylindrique	9 ,270
Diamètre des cylindres	0 ,533
Course des pistons	0 ,660
Diamètre des roues motrices	1 ,549
» du bogie	0 ,762
Surface de chauffe	159^{m2},30
Hauteur de l'axe du corps cylindrique au-dessus du rail	2^m,630
Largeur extrême du châssis	2 ,870
Écartement des essieux couplés	1 ,830
» » du bogie	1 ,830
Empattement rigide	3 ,660
» total	6 ,963
» » avec le tender	16 640^k
Poids en charge sur le 1er essieu moteur	17 580
Poids en charge sur le 2e essieu moteur	16 500
Poids en charge sur le 3e essieu moteur	16 640
Poids en charge sur le bogie	12 000
Poids total en charge	62 720
Poids adhérent	54 720
Poids sur le bogie avant du tender	17 200
» arrière »	17 520

375. *Locomotive pour fortes rampes du Great Northern Américain.* — La Compagnie américaine du Great Northern fait usage, pour ses lignes à fortes rampes, fréquentes sur son réseau, de locomotives à quatre cylindres à trois roues couplées et bogie à l'avant (*fig.* 627). Ces machines ont été construites dans les ateliers de Durtkirch.

Les roues couplées ont un diamètre de 1^m,873 et celles du bogie de 0^m,889. Les essieux couplés sont écartés de 2^m,363 à 2^m,058. ceux du bogie, de 1^m,780. La longueur totale, y compris le chasse-pierres, est de 12 mètres, l'empattement rigide de

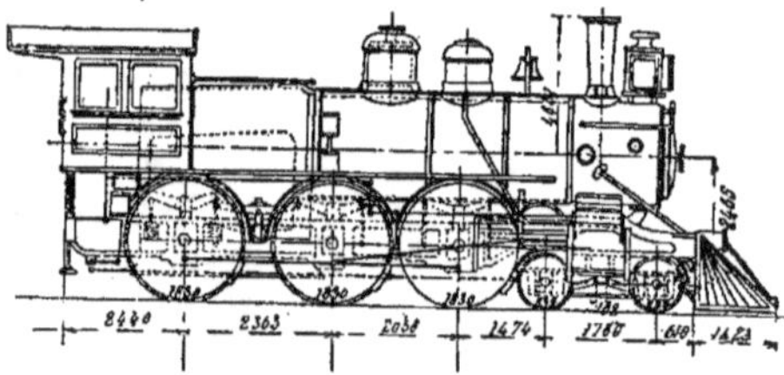

Fig. 627. — Locomotive à trois essieux couplés et bogie du Great-Northern.

4^m,421. L'axe du corps cylindrique est à 2^m,465 au-dessus du rail.

376. *Locomotives à marchandises des ateliers Cooke, de Paterson (New-Jersey).* — On construit également, comme nous l'avons dit, des machines à marchandises à

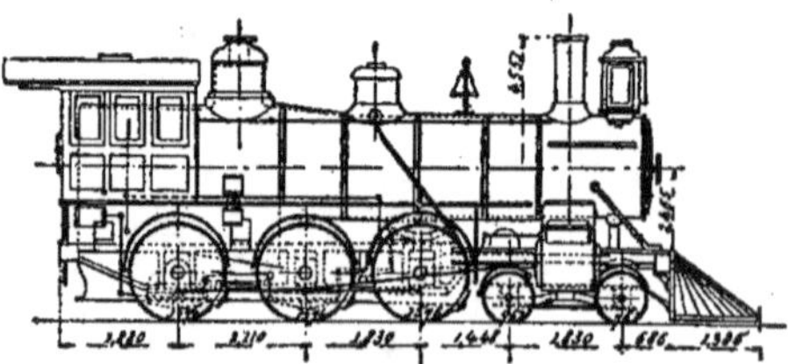

Fig. 628. — Locomotive Cooke, à marchandises, à trois essieux couplés et bogie.

trois essieux couplés et bogie à l'avant. Tel est le cas du type établi par les ateliers Cooke à Paterson (New-Jersey) (*fig.* 628).

Les roues motrices ont pour diamètre 1^m,576 et celles du bogie 0^m,759. Les essieux couplés sont écartés de 2^m,110 et 1^m,830 et ceux du bogie de 1^m,830. L'empatement rigide est de 3^m,940 et l'empatement total de 7^m,218. L'axe du corps cylindrique est à 2^m,465 au-dessus du rail, et le sommet de la cheminée à 4^m,551.

377. Pour terminer cette série, nous donnons (*fig.* 629) la machine du Chicago and North Western, et (*fig.* 630) celle du Baltimore and Ohio avec leurs principales cotes d'ensemble.

Locomotives à trois essieux couplés et bissel, type Mogul.

378. En dehors du type à trois essieux couplés et bogie vus plus haut, qui servent aussi bien, suivant les cas, aux voyageurs qu'aux marchandises, ce dernier service

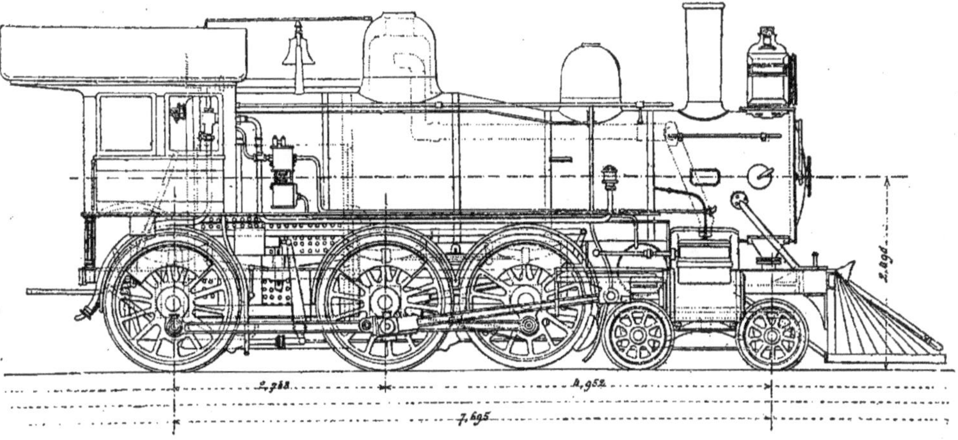

Fig 629. — Amérique.— Locomotive à trois essieux couplés et bogie du Chicago et North-Western.

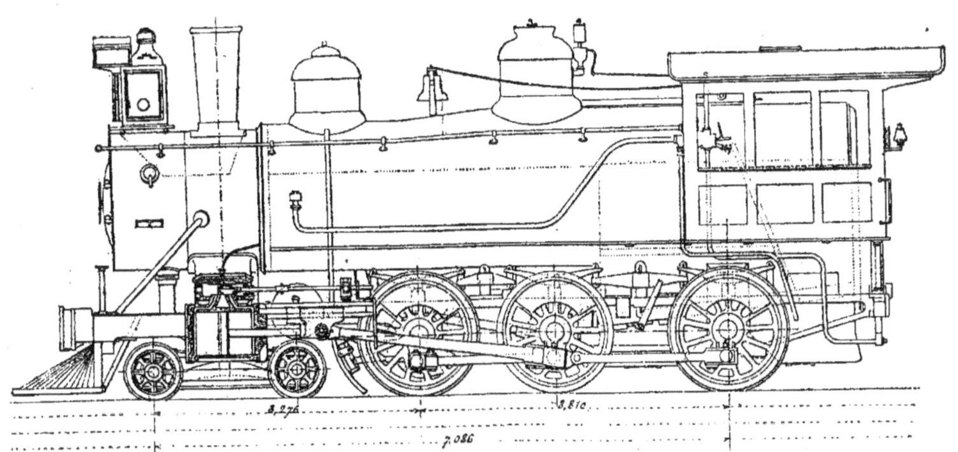

Fig. 630. — Amérique. — Locomotive à trois essieux couplés et bogie du Baltimore et Ohio.

est effectué aux Etats-Unis par un autre type de machines appliquées concurremment avec le précédent sur les mêmes réseaux suivant le poids des trains, les profils, la vitesse.

Le type *Mogul* a trois essieux couplés

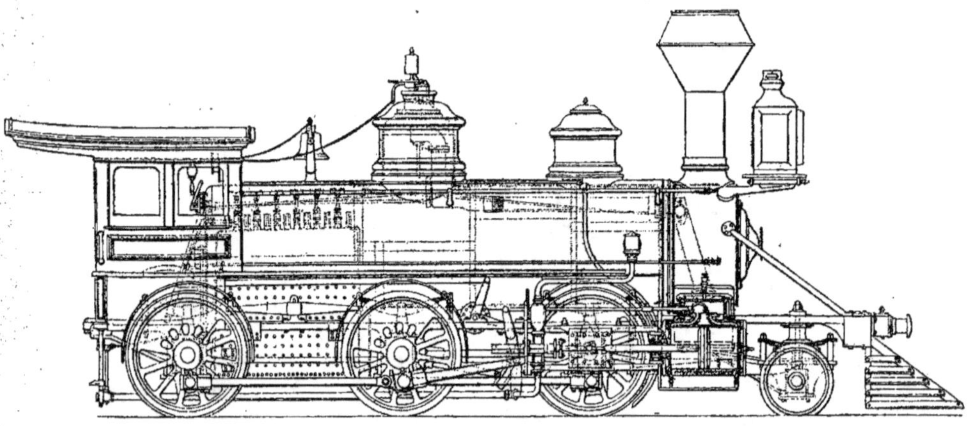

Fig. 631. — Amérique. — Locomotive Baldwin, type « Mogul » 1867.

et un bissel à l'avant des cylindres. Le foyer plonge généralement entre les deux essieux d'arrière et quelquefois passe au-dessus du dernier essieu, comme dans les locomotives à voyageurs.

379. *Type primitif de Baldwin* (1867). — C'est la maison Baldwin de Philadelphie qui créa ce type en 1867.

Comme nous l'avons dit, cette machine est caractérisée par l'emploi de trois

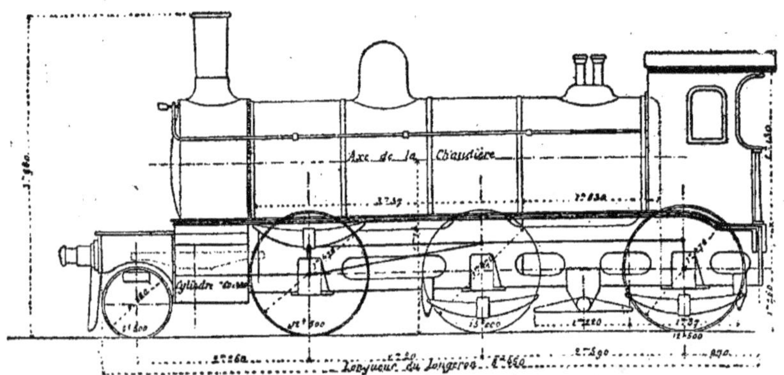

Fig. 632. — Angleterre. — Locomotive du Great-Eastern. Type « Mogul » 1879.

essieux couplés avec bissel à l'avant. Les deux essieux d'arrière sont conjugués par des balanciers, et le bissel d'avant est relié par un balancier médian au premier essieu moteur. La machine repose donc sur trois points.

L'essieu du milieu, qui est l'essieu moteur proprement dit, a des roues privées de boudins, afin de faciliter le passage en courbe.

Voici quelles étaient les dimensions principales de ce premier type resté longtemps en service sans changement important (*fig.* 631) :

Diamètre extérieur du corps cylindrique	1^m,300
Épaisseur des tôles.....................	0 ,013
Surface de grille.....................	1^{m2},49
Nombre des tubes....................	159
Longueur des tubes....................	3^m,42
Diamètre extérieur des tubes........	0 ,054
Surface de chauffe des tubes........	87^{m2},14
» » du foyer.........	9 ,58
» » totale	96 ,72
Diamètre des cylindres............	0^m,450
Course des pistons..................	0 ,610
Volume des cylindres..............	96^{lit}
Diamètre des roues couplées	1^m,146
» » du bissel.......	0 ,760
Module de traction $\dfrac{d^2l}{D}$	1 ,050
Poids total en charge..............	36 200^k
» adhérent..............	30 800

380. *Locomotive Mogul du Great Eastern, type* 1879. — En 1875, MM. Adams et Bromeley étudièrent une locomotive destinée au Great Eastern Railway. Cette machine devait remorquer les grands trains de houille qui descendent du nord de l'Angleterre sur Londres et les comtés de l'est au plus bas tarif possible, soit 0^f,02 par tonne et par kilomètre. Quoique ces machines soient employées en Angleterre, elles appartiennent complètement au type Mogul, et c'est pourquoi nous en donnons la description dans ce chapitre consacré aux machines américaines.

Ces locomotives (*fig.* 632) remorquent facilement un train de houille de 40 wagons de 10 tonnes, soit 400 tonnes utiles représentant 700 tonnes de poids brut, à une vitesse moyenne de 30 kilomètres à l'heure en consommant 15^k,7 de charbon par train-kilomètre.

Voici les principales dimensions de ces machines :

Surface de grille....................	1^{m2},65
Nombre de tubes....................	240
Longueur des tubes entre plaques..	3^m,60
Diamètre extérieur	0 ,045
Section transversale des tubes non compris les viroles..................	0^{m2},295
Surface de chauffe du foyer.........	9 ,48
» » des tubes........	120 ,00
» » totale..........	129 ,48
Diamètre intérieur minimum de la cheminée	0^m,406
Section minimum de la cheminée...	0^{m2},129
Diamètre de l'échappement à la sortie de la tuyère...................	0^m,120
Section à la sortie de la tuyère......	0^{m2},113
Diamètre des cylindres	0^m,480
Volume des cylindres.............. .	0^{m3},120
Course des pistons..................	0^m,120
Surface de piston	0^{m2}.181
Distance d'axe en axe des cylindres .	1^m,72
Timbre de la chaudière.............	9^k,8
Diamètre des roues couplées........	1^m,47
Diamètre des roues du bissel........	0 ,86
Distance d'axe en axe de l'essieu d'arrière à l'essieu moteur............	2 ,59
Distance d'axe en axe de l'essieu moteur à l'essieu d'avant............	2 ,20
Distance de l'essieu d'avant à celui des bogies......................	2 ,26
Empattement total	7 ,05
Empattement rigide	4 ,79
Longueur totale des longerons......	8 ,46
Poids total des longerons	42 300^k
Poids total des longerons en charge.	46 500
Poids adhérent......................	38 000
Poids sur l'essieu d'avant...........	12 500
» » moteur...........	13 000
» » d'arrière	12 500
» » sur le bissel......	8 500
Effort de traction $0,65 \dfrac{pd^2l}{D}$	6 625

381. *Locomotives Mogul, type actuel à marchandises.* — Le type actuel le plus usité en Amérique de locomotives Mogul est représenté (*fig.* 633), avec ses principales dimensions et les dispositions générales aujourd'hui appliquées.

Le foyer est placé au-dessus du dernier essieu arrière, le bissel a son unique essieu immédiatement à l'avant des cylindres. Le dôme de prise de vapeur, de 0^m,75 de diamètre se trouve immédiatement près de la cabine du mécanicien, et la boîte à sable sur la dernière virole auprès de la boîte à fumée ; le foyer est relié au corps cylindrique par une virole tronconique ou wagon-top. Les roues motrices ont généralement 1^m,425 de diamètre et celles du bogie 0^m,75.

L'axe du corps cylindrique est à 2^m,34 au-dessus du rail, et le sommet de la cheminée à 4^m,35 au-dessus du même.

Le diamètre minimum du corps cylindrique est 1m,45, celui de la boîte à fumée 1m,52.

Le plus souvent aujourd'hui, ces locomotives sont du type compound à quatre cylindres ; ces derniers ont de 0m,50 à 0m,76 de diamètre, et 0m,66 de course maximum.

La machine est accompagnée d'un tender de 5m,62 de long, porté par deux bogies à roues de 0m,825 de diamètre ; les bogies sont écartés d'axe en axe de 3m,33.

L'empatement rigide de la machine

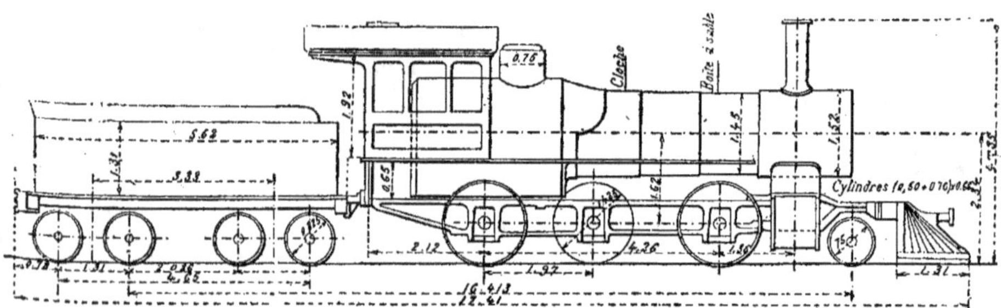

Fig. 633. — Amérique. — Locomotive du type « Mogul » (1894).

est de 4m,26 ; l'écartement des essieux extérieurs du tender de 4m,65 ; celui des essieux intérieurs de 2m,036.

Locomotives Mogul à marchandises du Great Northern.

382. Nous donnons encore ci-dessous le diagramme de la locomotive à marchandises, type Mogul, employée par le Great Northern américain (*fig.* 634).

L'axe du corps cylindrique est à 2m,178 au-dessus du rail ; le sommet de la cheminée à 4m,296. Les trois essieux couplés sont également espacés de 2m,135 d'axe en axe, le foyer passant au-dessus du dernier essieu.

La distance entre le premier essieu avant et l'essieu du bissel est de 1m,960. Le diamètre des roues motrices 1m,397 de celles du bissel 0m,76. La longueur totale entre tampons 9m,132 et 10m,657 avec le chasse-bœufs.

383. *Locomotives express Mogul à foyer Wooten.* — Le foyer Wooten a été également appliqué aux machines du type Mogul (*fig.* 635), la grille s'étend latéralement au-dessus des roues, et le cadre du foyer présente la largeur minimum que permet le gabarit, de sorte qu'il faut placer l'abri du mécanicien à l'avant de la

boîte à feu, le chauffeur restant sur le tender, comme nous en avons déjà eu des exemples précédemment.

Ajoutons que cette disposition est peu commode, que la séparation du mécanicien et du chauffeur est une mauvaise chose ; ce dernier, en particulier, est dans l'impossibilité de voir les signaux, et la

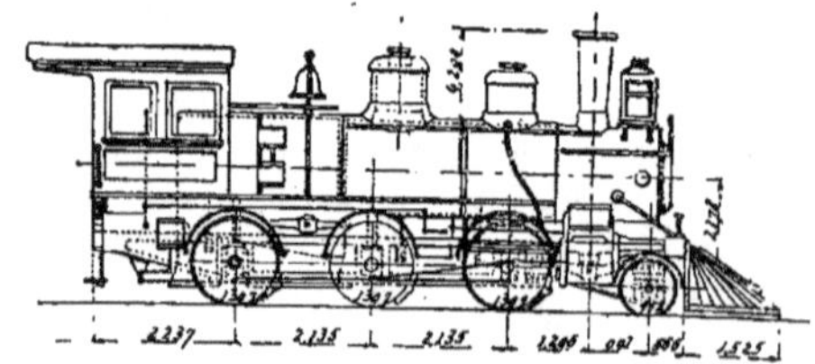

Fig. 634. — Amérique. — Locomotive du Great-Northern.

responsabilité du mécanicien en est augmentée.

La surface de chauffe est de 157m,29 ; le poids adhérent est de 45 630 kilogrammes.

L'axe du corps cylindrique est à 2m,57 du rail. Les trois essieux couplés, à roues de 1m,727, sont également écartés de

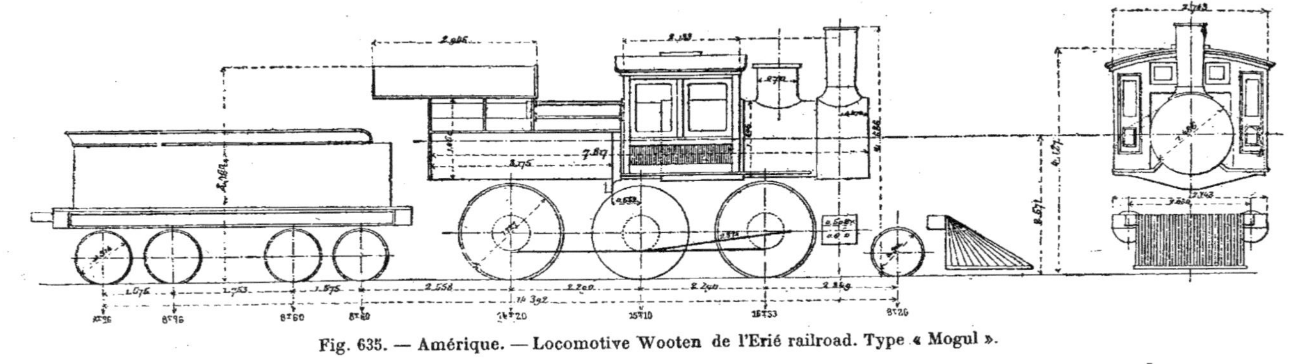

Fig. 635. — Amérique. — Locomotive Wooten de l'Erié railroad. Type « Mogul ».

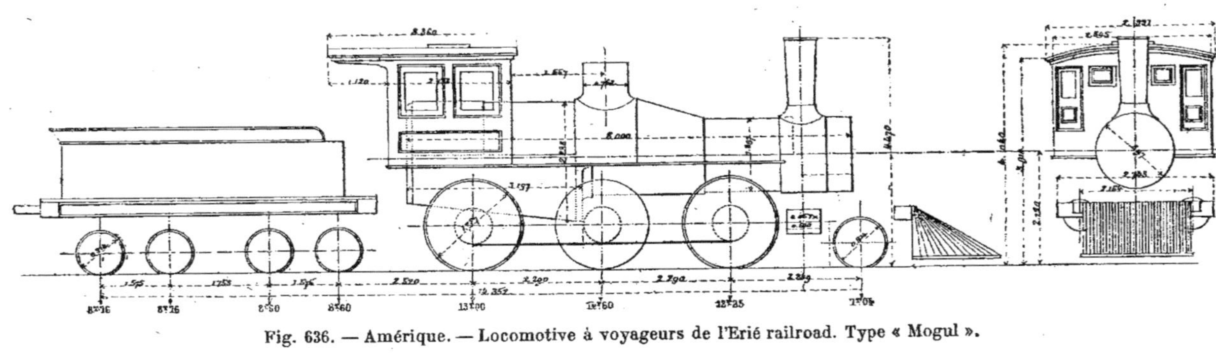

Fig. 636. — Amérique. — Locomotive à voyageurs de l'Erié railroad. Type « Mogul ».

2^m,290. Le diamètre du cylindre est de 0^m,508.

L'empatement total avec le tender est de 14^m,392.

384. La figure 636 représente un autre type de machine express Mogul. Elle comporte un foyer à grille inclinée passant au-dessus de l'essieu d'arrière. Le diamètre du corps cylindrique est de 2^m,233 à l'arrière et 1^m,897 dans le voisinage de la boîte à fumée. Les roues ont un diamètre de 1^m,727 et celles du bissel 0^m,814. Le diamètre du cylindre est de 0^m,467 et la course des pistons 0^m,610. Les trois essieux couplés sont également distants de 2^m,290. Le poids sur les différents essieux est le suivant :

Essieu d'arrière	18 000^k
» du milieu	14 600
» d'avant	12 350
» de bissel	7 040
Poids total en charge	51 990
Poids adhérent	44 950
Poids du tender en charge	34 720

385. Un autre modèle du même type est représenté (*fig.* 637), appliqué à une machine à marchandises comme le montrent les roues dont le diamètre n'est que 1^m,422. Cette locomotive se rencontre sur tous les réseaux des Etats-Unis, sauf le Pensylvanian, qui n'emploie pour ce service que des machines à quatre essieux couplés.

Les trois essieux sont également espacés de 2^m,290 ; l'empatement fixe est donc de 4^m,58. Les roues du milieu sont privées de boudins, afin de faciliter le passage en courbe. Le foyer est très long, à grille inclinée, et à cheval sur l'essieu d'arrière. Le diamètre du corps cylindrique dans le voisinage de la boîte à fumée est de 1^m,295, la longueur totale du corps cylindrique 7^m,544 : le sommet de la cheminée est à 4^m,06 au-dessus du rail.

Le poids en charge est le suivant.

Essieu d'arrière	10 110^k
Essieu du milieu	12 000
» d'avant	12 000
» du bissel	5 000
Poids total en charge	39 310
Poids adhérent	34 110
Poids du tender en charge	34 720

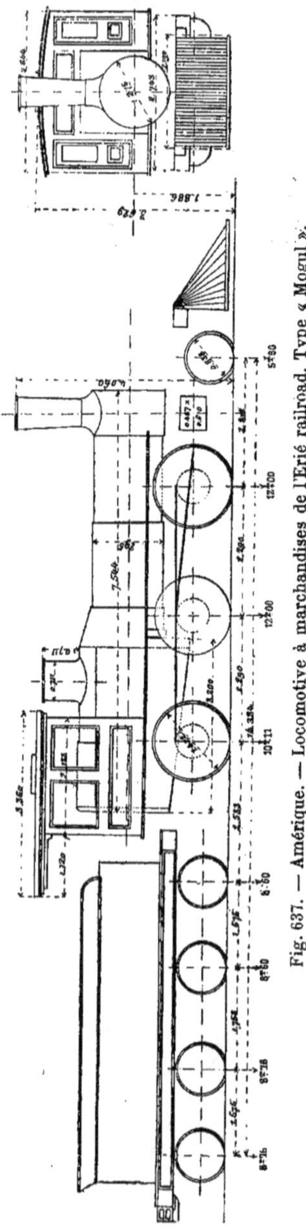

Fig. 637. — Amérique. — Locomotive à marchandises de l'Erié railroad. Type « Mogul ».

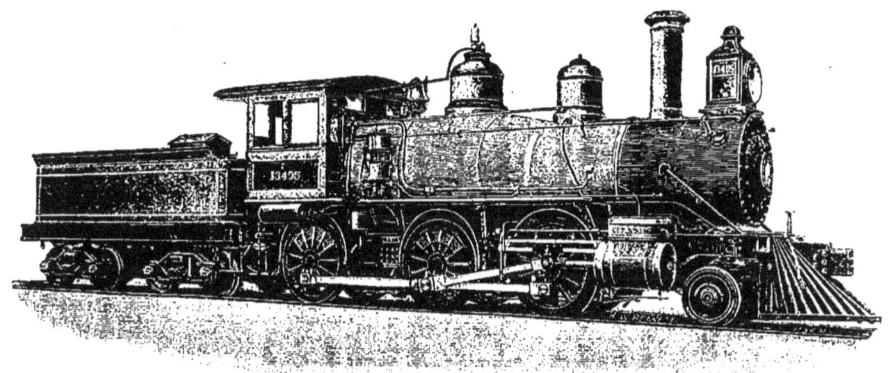

Fig. 638. — Amérique. — Locomotive mixte Mogul des ateliers Baldwin, de Philadelphie.

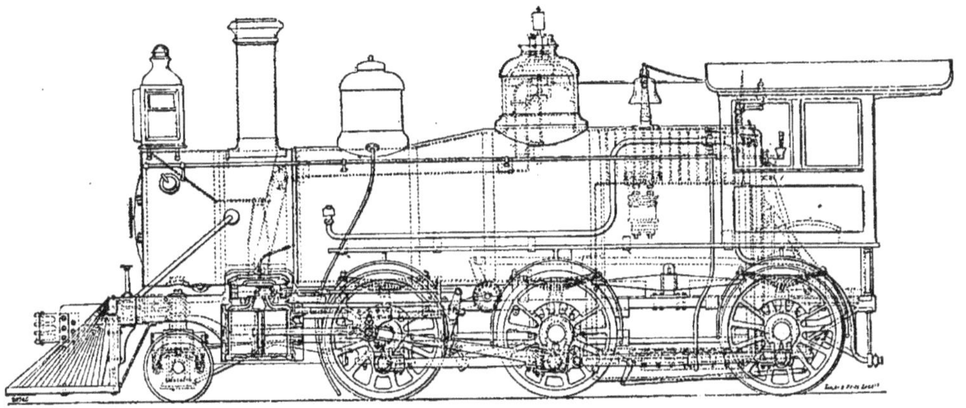

Fig. 639. — Amérique. — Locomotive mixte Mogul des ateliers Baldwin de Philadelphie. — Elévation.

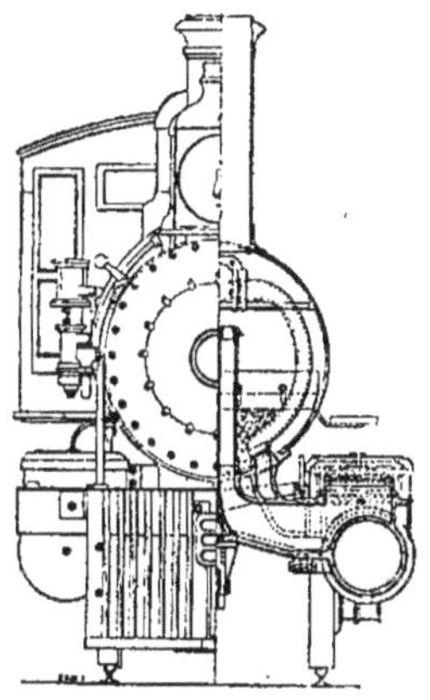

Fig. 640. — Amérique. — Locomotive mixte Mogul
des ateliers Baldwin, de Philadelphie. — Vue
avant et coupe par les cylindres.

386. *Locomotives Mogul Baldwin mixte, type moderne* 1894. — La maison

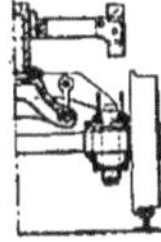

Fig. 641. — Amérique. — Locomotive mixte Mogul
des ateliers Baldwin, de Philadelphie. — Coupe
par l'axe du bissel.

Baldwin avait envoyé à l'Exposition de Chicago son dernier type de locomotive Mogul mixte représenté (*fig.* 638 à 643).

La chaudière est presque toujours maintenant à raccordement tronconique système wagon-top.

En voici les principales dimensions :

Diamètre minimum intérieur de la chaudière	1m,500
Longueur intérieure du foyer	1 ,874
Largeur　　　　»　　　　　»	0 ,882
Profondeur arrière	1 ,949
»　　　avant	1 ,974
Lame d'eau autour du foyer : côtés	0 ,076
»　　　　　　»　　　: face avant	0 ,102
Epaisseur des tôles de foyer arrière et côtés	0 ,0075
Epaisseur des tôles de foyer, ciel	0 ,0090
»　　　　de la boîte à feu : ciel et côtés	0 ,013
Epaisseur des tôles de la boîte à feu : arrière	0 ,012
Epaisseur des tôles des plaques tubulaires	0 ,012
Diamètre du dôme	0 ,797
Hauteur du dôme	0 ,772
Largeur des barreaux de grille	0 ,021
Intervalle entre les barreaux	0 ,018
Surface de grille	1 ,637
Surface de chauffe du foyer	12 ,787
»　　　　　des tubes	136 ,710
»　　　　　totale	149 ,497
Hauteur du sommet de la boîte à fumée au-dessus du rail	4 ,391
Diamètre des cylindres	0 ,482
Course des pistons	0 ,634
Diamètre de la tige des pistons	0 ,082
Diamètre des roues motrices	1 ,422
»　　　　　»　　　du bissel	0 ,760
Empatement total	7 ,167
»　　　rigide	4 ,702
Poids total en service	49 ,560
»　　　adhérent	41 ,500
»　　　sur le truck	8 ,060
Tender : nombre de roues	8
Diamètre des roues	0m,836
Empatement total	4 ,594
Distance des axes des deux bogies	3 ,202
Contenance des soutes à eau	15 900lit
»　　　　　»　　à charbon	6m,350
Poids du tender à vide	13 ,455
»　　　»　　en charge complète	35 ,705
Empatement total avec la locomotive	14 ,28
Longueur totale de la locomotive et du tender	16 ,902

387. *Locomotives Baldwin du Delaware and Susquehanna Railroad.* — La maison Baldwin a construit, en 1894, dix machines du type Mogul, probablement les plus fortes qu'on ait encore établies de ce modèle (*fig. 644*).

La chaudière, très puissante, est placée extrêmement haut, surtout étant donné le diamètre des roues au-dessus du rail. Elle est accompagnée d'un tender à trois essieux du type européen.

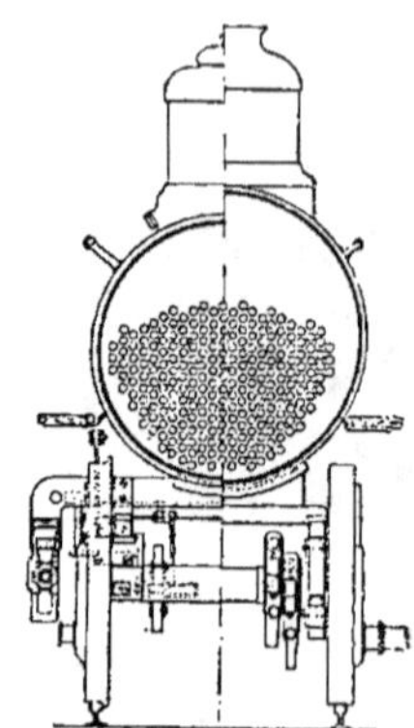

Fig. 642. — Amérique. — Locomotive mixte Mogul des ateliers Baldwin, de Philadelphie. — Coupes transversales par la chaudière.

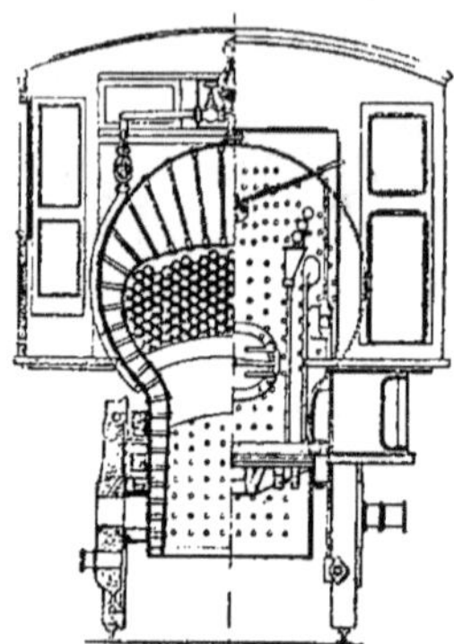

Fig. 643. — Amérique. — Locomotive mixte Mogul des ateliers Baldwin, de Philadelphie. — Vue arrière et coupe par le foyer.

En voici les principales dimensions :

Diamètre moyen du corps cylindrique	1m,830
Epaisseur des tôles du corps cylindrique	0 ,016
Nombre des tubes	270
Diamètre extérieur des tubes	0m,057
Longueur extérieure des tubes	3 ,660
Longueur intérieure du foyer	2 ,36
Largeur intérieure du foyer	1 ,06
Diamètre des cylindres	0 ,558
Course des pistons	0 ,710
Diamètre des roues couplées	1 ,575
»　　　　　»　　du bissel	0 ,914
Empatement rigide	4 ,267
»　　　total	6 ,832
Poids total en charge	61 ,200
»　　　»　　adhérent	55 ,500
Poids total du tender	40 ,800

Locomotives spéciales aux marchandises, type « Consolidations ».

388. *Généralités.* — Le type *Consolidation* a quatre essieux couplés et un bissel à l'avant. Le foyer n'est jamais entièrement en porte à faux.

On commence à remplacer le bissel, comme dans le type Mogul, par un bogie, surtout dans les machines compound où le poids des cylindres est plus grand que

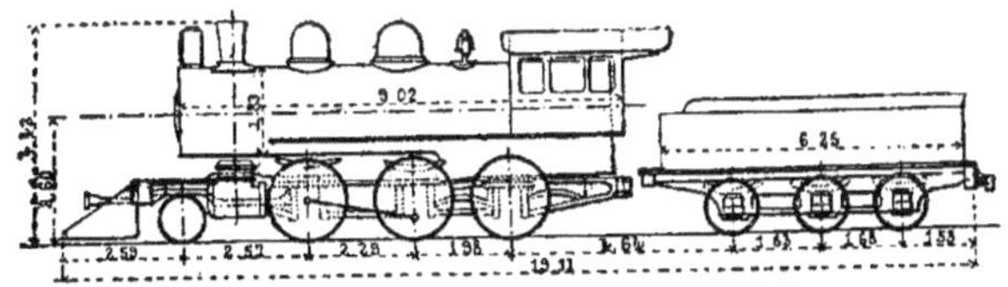

Fig. 644. — Locomotive Baldwin du Delaware et Susquehanna railroad.

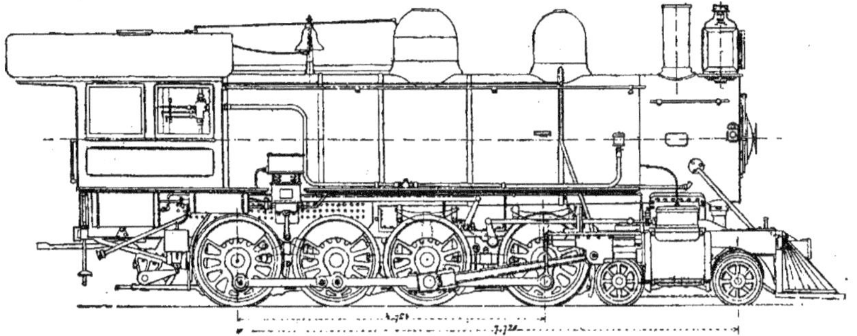

Fig. 645. — Amérique. — Locomotive " Consolidation " à bogie à l'avant, du Duluth and Iron Range railway.

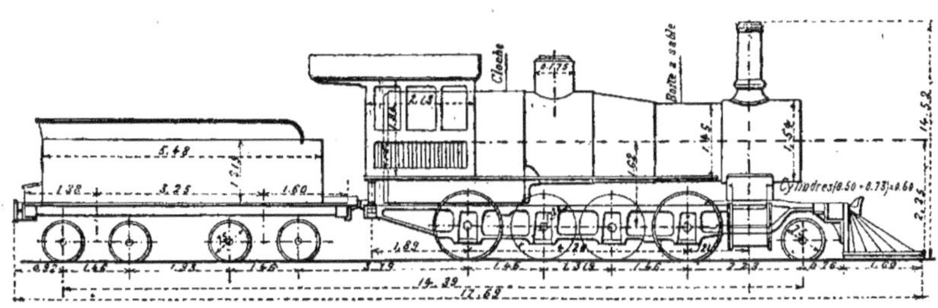

Fig. 646. — Amérique. — Locomotive " Consolidation "

dans les locomotives ordinaires. Tel est le cas de la machine Brooks et la Duluth and Iron Range Railway, construites par les ateliers de Schenectady.

Les machines du type Consolidation ne se rencontrent cependant pas sur tous les réseaux des Etats-Unis : on les emploie surtout sur ceux qui présentent des lignes à profils accidentés, tels que le Pensylvanian, l'Erié, le Northern Pacific, le Duluth and Iron Range, etc. (*fig*. 645).

Le type courant de locomotive à quatre essieux couplés et bissel à l'avant du type consolidation est représenté avec ses dimensions les plus usitées (*fig*. 646).

389. *Historique*. — La locomotive du type Consolidation, si usitée aujourd'hui aux Etats-Unis, date de 1866. Elle a été mise en service pour la première fois sur le Lehigh Valley Railway, et le projet en est dû à M. Alexandre Witehall, de la maison Baldwin.

La figure 647 représente la coupe longitudinale d'une machine de ce genre cons-

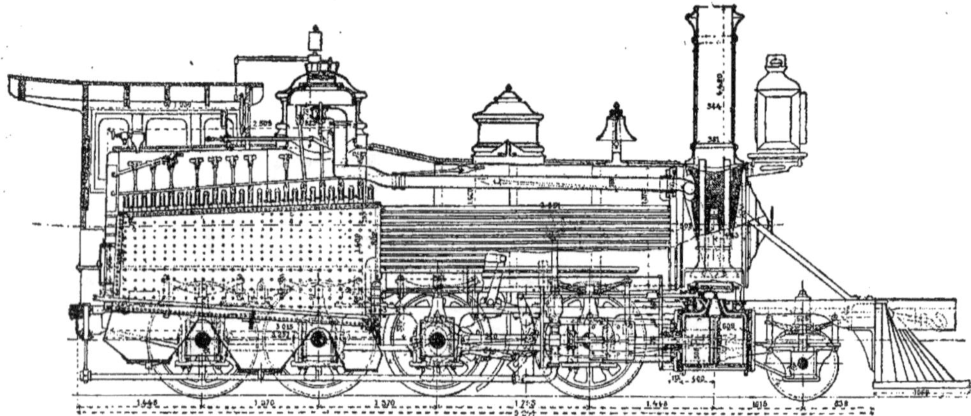

Fig. 647. — Amérique. — Locomotive " Consolidation " du Lehigh Valley railway.

Fig. 648. — Amérique. — Locomotive " Consolidation " à marchandises, Wooten, du Philadelphia and Reading railway.

truite en 1873, pour le Lehigh Valley Railway. Les trois essieux d'arrière sont conjugués par des balanciers latéraux, et les extrémités antérieures de l'essieu d'avant sont reliées, par un balancier transversal, à un balancier longitudinal qui s'appuie sur le milieu de l'essieu porteur. La machine repose donc en réalité sur trois points d'appui.

Le foyer, destiné à brûler de l'anthracite, est très grand et à grille en tubes d'eau.

Ces machines sont capables, avec les dimensions ci-dessous, de remorquer sur une rampe de 18 millimètres par mètre, et de 19 kilomètres de long, à une vitesse de 14 kilomètres, un train de 35 wagons de houilles ou de 330 tonnes, soit une charge utile de 395 tonnes, y compris 45 tonnes de la locomotive et 20 tonnes du tender. Elles développent sur les pistons un travail d'environ 600 chevaux en comptant une résistance de $3^k,6$ par tonne de train et de $8^k,10$ par tonne de locomotive. Cela représente 517 chevaux par mètre carré de surface de chauffe.

La cheminée est pourvue d'un pare-étincelles analogue à celui que nous avons décrit dans notre volume III.

La course des tiroirs est de 137 millimètres à leur recouvrement de 39 millimètres. Cette course prolongée permet d'admettre la vapeur presque jusqu'à la fin de la cylindrée.

Voici les principales dimensions de cette machine :

CHAUDIÈRE		
Diamètre extérieur minimum		$1^m,370$
Epaisseur des tôles (fer)		13^{mm}
Tubes. { Nombre		198
Longueur		$3^m,35$
Diamètre extérieur		50^{mm}
Foyer. { Longueur		$2^m,99$
Largeur		628^{mm}
Hauteur	$1^m,13$ à	$1^m,40$
Epaisseur des tôles latérales (acier)		8^{mm}
Epaisseur des tôles du ciel (acier)		9 ,5
Epaisseur des plaques tubulaires		13
Surface de grille	$G =$	$1^{m2},48$
Surface de chauffe. { Foyer...	$f =$	13 ,41
Tubes...	$t =$	101 ,88
Total	$s = f + t =$	$115^{m2},29$
VÉHICULE		
Roues motrices.. | Diamètre.	$D =$	$1^m,30$
— porteuses. | —		761^{mm}
Empatement des roues motrices		$4^m,50$
— total		6 ,96
— de la locomotive et du tender		14 ,07
MÉCANISME		
Cylindre. { Diamètre	d	508
Course du piston	l	610
Volume	V	$0^{m3},124$
Module de traction	$\dfrac{d^2 l}{D} =$	1 227,5
Effort de traction	$0,65\, p\, \dfrac{d^2 l}{D} =$	7 300
Rapports	$\dfrac{e}{f} = 10,1 ; \dfrac{s}{G} =$	46,5
Poids total en marche		45^t
— adhérent		39 ,6

390. *Locomotive « Consolidation » Wooten du Philadelphia and Reading rail-road.* — Les dimensions de cette machine sont les suivantes :

Longueur du foyer	$2^m,900$
Largeur »	2 ,440
Surface de grille	$7^{m2},060$
Longueur des tubes	$3^m,520$
Diamètre »	0 ,051
Surface de chauffe du foyer	$15^{m2},50$
» » des tubes	110 ,00
» » totale	125 ,50
Timbre	10^k
Diamètre du cylindre	$0^m,520$
Course des pistons	0 ,610
Diamètre des roues motrices	1 ,270
» » du bissel	0 ,760
Effort de traction $0,65\, \dfrac{pd^2 l}{D}$	$9\ 690^k$
Poids en service	46 720
Poids adhérent	40 800

Ces machines sont utilisées sur le Philadelphia and Reading railroad et pour le service des trains de charbons. Elles ont été construites par la maison Baldwin (*fig.* 648).

En service courant, elles remorquent des trains de 140 wagons à 4 roues, soit une charge de 1 016 tonnes de Palo-Alto à Port-Richmond, distants de 153 kilomètres, avec une vitesse moyenne de 16 kilomètres à l'heure. Leur consommation moyenne pendant ce trajet est de 5 216 kilogrammes d'anthracite ou 34 kilogrammes par kilomètre. Le retour, pendant lequel il faut franchir un col de 280 mètres de hauteur, se fait avec 160 voitures vides et une dépense de 5 440 kilogrammes d'anthracite, ou de 36 kilogrammes par kilomètre.

Un essai comparatif exécuté en septembre 1880 avec une machine Wooten de ce type et une locomotive du type consolidation ordinaire, remorquant des trains semblables et brûlant toutes deux de la houille bitumineuse, a montré que la machine Wooten brûlait 20 kilogrammes de houille par kilomètre pour vaporiser $8^{kg},94$ d'eau par kilogramme de charbon. Les chiffres correspondants de la machine consolidation sont 27^{kg} et $7^{kg},60$.

391. *Locomotives consolidation de l'Erie Ry.* — La Compagnie de l'Erié fait usage sur ses lignes à profil accidenté de locomotives du type consolidation, c'est-à-dire à quatre essieux couplés et un bissel.

La plus ancienne en service de ces machines (*fig.* 649) présente le modèle à wagon top ordinaire.

L'essieu d'attaque est le second essieu.

En voici les principales données :

Longeur du corps cylindrique........	10^m,589
Hauteur du dôme....................	0 ,711
Diamètre »	0 ,711
Diamètre minimum du corps cylin-drique...........................	1 ,394
Diamètre maximum du corps cylin-drique...........................	1 ,900
Hauteur de l'axe du corps cylindrique au-dessus des rails...............	1 ,930
Largeur maximum du châssis........	2 ,743
Diamètre des cylindres.............	0 ,508
Course des pistons.................	0 ,610
Entr'axe des cylindres.............	2 ,133
Diamètre des roues motrices........	1 ,270
» » du bissel........	0 ,762
Ecartement du 1er et 2e essieu........	1 ,753
» du 2e et 3e »	1 ,372
» du 3e et 4e »	1 ,372
» du 1er essieu à celui du bissel.....................	2 ,465
Empatement total..................	6 .962
» rigide	4 ,497
Poids sur le 1er essieu en charge....	11 540^k
» 2e »	10 100
» 3e »	9 500
» 4e »	9 200
» bissel	6 700
Poids total en charge..............	47 040
Poids adhérent....................	40 340
Tender. Nombre de roues...........	8
Diamètre des roues................	0^m,762
Ecartement des essieux de chaque bogie............................	1 ,575
Ecartement des essieux voisins des deux bogies	1 ,753
Poids en charge sur le 1er bogie....	17 200^k
» » 2e »	17 520
Poids total.......................	34 720
Empatement total avec la locomotive	14^m,385

392. Le dernier type de ce modèle (*fig.* 650) présente la chaudière placée très haut de manière que la grille puisse passer au-dessus des deux essieux couplés arrière, sans que le foyer soit très plat. C'est encore le second essieu qui est l'essieu moteur proprement dit: En voici les principales dimensions :

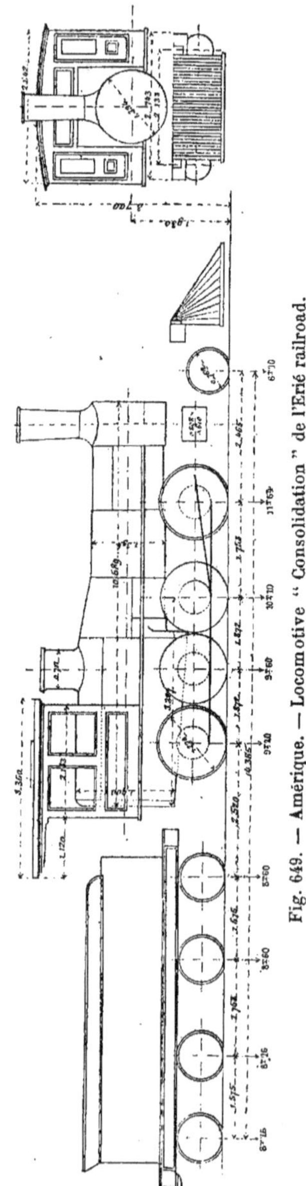

Fig. 649. — Amérique. — Locomotive " Consolidation " de l'Erié railroad.

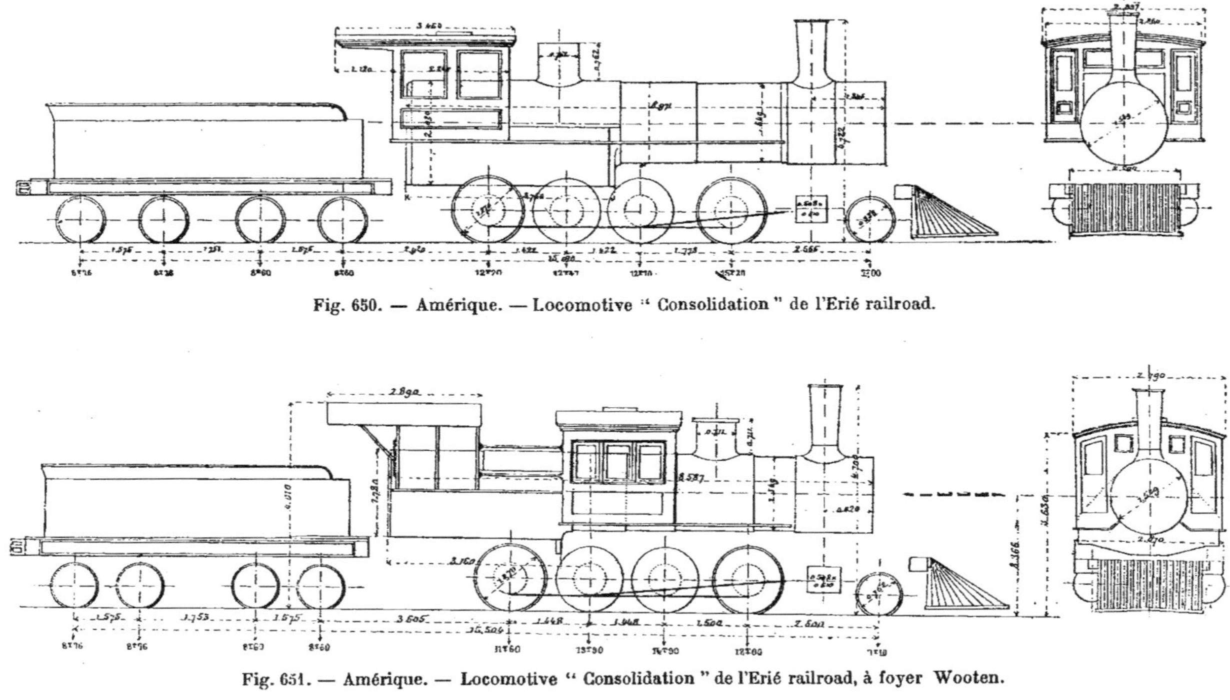

Fig. 650. — Amérique. — Locomotive " Consolidation " de l'Erié railroad.

Fig. 651. — Amérique. — Locomotive " Consolidation " de l'Erié railroad, à foyer Wooten.

Longueur du corps cylindrique.....	8^m,971
Diamètre maximum du corps cylindrique..................	2 ,020
Diamètre minimum du corps cylindrique...................	1 ,549
Diamètre du dôme..................	0 ,762
Hauteur »	0 ,762
Longueur du foyer..................	3 .760
Surface de chauffe.................	168^{m2},70
Hauteur de la cheminée au-dessus du rail...................	4^m,722
Diamètre des cylindres.............	0 ,508
Course des pistons.................	0 ,610
Ecartement du 1er et 2e essieu.....	1 ,778
» 2e et 3e »	1 ,422
» 3e et 4e »	1 ,422
» 1er et bissel.........	2 ,565
Empatement total..................	7 ,187
» rigide..................	4 ,622
Diamètre des roues motrices.......	1 ,270
» du bissel.......	0 ,838
Longueur de la cabine - abri.......	2 ,240
Largeur »	2 ,860
Poids sur le 1er essieu..............	15 200^k
» 2e »	12 700
» 3e »	12 400
» 4e »	12 200
» bissel............	7 000
» total en charge........	59 500
Poids adhérent....................	52 500
Tender. Nombre des roues.........	8
Diamètre »	0^m,838
Ecartement des essieux de chaque bogie......................	1 ,575
Ecartement des essieux voisins des deux bogies......................	1 ,753
Empatement total avec la locomotive....................	15^m,010
Poids en charge du tender sur le 1er bogie...................	17 200^k
Poids en charge du tender sur le 2e bogie...................	17 520
Poids total du tender en charge.....	34 720

On remarquera que cette machine destinée au service des marchandises est d'un poids inférieur à la locomotive de la même Compagnie à trois essieux couplés réservée aux voyageurs. Le cas se présente assez souvent aux États-Unis où les trains de marchandises sont assez lents, tandis que les trains de voyageurs sont à la fois lourds et rapides.

393. *Types à foyer Wooten* — La Compagnie de l'Erié railroad possède encore deux autres modèles de machines du type Consolidation munies du foyer Wooten et de la cabine centrale qui en est la conséquence. En outre, afin de donner à la grille une longueur suffisante, on a fixé l'attaque sur le troisième essieu au lieu du second comme précédemment. Le tender est identique aux précédents.

Voici les dimensions de l'une d'elles,

l'autre n'en diffère que par quelques détails (*fig.* 651).

Diamètre maximum du corps cylindrique..................	1^m,730
Diamètre minimum du corps cylindrique...................	1 ,349
Longueur du corps cylindrique.....	8 ,587
Longueur du foyer..................	3 ,160
Hauteur du dôme..................	0 ,711
Diamètre du dôme..................	0 ,711
Hauteur de l'axe du corps cylindrique au-dessus du rail.............	3 ,366
Hauteur du sommet de la cheminée au-dessus du rail..................	4 ,700
Hauteur du toit de la cabine au-dessus du rail...................	3 ,630
Diamètre des cylindres.............	0 ,508
Course des pistons.................	0 ,610
Diamètre des roues motrices.......	1 ,270
» du bissel.....	0 ,762
Distance entre le 1er et le 2e essieu.	1 ,500
» 2e 3e »	1 ,448
» 3e 4e »	1 ,448
» 1er et le bissel....	2 ,600
Empatement total..................	6 ,996
» rigide..................	4 ,396
» total avec le tender....	15 504^k
Poids en charge sur le 1er essieu....	12 000
» » 2e »	14 900
» » 3e »	13 900
» » 4e »	11 600
» » bissel.......	7 100
» total......................	59 500
» adhérent..................	52 400

394. *Locomotive du Norfolk and Western Ry.* — Celle-ci est une locomotive compound sortie des ateliers Baldwin et dans lesquelles l'empatement a été un peu réduit, en plaçant les petits cylindres entre les grands (*fig.* 652).

Les quatre essieux couplés sont à peu

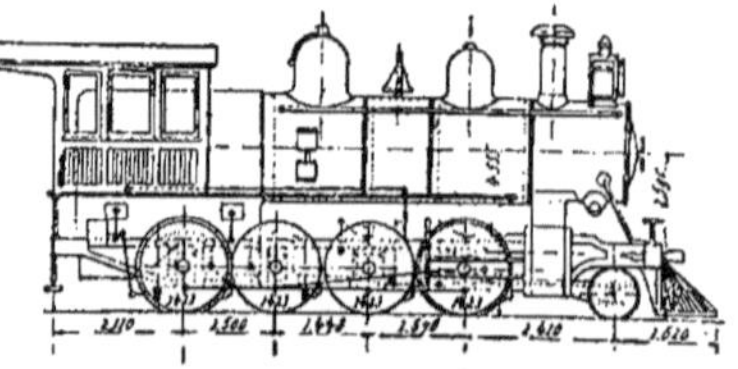

Fig. 652. — Amérique. — Locomotive " Consolidation " du Norfolk and Western railway.

près également écartés ; leurs distances respectives entre axes sont 4^m,575, 1^m,448, et 1^m,500. La distance du premier essieu d'avant à celui du bissel est de 1^m,410, donnant un empatement total de 5ᵐ,933, et un empatement rigide de 4ᵐ,523.

La hauteur de l'axe du corps cylindrique au-dessus du rail est de 2ᵐ,590 et la longueur totale y compris le chasse-bœufs : 9ᵐ,663. La hauteur du sommet de la cheminée au-dessus du rail 4ᵐ,555.

395. *Locomotive à quatre essieux cou-*

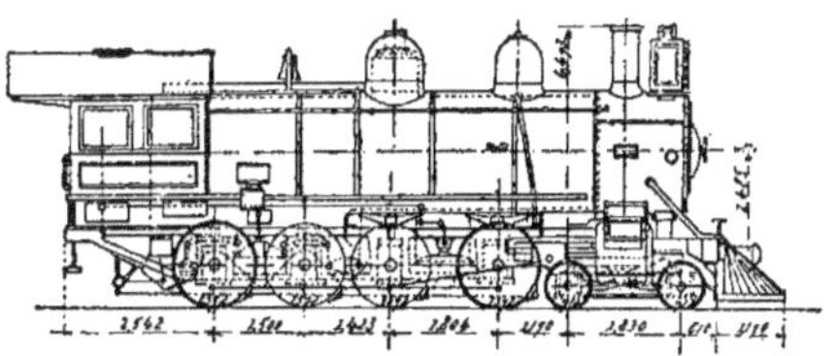

Fig. 653. — Amérique. — Locomotive " Consolidation " de la Compagnie Schenectady.

plés et bogie de l'usine Schenectady. — Ce type, dans lequel le bogie remplace le bissel, est d'origine récente et extrêmement puissant, les cylindres ont 0ᵐ,558 de diamètre et 0ᵐ,660 de course.

La locomotive en ordre de marche pèse 76 700 kilogrammes sans le tender. C'est la plus puissante de cette catégorie que l'on pût remarquer à l'Exposition de Chicago (*fig.* 653).

396. *Locomotive Consolidation à bogie du Great Northern railway.* — Cette machine a été établie par les ateliers Brooks à Dunkrik, New-York (*fig.* 654 et 655).

Fig. 654. — Amérique. — Locomotive à marchandises à quatre essieux couplés et bogie du Great Northern railway.

Le diamètre des roues motrices est de 1ᵐ,397 et l'empatement total de 7ᵐ,696. Le timbre est de 12ᵏᵍ,67. Le poids total en charge est de 70 750 kilogrammes, avec un poids adhérent de 6 700 kilogrammes.

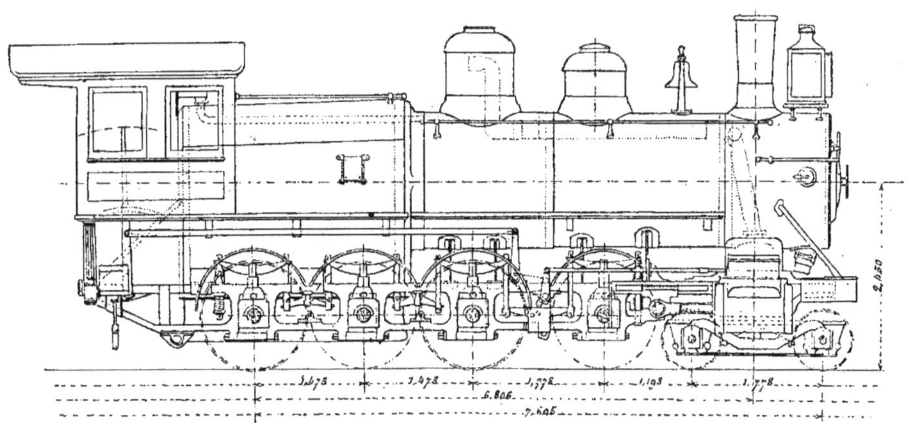

Fig. 655. — Amérique. — Locomotive à marchandises à quatre essieux couplés et bogie du Great Northern railway.

On voit que c'est une machine particulièrement puissante.

397. *Locomotive du Central Illinois.* — Cette machine, du type classique avec quatre essieux couplés et bogie, a été construite par les ateliers Rogers de Paterson (New-Jersey) (*fig.* 656).

Les trois derniers essieux sont à une distance l'un de l'autre de 1m,524, telle que ses roues sont presque tangentes ; celui d'avant est un peu plus écarté et se trouve à 2m,057 du second.

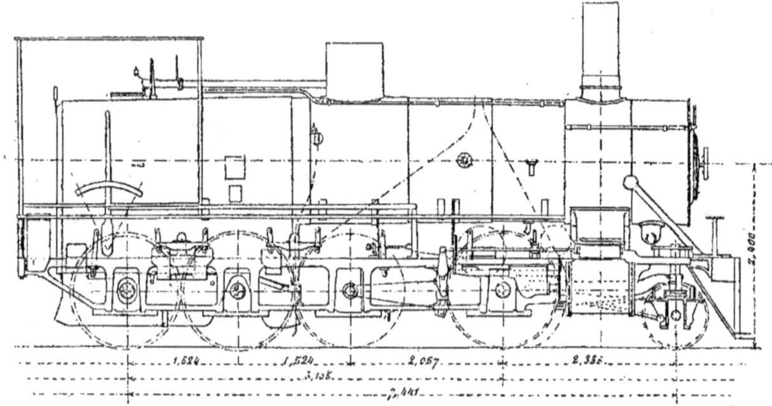

Fig. 656. — Amérique. — Locomotive à marchandises du Central Illinois.

Le bissel est à 2m,336 du premier essieu.

L'empatement total est de 7m,441 et l'empatement rigide de 5m,105.

La hauteur de l'axe du corps cylindrique au-dessus du rail est de 2m,400.

398. *Locomotive du Duluth and Iron-Range Ry.* — C'est encore une consolidation à bogie, construite par les ateliers Schenectady de New-York (Voir *fig.* 645).

L'empatement total est de 7m,720.

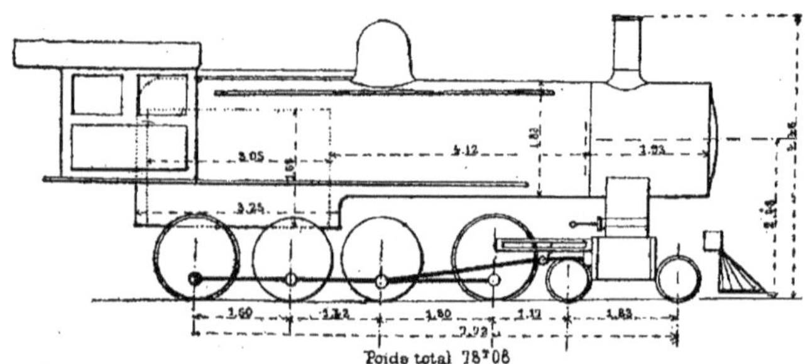

Fig. 657. — Amérique. — Locomotive à marchandises du Southern Pacific.

L'empatement rigide de 4m,727.

Les roues motrices ont un diamètre de 1m,372.

L'axe du corps cylindrique est à 2m,485 au-dessus du rail.

Le sommet de la cheminée est 4m,473.

Les trois essieux d'arrière sont distants de 1m,500 et de 1m,423, tandis que le premier essieu d'avant est à 1m,804 du deuxième. Les essieux du bogie sont écartés de 1m,830. Le chasse-bœufs présente une saillie de 1m,170.

399. *Locomotive à bogie du Southern Pacific.* — Cette machine, construite par les ateliers Schenectady de New-York est un des exemples récents de l'accroissement extraordinaire que les Américains ont donné à la puissance de leurs machines à marchandises.

Malgré le faible diamètre des roues, la chaudière est à une grande hauteur au-dessus du rail, de manière à permettre de placer le cadre du foyer au-dessus des longerons et d'avoir une grille d'une grande largeur (*fig.* 657).

Les cylindres sont dans l'axe des roues du bogie, à l'aplomb de la cheminée. Les deux paires de roues couplées du milieu sont privées de boudins.

Elle est destinée à remorquer des trains lourds sur de fortes déclivités ; ainsi elle remorque aisément, sur des pentes de 22 millimètres par mètre, des trains de 406 tonnes nettes, à la vitesse de 28 kilomètres à l'heure.

Voici ses principales dimensions :

Diamètre minimum du corps cylindrique.	1^m,830
Hauteur de l'axe au-dessus du rail..	2 ,48
Longueur du foyer.	3 ,25
Surface de grille.	3^{m2},15
Nombre des tubes.	274
Longueur des tubes.	4^m,12
Hauteur de la cheminée au-dessus du rail.	4 ,45
Timbre.	12^k,66
Longueur totale du corps cylindrique.	9^m,10
Surface de chauffe.	214^{m2}
Diamètre des cylindres.	0^m,559
Course des pistons.	0 ,660
Diamètre des roues motrices.	1 ,295
» » du bogie.	0 ,610
Empatement total.	7 ,72
» rigide.	4 ,72
Poids total en charge.	78 080^k
» adhérent.	65 950

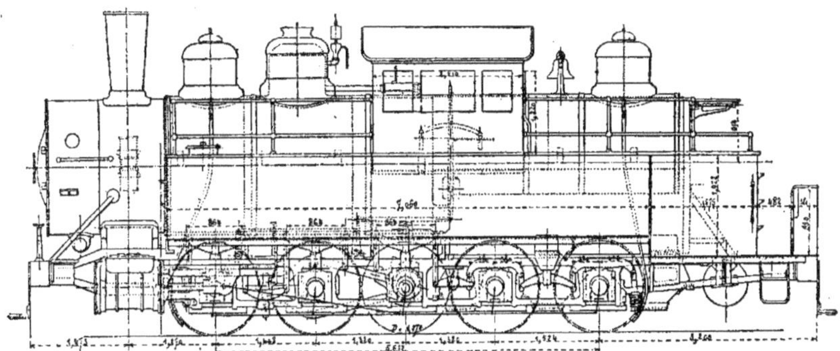

Fig. 658. — Amérique. — Locomotive-tender à cinq essieux couplés pour le tunnel de Saint-Clair.

Locomotives à cinq essieux couplés

400. *Généralités.* — Ces machines ont le plus souvent un bissel à l'avant. Elles sont très lourdes, très puissantes, et toujours destinées au parcours des rampes exceptionnellement fortes.

Nous avons vu dans l'étude des machines compound un modèle Vauclain, de ce genre, destiné au chemin de fer de l'Erié (p. 133). Cette machine pèse 88 450 kilogrammes en charge et 129 000 kilogrammes avec le tender.

Dans ces machines, surtout celles qui sortent de la maison Baldwin, l'empatement total atteint 8^m,30. En revanche, le diamètre des roues descend jusqu'à 1^m,25, tandis que, dans les locomotives à quatre essieux couplés, il est au minimum de 1^m,38.

La machine de l'Erié citée plus haut est sans doute le type le plus puissant qui ait été construit. Dans les derniers modèles établis, le corps cylindrique présente le diamètre moyen inusité de 1^m,93 ; la surface de grille est de 5^{m2},84, la surface de chauffe de 226^{m2},68. Le poids total en service est de 90 970 kilogrammes, avec une charge maximum de 17 850 kilogrammes sur le troisième essieu.

Le poids total avec le tender approvisionné est de 13 163 kilogrammes.

401. *Locomotive-tender à cinq essieux couplés sans bissel ni bogie du tunnel Saint-Clair.* — Cette machine est certainement une des premières de grande ligne à cinq essieux, que l'on ait construit en Amérique, sans lui adapter de bogie ni de bissel articulé. Elle a été établie, en 1891, par la maison Baldwin, pour l'exploitation spéciale du tunnel de Saint-Clair (*fig.* 658), et est destinée à fonctionner indifféremment dans les deux sens de la marche. Elle est munie du frein Westinghouse, et remarquable par sa puissance. On l'utilise spécialement à la remorque de trains de marchandises, très lourds, sur les rampes du tunnel Saint-Clair. On sait que ce tunnel a été creusé dans ces dernières années, sous le lit de la rivière du même nom, entre Port Huron et Sornia, sur le grand Trunk railway of Canada.

La prise de vapeur se fait dans un dôme placé à l'avant du corps cylindrique.

La cabine-abri du mécanicien est placée vers le milieu de ce corps cylindrique, tandis que le chauffeur, isolé, se tient à l'arrière, sur une plate-forme spéciale. Le mécanicien et le chauffeur communiquent entre eux au moyen d'un porte-voix.

Les cylindres sont, comme toujours, placés extérieurement, et surmontés de leurs boîtes à tiroirs; les coulisses de distribution étant à l'intérieur.

Les bielles sont en acier; celles d'accouplement évidées à têtes rondes, sans rattrapage de jeu.

Les cinq essieux couplés sont aussi rapprochés que possible, et à peu près à

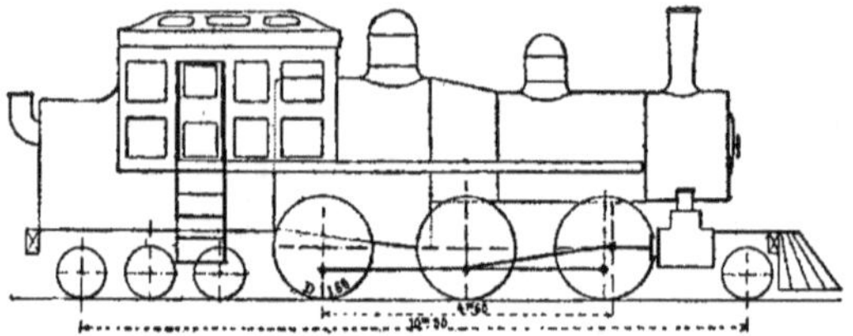

Fig. 659. — Amérique. — Locomotive-tender, type Forney, du New-York Central and Hudson railway

égale distance les uns des autres, les roues du milieu, qui appartiennent à l'essieu moteur proprement dit, étant privées de boudins pour faciliter le passage en courbe.

La suspension des trois essieux d'avant est opérée au moyen de ressorts à lames, placés sur les sommets des boîtes, et conjugués deux à deux par des balanciers longitudinaux. La charge est répartie sur les essieux d'arrière par deux balanciers s'appuyant sur leurs boîtes, et reliés de chaque côté aux deux extrémités d'un ressort à chaînes renversées. L'extrémité arrière des balanciers extrêmes est, de plus, rattachée à un ressort spirale.

Les caisses formant tender sont rectangulaires, placées sur toute la longueur du corps cylindrique, et aussi près que possible de celui-ci; elles sont de faible hauteur.

Voici les principales dimensions de ces machines :

Diamètre moyen du corps cylindrique	$1^m,880$
Hauteur de l'axe du corps au-dessus des rails	$2,340$
Epaisseur des tôles du corps	$0,016$
Surface de grille	$3^{m2},400$
Nombre des tubes	281
Longueur »	$4^m080,$
Diamètre »	$0,057$
Longueur intérieure du foyer	$3,380$
Largeur »	$1,067$
Surface de chauffe totale	$215^{m2},000$
Epaisseur des tôles du foyer : arrière et côtés	$0^m,008$
Epaisseur des tôles du foyer : ciel	$0,0095$
Epaisseur des tôles du foyer : plaque tubulaire	$0,0125$
Diamètre des tirants obliques du ciel du foyer	$0,025$
Espacement des tirants obliques du ciel du foyer	$0,110$
Diamètre des cylindres	$0,559$
Course des pistons	$0,711$
Diamètre des roues	$1,270$
Empatement total	$5,610$
Timbre de la chaudière	$11^k,25$
Contenance des soutes à eau	$8\ 000^{lit}$
Poids total en charge	$87\ 750^k$

Locomotives de banlieue.

402. *Locomotive-tender de banlieue du New-York Central and Hudson Ry.* — La locomotive de banlieue, construite récemment par la New-York Central and Hudson, constitue un nouveau type dit « Forney ». Elles ont trois essieux couplés, un bissel à l'avant et un bogie à trois essieux à l'arrière, et ont été établies par la Schenectady locomotive Works (*fig.*659). Elles présentent donc en tout sept essieux, dont trois moteurs ou quatorze roues, dont six motrices. Elles constituent une véritable exception aux habitudes américaines, où l'on employait peu, jusqu'à ce jour, les locomotives-tender un peu puissantes.

Voici les principales dimensions de ces locomotives :

Diamètre du corps cylindrique......	$1^m,422$
Epaisseur des tôles (acier) du corps cylindrique........................	0 ,0125
Nombre des tubes (fer)..............	254
Diamètre extérieur des tubes........	$0^m,050$
Longueur des tubes.................	3 ,355
Surface de chauffe directe..........	13 ,50
» des tubes.......	135 ,09
» totale............	148 ,50
Surface de grille..	$2^{m2},97$
Timbre............................	$12^k,5$
Diamètre des roues motrices........	$1^m,60$
Empatement total..................	10 ,90
» rigide..................	4 ,60
Poids total en charge..............	74 000^k
Poids adhérent sur les essieux couplés.........................	43 000
Rapport du poids adhérent au poids total.........................	58 0/0
Poids sur le bissel avant...........	7 250
» bogie arrière..........	23 750
Contenance des caisses à eau.......	9 000^l
Contenance des soutes à combustibles.................................	2 750^k

Cette locomotive tend à devenir de plus en plus le modèle général des machines de banlieue ; on n'en construit plus d'un autre type.

On rencontre de ces machines à sept essieux, dont trois couplés, qui sont extrêmement puissantes et comportent un empatement total allant jusqu'à 11 mètres.

Les machines du Métropolitain aérien (Elevated) de New-York, appartiennent toutes à ce type dépourvus du bissel d'avant, mais sont très légères, leur poids oscillant entre 20 et 24 tonnes.

Cette machine est, nous le répétons, le seul type adopté aujourd'hui pour les lignes de banlieue.

403. *Locomotive-tender du Chicago and Northern-Pacific.*— Cette locomotive, avec un tender fixe, est du modèle adopté pour le service rapide des banlieues de grandes villes, c'est-à-dire du type Forney (*fig.* 660).

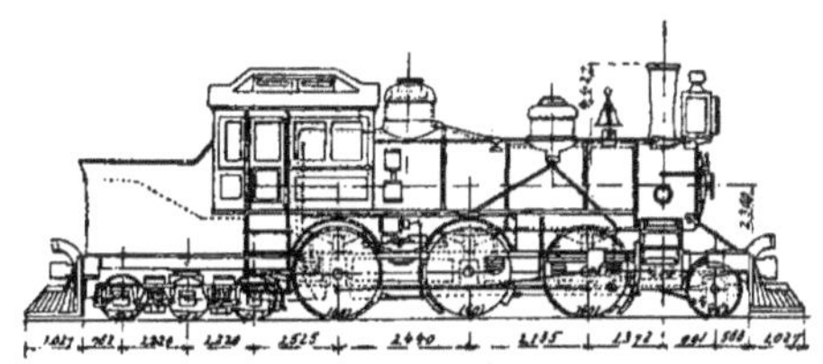

Fig. 660. — Amérique. — Locomotive-tender du Chicago and Northern Pacific.

Voici ses principales dimensions :

Hauteur de l'axe du corps cylindrique au-dessus du rail................	$2^m,300$
Hauteur de la cheminée au-dessus du rail.........................	4 ,427
Diamètre des roues motrices..	1 ,604
» » du bissel d'avant.	0 ,760
» » du bogie d'arrière	0 ,620
Distance entre le 1er et le 2e essieu couplé	2 ,135
Distance entre le 2e et le 3e essieu couplé........................	2 ,440
Distance entre le 3e et le 1er du bogie arrière.......................	1 ,525
Distance entre les essieux du bogie.	1 ,220
Distance entre l'arrière du bissel et le 1er essieu couplé..............	2 ,363
Empatement total..................	9 ,683
» rigide................	4 ,575

Le chasse-bœufs est double à cause de la marche dans les deux sens à laquelle est fréquemment exposée la machine.

Locomotives de gare.

404. *Généralités.* — Ces machines sont de deux types à adhérence totale et sans bissel à l'avant : un type à deux essieux couplés et un à trois essieux couplés.

Les essieux sont disposés entre les

cylindres et le foyer qui sont complète-ment en porte-à-faux.

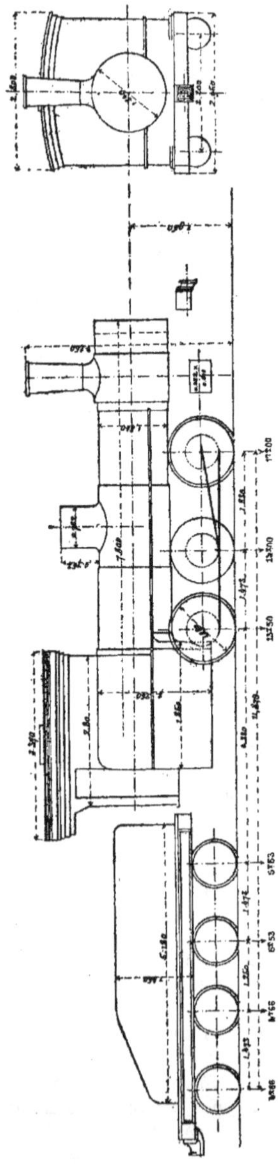

quefois séparé dans le type à trois essieux couplés.

Les Compagnies américaines ont le plus souvent adopté, comme machines de gare, le type à trois essieux couplés et adhérence totale (*fig.* 662). Afin de diminuer l'empatement, qui n'est que de

Fig. 661. — Amérique. — Locomotive de gare à trois essieux couplés.

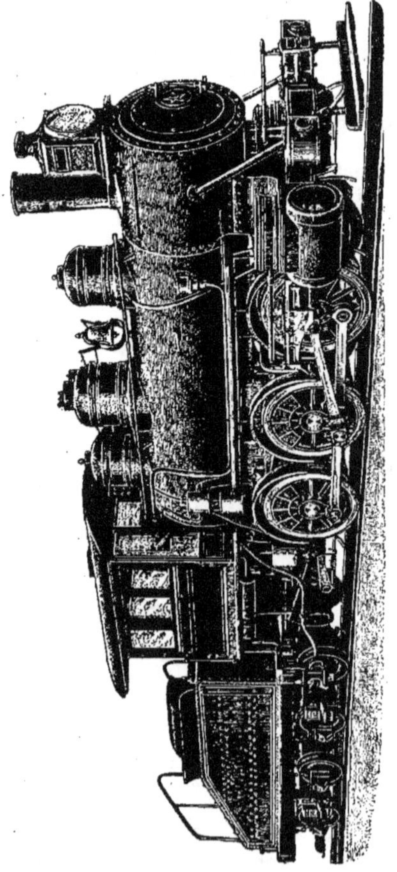

Fig. 662. — Amérique. — Locomotive de gare de la Cie Schenectady.

Le tender accompagne quelquefois la machine dans le premier cas. Il est quel-

$3^m,303$, les trois essieux couplés sont ramenés sous le corps cylindrique.

Les cylindres ont un diamètre de $0^m,482$ et une course de $0^m,610$. Les roues ont un diamètre de $1^m,27$. Le poids total en ordre de marche est de 44 500 kilogrammes. Comme dans toutes les ma-

TABLEAU DONNANT LES DIMENSIONS PRINCIPALES DES LOCOMOTIVES AMÉRICAINES EXPOSÉES A CHICAGO EN 1893 (*Extrait de la Revue générale des Chemins de fer. — Juillet 1894*)

MACHINES POUR TRAINS DE VOYAGEURS — A QUATRE ROUES ACCOUPLÉES (A BOGIE puis A BISSEL) et A SIX ROUES ACCOUPLÉES (A BOGIE).
MACHINES POUR TRAINS DE MARCHANDISES — A SIX ROUES ACCOUPLÉES (A BOGIR puis A BISSEL) et A HUIT ROUES ACCOUPLÉES (A BISSEL puis A BOGIE).
MACHINES de gare — SIX ROUES accouplées (A BISSEL) ; SIX ROUES ACCOUPLÉES ADHÉRENCE TOTALE.
MACHINE TENDER Banlieue — SIX ROUES ACCOUPLÉES BISSEL et BOGIE.

Machines pour trains de voyageurs — A quatre roues accouplées

	Baldwin N° 859 (compound)	Baldwin N° 450 (compound)	Baldwin N° 13400	N.-Y. Central N° 999	Rogers N° 030	Brooks N° 210	Cooke (Erié railroad)	Rhode Island N° 254 (compound)	Brooks N° 599	Machine N° 13350 Baldwin (compound)	Baldwin N° 694 (compound) (Foyer Wooten)
Matériaux — Foyer	Acier	Acier	Acier	Acier	Acier	Acier	Acier	Acier	Acier	Acier	Acier
Matériaux — Tubes	Fer	Fer	Fer	Fer	Fer	Fer	Fer	Fer	Fer	Fer	Fer
Matériaux — Enveloppe	Acier	Acier	Acier	Acier	Acier	Acier	Acier	Acier	Acier	Acier	Acier
Hauteur à l'avant (m.)	1.752	1.651	2.044	1.835	»	»	1.750	»	2.057	2.105	2.895
Hauteur à l'arrière (m.)	1.371	1.397	1.994	1.475	»	»	1.422	»	2.006	»	2.441
Foyer — Longueur intérieure (m.)	2.729	3.351	1.880	2.792	2.130	2.590	1.676	3.030	1.981	1.389	12.7
Foyer — Largeur (m.)	851	1.068	873	1.038	1.065	813	1.053	»	863	»	1.429
Foyer — Épais. de la plaque tubulaire (m/m)	12.7	12.7	12.7	12.7	12.7	12.7	12.7	»	»	»	7.8
Diamètre minimum du corps cylindrique (m.)	1.540	1.469	1.193	1.453	1.422	1.473	1.676	1.524	1.575	»	»
Épaisseur — Ciel du foyer (m/m)	9.5	9.5	9.5	9.5	9.5	7.9	9.5	9.5	7.8	7.8	9.5
Épaisseur — Parois latérales du foyer (m/m)	7.9	7.9	7.9	7.9	9.5	7.9	7.9	7.9	7.9	»	9.5
Épaisseur — Enveloppe du foyer (m/m)	14.9	14.3	12.7	12.7	9.3	7.9	14.3	»	9.5	»	7.8
Épaisseur — Plaque tubulaire de boîte à fumée (m/m)	»	»	»	»	»	»	»	»	»	15	12.7
Épaisseur — Corps cylindrique (m/m)	12.7	12.7	12.7	14.3	12.7	16	12.7	12.7	15	15.9	15.9
Tubes — Longueur utile (m.)	3.581	3.581	3.312	3.657	3.493	3.531	3.658	3.250	3.660	3.048	3.048
Tubes — Nombre	251	250	244	268	217	226	272	250	200	198	324
Tubes — Diamètre extérieur (m/m)	50.8	50.8	50.8	50.8	50.8	50.8	50.8	50.8	50.8	»	38
Tubes — Épaisseur (m/m)	»	»	2.41	»	»	2.77	2.77	»	2.41	»	2.4
Tubes — Section de passage à travers les tubes (mq)	»	»	0.4050	0.4158	0.3497	0.3616	0.4352	»	0.3320	»	0.2750
Hauteur du corps cylindrique au-dessus du rail (m.)	»	»	»	2.730	2.390	2.600	2.626	2.330	»	»	»
Surface de chauffe — Directe (mq)	13.84	15.42	13.20	21.64	10.22	12.36	17.38	15.47	14.40	11.91	16.08
Surface de chauffe — Tubulaire (mq)	143.48	142.19	129.55	157.67	121.56	127.50	138.64	114.22	116.90	125.45	117.38
Surface de chauffe — Totale (mq)	157.32	157.81	142.75	179.46	131.78	141.62	176.02	129.69	131.30	137.60	133.46
Surface de grille (mq)	2.30	3.58	1.63	2.85	2.27	2.16	3.20	1.70	2.30	2.90	2.35
Timbre de la chaudière (kg)	12.71	12.65	11.26	13.35	11.61	12.65	12.65	14.03	12.65	12.5	12.71
Cheminée — Hauteur au-dessus du rail (m.)	3.321	4.388	4.292	4.521	4.724	»	4.521	4.938	»	4.377	4.438
Cheminée — Diamètre intérieur au rétrécissement (m/m)	425	457	457	387	330	457	457	533	432	330	457
Diamètre des cylindres — HP (m/m)	343	330	457	482.6	457	457	482.6	787	»	330	330
Diamètre des cylindres — BP (m/m)	583	558	»	»	»	»	»	»	»	558	»
Rapport des volumes des cylindres	2.88	2.85	»	»	»	»	»	2.18	»	2.65	2.85
Course des pistons (m/m)	610	610	610	610	610	640	660	610	610	610	610
Boutons de manivelles — grosse tête Diamètre (m/m)	146	140	140	»	140	140	»	»	»	140	140
Boutons de manivelles — grosse tête Long. (m/m)	146	140	152	»	152.4	»	»	»	»	152	152
Boutons de manivelles — motrices (m/m)	127	133	140	140	152	»	152	»	155.5	127	127
Course maxima des tiroirs (m/m)	3.2	3.2	2.4	2.5	1.6	»	1.6	»	»	»	32
Avance des tiroirs au fond de course — HP (m/m)	9.5	9.5	»	»	»	»	»	»	9.5	12	»
Avance des tiroirs au fond de course — BP (m/m)	22.2	22.2	19	25.4	28	25	25.4	21	22.2	16	20
Recouvrement extérieur — HP (m/m)	15.9	16	»	»	»	1.6	»	15	»	»	»
Recouvrement extérieur — BP (m/m)	0	»	0	»	»	0	1.6	0	0	0	0
Recouvrement intérieur — HP (m/m)	610 circul.	495	406	457	438	432	457	»	406.4	457	610 circul.
Recouvrement intérieur — BP (m/m)	»	»	»	»	»	»	»	»	»	»	»
Lumières d'admission — Larg. HP (m/m)	38	38	31.7	31.7	44.4	41	44.4	»	41.4	37	38
Lumières d'admission — Larg. BP (m/m)	»	»	»	»	»	»	»	»	»	»	»
Lumières d'échappement — Long. HP (m/m)	610 circul.	495	406	457	438	4.2	457	»	406.4	»	610
Lumières d'échappement — Larg. HP (m/m)	146	140	63.5	69.8	85.5	76	82	»	114	»	114
Diamètre des roues accouplées (m.)	1.981	1.981	1.726	2.184	1.752	1.854	1.828	1.981	1.828	2.140	1.981
Diamètre des roues porteuses (m.)	914	914	838	1.016	838	838	838	838	838	1.377	1.219
Diamètre et longueurs des fusées de l'essieu moteur (m/m)	203/241	203/305	203/216	228.6/317	203/241	203/»	216/305	203/190	190/228	217/305	216/305
Empattement total (m.)	6.807	6.794	6.959	7.289	5.997	6.908	7.232	6.939	7.239	7.492	7.112
Empattement rigide (m.)	2.286	2.286	2.667	2.590	2.590	2.438	3.590	2.592	2.743	2.235	2.083
Poids en ordre de marche — Total (kg)	55.251	54.825	45.836	56.296	46.308	50.848	61.108	56.750	47.488	57.495	58.883
Poids en ordre de marche — Adhérent (kg)	35.316	38.079	29.310	38.136	29.737	33.596	40.292	38.136	29.555	37.495	37.545
Effort de traction P·H/D (kg)	»	»	8.310	8.682	8.440	9.404	10.603	»	7.877	»	»
Tender — Poids à vide (kg)	15.300	14.620	12.370	36.000	»	13.400	16.650	13.750	14.500	15.210	15.060
Tender — Poids en ordre de marche (kg)	32.400	34.100	31.100	»	»	33.100	37.600	33.750	31.500	36.240	38.820
Contenance des caisses — Eau (hl.)	12.600	13.800	12.730	»	»	12.700	15.900	15.000	11.000	15.030	16.200
Contenance des caisses — Combustible	4.500	6.500	5.000	»	»	7.000	8.000	6.500	6.000	6.000	3.500
Poids total machine et tender (kg)	87.640	89.440	76.530	»	79.370	88.000	97.070	90.008	70.600	94.000	96.020

Machines pour trains de voyageurs — A six roues accouplées

	Baldwin N° 13320 (compound)	Rogers N° 100	Baldwin N° 650	Schenectady N° 400	Rhode Island N° 820 (compound)	Cooke N° 2252	T.P.R. N° 615	Pittsburgh
Matériaux — Foyer	Acier	Acier	Acier	Acier	Acier	Acier	Acier	Acier
Matériaux — Tubes	Fer	Fer	Fer	Fer	Fer	Fer	Fer	Fer
Matériaux — Enveloppe	Acier	Acier	Acier	Acier	Acier	Acier	Acier	Acier
Hauteur à l'avant (m.)	»	2.730	2.875	2.129	3.050	1.915	1.810	»
Hauteur à l'arrière (m.)	»	»	»	»	»	1.565	1.371	»
Foyer — Longueur intérieure (m.)	1.990	2.730	2.875	1.973	»	3.048	2.627	2.890
Foyer — Largeur (m.)	»	»	»	838	»	848	889	»
Foyer — Épais. de la plaque tubulaire (m/m)	»	»	»	12.7	»	12.7	12.7	»
Diamètre minimum du corps cylindrique (m.)	1.492	1.473	1.524	1.524	1.543	1.625	1.444	1.625
Épaisseur — Ciel du foyer (m/m)	9.5	9.5	9.5	9.5	9.5	9.5	9.5	9.5
Épaisseur — Parois latérales du foyer (m/m)	7.9	7.9	7.9	7.9	7.9	7.9	7.9	7.9
Épaisseur — Enveloppe du foyer (m/m)	»	»	»	12.7	»	14.3	11.1	»
Épaisseur — Plaque tubulaire de boîte à fumée (m/m)	»	»	»	»	»	12.7	12.7	»
Épaisseur — Corps cylindrique (m/m)	14.3	16	12.7 à 16	14.3	15.9	14.3	14.3	14.8 à 15.8
Tubes — Longueur utile (m.)	3.785	4.365	4.210	3.784	3.876	4.090	3.915	3.660
Tubes — Nombre	268	242	202	268	272	227	155	300
Tubes — Diamètre extérieur (m/m)	50.8	50.8	»	50.8	50.8	50.8	63.5	»
Tubes — Épaisseur (m/m)	3.05	»	»	3.05	»	2.77	»	»
Tubes — Section de passage à travers les tubes (mq)	0.4180	»	»	0.4180	»	0.3632	»	»
Hauteur du corps cylindrique au-dessus du rail (m.)	2.490	2.490	2.480	2.490	2.710	2.350	2.385	»
Surface de chauffe — Directe (mq)	15.26	15.26	14.12	15.26	18.96	16.70	13.42	14.68
Surface de chauffe — Tubulaire (mq)	161.92	168.67	152.97	161.92	147.21	166.45	120.90	193.12
Surface de chauffe — Totale (mq)	177.16	182.>8	167.09	177.16	166.17	183.14	134.32	207.80
Surface de grille (mq)	1.65	2.91	2.35	1.65	2.50	2.60	2.36	2.97
Timbre de la chaudière (kg)	11.95	11.75	12.65	11.95	14.03	11.26	12.65	12.65
Cheminée — Hauteur au-dessus du rail (m.)	4.521	4.572	»	4.521	4.618	4.546	4.546	4.708
Cheminée — Diamètre intérieur au rétrécissement (m/m)	406	»	»	406	532	532	482.5	508
Diamètre des cylindres — HP (m/m)	482	482	482	482	787	»	»	»
Diamètre des cylindres — BP (m/m)	»	»	»	»	2.18	»	»	»
Rapport des volumes des cylindres	2.18	»	»	»	»	»	»	»
Course des pistons (m/m)	610	610	660	610	660	660	610	660
Boutons de manivelles — grosse tête Diamètre (m/m)	152.4	»	»	152.4	»	140	120.6	»
Boutons de manivelles — grosse tête Long. (m/m)	140	»	»	140	»	140	146	»
Boutons de manivelles — motrices (m/m)	140	»	»	140	268	146	155.5	»
Course maxima des tiroirs (m/m)	»	»	»	»	»	1.6	»	»
Avance des tiroirs au fond de course — HP (m/m)	»	»	»	»	»	»	»	»
Avance des tiroirs au fond de course — BP (m/m)	22.2	»	20	22.2	»	19	22.2	22
Recouvrement extérieur — HP (m/m)	12	»	»	»	»	»	»	»
Recouvrement extérieur — BP (m/m)	0.8	»	0	0.8	»	0	»	1.6
Recouvrement intérieur — HP (m/m)	457	»	»	457	»	508	457	»
Recouvrement intérieur — BP (m/m)	»	»	»	»	»	»	»	»
Lumières d'admission — Larg. HP (m/m)	32	»	41	41.3	»	35	43	»
Lumières d'admission — Larg. BP (m/m)	457	»	»	457	»	508	457	»
Lumières d'échappement — Long. HP (m/m)	72.5	»	»	72.5	»	76	79	»
Lumières d'échappement — Larg. HP (m/m)	1.702	»	»	1.702	1.981	1.575	»	»
Diamètre des roues accouplées (m.)	2.140	1.981	1.828	1.841	1.828	1.878	1.752	1.878
Diamètre des roues porteuses (m.)	844	914	838	838	838	762	762	838
Diamètre et longueurs des fusées de l'essieu moteur (m/m)	90.216	203/254	»	203/224	203/222	203/254	203/216	148/152
Empattement total (m.)	8.229	7.517	7.619	7.695	9.074	7.213	6.960	7.213
Empattement rigide (m.)	4.673	4.114	4.419	4.545	4.114	3.937	3.138	4.063
Poids en ordre de marche — Total (kg)	59.782	60.382	62.652	56.566	68.100	62.198	56.750	62.652
Poids en ordre de marche — Adhérent (kg)	42.785	44.719	50.394	43.584	40.860	46.308	44.492	49.940
Effort de traction P·H/D (kg)	»	9.044	10.609	9.949	13.700	13.353	10.230	11.788
Tender — Poids à vide (kg)	15.060	15.000	16.060	13.600	34.020	13.400	17.230	13.300
Tender — Poids en ordre de marche (kg)	35.400	35.400	38.380	36.250	14.000	33.150	41.120	34.500
Contenance des caisses — Eau (hl.)	13.400	13.400	14.000	14.000	6.000	12.950	13.500	14.000
Contenance des caisses — Combustible	7.000	7.000	8.000	7.000	102.080	6.500	10.000	7.000
Poids total machine et tender (kg)	95.720	100.980	94.760	94.769	»	95.290	97.800	97.060

Machines pour trains de marchandises — A six roues accouplées / A huit roues accouplées

	Pittsburgh N° 318	Baldwin N° 123	Brooks N° 601 (compound)	Pittsburgh N° 115 (compound)	Brooks N° 351	Rogers N° 622	Baldwin N° 330 (compound)	Brooks N° 515 (compound)	Brooks (compound)
Matériaux — Foyer	Acier	Acier	Acier	Acier	Acier	Acier	Acier	Acier	Acier
Matériaux — Tubes	Fer	Fer	Fer	Fer	Fer	Fer	Fer	Fer	Fer
Matériaux — Enveloppe	Acier	Acier	Acier	Acier	Acier	Acier	Acier	Acier	Acier
Hauteur à l'avant (m.)	2.440	3.045	2.438	2.740	2.489	3.089	2.711	2.895	2.895
Hauteur à l'arrière (m.)	»	857	876	»	»	887.7	1.059	813	813
Foyer — Longueur intérieure (m.)	2.440	3.045	2.438	2.740	2.489	3.089	2.711	2.895	2.895
Foyer — Largeur (m.)	»	857	876	»	»	887.7	1.059	813	813
Foyer — Épais. de la plaque tubulaire (m/m)	12.7	12.7	12.7	12.7	12.7	14.3	12.7	12.7	»
Diamètre minimum du corps cylindrique (m.)	1.473	1.578	1.320	1.524	1.473	1.546	1.492	1.600	1.600
Épaisseur — Ciel du foyer (m/m)	9.5	9.5	7.9	9.5	9.5	9.5	9.5	7.9	»
Épaisseur — Parois latérales du foyer (m/m)	7.9	9.5	7.9	7.9	7.9	7.9	7.9	7.9	»
Épaisseur — Enveloppe du foyer (m/m)	»	9.5	12.7	»	»	7.9	7.9	12.7	»
Épaisseur — Plaque tubulaire de boîte à fumée (m/m)	»	12.7	12.7	»	»	»	12.7	12.7	»
Épaisseur — Corps cylindrique (m/m)	12.7 à 14.3	16 et 17.4	11.9	14.3 à 15.9	13.7 à 15.9	14.3	12.7 à 17.5	14.3	14.3
Tubes — Longueur utile (m.)	3.780	4.032	3.657	3.310	3.378	3.618	4.120	3.530	3.534
Tubes — Nombre	220	223	186	232	212	236	194	208	208
Tubes — Diamètre extérieur (m/m)	»	57	50.8	»	50.8	50.8	63	57	57
Tubes — Épaisseur (m/m)	»	2.4	1.83	»	»	»	»	»	3.05
Tubes — Section de passage à travers les tubes (mq)	»	0.4683	0.3162	»	»	»	»	0.3245	0.4160
Hauteur du corps cylindrique au-dessus du rail (m.)	»	»	»	»	»	»	»	»	»
Surface de chauffe — Directe (mq)	12.36	17.19	10.41	14.96	12.45	15.62	15.67	16.45	»
Surface de chauffe — Tubulaire (mq)	130.85	169.33	108.45	121.84	114.50	135.17	158.88	131.88	»
Surface de chauffe — Totale (mq)	143.21	186.52	118.86	136.80	126.35	150.79	174.55	148.33	»
Surface de grille (mq)	2.12	2.60	2.14	2.24	2.01	2.65	2.87	2.35	2.35
Timbre de la chaudière (kg)	12.25	11.14	12.65	12.65	12.65	11.61	12.65	12.65	12.65
Cheminée — Hauteur au-dessus du rail (m.)	4.470	4.343	»	4.445	»	4.610	4.559	»	»
Cheminée — Diamètre intérieur au rétrécissement (m/m)	457	457	457	482	482	406	457	330	330
Diamètre des cylindres — HP (m/m)	457	508	457	482	482	532.4	355.5	558	660
Diamètre des cylindres — BP (m/m)	»	724	»	736	»	»	610	»	»
Rapport des volumes des cylindres	»	2.50	2.50	2.33	»	»	2.93	2.85	4.00
Course des pistons (m/m)	610	610	610	660	610	610	610	660	660
Boutons de manivelles — grosse tête Diamètre (m/m)	»	140	»	»	»	»	140	»	»
Boutons de manivelles — grosse tête Long. (m/m)	»	140	»	»	»	»	152.4	»	»
Boutons de manivelles — motrices (m/m)	»	140	»	»	»	140	127	»	HP 101 / BP 178
Course maxima des tiroirs (m/m)	»	3.2	»	»	»	1.6	3.2	»	0
Avance des tiroirs au fond de course — HP (m/m)	»	»	140	»	»	»	9.5	»	2.54
Avance des tiroirs au fond de course — BP (m/m)	19	25.4	»	19	36	20.6	22.2	19	12.7
Recouvrement extérieur — HP (m/m)	»	»	1.6	»	»	»	9.5	»	19
Recouvrement extérieur — BP (m/m)	0	»	»	0	»	1.6	0	»	»
Recouvrement intérieur — HP (m/m)	»	19	»	»	»	406	457	»	»
Recouvrement intérieur — BP (m/m)	»	»	»	»	»	»	610 circulaire	305 circul.	»
Lumières d'admission — Larg. HP (m/m)	32	35	47.6	32	41	32	38	35	38
Lumières d'admission — Larg. BP (m/m)	»	54	»	»	»	»	50.8	»	50.8
Lumières d'échappement — Long. HP (m/m)	19	406	»	19	457	457	305	»	305 circul.
Lumières d'échappement — Larg. HP (m/m)	»	76	»	»	63.5	114	101 / 127	»	508 circul.
Diamètre des roues accouplées (m.)	1.422	1.422	1.371	1.397	1.435	1.422	1.397	1.397	1.371
Diamètre des roues porteuses (m.)	711	660	762	762	838	762	762	838	711
Diamètre et longueurs des fusées de l'essieu moteur (m/m)	127/152	203/216	174.6/»	203/223	203/254	203/223	203/229	203/254	178/203
Empattement total (m.)	6.400	7.086	7.048	6.552	7.441	6.350	6.552	7.441	6.934
Empattement rigide (m.)	3.251	3.810	3.138	4.013	4.013	4.013	5.105	4.521	4.521
Poids en ordre de marche — Total (kg)	47.897	57.658	46.308	53.572	62.334	52.755	53.572	62.334	61.653
Poids en ordre de marche — Adhérent (kg)	38.953	45.854	34.731	46.308	53.844	45.627	46.308	53.844	54.752
Effort de traction P·H/D (kg)	10.070	12.330	»	»	12.831	14.275	»	12.831	14.275
Tender — Poids à vide (kg)	11.090	13.440	13.100	13.060	16.060	15.000	16.100	16.060	15.000
Tender — Poids en ordre de marche (kg)	28.300	32.800	32.410	31.650	16.060	38.370	36.200	38.370	35.400
Contenance des caisses — Eau (hl.)	10.500	13.000	13.000	12.600	38.400	14.000	14.000	14.000	13.000
Contenance des caisses — Combustible	6.000	13.000	13.000	5.800	14.000	8.000	7.000	5.400	8.000
Poids total machine et tender (kg)	76.260	78.680	78.680	82.350	88.710	»	82.350	88.710	95.720

Machines pour trains de marchandises (suite), machines de gare et machine tender

	Schenectady N° 60	Brooks N° 410	Baldwin N° 885 (compound) Foyer Wooten	Schenectady	Brooks N° 258	Brooks N° 24 (Type Forney)
Matériaux — Foyer	Acier	Acier	Acier	Acier	Acier	Acier
Matériaux — Tubes	Fer	Fer	Fer	Fer	Fer	Fer
Matériaux — Enveloppe	Acier	Acier	Acier	Acier	Acier	Acier
Hauteur à l'avant (m.)	3.060	2.895	1.371	2.439	2.489	2.590
Hauteur à l'arrière (m.)	»	813	1.270	»	»	813
Foyer — Longueur intérieure (m.)	3.060	2.895	3.342	2.439	2.489	2.590
Foyer — Largeur (m.)	»	813	2.492	»	»	813
Foyer — Épais. de la plaque tubulaire (m/m)	12.7	12.7	19	12.7	12.7	12.7
Diamètre minimum du corps cylindrique (m.)	1.828	1.695	1.892	1.422	1.473	1.473
Épaisseur — Ciel du foyer (m/m)	9.5	7.9	9.5	9.5	9.5	»
Épaisseur — Parois latérales du foyer (m/m)	7.9	7.9	7.9	7.9	7.9	7.9
Épaisseur — Enveloppe du foyer (m/m)	»	»	12.7	12.7	»	12.7
Épaisseur — Plaque tubulaire de boîte à fumée (m/m)	»	16	12.7	»	»	16
Épaisseur — Corps cylindrique (m/m)	15.9 à 17.5	16	19	12.7	12.7 à 15.9	12.7
Tubes — Longueur utile (m.)	4.089	4.224	3.639	3.253	3.353	3.378
Tubes — Nombre	280	250	354	200	180	250
Tubes — Diamètre extérieur (m/m)	»	57.1	50.8	»	»	50.8
Tubes — Épaisseur (m/m)	»	3.05	3.05	»	»	2.11
Tubes — Section de passage à travers les tubes (mq)	»	0.5000	0.5380	»	»	0.4625
Hauteur du corps cylindrique au-dessus du rail (m.)	»	»	»	»	»	»
Surface de chauffe — Directe (mq)	17.63	1.784	21.77	12.19	13.38	13.38
Surface de chauffe — Tubulaire (mq)	205.63	189.12	205.28	106.64	105.57	135.03
Surface de chauffe — Totale (mq)	223.26	206.96	227.05	118.83	118.95	150.54
Surface de grille (mq)	3.20	2.35	8.31	2.10	2.01	2.10
Timbre de la chaudière (kg)	»	12.65	12.65	10.54	12.65	12.65
Cheminée — Hauteur au-dessus du rail (m.)	»	»	4.737	»	»	»
Cheminée — Diamètre intérieur au rétrécissement (m/m)	558	508	457	»	»	»
Diamètre des cylindres — HP (m/m)	558	508	406	457	482	457
Diamètre des cylindres — BP (m/m)	660	»	686	»	»	»
Rapport des volumes des cylindres	»	»	2.85	»	»	»
Course des pistons (m/m)	660	660	711	610	660	610
Boutons de manivelles — grosse tête Diamètre (m/m)	»	152.4	178	»	»	140
Boutons de manivelles — grosse tête Long. (m/m)	»	152.4	190	»	»	152.4
Boutons de manivelles — motrices (m/m)	»	»	152	»	»	»
Course maxima des tiroirs (m/m)	»	»	1.6	»	»	»
Avance des tiroirs au fond de course — HP (m/m)	»	»	7.9	»	»	»
Avance des tiroirs au fond de course — BP (m/m)	19	28	22.2	19	22	»
Recouvrement extérieur — HP (m/m)	»	»	16	»	»	»
Recouvrement extérieur — BP (m/m)	0.8	0	0	0.8	0	»
Recouvrement intérieur — HP (m/m)	»	470	724 circul.	»	»	432
Recouvrement intérieur — BP (m/m)	»	»	»	»	»	»
Lumières d'admission — Larg. HP (m/m)	32	41.4	50.8	25	41	41
Lumières d'admission — Larg. BP (m/m)	»	54	»	»	»	»
Lumières d'échappement — Long. HP (m/m)	32	470	724 circul.	»	»	432
Lumières d'échappement — Larg. HP (m/m)	»	76	203	»	»	76
Diamètre des roues accouplées (m.)	1.371	1.397	1.270	1.294	1.245	1.600
Diamètre des roues porteuses (m.)	711	762	762	»	»	762
Diamètre et longueurs des fusées de l'essieu moteur (m/m)	200/»	228/254	190/216	203/229	190/203	»
Empattement total (m.)	7.720	7.657	8.305	3.353	3.251	10.896
Empattement rigide (m.)	4.724	2.946	6.045	3.353	3.251	4.572
Poids en ordre de marche — Total (kg)	76.726	70.824	88.530	44.946	52.074	75.364
Poids en ordre de marche — Adhérent (kg)	63.106	61.744	70.088	44.946	15.578	46.308
Effort de traction P·H/D (kg)	»	15.421	»	10.374	15.578	10.072
Tender — Poids à vide (kg)	14.060	16.060	15.400	13.300	16.060	»
Tender — Poids en ordre de marche (kg)	33.900	38.370	40.550	27.300	38.400	»
Contenance des caisses — Eau (hl.)	13.000	14.000	16.800	10.500	14.000	9.100
Contenance des caisses — Combustible	6.500	8.000	8.000	3.500	8.000	4.500
Poids total machine et tender (kg)	110.550	109.130	129.000	72.210	90.150	75.280

chines de gares, la caisse du tender est
échancrée à l'arrière, de manière à permettre la visibilité dans les deux sens de
la marche.

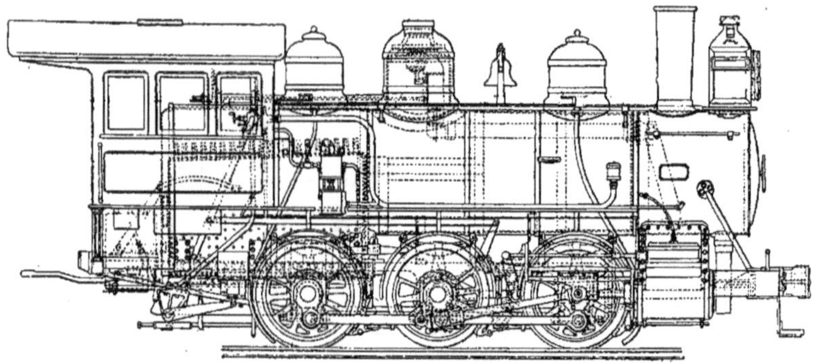

Fig. 663. — Amérique. — Locomotive de gare de la Cⁱᵉ Schenectady. — Élévation latérale.

405. *Locomotive de gare à trois essieux couplés sans bogie de la Schenectady Cʸ Ohio.* — La locomotive ci-dessous (*fig.* 662 à 668) construite par la Schenectady Cʸ de l'Etat d'Ohio est une machine à trois essieux couplés dont cette usine fait usage dans sa propre cour. Elle est complètement dépourvue de bissel articulé aussi bien à l'avant qu'à l'arrière. Le com-

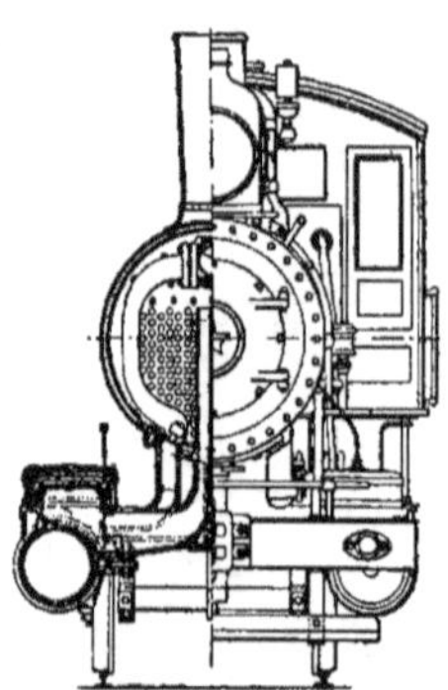

Fig. 664 et 665. — Amérique. — Locomotive de gare de la Cⁱᵉ Schenectady. — Coupe transversale par les cylindres et vue avant.

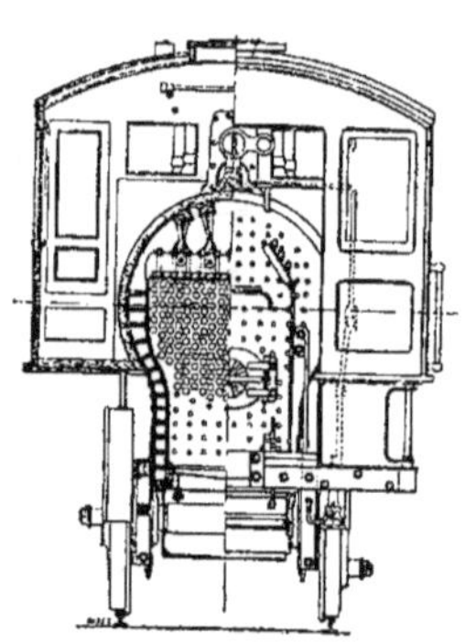

Fig. 667 et 668. — Amérique. — Locomotive de gare de la Cⁱᵉ Schenectady.— Coupe par le foyer et vue arrière.

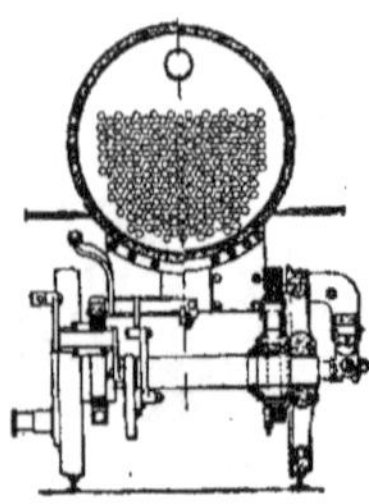

Fig. 666. — Amérique. — Locomotive de gare de la Cⁱᵉ Schenectady. — Coupe par la chaudière.

bustible qu'elle brûle est bitumineux; les presse-étoupes sont faits avec la garniture U. S. métallique.

Les soupapes de sûreté sont à balances du système Richardson. Les joints du corps cylindrique, en acier Otis, sont à simple recouvrement avec quatre rangées de rivets pour les assemblages horizontaux, et deux rangées seulement pour ceux qui suivent la circonférence. Les tubes sont en fer forgé comme à l'ordinaire. L'alimentation se fait au moyen de deux injecteurs du type Monitor n° 8.

Le tender qui l'accompagne est à deux bogies à roues pleines en fonte.

Voici les principales dimensions de cette machine :

Diamètre extérieur du corps cylindrique, 1re virole	1m,422
Epaisseur des tôles d'acier du corps cylindrique	0 ,013
Longueur du foyer	2 ,430
Largeur »	0 ,889
Hauteur » à l'avant	1 ,498
» » à l'arrière	1 ,422
Epaisseur des tôles du foyer au plafond	0 ,009
Epaisseur des tôles du foyer, plaque tubulaire	0 ,013
Epaisseur des tôles du foyer, côtés	0 ,007
Epaisseur » » arrière	0 ,007
Epaisseur de la caisse d'eau avant	0 ,102
» » côtés	0 ,076
» » arrière	0 ,076
Nombre des tubes	200
Diamètre extérieur des tubes	0m,051
Longueur des tubes entre plaques tubulaires	3 ,355
Surface de chauffe du foyer	106m²,290
» des tubes	12 ,075
» totale	118 ,365
Surface de grille	2m,132
Hauteur du sommet de la boîte à fumée au-dessus du rail	4 ,126
Timbre de la chaudière	10k,43
Diamètre des cylindres	0m,457
Course des pistons	0 ,610
Epaisseur du piston	0 ,133
Diamètre de la tige du piston	0 ,082
Diamètre des roues motrices	1 ,295
Empâtement total	3 ,355
» rigide et adhérent	3 ,355
Poids total en charge	45 000k
Poids adhérent	45 000
Tender. Poids total à vide	13 310
Contenance des soutes à eau	13 600lit
» » charbon	3 550k
Diamètre des roues	0m,762
Empatement total	4 ,700
Empatement total avec la locomotive	11k,742
Longueur totale de la machine et son tender	15 678

Tableau récapitulatif des locomotives américaines de l'exposition de Chicago en 1894.

406. Pour terminer ce chapitre, nous donnons (pages 410 et 411), d'après la *Revue générale des chemins de fer* (juillet 1894), le tableau récapitulatif des dimensions des principales locomotives américaines exposées à Chicago.

Tenders.

407. Les tenders américains sont généralement portés par deux bogies à deux essieux, bogies à châssis simples en fer forgé avec roues de petit modèle, dont le diamètre maximum varie de 0m,825 à 0m,900. L'écartement des essieux ne dépasse pas 1m,30 à 1m,50 d'axe en axe, ce qui donne un empatement total de 3m,40 à 5 mètres.

Il ne faudrait pas conclure de ce châssis que le tender présente une contenance extraordinaire.

Dans les locomotives-express, les soutes à eau sont toujours disposées en fer à cheval et peuvent renfermer de 8 000 à 16 000 litres. Elles sont assez larges (2m,60), mais généralement basses.

Sur certaines lignes de l'Est, entre autres le New-York Central, et le Pensylvanian, la plupart des tenders sont munis de l'écope Ramsbottom pour l'alimentation des soutes.

Le poids maximum à vide des plus grands tenders est de 16 tonnes.

Les locomotives de gare sont toutes à tenders séparés et, dans ce cas, afin de ménager la mobilité dans les deux sens de la marche, on ménage une forte dépression dans la partie arrière du tender. Il y a, d'ailleurs, fort peu de machines-tenders en Amérique en dehors des mines ou des exploitations industrielles et des lignes de banlieue.

Ainsi, la Compagnie de l'Erié n'emploie qu'un seul tender à caisses en fer à cheval pour toutes ses machines, sauf celles de gare et de rampes. Il renferme 13 000 litres d'eau, 8 tonnes de charbon, pèse 34 720 kilogrammes en charge. Il est porté par deux bogies à deux essieux, espacés de 1m,575 avec des roues de 0m,914 de diamètre. L'empatement total est de 4m,903. Ainsi que la très grande majorité des compagnies américaines, celles de l'Erié ne possède aucune machine-tender.

Groupes de colonnes :
- **Colonnes 1 à 9 — MACHINES A 2 ESSIEUX MOTEURS ACCOUPLÉS OU INDÉPENDANTS** : A GRANDE VITESSE (col. 1-8) et SERVICE de NAVIGATION (col. 9). Avec cylindres de même diamètre (col. 1-6) : à 2 essieux — 1. MIDI n° 1614, 2. OUEST n° 623 ; à bogie — 3. OUEST n° 1151, 4. NORD n° 2101 ; à 4 essieux — 5. ÉTAT n° 2604, 6. ORLÉANS n° 101. Avec fonctionnement compound (col. 7-8) : 7. à 3 essieux NORD n° 701 ; 8. à 4 essieux n° C-1. Service de navigation (col. 9) : 9. NORD n° 2085.
- **Colonnes 10 à 14 — MACHINES A 3 ESSIEUX ACCOUPLÉS** : A TENDER SÉPARÉ (col. 10-12) — avec fonctionnement compound à 4 essieux (boîte Roy) 10. NORD n° 3101 ; avec cylindres du même diamètre à 3 essieux 11. ÉTAT n° 3510, à 4 essieux 12. ORLÉANS n° 1825. MACHINES TENDERS (col. 13-14) — avec cylindres du même diamètre à 3 essieux 13. OUEST n° 3538, à 4 essieux 14. EST n° 818.
- **Colonnes 15 à 17 — MACHINES A 4 ESSIEUX ACCOUPLÉS** : A TENDER SÉPARÉ — avec fonctionnement compound : cylindres en tandem 15. NORD n° 1733, cylindres indépendants 16. P.-L.-M. n° 4301 ; avec cylindres de même diamètre : type ordinaire 17. MIDI n° 2044.
- **Colonnes 18 à 24 — MACHINES ET PROJETS PRÉSENTÉS PAR DIVERS** : 18. ESTRADE, express 3 essieux accouplés, « La Parisienne » ; 19. J. MORANDIÈRE, express roues indépendantes ; 20. J. MORANDIÈRE, compound roues indépendantes ; 21. THÉTARD, express 2 essieux accouplés ; 22. AL. MÉNET (?), express machine tender 4 cylindres ; 23. St-DIZIER, express 4 cylindres ; 24. DE BANS (?), machine tender 4 essieux accouplés type spécial, Usines Cail.

Partie 1 — Colonnes 1 à 9

	1 MIDI 1614	2 OUEST 623	3 OUEST 1151	4 NORD 2101	5 ÉTAT 2604	6 ORLÉANS 101	7 NORD 701	8 C-1	9 NORD 2085
Vaporisation									
Grille — Longueur (m)	1.702	1.880	1.700	2.090	»	2.96	2.270	2.817	0.722
Grille — Largeur (m)	1.000	1.046	1.050	1.017	»	0.951	1.000	1.010	0.724
Grille — Surface (m²)	1.712	1.640	1.780	2.011	1.6410	2.15	2.27	2.35	0.52
Foyer — Hauteur du ciel à l'avant (m)	1.396	sup.1.720	sup.1.680	1.725	»	1.920	1.580	1.970	1.035
Foyer — au-dessus de la grille à l'arrière (m)	»	»	»	1.475	»	1.260	1.010	1.390	»
Tubes — Nombre	191	723	183/12	202	158	150	204	185	48
Tubes — Longueur entre plaques tubulaires (m)	3.490	3.200	4.160	3.672	4.001	3.190	3.650	5.075	1.500
Tubes — Diamètre (m)	(A)0.048	(A)0.055	0.050/0.055	(A)0.055	(A)0.055	(A)0.058	(A)0.055	(B)0.0450	(A)0.050
Tubes — Métal	laiton	laiton	laiton	laiton	laiton	laiton	laiton	laiton	laiton
Surface de chauffe — des tubes (m²)	(A)102.14	(A)101.60	(B)126.89	(B)97.00	(A)111.301	(B)123.29	(B)93.53	(B)107.96	(B)9.12
Surface de chauffe — du foyer (m²)	8.70	8.60	10.00	(C)13.80	8.890	(C)14.19	9.90	11.02	2.78
Surface de chauffe — totale (m²)	111.84	110.00	134.80	110.80	120.184	137.58	103.01	118.48	11.90
Corps cylindrique — Diamètre moyen (m)	1.280	1.230	1.250	1.250	1.255	1.250	1.2865	1.240	0.858
Corps cylindrique — Épaisseur des tôles (m)	fer 0.015	fer 0.011	fer 0.015	fer 0.010	»	acier 0.016	0.0155	0.014	0.011
Hauteur de l'axe au-dessus du rail (m)	2.450	2.200	2.200	2.185	2.050	2.245	2.150	2.250	1.500
Timbre (kg)	10	10	11	12	12	13	11	10	10
Capacité — Eau (avec 0,10 m au-dessus du foyer) (m³)	2.060	3.030	3.000	3.630	3.700	4.620	2.100	3.200	0.488
Capacité — Vapeur (tubes compris) (m³)	1.475	1.450	1.800	2.050	2.300	3.282	2.400	2.453	1.280
Capacité — totale (m³)	4.535	4.500	5.200	5.700	6.000	7.902	5.050	6.150	1.773
Boîte à fumée — Longueur intérieure (m)	0.804	»	»	0.830	»	0.808	0.775	1.026	»
Boîte à fumée — Diamètre (m)	1.250	»	»	1.314	»	1.430	1.410	1.268	»
Cheminée — Diamètre au sommet (m)	0.480	»	»	0.480	»	0.480	0.480	0.510	»
Cheminée — Diamètre à la partie la plus étroite (m)	0.402	»	»	0.412	»	0.425	0.396	0.540	»
Mécanisme									
Cylindres — à haute pression (diam.) (m)	0.440	0.430	0.460	0.480	0.440	0.450	0.390	0.310	0.180
Cylindres — à détente (diam.) (m)	»	»	»	»	»	»	0.460	0.500	»
Cylindres — Course des pistons (m)	0.600	0.480	0.600	0.610	0.600	0.500	0.610	0.620	0.250
Écartement d'axe — cylindres extérieurs (m)	2.060	»	»	»	»	»	1.500	2.100	»
Écartement d'axe — cylindres intérieurs (m)	»	0.820	0.710	0.632	»	0.625	0.720	0.560	1.820
Coulisse — Système	Gooch	Fink	Gooch	Stephenson	Bousefosti	Gooch	Walschaert Stephenson	Walschaert à double série	Stephenson
Bielles motrices — mouvement intérieur (m)	»	1.800	2.200	2.285	»	1.900	2.500	1.700	1° 1.375
Bielles motrices — mouvement extérieur (m)	2.670	»	»	»	1.800	»	1.820	2.160	2° 0.630
Barres d'excentriques — mouvement intérieur (m)	2.000	2.010	2.010	2.130	1.700	1.460	»	»	0.605
Barres d'excentriques — mouvement extérieur (m)	»	»	»	»	1.620	2.026	2.100	2.000	0.620
Roues — motrices (diam.) (m)	1.470	1.110	0.554	1.650	2.020	2.130	1.360	1.300	0.080
Roues — de support (diam.) (m)	»	»	»	»	1.320	1.229	1.360	1.300	»
Écartement des roues extrêmes (m)	5.400	5.450	7.410	7.815	6.430	6.400	5.500	5.850	1.570
Puissance									
Poids de la machine à vide (kg)	30 500	33 500	41 000	39 400	39 100	49 850	31 800	40 500	10 030
Poids en pression — 1er essieu (avant) (kg)	12 400	11 950	9 000	8 100	11 600	15 700	10 200	18 400	7 070
Poids en pression — 2e essieu (kg)	13 000	13 400	9 500	8 500	13 600	15 700	13 050	14 300	5 260
Poids en pression — 3e essieu (kg)	15 070	13 400	11 800	14 600	13 500	15 700	13 050	11 800	»
Poids en pression — 4e essieu (kg)	»	»	11 500	12 300	4 500	9 400	»	10 500	»
Poids en pression — total (kg)	42 800	38 750	47 800	43 200	43 100	55 700	37 800	53 500	12 93
Poids en pression — adhérent (kg)	30 000	26 800	29 300	28 500	27 000	31 400	27 000	29 000	12 08
Effort de traction théorique F = pd²l/D (kg)	5 807	5 438	7 530	7 800	7 475	8 775	»	»	1 902
Effort de traction moyen 0,65 F (kg)	3 775	3 534	4 894	5 070	4 858	5 703	»	»	810
Effort de traction moyen pour Compound F (*) (kg)	»	»	»	»	»	»	3 459	4 560	»
Rapports									
de la surface de chauffe totale à la surface directe	11.53	11.52	13.48	8.68	13.58	9.61	10.85	10.26	4.26
de la surface des tubes à la surface directe	10.53	10.52	12.58	7.61	12.58	8.61	9.84	9.28	3.26
du poids adhérent au poids total	0.70	0.69	0.61	0.62	0.63	0.57	0.73	0.55	»
Tenders									
Approvisionnements — Contenance Eau (m³)	10.000	non exposé	10.500	non exposé	non exposé	14.500	non exposé	16.100	1.500
Approvisionnements — Combustible (kg)	3 000		3 000			2 800		3 000	300
Roues — Nombre de paires de roues	3		3			3		3	»
Roues — Diamètre du cerclage (m)	1.280		1.140			1.270		1.200	»
Poids du tender à vide (kg)	13 200		12 100			10 850		17 500	»
Poids en charge — 1er essieu (avant) (kg)	9 400		»			11 650		11 220	»
Poids en charge — 2e essieu (kg)	9 800		»			11 000		12 340	»
Poids en charge — 3e essieu (arrière) (kg)	9 800		»			11 000		12 350	»
Poids en charge — total (kg)	29 200		33 650			36 000		»	»
Écartement des essieux extrêmes (m)	3.800		2.990			3.780		»	»

Partie 2 — Colonnes 10 à 17

	10 NORD 3101	11 ÉTAT 3510	12 ORLÉANS 1825	13 OUEST 3538	14 EST 818	15 NORD 1733	16 P.-L.-M. 4301	17 MIDI 2044
Vaporisation								
Grille — Longueur (m)	2.174	»	1.710	1.280	1.442	2.172	2.109	1.200
Grille — Largeur (m)	0.904	»	1.018	1.024	0.990	1.062	1.007	1.000
Grille — Surface (m²)	2.091	1.830	1.740	1.280	1.82	2.08	2.18	1.89
Foyer — Hauteur du ciel à l'avant (m)	1.580	»	1.705	moy.1.500	1.028	1.585	1.075	1.560
Foyer — au-dessus de la grille à l'arrière (m)	»	»	1.115	»	1.458	1.215	1.295	»
Tubes — Nombre	208	158	246	203	247	197	247	247
Tubes — Longueur entre plaques tubulaires (m)	4.000	4.295	4.460	3.201	4.098	4.100	4.120	4.895
Tubes — Diamètre (m)	(A)0.045	(A)0.045	(A)0.048	(A)0.045	(B)0.050	(A)0.050	(B)0.0150	(A)0.055
Surface de chauffe — des tubes (m²)	(B)104.50	(A)98.52	(A)109.85	(A)91.10	119.61	(B)116.78	(B)110.72	(A)177.09
Surface de chauffe — du foyer (m²)	9.30	7.50	(6)11.80	7.80	8.81	9.20	10.06	10.85
Surface de chauffe — totale (m²)	113.80	101.02	171.45	90.50	128.58	126.98	157.48	187.88
Corps cylindrique — Diamètre moyen (m)	1.390	1.250	1.580	1.225	1.740	1.500	1.500	1.640
Corps cylindrique — Épaisseur des tôles (m)	0.018	»	fer 0.0160 acier 0.013	fer 0.014	0.013	0.016	acier 0.016	fer 0.017
Hauteur de l'axe au-dessus du rail (m)	2.225	1.965	2.150	2.180	2.114	2.060	2.080	2.050
Timbre (kg)	16	9	11	10	10	10	14	9
Capacité — Eau (m³)	4.280	3.418	4.320	2.670	3.517	5.100	5.210	5.898
Capacité — Vapeur (m³)	2.100	2.081	3.001	1.430	1.528	2.700	2.050	2.605
Capacité — totale (m³)	6.520	5.490	8.121	4.100	4.153	8.300	8.150	8.503
Boîte à fumée — Longueur intérieure (m)	0.830	»	0.000	0.762	1.070	»	1.045	0.913
Boîte à fumée — Diamètre (m)	1.400	»	1.320	»	1.300	»	1.632	1.574
Cheminée — au sommet (m)	0.480	»	0.450	»	0.500	»	0.550	0.560
Cheminée — partie la plus étroite (m)	0.420	»	0.450	»	0.350	»	0.550	0.520
Mécanisme								
Cylindres — à haute pression (m)	0.432	0.420	0.480	0.430	0.460	0.360	0.360	0.550
Cylindres — à détente (m)	0.500 à 0.600	»	»	»	»	0.600	0.510	»
Cylindres — Course des pistons (m)	0.700	0.600	0.600	0.600	0.600	0.650	0.650	0.610
Écartement d'axe — cylindres extérieurs (m)	2.100	»	2.143	»	»	2.100	2.100	2.100
Écartement d'axe — cylindres intérieurs (m)	»	»	0.650	0.650	0.930	»	»	»
Coulisse — Système	Walschaert Stephenson	Walschaert	Stephenson	Walschaert à avant égalis.	Stephenson	Stephenson	Walschaert à double admis.	Stephenson
Bielles motrices — mouvement intérieur (m)	2.170	1.800	1.645	1.530	1.740	2.040	1.625	»
Bielles motrices — mouvement extérieur (m)	2.120	»	1.330	1.330	1.230	2.520	2.520	2.520
Barres d'excentriques — mouvement intérieur (m)	0.605	»	3.418 / 0.748	»	»	1.880	»	»
Barres d'excentriques — mouvement extérieur (m)	1.030	»	1.500	1.540	1.540	1.400	1.900	1.210
Roues — motrices (diam.) (m)	0.080	1.510	1.500	1.350	1.540	1.300	1.210	1.200
Roues — de support (diam.) (m)	»	»	1.100	»	1.300	»	»	»
Écartement des roues extrêmes (m)	6.030	3.400	5.800	4.450	5.060	4.250	4.650	3.600
Puissance								
Poids de la machine à vide (kg)	48 650	30 480	46 150	38 600	44 805	44 950	51 400	48 000
Poids en pression — 1er essieu (kg)	6 000	11 400	12 400	13 600	13 925	13 400	13 090	13 400
Poids en pression — 2e essieu (kg)	13 000	11 450	12 500	13 840	14 863	11 210	13 450	13 400
Poids en pression — 3e essieu (kg)	14 200	11 250	13 100	13 510	13 510	13 040	13 910	13 800
Poids en pression — 4e essieu (kg)	13 400	»	12 700	13 340	13 340	10 020	14 020	13 460
Poids en pression — total (kg)	48 100	34 103	51 500	41 500	45 672	51 306	51 100	55 000
Poids en pression — adhérent (kg)	40 000	34 100	39 100	41 500	42 352	51 200	57 100	54 000
Effort de traction théorique F (kg)	40 157	»	»	7 203	8 138	»	»	13 220
Effort de traction moyen 0,65 F (kg)	»	3 134	»	4 082	5 290	»	»	5 000
Effort de traction moyen pour Compound F (*) (kg)	6 580	»	»	»	»	7 220	10 020	»
Rapports								
surface de chauffe totale / surface directe	12.24	13.47	14.40	14.10	12.41	13.78	14.40	17.31
surface des tubes / surface directe	11.24	12.47	13.80	12.10	11.41	12.78	13.80	16.31
poids adhérent / poids total	0.80	1	0.70	1	0.70	1	1	1
Tenders								
Approvisionnements — Contenance Eau (m³)	non exposé	non exposé	8.000	4.000	5.250	non exposé	non exposé	8.000
Approvisionnements — Combustible (kg)			4 000	1 700	2 230			5 000
Roues — Nombre de paires de roues			2	»	»			»
Roues — Diamètre du cerclage (m)			1.100	»	»			»
Poids du tender à vide (kg)			16 500	»	»			»
Poids en charge — 1er essieu (kg)			10 280	»	»			»
Poids en charge — 2e essieu (kg)			10 580	»	»			»
Poids en charge — 3e essieu (arrière) (kg)			10 580	»	»			»
Poids en charge — total (kg)			20 340	»	»			»
Écartement des essieux extrêmes (m)			2 900	»	»			»

Partie 3 — Colonnes 18 à 24

	18 ESTRADE (La Parisienne)	19 J. MORANDIÈRE	20 J. MORANDIÈRE	21 THÉTARD	22 AL. MÉNET	23 St-DIZIER	24 DE BANS (Cail)
Vaporisation							
Grille — Longueur (m)	»	»	»	»	»	3.000	ronde.
Grille — Largeur (m)	»	»	»	»	»	1.061	1.00
Grille — Surface (m²)	2.80	2.40	2.00	2.68	4.00	3.00	0.61
Foyer — Hauteur du ciel à l'avant (m)	»	»	»	»	»	0.900	1.200
Foyer — au-dessus de la grille à l'arrière (m)	»	»	»	»	»	»	»
Tubes — Nombre	»	»	»	183	268	161	70
Tubes — Longueur entre plaques tubulaires (m)	»	4.000	5.000	3.500	5.060	4.350	2.000
Tubes — Diamètre (m)	»	»	»	(A)0.058	(B)0.040	(A)0.055	(A)0.047
Surface de chauffe — des tubes (m²)	122.00	(A)138	(C)135	96.50	180.20	110.31	3.18
Surface de chauffe — du foyer (m²)	(B)8.80	12.00	30.00	15.50	19.20	9.00	20.80
Surface de chauffe — totale (m²)	130.90	140.00	165.00	106.00	208.40	110.31	24.04
Corps cylindrique — Diamètre moyen (m)	»	1.300	1.300	1.250	1.000	1.150	0.748
Corps cylindrique — Épaisseur des tôles (m)	»	»	»	»	»	»	0.000
Hauteur de l'axe au-dessus du rail (m)	»	2.36	2.00	»	»	0.885	1.181
Timbre (kg)	»	»	»	11	11	11	8
Capacité — Eau (m³)	4.100	»	»	3.800	»	4.080	0.823
Capacité — Vapeur (m³)	»	»	»	1.960	»	3.320	0.583
Capacité — totale (m³)	»	»	»	5.700	»	7.400	1.406
Boîte à fumée — Longueur intérieure (m)	»	»	»	»	»	1.000	»
Boîte à fumée — Diamètre (m)	»	»	»	»	»	1.100	»
Cheminée — au sommet (m)	»	»	»	»	»	»	»
Cheminée — partie la plus étroite (m)	»	»	»	»	»	0.520	»
Mécanisme							
Cylindres — à haute pression (m)	0.470	»	»	0.450	0.400	0.400	0.210
Cylindres — à détente (m)	»	»	»	»	»	»	»
Cylindres — Course des pistons (m)	0.000	»	»	0.650	0.500	0.500	0.230
Écartement d'axe — cylindres extérieurs (m)	2.100	»	»	»	»	2.170	»
Écartement d'axe — cylindres intérieurs (m)	»	»	»	0.600	»	»	0.550
Coulisse — Système	Gooch	»	»	»	»	»	Stephenson
Bielles motrices — mouvement intérieur (m)	»	»	»	1.800	»	»	1.010
Bielles motrices — mouvement extérieur (m)	2.500	3.050	4.000	2.000	3.00	3.200	0.650
Barres d'excentriques — mouvement intérieur (m)	»	»	»	»	1.900	1.000	»
Barres d'excentriques — mouvement extérieur (m)	»	»	»	1.900	1.300	1.000	»
Roues — motrices (diam.) (m)	»	»	»	»	»	»	»
Roues — de support (diam.) (m)	»	»	»	»	»	»	»
Écartement des roues extrêmes (m)	5.250	8.700	8.680	5.700	18.400	7.280	2.415
Puissance							
Poids de la machine à vide (kg)	»	»	»	»	»	38 500	8 000
Poids en pression — 1er essieu (kg)	»	»	»	»	»	7 000	»
Poids en pression — 2e essieu (kg)	»	»	»	»	»	15 000	»
Poids en pression — 3e essieu (kg)	»	»	»	»	»	10 000	»
Poids en pression — 4e essieu (kg)	»	»	»	»	»	»	»
Poids en pression — total (kg)	»	45 à 50 000	32 000	45 000	33 400	38 000	10 000
Poids en pression — adhérent (kg)	»	15 à 20 000	20 000	32 000	25 800	31 000	»
Effort de traction théorique F (kg)	13 220	»	»	»	»	11 000	»
Effort de traction moyen 0,65 F (kg)	»	»	»	7 400	7 500	»	»
Effort de traction moyen pour Compound F (*) (kg)	»	»	»	»	»	»	887
Rapports							
surface de chauffe totale / surface directe	»	»	»	»	»	»	»
surface des tubes / surface directe	»	»	»	»	»	»	»
poids adhérent / poids total	»	»	»	»	»	»	»
Tenders							
Approvisionnements — Contenance Eau (m³)	»	»	»	»	10.000	»	900
Approvisionnements — Combustible (kg)	»	»	»	»	4.000	»	»
Roues — Nombre de paires de roues	non exposé	»	»	»	»	non exposé	»
Roues — Diamètre du cerclage (m)		»	»	»	»		»
Poids du tender à vide (kg)		»	»	»	»		»
Poids en charge — 1er essieu (kg)		»	»	»	»		»
Poids en charge — 2e essieu (kg)		»	»	»	»		»
Poids en charge — 3e essieu (arrière) (kg)		»	»	»	»		»
Poids en charge — total (kg)		»	»	»	»		»
Écartement des essieux extrêmes (m)		»	»	»	»		»

A, à l'extérieur. — B, à l'intérieur. — C, y compris bouilleur Ten Brink. — D, non compris bouilleur Ten Brink.

(1) D'après le livret de la Compagnie.

(*) $V = \dfrac{\pi d^2 l}{G}$ pour deux cylindres à haute pression de diamètre d.

$P = \dfrac{\pi d^2 l}{2G}$ pour un seul cylindre.

CANADA

408. *Locomotives du Canadian Pacific.* — Le Canada est trop voisin des Etats-Unis pour que ses machines diffèrent beaucoup de celles de ce dernier Etat, aussi devons-nous nous attendre à trouver de grandes analogies entre leurs divers types de locomotives.

On a pu constater cependant sur le *Canadian Pacific*, une nouvelle coutume qui consiste à construire ses machines lui-même, comme le font la plupart des Compagnies européennes, au lieu de les acheter toutes faites, comme un objet de consommation quelconque à une grande usine spéciale, Baldwin ou autres.

Les roues des locomotives du Canadian sont en fer ou en fonte; le plus souvent les dernières sont celles de petites dimensions. Ces roues sont toutes munies de bandages en acier Krupp, tandis que certaines machines américaines ont quelquefois simplement les bandages moulés en coquille. Les essieux en acier forgé et les bielles en acier fondu sont fabriqués en Ecosse.

Les différents types de machines employés par cette puissante Compagnie sont résumés dans le tableau ci-dessous (M. Perissé, *Bulletin des Ingénieurs civils*, avril 1894).

LOCOMOTIVES

TYPES		DIAMÈTRE ET course des CYLINDRES	EMPATEMENT	DIAMÈTRE DES ROUES		NOMBRE DE ROUES		POIDS		
				MOTRICES	TRUCS	MOTRICES	TOTAL	ADHÉRENT	SUR LE TRUC	EN MARCHE
			mètres							
SB	GV	482 × 558	16	1.75	0.92	4	8	30 150	14 629	45 730
SF	—	477 × 609	16	1.75	0.92	4	8	30 150	14 629	45 730
SC	—	442 × 609	15.7	1.75	0.76	4	8	26 550	13 950	40 500
SM	—	508 × 558	16.1	1.90	0.76	6	10	38 800	10 350	48 150
SN	Exp.	482 × 609	16.1	1.75	0.76	6	10	38 800	10 350	48 150
SQ	—	482 × 609	16.1	1.75	0.76	6	10	38 800	10 350	48 150
SA	Mar.	442 × 609	15.7	1.57	0.76	4	8	25 200	13 950	39 150
SH	—	477 × 609	15.8	1.57	0.76	4	8	29 250	14 400	43 650
SO	—	477 × 609	15.9	1.45	0.71	6	10	36 450	10 800	47 250
SP	—	477 × 609	16	1.57	0.71	6	10	36 800	10 800	47 600
SR	—							39 600	10 800	50 400
SD	C	482 × 558	16	1.29	0.92	8	10	40 910	5 895	46 800
SG	—	482 × 609	16	1.29	0.92	8	10	40 910	5 895	46 800
ST	Mo	477 × 609	16	1.45	0.76	6	8	38 700	5 400	40 500
SK	—	477 × 609	16.05	1.29	0.76	6	8	39 600	5 400	45 000
SZ	Ma	477 × 609	12.04	1.29	—	6	6	41 850	—	41 850

ABRÉVIATIONS. — G. V., grande vitesse ; — Expr., express ; — Mar., marchandises ; — C., consolidation ; — Mo., mogul ; — Ma., manœuvres.

TENDERS

TYPES DES MACHINES	POIDS à VIDE	CAPACITÉ EN		POIDS normal en MARCHE	DIAMÈTRE des ROUES
		EAU (hectolitres)	CHARBON tonnes		
				tonnes	mètres
SB, SF. Grande vitesse...................	14 850	12.7	16	35 100	1.016
SC. —	13 500	12.7	10	35 100	0.838
SM, SN. Express.........................	14 850	12.7	6	35 100	1.016
SQ. —	15 650	13.6	10	38 250	1.016
SA, SH. Marchandises.....................	13 500	12.7	10	35 100	0.838
SO, SP. —	14 850	12.7	6	35 100	0.838
SR. —	14 850	13.6	10	38 250	0.838
SD, SG. Consolidation....................	15 650	13.6	10	38 950	0.838
ST, SK. Mogul...........................	14 850	12.7	6	35 100	0.838
SZ. Manœuvres	12 600	9.4	6	25 650	0.838

On y rencontre, comme on le voit, tous les types connus de la construction américaine. La machine Mogul y constitue le véritable remorqueur des trains mixtes ou des trains de voyageurs très lourds.

Le type Consolidation, d'ordinaire uniquement consacré aux marchandises, sert ici également aux voyageurs, au passage des Montagnes Rocheuses.

Les machines du type S R sont des *ten-wheeler* ; l'une d'elles a été exposée à Chicago en 1894 ; les roues sont en fonte et elle est munie du frein Westinghouse.

En voici les dimensions principales et le prix de revient (M. Perissé, *Bulletin des Ingénieurs civils*, avril 1894).

Poids total de la machine	50 400 ^{k}
Poids sur les roues motrices	39 600
Poids sur le truc	10 800
Nombre de roues motrices	6
Diamètres roues motrices	1^m,57
Diamètre des roues du truc	0 ,71
Nombre des tubes de la chaudière	192
Longueur — —	3 ,85
Diamètre — —	0 ,05
Diamètre du cylindre et course 477×	609^{mm}
Empatement des roues motrices	3^m,88
— — du truc	1 ,85
Distance de l'axe du truc au premier essieu moteur	2^m,205
Empatement de la machine sans tender	7 ,070
Empatement total (machine et tender)	15 ,658
Longueur de la boîte à fumée	2 ,030
Diamètre — —	1 ,520
Distance de l'axe de la cheminée à la plaque d'avant	1 ,370
Diamètre extérieur du corps cylindrique de la chaudière	1 ,470
Diamètre extérieur avec l'enveloppe	1 ,576
Hauteur maxima du corps du foyer	2 ,310
Longueur du foyer	2 ,642
Largeur de la grille	0 ,935
Surface de la grille	2^{mq},180
Surface de chauffe des tubes	108 ,440
— du foyer	11 ,740
— totale	120 ,180
Pression de la vapeur	12 650 ^{k}
Dimensions de la cabine du mécanicien 3.20 ×	2^m,12
Hauteur du plancher de la cabine au-dessus du rail	2^m,000
Hauteur totale de la machine	4 ,975
Longueur totale de la machine et du tender	18 ,200

Le prix de revient total est de $ 9 219, ce qui correspond à 46 095 francs. Le poids étant de 112 665 livres, c'est-à-dire de 50^t,4, le prix de revient par tonne ressort à 914^f,60.

Quant aux autres types de machines, nous donnons le prix de revient des principaux :

Type S. M. avec frein Westinghouse et roues en fer :

Poids : 48^t,15. Prix : 49 500 francs, soit 1 031 francs la tonne ;

Type S. A. Locomotives à marchandises, construction ordinaire :

Poids : 39^t,15. Prix : 30 000 francs, soit 769 francs la tonne ;

Type S. H. Locomotives à marchandises, puissantes, roues en fonte :

Poids : 43^t,65. Prix : 41 500 francs, soit 943 francs la tonne ;

Type S. Z. Locomotives de manœuvres :

Poids : 41^t,35. Prix : 35 000 francs, soit 836 francs la tonne.

Le Canadian Pacific Railway, comme nous l'avons dit, a été forcé, au début de son existence, d'acheter des machines dans les grands ateliers de construction. Les machines du type « Mogul », par exemple, achetées aux ateliers de Kingston (Canada), ressortaient à 50 000 francs.

Les machines du type « Consolidation », 4 essieux couplés, achetées aux grands ateliers de Baldwin à Philadelphie, ressortent à 53 940 francs, rendues à Montréal.

Les dimensions de cette machine sont :

Diamètre et course des cylindres 477×	609^{mm}
Diamètre des roues motrices	1^m,57
Poids adhérent	37 125 ^{k}
Poids sur le truc	10 125
Poids total	47 250

Cette machine peut tout à fait être comparée au type S. H du Canadian Pacific Railway, qui est à peu près des mêmes dimensions et du même poids. Le prix de revient de la machine du Canadian Pacific Railway est de 943 francs la tonne. Celui de la machine Baldwin s'établit ainsi :

Prix d'achat à Philadelphie (840 francs la tonne)	39 750 fr.
Douane (33 0/0, *ad valorem*)	13 250
Transport	940
Total	53 940

soit 1 180 francs la tonne.

TABLEAU II. — DIMENSIONS PRINCIPALES DES LOCOMOTIVES ÉTRANGÈRES EXPOSÉES EN 1889

Désignation	Unité	1	2	3	4	5	6	7	8	9	10	11	12	13	14	15
		MACHINE à ROUES LIBRES	MACHINES A 2 ESSIEUX ACCOUPLÉS						MACHINES A 3 ESSIEUX ACCOUPLÉS							MACHINE A 4 ESSIEUX accouplés
			A GRANDE VITESSE						A TENDER SÉPARÉ					MACHINES TENDERS		
		A BOGIE	A 3 ESSIEUX	A 3 ESSIEUX	A BOGIE	A BOGIE	A BOGIE	A 4 ESSIEUX	A 3 ESSIEUX	A 3 ESSIEUX	A 3 ESSIEUX	A 4 ESSIEUX	A 4 ESSIEUX	A BOGIE	A 3 ESSIEUX	A 4 ESSIEUX
		GRANDE BRETAGNE	BELGIQUE	GRANDE BRETAGNE	GRANDE BRETAGNE	ITALIE	ITALIE	BELGIQUE	BELGIQUE	BELGIQUE	GRANDE BRETAGNE	BELGIQUE	SUISSE	ITALIE	BELGIQUE	BELGIQUE
		MIDLAND	ÉTAT BELGE	LONDON-BRIGHTON	SOUTH-EASTERN	MÉDI-TERRANÉE	MÉRIDIONAUX	ÉTAT BELGE	ÉTAT BELGE	»	RÉPUBLIQUE ARGENTINE	ÉTAT BELGE	JURA-BERNE-LUCERNE	MÉDI-TERRANÉE	ÉTAT BELGE	GRAND CENTRAL
		Ateliers de la Compagnie	Carels	Ateliers de la Compagnie	Ateliers de la Compagnie	Ateliers de la Compagnie	Ateliers de la Compagnie	Cockerill	Marcinelle Couillet	La Métallurgique	Neilson	Haine Saint-Pierre	Winterthur	Miani Silvestri	La Meuse St-Léonard	Ateliers de la Compagnie
		1	2	3	4	5	6	7	8	9	10	11	12	13	14	15
Vaporisation.																
Grille — Longueur	m	1.764	2.900	1.830	1.540	2.350	2.060	2.783	2.655	»	1.250	2.230	1.500	2.360	1.830	2.000
Grille — Largeur	m	1.027	1.100	0.979	1.014	0.980	0.980	2.200 et 1.076	1.900	»	1.009	2.565	1.000	0.930	1.125	1.155
Grille — Surface	m²	1.82	3.40	1.92	1.559	2.30	2.02	4.82	5.149	2.177	1.254	5.72	1.50	2.24	2.064	2.342
Foyer — Hauteur du ciel au-dessus de la grille, moyenne	m	1.517	1.181	1.610	1.600	1.240	1.150	1.175	»	»	1.080	»	1.260	1.380	»	1.150
Tubes — Nombre		242/2	225	333	202	170	181	242	251	»	145	236	177	203	147	270
Tubes — Longueur entre les plaques tubulaires	m	3.265	3.510	3.260	3.253	3.800	3.600	3.850	3.510	»	3.213	4.050	3.410	4.497	2.550	3.500
Tubes — Diamètre extérieur	mm	41.3/38	45	38.1	41.3	50	50	45	45	»	»	50	51	52	45	50
Surface de chauffe — Métal des tubes (extérieur)	m²	104.05	97.95	128.00	85.20	101.00	102.30	112.175	109.355	103.876	64.846	131.22	113.70	Fer 149.20	47.1767	140.40
Surface de chauffe — du foyer	m²	10.87	12.05	10.50	9.60	10.00	8.21	12.500	11.331	9.488	5.852	15.00	3.50	10.60	6.7630	8.79
Surface de chauffe — totale	m²	114.92	110.00	138.50	94.80	111.00	110.51	124.675	120.686	113.364	70.698	146.22	121.20	159.80	52.9397	149.19
Diamètre moyen du corps cylindrique	m	1.270	1.300	1.397	1.322	1.310	1.330	1.300	1.400	»	1.161	1.400	1.327	1.480	1.075	1.500
Épaisseur des tôles	mm	12.7	13	19.05	14	15	15	13	14	»	12.7	14	15	15.5	12.5	»
Corps cylindrique — Hauteur de l'axe au-dessus du rail	m	2.297	2.305	2.261	2.260	2.300	2.240	2.350	2.170	»	1.860	2.370	2.100	2.200	2.100	2.200
Timbre	kg	11.25	9.5	12	10.54	10	10	10	10	8.25	9.84	10	11	10	11	10
Capacité — Eau avec (0.10 au-dessus du foyer)	m³	2.425	3.400	3.055	3.222	3.800	3.550	3.500	»	»	»	»	3.400	5.440	2.000	»
Capacité — Vapeur (dômes compris)	m³	1.047	»	1.180	1.538	2.100	2.050	2.600	»	»	»	»	1.600	2.650	0.700	»
Capacité — totale	m³	3.472	»	4.235	4.760	5.900	5.600	6.400	6.400	»	»	8.000	5.000	8.090	2.700	»
Boîte à fumée — Longueur intérieure	m	0.860	0.790	0.827	0.800	1.200	»	»	1.038	»	1.100	»	1.030	1.175	0.880	1.057
Boîte à fumée — Diamètre	m	1.219	»	1.448	1.554	1.340	»	»	1.650	»	1.307	»	1.450	1.480	»	1.580
Cheminée — Diamètre au sommet	m	0.409	0.555	0.430	0.406	0.440	»	»	»	»	0.336	»	0.410	0.480	»	0.490
Cheminée — Diamètre à la partie la plus étroite	m	»	0.490	»	cylindrique.	0.360	»	»	»	»	cylindrique.	»	cylindrique.	0.350	»	0.401
Mécanisme.																
Cylindres — à haute pression (diamètre)	m	0.470	0.460	0.463	0.483	0.450	0.445	0.500	0.500	0.460	0.355	0.500	0.450	0.470	0.350	0.480
Cylindres — à détente (diamètre)	m	»	»	»	»	0.620	0.600	»	»	»	0.540	»	0.540	»	»	»
Cylindres — Course des pistons	m	0.660	0.610	0.660	0.660	0.620	0.600	0.600	0.600	0.650	0.458	0.600	0.650	0.620	0.500	0.600
Écartement d'axe en axe — des cylindres extérieurs	m	»	»	»	»	1.930	1.920	»	»	»	1.975	»	2.090	2.080	1.974	2.050
Écartement d'axe en axe — des cylindres intérieurs	m	0.711	0.530	0.636	0.725	»	»	0.570	0.570	»	0.570	0.570	»	»	»	»
Coulisse — Système		Stéphenson	Walschaert	Stéphenson	Stéphenson	Gooch.	Stéphenson	Walschaert	Walschaert	Walschaert	Stéphenson	Walschaert	Stéphenson	Gooch.	Walschaert	Walschaert
Bielles motrices — Longueur, mouvement intérieur	m	1.889	1.890	1.982	1.803	1.955	2.150	1.900	2.140	»	1.638	2.200	1.820	1.938	0.996	2.680
Bielles motrices — Longueur, mouvement extérieur	m	»	»	»	»	»	»	»	»	»	1.180	1.167	»	»	»	»
Barres d'excentriques — Longueur, mouvement intérieur	m	1.349	1.1125	1.297	1.593	1.360	»	1.333	1.470	»	»	»	»	1.300	»	1.900
Barres d'excentriques — Longueur, mouvement extérieur	m	»	»	»	»	»	1.360	»	»	»	»	»	»	»	»	»
Roues — motrices et accouplées (diamètre)	m	2.286	1.800	1.982	2.133	2.100	1.920	2.100	1.300	1.350	1.219	1.700	1.520	1.675	1.200	1.220
Roues — porteuses indépendantes (diamètre)	m	1.320 et 1.067	1.050	1.371	1.146	0.974	0.920	1.209	»	»	»	1.060	0.930	0.840	»	»
Écartement des roues extrêmes	m	6.413	5.150	4.752	6.457	6.800	6.700	6.560	4.200	4.000	3.676	6.650	5.100	7.350	4.000	4.300
Puissance.																
Poids de la machine à vide	t	41.00	38.40	33.60	39.00	43.00	41.20	45.50	39.80	32.80	26.30	44.80	41.50	51.00	24.70	41.00
Poids de la machine en pression — 1er essieu (avant)	t	14.500	13.00	13.80	6.80	8.55	8.15	11.50	14.60	»	10.00	11.20	8.70	bogie 14.10	10.20	13.00
Poids de la machine en pression — 2e essieu	t	bogie	»	»	6.80	8.55	8.15	13.30	»	»	»	13.60	12.00	14.20	»	13.00
Poids de la machine en pression — 3e essieu	t	17.80	14.50	14.50	15.30	14.90	14.50	12.90	14.80	»	10.00	15.00	12.00	14.00	10.70	12.40
Poids de la machine en pression — 4e essieu (arrière)	t	11.40	14.50	10.40	13.00	15.00	14.00	11.30	13.80	»	9.30	13.30	12.00	14.00	9.80	13.00
Poids de la machine en pression — total	t	43.70	42.00	38.70	42.10	47.00	44.80	49.00	43.20	36.60	29.30	53.10	env. 45.00	56.70	30.70	52.40
Poids de la machine en pression — adhérent	t	17.80	29.00	28.30	28.50	29.90	28.50	26.20	43.20	36.60	29.30	41.90	env. 36.00	42.30	30.70	52.40
Effort de théorique traction $F = \dfrac{pd^2l}{D}$																
Effort de traction moyen 0.65 F		4.660	4.420	5.390	4.940	3.880	4.020	4.640	7.500	5.460	3.030	5.730	»	5.310	3.650	7.360
Effort de traction moyen pour compound $F = \dfrac{pd^2l}{2D}$		»	»	»	»	»	»	»	»	»	»	»	4.763	»	»	»
Rapports.																
De la surface de chauffe totale à la surface directe		10.65	9.16	11.18	9.93	11.15	13.48	9.99	10.65	11.90	12.09	9.74	16.16	15.07	15.07	17.00
De la surface de chauffe des tubes à la surface directe		9.65	8.16	10.18	8.93	10.15	12.48	8.99	9.65	10.90	11.09	8.74	15.16	14.07	14.07	16.00
Du poids adhérent au poids total		0.41	0.69	0.73	0.68	0.64	0.64	0.53	1	1	1	0.79	0.80	0.75	1	1
Tenders.																
Approvisionnements — Contenance, Eau	l	14 750	non exposé	10 200	12 000	10 000	10 400	non exposé	non exposé	non exposé	6 356	non exposé	non exposé	7 100	8 000	4 400
Approvisionnements des soutes — Combustible	kg	3 550		2 500	3 500	3 500	4 850				3 040			4 200	3 040	2 000
Roues — Nombre de paires de roues		3		3	3	3	3				2			2	2	»
Roues — Diamètre au coussinet	m	1.283		1.371	1.22	1.210	1.110				0.914			1.150	1.210	»
Poids du tender à vide	t	11.00		15.10	15.56	15.66	14.500				9.547			10.200	15.200	»
Poids du tender en charge — 1er essieu (avant)	t	10.90		»	10.47	»	»				»			»	»	»
Poids du tender en charge — 2e essieu	t	12.90		»	10.21	»	»				»			»	»	»
Poids du tender en charge — 3e essieu (arrière)	t	»		27.76	10.31	»	»				»			»	»	»
Poids du tender en charge — total	t	34.80		»	30.99	28.500	»				18.940			21.500	26.500	»
Écartement des essieux extrêmes	m	3.092		4.267	3.675	3.660	3.660				2.438			2.500	3.000	3.000

On voit donc que le Canadian Pacific Railway construisant ses machines lui-même réalise une économie de 237 francs par tonne.

PRIX DE REVIENT	POIDS en LIVRES	PRIX de la livre (1) EN CENTS	PRIX TOTAL EN DOLLARS
Fontes cylindres	7 123	4	284.92
— ordinaire	22 742	1.65	375.24
Fers forgé et brut	17 855	1.5	267.8:
— profilés	4	2.4	96.00
— tôles	8 300	2.2	182.60
— tuyaux	»	»	26.28
— spéciaux et supérieurs	4 621	7.1	328 09
— divers	2 427	2.4	58.25
Aciers fondus	3 505	8.75	306.68
— forgés	2 016	9	181.44
Aciers à glissières	436	8.5	37.06
— tôles	19 556	2.2	430.25
— tubes de chaudières 2 600'	»	»	347.62
— rivets	1 788	2	35.76
— porte du foyer	34	2	0.68
Cuivre tôles	14	20	2.80
— tiges, fils, etc	115	21	24.15
— tuyaux	165	25	41.25
Laiton tubes	31	22	68.20
— tôles, tiges, divers	75	20	1.50
Plomb	178	4	7.12
Métaux divers	»	»	32.20
Essieux roues motrices	3 033	4.79	145.37
— roues du truc	728	4.75	34.58
— roues du tender	1 765	4.75	72.64
Roues motrices, 6 de 62 pouces de diamètre	12 443	1.75	217.65
— du truc, 4 de 28 — —	3 600	2	74.00
— du tender, 8 de 33 — —	7 350	2	147.00
Bandages en acier, roues motrices	5 975	4.94	295.20
Ressorts	3 692	4.10	151.37
Injecteurs	»	»	124.30
Freins Westinghouse	»	»	693.30
Divers : manomètres, toile métallique, etc	»	»	65.90
Caoutchouc, cuir, etc	»	»	10.91
Briques du foyer	»	»	98.01
Bois : frêne .... le pied		3	7.50
— cerisier —		7	5 06
— chêne —	9 462	3.16	39.51
— pin —		2.77	32.41
— bois blanc —		4.54	21.28
Divers non mentionnés ci-dessus	2 934	»	46.20
Poids et prix bruts .... TOTAUX	135 600	3.5	4 746.00
Déchets laiton	177	20	35.40
— fer	798	2	15.96
— acier	307	2.2	6.75
— cuivre	115	20	2.30
TOTAL des déchets, à déduire	12 935	»	60.40
Poids et prix nets .... TOTAUX	112 665	»	4 685.60

(1) Ces prix correspondent aux prix suivants, le kilogramme : Fonte ordinaire, 0,19 f. Fonte à cylindre. 0,46 f. Fonte pour roues, 0.20 f.

Fers profilés et tôles, 0.27 f. Fils de fer 0.34 f. Fer de Russie, 1,15 f. Acier à ressorts, 0,48 f. Acier fondu 0,98 f. Acier tiges de piston, 0.68 f. Tôles d'acier pour chaudière, 0,25 f. Bandages d'acier, 0,57 f. Essieux forgés, 0.55 f.

Cuivre rouge et laiton en tôles 2,30 f. Laiton fondu, 2,08 f. Plomb, 0,46 f. Métal anti-friction, 2,40 f. Soudure, 2,19 f. Cuir, 5,7 f. Caoutchouc, 3,10 f.

CHAPITRE II

FREINS

Généralités.

409. En temps ordinaires et lorsqu'un train circule en palier ou en rampe, un mécanicien accoutumé au profil de la ligne peut arrêter sa machine à un point déterminé en modérant à l'avance peu à peu son allure. Mais on comprend que cela ne suffirait pas dans bien des circonstances, comme en cas de détresse, lorsque les véhicules descendent une pente de plus de $0^m,005$ par mètre ou quand les arrêts sont fréquents, comme sur les lignes de banlieue, sans l'usage d'appareils spéciaux facilitant l'arrêt dans un temps plus ou moins court.

La première idée qui vient à l'esprit lorsqu'il s'agit d'arrêter un train est de supprimer l'admission de la vapeur sous les pistons; mais alors le temps nécessaire pour assurer l'arrêt complet serait le plus souvent beaucoup trop long et, dans certains cas, comme sur une pente, ce moyen pourrait lui-même devenir insuffisant.

Or, il est absolument indispensable, dans certains cas, de posséder à sa disposition un appareil permettant de détruire à volonté la vitesse du train : ainsi aux stations, devant un disque d'arrêt, en face d'un train arrivant en sens contraire pour éviter une collision, etc. Les appareils destinés à obtenir ce résultat s'appellent des freins.

Il est peu de questions qui passionnent le public à un plus haut degré que celle des freins et cela s'explique : de nombreuses rencontres, des tamponnements désastreux auraient pu évidemment être évités, si l'on avait pu obtenir l'arrêt instantané des trains. Mais bien peu de personnes se rendent compte que l'arrêt instantané d'un train est une chose impossible en pratique, dans l'intérêt même des voyageurs, car la force vive due au mouvement antérieur entraînerait les plus graves conséquences.

Le problème de l'arrêt rapide des trains, surtout en cas de danger, a préoccupé à juste titre les inventeurs, et le nombre des solutions proposées est véritablement incroyable. A une certaine époque, les Compagnies n'osaient plus apporter la moindre amélioration à leurs appareils employés, sans redouter un procès en contrefaçon pour imitation involontaire d'un système déjà breveté.

410. *Constitution d'un frein.* — Les freins se composent essentiellement de sabots que l'on applique à volonté contre les bandages des roues au moyen d'un mécanisme manœuvré à la main ou mécaniquement avec un serrage suffisant pour arrêter le mouvement de rotation, de ces roues. Cependant il est bon de ne pas supprimer complètement cette rotation, car le glissement qui le remplace pendant quelques instants avant l'arrêt définitif, altère profondément et rapidement les bandages.

411. *Sabots.* — On emploie des sabots en bois ou en métal qui donnent des frottement tout différents, car avec le métal on n'obtient que 10 0/0 de l'effort, tandis que le bois permet d'obtenir de 45 à 50 0/0. Cependant on emploie moins fréquemment le bois, parce qu'il prend feu facilement et s'use vite ; on préfère la fonte ou le fer. Ce dernier est moins cassant que la fonte; il faut d'ailleurs le prendre d'un métal plus doux que le bandage, afin que ce ne soit pas ce dernier qui s'use le plus sous le frottement.

Un nouveau frein fabriqué par la Kontzer C⁰ de Pitsburg ᵉst muni de sabots en fonte remplis d'une composition de limaille de fonte, charbon de bois, amiante, bois sec, plombagine et huile de lin, introduit sous forte pression dans le sabot, et porté dans un four à haute température. Un ressort d'acier est appliqué derrière chaque sabot pour amortir la vibration et égaliser la pression sur le sabot, ce qui augmente notablement sa durée.

412. *Types successifs de freins.* — Pendant longtemps on n'a connu que les freins à main manœuvrés par le chauffeur sur le tender et par des garde-freins spéciaux sur certains véhicules munis de ces appareils, véhicules dont le nombre est prévu par les règlements d'exploitation.

On a ensuite fait usage de freins disposés par groupe, de manière qu'un même agent pût mettre en mouvement des organes de transmission actionnant les freins de plusieurs véhicules : avec le même nombre d'agents on arrivait ainsi à doubler, tripler, etc., la puissance des moyens d'arrêt. (Système Herberlein-Becker).

On a cherché également à profiter de certains mouvements naturels, comme le rapprochement des tampons, pour entraîner le jeu des freins. (Système Guérin-Doré.)

Pendant longtemps aussi, le mécanicien n'a eu à sa disposition que le frein du tender, car on redoutait de placer des freins sur les roues motrices. Il n'en est plus de même aujourd'hui, et, en outre, l'emploi de la contre-vapeur à permis de doter les machines elles-mêmes d'un moyen d'arrêt des plus puissants. (Système Lechâtellier.)

Enfin, on est arrivé actuellement à l'emploi des freins continus qui agissent sur chaque véhicule du train et d'un bout à l'autre de sa longueur.

Tous ces freins peuvent être commandés à la main, soit par vis, comme dans la plupart des locomotives, soit par crémaillère, comme dans celles de l'Est : à la manœuvre à main s'ajoute sur quelques-unes la manœuvre par des moyens mécaniques : eau comprimée (Sharp), vide (Smith), air comprimé (Westingouse), etc.

Dans la plupart des cas, les freins du tender et de la machine à portée de la main du mécanicien, peuvent être manœuvrés à bras rapidement et permettent de se passer des moyens mécaniques.

413. *Freins de tender et freins de locomotives.* — Longtemps on a arrêté la locomotive uniquement avec le frein du tender, appareil analogue à ceux des wagons : le frein du tender était toujours destiné à l'arrêt de la machine, ceux du wagon devant spécialement servir à l'arrêt du train.

Avec des trains peu rapides, moyennement chargés, de faible déclivité et un tender assez lourd, le frein du tender suffit pour arrêter dans tous les cas la locomotive, et c'est ce qui se présenta à l'origine des chemins de fer. Mais ce moyen devint rapidement insuffisant à mesure que le trafic, les pentes et la vitesse augmentèrent. Ce moyen devint de plus en plus insuffisant, et il fallut munir la locomotive elle-même de sabots agissant sur les bandages de ses roues.

Il est indispensable, pour éviter l'usure rapide du matériel, de ne pas serrer les sabots à fond, de manière à obtenir le calage des roues, c'est-à-dire de disposer les choses de manière que l'adhérence sur le rail soit inférieure à l'effort du sabot sur le bandage, chose facile à calculer, connaissant les coefficients de frottements. Ainsi supposons un frein à deux sabots en fer, R le rayon des roues qui les reçoivent. P la charge transmise au rail par la roue et p la pression exercée par le sabot sur le bandage. Le moment d'adhérence sera fPR et celui du sabot $f'p$R ; en supposant les sabots en fer, comme nous l'avons fait, on a $f = f'$ f, d'où

$$\text{PR} > p\text{R}$$

c'est-à-dire $\qquad$ $\text{P} > p$

L'effort exercé sur le frein et transmis par les organes jusqu'au sabot permet d'établir en conséquence la valeur de p. Ces organes de transmission doivent d'ailleurs être aussi simples que possible afin de ne pas compliquer inutilement le mécanisme déjà si chargé de la locomotive.

Les sabots sont ordinairement placés sur la ligne des centres des roues : ils sont généralement supportés par les boîtes à graisse et quelquefois suspendus au châssis : dans ce dernier cas, ils s'appliquent imparfaitement sur les roues et leur position varie avec la charge ; en outre, l'action du frein rend la roue solidaire du châssis et paralyse l'action des ressorts.

Les roues couplées des locomotives ne peuvent pas toujours être assez espacées pour recevoir toutes des sabots de frein. On les applique alors à l'une d'elles qui transmet l'effort aux autres par l'intermédiaire des bielles d'accouplement qui doivent être prévues en conséquence, excepté quand la roue intéréssée est la roue motrice, c'est-à-dire celle du milieu ; car alors les deux bielles d'accouplement sont symétriques par rapport au frein et se partagent son effort en sens inverse.

En somme, l'action des freins à mains primitivement employés, ne peut être ni sûre ni puissante.

414. *Effet du frottement.* — Un fait a été constaté, c'est que la résistance due au frottement de la roue sur le rail est plus grande lorsque la roue n'est pas encore à l'arrêt absolu. Cela est incontestable et a été constaté trop fréquemment pour être mis en doute, si paradoxal que cela puisse paraître.

Cela tient à ce que le frottement est toujours accompagné d'un développement de chaleur qui est d'autant plus intense que le frottement est plus considérable ; or, cette chaleur se développe surtout dans le bandage de la roue et beaucoup moins dans le rail pour lequel la surface frottante change à chaque instant. Cet échauffement se rencontre aisément lorsqu'on serre à fond le frein d'un tender, véhicule très chargé, par le bruit et la fumée qui l'accompagnent. Or, l'effet de cet échauffement est de diminuer très sensiblement la cohésion du métal du bandage et de polir la surface au point où il se produit, et il en résulte une diminution toute naturelle de la résistance au frottement, par

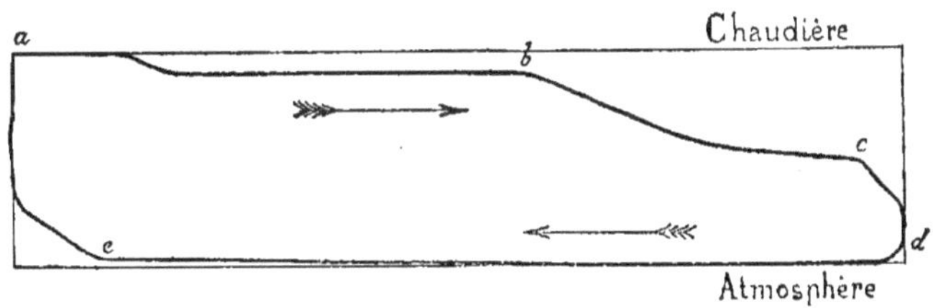

Fig. 669. — Marche directe : De *a* à *b*, admission ; de *b* à *c*, détente ; de *c* a *d*, avance à l'échappement ; de *d* à *e*, échappement ; de *e* à *a*, compression.

conséquent une diminution d'effet utile du frein.

Frein à contre-vapeur

415. La locomotive elle-même peut être employée comme frein en la faisant fonctionner en sens inverse de la marche du train : son action est alors d'autant plus efficace que son poids adhérent est plus grand : c'est ce qu'on appelle la marche à *contre-vapeur.*

Pour obtenir ce résultat, il suffit de manœuvrer rapidement le changement de marche, en plaçant le coulisseau de la distribution en un point qui correspond à la marche en arrière : le piston aspirera l'air extérieur par le tuyau d'échappement et la cheminée refoulera la vapeur dans la chaudière ; il en résultera un travail résistant d'autant plus grand que le coulisseau sera plus près de la fin de sa course, c'est-à-dire de l'extrémité de la coulisse : on comprend que sous l'effet de ce travail résistant, la vitesse du train s'atténue peu à peu pour disparaître complètement.

La marche à contre-vapeur produit un effet analogue à celui du cheval attelé à un véhicule et descendant une pente un peu raide ; on voit que l'animal exerce alors un effort en sens inverse de la marche, retient la charge qui a tendance à le pousser, et, tout en continuant à marcher en avant, travaille en arrière aidé de son conducteur qui tend les rênes.

Pour se rendre compte de la marche à contre-vapeur, nous donnons ci-dessous deux diagrammes classiques, mais qui représentent bien les différentes phases de la marche normale et de la marche renversée.

La figure 669 représente la marche directe : les abscisses correspondant aux différentes positions des pistons dans son cylindre et les ordonnées, les pressions correspondantes.

La figure 670, dans les mêmes conditions, représente la marche à contre-vapeur. On sait que le travail développé est représenté par la surface du diagramme ; or, si l'on compare les deux surfaces, on reconnaît que l'une est sensiblement double de l'autre.

416. *Inconvénients.* — Cela paraît simple au premier abord et cependant on ne se sert qu'avec circonspection de ce moyen pour les raisons suivantes :

Tout d'abord ce moyen extrême ne doit s'employer qu'en cas de véritable détresse, et lorsque le train se trouve subitement en face d'un obstacle imprévu à éviter à tout prix. Or, dans ce cas, le mécanicien n'a pas le loisir de fermer son régulateur, ce qui lui ferait perdre un temps précieux : il se précipite sur son levier de changement de marche, le régulateur tout ouvert et ramène sous la pression normale de la vapeur de la chaudière, le levier dans la position de la marche en arrière. Cette manœuvre est très pénible et très dangereuse ; il est assez difficile de ramener le coulisseau dans une position opposée à celle qu'il occupait, sous la pression de la chaudière, et, lorsqu'on y parvient, il est encore plus difficile de fixer le levier dans une position définitive ; ce levier est le plus souvent rappelé violemment dans la position de la marche en avant et l'on comprend que cela constitue un réel danger pour le mécanicien.

En outre, l'absorption des gaz de la boîte

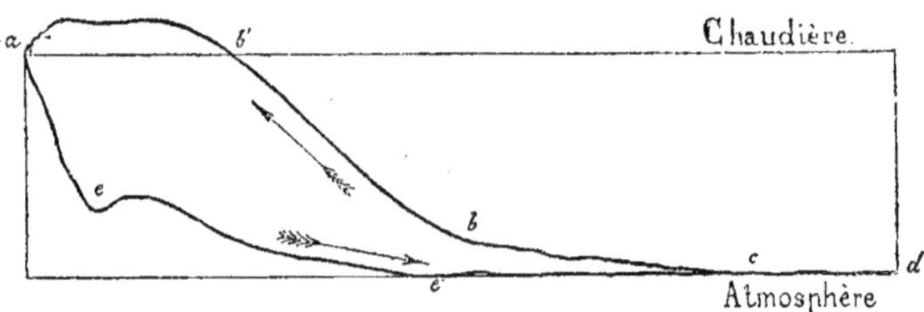

Fig. 670. — Marche à contre-vapeur : De *a* à *e*, détente et travail dans le sens de la machine ; de *e* à *e'*, échappement ; de *e'* à *d*, aspiration par la lumière d'échappement ; de *d* à *c*, refoulement et échappement d'une partie des gaz aspirés ; de *c* à *b*, compression des gaz aspirés ; de *b* à *b'*, admission de la vapeur de la chaudière ; de *b* à *a'*, refoulement du mélange dans la chaudière.

à fumée dont la température varie de 300 à 500 degrés avec leur accompagnement invariable d'escarbilles et de cendres, et leur refoulement dans la chaudière, constitue une chose des plus dangereuses pour le mécanisme : tous ces produits en effet doivent traverser le cylindre, la boîte à tiroir et les conduites. Les cylindres et les pistons sont rayés et s'échauffent rapidement ; les presse-étoupes se brûlent, les joints crachent, les tiroirs grippent, etc., et les réparations de tout ce mécanisme assez délicat sont assez dispendieuses.

Avec les changements de marche à vis, actuellement les plus employés, l'inconvénient de la manœuvre du levier a été supprimé et le changement de marche peut se faire aisément, sans qu'il soit nécessaire de fermer le régulateur.

Quant à l'absorption des gaz chauds avec toutes leurs conséquences, elle est atténuée par l'emploi de l'appareil Lechâtelier.

417. *Appareil de M. Lechâtelier.* — Ce système consiste à injecter sous le tiroir, à la base du tuyau d'échappement, un mélange d'eau et de vapeur pris dans la chaudière ; les gaz chauds sont annihilés par la vapeur et la chaleur produite pendant la compression est absorbée par l'eau, empêchant ainsi l'échauffement du mécanisme. L'eau et la vapeur doivent être envoyées en léger excès sans cependant entraîner à une consommation exagérée ; des robinets spéciaux conduisant dans un tube unique aboutissant au tiroir, permettent de doser les quantités d'eau et de vapeur injectées. Pour l'eau, les choses doivent être disposées de manière qu'un petit excès d'eau échappe par la cheminée sous forme de pluie fine ; et quant à la vapeur, il faut en injecter un volume légèrement supérieur à celui qui est aspiré par le piston, afin d'empêcher la compression des gaz de la combustion.

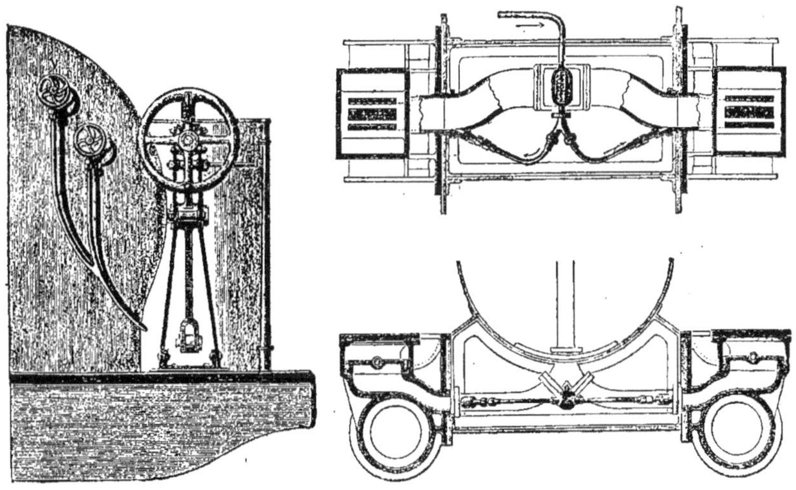

Fig. 671 à 673. — Ancien frein à contre-vapeur.

On se contente quelquefois d'injecter de l'eau chaude qui se réduit partiellement en vapeur et remplace la double injection précédente.

Le procédé de l'injection d'eau et de vapeur fut employé en premier lieu sur le chemin de fer du Nord de l'Espagne. L'envoi du mélange dans le tuyau d'échappement empêche le gaz de rentrer dans les cylindres ; le mélange, aspiré par les cylindres, empêche, par l'évaporation de l'eau, la température et la pression de s'élever ; il retourne à la chaudière avec sa pression et sa température initiales, que

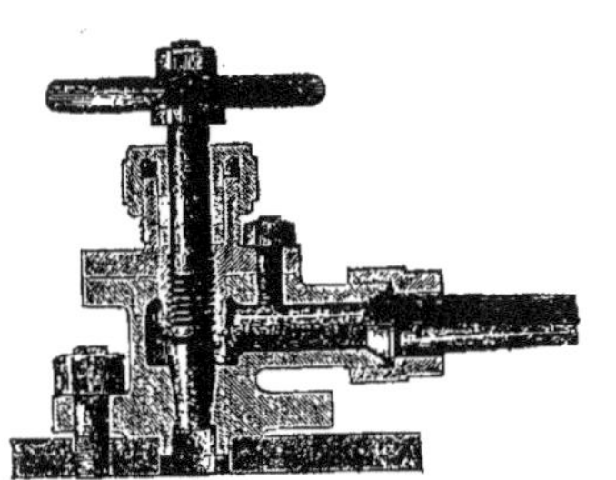

Fig. 674.— Robinet Faval pour frein à contre-vapeur

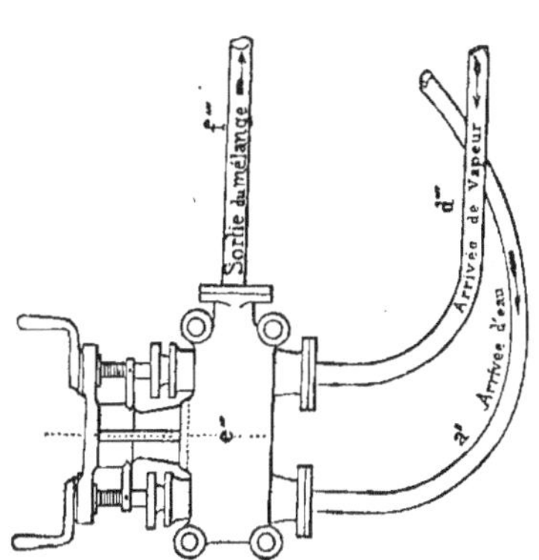

Fig. 675. — Appareil mesureur de la C⁰ P.-L.-M.

lui a rendues le travail enlevé à la machine par l'action retardatrice du mélange.

417. *Anciens appareils.* — Dans les

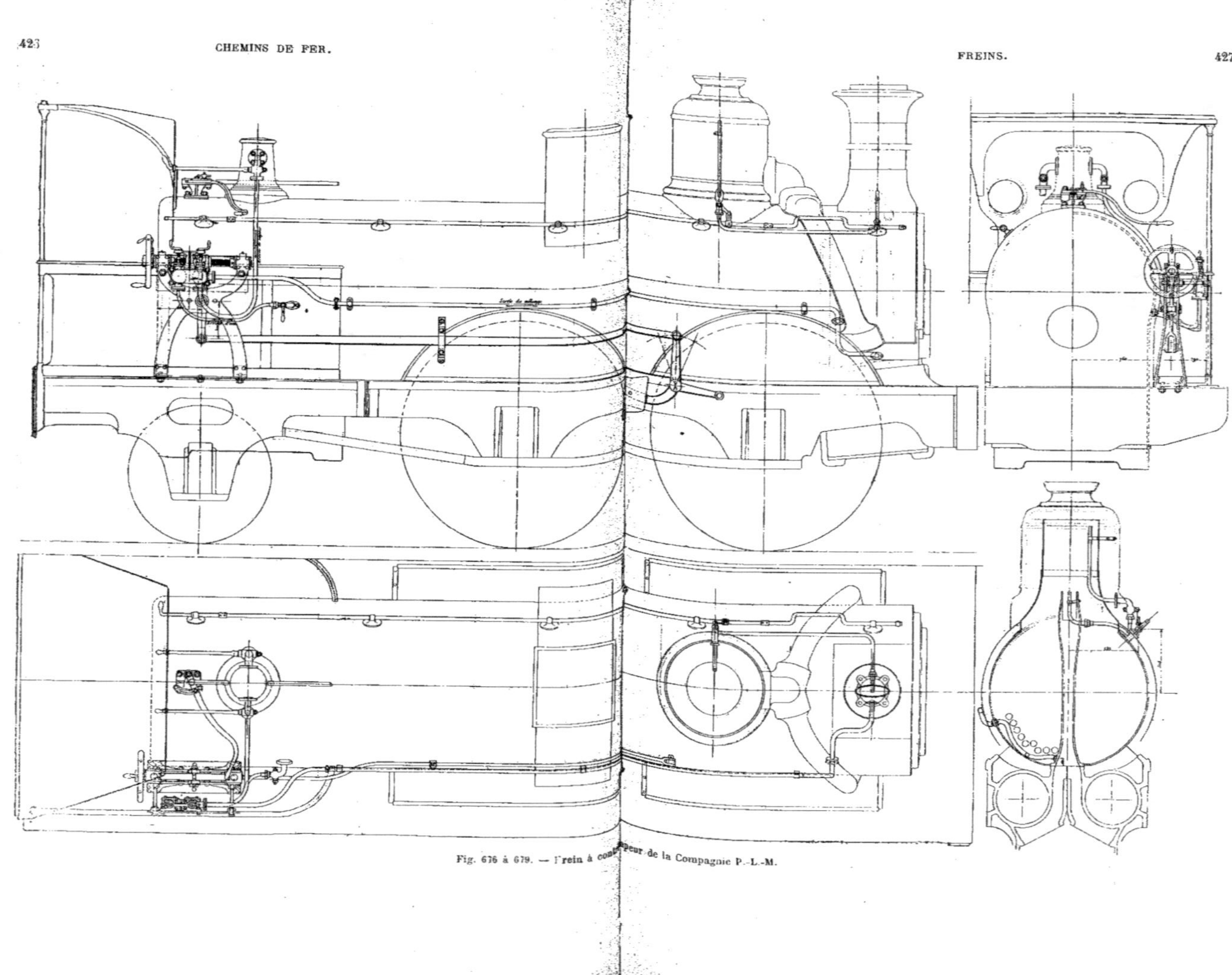

Fig. 676 à 679. — Frein à contre-pression de la Compagnie P.-L.-M.

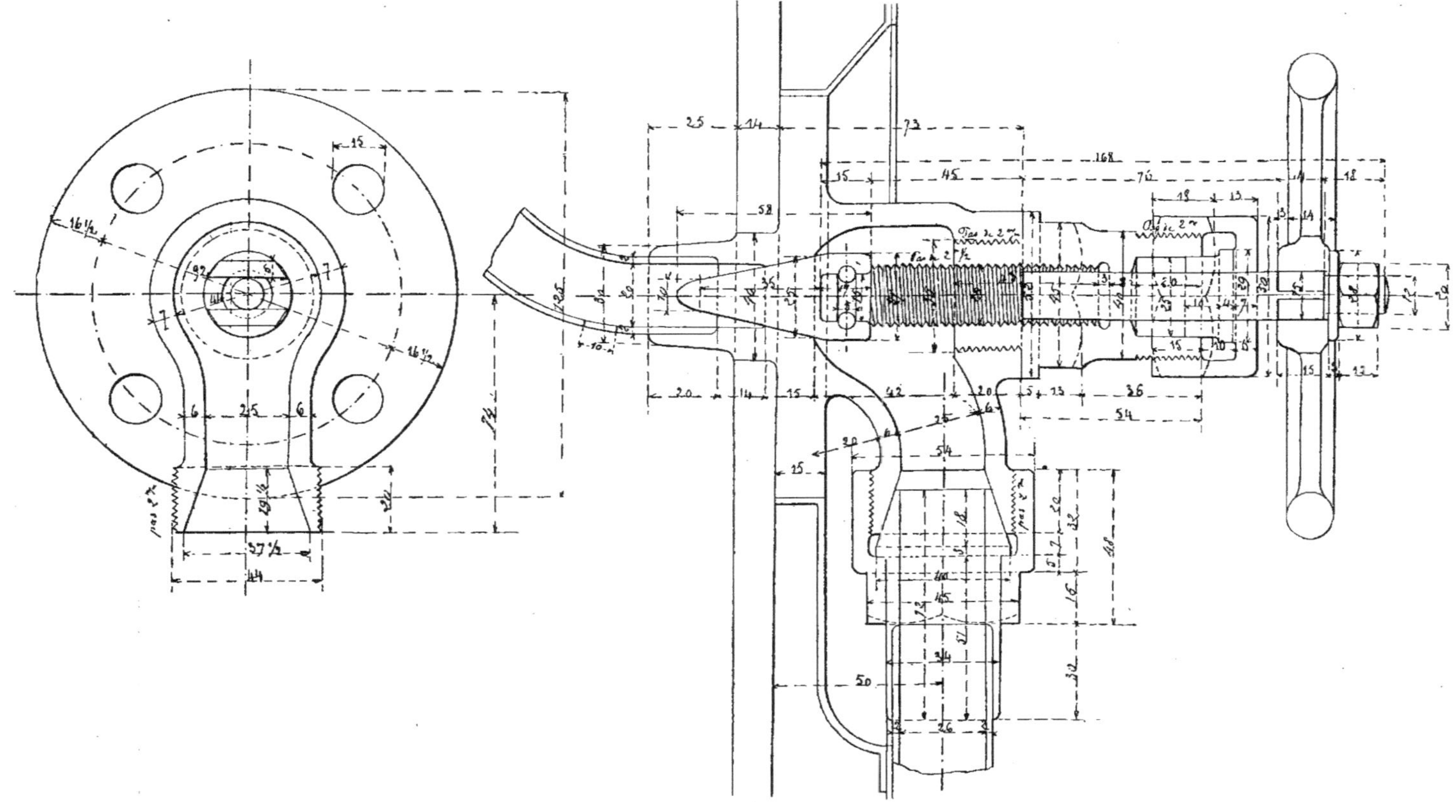

Fig. 680 et 681. — Robinet de prise d'eau et de vapeur pour frein à contre-vapeur.

anciens appareils les robinets de prise d'eau et de vapeur sont à la portée de la main du mécanicien à l'arrière de la machine, un tuyau de 25 à 30 millimètres, se dirige de ces robinets en longeant la droite de la chaudière, et se bifurque en deux branches symétriques aboutissant aux deux branches du tuyau d'échappement près des cylindres (*fig.* 671 à 673). Il est bon que ce tuyau ait une pente extérieure vers les

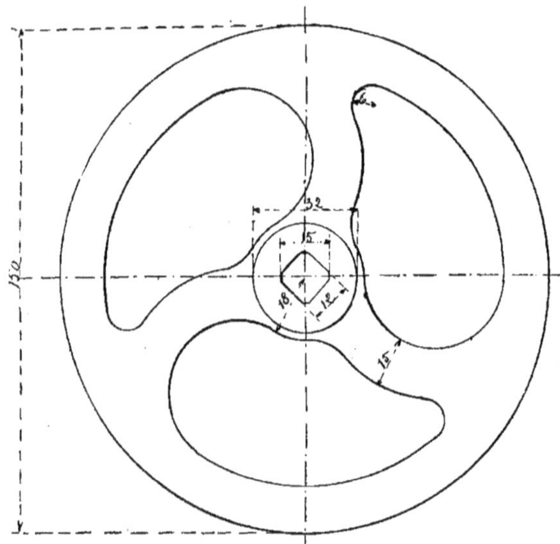

Fig. 682. — Robinet de prise d'eau et de vapeur. — Volant.

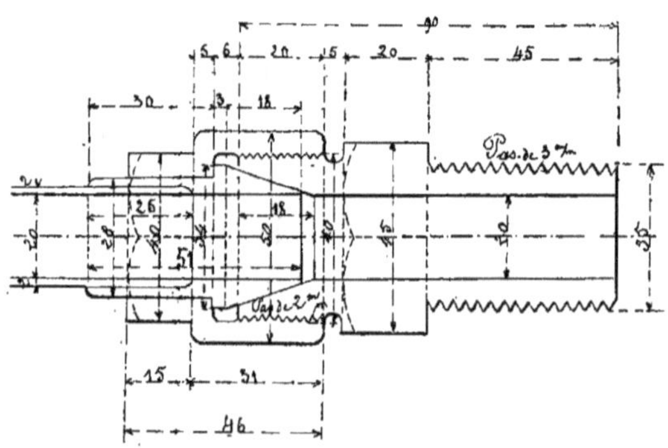

Fig. 683. — Frein à contre-vapeur. — Raccord des tuyaux sur les cylindres.

cylindres afin que, en aucun cas, l'eau ne puisse s'y accumuler.

418. *Robinet Faval.* — M. Faval a imaginé pour cet usage, à la Compagnie des chemins de fer d'Orléans, un robinet spécial (*fig.* 674) à soupape conique à conicité de 14, les orifices ont $0^m,025$ de diamètre et le pas de la vis a $0^m,0025$. Avec ces dimensions à chaque tour de volants et sous la pression minimum aujourd'hui de

8 à 9 kilogrammes par centimètre carré, on obtient un débit de 10 à 12 kilogrammes d'eau par minute.

Ce débit très suffisant pour les machines à marchandises demande à être augmenté pour les trains express.

419. *Appareil mesureur des quantités d'eau et de vapeur à injecter.* — Au chemin de fer de Paris-Lyon-Méditerranée, on jauge les quantités d'eau et de vapeur à injecter au moyen d'une boîte en fonte à trois compartiments, placée près du changement de marche à vis. Dans le premier compartiment arrive l'eau ; dans le second la vapeur ; dans le troisième, séparé des précédents par une cloison à lumière, se fait le mélange qui se règle à volonté au moyen de tiroirs obturant plus ou moins les lumières de cette cloison. Ces tiroirs présentent pour cela des tiges filetées traversant de petites presse-étoupes et manœuvrées de l'extérieur au moyen de manivelles (*fig.* 675).

Pour faire varier à volonté et d'une manière continue, les orifices découverts par les tiroirs, et par suite les écoulements d'eau et de vapeur, la tige de chaque tiroir est filetée ; un écrou placé sur cette vis est fixé au support, de manière à pouvoir tourner sous l'action de la manivelle, mais sans avancer. Un secteur d'acier placé sous la manivelle en indique les dixièmes de tours. Voici les principales dimensions de cet appareil (Leroy).

	TIROIRS D'INJECTION	
	D'EAU	DE VAPEUR
Course totale du tiroir..	$30^{m/m}$	$30^{m/m}$
Recouvrements.........	5	5
Course utile...........	25	25
Largeur des lumières ...	4	20
Pas de la vis..........	2.5	5
Nombre de tours pour effacer le recouvrement.	2	1
Surface des lumières découverte par un tour de vis...............	$10^{m/m2}$	$100^{m/m2}$
Surface des lumières découverte par une division du secteur.......	$1^{m/m2}$	$10^{m/m2}$

Le tableau que nous plaçons ci-après, donne, en volume et en poids, les quantités de vapeur et d'eau qui s'écoulent par minute à différentes pressions par un orifice d'*un centimètre carré;* les poids sont exprimés en kilogrammes, et les volumes en litres.

PRESSIONS effectives en kilogrammes par centimètre carré.	POIDS de l'eau en kilogrammes Densité = 1	VAPEUR		VOLUMES en litres de la vapeur ramenée à la pression atmosphérique $d = 0.00092.$	POIDS en kilogrammes.
		à la pression de la chaudière.			
		VOLUMES en litres.	DENSITÉS		
$0^k 500$	$38^k 49$	1257^l	0.000843	1790^l	$1^k 06$
1	54 60	1404	0.001104	2618	1 55
1 500	62 71	1430	0 001359	3328	1 97
2	76 99	1439	0.001610	3970	2 35
2 500	86 27	1464	0.001857	4595	2 72
3	94 46	1461	0.002101	5186	3 07
3 500	102 10	1460	0.002342	5777	3 42
4	109 20	1460	0.002581	6368	3 77
4 500	115 75	1455	0.002818	6926	4 10
5	122 30	1449	0.003051	7466	4 42
5 500	128 31	1444	0.003283	8000	4 73
6	133 77	1436	0.003513	8530	5 05
6 500	139 23	1431	5.003740	9054	5 36
7	144 14	1429	0.003965	9600	5 68
7 500	149 60	1427	0.004189	10103	5 98
8	154 52	1421	0.004413	10591	6 27
8 500	159 43	1415	0.004636	11081	6 56
9	163 80	1408	0.004858	11555	6 84
9 500	168 17	1404	0.005071	12027	7 12
10	172 60	1399	0.005290	12500	7 40

Ces chiffres sont tirés de la formule empirique de M. Résal pour la vapeur,

$$Q = 60 \sqrt{\frac{pd}{2,37 \log (p + 1) + 0,904}},$$

et de Toricelli pour l'eau :

$$Q' = 0,65 \times 84 \sqrt{p},$$

dans lesqullees d exprime la densité de la vapeur, p la pression en kilogrammes par centimètres carrés et les poids écoulés en kilogrammes.

420. *Appareils des Compagnies de Lyon et du Nord.* — Les figures 676 à 679 représentent l'installation complète d'un frein

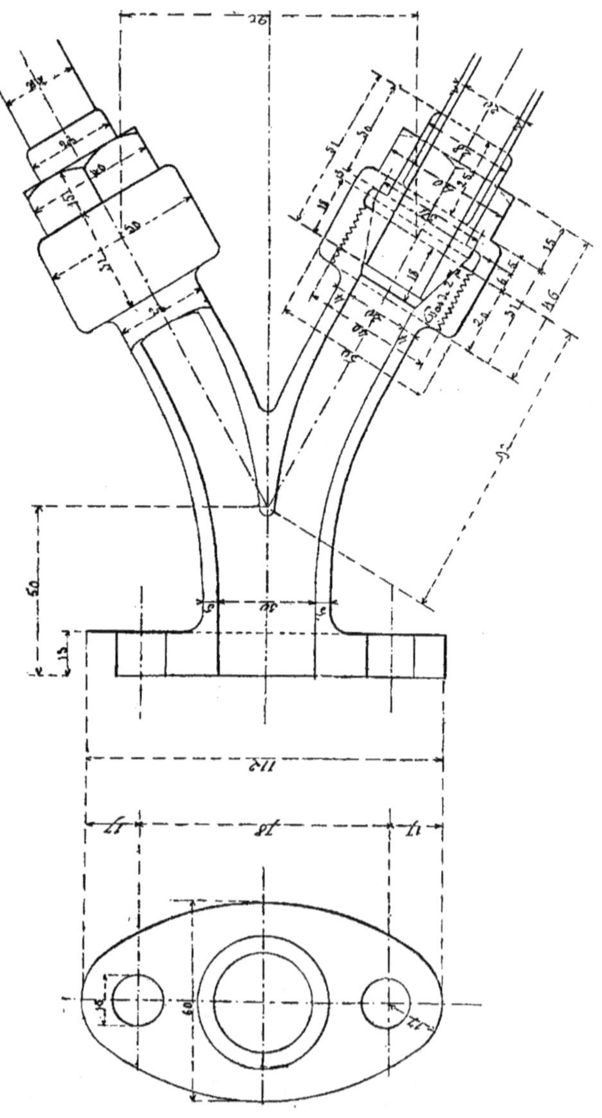

Fig. 684 et 685. — Frein à contre-vapeur. — Culotte de bifurcation.

à contre-vapeur moderne, un appareil Massé, sur une locomotive du chemin de fer de Paris-Lyon-Méditerranée.

Les figures 680 à 685 donnent différents détails de cet appareil, robinets de frein, culottes de bifurcation, raccords sur les cylindres, etc., tels qu'ils sont employés à la Compagnie des Chemins de fer du Nord.

421. *Résultats.* — L'emploi de la contre-vapeur est devenu tout à fait pratique, grâce à l'emploi des injections d'eau et de vapeur. Avec des quantités convenablement dosées de ces deux éléments M. Marié, ingénieur en chef de la traction à la Compagnie des Chemins de fer Paris-Lyon-Méditerranée, a constaté qu'on peut descendre sans danger de très longues pentes de 20 à 25 kilomètres avec une adhérence de 60 à 70 0/0 à contre-vapeur. Le mécanicien a seulement besoin de manœuvrer sans cesse suivant les besoins les robinets de jauge, en surveillant le léger nuage de vapeur et la fine pluie d'eau qui doivent dénoter les proportions convenablement employées.

Divers systèmes de freins actuellement employés.

422. Les freins appliqués isolément à une voiture ou à un groupe, et manœuvrés par un garde monté sur le véhicule, ont peu varié depuis bon nombre d'années.

C'est une vis dont l'action est transmise à des bielles articulées en forme de V (Ouest), ou à des leviers directs (P.-L.-M.), ou encore à un coin engagé entre deux glissières reliées aux sabots comme dans le frein Stilmant. Dans ce dernier l'instantanéité de la manœuvre est obtenue au moyen de la chute d'un contrepoids formé de deux masses en fonte, qui rapprochent brusquement les sabots contre les roues; une vis à huit filets achève le serrage.

Dans le système Lapeyrie, la torsion d'un long ressort à boudin remplace le contrepoids précédent.

Enfin, on rencontre encore le frein à genou ou frein Tabuteau ; et c'est à peu près tout ce qui est employé.

Mais il existe une autre série de freins qui, manœuvrés de la locomotive, exercent leur action sur tous les sabots d'un train, c'est ce qu'on appelle les *freins continus.*

Les principaux types employés aujourd'hui sont :

Le frein à chaîne de Clarke avec quelques variétés : Becker, Heberlein, Webb, etc.

Le frein électrique Achard.

Le frein anglais à vide Smith et le même perfectionné du type Hardy.

Et enfin le frein américain Westinghouse avec son dérivé le frein Wenger.

423. *Freins isolés des wagons et fourgons.* — L'action d'un frein est d'autant plus intense qu'elle s'exerce sur des véhicules plus lourds. Ce sont ordinairement des fourgons aussi chargés que possible qui reçoivent ces freins, et quand le véhicule ne doit pas recevoir normalement une forte charge on *le leste*, c'est-à-dire qu'on le munit de pièces de fonte, qui donnent au frein la puissance nécessaire.

Quand on ne fait pas usage de freins continus, il faut que l'un des trois derniers véhicules de chaque train soit muni de freins, et s'il y a plus de deux freins, qu'il y en ait au moins deux dans la dernière moitié du train.

Nous devons ajouter que ces considérations perdent aujourd'hui notablement de leur valeur par suite de l'usage de plus en plus répandu des freins continus

424. *Freins primitifs.* — Les freins les plus élémentaires se composent d'un bâton passé à travers les rayons des roues, ou d'un coin triangulaire en bois muni d'une poignée, et qu'on pose sur le rail en avant de la roue. Mais on comprend que ces moyens primitifs ne puissent s'employer qu'avec des vitesses très faibles, aux abords des stations et uniquement avec des wagons de marchandises ou de ballast.

425. *Frein de manœuvre à levier.* — Ce frein est appliqué dans les gares : il agit très promptement, mais son serrage n'est pas des plus énergiques.

Il se compose d'un levier coudé en fer à deux branches très inégales, et formant à peu près un angle droit, dont le sommet est articulé à une encoche en fer boulonnée sur le longeron du châssis. La grande branche est le levier de manœuvre proprement dit ; la petite constitue le patin lui-même du frein; sur ce patin est fixé le sabot qui s'accole au moment voulu au bandage de la roue ; ce sabot est en bois de charme, de hêtre ou de peuplier blanc (*fig.* 686 et 687).

Il est clair que cette disposition est loin d'être la meilleure, car elle fait porter toute la fatigue sur une seule roue, et toute la torsion due à l'enrayage sur un seul essieu.

Au reste, la manœuvre à levier, quoique

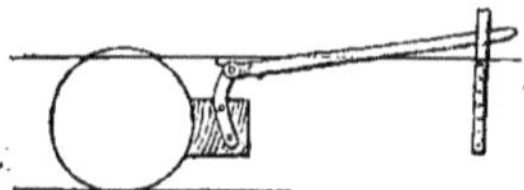

Fig. 686. — Frein de manœuvre à levier.

ce dernier soit généralement assez long, produit un effort évidemment limité. Quelquefois on dispose ce levier en dessous du longeron et le garde-frein le fait baisser de tout son poids en montant dessus. Il peut atteindre ainsi un effort aux sabots, de 400 kilogrammes.

Le levier baissé se maintient en place au moyen d'une crémaillère fixe, présentant des encoches renversées en forme de rochet ; on arrête la tige au cran voulu.

426. *Freins à deux sabots.* — Ce frein dit « de Saint-Germain », présente deux

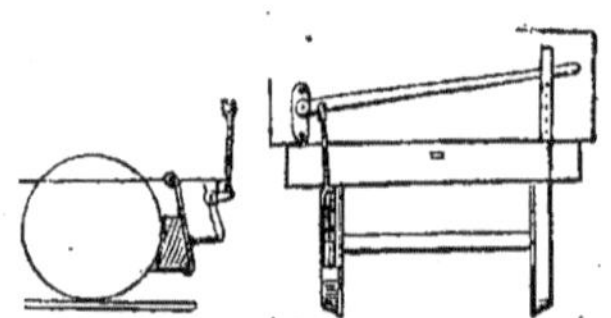

Fig. 687. — Frein de manœuvre à levier.

sabots symétriques pressant à la fois sur les deux roues d'un véhicule ordinaire et dont les patins sont suspendus aux longerons par des tiges articulées. En outre, ces patins souvent sont reliés à l'extrémité inférieure d'une tige verticale, par l'intermédiaire de deux bielles articulées sur la tige (*fig.* 688 et 689). Cette dernière est munie à la partie supérieure d'une vis, mue par un volant à main ou une mani-

velle, dont la manœuvre est faite par le garde-frein. En faisant descendre les tiges on applique les sabots contre les roues tandis qu'on les décolle en les remontant.

On voit que ce système est déjà plus perfectionné que le précédent ; il présente néanmoins encore l'inconvénient de pousser à l'écartement des essieux et à détruire leur parallélisme ; en outre, le serrage

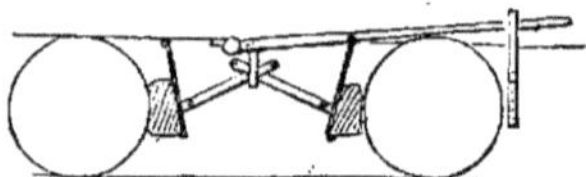

Fig. 688. — Frein de manœuvre à deux sabots.

peut être très irrégulier si la charge est inégalement répartie.

Ce frein a été perfectionné au moyen d'une série d'articulations qui rendent son action indépendante des inégalités de la charge. Il est encore préféré aujourd'hui par beaucoup d'ingénieurs à cause de sa simplicité.

427. *Freins à quatre sabots.* — Dans le frein dit « de Versailles », on a cherché à supprimer ce dernier inconvénient par l'emploi de quatre sabots, deux enserrant chaque roue. La disposition est la même que pour le frein de Saint-Germain : c'est

Fig. 689 — Frein de manœuvre à deux sabots.

encore une tige articulée mue par une vis verticale placée entre les deux essieux, qui permet le serrage et le desserrage des sabots de freins articulés au longeron en même temps qu'à l'extrémité inférieure de la vis ; quant aux sabots supplémentaires, placés à l'extérieur des roues, chacun d'eux est respectivement relié par des tiges de connexion, à celui qui agit dans le même sens que lui sur la roue voisine. Ainsi les deux sabots serrant vers l'avant, sont reliés ensemble par une tige fixée sur leurs patins, et il en est de même des deux autres.

428. *Freins à vis.* — La main de l'homme ne pouvant produire qu'un effort limité pour manœuvrer les leviers de freins, et obtenir un serrage convenable, on le remplace souvent, comme nous l'avons vu plus haut, par la rotation d'une vis terminée par une manivelle, et qui avance ou recule dans un écrou fixe, suivant le sens du mouvement. D'autre fois, c'est l'écrou qui se meut le long de la vis qui reste fixe ; des leviers articulés transmettant dans tous les cas le mouvement aux sabots du frein. Dans ce dernier cas la vis est généralement verticale, mue par un volant à manette, et fait monter ou descendre un écrou ; ce dernier transmet le mouvement par un levier coudé à une tige horizontale placée sous le châssis, ce qui entraîne le mouvement des sabots.

Quelquefois la vis est remplacée par une crémaillère mue par un pignon : c'est toujours le même système, mais avec plus de rapidité dans l'action.

429. *Freins Bricoigne.* — Cette rapidité est obtenue en outre par des procédés spéciaux comme celui de M. Bricoigne, ingénieur au chemin de fer du Nord, qui produit le serrage par la chute rapide d'un contrepoids, le garde-frein complétant le serrage à fond. On supprime ainsi tout le temps ordinairement nécessaire dans les freins courants, pour amener les sabots de leur position initiale au contact des roues.

430. *Freins Lapeyrie.* — Dans le frein Lapeyrie, très employé au chemin de fer du Nord, le poids dont la chute assure le serrage rapide dans le frein Bricoigne, est remplacé par un long ressort à boudin qui entoure l'axe vertical de manœuvre, une des extrémités étant solidaire de cet axe, et de l'autre, du support inférieur.

A l'extrémité supérieure se trouve un volant à main et une combinaison de cliquets et de roues à rochets, assurant l'instantanéité de la manœuvre.

A l'autre bout et au-dessous du plancher est calé un pignon qui commande la bielle articulée au levier de l'arbre du frein, par l'intermédiaire d'une crémaillère.

A la Compagnie du Nord on a pour coutume, en outre, de fixer les paliers de l'arbre du frein et de monter les sabots du frein à coulisse, sur une barre-guide qui est assujettie par ses extrémités sur les boîtes à graisse des deux essieux, et par suite indépendante du châssis. De cette manière le serrage des sabots peut s'effectuer sans modifier le jeu des ressorts et diminuer la douceur de la suspension.

431. *Freins à course limitée.* — On arrive quelquefois au même résultat, c'est-à-dire l'instantanéité du serrage, comme sur les chemins du Hanovre, en rendant à l'avance la distance des sabots aux roues aussi faible que possible au moyen de taquets qui limitent le mouvement en arrière des sabots. Une disposition analogue est

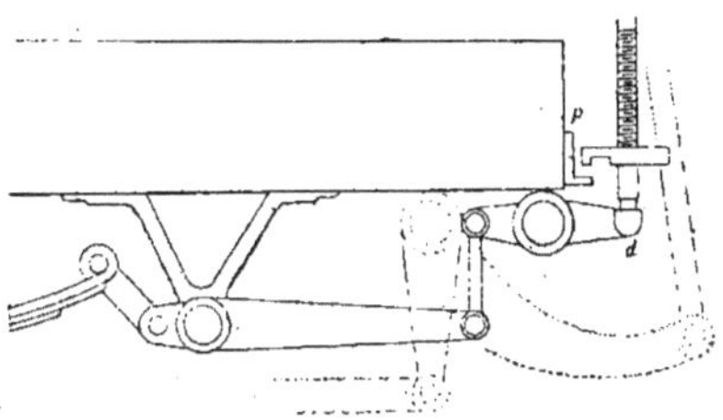

Fig. 690. — Frein à pression limitée.

employée dans le mécanisme du frein de fourgon de la Compagnie de l'Ouest.

On peut aussi éviter comme suit le calage à fond des roues.

« Partant du principe suivant, que le frottement de roulement d'une roue sur un rail est environ le double du frottement de glissement de cette même roue glissant sur ce rail, les ingénieurs de la Niederclesich-Markichen-Eisenbahn, ont admis qu'un frein agissant sur des roues en roulement, avec la moitié de la force nécessaire pour les caler, exerce un effort d'embrayage aussi grand que si les roues étaient amenées au glissement par une force double. La solution consistait donc à limiter l'effort sur le volant du frein, en rendant impossible le mouvement de la vis, aussitôt qu'il aurait atteint une valeur maximum déterminée d'avance. Mais, considérant que cette valeur ne pouvait être constante, et devait nécessairement varier avec la charge du véhicule, ils ont

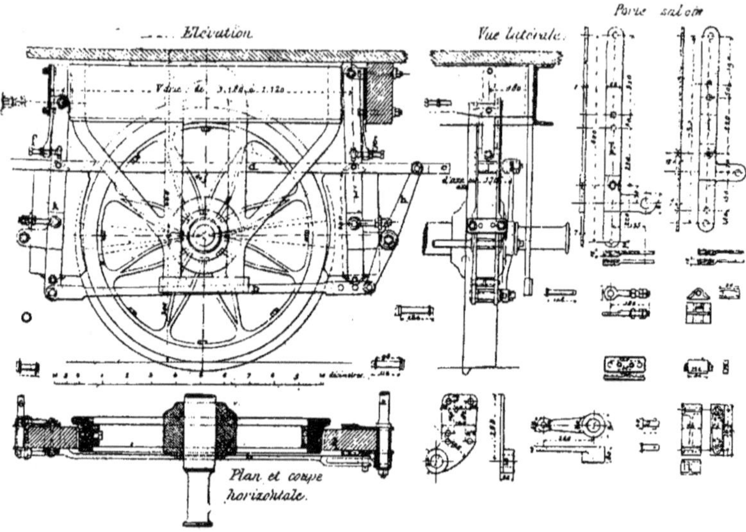

Fig. 691 à 698. — Frein Hongrois à huit sabots.

intéressé le poids de ce dernier en réunissant, au moyen d'un système de balancier convenablement calculé, la crapaudine d du support de la vis de transmission aux ressorts de suspension du véhicule (*fig.* 690).

« Aussitôt que l'effort exercé par le garde-frein sur le volant, dépassant la résistance du support, fait fléchir le ressort, tout le système de la transmission s'abaisse et un taquet s monté sur la vis, venant buter contre un arrêt p fixé à la charpente du véhicule, rend impossible un serrage plus complet. Les longerons du balancier sont calculés de manière que l'effort des sabots sur la roue ne dépasse jamais le quart de la charge totale des ressorts. » (Gochler.)

432. *Freins hongrois à huit sabots.* — Dans le frein hongrois, il y a huit sabots en bois ; les porte-sabots sont munis de vis et d'écrous de rappel pour racheter l'usure des sabots (*fig.* 691 à 707).

L'action sur les sabots se transmet de deux manières : tantôt les quatre sabots placés de chaque côté du véhicule sont mis en mouvement par une tringle partant d'un arbre sur lequel est calé le lévier coudé d'où vient l'action d'enrayage. Tan-

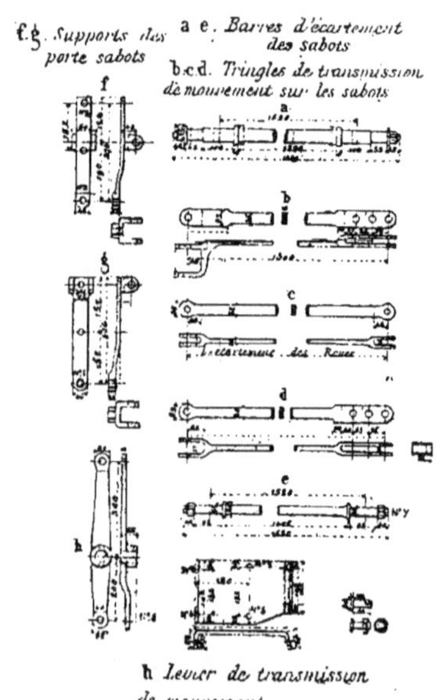

Fig. 699 à 707. — Frein Hongrois à huit sabots. Détails.

tôt les sabots, sur le même côté d'une paire de roues solidaires, fonctionnent sous l'action d'un seul joug transversal. Il suffit d'actionner simultanément les quatre jougs pour faire agir simultanément huit sabots. Les quatre jougs reçoivent l'action de quatre tiges articulées aux extrémités d'un levier calé sur un arbre transversal placé au milieu du châssis et sur lequel agit le garde-frein par une transmission du système ordinaire (Gochler).

433. *Freins Stilmant.* — La caractéristi-

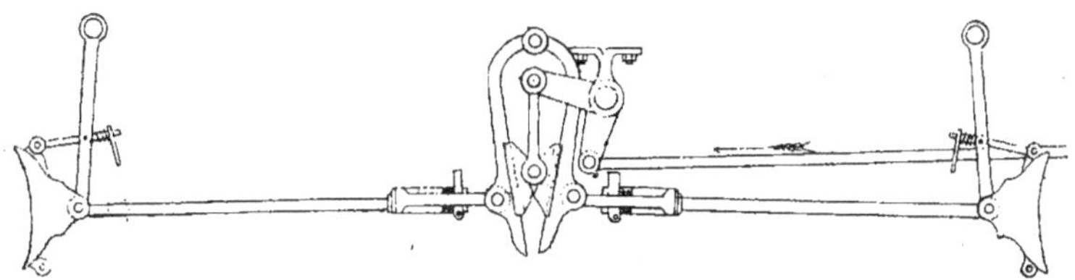

Fig. 708. — Frein à coin Stilmant.

que du frein Stilmant est un coin engagé entre deux glissières reliées aux sabots. Il est très répandu en France et en Belgique.

Le frein Stilmant présente un double coin mobile en fer et mû par le levier de manœuvre qui le force à monter ou à descendre entre les deux branches d'un fer à cheval servant de support aux sabots par l'intermédiaire d'articulations (*fig.* 708 et 709).

Dans la figure 708, le coin est au haut de sa course et les sabots sont desserrés.

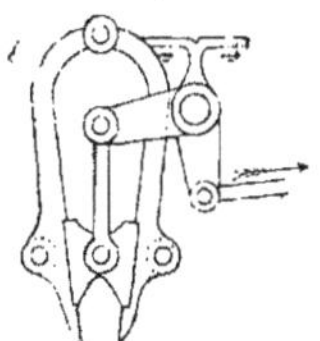

Fig. 709. — Frein à coin Stilmant.

Dans la figure 709, au contraire, le coin est en bas des supports, les écartant l'un de l'autre au maximum et appliquant vigoureusement les sabots contre les roues.

Le frein se pose le plus souvent sur les fourgons. Il est généralement monté à l'avant dans l'intérieur de la caisse qui, à cet endroit, est surmontée d'une guérite. Une disposition due à M. Bricoigne, analogue à celle vue plus haut, permet d'obtenir le serrage aussi instan-

tané que possible. Pour cela le lévier de l'arbre portant les coins est actionné d'abord par la chute de deux masses en fonte solidaires de l'essieu, ce qui donne un premier rapprochement des sabots contre les roues; on achève le serrage au moyen du mouvement à la main d'une vis à huit filets. Une combinaison de cli-

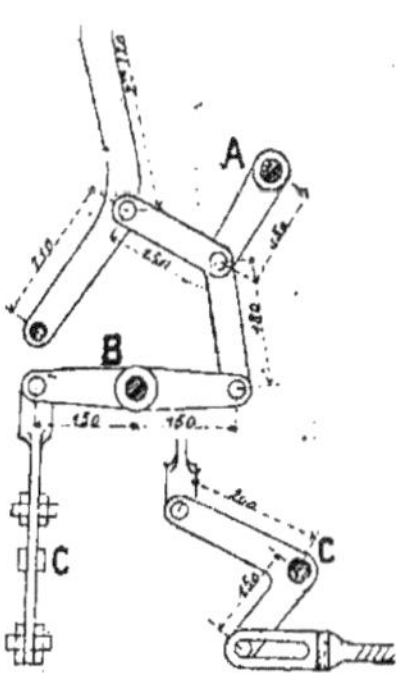

Fig. 710 et 711. — Frein à genou, système Tabuteau.

quets et de roues à rochets placés à la partie supérieure de la vis, permet de mettre en jeu d'une façon rapide le poids dont la chute assure le premier serrage et ensuite d'assurer ce serrage par l'action de la seconde vis.

434. *Frein Tabuteau.* — Le frein Tabuteau ou frein à *genou* est mis en action par un levier, ce qui le rend très rapide. Il peut aisément se loger contre les parois de la caisse, car il tient peu de place et cela rend son emploi facile dans les fourgons. Mais il ne présente qu'une course assez faible et exige des sabots en fonte et un réglage fréquent.

Ce frein est appliqué sur le chemin de fer du Midi (*fig.* 710 et 711). Il présente, entre le levier de manœuvre et la tige de transmission, un système de leviers articulés formant genou et dont l'action sur les sabots est très énergique. Les 3 axes ABC sont fixes; l'action de la main du garde-frein est aidée par le poids d'une lentille en fonte. La course de la poignée du levier est un peu longue et assez fatigante; si l'on ajoute à cela que cette disposition est un peu compliquée, et qu'il n'y a rien pour régler le serrage des sabots, on comprendra que ce système se soit borné à être essayé au chemin de fer du Midi.

Réglage des freins.

435. On comprend que, sous l'effet du fonctionnement prolongé, les sabots du frein s'usent et qu'il devienne nécessaire d'allonger un peu la tige de manœuvre pour obtenir le calage des roues.

On emploie pour cela différents procédés. Le plus simple consiste à terminer l'extrémité de la tige de manœuvre et de celles qui portent les sabots, par une partie évasée présentant plusieurs trous dans le prolongement de l'axe de cette tige. L'articulation se fait de proche en proche, suivant l'usure, sur le tourillon qui traverse un trou de plus en plus éloigné de l'autre extrémité (*fig.* 712 à 716. Wagon à lait de l'Ouest).

On peut aussi relier par un petit levier partant de l'extrémité de la tige de manœuvre, cette dernière a un balancier aux deux extrémités duquel sont articulées les tiges portant les sabots, et on fixe celles-ci à une distance de plus en plus grande du centre de rotation de ce balancier.

Généralement, le balancier a son centre sur le longeron; et comme un sabot peut s'user plus que l'autre, il faut que son centre soit mobile dans un œil allongé

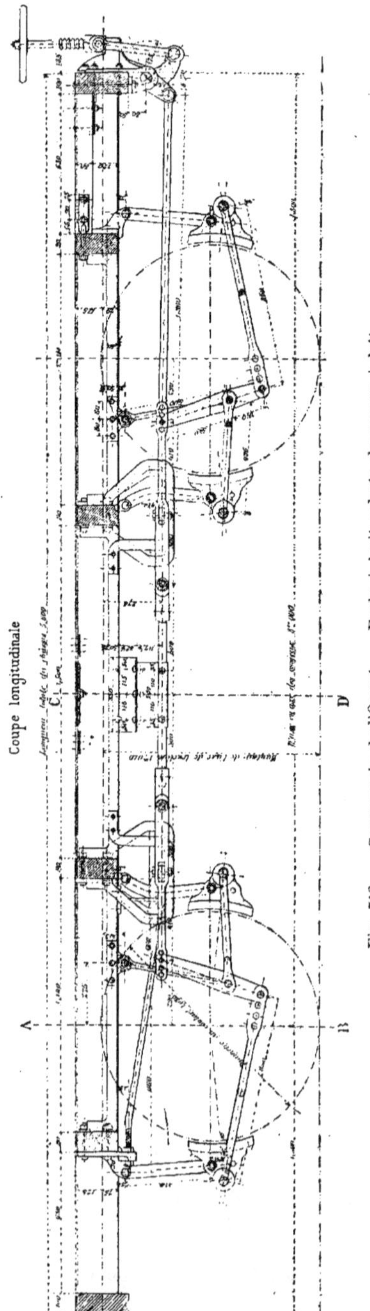

Fig. 712. — Compagnie de l'Ouest. — Frein à huit sabots de wagon à lait.

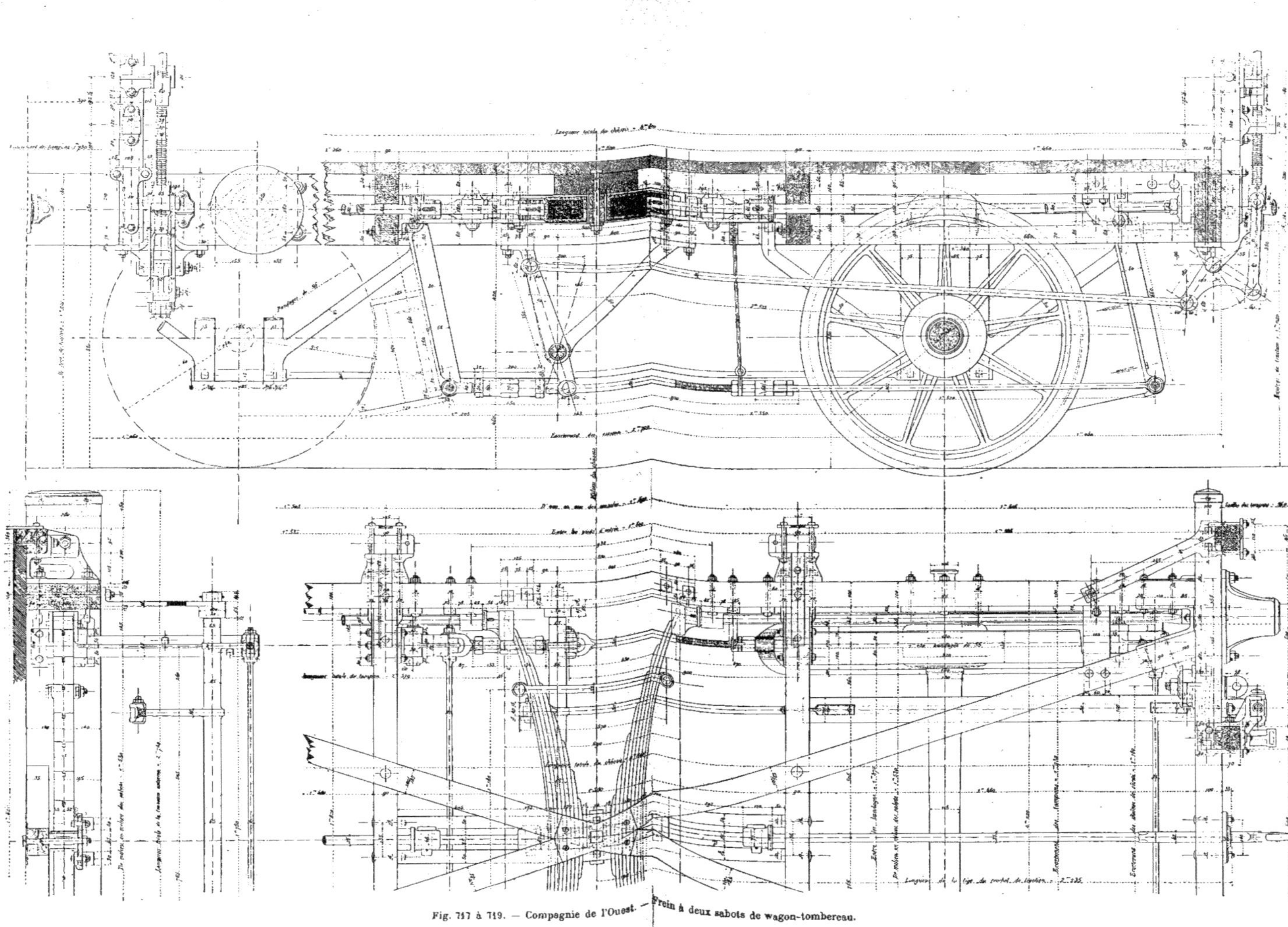

Fig. 717 à 719. — Compagnie de l'Ouest. — Frein à deux sabots de wagon-tombereau.

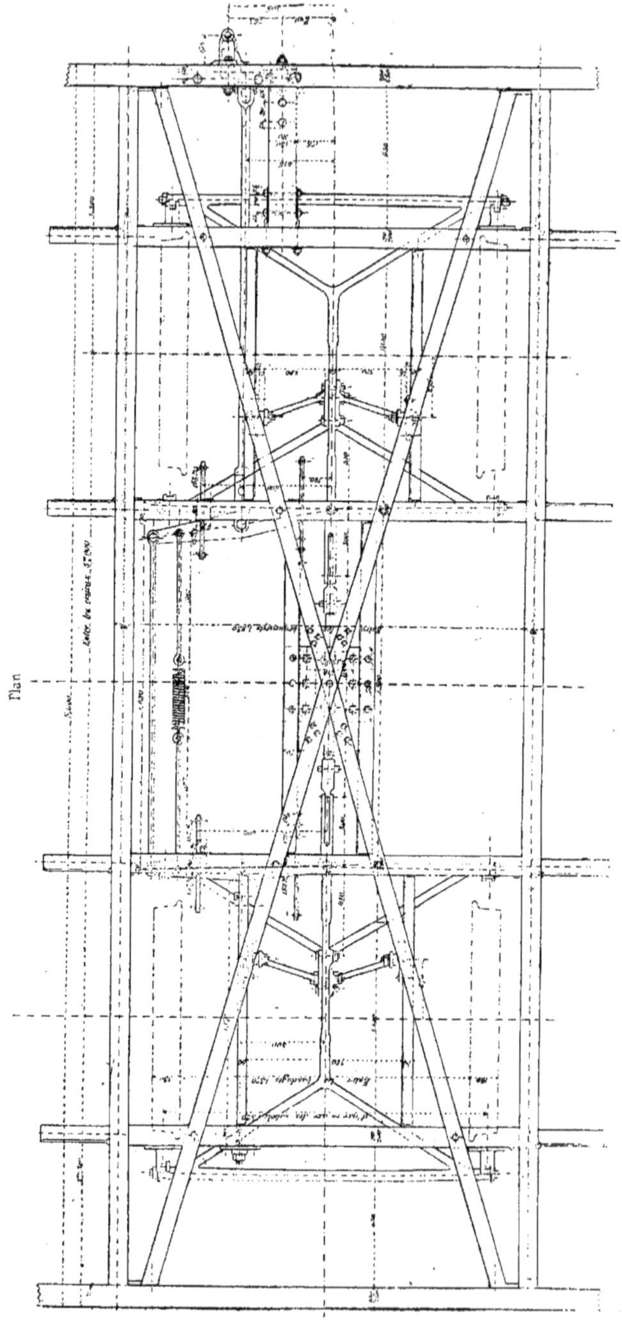

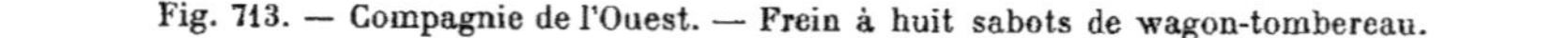

Fig. 713. — Compagnie de l'Ouest. — Frein à huit sabots de wagon-tombereau.

présenté par le longeron ; ou bien encore l'extrémité du balancier peut être dans un rail allongé suspendu à un V fixe ou longeron (*fig.* 717 à 719 wagon tombereau de l'Ouest).

On obtient un réglage plus continu et plus parfait en faisant la tige en deux pièces terminées par des pas de vis en sens contraire et reliées par un étrier. En faisant subir à celui-ci une rotation con-

Coupe suivant A B

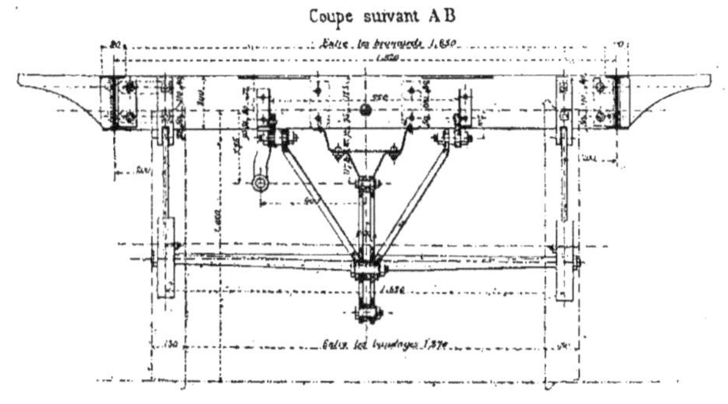

Coupe suivant C D

Vue de la traverse extrême (Côté de la Vigie)

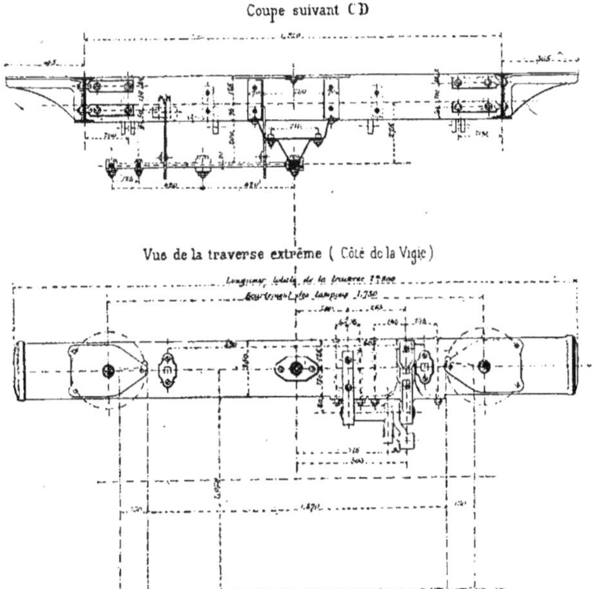

Fig. 714 à 716. — Frein à huit sabots de wagons à lait.

venable, on rapproche ou on éloigne à la fois les deux tronçons de tiges.

436. *Remarque générale.* — Un frein bien conditionné doit satisfaire aux deux conditions suivantes :

1° Amener le plus rapidement possible les sabots au contact des roues, en un mot rapidité de mouvement ;

2° Obtenir la pression maximum des sabots sur les roues avec le minimum d'effort du garde-frein, c'est-à-dire facilité de manœuvre.

Ces deux conditions sont absolument essentielles ; ainsi pour la première, on comprend les conséquences graves que peut avoir un retard dans le fonctionnement du frein avec les vitesses qu'atteignent aujourd'hui certains trains. Tout d'abord, il ne faudra employer à la confection de toutes les pièces que d'excellents matériaux afin de n'avoir pas de ce chef une rupture ou tout autre inconvénient au moment le plus critique.

Ensuite le montage et l'ajustage devront être faits avec le plus grand soin de façon à éviter le moindre jeu, et par suite le temps perdu dans les articulations.

Quant à la seconde condition, on y satisfait aisément en calculant rigoureusement les proportions des différents organes de manière à atteindre le but que l'on poursuit.

FREINS ACTIONNANT UN GROUPE DE VÉHICULES

437. *Considérations générales.*— On a depuis longtemps reconnu la nécessité d'étendre au plus grand nombre possible de véhicules, l'action transmise par un garde-frein placé sur l'un d'eux afin de diminuer le personnel chargé de ce service.

On conçoit, en effet, que l'arrêt d'un train, toutes choses égales d'ailleurs, s'obtient d'autant plus rapidement que le nombre d'essieux enrayés est plus grand.

Tel est le but des freins fonctionnant par groupes et des freins continus actionnant tous les essieux d'un train. Ces derniers, en particulier, sont d'autant plus précieux qu'ils sont à la disposition du mécanicien qui est le premier à reconnaître l'opportunité du fonctionnement des freins.

Freins funiculaires.

438. *Freins Exter.* — Un levier s'élève à peu près verticalement à l'extrémité de chaque véhicule ; à l'extrémité supérieure dépassant la toiture, une corde rend solidaire tous ces leviers. Un ressort fixé d'un côté aux parois de la caisse, et appuyant de l'autre sur le levier par l'intermédiaire d'un galet, maintient constamment le levier écarté et le frein desserré. Le corde passant sur une poulie r, dont la chape est fixée à l'extrémité supérieure du levier, permet d'effectuer le serrage à distance (*fig.* 720 à 725). Une seconde poulie de renvoi p horizontale, fixée sur le toit de la voiture, sert à renvoyer le mouvement d'un véhicule au suivant ; enfin, l'extrémité de la corde aboutit à un tambour manœuvré par le garde-frein à l'aide d'un volant m et de deux roues d'angle (Gœchler).

Un seul agent peut ainsi actionner les freins de quatre voitures. Un poids g suspendu à un tambour à déclic permet d'amener rapidement les sabots au contact des roues ; le garde-frein n'a plus qu'à compléter le serrage en agissant sur le volant m.

Freins à chaînes.

439. Ces freins sont très énergiques, et leur application au matériel courant peut se faire avec assez de simplicité et sans grande dépense, de même que sans amener de grandes complications dans les attelages.

Mais ils agissent d'une manière brutale, se prêtent mal à une graduation dans leurs effets, et introduisent dans leur construction des éléments peu mécaniques, susceptibles de ferrailler.

440. *Frein Clark.* — Ce frein est appliqué sur plusieurs lignes anglaises, North-London, Great Western (*fig.* 726 et 727). C'est un frein à chaîne.

« On voit les sabots du frein reliés à une masse pesante p, par des tringles aboutissant à deux poulies i et j maintenus à distance constante des poulies h et k par les barres rigides ih et jk. Autour de ces deux poulies passe une chaîne g sur laquelle on peut exercer une tension. L'effet de cette tension est de rapprocher l'une de l'autre les deux poulies i et j en

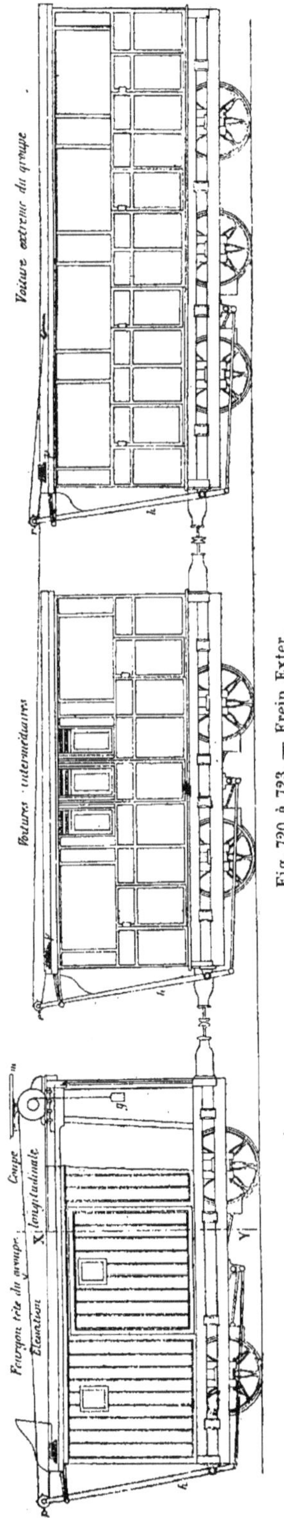

Fig. 720 à 723. — Frein Exter.

soulevant le poids p, et, par conséquent, de serrer les sabots contre les roues. Cette tension diminuant, le poids p descend, fait éloigner les deux poulies l'une de l'autre, et, par suite, les sabots des jantes (*fig.* 726).

La tension des chaînes s'effectue par un appareil moteur monté sur un autre véhicule (*fig.* 727), fourgon ou voiture. Entre les deux paires de roues se trouvent deux poulies de friction $e\,f$, que le garde peut

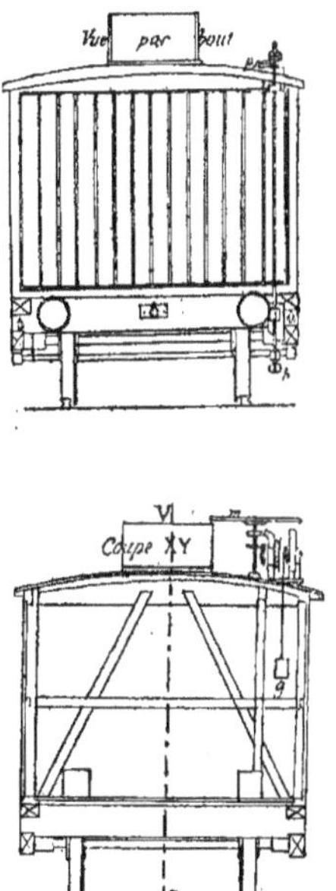

Fig. 724 et 725. — Frein Exter.

amener au contact des bandages des roues à l'aide de la transmission du mouvement a, b, c, d.

Dans la disposition primitive, le serrage des sabots était obtenu au moyen d'une chaîne qui, pour conserver une longueur constante en passant d'un véhicule au suivant, traversait un système de trois poulies maintenues au sommet d'un V à angle variable et dont les deux branches articulées au sommet de l'angle étaient formées de deux barres rigides.

Depuis plusieurs années, on a considérablement réduit en Angleterre, et surtout dans les trains circulant à Londres et aux environs, la variation de distance entre les véhicules par la diminution de course des appareils d'accouplement. Ce rapprochement des voitures a permis de supprimer les trois poulies de jonction précédente et d'opérer avec un simple crochet l'accouplement des chaînes du frein.

Frein Héberlein.

441. *Considérations générales.* — Le frein Héberlein fait partie de cette catégorie d'appareils dans laquelle, au moyen d'une disposition simple, on utilise la rotation des essieux eux-mêmes pour produire l'effort mécanique nécessaire au serrage des freins, profitant ainsi de la puissance vive elle-même du train pour provoquer la cessation de son mouvement.

C'est un frein à mains et, par conséquent d'une action très prompte, qui peut être employé comme frein continu et automatique ; en cas de rupture d'attelage, en effet, les sabots sont maintenus hors d'action par une corde qui vient à se rompre et tous les freins agissent en même temps sur les roues.

442. *Description.* — L'appareil appliqué à un véhicule ordinaire, tender, fourgon, voiture ou wagon, présente une poulie en deux pièces réunies par des boulons et clavetée sur l'essieu. Aux longerons, en un point h est fixée une chape en fer forgé e sur laquelle sont installées les axes des trois poulies b, c, d, ces deux dernières en fonte ; quant à la poulie b, elle se compose d'un noyau en fonte sur lequel on fixe, au moyen de boulons, une jante en acier.

Une chaîne plate f est fixée à l'une de ses extrémités au moyen de la poulie b et à l'autre à la poulie e sur laquelle elle s'enroule (*fig.* 728 à 730).

Une autre chaîne g, plus courte et plus forte, est fixée à l'une de ses extrémités au moyen de la poulie c entre deux excentriques ; l'autre extrémité est reliée à la tringle du frein au moyen de boulons et roule sur la petite poulie d. La tringle de manœuvre permet le réglage des sabots au moyen d'un double pas de vis en sens contraires.

La poulie a et b étant en contact, on voit qu'une rotation quelconque de l'essieu,

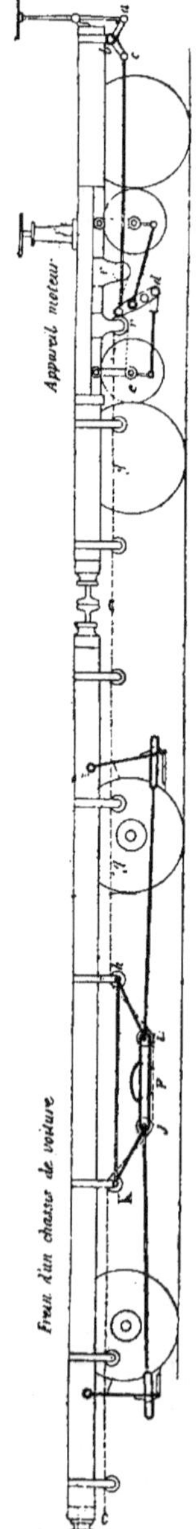

Fig. 726 et 727. — Frein continu à chaîne, système Clark.

c'est-à-dire un mouvement, même le plus | quelconque, entraînera un frottement entre
léger du wagon, et dans une direction | les poulies a et b; cette dernière se trou-

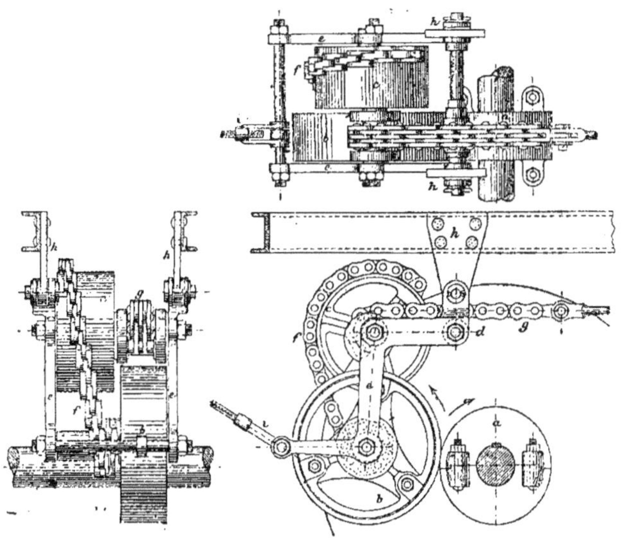

Fig. 728 à 730. — Frein Héberlein.

vera entraînée et la chaîne f entraînera également le mouvement de la poulie c. Par
suite, la chaîne g s'enroulera à son tour
et agira sur la tringle du frein, serrant les
sabots contre les roues avec une pression
proportionnelle au rapport du diamètre
de la poulie c à son moyeu.

Pour désembrayer le frein, il suffit naturellement de faire cesser le contact entre
les poulies a et b. On se sert pour cela
d'une tringle spéciale i reliée à un levier
kl monté sur le même arbre qu'un autre
levier lm mis en mouvement par la tringle
n (fig. 731 et 732). Cette dernière est
munie d'une poignée à crochet o, permettant la manœuvre du frein à la main et le
remplacement du frein à vis, employé
jusqu'ici. Un anneau p fixé au wagon
permet de tenir la tringle n suspendue par
le crochet de la poignée o, de manière
à empêcher le frein d'agir pendant
les manœuvres. Cet anneau doit être
placé de manière à retomber par son
propre poids, et de telle façon que le crochet de la poignée ne puisse en aucun cas

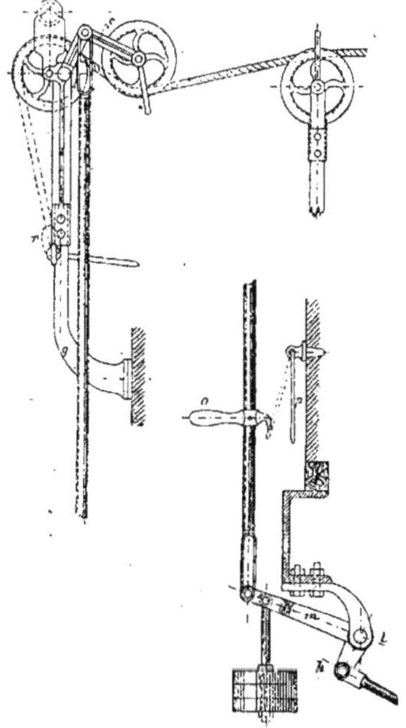

Fig. 731. — Frein Héberlein.

s'y accrocher de lui-même, si on vient à lever la tringle. De cette manière rien ne peut gêner la manœuvre des freins qui peuvent être continus et ne plus dépendre que du mécanicien ; celui-ci les fait agir à volonté au moyen du treuil spécial placé sur la locomotive, et d'une corde, comme nous allons le voir tout à l'heure.

Le levier lm est chargé d'un poids augmentant la pression entre les rouleaux de friction. On règle ce poids de manière à obtenir le serrage maximum sans aller jusqu'au calage des roues.

Un levier coudé s est suspendu par un autre levier coudé dont la longue branche est verticale q ; la tringle n est suspendue à ce levier qui est lui-même muni, à l'une de ses extrémités, d'une poulie. D'autres pou-

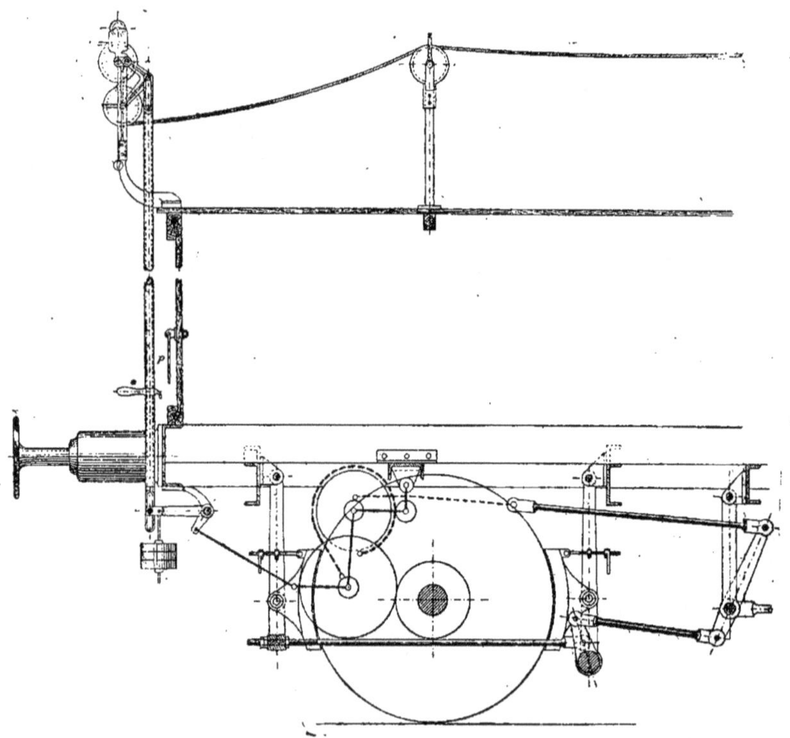

Fig. 732. — Frein Héberlein.

lies sont fixées au moyen de chapes verticales aux toitures des wagons, et soutiennent la corde de continuité munie de crochets d'accouplement r ; elle s'engage au-dessous de la partie du levier s et au-dessus du levier coudé q, puis s'accouple avec l'extrémité de la corde de l'autre wagon (*fig.* 733). La fin de la corde sur le dernier wagon se fixe à un crochet disposé à cet effet sur chaque véhicule (*fig.* 733).

Le mécanicien peut donc, avec un treuil spécial à sa portée, tirer fortement la corde ; alors tous les leviers s de tous les freins du train sont levés, les tringles ne sont remontées, les poulies de friction ne sont plus en contact et le frein est desserré. On pourra, au contraire, actionner le frein soit en laissant peu à peu aller la corde, ou la lâchant subitement en cas de détresse.

443. *Treuil de manœuvre.* — Voici comment est constitué ce treuil qui permet au mécanicien de manœuvrer le frein à distance (*fig.* 734).

Le tambour est formé de deux parties de diamètres différents et séparées par une cloison percée de quatre trous. Il est libre sur un arbre et ne peut être entraîné que par le frottement de la partie conique a ; une manivelle b à main est à la disposition du mécanicien.

Tant que celui-ci tourne la manivelle b pour enrouler la corde, le tambour est pressé contre le cône de friction a, et les freins se desserrent. S'il tourne en sens contraire, le tambour n'est plus actionné par le cône de friction, retenu par un cliquet, et devient libre ; la corde se déroule d'elle-même et les freins se serrent.

Lorsque la machine est accouplée au train, et que la corde des freins, passant au-dessus du tender, est reliée à celle du train, le mécanicien commence par enrouler un stock de corde superflue sur la partie la plus grande du tambour ; puis il la passe à travers l'ouverture la plus rapprochée de la cloison de séparation pour l'enrouler sur la partie la plus petite de ce tambour. Il a de cette manière une plus grande force pour la manœuvre des freins.

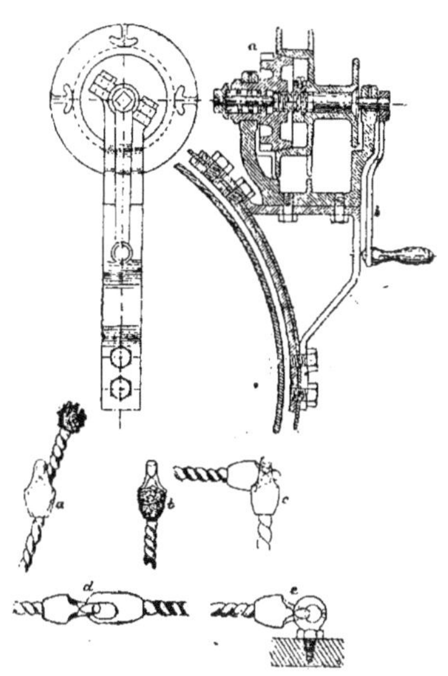

Fig. 733 à 735. — Frein Héberlein.

On a également pris des dispositions spéciales pour que le chef de train puisse

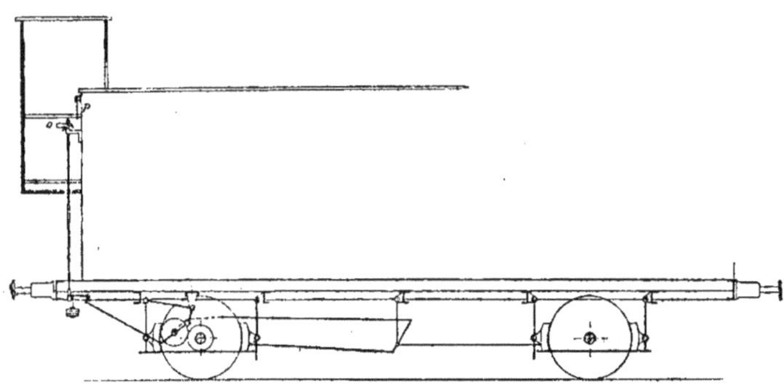

Fig. 736. — Frein Héberlein.

aussi, en cas de danger, serrer tous les freins du train en détendant la corde d'une quantité suffisante pour obtenir ce résultat.

La disposition pour les wagons à marchandises est la même que pour les voitures à voyageurs (*fig.* 736 et 737). Il est à remarquer néanmoins que l'usage d'un petit treuil H analogue à celui de la locomotive et placé sur l'un d'eux, permet la ma-

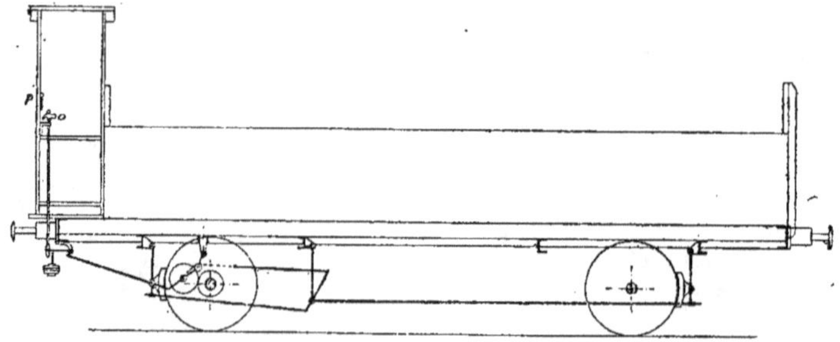

nœuvre d'un certain nombre de wagons à
freins intercalés au milieu d'autres dépourvus de freins (*fig.* 738 et 739).

Les figures 740 et 741 représentent des
machines, l'une de train express, l'autre
de train à marchandises, avec le treuil et la
disposition de la corde pour le serrage
des freins de tout le train, y compris le
tender et la locomotive elle-même. On
voit, comme nous le disions plus haut, que
l'appareil peut aisément fonctionner en
frein continu.

La figure 742 donne un type de machine à tender avec le treuil et la corde
disposés pour permettre au mécanicien le
réglage de tous les freins du train.

La figure 743 représente un train
express ordinaire avec un ou deux fourgons à bagages, par dessus lesquels la
corde du frein est posée sans aucune espèce
de précautions spéciales. Cette disposition
suffit parfaitement pour ces sortes de
trains, sans qu'on soit obligé d'installer
un frein à chaque wagon quand la ligne
ne présente pas de fortes rampes.

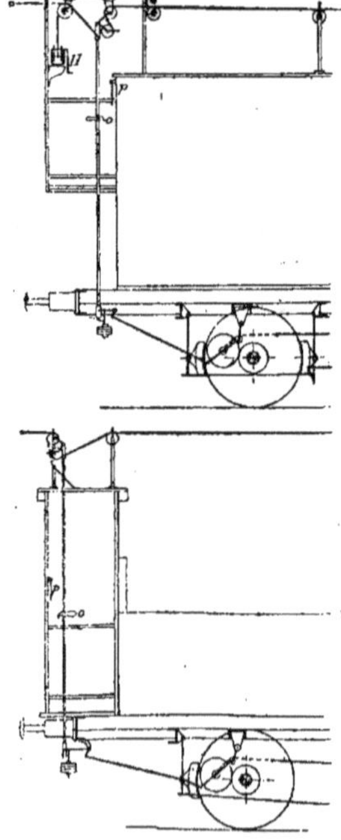

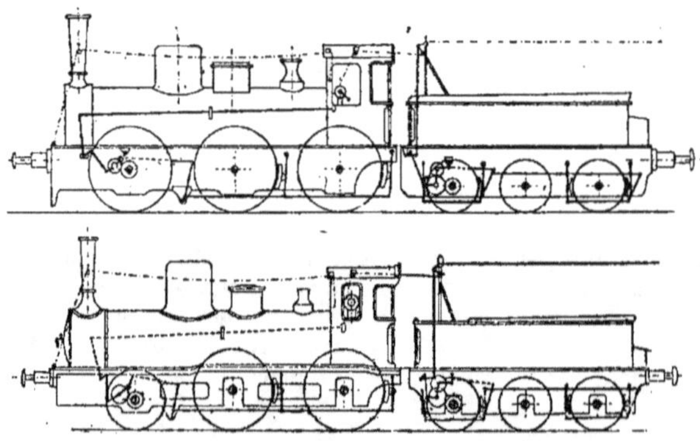

Fig. 737 à 741. — Frein Héberlein.

La figure 744 montre un train mixte sur une ligne secondaire; on voit que les wagons à marchandises peuvent être intercalés entre les voitures à voyageurs, sans le moindre inconvénient pour le fonctionnement du frein.

Enfin la figure 745 indique un train de marchandises sur lequel la manœuvre des freins du tender et des quelques véhicules suivants, est faite par le mécanicien au moyen du treuil et de la corde. Deux ou trois garde-freins conduisent en outre chacun trois wagons à freins entre lesquels on intercale un certain nombre de wagons sans frein.

En résumé, le frein Héberlein peut être employé comme frein à main isolé, par groupe de véhicules, et comme frein continu pour un train entier. Ajoutons qu'il

Fig. 742. — Frein Héberlein.

est automatique, puisqu'on obtient le desserrage en tirant sur la corde et que celle-ci, venant à se rompre, le frein agit immédiatement. Nous verrons plus bas que c'est une qualité généralement exigée aujourd'hui de tous les freins continus.

Le frein Héberlein a été appliqué en France sur certains fourgons de la ligne d'Orléans. Mais il a dû céder la place, comme la plupart des autres systèmes, aux freins continus pneumatiques.

Le reproche principal qu'on lui fait est un entraînement un peu trop brusque. Le fonctionnement se fait avec brutalité, produisant presque immédiatement le calage des roues, ce qui donne à redouter les chocs et les ruptures de pièces.

444. *Frein Becker.* — Ce frein fait encore partie des systèmes qui permettent de faire agir par un seul garde-frein les appareils d'un groupe de plusieurs véhicules. Il a été appliqué par son inventeur

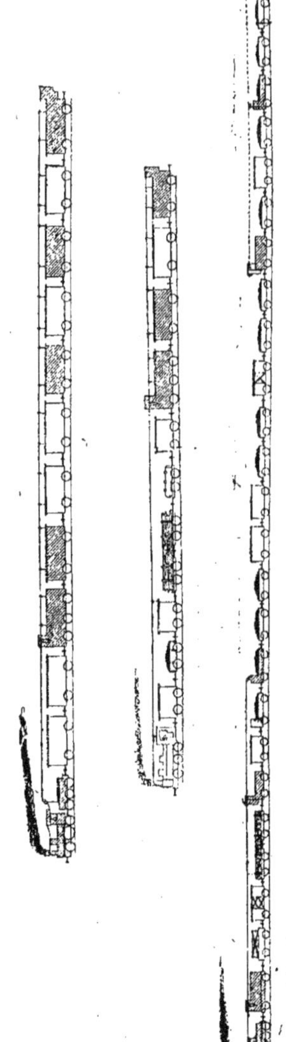

Fig. 743 à 745. — Frein Héberlein.

aux wagons du chemin de fer Autrichien Nord-Empereur-Ferdinand.

C'est encore un frein à chaîne ; tout véhicule muni du frein présente deux roues de friction pouvant être mises à volonté en contact avec les boudins des roues, et sur l'arbre desquelles s'enroule l'arbre de serrage du frein.

Pour éviter l'entraînement trop brusque reproché au frein Héberlein, on emploie ici une roue de friction à deux poulies concentriques en fonte, dont l'intervalle est rempli par une couronne en bois à section triangulaire. L'une des poulies peut au besoin glisser sur la couronne de bois, ce qui amortit les efforts trop énergiques. Ils restent néanmoins suffisants pour opérer le serrage du frein, par suite de la forme en coin donnée à la couronne.

L'appareil de manœuvre se compose de deux chaînes qui s'enroulent en sens inverse sur une poulie, dont l'arbre suspendu parallèlement aux essieux, porte, à ses extrémités et en dehors des longerons, des manivelles. La chaîne générale de commande du frein disposée sous chaque wagon, règne dans toute la longueur du train et se trouve reliée à son extrémité à l'une des deux chaînes précédentes. L'autre est attachée à l'arbre des poulies de friction.

Ces dernières viennent au contact des roues, quand on abandonne la chaîne de commande. Tandis qu'on les en maintient écartées, soit en tirant sur cette chaîne de commande, soit en conservant les manivelles relevées au moyen d'une chaînette spéciale. Les véhicules présentent tous un accouplement articulé qui maintient constante la longueur de la chaîne de commande, quel que soit le jeu des attelages.

Quand on forme les trains, on accouple les chaînes de commande les unes aux autres, de façon à permettre aux poulies de friction de venir au contact des boudins des roues. On tend ensuite ces chaînes au moyen d'un appareil spécial, installé sur le tender ou dans les fourgons. C'est une vis verticale, mue par un volant à main ; à sa partie inférieure, elle porte un galet qui, en remontant dans une coulisse, entraîne la chaîne et en raccourcit la longueur. L'écrou fixe servant à permettre l'ascension de la vis, est en deux pièces, qu'il suffit d'écarter brusquement pour entraîner la chute immédiate de cette vis, le relâchement de la chaîne, la mise en contact des poulies de friction et le serrage du frein.

Ce type présente, comme le frein Héberlein, les inconvénients de tous les freins à chaîne, qui agissent mal au delà d'un groupe de quelques véhicules et ne peuvent être que difficilement des freins continus. En outre, il y a la brutalité, le calage des roues, etc.

Freins à transmissions rigides.

445. *Frein Newal.* — C'est encore un frein permettant la manœuvre de tout un groupe d'appareils placés sur plusieurs wagons ; généralement les groupes comportent trois véhicules placés en tête et en queue des trains.

Il suffit d'opérer la rotation d'un arbre horizontal placé sous chaque véhicule t ; les arbres de deux véhicules consécutifs sont reliés entre eux au moyen d'un joint universel t', de sorte que le mouvement donné par le garde-frein se transmet aux arbres suivants (*fig.* 746).

Ce mouvement consiste d'abord dans la chute du poids A retenu normalement suspendu par un déclic. Ce poids accompagne une crémaillère Ag, qui entraîne, au bout de la chute, la rotation d'un pignon calé sur l'arbre tt' ; elle passe en même temps sur l'extrémité du levier cba, qui met en prise les sabots du frein.

Puis, dans une seconde période, le garde-frein achève le serrage des sabots en faisant tourner l'arbre vertical n à double engrenage conique, au moyen du volant M, qui fait appuyer la queue de la crémaillère sur l'extrémité a du levier des sabots.

L'arbre de transmission $t\,t$ de chaque véhicule, mis en mouvement par le fourgon moteur, entraîne la rotation d'une petite roue dentée qui, à son tour, appelle une crémaillère et un poids P (*fig.* 746), dont l'action sur l'extrémité a du levier de commande des sabots produit l'enrayage des roues.

Chaque châssis présente deux arbres tt'

placés symétriquement de chaque côté de l'axe des véhicules ; la communication d'un arbre à l'autre a lieu par une courroie croisée en fer feuillard.

On peut faire opérer le déclenchement des poids de chaque fourgon moteur également par la main du mécanicien, au moyen d'une corde régnant tout le long du train (Gochler).

Freins divers.

446. *Frein Dorré.* — Le refoulement des tampons accompagne toujours un arrêt de la machine et il y a plus de vingt ans, M. Guérin avait trouvé une combinaison ingénieuse, pour profiter de ce refoulement et faire agir un frein sur chaque véhicule; il avait ainsi fait une première application anticipée du frein continu.

Malheureusement, si les tampons sont tous refoulés et si les freins fonctionnent lorsque le train marche en avant, il y a bien des circonstances dans lesquelles le train doit marcher vers l'arrière, en refoulant forcément tous les tampons et cependant les freins n'ont pas besoin d'agir. Il y a donc là un inconvénient sérieux qui a empêché ce genre de frein de se propager.

Des inventeurs modernes, MM. Lefebvre et Dorré, ont imaginé une solution nouvelle, afin de chercher à résoudre cette difficulté, mais la pratique n'a pas encore suffisamment sanctionné cette invention.

447. *Frein hydraulique.* — Le frein hydraulique construit par M. Webb, pour les machines-tender Sharp Stewart et Cie, présente des sabots actionnés par la tige d'un piston qui se meut dans un cylindre dans la partie inférieure duquel le mécanicien peut faire pénétrer l'eau de la chaudière ; dans la capacité supérieure, il peut, à volonté, envoyer de l'eau du tender ou de la vapeur.

Par suite de la différence de section due à la tige du piston, la pression sur la face supérieure est plus grande que sa voisine ; le piston s'abaisse alors, permettant au ressort de rappel du frein de fonctionner et de décaler les sabots.

Si l'on veut, au contraire, serrer le frein, on évacue la vapeur qui remplissait la partie supérieure du cylindre dans la caisse

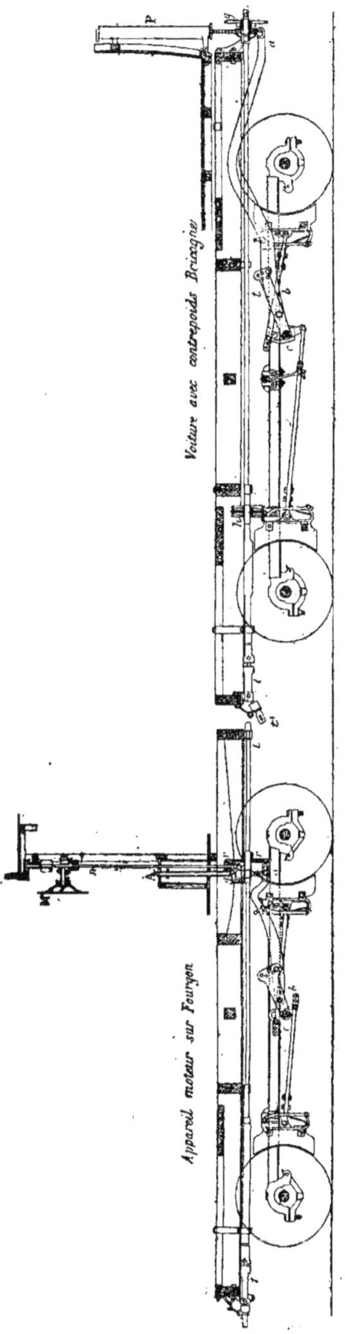

Fig. 746. — Frein continu Newall.

à eau du tender : cette région du cylindre se trouve alors seulement à la pression atmosphérique, tandis que la partie inférieure est à la pression de la vapeur du générateur ; le piston est donc obligé de monter, ce qui entraîne le serrage du frein.

448. *Freins à vapeur.* — Les freins à main ont été quelquefois remplacés par des freins à vapeur, idée qui paraît, au premier abord, assez naturelle, puisqu'avec une locomotive, on a facilement de la vapeur à sa disposition. On peut citer comme exemple de cette application, les chemins de fer rhénans pour la rampe d'Aix-la-Chapelle et l'Ouest Saxon.

Voici de quoi se compose le frein à vapeur de ce dernier. La machine présente trois essieux, dont deux moteurs à l'arrière, au milieu desquels et dans le plan médian de la machine, se trouve un cylindre à vapeur vertical, dont la tige pendante actionne, au moyen d'un système de bielles et de leviers, deux sabots patins qui viennent frotter sur chaque rail quand on admet la vapeur sous le piston ; chacun de ces patins est arc-bouté par deux tringles en fer, qui vont s'appuyer, l'une à la plaque de garde de l'essieu d'avant, l'autre au cadre inférieur du foyer. Quand la vapeur cesse d'agir sur le piston, des contrepoids relèvent les sabots des freins, qui cessent alors de s'appliquer sur les rails.

Ce sytème est donc, en somme, un frein à patins, bon en pleine voie et très dangereux dans les gares, à cause des aiguilles et des croisements ; même en pleine voie, les patins peuvent choquer l'extrémité un peu relevée d'un rail et provoquer un accident, ou bien l'arrivée brusque de la vapeur sur le piston peut entraîner une secousse amenant un léger soulèvement de la machine et un déraillement.

Enfin, l'inconvénient fondamental de tout frein à vapeur, est de présenter des organes qui peuvent être remplis d'eau de condensation au moment de la faire fonctionner et occasionner, par suite, une perte de temps.

449. *Frein à sable.* — Un professeur de Dresde aurait, dit-on, imaginé un système fort simple pour arrêter les trains quand les freins viennent à manquer. Ce moyen consiste à employer du sable, en forçant les roues à pénétrer subitement dans une masse de cette substance déposée au-devant d'elles sur une épaisseur de $0^m,05$ à $0^m,13$.

Des expériences faites à l'extrémité d'une gare terminus, puis dans une gare intermédiaire, ont paru concluantes. Il se produit une diminution graduelle de la vitesse et un arrêt brusque. La résistance opposée par ce sable augmente avec l'épaisseur de la couche et surtout avec la vitesse du convoi.

Nous attendons pour nous prononcer, que la pratique soit venue sanctionner ce nouveau mode d'arrêt des trains.

Freins continus.

450. Nous donnons, d'après le Congrès du *Génie civil* de 1878, qui, le premier, s'est occupé de la question des freins continus, agissant, simultanément, sur tous les véhicules d'un train, l'exposé des circonstances dans lesquelles ces freins sont utiles.

(Rapport de M. Marié).

1° *Choc contre un obstacle.* — Lorsque le mécanicien voit devant lui un train qui court à sa rencontre ou un obstacle fixe sur la voie, il doit chercher à arrêter son train dans un parcours aussi faible que possible ; s'il ne peut éviter le choc, il doit en atténuer, autant que possible, la violence. On doit donc mettre entre les mains du mécanicien un frein aussi puissant que possible.

2° *Accident arrivant à une voiture sans rupture d'attelage.* — Il arrive quelquefois un accident à une voiture, sans que cela entrave la marche du train ; il y a néanmoins utilité d'arrêter le train le plus tôt possible. Il est bon dans ce cas que chaque agent du train puisse faire agir le frein continu, dans le cas, surtout, où le mécanicien ne s'apercevrait pas de l'accident.

Cependant cette condition n'est pas indispensable, si le train est muni d'un appareil permettant aux agents de donner au mécanicien un signal d'alarme.

3° *Ruptures d'attelages dans les montées.* — Les chemins de fer se répandant de plus en plus dans les pays de montagnes, il peut arriver qu'une rupture d'attelage se produise dans une montée. Dans ce cas, il est indispensable d'arrêter la queue du train. Pour obtenir ce résultat, on a imaginé des freins où chaque voiture contient en elle-même la puissance motrice nécessaire pour faire agir le frein ; ils sont disposés de telle façon que le fait même de la rupture d'attelages produit le serrage des freins dans tout le train. C'est ce qu'on appelle des freins automatiques.

Il ne faut pas exagérer l'importance de ce genre d'accidents. Dans les trains de voyageurs, les ruptures d'attelages dans les montées sont très rares. Si, pour les trains de marchandises, on emploie la double traction, on peut se dispenser de rendre automatique le frein continu en mettant une des machines en queue du train, et en laissant subsister quelques freins à vis.

4° *Déraillements avec ruptures d'attelages.* — Lorsque la machine du mécanicien reçoit une violente secousse, il est impossible d'exiger de lui, dans ce cas, une manœuvre quelconque. De plus, l'attelage de la machine est le plus souvent rompu, de telle sorte que le frein continu ne peut agir que s'il est automatique.

Il faut observer qu'en cas de déraillement de la machine, le serrage du frein ne saurait diminuer beaucoup la gravité de l'accident ; en effet, une machine déraillée ne peut parcourir qu'une très faible distance sans s'arrêter ; l'action du frein ne dure donc pas assez longtemps pour diminuer beaucoup la violence du choc des wagons contre la machine. Le même cas se présente lorsqu'une machine déraille en rompant ses attelages.

5° *Modération de la vitesse dans les descentes.* — En dehors des accidents dont je viens de parler, les freins continus peuvent servir dans bien des cas. On peut même ajouter qu'on doit s'en servir fréquemment ; c'est le seul moyen pratique de s'assurer qu'ils sont toujours en bon état. Dans les descentes, le mécanicien peut se servir du frein continu, mais il faut pour cela qu'il gradue son énergie suivant le profil de la voie.

6° *Arrêts dans les stations.* — Le mécanicien peut se servir du frein continu dans tous les arrêts ; il y gagne chaque fois quelques secondes. Cet avantage a une certaine valeur dans les lignes de banlieue ; le frein doit donc être disposé de façon à n'être pas désagréable aux voyageurs, quand le mécanicien s'en sert avec modération.

451. *Résumé des qualités des freins continus.* — En résumé, les qualités exigibles d'un bon frein continu sont les suivantes :

1° Le frein doit être sous la main du mécanicien ;

2° Il doit être aussi énergique que possible ;

3° Le mécanicien doit pouvoir graduer à sa guise son énergie.

En dehors de ces trois qualités fondamentales, il est préférable qu'il possède aussi les deux suivantes :

1° Il est bon que le frein soit sous la main de tous les agents du train ;

2° Il peut être utile qu'il soit automatique.

452. *Diverses sortes de freins continus.* — Les freins continus peuvent se diviser en deux catégories :

1° Ceux qui empruntent à la locomotive le travail moteur nécessaire pour serrer les freins du train tout entier ;

2° Ceux dans lesquels chaque voiture contient en elle-même, à chaque instant, le travail moteur nécessaire au serrage de son propre frein.

Ces derniers ont l'avantage d'être généralement automatiques et plus instantanés que les autres. En revanche, ils sont plus compliqués ; le mécanicien peut plus difficilement graduer leur énergie, et cela entraîne de nouvelles complications. Enfin, quand on dételle la locomotive, le frein se serre de lui-même dans toutes les voitures. Il faut faire subir à chaque voiture une manœuvre spéciale, et d'ailleurs très simple, pour pouvoir la remiser.

Dans la première catégorie se trouvent les freins à vide et à air comprimé de MM. du Tremblay et Martin, le frein à vide Smith-Hardy, certains freins hydrauliques.

Dans la seconde on rencontre tous les

freins à chaînes vus précédemment : Clark, Héberlein, Bécker, le frein à air comprimé Westinghouse automatique, le frein à vide Sanders, le frein électrique Achard, etc.

Freins continus pneumatiques.

453. *Généralités.* — Les freins pneumatiques sont basés, comme leur nom l'indique, sur l'emploi de l'air, soit comprimé, soit raréfié, agissant sur une face d'un piston dont l'autre face est en contact avec l'air atmosphérique.

En plus aujourd'hui, on exige de ces freins l'instantanéité et l'automaticité, suivant les principes posés d'une façon si précise le Board of Trade en Angleterre, savoir :

1° Les freins doivent être instantanés dans leur action et pouvoir être appliqués par le mécanicien ou par les conducteurs, sur toutes les roues du train sans exception ;

2° En cas d'accident, ils doivent pouvoir s'appliquer d'eux-mêmes et instantanément ;

3° La manœuvre des freins, tant pour le serrage que pour le desserrage, doit être très facile sur la machine comme sur les véhicules du train ;

4° Ils doivent être d'un usage constant et régulier pour la manœuvre de chaque jour ;

5° Les matériaux employés dans leur construction doivent être durables, c'est-à-dire d'une certaine solidité, de façon à être entretenus facilement et maintenus en bon état de fonctionnement ; .

6° Éviter, tout en s'en rapprochant le plus possible, le calage des roues, c'est-à-dire le moment où le roulement sur le rail se transforme en glissement ;

7° Pouvoir faire varier la pression sur les sabots depuis zéro jusqu'à son maximum, de façon à obtenir des ralentissements progressifs et durables lors de la descente des pentes, c'est-à-dire ce qu'on a appelé la *modérabilité*.

Les deux systèmes de freins pneumatiques ayant aujourd'hui conquis la faveur du public sont le frein Westinghouse et le frein Smith, le premier à air comprimé, le second à vide. Le frein Westinghouse remplit assez bien toutes les conditions du programme ci-dessus ; le frein Smith y répond moins bien surtout sous le rapport de l'automaticité, et les premiers échantillons de ce système n'étaient même pas automatiques. Mais il présente sur son concurrent l'avantage d'une certaine simplicité fort appréciée des ingénieurs anglais.

Freins à vide.

454. *Frein du Tremblay et Martin.* — Dès 1860, MM. du Tremblay et Martin avaient imaginé un frein continu où ils se servaient du vide comme moyen de transmission du travail moteur de la machine à tout le train.

Le vide était obtenu au moyen d'un éjecteur placé sur la machine ; le frein était serré sous chaque voiture par l'aspiration de l'air dans un appareil susceptible de diminuer de volume et d'entraîner la tige de serrage du frein par sa construction.

Ce système essayé n'a pas réussi à cause de ses nombreuses imperfections de détail. Mais il y a là les principes complets du frein à vide, que MM. Smith et Hardy n'ont fait qu'imiter en le perfectionnant.

455. *Considérations générales.* — Les freins à vide se divisent en deux catégories bien distinctes : les freins *directs* et les freins *automatiques*. Nous savons que la particularité de ces derniers est de fonctionner immédiatement en cas de rupture d'attelage ou de tout autre accident survenu au mécanisme du frein lui-même.

La timonerie de chaque véhicule est commandée par l'extrémité d'une tige actionnée directement par les mouvements d'un piston ou d'un diaphragme sur les deux faces duquel on peut déterminer à volonté des pressions différentes par la raréfaction de l'air.

La dépression est produite par le mécanicien sur la locomotive ; les appareils de manœuvre sont : un éjecteur, un robinet de manœuvre et une soupape de rentrée d'air.

La raréfaction produite sur la locomotive

est transmise d'un bout à l'autre du train et avec la rapidité qui caractérise les changements de pression des fluides, au moyen d'une conduite générale, raccordée entre les véhicules par des raccordements flexibles ou articulés. Sous chaque voiture se trouve le piston ou le diaphragme moteur renfermé dans un cylindre à frein, ou dans un vase à frein, convenablement relié à la conduite générale.

Dans les freins directs, le vide opère directement, au moment d'effectuer le serrage, sur les pistons ou diaphragmes moteurs, et n'est pas entretenu pendant la marche du train. Dans les freins automatiques, au contraire, la raréfaction subsiste d'une façon continue ; elle doit être entretenue dans la conduite générale et dans les réservoirs auxiliaires placés sous chaque véhicule ; la différence de pression des deux côtés du piston ou du diaphragme n'est alors produite qu'au moment du serrage.

Dans les freins à vide, l'éjecteur qui produit la raréfaction est actionné, à la volonté du mécanicien, par la vapeur de la chaudière. Nous allons examiner successivement les deux catégories de freins à vide, c'est-à-dire les freins directs et les freins automatiques.

456. *Frein à vide direct de M. Smith.* — Comme nous l'avons déjà dit, ce frein n'est qu'un perfectionnement du système de MM. Martin du Tremblay (1860) dont un spécimen fut exposé au Palais de l'Industrie à Paris. L'idée fut reprise en Amérique et plus particulièrement en Angleterre par M. Smith (1870), et son application en France eut immédiatement lieu au chemin de fer du Nord.

L'ancien type de M. Smith (*fig.* 747 à 750) se compose d'un soufflet cylindrique et horizontal, en caoutchouc C′ dont le fond du milieu est fixe et les deux fonds extrêmes mobiles ; ces derniers portent les tiges des sabots de frein (*fig.* 747 et 748). Le vide qui entraîne le rapprochement des fonds mobiles du soufflet, et le serrage des sabots contre les roues, est produit par l'éjecteur A (*fig.* 749) placé sur la boîte à fumée de la locomotive (*fig.* 747), et dans lequel, au moment voulu, on injecte un jet de vapeur qui produit

une aspiration d'air et fait le vide d'une manière partielle dans la conduite. géné-

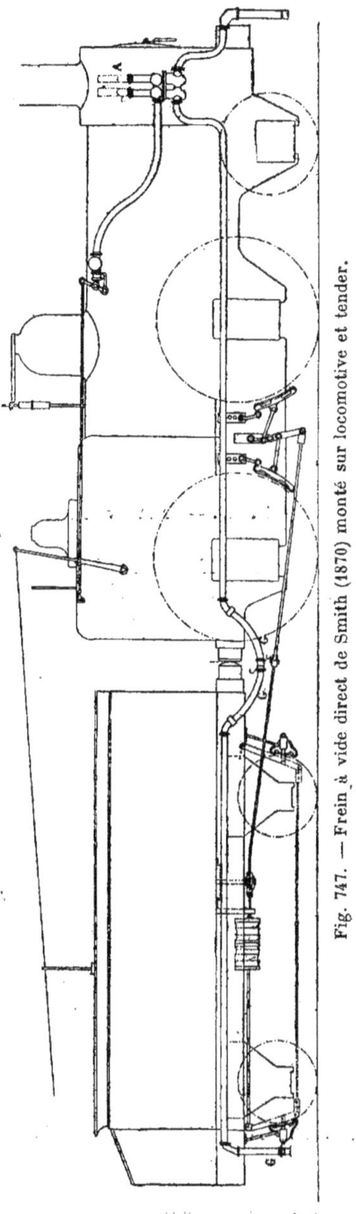

Fig. 747. — Frein à vide direct de Smith (1870) monté sur locomotive et tender.

rale G, établie sous tous les véhicules du train.

Cette conduite est composée detronçons reliés entre eux au moyen de tubes en caoutchouc G d'une voiture à l'autre. La disposition est telle qu'en cas de rupture d'attelage, le tube de connexion *g* est obturé par le bout pendant du tuyau G (*fig.* 750).

Le frein de la locomotive a son soufflet sur le tender (*fig.* 747). Dans les premiers essais qui furent faits, un train lancé à la vitesse de 72 kilomètres à l'heure s'arrêtait sans aucune secousse dans un parcours de 300 mètres.

Le desserrage se fait par la manœuvre inverse de la précédente, en laissant rentrer l'air atmosphérique par une soupape placée au bas de l'éjecteur.

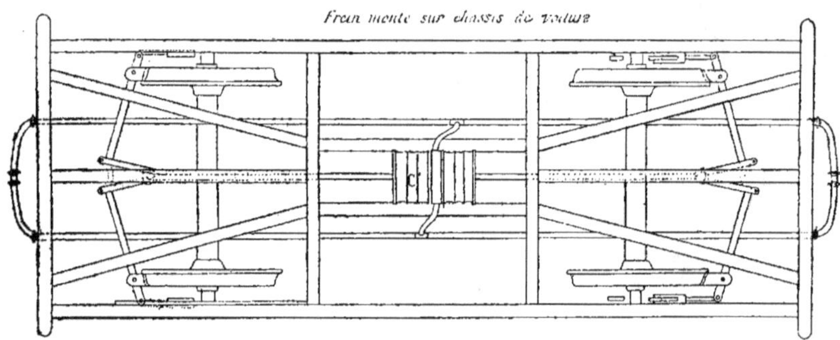

Fig. 748. — Frein à vide direct de Smith (1870) monté sur un châssis de voiture.

La figure 747 montre deux éjecteurs, l'un spécialement destiné au frein de la locomotive, et l'autre aux véhicules du train.

Un premier perfectionnement avait consisté à disposer les soufflets verticaux S sur un fond fixé au châssis et l'autre mobile actionnant la tige du frein. On voit les choses ainsi disposées sur les figures 751 et 752 qui montrent en même temps l'adaptation d'un soufflet spécial à la locomotive commandant ses propres sabots de frein au lieu de les voir actionnés comme plus haut par ceux du tender.

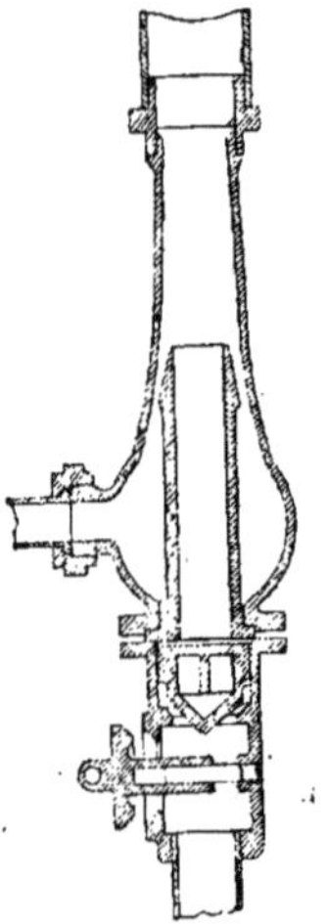

Fig. 749. — Frein à vide direct de Smith. — Coupe d'un éjecteur.

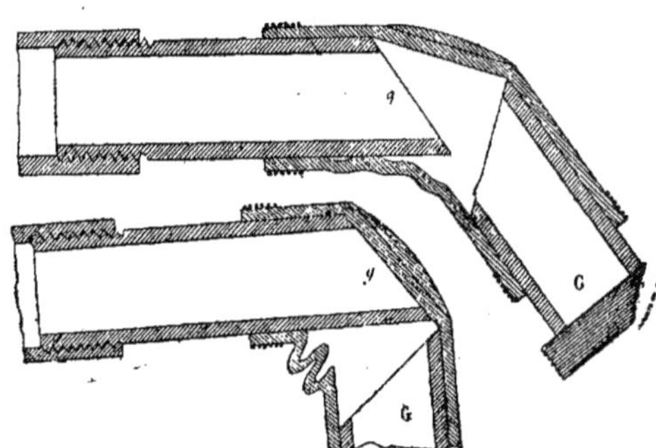

Fig. 750. — Frein à vide direct de Smith. — Tube de connexion avec ajutage ouvert et fermé.

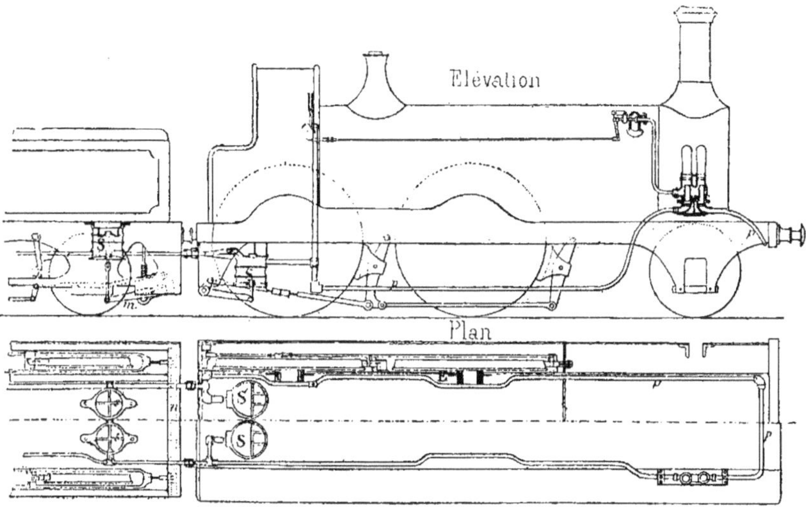

Fig. 751 et 752. — Frein à vide direct de Smith monté sur locomotive.

Les freins à vide directs, montés avec soin offrent une étanchéité parfaite, leur manœuvre est d'une extrême simplicité, l'entretien et la surveillance ne sont presque rien. C'est à ces qualités que l'on doit certainement la préférence montrée à l'origine par la Compagnie du Nord pour ce système et l'adoption qu'elle fit sur tout son matériel, du frein à vide direct Smith-Hardy.

Le seul inconvénient de ces freins est de n'être pas automatiques. Or, les avantages de l'automoticité ont été très contestés, son principal défaut étant d'endormir la vigilance du personnel.

Ce qui mérite une attention toute particulière dans ce type de frein, c'est le moyen employé pour faire le vide. Le lancement d'un jet de vapeur dans l'éjecteur en communication avec la conduite générale qui règne sous le train, suffit pour faire baisser la pression à une demi atmosphère, ce qui détermine le rapprochement rapide des fonds de ces sortes de lanternes vénitiennes que sont les sacs en caoutchouc. Placé sous la main du mécanicien qui peut en graduer l'action avec facilité, l'éjecteur rend les plus grands

services pour la descente des trains sur les longues rampes.

457. *Frein Smith-Hardy.* — On voit immédiatement que le côté faible de ce système est le soufflet en caoutchouc dont l'entretien est très coûteux.

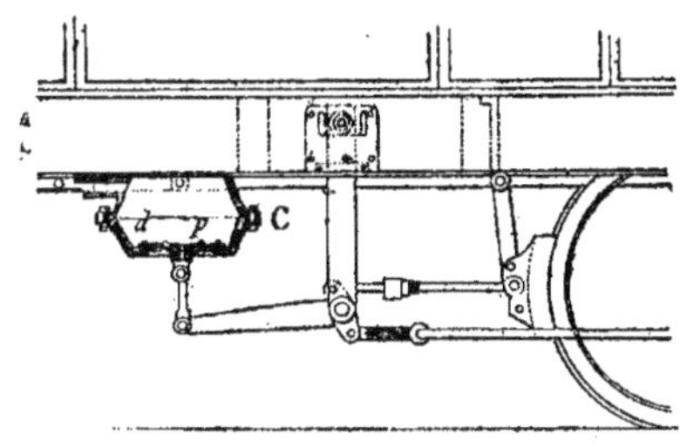

Fig. 753. — Frein à vide Smith-Hardy. — Coupe du cylindre à frein.

M. Hardy, ingénieur aux chemins de fer du Sud de l'Autriche, l'a remplacé par un appareil plus pratique composé d'une sorte de cuvette en fonte munie d'un fond mobile en cuir relié à la barre de serrage du frein.

Il est à remarquer que cette modification de M. Hardy se retrouve à peu près intégralement dans les dispositions primitives de MM. Martin et du Tremblay et le frein Smith-Hardy reproduit encore plus que le précédent le type des ingénieurs français (*fig.* 753).

Le vase à frein Hardy est une double cuvette métallique C, en fonte, dont la partie supérieure fixée au châssis, est, en outre, en communication avec la conduite générale à vide. A l'intérieur se meut un diaphragme en cuir d qui, normalement, repose sur la cuvette inférieure, uniquement destinée à le préserver contre les éclats de pierre de la voie ou les escarbilles incandescentes; quand on fait le vide, ce diaphragme se rapproche de la paroi supérieure. Or, cette membrane en cuir est armée en son centre, de plaques de tôle

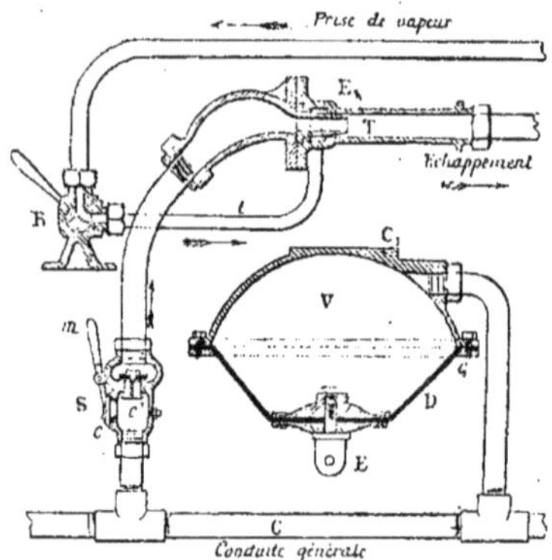

Fig. 754. — Frein à vide Eames-Soulerin.

mince, auxquelles se trouve fixée la tige p agissant directement sur la timonerie du frein.

Ce vase à diaphragme est bien préférable au sac en caoutchouc qui, au bout de peu de temps perd son élasticité, coûte beaucoup plus cher d'entretien et se perce aisément. Il se place avec plus de facilité sous tous les véhicules, et, réduisant l'espace dans lequel se fait le vide, il permet une action plus rapide et plus efficace des freins.

Dans le système de M. Hardy, deux éjecteurs absolument distincts commandent deux conduites séparées, l'une destinée à la machine et son tender et l'autre aux véhicules du train.

458. *Frein Eames-Soulerin.* — Le vide est produit par un éjecteur E, dans lequel on amène la vapeur au moyen d'un robinet de serrage R qui est un simple robinet à deux voies. La conduite générale C, qui, normalement, renferme de l'air à la pression atmosphérique, présente alors un vide plus ou moins énergique, qui se transmet dans les vases V à diaphragmes placés sous chaque véhicule. Les diaphragmes remontent alors sous l'influence de la pression atmosphérique extérieure en entraînant la timonerie et les sabots du frein.

La conduite générale C règne naturellement tout le long du train et les différents tronçons en sont reliés par des accouplements à boyaux flexibles (*fig.* 754),

On desserre en baissant la soupape de desserrage S qui laisse rentrer l'air dans la conduite générale et les diaphragmes retombent sous l'influence de leur poids. décollant en même temps les sabots des roues.

Ce frein est donc, comme tous les freins directs, essentiellement modérable puisque la puissance de serrage dépend du degré de raréfaction obtenu.

Dans l'éjecteur employé, la vapeur amenée par le tube t arrive sous forme de couronne annulaire autour d'une tuyère T dont l'intérieur communique avec la conduite générale.

La soupape de desserrage est une boîte en fonte renfermant deux soupapes c et c'. On ouvre l'une d'elles c à l'aide d'une manette à main m et la rentrée de l'air dans la conduite générale se fait immédiatement; L'autre c' ferme automatiquement toute communication entre la conduite générale et l'extérieur lorsque l'éjecteur a cessé de fonctionner; on maintient ainsi le vide dans les appareils.

Le vase à frein se compose d'une calotte en fonte C sous laquelle est fixé au moyen d'une bride annulaire c_1 un diaphragme flexible en toile caoutchouté D. La tige de commande de la timonerie est actionnée par l'intermédiaire du piston E.

459. *Avantages et inconvénients des freins à vide.* — Le frein à vide est très doux, parce qu'il permet une graduation étendue dans son action. Le vide, qui est obtenu par l'éjection de la vapeur, ne dépasse pas les deux tiers de la pression atmosphérique ; il n'exige donc pas une grande précision dans l'accouplement des tuyaux d'une voiture à la suivante ; l'air extérieur ne tend en effet à rentrer dans les soufflets et les conduites qu'avec une pression faible ; en outre, une petite fuite ne présente pas d'autre inconvénient que d'entraîner momentanément une dépense de vapeur un peu plus grande.

Il est d'une grande simplicité, n'exige qu'une faible dépense de premier établissement et très peu d'entretien.

Mais il est moins énergique et moins rapide que les freins à chaîne ou à air comprimé à cause du temps nécessaire à la propagation du vide de la machine jusqu'à la dernière voiture du train. Cette lenteur, ajoutée aux petites rentrées d'air qui peuvent se produire, font que l'action de ce frein diminue à mesure que la longueur du train augmente et que son application était au début restreinte à un nombre limité de voitures.

Pour remédier à cet inconvénient, M. Gottschalk, directeur du matériel et de la traction des chemins de fer du Sud de l'Autriche, établit sur la machine deux éjecteurs dont l'un spécialement réservé à la locomotive et son tender ; dans ces conditions, un train de 12 à 15 voitures marchant à la vitesse de 75 kilomètres à l'heure, peut être arrêté après un parcours de 250 à 300 mètres.

Mais cela ne le rend pas automatique, c'est-à-dire qu'en cas de rupture d'attelage la partie de train abandonnée est dépourvue de tout moyen d'arrêt. Nous allons voir maintenant comment on est arrivé à ce résultat.

460. *Frein mixte Soulerin.* — M. Soulerin a imaginé un appareil mixte qui permet au frein direct, pendant la marche ordinaire et le fonctionnement normal, de se transformer en frein automatique en cas de rupture d'attelage, et seulement pour le tronçon de train détaché. On voit la grande importance de ce résultat quand la partie détachée du train peut rebrousser en arrière, par exemple en descendant une

pente à la rencontre d'un autre train venant dans le même sens.

Or, au moment où la partie de train séparée du reste commence à s'arrêter, pour redescendre après, rien n'est plus facile que de caler le train, et il suffit pour cela du freinage d'un seul wagon. Voici comment l'inventeur parvient à obtenir ce résultat.

Supposons vu en plan le châssis du fourgon de queue, muni comme les autres véhicules du frein à vide direct. C, C est la conduite générale, V le vase à diaphragme ordinaire. On ajoute simplement un réservoir R et un distributeur D. Une ficelle *ff* régnant tout le long du train est fixée d'un côté à la locomotive et com-

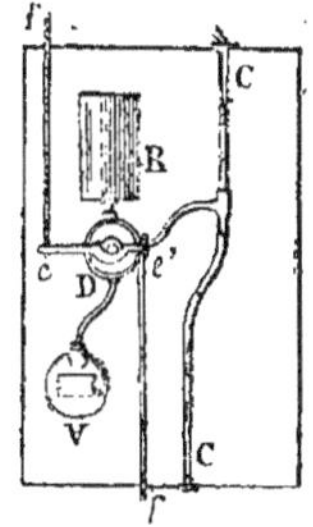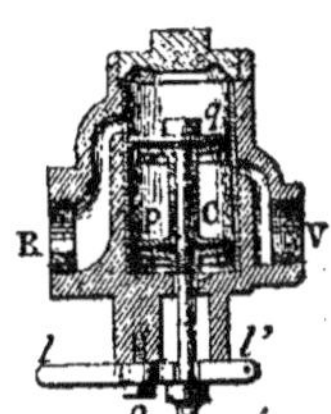

Fig. 755 et 756. — Frein mixte Soulerin.

mande de l'autre un levier attelé au distributeur D (*fig.* 755 et 756).

Ce distributeur est en communication par C avec la conduite générale, par V avec le vase à diaphragme, et par R avec le réservoir auxiliaire. Il se compose d'un système mobile de deux pistons en cuir embouti *pq* montés sur une même tige *t*. Un levier *ll'*, mobile autour d'un axe *o*, permet le mouvement de la tige. En temps normal, ce levier est placé perpendiculairement à l'axe du train, et empêche tout mouvement de la tige. Alors, la conduite générale communique avec le vase, tandis qu'elle est séparée du réservoir par le cuir *q*.

Lors du serrage, le vide se propage donc à la fois dans le vase à diaphragme et dans le réservoir auxiliaire en passant autour de la garniture de *q*.

Lors du desserrage, au contraire, l'air

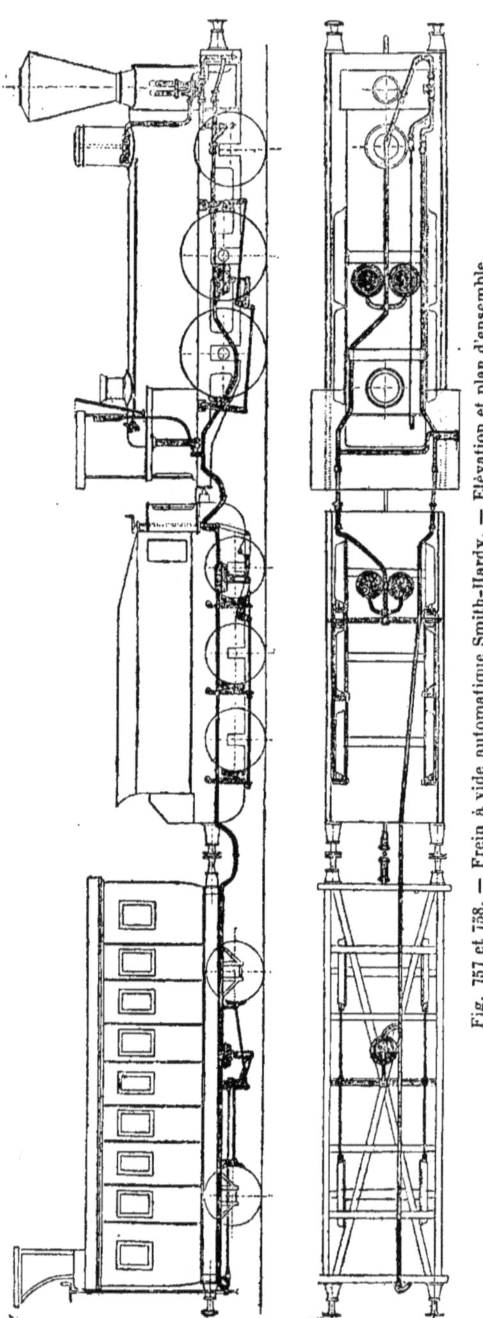

Fig. 757 et 758. — Frein à vide automatique Smith-Hardy. — Élévation et plan d'ensemble.

peut rentrer dans le vase à diaphragme; mais, par suite, de l'application du cuir q, il ne peut rentrer dans le réservoir auxiliaire où le vide est donc continuellement entretenu.

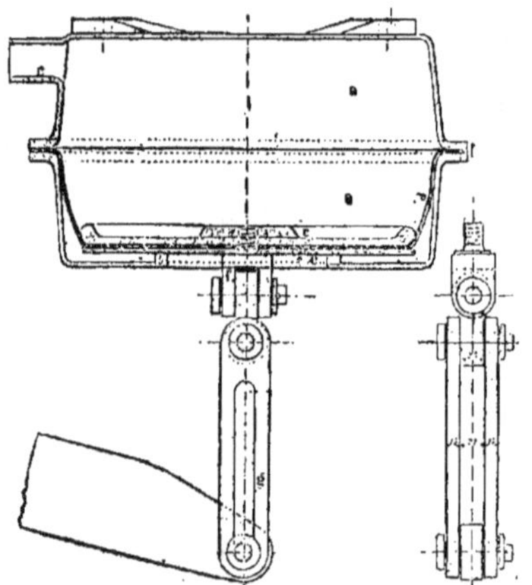

Fig. 759 et 760. — Frein à vide automatique Smith-Hardy. — Vase à frein.

¶ En cas de rupture d'attelage, la poulie avant de se rompre actionne le levier ll'

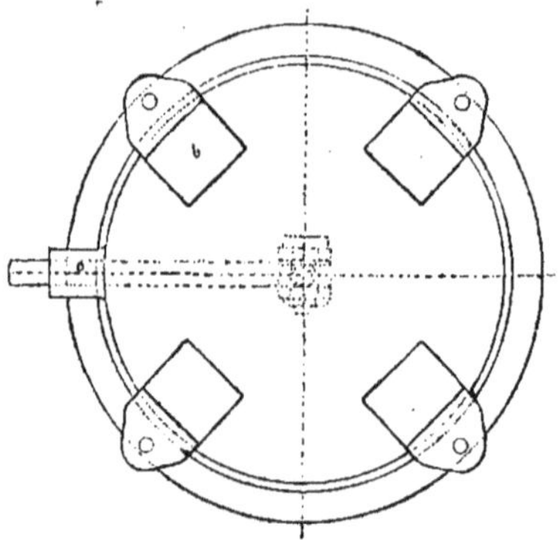

Fig. 761. — Frein à vide automatique Smith-Hardy. — Fond du vase à frein.

et dégage la tige t. Dès lors la pression atmosphérique qui s'exerce sous q fait remonter le système pq et isole la conduite générale, tandis que le réservoir à vide communique avec le vase à diaphragme. Il s'ensuit donc immédiatement une application automatique des freins sur le fourgon de queue, application qui suffit pour arrêter la partie correspondante du train (M. Lesourd, *Génie civil*).

461. *Frein à vide automatique et modérable.* — Les freins à vides automatiques se divisent en deux classes :

1° Dans le type Smith-Hardy et de la Vacuam Brake Cy, ou frein Clayton, le vide est entretenu d'une façon permanente sur les deux faces des pistons ou diaphragmes moteurs, et l'on obtient le serrage en laissant rentrer l'air sous l'une d'elles;

2° Dans le second type, représenté par le frein Soulerin, le vide n'est entretenu pendant la marche que dans des réservoirs auxiliaires, les deux faces du piston ou du diaphragme étant en communication avec l'extérieur. Un appareil distributeur permet au moment voulu de faire communiquer le réservoir à vide avec une des faces du piston, ce qui entraîne le serrage du frein.

462. *Frein à vide automatique Smith-Hardy.* — Comme les autres freins continus, le frein Smith même, perfectionné par M. Hardy, a dû céder à la pression de l'opinion et aux règlements qui exigent des freins automatiques.

Voici comment M. Hardy rendit automatique le frein Smith (*fig.* 757 à 765).

Au lieu de faire le vide dans la conduite générale et dans les soufflets au moment

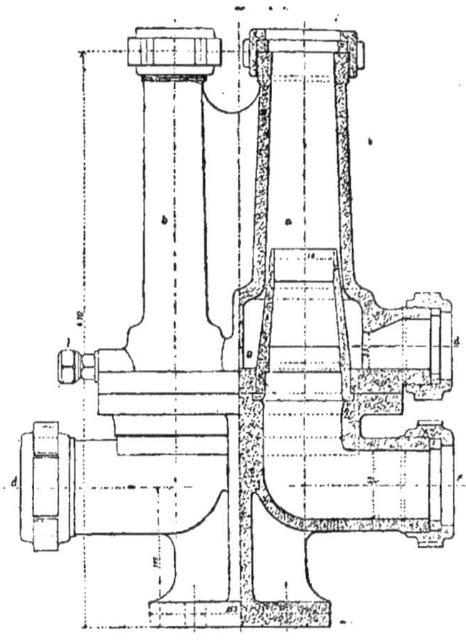

Fig. 762 763. — Frein à vide automatique Smith-Hardy.— Elévation et coupe des éjecteurs,

de serrer le frein, on fait le vide à l'avance dans les organes et lorsque le serrage doit

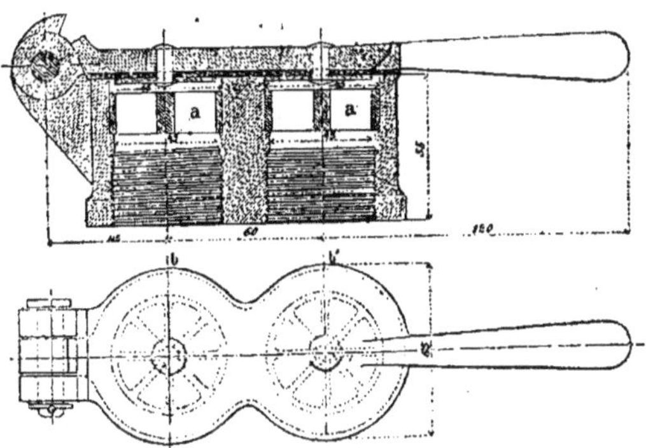

Fig. 764 et 765. — Frein à vide automatique Smith-Hardy. — Coupe et plan de la soupape d'admission de vapeur aux éjecteurs.

s'obtenir, soit par suite d'une manœuvre du mécanicien, soit à cause de la rupture d'un attelage, c'est la rentrée de l'air extérieur et le rétablissement de la pression atmosphérique qui produit le serrage des sabots contre les roues.

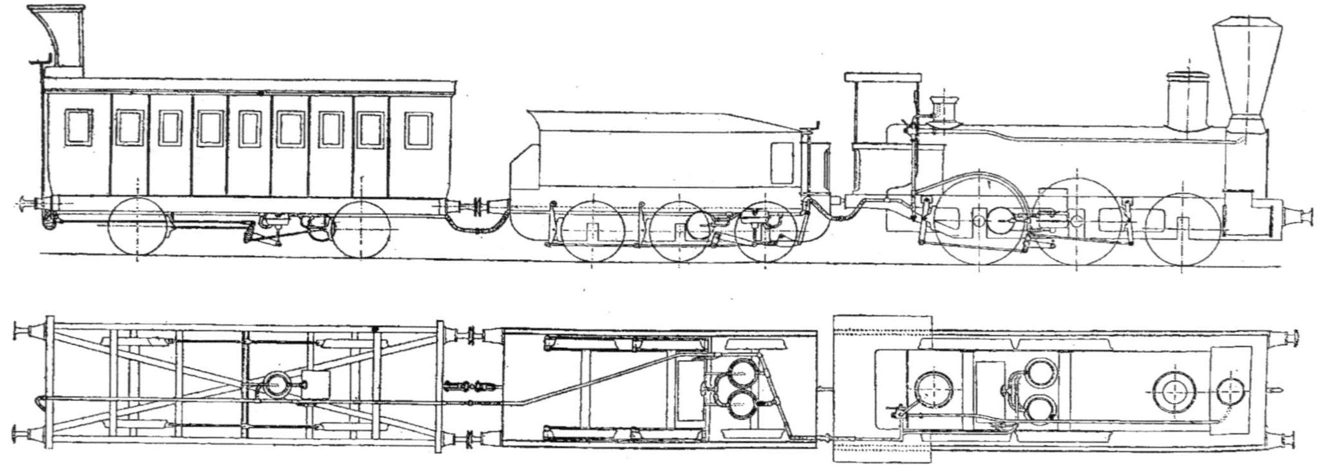

Fig. 766 et 767. — Frein à vide automatique Smith-Hardy perfectionné,

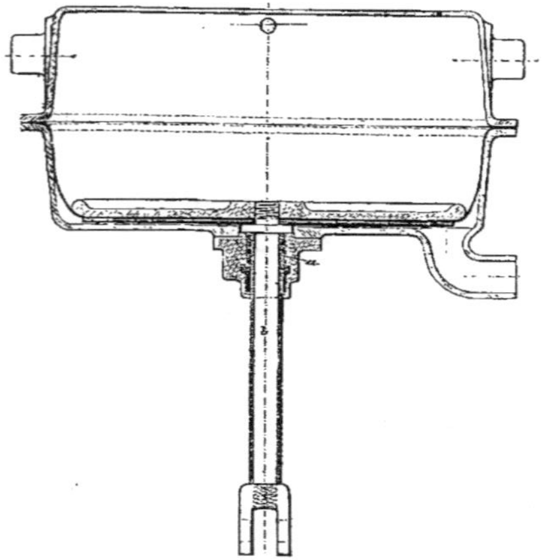

Fig. 768. — Frein à vide automatique Smith-Hardy. — Vase à frein. Fig. 769 et 770. — Frein automatique Clayton, desserré et serré.

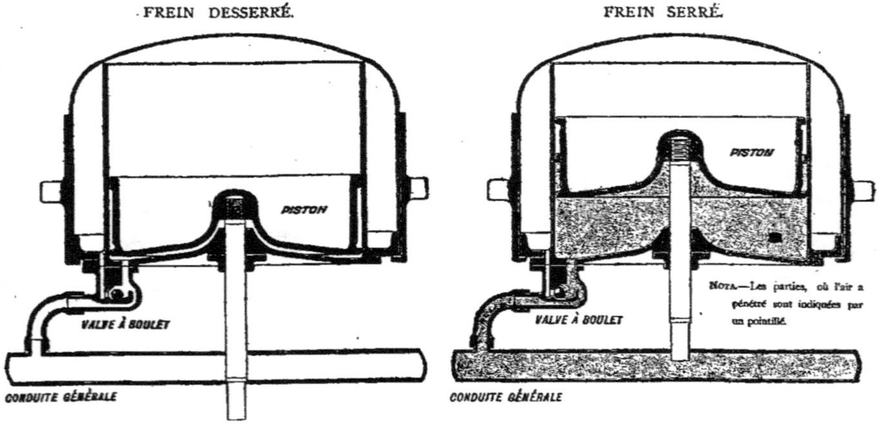

Pour cela, chaque véhicule est muni de la double cuvette Hardy, vue plus haut, le diaphragme mobile, faisant joint de séparation entre la chambre supérieure en communication avec la conduite générale, et la chambre inférieure, en communication avec l'atmosphère. Lorsqu'on fait le vide dans la conduite au moyen des deux éjecteurs attribués comme précédemment, l'un à la locomotive et son tender b, l'autre au train a, le diaphragme monte, poussé par la pression atmosphérique inférieure, et le frein est desserré. Quand, pour un motif quelconque, on laisse rentrer l'air dans la conduite générale, le diaphragme se trouve à la pression atmosphérique en dessus et en dessous et retombe par son

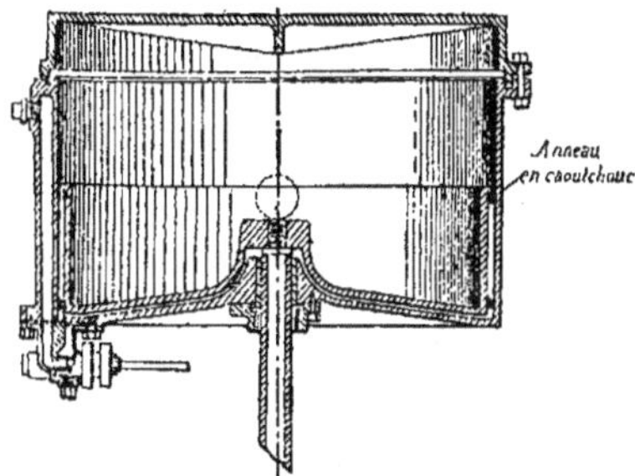

Fig. 771. — Frein antomatique Clayton. — Cylindre de locomotive.

propre poids en serrant les sabots contre les roues.

463. *Perfectionnements.* — La principale difficulté qui se présenta fut de maintenir le vide et pour cela M. Hardy prit les dispositions suivantes (*fig.* 766 à 768) :

Sur la locomotive, sont montés deux éjecteurs, un grand et un petit, ce dernier devant fonctionner constamment pendant la marche du train, pour maintenir le vide dans les appareils et combattre les rentrées d'air qui se produisent facilement par les différentes parties du frein, entre autres les accouplements. Le grand sert à faire fonctionner le frein rapidement, lorsque cela est utile.

Sous chaque véhicule se trouve placé un vase à frein Hardy, à double cuvette et diaphragme mobile, avec tige traversant

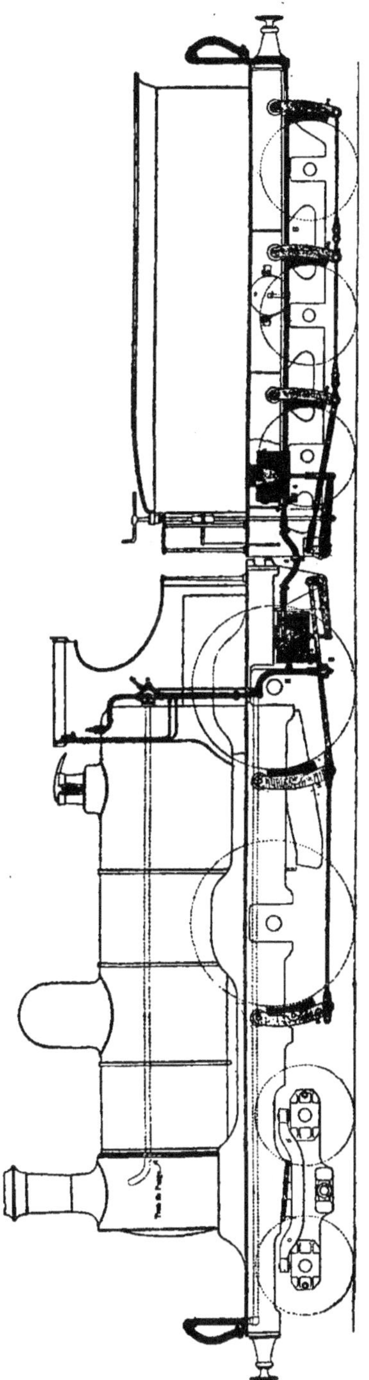

Fig. 772. — Frein automatique Clayton. — Disposition pour locomotive et tender.

le frein inférieur dans un presse-étoupe
étanche *a* (*fig.* 768). Les deux faces du
diaphragme communiquent alors avec le
vide, la face inférieure directement, la face
supérieure par l'intermédiaire d'un réservoir à vide, relié lui-même à la conduite
générale par un coude, et dans lequel se
trouve logé un clapet, permettant à l'air
du compartiment supérieur et du réservoir de passer dans la conduite générale
quand on fait le vide sous celle-ci, mais
s'opposant à son retour en sens contraire.

Il en résulte que si le vide se fait dans
la conduite, il se manifeste en même temps
au-dessus et au-dessous du diaphragme,
qui reste alors en place à la partie infé-

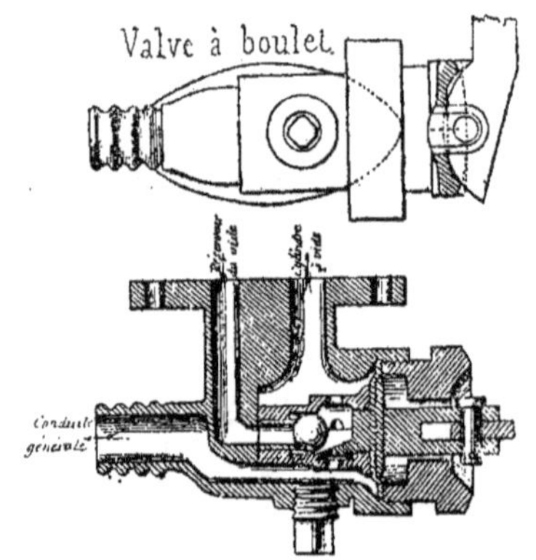

Fig. 773 et 774. — Frein automatique Clayton.

rieure du vase à frein. Mais si on laisse
rentrer l'air dans la conduite, le vide est
détruit au-dessous, tandis que, grâce aux
clapets du réservoir, il persiste au-dessus ;
le diaphragme est donc obligé de monter,
entraînant avec lui sa tige et toute la timonerie du frein. Celui-ci est serré avec
d'autant plus d'énergie, que le vide préalable était plus grand.

Les éjecteurs sont à portée de la main
du mécanicien, manœuvrés par une voiture à papillon que nous décrirons plus
loin dans l'étude du frein Clayton, dernier
perfectionnement actuel du système.

464. *Frein automatique Clayton de la
Vacuum Brake C^y.* — Dans ce système, les
vases à freins sont remplacés par des cy-

lindres, disposés sous chaque voiture et
sous la locomotive. Les figures 769, 770
montrent la disposition adoptée pour les
voitures : le piston et son cylindre sont
renfermés dans leur réservoir. Dans les
machines et les tenders où l'on manque
généralement de place, le réservoir est à
part (*fig.* 771 et 772).

Le piston peut monter et descendre librement dans son cylindre, et le joint
étanche est obtenu entre les deux au
moyen d'un tore en caoutchouc qui roule
en suivant les mouvements du piston. La
tige de ce dernier actionne la timonerie
du frein et traverse une garniture étanche
formée d'une rondelle de caoutchouc et de
graphite et placée au fond du cylindre.
Cette tige est doublée d'un fourreau en laiton, destiné à la prémunir contre l'oxyda-
tion. Le nettoyage de cette tige se fait en
l'essuyant de temps en temps avec un
drap sec, l'emploi de graisse ou d'huile
ne pouvant que nuire.

L'appareil est ainsi divisé en deux
chambres séparées par le tore en caoutchouc ; l'ensemble est mobile autour de
deux tourillons.

A la partie inférieure du cylindre est
fixée une valve à boulet en communication
avec la conduite générale par un tuyau
flexible. Cette valve est de construction
très simple et consiste en une cage dans
laquelle se meut un boulet en bronze qui
peut ouvrir ou fermer, suivant les cas, la
communication de la partie supérieure du
piston avec la conduite générale, cette
communication restant permanente avec
la région inférieure.

Cette cage est, en outre, séparée de l'air
extérieur par un diaphragme garantis-
sant l'étanchéité, mais qu'on peut faire
mouvoir du dehors au moyen d'un
levier à bascule (*fig.* 773-774) et qu'on
peut actionner de chaque côté de la voiture même à l'aide de tirettes spéciales.
Le diaphragme, forcé de reculer, entraîne
avec lui la garniture du boulet, à laquelle
il est fixé, et oblige ce dernier à suivre le
mouvement, en mettant en communication
le réservoir, ou la partie supérieure du
piston, avec l'air extérieur. Cela permet le
desserrage du frein dans certains cas,
comme lorsque la machine est détachée

du train et qu'il y a un serrage automatique.

Par ces dispositions, on voit que normalement, le vide de la conduite générale est transmis aux deux faces du piston, qui, par son poids tombe au fond du réservoir (*fig.* 769 et 770). Aussitôt que le mécanicien, un agent quelconque du train ou un accident, introduit l'air dans les conduits, la pression atmosphérique appuie vigoureusement le boulet sur son siège ne détruisant le vide qu'au-dessous des pistons. Celui-ci remonte alors, fait jouer la tige, commande et applique les sabots du frein contre les roues avec une énergie proportionnelle à la quantité d'air admise dans la conduite, d'où la modérabilité.

Quand on refait le vide dans la conduite générale pour produire le desserrage, le boulet quitte alors à nouveau son siège, le vide se propage à nouveau sur les deux faces du piston, et celui-ci reprend sa position de repos à la partie inférieure du cylindre.

Éjecteurs combinés. — Toutes ces opérations sont obtenues au moyen d'un appareil assez compliqué appelé éjecteur combiné et qui se compose en principe de deux éjecteurs concentriques, un grand et un petit renfermé dans le premier; tous deux aspirent l'air dans la conduite générale, mais le petit fonctionne constamment, et son rôle est de maintenir le vide au degré voulu dans la conduite; un robinet placé au-dessus des cônes d'éjection permet de régler son débit, et par conséquent le degré de vide nécessaire (*fig* 776).

Le grand éjecteur est actionné par un appareil de manœuvre faisant corps avec lui et composé de deux plateaux calés sur le même axe, l'un fixe et l'autre mobile ou papillon, percés chacun d'ouvertures convenablement disposées ; en donnant à ce plateau mobile un mouvement de rotation à l'aide d'une poignée de manœuvre, on obtient les communications voulues: les positions qu'on peut donner à ce papillon sont au nombre de trois.

Le papillon est en effet ouvert quand le levier de l'éjecteur est à la position *desserré ;* l'action des deux éjecteurs est alors semblable, la vapeur circule autour des cônes avec une grande vitesse, entraînant

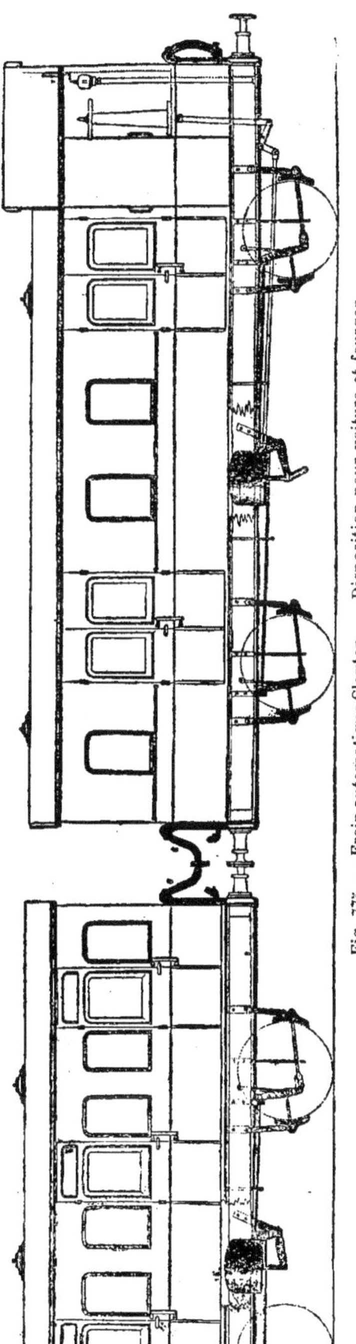

Fig. 775. — Frein automatique Clayton. — Disposition pour voiture et fourgon.

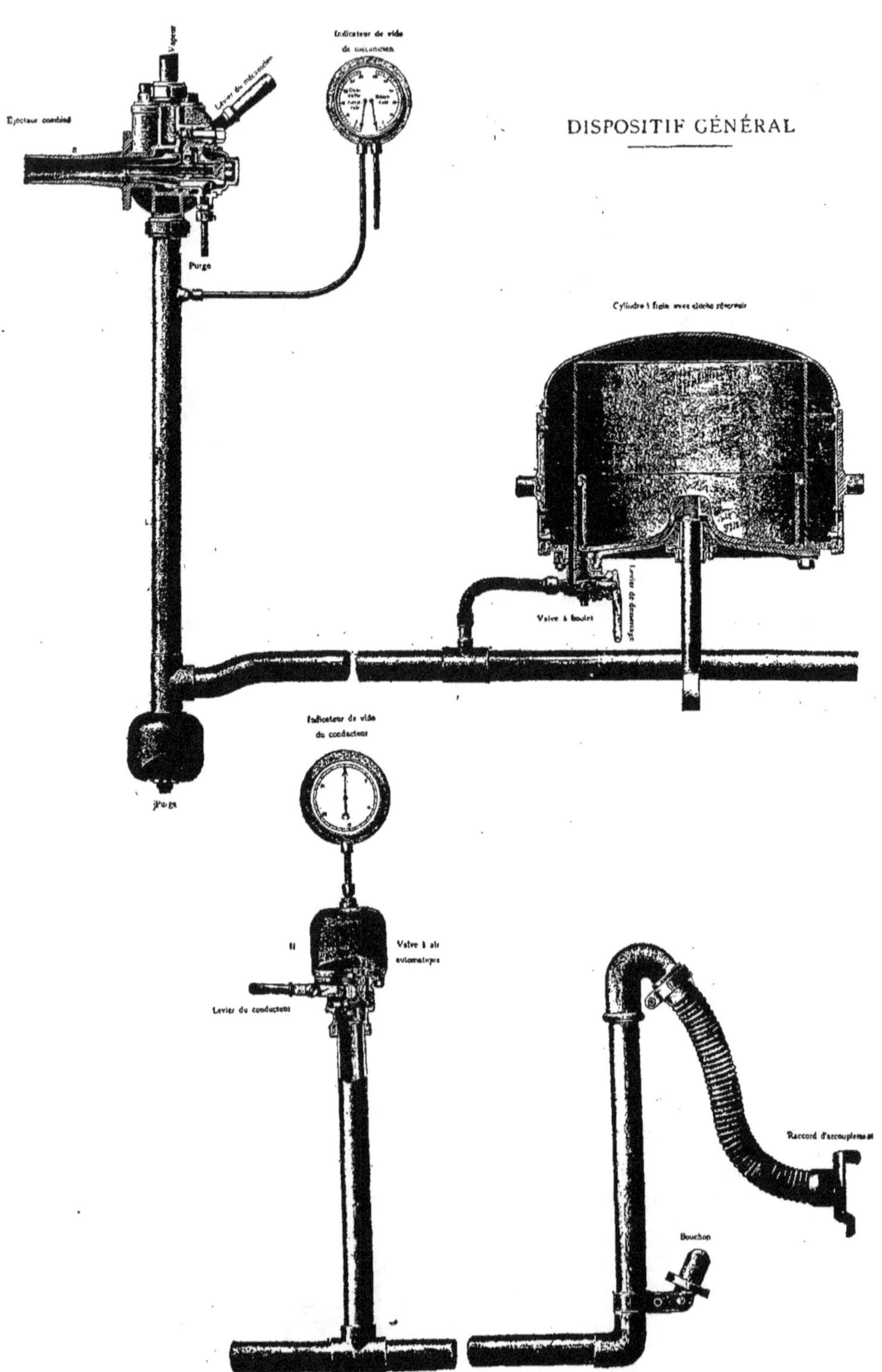

Fig. 776. — Frein automatique Clayton.

l'air de la conduite et des cylindres dans le tuyau d'échappement et de là dans la cheminée de la machine. Pour obtenir le meilleur vide, l'admission de la vapeur à l'éjecteur doit être réglée ; pour les pressions ordinaires, la valve d'admission de vapeur, qui précède l'éjecteur, n'a besoin que d'une faible ouverture. Ajoutons que cette valve est des plus simples et ne présente que deux positions : ouverte ou fermée ; elle doit toujours être ouverte quand la machine est en service et fermée quand elle est au dépôt, afin d'éviter toute condensation dans le tuyau d'arrivée de vapeur. Elle permet l'examen de l'éjecteur même quand la chaudière est sous pression.

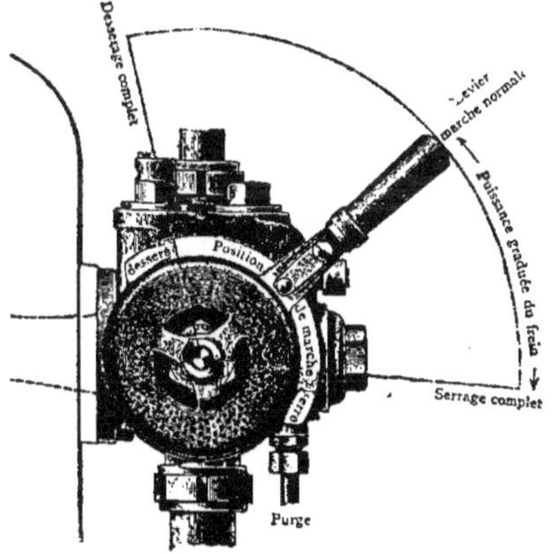

Fig. 777. — Frein automatique Clayton. — Levier du mécanicien.

Le levier du mécanicien commandant l'éjecteur par l'intermédiaire du papillon a trois positions (*fig.* 777) :

1° *Desserré* qui permet de desserrer rapidement les freins en admettant la vapeur au grand éjecteur ;

2° *Position moyenne de marche*, dans laquelle le disque à air et le papillon du grand éjecteur sont fermés, le frein est desserré à l'aide du petit éjecteur, et le le vide est maintenu après que le frein a été desserré ;

3° *Serré ;* dans ce cas le disque à air laisse pénétrer l'air atmosphérique dans la conduite et les freins se serrent. Dans ce dernier cas, suivant que les orifices des deux plateaux sont plus ou moins en regard, la rentrée d'air est plus ou moins importante et le serrage est gradué à volonté ; c'est ce qui rend le frein *modérable*.

La garniture du pivot de rotation de ces appareils doit être entretenue avec soin afin d'éviter les fuites de vapeur.

Les cylindres à vide de la machine sont reliés par un tuyau spécial partant de l'éjecteur, au réservoir à vide du tender. Ce tuyau communique avec le petit éjecteur, quand le levier occupe la position du serrage complet ; par suite, le vide est constamment maintenu au-dessus des pistons à vide de la machine et du tender. Au sommet du tuyau, on place un petit

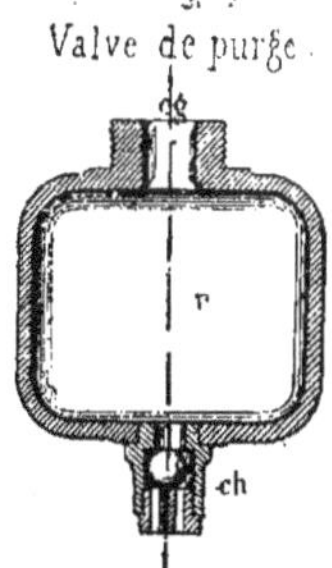

Fig. 778. — Frein automatique Clayton.

robinet qui permet de desserrer les freins de la machine et du tender, quand l'admission de la vapeur est fermée.

Le levier à main du mécanicien doit toujours jouer bien librement et les trous du disque à air être tenus bien propres.

Le papillon peut être lubrifié avec quelques gouttes d'huile, mais jamais avec du suif, à l'aide du robinet graisseur placé sur l'éjecteur. Il faut avoir soin de fermer la valve d'admission de vapeur avant d'ouvrir le robinet graisseur.

Comme tous les appareils similaires, l'éjecteur est muni de clapets de retenue qui doivent être maintenus bien étanches, ce qui est facile, car ils peuvent être aisément retirés et visités. Au-dessous de chaque éjecteur, est un tuyau de purge qui doit être maintenu toujours libre, afin de permettre l'écoulement de l'eau de condensation.

Indicateur du vide. — Le mécanicien possède un indicateur du vide, muni de deux aiguilles : celle de gauche indique le degré de vide dans la conduite et les cylindres des véhicules ; celle de droite donne les indications analogues dans le réservoir placé sous le tender (*fig.* 776).

Lorsqu'on serre le frein, l'aiguille de gauche indique le vide restant dans la conduite et sous les pistons ; la différence entre les deux aiguilles donne la puissance d'application du frein ; ainsi, par exemple, s'il y a $0^m,50$ de vide dans les réservoirs et seulement $0^m,25$ dans la conduite, le frein est serré d'environ moitié de sa force.

Valve de purge. — L'eau de condensa-

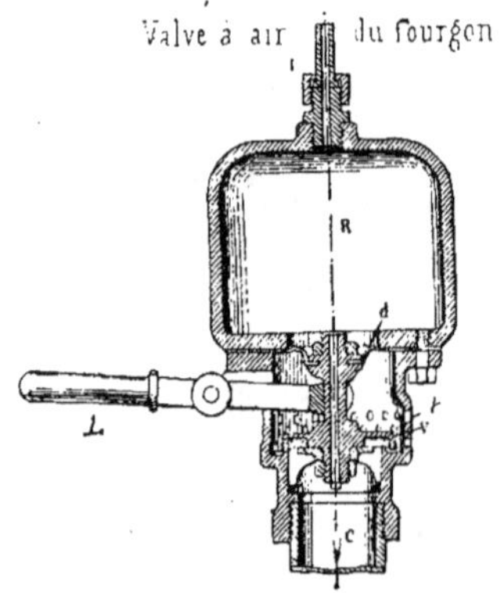

Fig. 779. — Frein automatique Clayton.

tion provenant du service de l'éjecteur, est recueillie dans un récipient placé au bas de la partie verticale de la conduite générale. Ce récipient est muni à sa partie inférieure d'une soupape automatique, formée d'une balle en caoutchouc (*fig.* 778) ; tant que le vide existe dans la conduite, la soupape reste suspendue et appliquée sur son siège ; aussitôt le vide détruit, le boulet retombe et laisse écouler l'eau renfermée dans le récipient ; cette valve a besoin également d'être bien entretenue et visitée fréquemment.

Valve à air des fourgons. — Cet appareil est disposé dans chaque fourgon à la portée du garde, afin que celui-ci puisse,

en cas de besoin, serrer également le frein.

C'est une valve à levier (*fig.* 776 et 779) placée sur un tuyau montant, qui pénètre dans le fourgon et se rattache à la partie inférieure à la conduite générale ; le garde n'a qu'à appuyer la main sur le levier, pour introduire l'air dans cette conduite et faire fonctionner le frein.

Cette valve se compose d'un diaphragme d et d'un clapet V, montés sur la même tige, manœuvrable au moyen du levier L et traversée par une conduite axiale de faibles dimensions, environ 8 millimètres, fermée à la partie supérieure par une platine, portant un trou de 1 millimètre. Au-dessus, est un réservoir R, communiquant avec un manomètre inducteur du vide. En marche normale, la pression s'équilibre entre R et la con-

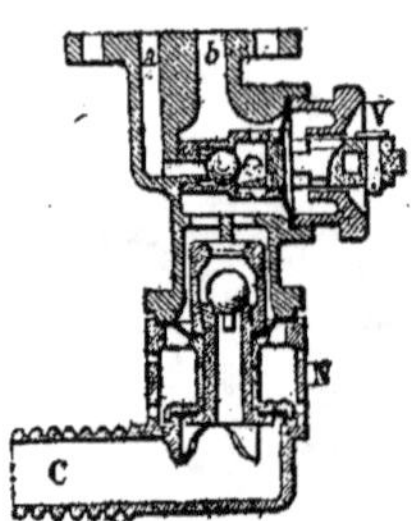

Fig. 780. — Frein automatique Clayton.
Valve à air.

duite C, et le clapet V, un peu plus grand que le diaphragme d, est soumis en plus à son poids qui l'applique sur son siège. Aussitôt que, dans un cas d'urgence, le garde ou le conducteur du train appuie sur le levier L, il soulève le clapet V et met la conduite générale en communication avec l'air extérieur, grâce à de nombreux trous t pratiqués dans la chapelle du diaphragme ; il entraîne alors le serrage du frein.

Cette valve agit aussi automatiquement lorsque le mécanicien applique le frein dans le cas d'un arrêt brusque, en cas de danger ou de rupture d'attelage, quand l'air est subitement introduit dans la conduite. Cet effet se produit parce que le vide existant dans la chambre supérieure, quand l'air arrive brusquement, il soulève la soupape avant d'avoir eu le temps de détruire ce vide, grâce à la petitesse du conduit et du trou de la platine supérieure. Au contraire, dans tous les serrages ordinaires, l'équilibre s'établit entre R et C et le clapet V n'est pas soutenu.

Quand le train est composé d'un grand nombre de véhicules, on a été conduit, pour activer le serrage, à adjoindre à la valve à boulet, une valve analogue à la valve à air, sous un plus ou moins grand nombre de véhicules.

La valve à boulet, vue plus haut V, ne communique pas directement avec la conduite générale ; elle en est séparée par la valve à air N ; le fonctionnement de ces appareils respectifs est le même que précédemment (*fig.* 780).

Accouplement universel. — Les accouplements de conduite entre deux véhicules consécutifs, se font par le système Clayton, composé de deux raccords en fonte rigoureusement semblables, avec rainures *r* et tenon *s* à la partie supérieure, pénétrant respectivement dans les organes correspondants de la tête symétrique ; et à la partie inférieure une corne *c*, venant se croiser avec celle de sa voisine (*fig.* 781 à 783).

L'accouplement se fait simplement en soulevant les deux tuyaux flexibles, croisant les cornes, introduisant les saillies dans les rainures et laissant retomber ; le joint est assuré à l'aide de rondelles de caoutchouc T.

Pour découpler, il suffit de soulever les raccords et ils se séparent d'eux-mêmes.

465. *Frein mixte.* — Certaines exploitations exigent que le frein puisse fonctionner, tantôt comme frein à vide direct et tantôt comme frein à vide automatique. On obtient ce résultat, en interposant entre la valve à boulet et le cylindre à frein, un robinet qui peut occuper trois positions. Dans la première, le frein fonctionne à vide direct, le vide produit au moment du serrage par le mécanicien, se transmettant seulement dans la chambre supérieure du piston ; dans la seconde, le cylindre est isolé, et la conduite générale joue le rôle de conduite blanche ; dans la troi-

sième, enfin, le frein fonctionne normalement comme nous l'avons vu plus haut, comme frein à vide automatique.

466. *Remarques générales.* — Les arrêts de gare ne doivent pas se faire par une brusque application du frein, mais en réduisant le vide de 10 à 20 centimètres, et le reconstituant doucement en tournant le levier à la position de marche avant l'arrêt complet ; le vide étant presque reconstitué à la fin de l'arrêt, on évite les secousses et le frein est desserré sans l'emploi du grand éjecteur.

Pour appliquer rapidement le frein en cas de détresse, il suffit de ramener le levier à la position *serrée*, ouvrant ainsi complètement la valve à air.

Le vide normal est de 55 à 60 centimètres ou 3/4 d'atmosphère. Avant le départ, le mécanicien doit contrôler si son

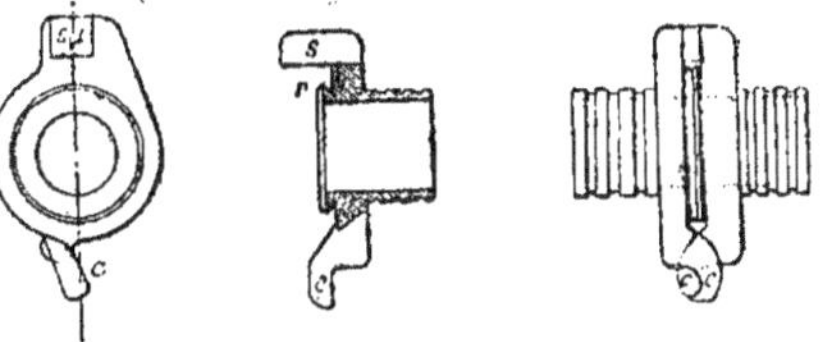

Fig. 781 à 783. — Frein automatique Clayton. — Accouplement des véhicules.

manomètre indique au moins 45 centimètres de vide minimum qui doit se maintenir constamment en marche et pendant les arrêts aux stations.

Il est bon de ne pas fermer le robinet d'admission de vapeur au petit éjecteur avant d'avoir détruit le vide.

Au dépôt, les tuyaux d'accouplement entre tenders et machines doivent être découplés. Si l'on rencontre de l'eau dans ces tuyaux, c'est l'indice qu'il y a lieu de visiter les clapets de retenue de l'éjecteur.

Le conducteur ou les gardes ne doivent manœuvrer eux-mêmes le frein de leurs fourgons qu'en cas de danger. Comme nous l'avons vu plus haut, la valve à air de ces fourgons s'ouvre automatiquement lorsque le frein est serré brusquement par le mécanicien. Le conducteur doit s'assurer avant le départ que son manomètre marque bien également au moins 45 centimètres de vide, mais il doit en informer le mécanicien. Il doit visiter également si les raccords entre les voitures sont bien accouplés, et si le tuyau d'accouplement de la queue du train est bien placé avec son bouchon afin de fermer la conduite.

Lorsque les tuyaux entre les voitures sont découplés, il faut avoir soin de les placer sur leurs bouchons respectifs.

467. *Frein à vide Sanders.* — Le frein Sanders est un frein normalement à vide qui produit le serrage des sabots quand on laisse rentrer l'air dans l'appareil au moyen d'un robinet spécial, ou à la suite d'une rupture d'attelage : il est donc automatique (*fig.* 784 et 785).

Dans ce type de freins la tige de ser-rage des sabots est reliée à deux cylindres, dont l'un est beaucoup plus grand que l'autre ; le plus petit tend à serrer le frein et le plus grand tend à le desserrer. Quand on fait le vide dans les deux cylindres le frein est desserré, l'action du grand piston, l'emportant sur celle du petit. Quand on laisse au contraire rentrer l'air dans le tuyau de communication, il pénètre dans le grand cylindre une soupape de retenue l'empêchant de rentrer dans le petit ; il y a donc serrage immédiat des sabots.

Le vide s'obtient dans tous les cylindres au moyen d'une petite pompe placée sur la machine et qu'on est obligé de faire fonctionner de temps en temps pour parer

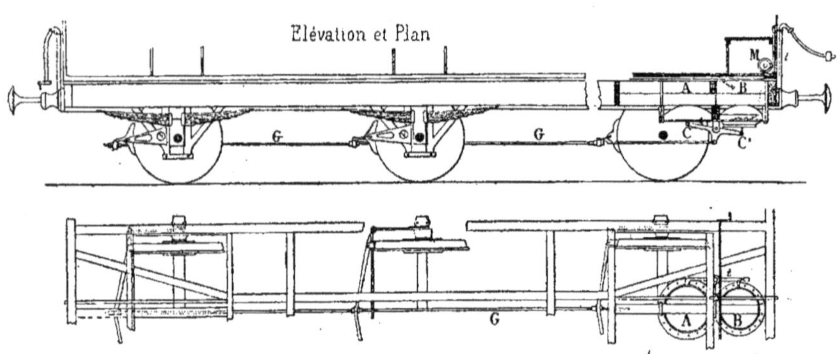

Fig. 784 et 785. — Frein automatique Sanders.

aux fuites qui se produisent toujours dans les attelages.

M. Sanders a imaginé également un autre système, où le frein est naturellement serré dans chaque voiture par un poids. Ce poids est relevé par un cylindre à vide. En maintenant le vide dans tous les cylindres du train, le frein reste donc desserré. Ce système a été l'objet de perfectionnement proposés par MM. Wenger et Quesnot, ingénieurs de la Compagnie Paris-Lyon-Méditerranée.

468. *Frein à vide automatique Soulerin.* — Le frein Soulerin à vide comporte, comme les appareils de la même famille, un éjecteur double avec clapet de retenue et un robinet de manœuvre ; sous chaque véhicule est encastré un appareil distributeur, un vase à frein, et un réservoir auxiliaire. Enfin, une conduite générale règne d'un bout à l'autre du train.

Le vase à diaphragme est exactement le même que celui que nous avons vu plus haut pour le frein à vide direct (*fig.* 787).

L'éjecteur, identique à ceux du frein Clayton, se compose d'un grand éjecteur à jet de vapeur annulaire, accompagné d'un petit éjecteur à jet de vapeur central ; le tout fixé sur la locomotive.

Le robinet de manœuvre, également à portée de la main du mécanicien, est un robinet à clef avec orifices et conduits convenablement disposés ; il est fixé par deux brides à des tubulures amenant la vapeur au grand et au petit éjecteur. Il peut occuper quatre positions différentes, savoir :

Dans la première, ou position de serrage, le grand éjecteur est le seul qui fonctionne ;

Dans la seconde, ou position normale, le petit éjecteur seul fonctionne ;

Dans la troisième, aucun éjecteur ne fonctionne, la conduite générale est complètement isolée, et l'appareil est au repos ;

Enfin, dans la dernière, la conduite générale communique plus ou moins avec l'air extérieur : c'est la position de *serrage*.

Les accouplements de tuyaux sont exactement les mêmes que ceux du frein à vide direct.

Les réservoirs auxiliaires sont en tôle

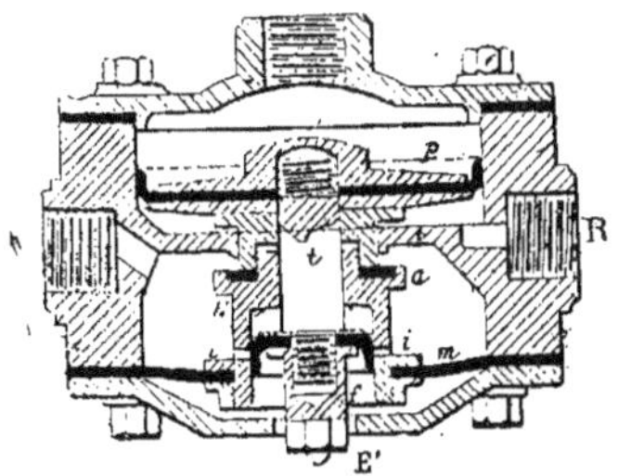

Fig. 786. — Frein à vide automatique Soulerin.
Distributeur.

rivée et reçoivent sur leur fond une bride qui communique avec le distributeur.

Distributeur. — L'organe qui porte ce nom est placé sous chaque véhicule en communication d'un côté R avec le réservoir auxiliaire, de l'autre avec le vase à diaphragme V, et à la partie supérieure avec la conduite générale C (*fig.* 787). A l'intérieur il présente deux systèmes mobiles dont les tiges concentriques sont respectivement représentées en t et t' (*fig.* 786).

La tige t portes montés sur elle deux cuirs emboutis p et f ; elle se meut librement dans l'ensemble des pièces formant la tige t' d'un second système mobile comprenant un diaphragme m et un clapet a dont le siège est sur le corps du distributeur.

En marche normale, le vide est entre-

tenu dans la conduite au moyen du petit éjecteur, et c'est le distributeur qui le transmet au réservoir auxiliaire, tandis que le vase à frein communique avec l'extérieur. Le vide ainsi entretenu dans la conduite C maintient soulevés les cuirs p et f, m et le clapet a, ce dernier vigoureusement appliqué sur son siège. Le vide se propage alors directement dans le réservoir auxiliaire par la conduite R, l'air de ce réservoir étant aspiré autour du cuir p.

Pendant ce temps, le cuir f étant monté au-dessus des orifices i, et restant appliqué contre les parois de t' par l'effet de la pression atmosphérique le vase à frein V

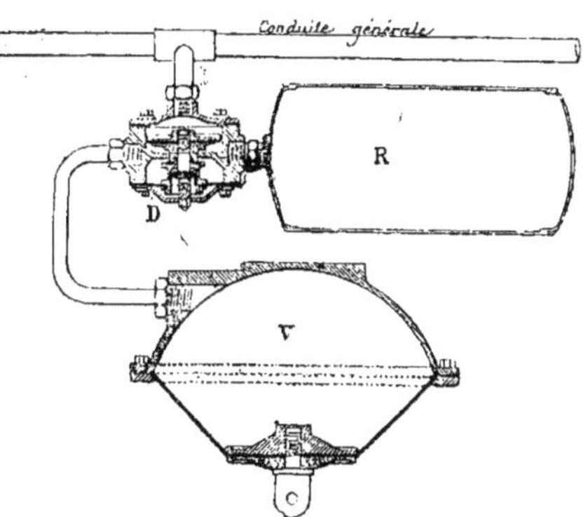

Fig. 787. — Distribution du frein à vide Soulerin.

communique avec l'air extérieur par les orifices i.

Pour produire le serrage du frein, on laisse rentrer dans la conduite générale une certaine quantité d'air qui actionne les organes du distributeur ; aussitôt la rentrée de l'air extérieur dans la conduite, en effet, le système tpf tombe au bas de sa course ; le cuir p s'applique vigoureusement contre les parois de l'appareil et le cuir f obture les canaux i, le clapet a quitté son siège et descend en même temps que le cuir m. Aussitôt le vase à frein cesse de communiquer avec l'extérieur, mais se trouve en relation avec le réservoir auxiliaire R où se trouve le vide, et le serrage se produit. L'air contenu dans le vase à diaphragme se précipite, en effet, dans le réservoir auxiliaire, et le diaphragme est soulevé par l'action de la pression atmosphérique extérieure.

Pour obtenir le desserrage; on n'a qu'à refaire le vide dans la conduite générale, ce qui remet les organes du distributeur dans leur position de marche, et laisse l'air extérieur rentrer dans les vases ; les

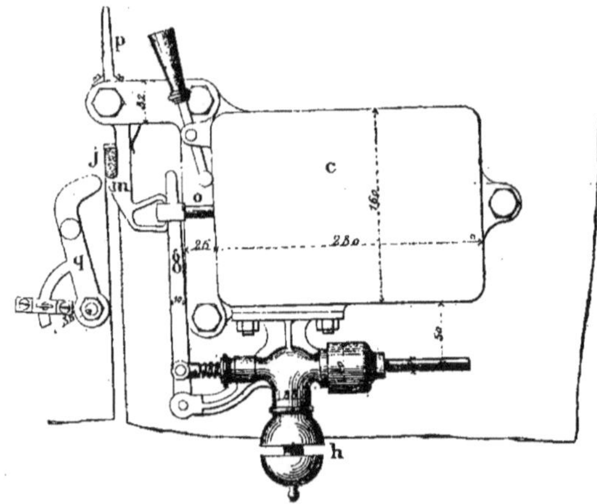

Fig. 788. — Sifflet électro-automoteur Lartigue, Forest et Digney, avec appareil de déclenchement. Elévation sur l'écran de la machine.

diaphragmes s'abaissent alors et les freins se desserrent.

Modérabilité. — On voit que l'appareil est essentiellement modérable ; à chaque instant du serrage, en effet, le système mobile est soumis aux trois pressions qui existent respectivement dans la conduite générale, le vase à frein et le réservoir.

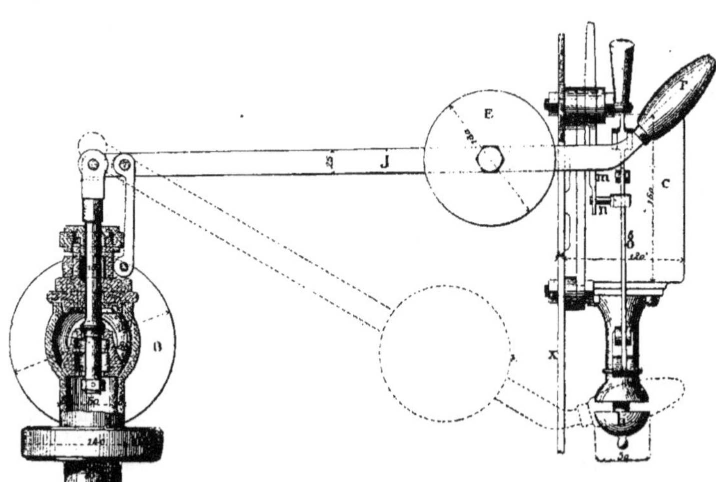

Fig. 789. — Sifflet électro-automatique Lartigue, Forest et Digney, avec appareil de déclenchement. Vue de côté.

La résultante de ces pressions est nor-malement dirigée de haut en bas ; aussi-tôt qu'elle change de sens par augmenta-tion de pression dans le réservoir et dimi-nution de pression dans le vase à frein, le clapet *a* arrête le passage de l'air du vase dans le réservoir. A partir de cet instant, la pression sur le diaphragme moteur reste constante et dépend de la quantité d'air qu'on a laissé rentrer dans la conduite

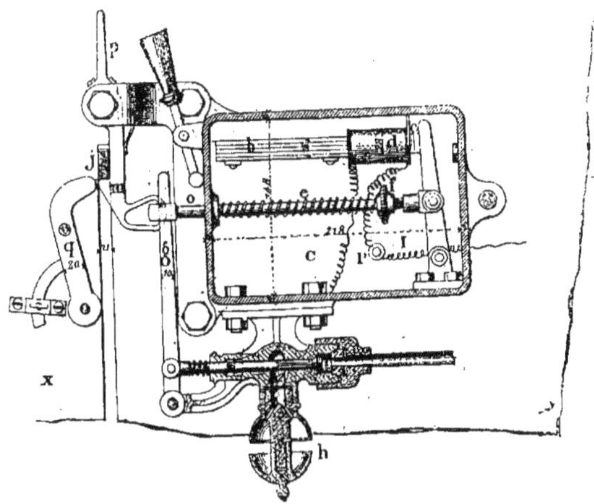

Fig. 790. — Sifflet électro-automoteur Lartigue, Forest et Digney avec appareil de déclenchement.— Coupe longitudinale dans la boîte.

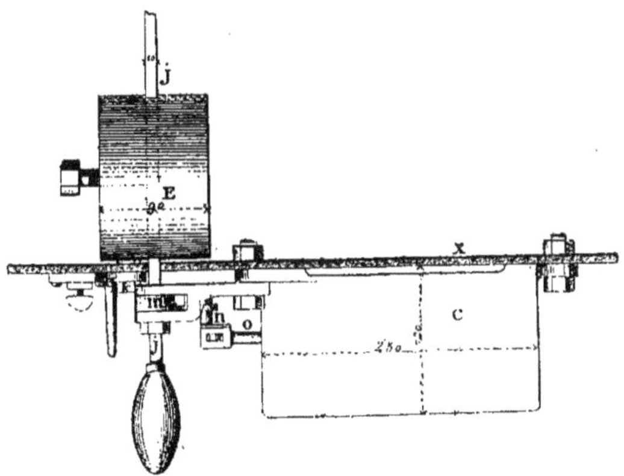

Fig. 791. — Sifflet électro-automoteur Lartigue, Forest et Digney avec appareil de déclenchement — Plan.

générale. En faisant varier cette quantité, on peut donc *modérer* à volonté le serrage.

Conclusion. — On pourrait remplacer le vase à diaphragme vu plus haut, par des cylindres à freins à garnitures embou-ties ou à anneaux roulants, comme celles que nous avons vues précédemment. Le vase à diaphragme est supérieur à ces systèmes perfectionnés à tous les points de vue : frais de premier établissement, poids, entretien, et surtout étanchéité. Quoique au premier abord le frein Soulerin paraisse composé de pièces plus nombreuses, il présente de réels avantages au point de vue du poids total, de la dépense d'air et de l'entretien.

Déclenchement du frein à vide, système Lartigue, Forest et Digney.

469. Nous ne pouvons terminer cette étude des freins à vide, sans parler du sifflet électromoteur de MM. Lartigue et Forest appliqué au frein à vide Smith (*Annales Industrielles* janvier 1889).

Il se compose d'un sifflet en bronze *h* (*fig.* 788 à 791), à cloche et à levier porté sur une boîte métallique fixée à la machine et en communication avec la chaudière; cette boîte renferme un second levier *o* parallèle à celui du sifflet auquel il est relié; ce levier est actionné par un ressort *e* qui tend à l'abaisser, et par ce fait à livrer passage à la vapeur; mais il porte à l'extrémité de sa valve une palette en fer doux *c* en contact avec un électro-aimant *b* du système Hugues, dont l'attraction contre-balance l'action du ressort.

Si l'on fait passer dans les bobines *d* de l'électro-aimant un courant électrique dans un sens déterminé, l'attraction cesse momentanément, le levier tombe et le sifflet se fait entendre, jusqu'à ce que le mécanicien, en appuyant sur une manette, vienne l'arrêter en ramenant le levier dans sa position primitive, c'est-à-dire en contact avec l'électro-aimant.

L'action de l'électricité se produit de la façon suivante à l'approche d'un disque (*fig.* 792). Le fil de la bobine est relié d'un côté avec le corps de la machine et, par l'intermédiaire des roues et des rails, avec la terre; l'autre extrémité est prolongée par un fil I qui, descendant sous la machine, aboutit à une brosse métallique isolée et fixée dans une position telle, que les freins dépassent de quelques centimètres les parties les plus saillantes de la machine.

Sur la voie, et à la distance voulue du disque, se trouve une pièce que l'on appelle le contact fixe et que les agents désignent sous le nom de *crocodile*. Elle est composée d'une traverse en bois placée longitudinalement entre les rails, portée sur des

supports en fer et à hauteur telle qu'elle ne puisse être atteinte par les pièces les

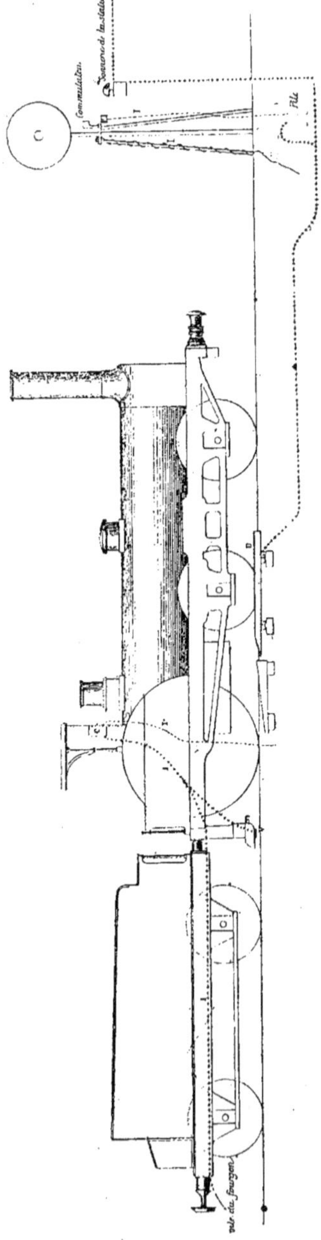

Fig. 792. — Déclenchement du sifflet électro-automoteur Lartigue, Forest et Digney, au passage d'un disque à l'arrêt.

plus basses de la locomotive. Cette traverse, recouverte d'un enduit isolant porte à sa partie supérieure sur feuille de cuivre qui, par l'intermédiaire d'un fil conducteur d'une longueur quelconque, est mise en communication avec le pôle positif d'une pile. Le pôle négatif est relié à un commutateur qui le met en relation avec la terre lorsque le disque est soumis à l'arrêt, et l'isole au contraire pendant tout le temps que le disque est effacé. La plupart des disques du chemin de fer du Nord sont déjà pourvus de ce commutateur qui fait fonctionner une sonnerie trembleuse ; le fil de cette sonnerie et celui du contact fixes étant d'ailleurs reliés au pôle positif de la même pile, l'intervention de l'appareil n'apporte aucune adjonction ou modification au disque existant, quel qu'en soit le système.

Au passage de la machine, la brosse vient frotter le contact fixe ; si le disque est à voie libre, il n'y a aucun effet produit ; mais s'il est tourné à l'arrêt, la plaque de cuivre se trouve en communication avec une source d'électricité, et, au passage de la locomotive, le contact de la barre métallique sur la plaque complétant le circuit par l'intermédiaire des bobines, du corps de la machine et des rails, fait fonctionner le sifflet installé sur la machine.

Les contacts fixes ou mobiles sont fixés sur les traverses entre les rails et dans l'axe de la voie ; les premiers avaient une longueur de contact de $4^m,20$ pouvant permettre le passage du courant pendant 1/4 ou 1/5 de seconde environ. Dans les plus grandes vitesses, l'expérience a montré qu'une longueur de 2 mètres était suffisante. C'est elle qui a été adoptée.

Pour protéger l'appareil entre l'action des tendeurs qui traînent parfois sur le sol, on a établi à l'avant un bouclier formé d'une pièce de bois taillée en plan incliné.

On peut de même, en utilisant un système d'intercommunication électrique du nom de Prud'homme, qui existe dans les trains de la Compagnie du Nord, envoyer, par un commutateur placé dans le train, un courant des sens convenable au sifflet et par ce moyen correspondre avec le mécanicien. Cette faculté, d'une utilité plus ou moins grande, suivant les habitudes d'exploitation et les pays, quand il s'agit d'en armer les voyageurs, est de toute nécessité entre les mains des agents du train.

MM. Delebecque et Bandérali, ingénieurs de la Compagnie du Nord, ont pensé à utiliser le même courant électrique qui fait fonctionner le sifflet, à l'ouverture de la valve à vapeur B, qui serre les freins, de telle sorte que le train peut être arrêté automatiquement au passage d'un disque à la position du danger, et de l'intérieur du train par un des agents, sans le concours du mécanicien, et pour ainsi dire malgré lui.

Voici de quelle façon ce résultat a été obtenu :

Lorsqu'on agit sur la manette du commutateur placé dans le fourgon, un courant électrique de sens contraire à l'aimantation de l'électro-aimant Hugues (*fig.* 788 à 791), passe dans les conducteurs I et vient détruire cette attraction, le ressort e tire sur une tige o qui agit sur le sifflet, ainsi qu'il est expliqué plus haut. Cette même tige o entraîne un pendule mobile m muni d'une encoche soutenant le levier J. Ce levier tombe par l'action de son contrepoids E, la valve à vapeur B est ouverte, la vapeur se précipite dans l'éjecteur A, qui fait serrer les freins, et le train s'arrête même si le mécanicien a négligé de fermer son régulateur.

Pour desserrer les freins, le mécanicien relève avec la main le levier j de façon à fermer la valve B.

Au passage d'un disque à l'arrêt (*fig.* 792), le même courant qui actionne le sifflet serre les freins.

L'intermédiaire du disque n'est même pas absolument nécessaire ; le chef de station, ou le gardien du point à couvrir, peut envoyer directement le courant électrique dans le contact fixe placé sur la voie, et cela à toutes distances, lorsque la voie est obstruée.

De plus, si une rupture d'attelage se produit, ce qui est extrêmement rare, mais ce qui peut arriver, les freins de la tête du train se serrent pendant que le sifflet avertit le mécanicien et l'empêche de s'éloigner de la queue, au point de rendre impossible la rencontre des deux portions dangereuses; une disposition spéciale permet même d'arrêter la queue du train isolée de la partie d'avant.

Avantages du système. — Les avantages de sécurité offerts par l'application de ce système sont faciles à comprendre. En temps de brouillard, un disque est à peine visible à 100 mètres, et 5 à 6 secondes suffisent à un train express pour franchir cette distance. Pendant un temps de neige où de grêle, le mécanicien peut avoir la vue troublée, un agent peut négliger d'allumer la lanterne du disque ou bien encore le vent peut éteindre cette lumière et par cela même amener de graves accidents. De plus, si une rupture d'attelage se produit, si un déraillement ou une avarie a lieu à la queue du train, la machine s'arrête immédiatement. Dans les conditions les plus avantageuses, un train lancé à la vitesse de 80 kilomètres à l'heure est arrêté en 30 secondes en ne parcourant qu'un espace de 450 mètres.

Prix de revient. — Le sifflet des machines coûte 145 francs, la pose 45 francs, et le contact fixe 85 francs. La dépense moyenne totale d'installation est de 300 francs pour la locomotive et de 120 à 140 francs par contact.

Pour compléter ce qui précède, nous donnerons la légende suivante, qui achèvera de faire comprendre le mécanisme d'arrêt automatique des trains par ce système. On sait que depuis, le frein Smith a été rendu directement automatique (*fig.* 793 et 794).

A, éjecteur double produisant le vide; B, valve à vapeur équilibrée à double siège donnant passage de la vapeur vers l'éjecteur; C, sifflet électro-automoteur; D, indicateur du vide ou vacuomètre; E, contrepoids sous l'action duquel s'ouvre la valve B; F, sacs en caoutchouc qui, en s'aplatissant sous l'action du vide intérieur produit par l'éjecteur A, agissent par leur fond mobile sur le levier du frein; G, valve permettant la rentrée de l'air dans les sacs pour produire le desserrage des freins; H, accouplements en caoutchouc entre les véhicules; 1, fils établissant la communication électrique d'un bout à l'autre du train et conduisant le courant jusqu'au sifflet; K, commutateur électrique

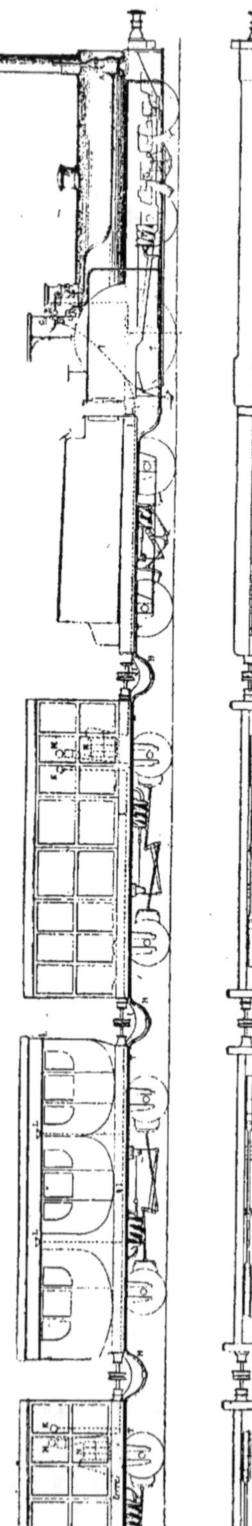

Fig. 793 et 794. — Sifflet électro-automoteur avec appareil de déclenchement. — Vue d'ensemble du train muni du frein à vide Smith.

du fourgon de tête; L, commutateurs électriques des voitures de 1re classe; M, sonnerie électrique du fourgon de tête; N,

pile du fourgon de tête; T, tubes en fer
formant la conduite d'air générale; b, électro-aimant de Hughes; c, armature de

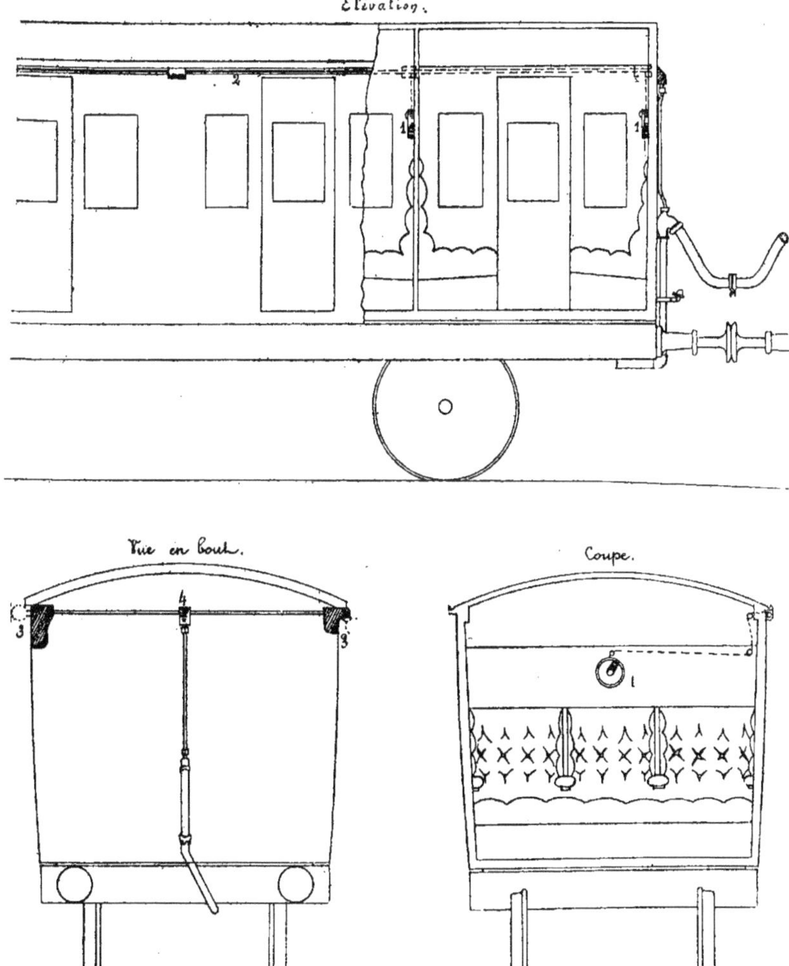

Fig. 795 à 797. — Signal d'alarme combiné avec le frein à vide automatique Clayton.

l'électro-aimant; d, bobines de l'électro-
aimant; e, ressort pouvant être réglé au
moyen de l'écrou f; g, levier ouvrant la
valve du sifflet d'alarme h; j, levier ou-

vrant la valve à vapeur B; m, pendule
mobile supportant le levier j; n, Goujon
rivé sur la tête de la tige o du sifflet et
pénétrant dans la coulisse du pendule m

dont il détermine le mouvement ; *p*, manette pour déplacer à la main le pendule *m* ; *q*, arrêt à vis maintenant le levier *j* au repos quand la valve B ne doit pas fonctionner ; *r*, manette permettant de relever le levier *j* avec la main ; *u*, contact fixe électrique placé entre les rails ; *v*, brosse métallique suspendue à la machine et recueillant le courant électrique en frottant sur le contact, pour l'envoyer au sifflet ; *x*, écran de la machine.

470. *Signal d'alarme combiné avec le frein à vide automatique.* — Les freins pneumatiques permettent d'établir aisément un système d'inter-communication entre le mécanicien, les agents des trains et les voyageurs.

Aussi le frein à vide de la Clayton C° donne cette facilité au moyen de l'appareil suivant (*fig.* 795 à 797).

Dans chaque compartiment, sous l'un des filets, est placé un plateau circulaire sur l'axe duquel est monté un maneton 1 que l'on peut abaisser en exerçant une légère pression. Ce mouvement suffit pour avertir immédiatement le mécanicien et le conducteur et éveiller leur attention.

Le voyageur qui a abaissé le maneton a fait une légère application du frein, au moyen de la valve rentrée d'air 4 et d'une tige 2, application que le mécanicien ou le conducteur peuvent rendre complète, produisant ainsi un arrêt immédiat du train.

Le conducteur trouve aisément d'où provient le signal. En effet, une communication par chaînettes et poulies produit, par suite de l'abaissement du maneton, en même temps que l'ouverture de la valve 4 (d'où résulte l'application du frein à vide automatique), le soulèvement d'un petit disque rouge 3 de chaque côté de la voiture ; la position du maneton indique le compartiment ; quant au maneton, il ne peut être replacé dans sa position primitive qu'à l'aide d'une clé spéciale que le conducteur seul possède. Il est clair que le conducteur, en replaçant le maneton dans sa position première, ferme la valve d'admission d'air dans la conduite générale du frein et abaisse les sémaphores.

FREINS A AIR COMPRIMÉ

Considérations générales.

471. Dans le frein à air comprimé quel que soit le système, l'air est amené à la pression voulue au moyen d'une pompe de compression placée sur la locomotive. Cet air est emmagasiné dans un grand réservoir appelé réservoir principal dans les freins automatiques.

La manœuvre, c'est-à-dire l'admission de l'air comprimé dans la conduite générale, ou son évacuation à l'extérieur, s'opère au moyen d'un robinet général qui peut être un simple robinet à trois voies.

Une conduite générale aboutissant à ce robinet règne naturellement d'un bout à l'autre du train ; sous chaque véhicule est un cylindre à frein avec piston moteur ou diaphragme commandant la timonnerie ; chacun de ces cylindres, est relié par un branchement, à la conduite générale.

472. *Freins directs.* — Dans ces freins directs, c'est-à-dire non automatiques, le mécanicien produit le serrage en mettant en communication le réservoir à air comprimé avec la conduite générale ; cet air se rend alors dans chaque cylindre à frein où il agit sur le piston ou diaphragme avec un effort proportionnel à la pression de l'air introduit, que le mécanicien peut à tout instant modifier à sa guise en modifiant d'une manière correspondante la force retardatrice appliquée sur le train.

Ce frein est donc un appareil essentiellement modérable qui se prête merveilleusement à la descente des fortes pentes.

Mais, d'un autre côté, il faut envoyer une assez grande quantité d'air par la conduite générale chaque fois qu'on veut produire le serrage, l'action du frein ne se transmet qu'avec une certaine lenteur surtout aux dernières voitures du train. Ce défaut est évité dans les freins à air comprimé automatiques, les seuls qui soient en usage aujourd'hui.

473. *Freins automatiques.* — D'après

ce que nous venons de voir, dans les freins continus directs à air comprimé, la force première vient de la machine et on la distribue sous chaque voiture du train au moment de faire fonctionner l'appareil.

Dans les freins automatiques, au contraire, la force est emmagasinée d'avance sous chaque véhicule, elle agit aussitôt que se produit un abaissement de pression dans la conduite générale.

Dans ce dernier cas, il y a sous chaque voiture un cylindre à frein, un réservoir auxiliaire et, le plus souvent, un appareil distributeur. Les réservoirs auxiliaires, dans lesquels se trouve toujours un approvisionnement d'air comprimé prêt à agir, sont alimentés par le réservoir principal.

Le serrage des freins est obtenu par le mécanicien auquel il suffit, par un robinet de manœuvre, de diminuer ou de perdre totalement la pression existant dans la conduite générale. On voit que, par cette disposition, toutes fuites importantes, ou toute rupture d'attelage, entraînent immédiatement le fonctionnement du frein qui est donc bien automatique.

On obtient le desserrage en fonctionnement normal, en rétablissant la pression dans la conduite principale. En cas d'arrêt produit automatiquement, comme une rupture d'attelage par exemple, on desserre les freins du tronçon détaché du train, en ouvrant à la main, sous chaque voiture, des soupapes de décharge ; on laisse ainsi échapper à l'extérieur l'air renfermé dans les cylindres et dans les réservoirs auxiliaires.

Diverses catégories de freins automatiques à air comprimé.

474. Il y a deux dispositions de cylindres à air comprimé dans les freins automatiques.

Dans la première, les deux faces du piston ou du diaphragme du cylindre à frein, sont soumises à la pression de l'air comprimé au moyen d'une communication individuelle avec la conduite générale ; tant que les freins ne fonctionnent pas, les deux chambres de ce cylindre sont donc à la même pression. On obtient le

serrage par suite de l'abaissement de la pression dans l'un de ces deux espaces, et la puissance de serrage dépend de la différence des pressions ainsi obtenues sur les deux faces du piston.

Dans d'autres systèmes, au contraire, le fonctionnement de l'air comprimé n'est admis dans le cylindre à frein que pendant le serrage ; c'est le système inverse du précédent.

Dans les appareils de la première catégorie, il y a constamment perte d'une même quantité de force, quelle que soit la puissance de serrage. Cette quantité est représentée par un volume d'air à la pression initiale et égal à celui qu'engendre le piston.

Les appareils de la seconde espèce, au

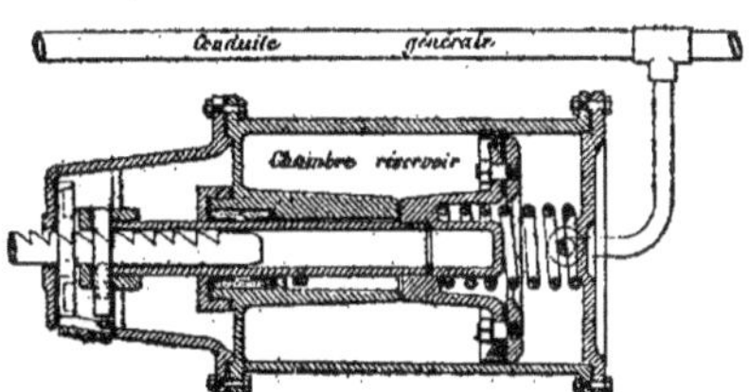

Fig. 798. — Frein automatique à air comprimé Carpenter.

contraire, ne dépensent qu'une quantité de force proportionnelle à l'intensité du serrage obtenu ; leur emploi est donc plus économique.

Freins de la première catégorie.

475. *Frein Carpentier.* — Dans le frein Carpentier (*fig.* 798), le cylindre à frein présente, du côté opposé à la communication avec la conduite générale, une chambre annexe pouvant emmagasiner l'air nécessaire au fonctionnement du frein et servir ainsi de réservoir auxiliaire. Le piston présente une garniture en cuir embouti, dont la concavité est tournée vers la chambre précédente et la convexité du côté opposé, c'est-à-dire du côté de la conduite générale. Il en résulte que, pendant la marche, l'air comprimé peut pénétrer dans la chambre-réservoir en glissant entre le cuir embouti et la paroi du cylindre, et les deux faces du piston sont alors à la même pression.

Quand, pour un motif quelconque, une dépression vient à se produire dans la conduite générale, l'air comprimé de la chambre correspondante du cylindre s'écoule au dehors, et le piston est vivement poussé contre le fond du cylindre, par l'air comprimé qui reste dans la chambre-réservoir et ne peut s'échapper grâce à la disposition des cuirs emboutis qui s'appliquent vigoureusement contre les parois. Le piston entraîne alors la timonerie du frein et le serrage des sabots.

Pour produire le desserrage, on réintègre la pression dans la conduite, ce qui la rétablit sur les deux faces du piston ; un ressort repousse alors ce dernier dans

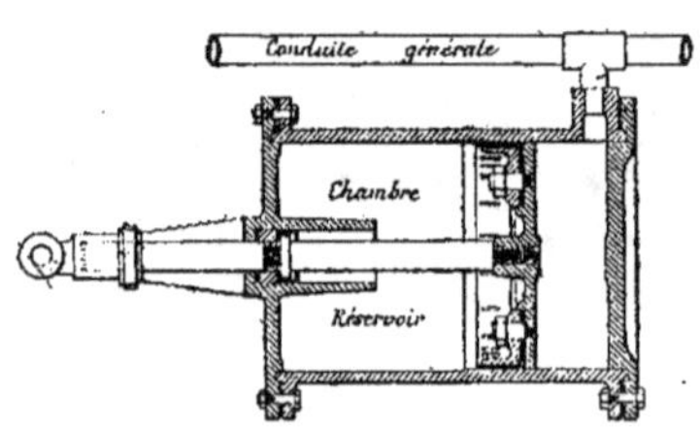

Fig. 799. — Frein automatique à air comprimé Schleifer.

sa position première et les sabots quittent les roues.

Cet appareil est d'une grande simplicité, mais il présente le même inconvénient que tous les freins directs à air comprimé ; il exige, avant que le serrage puisse se produire, l'écoulement par la conduite générale d'une grande quantité d'air. Il n'est donc applicable qu'aux trains comprenant un nombre restreint de véhicules.

476. *Frein Schleifer.* — Dans les freins Schleifer, les dispositions de l'appareil pneumatique sont sensiblement les mêmes que celles du frein Carpentier : les autres détails seuls diffèrent. Le ressort de rappel du piston est remplacé par un contrepoids (*fig.* 799).

Ce frein présente les mêmes avantages

et surtout les mêmes inconvénients que le frein Carpentier.

477. *Frein Clark.* — M. Clark fut préoccupé de réduire l'inconvénient précité de la lenteur du serrage à mesure que l'on s'éloigne de la locomotive. Il y parvint au moyen de l'adjonction, auprès de chaque cylindre à frein, d'un distributeur spécial appelé soupape d'équilibre, qui peut faire échapper, à l'extérieur, l'air du cylindre, sans que cet air soit obligé de refouler par la conduite générale, d'où la plus grande rapidité cherchée dans l'obtention du serrage (*fig.* 800).

Quand le frein est desserré, la conduite principale communique avec les deux faces du piston : d'un côté par le branchement a et la soupape d'équilibre E ; et de l'autre

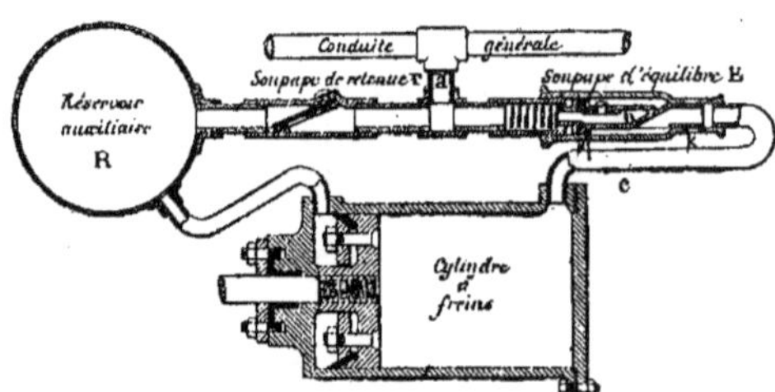

Fig. 800. — Frein automatique à air comprimé Clark.

par le même branchement a, la soupape de retenue r et le réservoir R.

Du côté de la soupape d'équilibre, l'air comprimé pénètre dans le cylindre par le conduit c après avoir glissé autour du cuir embouti d'un petit piston l, et soulevé le clapet b ; de l'autre côté, il n'a qu'à soulever la soupape de retenue r. Quand on veut serrer le frein et que la pression vient à diminuer dans la conduite générale, l'air comprimé du réservoir R repousse vers la droite le piston du cylindre dont la face droite tombe à la pression de la conduite générale. Il en résulte le serrage du frein. En même temps, le clapet b se ferme, et le piston l, dont les cuirs emboutis sont alors appliqués vigoureusement contre les parois, recule vers la gauche jusqu'à démasquer une lumière K permettant à l'air du cylindre de s'écouler directement au dehors sans passer par la conduite. Le mouvement s'arrête quand la pression à l'intérieur du cylindre atteint la pression dans la conduite. A ce moment, un ressort de rappel renvoie les pistons l vers la droite, et K se trouve de nouveau fermé, le cylindre prêt à fonctionner au desser-

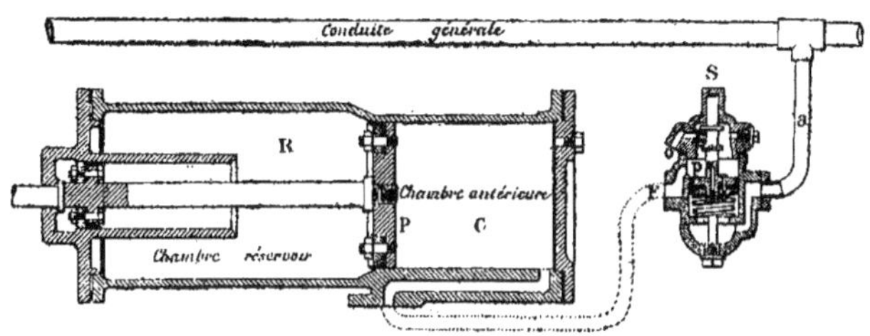

Fig. 801. — Frein automatique à air comprimé Wenger.

rage par l'admision nouvelle de l'air comprimé sur ses deux faces, comme nous l'avons vu plus haut.

Le piston du cylindre à frein agit donc sur les sabots par suite de la différence des pressions exercées sur ses deux faces.

478. *Frein Wenger.* — Le frein Wenger ($fig.$ 801) n'est qu'un frein Clark modifié.

que le premier, également garni de cuir embouti et qui se meut dans un petit cylindre intérieur au grand.

Dans le distributeur, un ressort inférieur pousse constamment le piston p vers le haut, de manière à intercepter la lumière o communiquant avec l'extérieur.

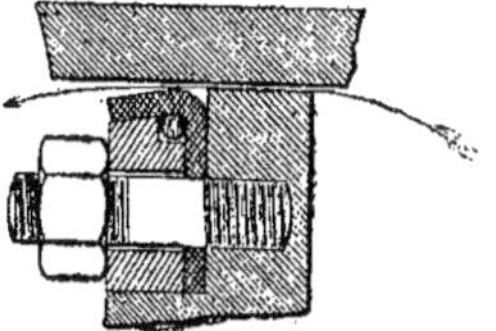

Fig. 802. — Frein automatique à air comprimé Wenger.

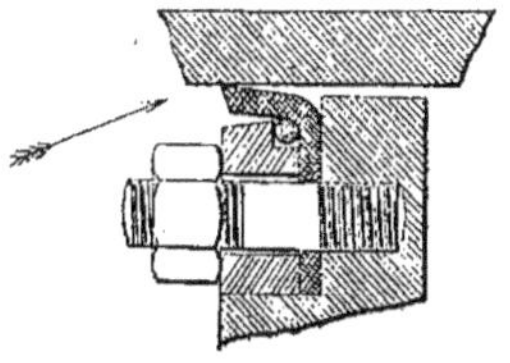

Fig. 803. — Frein automatique à air comprimé Wenger.

La soupape d'équilibre est remplacée par un distributeur S. L'air comprimé arrive de la conduite générale par le tuyau a, vient en dessous du piston p, glisse le long de ses cuirs emboutis dont la convexité est tournée vers le bas, et le long de ceux du grand piston de frein P; il remplit les deux chambres R et C du cylindre à frein ($fig.$ 802).

Pour empêcher les fuites de se produire le long de la tige du grand piston P, celle-ci porte un second piston plus petit

En outre, la tige de p est creuse à sa partie inférieure, de manière à faire communiquer constamment les deux faces du piston p et à empêcher les fuites légères de mouvoir ce piston, en occasionnant inutilement des pertes d'air dans la chambre C du cylindre.

Pour obtenir le serrage, on opère comme dans le frein Clark en produisant une dépression brusque dans la conduite; les cuirs emboutis de p et P s'appliquent alors vigoureusement contre leurs parois ($fig.$ 803), p descend et ouvre la lumière O, par laquelle l'air comprimé de C s'écoule au dehors jusqu'à ce que la pression atteigne celle de la conduite générale. Le desserrage se fait par la reconstitution de la pression primitive.

M. Wenger avait pensé d'abord pouvoir se dispenser d'employer, comme dans les freins précédents, aucun ressort de rappel. Mais, dans bien des cas, comme dans les

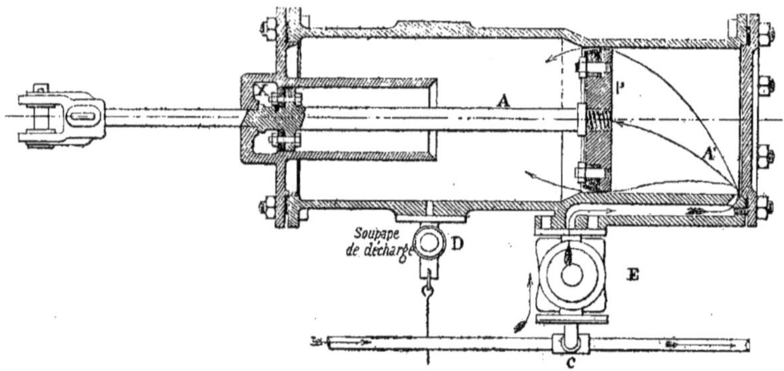

Fig. 804. — Frein automatique à air comprimé Wenger. — Cylindre de frein (desserrage).

manœuvres des gares, les cylindres ne sont pas remplis d'air comprimé, et alors les sabots restent constamment serrés après l'action du frein. Il a fallu quand même

avoir recours à l'usage des ressorts de rappel.

Les figures 804 et 805 représentent à échelles plus grandes les cylindres à frein

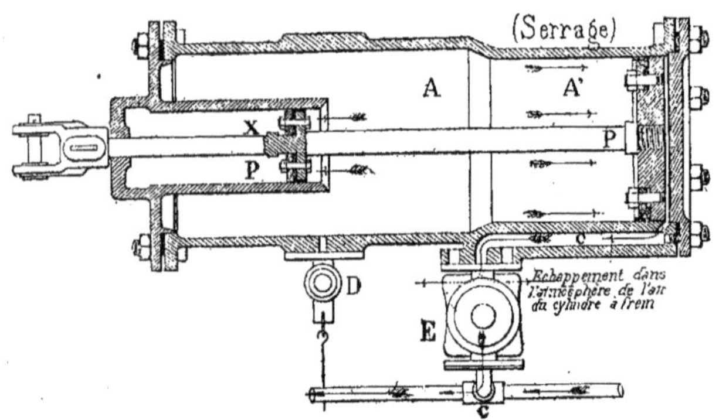

Fig. 805. — Frein automatique à air comprimé Wenger. — Cylindre de frein (serrage).

dans les positions du desserrage et du serrage. Les figures 806 et 807 sont les distributeurs dans les positions correspondantes et à échelles plus grandes que dans la figure 801. La figure 808 montre l'en-

semble d'un train muni du frein Wenger avec une ancienne disposition des cylindres où ils étaient doubles.

Le robinet de manœuvre est un robinet à trois voies représenté, *figures* 809 à 812.

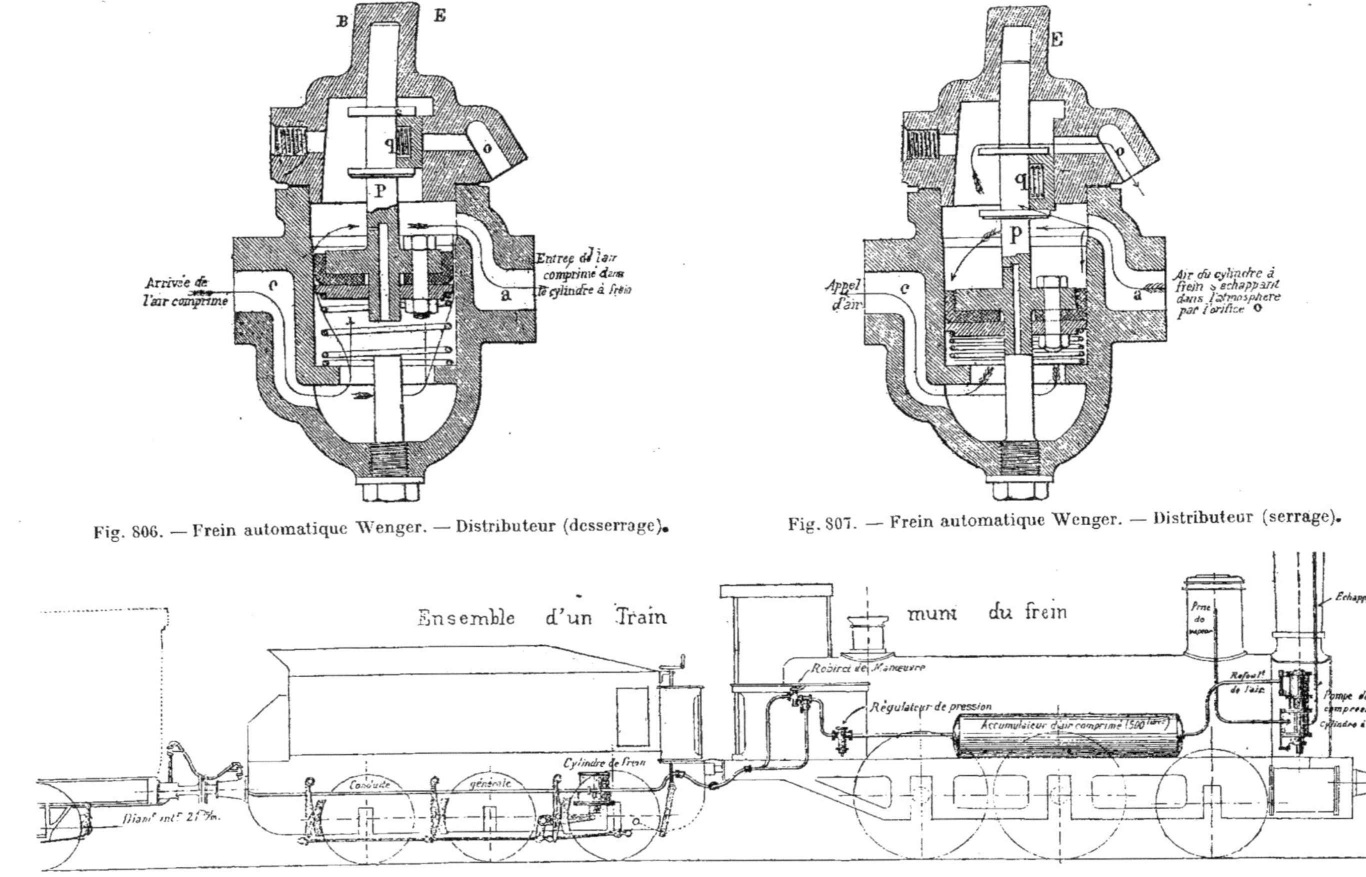

Fig. 806. — Frein automatique Wenger. — Distributeur (desserrage).

Fig. 807. — Frein automatique Wenger. — Distributeur (serrage).

Fig. 808. — Frein automatique à air comprimé Wenger.

Le frein Wenger est modérable, car l'échappement de l'air de la chambre antérieure pendant le serrage, ne s'effectue que jusqu'au moment où la pression dans cette chambre devient la même que celle qui est restée dans la conduite générale, moment où le ressort fait remonter le piston et ferme l'échappement.

La résultante des forces qui agissent finalement sur le piston moteur dépend

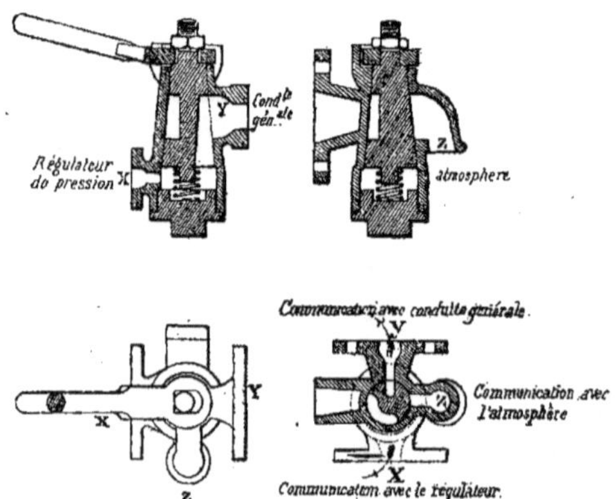

Fig. 809 à 812. — Frein automatique à air comprimé Wenger. — Robinet de manœuvre.

donc de la dépression produite dans la conduite générale. Mais l'étendue de cette modérabilité est assez faible.

Soient, en effet,

Va, le volume de la chambre antérieure ;

Vc, le volume engendré par le piston du cylindre à freins pour produire un commencement de serrage ;

Pa, la pression atmosphérique ;

p, les résistances passives ;

Et P la pression absolue de marche dans la conduite générale ;

La pression effective P' sur le piston sera donnée par :

$$P' = \frac{PVa - PaVe}{Va + Ve} - p.$$

Or, $\frac{Va}{Ve} = 2,5$ environ ; $P = 4$ kilogrammes, et $p = 0^{kg},3$; on obtient donc pour P' la valeur de 2,3. Il faudra, par suite, avec le frein Wenger, produire dans la conduite générale une dépression D au moins égale à $4 - 2,3$ ou à $1^{kg},7$ avant d'obtenir un commencement de serrage. Le serrage à fond correspondra à une évacuation totale de la conduite ou à $P = o$.

Comme, d'autre part, on conserve en pratique dans la conduite générale, aussi bien par économie que pour rendre le desser-

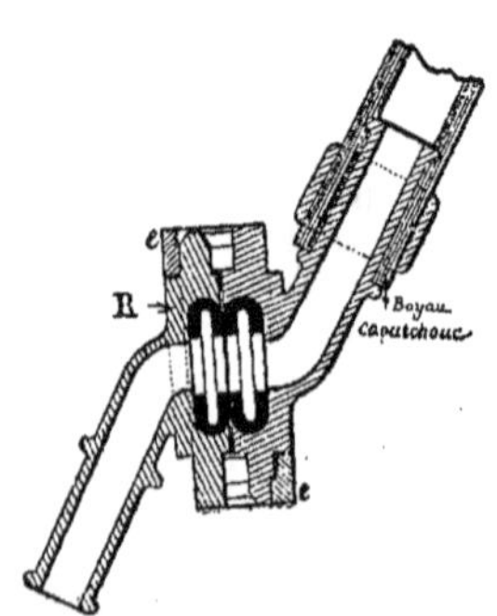

Fig. 813. — Frein automatique à air comprimé Wenger. — Accouplement.

rage plus rapide, une pression d'à peu près 1 kilogramme, la modérabilité ne peut s'exercer que sur une étendue de $1^{kg},3$.

Les pompes de compression du frein Wenger sont analogues à celles du frein

Westinghouse et n'en diffèrent que par la distribution.

L'accouplement est à boyau flexible ; la figure 813 représente une coupe des deux têtes accouplées : le joint est obtenu à l'aide d'une bague de caoutchouc R en forme de tore elliptique sectionné suivant son cercle de gorge. Un ergot c lui permet de s'accoupler avec les accouplements Westinghouse et Soulerin.

Une soupape de purge commandée par des tirettes t et t' de chaque côté du wagon permet, lorsque le frein est appliqué automatiquement, de produire le desserrage en faisant échapper à l'extérieur l'air des

avec l'air extérieur ; en faisant tomber la pression, cela permet un facile désaccouplement.

Un autre robinet placé sur le branchement de la conduite au distributeur, rend possible, en cas d'avarie, l'isolement des appareils d'un véhicule déterminé, sans interrompre, pour cela, la continuité du frein, la conduite générale jouant le rôle de conduite blanche, et ne servant qu'à maintenir la communication entre deux véhicules consécutifs.

Enfin, comme tous les freins à air com-

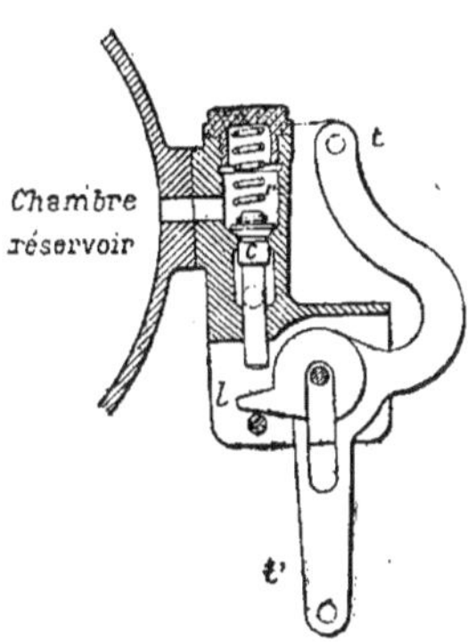

Fig. 814. — Frein automatique à air comprimé Wenger. — Soupape de purge.

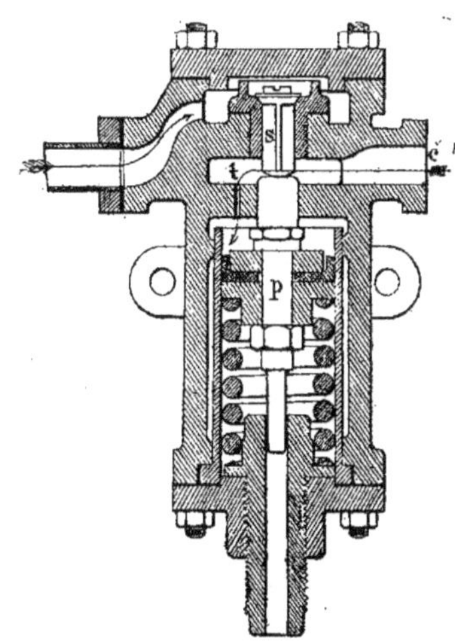

Fig. 815. — Frein automatique à air comprimé Wenger. — Régulateur de pression.

cylindres à frein (*fig.* 814). Cette soupape est placée directement sur la chambre-réservoir du cylindre à freins. Les tirettes t ou t' actionnent le taquet l, qui soulève le clapet c, et l'air de la chambre-réservoir s'échappe au dehors.

On a pour coutume, dans ces sortes de freins, de placer à la jonction de l'accouplement, avec la conduite générale, un robinet qui sert à fermer la queue du train, et, d'autre part, en cas de rupture de boyau, à permettre l'isolement de tous les wagons de queue.

Dans le frein Wenger, la clef comporte une conduite de très faible section qui, lorsque ce robinet est fermé, met en communication l'intérieur de l'accouplement

primé automatiques, le frein Wenger possède un régulateur de pression placé sur la machine entre le réservoir principal et la conduite générale, ce qui empêche l'air comprimé de pénétrer dans cette dernière avec une pression supérieure à une pression donnée (*fig.* 815).

La pression de la conduite générale venant de c agit par un trou t sur la surface supérieure d'un piston p, poussé à sa partie inférieure par un ressort mobile dans un récipient à la pression atmosphérique, l'air extérieur pénétrant, en effet, à l'intérieur entre la tige et son fourreau-guide. Quand la pression en dessous du piston

FREIN A AIR COMPRIMÉ DE WESTINGHOUSE

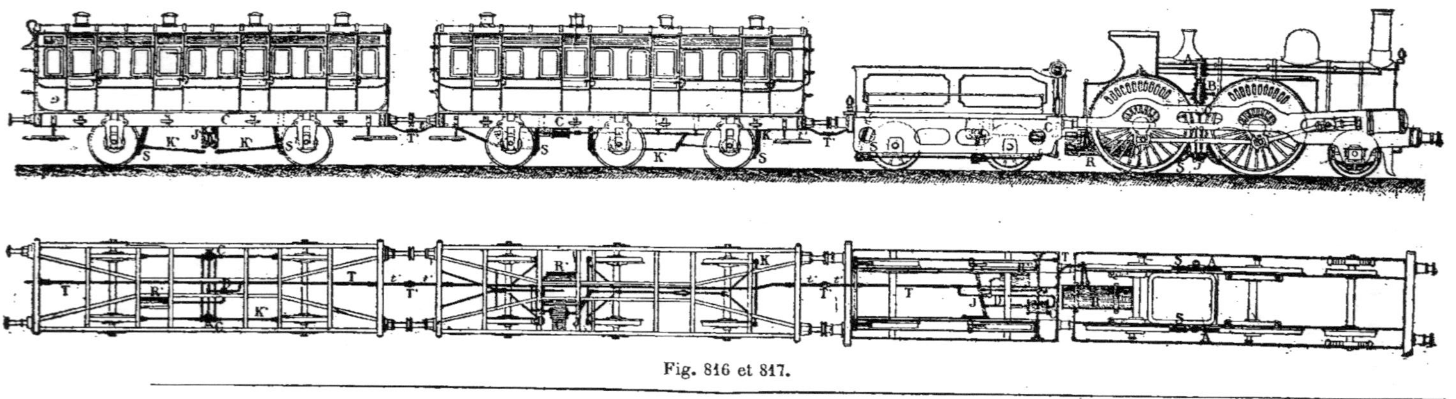

Fig. 816 et 817.

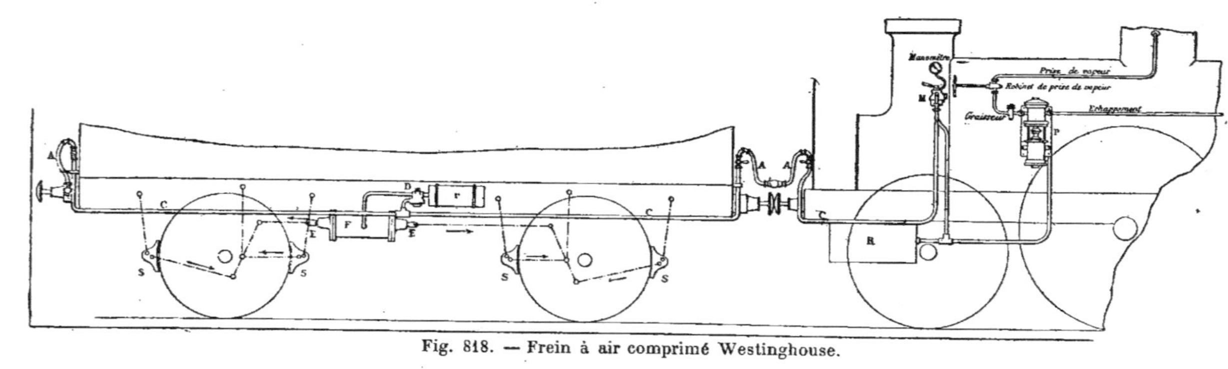

Fig. 818. — Frein à air comprimé Westinghouse.

est plus faible qu'en dessus, le piston p monte et soulève la soupape S, qui livre passage à l'air comprimé du réservoir principal R ; quand la pression en dessus du piston *p* s'est relevée, ce dernier s'abaisse, et en même temps que lui la soupape S.

Freins de la deuxième catégorie.

479. *Frein Westinghouse.* — Dans le frein Westinghouse, de beaucoup le plus répandu à ce jour, on rencontre dans chaque véhicule, en dehors de la conduite générale, un cylindre à frein, un réservoir auxiliaire et un distributeur spécial appelé la *triple-valve*, qui communique en effet avec ces trois appareils, la conduite, le réservoir et le cylindre (*fig.* 816 et 817).

La pompe de compression P comprime de l'air pendant la marche du train entre 4 et 5 atmosphères dans le réservoir principal R et, de là dans les réservoirs auxiliaires *r*, en passant par le robinet de manœuvre M, la conduite générale C, ses renflements A et les appareils distributeurs D. Les deux faces des pistons moteurs des cylindres à frein F communiquent alors avec l'extérieur (*fig.* 818).

On serre les freins en produisant une certaine dépression dans la conduite générale et laissant échapper à l'extérieur, par le robinet de manœuvre, une certaine quantité de l'air comprimé qu'elle contient. Cette dépression actionne les organes des appareils distributeurs, et permet à l'air comprimé des réservoirs auxiliaires de se rendre dans les cylindres à frein en y agissant sur une des faces des pistons moteurs.

Le desserrage s'obtient en réintroduisant, à l'aide du robinet de manœuvre, l'air comprimé dans la conduite générale, ce qui replace les organes distributeurs dans leur position première. Il en résulte que toute communication est interrompue entre les réservoirs auxiliaires et les cylindres à freins ; l'air qui avait agi sur les pistons s'échappe au dehors, pendant que ceux-ci reprennent leur position de repos sous l'influence de ressorts de rappel.

Pompe de compression. — Ces pompes de compression sont automotrices, constamment en relation avec la vapeur de la chaudière et peuvent varier de forme et de distribution. Elles se composent, en général, d'un cylindre à vapeur V surmontant un cylindre à air A (*fig.* 819). L'admission et l'échappement de la vapeur

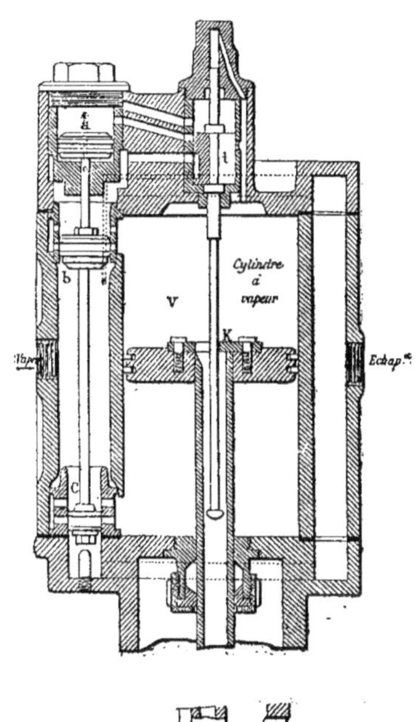

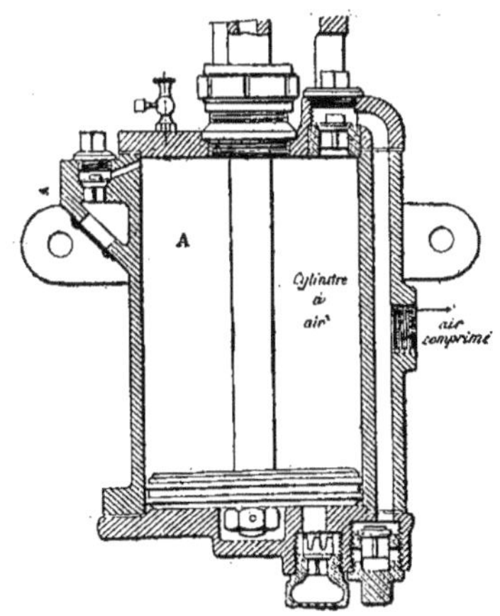

Fig. 819. — Frein à air comprimé Westinghouse.

sont réglés par un petit tiroir *t* commandé lui-même par le piston de la locomotive par l'intermédiaire d'un triangle K et des trois pistons différentiels *a*, *b* et *c*.

Accessoirs divers. — Les robinets de manœuvre sont des robinets à trois voies permettant tous de mettre en communica-tion la conduite générale soit avec le réservoir principal pendant la marche, soit avec l'extérieur pendant le serrage.

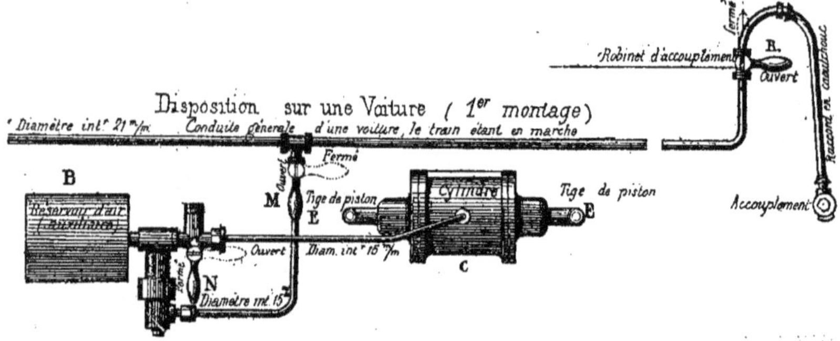

Fig. 820. — Frein à air comprimé Westinghouse.

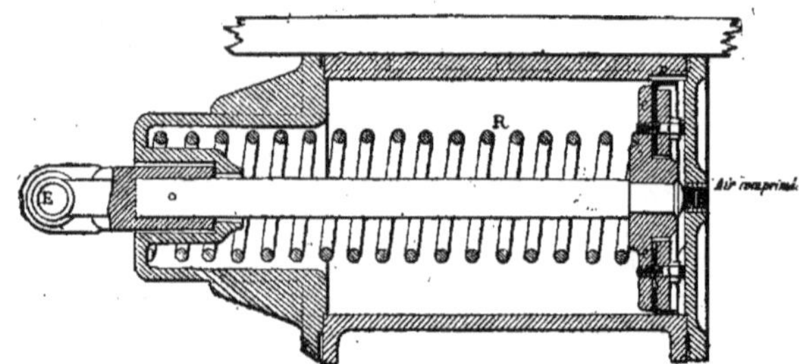

Fig. 821. — Frein à air comprimé Westinghouse.

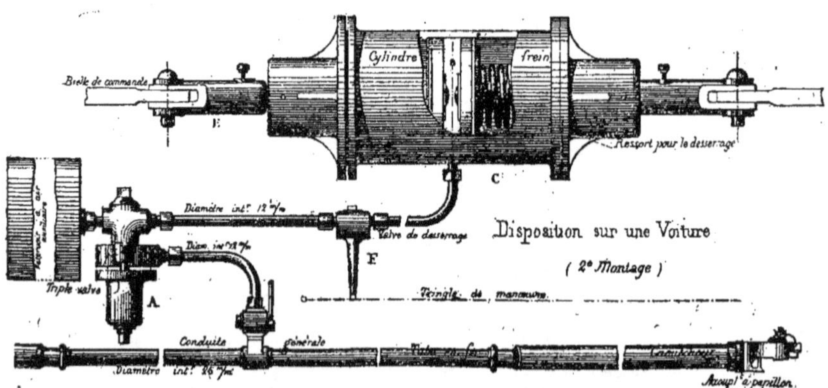

Fig. 822. — Frein à air comprimé Westinghouse.

Les cylindres à frein sont à simple (*fig.* 820 et 821) ou à double piston (*fig.* 822), avec garnitures de cuir embouti. Leurs dimensions varient naturellement avec le poids des véhicules.

Les réservoirs auxiliaires (*fig.* 823) sont en tôle et des plus simples : leur volume varie avec celui des cylindres à frein ; ils portent au bout un raccord sur lequel se fixe le distributeur.

Fig. 823. — Frein Westinghouse. Réservoir auxiliaire.

Les accouplements sont munis de boyaux flexibles ou de pièces rigides articulées selon les cas (*fig.* 824). Leurs têtes sont garnies de rondelles de caoutchouc de diverses formes (*a* et *b*, *fig.* 825), qui assurent l'étanchéité du joint en s'appliquant l'une contre l'autre.

Valve de purge ou de desserrage. — Le

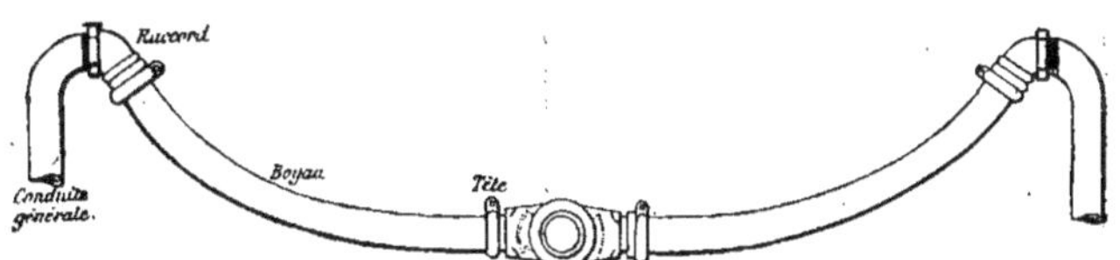

Fig. 824. — Frein Westinghouse. Accouplement.

frein Westinghouse, comme tous les freins analogues à air comprimé, comporte une valve de purge, qui permet, lorsque le frein s'est appliqué automatiquement, de produire le desserrage en faisant échapper l'air des cylindres à frein à l'extérieur. Elle est commandée par une tirette aboutissant de chaque côté du wagon. On la

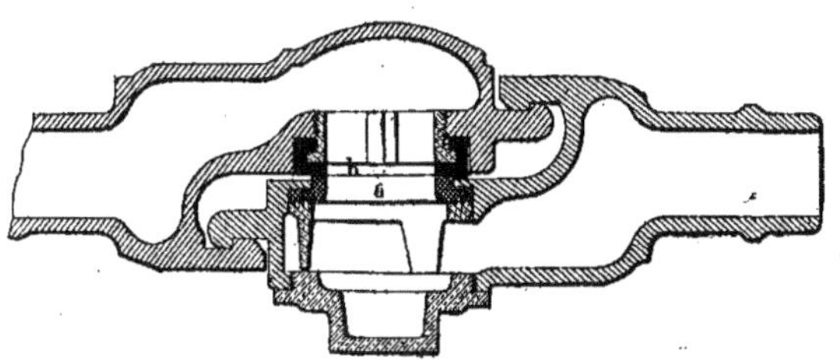

Fig. 825. — Frein Westinghouse. Têtes d'accouplement.

place ordinairement sur le branchement qui relie la triple valve au cylindre à frein (*fig.* 826).

Triple valve. — Le distributeur du frein Westinghouse a conservé le nom qu'il portait à l'origine, de triple valve ; c'est une pièce spéciale (*fig.* 827), présentant en effet trois orifices principaux savoir :

F communiquant avec le cylindre à frein, R avec le réservoir auxiliaire et C avec la conduite générale qui aboutit dans un réservoir inférieur, A, dans lequel se déposent les poussières et les condensations d'eau.

Au-dessus de ce dernier est un piston P se mouvant dans une garniture en

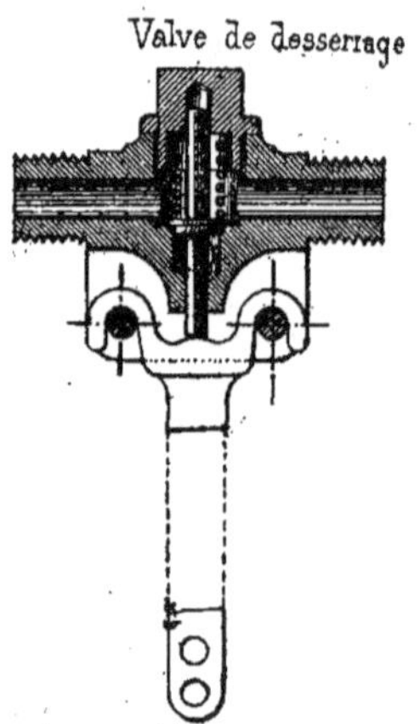

Fig. 826. — Frein Westinghouse.

bronze dans laquelle des rainures r sont ménagées à la partie supérieure. La tige, guidée à la partie supérieure de ce piston, porte un tiroir circulaire. T glissant sur une glace à deux orifices a et f. Le tiroir lui-même présente quatre lumières a, b, c, d.

Fonctionnement. — En marche normale l'air comprimé de la conduite générale arrive au-dessus du piston P et le soulève en passant dans le réservoir auxiliaire par la rainure d. Pendant ce temps, le cylindre à frein communique avec l'air extérieur au moyen du tiroir S (*fig.* 828).

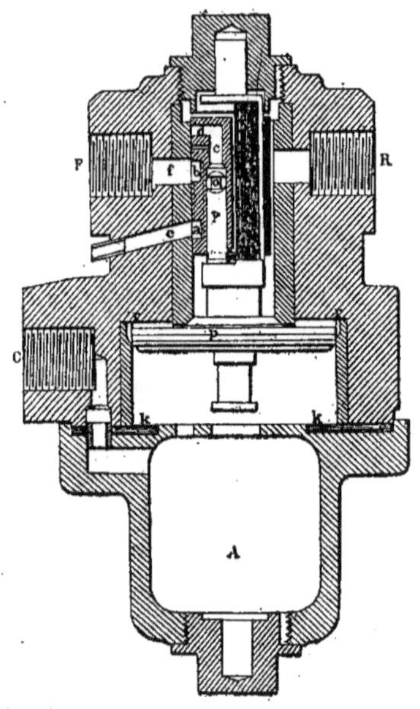

Fig. 827. — Frein Westinghouse. Triple valve.

Pour serrer le frein, ou amène comme d'ordinaire une dépression dans la conduite générale par une évacuation d'air à l'extérieur. Le piston P s'abaisse alors en entraînant le tiroir S, qui découvre alors

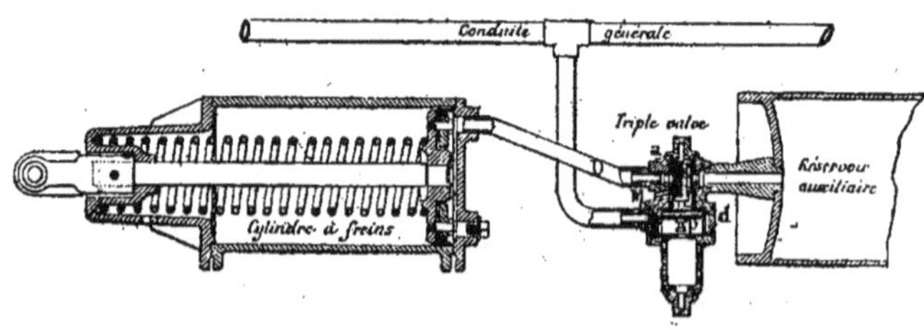

Fig. 828. — Frein Westinghouse. Fonctionnement.

entièrement l'orifice D et laisse passer l'air du réservoir auxiliaire qui se détend dans le cylindre et produit le serrage du frein.

On desserre en rechargeant la conduite générale, ce qui soulève de nouveau P et laisse écouler l'air du cylindre dans l'atmosphère.

La tige du piston P glisse dans le manchon qui porte le tiroir S, de manière à permettre à P de monter ou de descendre d'une longueur d'environ 5 millimètres après que S est à fond de course. Un petit piston, ou clapet Q, est fixé par un verrou M à la tige de P de manière à obtenir une certaine modérabilité comme suit :

Quand le mécanicien laisse échapper une certaine quantité d'air nécessaire pour réduire au degré voulu la pression dans la conduite générale, le piston P descend entraînant avec lui d'abord le tiroir S de telle sorte que l'orifice a est en face du tuyau D ; l'air du réservoir auxiliaire se rend alors par le petit orifice a dans le cylindre à frein, et l'on obtient un serrage proportionnel modéré. Au bout d'un certain temps, le réservoir auxiliaire a perdu une certaine quantité d'air et la pression y arrive à être inférieure à celle de la conduite générale. Alors P remonte tandis que S reste dans la position où il a été amené ; le piston Q vient fermer le passage entre le réservoir auxiliaire et le cylindre à frein, et les freins sont appliqués avec une pression modérée.

En réalité, dans la pratique et malgré ce perfectionnement, ce frein n'est pas modérable.

La plupart des ingénieurs ne considèrent en effet ce frein comme modérable que lorsqu'il est entre les mains d'un mécanicien très expérimenté. Et encore est-il très difficile de saisir l'étendue de cette modérabilité, puisqu'une dépression de 1 kilogramme et même souvent moins, $0^{kg},8$ sur 4 kilogrammes, dans la conduite générale, entraîne le serrage à fond du frein.

C'est dans l'intention de rendre ce frein modérable, que M. Henry lui apporta la modification à laquelle il a attaché son nom et d'où est résulté l'appareil adopté sur le chemin de fer de Paris-Lyon-Méditerranée.

Un ressort de rappel placé dans le cylindre à frein maintient toujours le piston à la position du desserrage, tant que le frein ne doit pas fonctionner.

Un calcul analogue à celui que nous avons exposé à-propos de la modérabilité du frein Wenger donnerait pour la dépression D une valeur de $0^{kg},85$, et le serrage à fond aurait lieu pour une dépression égale à environ $1^{kg},2$.

Cela explique comment, lorsque des voitures munies du frein Westinghouse et d'autres munies du frein Wenger, sont attelées ensemble, le fonctionnement des freins est défectueux, les freins Westinghouse se trouvant serrés à fond pour une dépression de $1^{kg},2$ dans la conduite générale, alors que les freins Wenger ne donnent un accroissement de serrage que pour une dépression de $1^{kg},7$.

Les figures 829 et 830 représentent l'adaptation de ce frein à une voiture mixte anglaise à deux bogies de trois essieux (Midland). Les compagnies anglaises ont, en général, préféré le frein à vide.

480. *Comparaison avec le frein à vide.* — Le grand avantage de principe du frein à air comprimé sur le frein Smith, c'est d'être de lui-même automatique, et de pouvoir étendre son action sur des trains beaucoup plus longs. En outre, avec des dimensions restreintes, il est rapide et énergique. Ainsi, il peut aisément arrêter un train de 15 voitures à la vitesse de 75 kilomètres à l'heure, après un parcours de 150 à 200 mètres.

Par contre, il est compliqué et coûteux de premier établissement, il exige, sur la locomotive, l'installation d'un moteur avec sa pompe à air et ses réservoirs, ce qui est souvent difficile et gênant. La pression à maintenir permanente dans la conduite est de 4 à 5 kilogrammes, ce qui rend plus difficile que dans le frein Smith l'accouplement des tuyaux ; en outre, et vu le petit volume de la pompe à air, une fuite insignifiante prend immédiatement ici une grande importance. Enfin l'automaticité du frein est obtenue au moyen d'un appareil assez délicat, la triple valve installée sous chaque véhicule : d'où l'exigence d'un entretien coûteux et de tous les instants. Car, s'il est utile que le frein agisse rapidement et énergiquement d'une manière automatique, il faut éviter également qu'il agisse sans motif, ce qui arrive toutes les fois qu'un de ses organes se détériore.

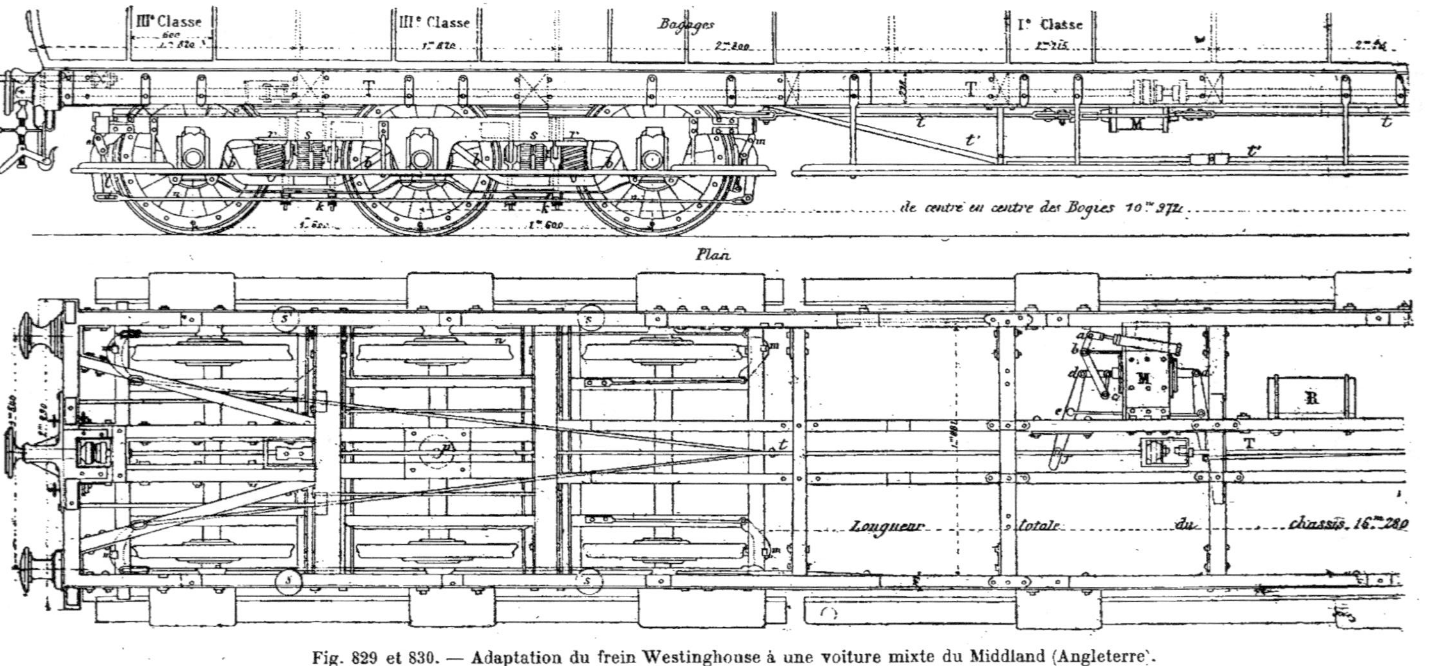

Plan.
Fig. 829 et 830. — Adaptation du frein Westinghouse à une voiture mixte du Middland (Angleterre).

Frein Westinghouse-Henry.

481. (*Fig.*831). — M. Henry s'est préoccupé du besoin de rendre le frein Westinghouse modérable et il a conçu le frein suivant, adopté par la Compagnie Paris-Lyon-Méditerranée depuis 1882. (*Revue Générale des Chemins de fer*, 1883.)

Cette disposition n'est en réalité que la combinaison du frein Westinghouse automatique actuel avec le frein d'origine, non automatique. Cette combinaison est obtenue, sur chaque véhicule, au moyen de deux conduites distinctes reliées par un organe spécial qui permet à volonté le fonctionnement indépendant de l'une ou l'autre de ces conduites, pour commander l'action séparée de l'un ou l'autre des deux freins, et sur la machine, de deux séries d'appareils que le mécanicien doit employer avec discernement suivant les cas.

La disposition adoptée par la Compagnie de Lyon a pour conséquence l'addition de plusieurs organes, savoir:

1° Sur la machine, un deuxième robinet de manœuvre avec manomètre, tuyauterie accessoire et raccords d'accouplements;

2° Sous chaque véhicule, une deuxième conduite principale, à air avec ses raccordements d'accouplement;

3° Enfin, sur chaque triple valve, une double valve d'arrêt destinée à l'isolement des deux conduites principales, automatique et modérable.

En principe, l'air comprimé venant du réservoir de la machine est distribué, par le robinet de manœuvre, dans la conduite principale du train, d'où elle se rend directement et successivement dans le cylindre à frein de chaque véhicule, pour produire le serrage. Cet air est ensuite évacué dans l'atmosphère, toujours par l'intermédiaire du robinet de manœuvre, lors du desserrage.

On voit donc qu'avec le frein modérable il y a serrage lorsque la conduite principale est remplie d'air comprimé, et desserrage lorsque cette conduite est vidée.

Avec le frein automatique, au contraire, il y a serrage lorsque la conduite principale est vidée, et desserrage lorsque cette conduite est remplie d'air comprimé.

La double valve d'arrêt, disposée contre la triple valve, porte trois ouvertures qui sont en communication, l'une avec la conduite modérable, l'autre avec le réservoir auxiliaire, par la triple valve, et enfin la troisième, commune aux deux autres, communique avec le cylindre à frein. Un piston à deux faces peut se mouvoir dans l'intérieur, de manière à intercepter l'une ou l'autre des deux conduites automatique et modérable.

Fonctionnement. — 1° *Quand le frein automatique agit.* Dans ce cas le piston de la triple valve s'est abaissé et démasque l'orifice de la double valve d'arrêt: l'air du réservoir auxiliaire pousse le piston P de la double valve qui vient fermer la conduite modérable; l'air introduit trouvant une issue par les orifices O que le piston a dégagés, se rend au cylindre à frein, pour opérer le serrage;

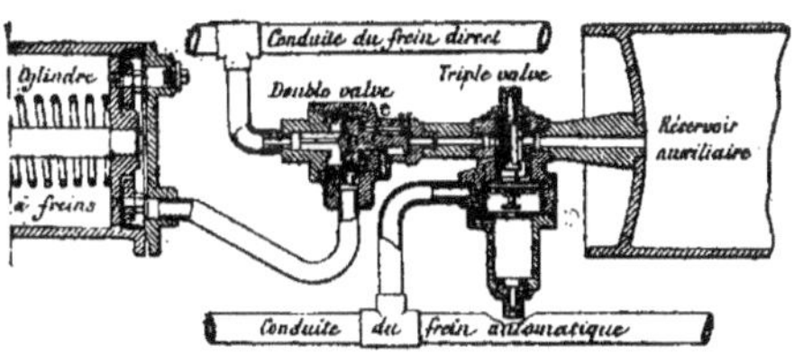

Fig. 831. — Frein Westinghouse-Henry.

2° *Quand le frein modérable agit.* — Si on desserre le frein automatique, le piston de la triple valve remonte pour intercepter la communication du réservoir auxiliaire avec le cylindre à frein, et l'air contenu dans celui-ci s'échappe dans l'atmosphère. L'air envoyé dans la conduite modérable, au moyen du robinet de manœuvre, pousse alors le piston de la double valve d'arrêt presqu'à la fermeture du conduit de la triple valve; cet air passe à travers les orifices O et se rend au cylindre à frein pour déterminer le serrage;

3° *Pendant la vidange des réservoirs auxiliaires des trains.* — Si les freins sont serrés intempestivement en cours de route, au moyen de la conduite automatique, les organes de la triple valve et de la double valve d'arrêt se retrouvent dans la position du premier cas. En ouvrant à fond le robinet de la conduite modérable, l'air arrivant du réservoir de la machine, qui à une pression surpérieure de 2 kilogrammes à celle de l'air du réservoir auxiliaire, et de celui détendu dans le cylindre à frein, repousse le piston P et le force à fermer la communication avec la triple valve ; mais le piston a entraîné dans sa course le tiroir H pour dégager l'orifice *e* qui communique avec l'atmosphère et donner issue à l'air du réservoir auxiliaire jusqu'à échappement complet.

L'action du frein automatique se trouve donc annulée jusqu'à nouveau remplissage de la conduite principale et des réservoirs auxiliaires.

On vide ensuite la conduite modérable et le cylindre à frein au moyen du robinet de manœuvre, et on remet immédiatement le train en marche.

En résumé, on voit que, dans son ensemble, la disposition adoptée par la Compagnie de Lyon permet :

1° De serrer les freins isolément par l'une ou par l'autre des deux conduites et au moyen du jeu de la double valve d'arrêt, en manœuvrant séparément le robinet convenable à chaque conduite ;

2° De pouvoir serrer graduellement les freins au moyen de la conduite *directe*, dite modérable, pour régler la vitesse des trains sur des pentes à fortes déclivités, et pour obtenir des arrêts lents dans les gares ;

3° Enfin, de pouvoir annuler l'action du frein automatique dans le cas de serrage intempestif, et de remettre presque immé-

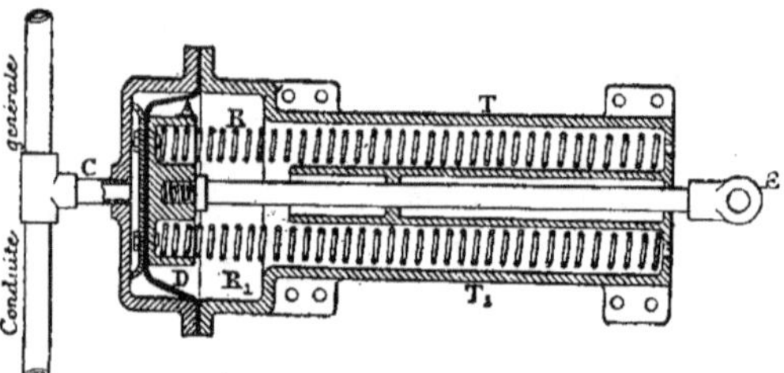

Fig. 832. — Frein à air comprimé automatique Boyden.

diatement le train en marche au moyen de la conduite directe.

La combinaison des deux freins permet, en outre, en cas d'avarie inutilisant le frein automatique en cours de route, d'avoir sous la main un deuxième frein prêt à fonctionner.

On remarquera cependant, à un autre point de vue, que les résultats qu'il est possible d'obtenir avec une telle combinaison, sont la conséquence de l'addition d'éléments d'une complication importante, comparativement à la disposition automatique à conduite unique.

Frein à air comprimé automatique Boyden.

482. Ce frein repose sur l'emploi simultané de l'air comprimé et des ressorts. Sur la locomotive sont placés des appareils analogues à ceux de tous les freins similaires.

Le cylindre à frein placé sous chaque véhicule se compose essentiellement d'un diaphragme caoutchouté (*fig.* 832) très résistant D, muni d'une armure intérieure A sur laquelle s'appuient deux forts ressorts à boudins R et R₁ logés dans deux appareils cylindriques T et T₁ faisant corps avec l'enveloppe en fonte de l'appareil. L'armure A sert également de point d'attache à la tige E qui actionne la timonerie du frein. Sur son autre face, le diaphragme communique avec la conduite générale C.

Fonctionnement. — En marche normale, l'air comprimé de la conduite chasse devant lui le diaphragme, les ressorts T et la tige E : le frein est desserré.

Mais si, en ouvrant le robinet de manœuvre, on arrive à déterminer dans la conduite une pression inférieure à la tension des ressorts, ceux-ci poussent devant eux le diaphragme A qui entraîne avec lui la tige E et les sabots s'appliquent sur les bandages des roues ; on obtient le desserrage en ramenant l'air comprimé dans les conduits.

Les freins de la locomotive et du tender sont à action directe, et la tige de commande en est actionnée par un diaphragme sur lequel on envoie l'air comprimé lors du serrage. Le robinet de manœuvre comporte une disposition spéciale qui permet soit d'actionner ces freins directs, soit d'actionner les freins des véhicules, soit enfin de produire des arrêts rapides, ainsi que nous le verrons plus loin.

Ce frein est modérable, puisque, suivant la dépression produite dans la conduite, la résultante des forces qui agissent sur la tige E peut varier de zéro à un maximum qui est atteint lorsque cette dépression est suffisante pour permettre au diaphragme d'arriver à fond de course.

Le réglage des sabots présente ici une particularité : il se fait au départ de chaque station initiale de la façon suivante : le garde frein passe sur tous les véhicules et applique fortement tous les sabots contre les bandages à l'aide de freins à mains qui sont combinés avec les freins pneumatiques, et qu'il assujettit au moyen d'un cliquet.

Le mécanicien produit le desserrage au départ en envoyant l'air comprimé dans la conduite générale; on est ainsi certain que les sabots sont toujours convenablement réglés pour produire le serrage maximum. En outre, si les freins s'appliquent automatiquement par suite d'une rupture de boyau, on peut les desserrer à l'aide des freins à main. Sans ces derniers, le desser-

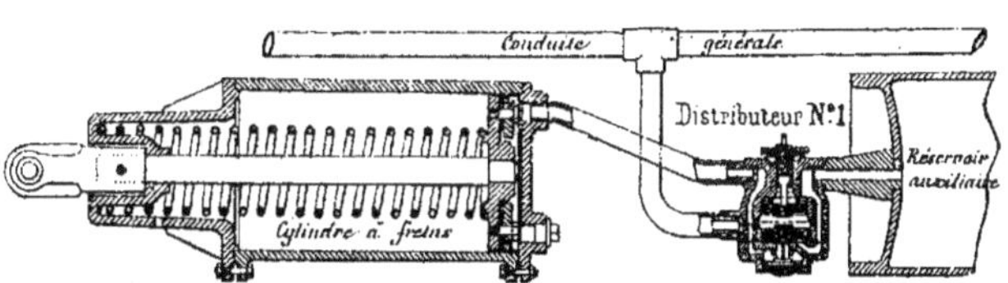

Fig. 833. — Frein Soulerin avec distributeur n° 1.

rage dans ce cas est impossible, à moins de réintroduire de l'air dans la conduite générale, ou en agissant sur la timonière par un moyen mécanique. Dans les autres systèmes, ce desserrage s'obtient simplement en ouvrant la valve de purge.

Il paraît que ce frein fonctionne bien, que le serrage est parfaitement gradué et se fait sans secousse; mais en somme il est un peu compliqué.

Frein Soulerin.

483. M. Soulerin a étudié et mis en service une série d'appareils fonctionnant à l'air comprimé et qui rentrent dans les différentes classes précédentes. Tous reposent sur l'emploi de pistons différentiels.

Ainsi, on y rencontre :

1° Des appareils dont l'action peut être graduée et applicable aux freins dont le serrage est produit par l'admission de l'air comprimé dans le cylindre à freins ;

2° Des appareils dont l'action peut être également graduée et applicable aux freins dans lesquels le serrage résulte de l'échappement de l'air comprimé contenu préalablement dans le cylindre à frein ;

3° Des appareils pouvant produire le serrage à fond pour une dépression partielle produite dans la conduite générale et pouvant fonctionner à la façon du frein Westinghouse, tout en n'employant dans le cylindre à frein que de l'air à faible pression ;

4° Des appareils à fonctionnement rapide et destinés au freinage des trains de marchandises. Des appareils analogues ont été étudiés également pour les autres types de freins, et nous les examinerons plus loin dans un chapitre spécial.

PREMIÈRE CATÉGORIE. — Les freins Soulerin de la première catégorie sont ceux qui sont applicables aux systèmes dans lesquels le serrage est produit par l'admission de l'air comprimé dans le cylindre à frein.

La disposition d'ensemble est analogue à celle qui est adoptée dans le frein Westinghouse (*fig.* 833). Sous chaque voiture on trouve, en dehors de la conduite générale, un distributeur, un cylindre à frein et un réservoir auxiliaire. Pendant la marche des trains, le distributeur met en communication la conduite générale avec le réservoir auxiliaire, pendant que le cylindre à frein communique avec l'air extérieur.

Une dépression suffisante produite dans la conduite générale supprime la communication entre celle-ci et le réservoir auxiliaire tandis qu'elle met ce dernier en communication avec le cylindre à frein. L'air du réservoir auxiliaire se détend en péné-

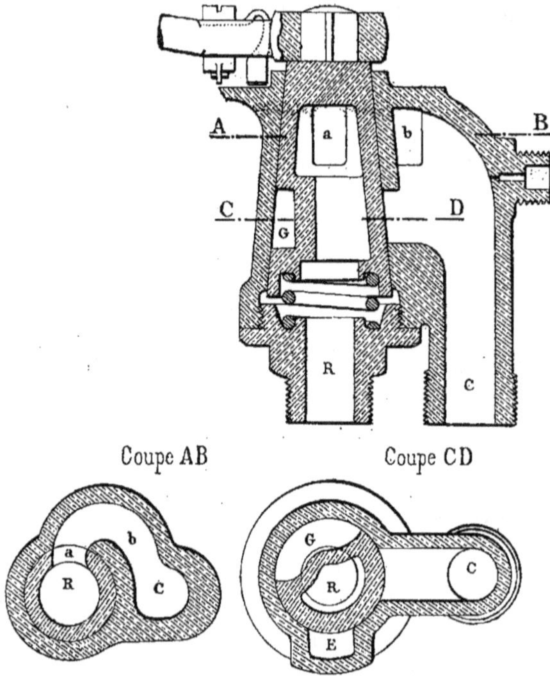

Fig. 834 à 836. — Frein Soulerin. — Robinet de manœuvre.

trant dans le cylindre à frein, le piston se met en mouvement et applique les sabots contre les bandages. Le desserrage s'obtient par la réintégration de la pression dans la conduite générale.

Pompe de compression. — Cette pompe est automotrice, et toujours en relation avec la vapeur de la chaudière. Elle entretient dans le réservoir principal, dans la conduite générale et dans les réservoirs auxiliaires une pression déterminée qui varie entre 4 et 5 atmosphères.

Ces pompes se composent essentiellement (*fig.* 837) d'un cylindre à vapeur V, et d'un cylindre à air placés au-dessous du premier, comme dans le frein Westinghouse.

Le tiroir principal T règle l'admission et l'échappement de la vapeur. Il est commandé lui-même par l'intermédiaire des deux pistons différentiels a et b, par le jeu du tiroir secondaire t sur lequel agit directement une tringle K, actionnée par le mouvement du piston à vapeur.

Robinet de manœuvre. — Le robinet de manœuvre (*fig.* 834, 835 et 835) peut occuper trois positions :

Dans la première, le réservoir principal R communique avec la conduite générale c par *ab* ;

Dans la deuxième, la conduite générale communique avec l'échappement E par G ;

La troisième est la position de repos, la conduite étant isolée du réservoir principal et de l'échappement.

Distributeur. — Le distributeur (*fig.* 838),

La même pression intérieure applique en même temps le système *mna* sur le bas et, en particulier, le clapet *a* sur son siège.

Serrage. — Le serrage s'obtient en faisant descendre brusquement la pression dans la conduite générale ; l'air du réservoir auxiliaire fait alors appliquer vigoureusement contre les parois les garnitures des pistons *n* et *p*. Le système *pqf* descend, le piston *f* s'appliquant contre la paroi supérieure de la boîte du distributeur

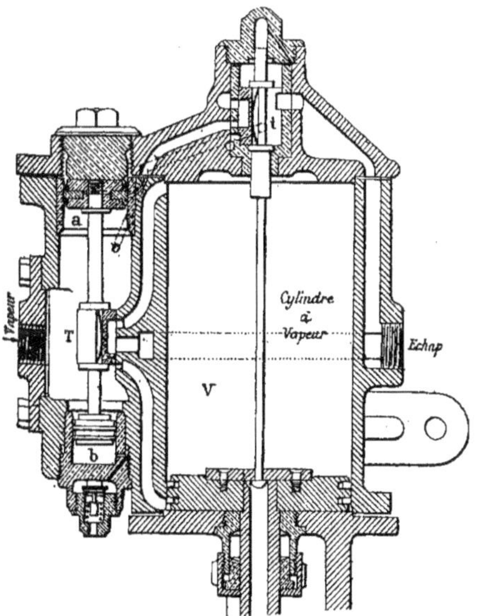

Fig. 837.— Frein Soulerin. — Pompe de compression.

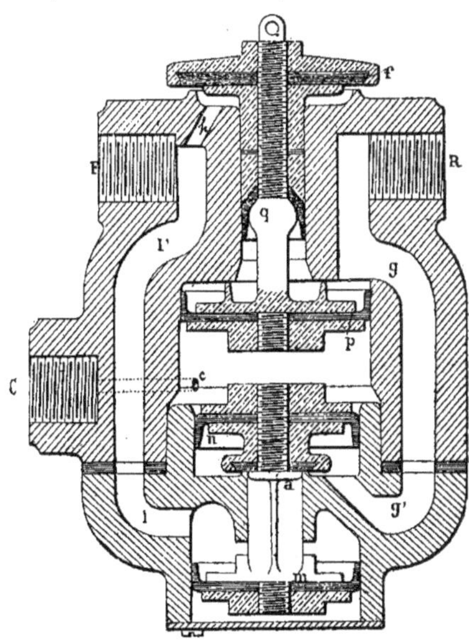

Fig. 838. — Frein Soulerin. — Distributeur n° 1.

comporte deux systèmes de pistons et clapets ; l'un d'eux, le système *nma*, sert à produire le serrage tandis que l'autre, le système *pqf* commande le desserrage.

Pendant la marche, l'air comprimé débouche de la conduite générale par l'orifice c placé entre les pistons *p* et *n* du côté de la convexité des cuirs emboutis. L'ensemble *pqf* reçoit alors la pression sur la face inférieure de *q* et reste soulevé, ce qui empêche *f* d'obturer l'échappement ; le cylindre à frein communique alors avec l'air extérieur.

et fermant la communication *h* entre le cylindre à frein et l'air extérieur. Pendant le même temps et pour les mêmes motifs, le système *mna* monte vers le haut, le piston *n* découvre l'orifice du conduit *gg'* qui va du réservoir auxiliaire au cylindre à frein, d'où résulte le serrage. Le clapet *a* retombe sur son siège dès que la pression sur le piston *m* est équilibrée par la résultante des pressions auxquelles se trouvent soumis le piston *n* et le clapet *a*.

Supposons que :

S*n* représente la surface du piston *n* ;

S*m*, celle du piston *m* ;

z, la pression de l'air dans la conduite générale ;

y, celle du cylindre à frein ;

x, celle du réservoir auxiliaire.

En négligeant la pression sur a, la pression y sur le piston du cylindre à frein sera approximativement :

$$y = \frac{Sn}{Sm}(x - z)$$

Dans le cas où l'on aurait :

$$\frac{Sn}{Sm} > 1,$$

la pression y serait plus grande que la différence entre la pression dans le réservoir auxiliaire et la pression dans la conduite générale (*Bulletin des Ingénieurs civils*, septembre 1889 et janvier 1890).

On obtiendrait donc le serrage à fond, par une perte partielle dans la conduite générale, comme dans le distributeur Westinghouse; mais l'appareil permet la modérabilité entre certaines limites qu'on peut toujours déterminer.

Pour le cas ou on aurait :

$$\frac{Sn}{Sm} \leq 1,$$

la valeur de y augmenterait jusqu'à ce que $Z = O$. On a donc un frein modérable analogue aux freins Carpenter, Shleifer ou Wenger, dans lequel le serrage à fond correspond à la perte totale de la charge de la conduite générale.

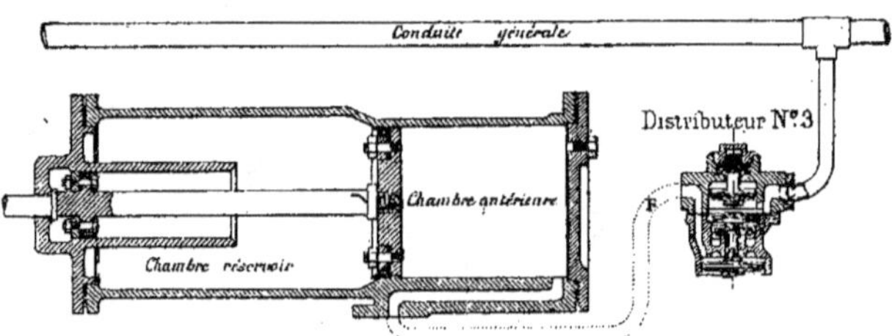

Fig. 839. — Frein Soulerin. — Modification du frein Wenger.

Au cas spécial où on a $\frac{Sn}{Sm} < 1$, l'appareil agit comme détendeur et fait que la pression dans le cylindre à frein ne peut jamais dépasser une fraction déterminée de la pression dans le réservoir auxiliaire. On utilise cette propriété pour obtenir des appareils pouvant fonctionner avec la même puissance de serrage, indifféremment par le vide ou l'air comprimé. Nous en verrons un exemple plus loin.

Desserrage. — Le desserrage s'obtient aisément en réintroduisant la pression normale dans la conduite générale. Le système pqf est alors soulevé et l'air du cylindre à frein s'échappe à l'extérieur.

Lorsqu'on désire graduer le serrage, il suffit d'établir la surface des pistons de telle façon que :

$$\frac{Sp}{Sf} > \frac{Sn}{Sm}.$$

Dans la pratique. on fait souvent approximativement :

$$\frac{Sn}{Sa} = \frac{Sp}{Sq}.$$

et la course des systèmes de pistons est réduite à 3 millimètres environ.

DEUXIÈME CATÉGORIE.

484. Dans cette seconde catégorie sont rangés les appareils dont l'action peut être graduée et qui sont applicables aux freins dans lesquels le serrage résulte de l'échappement de l'air comprimé contenu primitivement dans le cylindre à frein. Ce n'est en somme qu'une transformation des freins Carpenter, Shleifer et Wenger, afin d'en activer le serrage et d'augmenter l'étendue de leur modérabilité.

On a vu en effet précédemment que, pour obtenir un commencement de serrage sur les freins Carpenter, Shleifer ou

Wenger, il faut perdre une fraction importante de la pression dans la conduite générale. M. Soulerin affirme remédier à ce grave défaut par l'emploi du distributeur n° 3 (*fig.* 839 à 841), qui permet d'obtenir dans la chambre du cylindre à freins une pression plus grande que celle qui est produite dans la conduite générale.

Ce distributeur se place entre la chambre antérieure du cylindre à frein avec laquelle il communique par F et la conduite générale dont le branchement arrive en C. Il contient deux systèmes mobiles *pq*, et et *mnaa'* dans lequel se présente toujours une surface plus grande que celle de *n*. Les pistons *m* à *n* et *p* sont tous munis de garnitures en cuir embouti ; *q* est un piston avec segments et formant clapet à deux sièges.

Le clapet *a* comporte des rainures *ii* laissant pénétrer l'air dans l'espace compris entre lui et le piston *m*. Une garniture flexible *c* s'oppose au retour de cet air dans l'espace au-dessus de *a*.

Un canal EE fait communiquer les orifices OO avec l'espace compris entre *a'* et *a* : E' est un orifice d'échappement à l'extérieur, A et A' sont des conduites qui font

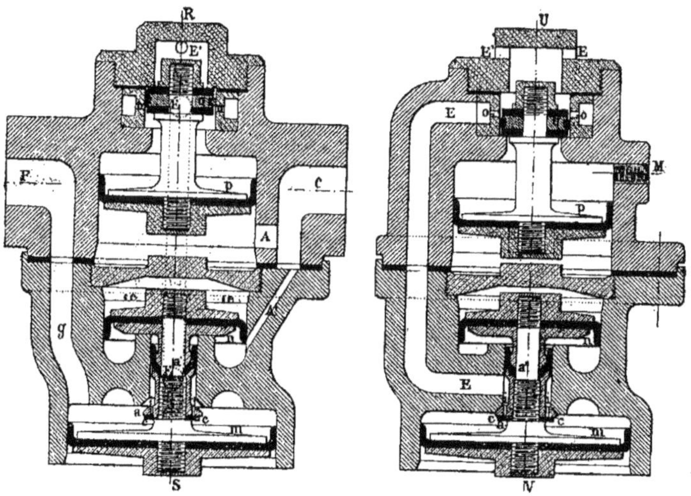

Fig. 840 et 841. — Frein Soulerin. — Distributeur n° 3. — Coupes U V et R S.

communiquer la conduite générale avec les espaces en dessus de *p* et de *m*. Les orifices mettent en communication permanente, l'air extérieur et la face convexe de *n*. L'espace compris entre *p* et *q* peut communiquer par M avec un petit réservoir supplémentaire, ou mieux, avec la chambre réservoir du cylindre à freins. Dans ce dernier cas, on établit un clapet de retenue qui s'oppose à l'admission, dans la chambre-réservoir, de tout air comprimé venant de M.

Fonctionnement. — En marche ordinaire, l'air comprimé qui pénètre en dessous de *p* soulève le système *pq* et la communication reste établie par EE, entre la conduite générale et les deux chambres du cylindre à frein dans lesquelles la pression est sensiblement la même que dans la conduite générale, le système *mnaa'* étant maintenu au bas de sa course.

Le serrage s'obtient en produisant dans la conduite générale une dépression suffisante pour amener et maintenir le système *pq* au bas de sa course et mettre ainsi les orifices *oo* en communication avec l'échappement E'. L'air contenu dans la chambre antérieure du cylindre à freins s'écoule alors à l'extérieur jusqu'à ce que la pression y soit réduite de façon que sa valeur soit sensiblement égale au produit de la pression générale dans la conduite, multiplié par le rapport :

$$\frac{Sn}{Sm}$$

Ce rapport étant toujours, par définition, plus petit que 1, le clapet a s'applique contre son siège.

Pour obtenir le desserrage, on réintroduit dans la conduite générale une pression suffisante pour ramener et maintenir le système pq au haut de sa course.

La communication alors établie entre les deux chambres du cylindre à frein, au moyen du conduit EE et de celui qui aboutit en M, au cas où cet orifice est relié à la chambre-réservoir, détermine immédiatement le desserrage.

TROISIÈME CATÉGORIE. — Les appareils de la troisième catégorie sont destinés à produire le serrage à fond pour une dépression partielle produite dans la conduite générale et pouvant fonctionner à la manière des freins Westinghouse, tout en n'envoyant dans les cylindres à frein que l'air à faible pression.

Le distributeur (*fig.* 842) est monté dans ce cas sur le réservoir auxiliaire par la tubulure R, tandis qu'il communique avec la conduite générale par l'orifice C et avec le vase à frein par l'orifice A.

Il comprend, comme les précédents, deux systèmes mobiles : *namf* et le détendeur *n'a'm'* à pistons garnis de cuir embouti. Les convexités des pistons *mm'* et *n'*, ainsi que la surface intérieure de *f*, sont constamment en communication avec l'air extérieur. L'air comprimé, qui peut pénétrer quand même dans l'espace au-dessus du piston *n'* s'échappe par de petits orifices *o* pratiqués à cet effet dans la paroi du distributeur.

La tige qui porte les pistons *n*, *a* et *m* glisse dans celle du clapet *f* de façon à n'entraîner celui-ci que dans la dernière portion de la course du système, tant à la montée qu'à la descente. Pendant la marche du train, le système *namf* est maintenu soulevé au haut de sa course

et l'air comprimé pénètre dans le réservoir auxiliaire par R, en passant autour de la garniture du piston *n*.

En produisant dans la conduite générale une dépression suffisante pour faire descendre le système *namf*, le piston *a* vient au-dessous des orifices *i* et le réservoir communique avec le conduit *l*; l'air comprimé passe par le système détendeur, se rend alors dans le vase à freins avec une pression réduite, en même temps

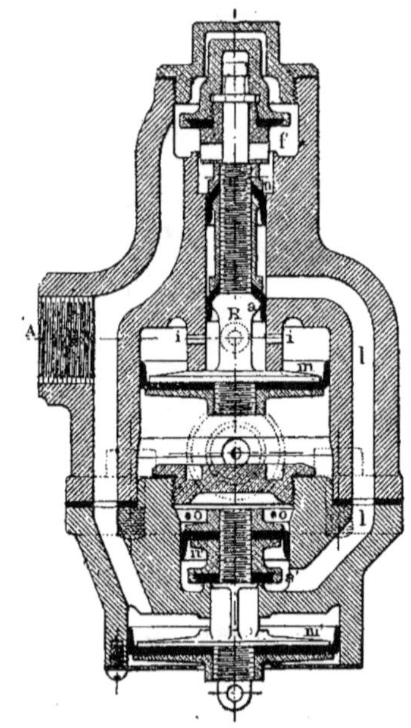

Fig. 842. — Frein Soulerin. — Distributeur n° 4

que le clapet *f* est amené au bas de sa course et que le vase à freins cesse de communiquer avec l'extérieur par E. Le serrage ainsi produit peut être gradué entre certaines limites déterminées par les dimensions relatives des pistons *nam* ou encore peut être placé au-dessous du piston *n* pour maintenir au haut de sa course le système *namf*, tant que les appareils ne contiennent pas d'air comprimé afin que le vase à frein communique alors avec l'échappement E. Ce résultat pourrait encore s'obtenir en montant l'appareil de haut en bas.

La réintroduction de la pression dans la conduite générale ramène le système *namf* à la position de marche, et l'air comprimé qui avait pénétré dans le vase à frein s'échappe par E, ce qui produit le desserrage.

Freins continus à air comprimé et fonctionnemment rapide.

485. *Généralités.* — Les freins automatiques à air comprimé sont appliqués aujourd'hui de plus en plus aux trains de marchandises qui peuvent compter jusqu'à soixante véhicules. Il faut alors recourir à certains appareils spéciaux quand on veut que la propagation du serrage et du desserrage puisse s'effectuer d'une manière suffisante.

On a employé pour cela des appareils électriques, électro-pneumatiques et enfin à air comprimé; c'est de ces derniers que nous parlerons en ce moment. Nous nous bornerons d'ailleurs à signaler les dispositifs adoptés aux freins Westinghouse, Wenger et Soulerin les plus répandus de cette catégorie.

486. *Freins Westinghouse à action rapide.* — La triple valve ordinaire disposée horizontalement, est accompagnée d'une autre valve à piston verticale. La triple valve horizontale ressemble à celle du frein ordinaire avec cette différence, que lorsque un piston arrive au fond de sa course, pour produire le serrage, il rencontre la résistance d'un ressort, résistance qui ne doit être surmontée que dans le cas de serrage rapide. La valve verticale fonctionne alors à son tour en faisant communiquer la conduite générale avec le cylindre à freins, ce qui entraîne très rapidement un commencement de serrage.

Le desserrage s'obtient en rétablissant la pression dans la conduite générale comme dans le cas du frein Westinghouse ordinaire.

La rapidité du serrage est obtenue en somme aux dépens de celle du desserrage qui est, en réalité, moins urgente : pour l'obtenir, en effet, il faut remplir toute la conduite générale dont on avait évacué la presque totalité de l'air. Pour avoir une pression de quelque importance dans le cylindre à frein par l'arrivée de l'air comprimé de la conduite générale, il faut augmenter considérablement le diamètre de cette dernière.

487. *Freins Wenger à action rapide.* — L'appareil Wenger à action rapide et spécialement destiné au freinage des trains de marchandises, se compose d'un cylindre et d'un réservoir auxiliaires de 25 litres environ, qui ne communiquent entre eux que pendant le serrage.

Avant d'arriver au réservoir auxiliaire, l'air comprimé doit traverser un premier distributeur, ou soupape d'équilibre, renfermant à sa partie supérieure un piston avec garniture de cuir embouti, la concavité tournée vers le haut; à la partie inférieure de sa tige se trouve fixé un tiroir; le tout est supporté par un fort ressort.

Une dépression modérée produite dans la conduite générale abaisse légèrement le système précédent, et met celle-ci en communication une capacité de 8 litres environ dans laquelle afflue l'air comprimé de la conduite, et qui, en position de marche, communique avec l'air extérieur. Un abaissement modéré de pression en résulte dans un réservoir de 4 litres. La tige qui porte le cuir embouti du piston du distributeur est perforée de façon à faire communiquer les deux faces de ce cuir avec un orifice de grandeur déterminée, tandis que l'espace situé au-dessus de la face concave, communique avec le réservoir de 4 litres.

Avant le réservoir auxiliaire, et après ce récipient de 4 litres, se rencontre un deuxième distributeur présentant une grande analogie avec la triple valve ordinaire du frein Westinghouse; le piston est seulement remplacé par un cuir embouti dont la convexité est tournée vers le bas, c'est-à-dire vers l'arrivée du réservoir de 4 litres. La tige de ce piston porte un tiroir qui fait communiquer le cylindre soit avec l'extérieur, soit avec le réservoir auxiliaire, ou qui ferme toute communication entre l'air extérieur et le cylindre, ou bien entre le réservoir et le cylindre. Ce piston est soumis à l'action de deux ressorts dont le plus fort pousse le système de bas en haut, tandis que l'autre agit en sens inverse, son action cessant de se faire sentir dès que le système a fait une partie de sa course vers le bas.

Une dépression plus forte que précédemment dans la conduite générale fait écouler à l'extérieur l'air comprimé qu'elle contenait, et par suite celui qui était renfermé dans le petit réservoir de 4 litres. La tension du ressort inférieur du second distributeur est alors surmontée, la communication se trouve établie entre le cylindre à freins et le réservoir auxiliaire, et le serrage rapide est obtenu.

Le desserrage a lieu dans tous les cas en réintroduisant la pression dans la conduite générale. Il est à remarquer en somme que ce fonctionnement, comme celui du système Westinghouse rapide, est basé pour une grande partie sur l'emploi de ressorts qu'il est difficile d'établir avec des tensions suffisamment uniformes pour assurer une marche bien régulière des appareils. Ces ressorts sont supprimés dans l'appareil de M. Soulerin.

488. *Frein rapide à air comprimé de M. Soulerin (Bulletin de la Société des Ingénieurs civils de France, janvier 1890).* — Le distributeur Soulerin à fonctionnement rapide (*fig.* 843 et 844), peut être monté soit sur la conduite générale elle-même, de façon à en faire partie intégrante, soit sur un branchement aboutissant en P'.

L'appareil communique par les orifices C et R respectivement avec le cylindre à freins et le réservoir auxiliaire.

Il y a trois systèmes mobiles de pistons et de clapets mna — $pqPq'f$ — $bcde'$.

Le fonctionnement du système mna est identique à son analogue dans le distributeur Soulerin vu précédemment.

Le système $pqPq'f$ se décompose lui-même en deux parties mobiles: le piston P et l'ensemble $pqq'f$ qui glisse dans la tige creuse de P.

Lorsque P est au bas de sa course, la conduite générale communique avec l'air extérieur par le canal ll et l'échappement E; tandis que, lorsqu'il est en haut de sa course, la rondelle K, venant s'appliquer contre son siège, la conduite générale

ne communique plus avec l'air extérieur.

Lorsque le système $bcdd'$ est au bas de sa course, il fait communiquer le cylindre à freins avec l'extérieur par $g'o\iota$; quand il est en haut de sa course, l'air contenu dans le cylindre à freins peut pénétrer dans la conduite générale en passant autour du piston d, le clapet qui porte ce dernier fermant alors le passage de o vers ε. La communication reste toujours établie

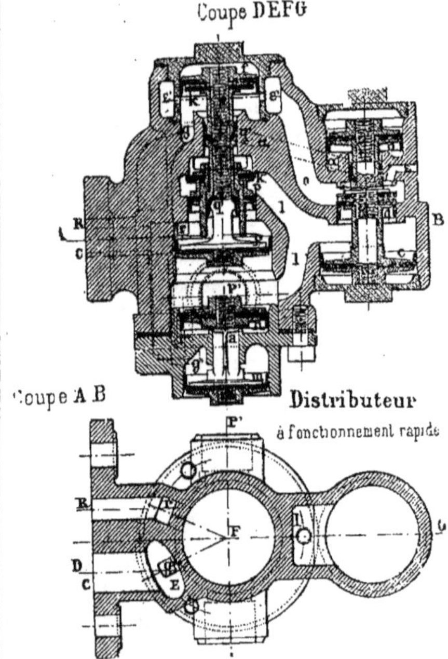

Fig. 843 et 844. — Frein rapide Soulerin. Distributeur.

par le conduit αz, entre le cylindre à freins et l'espace compris entre b et d'.

Les pistons $mnpqq'Pfbcd$ et d' sont tous munis de cuirs emboutis dont les convexités sont tournées comme le montre la figure 843.

Le distributeur pourrait être monté en sens inverse; le poids du système $pqPq'f$ amènerait alors K contre son siège après l'évacuation de la conduite générale.

Fonctionnement. — Pendant la marche du train, l'air comprimé venant de la con-

duite générale alimente le réservoir général auxiliaire en passant autour des pistons n et p, et par les conduits r et r'; le
système $pqPq'f$ est maintenu au haut de
sa course, tandis que $bcd'd$, se trouvant à
sa position inférieure, maintient la communication entre le cylindre à freins et
l'air extérieur.

Serrage. — Pour obtenir un serrage
gradué, on doit perdre la charge de la
conduite générale, en procédant de telle
façon que la résultante, qui agit de haut
en bas sur $pqq'f$, reste toujours plus faible
que la force qui maintient P au haut de sa
course, et que l'échappement ne puisse se
faire que par le robinet de manœuvre.

On obtient ce résultat en réglant l'échappement de celui-ci pour que la dépression qui déterminerait, en un distributeur
quelconque, la mise en marche de P, ne
s'y fasse sentir qu'après l'admission d'une
certaine pression dans le cylindre à freins
correspondant. La pression à laquelle est
soumis le piston f du distributeur va en
croissant, et on peut graduer à volonté le
serrage, comme dans le cas des distributeurs Soulerin vus précédemment.

Le robinet de manœuvre est construit
de manière qu'on puisse prendre dans la
conduite générale, telle quantité de la
charge que l'on voudra, sans qu'il en résulte un remous qui rétablirait, dans la

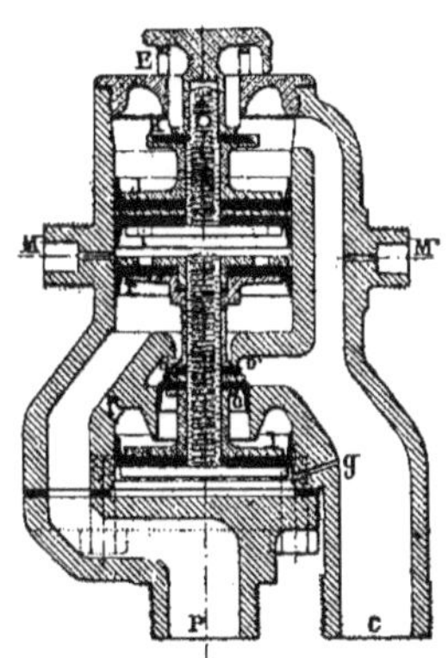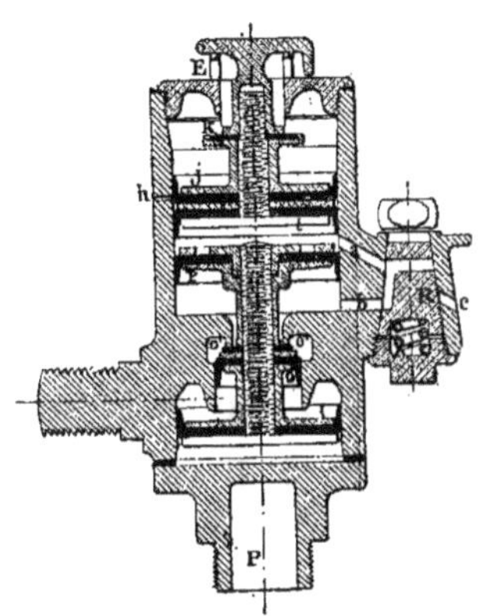

Fig 845. et 846 — Frein Soulerin rapide. — Robinet de manœuvre.

partie antérieure de cette conduite, une
pression suffisante pour y causer un commencement de desserrage (*fig.* 845-846).

Le serrage *rapide* s'obtient en ouvrant
le robinet de manœuvre tout en grand de
manière à déterminer un abaissement
brusque de la pression dans la conduite
générale : le système $pqq'f$ du premier
distributeur entraîne alors avec lui dans
sa descente le piston P, avant que le conduit g' ait pu livrer passage à une quantité
d'air suffisante pour amener une pression
de quelque importance sur la face inférieure du piston f. La conduite générale
se vide alors par l'échappement E ; la
dépression se transmet ensuite au second
distributeur, puis au troisième, et ainsi de

suite jusqu'au dernier avec une vitesse de
propagation qui est d'autant plus grande
que les orifices E sont plus considérables.

Afin d'empêcher l'air devant s'échapper
par l'orifice E de se rendre dans le cylindre
à frein, en passant autour du cuir g', on
peut ajouter un clapet K'K' sous le piston f.

Desserrage. — Le desserrage comporte
lui-même deux manières, selon que l'on a
produit d'abord un serrage modéré ou un
serrage à fond.

Dans ce dernier cas, aussitôt que l'on
introduit dans la conduite générale une
pression relativement faible et dont l'importance doit être établie par le calcul, le
système pqf est soulevé de façon à décou-

vrir les orifices $\varepsilon',\varepsilon'$, et l'air qui s'échappe par ses orifices se rend en passant autour de la garniture de d, et par l, dans la conduite générale, jusqu'au moment où la résultante des pressions exercées sur b,c,d,d' changeant de direction, ce système est amené au bas de sa course par suite de l'augmentation de la pression dans la conduite générale. A partir de ce moment, l'échappement de l'air qui restait dans le cylindre à frein se fait à l'extérieur par l'orifice ε. La conduite générale se charge ainsi de proche en proche jusqu'au dernier véhicule, et le desserrage se produit.

L'air du cylindre à frein s'échappe par ε, dans le cas d'un serrage modéré, par lequel le système $bcdd'$ a été maintenu au bas de sa course par la pression qui était restée dans la conduite générale.

Comme nous l'avons dit, le distributeur pourrait être monté en sens inverse de celui que présente la figure. Dans ce cas, le poids du système $pqq'f$ amenant le clapet K sur son siège, il n'y aurait pas à redouter de fuites par E pendant le chargement des appareils lors de leur remise en service.

Freins mixtes.

489. *Freins fonctionnant par le vide et l'air comprimé.* — Il peut être quelquefois utile d'avoir un appareil à frein pouvant fonctionner indifféremment par le vide ou l'air comprimé. Certains véhicules, en effet, peuvent être appelés à circuler d'un réseau à un autre où les systèmes diffèrent et les inconvénients de cette différence sont ainsi supprimés. Les seules conditions indispensables sont : d'abord que la puissance de serrage soit la même, quel que soit le mode de fonctionnement, et ensuite que la manœuvre et le fonctionnement du frein ne soient pas changés.

490. *Freins Welch et Smith.* — Ce frein a été essayé en Angleterre; il est disposé de manière à pouvoir fonctionner soit sur un frein à vide automatique, soit comme frein à air comprimé automatique (n° 847).

Il ne présente point la disposition ordinaire des freins pneumatiques : les sabots sont actionnés par la chute d'un poids qui, pendant la marche du train, est équilibré par la pression de l'air comprimé ou la pression atmosphérique, selon que le fonctionnement a lieu par l'air comprimé ou par le vide au moyen de deux conduites distinctes placées sous le train.

En dehors de ces conduites, on trouve sous chaque véhicule un appareil moteur consistant en un piston plongeur fixé au châssis et en un cylindre mobile glissant sur ce piston; c'est ce cylindre, suspendu en marche normale, qui par son poids de 210 kilogrammes agit sur la timonerie et produit le serrage des sabots au moment voulu. L'extrémité supérieure du cylindre mobile et l'extrémité inférieure du piston plongeur sont munies de garnitures formant joints étanches : l'espace annulaire compris entre ces deux joints, communique avec la conduite à air comprimé; l'espace entre le piston et le fond du cylindre est en relation avec la conduite à vide.

Dans le cas du fonctionnement à l'air

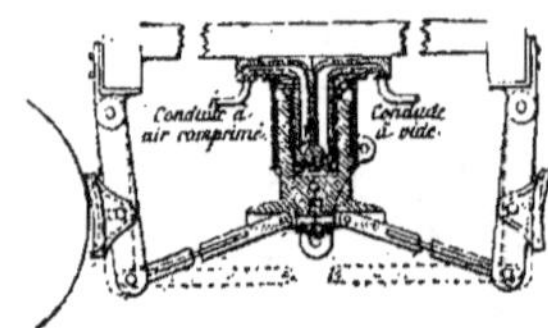

Fig. 847. — Frein Welch et Smith.

comprimé, le mécanicien laisse tomber la pression dans la conduite générale; s'il s'agit du frein à vide, il n'y qu'à y laisser rentrer l'air extérieur; dans les deux cas, le cylindre masse descend et transmet aux sabots une pression qui varie avec la longueur du bras de levier destiné à la transmettre.

Cet appareil ne pouvant être muni de ressorts de rappel, il est indispensable d'ajouter à l'ensemble un système de vis à main, afin de faire remonter le cylindre et de le maintenir suspendu au haut de sa course quand il n'est équilibré ni par l'air comprimé, ni par la pression atmosphérique.

Le desserrage s'obtient, suivant le système, lorsque la pression est rétablie ou que l'air du cylindre est raréfié.

Remarque. — Une voiture de poids moyen, munie d'un frein pneumatique quelconque, le frein Westinghouse par exemple, porte un cylindre à frein de $0^m,200$ de diamètre, sur chaque piston duquel s'exerce un effort de près de 1000 kilogrammes, dont 150 environ sont employés à comprimer le ressort de rappel.

Chaque piston fournit une course va-riant de 75 à 100 millimètres selon l'état des sabots, ce qui correspond à une course de 150 à 200 millimètres pour un piston unique.

Pour transmettre aux roues la même pression que celle qui est transmise par le cylindre de Westinghouse, le frein

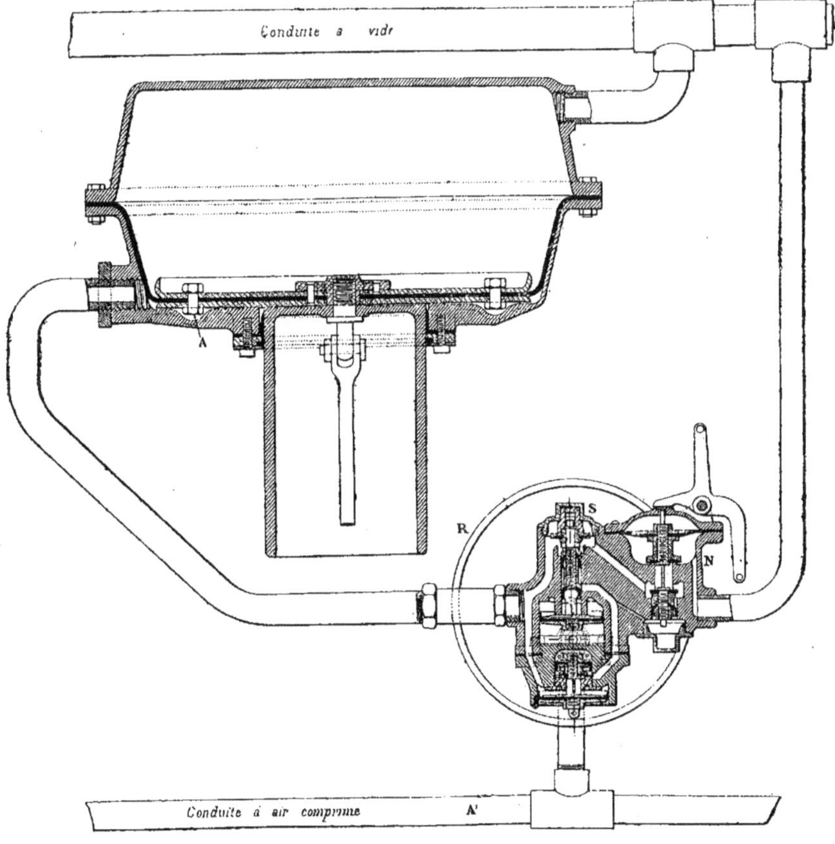

Fig. 848. — Frein mixte Soulerin. — Transformation du frein à vide direct en frein mixte à air comprimé automatique.

Welch et Smith devrait donc avoir une course variant entre :

$$0.150 \frac{1\,000 - 150}{200} = 0^m.607$$

et

$$0.200 \frac{1\,000 - 150}{200} = 0^m.810.$$

ce qui rend matériellement impossible l'installation d'un semblable appareil sous les voitures.

Ce système ne peut donc fonctionner avec la même puissance que les autres freins pneumatiques, qu'à la condition de présenter un cylindre de poids considérable, ce qui augmente la dépense et le poids mort du véhicule.

En outre, le fonctionnement sera différent de celui des systèmes généralement employés.

Freins mixtes Soulerin.

491. M. Soulerin, qui a beaucoup travaillé cette question des freins, a conçu des combinaisons des appareils précédents destinées à faire fonctionner indifféremment les systèmes de freins en usage par le vide ou l'air comprimé (*Société des Ingénieurs civils.* Janvier 1896).

492. *Transformation du frein à vide direct en frein mixte à air comprimé automatique.* — Le premier problème résolu par M. Soulerin est la transformation du frein à vide direct en frein pouvant être actionné indifféremment comme frein à vide direct ou comme frein à air comprimé, le fonctionnement dans ce cas devant être synchrone de celui du frein Westinghouse (*fig.* 848).

Pour cela, sous chaque véhicule on ajoute une conduite à air comprimé munie de ses raccords et robinets A′, un réservoir auxiliaire R, un distributeur n° 4, S, une double valve N, etc., de plus on établit à la partie inférieure du vase à diaphragme, une chambre A destinée à recevoir l'air comprimé, et dont l'étanchéité est assurée au moyen d'une garniture dans laquelle passe la tige commandant la timonerie. Le distributeur et la double valve peuvent être séparés au lieu de faire corps ensemble comme dans la figure.

Fonctionnement par le vide. — Lorsque l'éjecteur fonctionne pour produire le serrage, la double valve ferme toute communication entre l'intérieur et la chambre V, dont l'air est raréfié, tandis que la pression atmosphérique s'exerce en A, en pénétrant autour de la garniture de la tige de commande et par le distributeur. Lorsqu'on effectue le desserrage, l'air qui avait pénétré en A s'échappe à l'extérieur par le distributeur et la double valve, ou par la double valve seulement.

Fonctionnement par l'air comprimé. — En marche, le réservoir auxiliaire est rempli d'air comprimé à la même pression

que dans la conduite générale, tandis que la chambre A reste en communication avec l'air extérieur.

Lorsqu'on produit une dépression dans la conduite générale pour effectuer le serrage, l'air du réservoir auxiliaire se rend en se détendant dans la chambre A qui alors ne communique plus avec l'air extérieur; d'un autre côté, la chambre V est mise en communication avec l'extérieur par le jeu de la double valve, en sorte que le diaphragme se soulève et fait appliquer les freins.

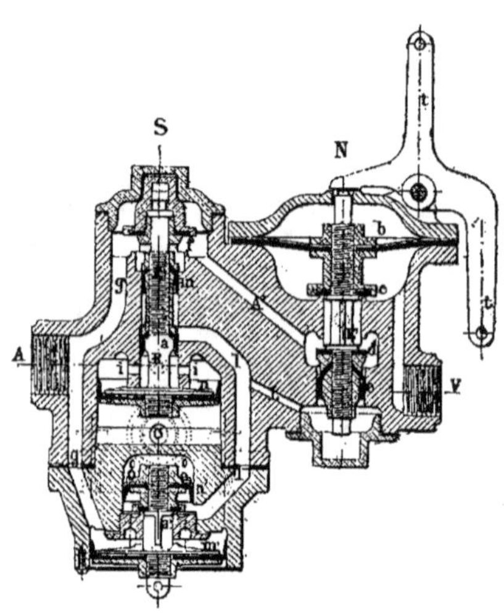

Fig. 849. — Frein mixte Soulerin. — Distributeur.

Le desserrage s'effectue par la réintroduction de la pression dans la conduite générale; l'échappement de l'air, qui était contenu en A, se fait alors par le distributeur, tandis que l'air extérieur entre librement en V par la double valve.

Distributeur et double valve. — Le distributeur (*fig.* 849) est analogue à celui qu'on a vu précédemment (*fig.* 842), mais auquel on a ajouté une double valve N avec laquelle il communique par les conduites L et A′.

Cette double valve renferme un système mobile composé d'un diaphragme ou piston *b*, d'un autre piston *d* formant clapet, et d'un clapet *c*.

Les chambres A et V du vase à frein correspondent respectivement aux conduits A′ et à l'orifice U, tandis que l'espace *l* du distributeur communique par L avec l'espace au-dessous de *d*.

Deux orifices E′ pratiqués dans le corps de l'appareil font communiquer avec l'extérieur l'espace compris entre *d* et *c*.

Enfin, au moyen du levier *t*, sur lequel on agit par des tirettes, on peut vider le vase lorsque les freins se sont appliqués automatiquement.

Lorsque les freins sont actionnés par le vide, le clapet *c* et le piston *b* s'appliquent tant contre les parois que sur leurs sièges, de façon à empêcher l'air extérieur de pénétrer, par la double valve, dans la chambre V du vase à frein. En même temps, la chambre A communique avec l'air atmosphérique par l'orifice *e* et l'échappement E′, et l'air qui avait pénétré dans cette chambre pour y agir sous le diaphragme peut s'échapper librement au desserrage, lors même que le distributeur ne porterait pas de ressort pour soulever le système *mnaf*.

Quand l'appareil fonctionne par l'air comprimé, en cours de route ; le système *bcd* n'est soumis à aucune action ; mais aussitôt que l'air pénètre dans l'espace *l* du distributeur pour se rendre de là dans le frein et produire le serrage, il agit sur le piston *d* de la double valve, fermant ainsi l'orifice *e*, en même temps qu'il maintient ouverte la communication entre la chambre V du vase à frein et l'air extérieur.

Pendant que le desserrage s'effectue, l'air atmosphérique pénètre librement par E′ et par l'espace existant autour du clapet *c*, dans la Chambre V.

Lorsque le distributeur est monté en sens inverse de celui qu'indique la figure, et que le conduit A′ est supprimé, le piston *d* n'a pas besoin d'être muni d'un clapet.

Appareil de manœuvre. — Le robinet de manœuvre comporte deux systèmes de pistons et clapets savoir : le système *ijk* qui règle la dépression à produire, et le système *lar*, qui permet de faire varier à volonté la charge à admettre dans la conduite générale. Les pistons sont tous munis de garnitures en cuir embouti tournées convenablement (*fig.* 845-846). La tubulure P communique avec le réservoir principal de C avec la conduite générale.

L'espace compris entre *i* et *j* communique toujours avec l'air extérieur *h*, tandis que l'espace compris entre *i* et *r* est relié par un conduit *a*, à un petit robinet R auquel aboutit également un conduit *b* qui communique avec le réservoir principal. Les faces concaves des pistons *l* et *r* communiquent toujours entre elles par *f* et avec le réservoir principal, tandis que l'espace situé au-dessus de *l* est constamment relié à la conduite générale par le conduit *g*.

La manœuvre se fait au moyen du robinet R qui peut occuper trois positions principales : dans la première, le conduit *a* communique avec le conduit *b* ; dans la seconde, le conduit *a* ne communique qu'avec l'air extérieur par l'orifice *e* ; enfin, dans la troisième, toute communication est interrompue entre le conduit *a* et l'orifice *e* ou le conduit *b*.

Le manomètre indicateur de la pression dans la conduite générale se fixe sur la tubulure M′ ; la tubulure M reçoit le manomètre qui indique la pression dans l'espace compris entre *i* et *r* et permet en outre de faire communiquer avec un petit réservoir cet espace, dans le cas où son volume serait insuffisant pour amener la stabilité de la pression qu'on veut y maintenir.

Fonctionnement. — Pour charger la conduite générale, on amène le robinet R dans sa première position et on l'y laisse jusqu'à ce que la pression dans l'espace au-dessus de *r* corresponde à celle que l'on veut maintenir dans la conduite générale. Puis on remet R dans la troisième position, c'est-à-dire au repos.

Le système *lar* s'abaisse alors, et l'air comprimé du réservoir principal pénètre dans la conduite par *o′o′* jusqu'à ce que la pression qui agit au-dessous de *r* fasse remonter le système et fermer par suite la pompe *o′o′*.

Quand on veut produire une dépression donnée dans la conduite générale, on met R à sa deuxième position, et on l'y maintient jusqu'à ce qu'on ait produit, dans l'espace situé au-dessus de *r*, une dépression correspondant à celles qu'on veut obtenir dans la conduite générale ; puis on

replace le robinet dans sa troisième position. Le système *ijk* s'abaisse alors et fait
échapper à l'extérieur par E l'air de la
conduite générale, tant que l'équilibre, ne
s'étant pas établi, le clapet K n'est point
appliqué contre son siège.

On peut donc déterminer une dépression dans la conduite générale, sans avoir

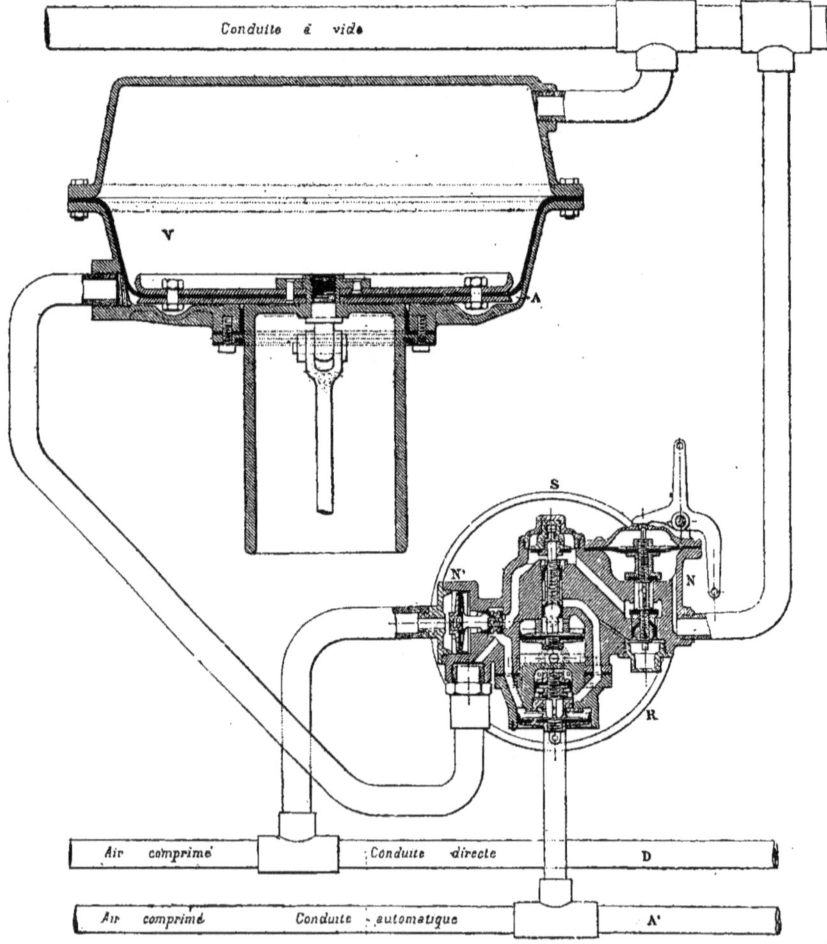

Fig. 850. — Transformation du frein à vide direct en frein à air comprimé direct et automatique.

à redouter la production d'un remous par
suite du mouvement en avant de l'air que
contient cette conduite.

Il peut arriver que, par suite d'erreur
dans l'accouplement des conduites et des
circonstances spéciales à certaines exploitations, les freins soient actionnés simultanément par le vide et par l'air comprimé.
Dans ce cas, on peut donner aux pistons
d et b des dimensions telles que les véhi-

cules restent fermés par le vide, l'air comprimé se dépensant sans effet et vice-versa.

493. *Frein à vide direct ou à air comprimé automatique et modérable.* —

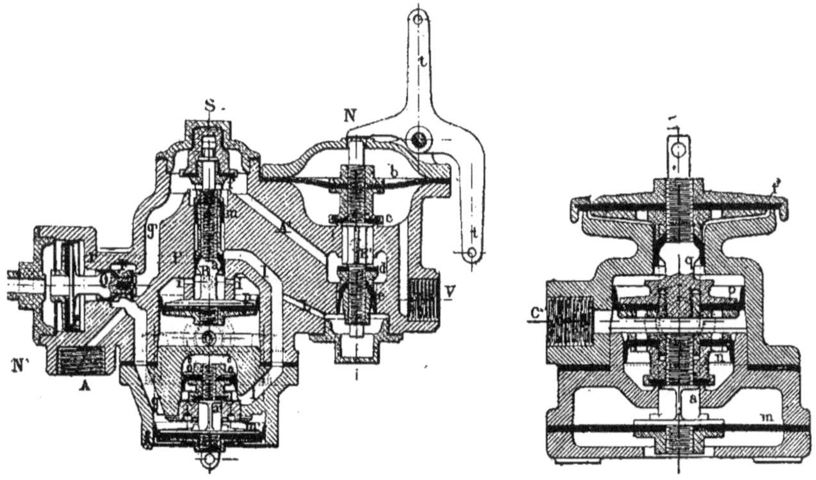

Fg. 851 — Frein continu pneumatique transformé.

Fig. 852 — Frein continu pneumatiqne transformé. — Distributeur n° 2.

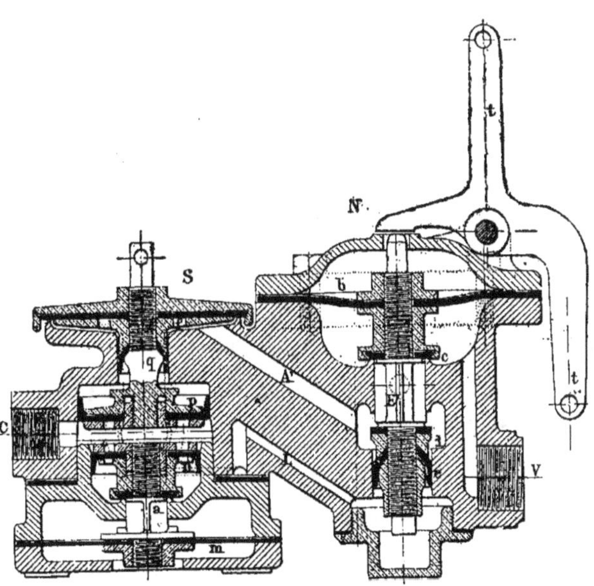

Fig. 853 — Frein continu pneumatique tranformé. — Coupe sur le distributeur et la double valve.

La disposition d'ensemble est identique à celle de la figure 848 vue précédemment.

Le distributeur employé est le modèle n° 2 (*fig.* 852) employé pour remplacer la triple valve du frein Westinghouse et rendre ce dernier modérable, mais portant une double valve N avec laquelle il communique par les conduites L et A'; il est représenté par deux coupes perpendiculaires (*fig.* 853 et 854). La double valve N est la même que celle de la figure 849 décrite précédemment.

Le fonctionnement général est analogue au précédent.

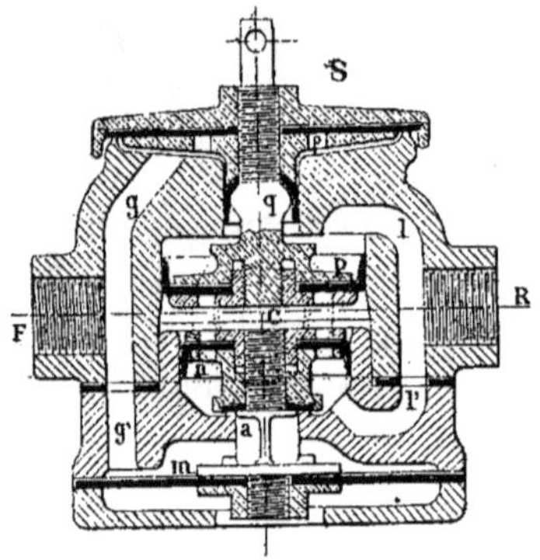

Fig. 854.—Frein continu pneumatique transformé. Coupe sur le distributeur.

494. *Transformation du frein à vide direct en frein à air comprimé direct et automatique genre Westinghouse-Henry* (*fig.* 850). — En dehors de la conduite à vide normale, on ajoute sur chaque véhicule deux conduites à air comprimé A' et D un réservoir auxiliaire R, un distributeur S et une double valve N, en tout semblables au distributeur n° 4 (*fig.* 842) et à la double valve (*fig.* 849) vue précédemment. On fait usage en outre d'une double valve supplémentaire N; on a également établi une chambre A à la partie inférieure du vase à diaphragmes. Tous ces appareils N, S et N' peuvent être séparés ou groupés comme dans la figure 851 de manière à former un ensemble.

Pour fonctionner par le vide, la double valve N ferme toutes communications entre l'air extérieur et la chambre V, tandis qu'elle fait au contraire communiquer la chambre A du vase à diaphragme avec l'extérieur. Le serrage en résulte.

Pour le fonctionnement par l'air comprimé, il faut distinguer deux cas, selon que le frein agit comme frein direct ou comme frein automatique.

Dans ce dernier cas, le fonctionnement se fait comme il a été dit précédemment pour la transformation du frein à vide en frein Westinghouse, le jeu de la double valve N' n'intervenant pas.

Pour le serrage du frein direct, le jeu de la double valve N' maintient fermée la communication entre la chambre A et l'échappement du distributeur. Cet échappement est au contraire ouvert pendant le desserrage et livre passage à l'air qui avait pénétré en A pour effectuer le serrage.

Le double valve N' (*fig.* 847) qui se place entre le distributeur et la chambre A du vase à diaphragme, comporte intérieurement un système mobile composé de deux pistons P et Q, munis de garnitures de cuir embouti et d'un clapet F. La conduite du frein direct à air comprimé arrive en D, tandis que l'espace compris entre P et Q communique par *l'l* avec l'espace *l* du distributeur.

Fonctionnement. — Pendant toute la durée du fonctionnement du frein automatique, le système PQF est repoussé vers la gauche de façon à maintenir ouvert le passage qui mène de *g* à *g'*; dans le cas du fonctionnement par le frein direct, l'air comprimé qui mène de D pour effectuer le serrage se rend par *l'l* dans l'espace *l* du distributeur, en passant autour de la garniture de P, et arrive par le détendeur dans la chambre A du vase à diaphragme; le clapet F est alors appliqué contre son siège et ferme la communication entre la chambre A et l'échappement E du distributeur. Lorsqu'on réduit la pression dans la conduite générale pour effectuer le desserrage, le clapet F cesse de s'appliquer et livre passage à l'air qui s'échappe à l'extérieur. Mais comme en même temps, la pression diminue dans l'espace compris entre P et Q, le clapet F est de nouveau repoussé sur son siège par la pression restant dans la conduite générale; en sorte qu'on peut graduer le desserrage aussi bien que le serrage.

495. *Modification apportée au distributeur n° 4 pour obtenir les fonctionnements Westinghouse, Carpenter, Wenger ou Schleifer.* — Dans le distributeur représenté (*fig.* 842) on supprime les orifices *o* pratiqués dans l'espace au-dessus de *n'*; on relie par une conduite K cet espace avec l'espace au-dessous de *n*. Sur ce conduit se trouve un simple robinet à trois voies qu'on manœuvre à la main, et qui permet soit de maintenir la communication entre l'espace au-dessus de *n'* et l'intérieur, comme dans le cas déjà étudié, soit de faire communiquer le dessus de *n'* avec le dessous de *n ;* dans ce dernier cas, le seul qui reste à examiner, l'application des freins est plus lente, mais elle peut être graduée comme avec les freins Carpenter, Wenger on Schleifer.

Le robinet à trois voies est construit de façon à pouvoir être ramené automatiquement à la position normale, qui met l'espace au-dessus de *n'* en communication avec l'extérieur; il ne peut être maintenu dans l'autre position, ou position anormale, qu'après y avoir été fixé à la main d'une manière quelconque.

Le distributeur ainsi modifié qui est monté soit avec la double valve N seule, soit avec la double valve N et N', selon le but à atteindre est représenté (*fig.* 855), en coupe perpendiculaire au plan de celle de la figure 842.

Fonctionnement dans la position anormale. — Quand le robinet à trois voies est maintenu dans sa position anormale, le fontionnement par le vide se fait exactement comme dans le cas où le robinet à trois voies occupe sa position normale. Le fonctionnement à l'air comprimé se fait comme suit :

En cours de route, l'air comprimé remplit le conduit K ainsi que les espaces au-dessus de *n'* et au-dessous de *n*, et le réservoir auxiliaire.

Une dépression produite dans la conduite générale fait descendre les systèmes *na, mf*, de façon à fermer l'échappement, tandis que *n'a'm'* est soulevé et livre passage à l'air qui se rend dans le vase à dia-

phragme pour produire le serrage des freins.

La réintroduction de la charge dans la conduite générale ramène *namf* au haut de sa course, et l'air comprimé contenu dans le vase à diaphragme s'échappant, le desserrage s'effectue.

Pendant toute la durée du fonctionnement par l'air comprimé, la face concave du piston *d* de la double valve N, et l'espace compris entre P et Q de la double valve N' communiquent avec le réservoir auxiliaire; alors la chambre V du vase à dia-

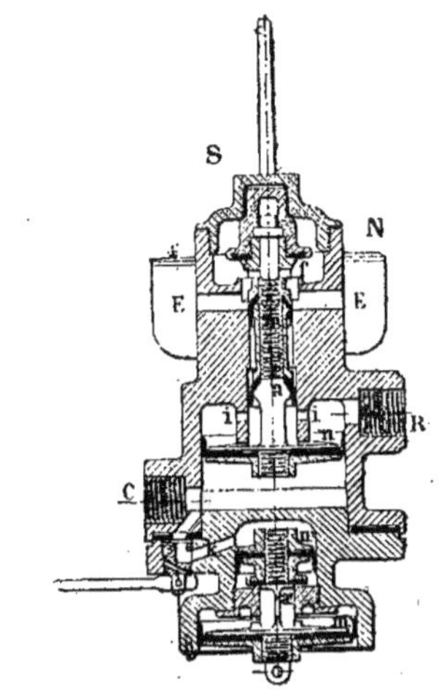

Fig. 855.— Frein continu pneumatique transformé. — Distributeur modifié.

phragme est toujours en communication avec l'air extérieur, et les conduits *gg'* du distributeur communiquent toujours entre eux.

Lorsqu'un véhicule est retiré d'un train à fonctionnement par l'air comprimé, il sera préférable, avant de l'intercaler dans un frein à fonctionnement par le vide, de ramener le robinet à trois voies à sa position normale; l'air comprimé qui remplissait l'espace *l* du distributeur et la double valve N pourra s'échapper alors à l'extérieur.

496. *Appareil mixte à vide direct, à vide automatique, à air comprimé automatique* modérable ou non, à air comprimé genre *Westinghouse-Henry* (*fig.* 856). — Nous supposons que les véhicules sont munis de deux conduites distinctes à vide, l'une pour le fonctionnement automatique, l'autre pour le fonctionnement direct. Dans le cas où il

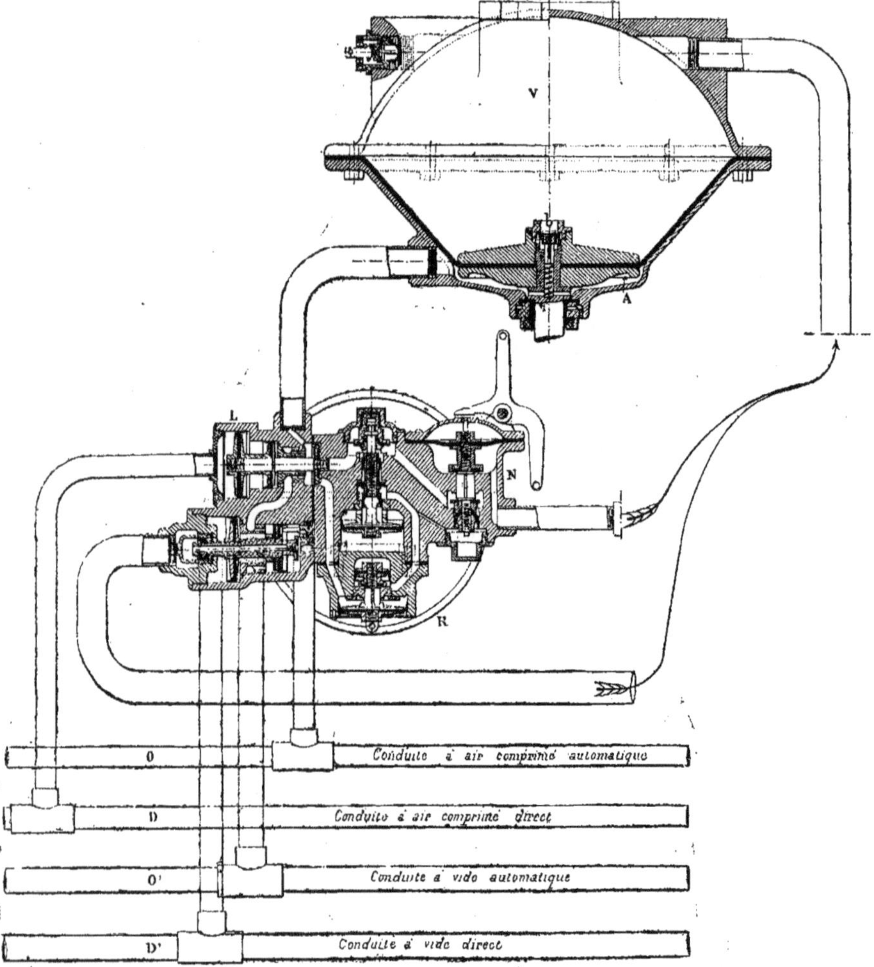

Fig. 856. — Appareil mixte à vide direct, à vide automatique, à air comprimé automatique, modérable ou non, à air comprimé genre Westinghouse-Henry.

n'y aurait qu'un seul conduit permettant le fonctionnement à tour de rôle avec l'un ou l'autre de ces systèmes, on ferait simplement usage d'un robinet à trois voies.

On emploiera donc deux groupes de

conduits ; O et D, conduits à air comprimé pour le frein automatique et le frein direct, et O′, D′ les conduits à vide pour les mêmes cas. Le vase à frein présente deux chambres A à V ; le réservoir auxiliaire R peut servir alternativement pour le vide et pour l'air comprimé. Le distributeur est du modèle n° 4 légèrement modifié, dans lequel a'' est un clapet ou piston qui ferme l'arrivée de l'air extérieur dans le réservoir auxiliaire, quand le fonctionnement se fait par le vide automatique, et m' porte une garniture double ou est remplacé par un diaphragme flexible ; ce distributeur est muni d'un robinet à trois voies et se monte directement ; sur le réservoir auxiliaire L double valve N est celle déjà vue précédemment un distributeur auxiliaire se présente un fonctionnement particulier qui sera expliqué plus loin.

1° *Frein à vide direct*. — Au serrage, toute communication est interrompue par le jeu de L entre le réservoir R et la chambre V, tandis que celle-ci ne commu-

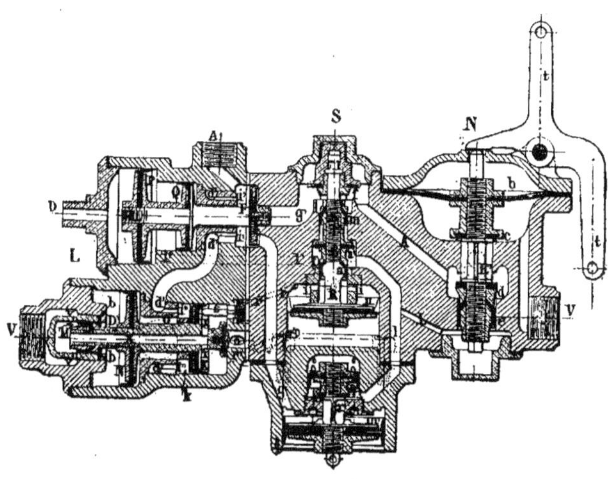

Fig. 857. — Appareil mixte à vide automatique genre Westinghouse-Henry.— Distributeur auxiliaire

nique qu'avec la conduite D′, et l'air entre dans la chambre A par la double valve N et par le distributeur S.

Au desserrage, l'air qui était entré en A sort principalement par l'échappement de S et par la double valve N.

2° *Frein à vide automatique*. — Pendant la marche normale du train, le vide est entretenu dans la conduite O′, et, de là, dans les chambres A à V qui communiquent alors entre elles, ainsi que dans le réservoir R. Pour effectuer le serrage, on laisse rentrer l'air dans la conduite, ce qui ferme la communication entre A et V. Tout en la laissant subsister entre V et R, et la pression qui s'exerce en A fait soulever le diaphragme et appliquer les freins.

Le desserrage s'obtient en raréfiant de nouveau l'air de la conduite et rétablissant ainsi l'équilibre sur les deux faces du diaphragme du vase à frein. Le jeu de L ferme la communication entre le réservoir R et la conduite O pendant toute la durée du fonctionnement.

3° *Frein à air comprimé automatique*. — En marche normale et quelle que soit la position du robinet à trois voies du distributeur S, l'air comprimé pénètre dans le réservoir en passant d'abord par L, puis par S ; pendant le serrage, la chambre A ne communique plus qu'avec ce dernier. Pendant le serrage et lorsque le desserrage s'effectue, l'air extérieur communique librement avec la chambre V par la double valve N.

4° *Frein à air comprimé direct.* — Ici l'air comprimé arrivant en L pour effectuer le serrage se rend dans A en passant par le détendeur du distributeur S dont l'échappement est alors fermé, la chambre V communique avec l'air extérieur par N, comme dans le cas qui précède, tant au serrage qu'au desserrage.

Vase à diaphragme. — Le diaphragme porte à sa tige de commande une soupape b, qui permet à l'air de circuler de V vers A par les conduits i, tandis qu'elle s'oppose à toute circulation de l'air en sens inverse. Le joint autour de la tige de commande est fait au moyen de garnitures qui assurent toujours son étanchéité, soit qu'on fonctionne par le vide, soit qu'on fonctionne par l'air comprimé (*fig.* 856).

Au lieu d'un vase à diaphragme on peut employer un cylindre à piston.

Distributeur auxiliaire. — Le distributeur auxiliaire L (*fig.* 857) est juxtaposé au distributeur S et peut faire corps avec lui. Il présente deux systèmes de pistons et clapets : le système PQF et le système MNKT ; les pistons sont garnis de cuir embouti à convexités convenablement disposées. Les tubulures A, V, D, D' O' et O servent à relier l'appareil avec, respectivement : les chambres A et V du vase à freins, la conduite du frein direct à air comprimé, la conduite du frein direct à vide, celle du frein automatique à vide, compris celle du frein automatique à air comprimé. Les deux chambres du distributeur auxiliaire sont reliées par un conduit d' ; l'espace compris entre P et Q communique toujours par le conduit ll avec l'espace l du distributeur S ; le conduit $r'r'$ sert à maintenir la communication entre la chambre à droite de K et l'espace au dessous, n, du distributeur S ; le conduit rr, dont une extrémité est munie d'un clapet de retenue S peut établir la communication entre le réservoir auxiliaire R et la chambre à droite de K.

Le clapet F vient tantôt obturer l'orifice de g', tantôt les orifices $i''i'$.

Le clapet T vient dans certains cas obturer l'orifice par lequel débouche la conduite O, en même temps qu'il repousse le clapet s et fait ainsi communiquer le réservoir auxiliaire avec l'espace a, à droite de K.

Le piston K porte, en outre d'un cuir embouti, une garniture h que peut obturer les conduites i'' i''.

La tige sur laquelle sont montés MNKT est évidée de façon à maintenir la communication entre l'espace à gauche de M et l'espace à droite de K. Enfin V communique avec l'intérieur du distributeur par des conduites u, v qui débouchent tantôt à droite, tantôt à gauche de M, selon la position de ce piston ; bb est une garniture dont la lèvre vient, dans certains cas, s'appliquer contre la monture de M, de façon à empêcher l'air extérieur de pénétrer autour du cuir embouti de ce piston.

1° *Fonctionnement par le vide direct.* — Le système MNKT est maintenu vers la gauche, K, étant plus grand que M, et la communication reste établie entre la chambre V du vase à diaphragme et la conduite D' du frein à vide direct. La garniture de M ferme alors la communication entre V et l'espace à droite de K, tandis que h vient s'appliquer contre les orifices $i''i''$.

2° *Fonctionnement par le vide automatique.* — Pendant tout le temps du fonctionnement, le vide maintenu dans la conduite O' fait appliquer le clapet T contre son siège, attendu que N est plus grand que M, et le clapet s est repoussé de son siège. De même F est appliqué contre son siège à droite et ferme la communication entre g et g'.

L'air du réservoir R peut alors être aspiré et se rendre en passant par rr et le canal xx dans les chambres V et A du vase à diaphragme pour se rendre par i', d', i'', O' dans la conduite générale, et de là dans l'éjecteur.

Lorsque, pour effectuer le serrage, on introduit l'air dans la conduite générale, la soupape b du vase à diaphragme s'applique, le diaphragme se soulève alors et fait serrer les freins ; le desserrage s'obtient en rétablissant le vide dans la conduite O'.

3° *Fonctionnement à air comprimé automatique.* — Le fonctionnement se fait dans ce cas toujours de la même manière, quelle que soit la position du robinet, à trois voies du distributeur S. En marche normale, l'air comprimé arrive par O, dans la chambre à droite de T, qu'il repousse vers la gauche de façon à faire appliquer K contre $i'''i''$; puis il se rend par la conduite $r'r'$ dans le distributeur S et le réservoir R.

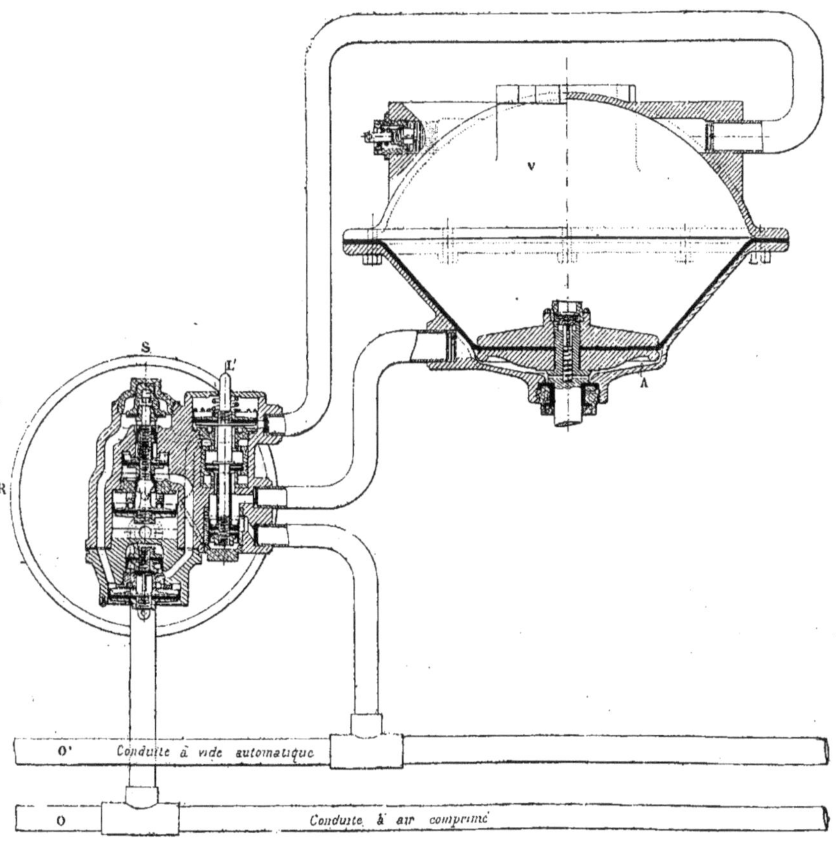

Fig. 858. — Frein à air comprimé automatique modérable ou non modérable et frein à vide automatique et modérable.

Pendant le serrage et le desserrage, qui s'effectuent comme dans les cas analogues vus précédemment, la double valve N, maintient la communication entre l'extérieur et la chambre V. D'un autre côté, le système PQF étant repoussé vers la gauche, la communication est maintenue entre g' et g, et le clapet F ferme les orifices i'' i''.

4° *Fonctionnement à air comprimé direct.* — Pendant le serrage, l'air comprimé arrive de D et, se rendant à l'espace l de S, par le conduit $l'l'$, fait appliquer le clapet contre son siège à droite. Pendant ce temps, l'air comprimé de la conduite O repousse vers la gauche K, qui vient alors obturer les orifices i'', i'' et, par suite, fermer le passage de A vers O'.

Quand les freins ont été appliqués automatiquement, on les desserre en agissant sur la double valve N dont les pistons intérieurs sont soulevés ou abaissés selon qu'ils fonctionnent par le vide ou l'air comprimé, en agissant à la main, sur des tirettes convenablement disposées.

Remarque. — Un véhicule portant un semblable appareil pourrait circuler sur tous les réseaux de l'Europe continentale, et ses freins seraient toujours actionnés,

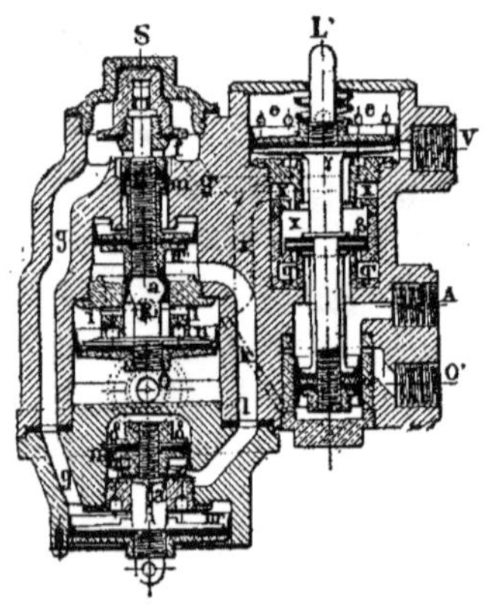

Fig. 859.— Frein à vide automatique et modérable. Distributeur.

quel que fût ce système de freins pneumatique continu dont il serait fait usage.

497. *Frein à air comprimé automatique modérable ou non modérable et frein à vide automatique et modérable.* — On peut actionner les freins indifféremment, suivant ces types, au moyen de l'appareil représenté (*fig.* 858) comprenant : une conduite O' pour le vide, un vase à diaphragme VA, semblable à celui qui a été décrit précédemment, un réservoir R et un appareil distributeur composé de deux parties S et L' pouvant être juxtaposées (*fig.* 859).

Le distributeur S fonctionne comme son analogue de la figure 857 dont il ne diffère que par la suppression du canal $l'l'$

et de la seconde garniture du piston m', ainsi que par la disposition de la tubulure qui raccorde l'appareil à la conduite générale O.

Le conduit de freins à vide est celui par O' à la partie L' de l'appareil distributeur, lequel renferme un système mobile $\alpha\beta\gamma$. Pendant le fonctionnement par le vide, ce système est maintenu au bas de sa course par l'action du ressort r' et par la pression atmosphérique s'exerçant au-dessus de γ. Alors, la chambre V du vase à freins communique par ce moyen avec le réservoir auxiliaire, en sorte que la raréfaction de l'air est maintenue dans ce dernier ainsi que les deux chambres du vase à frein, pendant la marche normale du train, le serrage s'ef-

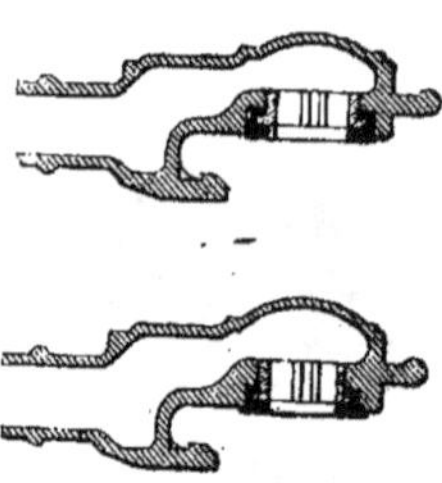

Fig. 860 et 861. — Accouplements du frein automatique.

fectuant par une introduction d'air dans la conduite O'.

Pendant le fonctionnement par l'air comprimé, le système $\alpha\beta\gamma$ est soulevé, la surface inférieure de α étant en communication par le conduit K avec le réservoir auxiliaire, et β s'applique alors contre son siège supérieur, ce qui fait que V cesse de communiquer avec le réservoir auxiliaire, tandis que la chambre A du vase peut communiquer librement avec l'espace au-dessus du piston m' par $g'g'g$. Pendant tout le temps du fonctionnement par l'air comprimé, la chambre V reste en communication par ee avec l'air extérieur.

498. *Accouplement des conduites.* — On rendra les conduites générales pour les accouplements représentés (*fig.* 860 et 861).

La figure 860 montre l'accouplement de la conduite à air comprimé, lequel peut s'adapter à l'accouplement classique du frein Westinghouse dont il se distingue par l'absence de joint extérieur et par la facilité du réglage.

L'accouplement représenté (*fig.* 861) peut servir indifféremment pour le vide

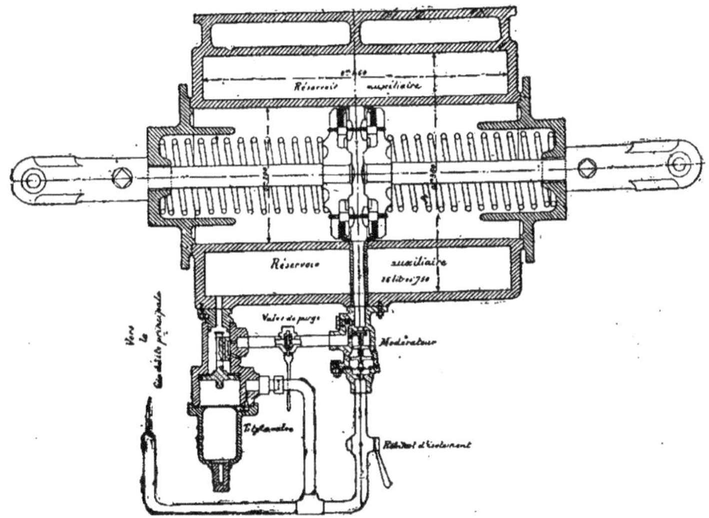

Fig. 862. — Modérateur Chapsal pour frein à air comprimé automatique avec cylindre et réservoir en fonte.

ou l'air comprimé et trouverait son emploi dans toutes les circonstances où il serait possible de ne faire usage que d'une seule conduite générale, aussi bien pour le vide que pour l'air comprimé.

Remarque générale. — On ne peut con-

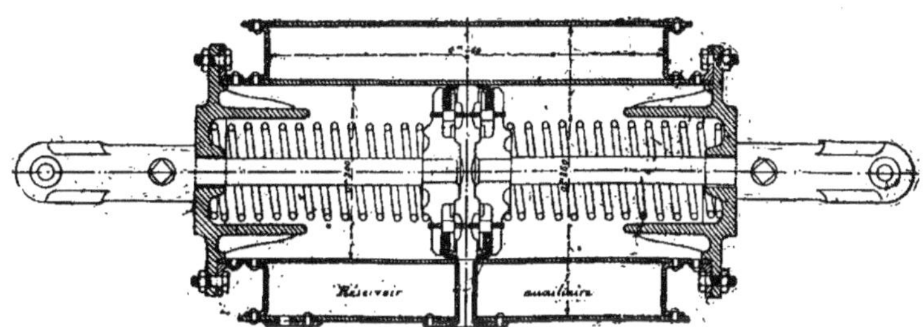

Fig. 863. — Modérateur Chapsal pour frein à air comprimé automatique avec cylindres et réservoir en tôle d'acier rivée.

tester à tous ces appareils que nous avons décrits, tels que les a exposés M. Soulerin à la Société des Ingénieurs civils, une grande ingéniosité. Par contre, on ne peut méconnaître qu'ils ne sont pas exempts d'une certaine complication.

Modérateur Chapsal pour frein à air comprimé automatique.

499. M. Chapsal, ingénieur à la compagnie des chemins de fer de l'Ouest, a imaginé un modérateur et un dispositif très ingénieux, destinés à compléter les organes du frein à air comprimé de manière à obtenir à la fois les qualités suivantes :

Même puissance que les freins les plus rapides pour la dépression dans la conduite principale qui correspond au maximum de serrage de ces derniers freins.

Modérabilité du frein depuis la dépres-

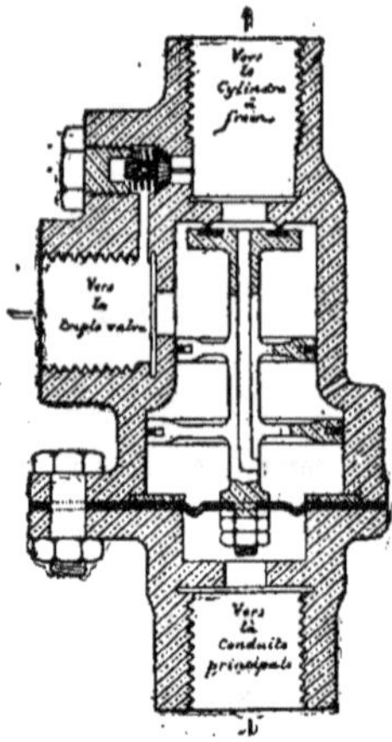

Fig. 864. — Modérateur Chapsal pour frein
à air comprimé automatique.

sion qui le met en action jusqu'à celle qui donne le serrage maximum.

On voit que les différents systèmes de freins continus à air comprimé réalisent le plus souvent l'une de ces conditions au détriment de l'autre.

Le frein comporte toujours une triple valve ou un distributeur dont le système peut varier, un réservoir auxiliaire et un cylindre à frein de formes particulières. La rapidité d'action est surtout obtenue par la suppression de toute la tuyauterie qui réunit ordinairement les divers organes des freins à air comprimé.

Pour cela le cylindre à frein et le réservoir auxiliaire sont constitués par deux cylindres concentriques (*fig.* 862 et 863), celui du centre étant le cylindre à frein dans lequel se meuvent le ou les pistons actionnant la timonerie. Le réservoir auxiliaire est formé de la capacité annulaire qui entoure le précédent. Cet ensemble peut être coulé en fonte (*fig.* 862) ou en tôle d'acier rivée (*fig.* 863). Dans les deux cas, une communication est établie entre l'intérieur du cylindre à frein et la surface extérieure du réservoir auxiliaire, à peu près en leur milieu.

Le réservoir intermédiaire porte, au moyen d'une bride, l'extrémité de la triple valve ou du distributeur, ce qui supprime encore de la tuyauterie. De même le modérateur est vissé sur la tubulure de communication entre la triple valve et le cylindre à frein sur laquelle est également fixée la valve de purge. Ce modérateur est lui-même fixé sur le réservoir auxiliaire à l'extrémité de la conduite se rendant au cylindre à frein. C'est lui qui sert à produire la modérabilité.

Cet appareil (*fig.* 864) se compose de deux pistons à segments de diamètres différents, montés sur une même tige creuse dont l'extrémité supérieure forme clapet sur le cylindre à frein.

L'autre est fixée à un diaphragme dont la partie flexible a la même surface que celle du petit piston diminuée de la surface du siège du clapet. Ce diaphragme peut d'ailleurs être remplacé par un piston. Au-dessous de ce dernier, le modérateur est réuni par une tubulure à la conduite principale : à l'extrémité opposée l'appareil est fixé sur le cylindre à frein. L'échappement direct de l'air du cylindre à frein peut se faire à l'extérieur par la triple valve ou la valve de purge, grâce à une soupape latérale ouvrant du dedans au dehors.

Fonctionnement. — L'air comprimé arrivant par la conduite générale, le piston de la triple valve ou du distributeur est chassé à fond de course, interceptant toute communication avec le cylindre à frein, tandis que l'air passe au réservoir auxiliaire. A la moindre dépression dans la conduite principale, ce piston redescend interrompant la communication entre celle-ci et le réservoir auxiliaire qui communique alors avec le cylindre à frein. Mais l'air ne peut arriver dans ce dernier qu'en passant par le modérateur puisque la soupape latérale est fermée.

Il peut alors se présenter deux cas :

1° On désire un serrage modéré à la descente d'une pente ou progressif à l'arrivée d'une station ;

2° On veut obtenir un arrêt rapide en cas de détresse.

Examinons ce qui se passe dans le premier cas.

En marche normale, l'air comprimé de la conduite générale, agit seul sur le diaphragme du modérateur : le clapet qui ferme la communication avec le cylindre à frein reste donc appliqué sur son siège. Une dépression de la conduite générale, suffisante pour mettre en mouvement le piston de la triple valve ou du distributeur, amène l'air du réservoir auxiliaire sur le petit piston du modérateur dont la surface est, comme on sait, égale à celle du diaphragme augmentée de celle du clapet. La pression dans le réservoir auxiliaire étant alors supérieure à celle de la conduite, le système s'abaisse et le clapet s'ouvre en livrant passage à l'air venant du réservoir auxiliaire. Une certaine quantité d'air passe alors à la fois dans le cylindre à frein et, par la partie centrale de la tige portant le clapet, dans la chambre comprise entre le grand piston et le diaphragme du modérateur. Il en résulte, par le jeu bien connu des pistons différentiels, que le système est sollicité dans le sens du piston de plus grande surface par une force égale à la pression de l'air de cette chambre agissant sur une surface égale à la différence de surface de ce piston et de la partie flexible du diaphragme. Cette force vient s'ajouter à celle qu'exerce la pression de l'air de la conduite principale sur l'autre face du diaphragme pour s'opposer au mouvement en sens contraire qui résulte de la pression de l'air du réservoir auxiliaire sur le petit piston.

« Supposons que la différence des surfaces du grand piston et du diaphragme soit égale à $\frac{1}{n}$ de la surface du diaphragme et admettons qu'au commencement du serrage, la pression reste constante dans le réservoir auxiliaire, l'équation d'équilibre du système, en négligeant les frottements, sera, en appelant d la dépression dans la conduite principale, et f la pression résultante dans le cylindre à frein :

$$d = \frac{1}{n} f,$$

c'est-à-dire que la pression dans le cylindre à frein sera alors égale à n fois la dépression produite dans la conduite principale. »

« On voit donc qu'en donnant différentes valeurs à n, on pourra faire varier à volonté l'étendue de la pression initiale sur laquelle le frein sera modérable, toute dépression dans la conduite principale donnant une pression égale à n fois cette dépression dans le cylindre à frein, jusqu'à ce que la pression dans ce dernier soit égale à la pression qui correspond à la détente de l'air du réservoir auxiliaire dans la somme des valeurs de ce réservoir et du cylindre à frein. »

« Supposons que le diamètre du cylindre extérieur du réservoir auxiliaire soit tel que le rapport du volume V de la chambre comprise entre ce cylindre et le cylindre à frein, au volume V' engendré par les pistons du cylindre à frein, soit égal à 5,68 comme dans le frein Westinghouse ; le maximum de pression x qui correspond à la détente dont nous venons de parler et qui est donnée par la relation

$$x = \frac{\dfrac{V}{V'} P - Pa}{1 + \dfrac{V}{V'}}$$

sera pour une pression initiale $P = 4$ kilogrammes, Pa étant la pression atmosphérique :

$$x = \frac{5,68 \times (4 - 1)}{1 \times 5,68}$$

$$x = 3,25 \text{ kilogrammes.}$$

Avec le modérateur, si l'on prend $n = 2$, on obtiendra ce maximum de pression pour une dépression dans la conduite principale :

$$d = \frac{3,25}{2} = 1^k,62,$$

et le frein sera modérable depuis sa mise en action jusqu'au maximum de serrage. »

« Mais nous avons supposé que la pression de l'air du réservoir auxiliaire était constante pendant le serrage, tandis qu'elle varie même au début. Dans le cas cité plus haut, elle passe de 4 kilogrammes à $3^k,25$. Il en résulte que la dépression dans la conduite principale correspondant au maximum de serrage serait supérieure à $1^k,62$, et qu'elle augmenterait de la différence entre la pression initiale et la pression finale dans le réservoir auxiliaire, soit de 4 kilogrammes — $3,25 = 0,75$, ce qui donnerait $2^k,37$.

On pourrait, ainsi qu'il a été dit précédemment, l'augmenter ou la réduire à volonté.

Pour $n = 2,5$ par exemple la dépression correspondant au maximum de serrage ne serait plus que de 2 kilogrammes avec serrage progressif jusqu'à dépression. »

« Ce modérateur est applicable sans transformation des appareils à tout système de frein continu à action rapide dans lequel on voudrait éviter le serrage complet des freins au moment où on le fait agir à la descente d'une longue pente, ou bien les réactions désagréables pour les voyageurs qui se produisent au moment de l'arrêt aux stations, si le serrage n'est pas progressif. »

« Pour rendre le frein Westinghouse modérable sur une plus grande étendue de la pression initiale sans rien changer à la disposition des organes de ce frein, il suffit de fixer le modérateur sur le cylindre à frein à la place de la valve de purge, elle-même vissée sur le modérateur, et de relier ce dernier à la conduite principale, en interposant sur le branchement un robinet d'isolement, si l'on veut pouvoir supprimer ou rétablir à volonté le fonctionnement du modérateur. »

« Lorsque pour desserrer les freins on rétablit la pression dans la conduite principale, le clapet du modérateur reste fermé, car la valve de distribution met alors le dessus du petit piston en communication avec l'air extérieur. Mais l'air du cylindre à frein s'échappe directement par la soupape latérale. »

Un avantage très important que présente ce modérateur résulte de ce que cet appareil étant relié directement à la conduite principale, son fonctionnement peut être interrompu ou rétabli par la manœuvre d'un robinet d'isolement placé sur le tuyau se rendant à la conduite générale.

« Ce robinet porte dans le boisseau un petit trou d'évacuation d'air qui permet la sortie de l'air se trouvant au-dessus du diaphragme du modérateur lorsqu'on supprime son fonctionnement. Dans ce dernier cas, l'air passera directement au cylindre à frein, car pendant le serrage du frein, le clapet sera toujours ouvert, aucune pression n'existant sur le diaphragme du modérateur pour équilibrer celle de l'air du réservoir auxiliaire. »

« Cette disposition présente le plus grand intérêt, car elle permet, par la manœuvre du robinet d'isolement, d'augmenter ou de réduire la modérabilité du frein, suivant que la voiture est placée dans un train muni d'un frein modérable sur une grande ou sur une faible étendue de la pression initiale et d'éviter ainsi les réactions désagréables qui en résultent pour les voyageurs comme cela se présente fréquemment avec les freins Wenger et Westinghouse par exemple. »

« En outre, si quelques valves de distribution plus sensibles que les autres, mettent en action les freins des voitures sur lesquelles elles sont montées pour une faible dépression produite en vue d'un serrage modéré des freins, il n'en résultera pas de réaction désagréable entre les voitures qui ne sont pas encore serrées et celles qui le sont déjà, car l'énergie du frein sur ces dernières sera proportionnelle à la dépression produite dans la conduite principale. »

Comme le modérateur n'agit qu'au moment de l'application des freins, les joints des pistons différentiels peuvent être assurés par des segments métalliques, ce qui permet d'éviter les inconvénients que présentent les cuirs emboutis en se desséchant.

Les ruptures d'attelage qui se produisent au moment du serrage des freins avec des trains de grande longueur, paraissent devoir être sinon supprimés, du moins diminués par l'emploi du modérateur ; car les premières voitures ne sont que faiblement serrées et non bloquées lorsque les dernières ne le sont pas encore, et le même retard se maintient pendant le serrage du train, sur toute la longueur, jusqu'au serrage complet des freins, puisque la pression dans le cylindre à freins de chaque voiture est à chaque instant proportionnelle à la dépression dans la conduite principale en ce point (*Revue industrielle* avril 1873).

Nouveau modérateur Chapsal pour freins à air comprimé, automatique et modérable.

500. M. Chapsal a imaginé un nouveau modérateur qui permet de ne rien changer au système actuel du cylindre à frein Westinghouse et dont l'application

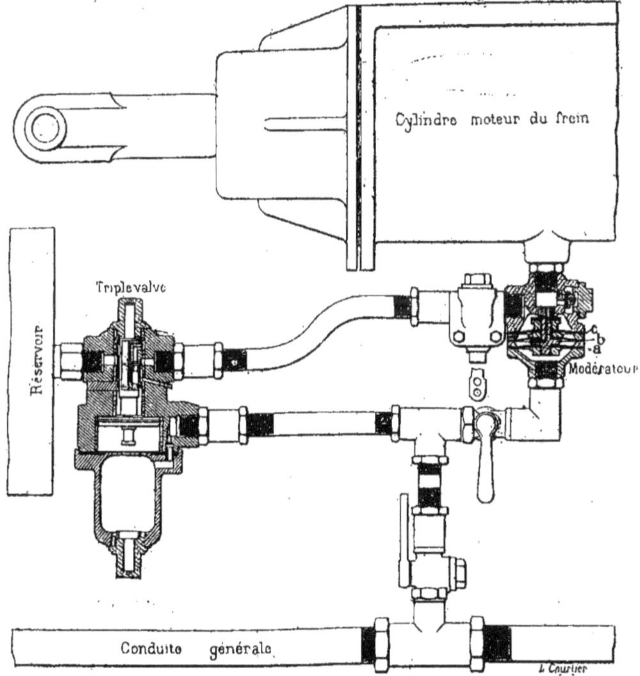

Fig. 865. — Application du modérateur Chapsal à un frein Westinghouse.

aux véhicules en service est, par suite, encore plus facile que celle du précédent (*fig.* 865 et 866).

Ce modérateur renferme trois diaphragmes a, b, c qui agissent comme pistons différentiels à faible course ; b est plus grand que les deux autres, a et c, qui sont égaux. La pression p de la conduite générale s'exerce en dessous du diaphragme a ; la pression du cylindre à frein se communique par la conduite d entre les diaphragmes a et b ; enfin un orifice latéral met en communication l'intervalle entre b et c avec l'air extérieur et, par suite, avec la pression atmosphérique ; l'espace au-dessus de est en relation avec la conduite qui relie le cylindre à frein et la triple valve. Une soupape latérale K sert au démarrage, en permettant l'échappement de l'air comprimé du cylindre à frein.

C'est l'ensemble de ces diaphragmes qui ouvre et ferme l'entrée de ce cylindre. Lorsqu'en effet la pression vient à baisser dans la conduite principale, la triple valve interrompt la communication du réservoir d'air comprimé avec le cylindre à frein où l'air ne peut pénétrer qu'en passant par le modérateur.

En marche normale, la pression de l'air de la conduite principale agit seule sur le diaphragme du modérateur, et le clapet supérieur qui ferme la communication sur le cylindre à frein reste appliqué sur son siège. Si l'on produit dans la conduite générale une dépression suffisante pour mettre en mouvement le piston de la

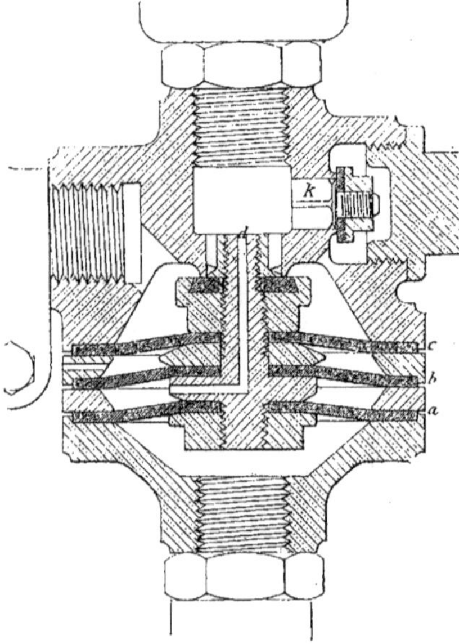

Fig. 866. — Modérateur Chapsal.

triple valve, l'air du réservoir auxiliaire arrive au-dessus du diaphragme a, et fait baisser tout le système; le clapet supérieur s'ouvre alors en livrant passage à l'air du réservoir auxiliaire qui se rend dans le cylindre à frein et, par le canal central d de la tige portant le clapet, dans l'intervalle entre les diaphragmes a et b.

Soit S la surface des diaphragmes $a = c$;
S′ celle du diaphragme central b ;
S″ celle du clapet d :

Soit n le rapport $\dfrac{S'}{S - S' - S''}$

on démontre aisément que la pression dans le cylindre à frein sera égale à n fois la dépression produite dans la conduite principale, jusqu'à ce que la pression dans le cylindre à frein soit égale à celle qui correspond à la détente de l'air du réservoir auxiliaire, quand il remplit à la fois ce réservoir et le cylindre à frein.

En choisissant convenablement la valeur de n, on peut obtenir un frein plus facilement modérable, moins sensible aux légères dépressions produites dans les conduites d'air comprimé. En ne lui donnant pas une valeur exagérée, on obtient cet effet sans allonger d'une manière notable la durée des arrêts rapides.

On peut d'ailleurs interrompre, si on le désire, le fonctionnement du modérateur, en fermant un robinet d'isolement placé sur le tuyau se rendant à la conduite principale. Ce robinet porte dans le boisseau un petit trou d'évacuation d'air qui permet l'échappement de l'air restant au-dessus du diaphragme du modérateur, lorsqu'on veut en supprimer le fonctionnement. Dans ce dernier cas, l'air du réservoir auxiliaire passe directement au cylindre à frein ; car, pendant le serrage des freins, le clapet reste toujours ouvert, aucune pression n'existant sur le diaphragme du modérateur pour équilibrer celle de l'air du réservoir auxiliaire.

La manœuvre du robinet d'isolement permet ainsi d'augmenter ou de réduire la modérabilité du frein, suivant que la voiture est placée dans un train muni d'un frein modérable sur une grande ou sur une faible étendue de la pression initiale (frein Wenger et Westinghouse).

En outre, si quelques valves de distribution, plus sensibles que les autres, mettent en action les freins des voitures sur lesquelles elles sont montées pour une faible dépression produite en vue d'un serrage modéré des freins, il n'en résultera pas de réaction désagréable entre les voitures qui ne sont pas encore serrées et celles qui le sont déjà, car l'usage des freins sur ces dernières sera proportionnel à la dépression produite dans la conduite principale.

Comme le modérateur n'agit qu'au moment de l'application des freins, les joints des pistons différentiels peuvent être assurés par des segments métalliques. | Le tableau suivant indique le fonctionnement de trois types de modérateurs.

ÉCHELLES DES PRESSIONS OBTENUES A L'AIDE DU MODÉRATEUR

MODÉRATEUR 1er Type		MODÉRATEUR 2e Type		MODÉRATEUR 3e Type	
APPLICABLE		APPLICABLE		APPLICABLE	
Au Frein Westinghouse ordinaire		*Au Frein Westinghouse ordinaire*		*Aux machines des trains de*	
		OU PLUS SPÉCIALEMENT		*marchandises*	
—		*Au Frein à action rapide*		*et aux freins du type Wenger*	
Serrage maximum		**Serrage maximum**		**Serrage maximum**	
pour 1ᵏˢ 1/2 de dépression		**pour 2ᵏˢ 1/3 de dépression**		**pour 3ᵏˢ de dépression**	
Dépression dans la conduite générale	Pression au cylindre à frein	Dépression dans la conduite générale	Pression au cylindre à frein	Dépression dans la conduite générale	Pression au cylindre à frein
0ᵏˢ,500	0ᵏˢ,400	0ᵏˢ,500	0ᵏˢ,400	0ᵏˢ,500	0ᵏˢ,250
0ᵏˢ,750	0ᵏˢ,900	0ᵏˢ,750	0ᵏˢ,800	1ᵏˢ,000	0ᵏˢ,700
1ᵏˢ,000	1ᵏˢ,900	1ᵏˢ,000	1ᵏˢ,250	1ᵏˢ,500	1ᵏˢ,200
1ᵏˢ,250	2ᵏˢ,300	1ᵏˢ,500	1ᵏˢ,750	2ᵏˢ,000	1ᵏˢ,700
1ᵏˢ,500	2ᵏˢ,700	2ᵏˢ,000	2ᵏˢ,500	2ᵏˢ,500	2ᵏˢ,200
		2ᵏˢ,330	2ᵏˢ,750	3ᵏˢ,000	2ᵏˢ,750

La pression initiale admise étant de 4ᵏˢ dans la conduite générale.

Ce modérateur a été l'objet d'essais suivis sur la Compagnie de l'Ouest, et a paru donner des résultats satisfaisants. Une pratique plus prolongée nous apprendra l'avenir réservé à cet appareil aussi simple qu'ingénieux (Société d'Encouragement, mars 1895. M. Sauvage).

Frein mixte système Lombard et Hénault.

501. MM. Lombard et Hénault ont imaginé un cylindre à frein qui permet le fonctionnement des freins pneumatiques, soit par le vide automatique, soit par le vide direct, soit par l'air comprimé automatique.

Dans les systèmes ordinairement en usage, la dépense est la même et l'effort constant pendant la période où le sabot se rapproche du bandage et pendant celle où s'effectue le serrage proprement dit.

Ici, au contraire, un seul piston amène d'abord le patin au contact de la roue, et ensuite, pour le serrage, un second piston ajoute son effort. On réalise de la sorte une économie importante dans la consommation; en outre on évite les vibrations et le bruit résultant du choc des sabots contre les roues.

De plus, dans le cas du fonctionnement à l'air comprimé automatique, avec les mêmes dimensions de pistons et à puissance égale du frein, on pourra réduire notablement la pression de l'air; on évite ainsi bien des fuites et l'échauffement de l'air, ce qui augmente également la durée des garnitures. La pression de l'air comprimé, en effet, n'a pas besoin de dépasser 1 mètre à 1ᵐ,5.

Les appareils composant le frein de MM. Lombard et Hénault sont les suivants :

Une pompe à air ;

Un régulateur de pression ;

Un robinet régulateur de manœuvres ;

Des accouplements ;

Des soupapes de distribution ;

Des robinets à deux voies pour isoler ces soupapes des cylindres à frein.

Pompe à air. — Le moteur de la pompe à air présente un piston B se déplaçant dans un cylindre A. Ce piston est à tige creuse dans laquelle passe une seconde tige D munie à sa partie supérieure de deux pistons conjugués E et F servant de distributeurs à un troisième piston L. Le piston B est muni d'une plaque G qui bute tantôt contre l'épaulement I, tantôt contre la tête H, entraînant ainsi la tige D (*fig.* 867).

Distributeur. — D'un autre côté, la tige du piston L porte deux pistons N et P de diamètres différents et qui constituent le distributeur proprement dit ; la face supérieure de N et la face inférieure de P sont constamment soumises à la pression de la vapeur d'admission, tandis que l'intervalle entre les deux pistons est en relation constante avec la vapeur d'échappement.

Fonctionnement. — Dans la figure 867, la face supérieure des pistons L est en communication avec l'atmosphère, et les distributeurs N et P sont au plus haut de leur course ; alors le piston B monte avec la partie supérieure du corps de pompe A.

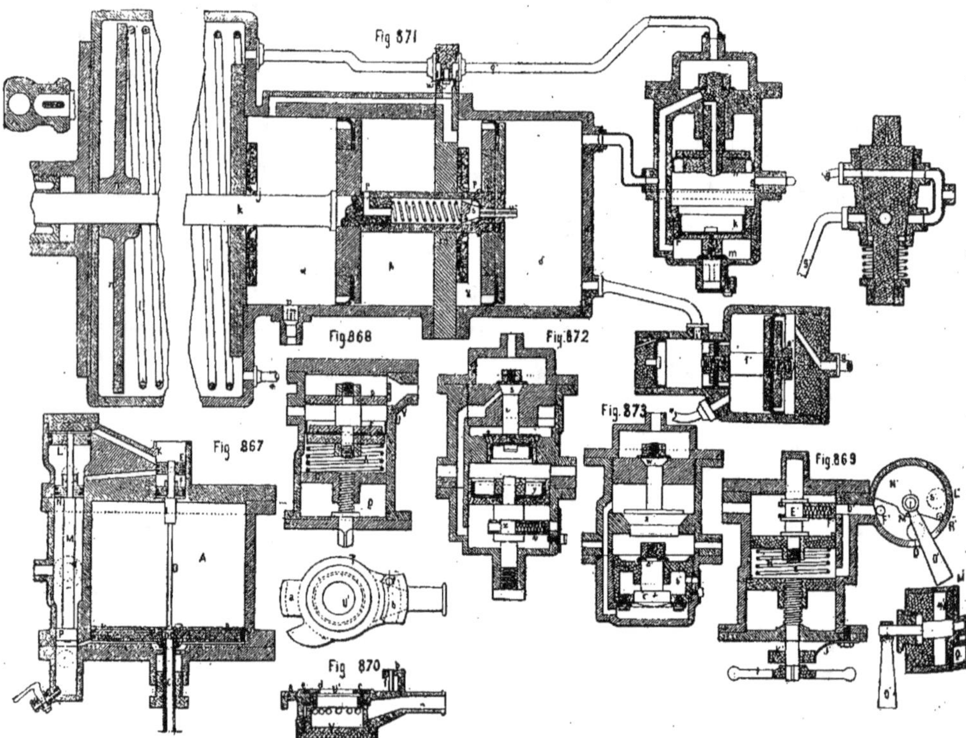

Fig. 867 à 873.—Modifications des freins à air pour obtenir leur fonctionnement par air raréfié ou comprimé.

Vers la fin de sa course, la plaque G vient buter contre l'épaulement L, soulève la tige D, et la face supérieure de L reçoit à son tour la pleine admission, ce qui amène sa descente jusqu'au moment où la plaque G viendra buter contre la tête H, remettant les choses dans leur position première.

Régulateur de pression. — Le régulateur de pression comporte deux pistons conjugués R et S oscillant dans un cylindre fermé Q ; l'air comprimé venant de la pompe débouche entre ces deux pistons par la conduite T. Le piston S est constamment poussé vers le haut par un ressort A' que l'on règle à volonté au moyen d'un plateau C' muni d'un filetage, se mouvant comme un écrou sur une vis fixe B' (*fig.* 868).

L'air détendu agit constamment sur la

face supérieure du piston R, et sa pression, quand elle est normale, contrebalance exactement celle du ressort A'. Si la pression diminue au-dessus de R, l'avantage reste au ressort qui soulève les deux pistons ; une certaine quantité d'air comprimé pénètre alors par V dans la conduite et rétablit la pression normale ; les pistons redescendent, et R ferme l'orifice V en venant s'appuyer sur son siège U. Ce régulateur donne la pression une fois pour toutes.

Robinet régulateur de manœuvre. — Cet appareil permet au mécanicien d'amener l'air à la pression qu'il juge convenable ; c'est en somme un second régulateur annexé au robinet de manœuvre (*fig.* 869).

Un piston D' est constamment poussé vers le haut par un ressort H' réglé par un plateau à vis mû par un volant à main I' ; il reçoit l'air de la conduite P' par dessous, dans le même sens que le ressort H' ; de l'autre côté ce piston reçoit l'air venant du premier régulateur. Un tiroir F' suit tous les mouvements du piston D' qui descend, si la pression diminue dans la conduite générale ; l'orifice G est alors découvert, et de l'air comprimé vient du premier régulateur pour rétablir la pression initiale.

Le robinet de manœuvre présente quatre orifices ; celui d'arrivée d'air P' ; celui qui mène à la conduite générale Q' ; le petit échappement R', et le grand échappement S'.

Les orifices P' et Q' au repos sont découverts par une valve N qui glisse sur une glace M'. En tournant la clef O', on ferme d'abord P', puis on ouvre R', ce qui entraîne une légère dépression dans les conduites ; enfin on découvre S', ce qui amène l'échappement complet. En résumé, par la manœuvre de cette poignée O', on peut à volonté régler la pression de l'air dans la conduite générale.

Soupape de distribution à air comprimé. — Cette soupape se compose d'une boîte dans laquelle se meuvent deux pistons à garnitures de cuir embouti. Le piston supérieur porte une tige percée d'un trou p et se terminant par une soupape q dont le siège communique avec le tuyau n. Le piston inférieur K peut reposer sur un siège disposé dans le fond du cylindre ; il est creux et porte à l'intérieur de la cavité un cuir embouti qui obture le trou r. A sa tige est fixé un caoutchouc m formant soupape d'échappement. Le dessous de ce piston K est toujours en communication avec le conduit n.

L'appareil communique d'ailleurs : par y, avec la conduite générale ; par n avec l'avant du cylindre à frein ; enfin, par le haut avec l'arrière de ce cylindre et avec le réservoir.

La conduite générale étant en charge, l'air comprimé arrive par g entre les deux pistons qu'il écarte l'un de l'autre en appliquant le cuir embouti contre K, lequel vient reposer sur son siège au fond du cylindre. En même temps, le piston supérieur h monte vers le haut, et l'air comprimé passant par le conduit p, se rend au réservoir et dans tout le cylindre à frein. Les sabots sont alors desserrés et le régime normal s'établit.

Cela fait, si l'on détermine une dépression notable dans la conduite générale, les pistons se rapprochent ; la soupape q s'applique sur son siège tandis que le piston K se soulève, et, entraînant le clapet en caoutchouc m, met en communication l'avant du cylindre à frein avec l'atmosphère ; les freins sont alors serrés.

Une légère perte dans la conduite n'entraînant qu'une faible dépression, il n'y a pas soulèvement du piston K, mais seulement du cuir embouti qu'il contient ; l'équilibre se rétablit alors par le conduit r, sans entraîner aucun serrage.

On emploie quelquefois des soupapes de distribution, de modèles un peu différents, mais toujours basées sur le même principe (*fig.* 872 et 873).

Soupape de distribution à vide automatique. — Ici la soupape se compose de deux pistons de diamètres différents (*fig.* 871), c' et d' invariablement liés entre eux. Le plus grand, c', porte un seul cuir embouti, tandis que le petit, d', en présente deux placés dos à dos. L'air atmosphérique peut entrer en soulevant un clapet par un orifice h' percé dans le bouchon, et rétablit la pression intérieure à gauche du piston d'.

La conduite générale communique avec g' à droite du piston c' ; le conduit i' établit la communication avec l'avant du cylindre à frein.

Lorsqu'on fait le vide dans la conduite générale, le cuir embouti du piston c' laisse le vide s'établir sur les deux faces de celui-ci et de là dans le réservoir, mais ce vide ne franchit pas le piston d', à gauche duquel règne la pression atmosphérique. Le système des deux pistons se déplacera donc vers la droite, comme il est indiqué sur la figure. La pression atmosphérique agira par i' sur l'avant du cylindre à freins, et les sabots seront desserrés.

Mais aussitôt que l'air intérieur rentre dans les conduits, le cuir embouti du piston c' s'applique vigoureusement contre les parois du cylindre, tandis que le vide persiste entre les deux pistons; l'ensemble se déplace donc vers la gauche. La communication s'établit alors entre le réservoir et l'avant du cylindre à frein, où une dépression se produit brusquement; les sabots sont alors instantanément serrés contre les bandages des roues.

Cylindre à frein et réservoir. — Le cylindre à frein renferme comme toujours un piston dont la tige traverse le fond du cylindre et actionne la timonerie. Un diaphragme, n' calé sur la tige, fournit un premier point d'appui à un ressort l' dont le second est sur le fond du réservoir. Un cuir embouti, j', empêche, dans le cas du fonctionnement par le vide, toute communication entre le réservoir et le cylindre à frein.

Ce dernier est dévié par une cloison m' munie d'un cuir embouti p', en deux parties. Dans chacune se déplace un piston calé sur la tige K' et portant un cuir embouti tourné du côté du réservoir; cela détermine donc quatre espaces distincts $\alpha, \beta, \gamma, \delta$ (*fig.* 871).

Par un conduit pratiqué dans la paroi, α et γ sont en relation entre eux et avec la soupape de distribution; β et δ communiquent par un trou r' qui traverse la tige et par une soupape s' appuyée contre son siège par un ressort t' et portant une queue u'.

Accouplements. — Les tronçons de conduite générale sont reliés d'un wagon à l'autre par des accouplements dont la garniture c porte deux lèvres, une extérieure e qui sert dans le cas du fonctionnement à vide et une intérieure d qui forme joint dans le cas où l'on marche à l'air comprimé. Les griffes a et b s'appliquent contre les griffes opposées; l'assemblage terminé, on fixe le tout par une goupille d'arrêt f.

502. *Fonctionnement à l'air comprimé automatique.* — Dans ce cas; les conduites y' et y sont mises en communication au moyen du boisseau d'un robinet à deux voies x'

En marche normale, l'air comprimé remplit la conduite générale, traverse la soupape de distribution, se rendant au réservoir et au cylindre à frein, dont les pistons ne subissent aucun effort. Le ressort l' agit seul et maintient la tige K' poussée vers la gauche; tous les sabots sont desserrés.

Si l'on crée une dépression dans la conduite générale, elle ne se transmet d'abord qu'à la capacité δ. L'air comprimé de γ se détend alors et pousse les pistons vers la droite, jusqu'à ce que la tige u' de la soupape s' vienne atteindre le fond du cylindre. Cette première période correspond au rapprochement des sabots contre les bandages.

A ce moment, la soupape s' étant soulevée, la dépression se produit dans β; le serrage s'obtient alors avec l'effort maximum et un déplacement très faible.

503. *Fonctionnement comme frein à vide direct.* — La disposition précédente reste la même. Si l'on aspire l'air de la conduite générale, le vide se propage par g entre les deux pistons h et K du distributeur, applique la soupape q contre son siège et soulève le piston K. Alors, par n, la dépression se fait sentir d'abord dans l'espace δ, et, après la butée de la tige u', dans l'espace β, tandis que α et γ sont à la pression atmosphérique. On obtient ainsi le serrage.

Pour desserrer, il suffit de laisser pénétrer l'air de la conduite générale.

504. *Fonctionnement comme frein à vide automatique.* — Dans ce cas, on fait communiquer z' et g' par le robinet à deux voies x'.

En marche normale, et les freins desserrés, le vide règne dans la conduite générale en même temps que dans le réservoir; au contraire, la pression atmosphérique existe partout dans le cylindre à frein.

Au moment du serrage, on amène l'air extérieur dans la conduite générale, et la soupape de distribution établit la communication entre le réservoir et la capacité δ où le vide du réservoir se propage. Quand u' vient à buter, la dépression gagne aussi β, et il y a serrage à fond.

Une soupape u' empêche les soupapes α et γ de communiquer avec le réservoir vide, et la soupape v' y maintient la pression atmosphérique.

(*Génie civil*, M. BEAUFRET, 11 avril 1891.)

Emploi de l'électricité avec certains systèmes de freins.

505. Le besoin d'un serrage rapide, spécialement pour les trains longs, a fait appliquer depuis quelques années l'électricité à certains freins pneumatiques; mais la solution définitive et réellement pratique n'a pas été toujours atteinte dans les différents essais tentés dans cette voie.

Ainsi le frein Carpenter peut être à la fois serré électriquement et pneumatiquement, mais son desserrage ne peut être qu'électrique.

Le frein Card emploie une commande électrique aussi bien au serrage qu'au desserrage, et ne se sert de l'air comprimé que comme force motrice.

Le frein mixte Lipkowsky n'emploie l'électricité que pour le serrage et conserve la conduite générale remplie d'air en vue du desserrage. On doit donc, pour faire un serrage mixte, abandonner, en vidant la conduite, l'avantage d'un desserrage accéléré; dans le cas contraire, on s'expose à faire le serrage par l'air un peu tard, en cas de raté de la commande électrique. En outre, la modérabilité au serrage est obtenue à l'aide de l'action variable d'un courant magnéto-électrique, dont le mécanicien doit lui-même assez difficilement régler l'intensité.

La Compagnie Westinghouse elle-même a fait des essais de freinage électrique et a dû limiter l'emploi de l'électricité aux arrêts d'urgence, probablement à cause de la difficulté de graduation du serrage; d'ailleurs, le desserrage ne peut se produire électriquement.

Aucun de ces appareils, ainsi que d'autres rentrant plus ou moins dans les précédents, ne donnent une sécurité absolue au point de vue d'un raté possible d'un des deux freins, et ils sont presque tous tributaires soit au serrage, soit au desserrage, de l'action électrique seule, qui est toujours sujette à caution. Enfin, le fonctionnement d'aucun d'eux n'est, par là même, indépendant du nombre des véhicules à la fois au serrage et au desserrage.

Frein électro-pneumatique de M. Chapsal.

506. *Considérations générales.* — Comme nous avons déjà eu l'occasion de le signaler précédemment à plusieurs reprises, on constate depuis plusieurs années l'augmentation progressive du trafic, l'allongement des trains de voyageurs, et le besoin d'appliquer aux trains de marchandises les mêmes appareils de précaution qu'à ceux de grande vitesse.

Dans ces conditions, la manœuvre des freins pneumatiques ordinaires, basée sur des évacuations ou rentrées d'air dans la conduite générale, se fait sentir d'autant plus incomplètement que le véhicule actionné est plus loin du robinet de manœuvre placé sur la machine. De là résulte une absence de simultanéité de serrage, et la production de remous, de réactions brusques, désagréables aux voyageurs, nuisibles au matériel et pouvant même quelquefois entraîner des ruptures d'attelage. Souvent ces phénomènes se répartissent en plusieurs groupes, de sorte qu'un certain nombre de ruptures peuvent avoir lieu à la fois. Dans tous les cas, presque inappréciables pour un train court, ils s'accentuent de plus en plus avec l'augmentation du nombre des véhicules.

De là est venue l'idée des freins à action rapide, soit pneumatiques, soit électriques. Le frein Chapsal fait intervenir à la fois l'action pneumatique et l'action électrique.

Nous avons vu précédemment des modèles de freins pneumatiques à action rapide, spécialement destinés aux trains longs, et qui donnent des résultats satisfaisants pour le serrage. Mais, au point de vue du desserrage, ils n'ont apporté aucun progrès, et la lenteur de ce dernier rend leur application fort peu pratique sur les trains un peu longs ; car il faut bien, en effet, à ce moment, remplir à nouveau toutes les conduites générales par le seul orifice du robinet du mécanicien; aussi le desserrage demande-t-il trois ou quatre fois plus de temps que le serrage.

On ne peut donc, le plus souvent, ralentir un train sans l'arrêter complètement pour le desserrer, sans quoi l'on néglige des réactions pouvant entraîner des ruptures d'attelage. C'est d'ailleurs cet inconvénient qui, lors des essais nombreux et répétés effectués en 1889 par la Commission dite des trains longs, fit rejeter à plusieurs reprises et d'une manière absolue tous les systèmes présentés.

D'autres appareils, construits par la Compagnie de Fives-Lille, font usage de retardateurs, par opposition aux précédents qu'on peut appeler accélérateurs. On a cherché à retarder le freinage des voitures de tête et à créer pour ainsi dire un régime homogène dans la conduite générale avant de procéder au serrage qui doit alors se produire simultanément. Ces retardateurs sont basés sur la force vive d'un système mobile, force vive variable suivant la vitesse de l'air actionnant ce système.

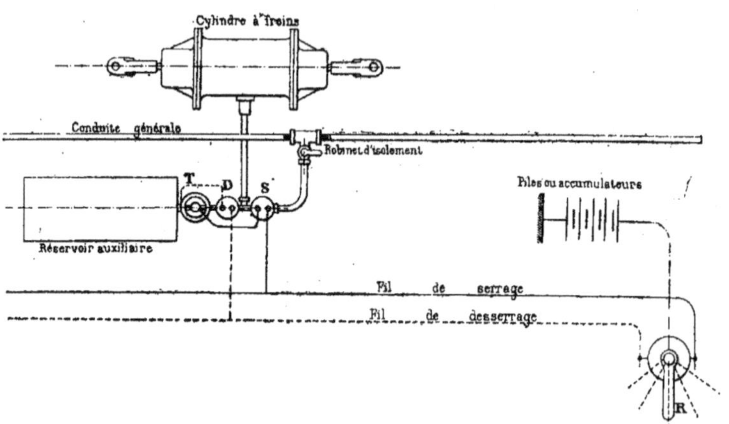

Fig. 874. — Frein électro-pneumatique Chapsal adapté à un appareil Westinghouse.

Il est néanmoins difficile d'émettre une opinion motivée sur la valeur de ces appareils autrement que par l'estime naturelle inspirée par la maison qui les a conçus et construits. Mais on n'a fait à leur sujet aucune publicité et, à notre connaissance, ils n'ont été l'objet d'aucune expérience publique ; ils restent donc jusqu'à nouvel ordre dans le domaine purement théorique.

On a dû revenir alors au frein mixte électro-pneumatique, et le problème paraît avoir fait un pas sensible en avant, au moyen du système de M. Chapsal.

507. *Frein Chapsal.* — Le frein Chapsal diffère entièrement des systèmes mixtes exposés précédemment, en ce sens que le fonctionnement pneumatique et le fonctionnement électrique sont toujours entièrement liés et toujours simultanés, aussi bien au serrage qu'au desserrage, de telle sorte que, si l'un deux vient à manquer, il laisse libre le fonctionnement de l'autre. On s'en rendra, d'ailleurs, compte aisément par la description suivante (*Bulletin de la Société des Ingénieurs civils.* M. Lesourd. Décembre 1895).

Sous chaque voiture on ajoute au frein Westinghouse :

Une valve électrique de serrage établie en un point quelconque de la conduite générale ;

Une valve électrique de desserrage placée entre la triple valve et le cylindre à frein.

On modifie légèrement la partie supérieure de la triple valve, de façon à la transformer en commutateur automatique (*fig.* 874 et 875).

On dispose sur toute la longueur du train deux fils : l'un de serrage, l'autre de desserrage, qui sont reliés, entre les divers véhicules, par des accouplements soit distincts, soit combinés avec les accouplements pneumatiques actuels ; sur ces conducteurs sont établis en dérivation les fils qui aboutissent aux valves de serrage et de desserrage de chaque voiture ; les circuits sont fermés par la terre.

Enfin le robinet du mécanicien subit une légère modification consistant principalement dans l'addition d'une couronne

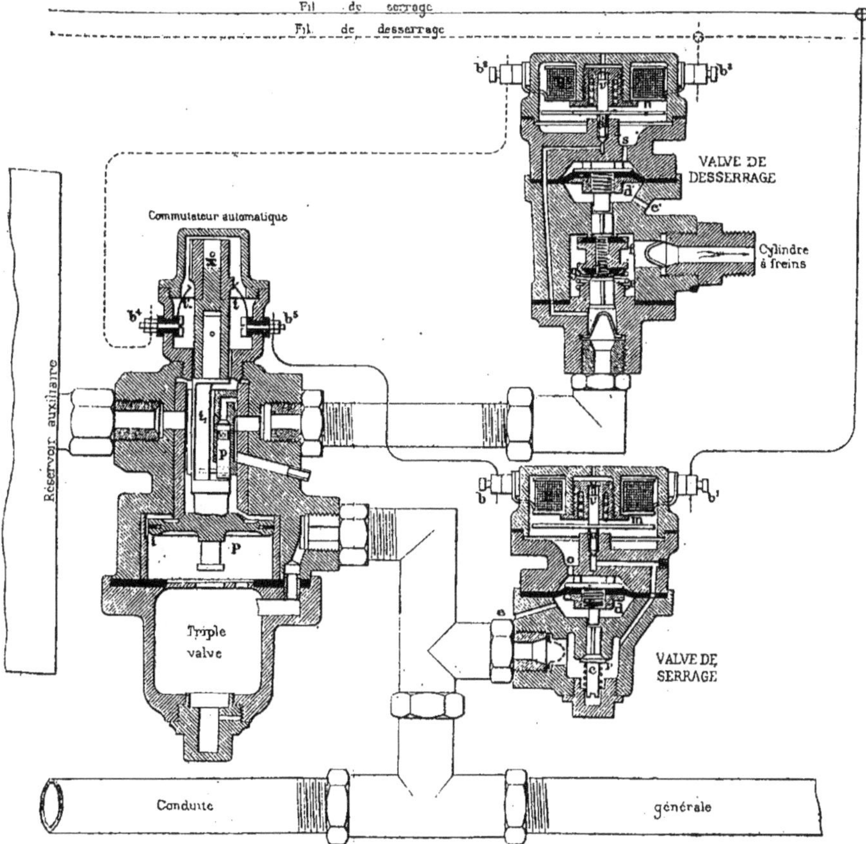

Fig. 675. — Frein électro-pneumatique Chapsal adapté à un appareil Westinghouse.

métallique convenablement isolée, qui permet, suivant la position de la poignée, de faire passer à volonté ou d'interrompre les courants de serrage ou de desserrage.

L'énergie électrique est fournie par une petite batterie de piles ou d'accumulateurs qui, pour vingt-quatre voitures, devra donner un courant de 15 à 20 volts et 1/10 d'ampère par voiture, soit 2,6 ampères en tout, en tenant compte de la locomotive et de son tender.

L'ensemble des appareils est représenté *fig.* 874 : R est le robinet de manœuvre, S la valve de serrage, D la valve de desserrage, T la triple valve modifiée.

Le circuit est fermé par la terre à l'aide de l'ensemble métallique des châssis.

Valve électrique de serrage. — Cet appareil se compose d'un électro-aimant E pouvant attirer un plateau *m* et permettre ainsi le relèvement d'un pointeau *a* en même temps que la fermeture d'un pointeau *v* (*fig.* 875). Elle comprend, en outre, un système mobile composé d'un diaphragme *d* et d'un clapet *c* maintenu fermé par un ressort *r*.

Valve électrique de desserrage. — Cette valve comprend de même un électro-aimant E′ pouvant attirer un plateau *n* et permettant le soulèvement d'un pointeau *a′* en même temps que le soulèvement d'un pointeau *v′*.

Un système mobile annexe comprend un diaphragme *d′* et deux clapets *f* et *g* maintenus soulevés par un ressort *r′*.

Triple valve modifiée. — La triple valve ordinaire du frein Westinghouse a été modifiée de la manière suivante (*fig.* 875). Le bouchon supérieur a été remplacé par un nouveau bouchon muni de deux bornes b^4 et b^5 qui communiquent avec deux contacts flexibles *t′* et *t*.

La partie supérieure de la tige du piston a été filetée et a reçu une pièce *x* portant deux saillies pouvant venir en contact l'une avec *t′* l'autre avec *t*.

Les bornes b^4 et b^5 sont respectivement reliées aux bornes b^2 et b des valves électriques ; les bornes $b′$ et b^3 de ces dernières communiquent, la première avec le fil de serrage, la deuxième avec le fil de desserrage.

Robinet de manœuvre. — Le robinet de manœuvre peut occuper cinq positions (*fig.* 876).

La position I est celle de desserrage, à la fois électrique et pneumatique.

La position II est la position de serrage à la fois électique et pneumatique.

La position III est la position neutre absolue dans laquelle ne se produit ni le fonctionnement électrique ni le fonctionnement pneumatique.

La position V est la position de desserrage électrique seul.

Enfin la position IV est la position de serrage électrique seul.

Fonctionnement. — Supposons qu'on veuille obtenir le serrage. Le mécanicien amène la poignée de son robinet dans la position V, comme il a été dit plus haut, ce qui ferme le courant et attire sous chaque véhicule, le plateau *m* des valves électriques de serrage. Immédiatement l'air de la conduite générale, qui agissait sous le poin-

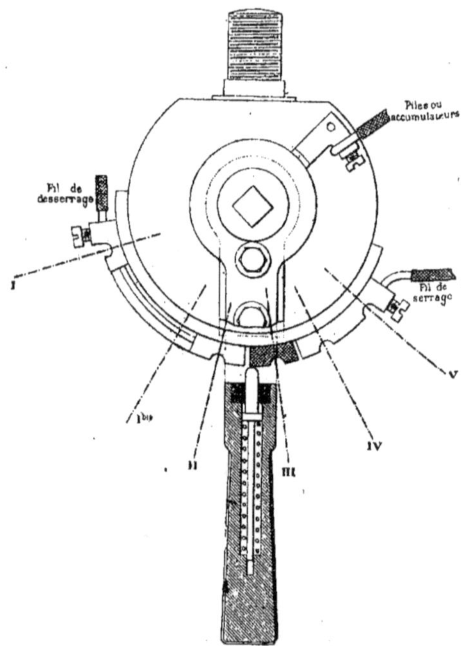

Fig. 876. — Frein électro-pneumatique Chapsal. — Robinet de manœuvre.

teau *a*, soulève ce pointeau et passe par le conduit *o* pour venir agir sur la surface du diaphragme *d*. En même temps, le pointeau *v* est fermé et prévient toute perte d'air à l'extérieur. Aussitôt le système mobile *dc* s'abaisse avec le maximum de vitesse possible, car d'un côté du diaphragme *d* on a toujours la pression atmosphérique et de l'autre la pression de la conduite générale, et l'air de cette dernière s'échappe à l'extérieur sous chaque véhicule par *ce*. Dès que la dépression est suffisante pour produire l'abaissement du piston des triples valves, le contact t cesse, le courant de serrage se trouve ouvert, et les valves électriques de serrage reprennent leur position normale en marche.

Il est à remarquer que, pendant ce temps, la perte d'air dans la conduite générale n'a été exactement que ce qui était nécessaire à l'abaissement du piston des triples valves; la diminution de pression qui se

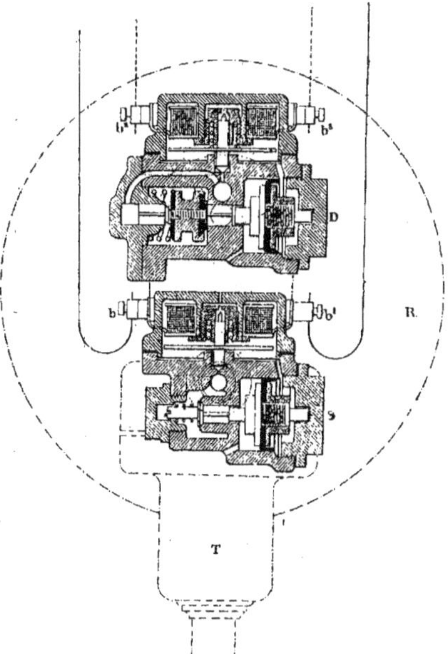

Fig. 877. — Frein électro-pneumatique Chapsal. — Nouvelle disposition des valves électriques de serrage et desserrage. — S, valve de serrage. — D, valve de desserrage. — T, triple valve. — R, réservoir auxiliaire.

produit au-dessus de ce piston, par suite du passage de l'air des réservoirs auxiliaires aux cylindres à freins, fait donc presque immédiatement remonter le piston en question. Le contact t se trouve aussitôt rétabli et, par suite, le courant de serrage fermé. Il en résulte un nouveau fonctionnement des valves électriques de serrage, et une nouvelle perte d'air dans la conduite générale, ayant pour résultat un nouvel abaissement des triples valves et une nouvelle rupture du circuit.

Le robinet de manœuvre restant à la position V, la même série de phénomènes se renouvelle deux, trois ou quatre fois, jusqu'au moment où la perte d'air de la conduite générale, qui a lieu par le robinet de manœuvre, se fait sentir au niveau de la voiture considérée, ou jusqu'à ce que la perte d'air dans la conduite générale par les valves électriques de serrage, ait été suffisante pour amener le serrage à fond.

Ces trois ou quatre balancements demandent au maximum trois secondes pour se produire, et ont lieu simultanément sur tous les véhicules du train, quel que soit leur nombre.

On voit donc que, pendant le serrage électro-pneumatique, le fonctionnement pneumatique se produit comme à l'ordinaire, c'est-à-dire que l'air de la conduite générale s'échappe en grand par le robinet de manœuvre, pendant que l'action électrique se poursuit.

Le fonctionnement électrique a donc pour but de venir en aide au fonctionnement pneumatique, en produisant instantanément sur toute la longueur du train des dépressions locales là où la dépression pneumatique n'a pas encore eu le temps de se manifester. Le fonctionnement électrique remplace donc, en un mot, le fonctionnement pneumatique jusqu'à ce que ce dernier ait agi.

La conséquence immédiate est que, sur un train un peu long, le fonctionnement électrique aura produit le serrage à fond sur les dernières voitures, avant même que le fonctionnement pneumatique ait eu le temps d'intervenir. Il en résulte que, pour un véhicule de rang quelconque, la durée maxima du serrage à fond sera celle que demande le serrage électrique, qui est, comme on l'a vu, de trois secondes au plus, tandis que le plus souvent aujourd'hui, d'après les expériences de M. Douglas Galton, la vingt et unième voiture d'un train ne voit les sabots de son frein se mettre en mouvement qu'au bout de trois secondes, le serrage à fond n'étant obtenu qu'après cinq secondes et demie.

Cette différence sera très sensible, surtout aux grandes vitesses, et donnera une diminution très notable de la longueur des arrêts d'urgence.

Desserrage. — Nous avons vu plus haut que la position I est celle du desserrage; quand on voudra obtenir ce résultat, le mécanicien y placera donc la clef de son robinet, ce qui ferme immédiatement le courant de desserrage; l'électro-aimant E' attire alors le plateau n de la valve électrique de desserrage; ce plateau est soulevé, et l'air du réservoir auxiliaire qui agissait sous le pointeur a' passe par $a'S$, pour venir agir sur le diaphragme d'. Le système mobile $d'fg$ est alors baissé, le clapet f ouvert et le clapet g fermé.

Il s'ensuit que, sous chaque voiture, l'air des cylindres à frein s'échappe à l'extérieur par $f\acute{e}'$ et produit le desserrage. En même temps, la rentrée d'air du réservoir principal s'effectue par le robinet de manœuvre et rétablit progressivement la pression dans la conduite générale.

Aussitôt que, pour un véhicule de rang quelconque, cette pression est suffisante pour faire remonter la triple valve, le contact t' quitte la tige, et le courant de desserrage se trouve rompu.

A partir de ce moment, les organes de la valve électrique de desserrage reprennent leurs positions normales de marche, et le reste de l'air contenu dans les cylindres à frein s'échappe à l'extérieur, comme à l'ordinaire, par la triple valve, dont le tiroir ferme alors la communication avec le réservoir auxiliaire.

Il est à remarquer que, pendant tout le temps que l'échappement de l'air s'est effectué par la triple valve électrique de desserrage, le clapet g a empêché toutes pertes d'air du réservoir auxiliaire vers l'extérieur.

Comme nous l'avons vu précédemment pour le serrage, le fonctionnement électrique n'a pas d'autre but que de venir en aide au fonctionnement pneumatique, et de le remplacer jusqu'à ce qu'il ait eu le temps de se produire.

Il en résulte que, sur les derniers véhicules d'un train long, le desserrage aura lieu uniquement par l'électricité, avant même que la pression dans la conduite générale ait éu le temps de s'y propager et de mettre en mouvement les triples valves.

Sur un véhicule de rang quelconque, le desserrage s'effectuera donc entièrement dans le temps maximum demandé par le desserrage électrique, soit au maximum deux secondes et demie.

Cette rapidité de desserrage, qui n'a encore été obtenue par aucun appareil même à action rapide, est la seule qui permette les ralentissements et la remise en marche sans arrêt avec un train d'une certaine longueur, sans donner lieu aux réactions qui se produisent inévitablement, lorsque la durée du desserrage dépasse quelques secondes, réactions qui sont assez violentes pour produire fréquemment des ruptures d'attelage.

Fonctionnement électrique seul. — Pour obtenir le serrage à fond par l'électricité seule, nous avons vu qu'il faut mettre la clef du robinet à la position IV. Dans ce cas, les orifices destinés au fonctionnement pneumatique ne communiquent pas entre eux, et, par conséquent, aucune perte d'air ne se produit par le robinet de manœuvre.

Néanmoins, le courant électrique de serrage est fermé, et par conséquent, des pertes locales ont lieu instantanément dans l'air sous chaque véhicule par les valves électriques de serrage. Ces pertes d'air amènent l'abaissement des triples valves, et, par suite, le passage d'une certaine quantité d'air des réservoirs auxiliaires aux cylindres à freins; mais dès que, par suite de ce passage, la pression se raréfie au-dessus du piston des triples valves, le même balancement signalé plus haut se produit jusqu'à ce que la fuite d'air par les valves électriques de serrage sous chaque véhicule soit suffisante pour assurer le serrage à fond, c'est-à-dire pour maintenir les pistons des triples valves au bas de leur course et assurer, par suite, la libre communication des réservoirs auxiliaires avec les cylindres à freins. Ce serrage électrique ne demande pas trois secondes, quel que soit le nombre des véhicules.

Serrage modérable. — Si, au lieu du serrage à fond, on désire le serrage modérable, au lieu de maintenir le robinet dans la position IV, le mécanicien l'y laisse seulement un court instant et le ramène à la position III, rompant ainsi lui-même le cir-

cuit ; il passe alors des réservoirs auxiliaires aux cylindres à freins, une certaine
quantité d'air proportionnelle à la dépression qui a été faite sous chaque véhicule.

Or, à chaque balancement de la triple
valve, la dépression produite est limitée
d'une manière invariable et, pour ainsi dire
mathématique, par le commutateur automatique de la triple valve ; de telle sorte
qu'après chaque évacuation d'air, les pistons des triples valves remontent et restent
en équilibre de façon à assurer la fermeture, par le tiroir, de toute communication
entre les réservoirs auxiliaires et les cylindres à freins ; la pression introduite
dans ces derniers reste telle qu'elle était,
ne peut pas augmenter, et ne peut baisser
légèrement que par suite de la non-étanchéité des cuirs des pistons des cylindres
à freins.

Si le mécanicien désire augmenter le
serrage, il ramène un instant son robinet
à la position IV pour le remplacer ensuite
à la position III, de façon à provoquer
sous chaque véhicule une nouvelle perte
d'air qui produit un nouveau mouvement
de triples valves, et donne lieu à un nouveau passage d'air des réservoirs auxiliaires aux cylindres à freins.

En répétant plusieurs fois cette manœuvre, le mécanicien a donc la possibilité de
graduer le serrage, c'est-à-dire d'augmenter à volonté la pression dans les cylindres
à frein, tout en étant certain que la pression ainsi aérée restera constante et ne
pourra subir d'abaissement que par suite
des fuites dues à la non-étanchéité des
cuirs, on obtient ainsi aisément jusqu'à
six échelons de modérabilité au serrage.

Desserrage. — Le desserrage s'obtient
en plaçant la clef du robinet à la position
II et l'y laissant ; le courant de desserrage
est alors fermé, et le système *d'fg* des
valeurs électriques de desserrage est
abaissé. La vidange de l'air des cylindres
à frein s'effectue donc simultanément et
intégralement sous chaque voiture par les
valves électriques de desserrage, qui, en
même temps, grâce à la fermeture du clapet *g*, empêchent toute perte d'air des réservoirs auxiliaires avec l'extérieur.

Le fonctionnement pneumatique n'a plus

lieu dans cette position, pas plus que
dans la position IV.

Desserrage modérable. — On peut obtenir un desserrage modérable en produisant
d'abord un serrage modéré en amenant le
robinet à la position du desserrage II précédente et remettant ensuite la clef à la
position III ; il ne s'échappe alors des
cylindres à frein que la quantité d'air correspondant au temps qu'a duré le courant,
et le clapet *f* se ferme. Il en résulte que,
par une série de manœuvres successives,
le mécanicien peut arriver à abaisser graduellement la pression dans tous les cylindres à frein, d'une quantité aussi faible
qu'il le désire, puisque le tiroir de la triple
valve ferme toujours, comme nous l'avons
dit plus haut, la communication du cylindre à frein avec le réservoir auxiliaire,
grâce à l'action invariable du commutateur
automatique.

La modérabilité est d'ailleurs plus facile
et plus précise au desserrage qu'au serrage, puisqu'elle résulte simplement d'une
perte d'air correspondant à la durée du
courant, au lieu d'être la conséquence du
passage d'une certaine quantité d'air correspondant à une pression donnée et de
dépendre par suite, du fonctionnement des
triples valves.

On voit, d'après ce qui précède, que le
mécanicien est entièrement maître de sa
vitesse, suivant les variations du profil et
les pertes d'air à la non-étanchéité des
cylindres à freins. Il peut, en effet, à volonté, en amenant successivement le robinet aux positions II, III et IV, diminuer
ou augmenter la pression dans les cylindres à freins, de façon à l'amener toujours
à celle qui lui permet exactement de vaincre
l'accélération du train due à un ensemble
de circonstances données.

Cas d'avarie et de serrage intempestif.
— Examinons maintenant le cas du serrage intempestif du frein dû à une rupture
de boyau ou à une avarie analogue.

Premier cas. — Le robinet du mécanicien
est à la position normale I *bis*, ou exceptionnellement, à la position de desserrage. Le
desserrage effectué, le mécanicien doit, en
effet, toujours remettre son robinet à la
position I *bis* dite d'alimentation, située
entre les positions I et II, et dans laquelle

on passe à la conduite générale une quantité d'air très faible et simplement destinée à contre-balancer les pertes locales qui pourraient amener un abaissement de pression. Si, dans cette position, il se produit une rupture de boyau, les positions des triples valves s'abaissent, par suite de la vidange de la conduite générale, le courant de desserrage se trouve immédiatement fermé, par suite même de la position du robinet de manœuvre et des contacts qui y sont établis. L'air des réservoirs auxiliaires, qui tendait à se précipiter dans les cylindres à freins, en est alors empêché par le fonctionnement immédiat de toutes les valves électriques de desserrage et, par conséquent, par la fermeture des clapets *g*. Il ne se produit donc aucun serrage ; cependant le mécanicien est averti de l'incident.

1° Par le manomètre de la conduite générale qui tombe à zéro ;

2° Par la marche désordonnée de la pompe de compression qui atteint son maximum de vitesse et cherche à compenser la perte d'air de la conduite générale ;

3° Par le sifflet avertisseur pour les Compagnies qui possèdent cet appareil ;

4° Par une sonnerie spéciale fonctionnant lors du passage du courant électrique de desserrage et qu'on peut installer spécialement à cet effet.

Deuxième cas. — Supposons que le robinet, au lieu d'être à la position du desserrage ou à celle d'alimentation, soit à la position neutre absolue. C'est un cas qui se produit souvent.

Le mécanicien a déjà fait un serrage modéré, et a dû, pour le maintenir, remettre son robinet à la position III ; la rupture du tuyau produit l'abaissement successif de toutes les triples valves, sans que le courant électrique de desserrage se trouve fermé automatiquement et sans, par conséquent, que les clapets *g* soient appliqués sur leurs sièges.

Il en résulte donc une communication complète de tous les réservoirs auxiliaires avec les cylindres à freins, et, par conséquent, un commencement de serrage à fond des freins sur tout le train. Mais, dès que le mécanicien sent la résistance produite par suite de ce fait, il n'a qu'à mettre le robinet à la position II pour qu'immédiatement le courant électrique de desserrage passe et abaisse, par conséquent, le système mobile des valves électriques de desserrage, en mettant en communication tous les cylindres à freins avec l'extérieur et en empêchant l'air des réservoirs auxiliaires de se perdre.

L'arrêt intempestif sera donc dans ce cas ainsi évité, car à la volonté du mécanicien le serrage se produira avant même que le ralentissement dû au serrage des freins ait été sensible, le desserrage électrique étant obtenu en trois secondes, tandis que l'arrêt du train demanderait au minimum quinze à vingt secondes.

REMARQUE. — Il est évident que, si l'on supprime le contact électrique à la position d'alimentation du robinet pour permettre le blocage du train par les voyageurs ou par les conducteurs, on se trouvera exactement dans les mêmes conditions que si le robinet était à la position neutre, c'est-à-dire qu'on aura un blocage immédiat : mais le mécanicien pourra à sa guise desserrer électriquement son train ; comme nous l'avons vu, ou laisser l'arrêt se produire.

Il est à remarquer que, dans tous les cas, les réservoirs auxiliaires conservent toujours une pression notable et n'ont perdu au maximum que l'air nécessaire pour assurer le premier serrage à fond. Lors donc que le mécanicien jugera le moment propice pour arrêter son train, il n'aura qu'à ramener la poignée de son robinet à la position neutre, pour qu'immédiatement le courant de desserrage cesse d'être fermé et que, par conséquent, un nouvel échange d'air passe des réservoirs auxiliaires aux cylindres à freins. Il desserrera comme précédemment, et il lui sera loisible, bien que ces conduits soient toujours ouverts, d'arrêter s'il le désire, trois ou quatre fois son train et, par conséquent, de repartir avec la vitesse normale, jusqu'à ce qu'il ait atteint la station où se fera la réparation de la rotule avariée, sous la protection des signaux.

Serrage intempestif d'une voiture. — Il arrive que, par suite de dépressions locales et de sensibilité un peu plus grande des triples valves, une voiture d'un train se bloque en cours de route. Il est évident qu'il se produira pour cette voiture exactement les mêmes phénomènes qui viennent de se produire lors de la rupture de la conduite générale avec robinet dans la position d'alimentation, c'est-à-dire que la valve électrique de desserrage de la voiture en question s'abaissera et produira par conséquent immédiatement l'échappement à l'extérieur de l'air qui avait pénétré dans les cylindres à freins.

C'est donc la suppression absolue de tout arrêt des trains en cours de route par suite de blocage intempestif d'une voiture isolée.

REMARQUE. — Il n'est pas sans intérêt de rappeler qu'à l'heure actuelle, lorsqu'une rupture de boyau a lieu dans un train, le mécanicien ne peut produire de sa machine le desserrage des voitures, et qu'on est obligé de vidanger successivement tous les réservoirs auxiliaires du train à l'aide des valves de purge, opération qui entraîne toujours un arrêt en pleine voie de quinze minutes environ, pour permettre au conducteur d'arrière d'assurer la protection.

Si au lieu d'une rupture de boyau, il s'agit du blocage intempestif d'une voiture, le personnel du train doit, ce qui n'est pas toujours sans danger, se porter le long des marchepieds pour isoler la voiture, s'il s'aperçoit du blocage ; mais la résistance d'une voiture serrée n'appelle pas le plus souvent l'attention du mécanicien, et les voyageurs sont exposés à rester soumis à de violentes secousses jusqu'au premier arrêt.

Résumé. — Les avantages indiqués par l'inventeur sont les suivants :

1° On a toujours à sa disposition deux freins absolument distincts, fonctionnant simultanément, par la même manœuvre, mais tout à fait indépendants l'un de l'autre ; on double donc ainsi les moyens de sécurité actuelle ;

2° On obtient une réduction très notable des arrêts d'urgence, grâce à l'instantanéité du serrage, sur tous les véhicules du train ;

3° Le fonctionnement devient entièrement indépendant du nombre de ces véhicules, puisque chacun a, pour ainsi dire, son mode de fonctionnement propre mis en action par un courant électrique dont la durée de propagation est inappréciable ;

4° Le desserrage, aussi bien que le serrage, sont instantanés, quelle que soit la longueur du train, et on a, par conséquent, la possibilité de ralentir et de repartir sans avoir à craindre les ruptures d'attelage dont il a été question.

On possède la modérabilité au serrage et la modérabilité voulue au desserrage ; ces deux modérabilités combinées permettent la descente des pentes dans des conditions exceptionnelles, en donnant à volonté telles variations des pressions qu'on désire dans les cylindres à frein.

6° En cas de rupture de boyau, avec le robinet de manœuvre à la position de desserrage ou d'alimentation, suppression de l'arrêt intempestif, tout en avertissant le mécanicien du fait qui vient de se produire, et en lui donnant la faculté d'arrêter son train à l'endroit qu'il juge le plus convenable ;

7° Possibilité, bien que la conduite soit ouverte, de faire encore quatre ou cinq serrages et autant de desserrages à volonté ;

8° Dans le cas de rupture des boyaux, avec robinet à la position neutre, ou dans le cas de suppression de contact à la position d'alimentation, blocage du train et déblocage immédiat, avant même qu'il ait subi un ralentissement notable, tout en conservant la possibilité de faire à volonté quatre à cinq serrages et desserrages ultérieurs ;

9° Suppression de tout blocage intempestif de voitures isolées en cours de route ;

10° Suppression des ratés qui ont été constatés quelquefois dans le frein automatique Westinghouse, par suite de l'obturation de la conduite générale par des fragments de boyaux avariés ;

11° En cas de raté électrique, fonctionnement du frein pneumatique dans les conditions ordinaires et sans aucun retard ;

12° Facilité de visite des appareils électriques qui sont tous indépendants des organes du frein et mélange possible des freins électro-pneumatiques transformés avec des freins ordinaires.

Il est certain qu'il y a là un ensemble de conditions particulièrement précieuses, et l'avenir nous dira si cet intéressant

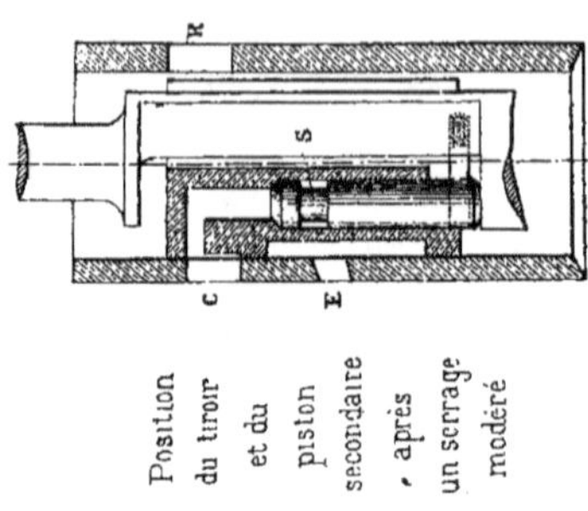

Position du tiroir et du piston secondaire, après un serrage modéré

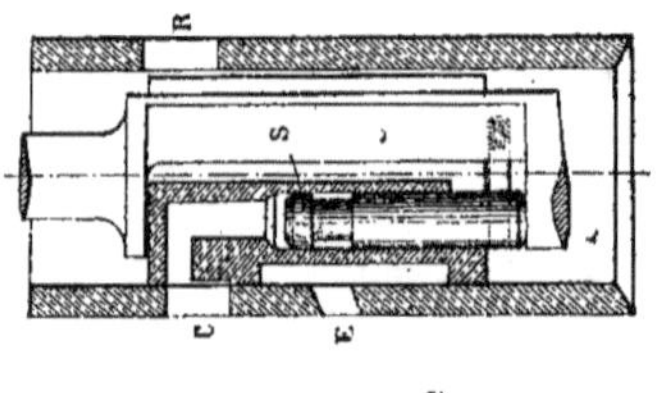

Position du tiroir et du piston secondaire pendant un serrage modéré

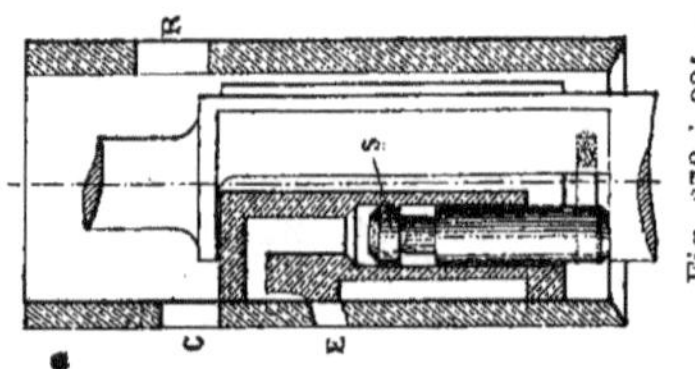

Position du tiroir pendant le serrage à fond

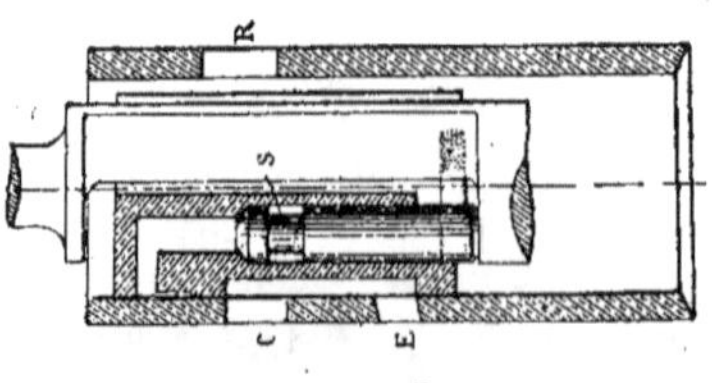

Position du tiroir pendant la marche, les freins étant desserrés.

Fig. 878 à 881. — Frein électro-pneumatique Chapsal.

appareil répond à ce qu'on en attend, la pratique étant la seule épreuve véritablement concluante pour tous ces appareils.

Pour terminer ce qui est relatif à ce système de freins, nous donnons (*fig.* 878 à 881) les différentes positions du tiroir et du piston secondaire de la triple valve dans diverses phases du serrage et du desserrage.

La figure 878 montre la position du tiroir en marche normale, les freins étant desserrés.

Dans la figure 879, au contraire, on voit le même organe au moment du serrage à fond.

Un serrage modéré amène le tiroir et son piston secondaire dans la position de la figure 880.

Enfin la figure 881 représente les mêmes objets après un serrage modéré.

508. *Frein électro-pneumatique Chapsal perfectionné.* — En dehors de la pratique manquant au frein Chapsal, il présentait certains inconvénients dont l'auteur lui-même s'est rapidement rendu compte et qu'il a cherché à faire disparaître.

Ainsi le premier dispositif comportait deux fils de ligne, d'où une assez grave difficulté d'accouplement; deux bornes et deux commutateurs de triple valve, assez difficiles à régler exactement : deux valves électriques séparées comprenant chacune un électro-aimant distinct; et quatre bornes de jonction.

Les modifications portent sur deux points principaux : 1° Réunion des deux valves électriques eu une seule, et suppression des deux électro-aimants attractifs, qui sont remplacés par un anneau oscillant du genre Gramme ou analogue; 2° Réduction des deux fils de ligne à un seul, dans lequel, à l'aide d'un commutateur inverseur très simple placé sur le robinet du mécanicien, on fait passer alternativement un courant direct ou inverse, qui, actionnant l'anneau oscillant dans un sens ou dans l'autre, met en mouvement soit la valve de serrage, soit la valve de desserrage.

Ces modifications permettent la suppression d'un des fils de ligne, la suppression des commutateurs et bornes de triple valve; celle des deux électro-aimants

attractifs, de toutes les tuyauteries destinées à relier les deux valves, et de toutes
les bornes d'attache correspondantes ;
enfin on a un accouplement à contact central unique, excessivement simple.

Ces simplifications entraînent une
grande amélioration dans le fonctionnement, en rendant le frein électrique modérable complètement indépendant des
triples valves, et conservant pendant toute

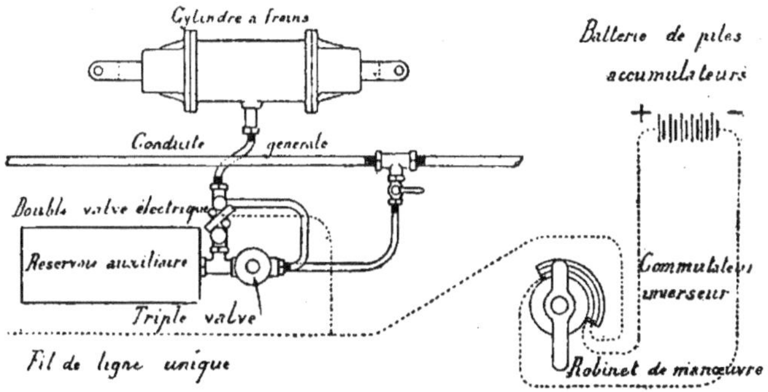

Fig. 882. — Frein électro-pneumatique Chapsal perfectionné.

la durée de son action, l'alimentation
complète et indépendante des réservoirs
auxiliaires.

L'ensemble de la disposition est représenté (*fig.* 882). On voit que la double
valve électrique est placée sur le branchement allant du cylindre à frein au conduit
qui relie la triple valve au réservoir auxiliaire.

La figure 883 et 884 montrent, en éléva-

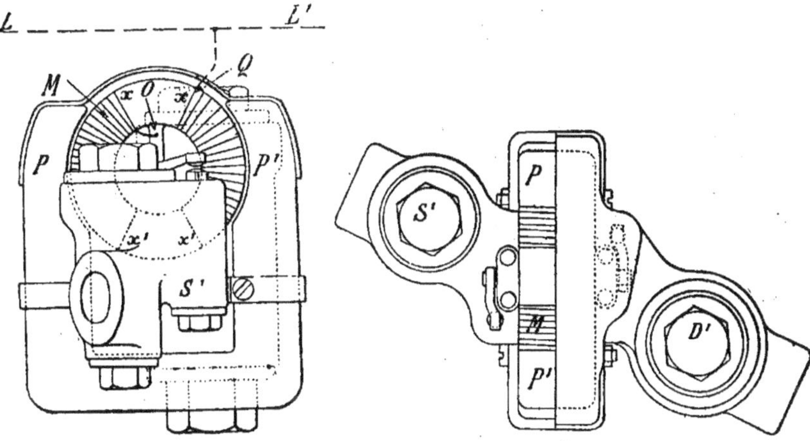

Fig. 883 et 884. — Frein électro-pneumatique Chapsal perfectionné. Élévation et plan de la double
valve électrique.

tion et plan, la double valve électrique et
sa position par rapport à l'anneau mobile M placé lui-même entre les pôles d'un
aimant PP'. Cet anneau oscille autour
d'un axe I (*fig.* 885).

L'anneau M est monté en dérivation ;
une des extrémités du fil, dont l'enroulement est fait en sens inverse sur les deux
moitiés, est relié au fil unique de ligne LL',
qui règne tout le long du train, tandis

que l'autre extrémité est reliée en *o* à la masse, c'est-à-dire à la terre. Cet anneau, ne comportant pas, pour plus de simplicité, de commutateur redresseur, l'enroulement est interrompu sur l'espace de deux petits secteurs *xx*, *x'x'*, régnant de chaque côté du diamètre perpendiculaire à la ligne des pôles de l'aimant, et correspondant à l'amplitude totale du mouvement de l'anneau dans les deux sens.

La figure 885 représente une coupe transversale de cette double valve accompagnée de la valve de serrage S' et de la valve de desserrage D'.

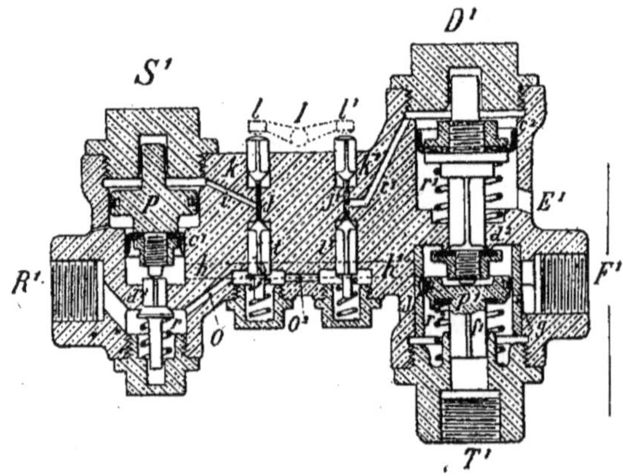

Fig. 885. — Frein électro-pneumatique Chapsal perfectionné. — Coupe de la double valve.

On a supposé enlevé l'anneau oscillant et son aimant ne conservant que les deux petits leviers *l*, *l'* fixés sur l'axe I de cet anneau, et qui, suivant le sens de l'oscillation, viennent mettre en mouvement soit les organes de serrage, soit les organes de desserrage, en agissant sur deux positions K, K'.

Enfin, le nouvel accouplement avec contact intérieur central est représenté (*fig*. 886). Le fil une fois posé, on remplit la cavité A de paraffine coulée par l'orifice V qu'on ferme ensuite au moyen d'un bouchon à vis.

Le commutateur du robinet de manœuvre est un commutateur inverseur établi de telle sorte que, dans la position correspondant au serrage électrique, l'anneau oscille vers la gauche, et actionne, par conséquent, le pointeau K, tandis que, dans la position du desserrage électrique, l'anneau oscille vers la droite, et vient actionner la position K'. De plus, la manette du robinet joue le rôle de coupe-circuit automatique, pour éviter la consommation

d'énergie électrique dans l'une ou l'autre de ces positions, dès que le mécanicien abandonne cette manette et cesse d'actionner le frein. Alors, aucun courant ne passe et l'anneau revient à sa position de repos.

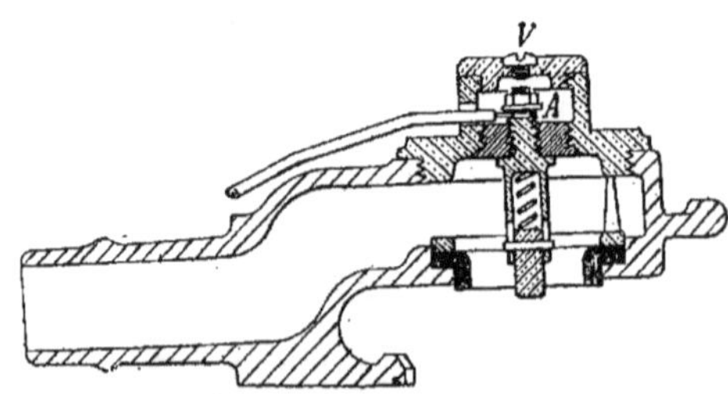

Fig. 886. — Frein électro-pneumatique Chapsal perfectionné. — Accouplement.

Fonctionnement. — Nous nous étendrons un peu sur la description de la double valve électrique avant de donner son fonctionnement.

Elle est composée (*fig*. 885), d'un système mobile de serrage S′ et d'un autre de desserrage D′, comme nous l'avons dit plus haut.

La première comprend un piston à segment p, un cuir embouti c^1 et un clapet $d′$ avec ressort antagoniste r. Le réservoir auxiliaire aboutit en R¹, et le pointeau t communique par le canal o avec la chambre inférieure du piston p, et par le canal i, avec la chambre supérieure du même.

Quant à la valve de desserrage D′, elle comprend également un système mobile formé d'un piston en cuir embouti c^2 avec un ressort antagoniste r^1 et un clapet d^2; un autre clapet $f′$ accompagne un piston à segment $p′$ muni d'un ressort antagoniste r^2. La tubulure T′ communique avec la triple valve et la tubulure F′ avec le cylindre à frein, comme l'indique également la figure 882.

Le piston $p′$ se meut dans un petit corps de pompe métallique dans lequel sont percés une série d'orifices correspondant à la chambre circulaire g. Cette chambre est ramenée à la tubulure F′ allant au cylindre à frein. Le canal $i′$ communique avec la chambre au-dessus du piston c^2, tandis que la chambre inférieure du pointeau $t′$ est reliée par le canal o^2 à celle du pointeau t; l'orifice E′ communique avec l'extérieur.

Un conduit horizontal $hh′$ débouchant au-dessus du piston $p′$ fait communiquer le cylindre à freins avec le réservoir auxiliaire par l'intermédiaire de la valve de serrage.

Serrage électrique. — Cela posé, quand le mécanicien place le robinet à la position du serrage électrique, l'anneau se met en mouvement en tournant sur la gauche, le levier l ferme le pointeau K et ouvre le pointeau t. L'air du réservoir auxiliaire passe aussitôt par o et i et se rend au-dessus du piston p qui descend. Le clapet $d′$ est alors ouvert et l'air du réservoir auxiliaire se rend directement par le canal $hh′$ et par F′ au cylindre à freins après avoir abaissé le piston à segment $p′$ et fermé par suite le clapet $f″$.

En manœuvrant le robinet à la position neutre ou en abandonnant la conduite de manœuvre de ce robinet, l'anneau reprend sa position moyenne, le pointeau t se ferme, le pointeau K s'ouvre, et l'air qui était au-dessus du piston p s'échappe à l'extérieur. Le système $d′i′p$ remonte alors immédiatement sous l'influence du ressort r et le clapet $d′$ ferme toute communication du réservoir auxiliaire avec le cylindre à frein.

On pourra donc faire entrer directement dans ce dernier l'air du réservoir auxiliaire par fractions aussi petites qu'on voudra, en répétant la même opération autant de fois qu'il sera nécessaire.

Desserrage électrique. — Pour obtenir le desserrage électrique, le mécanicien amène la manette du robinet dans la position correspondante; le sens du courant change, l'anneau prend un mouvement de rotation vers la droite, le levier $l′$ ferme le pointeau K′ et ouvre le pointeau $t′$. L'air du réservoir auxiliaire passe aussitôt par $o^2t′i′$ pour venir agir sur le piston c^2, et le système c^2d^2 est immédiatement abaissé; l'air du cylindre à freins s'échappe dans l'intérieur par d^2E′ et en proportions aussi faibles qu'on le voudra, en ramenant le robinet à la position neutre ou en abandonnant la manette; l'anneau reprend en effet sa position médiane, le pointeau $t′$ se ferme, le pointeau K′ s'ouvre; l'air contenu au-dessus de c^2 s'échappe à l'extérieur et le système mobile reprend sa position normale sous l'influence du ressort $r′$, en coupant la communication du cylindre à freins avec l'extérieur.

On voit qu'on peut effectuer ainsi le serrage et le desserrage électrique avec la plus entière modérabilité et sans limite de durée, puisque, pour le serrage, on prend directement l'air dans les réservoirs auxiliaires pour l'amener dans les cylindres à freins, sans que ces réservoirs cessent d'être alimentés par la triple valve, et que, pour les desserrages, on évacue directement à l'extérieur l'air des cylindres à freins. Ce point a une importance capitale pour la descente des lignes à fortes et longues pentes.

Serrage et desserrage mixtes. — Dans le cas du serrage mixte, le piston $p′$ se trouve soumis sur ses deux faces à la pression du réservoir auxiliaire; il occupera la position de la figure 883, grâce à l'action du ressort antagoniste r^2 et l'on pourra toujours opérer pneumatiquement le desserrage, même en cas d'interruption du courant électrique ; la petite rainure j permet au besoin la vidange de la chambre située au-dessus du piston p' pendant le serrage pneumatique.

Remarque. — Il y a lieu de remarquer que, lorsqu'au lieu de faire les serrages et desserrages électriques, on met le robinet à la position du serrage à fond ou du desserrage à fond, les deux freins fonctionnent ensemble et indépendamment l'un de l'autre par la même manœuvre du robinet du mécanicien, ainsi que cela avait lieu dans le premier dispositif étudié plus haut.

Comme nous le disions précédemment, ce frein est essayé en ce moment à la Compagnie de l'Ouest et paraît donner de bons résultats. La pratique seule montrera ce qu'on en peut espérer à titre définitif.

FREINS ÉLECTRIQUES

509. *Considérations générales.* — Il est parfaitement compréhensible que, la première idée venue à l'esprit pour établir une communication continue entre tous les freins d'un train entier a dû être l'application de l'électricité. On s'est donc préoccupé, pour résoudre le problème des freins entièrement continus, de créer des freins électriques.

Mais en pratique, les freins électriques ont présenté de nombreux inconvénients. D'abord leur trop grande instantanéité, et par suite la brutalité de leur action qui peut entraîner de graves accidents. Ensuite, l'électricité est un agent délicat et capricieux dont le maniement exige un personnel compétent tout à fait spécial. Fréquemment on constate aux essais des dérivations inexplicables qui s'opposent au fonctionnement des sabots ou, au contraire, produisent le serrage sans aucun motif apparent, le personnel ordinaire des trains n'est pas à même de voir le remède à apporter dans ces circonstances. Voilà pourquoi les freins électriques, quelles que soient leurs dispositions, ont été jusqu'à ce point d'une application assez difficile et se sont vus complètement supplantés par les freins pneumatiques.

Frein Achard.

510. M. Auguste Achard eut l'idée d'appliquer aux chemins de fer l'embrayage électrique qu'il avait inventé pour remplacer l'embrayage ordinaire à griffe ou à poulie folle des usines ordinaires, qui permettent de mettre en action ou de laisser au repos un outil quelconque suivant les besoins. Seulement, avec l'électricité, il n'est pas nécessaire d'être à côté de l'appareil pour pousser à la main une griffe, ou faire glisser une courroie sur une poulie folle ou fixe. C'est l'électricité amenée par un fil, aussi long que le permet le transport du fluide électrique, qui permet la manœuvre de cet appareil à distance, et avec instantanéité, même lorsque les pièces sont animées d'une très grande vitesse.

Au moyen d'un embrayage électrique, M. Achard s'empare de la force développée par la rotation des roues des wagons et il la dirige sur le frein pour la faire agir sur ces mêmes roues. Le mécanicien sur sa machine, au moyen d'un petit interrupteur, peut actionner tous les freins à la fois. C'est en interrompant le courant qu'il produit le serrage quand il est nécessaire ; toute cause amenant cette interruption, comme une rupture d'attelage, un déraillement, un incendie, etc., amènera donc le même résultat, et le frein est ce qu'on appelle *automatique*. Une sonnerie électrique, installée sur la machine ou sur le tender, peut en même temps avertir le mécanicien du fait anormal qui se passe derrière lui.

511. Ce frein a été imaginé en 1860, et depuis cette époque son inventeur a consacré sa vie à en perfectionner tous les éléments, de manière à lui permettre de lutter avec ses concurrents.

Le type pratique, tel qu'il existait avant l'Exposition de 1878, se composait des pièces suivantes :

« L'un des essieux de la voiture porte un excentrique sur lequel peut appuyer un levier en fer doux, qui, animé alors d'un léger mouvement d'oscillation, fait marcher, par l'intermédiaire d'un cliquet, un arbre auxiliaire parallèle aux essieux. Un électro-aimant, dans lequel circule un courant électrique, retient le levier suspendu, et ne lui permet de s'appuyer sur l'excentrique que lorsque le courant vient à être interrompu soit par l'agent du train, soit à la suite de la rupture du fil conducteur. Dans l'un ou l'autre cas, l'arbre intermédiaire mis en mouvement par le levier, entraîne en tournant un électro-aimant calé sur lui.

« D'autre part, l'arbre de transmission de mouvement des freins porte un levier mû par une chaîne qui s'enroule sur deux tambours munis chacun d'un plateau en fer doux, et montés fous sur le même arbre que l'électro-aimant, de telle sorte que l'action de ce dernier sur les plateaux, lorsque le courant électrique agit, les oblige à tourner avec lui et fait enrouler la chaîne qui agit sur le levier et sur les freins ».

« Un troisième électro-aimant et une pile placée sur le véhicule font circuler un courant dans le deuxième aimant aussitôt que l'autre courant se trouve interrompu dans le premier, et de cette façon le fonctionnement de l'appareil peut se faire, soit à volonté du mécanicien, soit indépendamment de lui, toutes les fois qu'une cause quelconque vient interrompre le courant principal. Une sonnerie, mise en action dans le même cas, avertit les agents du train du fonctionnement de l'appareil » (Gochler).

Depuis, M. Achard a modifié l'appareil précédent et, à l'Exposition de 1878, il en présentait un nouveau type dans lequel un électro-aimant à bobines, animé d'un mouvement circulaire par des galets de friction en contact avec l'essieu, attire par le passage du courant électrique, deux plateaux sur les axes desquels s'enroule une chaîne en relation avec le levier du frein. De cette façon on évite les chocs brusques au serrage ; il peut en effet y avoir glissement entre les galets de friction et l'essieu aussi bien qu'entre les pôles de l'électro-aimant.

Le courant est fourni par un ou plusieurs groupes de quatre accumulateurs Planté, dont chacun est démonté par trois éléments au sulfate de cuivre.

Ce frein a subi une modification due à M. Marié en plaçant directement l'embrayage électrique sur l'essieu. Par ce moyen, les efforts sont transmis directement de la roue au levier du frein, ce qui rend le système inapplicable.

512. *Essais du chemin de fer du Nord.* — Le frein Achard a été l'objet d'essais suivis au chemin de fer du Nord qui en fit l'adoption sur un certain nombre de véhicules avant l'époque où les freins pneumatiques furent généralement adoptés partout.

Voici les résultats de ces essais qui datent du mois d'octobre 1877. Depuis le 1er août de la même année, le rapide de Paris à Avricourt (Est) était muni de freins électriques fonctionnant tous les jours à la vitesse de 80 à 100 kilomètres à l'heure sur un parcours de 410 kilomètres.

Train 119.

Le train était composé de 12 véhicules, dont 6 munis du frein, remorqués par la machine Crampton n° 10, dont les 4 roues porteuses sont soumises à l'action du frein, ainsi que celles du tender. Les 6 véhicules munis du frein étaient divisés en 2 groupes de 3, l'un en tête, l'autre en queue, actionnés simultanément, ainsi que la machine, par une seule manœuvre.

Les résultats obtenus sont donnés dans le tableau A (page 542).

Train 118.

Le train 118 était composé de 13 véhicules dont 11 munis du frein, remorqués par la machine Crampton n° 10 se trouvant dans les mêmes conditions qu'au train 119.

Les résultats obtenus sont consignés dans le tableau B.

Tableau A.

ARRÊTS	VITESSE au moment DU SERRAGE	INCLINAISON de la voie		CHEMIN parcouru jusqu'à L'ARRÊT COMPLET	TEMPS mis à le PARCOURIR	OBSERVATIONS
		PENTES	RAMPES			
	kil.			m	s	
Saint-Denis....	65	0	0	227	21	Frein fait par le commutateur de la machine
Pierrefitte	46	0	$2^m/_m6$	117	16	— — du fourgon de tête
Gonesse.......	42		0	101	15	— — de la machine
Louvres (gare).	30		$1^m/_m$	63	12	— —
Luzarches	65	$1^m/_m$		241	19	— —
Orry-la-ville...	84	$1^m/_m$		405	34	— —
Disques. Chant.	82	$5^m/_m$		450		Frein déclanché par le disque à l'arrêt.
Chantilly (gare)						Frein fait par le commutateur du fourgon de queue.

Observations (accolade) : Rails gras pour toute la durée de l'essai. — Le disque à distance était à l'arrêt a déclenché le commutateur de la machine et par suite appliqué les freins.

Tableau B.

ARRÊTS	VITESSE au moment DU SERRAGE	INCLINAISON de la voie		CHEMIN parcouru jusqu'à L'ARRÊT COMPLET	TEMPS mis à le PARCOURIR	OBSERVATIONS
		PENTES	RAMPES			
	kil.			m	s	
Chantilly	37		$1^m/_m$	61	10	Emploi du sable
Orry-la-ville...	50		$1^m/_m$	85	13	
Luzarches	40		$1^m/_m$	68	9	
Louvres	67	$1^m/_m$		200	20	
Goussainville .	63	0	0	180	17	
Gonesse	73	0	0	215	21	
Pierrefitte	75	$5^m/_m$ et $2^m/_m6$		240	23	
Saint-Denis....	68	0	0	162	17	Emploi du sable

Observations : Rails secs pour toute la durée de l'essai. — A Chantilly, il n'y avait que 11 véhicules et 11 freins ; dans les autres gares, 13 véhicules et 11 freins. Le frein a toujours été appliqué au moyen du commutateur de la machine.

Malgré ces essais favorables, ce sont les freins pneumatiques qui se sont généralisés.

513. *Conclusion.* — Le frein Achard présente tous les avantages et tous les inconvénients qui accompagnent d'ordinaire les transmissions électriques.

Il est instantané, énergique dans la mesure voulue, présente des attelages exempts de toutes complications, mais il y a toujours à redouter qu'il ne soit capricieux et ne vienne faire défaut au moment le plus critique.

Le moyen de transmission est l'électricité. Quant le circuit est interrompu, chaque voiture emprunte à sa propre force vive le travail moteur nécessaire pour serrer son frein.

Il a été soumis à des essais prolongés sur les lignes de l'Est et du Nord, mais n'a jamais pu entrer définitivement dans le domaine de la pratique. C'est qu'en effet les appareils purement électriques tels que le frein Achard placent le fonctionnement entier du frein à la merci d'un raté de la commande électrique. C'est sans doute en grande partie à cet inconvénient qu'il faut attribuer l'insuccès de ce frein, à une époque où les Compagnies n'avaient pas de concurrent sérieux à lui offrir et auraient parfaitement pu l'adopter. Il faut néanmoins reconnaître que, à cette époque, l'électricité présentait beaucoup moins de sécurité dans les manœuvres qu'au-

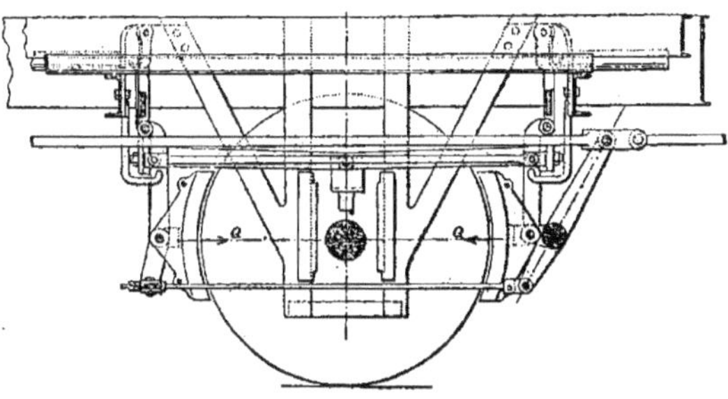

Fig. 887. — Freins d'essieux convergents des Chemins de fer Allemands. — Coupe longitudinale.

jourd'hui ; mais, en revanche, tout appareil nécessitant la suppression des freins pneumatiques actuels ou ne pouvant pas fonctionner simultanément avec eux, est voué jusqu'à nouvel ordre, à l'insuccès, étant donné les transformations et les dépenses considérables que cette modification entraînerait.

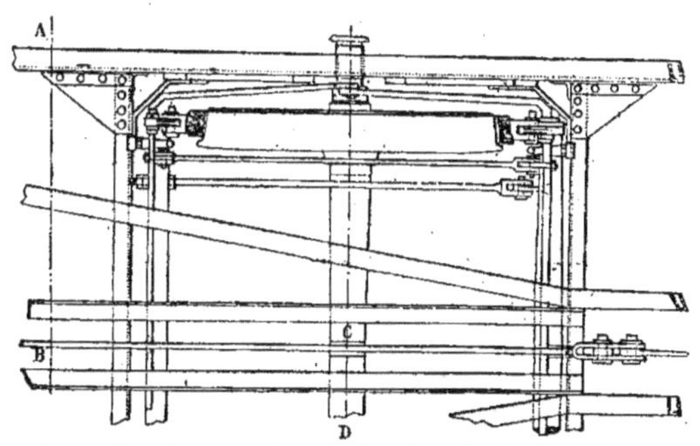

Fig. 888. — Freins d'essieux convergents des Chemins de fer Allemands. — Plan.

Freins pour essieux convergents de l'Union des chemins de fer Allemands.

514. Sur la proposition de la direction de Bromberg, l'Union décida, dans sa réunion tenue à Munich du 12 au 14 décembre 1887, que les freins des wagons à essieux convergents satisferaient aux conditions suivantes (*fig.* 887 à 894).

Sur chaque roue d'un essieu agissent deux sabots, un de chaque côté, dont la pression de serrage doit être rigoureusement la même.

La suspension du frein au châssis du véhicule est effectuée par l'intermédiaire d'un châssis mobile en deux parties qui est lui-même suspendu au châssis du wagon par quatre tiges pendulaires dont les plans d'oscillation sont inclinés à 45 degrés sur le plan longitudinal moyen du véhicule, et par suite perpendiculaire entre eux ; en outre, ce châssis est relié aux boîtes à graisse par deux tourillons fixés latéralement aux brides des ressorts ; de sorte que le déplacement transversal

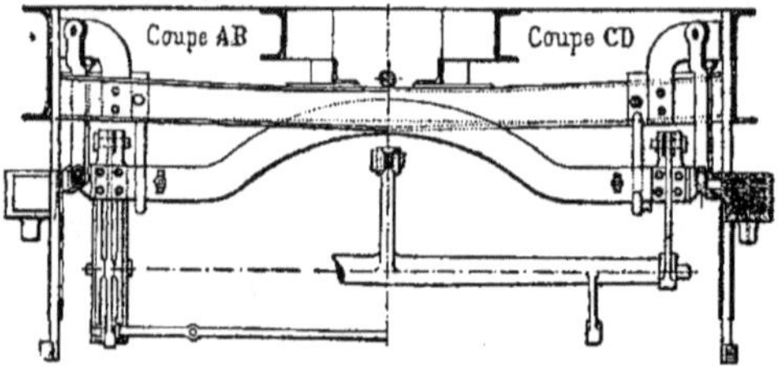

Fig. 889. — Freins d'essieux convergents des Chemins de fer Allemands. — Coupe transversale.

de l'essieu puisse en résulter, ces tourillons sont d'une seule pièce avec les brides (*fig.* 892 à 894).

La tringle principale de commande doit

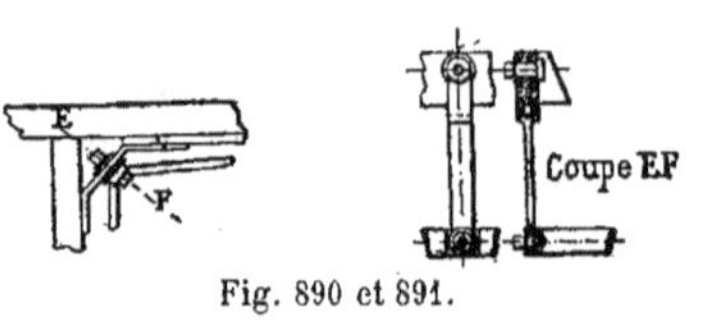

Fig. 890 et 891.

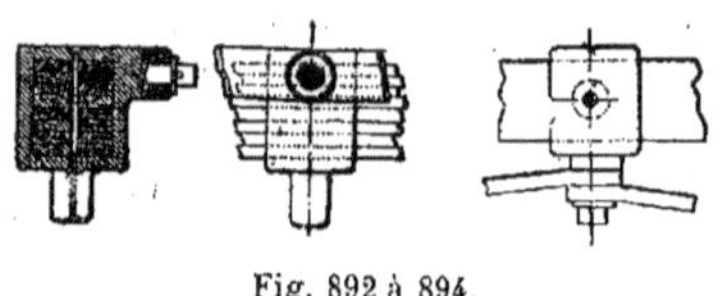

Fig. 892 à 894.

être dans le plan vertical de l'axe longitudinal du wagon, et donner aux tourillons des leviers de freins articulés sur elle, un jeu latéral suffisant pour permettre le déplacement du châssis intermédiaire.

Les sabots de frein des deux côtés de la roue doivent être suspendus et reliés l'un à l'autre, de telle sorte que, pendant le desserrage, ils ne puissent pas frotter entre la roue dans aucune position de l'essieu ; le moyen à employer à cet effet n'est pas prescrit.

LES FREINS EN AMÉRIQUE

515. Les voies américaines laissant toujours à désirer au point de vue de l'entretien, les Américains ont adopté dès l'origine des freins sur tous les tenders, toutes les voitures à voyageurs, et un grand nombre de wagons à marchandises. Il fallait en effet avoir à sa disposition des moyens puissants et nombreux de modérer et de détruire la vitesse des trains.

Les premiers freins furent des freins à mains et on en rencontre encore beaucoup aujourd'hui, surtout sur les wagons à marchandises. Les sabots sont généralement en fonte et s'appliquent aux roues, on rencontre également des freins à patins sur des lignes à fortes rampes.

La coutume de munir de freins chaque voiture à voyageur suscita, dès 1852, l'idée de les actionner tous d'un seul coup sous l'impulsion du mécanicien ; de là est née l'idée des freins continus. Les premiers n'étaient ni instantanés, ni automatiques, ni modérables ; on essaya d'obtenir ces qualités par différents moyens : emploi des ressorts Creamer, eau sous pression, électricité, air raréfié et comprimé.

Avec l'air raréfié on a les freins Smith, Eames Empire. Avec l'air comprimé, le frein Longhride et le frein Westinghouse, qui est certainement le plus employé dans le monde entier.

ÉCLAIRAGE DES TRAINS

Éclairage à l'huile.

516. L'éclairage à l'huile est le système le plus ancien, et, nous devons le dire, en même temps le plus imparfait qui ait été employé pour l'intérieur des voitures à voyageurs.

Chaque compartiment présente au plafond une ouverture (aujourd'hui on en voit quelquefois deux, surtout en première classe), dans laquelle est insérée une lanterne à fond inférieur vitré et arrondi, et un réservoir supérieur en couronne rempli d'huile de colza épurée à laquelle on ajoute 3 pour cent de pétrole afin d'abaisser le degré de congélation possible. Cette huile brule à l'extrémité d'une mèche plate suspendue au-dessous du réservoir.

L'emploi de l'huile de colza, de préférence à toutes les autres huiles végétales ou animales, peut être attribué autant à ce que le colza est cultivé couramment en France, qu'à sa supériorité relative sur ses concurrentes; on pourrait seule lui préférer l'huile de coco au point de vue de la durée de la combustion dans une lampe et de l'intensité de la lumière obtenue. Mais elle est difficile à employer surtout dans nos climats à cause de son point de solidification qui est de 19 degrés au-dessus de zéro.

Cela ressort clairement du tableau ci-dessous dressé, d'après les expériences de 1861 de l'Administration des Phares.

NOM DES HUILES	PROVENANCE	DURÉE de la COMBUSTION		INTENSITÉ moyenne pour UNE CONSOMMATION de 40 grammes et une durée de 8 heures DANS UNE LAMPE		PRIX DE 100 KILOGRAMMES en 1863	POIDS du cᵐ cube		TEMPÉRATURE APPROXIMATIVE		COEFFICIENT moyen de DILATATION de + 10° à 100° centigrades
		Dans une veilleuse	Dans une lampe à une mèche	à une mèche de 0ᵐ,021	à 2 mèches de 0ᵐ,030		à + 10° centigrades	à + 100° centigrades	de congélation	de liquéfaction	
		h.	h.	h.	h.		gr.	gr.			
Colza français	Nord de la France...	36	29	1.04	1.14	122	0.9174	0.8583	+ 3°,1	+ 5°,0	0.000778
De la corporation de Trinity-House.	Huile fabriquée en Angleterre	40	26	0.95	1.06	»	0.9223	0.8634	+ 4°,0	+ 4°,5	0.000764
Arachide	Sénégal	39	35	1.05	1.04	130	0.9199	0.8597	+ 2°,3	+ 10°,5	0.000784
Olive........	Port-Maurice ..	40	23	1.07	0.89	160	0.9186	0.8479	+ 4°,0	+ 7°,5	0.000935
Sperma ceti..	Pêche Amériq. du Nord.....	27	29	1.05	1.01	280	0.8844	0.8259	+ 5°,0	+ 8°,0	0.000793
Cameline....	Flandre Franç.	38	20	0.77	0.94	115	0.9240	0.8650	+ 1°,0	+ 7°,0	0.0007r4
Ravison	Mer Noire	28	23	0.80	0.84	115	0.9202	0.8604	+ 2°,0	+ 6°,0	0.000728
Lin	Bretagne	18	14	0.87	»	110	0.9254	0.8654	+ 2°,0	+ 7°,0	0.000779
Baleine......	Pêche Amériq. du Nord.....	15	18	0.86	1.05	110	0.9261	»	+ 5°,5	+ 7°,6	»
Sésame......	Syrie..........	14	26	0.73	0.85	130	0.9240	0.8636	+ 3°,0	+ 7°,0	0.000783
Coco........	Cochinchine ...	55	41	1.06	1.18	125	0.9343	0.8694	+ 19°,0	+ 24°,0	0.00098

A l'extérieur, cette sorte de lanterne est recouverte d'un capuchon mobile autour d'une charnière horizontale et faisant saillie de $0^m,25$ à $0^m,30$ sur la toiture du véhicule. Ce capuchon est percé d'une rangée circulaire de trous permettant l'accès de l'air nécessaire à la combustion, mais orienté vers le bas, afin de paralyser autant que possible l'action du vent sur la flamme.

Il est bon de ne pas augmenter la proportion de pétrole dans l'huile ; on augmenterait en effet en même temps la température de combustion, ce qui, avec ce

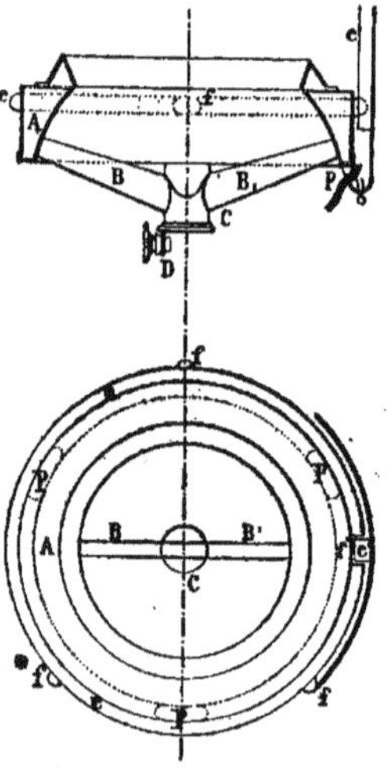

Fig. 895. — Lampe à bec plat. — Coupe et plan.

système, pourrait entraîner des accidents.

Ce procédé présente de nombreux inconvénients : la lumière produite est insuffisante et fort irrégulière ; l'éclairage admissible au départ pour les voisins directs de la lampe, diminue d'intensité à cause de l'abaissement du niveau de l'huile et de la carbonisation de la mèche. Au bout de peu de temps, ce n'est plus qu'une simple veilleuse que tous les voyageurs de chemin de fer ont expérimentée pour leur plus grand mécontentement.

Le réservoir supérieur laisse constamment écouler de l'huile qui s'accumule dans la coupe inférieure, nuit même à la clarté, et peut être projetée au dehors sous l'in-

fluence des trépidations du train. Enfin, le capuchon extérieur n'est pas toujours hermétiquement ajusté et laisse pénétrer la pluie dans la voiture.

Un premier perfectionnement a été apporté à ce système rudimentaire par quelques lignes du Nord de l'Allemagne, qui ont employé des becs à double courant d'air avec cheminée de verre.

Les Compagnies françaises se sont ensuite appliquées les unes après les autres à perfectionner ce type, et nous allons en examiner quelques échantillons.

Lampe à bec plat à niveau constant du chemin de fer du Nord.

517. Cet appareil comprend la lampe proprement dite, c'est-à-dire :

1° Le réservoir du bec avec ses conducteurs, et une coupe inférieure en cristal ;

2° Un réflecteur et sa grille ;

3° Une lanterne extérieure.

Lampe. — Cette lampe présente un réservoir A en fer-blanc à la partie supérieure et dont la forme est celle d'un tore engendré par un trapèze évidé tournant autour d'un axe vertical passant par le centre de la flamme (*fig.* 895). Son diamètre extérieur est $0^m,210$ sur $0^m,043$ de hauteur ; sa surface intérieure en cuivre plaqué est concave et constitue en partie les réflecteurs de la lampe. En coupe transversale, le réflecteur, a la forme d'un arc de cercle de $0^m,105$ de rayon ayant son centre au-dessous de la flamme en d (*fig.* 896). Le réservoir lui-même a, comme nous venons de le dire, une section trapézoïdale, mais dont le petit côté, situé vers le bas, est presque nul, ce qui réduit sensiblement cette forme à celle d'un triangle rectangle ; les variations du niveau de l'huile sont donc peu sensibles, quoique elle soit en faible quantité.

D'ailleurs, l'huile s'échauffant au fur et à mesure de la combustion se dilate et s'élève plus facilement à mesure que son niveau avance dans la partie étranglée du réservoir, à cause de l'action de la capillarité ; on a donc besoin d'une pression un peu moindre pour assurer l'arrivée sur la mèche de la même quantité d'huile.

L'huile est amenée du réservoir en couronne, à un petit récipient central C (*fig.* 895), au moyen de deux conduites obliques BB′ dont le diamètre va en croissant à mesure qu'il se rapproche de la flamme. Mais ces deux canaux ne débouchent pas au même point : l'un aboutit au-dessus, l'autre au-dessous d'une petite cloison horizontale placée à l'intérieur du récipient C ; la chambre inférieure à cette

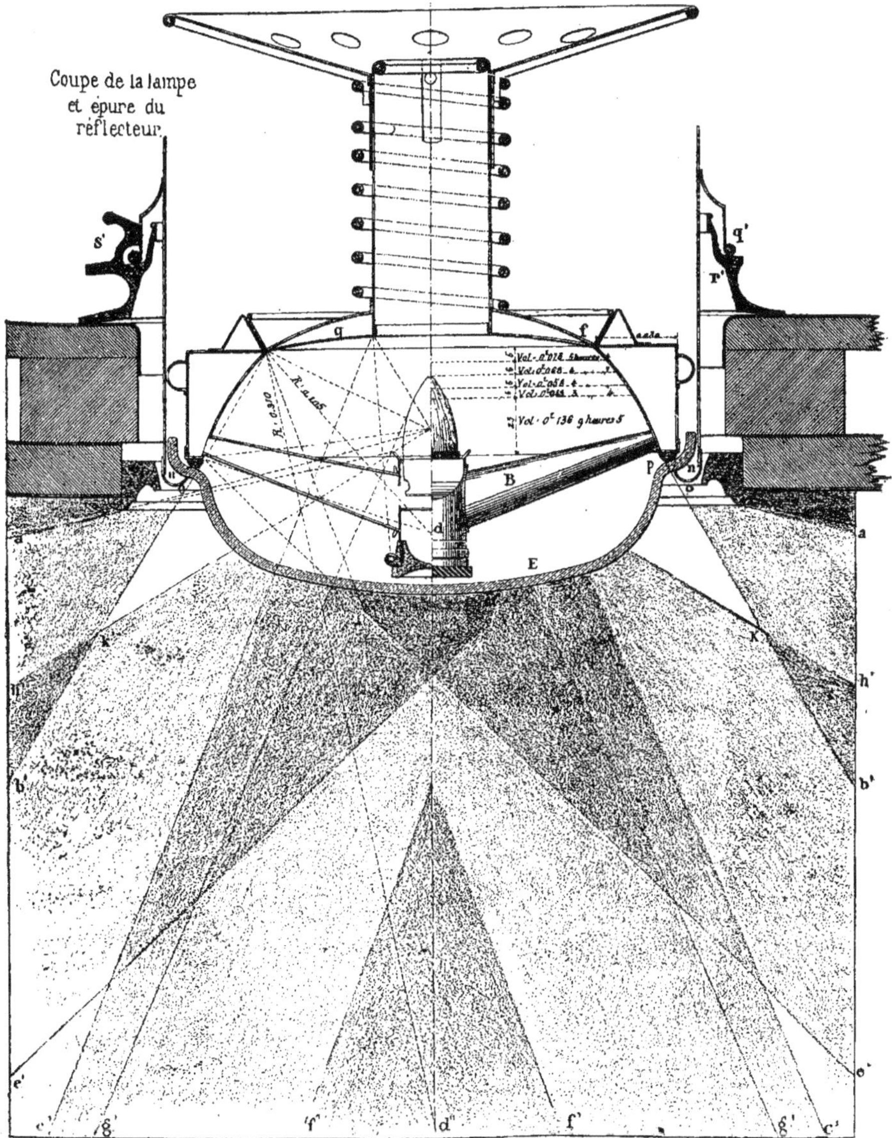

Fig. 896. — Lampe à bec plat de la Compagnie du Nord.

cloison sert d'entonnoir de remplissage ; celle du dessus présente, au contraire, la forme d'une cavité qui épouse exactement le contour du porte-mèche (*fig.* 897). Le remplissage du godet inférieur, et par suite de la lampe, se fait en dévissant un bouchon D placé sous le godet après avoir renversé la lampe. L'huile pénètre alors dans le réservoir par le bras B pendant que l'air s'échappe par l'autre bras B' et le porte-mèche ; grâce à l'inclinaison de ces conduits, le réservoir est complètement

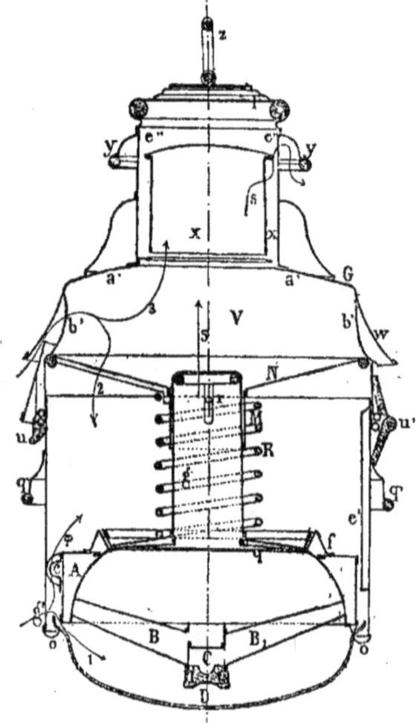

Fig. 897. — Lampe à bec plat et sa lanterne.
Coupe.

rempli et l'on continue à verser jusqu'à ce que l'huile déborde par le porte-mèche, ce qui indique l'évacuation complète de l'air. On revisse alors le bouchon D qui ferme le godet inférieur et l'on retourne la lampe pour la placer dans sa lanterne. L'huile ne peut s'échapper puisqu'à l'intérieur elle ne supporte qu'une pression due à une hauteur de 0^m,038 de ce liquide renfermé dans le réservoir, tandis qu'à l'extérieur elle est à la pression atmosphérique.

Ce remplissage se fait maintenant le plus souvent au moyen d'une pompe spéciale que nous verrons plus bas.

Avant de mettre la lampe en place dans la lanterne, on y fixe la coupe inférieure en verre qui doit garantir le compartiment des chutes d'huile. La lampe porte trois tétons *f* en contact avec la paroi intérieure de la lanterne et qui empêchent les oscillations dans le sens transversal ; le diamètre de couronne saillante *e* de la lampe étant un peu plus faible que celui de son enveloppe afin de permettre la libre circulation de l'air dans l'intervalle. En outre, un tasseau vertical *e'*, fixé à la paroi intérieure de la lanterne, s'engage dans une échancrure *f'* ménagée dans la couronne *e* de la lampe, ce qui prévient tous les mouvements de rotation pouvant se produire sous l'effet des trépidations du véhicule.

La coupe inférieure en cristal présente une hauteur totale de 0^m,058 ; sa forme est à peu près celle d'une portion d'ellipsoïde de révolution présentant un rebord horizontal *n* au moyen duquel elle repose sur les bords arrondis de la lanterne et sur lequel la lampe prend un point d'appui par l'intermédiaire de trois tétons *p* de 5 millimètres de hauteur. On laisse de la sorte un certain jeu entre le réservoir circulaire et la coupe et l'on permet par suite le passage de l'air destiné à alimenter la flamme.

En résumé, la lampe et la coupe inférieure reposent librement, la première sur les rebords de la seconde, et celle-ci sur les bords de la lanterne, ce qui rend très facile l'introduction des pièces dans la lanterne et leur sortie. Une fois ces pièces en place et la lanterne fermée, la fixité de l'ensemble dans le sens vertical est assurée par le réflecteur et sa grille.

Les dimensions et données de cette lampe sont les suivantes :

Volume du réservoir..	391 cent. cubes
Poids d'huile renfermée..................	350 grammes
Consommation d'huile à l'heure...............	13 grammes
Durée de l'éclairage possible...............	27 heures
Durée maximum de l'éclairage pratique.....	16 heures

Consommation corres-
pondante d'huile....... 208 grammes

Volume d'huile con-
sommée.............. 227 cent. cubes

Reliquat ordinaire le
matin................ 149 grammes

Hauteur d'huile après
extinction............ 25 millimètres

Ce dernier chiffre est calculé de manière que la pression sous laquelle s'écoule l'huile, vers la fin de la nuit, soit encore suffisante. On peut d'ailleurs se rendre compte de l'influence de la forme du réservoir sur les variations du niveau de l'huile, selon la durée de la combustion, en consultant la figure 896, dans laquelle la section du réservoir est divisée en zones de 5 millimètres d'épaisseur; en face de chaque zone est inscrit le volume d'huile qu'elle renferme, ainsi que le temps nécessaire à la combustion de cette huile.

On voit ainsi, qu'après 5 h, 4 d'allumage, le niveau d'huile n'est descendu que de 5 millimètres sur 38 millimètres de hauteur totale, soit 13 0/0. Au bout de 17 heures, la pression au bec est encore représentée par une hauteur d'huile de 23 millimètres, c'est-à-dire plus de la moitié de la pression dont on disposait au moment de l'allumage.

Réflecteur à grille. — Ce réflecteur q (*fig.* 898), qui complète celui qui était déjà formé par le réservoir en couronne, est sphérique. Il est appliqué sur une calotte en tôle qui dépend de la cheminée et repose sur le fond supérieur de la lampe, muni à cet effet sur son pourtour d'un rebord triangulaire de 18 millimètres de hauteur dont la surface interne, légèrement concave, sert d'appui à une couronne conique fixée à la circonférence de la calotte.

Le centre de ce réflecteur est bien au-dessous de la flamme, en d', les rayons réfléchis sont donc très divergents et complètent ceux qui sont réfléchis par la lampe elle-même.

Au-dessus du réflecteur précédent se trouve une cheminée g (*fig.* 898) par laquelle s'échappent les produits de la combustion. Elle est munie à sa partie supérieure de deux rainures verticales v dans chacune desquelles pénètre un petit

bouton faisant partie du manchon m, à entonnoir n, qui entoure la cheminée sur une partie de sa hauteur.

Grâce à cette disposition, le manchon peut se déplacer dans le sens vertical sur la cheminée et sa course est égale à la hauteur des rainures, c'est-à-dire à $0^m,020$.

Un ressort r qui entoure la cheminée tend à pousser ce manchon n contre le chapiteau de la lanterne, en prenant son point d'appui sur la calotte, c'est-à-dire sur la lampe elle-même. Il est percé de trous qui permettent le passage de l'air.

L'entonnoir conique n, ou *grille*, dont la grande base est tournée vers la partie supérieure, s'appuie contre le chapiteau de la lanterne, sa hauteur est de $0^m,020$, comme celle des rainures r. Quand on

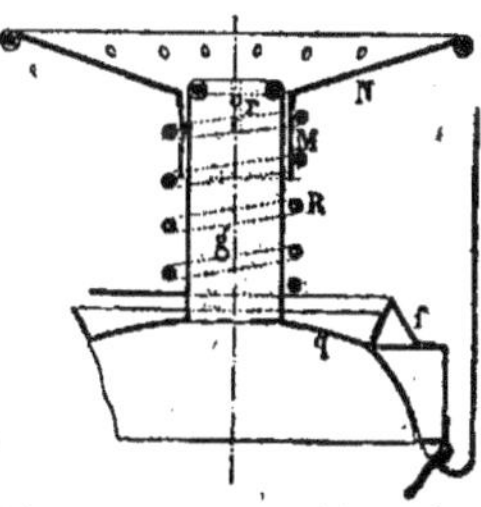

Fig. 898. — Lampe à bec plat.
Coupe du réflecteur de la cheminée et de la grille.

ferme la lanterne, ce manchon descend de $0^m,020$ sur la cheminée, le ressort est serré et produit, sur la calotte du réflecteur, une pression suffisante pour établir une solidarité complète entre la lampe et sa calotte, et pour empêcher aucune de ces pièces de se déplacer.

Diamètre intérieur du réflecteur
sphérique q................. $0^m,310$

Hauteur du rebord triangulaire f $0^m,018$

Diamètre de la cheminée..... $0^m,050$

Hauteur des rainures r....... $0^m,020$

Course du manchon M...... $0^m,020$

Hauteur de la grille N....... $0^m,020$

Lanterne. — La lanterne comprend un cylindre en tôle étamée de $0^m,070$ de haut qui pénètre par l'ouverture ménagée dans la toiture du véhicule, et d'un chapiteau en cuivre rouge de $0^m,200$ de haut qui reste en dehors.

La partie cylindrique est terminée à la partie inférieure par une couronne recourbée en laiton O (*fig.* 897) servant d'appui à la coupe en cristal. Elle est en outre percée de 26 trous g' de $0^m,004$ de diamètre permettant l'entrée de l'air nécessaire à la combustion et contribuant en même temps à la ventilation du compartiment.

Au-dessus de la précédente, une couronne g' en cuivre rouge laisse autour de la lanterne un évidement circulaire de $0^m,02$ de hauteur venant s'emboîter sur une corniche r' fixée au pavillon de la voiture (*fig.* 896).

La position de la lanterne sur la voiture est assurée par trois échancrures pratiquées en trois points de la couronne et dans lesquelles se logent des languettes S faisant corps avec la corniche. La fermeture est à baïonnette.

La lanterne est recouvert d'un chapiteau en cuivre rouge G à charnière u' ; la fermeture se fait au moyen d'un loquet à ressort en acier u fixé contre le chapiteau et garanti par un nez. La surface de ce chapiteau est formée de plusieurs redans successifs, le premier d'entre eux servant à recevoir le cône de la grille du réflecteur ; il est fixé en place d'un côté au moyen d'un arrêt et, de l'autre, par un loquet à ressort.

Quand on ouvre la lanterne, le réflecteur se rabat avec le chapiteau et laisse la lampe à découvert, ce qui permet facilement l'allumage, l'extinction, le changement de la mèche sans sortir la lampe, enfin le démontage et le nettoyage facile de toutes les parties mobiles et l'enlèvement de la lampe entière pour la remplir ou procéder au nettoyage de la coupe.

Le chapiteau renferme une calotte intérieure a' qui le divise en deux compartiments, l'un V inférieur sert de chambre d'appel pour l'air, et l'autre X supérieur sert de fumivore, grâce à sept soupiraux w débouchant latéralement au-dessous de cette calotte. Chacune des ouvertures b' est ainsi garantie par un volet incliné ne laissant ouverte que la partie inférieure. Dans la chambre supérieure se trouve une cloison cylindrique X percée de trois rangées de trous. L'espace annulaire qui entoure cette cloison est également, à la partie supérieure, mis en communication avec le dehors par une rangée de trous e'', garantie de l'action directe du vent par un rebord g.

Le chapiteau se termine par un chapeau l' et une poignée en fer rond permettant le transport et le maniement de la lanterne.

Mouvements de l'air. — D'après ce qui précède, on se rend compte qu'il se produit dans la lanterne cinq courants distincts (*fig.* 897).

La flèche 1 représente la direction suivie par l'air qui est destiné à alimenter la flamme en arrivant par les ouvertures g' ; la flèche 5 correspond à l'évacuation au dehors des produits de la combustion.

Pendant la marche, il se forme un vide derrière la calotte ; il en résulte un tirage assez énergique dans le sens de la flèche 5, et une arrivée d'air plus active par les ouvertures g'. Si cette influence n'était pas contre-balancée, la flamme, blanche d'abord, se raccourcirait, et la mèche se carboniserait.

Les trous b' ont été percés pour obvier à cet inconvénient ; en effet, l'air qui pénètre par ces trous pendant la marche suit la direction de la flèche 3, rejoint les produits de la combustion, et diminue l'action du tirage sur la flamme 4.

En outre, l'air qui arrive en b' détermine un vide dans la chambre D, ce qui fait qu'une partie de l'air qui pénètre par les ouvertures g suit la direction de la flèche 4.

On voit donc que plus le tirage dû à l'influence de la vitesse du train en marche est énergique, plus il entre d'air par les trous b', et il s'établit par conséquent un certain équilibre entre les quantités d'air introduites par les deux accès d'ouverture.

Si l'on vient à supprimer les trous b' ou même à intercepter la communication existant entre le dessus et le dessous de la grille, la flamme prend une allure très irrégulière et la mèche commence à se carboniser.

Indépendamment de la régularité qui est ainsi assurée par l'existence de ces trous, on obtient aussi une température moins élevée dans la cheminée et dans la grille, qui s'échauffe au contraire rapidement dès que l'on supprime ces orifices.

Ces orifices jouent également un rôle assez important quand on ouvre ou ferme les portières des compartiments.

Au moment d'une ouverture, l'air contenu dans la lanterne tend à sortir par les trous g', ce qui détermine un appel d'air frais par les trous b', tandis que l'air contenu sous le réflecteur ne subit aucun déplacement sensible ; et même, comme il se produit une perte de charge au passage dans les trous g', une partie de l'air arrivant de b' reflue vers la flamme suivant la direction de la flèche 2, et continue à l'alimenter. Quant aux produits de la combustion, ils continuent à s'écouler régulièrement.

Si l'on ferme en effet les trous b' et que l'on vienne à ouvrir brusquement une portière, la flamme s'abat et la grille se recouvre d'une couche de noir de fumée, tandis que, si les ouvertures b' restent libres, la flamme ne subit aucun mouvement et la grille reste propre.

Si l'on vient à fermer la portière, l'air est refoulé dans la lanterne par les ouvertures g' ; et, comme il trouve un passage très large, l'excès d'air, au lieu de se diriger vers la flamme, monte dans la chambre D suivant la flèche 4, et sort par les ouvertures b', ou rejoint les produits de la combustion. Si, en effet, on bouche les ouvertures de la grille et que l'on ferme la portière, la flamme éprouve un soubresaut et devient fumeuse sous l'action de l'air froid.

En résumé et dans une certaine mesure, plus on ouvre d'orifices en g' et b', moins la flamme ressent l'influence de l'ouverture brusque des portières ou des fenêtres du compartiment, et moins elle subit de fluctuations lorsque le train se met en marche ou qu'il s'arrête. On évite ainsi la carbonisation de la mèche ; mais le tirage est moins actif et la flamme moins blanche (M. Ratuld *Revue générale des chemins de fer*, 1889).

518. *Remplissage à la pompe.* — Le remplissage de lampes se fait aujourd'hui presque partout à l'aide d'une pompe spéciale.

Le type employé au chemin de fer du Nord (*fig.* 899) se compose d'un vase C en fer-blanc dans lequel on verse l'huile,

et qui est fermé à sa partie inférieure par une partie d. Il renferme à l'intérieur un corps de pompe A dans lequel l'huile peut pénétrer par une couronne de trous e et par la soupape b. A l'intérieur de ce corps de pompe peut se mouvoir un piston creux B, à double garniture de cuir embouti cc' qui prend son point d'appui sur un ressort R, et se trouve fermé à la partie inférieure par une soupape à boulet a. Son extrémité supérieure se termine par une embouchure m épousant exactement la forme du bec plat de la lampe ou qui s'ouvrirait par un chapeau spécial ou un tube qui termine la bouteille de la lampe à bec rond que nous donnons plus loin. Dans ce dernier cas, ce

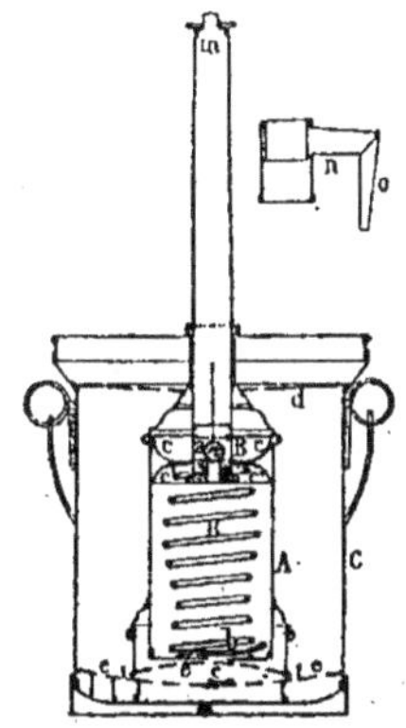

Fig. 899. — Pompe de remplissage. — Coupe.

chapeau se termine par un bec O plus étroit que le tube afin de laisser passer l'air.

Pour effectuer le remplissage on renverse le réservoir de la lampe et on l'applique sur cette embouchure, puis on fait descendre à la main le piston B dans le corps de pompe A : la soupape b se ferme, et l'huile contenue dans le corps de pompe, étant comprimée par le piston B, s'élève dans l'intérieur du piston et remplit la lampe ; sitôt qu'elle commence à dégorger du récipient par l'orifice que l'on y a ménagé pour la sortie de l'air, on cesse de presser sur le piston et on le remonte ; la soupape a se ferme, mais le vide se produisant dans le corps de pompe par suite de l'ascension du piston, la soupape b s'ouvre et l'huile rentre du seau dans le corps de pompe.

Cette opération se fait très rapidement, et au besoin de la voiture elle-même, en outre l'huile venue chasse du récipient l'huile épaisse qui peut y rester et celle-ci retombe dans le seau.

On a même apporté à la forme du bec plat un petit perfectionnement destiné à éviter que ces égouttoirs ne coulent le long des conducteurs, et ne retombent sur le réflecteur fixé au réservoir de la lampe ; à cet effet la sortie de l'air se fait non pas par le bouchon à vis, qui ferme la partie en présence du godet, mais par un petit tube de trop-plein qui débouche aussi près que possible du bec et garantit par conséquent le réflecteur. Comme dans ce cas le bouchon à vis est supprimé, une ouverture spéciale ménagée à la partie supérieure du réservoir de la lampe permet de la vider lorsqu'on veut la nettoyer. On se rend compte que cette disposition a l'avantage de nécessiter une coupe un peu moins profonde.

519. *Résultats.* — La lampe à mèche plate présente un certain nombre d'inconvénients :

1° D'abord, l'intensité lumineuse du bec est assez faible ; l'éclairage du bec a une valeur d'un quart de carcel dans le sens de la plus grande dimension de la mèche et de $0^{\text{cel}},21$ dans le sens de la plus petite ; la moyenne est un peu inférieure à $0^{\text{cel}},23$, et cette quantité de lumière est insuffisante pour éclairer complètement un compartiment de voiture ;

2° L'utilisation du combustible est médiocre dans ces becs plats, parce que l'air n'arrive pas en quantité suffisante à la partie centrale de la mèche ; on n'obtient qu'une flamme relativement rougeâtre. On consomme 13 grammes d'huile par heure; il y a lieu d'ajouter à cette dépense celle qui résulte des pertes d'huile dégorgée sous forme d'égouttoirs et qui peut être évaluée au minimum $1^{\text{gr}},5$ par heure d'allumage, en tenant compte de ce que les égouttoirs se manifestent également pendant le jour. La consommation horaire est donc en réalité de $14^{\text{gr}},5$, il en résulte que la dépense par carcel et par heure serait de $63^{\text{gr}},5$;

3° Le foyer est trop élevé : l'action de la lumière directe dans toutes les parties du compartiment ne se fait par conséquent sentir que dans un espace très limité compris entre les génératrices ah' (*fig.* 896), dans le sens de la longueur de la mèche ; ce qui représente, en moyenne, un angle très faible. Il en résulte qu'une notable partie de la lumière se trouve refléchie, c'est-à-dire moins utilisable pour l'éclairage.

4° La figure 896 montre une épure dans laquelle on a teinté successivement toutes les parties situées en dehors du cône de la lumière émise :

1° Par le centre de la flamme ;
2° Par le corps de la flamme ;
3° Par le réflecteur du réservoir ;
4° Par le réflecteur de la calotte.

Il en résulte que les parties les moins teintées sont celles qui sont soumises à plusieurs de ces cônes et que les plus foncées sont celles situées à l'extérieur de plusieurs cônes, ou ne recevant même aucun rayon lumineux. On peut donc assimiler l'effet produit par ces teintes sur la figure à l'éclairement réel des diverses zones du compartiment.

Or, comme le montre cette figure, l'action des réflecteurs fixés au réservoir et à la calotte ne se fait sentir qu'isolément et ne vient s'ajouter que partiellement à l'action directe de la flamme comprise dans l'anneau $a'h'$. Ainsi la calotte réfléchit des rayons dans l'intérieur de l'anneau conique engendré par les génératrices $b'\ c'$ et le réflecteur du réservoir dans l'anneau $e'j'$. Il en résulte que les trois actions ne se trouvent nulle part superposées ; que la zone d'intensité maxima se termine à peu près en R', c'est-à-dire à une très faible distance de la lampe, que l'action des réflecteurs ne se fait guère sentir qu'au centre de la voiture, en laissant toutefois dans l'ombre le cône ff' et dans la pénombre le cône gg', qui sont au-dessous du godet, ou ne reçoivent que des rayons directs peu intenses provenant de la zone obscure de la flamme; qu'enfin il y a un brusque changement dans la direction des rayons réfléchis au point de contact entre les surfaces des deux réflecteurs.

5° L'huile dégorge souvent du bec, surtout pendant les chaleurs de l'été, par suite de sa dilatation, et elle tombe dans la coupe où elle séjourne, au préjudice de l'éclairage.

6° La mèche se carbonise rapidement, et, en règle générale, on est obligé de la changer toutes les deux heures.

D'un autre côté, elle présente quelques avantages. Elle est d'une construction simple et économique. Voici, en effet, les prix de ses différentes pièces.

Lampe proprement dite.	8^f,50
Réflecteur avec sa grille	2 ,90
Coupe en cristal	2 ,03
Lanterne	23 ,00
Total	36^f,43

Elle n'exige pas de soins particuliers; il suffit de la vider de temps à autre, pour ne pas laisser séjourner trop longtemps la même huile dans le réservoir où elle rancirait.

La mise en place est commode et se fait d'un seul mouvement de main; la coupe et le réflecteur se mettent sur la voiture elle-même avec la plus grande facilité, et sans être obligé de les démonter pour les porter à la lampisterie.

La mèche n'a que 0^m,025 de longueur. On ne peut la remonter ni la moucher, mais elle s'enlève et se remplace très facilement en même temps que le porte-mèche.

On aide à son introduction en lui donnant une certaine rigidité supplémentaire au moyen d'un peu de suif.

On facilite l'allumage en l'humectant légèrement d'un peu d'alcool, de pétrole ou d'essence, avec une sorte de pinceau qu'on enflamme de suite pour allumer la mèche. Cette opération peut se faire très rapidement sur le toit même de la voiture, chaque lampiste étant muni d'une lanterne d'allumage à laquelle est fixé latéralement un petit réservoir d'essence.

Emplacement des lampes dans les voitures.

520. Les lampes sont généralement placées au plafond des voitures; cet emplacement, qui présente quelques inconvénients, a été dicté par les raisons suivantes:

1° La manipulation des lampes doit s'effectuer de l'extérieur afin de ne pas déranger les voyageurs; dans ces conditions, on n'a le choix qu'entre la toiture et les parois latérales;

2° La lanterne étant au plafond du compartiment, la répartition de la lumière ne peut être égale qu'autant que la lampe est au centre, place nécessairement indiquée;

3° La lampe étant au-dessus des têtes des voyageurs, le réflecteur destiné à réfléchir la lumière qui se répandrait inutilement au-dessus des compartiments si la lampe n'occupait pas cette position, ne blesse pas les yeux des voyageurs, et, par conséquent, on n'est pas obligé de dépolir le verre de lampe.

Néanmoins, il est bon de remarquer que cet emplacement présente un sérieux inconvénient : le lampiste est en effet obligé de monter sur la voiture pour préparer, changer ou éteindre les becs. Cette obligation est gênante pendant l'hiver, où le givre rend la toiture glissante, précisément à une époque où la durée de l'allumage est plus grande et où, par suite, la visite des lampes est plus fréquente.

Aussi voit-on certaines Compagnies exploitant des réseaux dans des pays où la période d'hiver est longue, ou bien dont le matériel offre des dispositions spéciales, rechercher un autre emplacement pour les lampes de voitures.

Te est le cas, par exemple, des chemins de fer suédois, qui placent les lampes sur le côté ou dans l'encoignure de la voiture. Dans ce système, où la lampe est en partie sur la glace, on obstrue pendant le jour un peu de lumière et l'on prive les voyageurs de la vue du paysage.

Sur les chemins de fer de Ceinture de Paris et sur la ligne de Vincennes, une partie du matériel est à deux étages fermés type Vidard; on n'a donc pu placer la lampe sur la toiture, car le lampiste eût été obligé de pénétrer au second étage pour nettoyer, allumer, ou éteindre les becs. On a placé les lampes dans l'épaisseur des parois latérales des compartiments, un peu au-dessus de la tête des voyageurs.

Nombre de lampes par voiture.

521. Le plus souvent on ne met qu'une seule lampe par compartiment de première classe, et une même lampe éclaire deux compartiments de seconde. Cependant les Compagnies d'Orléans et du Midi ont les premières donné l'exemple de l'emploi de deux lampes par compartiment de première classe et d'une lampe spéciale à chaque compartiment de deuxième classe. Dans le premier cas, ces lampes sont placées sous le pavillon, dans le sens de la longueur, à une distance de la portière égale au quart de la largeur du véhicule. Ces dispositions ont depuis été fréquemment imitées.

Sur la ligne de l'Etat saxon, la lampe unique placée à cheval sur la cloison séparative de deux compartiments de seconde classe, est surmontée de deux réflecteurs inclinés qui renvoient la lumière dans le compartiment. D'ailleurs, dans ces lampes, le réservoir est au-dessous de la mèche et la crémaillère est dirigée obliquement par rapport aux miroirs réflecteurs.

Dans les voitures de troisième classe où les cloisons de séparation ne montent généralement pas jusqu'à la hauteur du plafond, on se contente de placer au pavillon deux ou trois lampes qui éclairent toute la voiture.

Lampe de la Compagnie de l'Ouest.

522. A la Compagnie de l'Ouest on fait usage d'une lampe à niveau constant (*fig.* 900), dans laquelle le réservoir de l'huile se compose de deux parties, la bouteille B et le réservoir R. Les deux conducteurs servent à alimenter le bec, ce qui a permis de placer le niveau de ce dernier plus haut que dans le type Nord, par suite de la suppression du godet inférieur.

Le réflecteur est formé de deux surfaces coniques N, N', disposées de manière à donner des rayons convergents ; ce réflecteur est pressé contre le réservoir R par un ressort M, qui entoure le manchon de la cheminée et qui prend son point d'appui contre une couronne *a* fixe de cette dernière.

Cette cheminée est, en outre, entourée d'un deuxième manchon C pressé par un

ressort L prenant son point d'appui contre la face inférieure de la même couronne *a*, cela pour assurer la position de la bouteille B.

Il y a lieu de remarquer qu'il n'existe aucune communication entre les produits de la combustion et l'air extérieur qui arrive par les ouvertures *o*, grâce au manchon M qui se termine par une surface biconvexe s'appuyant sur le chapiteau. Le système n'est d'ailleurs pas fixé à ce dernier, de manière qu'en ouvrant la lanterne, la cheminée et le réflecteur doivent être retirés

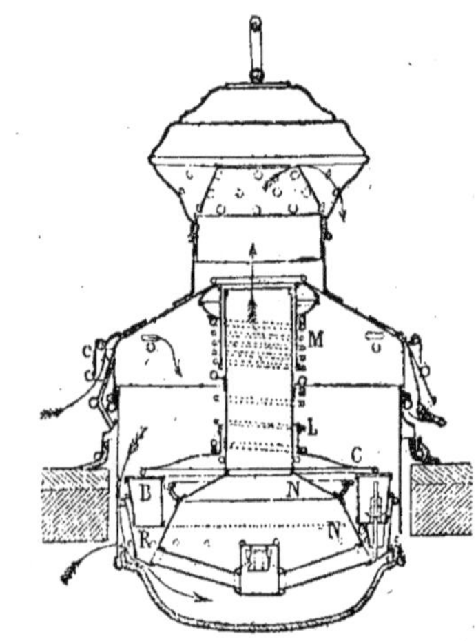

Fig. 900. — Lampe à bec plat de la Compagnie Ouest. — Coupe.

à la main. Les six ouvertures *o* sont en outre garanties à l'extérieur par une même couronne C ; quant à l'intérieur, la lampe n'est pas guidée dans la lanterne et ne porte aucun bouton pouvant lui donner la stabilité.

Le remplissage de la lampe a lieu en renversant la bouteille et en versant l'huile par le tube *e*, après l'avoir placé sous un réservoir d'huile.

Lampes des Compagnies d'Orléans, de Lyon et du Midi.

523. Le type adopté par la Compagnie d'Orléans et ensuite par celles de Paris-

Lyon-Méditerranée et du Midi, est à niveau mort comme celle du Nord (*fig.* 901).

L'huile arrive au bec par un seul conducteur B muni d'un robinet latéral *f* dont la clef en se fermant joue le rôle d'éteignoir : cette clef a pour but d'empêcher l'huile de dégorger le jour lorsque, dans le même trajet, on passe d'un climat tempéré dans un climat beaucoup plus chaud. On laisse cette clef constamment ouverte en hiver, de manière à retarder la congélation de la petite quantité d'huile qui resterait dans le godet.

Le remplissage se fait par un trou O disposé à la partie supérieure du réservoir et fermé par un bouchon à vis *b* ; l'huile est envoyée par une pompe aspirante et foulante dont l'ajutage pénètre dans ce trou ; cet ajutage est entouré d'un petit manchon muni d'une tubulure débouchant à l'intérieur, manchon plus court que l'ajutage et qui ne descend pas plus bas que le bord de l'ouverture de la lampe ; il en résulte que, à mesure que l'huile arrive par l'ajutage, l'air s'échappe par le manchon

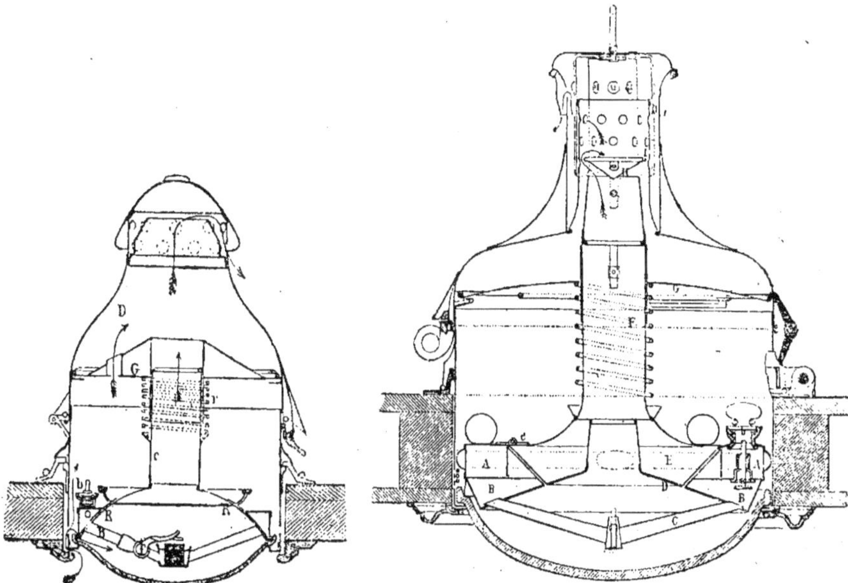

Fig. 901. — Lampe à bec plat de la Compagnie
Orléans. — Coupe.

Fig. 902. — Lampe à bec plat de la Compagnie
Est. — Coupe.

et la tubulure, jusqu'à ce que l'huile emplisse exactement le réservoir. Pendant tout ce temps, on maintient le robinet-éteignoir, de manière à empêcher l'huile de s'écouler par le bas.

Le réflecteur R est composé de deux pièces en forme de paraboloïde de révolution, de sorte qu'il réfléchit verticalement les rayons. Il est maintenu par un ressort *r* prenant son point d'appui d'une part sur la cheminée C et d'autre part sur la grille *c* qui a la forme d'un tronc de cône creux monté sur le chapiteau D au moyen d'un mouve-

ment de baïonnette ; il en résulte qu'en ouvrant la lanterne la lampe est à découvert. Il n'y a aucune ouverture dans le chapiteau.

Lampe de la Compagnie de l'Est.

524. L'ancien type de lampe de la Compagnie de l'Est ressemble à la lampe du Nord, excepté qu'elle est à niveau constant. La nouvelle lampe, exposée en 1878, présente un diamètre plus grand et a nécessité l'élargissement des ouvertures pratiquées dans les toitures des véhicules de la Compagnie.

Cette lampe est encore à niveau mort (*fig.* 902). Le bec plat, muni d'un porte-mèche et d'une mèche suiffée, a une largeur de 32 millimètres.

La bouteille est divisée en deux parties AB par une cloison horizontale, de manière à obtenir l'arrivée de l'huile au bec sous pression. Pour cela, la cloison porte une soupape à ressort *a* située au-dessous de l'ouverture par laquelle on verse l'huile, et qui est fermée par un bouchon à vis *b*. Pour remplir la lampe, on retire le bouchon *b*; la soupape *a* est alors poussée sur son siège et intercepte toute communication entre les deux parties de la bouteille. Lorsqu'on visse le bouchon, il appuie sur la tige de la soupape qui s'ouvre, et l'huile peut pénétrer jusqu'au bec par le conducteur C.

Le réflecteur D est composé d'une seule pièce et a une forme très aplatie qui fait diverger les rayons réfléchis de manière à éclairer toutes les parties du compartiment. Il est surmonté d'une chambre creuse E munie d'une cheminée *e* et sur laquelle s'appuie la cheminée F avec la grille C; la disposition de manchon et de ressort employée pour donner de la fixité à la lampe dans le sens vertical est la même que partout.

L'air nécessaire à la combustion arrive par trois ouvertures *o*, ménagées au bas du corps de la lanterne; les produits de la combustion s'échappent à la partie supérieure, en suivant le chemin indiqué par les flèches.

Lorsqu'on ouvre la portière du compartiment l'air extérieur froid se précipite par les ouvertures *u* et peut éteindre la lampe; pour éviter cet inconvénient, on a disposé, au haut de la cheminée, un fumivore H qui, échauffé par les produits de la combustion, communique une partie de sa chaleur à l'air arrivant du dehors. Ce fumivore a en outre l'avantage de condenser la suie et d'empêcher l'obstruction des trous de la calotte supérieure Z, qui fait corps avec le

chapiteau J et serait. par suite, difficile à visiter.

Le réservoir peut contenir 640 grammes d'huile, ce qui, avec une consommation de 16 grammes à l'heure, correspond à une durée d'éclairage de quarante heures.

Lampes à bec plat de la Société I. R. P. des chemins de fer de l'Etat autrichien.

525. A l'Etranger, le type le plus intéressant de lampe à bec plat est celui de la Société I. R. P. des chemins de fer de l'Etat. La partie caractéristique est le godet (*fig.* 903 et 904).

Les embouchures des deux tubes adduc-

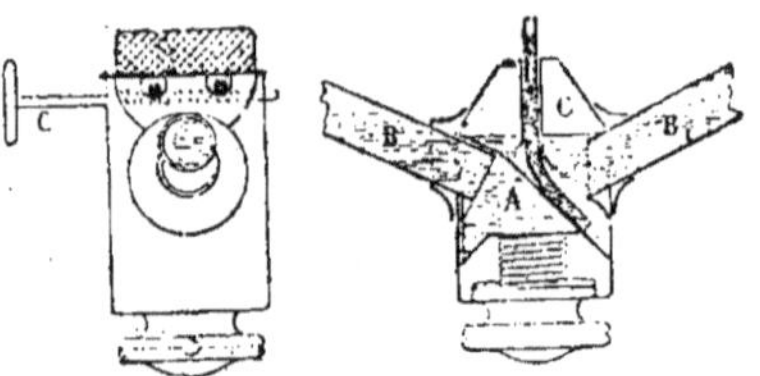

Fig. 903 et 904. — Lampe à bec plat de l'Etat Autrichien. — Coupe et élévation du bec.

teurs B, B, sont séparés par une cloison A oblique, la mèche est réglée au moyen d'une clef à crémaillère C.

Le réservoir peut contenir 400 grammes d'huile; à 16 grammes par heure, la durée de la combustion est donc de dix à douze heures. Les mèches sont toutes trempées à l'avance dans une dissolution de chlorhydrate d'ammoniaque à 125 grammes par litre.

La Société a placé, comme au chemin de fer de l'Est français, la plus grande dimension du bec dans le sens des tubes B et B, ce qui, d'après des essais spéciaux, paraît augmenter de 30 0/0 la puissance d'éclairage.

Le prix d'une lampe de ce système est de 30 à 35 francs.

LAMPES A BEC ROND ET A NIVEAU CONSTANT

Considérations générales

526. Les inconvénients signalés précédemment des lampes à bec plat ont amené, dès 1877, les Compagnies et spécialement celle du Nord, à faire usage de lampes à bec rond qui se sont rapidement généralisées, au moins dans les voitures

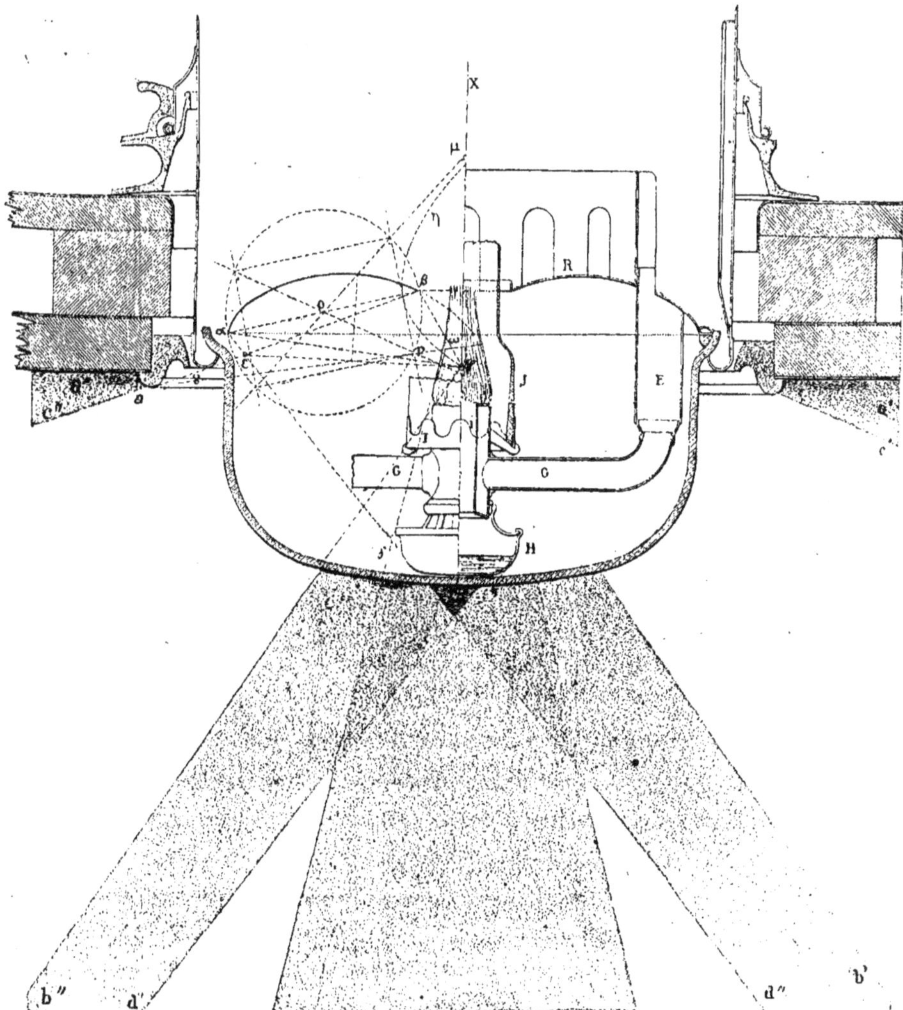

Fig. 905. — Lampe à bec rond. — Coupe et épure du réflecteur.

de première classe. Voici sur quelles données ces nouvelles lampes ont été établies (M. Ratuld déjà cité).

1° *Puissance du bec.* — En supposant que l'action d'un puissant réflecteur double l'effet lumineux d'un bec placé au plafond d'une voiture, on a admis que le bec devait avoir une intensité de $0^m,70$ à $0^m,80$ de carcel. Avec une consommation de 42 grammes d'huile à l'heure par carcel, cela représente un chiffre de 30 grammes environ, c'est-à-dire une dépense qui rend possible et avantageux l'emploi d'un bec rond (*fig.* 905).

2° *Position du bec.* — On a vu précédemment que le bec de la lampe à mèche plate était trop élevé dans le compartiment ; le bec de la nouvelle lampe a été descendu ; mais, d'un autre côté, on ne pouvait exagérer cette modification sans risquer de donner trop de profondeur à la coupe et de gêner les voyageurs.

En outre, si le bec est trop bas, il éclaire le plafond au détriment du compartiment, car le réflecteur n'a plus qu'une action trop limitée.

Il y avait donc à prendre une position moyenne qui a été recherchée au moyen d'un tracé graphique, on est ainsi arrivé à fixer la cote de $0^m,01$ au-dessous du niveau de la corniche intérieure de la voiture, afin de laisser la flamme au centre du réflecteur et d'éclairer avec la lumière directe les points les plus intéressants du compartiment.

3° *Nature du réservoir.* — La platine du bec rond est à une hauteur plus grande que celle du bec plat au-dessous des conducteurs ; cela tient à la nécessité de placer un porte-verre, et, pour ne pas trop abaisser la coupe dans le compartiment, l'huile doit arriver à une pression déterminée lui permettant de s'élever jusqu'à une hauteur de 15 à 20 millimètres ; à partir de là, l'ascension est activée par la simple capillarité. On a donc été conduit à faire usage d'un réservoir à niveau constant, réservoir qui est placé à la partie supérieure, comme dans la lampe à bec plat.

4° *Forme du réflecteur.* — L'épure de la lampe à bec plat montre que les réflecteurs sphériques ou fragments de tores circulaires ne donnent pas une bonne répartition de la lumière. Il en est de même des réflecteurs coniques.

On emploie quelquefois des réflecteurs convexes hyperboliques, comme le font les Allemands dans leurs lampes à gaz. Mais ces réflecteurs ne sont applicables que dans le cas où l'on peut les faire descendre au-dessous du niveau du plafond, ce qui est ici impossible. Enfin, on a également éliminé les réflecteurs paraboliques qui réflétaient uniformément tous les rayons dans la même direction en faisceau cylindrique.

On a donc dû chercher à construire par points une courbe réfléchissant les rayons lumineux, de manière à compléter l'action directe de la flamme et à produire sur le sol, en se composant avec elle, une action directe et constante, tout en annulant l'ombre portée par le bec lui-même. On arrive ainsi à une courbe se rapprochant beaucoup d'une ellipse, et c'est cette dernière qui a été adoptée, d'ailleurs, pour toutes espèces de becs, sauf les appliques. La vérification faite *a posteriori* a démontré que ce profil donne bien ce qu'on attendait de lui, c'est-à-dire une répartition très satisfaisante de la lumière.

On a conclu, en outre, que le réflecteur d'une seule pièce était préférable à celui qui était formé de plusieurs morceaux ; car ceux-ci se déplacent souvent en route, et, quoique léger, ce déplacement rompt la continuité de la surface réfléchissante.

5° *Forme de la lanterne.* — La position et la nature du bec étant changés, il en résulte une modification obligatoire des formes de la lanterne ; les dimensions de cette dernière ont été déterminées par tâtonnement, de manière à régulariser au mieux l'appel de l'air et la sortie des produits de la construction.

Description de la lampe.

527. *Réservoir d'huile.* — Le réservoir d'huile a la forme d'un anneau cylindrique (*fig.* 906), de $0^l,640$ de capacité correspondant à un poids de 585 grammes d'huile. A 32 grammes par heure, cela représente une consommation suffisante pour dix-huit heures, sans renouveler l'approvisionnement.

En un point de l'intérieur B, se trouve disposée une poche demi-cylindrique de 0^m,008 de diamètre correspondant à un tube C de même diamètre et de 57 à 67

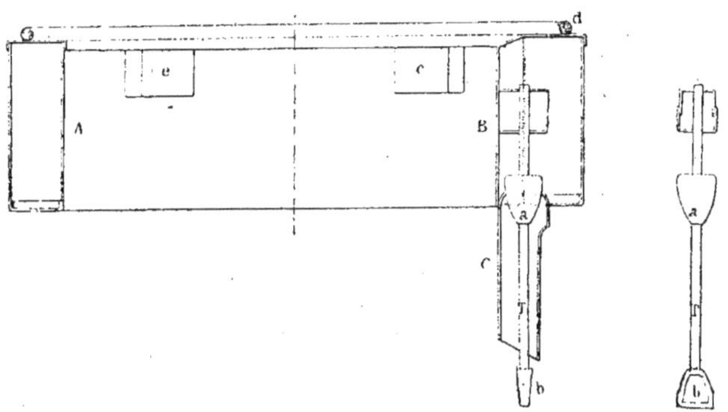

Fig. 906 et 907. — Lampe à bec rond. — Coupe du réservoir d'huile.

millimètres de longueur, partant du fond du récipient et terminé par une section oblique en bec de sifflet par laquelle se fait le remplissage.

En outre, dans ce tube C passe une tige T, terminée à l'intérieur de la bouteille par un tampon ou soupape a fermant exactement l'entrée du tube ; à l'autre extrémité, cette tige porte un étrier b qui sort à l'extérieur du tube (*fig.* 907).

La grille du réflecteur se pose sur le fond supérieur de ce réservoir où elle se trouve retenue par un fil de fer circulaire d. Elle est, en plus, guidée intérieurement par une galerie cylindrique D, très évidée et sur laquelle elle repose au moyen de quatre nez e (*fig.* 908). Ainsi suspendue, la bouteille n'est pas en contact avec les réflecteurs, et, par suite, il y a une circulation active d'air autour de ce réservoir, ce qui rend impossible l'échauffement de l'huile.

Le réflecteur présente un tuyau vertical E dans lequel peut s'engager le tube C de la bouteille ; ce tuyau présente à l'entrée un diamètre de 20 millimètres et se rétrécit ensuite jusqu'à 12 millimètres, de manière que, quand la bouteille a pris place dans le réservoir, le tube C et la fourche b viennent buter contre les parois rétrécies du tuyau E ; la soupape reste, par suite, ouverte dans la bouteille, l'huile

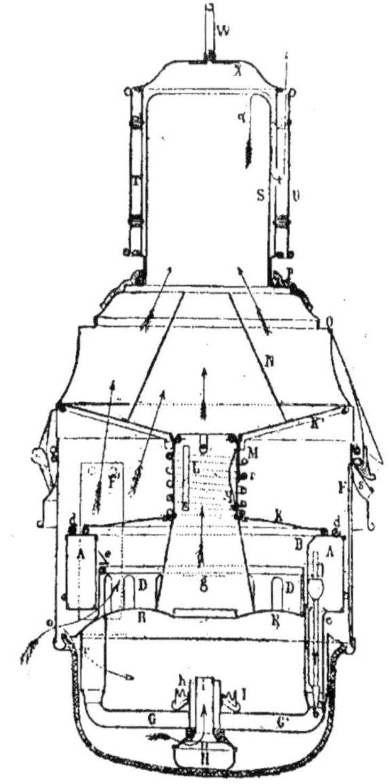

Fig. 908. — Lampe à bec rond de la Compagnie Nord. — Coupe.

s'écoule et remplit le bec, le conducteur G, le tube C et une partie du tuyau E jusqu'au-dessous de la section oblique du tube.

A mesure que l'huile brûle, le niveau baisse dans le tuyau E et découvre un peu l'embouchure du tube T; aussitôt, quelques bulles d'air pénètrent dans le réservoir, augmentent la pression et font écouler quelques gouttes d'huile jusqu'à ce que l'équilibre s'établisse et que l'embouchure soit de nouveau submergée, et ainsi de suite. Grâce à cette disposition, qui est, en général, celle des lampes à niveau constant, l'abaissement du niveau de l'huile dans la bouteille n'a aucune influence sur la régularité de l'arrivée de l'huile au bec.

L'extrémité la plus élevée de la section en sifflet du tube C est de 5 à 7 millimètres au-dessous de la platine du bec. Il est, du reste, facile de régler le niveau, si l'huile arrive en trop faible quantité, en échancrant davantage l'ouverture du tube C, ce qui a pour effet de relever le niveau. Dans le cas contraire, on y fixe un petit morceau de fer-blanc pour abaisser ce niveau.

La galerie D porte à l'intérieur, deux petites plaques *g* permettant de la saisir et de la retirer de la lanterne avec toute la lampe.

Bec. — Le bec rond a un diamètre extérieur de 24 millimètres. Il se compose de deux cylindres concentriques *h* et *i* en cuivre (*fig.* 905 et 908), à 5 millimètres d'intervalle; dans ce dernier se logent la mèche et le porte-mèche. L'huile arrivant par la branche G se répand dans l'espace annulaire, imbibe le tissu de la mèche sous une certaine pression, et le niveau étant réglé à 7 millimètres environ au-dessous de la platine du bec, l'ascension de l'huile s'achève par l'effet de la capillarité.

Le porte-mèche a présenté diverses formes.

Au début on fit l'essai d'un porte-mèche à crémaillère modifié par M. Bricoigne de manière à pouvoir manœuvrer la crémaillère sans ouvrir la lanterne (*fig.* 909).

Ce n'est en somme qu'une chaîne de galle A manœuvrée par un bouton à main extérieur B et transmettant son mouvement à un axe horizontal C placé dans le conducteur opposé à celui d'arrivée de l'huile; cet axe agit sur la crémaillère E et fait monter ou descendre le porte-mèche. Tout cela était un peu compliqué et un peu délicat à entretenir.

On a fait depuis l'essai de porte-mèches mobiles semblables à ceux qui sont em-

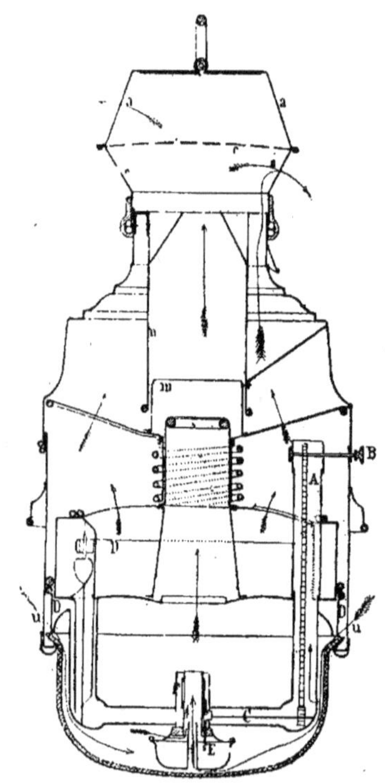

Fig. 909. — Lampe à bec rond. — Dispositif pour manœuvrer la mèche du dehors.

ployés dans les becs plats, en prenant pour point de départ la forme du bec Bordier appliqué avant le gaz à l'éclairage des villes, et convenablement modifié.

La forme définitivement adoptée est celle du porte-mèche à chariot (*fig.* 910, 911 et 912).

Le bec est composé de deux cylindres concentriques *a* et *b* écartés de 5 millimètres environ. Le cylindre intérieur *a* porte une rainure hélicoïdale α.

Dans cet espace annulaire, on introduit le porte-verre d, cylindre faisant corps à sa partie supérieure avec un anneau extérieur e auquel est fixée la galerie qui porte le verre. Le cylindre d porte sur une partie de sa hauteur une glissière ε.

Quand on place le porte-verre sur le bec, le cylindre b pénètre entre les anneaux d, e, et s'épaule contre la couronne supérieure.

Le porte-mèche proprement dit est formé d'un anneau e muni de griffes portant à l'intérieur une saillie oblique β et un tasseau γ.

Lorsqu'on introduit le porte-mèche à l'intérieur du cylindre d, le tasseau γ s'engage dans la glissière ε, et comme la saillie γ est guidée par la rainure α, il suffit de tourner le porte-verre dans un sens ou dans l'autre pour faire descendre ou monter le porte-mèche. Des ouvertures o, ménagées sur le cylindre d, servent à amener l'huile à la mèche.

L'allumage de la lampe se fait, après que l'huile est montée, au moyen de bougies filées, vulgairement appelées rats-de-cave ; on évite ainsi la carbonisation de la mèche.

Godet. — Le godet H (*fig.* 905) est fixé à la partie inférieure du bec au moyen d'un écrou ; il sert à recueillir les égouttures d'huiles, impossibles à éviter. Il est utile d'ailleurs qu'il y ait un excès d'huile pour humecter la mèche et l'empêcher de se carboniser. Il n'y a cependant pas lieu d'exagérer cet excès d'huile comme dans les lampes à réservoir inférieur munies de modérateurs. Dans ces dernières, en effet, l'excès d'huile

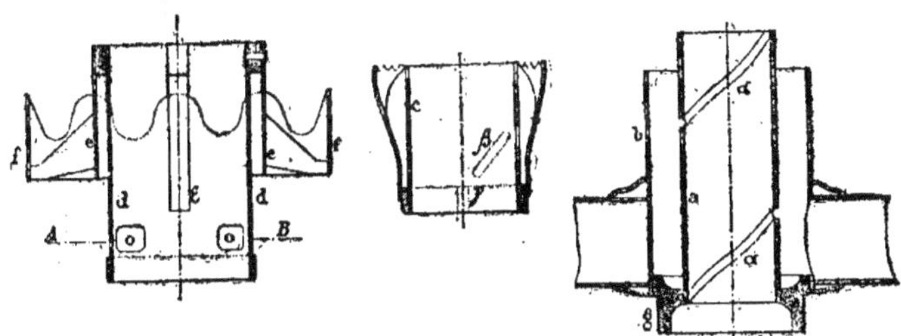

Fig. 910 à 912. — Bec avec porte-mèche à chariot. — Coupes du porte-verre, du porte-mèche et du bec.

arrivant au bec et retombant goutte à goutte, sert encore à échauffer l'huile dans le réservoir, ce qui est une condition avantageuse pour la combustion. Ici, il n'en est pas de même ; par sa position même, le réservoir est exposé à l'échauffement produit par la flamme. Aussi a-t-on placé le niveau suffisamment au-dessous de la platine du bec, et on a recours à la capillarité pour achever l'ascension de l'huile.

Le godet est ouvert à la partie supérieure de manière à laisser passer au centre de la flamme l'air nécessaire à la combustion. Ses dimensions doivent suffire pour contenir les égouttures qui peuvent se produire pendant la durée de la combustion, soit environ 40 grammes. Son diamètre est limité par la nécessité de porter aussi peu d'ombre que possible au-dessous de la lampe. La distance entre le fond supérieur du godet et le niveau le plus bas du bec doit être de 5 millimètres : ses attaches sont en fil de fer très mince afin de ne pas intercepter l'entrée de l'air au centre du bec, ce qui rendrait la flamme fumeuse et la combustion très mauvaise.

Verre. — Le porte-verre I, en cuivre découpé, se fixe sur la couronne extérieure du bec. Le verre J a $0^m,215$ de haut, et $0^m,025$ de diamètre ; il présente la forme coudée de tous les verres de lampe à huile végétale ; le coude est à une hauteur de $0^m,035$; le diamètre à la base au-dessous de ce coude est de $0^m,040$.

La deuxième branche G, symétrique du conducteur d'arrivée d'huile, n'a pas d'autre but que d'aider à soutenir le bec et à satisfaire l'œil. Elle pourrait être supprimée avec avantage au point de vue de l'ombre qu'elle projette forcément dans le compartiment ; ou bien alors il faudrait l'utiliser pour renfermer la transmission donnant le mouvement à la mèche, ou pour faire arriver l'air à l'intérieur du bec, comme on le verra plus bas.

Réflecteur. — D'après ce que nous avons dit précédemment, la forme de ce réflecteur est celle d'un tore engendré par une ellipse dont le grand axe est légèrement incliné, autour d'un axe vertical passant par un de ses foyers. Les dimensions de cette ellipse résultent de la construction géométrique représentée dans l'épure de figure 905.

Voici quelles sont les données de cette construction :

On connaît le point α de l'ellipse, extrémité par laquelle le réflecteur repose sur la coupe de verre; on connaît également les coordonnées du point β où le contour du réflecteur est interrompu pour laisser passage au verre de lampe.

En effet, ce point β est placé au-dessus de la platine du bec, à l'extrémité de la flamme, soit à $0^m,044$. La position de la platine a été déterminée comme suit: de l'angle du compartiment on a mené une tangente $a''\,a'''$ à la corniche qui garnit l'ouverture de la lanterne ; le point d'intersection ω de cette tangente avec l'axe xy a été pris comme centre de la flamme. On a placé la platine à $0^m,022$ au-dessous de ce point, et le point β à $0^m,044$ au-dessous de la platine : son abscisse est déterminée par le diamètre du verre augmenté d'un petit jeu, soit $0^m,018$ comptés à partir de l'axe.

Cela posé, du point α on mène une tangente $\alpha\delta$ au godet de la lampe, et du point β une tangente $\beta\gamma$ à la corniche du compartiment. Ces deux tangentes représentent les directions extrêmes des rayons réfléchis et utilisables: comme on suppose la lumière concentrée en un des foyers de l'ellipse, l'autre foyer se trouvera nécessairement à l'intersection de ces deux rayons réfléchis c'est-à-dire en ε. Le problème est donc ramené à la construction d'une ellipse dont on connait l'un des foyers ε et deux points $\alpha\beta$, sachant que l'autre foyer φ doit se trouver sur l'axe xy.

Or, on a :

$$\varepsilon\beta + \varphi\beta = \varepsilon\alpha + \varphi\alpha,$$

d'où :

$$\varphi\alpha - \varphi\beta = \varepsilon\beta - \varepsilon\alpha.$$

Le point φ appartient donc au lieu géométrique des points dont la différence des distances à α et β est constante ; ce lieu géométrique est une hyperbole h dont les foyers seraient α et β et les asymptotes $O\mu$ et $O\nu$. On obtient donc le point φ par l'intersection de cette hyperbole et de l'axe xy.

Connaissant les deux foyers ε et φ et deux points, il est facile d'obtenir autant de points de l'ellipse que l'on voudra. La surface du réflecteur est ensuite obtenue en faisant tourner le secteur $\alpha\beta$ autour de l'axe xy.

L'épure indique en outre la répartition de la lumière dans le compartiment ; on voit sur la figure que l'anneau conique $a'b'a''b''$, renfermant les rayons directs de la flamme, est bien plus important que dans la lampe à mèche plate et que les cônes de la lumière réfléchie $c'd'$ et $c''d''$ viennent s'ajouter à celui de la lumière directe, et éclairent à peu près complètement le centre du compartiment : qu'enfin des zones d'intensité maxima où se superposent ces trois actions, doivent se produire en s'élargissant à partir d'une certaine distance de la lampe. Ces divers résultats, absolument opposés à ceux que donne l'épure de la lampe à mèche plate, comfirment *a posteriori* la supériorité de la forme ellyptique du réflecteur.

Lanterne. — La flamme du bec rond présente une grande mobilité, ce qui a rendu nécessaire certaines modifications dans la forme de la lanterne de la lampe à bec plat. On s'est d'ailleurs efforcé d'apporter le moins de changement possible à l'ancienne lanterne.

Le premier résultat à obtenir était d'avoir une flamme régulière pendant tout le temps, aussi bien pendant la marche que pendant le stationnement du train. Grâce à la nature et à la position du réservoir, on était déjà certain que l'huile arriverait au bec régulièrement et avec une température constante : il restait encore à fournir la quantité d'air nécessaire pour que la flamme fût blanche sans que la mèche ne fût carbonisée, et à équilibrer les courants d'air de façon à régulariser le tirage, lorsque le train change d'allure (*fig.* 908).

On a d'abord supprimé le nez et les entrées d'air qui existaient dans le chapiteau, ce qui aurait fait vaciller la flamme ; mais pour l'empêcher de s'éteindre au moment de l'ouverture et de la fermeture des portières ou des fenêtres, on a établi deux gaines F le long des parois intérieures du corps de la lanterne. Ces gaines mettent l'intérieur du compartiment en communication directe avec l'air extérieur, et, d'après ce qu'on a vu plus haut, elles empêchent la flamme d'éprouver des soubresants si l'on vient à ouvrir ou à fermer trop brusquement les portières du comparment. Chacune de ces gaines a 43 millimètres de largeur, et il existe un espace libre de 0^m,0035 entre elles et le corps de la lanterne ; dans le bas sont percées six ouvertures de 8 millimètres de diamètre, et l'air qui arrive par ces orifices débouche au-dessus du pavillon de la voiture par trois trous de 8 millimètres ménagés en S au-dessus de la couronne du corps de la lanterne et recouverts d'un nez.

L'air d'alimentation de la flamme arrive par deux rangées de 42 et 46 ouvertures o de 4 millimètres de diamètre, disposées en quinconce et placées, comme dans les lampes à bec plat, au bas du corps de la lanterne.

L'air arrive en outre par deux gaines F' de 28 millimètres de largeur, placées à la même hauteur que les gaines F, mais débouchant à l'intérieur de la lampe et amenant à la flamme l'air du dessus du pavillon.

Sauf ces quelques agencements sans importance au point de vue de la construction, le corps de la lanterne est resté le même que celui de la lampe à bec plat.

Ainsi le réflecteur ne touche les parois de la lanterne que par l'intermédiaire de trois boutons, et ne repose sur le rebord recoupé de la coupe, que par l'intermédiaire de trois saillies, comme dans la lampe à bec plat, ce qui permet à l'air d'arriver par les trous ménagés à la partie inférieure de la lanterne.

La fixité du réservoir et des pièces qui en dépendent dans le sens vertical, est assurée au moyen d'un système de deux grilles K,K' faisant corps avec la cheminée L. La grille inférieure K est munie de quelques ouvertures et repose **sur** la bouteille, en s'appuyant sur le cercle d, fixé au fond supérieur de cette dernière.

La cheminée cylindrique L entoure le verre de la lampe et le serre au moyen de trois ressorts q. Elle est enveloppée elle-même d'un manchon mobile M, qui se termine par une grille conique K', identique à celle de la lampe à mèche plate. La seule différence, c'est que la cheminée se prolonge au-dessus de la grille, en prenant la forme d'un cône N, qui pénètre dans la partie supérieure du chapiteau Q ; ce dernier a été bombé de manière à faciliter le passage de l'air autour du cône N. Le chapiteau se termine par une surface cylindrique de 13 millimètres de hauteur ouverte à la partie supérieure et entourée de la calotte proprement dite. Celle-ci est fixée au chapiteau au moyen d'un rebord qui pénètre par un mouvement à baïonnette entre les pattes P.

Cette calotte est formée de deux cylindres concentriques T' et V dont le premier est percé des trous t à mi-hauteur, et recouvert du fumivore X, tandis que le second est ouvert par le haut et par le bas ne jouant que le rôle de chemise.

L'ensemble de ces trois cylindres concentriques fait prendre aux produits de la combustion la direction indiquée par les flèches à double inflection α, et a donné d'excellents résultats au point de vue de la régularité du tirage.

Cette disposition, indiquée d'ailleurs par la théorie, est identiquement celle qui est appliquée depuis longtemps aux lanternes des disques à distance de la Compagnie du Nord et qui est connue sous le nom de chapiteau autrichien.

Une partie de l'air arrivant par les trous o, et par les gaines latérales, se dirige vers la flamme, et l'autre partie circule autour du réflecteur rafraichissant le réservoir. Là il s'échauffe, se dilate et s'échappe soit à l'intérieur du cône N qui surmonte la grille, soit en dehors, pour rejoindre définitivement les produits de la combustion.

Le tirage étant régulier, et les différentes

parties de la lampe conservant une température constante, l'arrivée de l'air se fait aussi régulièrement, et l'on obtient une flamme stable et blanche; mais ce n'est qu'après une série de tâtonnements relatifs aux dimensions et à la position des différents trous d'air que l'on est arrivé à obtenir cet équilibre des courants et à éviter les variations de la hauteur de la flamme

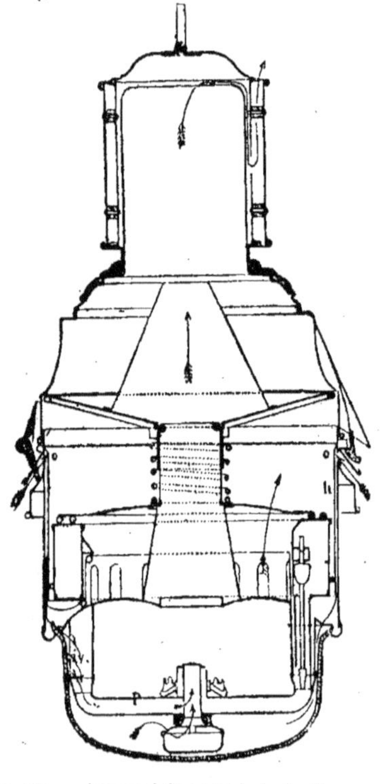

Fig. 913. — Lampe à bec rond de la Compagnie Nord. — Type spécial.

pendant la marche et les stationnements du train.

528. *Type à bec rond modifié.* — En service, on a remarqué, dans les cabinets attenant à certaines voitures, telles que les wagons-salons, cabinets petits et hermétiquement clos, que l'air n'arrivait pas à la flamme en quantité suffisante. Aussi a-t-on modifié le type précédent de la manière suivante :

La lanterne et le bec sont identiques à ceux du type décrit, sauf que les trous qui étaient percés au bas du corps de la lanterne sont supprimés, et que, pour permettre à l'air d'arriver par le haut, on a ouvert au-dessus du pavillon de la voiture une série de trous o (*fig.* 913), recouverts d'une couronne ; une gaine intérieure h, formant avec le corps de la lanterne une double enveloppe et régnant sur toute la circonférence, amène cet air à l'intérieur de la lampe.

En outre, on s'est servi du second conducteur opposé à celui d'arrivée de l'huile, pour amener l'air de la coupe au centre de la flamme.

A cet effet, trois trous ont été ouverts dans ce conducteur au-dessous du réflecteur; le conducteur prolongé aboutit au centre du bec, ce qui nécessite une diminution de la hauteur du porte-mèche. Dans ces conditions, l'air arrive latéralement au centre du bec et alimente la flamme, sans produire un excès de tirage; d'ailleurs, l'embouchure de ce tube n'est pas susceptible de s'obstruer par les égouttures, et rien n'est changé à la forme intérieure de la lampe ; enfin, l'air arrive un peu échauffé au bec, ce qui est une condition très favorable. Il est vrai que cette disposition présente l'inconvénient de nécessiter des joints dans le bec et qu'il est toujours difficile de visiter ces pièces, aussi ce type a-t-il été réservé uniquement pour le cas spécial signalé plus haut.

Résultats de la lampe à bec rond.

529. La lampe à bec rond peut brûler toute l'huile qu'elle enferme, sans qu'on soit obligé de changer la mèche, pendant une durée de dix-huit à vingt heures. Pendant les douze premières heures l'éclairage reste à peu près constant ; dans les dernières heures, la hauteur de la flamme diminue d'environ 1 centimètre.

Le poids des égouttures pendant la durée de l'allumage ne dépasse pas 2 à 3 grammes par heure. La consommation à l'heure, y compris les égouttures, est d'environ 30 grammes d'huile. Les différences d'aspect et de hauteur que présente la flamme, lorsque le train est en marche ou en stationnement, sont tout à fait insensibles. L'ouverture et la fermeture des portières n'a pas, non plus, d'influence sensible sur la flamme.

Quant au prix de construction ou de transformation de la lampe, il est indiqué dans le tableau ci-dessous.

1° Prix de construction.

Lampe...................... 18ᶠʳ50
Lanterne.................... 17 00
Coupe...................... 3 25
Total.................. 38ᶠʳ75

2° Transformation de la lampe à bec plat en lampe à bec rond.

Lampe à coupe.............. 21ᶠʳ75
Calotte seule avec partie bombé du chapiteau............ 3 50
Main-d'œuvre.............. 2 00
Total.................. 29ᶠʳ25
A déduire :
Lampe et coupe à bec plat..... 13ᶠʳ43
Reste pour la dépense de transformation..................... 15ᶠʳ82

C'est en présence de ces résultats satisfaisants que la Compagnie du Nord a décidé l'application de ce type de lampe à toutes les voitures de 1ʳᵉ classe.

Lampe modifiée de M. Bricoigne.

530. Le premier type a été modifié par M. Bricoigne, qui lui a appliqué le porte-mèche à crémaillère manœuvré du dehors, décrit précédemment.

Dans cette lampe (*fig.* 909), l'arrivée de l'air se fait par une seule rangée de trous *u* placés au bas du corps de lanterne ; cette dernière ne porte pas les gaines latérales destinées à éviter les soubresauts de la flamme au moment de l'ouverture et de la fermeture des portières, et à amener l'air du dehors dans le compartiment.

La bouteille est entourée d'un vrai réservoir D et n'est pas simplement guidée par une galerie ; la grille est surmontée d'un petit cylindre M sur lequel descend la cheminée *n* formée elle-même d'un cylindre avec rétrécissement conique à la partie supérieure.

Les produits de la combustion s'échappent dans l'atmosphère par les ouvertures *a*, d'une calotte ayant la forme de deux troncs de cône opposés par la base et séparés par une cloison percée de trous *c* ; extérieurement le chapiteau ne diffère que par de légers détails de celui de la lampe à bec plat. Enfin, le godet porte en son milieu un tube *f* d'un faible diamètre ouvert aux deux bouts, qui sert à amener l'air du dessous du godet au centre du bec.

Lampe à bec rond de la Compagnie Paris-Lyon-Méditerranée.

531. La Compagnie de Lyon a repris le type de la Compagnie du Nord en le modifiant légèrement en vue d'assurer à l'éclairage une plus longue durée en rapport avec les longs trajets que l'on effectue sur ce réseau (*fig.* 914).

Le réflecteur est plus évidé et plus aplat au centre. La bouteille D, suspendue sur la galerie E qui repose sur le réflecteur, a un volume plus grand que le réservoir du Nord. Une gaine F permet la communication directe entre le compartiment et l'air extérieur ; elle règne sur toute la surface cylindrique intérieure du corps de la lanterne.

Le déplacement du réservoir E dans le sens vertical est empêché au moyen de trois arrêts P munis de ressorts *c* prenant leur point d'appui sur la grille supérieure Q'.

La grille Q est elle-même montée, au moyen d'un emmanchement à baïonnette, sur la partie supérieure du chapiteau, et elle fait corps avec le cône intérieur C et avec l'enveloppe D dans laquelle sont fermées les ouvertures par où s'échappent les produits de la combustion (V. les flèches).

La mèche est à crémaillère où à porte-mèche.

Lampes à bec rond en Allemagne.

532. Les lampes à bec rond employées en Allemagne sont à réservoir de côté ou à réservoir supérieur à niveau constant. Une disposition assez ingénieuse est présentée par celle du chemin de fer de Riga à Mittau ; elle a pour but de maintenir constante la température de l'huile.

Pour cela, le réservoir d'huile a est isolé du réflecteur b qui se prolonge par une cheminée c entourant le verre d ; un

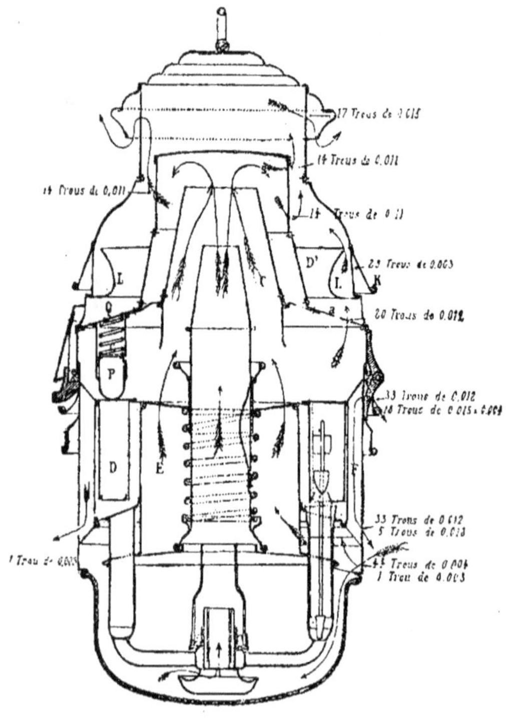

Fig. 914. — Lampe à bec rond de la Compagnie P.-L.-M. — Coupe.

crochet f, fixé au réservoir, retient cette cheminée à une hauteur voulue en pénétrant dans les trous qui y sont pratiqués (*fig.* 915).

En hiver, on rapproche le réservoir de la bouteille et l'on évite ainsi la congélation de l'huile. En été, au contraire, on éloigne ces pièces, on établit alors un courant d'air entre le réservoir et le réflecteur et l'on évite la trop grande élévation de température de l'huile.

On voit immédiatement que ce système n'est plus applicable dès qu'on s'impose la nécessité de laisser fixe le réflecteur, étudié de manière à donner constamment le maximum d'éclairage.

Il existe également d'autres systèmes dans lesquels la lanterne joue en même temps le rôle du ventilateur et où un

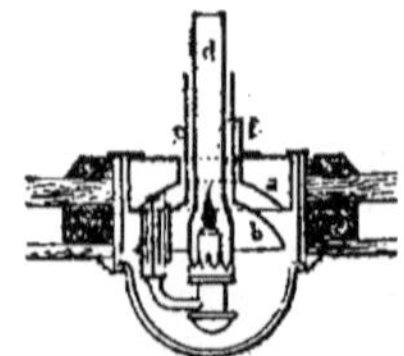

Fig. 915. — Lampe à bec rond du chemin de fer de Riga à Mittau.

registre a permet l'évacuation de l'air (*fig.* 916).

Dans nos systèmes de voitures, la ventilation se fait par les portières.

Comparaison des lampes à bec rond et à bec plat.

533. En résumé, la lampe à bec rond, comparée à la lampe à bec plat, se caractérise de la manière suivante :

1° Substitution du bec rond au bec plat de manière à améliorer la combustion de l'huile : le nouveau bec permet en effet d'obtenir 0,74 de carcel avec 32 grammes d'huile à l'heure, c'est-à-dire avec une consommation de $43^{gr},2$ par carcel et par heure. L'ancien bec, dans les mêmes conditions, exigeait 63 grammes.

Au premier abord, la dépense horaire d'huile est plus grande dans le nouveau bec que dans l'ancien, soit 30 à 32 grammes au lieu de $14^{gr},5$; mais cette augmentation, nécessitée par le besoin d'améliorer l'éclairage, est loin d'être aussi forte que l'augmentation correspondante de la lumière. Le coefficient d'augmentation de la dépense est 2,206, tandis que celui de l'éclairage est de 3,207. En doublant la dépense, on triple l'intensité de l'éclairage, ce qui réalise un perfectionnement important.

2° Le bec rond, placé beaucoup plus bas que le bec plat, est à une hauteur telle que le centre de la flamme soit un peu au-dessous du niveau de la corniche de la voiture. Il en résulte que toutes les parois de celle-ci sont éclairées par ce rayonnement direct de flamme, et que la lumière produite est mieux utilisée, puisque le réflecteur en absorbe une moins grande quantité.

3° Le réflecteur, qui est d'une seule pièce, a une forme tout à fait rationnelle qui permet d'envoyer la lumière dans toutes les parties du compartiment, et la différence est si grande que, si l'on passe d'une voiture éclairée par un bec rond à une autre munie d'une lampe à mèche plate, cette dernière ne paraît éclairée que par une simple veilleuse. Du reste, le réflecteur, garanti par le verre contre les dépôts de suie, conserve beaucoup plus d'éclat que celui de la lampe à mèche plate.

4° La lampe, une fois allumée, peut brûler seule pendant un laps de temps de treize

à dix-huit heures, tandis que dans les lampes à bec plat, quoique la flamme soit fumeuse, et l'huile moins bien utilisée, la mèche se carbonise rapidement et doit être changée fréquemment en route.

Aussi la nécessité d'employer un verre, les soins les plus minutieux de nettoyage et d'allumage, la saillie plus grande de la coupe à l'intérieur du compartiment, ne sont pas des inconvénients de minime importance, en comparaison des avantages procurés par la lampe à bec rond.

Lampe latérale du chemin de fer de Ceinture et de Vincennes.

534. On emploie un type de lampe à

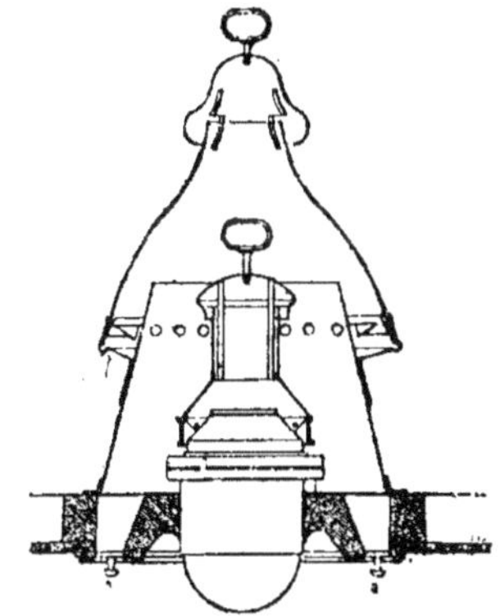

Fig. 916. — Lampe de voiture allemande avec ventilateur. — Coupe.

niveau constant et à bec plat de 7 lignes, brûlant environ 8 à 10 grammes d'huile par heure.

Le réservoir est placé au dessus et renferme 200 grammes d'huile, ce qui représente un approvisionnement de vingt heures ; il est extérieurement garni d'un réflecteur de $0^m,115$ de diamètre ayant la forme d'une calotte sphérique à grand rayon et réfléchissant par conséquent les rayons lumineux dans toutes les directions.

Le bec, également fixé au réservoir, est en saillie sur la cloison ; il est enfermé dans un globe hémisphérique en verre dépoli de $0^m,150$ de diamètre environ, intérieurement fixé par son rebord à la cloison.

Tout le système est accroché à une porte fermant la cavité où se trouve placé l'appareil, et qui s'ouvre du dehors.

Les égouttures d'huile circulent par un conduit ménagé dans l'épaisseur de la cloison, au-dessous de la lampe, et servant en même temps à l'arrivée de l'air nécessaire à la combustion.

Les produits de la combustion s'échappent par une échancrure du globe de la lampe dans une cheminée verticale qui débouche au-dessus du pavillon de la voiture, à l'intérieur d'un petit chapiteau d'une forme analogue à ceux des lanternes décrites précédemment, mais de dimensions plus réduites.

L'arrivée de l'air frais est nécessairement assez irrégulière, et il en résulte souvent que la lampe s'éteint; d'ailleurs, le tube par où pénètre cet air est fréquemment obstrué par les égouttures qu'épaissit la poussière soulevée par le passage du train, et, comme ce tube a seulement $0^m,015$ de diamètre sur une longueur de 1 mètre, il est assez difficile de le déboucher.

On place deux lampes de côté par compartiment du bas dans les voitures à étages. Ces lampes sont placées vis-à-vis l'une de l'autre entre la glace et la portière.

A l'étage supérieur il y a quatre lampes placées deux à deux à chaque extrémités, de part et d'autres des portes d'entrée.

Éclairage des 2ᵉ et 3ᵉ classes.

535. Tout ce qui précède concerne l'éclairage des voitures de 1ʳᵒ classe.

Depuis 1878, la Compagnie du Nord a modifié également l'éclairage des voitures de 2ᵉ et 3ᵉ classes. On avait reculé tout d'abord devant le remplacement des anciennes lampes à bec plat par des lampes à bec rond dans les véhicules de 2ᵉ et 3ᵉ classes, à cause des soins spéciaux qu'exigent ces appareils. Pour s'en rendre compte, il suffit de dire que le prix de revient de la main-d'œuvre de l'une est de 0 fr. 018, tandis que celui de l'autre est de 0 fr. 047. Le problème à résoudre consistait donc à perfectionner la lampe ancienne à bec plat, pour la rendre plus éclairante tout en conservant ses avantages personnels de simplicité et d'économie de main-d'œuvre.

L'ancienne lampe était de 7 lignes 1/2 : on a fait la nouvelle de 11 lignes, de façon à pouvoir utiliser à plat les mèches des lampes à bec rond et n'employer qu'un seul modèle de mèche. Le pouvoir éclairant de ces lampes est alors monté de 0,23 à 0,30 carcel. Cette augmentation de lumière n'est pas importante par elle-même, en valeur absolue, mais elle est rendue fort appréciable par l'application d'un nouveau réflecteur.

Cette lampe est en effet munie d'un réflecteur semblable à celui des lampes de 1ʳᵒ classe, vu plus haut, et répartissant également la lumière dans tout le compartiment. Elle est également montée sur une coupe en cristal du même modèle plongeant dans la voiture. Grâce à cette disposition, elle tient le milieu entre la lampe de 3ᵉ classe et celle de 1ʳᵉ. Son prix de revient est sensiblement égal à celui des anciennes lampes de 2ᵉ classe, car les dispositions essentielles sont restées les mêmes. La consommation de l'ancienne lampe, qui était de 12 grammes, est montée à 13 grammes à l'heure.

Une particularité bonne à noter, c'est que les supports de cette lampe ne donnent aucune ombre portée. En effet, au lieu de placer les tubes d'alimentation, en même temps de supports, dans le plan même de la flamme, ils ont été placés dans le plan perpendiculaire. La flamme étant plate, la présence de ces supports plus larges qu'elle, dans son plan, détermine nécessairement une zone d'ombre, tandis que, dans le sens transversal, la largeur de la flamme étant supérieure à l'épaisseur des supports, la lumière ne se trouve que partiellement masquée.

Les figures 917, 918 et 919 permettent de comparer les trois types de lampes à huile employés actuellement à la Compagnie du Nord.

536. Remarques. — L'emploi des lampes à huile les plus perfectionnées présente l'inconvénient d'exiger un nombreux personnel pour le nettoyage, l'entretien et le garnissage des appareils.

L'allumage des lampes à huile doit, en outre, se faire, pour la plus grande partie des trains, avant le moment utile, soit pour traverser des tunnels, soit lorsque ces trains ne présentent pas d'arrêt intermédiaire ; il en résulte donc une dépense qui devient importante, parce qu'elle se répercute sur un grand nombre d'appareils et de trains.

Éclairage à la bougie.

537. L'huile végétale se congèle aisément à quelques degrés au-dessous de

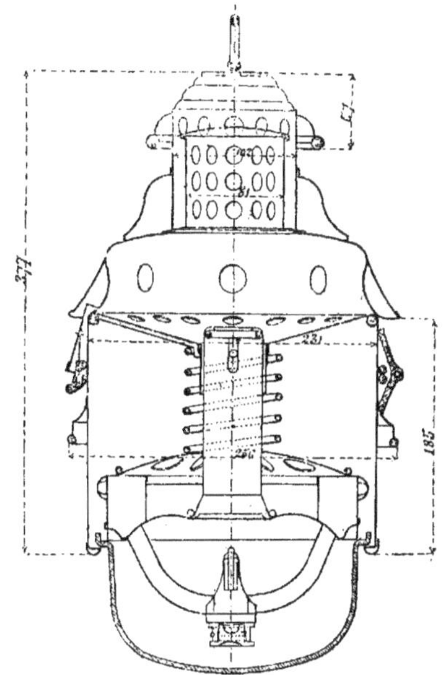

Fig. 918. — Lampe de voiture de 2ᵐᵉ classe de la Compagnie Nord.

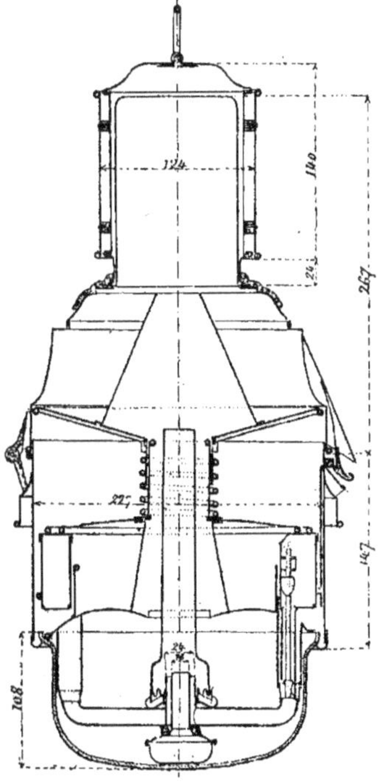

Fig. 917. — Lampe de voiture de 1ʳᵉ classe de la Compagnie Nord.

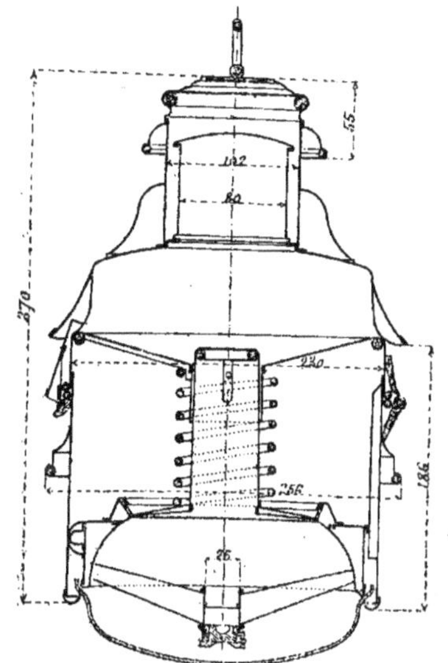

Fig. 919. — Lampe de voiture de 3ᵐᵉ classe de la Compagnie Nord.

zéro : le pétrole qui, par un mélange, abaisse le point de congélation, ne peut y être ajouté que dans la proportion de 3 0/0 au plus, à cause des dangers qu'il amène avec lui. Dans ces conditions les pays froids comme la Russie, le nord de l'Allemagne, ont souvent éclairé leurs véhicules avec de simples bougies stéariques ou de cire. La disposition adoptée est exactement celle des lanternes de voitures ou de jardins : la bougie est placée dans un tube fermé par un bouchon supérieur et relié au tube par un mouvement de baïonnette et percé d'un trou ne laissant passer que la mèche de la bougie ; on place cette dernière dans le tube en déclenchant, puis replaçant le mouvement de baïonnette, et elle se trouve constamment poussée vers le haut à mesure qu'elle se consume, par un ressort à boudin disposé au fond du tube complètement fermé à la partie inférieure. Le tout est renfermé dans une lanterne en verre placée contre les parois de la voiture ; il y a quelquefois deux de ces lanternes par compartiment.

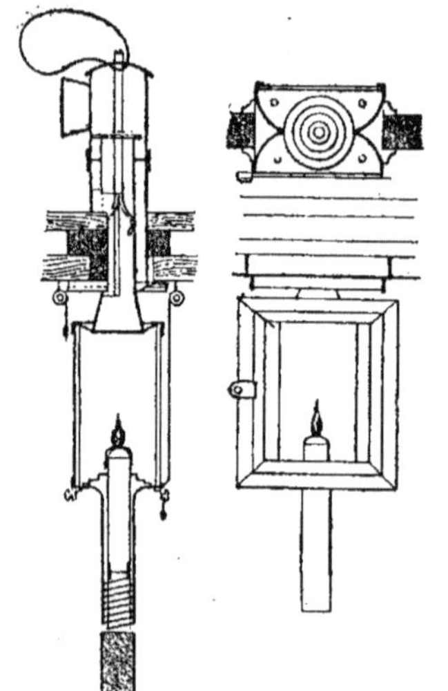

Fig. 920 à 922. — Est prussien. — Eclairage à la bougie.

La cheminée de la lanterne traverse le pavillon de la voiture et se termine par une partie mobile armée d'une girouette, de manière que l'action du vent soit sans influence sur la régularité de la combustion (*fig.* 920 à 922).

Cet éclairage est naturellement assez coûteux. D'après des essais faits sur l'Est prussien, il faut 5 bougies pour produire le même éclairage que 0 kil. 500 d'huile végétale, ce qui entraîne une dépense de

40 0/0 plus élevée quand on emploie les bougies. C'est-à-dire qu'on ne l'emploie que lorsqu'il est impossible de faire autrement, et c'est le cas de l'Est prussien, qui a dû y revenir après avoir tenté de le supprimer.

Il y a un autre inconvénient : c'est la facilité avec laquelle peuvent être soustraites les bougies employées à l'éclairage des compartiments.

En France la bougie n'a guère été employée que pour l'éclairage de certains wagons-salons ; on la fixe alors sur les tables.

Éclairage à l'huile minérale.

538. C'est en Allemagne que l'on commença pour la première fois à remplacer l'huile végétale par l'huile minérale beaucoup plus économique et d'un pouvoir éclairant plus élevé. Dès 1851, la ligne Empereur-Ferdinand remplaçait son ancien mode d'éclairage par l'huile minérale et s'en déclarait très satisfaite : de 3 500 kilogrammes de cette dernière brulés la première année, la consommation atteignait, en 1864, le chiffre 74 600 kilogrammes, permettant, dans ces quatorze années, de réaliser une économie de 840 000 francs.

Avec certains soins particuliers dans le maniement, le chemin de la Theiss, en Hongrie, obtenait une belle et vive lumière en faisant emploi d'hydrocarbone liquide.

Mais nous devons reconnaître qu'en général ces tentatives ne furent pas heureuses. Un des premiers essais, effectué au chemin de fer de la Haute-Sibérie, avait consisté simplement à forcer la proportion de pétrole ajoutée à l'huile végétale pour empêcher sa congélation l'hiver. On dut y renoncer à la suite de plusieurs explosions de réservoirs contenant ce mélange.

Des tentatives non moins infructueuses furent faites sur la ligne de Gallicie, de Wurtemberg, et les principaux inconvénients reconnus étaient une odeur désagréable, une chaleur exceptionnelle, une flamme s'éteignant avec trop de facilité, le bris fréquent des verres de lampes, etc. Bref, la conférence des Ingénieurs allemands, tenue en 1868 à Munich, fut d'avis qu'il y avait lieu de proscrire l'emploi de l'éclairage à l'huile minérale, à cause des nombreux inconvénients qu'il présente.

La question méritait cependant une étude plus approfondie. En effet, en dehors du succès obtenu sur certaines lignes citées plus haut, quelques lignes secondaires, comme celle de Bayonne-Biarritz, ont réussi à employer couramment ce mode d'éclairage. Une disposition heureuse, dans laquelle la lampe à cheminée de verre est placée à l'intersection des plans bissecteurs des deux angles dièdres formés par trois miroirs, donne une excellente lumière dans toutes les parties de la caisse.

En outre, en 1887, le Congrès des Chemins de fer tenu à Milan concluait que:

L'éclairage au moyen des lampes à huile minérale plus ou moins perfectionnées est satisfaisant, sans présenter aucun danger, s'il est bien installé. Ce système a l'avantage d'être relativement propre et de ne pas demander d'installation spéciale.

Le pétrole, en effet, donne une flamme blanche, brillante, économique, mais difficile à rendre stable, et nécessitant, en général, l'emploi d'une cheminée. Il y a lieu de remarquer toutefois que, pour faire usage du pétrole, il suffit de faire subir au matériel courant une très légère transformation.

Bien que son emploi soit réputé dangereux en cas de collision, on peut être certain à l'avance que les becs au pétrole s'éteindront d'eux-mêmes, et que l'inflammation de cette huile ne viendra pas compliquer les conséquences de l'accident. D'ailleurs aujourd'hui, par suite des progrès réalisés dans la distillation et la séparation des produits volatils, on est arrivé à produire du pétrole qui ne s'enflamme qu'à une température de 70 degrés et même au delà.

Aujourd'hui le pétrole est définitivement employé pour l'éclairage des falots pour les chemins de fer russes, par la Compagnie de l'Est français, par la Compagnie Autrichienne de l'Empereur-Ferdinand, pour l'éclairage des voitures de Bayonne-Biarritz et sur quelques lignes d'Angleterre; on en a également fait l'essai sur le chemin de la Theiss. Les Compagnies de l'Ouest et du Nord français ont aussi fait des essais très sérieux pour l'éclairage des voitures au pétrole, et l'on peut espérer que ces essais, qui d'ailleurs se continuent, conduiront à des résultats avantageux et économiques.

Le principal progrès réalisé dans la construction des nouveaux appareils, consiste à remplacer le verre, employé jusqu'à présent pour cette catégorie de becs, par une cheminée inférieure, qui assure la direction de l'air à son arrivée, et garantit la stabilité de la flamme. Cette disposition a été appliquée par la Compagnie parisienne du Gaz à des types spéciaux de becs à gaz.

539. *Lampe Shallis et Thomas.* — La Compagnie d'Orléans éclaire des voitures de première classe au moyen d'une lampe à huile minérale due à MM. Shallis et Thomas.

La flamme est horizontale et placée notablement au-dessus du niveau de l'huile, qui monte dans la mèche par capillarité. Cette flamme se trouve dans une chambre de combustion en acier émaillé qui est séparé du réservoir d'huile par une enveloppe et un feutrage, de telle sorte que les vapeurs inflammables accidentellement produites ne puissent y pénétrer. L'air nécessaire à la combustion est pris à l'extérieur de la voiture, et arrive à la flamme dans des conditions qui assurent une combustion complète.

La mèche est coupée à chaque voyage, et sa longueur peut être réglée à volonté. L'évacuation des produits de la combustion se fait par une cheminée en métal.

Pour éviter l'échauffement du réservoir d'huile, à cause du voisinage de la chambre de combustion, une circulation d'air très active est assurée autour de ce réservoir, avec de l'air pris dans le compartiment.

Une double enveloppe, percée de deux trous à la partie supérieure, a été établie autour de la lampe même ; des conduits verticaux soudés au réservoir débouchent dans cet espace, dans le but d'assurer une rapide évacuation du liquide en cas de renversement de la lanterne dans un accident.

Le remplissage et l'allumage des lampes

se font à la lampisterie ; on apporte ainsi aux trains, les lanternes mêmes des lampes tout allumées, dont la hauteur a pu être convenablement réglée à l'avance.

Ces lampes consomment de l'huile minérale répondant aux conditions suivantes :

L'inflammabilité ne se produira pas à une température inférieure à 125 degrés.

La densité de l'huile à la température de 15 degrés centigrades pourra être comprise entre 0,822 et 0,832 pour les huiles de pétrole et de boghead, et entre, 0,830 et 0,860 pour celles qui proviennent du raffinage des naphtes de Russie.

L'huile employée pendant la saison d'été ne doit pas se troubler sous l'influence d'une température inférieure à 0 degré. L'huile employée en hiver doit provenir exclusivement des naphtes de Russie, et ne doit pas se troubler en abandonnant des traces de paraffine sous l'influence d'un froid de 12 degrés au-dessous de zéro.

L'huile doit être parfaitement blanche et limpide, exempte d'eau et de toutes matières étrangères en suspension, enfin brûler sans donner aucun résidu.

La température de l'huile dans le réservoir des lampes ne s'élevant pas au-dessus de 38 à 40 degrés, la sécurité est complète.

Ces lampes peuvent fournir un bel éclairage pendant 12 à 15 heures. La flamme est blanche et la quantité de lumière donnée par appareil peut être évaluée à plus d'un carcel : la lumière donnée par la lampe est vive et sans aucune ombre portée.

ÉCLAIRAGE AU GAZ

Emploi du gaz riche.

540. En Europe, on fait des tentatives d'éclairage au gaz riche obtenu par la distillation du boghead ou des huiles et goudrons. On le comprime pour lui faire occuper un moindre volume, on le transporte soit dans des fourgons réservoirs spéciaux alimentant tout le train, soit dans des réservoirs fixés à chaque véhicule. Chacun de ces systèmes présente des avantages et des inconvénients.

541. *Avantages et inconvénients des systèmes à réservoir unique ou à réservoir séparés.* — L'installation du système à réservoir unique est moins coûteuse que celle des réservoirs spéciaux adoptés à chaque véhicule ; elle est, en outre, plus sûre, car chaque réservoir individuel exige un régulateur de pression qu'il faut vérifier ou remplacer au besoin, et précisément à l'instant où le train doit partir ; enfin, au cas d'affluence, à une gare quelconque, on obtient immédiatement et facilement l'éclairage des voitures additionnelles. Dans les lignes secondaires ou d'embranchement, ce système permet d'obtenir l'éclairage plus commode des trains pour transport de matériel à vide et sans construction d'usines secondaires, coûteuses d'installation et d'entretien.

En revanche, ce système présente tous les inconvénients de la continuité.

Si l'on emploie, au contraire, des réservoirs isolés, on a l'avantage de pouvoir intercaler simplement dans le train des véhicules non éclairés par le même système, et la formation des trains est plus rapide, mais le prix d'installation est beaucoup plus élevé. D'après de Waldegg, il atteint 550 thalers par voiture. D'après des essais faits au chemin de fer d'Orléans, chaque voiture ainsi appropriée exige une dépense de 746 francs.

Cette flamme ayant, comme la lumière électrique, à la fois plus d'éclat et moins d'étendue, se prête mieux à l'emploi des réflecteurs, et, brûlant moins de gaz, elle dégage une moins grande quantité de chaleur pour la même quantité de lumière. C'est pour cela qu'on la préfère à celle du gaz ordinaire. Il est vrai que la richesse du gaz diminue, si on ne l'emploie pas sur-le-champ, et les dépôts qu'il forme peuvent obstruer les conduites plus rapidement que ne le ferait le gaz ordinaire. D'ailleurs, les fortes pressions augmentent les fuites.

Quel que soit le mode d'emploi du gaz, quels que soient aussi les avantages et inconvénients spéciaux que présente ce mode d'emploi, on peut dire que le prix de revient de sa fabrication est à peu près constant pour la même quantité de lumière. Ainsi, en prenant par exemple le gaz le plus cher et le plus riche en même temps, le gaz de Turin donne un éclairage de 1,7 carcel pour une consommation de 40 litres, soit à $1^f,18$ le mètre cube, $0^f,0472$ par bec-carcel. Le gaz ordinaire ne pourrait, dans les becs-carcels, donner la même intensité de lumière qu'au prix d'une consommation de 178 litres; en admettant que la dépense soit la même, $0^f,0472$, le prix du mètre cube revient à $0^f,26$, c'est-à-dire le prix moyen du mètre cube de gaz ordinaire.

Cependant il y a des frais supplémentaires qui viennent grever le prix de revient de l'éclairage des voitures pour le gaz riche; ainsi, pour le gaz riche de Turin, il faudrait ajouter par mètre cube $0^f,65$ pour la compression du gaz et $0^f,87$, pour la distribution et le personnel spécial, ce qui élève le prix du mètre cube à $2^f,72$ et le prix de la lumière à 0,064 par bec-carcel.

Indépendamment des installations fixées pour la fabrication et la compression du gaz, il y a encore lieu de tenir compte des frais d'installation des appareils dans les voitures.

Avec le gaz riche ordinaire ou carburé, il est impossible d'employer des réflecteurs argentés ou nickelés, à cause des vapeurs sulfureuses qu'il dégage; aussi a-t-on généralement recours à la tôle émaillée, qui donne des résultats beaucoup moins satisfaisants, par suite des irrégularités que présente sa surface et de la quantité considérable de lumière qu'elle absorbe.

542. *Eclairage au gaz du Métropolitain de Londres.* — L'éclairage au gaz des voitures de chemins de fer est né en Angleterre; dès 1865, le Métropolitain-Railway emmagasinait le gaz dans des réservoirs en tôle de $4^{m3},240$ placés sur les toitures des wagons. Ce réservoir est vertical et muni de deux fonds en tôle, dont l'un, le fond supérieur, suffit par son poids pour faire écouler le gaz avec la pression suffisante aux deux becs placés à l'intérieur du véhicule; on se rend compte du niveau du gaz dans le réservoir au moyen d'une aiguille mise en mouvement par l'abaissement de ce fond. Les réservoirs

des diverses voitures peuvent, ou non communiquer entre eux: généralement ils sont indépendants, et leur remplissage se fait alors au moyen d'une prise spéciale pour chacun d'eux. Cette opération se fait facilement aux gares principales où l'on a eu soin de ménager à l'avance, sur les canalisations spéciales parallèles au quai, des tubulures espacées d'une longueur de voiture. Avant d'entrer dans le réservoir, le gaz est obligé de traverser un petit épurateur fixé à l'une des extrémités de la voiture. Chaque réservoir permet ainsi l'éclairage pour deux heures et demie. Il suffit de deux minutes pour approvisionner cinq voitures.

Les becs de gaz placés dans le compartiment sont au nombre de deux, renfermés dans des cylindres percés de trous à la partie supérieure, afin de laisser échapper les produits de la combustion; à l'intérieur ils sont terminés par des culs-de-lampe en verre. Les robinets d'arrivée du gaz sont placés au dehors et ne peuvent être manœuvrés que par les agents de la Compagnie.

Sur d'autres lignes, on fait usage d'un seul réservoir placé dans le fourgon à bagages. C'est lui qui est chargé de l'alimentation de toutes les voitures, qui communiquent alors entre elles au moyen d'un tube en caoutchouc reliant au moyen de raccords à vis les tuyaux métalliques portés par chacune d'elles.

Il est indispensable ici d'employer certaines précautions afin d'obtenir un éclairage uniforme et d'intensité constante dans toutes les voitures. Aussi un régulateur de pression est absolument nécessaire.

L'éclairage au gaz s'est ensuite propagé en Allemagne sur les lignes de Berg et March, Est prussien, Berlin à Dresde, Berlin à Hambourg, Magdebourg à Habberstadt, de Hanovre, etc.

543. *Eclairage au gaz des chemins de fer du Hanovre.* — De 1864 à 1868, les lignes du Hanovre mirent à l'essai un système d'éclairage au gaz dans lequel chaque voiture portait un réservoir d (*fig.* 923 à 926), à la partie inférieure, entre les essieux, disposition moins encombrante que celle qui consiste à les placer sur les toitures des wagons. Ces

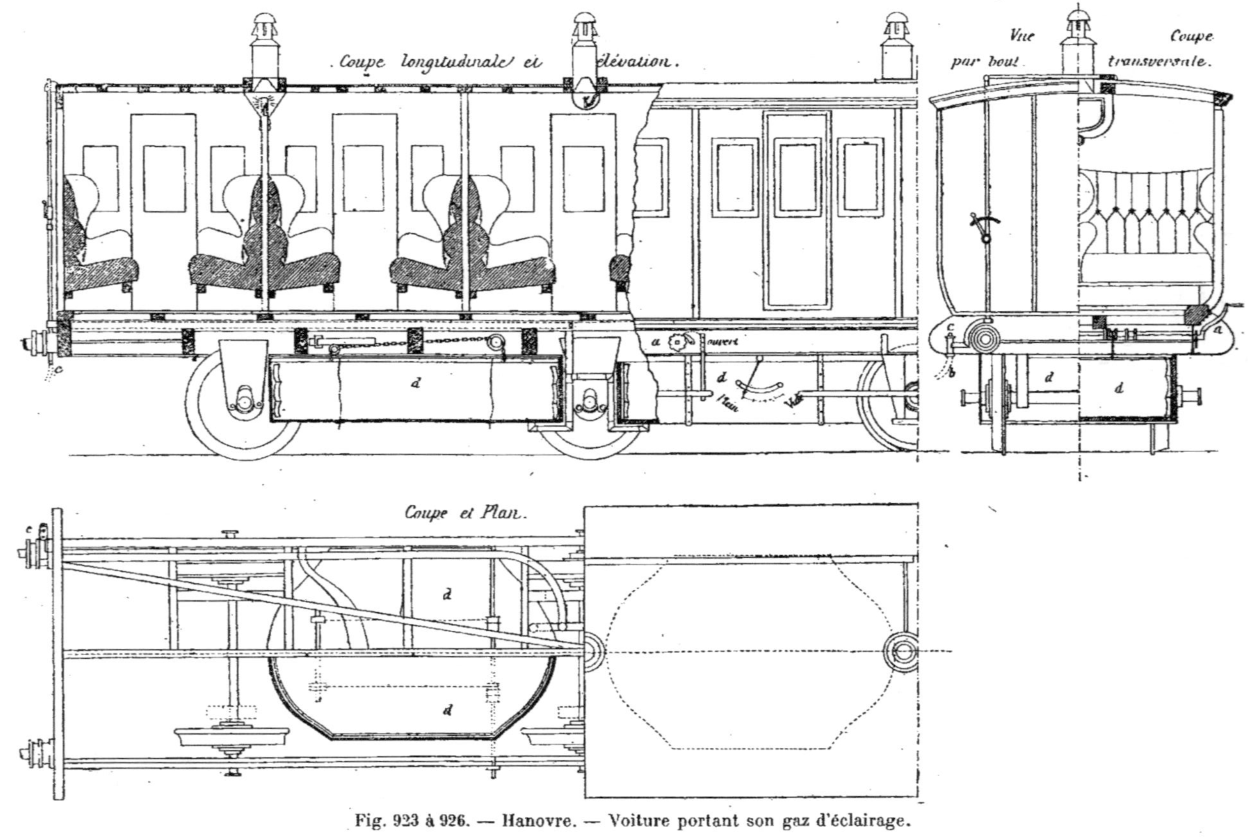

Fig. 923 à 926. — Hanovre. — Voiture portant son gaz d'éclairage.

réservoirs étaient constitués par une poche en caoutchouc rendue étanche au moyen d'une couche de vernis caoutchouté, le tout préservé des chocs extérieurs au moyen d'une caisse en bois.

Le remplissage de ces réservoirs particls se fait au moyen d'un tuyau b allant rejoindre le gazomètre fixe, et d'un robinet spécial c. Un petit treuil arrêté par un déclic servait à soulever le réservoir et à accélérer le remplissage, l'éclairage étant, bien entendu, arrêté.

La lumière des becs placés dans les compartiments était suffisante quand le gaz était récemment introduit dans le gazomètre. Mais la lumière baissait notablement lorsqu'on voulait utiliser le gaz emmagasiné pendant quelque temps sur les véhicules.

Aussi, pour les longs parcours, s'était-

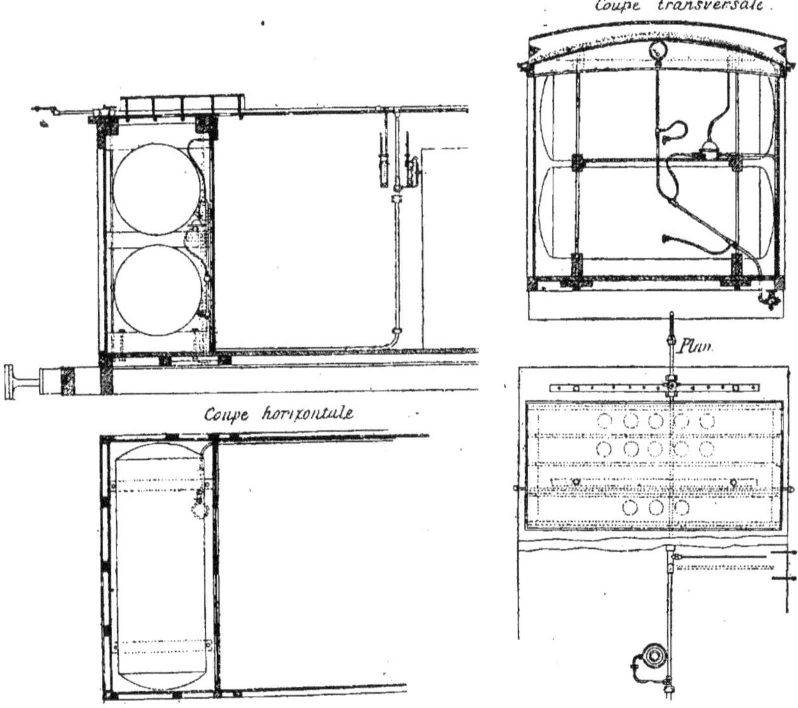

Fig. 927 à 930. — Eclairage au gaz. — Réservoirs (Etat Belge).

on décidé à évacuer tout le gaz non utilisé et à renouveler le chargement avant le départ (Gochler).

Ce système d'éclairage n'eut en somme aucun succès, à cause de son prix de revient trop élevé.

544. *Eclairage au gaz des lignes de l'Etat belge (Gochler).* — Le système employé avec un peu plus de réussite aux chemins de fer de l'Etat belge est du type à réservoir unique en tôle placé dans le fourgon à bagages et alimentant toutes les voitures d'un train par une conduite générale en caoutchouc.

Les essais en furent faits de 1853 à 1858 sur les express de nuit de Bruxelles à Verviers et le chemin de fer de ceinture de Bruxelles.

Le gaz est extrait du boghead, du pétrole ou de matières grasses, et mélangé avec du gaz de houille.

Un réservoir *self-acting*, placé à la queue du train, sert à opérer diverses manœuvres, et notamment à intercaler ou à retirer une voiture sans suspendre l'éclairage.

Le réservoir principal unique est composé de deux cylindres essayés à la pression de 20 atmosphères, c'est-à-dire au double de leur pression de service courant (*fig.* 927 à 930). Ils sont placés dans le fourgon à bagages. Leur diamètre est de 0^m,85 et leur volume de 1 250 litres. Ils peuvent donc suffire à l'alimentation d'un bec consommant 30 litres à l'heure pendant 700 à 800 heures.

Ces cylindres sont reliés entre eux en même temps qu'avec le robinet de charge-

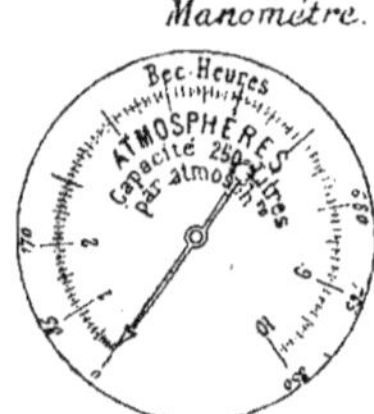

Fig. 931. — Eclairage au gaz. — Manomètre
(Etat Belge).

ment placé sous le plancher et avec le régulateur au moyen de tuyaux en cuivre de 0^m,012 à 0^m,020 de diamètre intérieur. Ces tuyaux sont tous munis de robinets d'interruption dont le siège est formé d'une plaque d'acier donnant une excellente fermeture.

Un manomètre indique d'une manière permanente la pression et le nombre de becs-heures disponibles (*fig.* 929 et 931).

Le régulateur de pression est analogue à celui qu'emploient les usines à gaz comprimé ; on le règle au moyen de rondelles métalliques additionnelles à 0^m,050 d'eau (*fig.* 932 à 935).

Un robinet de commande (*fig.* 936 à 939) dont la clef ne peut être retirée pendant l'éclairage permet le passage du gaz dans les conduites générales. Cette clef peut s'enlever pendant les arrêts, ce qu'on a

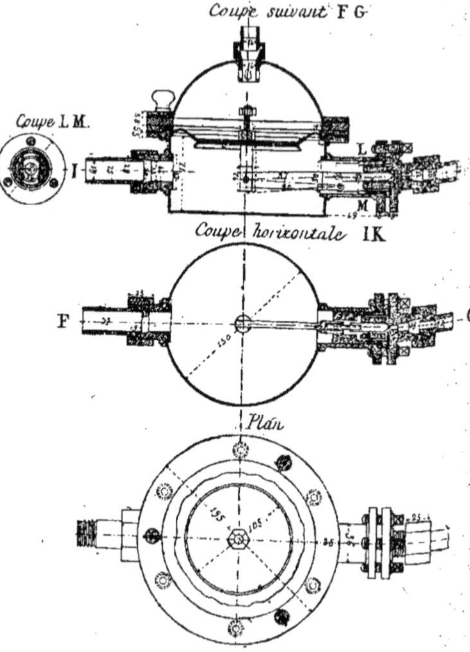

Fig. 932 à 935. — Eclairage au gaz. — Régulateur
de pression (Etat Belge).

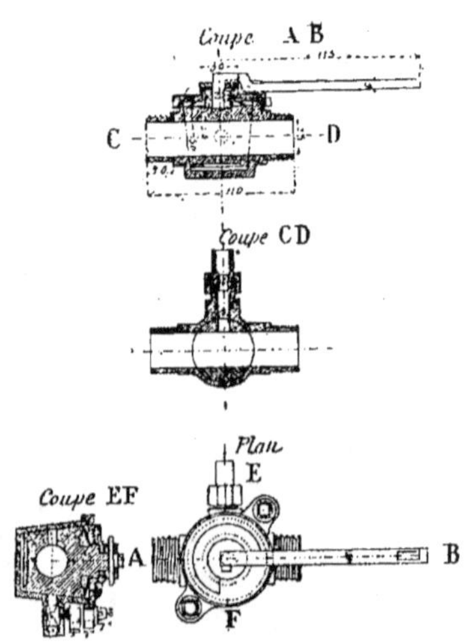

Fig. 936 à 939. — Eclairage au gaz. — Robinet de
commande (Etat Belge).

toujours soin de faire afin qu'elle ne se perde pas.

Dans le voisinage de ce robinet de com-

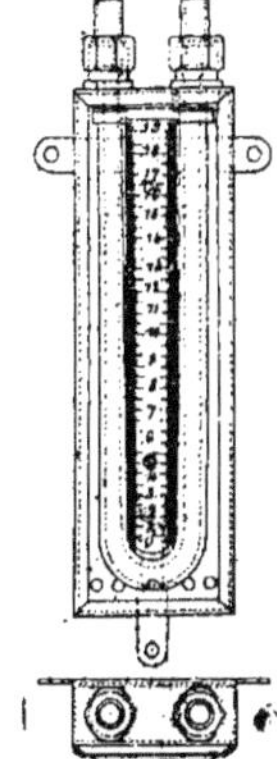

Fig. 940. — *Eclairage au gaz.* — Indicateur de pression (Etat Belge).

mande sont placés deux indicateurs de pression (*fig.* 927 et 940). L'un contient quelques centimètres de mercure et com-

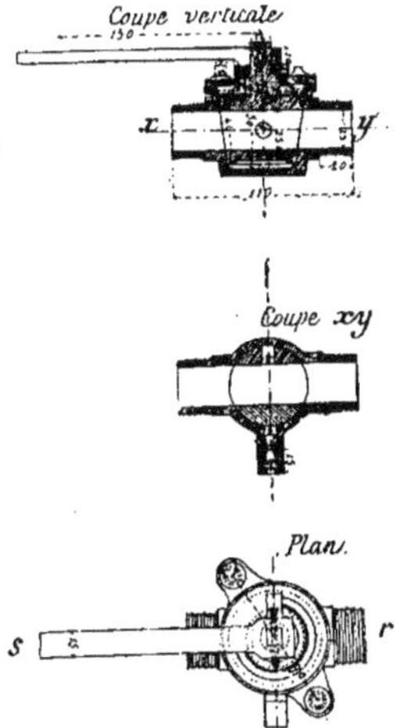

Fig. 941 à 943. — *Eclairage au gaz.* — Robinet d'arrêt (Etat Belge).

munique pendant les suspensions d'éclairage avec la tuyauterie d'amont à travers le robinet de commande ; il sert de soupape de sûreté au cas de dérangement du régulateur.

L'autre est branché sur la conduite d'aval, et renferme de l'eau qui sert à contrôler la pression pendant l'éclairage.

Ce robinet envoie le gaz dans la conduite générale : ce sont des tubes en fer de $0^m,025$ de diamètre intérieur, raccordés à chaque extrémité de véhicule par des tuyaux en caoutchouc commandés par des robinets spéciaux (*fig.* 936 et 937). Ces tuyaux ont $1^m,50$ de longueur et se lient par un fil de cuivre sur le bec du raccord. On obtient une étanchéité aussi parfaite que possible au moyen d'une bague en caoutchouc passée entre les deux col-

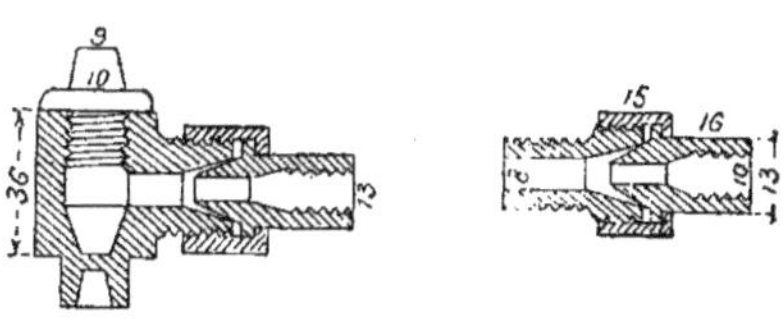

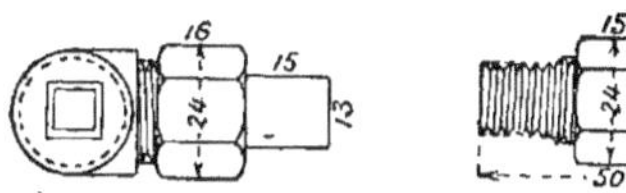

Fig. 944 à 947. — *Eclairage au gaz.* — Raccord de la conduite mère et du tuyau de lanterne.

lets. Quand la voiture est intercalée dans un train éclairé à l'huile, un bouchon suspendu au bec de raccord sert à fermer l'entrée de la canalisation.

Le robinet d'impériale est à trois voies (*fig.* 941 à 943). La voie transversale sert à expulser l'air renfermé dans les tuyaux. Quand on intercale une voiture dans un train éclairé, la clef de ce robinet doit être orientée parallèlement à la grande voie, de manière que le lampiste n'éprouve aucune hésitation pendant les manœuvres.

La petite voie du cône doit être perçue du dehors, lorsque la grande voie est dans la position perpendiculaire à la conduite. Un couvre-joint mobile avec le cône est muni d'une came qui arrête le mouvement dans les deux seules positions nécessaires au service, c'est-à-dire le passage libre du gaz ou l'interruption.

Le gaz est distribué de la conduite mère aux lanternes au moyen de tuyaux en cuivre de 0ᵐ,007 de diamètre intérieur (*fig.* 944 à 947). Le raccordement des lanternes au tuyau se fait par des jointures à

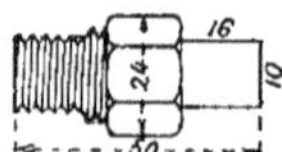

Fig. 948 et 949. — Eclairage au gaz. — Raccord du tuyau et de la lanterne.

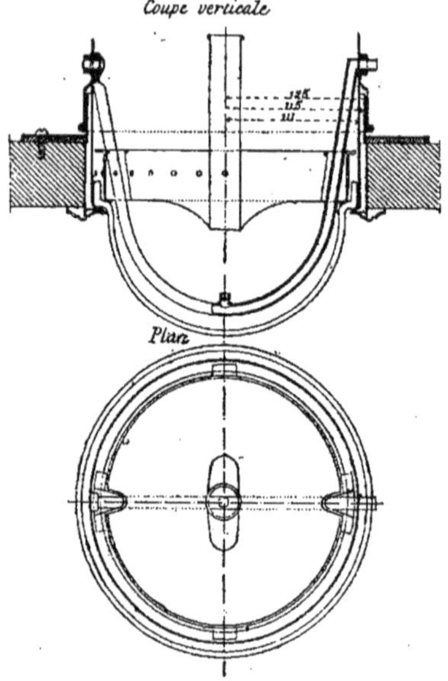

Fig. 950 et 951. — Lanterne à l'huile appropriée à l'éclairage au gaz.

vis et à cône sans bourrage (*fig.* 948 et 949). Aux joints d'embranchement sur la conduite mère, les tuyaux ci-dessus présentent un modérateur dont le fond est percé d'un trou qui, pour un bec, n'a

qu'une fraction de millimètres, et néanmoins ne s'obstrue jamais en service. Il serait d'ailleurs très facile à épingler. Ce modérateur ramène le gaz à la pression de 0ᵐ,012 à 0ᵐ,015, c'est-à-dire à de bonnes conditions d'emploi, sans intervention de robinet de réglage.

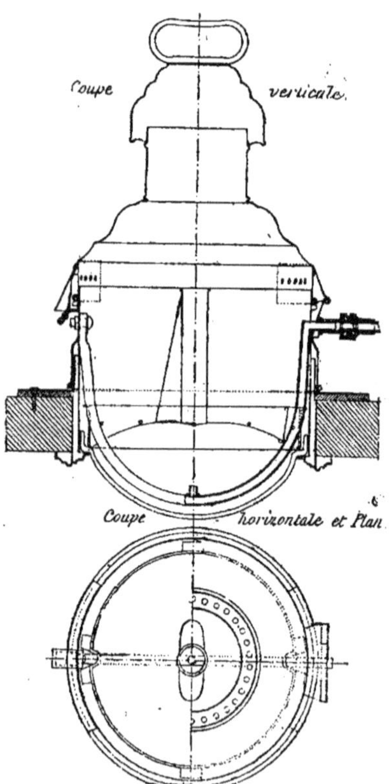

Fig. 952 et 953. — Lanterne à l'huile appropriée à l'éclairage au gaz.

Les lanternes employées sont les anciennes lanternes à huile appropriées pour leur nouvel usage d'appareils à gaz; on a donné au réflecteur en tôle émaillée une forme convenable, selon que la saillie de la coupe en métal dans l'intérieur du véhicule est plus ou moins prononcée (*fig.* 950 et 951). Avec ces lanternes ainsi transformées, la capillarité n'est plus combattue par l'état graisseux des pièces, et les eaux pluviales pourraient aisément pénétrer entre les surfaces jusque dans la coupe ; on évite cet inconvénient en augmentant le diamètre du cercle couvre-joint (*fig.* 952 à 953).

Les lanternes du fourgon réservoir ont une disposition spéciale ; la coupe est mastiquée dans le corps cylindrique, et l'air nécessaire à la combustion pénètre par des ouvertures ménagées dans la partie externe, dans la lanterne (*fig.* 952 à 957).

Les becs sont en terre réfractaire appelée cléatite, du type manchester, plus faciles à épingler que les becs fendus.

Leur consommation possible est de 40 litres à l'heure sous la pression de $0^m,015$ d'eau. En pratique, ils consomment toujours un peu moins.

545. *Réservoir de queue.* — Le réservoir de queue est une caisse en fonte et en tôle (*fig.* 958 à 961), dans laquelle se meut un piston relié aux parois fixes par un cuir mince graissé ; on reconnaît la forme si souvent rencontrée dans les différents systèmes de freins pneumatiques. La capacité inférieure est en communication permanente avec la conduite mère au moyen de tuyaux de cuivre de petit diamètre. En cas d'explosion du réservoir de queue, on empêche l'incendie de se propager dans ce réservoir au moyen de tôles métalliques.

Un robinet semblable à celui des voitures permet d'évacuer en quelques secondes, en cas de besoin, le gaz mélangé d'air qui s'est accumulé dans le réservoir lors de l'allumage ; cette manœuvre n'est d'ailleurs pas utile au service courant et ne peut servir que pour des trains de très grande longueur. On pourrait donc supprimer le robinet d'évacuation, sauf dans les cas exceptionnels, et effectuer la purge par le jeu des robinets extérieurs du wagon de queue (*fig.* 962 à 965).

Le piston et le diaphragme qui l'accompagne sont calculés de telle sorte que la pression nécessaire pour les soulever ne dépasse pas $0^m,015$ à $0^m,020$. Aussi, dès l'ouverture du robinet de commande, y a-t-il absorption efficace de la partie d'air qui ne peut être évacué par les becs, ce qui facilite beaucoup l'allumage. Lorsqu'on ferme la consommation d'une partie

du train avec le réservoir principal, le fluide est immédiatement restitué pour l'alimentation des lanternes par le réservoir de queue, disposition qui donne la possibilité de scinder un train en deux parties sans éteindre aucune lampe. Et les becs sont ainsi démontés pendant un bon

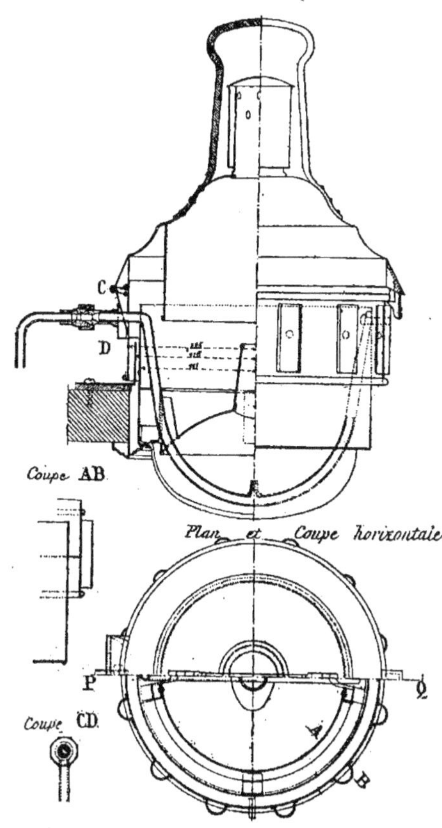

Fig. 954 à 957. — Lanterne à l'huile appropriée à l'éclairage au gaz. — Fourgon réservoir.

quart d'heure, délai largement suffisant pour une manœuvre de train telle que l'addition ou le retrait d'une voiture.

Pour effectuer cette opération, il suffit de fermer les robinets extrêmes aux deux voitures contiguës et de dégager l'un des boyaux en caoutchouc ; puis la voiture

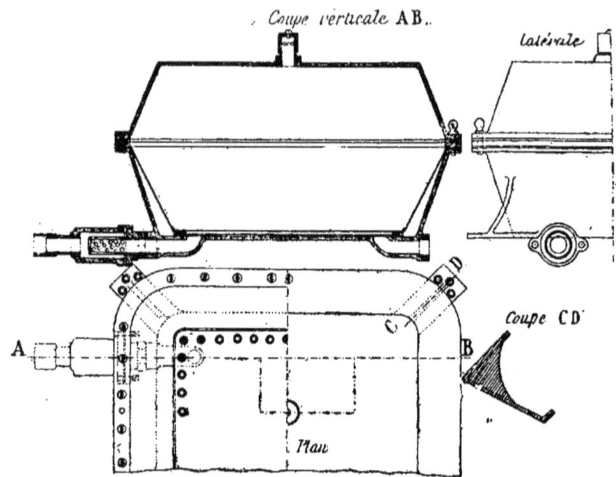

Fig. 958 à 961. — Eclairage au gaz. — Réservoir de queue du train (Etat belge).

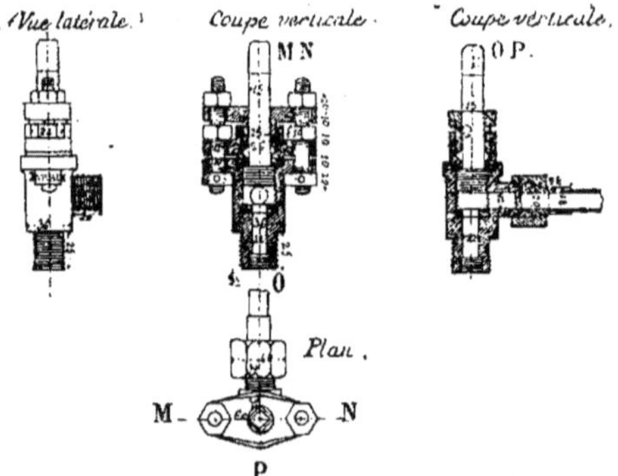

Fig. 962 à 965. — Eclairage au gaz. — Robinet d'interruption pour réservoirs (Etat belge).

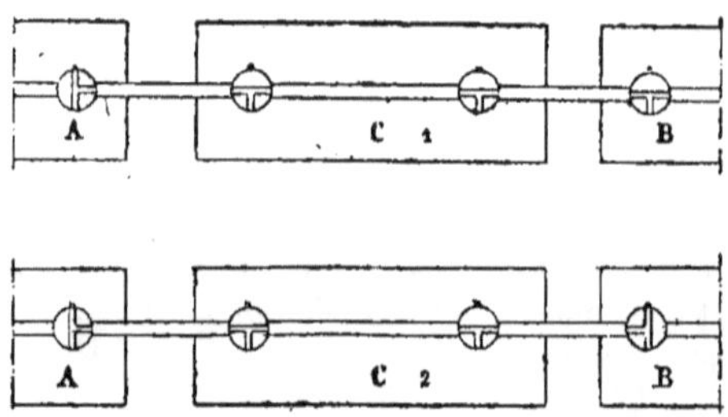

Fig. 966 et 967. — Eclairage au gaz. — Manœuvres de changement de composition d'un train
(Etat belge).

une fois rétirée, on raccorde la conduite et on rouvre les robinets.

Pour intercaler entre A et B une voiture C (*fig.* 966 et 967) on doit tout d'abord préparer la disjonction du train comme dans le cas de retrait; puis on opère le raccordement des conduites, et le lampiste s'assure en traversant C que les robinets s'y trouvent dans la position n° 1 du passage libre; il ouvre alors le robinet de la voiture B sur laquelle il se trouve et livre entrée au gaz dans la tuyauterie de C

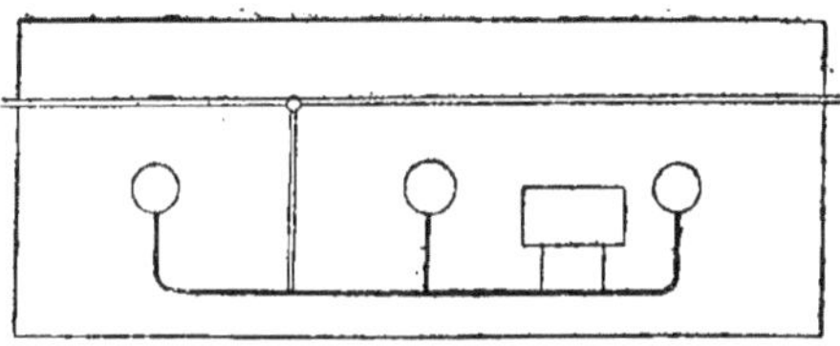

Fig. 968. — Eclairage au gaz. — Application d'un petit réservoir de secours à chaque véhicule.

dont l'air expulsé s'écoule par le robinet de A (n° 2). En revenant sur ses pas, il peut presque immédiatement allumer les lanternes de C, puis rétablir au passage libre

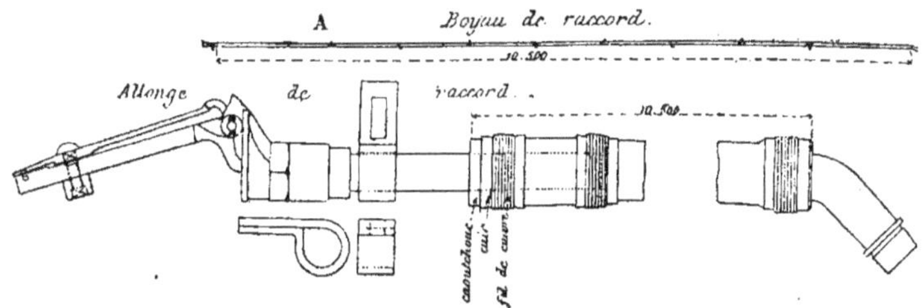

Fig. 969 et 970. — Eclairage au gaz. — Boyau de raccord.

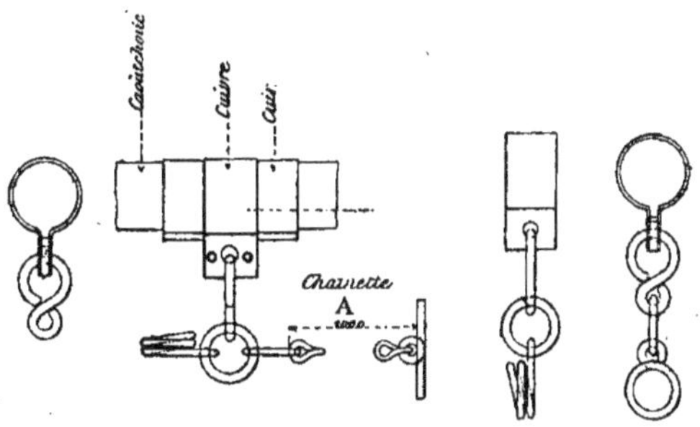

Fig. 971 à 974. — Eclairage au gaz. — Bracelets et chaînes à crochets.

le robinet de la voiture A que le gaz a atteint, ce qu'on reconnaît à l'odeur qui se dégage du robinet A.

On peut, par des manœuvres analogues, distraire une fraction de train éclairé au gaz, de la partie principale, et l'ajouter à un autre train muni d'un fourgon-réservoir.

On aurait pu remplacer le réservoir de queue par des réservoirs de quelques litres communiquant avec la tuyauterie de chaque voiture (*fig.* 968), ce qui eût permis en même temps de maintenir les compartiments éclairés pendant quelques minutes en cas de bris d'attelage, le modé-rateur formant un obstacle suffisant pour empêcher l'échappement instantané du gaz. Mais la disposition du réservoir de

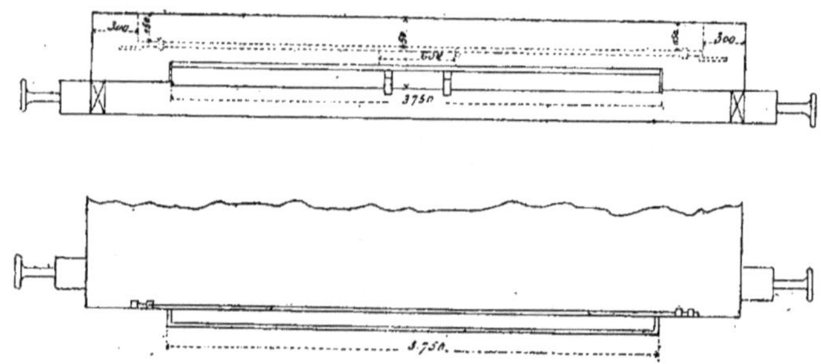

Fig. 975 et 976. — Eclairage au gaz. — Truck muni d'une conduite. — Elévation et plan.

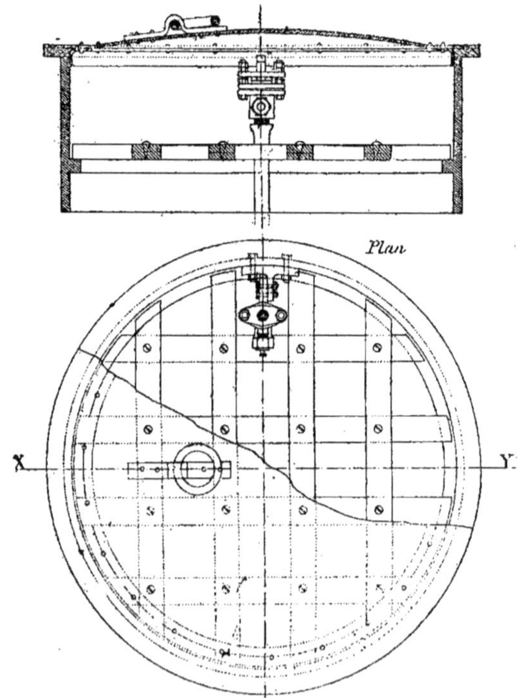

Fig. 977 et 978. — Eclairage au gaz. — Bouche de remplissage.

queue a été jugée plus satisfaisante et plus simple.

546. On peut aisément intercaler dans un train éclairé au gaz un véhicule non muni de tuyaux fixes, en lui adaptant simplement un tuyau en caoutchouc de $10^m,50$ de long (*fig*. 969 et 970). Ce tuyau comporte une allonge en fer et on peut lui adjoindre un tuyau de 1^m,50, ce qui donne une longueur totale de 12 mètres pouvant être réduite à 7 ou 8 mètres à l'aide de circonvolutions maintenues par des bracelets et des chaînes à crochets (*fig.* 971 à 974). En deux ou trois minutes, le lampiste peut faire une installation de ce genre, grâce à quelques tirefonds qui sont fixés dans la corniche du véhicule.

La communication à travers une plate-forme peut s'établir soit par des conduites en fer placées le long d'une des haussettes

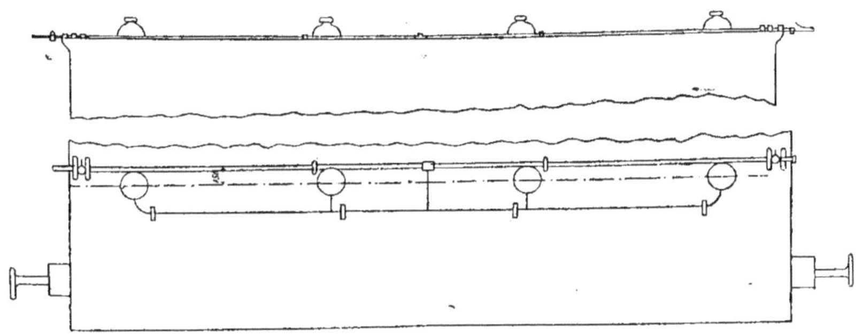

Fig. 979 et 980. — Eclairage au gaz. — Conduite de gaz d'une voiture à voyageurs. Elévation et plan.

et de boyaux en caoutchouc de 3^m,50 de long conservés dans une caisse, jouant ordinairement le rôle de marchepied latéral, soit plus simplement par un boyau de 10 mètres (*fig.* 975 et 976).

Le remplissage d'un fourgon-réservoir s'opère au moyen de tuyaux en caoutchouc de 10 mètres, fixés à demeure sur les robinets placés près des voies de départ dans des regards (*fig.* 977 et 978), et reliés à l'usine par des tuyaux souterrains en plomb de 0^m,020 à 0^m,025 de diamètre in-

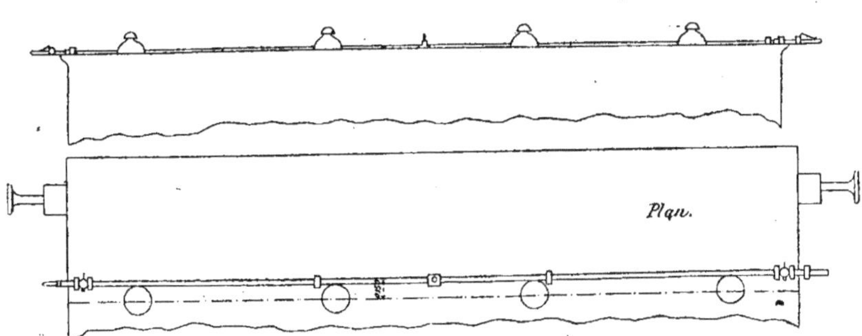

Fig. 981 et 982. — Voiture à voyageurs éclairée à l'huile avec conduite de gaz. — Elévation et plan.

térieur et de 450 à 500 mètres de longueur. Le remplissage se fait en dix à quinze minutes.

Le prix d'installation d'un train de 12 voitures est de 2 435 francs, soit 203 francs par voiture : en utilisant les anciennes lampes à huiles appropriées, ce prix tombe à 181 francs.

547. *Montages divers des conduites.* — Les figures 979 à 986 indiquent les différentes manières d'installer les conduites de gaz sur le matériel de transport, savoir :

Figures 979 et 980. Voiture à voyageurs, éclairée normalement au gaz.

Figures 981 et 982. Voiture à voyageurs, éclairée ordinairement à l'huile, avec conduites de gaz.

Figures 983 et 984. Wagon à marchandises non éclairé, laissant simplement pas-ser les conduites, comme le besoin peut s'en faire sentir dans les trains mixtes des petites lignes d'embranchement.

Figures 985 et 986. Wagon à marchandises avec guérite dans les mêmes conditions que le précédent.

La figure 987 représente dans son en-

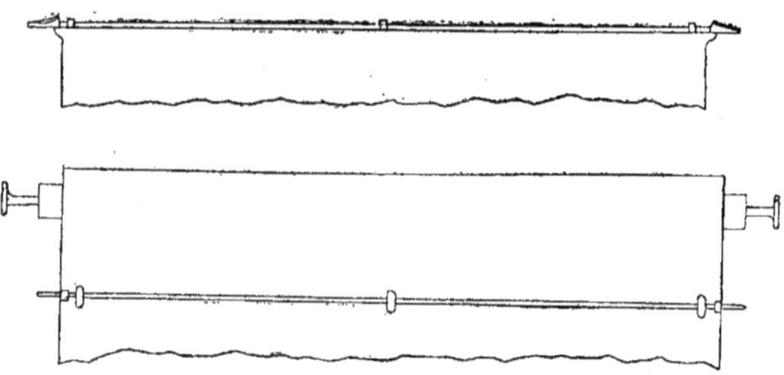

Fig. 983 et 984. — Wagon à marchandises non éclairé et muni de conduite de gaz. — Elévation et plan.

semble un tronçon de trains complet avec les différents véhicules vus plus haut.

En résumé, et en mettant à part les chances de fuite ou d'accident que présente l'emploi du gaz, l'intérêt et l'amortisse-ment des frais de premier établissement de ce système d'éclairage, ainsi que les dépenses d'entretien de ces installations, peuvent influer d'une manière très sérieuse sur le prix de revient de l'unité de lumière, et l'emporter de beaucoup sur les écono-mies que l'on peut réaliser par suite de la réduction éventuelle du personnel des lam-pistes, dont le travail devient plus facile.

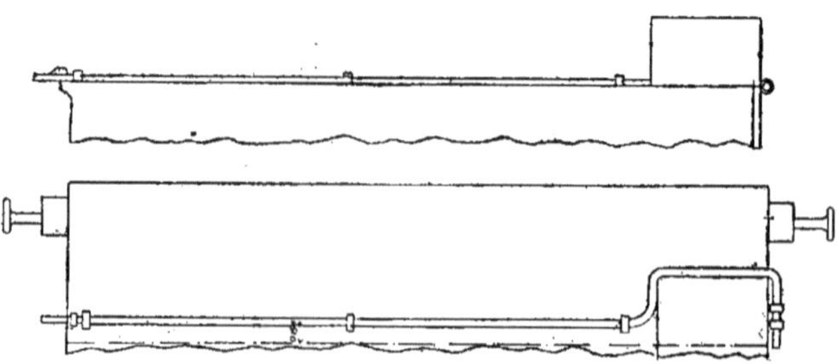

Fig. 985 et 986. — Voiture à guérite, non éclairée, avec conduite de gaz. — Elévation et plan.

548. L'éclairage au gaz riche donne complète satisfaction; mais il a l'inconvé-nient d'augmenter le poids mort des trains, de nécessiter des installations fixes spé-ciales assez coûteuses, et des roulements quelquefois gênants des véhicules, qui doivent être ramenés à certains points d'attache; si l'on ne veut se résoudre à mul-tiplier les grands réservoirs mobiles d'ap-provisionnement répartis sur le réseau.

Néanmoins, la simplicité incontestable du système, ses avantages de propreté, l'ont fait adopter sur un assez grand nombre de réseaux (*Congrès de Milan* 1887).

Éclairage système Pintsch.

548. Le système d'éclairage de M. Pintsch, de Berlin, consiste à trans-former à l'état gazeux par une décomposition à température élevée, les huiles lourdes et les corps gras minéraux de diverses provenances.

Cette opération se fait dans deux cornues en fonte AD (*fig.* 988) renfermées dans un four spécial et réunies par un fond commun.

L'huile minérale est renfermée dans un réservoir supérieur B d'où elle s'écoule dans un entonnoir communiquant avec le fond de la cornue A : l'admission est réglée par une sorte de robinet à vis, suivant la rapidité de la décomposition.

Au lieu de laisser tomber l'huile goutte à goutte dans la cornue, ce qui amènerait une usure locale, on la reçoit sur un pla-

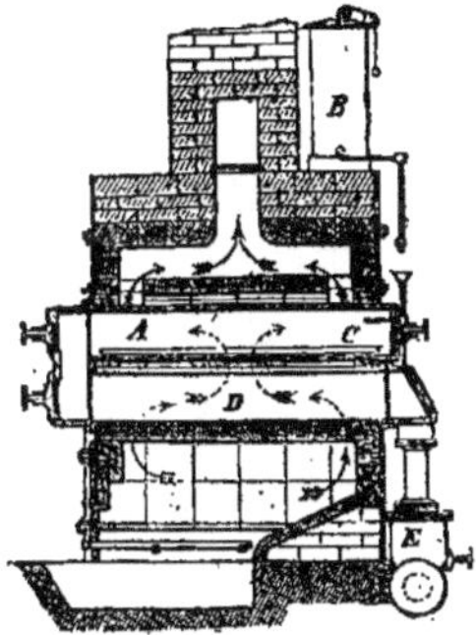

Fig. 988. — Cornue à gaz, système Pintsch.

teau de tôle AC qui a en outre l'avantage de concentrer sur sa surface le résidu charbonneux de la décomposition : on le retire de temps en temps par la porte pour le nettoyer, et l'on évite ainsi l'engorgement de cette partie de l'appareil.

La transformation de l'huile en gaz se continue ensuite dans la cornue inférieure D plus voisine du foyer et dont la température est plus élevée. Il y a d'ailleurs trois types de cornues, suivant la production du gaz que l'on désire. Voici leurs sections transversales :

$$0{,}260 \times 0{,}260$$
$$0{,}175 \times 0{,}175$$
$$0{,}130 \times 0{,}130$$

Le gaz définitif se produit à la partie inférieure et s'écoule par une vanne E dans

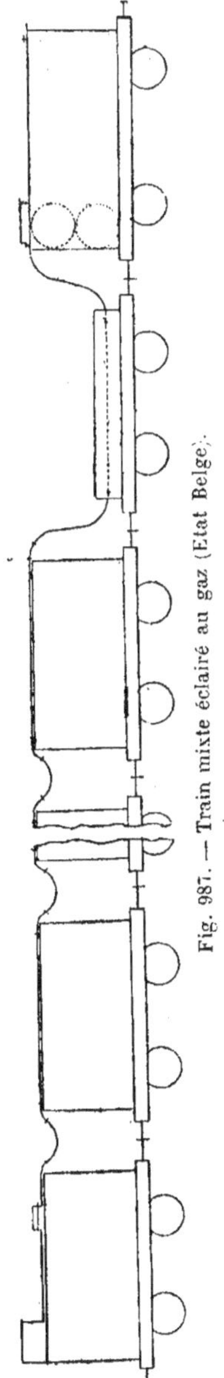

Fig. 987. — Train mixte éclairé au gaz (État Belge).

une conduite qui la conduit au réservoir. Bien entendu, il est soumis, comme le gaz de houille ordinaire, à une épuration qui le débarrasse des matières goudronneuses, sulfureuses et de l'acide carbonique entraînés. Le gaz brûle donc avec une flamme blanche, pure et non charbonneuse.

Le chauffage des cornues a lieu au coke, au lignite ou à la houille ; les différentes matières employées donnent les quantités de gaz suivantes, pour 100 kilogrammes de substance dans la cornue :

Huile de paraffine.	30	mètres cubes.
Pétrole du Caucase	29	»
Résidu de pétrole.	28,5	»
Huile de colza....	28	»
Pétrole brut......	24	»

Bien entendu, l'huile de colza n'est indi-quée ici que comme terme de comparaison, son prix étant de huit à dix fois plus élevé que les autres corps qui donnent autant de gaz.

La quantité de gaz produit par heure varie naturellement avec les dimensions des cornues, voici à ce sujet quelques chiffres :

Cornue de 0^m,260. 8 à 15 mètres cub.
    —   0 ,175. 4 à 8   —
    —   0 ,130. 3,5 à 5   —

Ce gaz peut être employé partout dans les villes, les usines et les gares, et sous la pression ordinaire de 25 à 44 milli-mètres d'eau. Pour s'en servir dans l'éclai-rage des trains de chemins de fer ou les tramways, on le comprime à une pression voisine de 6 à 10 atmosphères qui permet d'emmagasiner, sous un très petit volume,

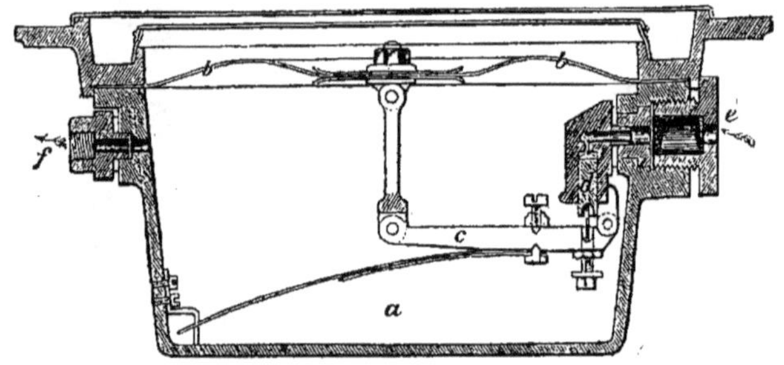

Fig. 989. — Eclairage au gaz Pintsch. — Régulateur.

la quantité de gaz exigée pour un assez long trajet.

Mais cela entraînait en même temps une difficulté, c'était de le faire néanmoins brûler sous une faible pression, afin d'évi-ter une consommation exagérée. Ce résul-tat est obtenu au moyen d'un régulateur spécial (*fig.* 989).

549. *Régulateur.* — Ce régulateur se compose d'une caisse conique en fonte *a* de 0^m,250 de diamètre et de 0^m,160 de hauteur.

A la partie supérieure se trouve une membrane *b* imperméable au gaz et qui porte en son milieu une tige articulée *c* reliée à une soupape *d* par laquelle entre le gaz pour sortir en *f*.

L'entrée du gaz a lieu tant que la mem-brane peut se gonfler, et jusqu'au moment où ce gonflement arrive à entraîner le levier qui ferme le tuyau. Le gaz empri-sonné dans la caisse se détend alors et brûle à une pression faible, mais décrois-sante, jusqu'au moment où l'aplatissement de la membrane fait ouvrir de nouveau le tuyau d'arrivée.

Le poids de la membrane et la disposi-tion du levier sont équilibrés à ce point que la flamme des becs brûle très réguliè-rement malgré les chocs et les secousses auxquels un semblable appareil est évi-demment exposé dans un wagon de che-min de fer. Pour éviter la poussière et l'humidité extérieures, la membrane est protégée à la partie supérieure par un couvercle qui ferme la boîte. Un semblable appareil peut fonctionner comme détendeur de 120 atmosphères à 2, mais il sert plus ordinairement pour faire passer la pression de 6 atmosphères à 25 millimètres d'eau. Il y a un de ces appareils par wagon ; on le place à côté des réservoirs à gaz, le plus souvent sous les châssis et entre les deux paires de roues.

550. *Lampes.* — Le gaz que l'on emploie étant très riche, il peut brûler sous une faible pression ; mais, par cela même, il est assez exposé à s'éteindre sous l'action des courants d'air violents, comme il peut s'en produire dans les trains en marche. Il était donc nécessaire d'avoir une disposition spéciale de brûleur.

La lampe employée (*fig.* 990) est termi-

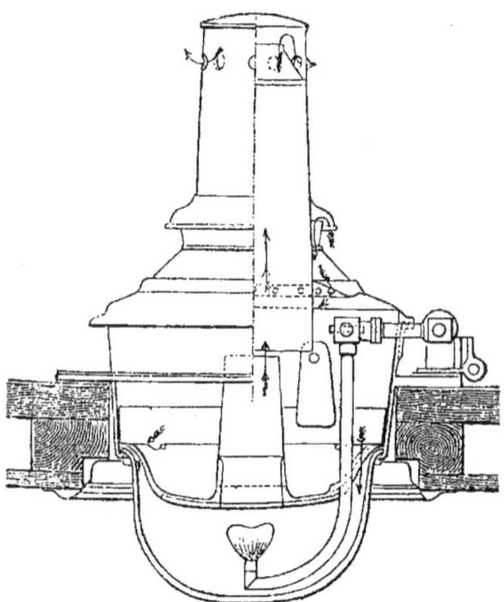

Fig. 990. — Éclairage au gaz Pintsch. — Lampe.

née par une cheminée conique dans laquelle passent les produits de la combustion. L'air d'alimentation pénètre d'abord par une couronne de trous et vient choquer la cheminée conique contre laquelle sa vitesse se brise. Il descend ensuite en se détendant jusqu'à la convexité du globe de verre, qui termine la lanterne du côté du plafond de la voiture, et de là, il alimente la combustion du gaz d'une manière calme, quelles que soient la vitesse du train et l'intensité du vent.

Quant aux produits de la combustion,

ils sortent à la partie supérieure de la cheminée par une couronne de trous, qui a pour but d'empêcher l'extinction du bec par le refoulement des gaz brûlés.

Ce système d'éclairage est beaucoup plus économique que l'huile et même le pétrole, et présente moins de chance d'incendie (*Génie civil*, d'après les *Glazer's Annalen*, 1884).

Lampe anglaise à récupérateur.

551. La lampe à récupérateur employée couramment aujourd'hui dans les Compagnies anglaises est représentée figure 991.

Le gaz arrive par l'orifice A situé dans

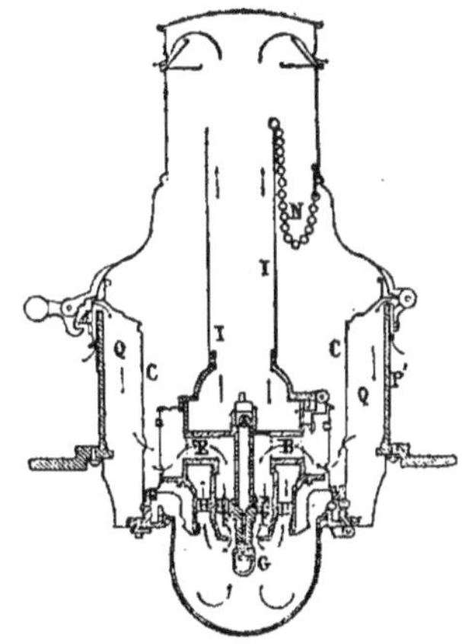

Fig. 991. — Lampe anglaise à récupérateur.

l'axe de l'appareil ; de là il est conduit par le tube central au brûleur R. Les produits de la combustion passent, à une température très élevée, de la lampe dans le chemin annulaire H, et sortent par la cheminée I. L'alimentation de l'air se fait par des orifices ménagés dans la monture P, d'où il descend par l'espace annulaire Q, et par d'autres trous dans la chambre C. Ici le courant se divise : une partie passe par E et F et entoure le tube central, tandis que le reste est dirigé en bas et contourne le globe en verre, comme l'indiquent les flèches courbes ; le globe reste ainsi froid et clair. On voit qu'au contraire le courant d'air froid circule, avant d'arriver aux brûleurs autour du passage H, le long duquel les produits de la combustion s'échappent ; la température de l'air est ainsi considérablement élevée avant qu'il n'atteigne la flamme.

On allume en renversant le haut de l'appareil et faisant basculer la cheminée I au moyen de la chaîne N ; on découvre de cette façon la barre du passage H. Le robinet du gaz étant ouvert, ce passage se remplit d'un mélange inflammable, et en l'allumant, la flamme se porte sur le brûleur (*Revue Industrielle*, 1893).

Lampe Pintsch américaine.

552. La lampe Pintsch usitée en Amérique diffère un peu de la précédente.

La coupe inférieure en verre V est supportée par un anneau B et un joint d'amiante

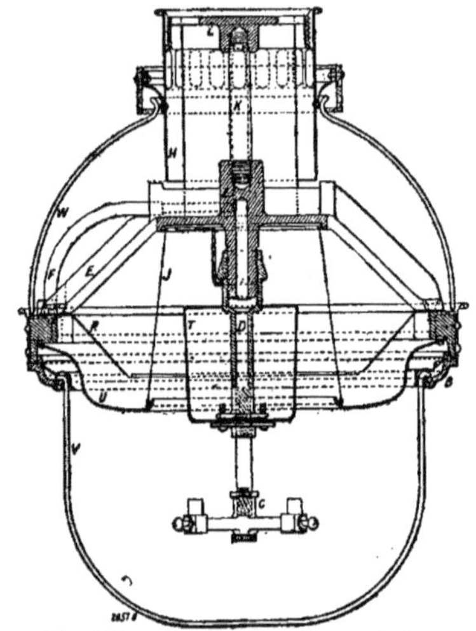

Fig. 992. — Lampe Pintsch américaine.

empêche les rentrées d'air du dehors. Une couronne en fonte extérieure supporte les bras E, auxquels elle est reliée par des vis : elle porte, en outre, à la partie inférieure un réflecteur U en tôle émaillée et à la partie supérieure un entonnoir en étain R. Le bras en fonte E et le réflecteur servent en même temps de support à une cheminée J en mica (*fig.* 992).

A la partie supérieure se trouve un disque en fonte percé de quatre ouvertures surmontant chacune une petite cheminée en tôle par laquelle s'échappent au dehors les produits de la combustion. Ces cheminées sont maintenues en place par l'anneau L et le poteau K. L'anneau L est fileté à la partie extérieure, et un cylindre H, qui supporte la couronne ornée du dôme extérieur, vient se visser sur cet anneau. Une bague d'amiante fixée au cylindre H et appuyée contre le dôme W fait joint aussi hermétique que possible tout en permettant les dilatations.

Au centre se trouve le tube d'arrivée du gaz D, une coupe réflecteur T et le bec proprement dit C. Le gaz est amené au bec par le tube F dans la partie horizontale d'un des bras de suspension, puis descend de là verticalement par le centre de la lampe et jusqu'aux brûleurs.

L'air nécessaire à la combustion arrive par une série de trous disposés sur la paroi latérale du cylindre H, descend le long des quatre cheminées vues plus haut et de là dans l'espace existant entre la cheminée en mica et le dôme W. Pour sortir de cet espace, il est à nouveau obligé de repasser par le centre dans l'espace annulaire entre le diaphragme R et la cheminée J, pour gagner ensuite la partie comprise entre le diaphragme R et le réflecteur U. Il revient alors vers l'anneau de fonte supportant la coupe de verre et le dôme et traverse le réflecteur par une couronne de trous disposés le long de cet anneau. De là, il redesend vers la flamme. Ces diverses circonvolutions lui permettent d'atteindre cette dernière avec une température déjà élevée, ce qui produit une flamme entièrement blanche et brillante. Il en résulte en même temps une grande fixité de celle-ci. Les courants d'air qui tendraient à s'établir étant forcément brisés par les nombreux détours que fait l'air avant d'arriver aux brûleurs.

Les produits de la combustion suivent le chemin inverse, passant dans l'espace annulaire entre les réflecteurs U et T, à l'intérieur de la cheminée en mica J, dans les petites cheminées I et s'échappent au dehors à peu près au point où entre l'air extérieur. Ces deux éléments, air extérieur et produits de la combustion, circulent donc rigoureusement à la rencontre l'un de l'autre effectuant ce qu'on appelle une marche *méthodique*.

Enfin, la réflection de la lumière dans le compartiment est aussi satisfaisante que possible, toutes les pièces portant ordinairement de l'ombre se trouvant ici à la partie supérieure de la lampe et les réflecteurs renvoyant nettement la lumière vers la partie inférieure du véhicule.

Comparaisons entre les différents systèmes d'éclairage au gaz.

553. D'après une communication faite à Swindon (Angleterre), par M. Riley, ingénieur du Great Western Railway, voici le résultat des essais de l'éclairage au gaz des wagons de Compagnies de chemins de fer.

Il est question de l'emploi du gaz de houille ·comprimé ou non au préalable, du gaz de houille comprimé et carburé, du gaz riche comprimé extrait du cannel-coal et enfin du gaz d'huile comprimé.

Le gaz riche n'a donné lieu qu'à des essais non suivis d'application, et le prix élevé du cannel de plus en plus rare, n'engage pas à les continuer.

Restent le gaz de houille et le gaz d'huile, entre lesquels l'hésitation n'est guère possible, d'après les expériences suivantes :

Essais de brûleurs à gaz d'huile pour wagons.

BRULEUR	CONSOMMATION	POUVOIR ÉCLAIRANT	
		total	par 28 litres.
Triple.	42 litres	18.67	5.78
»	56 »	11.18	5.59
»	70 »	19.52	7.80
Double.	28 »	8.20	8.20
»	42 »	13.25	8.54
»	56 »	17.08	8.54
Simple.	9 »	3.70	7.40
»	21 »	5.52	7.36
»	28 »	7.56	7.56

La bougie anglaise vaut selon les auteurs de 0,112 à 0,135 de carcel.

La compression fait perdre au gaz de houille au moins le tiers de son pouvoir éclairant: c'est la seule cause de son inutilisation dans le cas présent.

Le succès est donc tout entier pour le gaz d'huile, succès qui est dû, en dehors de ses qualités propres, à la persévérance des constructeurs de matériel d'éclairage. On ne compte pas moins aujourd'hui de 165 usines à gaz d'huile, spécialement affectées au service des chemins de fer et quelquefois des tramways. Le nombre des wagons outillés dans ce but est de 50 354 possédant 200 000 lampes à gaz d'huile, installées principalement par la Compagnie Pintsch et par MM. Pope et Cie. Presque tous les trains qui desservent l'intérieur et les environs de Londres, n'ont pas d'autre éclairage, et les trains de grandes lignes en sont progressivement dotés.

Emploi du gaz carburé.

554. Pour éviter l'inconvénient que présente l'emploi d'un gaz spécial, et la dépense que nécessite sa fabrication, on a essayé le gaz ordinaire, en le carburant au bec par le système Livesey, le système Barbier, etc. Ainsi, en employant le système Livesey qui consiste à carburer le gaz par la naphtaline, on constate qu'avec un bec dépensant 44^{lit},5 de gaz sous une pression de 25 millimètres d'eau, on obtient une intensité de 0,88 de carcel suffisante pour l'éclairage d'un compartiment de 1re classe, ce qui représente une consommation de 50^{lit},6, soit une dépense de 0^{lit},025 par carcel et par heure, bien inférieure à la consommation et à la dépense du gaz riche.

Le gaz carburé donne d'ailleurs comme le gaz riche une flamme éclatante, peu étendue, et dégageant moins de chaleur que ne le ferait la quantité de gaz ordinaire capable de donner une même intensité lumineuse, et il a de plus l'avantage de ne pas s'appauvrir comme le gaz riche, en déposant dans les conduites une certaine quantité de matières carburées.

Comparaison des divers systèmes d'éclairage.

555. Des expériences résumées dans des diagrammes ont été faits au chemin de fer du Nord pour comparer l'emploi du gaz, du pétrole et de l'huile végétale, en prenant pour base un éclairage déterminé, soit par exemple un carcel.

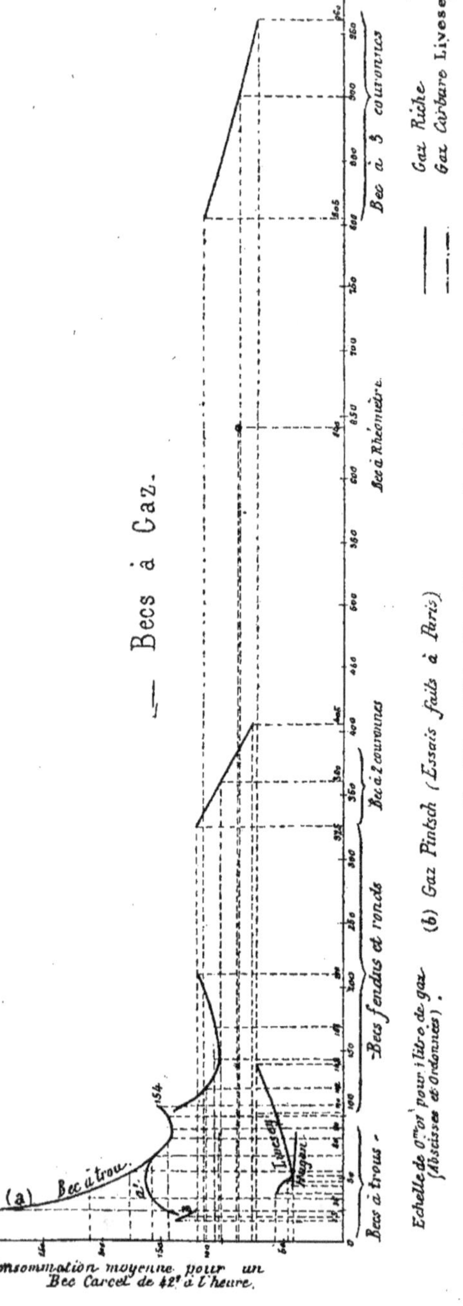

Fig. 993. — Effets utiles obtenus par l'emploi du gaz.

On voit tout d'abord (*fig.* 993 à 995) qu'il faut en consommer une quantité très variable, non-seulement selon que l'on emploie l'une ou l'autre de ces matières, mais encore suivant la puissance du bec que l'on veut appliquer (M. Ratuld, déjà cité). Les courbes *a* et *a'* indiquent les essais faits sur les becs de gaz à trous; la première montre les dépenses correspondantes à des flammes assez belles et stables; la seconde courbe correspond à des flammes molles. La pression au bec varie de 16 à 40 millimètres et la hauteur de la flamme de 67 à 150 millimètres, chiffres trop importants pour que l'on puisse tenter d'appliquer ces becs à l'éclairage des voitures.

Pour le gaz carburé Livesey, les expériences sont incomplètes, il manque toute une série d'essais sur des becs dépensant de 50 à 140 litres à l'heure, et encore le bec correspondant à ce dernier chiffre ne représente évidemment pas le dernier perfectionnement que l'on puisse atteindre.

Le gaz Pintsch (courbe *b*) à été mesuré à Paris à cinq heures du soir, lorsque les réservoirs avaient été remplis à Aix-la-Chapelle à minuit, ce qui représente un délai de dix-sept heures, qui a eu certainement une influence nuisible sur les résultats. Cela démontre d'ailleurs, combien ce gaz a besoin d'être employé immédiatement après le remplissage des réservoirs et combien sa fabrication exige de soins. Ajoutons que les essais en question ont été renouvelés plusieurs fois et se sont toujours trouvés en contradiction avec des expériences faites en Allemagne.

Ainsi qu'on le voit d'après ces épures sommaires, pour toutes les matières, la consommation par carcel diminue en général, à mesure que croît la puissance du bec, et pour de faibles communications, la loi de décroissance est très sensible. Elle est plus accentuée pour le gaz ordinaire, un peu moins pour les gaz riches, très régulière pour l'huile de colza; à partir de la dépense de 40 grammes, il n'y a que le pétrole qui fasse exception, et qui paraisse donner un maximum d'utilisation pour une consommation de 20 grammes à l'heure au bec plat, et de 60 grammes au bec rond.

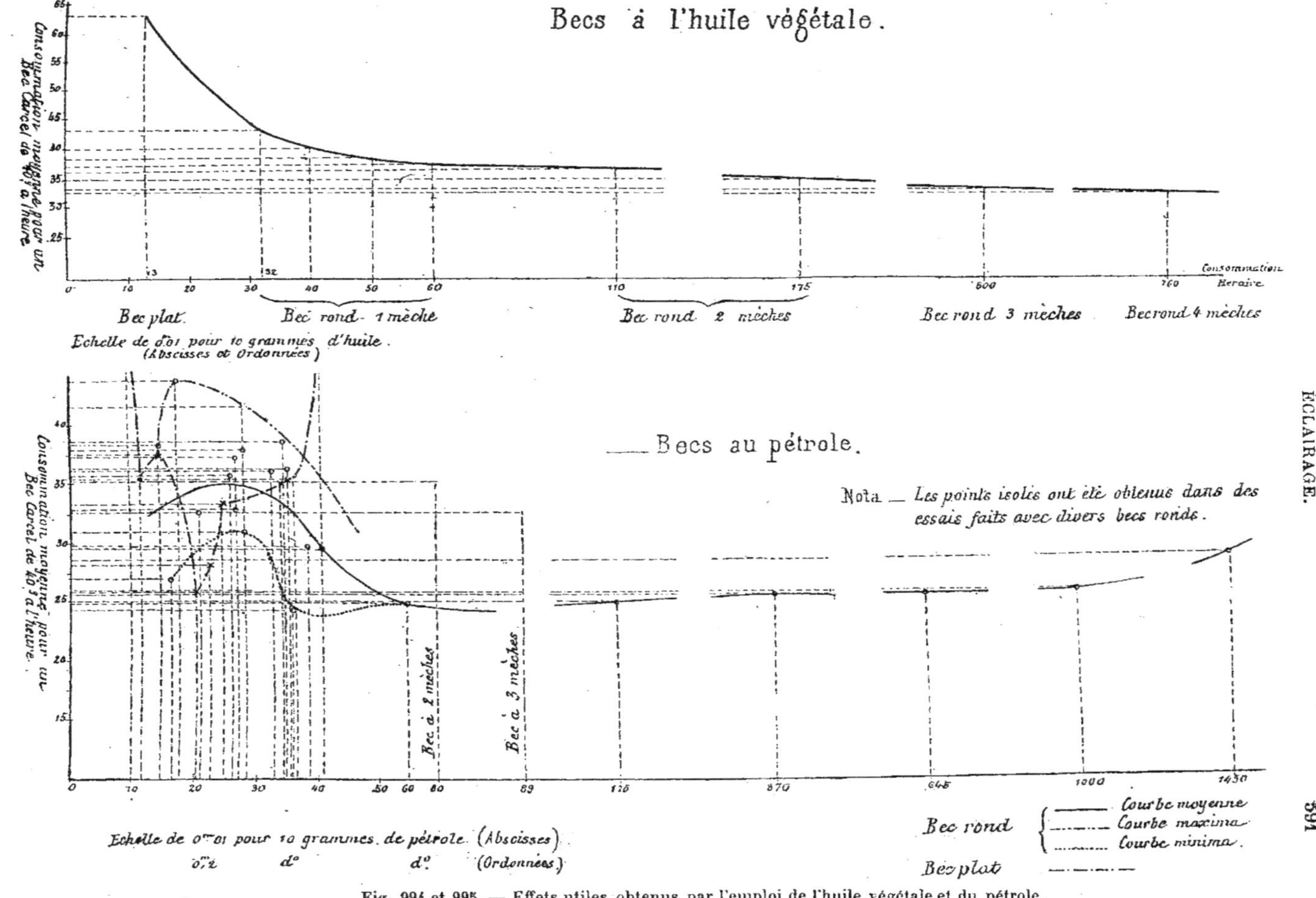

Fig. 994 et 995. — Effets utiles obtenus par l'emploi de l'huile végétale et du pétrole.

On remarque aussi que le bec rond muni d'un verre est toujours plus avantageux que le bec plat, et que cet avantage est surtout sensible pour l'huile de colza.

On conclut de la comparaison précédente qu'au point de vue économique l'emploi de l'une de ces matières peut paraître, dans certains cas, très avantageux, mais être impraticable, parce que cette supériorité ne se fait souvent sentir qu'en dehors des limites de dépenses qui rendent ces applications possibles pour l'éclairage des voitures. Il y a donc lieu de calculer en outre comment se comporteraient ces diverses matières dans des becs d'une puissance analogue à ceux que l'on emploie pour l'éclairage des voitures.

Le tableau page 593, donne la comparaison des prix de la lumière obtenue avec les diverses matières précédentes, en prenant pour point de départ les becs à huile végétale généralement usités.

On exclut de ce tableau que :

En prenant pour point de départ le prix réduit de l'éclairage d'un bec plat à l'huile végétale, les quantités de gaz riche qu'on aurait pour ce prix seraient trop faibles pour qu'il fût possible de les employer pratiquement.

En prenant pour point de départ le prix de l'éclairage d'un bec rond à l'huile végétale, les quantités de gaz riche qu'on aurait pour ce prix donneraient une intensité lumineuse inférieure à celle qu'on obtient avec ce bec rond à l'huile.

Seul le gaz carburé Livesey peut entrer en comparaison, au même titre du reste que le pétrole, tandis que l'emploi de gaz riche ne permet de réaliser une amélioration dans l'éclairage des voitures qu'au prix d'une forte élévation dans la dépense. Au-dessous de 0,8 carcel, limite généralement suffisante, le gaz riche devient plus cher que l'huile, et d'ailleurs, il serait matériellement impossible de l'employer pour produire une lumière aussi faible que celle d'un petit bec plat, sans compter les autres inconvénients déjà cités.

Les considérations précédentes font ressortir les motifs pour lesquels on a généralement conservé, en France, la préférence à l'huile végétale. Ce sont :

1° L'absence de tout danger dans l'emploi ;

2° La possibilité d'en faire avantageusement usage dans des becs d'intensité réduite ;

3° Le bas prix des installations qu'elle nécessite.

Éclairage à l'acétylène.

556. Les progrès réalisés dans la fabrication industrielle de l'acétylène et son emploi qui tend aujourd'hui à se répandre de plus en plus pour l'éclairage courant, devaient tenter les ingénieurs de chemins de fer.

Divers essais d'application de l'acétylène aux voitures ont en effet été tentés surtout en Allemagne.

Il resulte des derniers essais que l'acétylène pur semble présenter trop de dangers d'explosion pour être employé seul à l'éclairage des trains. Mais un mélange de 30 0/0 d'acétylène et de 70 0/0 de gaz d'huile ne présente aucun danger. Avec 20 0/0 d'acétylène, le pouvoir éclairant de la flamme a déjà triplé.

En comptant l'acétylène à 2 fr. 50 le mètre cube sous la pression ordinaire des réservoirs de voitures, et le gaz d'huile à 0 fr. 50 le mètre cube dans les mêmes conditions, la bougie-heure revient à 0 fr. 246 avec le gaz d'huile pur et 0 fr. 15 avec un mélange de 20 0/0 d'acétylène.

L'emploi de ce dernier dans ces conditions a, de plus, l'avantage de ne rien changer au matériel actuel, les mêmes réservoirs et les mêmes becs pouvant servir indifféremment à l'éclairage au gaz d'huile, ou à l'acétylène.

ÉCLAIRAGE ÉLECTRIQUE

557. *Conditions générales.* — Nous avons vu précédemment les phases par lesquelles a successivement passé la difficile question de l'éclairage des voitures de chemin de fer : d'abord l'éclairage à l'huile avec des lampes à becs plats auxquelles ont succédé les lampes à bec rond, puis l'éclairage au gaz ordinaire, rapide-

DÉSIGNATION DES MATIÈRES	EXEMPLES D'APPLICATION	PRIX de L'UNITÉ (MÈTRES CUBES OU KILOGR.)	DÉPENSE PAR BEC — MÈTRES CUBES OU KILOGR.	DÉPENSE PAR BEC — FRANCS	Pouvoir éclairant du bec employé ou proposé	DÉPENSE PAR CARCEL calculée en : — MÈTRES CUBES OU KILOGR.	DÉPENSE PAR CARCEL — FRANCS	QUANTITÉ DE LA MATIÈRE que l'on pourrait avoir pour : 0.012325	QUANTITÉ DE LA MATIÈRE que l'on pourrait avoir pour : 0.0272	OBSERVATIONS
Gaz de Turin	Chemin de Turin à Modane.	2.72 (1)	m³ 0.04 (1)	0.1088	1.7 (1)	m³ 0.0234	0.064	m³ 0.0046	m³ 0.01	(1) Extrait des *Annales des Ponts et Chaussées* 1877.
Gaz Pintsch	Chemin de la Hᵗᵉ-Silésie, de Berg-Marche, Métropolitain. de Londres.	1.25	0.02 (2)	0.025	0.14 (2)	0.138	0.1725	0.0098	0.021	(2) Essai fait à Paris, dix-sept heures après le remplissage du réservoir.
Gaz Hugon	Essais d'Orléans.	1 »	0.035	0.04	»	0.04	0.04	0.01232	0.0272	
Gaz Cambrelin	État-Belge	0.92	0.026	0.02392	»	»	»	0.0133	0.03	Renseignements incomplets; mais, en tous cas, le pouvoir éclairant résultant des chiffres des deux dernières colonnes est inférieur à 0 carcel 8.
Gaz ordinaire carburé par la naphtaline Livesey	Essai du Laboratoire du Chemin de fer du Nord.	0.3236 (3)	0.051	0.01905	1.25	0.0408	0.015242	0.033	0.072	
Pétrole, bec rond	Id.	k. 0.60	k. 0.036	0.0216	1.47	k. 0.02449	0.014694	k. 0.0205	k. 0.045	(3) La dépense de la naphtaline solide, fournie par la maison Livesey, est de 0ᵏ,08 par mètre cube de gaz; elle se paye 0ᶠ,92 le kilogramme. Ce qui donne une dépense par mètre cube de gaz de 0ᶠ,0736, et le prix total du gaz carburé, acheté à Paris, serait de 0ᶠ,3736.
Id. plat	Id.	0.60 (4)	0.022	0.0132	0.82	0.0268	0.01608	0.0207	0.045	
Huile, bec plat	Chemin de fer du Nord.	0.85	0.0145	0.012325	0.23	0.06395	0.054272	0.01452	0.32	
Id. rond	Id.	0.85	0.032	0.0272	0.74	0.0432	0.03672	0.0145	0.32	(4) Prix actuels; il est à remarquer que ces prix vont toujours en décroissant.

ment remplacé par le gaz riche. Aujourd'hui, de tous côtés, on fait des tentatives d'éclairage électrique.

La difficulté de transporter un matériel spécial destiné à la fabrication de l'électricité au lieu de puiser le fluide le long des conducteurs comme pour certains tramways, a conduit peu à peu à faire usage d'accumulateurs;

Là encore la difficulté était de trouver des accumulateurs d'une capacité suffisante assez légers et pourtant très robustes.

Le mode d'éclairage à l'électricité présenterait cependant sur ceux qui sont actuellement en usage, c'est-à-dire l'huile de colza, le gaz d'huile comprimé ou le pétrole, des avantages incontestables au point de vue de l'intensité et de la fixité de la lumière, conditions réclamées par le voyageur.

Mais le problème est beaucoup plus compliqué qu'il ne paraît au premier abord; indépendamment de la question de prix de revient, qui est également à considérer, et malgré les efforts tentés par les Compagnies, on n'est pas encore arrivé à une solution absolument satisfaisante.

La première question que se posèrent les ingénieurs fut de connaître l'intensité lumineuse à donner aux lampes électriques à incandescence, les seules pratiques dans des compartiments des voitures de chemin de fer, pour éclairer d'une façon au moins égale à une lampe à huile ordinaire.

Les expériences ont été faites en Suisse, où la facilité de se procurer à bon compte de l'énergie électrique, grâce aux forces naturelles utilisables a poussé les techniciens à marcher de l'avant. On prit pour cela une voiture attelée au train de voyageurs qui circule entre Zurich et Richtenweil; cette voiture avait quatre compartiments : un coupé de 1re classe, un compartiment de 2e classe avec 16 places, et au milieu un cabinet de toilette. Dans chaque compartiment et au milieu du plafond, était placée une lampe à incandescence; une autre était disposée sur chaque plate-forme aux deux extrémités de cette longue voiture; ces dernières ne s'allumaient que pour la montée et la descente.

L'éclairage était obtenu au moyen d'une batterie d'accumulateurs composée de huit éléments présentant assez de capacité électrique pour durer dix-huit heures sans avoir besoin de rechargement. Ces accumulateurs étaient renfermés dans un coffre en bois placé sous les planchers de la voiture et présentaient un poids total de 150 kilogrammes.

Il résulte de ces expériences qu'une lampe à huile ordinaire peut être remplacée par une lampe à incandescence de 6 bougies, ce qui n'a pas paru suffisant. Une lampe de 10 bougies permet très bien de lire les plus petits caractères d'un journal, quand on la munit d'un bon réflecteur. En résumé, la force de 8 bougies peut être adoptée comme moyenne.

558. *Divers modes d'éclairage électrique des trains.* — En somme, cet éclairage peut être obtenu :

1º Par une dynamoélectrique placée sur la locomotive et actionnée par un moteur alimenté par la vapeur de la machine elle-même ;

2º Par des piles électriques ordinaires ou primaires ;

3º Par des piles secondaires ou accumulateurs ; ceux-ci peuvent être chargés par une dynamo actionnée par le mouvement du train lui-même, ou par un moteur spécial placé soit sous la locomotive, soit sur le tender ou sur un wagon, et empruntant la vapeur qui lui est nécessaire soit à la chaudière de la locomotive, soit à une chaudière spéciale ;

4º Enfin par des accumulateurs chargés dans des stations fixes.

PREMIÈRE MÉTHODE.

Le premier système a été essayé en Angleterre et en Russie : voici en particulier comment il a été appliqué au train impérial russe.

559. *Éclairage électrique du train impérial russe.* — La Compagnie du chemin de fer de Moscou-Komsk a installé dans ces dernières années l'éclairage électrique sur le train spécial dans lequel l'Empereur de Russie parcourt les voies ferrées de la partie sud de l'Empire russe.

Dans le fourgon à bagages, deux compartiments ont été réservés à chaque extrémité. Dans l'un d'eux l'on place une chaudière multitubulaire avec ses accessoires et ses appareils d'alimentation, ainsi que des caisses à eau et à charbons; dans l'autre se trouve une machine dynamo dont l'arbre est actionné directement par un moteur à vapeur, ainsi qu'une batterie d'accumulateurs et les tableaux de distribution nécessaire. Une canalisation électrique partant du compartiment de la dynamo règne tout le long du train, et c'est sur cette canalisation que sont branchées toutes les lampes à incandescence en dérivation. Ces lampes sont au nombre de 150 de 10 bougies. La dynamo fournit un courant de 110 ampères et le voltage aux lampes est de 50 volts.

Dans d'autres tentatives analogues, la machine et la dynamo ont été installés sur le tender. Il est évident que ce système donne lieu à de graves objections ; ainsi, notamment au moment du découplement de la locomotive et jusqu'à ce qu'elle soit reliée au train, toutes les voitures sont dépourvues de lumière; de même, si un accident se produit en cours de route à la machine, et que la remorque doive se continuer avec une locomotive de secours, non agencée dans ce but, le train peut rester dans l'obscurité pendant tout le reste du parcours.

Le placement dans un fourgon de l'ensemble des appareils générateurs d'électricité réalise déjà un progrès, mais il exige encore un fil conducteur continu, et par suite le danger de plonger le train tout entier dans l'obscurité au moindre accident.

On en arrive donc rapidement à conclure que, *a priori*, il est indispensable de fournir à chaque véhicule sa source spéciale d'électricité, soit par une petite dynamo, soit par des accumulateurs.

En outre, il faut apporter au système actuel de lanternes le moins de modifications possible.

560. *Expériences en Angleterre.* — En Angleterre, ont eu lieu des expériences qui ont eu principalement pour but de se rendre compte de l'emplacement strictement nécessaire à l'ensemble du moteur et de la dynamo et au poids de cet ensemble.

L'espace occupé par les différentes installations ne varie guère ; il est, en général, de $1^m,50 \times 2^m,25 = 3^m,40$, avec un développement de $0^m,90$ en hauteur. Quant au poids, il varie de 685 à 1 371 kilogrammes, comme on peut s'en rendre compte ci-dessous, d'après les divers systèmes employés :

Machine Ringg et dynamo Holmes.................... 1 371 kil.
Machine Brotherhood et dynamo Holmes.............. 1 054 »
Machine Wervel et dynamo Kapf.................... 787 »
Turbo-moteurs Parsons... 685 »

La dynamo et son moteur sont placés sur le tender ; la vapeur est empruntée à la chaudière de la locomotive et arrive, par un tuyau muni d'un robinet, à la disposition du mécanicien. L'ensemble de la dynamo et du moteur est renfermé dans un coffre.

561. *Conclusion.* — Éclairer un train à l'électricité au moyen d'une dynamo placée sur la locomotive, avec moteur alimenté par la vapeur de la chaudière, ou d'une dynamo et d'un moteur avec chaudière logés dans un fourgon spécial, c'est s'exposer à priver tout ou partie du train de lumière, lorsqu'on changera de locomotive ou qu'on détachera un wagon, sans parler des avaries ou des accidents. En commandant la dynamo par un des essieux du fourgon, on peut à la rigueur obtenir du courant en marche normale ; mais, pour les ralentissements et les arrêts, il faut une réserve, sous peine de se trouver dans l'obscurité. La pile ou l'accumulateur s'impose donc si l'on veut assurer à tous les wagons un éclairage indépendant des besoins de l'exploitation.

2e MÉTHODE

562. *Éclairage par l'emploi des piles primaires.* — L'éclairage par des dynamos portées par le train lui-même, n'ayant pas été reconnu pratique, la première idée qui ait dû se présenter à l'esprit des ingénieurs est celle d'employer des piles.

En 1886-1887, des essais ont été effectués par la Compagnie des Chemins de fer de l'Est, entre Paris et Orléans, et la Compagnie Internationale des wagons-lits, entre Paris et Bruxelles, avec des piles au bichromate de soude, système Desruelles. Ces tentatives restèrent sans succès pour différents motifs : d'abord le supplément important du poids mort, nécessaire à

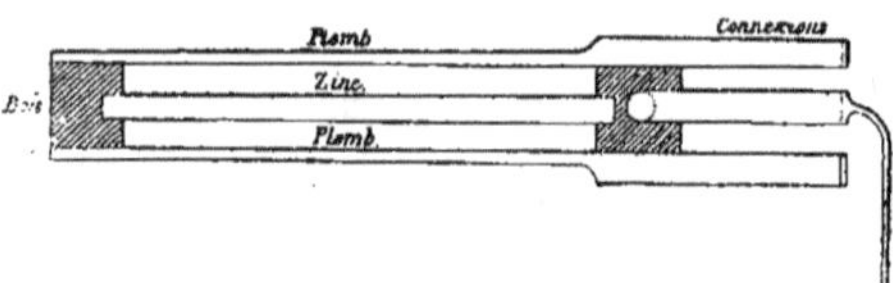

Fig. 996. — Eclairage électrique. — Plan d'un élément.

ajouter à chaque véhicule au dessous du plancher; puis la difficulté et le danger de manier des appareils renfermant des li-

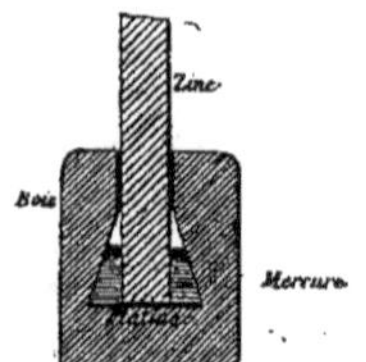

Fig. 997. — Eclairage électrique. — Coupe de la gouttière inférieure.

quides aussi corrosifs; enfin, le prix élevé du courant formé par ces piles.

Plus récemment, la Compagnie de l'Est

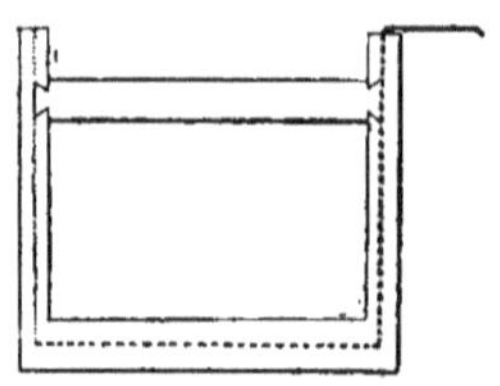

Fig. 998. — Eclairage électrique. — Cadre en bois de prise de courant.

a repris ces essais, en employant une pile spéciale conçue par M. de Méritens et spécialement destinée à l'éclairage des trains. Chaque élément comprend un zinc amalgamé, entre deux lames de plomb

platiné placées dans un auget : les lames de plomb sont percées de trous obliques, sans enlèvement de matières, qui en augmentent considérablement la surface et facilitent l'échappement de l'hydrogène.

Les deux lames de plomb sont placées de part et d'autre d'un cadre en bois à feuillure, recevant la feuille de zinc (*fig.* 996). La partie inférieure du cadre est une sorte de longue gouttière, renfermant quelques

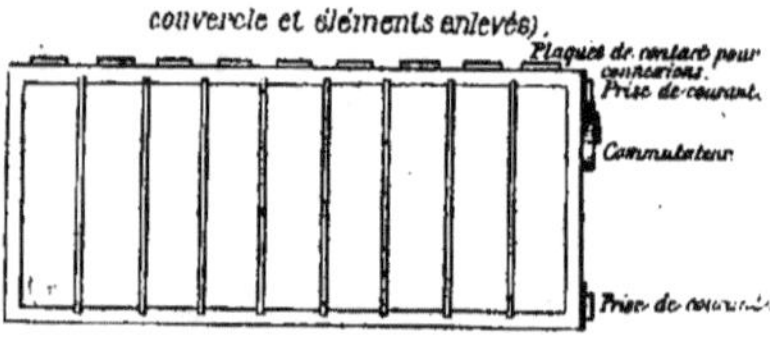

Fig. 999. — Eclairage électrique. — Plan d'une batterie de 9 éléments.

gouttes de mercure libre qni entretiennent l'amalgamation du zinc (*fig.* 997). Ce mercure sert en outre de conducteur intermédiaire entre le zinc et une lame de platine placée au fond de la gouttière d'où part la prise de courant pour remonter l'un des côtés du câble (*fig.* 998). (MM. Dumont et

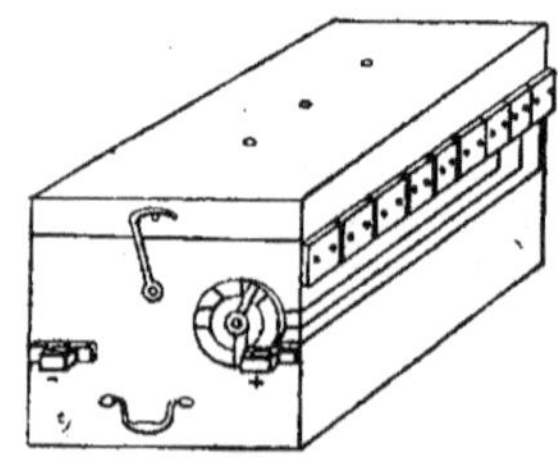

Fig. 1000. — Eclairage électrique. — Ensemble d'une batterie.

Baignères, *Bulletin de la Société des Ingénieurs civils*, décembre 1892).

Ces éléments sont réunis en tension par groupes de neuf, constituant une batterie; deux batteries de ce type sont installées sur chaque véhicule (*fig.* 999 et 1000).

Les connexions sont extérieures à la pile et se font au moyen de vis sur des plaques en laiton (*fig.* 1000).

Chaque groupe de neuf éléments est

renfermé dans une boîte en bois hermétiquement fermée au moyen d'un couvercle avec interposition d'un joint en caoutchouc; on a ménagé quelques petites ouvertures destinées à l'échappement des gaz.

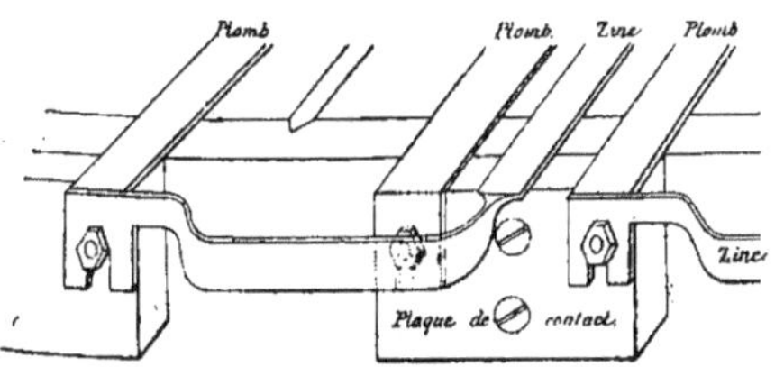

Fig. 1001. — Eclairage électrique.— Connexions.

Sur le devant de l'une des boîtes se trouve un commutateur à touches correspondant aux positions suivantes (*fig.* 1002 et 1003) :

1° Extinction ;
2° 16 éléments ;
3° 17 éléments ;
4° 18 éléments.

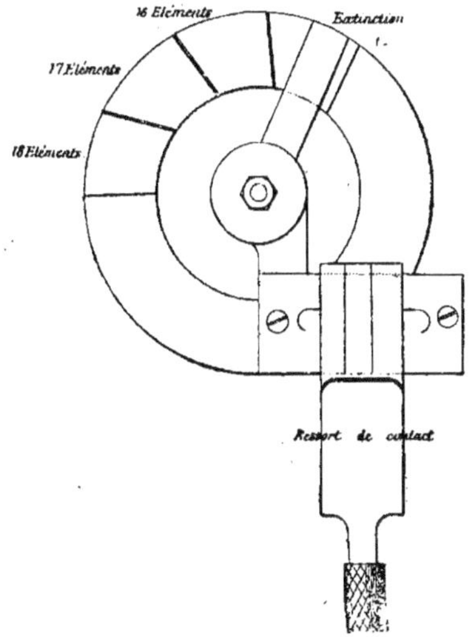

Fig. 1002. — Eclairage électrique. — Commutateur et prise de courant

La face antérieure de chaque boîte porte, en outre, deux contacts à mortaises dans lesquels on engage les crochets des câbles souples qui servent à réunir les deux batteries en tension et à assurer la jonction avec les canalisations montées sur le véhicule.

L'ensemble des deux batteries pèse en-

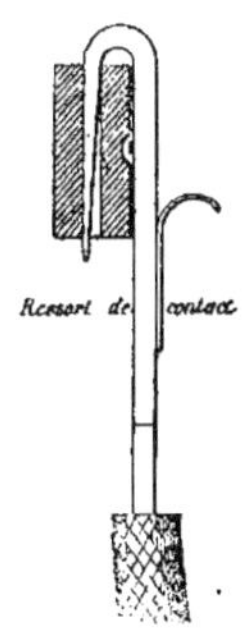

Fig. 1003. — Eclairage électrique. — Prise de courant, vue de côté.

viron 120 kilogrammes et se place dans des boîtes de bois fixées sous le châssis des voitures (*fig.* 1004).

Cette pile a servi à alimenter trois lampes à incandescence de 10 volts et 1,6 ampère donnant un pouvoir éclairant

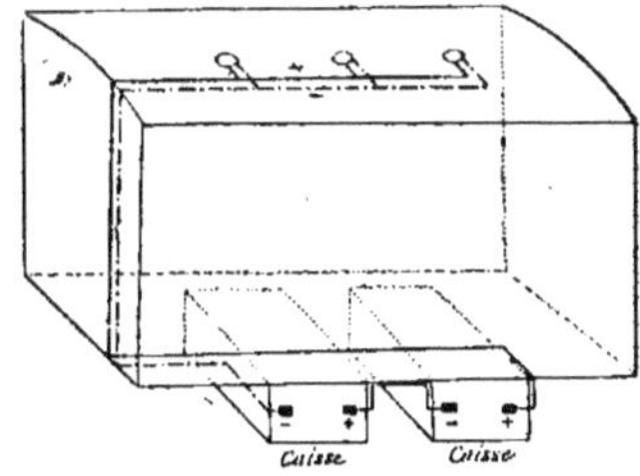

Fig. 1004. — Eclairage électrique. — Schéma du montage sur une voiture.

moyen de 8 bougies. Ces lampes, qui étaient en dérivation, étaient placées dans une monture à baïonnette, et la douille porte-lampe était fixée au centre d'un réflecteur, de forme appropriée, qui s'appliquait sur la coupe de la lampe ordinaire du compartiment.

Les essais ont démontré qu'en somme,

avec 120 kilogrammes de fils, on peut obtenir pour ces trois lampes de 8 bougies une durée d'éclairage utile variant de 48 heures pour les temps doux, à 25 heures par les gelées continues de — 6° en moyenne, et sans qu'aucune précaution principale soit prise pour empêcher le refroidissement.

Quant au prix de revient, en tenant compte de l'intérêt et de l'amortissement du capital engagé, de l'entretien du personnel, des matières (zinc et liquides) et des lampes, il est le suivant par lampe-heure.

Intérêt et amortissement..	0^r,014436
Entretien................	0,003185
Personnel.	0,009870
Zinc....................	0,032729
Liquides.	0,011772
Lampes.	0,009166
Total.	0,081158

En déduisant la valeur du sous-produit, soit 44 litres à 20 centimes le mètre cube, pour 3 lampes pendant 30 heures

$$\frac{0,88}{30+3} = \dots\dots\dots\dots\ \ 0,009777$$

Prix de revient par lampe-heure de 8 bougies......... 0,071381

Le coût de la bougie électrique revient donc à

$$\frac{0^r,071381}{8} = 0^r,008922.$$

Or le prix d'éclairage au gaz d'huile peut être évalué à 0,04351 le bec-heure de 7 bougies, c'est-à-dire à 0,0065 par bougie. Le prix de revient de la bougie électrique alimentée par des piles, même aussi pratiques que celles de M. de Méritens, est supérieur de 0,0024 à celui de la bougie-gaz.

Il y a donc lieu, jusqu'à ce que de nouveaux essais aient permis de baisser ce prix, de reléguer également ce cas de l'éclairage à ceux que les perfectionnements de l'avenir permettront peut-être d'accepter.

Conclusions. — Nous ne pensons pas que les piles électriques, mêmes celles de M. de Méritens, expérimentées à la Compagnie de l'Est, donnent une solution satisfaisante du problème. La pile et les dispositions accessoires sont fort ingénieuses, mais le prix de revient, en adoptant même les chiffres de MM. Dumont et Baignères, est excessif.

3e MÉTHODE.

563. *Emploi d'accumulateurs chargés par une dynamo portée par le train.* — On fut donc, comme on le voit, peu à peu amené à faire usage d'accumulateurs ou piles secondaires, et le moyen le plus pratique en même temps que le plus ingénieux de charger ces appareils, parut l'emploi d'une dynamo portée par le train et actionnée par l'essieu lui-même du véhicule.

On installe dans le fourgon une dynamo commandée par l'essieu, tournant toutes les fois que le train est en marche, et envoyant le courant dans une batterie d'accumulateurs qui alimente les lampes du train. Cette batterie joue ainsi le rôle de régulateur et constitue un réservoir qui se remplit quand le train marche et que la dynamo fonctionne, et de toutes façons fournit l'électricité aux lampes pendant le stationnement.

Le système fut essayé, en 1883, à la Compagnie de l'Est avec des accumulateurs Tomassi. Mais il dût être rapidement abandonné à cause de la trop grande complication aussi bien au point de vue mécanique qu'au point de vue électrique ; en outre, le fonctionnement des divers appareils ne présentait pas toute la sécurité désirable et le prix de revient de la lumière était beaucoup trop élevé.

Des essais analogues entrepris à l'étranger avec les mêmes accumulateurs sur d'autres chemins de fer, n'ont pas donné de meilleurs résultats. Le problème a été repris depuis en Angleterre à partir de l'année 1884.

564. *Expériences en Angleterre.* — Les Compagnies anglaises de London Brighton and South Coast, du London and South Western, du Great Northern, du London and North Western, ont placé une batterie d'accumulateurs sous chaque voiture, ce qui permet à l'éclairage de ne pas être interrompu lorsque la dynamo se dérange, lorsque le train s'arrête ou seulement ralentit, ou encore quand des manœuvres exigent la séparation du train en plusieurs tronçons.

Tout cela est assez compliqué, mais réalise un réel progrès : c'est celui qui consiste à munir chaque voiture de son appareil propre d'éclairage et c'est toujours une solution de ce genre à laquelle on arrive maintenant pour le matériel euro-

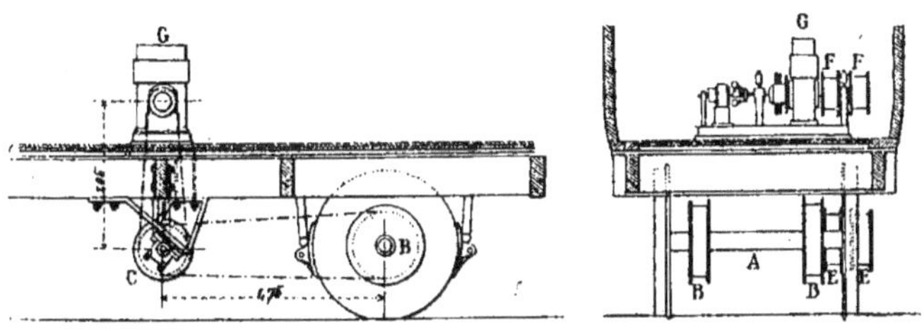

Fig. 1005 et 1006. — Éclairage électrique des trains.

péen. Il est des plus précieux, en effet, de ne jamais établir de dépendance entre toutes les voitures d'un train, et même pour l'éclairage au gaz, nous avons vu qu'on en était arrivé à rejeter après expériences, tous les systèmes qui ne remplissaient pas cette condition que chaque véhicule portât sa somme propre d'éclairage, afin de pouvoir être éclairé indépendamment des autres voitures du train.

565. *Éclairage du Midland.* — C'est dans cet esprit qu'ont été faites les expériences du Midland, qui sont de date plus récentes.

La dynamo est installée dans un fourgon et mue au moyen d'une transmission par courroie reliée à l'essieu (*fig.* 1005 et 1006), chaque véhicule est muni de ses accumulateurs.

La dynamo est installée de manière à répondre aux conditions suivantes : elle doit pouvoir être introduite automatiquement dans le circuit dès que le train atteint la vitesse nécessaire pour permettre à la force électromotrice de la dynamo de surmonter la force contraire des batteries d'accumulateurs montées en quantité. La force électromotrice doit rester pratiquement constante, quelle que soit la vitesse du train, et pour cela on s'arrange de façon que la pleine force électromotrice soit atteinte lorsque la vitesse est arrivée par

exemple au tiers de la vitesse maximum déterminée par son fonctionnement.

Enfin le courant doit être de même sens, quel que soit le sens de la marche du véhicule, ce qui implique l'emploi d'un mécanisme automatique de renversement du courant, lequel est subordonné soit au

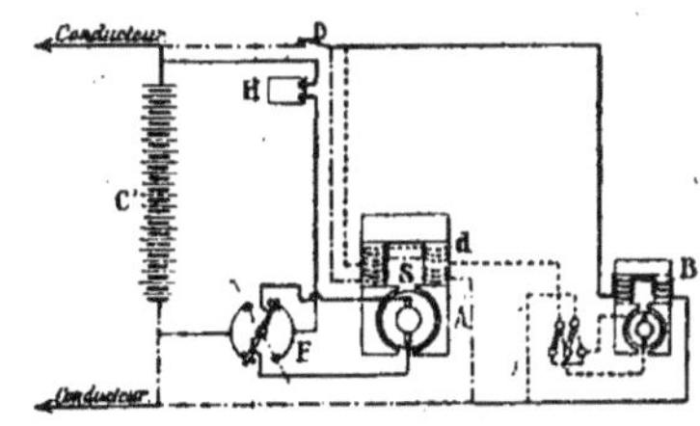

Fig. 1007. — Éclairage électrique des trains.

mouvement de la dynamo, soit à celui des roues du véhicule.

On a généralement deux dynamos AB montées sur le même arbre et mises en mouvement par la même courroie (*fig.* 1007).

Les inducteurs de ces dynamos sont excités par une batterie d'accumulateurs c'. L'inducteur de la dynamo A porte deux circuits : un circuit shunt S à grande résistance relié aux accumulateurs, et un circuit moins résistant dans lequel est intercalée l'armature de la deuxième dynamo.

Les balais de la dynamo A sont reliés à un commutateur de renversement F actionné par des poulies de friction dès que la vitesse de rotation de l'armature de cette dynamo descend au-dessous d'une limite fixée. Cet appareil renverse le sens du courant, lorsque la rotation de l'armature change elle-même de sens. Le courant de la dynamo A est donc envoyé dans la batterie d'accumulateur C′ contenue dans le fourgon ainsi que les dynamos, et passe de ces accumulateurs dans les conducteurs d'alimentation du train. Un coupe-circuit automatique H rompt le circuit de charge lorsque la tension du courant produit par la dynamo devient inférieure à celle du courant fourni par les accumulateurs placés dans les voitures du train.

Cela fait, on se rend aisément compte du fonctionnement de ces différents organes.

Quand la dynamo tourne à sa vitesse maximum, son circuit Shunt suffit à exciter son champ magnétique, et la dynamo B est calculée de telle façon que, dans ce cas, la tension du courant qu'elle produit fasse opposition à celle du courant formé par les accumulateurs.

Lorsque la vitesse de rotation de la dynamo A diminue, la tension du courant produit par le dynamo B diminue également, et, l'équilibre étant détruit entre les deux forces électromotrices opposées de cette dynamo et des accumulateurs, ces derniers peuvent envoyer du courant dans le deuxième circuit d'excitation de la dynamo A. Cette dernière ayant sa vitesse réduite, mais son champ magnétique renforcé, continue à donner un courant suffisant.

Si la vitesse de rotation de la dynamo A diminuant encore ne vient par exemple à ne plus être égale qu'à la moitié de sa vitesse maximum, il en est de même pour la dynamo B, montée sur le même axe qu'elle. Cette dynamo B ne produit plus qu'un courant de tension moitié moindre que celui du courant des accumulateurs; le circuit d'excitation de la dynamo A,

alimenté alors par les accumulateurs, doit être calculé en conséquence, et la résistance de l'armature de la dynamo régulatrice B doit être considérée comme faisant partie de celle du circuit.

Enfin, quand la vitesse de rotation de la dynamo A a atteint son minimum, l'excitation de cette machine est produite par un courant de force électromotrice égale à la différence de potentiel existant entre les bornes des accumulateurs, et par un courant d'une tension égale à la moitié de cette différence de potentiel due à la résistance de l'armature de la dynamo B intercalée dans le circuit. Un régulateur à force centrifuge monté sur l'arbre commun des deux dynamos A et B fait passer un courant automatiquement engendré par la dynamo A dans les batteries d'accumulateurs des voitures du train, aussitôt que cette dynamo a atteint sa vitesse maxima, et il coupe le circuit de charge dès que la vitesse tombe au-dessous du maximum.

On emploie une double transmission pour actionner l'arbre des dynamos par l'essieu du fourgon, afin d'éviter l'arrêt qui résulterait d'une rupture ou de tout autre accident survenant à l'une de ces transmissions.

Les accumulateurs placés dans les voitures doivent avoir une capacité suffisante pour subvenir entièrement à l'alimentation des lampes dans le double but d'avoir une lumière suffisante et d'éviter une usure trop rapide des plaques.

On emploie dix-huit éléments par voiture, ce qui donne un courant de 35 volts; la batterie est située dans une caisse au niveau des marchepieds. Les plaques sont placées parallèlement à l'axe longitudinal du véhicule, afin d'éviter leur détérioration par les chocs pouvant se produire tant au cours de route que pendant les manœuvres. Enfin, on assure avec le plus grand soin la ventilation des éléments : il est en effet essentiel de permettre le dégagement du gaz hydrogène qui se forme pendant le fonctionnement des accumulateurs, et qui pourrait donner lieu à la longue à des explosions.

On peut se rendre compte aisément du fonctionnement du système sur la figure 1008 qui représente en plus le fourgon renfermant les dynamos et la batterie d'accumulateurs, et deux voitures voisines munies de leurs batteries, avec tous les conducteurs et les divers organes électriques.

Les deux conducteurs principaux P et N portant les pôles de la dynamo D, s'étendent tout le long du train ; un troisième conducteur L alimente les lampes et peut être relié avec la conduite P à l'aide du commutateur S placé dans le fourgon du garde-frein. La batterie d'accumulateurs C du fourgon est montée en dérivation entre les deux conducteurs principaux P et N, et dans le circuit de cette batterie est intercalée une résistance de 25 ohms et un plomb fusible F'. Les lampes sont montées en dérivation entre les conducteurs N et L. Le courant arrivant dans chaque voiture par le conducteur N passe dans la bobine d'un relai automatique G de 25 ohms de résistance, et se rend ensuite :

1° A travers un bouchon fusible F dans la batterie d'accumulateurs G' et G" et dans le conducteur par le fil pp ;

2° Aux lampes : soit directement, si l'armature du relai automatique n'est pas attirée par l'électro-aimant G ; soit après avoir traversé la résistance additionnelle de 25 ohms, dans le cas où, cette armature étant attirée par son électro G, la communication directe se trouve rompue. En tout cas, le courant doit préalablement passer par les plombs fusibles F, F. Le courant, après avoir traversé les lampes, retourne par la conduite L, et le commutateur S du fourgon, au conducteur principal P et, par suite, à la source d'électricité.

Le relai automatique G fonctionne lorsque la dynamo, étant intercalée dans le circuit, la tension du courant dépasse la limite fixée pour le fonctionnement normal des lampes.

La résistance des différents organes placés sur chaque véhicule (batteries d'accumulateurs, câbles, bobines de relais, etc.) étant la même pour toutes les voitures, le courant se distribue également dans les lampes.

En résumé, on voit que, lorsque la dynamo fonctionne, le courant qu'elle produit se distribue aux lampes et aux accumulateurs qu'elle charge ; que lorsque le train est arrêté et que la dynamo est, par conséquent, au repos, il suffit de tourner le commutateur S pour établir une com-

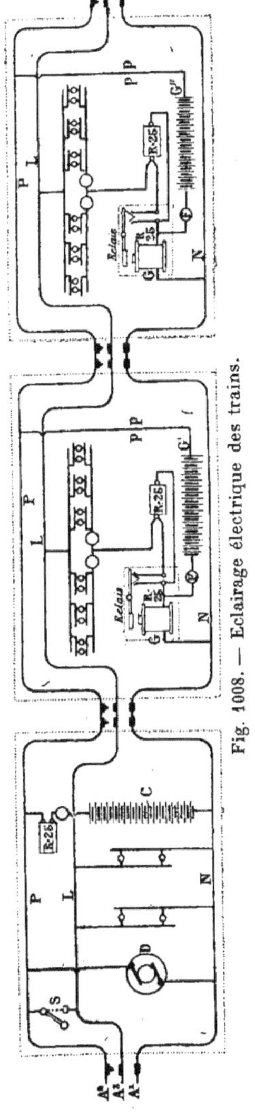

Fig. 1008. — Eclairage électrique des trains.

munication entre les conducteurs P et L, et pour que les accumulateurs alimentent les lampes. Si, enfin, on vient à couper le train pour une manœuvre quelconque, les accouplements des conducteurs de voitures à voitures étant combinés de façon à réunir automatiquement les fils P et L, le courant des accumulateurs passe tant dans les lampes de la voiture qui a été détachée du train que dans celles des voitures qui y sont restées.

Les lampes d'une intensité lumineuse de 8 bougies et fonctionnant sous une tension de 35 volts (et consommant, par conséquent, 0,9 ampère), sont au nombre de deux par compartiment (*fig.* 1009 et 1010). Elles sont indépendantes l'une de l'autre et placées au plafond de la voiture, ou, dans certains cas, dans la cloison qui sépare deux compartiments voisins (*fig.* 1011

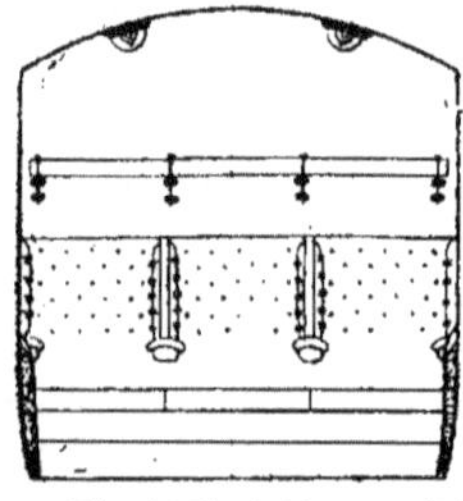

Fig. 1009 et 1010. — Eclairage électrique des trains.

et 1012, pl. 81), de sorte que les voyageurs, ayant la lumière directement au-dessus de leur tête, sont dans de bonnes conditions pour pouvoir lire.

Les accouplements des conducteurs principaux de voitures ont été étudiés avec soin et ressemblent un peu à ceux des freins automatiques.

L'aménagement du fourgon contenant la dynamo, la transmission de mouvement et la batterie d'accumulateurs, revient de 6 250 à 7 500 francs fournitures comprises : la batterie d'accumulateurs nécessaire à chaque véhicule pour son éclairage propre pèse de 18 à 84 kilogrammes, suivant les cas, et la dépense d'installation pour une voiture à six compartiments est de 1 250 francs ce qui, à raison de deux lampes par compartiment, fait ressortir la dépense à 104 francs par lampe.

Ce système est évidemment fort ingénieux, mais d'une grande complication. De plus, il immobilise un fourgon spécial dans chaque train, exige l'emploi d'une conduite générale à trois conducteurs et par suite toutes les complications inhérentes aux raccords entre les voitures, ce qui ne dispense pas de l'emploi des accumulateurs dans ces mêmes voitures.

Nous ne possédons pas les renseignements suffisants pour pouvoir établir le prix de revient de l'éclairage électrique par ce système. Mais il est évident que, pour toutes les raisons qui précèdent, le prix de revient de la lampe-heure doit être au moins aussi élevé que celui résultant de l'emploi des accumulateurs seuls (J. Dumont et Baignières, *idem*).

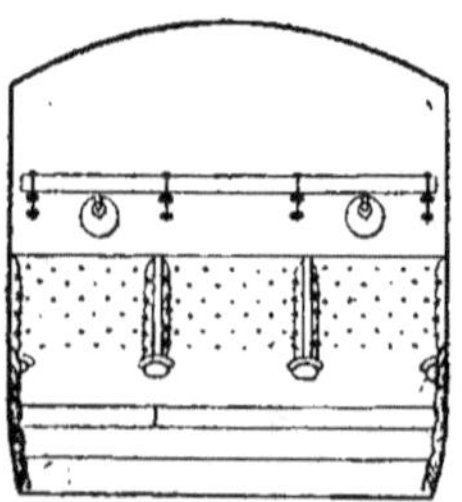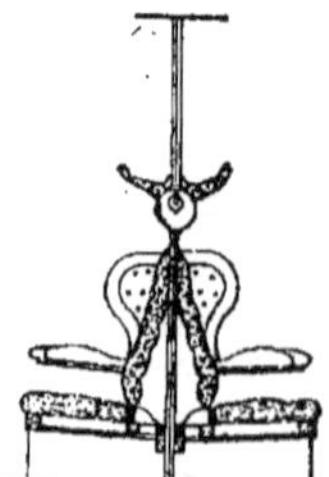

Fig. 1011 et 1012. — Eclairage électrique des trains.

QUATRIÈME MÉTHODE.

566. *Emploi des accumulateurs seuls, chargés dans des stations déterminées.* — On a vu que le principal inconvénient du système précédent est l'emploi et le transport d'un matériel encombrant et coûteux : dynamos, appareils de distribution automatique, conducteurs, etc. Il n'est donc pas étonnant qu'on ait expérimenté les accumulateurs seuls, chargés pour un temps déterminé en dehors du train et mis en place par batteries isolées sur chaque véhicule, pour desservir les lampes de celui-ci. On a ainsi un système rationnel analogue à celui du transport du gaz par réservoirs individuels et auquel on peut même affecter les bâtiments, installations devenues inutiles, sans cela, lorsqu'on supprime ce mode d'éclairage.

567. *Essais en Allemagne.* — En Allemagne, on a fait usage de batteries d'accumulateurs Kotinsky d'une capacité utile à la décharge de 112,5 ampères-heure avec une force électromotrice de 16 volts et pesant 277 kilogrammes. Chaque voiture portait trois batteries, deux pour assurer le service, et la troisième pour faciliter et rendre plus rapide l'opération de la charge.

Les deux batteries alimentaient 8 lampes de 4 bougies et 4 lampes de 2 bougies, soit en tout 40 bougies, absorbant 3 volts par bougie et fonctionnant sous une tension de 16 volts. Ces lampes étaient montées en dérivation sur deux circuits séparés, alimentés par les deux batteries.

L'installation d'une voiture revenait à 2 388^f,20, soit 1 625^f,70 pour les accumulateurs, à raison de 541^f,70 par batterie et 762^f,50 pour les fils, lampes, le montage, etc. Le prix par lampe ressortirait donc, en nombre rond, à 200 francs.

En faisant entrer en ligne de compte toutes les dépenses, on arriverait pour la bougie-heure aux chiffres suivants :

	SERVICE DE		
	6 HEURES	8 HEURES	10 HEURES
Charge des accumulateurs..........	0.00187	0.00153	0.00130
Entretien des batteries..............	0.00231	0.00172	0.00129
Entretien des lampes.............	0.00100	0.00100	0.00100
Intérêt et amortissement du capital..	0.00245	0.00183	0.00138
TOTAL	0.00763	0.00608	0.00497

Le prix de l'éclairage d'un compartiment au moyen de 2 lampes de 4 bougies, soit au total 8 bougies, ce qui est peu, ressort ainsi, suivant la durée du service, à 0^f,06104, 0^f,04864 et 0^f,03976. Le premier de ces prix est supérieur à celui de l'éclairage au gaz (0^f,0065 la bougie-heure). Il n'y a donc pas intérêt à faire la substitution quand la durée de l'éclairage est faible, à moins qu'on ne se trouve dans des conditions éminemment favorables pour la production économique de l'électricité, ce qui arrive dans les pays à chute d'eau, comme en Suisse.

568. *Express de Berlin-Francfort.* — Depuis 1891, on éclaire à l'électricité les express de la ligne Berlin-Francfort. Chaque voiture est munie de deux batteries d'accumulateurs, et les lampes sont à deux circuits distincts, de sorte que, en cas d'accident à l'un des circuits, ou en changeant les accumulateurs, la voiture ne soit pas complètement privée de lumière.

Les accumulateurs sont spécialement robustes et construits pour être maniés brutalement ; ils ont une capacité de 200 ampères-heure. Chaque batterie fournit le courant nécessaire à quatre lampes de 8 bougies pour les compartiments, et à une de 5 bougies pour le cabinet de toilette. Les batteries pèsent environ 300 kilogrammes chacune et sont placées au-dessous des planchers des voitures, ce qui permet leur manutention, enlèvement, mise en place avec la plus grande facilité.

569. *Wagons-postes allemands.* — Les wagons-postes, qui ont plus particulièrement à redouter les conséquences d'un incendie accompagnant une collision, un déraillement, etc., ont été depuis 1893 éclairés à l'électricité.

C'est encore le système par accumulateurs, qui a été adopté. Ces appareils sont groupés par caisses de 4, et, suivant les dimensions des wagons, on y place quatre ou huit de ces caisses pouvant fournir à six ou douze lampes à incandescence de 12 bougies, pendant 30 volts, un courant de 120 ampères-heure pendant vingt-six à trente-deux heures.

Le chargement de ces accumulateurs se fait très facilement à raison de 6 ampères pendant quinze heures, et les caisses sont organisées de telle sorte qu'on n'a pas à intervenir pendant la charge ; l'intensité du courant diminue pendant l'accroissement de la charge, et celle-ci se termine lorsque cette intensité atteint 2 ampères. Grâce à ce perfectionnement important, la manipulation des appareils peut être confiée aux employés de l'Administration des Postes.

Les caisses renferment donc chacune quatre vases en verre entre lesquels on a coulé de la résine qui les maintient et empêche tout extravasement du liquide, même en cas de rupture d'un vase ; une fermeture hermétique, sauf un petit trou, évite le renversement et permet aux lampes de continuer à éclairer ; même en cas de déraillement. Les caisses sont cerclées de fer et portent latéralement les pièces de communication destinées à les réunir ensemble pour le chargement ou pour le service. Elles sont installées sur des étagères à compartiment où on peut les poser et les prendre facilement. Les conducteurs sont réunis par paires avec chaque batterie et munis d'interrupteurs spéciaux commandés très simplement par un voltmètre qui fait cesser le courant quand la charge est complète.

Aucun régulateur n'est nécessaire pendant le service ; les batteries au début fournissent un excès de 2 volts, et par conséquent les lampes sont un peu trop vives, mais l'inconvénient est insignifiant et la simplification importante.

L'installation de la ligne de Silésie comprend vingt-sept circuits appliqués chacun à trente-deux accumulateurs, et permet par conséquent d'en charger huit cent soixante-quatre à la fois.

La dynamo de charge système Lahmeyer fournit 90 volts et 140 ampères ; elle est actionnée par un moteur à gaz Gruzon de 16 à 20 chevaux.

Un autre moteur à gaz de 8 chevaux et une dynamo de 60 ampères servent d'appareils de secours.

Quand la charge est complète, on transporte les batteries à leur place au moyen de petites voitures ordinaires du service des postes, ce qui permet de les faire passer par les ascenseurs des gares.

Des dispositions spéciales sont prises pour éviter les vibrations dues à la marche,

de faire tomber les lampes et abat-jour et pour assurer le bon fonctionnement de tout l'appareil.

Les lampes durent néanmoins assez peu, et on les remplace après deux cents heures de service.

L'économie réalisée sur les frais d'éclairage au gaz d'huile s'est élevée à 10 marcks, c'est-à-dire 12^f,50 pour vingt-quatre heures de service.

Éclairage électrique du Jura-Simplon (Suisse).

570. Dans le rapport sur l'éclairage électrique des trains, présenté à la troisième session du Congrès des chemins de fer, tenu à Paris en 1889, il est fait men-

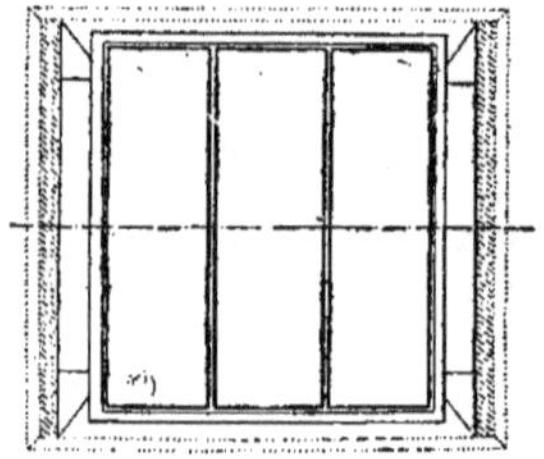

Fig. 1013. — Eclairage électrique du Jura-Simplon. Caisse à accumulateurs.

tion de ces essais que venait d'entreprendre le chemin de fer de la Suisse occidentale et du Simplon, aujourd'hui fusionné avec le chemin de fer Jura-Berne-Lucerne sous le nom de Jura-Simplon. D'après M. Weyermann, directeur de la traction et du matériel de cette Compagnie, les essais ont complètement réussi, et l'Administration a décidé d'employer exclusivement ce mode d'éclairage pour son nouveau matériel.

Les voitures de 1re classe sont à bogie ; celles des 2e et 3e classes à trois essieux.

La Compagnie du Jura-Simplon fait usage d'accumulateurs du système Huber construit par la société suisse Blanc et Cie, de Marly-le-Grand, près de Fribourg. Chaque batterie se compose de trois boîtes en ébonite hermétiquement closes, munies de ventilateurs et divisées en trois compartiments renfermant chacun un élément formé de cinq plaques. La batterie contient donc 9 éléments montés en série.

Ces accumulateurs sont placés dans une caisse sous le plancher de la voiture. Cette caisse, fermée par un volet qui se rabat verticalement, comporte de chaque côté deux lisses en bois, l, garnies de lames de contact auxquelles sont soudées les extrémités de la conduite principale qui alimente les lampes de la voiture (*fig.* 1013).

Quand on introduit dans cette caisse le tiroir qui contient les accumulateurs, les deux barres L reliées au pôle de la batterie viennent au contact des deux lisses l, de telle sorte que les connexions s'établissent automatiquement (*fig.* 1014).

Les plaques de chaque élément sont constituées par une grille en alliage inoxydable de plomb et d'antimoine, dont les alvéoles sont remplies de minium pour la plaque positive et de litharge pour la plaque négative ; les postilles sont perforées, ce qui leur permet de se dilater librement vers le centre, sans faire jouer la grille de plomb.

Chaque élément donnant une tension de 2 volts, les 9 éléments montés en série produisent un courant de 18 volts. La capacité de la batterie est d'environ 120 ampères-heure ou de $120 \times 18 = 2160$ watts-heure ; le poids d'une batterie est de 110 kilogrammes, facile à transporter et à mettre en place par deux hommes. Ce poids correspond :

Tiroir, caisse, récipient et liquide.   38
Plaques   72
                     Total   110

Cela représente donc $\frac{110}{2\,160} = 0^k,050$ par watt-heure de capacité. Ce résultat est bien supérieur à celui qui avait été obtenu dans les essais d'éclairage effectués en 1891 par l'Administration allemande des chemins de fer de Francfort-sur-le-Mein. Dans ces derniers, en effet, on employait des accumulateurs Kotinsky exigeant par watt-heure un poids de 100 grammes, double de celui de l'accumulateur Huber. Ajoutons qu'en pratique on a soin de ne jamais utiliser une batterie jusqu'à épuisement complet, ce qui détériore rapidement l'appareil.

Sur chaque coin est inscrit le nombre d'heures que l'on ne doit pas dépasser pour la décharge ; soit environ 5/6 de la durée totale d'une batterie ; ce nombre d'heures de fonctionnement est accusé par un compteur horaire, système Aubert, placé à l'extérieur du véhicule sur la caisse de la batterie.

Par l'intermédiaire d'un embrayage mécanique, mû par un électro-aimant, le balancier de ce compteur ne peut se mettre en marche que lorsque le circuit est fermé sur les lampes. Le cadran de l'horloge indique donc le nombre d'heures pendant lequel les accumulateurs ont fourni de l'électricité. Il est

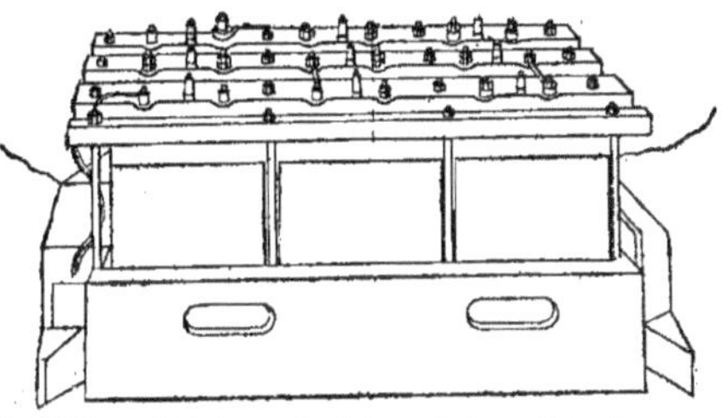

Fig. 1014. — Eclairage électrique du Jura-Simplon.
Caisse à accumulateurs.

divisé en trente heures, et une aiguille rouge indique le point de départ.

Cette disposition très simple permet à l'homme qui inspecte les accumulateurs, à certaines gares, de s'assurer si ceux-ci ont besoin ou non d'être chargés. Chaque fois qu'on fait cette opération, le surveillant remonte l'horloge et met l'aiguille au zéro.

Les stations principales désignées à chaque service dans le livret de la composition des trains, possèdent, en même temps qu'une réserve de pièces de rechange, un dépôt d'accumulateurs chargés. Ces derniers sont amenés du dépôt sur les quais à l'aide d'un chariot plat à flèche dont la plate-forme mesure $2^m,10 \times 1$ mètre ; il est monté sur quatre roues et bien suspendu afin d'éviter toute secousse, et peut servir à transporter huit batteries à la fois. La caisse-tiroir qui renferme les accumulateurs pourrait être déposée à terre sans qu'il y ait à craindre de courts circuits, puisque les lames de contact sont à une certaine hauteur au-dessus du fond.

Cependant, pour éviter toute cause de déperdition résultant d'un contact avec les objets mouillés, et aussi pour empê-cher les chocs pendant le transport de l'accumulateur du chariot placé sur le quai à la voiture posée sur les voies, on emploie pour ce transport une civière ;

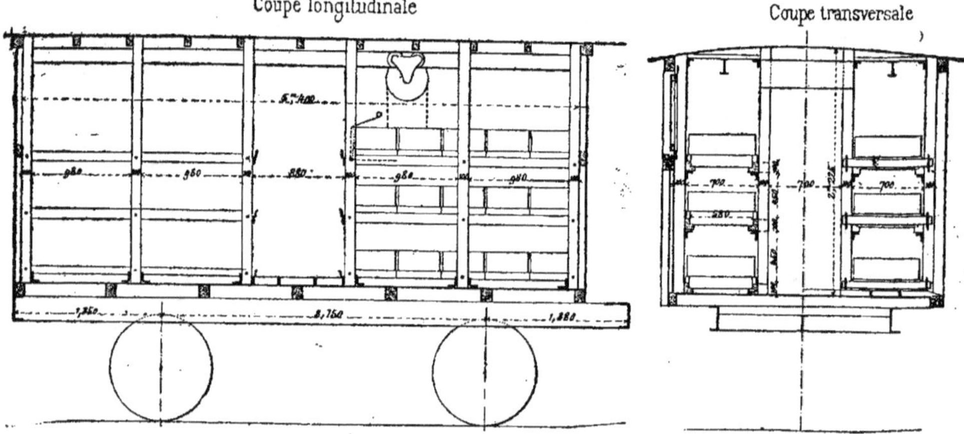

Fig. 1015 et 1016. — Eclairage électrique du Jura-Simplon. — Wagon distributeur.

de cette façon, on évite les chocs en ques-tion dont le moindre inconvénient serait de projeter le liquide de l'accumulateur hors des soupapes.

Quand on remplace une batterie ayant fonctionné pendant le temps indiqué, par le chiffre inscrit sur le véhicule, on note l'heure marquée par l'aiguille du comp-

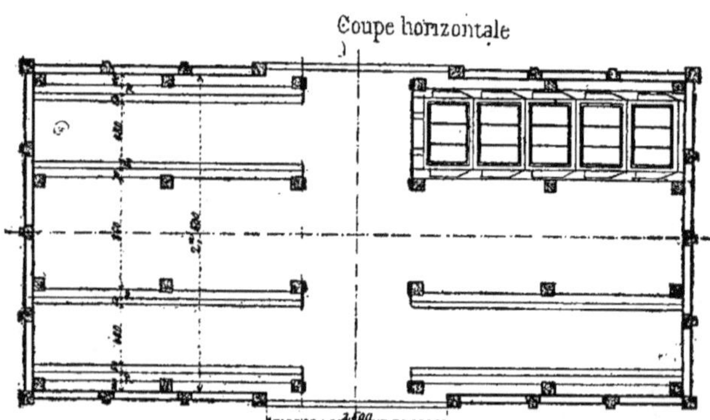

Fig. 1017. — Eclairage électrique du Jura-Simplon. — Wagon distributeur.

teur ; on remonte le mouvement d'horlo-gerie et on ramène l'index du compteur à zéro ; on referme la caisse en relevant le volet qui presse le tiroir à accumulateurs contre le fond de cette caisse à l'aide de pièces en caoutchouc, de manière à em-pêcher tout déplacement et à amortir les trépidations et les chocs auxquels l'en-semble de la voiture est soumis.

571. *Wagons de distribution.* — Un

wagon-distributeur spécial emmène les batteries épuisées à la gare centrale de Fribourg et répartit dans les gares de dépôt les accumulateurs chargés à cette même gare. Chaque wagon peut en transporter soixante.

Pour cela, l'intérieur est muni de douze casiers de cinq batteries disposés dans les quatre angles en trois rangs superposés. Les manœuvres se font au moyen d'un palan fixé au plafond.

Chaque casier est muni d'une plaque mobile portant sur l'une de ses faces le mot : *chargés*, et sur l'autre le mot : *déchargés*, et dont on fait usage à propos (*fig.* 1015 à 1017).

Les casiers sont munis de barres de contact identiques à celles des caisses des voitures et qui réunit en tension dans le même circuit les cinq batteries d'un même casier. Les pôles de chaque groupe de cinq batteries aboutissent à une barre métallique placée au-dessus du groupe de casiers et destinée à être reliée au circuit de charge, de sorte qu'on peut charger les accumulateurs dans leurs casiers et sans les retirer du wagon-distributeur.

572. *Chargement des batteries.* — La charge se fait à l'aide d'une dynamo de la Société suisse excitée en dérivation avec potentiel maintenu constant à 115 volts au moyen d'un appareil automatique. Elle marche à une vitesse de 500 tours, peut donner 300 ampères, et sert en même temps à l'éclairage de la gare. Les deux bornes de cette dynamo sont reliées à deux barres d'un tableau de distribution placé dans le hangar de chargement. Sur ces deux barres sont groupés en dérivation douze circuits de charge correspondant aux douze casiers précédents. Chacun de ces circuits, qui comprend un ampère-mètre avec lampes-signaux et un rhéostat en fil de fer, est relié aux barres métalliques du wagon auxquelles aboutissent les pôles des cinq accumulateurs d'un casier montés en tension.

La charge a lieu par série de cinq batteries en tension ; la tension initiale est de 90 volts pour atteindre à la fin 112 volts. Le courant normal de charge est de 18 ampères et l'on enlève graduellement des résistances à mesure que la charge des accumulateurs augmente de manière à maintenir le courant à son intensité normale. Le chargement des soixante accumulateurs ou des douze casiers exige huit heures.

573. *Prix de revient de la charge.* — La capacité utile d'une batterie étant de 2160 watts-heures et le rendement de 70 0/0, la charge effective à lui donner sera $\frac{2\,160}{0,70} = 3\,100$ watts.

La force motrice fournie à Fribourg est elle-même électrique ; un moteur Thury, de 35 chevaux, est mis en mouvement à la tension de 300 volts par le courant emprunté au réseau de la ville : c'est ce moteur qui actionne la dynamo ; on se trouve donc ici dans des conditions toutes particulières, puisqu'il n'existe ni machine à vapeur ni chaudière.

Cela posé, la force motrice fournie sur l'arbre de la machine réceptrice coûte seulement 0^f,05 par cheval-heure. En admettant pour la dynamo réceptrice un rendement de 90 0/0, et pour la canalisation un rendement de 95 0/0, le prix de revient du cheval-heure électrique aux bornes de la batterie est de

$$\frac{0,05}{0,90 \times 0,95} = 0^f,06.$$

Le kilowatt-heure (1 cheval-heure valant 736 watts), revient donc à $\frac{0,06}{0,736} = 0^f,081.$

La charge de la batterie étant de 2,16 kilowatts nécessitant une charge effective de 3,1 kilowatts, le prix de revient d'une charge de batterie est de 0^f,251.

Mais il ne faut pas oublier qu'on se trouve ici dans des conditions toutes particulières : d'abord le courant électrique existe dans la ville et on peut se le procurer à bon compte ; en outre, la même dynamo alimente à la fois les accumulateurs en charge et les lampes à arc servant à l'éclairage de la gare. Or, dans les prix ci-dessus, ne sont pas compris les frais de personnel de l'usine ; pendant les périodes d'éclairage, les frais de personnel peuvent être considérés comme nuls pour le chargement des accumulateurs mais il n'en est plus de même lorsque la dynamo est employée pendant le jour à

charger les accumulateurs. N'oublions pas
cependant qu'il n'y a ici ni générateur, ni
machine à vapeur, et que la surveillance
se borne au graissage des paliers des
dynamos ; on peut donc admettre que le
mécanicien chargé du nettoyage et de la
réparation des appareils électriques soit
chargé de ce travail.

Quoi qu'il en soit, le prix de 0^f,081 le kilowatt est évidemment un bas prix. Dans
les expériences faites en Allemagne, le
prix du cheval-heure de 736 watts était
estimé 0^f,17 à 0^f,25, ce qui correspond à
un prix de revient de 0^f,23 à 0^f,35 pour le
kilowatt, suivant la durée du service.

Lampes. — Après plusieurs essais, on a

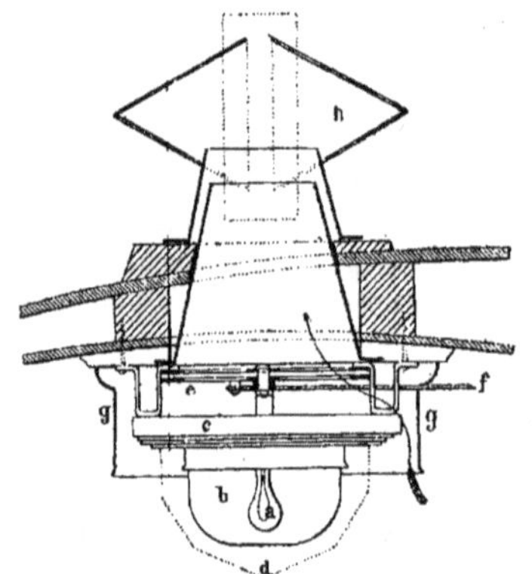

Fig. 1018. — Eclairage électrique du Jura-Simplon.
Lampe.

adopté deux types de lampes, savoir : des
lampes à 10 bougies de forme allongée
pour l'éclairage intérieur, et des lampes
rondes de 5 bougies pour l'éclairage des
plates-formes extérieures ou des cabinets
de toilette.

Au début, on avait essayé de placer les
lampes directement au plafond. Au moyen
d'une monture Swan ordinaire, mais sous
l'effet des trépidations dues au mouvement
du train, les ampoules se détachaient de
la monture. Il a fallu, pour supprimer cet
inconvénient, adopter un mode spécial
d'attache des ampoules dans la monture
rendue fixe.

Toutes ces lampes sont fixées au plafond

de la voiture à l'intérieur du globe hémisphérique en verre employé pour l'éclairage du gaz. La chaleur dégagée par les
lampes amenant leur détérioration rapide,
on a été conduit à la placer sous les ventilateurs de manière à les rafraîchir par
le courant d'air ascendant (*fig.* 1018).

Au-dessus de la lampe est un réflecteur
convexe qui disperse la lumière et la répartit mieux qu'un réflecteur concave.

Le nombre des bougies par voiture
varie de 75 pour des wagons de première
classe à 30 pour les fourgons.

Ainsi la répartition se fait de la manière
suivante dans une voiture à trois essieux :

Deux compartiments de première classe.	20 bougies
Un compartiment de deuxième classe.	10 »
Un grand compartiment de deuxième classe	16 »
Deux plates-formes (deux lampes de 5 bougies)	10 »

L'extinction et l'allumage s'opèrent à
l'aide d'un commutateur placé sur l'un des
fils de la conduite principale et fixé contre
la paroi intérieure de la voiture du côté
du frein à vis. Ce commutateur ne peut
être manœuvré que par une clef spéciale
à la disposition des seuls employés du
train.

Dans chaque compartiment de première
classe est installé un interrupteur spécial,
identique à l'interrupteur principal et
branché sur l'un des fils de dérivation
de la lampe. Ce commutateur permet
d'éteindre la lampe lorsque le compartiment est inoccupé.

On avait donné d'abord au voyageur le
moyen de régler lui-même l'intensité lumineuse, en installant dans chaque compartiment deux lampes de 5 bougies au
lieu d'une de 10. Un commutateur spécial
permettait de mettre les deux lampes en
série (faible lumière), ou en dérivation
(lumière normale). Mais, à la suite d'essais peu concluants, on dut abandonner
cette solution.

Des coupe-circuits consistant en simples
lames de plomb sont intercalés sur les fils
d'alimentation de chaque lampe ; un coupe-
circuit général à fil fusible est placé à côté
de la caisse qui renferme la batterie sur

les conducteurs principaux, afin d'éviter les avaries qui résulteraient d'une élévation normale de l'intensité du courant.

La puissance du courant maximum de décharge est de 15 ampères, et on a normalement à la décharge 9,3 ampères, ce qui correspond à une puissance de 170 watts environ.

Comme on emploie des lampes consommant 3 watts par bougie, l'intensité nécessaire par bougie pour une différence de potentiel de 18 volts est de 0,17 ampère ; de sorte que la batterie peut fournir

$$\frac{120 \text{ ampères-heure}}{0,17} = 705 \text{ bougies-heure.}$$

La puissance normale de décharge de la batterie étant de 170 watts, celle-ci pourra alimenter des lampes ayant ensemble une intensité lumineuse de $\frac{170}{3}$ watts $= 56$ bougies, et la durée totale de l'éclairage sera

$$\frac{705}{56} = 12,6 \text{ heures.}$$

L'intensité lumineuse totale de toutes les lampes d'une voiture ayant été ramenée maintenant à 30 et 35 bougies suivant le type de la voiture, la durée d'utilisation d'une batterie d'accumulateurs est de

$$\frac{705}{30} = 23^h,5 \text{ à } \frac{705}{35} = 20 \text{ heures.}$$

Les voitures de première classe à trois essieux affectées au service international sont garnies de lampes d'une intensité totale de 70 bougies. Ces voitures sont alors garnies de deux batteries d'accumulateurs associées en quantité, et on peut obtenir une durée totale d'éclairage de

$$\frac{2 \times 705}{70} = 20 \text{ tonnes.}$$

574. *Prix de revient de l'éclairage pour une voiture.* — Ce prix de revient se décompose comme suit :

1° Énergie électrique ;

2° Entretien et amortissement des appareils ;

3° Personnel.

1° *Énergie électrique.* — Prenons une voiture éclairée par six lampes à incandescence, d'une intensité lumineuse totale de 50 bougies, à raison de 3 watts par bougie ; la quantité d'énergie électrique nécessaire est de $3 \times 50 = 150$ watts.

Si l'on suppose l'éclairage moyen de cinq heures par jour, ou 1 825 heures par an, la dépense correspondante sera de 273,7 kilowatts-heure, et le prix de revient de l'éclairage annuel par voiture $273,7 \times 0^f,081 = 22^f,17$ ou, au minimum et en nombre rond, 25 francs, et par bougie-heure $0^f,000243$.

2° *Entretien et amortissement.* — D'après les données précédentes, c'est-à-dire 5 heures d'éclairage par jour ou 1 825 heures par an, les lampes, qui ont une durée de 600 heures, doivent être remplacées trois fois par an. Or, le prix d'une lampe est de 2 francs. La dépense résultant du renouvellement des six lampes sera donc $6 \times 3 \times 2 = 36$ fr...   36ᶠ00

L'entretien des accumulateurs pour une durée de cinq années a été fixée à forfait par la Société suisse de Marly, moyennant une rétribution annuelle par accumulateur s'élevant à..............   25 00

En outre de cet entretien, et bien qu'au bout de cinq ans cette société doive restituer des accumulateurs en bon état, on admet qu'il faut leur appliquer un amortissement de 8 0/0 de leur valeur. Une batterie coûtant 330 francs, l'amortissement annuel est de : $330 \times 0^f,08 = 26^f,40$..........   26 40

En admettant que 40 0/0 de la dépense totale de l'installation de la gare de Fribourg (20 000 francs) ait été spéciale au chargement des accumulateurs, on a de ce chef un chiffre de 8 000 francs ; il faut en outre compter 6 300 francs pour l'aménagement des wagons distributeurs, soit en tout 14 300 francs, ce qui, pour 120 batteries en service, donne par batterie 117ᶠ,50 ; donc l'intérêt et l'amortissement en quinze ans est de : $117,50 \times 0^f,096 = ...$ 11 30

A reporter............   98 70

Report............ 98 70

Enfin, l'appareillage de la voiture est estimé en moyenne à 250 francs, ce qui donne comme intérêt et amortissement à 5 0/0 en dix ans $250 \times 0,13 =$ 32 50

Total des frais d'entretien et d'amortissement............ 131 20

3° *Personnel.* — En supposant que les frais du personnel soient les mêmes que ceux de l'éclairage à l'huile, soit 27 francs par an et par lampe, on arrive à un chiffre de $27 \times 6 = 162$ francs par voiture et par an.

Résumé. — En résumé, les dépenses se totalisent comme suit :

Energie électrique............ 25 00

Entretien et amortissement des appareils.................. 131 20

Personnel.................. 162 00

Soit comme prix annuels par voiture.................. 318 20

Et par lampe-heure :

$$\frac{318,20}{1\,825 \times 6} = 0^f,0290.$$

L'intensité lumineuse d'une lampe en bougies étant de $\frac{50}{6} = 8,35$ bougies, le prix de la bougie-heure revient à

$$\frac{0,0290}{8,35} = 0^f,00347.$$

575. *Comparaisons avec le gaz et l'huile.* — En calculant les prix de l'éclairage au gaz comprimés et à l'huile pour une puissance de 8 bougies par bec, intensité moyenne de la lampe électrique suisse, et comparant les prix de revient à ceux de l'éclairage électrique par piles et par accumulateurs, on arrive aux résultats suivants :

MODE D'ÉCLAIRAGE	CONSOMMATION HORAIRE	PRIX UNITAIRES	PRIX DE REVIENT
Lampe à huile de colza............	35 g	70 f les 100 kg	0.04675 f
Lampe à huile de pétrole......	48 g	50 f les 100 kg	0.03784
Lampe à gaz..................	25 l	0,70 f le mètre cube	0.05200
Lampe électrique (piles..........	16 watts	3,89 f le kilowatt aux bornes des lampes.	0.07138
actionnée par (accumulateurs..	24 watts	0,12 f le kilowatt au tableau de distribution des accumulateurs et 1,075 f aux bornes des lampes.	0.02900

Il ressort de ce tableau que le prix de revient de l'éclairage électrique au moyen d'accumulateurs est, en Suisse, très inférieur aux prix des autres modes d'éclairage; mais n'oublions pas que l'on ne peut en tirer de conclusions générales, le prix de l'énergie électrique ($0^f,05$ par cheval-heure ou $0^f,081$ par kilowatt-heure) étant exceptionnellement bas, à cause des conditions spéciales dans lesquelles se trouve sous ce rapport la ville de Fribourg.

Eclairage électrique des express de la Compagnie du Nord.

576. La Compagnie du Nord s'arrêta à la solution des accumulateurs qu'elle choisit à la fois aussi robustes et aussi légers que le permet l'état actuel de cette industrie. On adopta pour cela le type de la Société électrique des métaux obtenus tant comme plaque négative (plomb spongieux) que comme plaque positive (peroxyde de plomb), en partant du chlorure de plomb fondu, réduit et transformé.

Le premier essai a été fait sur les express n° 11, 46 et 29 qui font le service entre Paris et Lille, et l'application a été faite depuis en grand sur ces trains (*Revue générale des chemins de fer,* mars 1893, MM. Sartiaux et Jacqmin).

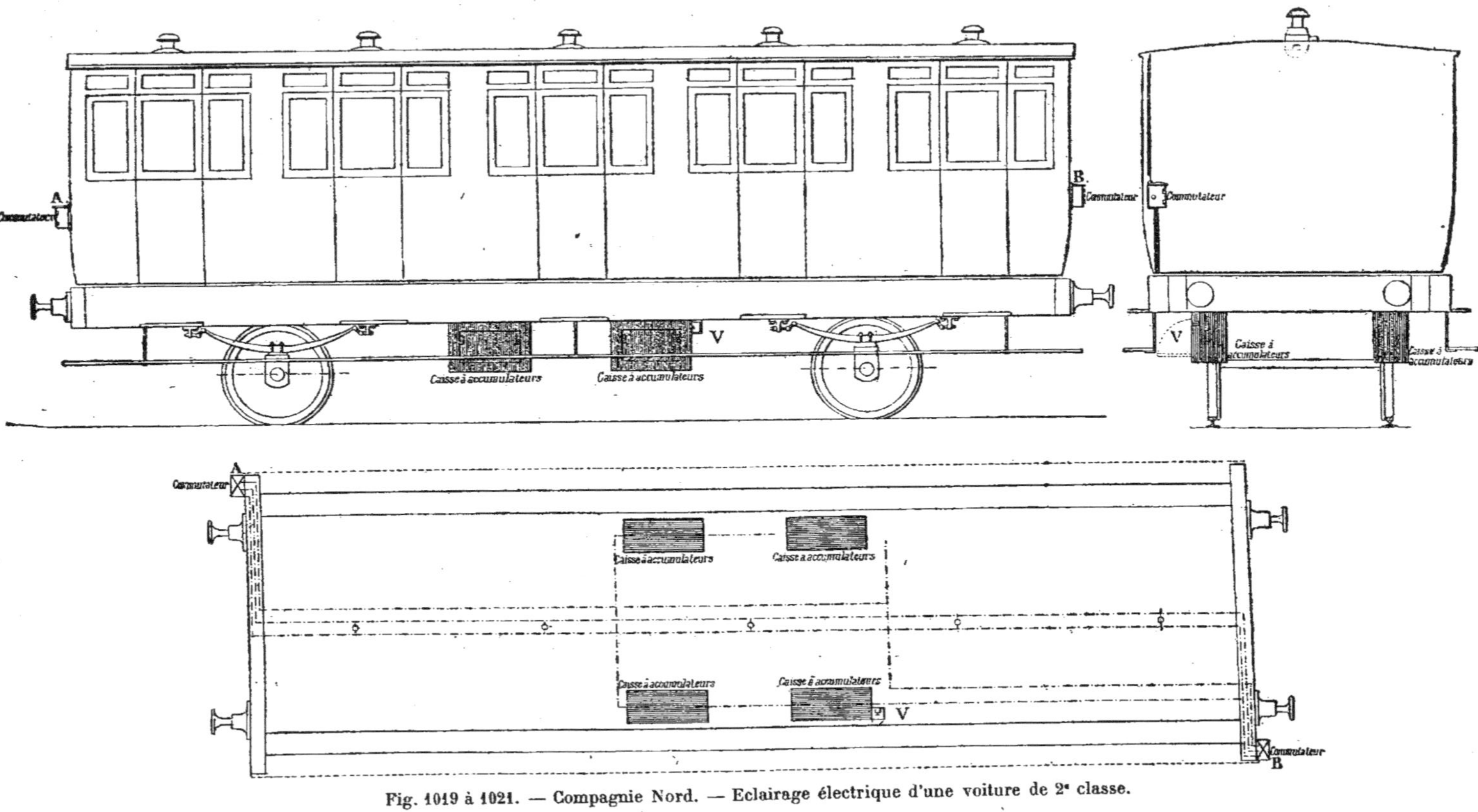

Fig. 1019 à 1021. — Compagnie Nord. — Eclairage électrique d'une voiture de 2ᵉ classe.

Les accumulateurs sont au nombre de seize, dont quatorze de service courant et deux de réserve, renfermés par groupe de deux dans une petite boîte très portative.

Ces groupes de deux sont disposés dans des coffres suspendus aux longerons du véhicule parallèlement au grand axe de la voiture (*fig.* 1019 à 1021), et accessibles du marchepied ; ils sont fermés par des portes se rabattant sur les marchepieds eux-mêmes. A côté de l'un de ces coffres en V se trouve une petite boîte renfermant un commutateur qui permet d'ajouter ou de retirer un ou deux accumulateurs, ou même d'isoler la batterie.

Chaque accumulateur comporte neuf

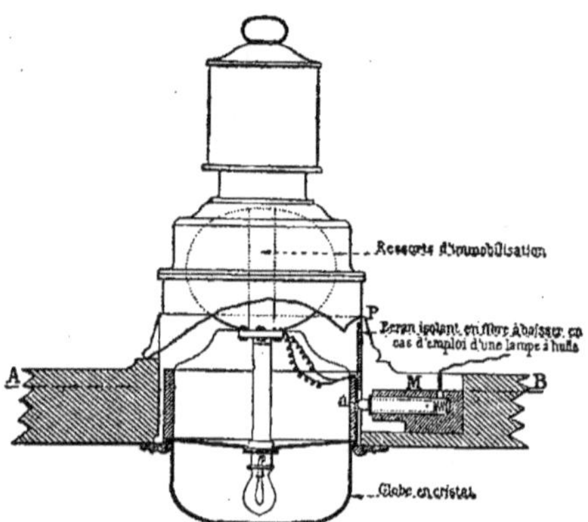

Fig. 1022. — Compagnie Nord. — Lampe électrique.
Elévation.

plaques dont quatre positives, et cinq négatives, contenues dans un petit vase de caoutchouc durci (ébonite) ou en verre moulé de Saint-Gobain, disposé pour en recevoir onze, dont cinq positives et six négatives.

Les plaques ont $0^m,200$ de haut sur $0^m,100$ de large et $0^m,006$ d'épaisseur, leur poids est de 900 grammes, ce qui donne $8^{kg},100$ de plaques par élément : leur capacité est de 15 ampères-heure par kilogramme de plomb, avec les accessoires et les liquides ; chaque élément pèse $12^{kg},730$; deux éléments dans leur boîte représentent un poids de 30 kilogrammes, et les 16 éléments 240 kilogrammes, auxquels il faut ajouter 150 kilogrammes pour les coffres

placés sous les voitures, soit au total 390 kilogrammes.

La batterie a une capacité minima de $8^{kg},100 \times 15 = 121,5$ ampères-heure. Pour empêcher le déversement du liquide acidulé et les projections sur les connexions, chaque accumulateur reçoit une couche d'huile lourde sur laquelle surnage une planchette en bois qui a pour but d'arrêter les clapotements du liquide.

577. *Lampes et accessoires.* — Les lampes sont du type de 28 à 30 volts de la Société pour le travail électrique des métaux, d'une intensité lumineuse de 10 bougies pour les voitures de première classe, les salons et les coupés-lits, de 8 bougies pour les voitures de deuxième classe, et de 6 bougies pour celles de troisième

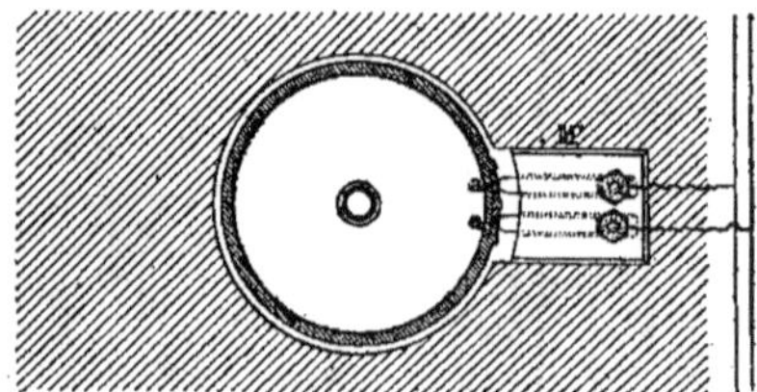

Fig. 1023. — Compagnie Nord. — Lampe électrique.
Coupe horizontale.

classe, les lavabos, waters-closets, fourgons, signaux de queue.

Elles consomment de 0,96 ampères ou 2,9 watts à 1 ampère ou 3 watts par bougie et ont une durée minima de trois cents heures : la Compagnie a essayé également des lampes de 1,5 watt par bougie à durée égale.

Pour éviter les extinctions et l'emploi d'un système de lampes jumelles et d'appareils toujours difficiles à placer ou à faire fonctionner convenablement au moment opportun, les lampes ayant une durée supérieure à deux cents heures sont retirées du service pour être utilisées dans les fourgons où l'on peut plus facilement les remplacer à volonté.

Ces lampes sont supportées par un chapeau en zinc cylindrique et creux (*fig.* 1022) portant à la fois la lampe, la douille de la lampe et le réflecteur qui est en tôle émaillée très blanc. Cet appareil se pose dans la lanterne elle-même à la place de la lampe à huile. Sur le pourtour sont deux contacts isolés fixes a, a, auxquels aboutissent les deux fils de la lampe.

Sur la voiture, et au droit de chaque lampe, les fils de dérivation sont reliés à un bloc de bois durci noyé dans le plafond de la voiture, près de l'ouverture de la lanterne (*fig.* 1022 M et *fig.* 1023 M'). Ce bloc porte deux contacts à ressort qui font saillie dans l'ouverture même, et viennent frotter très énergiquement sur les contacts de l'appareil portant la lampe.

Aux deux extrémités opposées de la voiture, en A et B (*fig.* 1019 et 1020), sont deux commutateurs (*fig.* 1024 et 1025) enfermés dans une petite boîte, qui permettent l'un et l'autre d'allumer ou d'éteindre les lampes en longeant les marchepieds des véhicules, et de faire la

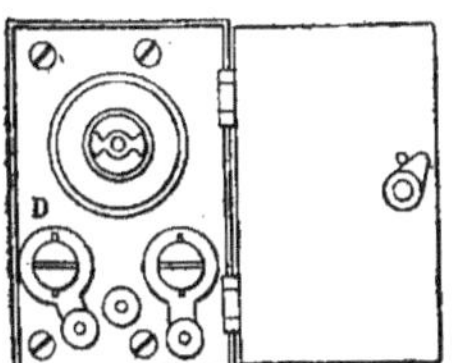
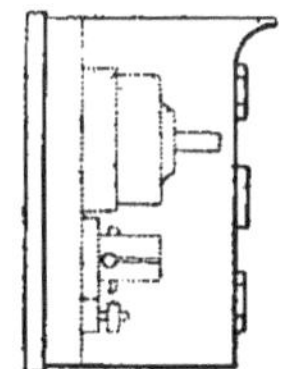

Fig. 1024 et 1025. — Compagnie Nord. —Commutateur.

charge des accumulateurs sans sortir la batterie des caisses. Toutes les batteries d'un train sont alors chargées en tension. Pour cela, les câbles de charge sont pourvus à leur extrémité d'un bouchon de prise de courant (*fig.* 1026), qu'il suffit d'introduire dans le commutateur en D.

Les signaux de queue des fourgons sont eux-mêmes munis de lampes électriques ; on a modifié les lanternes de façon que, dans les courbes, le feu de ces signaux soit bien visible de la tête du train et dans les deux directions Nord-Sud à une grande distance (*fig.* 1027 et 1028).

Enfin, les câbles principaux reliant les accumulateurs aux lampes et aux commutateurs sont d'un isolement spécial pour résister mécaniquement et électriquement aux avaries ou aux injures du temps. Ces câbles longent l'axe longitudinal de la

voiture à laquelle ils sont fixés par des pattes en zinc soudées. Quand on veut substituer la lampe à huile à la lampe électrique, il suffit d'ouvrir la lanterne d'enlever le support de la lampe électrique

Fig 1026. — Compagnie Nord. — Bouchon de prise de courant.

et d'y mettre la lampe à huile à la place. La seule précaution à prendre est d'isoler les deux contacts saillants dans l'ouverture, en faisant descendre à la main un écrou P en matière isolante porté par la lanterne elle-même (*fig.* 1022).

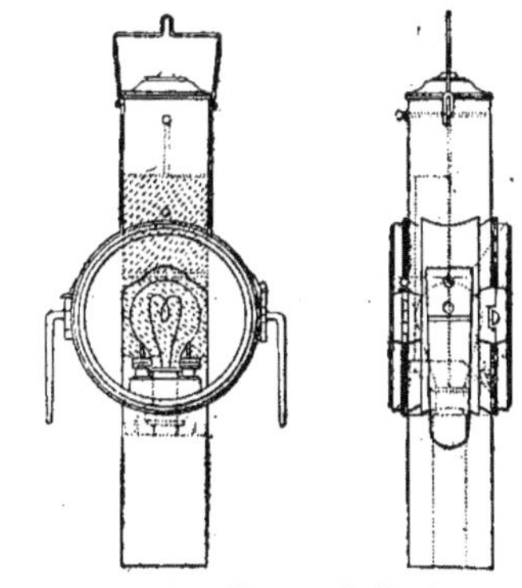

Fig. 1027 et 1028. — Compagnie Nord. — Lanterne de signal de queue.

Le schéma des communications électriques d'une voiture est représenté figure 1029.

A l'origine, la Compagnie faisait usage d'un rhéostat à mains ; elle a ensuite mis en service un rhéostat automatique à mouvement d'horlogerie ayant pour but de régler et de tenir constant le même potentiel aux bornes des lampes. La pratique a démontré que cet appareil est à la fois encombrant, coûteux et inutile.

En effet, la décharge des accumulateurs s'effectuant sur un voltage sensiblement constant, il suffisait de choisir un type de lampe robuste exigeant un peu moins de 30 volts aux bornes et capable de supporter le coup de fouet du début donné par les accumulateurs, tout en réalisant un éclairage satisfaisant à la fin de la décharge, dont il est possible, d'ailleurs, de remonter le potentiel par l'addition des deux éléments de réserve.

578. *Frais d'installation.* — On peut

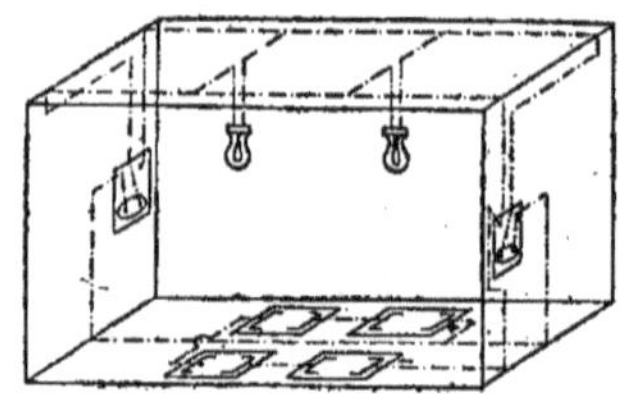

Fig. 1029. — Compagnie Nord. — Schéma des communications électriques.

établir approximativement, comme suit, les dépenses d'établissement correspondantes:

VOITURE DE 1re CLASSE A 4 COMPARTIMENTS :

16 éléments à 9 plaques avec 8 boîtes....................	462f,00
4 coffres fixes avec ferrures et avec les accessoires.......	120 ,00
2 commutateurs.............	17 ,00
4 supports de la lampe.......	30 ,60
4 lampes à incandescence....	7 ,80
4 contacts à ressort.........	21 ,60
Câbles de raccordement et pose.	66 ,00
Total.......	725f,00

Pour les voitures de 2ᵉ classe à cinq compartiments, et de 3ᵉ classe à six compartiments, le prix ci-dessus doit être majoré de 15 à 30 francs. Dans les fourgons, la dépense est moindre, la lampe étant suspendue à l'intérieur du véhicule sans autre accessoire qu'un globe protecteur ; la dé-

pense, y compris les deux signaux de queue, est d'environ 650 francs.

579. *Frais d'exploitation.* — Étant donné que les lampes consomment 2,9 à 3 watts par bougie, soit 4 ampères-heure pour les trois types de lampe ; en admettant que la capacité ne dépasse pas la capacité minimum de 15 ampères-heure par kilogramme de plomb, on voit qu'on doit pouvoir marcher trente heures sans recharger les accumulateurs (En pratique, ce chiffre atteint souvent trente-cinq heures).

Cela posé, les frais d'exploitation comprennent la dépense du courant pour la charge des accumulateurs, les frais d'entretien, de main-d'œuvre et enfin le renouvellement des lampes.

1° *Charge des accumulateurs.* — La capacité de la batterie étant de $8^{kg},500 \times 15 = 121,5$ ampères-heures, et son rendement de 0,85 en ampères-heures sous le régime de 0,5 ampère de débit par kilogramme de plaques où fonctionne le système, il faut:

$$\frac{121,5}{0,85} = 143 \text{ ampères-heure,}$$

sous une différence de potentiel de $16 \times 2,4 = 38,4$ volts, 16 étant le nombre des éléments et 2,4 volts le potentiel de chacun d'eux à la fin de la charge.

Le nombre de kilowatts-heure nécessaire à une charge complète est donc :
$$143^A \times 38_v,4 = 5,50 \text{ kilowatts.}$$

En adoptant pour prix moyen du kilowatt-heure le chiffre de $0^f,20$ aux usines de la Compagnie, la charge d'une batterie revient à :
$$5,5 \times 0^f,20 = 1^f,10.$$

Or, comme la batterie permet, après charge complète, une durée d'éclairage de trente heures, le prix de revient de l'heure d'éclairage pour les quatre lampes d'une voiture est de $\dfrac{1,10}{30} = 0^f,037$, et pour une lampe-heure de $0^f,009$.

2° *Entretien.* — Le prix d'une batterie complète est de 462 francs. En prenant la base d'une redevance annuelle de 10 0/0 pour l'entretien, y compris le renouvellement des plaques et des accessoires, les frais d'entretien pour une année et pour une voiture sont de $46^f,20$. Les nombres d'heures d'éclairage d'une voiture étant en moyenne de 2 190 heures par an, l'heure d'éclairage revient pour quatre lampes à $\frac{46^f,20}{2\ 190} = 0^f,0211$, et pour une lampe à $\frac{0^f,0211}{4} = 0^f,0053$.

3° *Renouvellement des lampes*. — Le prix d'une lampe est de $1^f,95$ et sa durée moyenne garantie trois cents heures. Le coût de la lampe pour ce facteur est donc

$$\frac{1,95}{300} = 0^f,0065.$$

580. *Résumé*. — En résumé, en tenant compte de tout ce qui précède, le coût de la lampe-heure revient à

1° Courant de charge........	$0^f,009$
2° Entretien des accumulateurs.	$0,0053$
3° Renouvellement des lampes	$0,0065$
Total......	$0^f,0208$

Soit $0^f,0208$, auquel il convient d'ajouter l'intérêt et l'amortissement du capital.

Or, on a vu plus haut que les frais d'établissement s'élèvent pour une voiture de première classe à 725 francs, dont il faut déduire la valeur des lampes déjà comprise dans les dépenses de consommation.

De même pour la batterie d'accumulateurs, il n'y a lieu de tenir compte que de l'intérêt du capital engagé.

Puisque, dans les frais de consommation, nous avons compté 10 0/0 de la valeur de la batterie qui comprend à la fois l'entretien et le renouvellement.

Il restera donc à tenir compte de :

Intérêt du capital 717 à 4,075 0/0	$29^f,22$
Amortissement et renouvellement sur 717 — 462 ou 225 francs à 5 0/0.....................	$12,75$
Total......	$41^f,97$

Or, le nombre d'heures d'éclairage moyen d'une voiture est de 2 190 par an; par suite, l'intérêt, l'amortissement et le renouvellement du capital, pour une heure d'éclairage des quatre lampes d'une voiture est de $\frac{41^f,97}{2\ 190} = 0^f,0191$, et pour une lampe de :

$$\frac{0,0191}{4} = 0,0048,$$

ce qui fait ressortir le prix de revient par lampe-heure à :

1° Prix de consommation....	$0^f,0208$
2° Charges du capital........	$0,0048$
Total....	$0^f,0256$

La lampe à huile à bec rond des premières classes, qui équivaut à 0,7 carcel au commencement de l'allumage et représente par conséquent 7 bougies, revient à $0^f,038$ y compris les charges du capital.

Il faudrait ajouter au prix plus haut la dépense de manutention des accumulateurs. En admettant que le chiffre soit le même que celui de la manutention des lampes à huile, soit 0,0033 par lampe-heure, le prix de revient définitif de la lampe électrique est de $0^f,0289$.

Il est certain, d'ailleurs, que ce prix de manutention est inférieur à celui des lampes ordinaires, puisqu'il supprime les manœuvres sur les toits des voitures et qu'il permet l'allumage rapide des lampes d'un train entier par le simple jeu d'un commutateur par voiture. Il faut encore remarquer qu'on donne avec les lampes de 10,8 et même 6 bougies, un éclairage supérieur et plus fixe qu'avec la lampe à huile.

Enfin les calculs précédents ont été établis pour une voiture de première classe à quatre compartiments. Pour les voitures de deuxième et troisième classe, la dépense de capital est augmentée au maximum de 30 francs ; mais, comme le prix de revient de la lampe-heure doit être divisé par cinq ou six lampes au lieu de quatre, le prix est encore inférieur à celui de la lampe de première classe.

Éclairage électrique au chemin de fer de Paris-Lyon-Méditerranée.

581. La Compagnie des chemins de fer de Paris-Lyon-Méditerranée a mis à l'essai, il y a quelques années, l'éclairage électrique, en première classe, au moyen d'accumulateurs portés par chaque voiture (*fig.* 1030 à 1035).

Chaque compartiment est éclairé par une lanterne de plafond contenant deux lampes à incandescence de 10 bougies et de 20 volts, dont une seule est normalement allumée ; la seconde est une lampe

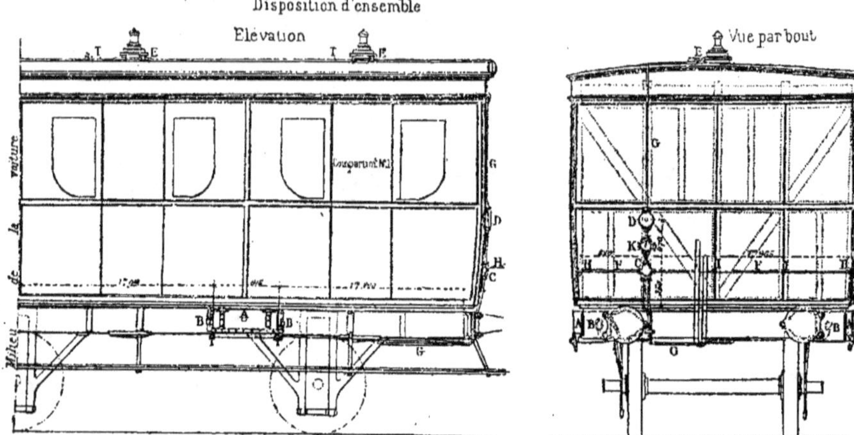

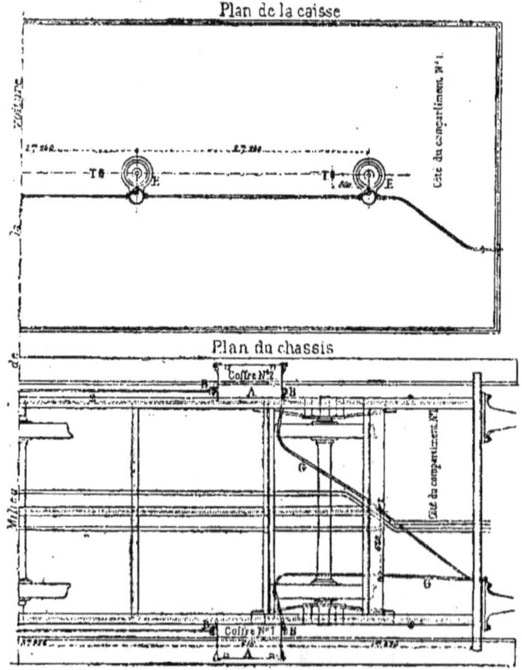

Fig. 1030 à 1033. — Compagnie P.-L.-M. — Eclairage électrique des voitures. — A, coffre des accumulateurs; B, boîte de jonction; C, commutateur d'allumage; D, rhéostat; E, Corps de lanterne et boîte de dérivation; F, tringle de manœuvre du commutateur d'allumage; G, tuyaux protecteurs des fils conducteurs; H, support extrême de la tringle de manœuvre; I, support intermédiaire de la tringle de manœuvre; K, compteur horaire; T, tasseaux d'appui des cheminées.

de secours, qui ne s'allume que dans le cas où la première vient à s'éteindre. Ces lampes sont montées en dérivation sur le circuit principal et peuvent être alimentées pendant 35 heures. De plus, les lanternes sont disposées de telle façon que l'éclairage à l'huile puisse être rapidement substitué à l'électricité en cas de mauvais

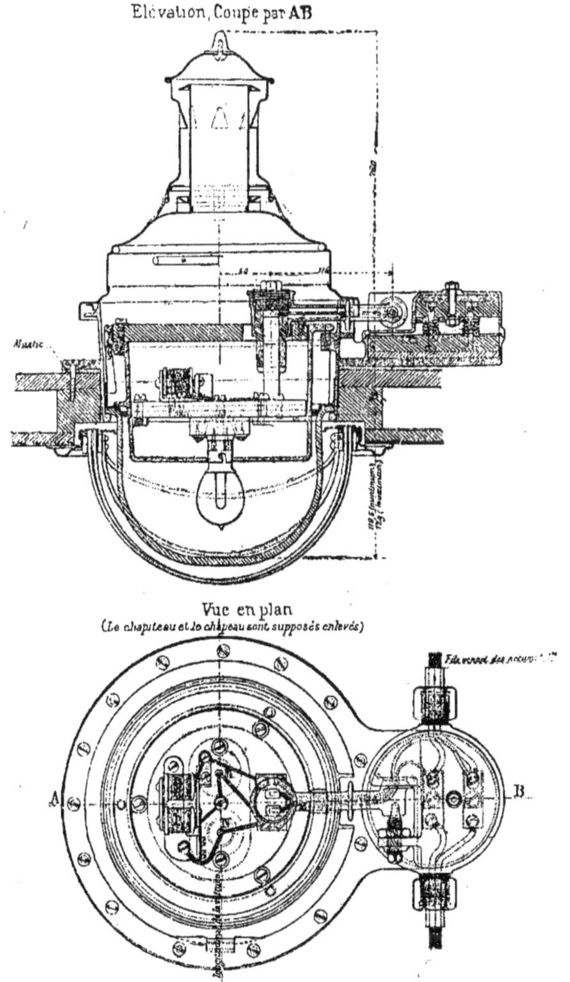

Fig. 1034 et 1035. — Compagnie P.-L.-M. — Lanterne électrique. — M, lampe normale ; N, lampe de secours ; P, électro-aimant pour changement de lampe.

fonctionnement de cette dernière (*fig.* 1034 et 1035).

Pour cela, la partie de la lanterne qui porte les lampes à incandescence est mo-bile et reçoit le courant d'un levier à deux conducteurs, qui est normalement rabattu sous le chapiteau de la lanterne. En cas d'avarie aux appareils électriques, on relève le levier, on enlève le porte-lampes à incandescence, et on le remplace par une lampe à huile.

582. *Accumulateurs.* — Chaque voiture porte une batterie d'accumulateurs de

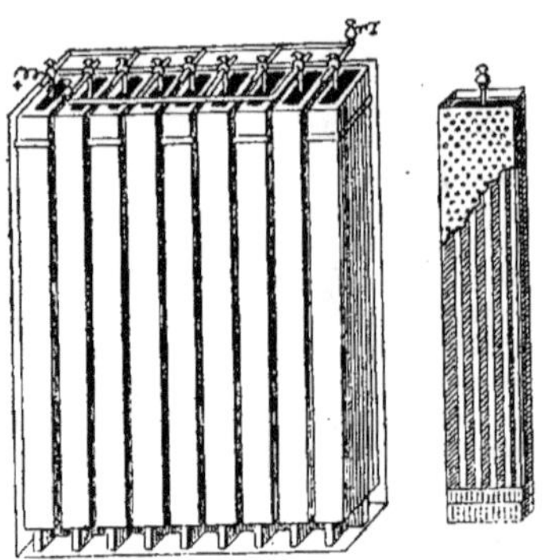

Fig. 1036 et 1037. — Eclairage électrique. Accumulateurs Tommasi.

12 éléments montés en série (*fig.* 1030 à 1033).

Ces accumulateurs sont dit du type multitubulaire à électrodes protégées par une

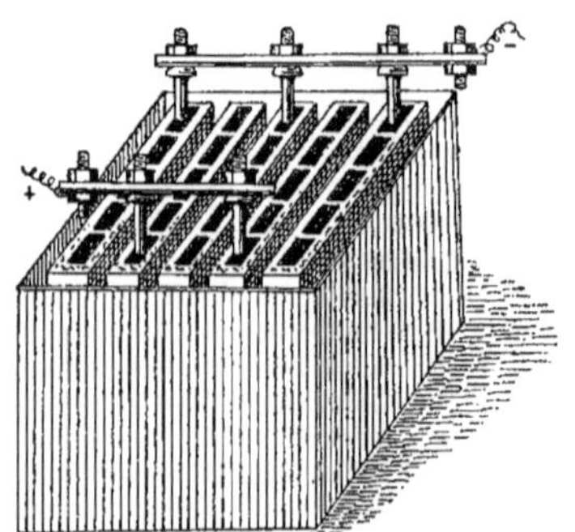

Fig. 1038. — Eclairage électrique. — Accumulateurs Tommasi.

enveloppe perforée en celluloïd et de l'invention de M. D. Tommasi.

M. Tommasi, préoccupé de donner aux accumulateurs des conditions de solidité et de rendement en apparence contradic-

toires, y parvint en donnant aux électrodes la forme tubulaire.

Chaque électrode de l'accumulateur Tommasi est composée d'un tube en plomb durci, ou en matière isolante quelconque, ébonite, celluloïd, porcelaine, etc., fermé par une plaque isolante, et d'une tige mé-

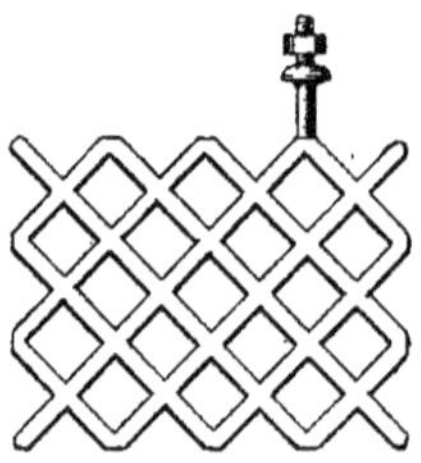

Fig. 1039. — Eclairage électrique. — Electrode Tommasi.

tallique en plomb durci, engagée dans ce fond et servant le conducteur. Le tube peut être de forme cylindrique, carrée ou rectangulaire. Celle de la tige conductrice varie naturellement suivant ces différentes formes.

Pour le type à électrodes cylindriques et carrées, la tige conductrice est constituée

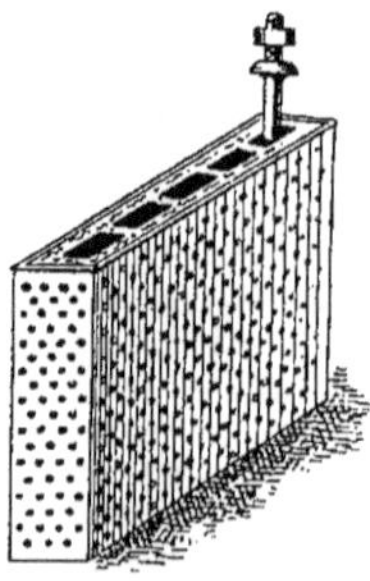

Fig. 1040. — Eclairage électrique. — Electrode Tommasi.

par une baguette en plomb durci pourvue d'un certain nombre d'ailettes.

Pour le type à électrodes rectangulaires (*fig.* 1036 à 1037), la tige conductrice est formée par un assemblage de plusieurs fils éloignés les uns des autres de quelques millimètres et disposés verticalement en forme de grilles.

Enfin il existe encore un type à électrodes rectangulaires, de section allongée (*fig.* 1038, 1039 et 1040).

L'extrémité de ces tiges conductrices est, dans le type (*fig.* 1036 et 1037), terminée par des bornes percées, selon leur diamètre, d'un trou dans lequel s'engagent à frottement les pièces servant à réunir les électrodes de même nom ; à la partie supérieure de cette borne, est une vis servant encore à assurer le contact.

Dans le type (*fig.* 1038), ces bornes sont remplacées par une tige filetée, munie de deux écrous contre lesquels se trouve serrée la lame conductrice ; c'est contre cette tige, ou lame conductrice, et l'enveloppe en tube perforé que se trouve la matière active.

Des précautions spéciales sont prises pour empêcher tout contact ou communication entre les électrodes de signes différents.

Les avantages de l'accumulateur Tommasi peuvent se résumer ainsi :

1° Le courant passe entièrement à travers la matière active en allant de la surface du tube au conducteur central, ou inversement ;

2° On peut porter la quantité des matières actives utiles, et par suite la capacité de l'accumulateur au maximum ;

3° L'action du courant et, en général, toutes les actions chimiques qui en résultent, sont uniformes dans toute la masse de matière active ;

4° On peut employer pour former ou charger l'accumulateur multitubulaire un courant intensif très élevé, sans crainte de déplacer le contenu des tubes, et sans crainte de déformation ou chute de matière active ;

5° Enfin, étant donnée la capacité plus grande de l'accumulateur Tommasi, l'espace occupé par la batterie nécessaire est bien moins important que d'ordinaire.

Les constantes électriques de cet appareil sont les suivantes :

Force électro-motrice   2,4 volts.
Capacité par kilog.
    d'électrode.......   20 ampères-heure

Rendement en quantité..............   95 0/0
Rendement en travail.............   80 0/0

En annonçant une capacité de 20 ampères-heure utilisables par kilogramme, M. D. Tommasi a adopté une moyenne de régime de décharge pouvant varier de 1 à 3 ampères par kilogramme d'électrodes. Il est évident que si l'on employait un régime moindre, la capacité augmenterait.

Remarquons également que ces accumulateurs peuvent supporter sans inconvénient des intensités de décharge allant de 6 à 8 ampères par kilogramme ; dans le cas d'effets variables, lorsque des coups de force sont nécessaires, cette décharge intensive peut durer un certain espace de temps.

On se fait une idée exacte de la grande capacité électrique de l'accumulateur Tommasi en le comparant aux meilleurs types connus d'accumulateurs. Les plus employés dans la traction et l'éclairage électrique sont :

		AMPÈRES-HEURE par kilog. d'électrode.
Accumulateur Tudor.....		3.52
—	Hagen.....	3.74
—	Oerlickon .	6.16
—	Tommasi ..	20.00

On s'explique aisément, dans ces conditions, que la Compagnie des chemins de fer de Paris-Lyon-Méditerranée ait adopté cet appareil pour l'éclairage électrique de ces véhicules.

Chaque élément comprend 12 kilogrammes d'électrodes.

La batterie est partagée en 4 groupes de 3 éléments, chaque groupe étant logé dans une caisse étanche à 3 compartiments. Chaque caisse se place dans un coffre en tôle A, intérieurement garni de bois. Ces coffres sont fixés, deux de chaque côté de la voiture, contre la partie extérieure du longeron de châssis. Ils sont munis d'une porte à charnières horizontales, qui se rabat pour permettre l'introduction de la caisse mobile contenant les accumulateurs. Toutes ces caisses mobiles sont interchangeables.

Dans chaque coffre et sur la face interne

des parois latérales, se trouvent des ressorts en laiton plombé, communiquant avec la canalisation (*fig.* 1041 à 1043), contre lesquels viennent buter deux pièces métalliques en alliage de plomb et antimoine en communication avec les poles du groupe de 3 éléments. On met ainsi chaque groupe en circuit automatiquement lorsqu'on l'introduit dans le coffre. Les coffres sont reliés par des tubes en fer contenant des fils isolés destinés à réunir électriquement les ressorts de contact des boîtes mobiles. Ces tubes circulent d'abord contre le châssis et sous la caisse, puis se réunissent à l'une des extrémités de la voiture, traversent le commutateur d'allumage C, le compteur horaire K, le rhéostat D, et suivent sur le toit du véhicule, où se trouvent les boîtes de dérivation d'où partent les circuits dérivés alimentant les diverses lanternes du compartiment.

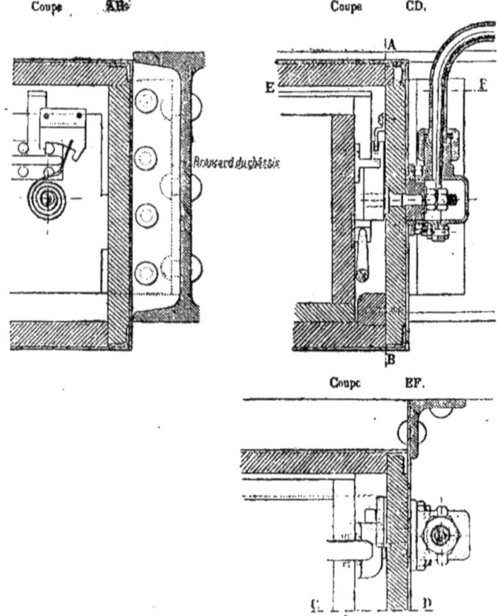

Fig. 1041 à 1043. — Compagnie P.-L.-M. — Eclairage électrique. — Contact des accumulateurs dans le coffre.

583. *Appareils accessoires.* — Un commutateur d'allumage C est placé au même endroit que le robinet principal dans les voitures éclairées au gaz d'huile (*fig.* 1030 à 1033).

Un rhéostat D a pour but de compenser, pendant la première partie de la décharge, l'excès de voltage de la batterie sur celui qui est nécessaire au fonctionnement normal des lampes.

Enfin on fait usage d'un compteur horaire K du système Aubert, de Lausanne. C'est une sorte d'horloge ne fonctionnant que quand le courant passe et portant 35 divisions correspondant avec 35 heures de marche prévues ; l'aiguille se meut de la division 35 à la division zéro, indiquant ainsi le nombre d'heures d'éclairage que la batterie peut encore donner. Ce compteur est placé au même endroit que le manomètre dans les voitures éclairées au gaz d'huile.

On laisse le rhéostat vu plus haut en circuit jusqu'à ce que le compteur horaire marque 17, moment auquel on le met hors circuit. Il n'y a d'ailleurs aucun inconvénient sérieux à faire cette manœuvre un peu avant ou après le moment où l'aiguille du compteur marque 17.

584. *Conditions générales d'établissement.* — Ces installations comportent les conditions générales d'établissement suivantes par voiture de 1re classe à quatre compartiments :

Nombre d'éléments d'accumulateurs 12

Poids d'une boîte mobile de 3 éléments . . . . 57 k

Poids total des quatres boîtes mobiles 228

Poids total des électrodes seules 156

Poids du reste de l'installation : coffres, conducteurs, commutateurs, rhéostat, compteur horaire, lanternes 270

Poids total 498

Capacité totale de la batterie en watts-heure 5 600

Nombre d'heures d'éclairage avec une consommation de 38 watts par lampe . . . . 36 h

(*Revue générale des Chemins de fer, mars* 1873.)

Chemins de fer italien de la Méditerranée.

585. Tout récemment les chemins de fer italiens de la Méditerranée ont adopté pour l'éclairage électrique de leurs véhicules la disposition suivante.

Chaque voiture présente, au-dessous du plancher, deux caisses spéciales renfermant chacune deux batteries d'accumulateurs, dont les connexions sont disposées de telle sorte que l'on peut éclairer à volonté l'intérieur, soit avec les quatre batteries, soit seulement avec deux. Dans le premier cas, la durée de l'éclairage est d'environ 36 heures ; dans le second, elle est réduite de moitié. Les plombs de sûreté des batteries sont fusibles sous un courant de 25 ampères. Un enregistreur automatique, placé à l'extérieur de la caisse du véhicule et pouvant fonctionner pendant 50 heures, permet de constater à chaque instant le nombre d'heures d'éclairage fournis par les accumulateurs, et par suite de connaître l'état de charge de ces derniers.

Les voitures comportent deux modes d'éclairage distincts. Dans les compartiments à voyageurs, on emploie un ensemble de deux lampes à incandescence, montées sur un même support et disposées de telle façon sous le réflecteur ordinaire que l'on puisse, le cas échéant, employer, sans les démonter, l'éclairage à l'huile. L'une de ces lampes possède un pouvoir éclairant de 16 bougies, l'autre seulement de 6 bougies. Elles sont commandées par un commutateur à main placé à l'intérieur du compartiment, près du réflecteur, et les connexions sont établies de telle façon que, lorsqu'on rabat l'écrou sur le réflecteur, la grosse lampe s'éteint et la petite se rallume, l'inverse se produisant lorsqu'on découvre le réflecteur.

Dans les couloirs et les cabinets d'aisances, on emploie également des foyers lumineux doubles, mais les deux lampes ont la même intensité ; une seule d'entre elles est allumée, et l'autre reste en réserve.

Éclairage électrique sur les chemins de fer américains.

586. En 1885, les essais d'éclairage électrique étaient tentés, en Amérique, aux États-Unis et au Canada, par le Pensylvanian et continués en 1887 et 1889 par le Boston and Albany, la Pulmann Palace Car Cy, le Canadian Pacific ; on faisait usage d'accumulateurs.

Ces essais ont généralement échoué parce que les batteries secondaires n'étaient pas aussi perfectionnées qu'aujourd'hui. Leur rapide détérioration (40 0/0 au minimum) et la grande difficulté de les maintenir en bon état malgré les soins les plus minutieux, rendaient nécessaire de les charger sur place afin d'éviter les manutentions et transbordements, chacune de ces opérations étant considérée comme donnant une usure égale à 1 000 milles ou 1 609 kilomètres de parcours. D'un autre côté, le chargement sur place était impossible à cause des sujétions qu'il entraînait.

Les perfectionnements apportés dans ces derniers temps aux accumulateurs auraient pu faire revenir les Compagnies américaines sur leurs premières appréciations, si les voyageurs de ce pays n'étaient accoutumés à un éclairage abondant fourni par les lampes à pétrole, et qui ne pourrait être remplacé que par des lampes électriques de 16 bougies, au lieu de 6 ou 8 comme en Europe. Il en résulte que chaque batterie d'accumulateur de 16 éléments, nécessaire à l'alimentation d'une voiture, devrait peser une tonne au lieu de 400 kilogrammes. Cela double le prix de revient et toutes les autres difficultés.

Lorsqu'on ne regarde pas à la dépense, on applique néanmoins les accumulateurs. Tel est le cas du Pensylvanian qui a conservé et amélioré ses installations entre New-York et Chicago. Chaque salon renferme des lampes de 12 bougies, alimentées par deux caisses d'accumulateurs de 16 éléments chacune et pesant 400 kilogrammes. Chacune de ces caisses, placées de chaque côté de la voiture, suffit à 10 heures d'éclairage. Nous répétons que dans les essais ultérieurs il a fallu prendre des lampes de 16 bougies.

La même application se rencontre aussi quelquefois dans des trajets assez courts. Ainsi entre Chicago et Cincinnati, ou entre Chicago et Indianapolis, la lumière n'est nécessaire que pendant six heures, les trains quittant chaque extrémité de la ligne respectivement à 8 et 9 heures du soir. Les batteries sont chargées sur place. Chaque voiture contient 32 éléments d'une capacité de 150 ampères-heure et 26 lampes de 16 bougies d'un voltage de 60 volts. Le poids total est de 2000 livres, ou environ 1 tonne.

Différentes autres applications restreintes existent encore sur l'Intercolonial et le Canadian Pacific, ainsi que sur le Burlington, Cedar Rapids and Northern railways.

Éclairage électrique par distributeur automatique.

587. De récentes et ingénieuses innovations ont été effectuées en Angleterre avec la lumière électrique.

On a fait en 1892, à Londres, l'essai de véritables distributeurs automatiques de lumière électrique mis en mouvement par l'introduction d'une pièce de monnaie de 0,10, et qui donnent un éclairage d'une demi-heure. Naturellement le voyageur peut prolonger à son gré cette période en remettant dans l'appareil de nouvelles pièces de 0,10.

Après un essai des plus satisfaisants sur le Métropolitan District, cette Compagnie en a fait installer 10 000 sur son matériel.

La lampe à gaz qui éclaire chaque compartiment n'est pas supprimée ; l'éclairage électrique n'est qu'un supplément destiné à donner plus de confortable au voyageur et à lui permettre de lire facilement sans se fatiguer les yeux.

Le mécanisme est extrêmement simple et renfermé tout entier dans une petite boîte de $0^m,125$ sur $0^m,075$. La lumière obtenue a un pouvoir éclairant de 3 bougies ; elle est concentrée par un réflecteur, dont on peut faire varier l'inclinaison dans une certaine mesure, de manière à projeter le faisceau lumineux dans la direction demandée.

Chaque compartiment est muni de quatre de ces lampes, alimentées par un accumulateur placé sous une banquette. Ces lampes sont placées contre les parois, près des angles, là où la lumière de la lampe du plafond est insuffisante pour la lecture. Chaque wagon est ainsi indépendant des autres, et il n'y a aucune précaution à prendre dans la formation ou la décomposition des trains.

Conclusions.

588. L'éclairage électrique des trains existe en Amérique, en Angleterre et même en France pour les trains de luxe. Néanmoins, les résultats obtenus jusqu'ici n'ont point permis l'extension du système, non parce que les lampes à incandescence ne peuvent donner une lumière parfaite, douce et stable ; mais les appareils nécessaires à la production de cette lumière, que ce soient des piles primaires, des accumulateurs ou des machines électro-motrices actionnées par la locomotive ou par les essieux du train, sont d'une installation difficile et d'un emploi tellement coûteux que les essais entrepris ont été généralement interrompus.

On peut espérer cependant que les progrès de la science permettront d'arriver à une solution pratique du problème de la lumière électrique à bon marché (Congrès de Milan 1887).

L'électricité est pour le moment d'un prix plus élevé et d'un service moins sûr que le gaz d'huile, tout en exigeant des installations compliquées et coûteuses ; c'est en somme un éclairage de luxe, sauf en Suisse et dans les contrées analogues.

589. On peut encore tirer de tout ce qui précède les conclusions suivantes :

L'éclairage électrique des voitures de chemins de fer n'est rationnel qu'en adaptant à chaque véhicule sa propre source d'électricité sous forme de piles ou d'accumulateurs.

Le choix de ces derniers ne peut être le résultat que d'expériences comparatives de longue durée, les accumulateurs ayant en particulier encore bien des progrès à réaliser, tant au point de vue de leur durée qu'à celui de leur capacité électrique et de leur résistance aux trépidations.

Enfin, la condition primordiale pour que l'éclairage électrique des trains entre dans le domaine de la pratique courante, c'est que les Compagnies puissent trouver l'énergie électrique dans certaines localités à un prix suffisamment réduit, ou quand elles posséderont des usines électriques pour l'éclairage de leurs principales gares.

CHAUFFAGE DES VOITURES

Conditions générales.

590. Le chauffage des voitures à voyageurs est une des questions qui ont le plus vivement préoccupé les ingénieurs de chemins de fer dans ces dernières années. A différentes reprises, en effet, des mouvements d'opinion se sont manifestés en faveur d'un système plus pratique que la classique bouillotte, et du chauffage général des trois classes de véhicules.

La solution complètement satisfaisante n'a pas encore été trouvée en France pour différentes causes, dont deux principales : la forme des véhicules à compartiments indépendants ne permettant pas facilement l'application des calorifères ou autres moyens puissants exigeant des voitures à circulation intérieure. D'un autre côté, nous vivons dans un climat tempéré qui interdit les systèmes de chauffage trop actifs donnant trop de chaleur et pouvant incommoder les voyageurs.

Les Compagnies françaises pressées, par l'opinion publique et d'incessantes réclamations, se concertèrent et chargèrent l'une d'elles, la Compagnie de l'Est, de procéder à des essais qui eurent lieu en 1874 et 1875. Le chemin de fer de l'Est était en effet le plus indiqué pour cela : il dessert une des régions les plus froides de la France et se trouve journellement en contact avec des compagnies étrangères où le froid est intense, où les hivers sont longs et rigoureux, et les systèmes de chauffage prévus en conséquence.

Les conclusions de ces essais et des études comparatives faites par M. Regray furent les suivantes :

1° On doit repousser absolument tout système de chauffage par poêles ou calorifères à air chaud, à raison des risques d'incendie et de l'irrégularité du chauffage ;

2° On doit repousser tout système qui ne réaliserait pas l'indépendance complète des véhicules les uns par rapport aux autres;

3° Il convient d'avoir recours, pour le chauffage des voitures, aux appareils basés sur l'emploi de l'eau chaude, c'est-à-dire aux bouillottes fixes ou mobiles.

Notons que ces conclusions datent de 1875 et correspondent aux besoins de l'exploitation de l'époque ; elles ne sont plus en harmonie avec la situation actuelle ; cela ressortira d'ailleurs plus clairement de l'étude rapide que nous allons faire des principaux systèmes usités.

Les deux méthodes généralement em-

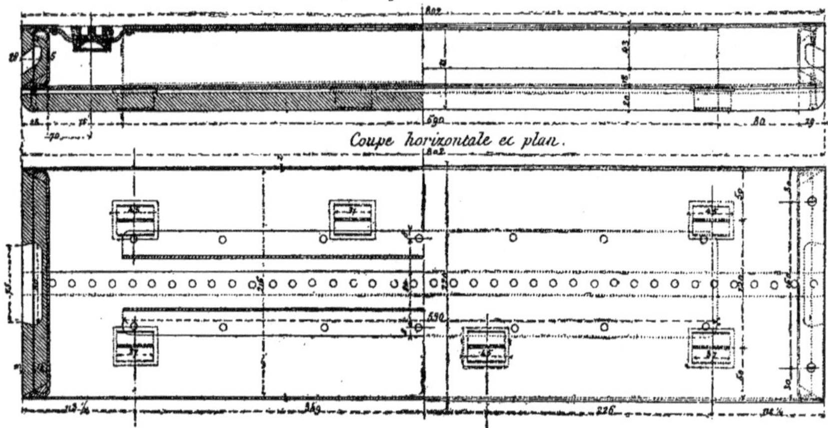

Fig. 1044 et 1045. — Compagnie Ouest. — Bouillotte.

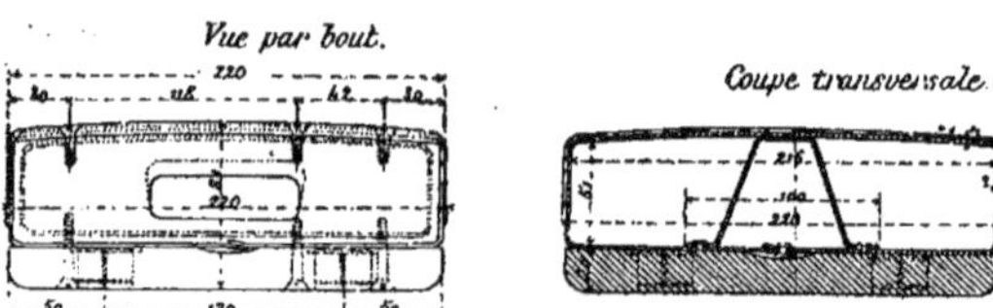

Fig. 1046 et 1047. — Compagnie Ouest. — Bouillotte.

ployées aujourd'hui dans le chauffage des trains sont les suivantes :

1° *Le chauffage intermittent:* bouillottes à eau chaude, à sable chaud, chaufferettes à feu ;

2° *Le chauffage continu*, qui se pratique au moyen de poêles par circulation d'air chaud, par circulation d'eau chaude, par circulation de vapeur.

Bouillottes ou chaufferettes à eau.

591. La bouillotte est le vieux système classique employé dès l'origine au chauffage des voitures de 1re classe, puis peu à peu et par extension aux autres classes, au moins pour les longs trajets. Ce n'est pas sans une certaine surprise que l'on a vu le rapport de M. Regray conclure

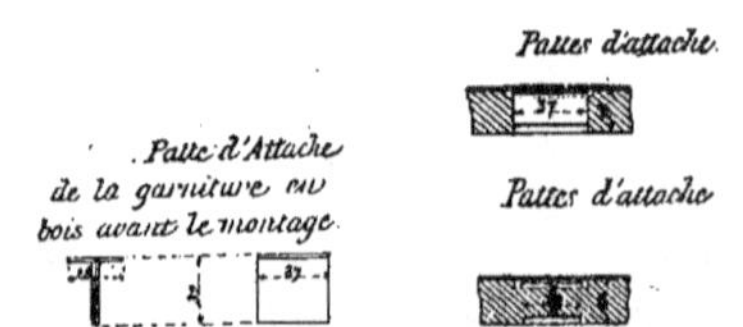

Fig. 1048 à 1050. — Compagnie Ouest. — Bouillotte.

que ce vieux mode suranné de chauffage était encore ce qu'il y avait de mieux.

Les bouillottes sont des réservoirs de tôle étamée ou galvanisée, dont la forme varie peu d'une Compagnie à l autre : c'est toujours une caisse prismatique ou cylindrique beaucoup plus longue que large et posée sur le plancher du véhicule : aujourd'hui, on commence à les loger dans des niches disposées à cet effet, ce qui permet aux voyageurs de pouvoir plus facilement circuler dans les compartiments sans tomber.

592. *Bouillottes de la Compagnie de l'Ouest.* — Au chemin de fer de l'Ouest, la bouillotte est un prisme à base rectangulaire et parois latérales légèrement bombées (*fig.* 1044 à 1052). Le dessous et les deux bouts sont garnis de bois d'orme fixé au moyen d'attaches spéciales (*fig.* 1048 à 1054) ce qui facilite la manipulation des appareils et ménage les tapis des voitures. L'intérieur est entretoisé par un renforcement en forme de V qui rend solidaires les deux parois et maintient le bombement de l'une d'elles.

Le métal employé est le fer étamé et rivé ; la tôle a $0^m,002$ d'épaisseur et $0^m,802$ de long ; la section droite, à peu près rectangulaire, a $0^m,220$ sur $0^m,060$. Les faces supérieures latérales sont protégées par une feuille de zinc d'un millimètre d'épaisseur soudée et à bords rabattus.

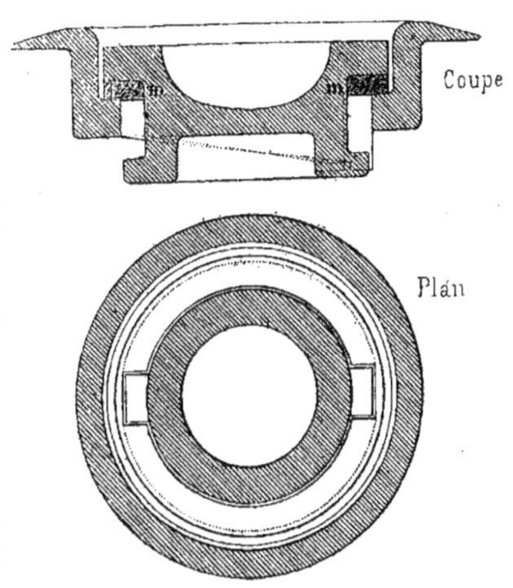

Fig. 1051 et 1052. — Compagnie Ouest. — Bouchon de bouillotte. — Coupe et plan.

Le trou de remplissage est sur la face bombée, c'est-à-dire celle qui se trouve

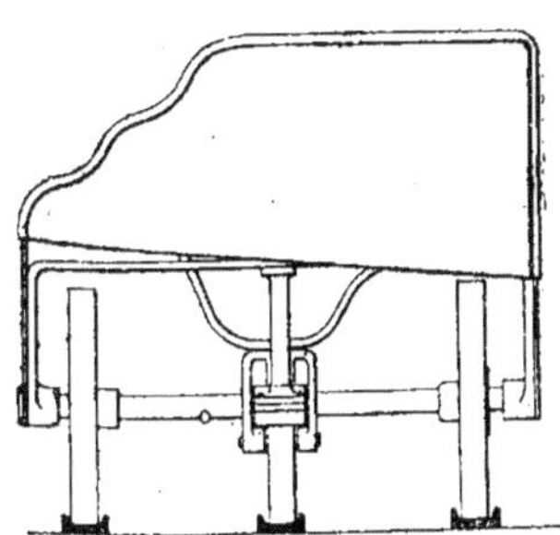
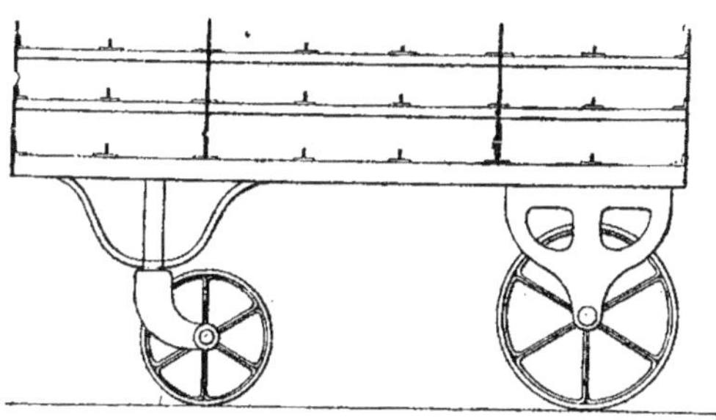

Fig. 1053 et 1054. — Compagnie Nord. — Tricycle à bouillottes.

sous les pieds des voyageurs ; on comprend que ce trou doit être fermé par un obturateur fortement étanche et dont la construction demande un soin spécial (*fig.* 1051 et 1052). Le siège de ce bouchon est soudé à une platine de fer emboutie et rivée à la tôle de la bouillotte. Le bouchon est un cylindre taraudé de $0^m,020$ de hauteur, savoir : $0^m,012$ de partie filetée avec un diamètre extérieur de $0^m,033$, et $0^m,008$ de tête avec $0^m,041$ de diamètre. Sa face supérieure présente deux rainures parallèles séparées par une crête et dans lesquelles s'engage la tête de la clef de manœuvre. Ce bouchon repose sur son siège par l'intermédiaire d'une rondelle de cuivre de $0^m,003$ d'épaisseur ; dans cette position, il y a six pas de vis engagés, ce qui exige six tours de clef pour ouvrir ou fermer le bouchon. C'est un peu long, et d'autres Compagnies, comme l'Orléans, ont préféré la fermeture à baïonnette.

Le diamètre extérieur du siège est de 0ᵐ,037 ; il est percé d'un trou taraudé au même pas de vis que le bouchon, soit 0ᵐ,002 avec 0ᵐ,0015 de profondeur ; il reste donc au métal plein une épaisseur de 0ᵐ,002 ; la hauteur totale du siège, y compris celle de 0ᵐ,004 du rebord d'appui sur la tôle, est de 0ᵐ,014.

Bouillottes des autres Compagnies françaises.

593. La Compagnie de l'Est emploie des bouillottes en tôle étamée ayant la forme d'un cylindre à base elliptique de 0ᵐ,910 de longueur. Les deux axes de l'ellipse transversale sont de 0ᵐ,200 sur 0ᵐ,078 ; la tôle a 0ᵐ,0015 d'épaisseur, et le poids total de la chaufferette est de 7ᵏ,500 à vide ou 17ᵏ,500 pleine, car elle renferme 10 litres d'eau.

La bouillote de la Compagnie de Paris-Lyon-Méditerranée a la même forme que la précédente, mais elle est entourée de moquette retenue aux extrémités par des cercles en laiton de 0ᵐ,025 de largeur, avec des diamètres extérieurs de 0ᵐ,095 et 0ᵐ,210. Le remplissage se fait par un trou ménagé à l'une des extrémités ; la tête du bouchon est creuse et conique ; deux nervures la traversent et sont saisies par les creux correspondants d'une clef de manœuvre.

Au chemin de fer d'Orléans, les bouillottes ont aussi la même forme qu'à la Compagnie de l'Est, mais la fermeture du bouchon est à baïonnette, et la manœuvre se fait au moyen d'une clef pénétrant dans le trou carré de la partie supérieure. Cette manœuvre est incontestablement plus rapide que celle des bouchons à vis, car il suffit de faire faire au bouchon une fraction de tour pour le dégager de son siège.

On a en outre remplacé l'acier, qui devient facilement cassant sous le réchauffage à la vapeur, par une rondelle en métal blanc pressée sur un siège par un ressort à boudin, ce qui constitue pour ces appareil une innovation un peu délicate.

Compagnies étrangères.

594. En Angleterre, le chauffage se pratique à peu près partout a l'aide de bouillottes réservées le plus souvent aux premières classes.

En Allemagne, les bouillottes sont en tôle de fer étamé, en laiton, et même en cuivre ; elles sont généralement enveloppées d'une étoffe de laine et de forme elliptique. Leurs dimensions sont 0ᵐ,90 de long et 0ᵐ,20 sur 0ᵐ,10 de section transversale.

Mais la tendance générale est de renoncer

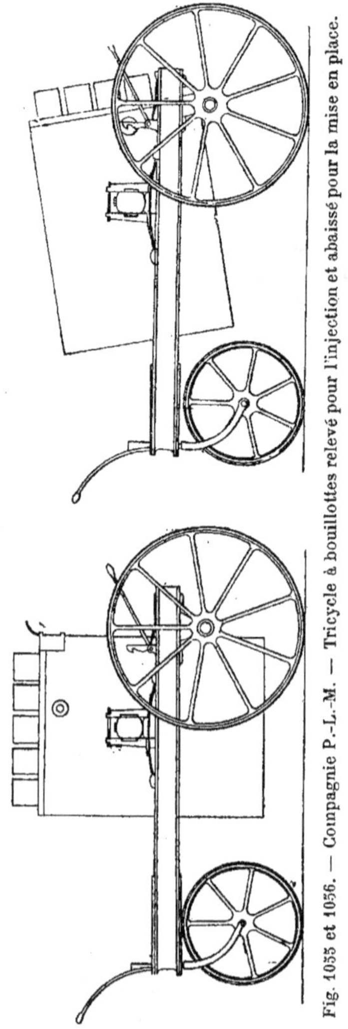

Fig. 1055 et 1056. — Compagnie P.-L.-M. — Tricycle à bouillottes relevé pour l'injection et abaissé pour la mise en place.

de plus en plus aux bouillottes pour les remplacer par un des systèmes spéciaux que nous verrons plus bas.

Remplissage des chaufferettes.

595. Les chaufferettes sont remplies après vidange de l'eau froide qu'elles peuvent renfermer, par de l'eau à 100 degrés, fournie au moyen d'un générateur vertical à foyer intérieur ; au chemin de fer de Lyon, on emploie une chaudière Field, c'est-à-dire une chaudière verticale

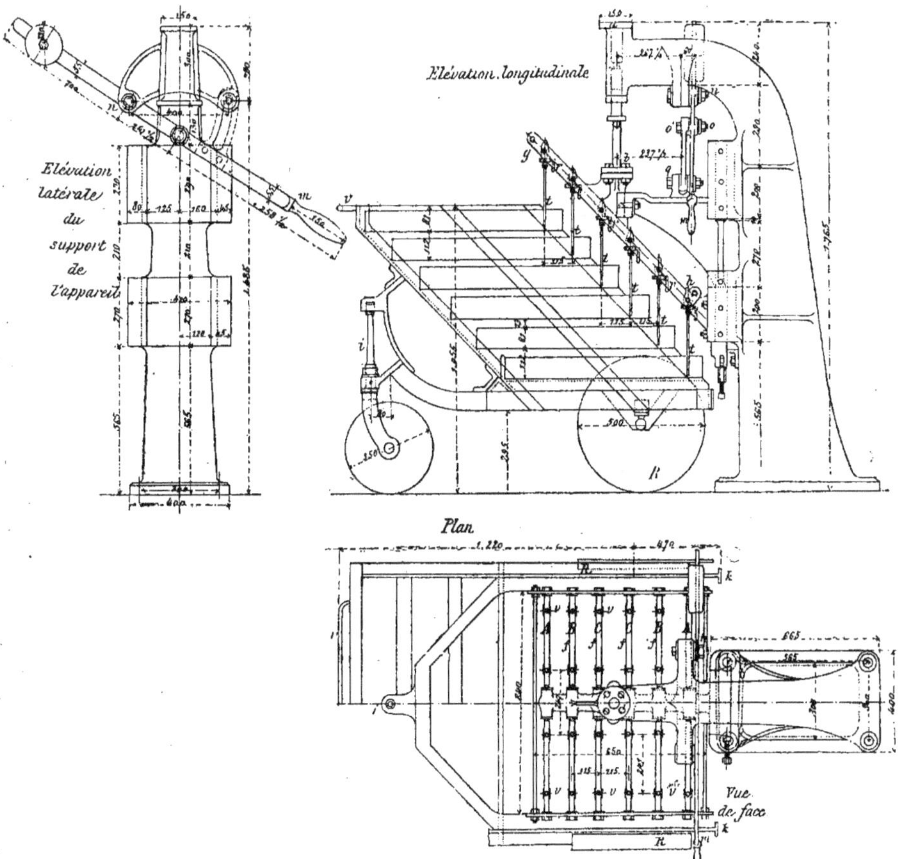

Fig. 1057 à 1059. — Compagnie Ouest. — Appareil à réchauffer l'eau des bouillottes.

munie de tubes verticaux fermés à leur partie inférieure et plongeant dans la flamme du foyer.

La prise se fait sur une tubulure qui part du bas de la chaudière et qu'on peut munir de plusieurs robinets afin de remplir plusieurs chaufferettes à la fois.

Le transport des bouillottes se fait au moyen de tricycles simples (*fig.* 1053 et 1054, Compagnie du Nord), ou de tricycles munis de casiers à bascule pour la facilité des manutentions (*fig.* 1055 et 1056, Compagnie de P.-L.-M.).

On voit immédiatement qu'il y a là une main-d'œuvre considérable, ne serait-ce que pour opérer la vidange de l'eau froide renfermée dans les bouillottes. La première idée qui est venue a naturellement consisté à réchauffer l'eau des bouillottes sans les vider.

596. *Réchauffage par la vapeur.* — Au chemin de fer du Mein-Weser on fait usage de bouillottes traversées d'un bout à l'autre par un tube droit, dans lequel on fait passer un courant de vapeur.

Au chemin de fer de l'Ouest, les bouillottes froides et sortant des voitures sont placées sur un chariot spécial à étages successifs (*fig.* 1057 à 1059), sur lesquels on en place deux douzaines, le bouchon à la partie supérieure. On roule alors le chariot chargé sous un appareil à tuyauterie de vapeur comportant vingt-quatre tubulures verticales, soit une par bouillotte, et plongeant dans ces dernières par les orifices débouchés. Un tuyau principal de vapeur à haute pression alimente les vingt-quatre tuyaux secondaires que l'on abaisse simultanément au moyen d'un levier à mains jusqu'à ce qu'ils pénètrent

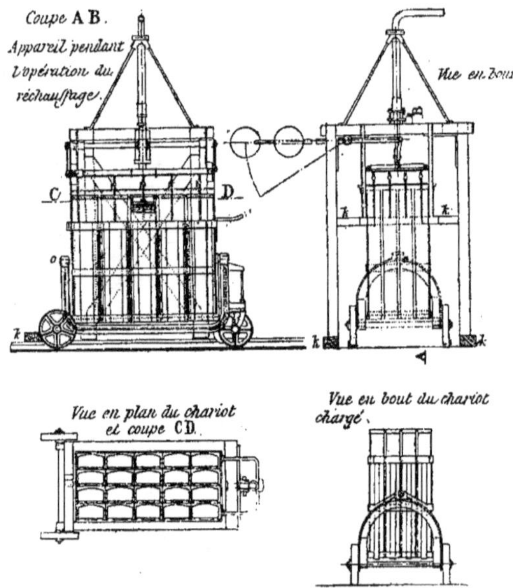

Fig. 1060 à 1063. — Compagnie Orléans. — Appareil à réchauffer l'eau des bouillottes.

dans les trous des bouillottes; la vapeur qui arrive alors en se condensant réchauffe l'eau froide des chaufferettes; on ferme ensuite le robinet d'entrée de vapeur, on relève les petits tubes, on retire le chariot du réchauffeur, et on remet les bouchons en place.

Les vingt-quatre tubes secondaires portent à quelques millimètres de leur extrémité inférieure une fente horizontale de 1 millimètre de largeur, par laquelle s'écoule la vapeur.

La position et la dimension réduite de cette fente constituent un des points délicats du problème. En outre, le chariot à vingt-quatre cases, une fois chargé est un peu lourd : son poids atteint 900 kilogrammes, ce qui rend son roulement difficile ailleurs que sur les quais bitumés.

597. A la Compagnie d'Orléans, on fait usage d'un chariot un peu moins simple, à bascule, et ne renfermant que vingt compartiments dans lesquels on place les bouillottes froides et débouchées; l'ensemble est supporté par deux tourillons qui s'appuient sur un bâti muni de trois roues, deux à l'arrière et une à l'avant. De la sorte, le porte-bouillottes peut pivoter sur ces deux tourillons et amener les roues dans la position horizontale, ce qui permet la manœuvre commode des chaufferettes, soit qu'on les retire du train pour les placer dans leurs cases, soit qu'on les en retire chaudes pour les remettre dans les voitures. On redresse ensuite le chariot pour placer

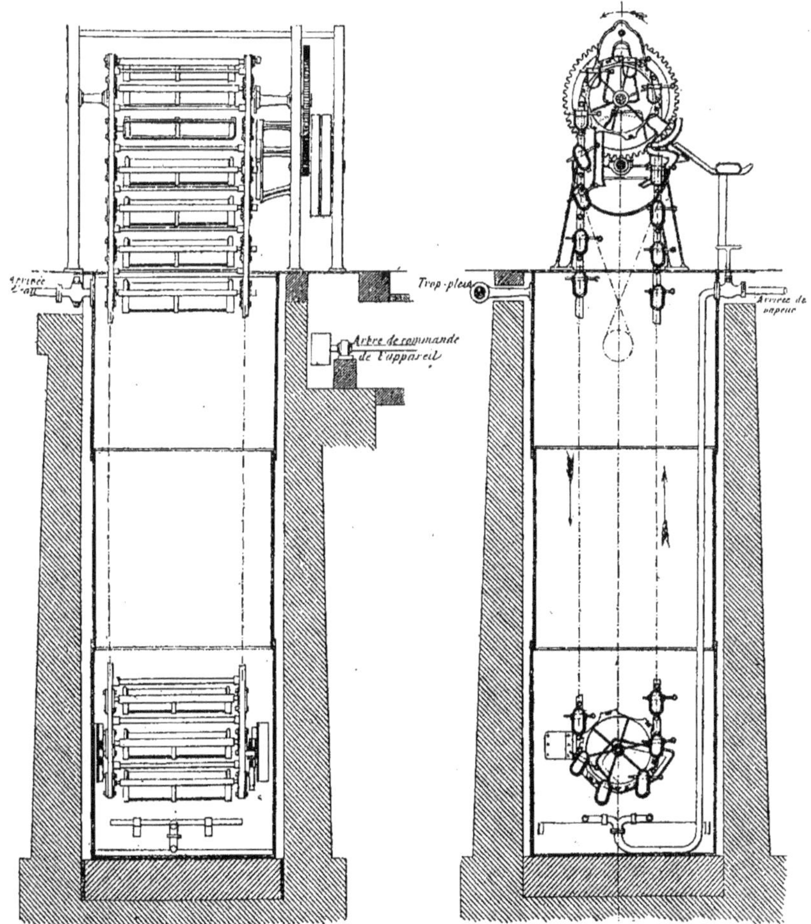

Fig. 1273 et 1274.

les bouillottes dans la position verticale, enlever ou remettre les bouchons, et placer l'appareil sous l'injection de vapeur (fig. 1060 à 1063).

Celle-ci a lieu, comme précédemment, au moyen d'un tuyau principal se ramifiant en vingt petits tuyaux verticaux correspondant aux vingt bouillotes.

Au moyen d'un levier à main, on abaisse minutieusement les vingt tuyaux jusqu'à ce qu'ils pénètrent par les trous des bouchons dans l'eau des chaufferettes ; on laisse alors arriver la vapeur de la chaudière, dont la condensation réchauffe l'eau des bouillottes. Puis on referme le tuyau principal d'arrivée, on relève les tuyaux secondaires, et l'on remet les bouchons en place.

598. *Réchauffage continu à la vapeur.* — La seconde préoccupation des ingénieurs a été de trouver un système permettant de supprimer les manipulations pénibles et coûteuses nécessitées par le transbordement des bouillotes. Voici comment y parvint de 1873 à 1875 l'ancienne Compagnie des Charentes.

Les chaufferettes à eau chaude étaient fixées à l'avance dans le plancher des compartiments ; leurs dimensions étaient de 2 mètres de long sur $0^m,300$ de large ; quant à la hauteur, elle était de $0^m,09$, $0^m,07$ et $0^m,06$, suivant les classes, donnant ainsi des surfaces de chauffe proportionnelles aux volumes des compatiments. Le réchauffage de ces bouillottes avait lieu sur place, sans en déranger une seule, par injection de vapeur venue du dehors et prise soit sur la locomotive même du train, soit sur une machine spéciale de réserve.

La vapeur était amenée aux chaufferettes par une conduite générale circulant tout le long du train et passant dans l'axe sous chaque voiture ; la réunion des tronçons de deux véhicules voisins se faisait par un raccord en caoutchouc ; un petit branchement spécial mettait en communication cette conduite principale avec chaque bouillotte.

Le réchauffage se produisait d'abord au moyen d'un serpentin intérieur, puis par un tube droit traversant la chaufferette de part en part, enfin par un tube percé de trous permettant l'injection directe de la vapeur dans l'eau froide.

On voit que ce système présentait de nombreux inconvénients qui l'ont empêché de se généraliser : d'abord celui de la continuité, qui est un obstacle lors des remaniements et manœuvres, puis les chances de refroidissement et de condensation sur une conduite unique, dont la température baissait d'autant plus qu'on s'éloignait de la locomotive ; enfin l'appauvrissement de cette dernière, qu'on a dû en effet rapidement remplacer par une spéciale, indépendante des trains à remorquer.

599. *Réchauffage par immersion.* — On a encore tenté, à la Compagnie de l'Est, de supprimer le débouchage et le rebouchage des bouillottes en même temps que l'injection de vapeur en plongeant simplement ces dernières dans un bain d'eau bouillante.

Pour cela, on place les chaufferettes sur les godets successifs d'une noria sans fin plongeant dans l'eau et animé d'un mouvement suffisamment lent. On place d'un côtés les bouillottes froides et de l'autre on enlève celles qui sont réchauffées.

Cet appareil est, en pratique, plus compliqué et plus sujet à détérioration qu'il ne paraît au premier abord (*fig.* 1064 et 1065).

Prix de revient du chauffage par bouillottes.

600. Supposons une ligne de 300 kilomètres desservie chaque jour par 4 trains dans chaque sens à la vitesse moyenne de 30 kilomètres à l'heure ; chaque train comprenant 10 voitures à 4 compartiments.

Dans chaque compartiment on place deux bouillottes, soit 8 par voiture ; admettons en deux de supplément pour prévoir les avaries, réparations, etc. Il faudra 10 bouillottes par voiture, ou 100 pour le train tout entier. Pour les quatre trains cela représente donc un chiffre total de 400 bouillottes.

Pendant le trajet, chaque train échangera deux fois ses bouillottes refroidies contre des bouillottes chaudes ; cet échange se fera donc aux gares de tête et dans deux stations intermédiaires, où se trouveront tous les appareils nécessaires et une garniture de 100 bouillottes servant au renouvellement de tous les trains.

Le nombre total des bouillottes nécessaires sera donc de 600, et comme le prix moyen de chacune d'elles est de 20 francs, sans enveloppe, les frais de premier établissement s'élèveront à . . . . 12 000 fr.

Il faudra en plus quatre chau-

A reporter..... 12 000 fr.

Report........ 12 000 fr.

dières pouvant remplir 100 bouillottes ou 1 000 litres entre deux passages de trains. Chaque chaudière, avec son installation et ses accessoires, revient environ à 4 000 francs, soit pour les 4. . . . . 16 000

Dans chaque gare de rechange, il faut deux chariots, soit en tout 8 chariots à 100 francs 800

Approvisionnement des pièces de rechange, petit matériel. . 1 200

Total des dépenses de premier établissement 30 000

Ce qui pour une voiture donne :

$$\frac{30\ 000}{40} = 750 \text{ francs,}$$

et par compartiment :

$$\frac{750}{4} = 187^f,50.$$

601. Examinons maintenant les frais d'exploitation.

Chaque train a besoin de 300 bouillottes pleines à 10 litres, soit 3 000 litres d'eau ; pour 8 trains par jour, il faudra donc $3^{m3} \times 8 = 24$ mètres cubes. En supposant que la période de chauffage soit de 150 jours, la quantité totale d'eau nécessaire sera $24 \times 150 = 3\ 600$ mètres cubes à $0^f,10$ . . . . 360 fr.

Chaque chaudière brûle 50 kilogrammes de houille pour chauffer 1 mètre cube d'eau à 100 degrés ; pour 24 mètres cubes d'eau ces 4 chaudières consommeront 1 200 kilogrammes par jour pendant 150 jours, ou 180 000 kilogrammes à 30 francs la tonne, soit. . . . 5 400

Il y a en plus la main-d'œuvre : dans chaque gare de tête il faut deux hommes par 12 heures, et dans chaque gare de passage 3 hommes, parce que le service d'échange y est plus chargé ; cela fait donc en tout

A reporter..... 5 760 fr.

Report....... 5 760 fr.

20 hommes par 24 heures, à 3 francs cela donne 60 francs, et pour 150 jours. 9 000

Il faut ensuite compter l'amortissement des bouillottes qui doivent servir cinq ans. On a donc de ce chef par an $\dfrac{12\ 000}{5} =$ 2 400

Plus un petit entretien annuel de 2 francs par bouillotte 600×2 . . . . 1 200

L'amortissement des chaudières, qui durent 15 ans, sera par an de $\dfrac{16\ 000}{15} =$ 1 066

Et leur entretien de 100 fr. par an sera pour 4. 400

L'amortissement des chariots, dont la durée est de 10 ans, sera par an de 80

L'entretien revient par an et par chariot à. 15

L'amortissement des rechanges. 120

Intérêt du capital de premier établissement à 5 0/0. 1 500

Total des frais annuels d'exploitation : 21 646 fr.

Chaque journée de chauffage coûte donc en nombre rond 150 francs, chaque voiture $3^f,75$, et chaque compartiment $0^f,937$. L'heure de chauffage revient donc à $0^f,1875$ par voiture, ou à $0^f,0469$ par compartiment (Gochler).

Effet utile des bouillottes à eau chaude.

602. Le chauffage des véhicules de chemins de fer au moyen de bouillottes à eau chaude laisse notablement à désirer, aussi bien en théorie qu'en pratique.

Au moment du départ, la bouillotte présente une température de 80 degrés en moyenne, trop chaude pour les pieds des voyageurs et insuffisante pour élever sensiblement la température du compartiment. Ensuite, au bout de peu de temps, elle ne donne plus aucune chaleur, car sa température est inférieure aux 38 degrés du corps humains. Enfin rien n'est insupportable, surtout la nuit, comme la manutention de ces chaufferettes, qui ne sont en pratique que de simples chauffe-pieds jusqu'au moment où elles sont froides et où elles contribuent elles-mêmes à refroidir les voyageurs, s'ils n'ont par la sage précaution de les pousser sous les banquettes. Dans la troisième classe, en particulier, où le capitonnage est moins parfait, puisque les parois en bois sont dépourvues de toute garniture, le chauffage par bouillotte est tout à fait dérisoire et une gêne de plus ajoutée à beaucoup d'autres.

Pour donner une idée de l'insuffisance de ce procédé, nous publions le tableau ci-dessous, résumant des expériences faites au chemin de fer de l'État.

Les chaudières avaient été remplies d'eau à 100 degrés. La température extérieure a varié de + 1 degré, au départ, à — 1 degré, à l'arrivée. Les températures sont exprimées en degrés centigrades.

HEURES D'OBSERVATION	TEMPÉRATURE DE LA BOUILLOTTE	TEMPÉRATURE DU COMPARTIMENT
0.00	95	3.00
0.15	80	5.00
0.30	73	7.00
0.45	69	8.00
1.00	65	9.00
1.15	61	9.00
1.30	58	8.00
1.45	55	8.00
2.00	52	8.00
2.15	49	7.50
2.30	46	7.50
2.45	44	7.00
3.00	41	6.00
3.15	39	5.50
3.30	36	5.25
3.45	34	5.25
4.00	33	5.00

Enfin au moyen de thermomètres placés un peu de tous les côtés dans un compartiment de 3e classe, on a constaté que, avec un froid extérieur moyen de 5 degrés au-dessous de zéro, les bouillottes varient de 50 à 33 degrés, la température variant de — 0°,75 à 1°,80 sous le pavillon, au-dessus des cloisons, et de — 1 degré à + 2°,40 sous les bancs. Il est vraiment difficile, en pareilles circonstances, de venir affirmer que les voitures sont chauffées.

Chaufferettes à sable.

603. Pour perfectionner un peu le système de chauffage par les bouillottes, plusieurs Compagnies allemandes tentèrent de remplacer l'eau par du sable, espérant que la déperdition de chaleur serait moins rapide.

On emploie dans ce cas du gravier fin chauffé dans des fours et emmagasiné ensuite dans des caisses de tôle de 1ᵐ,12 de long sur 0ᵐ,13 de large et 0ᵐ,10 de hauteur. Ces caisses sont généralement disposées sous le plancher, dans des renfoncements spéciaux, comme sur les lignes de Leipzig à Dresde et de Brunswick; ou bien on les place sous les banquettes des compartiments, comme à l'Est Prussien, chemins de Basse-Silésie, de Thuringe, de Finlande, de Suède. Les chaufferettes sont elles-mêmes placées dans des gaines en tôle, qu'on introduit sous les banquettes par de petites portières ménagées dans les parois extérieures du véhicule, ce qui évite aux voyageurs les ennuis de la manœuvre ordinaire sous les pieds.

Ce mode de chauffage, dont nous ne parlons que pour mémoire, est contraire à la vérité et destiné à disparaître. D'abord le point de départ initial en est faux ; la chaufferette à sable ne fournit pas une plus longue carrière que les bouillottes à eau, attendu que la capacité calorifique du sable est inférieure à celle de l'eau. D'un autre côté, le sable peut être chauffé à une température beaucoup plus élevée que celle de l'eau, qui bout à 100 degrés. Mais il carbonise tous les objets environnants et peut même occasionner des incendies : le minimum d'inconvénients est de surchauffer les vernis, les étoffes, et de dégager de mauvaises odeurs. Enfin le prix de chauffage du sable est élevé et les manipulations en sont difficiles et coûteuses.

Chauffage par briquettes.

604. Le mode de chauffage par briquettes vient d'Allemagne ; il consiste à employer un mélange de charbon de bois, de substances comburantes, telles que le salpêtre, et de matière agglutinative: farine, dextrine, etc. ; le mélange employé a généralement la composition suivante :

Charbon de bois	79 à 83	
Eau	4	6
Matière agglutinative	6	1
A reporter	89 à 90	

Report	89 à 90	
Nitrate de potasse	3	5
Cendres	8	5
	100	100

On en fait une pâte bien malaxée que l'on roule et sèche au four. Voici les dimensions de quelques types employés en Allemagne :

LIGNES	LONGUEUR	LARGEUR	HAUTEUR	VOLUME	POIDS
	m.	m.	m.	d3.	kil.
Berlin-Anhalt	0.300	0.090	0.060	1.620	0.940
Berlin-Magdebourg	0.300	0.095	0.060	1.710	1.000
Berg et Marche	0.230	0.080	0.060	1.104	0.640
Sarrebruck	0.150	0.105	0.035	0.550	0.320
Nassau	0.145	0.105	0.045	0.761	0.400
Norwège	0.300	0.100	0.050	1.500	0.875

605. *Disposition des appareils.* — On place les briquettes allumées dans un panier de forme allongée, en toile métallique ou en tôle perforée, renfermé lui-même dans une boîte en métal qui doit fermer hermétiquement pour que les gaz de la combustion ne pénètrent pas dans le compartiment. Cette boîte communique avec l'atmosphère par deux ouvertures servant l'une à l'introduction de l'air frais, l'autre à l'évacuation des gaz produits.

Enfin cette boîte est elle-même renfermée dans une gaine ou enveloppe métallique communiquant avec le compartiment ; elle met les boiseries et les parties

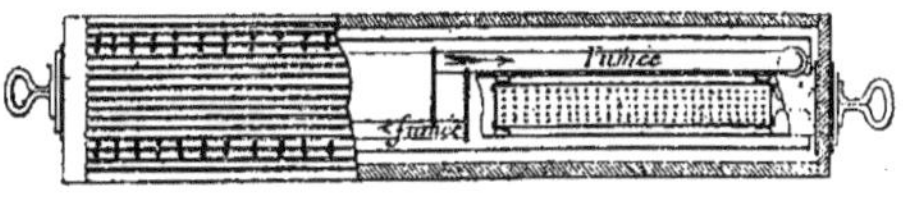

Fig. 1066. — Chemins de fer Rhénans. — Chaufferette à combustible aggloméré.

accessoires du véhicule à l'abri des chances d'incendie ou, pour le moins, de détérioration par le rayonnement d'une chaleur excessive.

La manœuvre des paniers à briquettes se fait de l'extérieur, soit qu'on les dispose sous les banquettes, soit qu'on les mette sous les pieds des voyageurs.

L'allumage doit se faire au moins une heure avant le départ du train afin que la chaleur produite soit suffisante au moment où les voyageurs prennent leurs places. Le moyen le plus pratique de procéder à cet allumage est l'emploi des jets enflammés de gaz d'éclairage dont on peut encore augmenter l'action par l'addition d'un jet d'air lancé à l'intérieur du jet de gaz ainsi transformé en chalumeau

Quand les paniers chargés de briquettes allumées sont placés dans les chaufferettes, on laisse ouvertes les portes des caisses pour compléter et entretenir l'allumage et laisser sortir la vapeur d'eau qui a pu se condenser dans les appareils.

606. *Chemins de fer Rhénans.* — Primitivement, la Compagnie des chemins de fer Rhénans plaçait la chaufferette à feu sur une tôle striée percée de trous, à fleur de plancher et formant chauffe-pieds, dans une boîte en bois doublée de tôle mince placée entre les sièges (*fig.* 1066 à 1069.) Les tiroirs en tôle perforée chargés de briquettes, sont déposés sur deux caisses métalliques suspendues dans cette boîte. Des tubes verticaux débouchant sous la voiture servent à l'entrée de l'air

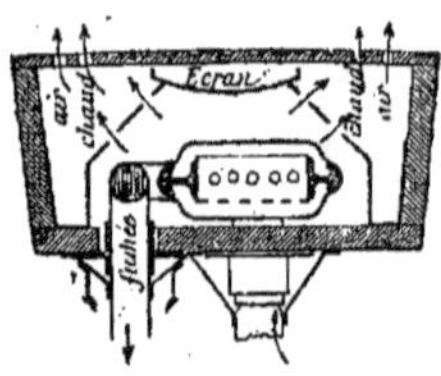

Coupe transversale

Fig. 1067. — Chemins de fer Rhénans.
Chaufferette à combustible aggloméré.

froid dans la chaufferette et à la sortie des produits de la combustion ; l'air chaud qui a circulé autour de la chaufferette pénètre dans le compartiment par des ouvertures ménagées à cet effet.

Cette disposition présente l'inconvénient d'exiger que la caisse se trouve à

une certaine hauteur au-dessus des longerons du châssis, ce qui ne se présente pas toujours. En revanche, le chauffage est beaucoup mieux réparti dans le compartiment, tandis que la disposition sous l'une des banquettes a le désagrément de chauffer beaucoup trop l'un des sièges alors que l'autre ne l'est pas suffisamment.

La caisse reposant le plus souvent sur le longeron du châssis, la Compagnie des

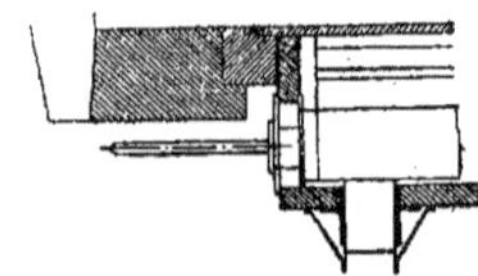

Fig. 1068. — Chemins de fer Rhénans.
Chaufferette à combustible aggloméré. — Entrée.

chemins de fer Rhénans a dû néanmoins revenir à cette dernière disposition. Les briquettes allumées sont disposées sur un seul panier en tôle de 0^m,770 de longueur et muni de poignées à ses extrémités afin d'en faciliter les manutentions. D'un autre côté, le compartiment est traversé d'une paroi à l'autre sous l'une des

Fig. 1069. — Chemins de fer Rhénans. — Chaufferette à combustible aggloméré.

banquettes, par un tube ovale en fer soudé de 0^m,195 sur 0^m,089 dont les deux extrémités sont fermées par une porte munie d'un ressort extérieur et d'une tubulure extérieure. Ces deux tubulures extrêmes ont leurs orifices tournés en sens opposés, ce qui assure la circulation de l'air, quel que soit le sens de la marche ; le panier de briquettes est maintenu en place par les ressorts intérieurs qui viennent buter contre ses poignées.

Les voitures de première et de deuxième classe présentent un de ces appareils de chauffage par compartiment ; en troisième classe, il y en a quatre pour les cinq com-

partiments, et alors, un écran en tôle en forme de V, suspendu à la banquette au-dessus du panier, renvoie l'air chaud sous les pieds des voyageurs et protège le dessous de la banquette.

607. D'autres fois la disposition est un peu moins simple. On emploie une caisse rectangulaire en tôle placée sous les banquettes et communiquant avec l'air extérieur, d'un côté par une fente pratiquée dans la partie longitudinale de la caisse et de l'autre par un tuyau vertical qui traverse le plancher (*fig.* 1070 et 1071).

Cette caisse très étanche renferme le tiroir chargé du panier perforé qui porte les briquettes; les faces latérales de ce tiroir sont garnies de ressorts qui s'appuient contre les parois de la caisse et l'empêchent de se déplacer pendant la marche. La circulation des gaz dans l'appareil s'opère par le tube vertical et deux rangées de trous ménagés dans la porte; on peut obturer un plus ou moins grand nombre de ces derniers au moyen d'un tiroir de réglage. On a, en outre, ajouté un tube avec double manche à vent, comme dans l'appareil du Hanovre que nous verrons plus bas.

608. *Briquettes Berghausen et Philippe.* — Le système de MM. Berghausen et Philippe est analogue à celui du type Rhénan

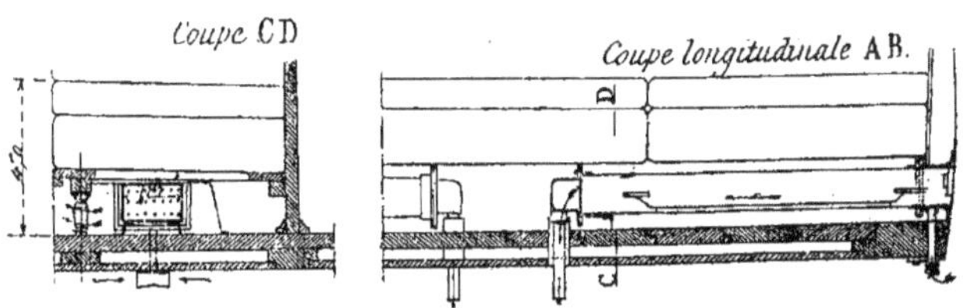

Fig. 1070 et 1071. -- Chemins de fer Rhénans. — Chaufferette à combustible aggloméré.

(*fig.* 1066 et 1067); il n'en diffère que par les trous dont est percé le couvercle de la chaufferette sur toute sa surface. Ce système a été essayé sur les chemins de l'État belge, sans être adopté.

Il présente, en effet, plusieurs inconvénients : l'air à échauffer s'échappe trop facilement de la chaufferette. On a d'ailleurs reconnu que l'allumage des briquettes et le chauffage des compartiments étaient extrêmement lents à se produire et qu'en outre la combustion diminuait d'intensité d'une manière sensible pendant le stationnement des trains. Enfin, par suite de l'inégalité de combustion des briquettes, la chaleur ne se répartit pas uniformément sur toute la longueur de la chaufferette.

609. *Chemin de Berlin-Anhalt.* — Au chemin de Berlin-Anhalt on fait usage d'une disposition analogue (*fig.* 1072 et

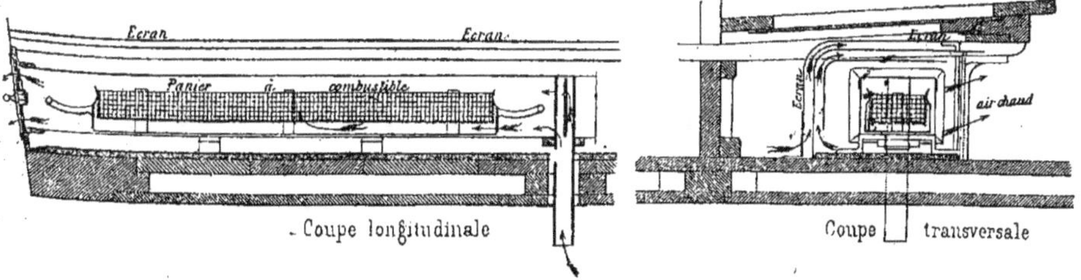

Fig. 1072 et 1073. — Chemins de fer de Berlin à Anhalt. — Appareil à combustible aggloméré.

1073). L'appareil est placé sous une banquette.

Le plancher sous l'appareil est recouvert de terre réfractaire et d'une tôle dans les voitures de première et seconde classe; en outre, l'air s'échauffe et circule comme l'indiquent les flèches entre trois écrans en tôle qui protègent les parties avoisinantes contre le rayonnement direct de la chaufferette. Dans les voitures de troisième-classe, la couche réfractaire et deux tôles de l'écran sont supprimées.

Les briquettes du chemin de fer de Berlin-Anhalt coûtent 37f,50 les 100 kilogrammes; elles sont composées d'un mélange de charbon de bois pulvérisé et de résidu; la durée de la combustion de celles de la plus grande dimension est d'environ dix heures, et elles produisent un effet utile 12 à 15 degrés. Le prix de revient du pachauffage est donc à 0f,50 par voiture à quatre compartiments et par heure.

Ce système présente tous les inconvé-nients du chauffage par l'air chaud : il suffit qu'il y ait une fissure dans les parois de la caisse en tôle ou dans les joints pour rendre un compartiment inhabitable ; en outre, plus d'une heure avant le départ

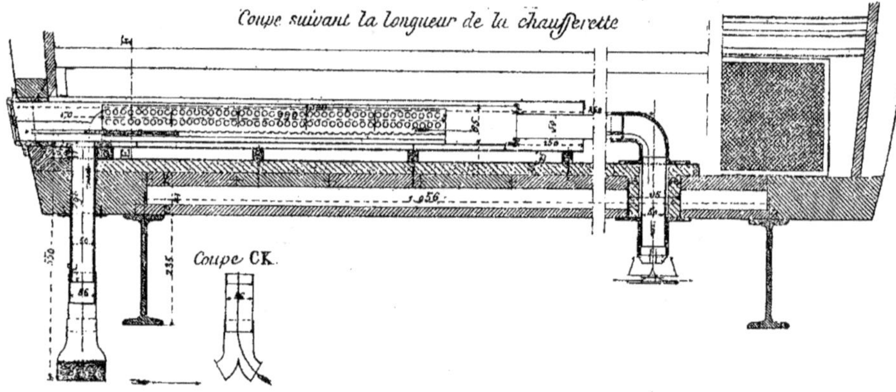

Fig. 1074 et 1075. — Chemin de fer du Hanovre. — Chaufferette à briquettes.

du train, les briquettes doivent être rangées dans les paniers et enflammées à la flamme de becs de gaz, dans un appareil breveté par MM. Kiénast et Schutze, et perfectionné par M. Grandvallet que nous verrons plus loin.

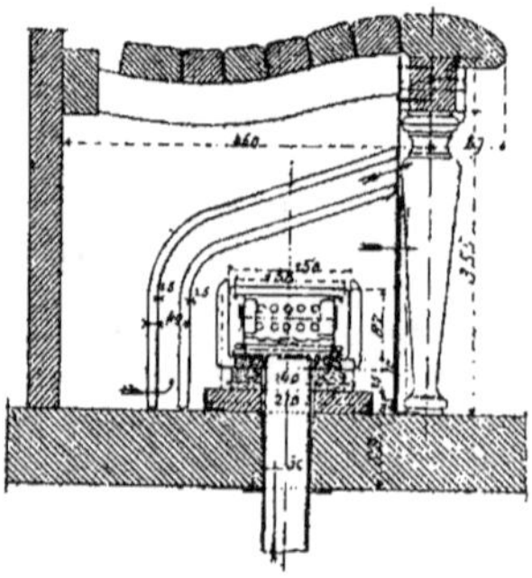

Malgré ces inconvénients, ce mode de chauffage est adopté par le chemin de fer Rhénan, de Berlin à Postdam et à Magdebourg, de Berg et Marche, de Saar-bruck, de Westphalie, dont les prix sont assez variables à cause de la qualité de la briquette employée.

Les appareils de Saarbruck présentent une disposition spéciale pour assurer le tirage, quel que soit le sens de la marche du train. A cet effet, la porte de charge-

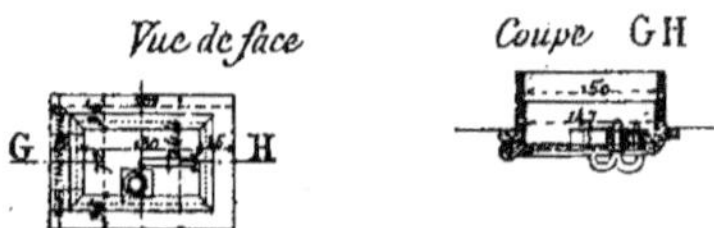

Fig. 1077 et 1078. — Chemin de fer du Hanovre. Chaufferette à briquettes. — Porte de chargement.

ment est munie d'une tubulure dirigée dans un sens, et, à l'autre extrémité, le tuyau vertical qui, dans le type Berlin-Anhalt, servait à l'arrivée d'air, est traversé par un coude dirigé en sens contraire. Il en résulte que l'alimentation de l'air et de l'échappement des produits de la combustion peuvent se faire alternativement par l'une ou l'autre extrémité, et que le sens de la circulation des gaz dépend de celui de la marche du train.

Fig. 1076. — Chemins de fer du Hanovre. Chaufferette à briquettes. — Coupe CDEF.

D'un autre côté, dans les véhicules des chemins Rhénans et de Wesphalie, les deux caisses placées sous une même banquette, sont renfermées dans la même enveloppe en tôle, et le tuyau de fumée de la caisse longe l'autre caisse, ce qui a l'avantage de donner un peu plus de longueur à la circulation, et par conséquent de mieux utiliser la chaleur.

610. *Chemins de fer du Hanovre.* — Aux chemins de fer du Hanovre on fait encore usage d'appareils disposés sous les banquettes. Ce sont des caisses rectangulaires en cuivre rouge; l'une des extrémités de la caisse traverse la paroi latérale de la voiture et une porte pleine en fonte sert à fermer l'ouverture spéciale par laquelle se fait l'introduction du combustible. De l'autre extrémité de la caisse part un tuyau en cuivre rouge s'emboîtant dans un coude à angle droit en bronze qui se raccorde avec un tuyau vertical en fer traversant le plancher et terminé par un chapeau en tôle mince.

« Un tuyau vertical en fer (*fig.* 1074 à 1078) traverse le brancard de la caisse et débouche dans l'appareil près de la porte de chargement; il se termine à sa partie inférieure par deux manches à vent dirigées en sens opposés, de manière à présenter toujours une ouverture béante prenant l'air au dehors et l'amenant dans la caisse à feu, quel que soit le sens de la marche.

« Le panier sur lequel on place les briquettes en nombre, qui varie de 1 à 5, selon le degré de la température extérieure, est à double fond, en tôle perforée sur les faces latérales et sur le fond supérieur. Le fond inférieur se prolonge d'un

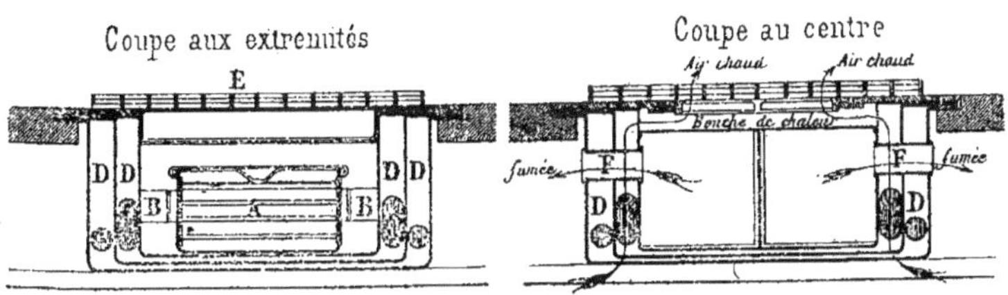

Fig. 1079. — Chaufferette Grandjean.

côté et se termine par une cornière qui, lorsque le tiroir est en place, butte contre l'extrémité de la caisse de cuivre. Du côté opposé à ce prolongement, le tiroir porte une poignée qui sert à le manœuvrer. De petits taquets rivés sur les côtés du tiroir empêchent les briquettes de se toucher.

« Dans cet appareil tous les joints sont soudés à la soudure forte; en outre, ceux de la caisse en cuivre sont rivés. Celle-ci doit être essayée en la remplissant d'eau. Le joint à frottement doux du tuyau en cuivre rouge avec le coude en bronze se fait avec beaucoup de soin; il doit être hermétique tout en permettant la dilatation du tuyau.

« Pour éviter toute chance d'incendie, l'appareil est enveloppé d'une caisse en tôle qui ne laisse découverte que sa partie supérieure; en outre, sur toute sa longueur, le plancher est recouvert d'une couche isolante formée d'un mélange de sable et de silicate liquide. Cette couche est maintenue sur ses bords par deux cornières; une tôle mince la recouvre. La banquette est d'ailleurs protégée contre le rayonnement direct par un double écran en tôle; enfin, un grillage vertical forme le dessous de la banquette et empêche tout contact avec cet appareil.

« Chaque compartiment est chauffé par deux appareils semblables; on en place un sous chaque siège, et on les dispose de telle façon que l'un s'ouvre sur la paroi latérale de droite et l'autre sur celle de gauche. Les appareils employés pour les trois classes de voitures sont identiques. »

611. *Briquettes Grandjean.* — Ce système primitif a été imaginé par M. Grandjean afin de ne pas modifier le matériel existant et d'éviter le surhaussement de la caisse, qui entraîne la nécessité de réserver des portes de chargement au-dessous du niveau du plancher. L'auteur accepte dans ce système une sujétion très gênante ; c'est le chargement des paniers de combustibles par le dessus de la chaufferette, à l'intérieur du compartiment.

M. Grandjean fait usage de paniers en tôle A (*fig.* 1079 et 1080) à parois percées de trous et que l'on transporte à l'aide de crochets ; on les dispose entre des équerres B faisant partie de la caisse fixe, et ils sont maintenus dans cette caisse par des ressorts latéraux.

La chaufferette de chaque compartiment

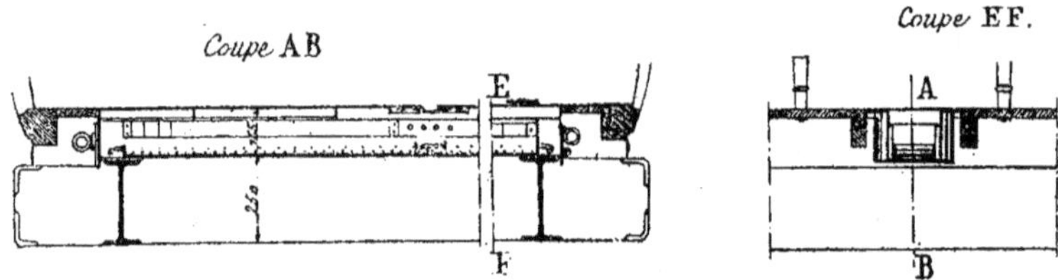

Fig. 1080 et 1081. — Compagnie Est. — Chaufferette à chargement extérieur.

est formée de trois parties ; au milieu, un grillage fixe C recouvre les bouches de chaleur qui communiquent avec l'intervalle des écrans D, où circule l'air à échauffer ; aux extrémités deux grillages mobiles E formant, en quelque sorte, des couvercles à charnières, qui se relèvent à l'intérieur de la voiture pour permettre l'introduction des paniers.

Deux enveloppes protectrices séparées par des écrans en tôle sont situées de part et d'autre de la caisse où se fait la combustion ; l'air y entre à chaque extrémité, et elles sont traversées, vers leur milieu, par les conduites F d'échappement de la fumée.

A chaque extrémité de la caisse dans laquelle on dépose les paniers sont des

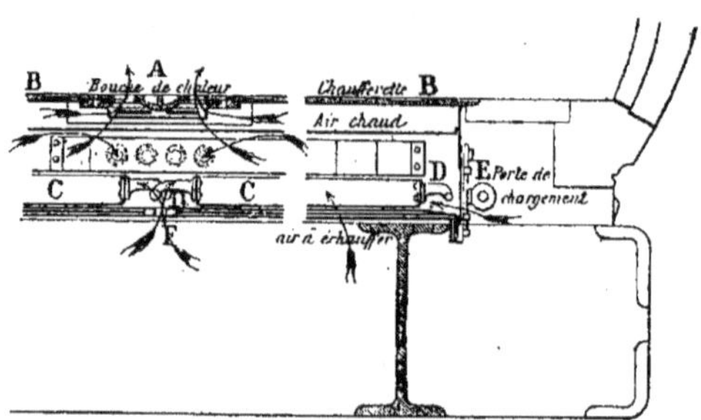

Fig. 1082. — Compagnie Est. — Chaufferette à chargement extérieur.

prises d'air formées par des registres que l'on peut incliner à volonté, pour régler la quantité d'air nécessaire à la combustion.

On conçoit que ce système ne se soit pas développé ; il complique notablement le service de la Compagnie, et les voyageurs sont très souvent dérangés quand on ouvre les caisses pour y déposer le panier à combustible.

612. *Appareil de l'Est français.* — La Compagnie des Chemins de fer de l'Est, fréquemment en contact avec les lignes allemandes où depuis longtemps était essayé le chauffage aux briquettes, a mis en service l'appareil suivant dans les voitures de troisième classe (*fig.* 1080 à 1082).

La chaufferette se compose de trois tôles espacées entre elles, recourbées à angle droit et rivées à leur partie supérieure contre une tôle striée qui en forme la toiture, le tout encastré dans le milieu du plancher, ce que permettent les caisses surhaussées au-dessus des longueurs de châssis. Aux deux extrémités de cette caisse se trouve une tôle verticale percée d'une ouverture fermée par une porte à deux vantaux verrouillés et percés de trous à registres permettant l'accès de l'air; les gaz de la combustion s'échappent par quatre tubes en cuivre rouge qui traversent les trois enveloppes. La tôle supérieure de la chaufferette est garantie du rayonnement direct par une tôle intermédiaire.

Les paniers à briquettes ont leurs deux faces latérales percées de trous; les briquettes ne reposent pas directement sur le fond; elles en sont séparées par une claie en fil de fer. Des poignées qui s'engagent les unes dans les autres sont fixées aux extrémités des paniers, ce qui permet d'introduire ou de retirer les deux paniers qui garnissent la chaufferette par l'une ou l'autre de ses extrémités.

Des trous ménagés aux extrémités et au-dessous de la chaufferette laissent pénétrer, entre la caisse à feu et la première enveloppe, l'air extérieur qui s'échauffe au contact de la caisse intérieure et s'échappe dans le compartiment par des bouches de chaleur à registre.

L'espace ménagé entre les deux tôles extérieures sert à isoler la chaufferette et à préserver la voiture du rayonnement direct.

Pour installer la chaufferette dans l'épaisseur du plancher et introduire les

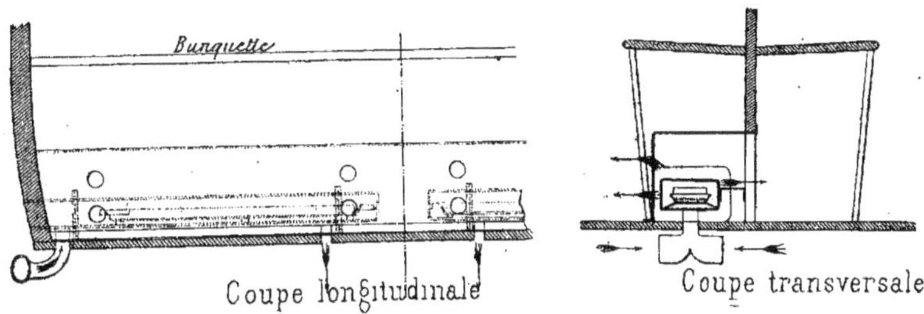

Fig. 1083 et 1084. — Compagnie Nord. — Chaufferette à briquettes.

paniers par l'extérieur sans entailler les brancards, on a surhaussé la voiture au moyen de pièces de bois transversales doublant les traverses de la caisse. Ce surhaussement ne dépasse pas 5 centimètres (Goschler).

La dépense d'installation, y compris le surhaussement de la caisse des voitures, s'élève à 480 francs par voiture de première classe à trois compartiments, 630 francs pour les secondes classes à quatre compartiments, et 780 francs pour les troisièmes classes à cinq compartiments.

613. *Briquettes de la Compagnie du Nord.* — Le premier des types que la Compagnie du Nord a essayés pour le chauffage des voitures de troisième classe, de préférence à l'emploi de bouillottes mobiles, reproduit, à très peu près, la disposition des appareils du chemin de fer de Berlin-Anhalt (*fig.* 1083 et 1084).

Une seule caisse munie de deux paniers chauffe deux compartiments. La banquette sur laquelle est placée cette caisse est protégée par un simple écran, et l'air à échauffer, après avoir circulé entre cet écran et la caisse en tôle renfermant le panier à combustible, s'échappe dans l'un des compartiments par huit ouvertures percées dans l'écran, et pénètre librement dans l'autre compartiment. A vrai dire, la portion antérieure, et percée de trous, de l'écran, sert à protéger l'appareil contre les pieds des voyageurs. L'air nécessaire à la combustion pénètre par une double manche à vent et il sort par un conduit vertical placé à l'extrémité opposée de la caisse en tôle.

Ces briquettes doivent être allumées soit à un feu de coke, soit à un feu de charbon dégageant peu de fumée. Une fois bien embrasées, on les place dans les paniers bout à bout, à plat et sans les superposer; après avoir mis les paniers à leur place dans les caisses en tôle, on laisse ouvertes pendant cinq minutes envi-ron les portes de chargement, afin que l'air puisse y pénétrer en grande quantité. Les caisses doivent être garnies au moins une demi-heure avant le départ du train, et l'on doit tenir fermées, à partir de ce moment, les portières et les glaces des compartiments.

Les résidus des briquettes, retirés des

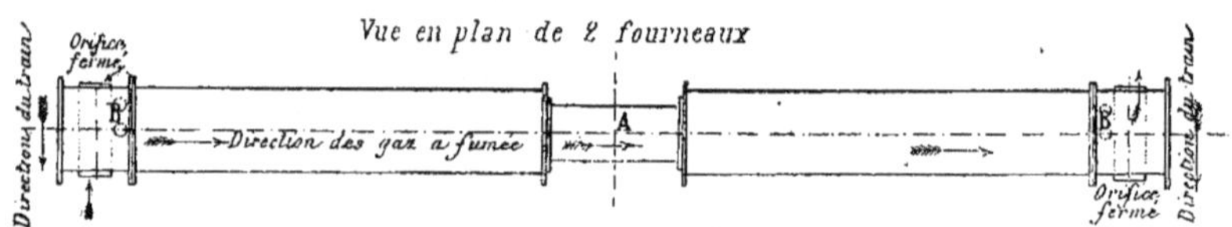

Fig. 1085. — Compagnie Nord. — Appareil Berghausen modifié.

paniers, après la fin du service de chaque voiture, sont utilisés dans les poêles des cheminées ou les calorifères des bureaux et des salles d'attente des gares et stations.

614. La Compagnie du Nord a mis ensuite en service, sur les voitures de troisième classe, des chaufferettes à briquettes allemandes du type Berghausen légèrement modifié.

Cette chaufferette est formée d'une caisse rectangulaire en cuivre placée sous une banquette dont elle occupe la moitié de la longueur. Le chargement se fait de l'extérieur au moyen d'une porte pratiquée sur le côté de la voiture; près de cette porte est fixé un tuyau vertical terminé par une double manche à vent, pour la prise de l'air froid nécessaire à la combustion, quel que soit le sens de la manche (*fig.* 1085).

A l'autre extrémité du fourneau de la

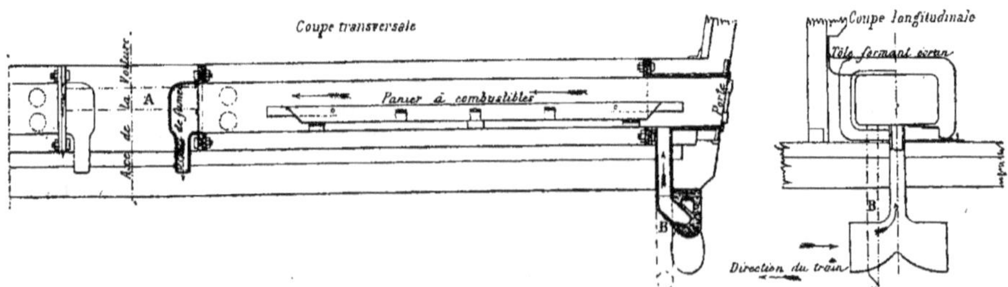

Fig. 1086 et 1087. — Compagnie Nord. — Appareil Berghausen modifié. — A, tuyau de communication entre les deux fourneaux. B, tuyau de prise d'air rajouté.

chaufferette, débouche un tuyau vertical traversant le plancher de la voiture et par lequel s'échappent les produits de la combustion.

On dispose ainsi deux fourneaux sous une même banquette, ils sont entourés d'une enveloppe en tôle formant écran et percée de trous par lesquels s'échappe l'air chaud dans la voiture. Enfin chaque voiture est munie de deux installations semblables dans les compartiments extrêmes.

Les deux fourneaux contigus sont mis en communication entre eux au moyen d'un tuyau (*fig.* 1086 et 1087), de manière à ne former qu'un seul appareil fonctionnant suivant le principe précédent.

La Compagnie du Nord a également

essayé les briquettes Lefranc qui ont plus de consistance que celles de provenance allemande et s'émiettent moins facilement quand elles sont embrasées ; il en résulte que le placement et la manutention en sont plus faciles dans les grilles de fourneaux et qu'il y a moins de déchets.

Enfin on a fait usage de briquettes à l'amiante du type Recopé ; elles dégagent un peu moins de chaleur que les deux autres, ce qui tient probablement à ce que les cendres produites par la combustion, dont elles restent enveloppées sur toutes les faces, s'opposent au dégagement de la chaleur des charbons.

Quant à la comparaison entre les deux autres, elle se fait de la manière suivante :

Une voiture de troisième classe circulant de Paris à Calais exige 16 briquettes par voiture durant environ 12 heures.

Les 16 briquettes Berghausen pèsent 6ᵏᵍ,720 et coûtent 25 francs les 100 kilogrammes, ce qui fait une dépense de.   1ᶠ,68

Les 16 briquettes Lefranc pèsent 5ᵏ,440 et coûtent 30 francs les 100 kilogrammes, cela donne 1ᶠ,63

L'avantage reste donc aux briquettes Lefranc.

En outre, la même voiture de troisième classe chauffée par les bouillottes à eau chaude exige 10 bouillotes mises en service à Paris et renouvelées deux fois sur la ligne entre Paris et Calais, ce qui représente une dépense, par voyage, de. . . . 1ᶠ,89 prix naturellement plus élevé que les précédents pour obtenir une température ne dépassant guère 10 degrés au maximum.

Effet utile des chaufferettes à briquettes.

615. Les Compagnies sont généralement d'accord sur ce point qu'il n'y a pas lieu d'élever la température des compartiments au-dessus de 12 degrés. Etant donnée l'immobilité presque absolue des voyageurs pendant d'assez longs parcours et spécialement dans les voitures à compartiments séparés, ce chiffre nous paraît un peu faible et les fourrures ou couvertures de voyage doivent certainement fournir le complément indispensable.

Quoi qu'il en soit, on prend généralement ce chiffre pour base et l'on règle le poids de combustible dans la chaufferette sur cette donnée, d'après la température extérieure et la durée du trajet à effectuer, on a soin de se munir de briquettes de poids différents de manière à éviter tout déchet.

Voici, d'après M. Goschler, quelques données résumant la consommation par compartiment sur quelques lignes allemandes :

LIGNES	TEMPÉRATURE EXTÉRIEURE	DURÉE DU TRAJET en heures	BRIQUETTES BRULÉES		
			NOMBRE	POIDS par HEURE	POIDS TOTAL
				kil.	kil.
Berlin-Anhalt.............	.... + 5	8 à 10	1	0.090	0.900
» »	.... 0	8 10	2	0.180	1.800
» »	.... — 5	8 10	3	0.270	2.700
» »	.... — 10	8 10	4	0.360	3.600
Berlin-Magdebourg.............	.... + 5 à 0	12 14	1	0.081	1.050
» »	.... 0 à — 5	12 14	2	0.162	2.100
» »	... — 5 et au-dessous ...	12 14	4	0.324	4.200
Nassau.............	... au-dessus de 6,25 ...	10	2	0.080	0.800
»	... + 6,25 à 0	10	4	0.160	1.600
»	... 0 à — 6,25	10	6	0.240	2.400
»	... — 6,25 à — 12,50 ...	10	8	0.320	3.200

616. *Prix de revient* (Goschler). — Supposons comme précédemment le chauffage appliqué aux voitures d'une ligne de 300 kilomètres, desservie chaque jour par 4 trains dans chaque sens, marchant à la vitesse moyenne de 30 kilomètres à l'heure, chaque train comprenant 10 voitures à 4 compartiments.

Pour chauffer les quatre trains en chaque sens, il faudra un appareil complet par compartiment, soit 4 par voiture, 40 par train et 160 pour les quatre trains, plus 15 appareils pour réparations, rechanges, affluences exceptionnelles ; ensemble : 175 appareils complets.

Or, le coût des appareils installés dans les voitures peut être fort différent, suivant le système d'arrangement adopté.

En moyenne, et d'après une statistique établie sur une quinzaine de lignes allemandes, on peut prendre le chiffre de 150 francs par compartiment.

Le montant de l'installation de tous les appareils sera donc $175 \times 150 =$ 26 250

Fourneaux d'allumage, chariots, etc. Les briquettes pouvant brûler 10 heures, il faudra seulement un appareil d'allumage à chaque gare de tête, soit deux installations à 1 200 francs........   2 400

Total des dépenses d'installation...................... 28 650

Soit par voiture $\dfrac{28\ 650}{40} = 716^f,25$, et par compartiment $\dfrac{716^f,25}{4} = 179^f,06$.

617. *Frais d'exploitation.* — Le prix des briquettes ne paraît guère encore fixé, à en juger par le tableau suivant :

LIGNES	PRIX PAR 100 KILOGRAMMES
Berlin-Anhalt...........	37^f,50
Berlin-Magdebourg.....	31 ,25
Berg-et-Marche........	22 ,50
Saarbruck.............	35 ,00
Hanovre..............	33 ,75
Alsace-Lorraine	37 ,50
Mein-Weser..........	43 ,75
Cologne-Minden	22 ,50
Brunswick	30 ,00
Berlin-Hambourg.......	37 ,50
Norwège..............	38 ,00

Ces prix sont en général trop élevés. Avec une consommation courante on ne dépasserait pas notablement le prix du charbon de bois qui est de 15 francs les 100 kilogrammes. Mais admettons le prix de 22^f,50 payé par les lignes de Cologne-Minden et de Berg-et-Marche. Nous avons vu plus haut que la consommation de bri-

quettes varie entre $0^{kg},162$, $0^{kg},240$ et $0^{kg},270$ par heure et par compartiment pour une température comprise entre 0 et 5 degrés. Prenons $0^{kg},225$ par heure pendant 11 heures de consommation, y compris une heure de combustion pour la mise en train ; chaque compartiment brûlera $2^{kg},475$ par jour. Les quarante compartiments d'un train consommeront donc 99 kilogrammes, soit 100 kilogrammes ; pour les quatre trains dans les deux sens, la consommation journalière s'élèvera à 800 kilogrammes. La durée du chauffage étant de 150 jours par année, la consommation annuelle sera de 120 tonnes et la dépense $120 \times 225 =$ .... 27 000^f »

L'allumage au gaz exige 10 mètres cubes de gaz par tonne de briquettes, soit 1 200 mètres cubes à $0^f,30$ ..   360 »

Comme main-d'œuvre, un seul homme, aidé à chaque tête par le personnel de la gare, suffira pour préparer les paniers et les répartir, soit deux hommes à 3 francs par jour $=$ 6 francs, et pour 150 jours $150 \times 6 =$ ....   900 »

En admettant une durée moyenne de dix ans, le capital de premier établissement des appareils demandera une annuité d'amortissement de .   2 865 »

L'entretien comprendra 10^f par appareil, soit $175 \times 10 =$ 1 750 »

L'intérêt du capital de premier établissement à 5 0/0.   1 432 50

Somme à valoir 1 692 50

Frais d'exploitation par an.   36 000^f »

Chaque journée de chauffage coûtera donc en nombre rond 240 francs, chaque voiture de circulation $\dfrac{240}{40} =$ 6 francs, et chaque compartiment 1^f,50 par journée ; ce qui donne par heure de service $0^f,300$ par voiture et $0^f,075$ par compartiment.

618. *Résumé.* — Malgré le bas prix adopté pour le combustible, malgré le faible chiffre de la consommation, le prix de revient du chauffage par les briquettes est encore très élevé, surtout comparé au prix du chauffage par bouillottes. Son seul mérite incontestable est de bien chauffer, trop bien même quelquefois, puisqu'il devient incommode et dangereux. Des incendies partiels ont été signalés heureusement à temps.

Conclusions.

619. Le procédé des briquettes qui consiste à placer dans les compartiments soit des paniers, soit de véritables chaufferettes renfermant des briquettes en combustion, a été appliqué d'une manière presque générale en Allemagne, essayé en Autriche, en Belgique, en Hollande, et expérimenté par la Compagnie de l'Est.

M. Regray estime : « que ce mode de chauffage est extrêmement coûteux et ne donne lieu qu'à un effet utile relativement faible ; qu'en outre, il y a lieu de tenir compte des risques d'incendie que peut présenter l'existence de boîtes à feu intercalées sous les banquettes des véhicules et des dangers d'asphyxie résultant d'un défaut dans l'étanchéité des chaufferettes ; que, pour assurer le succès du chauffage à l'aide de charbons agglomérés, brûlant dans des chaufferettes, il faut un combustible s'allumant facilement, brûlant avec lenteur, régularité et constance, enfin dont on puisse faire varier la durée de combustion par de simples changements de dimensions ; il faut que ce combustible soit assez solide pour résister, sans trop de déchet, aux manipulations, et que, de plus, il ne se désagrège pas sous l'action de la chaleur. »

Or, il résulte des expériences faites par la Compagnie du Nord sur des voitures de troisième classe, que les critiques précédentes ne sont pas aussi fondées qu'on pourrait le croire au premier abord. En réalité, un grand nombre de Compagnies allemandes font usage de ce système et s'en déclarent fort satisfaites. Tout dépend d'ailleurs du combustible employé, et nous avons vu précédemment qu'on en peut trouver d'excellent.

Le seul inconvénient réside dans les émanations délétères, fuites, etc., sur lesquelles nous reviendrons en parlant du chauffage à l'eau chaude.

Mais tous ces foyers deviendraient, en cas de déraillement ou de collision, autant de foyers d'incendie pouvant transformer un accident en une épouvantable catastrophe. C'est évidemment une considération grave et qui mérite qu'on s'y arrête.

CHAUFFAGE PAR POÊLES

620. L'idée du chauffage au moyen de poêles est simple et primitive, mais ne peut trouver d'application que dans le matériel à grand espace à chauffer comme les voitures à couloir du système américain, des wagons-salons, des wagons-postes, des troisièmes classes sans cloisons, etc.

C'est en Allemagne et en Russie, pays froids, que ce type de chauffage s'est le plus répandu. Il présente deux procédés différents suivant que les poêles sont chargés dans l'intérieur des wagons ou bien que ce chargement s'opère de l'extérieur.

Types à chargement intérieur.

621. *Chemins de fer de Mittau (Russie).* — Les poêles ordinaires à chargement intérieur sont les plus usités. Tel est le cas de la ligne de Mittau, en Russie (*fig.* 1088).

Le poêle se compose de deux colonnes concentriques s'élevant à mi-hauteur de

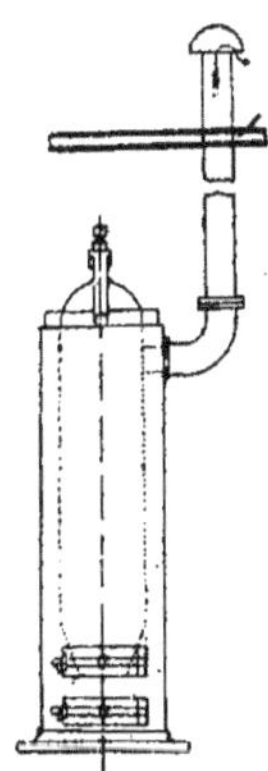

Fig. 1088. — Poêle du chemin de fer de Mittau (Russie).

la caisse ; la colonne intérieure est évasée vers le bas et se termine à mi-hauteur de la porte du foyer ; elle reçoit le chargement de combustible qui se fait par la partie supérieure au moyen d'un couvercle maintenu par une vis de pression se mouvant dans une arcade.

La combustion a lieu à la partie inférieure de ce tuyau intérieur ; cette partie, en forme d'entonnoir, est donc plus exposée que le reste et s'use plus rapidement. Aussi est-elle garnie de terre réfractaire et réunie au reste par un manchon qui permet de la remplacer facilement quand elle est brûlée. Les gaz de la combustion s'élèvent dans l'espace annulaire et échauffent la colonne extérieure ; ils sortent enfin par un tuyau latéral traversant la toiture du véhicule dont il est isolé, et muni d'un capuchon oscillant qui laisse échapper la fumée sans laisser rentrer l'air extérieur.

Le plancher du wagon est préservé des chances d'incendie dues au cendrier par une cloison horizontale disposée au-dessous de ce dernier et garnie de terre réfractaire à 0^m,10 au-dessus de ce plancher. Entre cette cloison et la plaque inférieure du calorifère circule une couche d'air isolante.

622. *Ligne de Losowo-Sébastopol (Russie) (fig. 1089 à 1092).* — Dans ce poêle, la porte de chargement est aux deux tiers environ de la hauteur du poêle qui est en fonte entouré d'une enveloppe de tôle. La surface de chauffe est augmentée par des ailettes venues de fonte avec le fourneau. Le tuyau d'échappe-

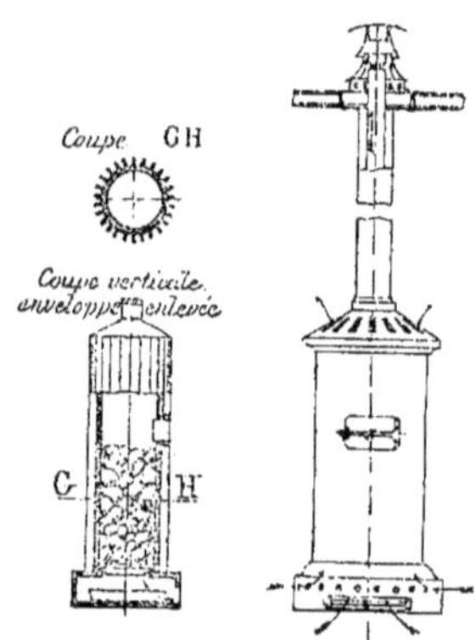

Fig. 1089 à 1091. — Poêle du chemin de fer de Lossowo-Sébastopol (Russie).

ment s'élève directement dans l'axe de l'appareil et traverse la toiture dont il est bien isolé. Il est terminé par une mitre qui forme aspiration et contribue à la ventilation de la voiture.

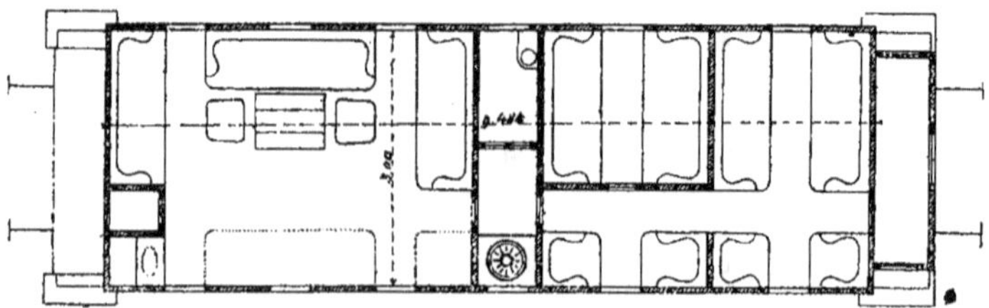

Fig. 1092. — Poêle du chemin de fer de Lossowo-Sébastopol. — Plan d'une voiture de 1re classe.

Le combustible est naturellement chargé jusqu'à hauteur de la porte ménagée à cet effet ; la charge dure environ six heures. L'air de la voiture pénètre dans l'espace annulaire entre la cloche et son enveloppe en tôle, par des orifices disposés au bas de celle-ci et s'échappe à la partie supérieure de la même manière (voir les flèches, *fig.* 1089).

On pose ce poêle au milieu de la voiture dans un espace réservé et symétrique du cabinet d'aisance. Les parois de cet espace sont munies d'ouvertures à registres qui permettent la répartition de l'air chaud dans toutes les parties de la voiture (*fig.* 1092).

623. *Poêles des chemins de fer du Sud de l'Autriche.* — La Compagnie des chemins de fer du Sud de l'Autriche a également mis en service le chauffage par poêles.

Le poêle adopté d'abord comprend un

cylindre en fonte entouré d'une enveloppe en tôle (*fig.* 1093 à 1097). Comme d'ordinaire, il présente trois portes : une dans le cendrier, une seconde au-dessus de la grille et une troisième en haut de la colonne cylindrique pour le chargement. Un tuyau vertical posé dans l'axe donne issue aux gaz de la combustion ; la fumée est néan-

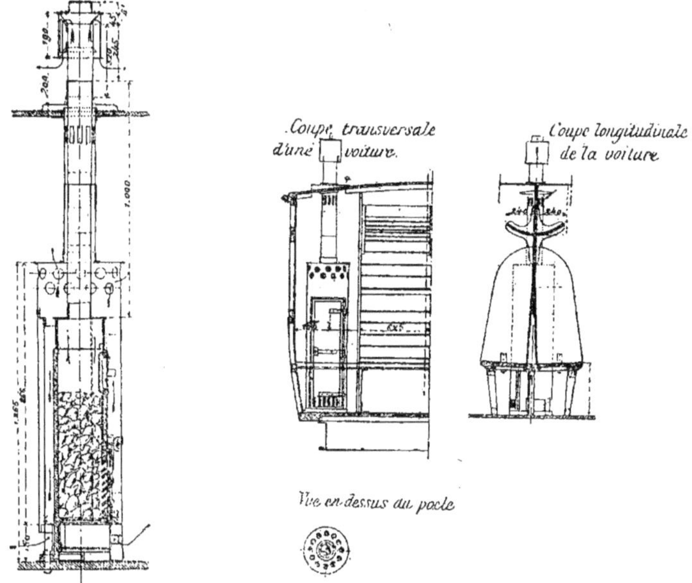

Fig. 1093 à 1096. — Poêle du chemin de fer du Sud de l'Autriche (3e classe).

moins ralentie dans sa marche par un disque horizontal en fonte formant chicane à la partie supérieure du fourneau. L'enveloppe extérieure en tôle présente une large ouverture à l'avant pour permettre la manœuvre des portes ; en outre, elle est percée haut et bas de trous par où entre et sort l'air de la voiture qu'il s'agit de chauffer (voir les flèches). Les agents du train peuvent seuls manœuvrer la porte fermant l'ouverture. A l'arrière, l'enveloppe en tôle a été doublée.

Dans les derniers modèles, l'enveloppe continue en tôle était remplacée par une sorte de colonnade formée de barreaux verticaux laissant entre eux un certain vide. Le fourneau intérieur restant exactement le même.

Ce poêle se place contre l'une des parois longitudinales de la caisse, à cheval sur l'une des cloisons du compartiment cen-

tral. Il occupe ainsi deux places, et les voyageurs voisins sont garantis par un écran en bois (*fig.* 1094, 1095 et 1097).

624. *Poêles du Hanovre.* — Le poêle adopté pour les voitures de troisième

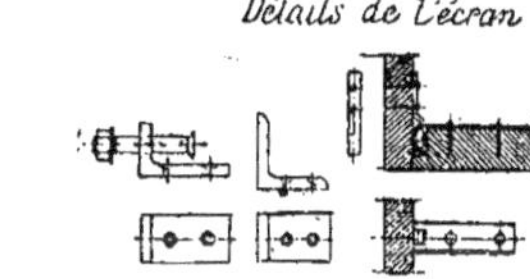

Fig. 1097. — Poêle du chemin de fer du Sud de l'Autriche (3e classe).

classe des chemins de fer du Hanovre est un peu plus compliqué de construction et de fonctionnement que le précédent.

Il a en plan la forme d'un pentagone avec une enveloppe en tôle mince à section rectangulaire (*fig.* 1098). Le corps vertical du fourneau est muni, sur trois de ses faces, de nervures en fonte qui augmentent la surface de chauffe ; le pentagone n'est, en somme, qu'un carré dont un angle a été abattu pour loger le tuyau

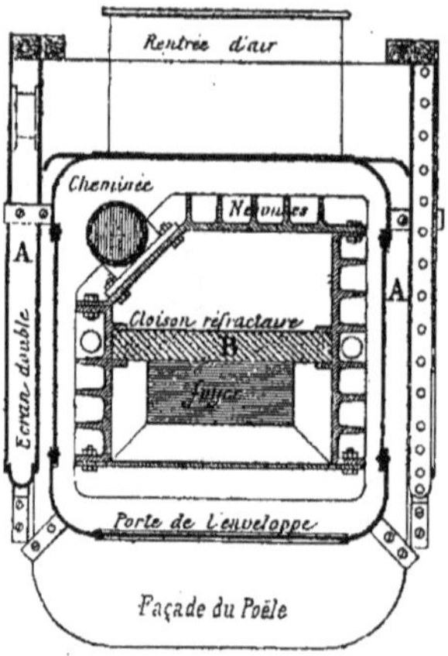

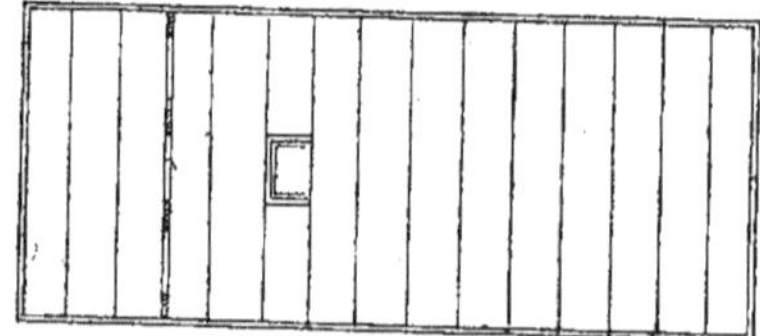

Fig. 1098. — Poêle de l'État du Hanovre.
Coupe horizontale.

de fumée. La plaque qui ne porte pas de nervures est munie des trois portes ordinaires destinées au chargement, au nettoyage et aux cendres. La porte du foyer est munie d'une grille verticale qui empêche les morceaux de combustibles de tomber hors du fourneau quand on inspecte

Fig. 1099. — Poêle de l'État du Hanovre.
Plan d'une voiture de 3ᵉ classe.

le feu. Les plaques verticales de fonte sont protégées jusqu'à la hauteur de la porte de chargement par une garniture en briques réfractaires. A partir de là, la garniture réfractaire de la paroi opposée à la porte fait saillie et s'avance jusqu'au

milieu du foyer pour supporter une cloison verticale en briques qui s'élève jus-

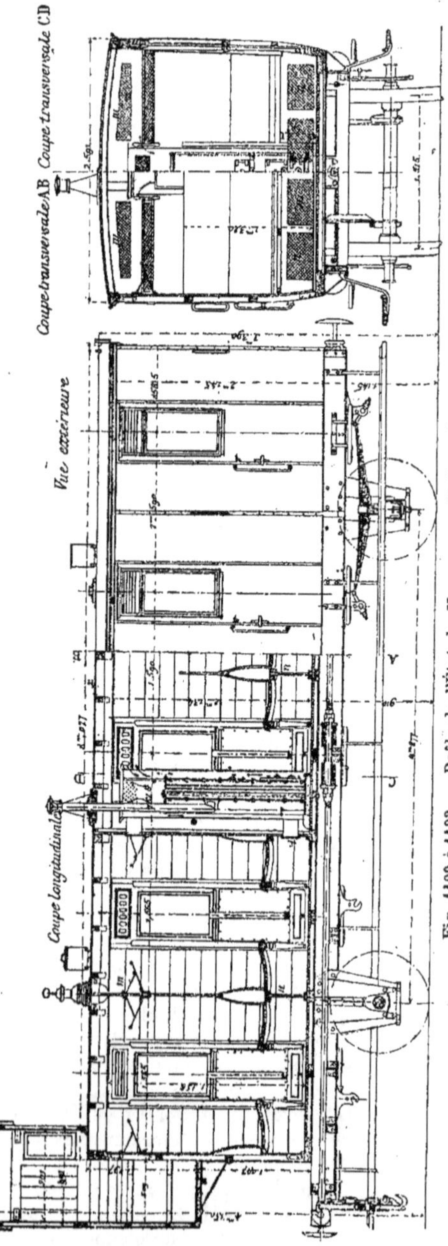

Fig. 1100 à 1103. — Poêle de l'État du Hanovre. — Voiture de 3ᵉ classe.

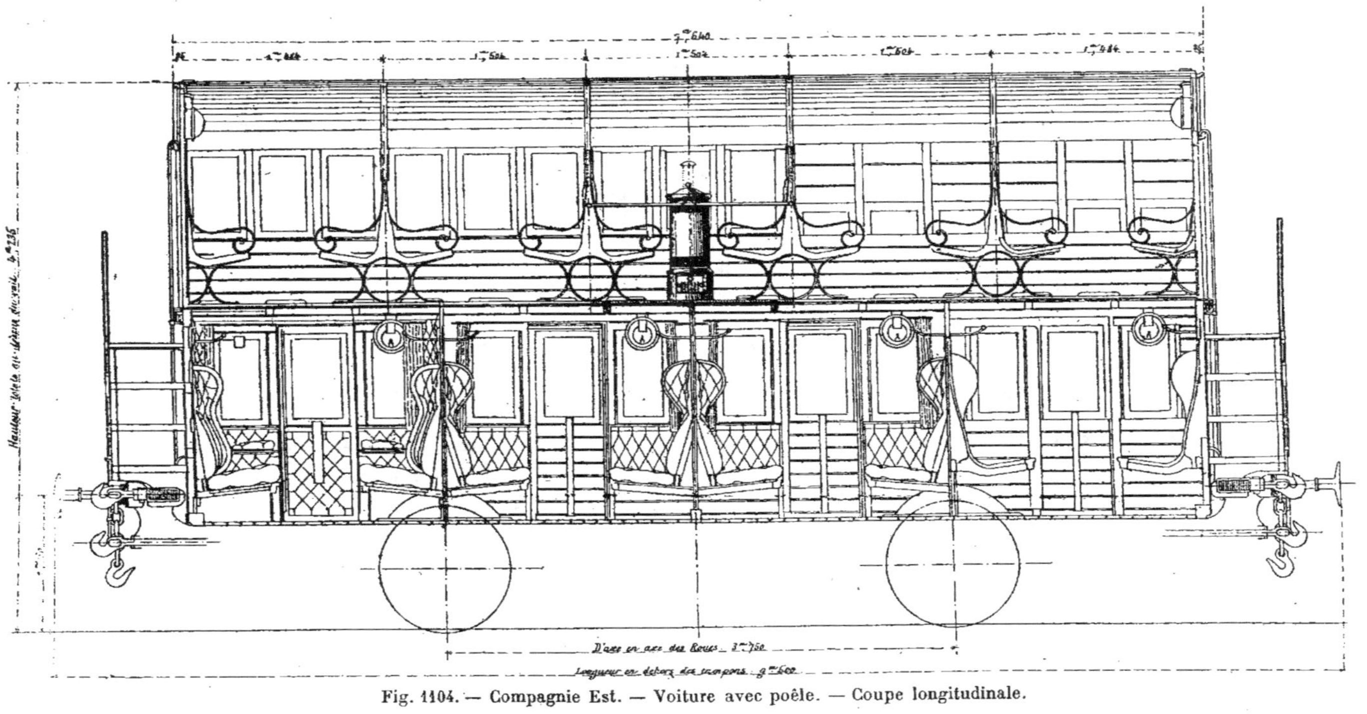

Fig. 1104. — Compagnie Est. — Voiture avec poêle. — Coupe longitudinale.

qu'à 0ᵐ,10 en dessous du couvercle du fourneau partageant ainsi le vide de celui-ci en deux compartiments. Dans le compartiment d'avant, la fumée monte jusqu'au couvercle pour redescendre dans l'autre jusqu'à la saillie de briques réfractaires où se trouve l'ouverture du tuyau coudé qui la conduit au dehors.

Ce tuyau, à sa traversée du pavillon, est isolé des boiseries par une couche d'air, une tôle et une couche de terre glaise. Enfin, à la partie supérieure, ce tuyau se termine par un chapeau formant aspiration. Le poêle est adossé à l'une des cloisons du compartiment central et dans l'axe de la voiture (*fig.* 1099 à 1103). Il est isolé du voisinage par de doubles écrans en tôle.

fage seulement, des quatre places de l'impériale correspondant aux deux banquettes voisines. On conserve ces banquettes, et les places en question sont simplement condamnées au moyen d'une tringle fixée aux dossiers des deux sièges immobilisés : cette tringle empêche en même temps les voyageurs de s'approcher du foyer.

Le volume total de l'espace à chauffer est d'environ 23ᵐ³,800 : le poêle élève la température de 5 degrés quand le tirage est réduit à son minimum, et de 15 degrés quand la valve de réglage est ouverte en grand.

Le poêle complet pèse 88ᵏᵍ,500.

L'appareil se compose d'un socle en fonte (*fig.* 1107 à 1110), solidement boulonné au plancher dont il est isolé par

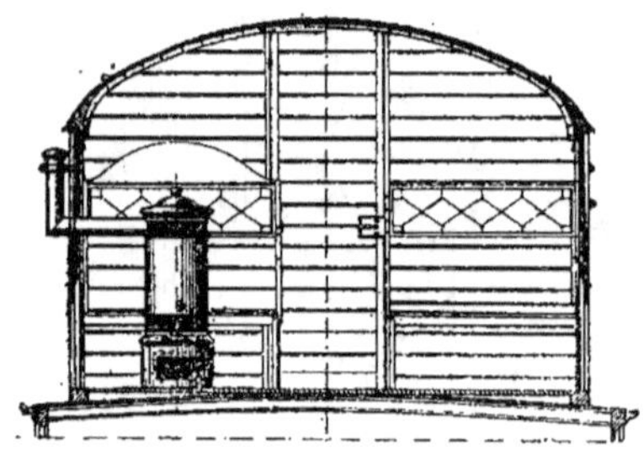

Fig. 1105. — Compagnie Est. — Voiture avec poêle.
Coupe transversale.

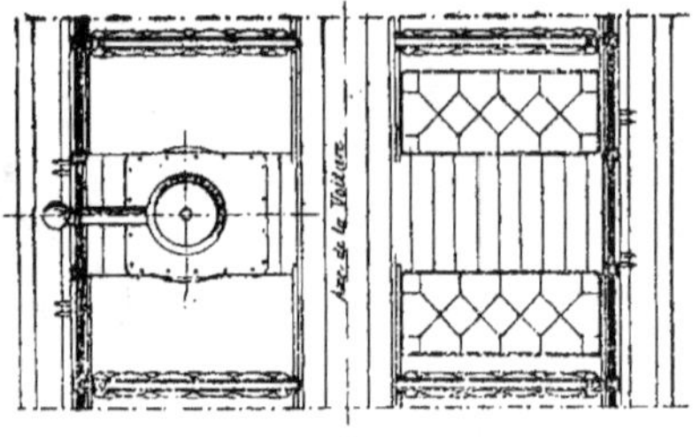

Fig. 1106. — Compagnie Est. — Voiture avec poêle.
Plan.

La hauteur totale de ce poêle est de 1ᵐ,85 à 1ᵐ,90. Le foyer a 0ᵐ,20 de côté.

Les lignes suisses ont un poêle analogue plus petit, de 1 mètre à 1ᵐ,25 de haut avec un foyer de 0ᵐ,25 de côté.

625. *Chauffage par poêles à la Compagnie des chemins de fer de l'Est.* — Après des essais concluants, faits en 1890 et 1891, la Compagnie des chemins de fer de l'Est a adopté le système de chauffage par poêles pour les impériales fermées de ses voitures à deux étages, usitées sur les banlieues du grand réseau et sur le chemin de Vincennes. Le poêle est posé au milieu du véhicule et près d'une des parois longitudinales de la caisse (*fig.* 1104 à 1106).

L'installation de ce poêle nécessite la suppression, pendant la saison du chauf-

une tôle de protection. Ce socle présente une porte montée à charnières et munie d'un registre ; la porte peut se fermer au moyen d'un loqueteau se manœuvrant à l'aide d'une clef spéciale servant également pour le registre.

Au dessus est un foyer en fonte en quatre parties, fixé au centre du socle et dans lequel pénètre la partie inférieure d'une trémie de chargement d'une contenance d'environ 13 litres. Ce foyer porte à sa base une grille spéciale brevetée dite *grille-manivelle* composée de deux parties fixes faisant corps avec le foyer et de trois barreaux mobiles en fer. Ces barreaux peuvent s'enlever lorsque la porte du socle est ouverte et sont munis chacun d'un pignon denté qui engrène avec le pignon du barreau voisin. Le barreau du milieu

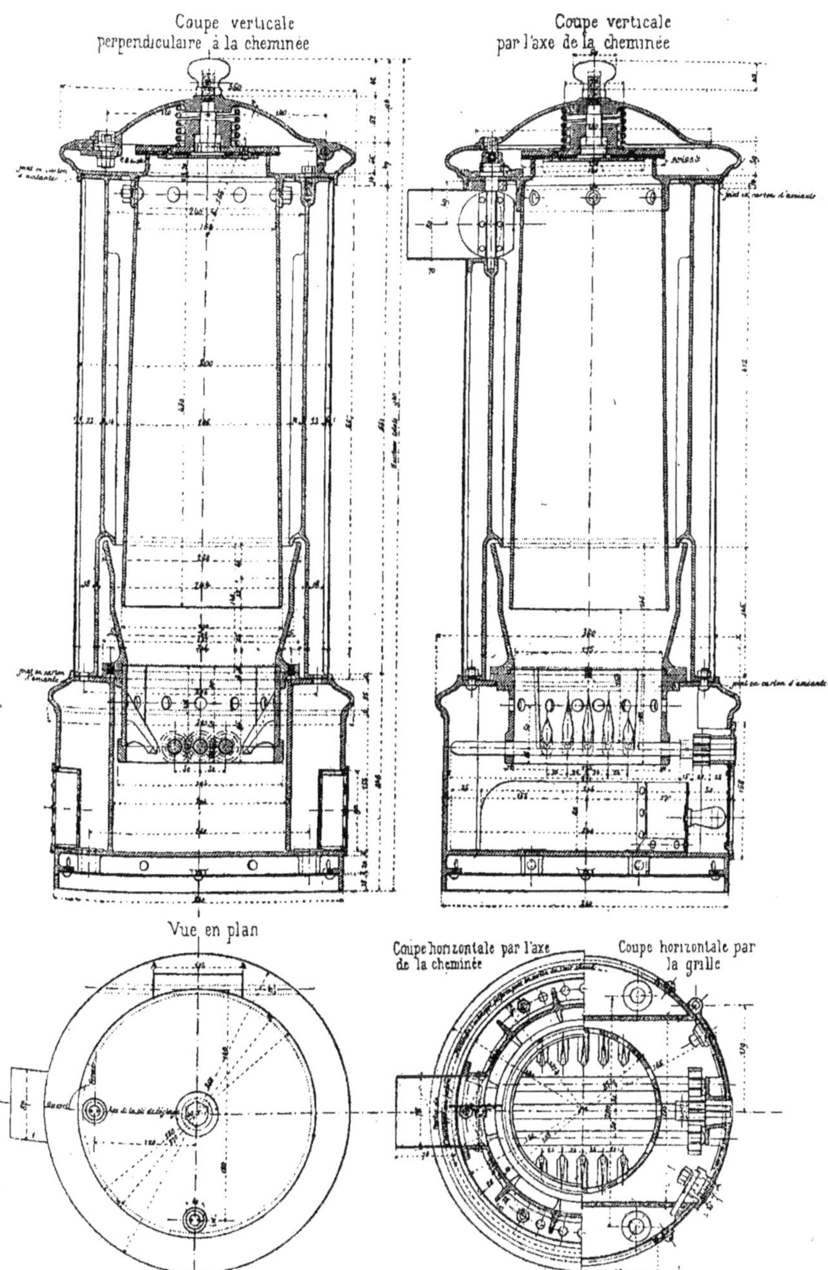

Fig. 1107 à 1110. — Compagnie Est. — Poêle.

porte en outre, à l'extrémité sur laquelle est monté le pignon, une partie carrée disposée pour recevoir une manivelle ; il suffit d'imprimer, au moyen de cette manivelle, un mouvement de rotation au barreau du milieu, pour faire tourner ses deux voisins en sens inverse, et par suite décrasser la grille.

La disposition inférieure de l'appareil est complétée par un cendrier en tôle s'introduisant sous le foyer par la porte du socle.

Le tout se termine à la partie supérieure par un corps cylindrique en fonte muni d'ailettes à l'extérieur et à l'intérieur ; et renfermant la trémie de chargement. A sa partie supérieure, il est fermé par un couvercle monté à charnières sur un chapiteau réunissant à la fois la trémie de chargement, le corps cylindrique et une enveloppe extérieure en tôle. On obtient la fermeture du couvercle au moyen d'un loqueteau semblable à celui de la porte inférieure.

La fermeture hermétique de la trémie est obtenue au moyen d'une rondelle garnie de carton d'amiante placée en dessous du couvercle. Cette rondelle est actionnée par un ressort à boudin et vient former joint étanche sur le bord supérieur de la trémie, quand le couvercle est rabattu. Les joints du corps de foyer sur le socle sont également garnis de cartons d'amiante assurant leur étanchéité parfaite.

On a fixé au corps cylindrique du poêle une cheminée pour le passage de laquelle on a substitué une plaque de tôle à l'un des châssis de glace. Cette cheminée sert à permettre l'échappement des gaz de la combustion.

Le tirage du poêle peut être réduit, s'il est nécessaire, à son minimum, mais jamais annulé, au moyen d'une valve de réglage se manœuvrant à l'aide de la même clef qui sert à fermer le couvercle et la porte du socle.

On charge ce poêle de houille maigre brûlant sans flamme et s'éteignant aussitôt qu'elle est répandue. On comprend ce que cela présente de précieux au point de vue des risques d'incendie.

Sa composition chimique est la suivante :

Carbone fixe	82,095
Gaz	7,430
Cendres	8,545
Eau	0,930

L'entretien et le chargement des appareils ne se fait que dans les gares de jonction des trains, où les stationnements sont toujours d'assez longue durée.

Quand le tirage est modéré, et que le tisonnage du feu a été convenablement effectué, les poêles peuvent fonctionner environ douze heures sans recevoir de soins.

Poêles à chargement extérieur.

626. *Est prussien.* — Ce poêle est identique à celui du chemin de fer de Mittau, vu précédemment. Il n'en diffère que par la hauteur qui lui permet de s'élever au-dessus du pavillon du véhicule, de telle sorte que le chargement peut se faire du dehors. L'isolement à la traversée de la toiture est obtenu par une couche d'air et une couche d'amiante comprises entre deux tôles coudées, fixées aux courbes du pavillon et maintenant le poêle dans sa position verticale. On empêche l'entrée de la pluie dans le véhicule, au moyen d'un couvre-joint analogue à celui des lanternes d'éclairage.

L'air à échauffer circule par une série de trous percés au pied du poêle, et cet air forme écran entre la plaque d'assise du poêle et la plaque du cendrier. Dans la porte de ce dernier se trouve un papillon qui permet de régler l'entrée de l'air d'alimentation du foyer.

Les dimensions principales du poêle de l'Est prussien sont les suivantes (Goschler) :

	MILLI-MÈTRES.
Cylindre-enveloppe en fonte. Saillie au-dessus du pavillon	250
Cylindre-enveloppe en fonte. Diamètre extérieur en bas	280
Cylindre-enveloppe en fonte. Diamètre extérieur en haut	272
Cylindre-enveloppe en fonte. Epaisseur de la fonte en bas	12
Cylindre-enveloppe en fonte. Epaisseur de la fonte en haut	10

MILLI-MÈTRES.

Vide sous le cendrier. Hauteur au-dessus du fond. 68

Cendrier. Distance entre la couche réfractaire et le dessus de la grille . 64

Grille. Hauteur au-dessus du plancher de la voiture 192

Grille. Diamètre intérieur du vide. 172

Garniture réfractaire. Hauteur à partir de la grille 250

Garniture réfractaire. Epaisseur sur la grille 48

Garniture réfractaire. Epaisseur en haut. . . . . , ... 12

Tuyau du fourneau. Diamètre inférieur 154

Tuyau du fourneau. Diamètre supérieur. 175

Tuyau du fourneau. Hauteur. . . 128

— Distance du bec de la grille. 72

Tuyau du fourneau. Diamètre au manchon d'assemblage 175

Tuyau du fourneau. Diamètre au gueulard. 128

Tuyau du fourneau. Epaisseur de la tôle 4

Tuyau d'échappement de la fumée. Diamètre intérieur. 85

Tuyau d'échappement de la fumée. Diamètre extérieur 96

Tuyau d'échappement de la fumée. Hauteur au-dessus du pavillon . . . 545

Cloche mobile recouvrant l'ouverture du tuyau. Hauteur 120

Cloche mobile recouvrant l'ouverture du tuyau. Diamètre intérieur. . 145

Cloche mobile recouvrant l'ouverture du tuyau. Diamètre extérieur . 155

Soupape de fermeture du fourneau. Diamètre intérieur. 170

Soupape de fermeture du fourneau. Distance du siège au-dessus du pavillon. 280

Hauteur de la clef de vis au-dessus du pavillon 440

627. *Poêle Desgardes.* — M. Desgardes, inspecteur du matériel à la Société des chemins de fer Économiques, a perfectionné le poêle d'appartement, appelé poêle Besson, et l'a appliqué au chauffage des véhicules de chemins de fer. Il l'a mo-

difié notamment par des dispositions nouvelles lui permettant de régler le tirage et d'assurer la ventilation au moyen de l'air extérieur.

Ce poêle est destiné à résoudre économiquement la question du chauffage des voitures à couloir central et à grands compartiments. Il se compose d'une colonne conique en tôle A, hermétiquement fermée par un couvercle recevant la charge de combustible qui tombe dans un foyer en fonte B, sur une grille C, qu'on peut animer d'un mouvement circulaire pour faire tomber les cendres au moyen d'une clef spéciale qu'on engage dans le bossage *k* venu de fonte avec la grille.

Les gaz de la combustion se rendent d'abord dans une chambre parfaitement étanche E, qui se compose de deux plateaux en fonte et d'une enveloppe en tôle (*fig.* 1111 à 1113).

Cette chambre est traversée dans toute sa hauteur par des tubes en tôle d'acier F sertis à la partie supérieure et munis, à la partie inférieure, d'un joint en amiante.

La cheminée D, par laquelle s'échappent finalement les produits de la combustion, traverse le plateau supérieur de la chambre, et le joint est assuré par une douille avec garniture en amiante.

Sous la grille se trouve une chambre d'appel d'air G contenant un cendrier. Cette chambre est fermée hermétiquement par une porte munie en son milieu d'un clapet à vis H, permettant de régler à volonté l'entrée de l'air, et par suite le tirage.

L'air froid de la voiture passe sous le socle de l'appareil, s'élève dans les tubes, et en ressort à une température de 80 degrés environ à une vitesse supérieure à 1 mètre par seconde. L'échauffement successif de toutes les couches d'air est donc très rapide et n'est dû qu'en faible partie à la chaleur rayonnante.

L'appareil est entouré d'une enveloppe en tôle M dont la partie inférieure et le couvercle sont percés de trous pour permettre l'arrivée de l'air froid dans les tubes et le dégagement de l'air chaud.

La cheminée est également entourée d'une enveloppe N qui se termine en tronc de cône à la partie supérieure et porte une collerette destinée à recevoir la pluie ainsi que l'eau de condensation qui pourrait se déposer à l'intérieur de la mitre et retomber dans la voiture. Le pavillon est protégé contre la calcination au moyen d'un isolateur pourvu d'un récipient annulaire rempli de laines de scories et entourant l'enveloppe de la cheminée.

Le combustible à employer doit être du coke n° 0, ou plutôt de la noix d'anthracite.

Ventilation. — La ventilation est assurée de la manière suivante :

L'enveloppe de la cheminée, ajourée à la partie supérieure, sert à l'évacuation

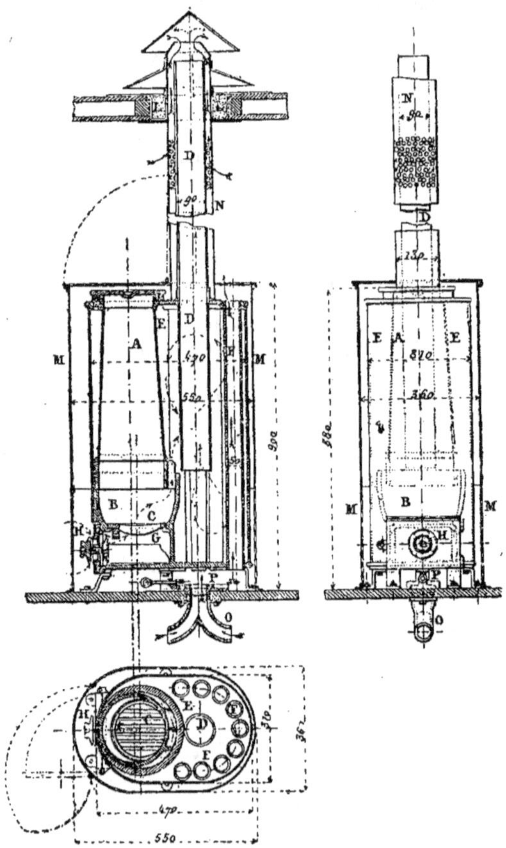

Fig. 1111 à 1113. — Poêle Desgardes.

de l'air chaud, ce qui produit un aérage déjà très efficace (voir les flèches).

Mais la disposition particulière ci-dessous permet de renouveler complètement et rapidement l'air renfermé dans la voiture.

Une manche double O, traversant le plancher, présente un orifice supérieur qui peut être masqué à l'aide d'un registre P ; elle donne accès à l'air extérieur qui s'échauffe à son passage dans les tubes et se répand dans la voiture, remplaçant ainsi l'air vicié qui s'échappe par l'enveloppe de la cheminée. La circulation de l'air est d'autant plus vive qu'il est plus froid et que la température de l'intérieur de la voiture est plus élevée. Cette disposition, en outre qu'elle constitue un puissant moyen de ventilation, sert encore à modérer la température, conjointement avec le réglage du clapet de prise d'air.

Le seul inconvénient du système est de permettre l'introduction de la poussière; aussi, en principe, le registre doit-il être fermé pendant la marche du train, et la ventilation au moyen de la prise d'air ne doit s'effectuer que pendant les arrêts aux stations terminus.

Par les temps de pluie ou de neige, lorsque l'inconvénient de la poussière n'est pas à redouter, le registre peut être ouvert, si on le juge nécessaire.

Grâce à sa forme, ce poêle peut être installé de manière à chauffer deux compartiments voisins à la fois. Sa faible consommation, qui est au maximum de 10 kilogrammes d'anthracite par vingt-quatre heures et les dispositions prises pour assurer une ventilation efficace, tendent à assurer à la fois l'économie et l'hygiène. (*Revue Industrielle*.)

Poêles américains contre l'incendie.

628. Un des grands défauts du système de chauffage par les poêles, ce sont les chances d'incendie au moindre bouleversement de l'appareil et spécialement en cas de déraillement.

En Amérique, où les longs trajets et le système de wagon à couloirs ont indiqué et entraîné plus qu'ailleurs le chauffage par poêles, on s'est terriblement préoccupé de trouver des systèmes qui mettent à l'abri de cette éventualité.

M. Robert Cuthbert a imaginé un poêle en forme de cloche allongée (*fig.* 1114) à double paroi; dans l'intervalle laissé libre entre le fourneau proprement dit et son enveloppe extérieure, se trouve un réservoir circulaire appuyé à la partie inférieure sur des galets et rempli d'eau; le réservoir communique à sa partie supérieure avec le foyer au moyen de deux tuyaux recourbés; les gaz de la combustion sont arrêtés dans leur course verticale vers la cheminée, par une tôle hémisphérique formant chicane.

Lorsque le poêle vient à être renversé par une cause quelconque, l'eau de la double enveloppe se déverse immédiatement par les tuyaux supérieurs sur le feu qu'elle éteint.

Il est incontestable que par ce moyen les charbons incandescents disparaissent en même temps que les chances correspondantes d'incendie. Néanmoins il nous semble qu'il doit y avoir, en cas de renversement brutal, et par suite de rupture du poêle ou de sa cheminée, un dégagement brusque de vapeur qui doit être fort dangereux à recevoir sur les membres et en particulier en plein visage.

Fig. 1114. — Poêle américain, système R. Cuthbert contre l'incendie.

Nous regrettons de n'avoir pas sur ce système des renseignements plus complets en ce qui concerne la consécration publique.

629. Nous citerons dans le même esprit le poêle complètement clos et à réservoir d'eau latéral de M. Meade Bache (*fig.* 1115 à 1121).

630. *Poêle de Smith Wardle.* — Les poêles Wardle ne sont munis d'aucune disposition pouvant éteindre le feu. Ils sont entièrement entourés d'une seconde enveloppe en tôle ou fonte malléable percée de trous permettant la circulation de l'air à chauffer, mais empêchant complètement la sortie au dehors de charbons enflammés

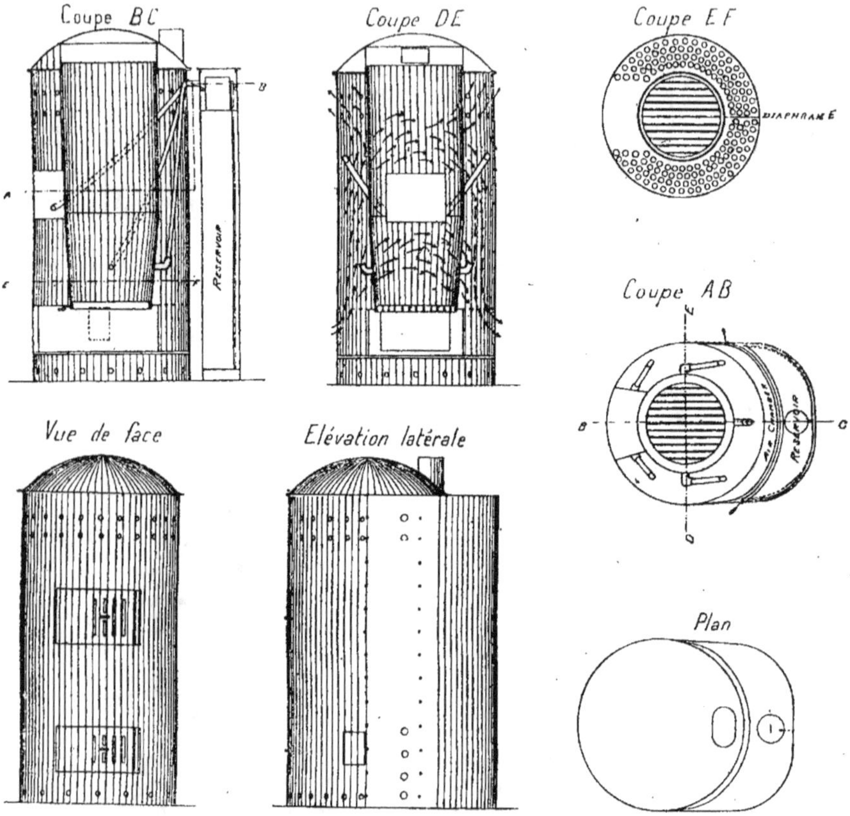

Fig. 1115 à 1121. — Poêle américain, système Meade Bache, contre l'incendie.

en cas de renversement, même à la suite de déraillement.

Le cendrier est un entonnoir qui s'ouvre au-dessous du plancher du wagon et qui est normalement fermé par une trappe (*fig.* 1122).

Enfin l'appareil est solidement fixé au plancher, ce qui rend son renversement impossible, à moins de collision grave.

Effet utile des poêles.

631. On brûle dans les poêles du charbon de bois, du bois, du coke ou de la houille; mais tous ces appareils sans exception donnent un chauffage inégalement réparti dans la voiture, excessif dans leur voisinage et insuffisant à certaine

Fig. 1122. — Poêle américain, système Wardle, contre l'incendie.

distance. De même, dans chaque compartiment, la chaleur est intolérable sous le pavillon et beaucoup trop faible près du plancher. Il faut ajouter à cela les chances d'empoisonnement par les gaz délétères qui traversent la fonte ou les joints des pièces ; les maladies qu'on peut contracter en sortant brusquement du wagon dans une atmosphère glacée, enfin les chances d'incendie absolument certaines en cas de déraillement.

En somme, le chauffage par poêle est un mauvais chauffage qui n'a pour lui qu'une qualité, c'est d'être économique.

632. *Prix de revient du chauffage par poêle (Goschler).* — Supposons, en effet, que dans le train type déjà choisi précédemment, nous ayons des voitures à couloir du système américain, le poêle n'étant pas applicable aux voitures à compartiments isolés. Il faudra donc quarante poêles coûtant en moyenne 120 francs d'achat et d'installation, et consommant $1^{kg},500$ de houille par poêle et par heure de marche avec $0^{kg},500$ par heure d'allumage et de stationnement.

Les frais de premier établissement des quarante poêles coûtent donc. 4 800 fr.

Pièces de rechange, chariot pour transporter le combustible
Somme à valoir, etc....... 1 200

Total des frais de premier établissement............... 6 000 fr.

Soit par voiture $\dfrac{6\,000}{40} = 150$ francs et par compartiment $\dfrac{150}{4} = 37^f,50$.

Comme frais d'exploitation, chaque poêle ayant dix heures de marche, une heure et demie de stationnement et une demi-heure d'allumage consommera :
$10 \times 1^{kg},50 + 2 \times 0^{kg},50 = 16$ kilogrammes de houille.

Les dix voitures d'un train en consommant 160 kilogrammes, et les quatre trains en chaque sens 1 280 kilogrammes par jour.

La durée du chauffage étant de 150 jours par an, la consommation annuelle sera de $1\,280 \times 150 = 192\,000$ kilogrammes et la dépense correspondante 192 tonnes $\times 30^f$,
soit.................... 5 760 fr.
Bois et copeaux d'allumage.. 240
Main-d'œuvre à deux hommes pour l'allumage, etc......... 900
En supposant une durée de dix ans, l'annuité d'amortissement du capital sera de....... 600
Comme entretien, pose et dépose, on peut compter 10 francs par appareil, soit........... 400
Intérêt du capital du premier établissement à 5 0/0......... 300
Somme à valoir........... 300

Frais d'exploitation par an. 8 500 fr.

La journée de chauffage revient donc à 60 fr. en moyenne ; chaque voiture en circulation à $\dfrac{60}{40} = 1^f,50$, et chaque compartiment à $0^f,375$, ce qui donne par heure de service $0^f,15$ par voiture et $0^f,0375$ par compartiment.

CHAUFFAGE A L'AIR CHAUD

Avantages et inconvénients des appareils à air chaud.

633. Les appareils à air chaud sont fort répandus en Suisse et en Autriche. Ce sont, en somme, des calorifères ou poêles entretenus de l'extérieur et qui envoient par des conduites à l'intérieur des voitures, l'air lorsqu'il est chauffé. Le chauffage commence par le plancher, et l'air chaud s'échappe par le pavillon ou retourne à l'appareil. Ils donnent tous une forte élévation de température ; mais, comme l'air a une très faible chaleur spécifique, la quantité de chaleur emmagasinée est rapidement détruite, dès que l'on ouvre les portières ou simplement les glaces.

En outre, comme pour les poêles, le chauffage est malsain tant à cause de la distribution des couches d'air par ordre de densité que par la nature même de l'air qui se charge d'oxyde de carbone, gaz essentiellement délétère.

634. *Appareil May, du Nord-Est*

Suisse. — Le foyer vertical est placé au-dessous de la voiture et se charge par une porte ouvrant vers la partie supérieure : les produits de la combustion s'échappent par le bas, et la cheminée dans laquelle ils circulent est entourée d'une enveloppe en tôle où passe l'air pur venant de l'exté-rieur; une seconde enveloppe garantit l'air chaud contre le refroidissement extérieur. Les deux enveloppes communiquent avec des bouches placées sous les banquettes.

L'effet utile obtenu par ce mode de chauffage est de 22 degrés, le prix d'éta-

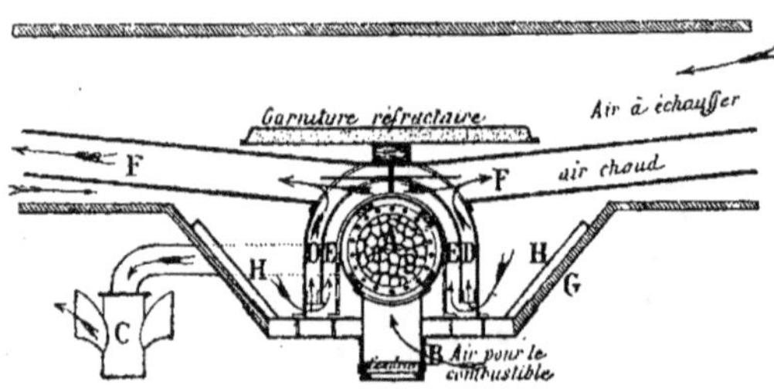

Fig. 1123. — Calorifère Thamm et Rothmuller. — Coupe longitudinale de la voiture.

blissement de 480 francs par voiture, et la dépense de combustible, de 0^f,08 par voiture et par heure.

Le calorifère May présente l'inconvénient d'exiger de fréquents chargements de coke espacés d'une heure et demie au plus. L'allumage doit être fait une heure d'avance, si l'on veut chauffer les voitures avant le départ.

635. *Appareil Thamm et Rothmuller.* — Ce système a été appliqué par les chemins Rhénans, ceux du Grand-duché de Bade, la Sudbahn autrichienne, et avec quelques modifications par les Compagnies du Central Suisse et de l'Union Suisse. Le type suivant a été appliqué par les chemins autrichiens de la Sudbahn à un certain nombre de voitures de première classe.

C'est un foyer cylindrique horizontal placé transversalement au-dessous du châssis de la voiture (*fig.* 1123), recevant par une porte de chargement un panier A contenant un mélange de coke et de charbon de bois.

L'air nécessaire à là combustion arrive par la porte inférieure en B, et la fumée s'échappe par l'extrémité opposée à la porte, dans un conduit plusieurs fois recourbé et terminé par une double manche d'aspiration C. L'air à échauffer provenant en partie de l'extérieur, en partie de la voiture, circule dans une double enveloppe en tôle DE concentrique au foyer. L'air chaud passe ensuite dans des

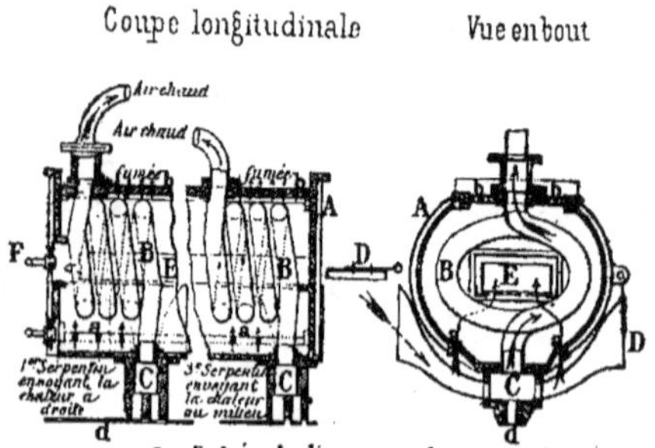

Fig. 1124 et 1125. — Calorifère Kiénast et Grand-vallet.

conduites en tôle F qui débouchent aux deux extrémités de la voiture.

L'ensemble de l'appareil est contenu dans un coffre en bois G garanti contre le refroidissement extérieur par des écrans H, à circulation d'air, et séparé du châssis par une couche de terre réfractaire contenue entre deux tôles. Des ventilateurs par appel munis de papillons de réglage sont fixés au pavillon de la voiture.

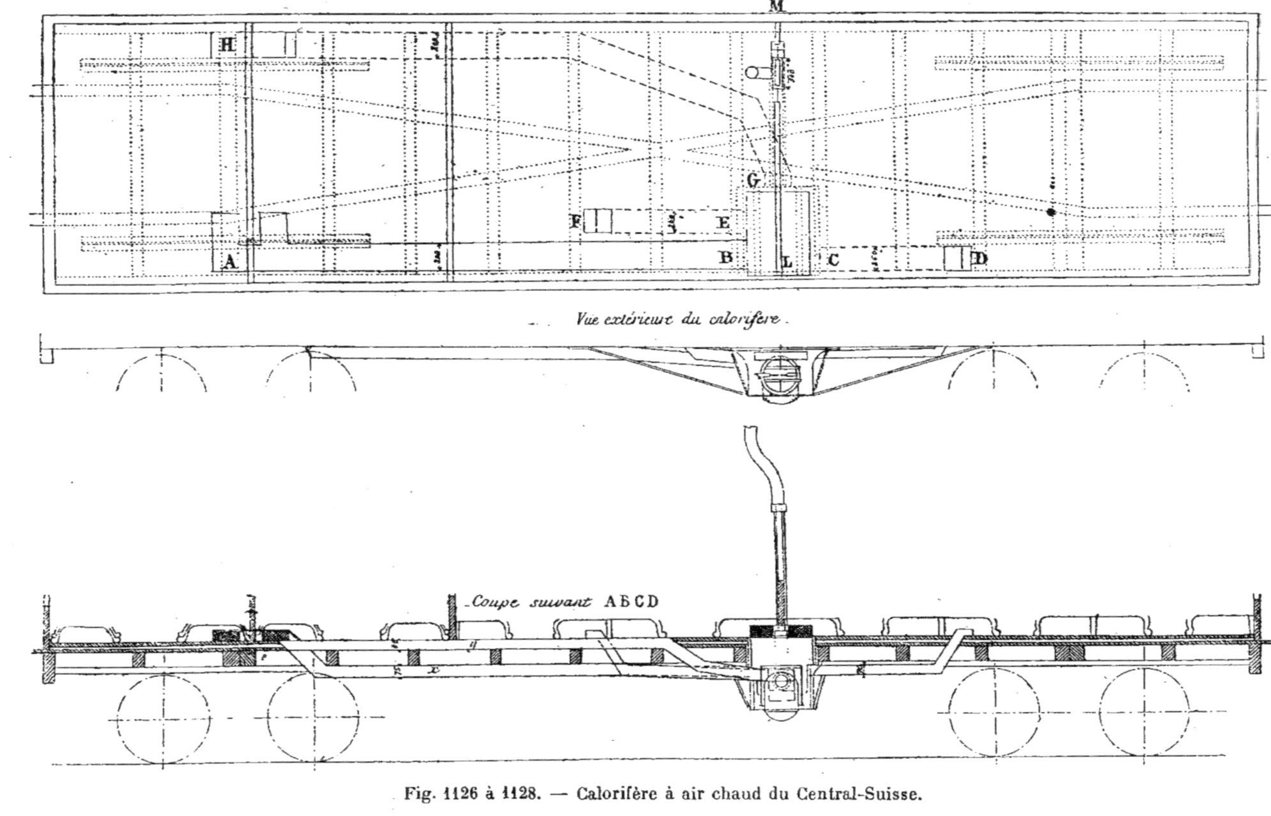

Fig. 1126 à 1128. — Calorifère à air chaud du Central-Suisse.

L'allumage doit être fait très longtemps avant le départ ; mais, une fois en marche, une charge de 11 kilogrammes dure, en moyenne, pendant huit heures donnant un effet utile de 13 degrés. Le prix de revient de l'appareil est fort élevé, environ 820 francs par voiture. Quant à la dépense de combustible, elle est de 0ʳ,095 par voiture et par heure. (*Cossmann. Etudes sur l'Exposition de* 1878.)

636. *Appareil Kiénast et Grandvallet* — Ce calorifère est disposé de manière à utiliser autant que possible les produits de la combustion. Il consiste en une caisse métallique en fonte A cylindrique, placée transversalement sous la voiture (*fig.* 1124 et 1125). Elle renferme trois serpentins en cuivre rouge à quatre circonvolutions, dans lesquels l'air à échauffer pénètre par trois boîtes C munies de clapets D, pour

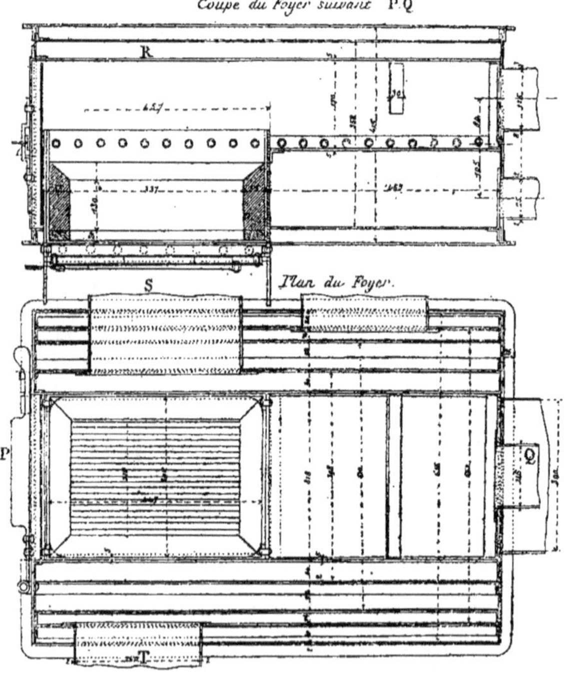

Fig. 1129 et 1130. — Calorifère à air chaud du Central-Suisse.

la fermeture des pavillons de prise d'air et de registres *d* pour le nettoyage ; des deux clapets D on n'ouvre que celui qui correspond à la marche du train. L'air chaud est conduit à des bouches de chaleur placées sous les banquettes.

Le foyer se trouve au milieu des serpentins ; c'est un panier E, à combustible horizontal, que l'on peut introduire par une porte centrale de chargement F. De petites ouvertures *a* et *b*, pratiquées dans la caisse A, servent à l'introduction de l'air nécessaire à la combustion et à l'échappement des produits ; on y brûle soit des briquettes spéciales, soit de la braise nitratée.

Le prix de revient est de 800 francs par voiture, et la dépense de combustible est de 0ʳ,15 ou de 0ʳ,072, selon que l'on emploie de la braise ou de la houille ; l'appareil est donc fort coûteux, surtout si l'on tient compte que son effet utile a été presque nul dans les essais tentés par la Compagnie de l'Est.

Des résultats analogues ont été constatés dans les essais qu'en a faits l'Etat belge, et, de plus, il a été reconnu que l'appareil ne fonctionnait pas au repos, ce qui empêche de chauffer les voitures avant le départ du train.

637. *Appareil du Central Suisse.* — L'appareil du Central Suisse est extrêmement simple (*fig.* 1126 à 1132).

« L'appareil se compose d'un fourneau suspendu sous la caisse près de son milieu, et enveloppé d'une chambre à air en communication constante avec chaque compartiment de la voiture, par des tuyaux à air froid et à air chaud. On ne puise point d'air frais au dehors, car l'air de la voiture se renouvelle assez rapidement par d'autres voies, et le fourneau se refroidirait trop s'il était exposé à l'afflux de l'air froid extérieur.

« Sous la grille se trouvent deux clapets mobiles à l'aide desquels on peut régler à volonté l'entrée de l'air destiné à la combustion ; selon le sens du mouvement de la voiture, l'un des clapets est ouvert, tandis que l'autre reste fermé.

« Dans les appareils exécutés primitivement, la chambre à air était enveloppée d'une doublure en bois, destinée à empêcher le refroidissement. Cette garniture est actuellement remplacée par une double enveloppe en tôle dont le vide est rempli de laine de laitier parfaitement appropriée à sa destination parce qu'elle est incombustible et mauvaise conductrice de la chaleur.

« Cet appareil offre l'avantage de chauffer toute une voiture avec un seul foyer, de pouvoir être desservi du dehors et de n'occuper aucune partie de l'intérieur de la caisse.

« On alimente le foyer avec du coke. Par les grands froids on obtient à l'intérieur une température de 12 à 15 degrés centigrades. La répartition de l'air chaud s'effectue par des registres placés à chaque bouche de chaleur.

« Le fourneau du calorifère se compose d'un foyer rectangulaire en tôle de 0ᵐ,457 de longueur, garni d'un revêtement réfractaire et recouvert d'un demi-cylindre en tôle qui se prolonge au-delà du foyer sur une longueur de 0ᵐ,469 . Trois des faces verticales du foyer et le demi-cylindre sont enveloppés par une double caisse en tôle, dans laquelle l'air froid circule le long des tôles extérieures et s'échauffe de plus en plus, à mesure qu'il s'approche du demi-cylindre. Ce n'est qu'après avoir atteint cette partie de la chambre à air qu'il sort avec la température voulue pour

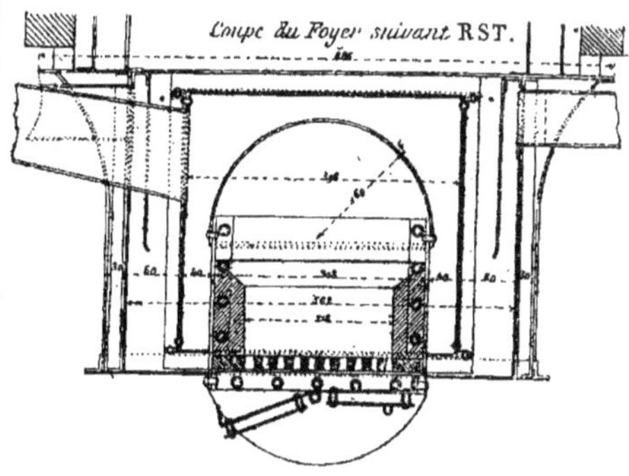

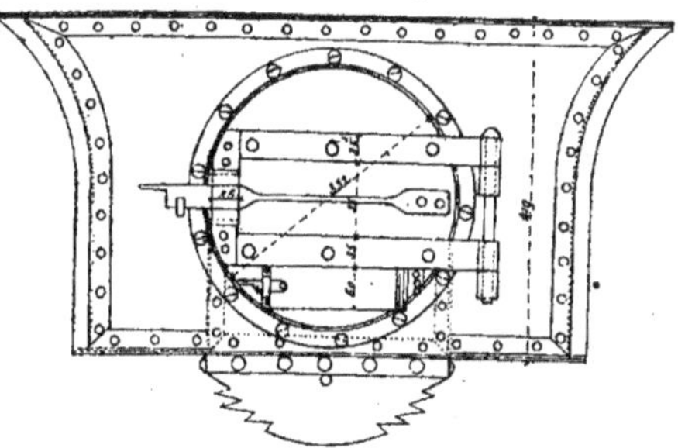

Fig. 1131 et 1132. — Calorifère à air chaud du Central-Suisse.

se distribuer dans les conduites d'air chaud, et les bouches de chaleur.

« La fumée s'échappe par le conduit Q (*fig.* 1130) après avoir rencontré à sa sortie du foyer les chicanes en tôles placées en travers dans le barreau cylindrique.

« L'air froid pénètre par trois canaux analogues à T (*fig.* 1130). L'air chaud sort par le canal incliné (*fig.* 1131), S (*fig.* 1130), et par deux canaux verticaux qui s'élèvent au-dessus de la chambre à air.

« Les canaux d'air froid CD, EF, GH

(*fig.* 1126), ont tous trois 0^m,075 de hauteur, les deux plus courts 0^m,260, les deux plus longs 0^m,300 de largeur. Le canal AB porte l'air chaud dans les deux compartiments extérieurs, où il sort à travers deux bouches de chaleur placées sous les banquettes. Il a une section de 0^m,085 sur 0^m,300. Deux autres bouches de chaleur, qui prennent l'air presque à sa sortie du calorifère, distribuent l'air chaud dans les grands compartiments, à droite de la voiture.

« Les tuyaux à fumée sont réduits à une section aplatie pour la partie logée dans l'épaisseur de la cloison de séparation des deux grands compartiments. L'air froid descendant vers le fourneau par les prises d'air H des deux compartiments extérieurs (*fig.* 1126 et 1128), se rend dans la partie la plus chaude de la chambre à air, et retourne dans les mêmes compartiments par les bouches de chaleur A ; de même, l'air froid des grands compartiments descend vers le fourneau par les prises d'air D et F, et sort dans les mêmes compartiments par les bouches de chaleur voisines du point G.

« Les frais d'installation de l'appareil atteignent 500 francs.

« Le foyer contient environ 12 kilogrammes de coke. La consommation moyenne, par voiture et par heure, s'élève à 2 kilogrammes environ, ce qui, au prix de 40 francs la tonne, fait revenir le prix du

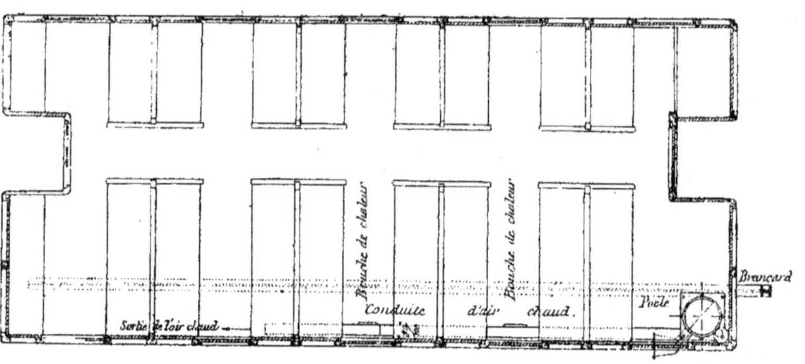

Fig. 1133. — Calorifère à air chaud de la Compagnie des Dombes (Voiture de 3e classe).

chauffage, pour le combustible seulement, à 0^f,08 par voiture et par tonne. »

638. *Appareil de la Compagnie des Dombes.* — La Compagnie des Dombes fait usage de voitures à couloirs du type suisse, qu'elle chauffe par un calorifère à air chaud disposé comme suit : c'est un foyer vertical en tôle, de forme cylindrique (*fig.* 1133), muni d'une cloche en fonte surmontée d'un tuyau latéral de fumée, et fixé au foyer par une fermeture à baïonnette. L'air nécessaire à la combustion est pris à l'extérieur au moyen d'une double manche à vent débouchant sous la grille.

Le fourneau est entouré d'une enveloppe qui forme chambre à air et part du bas de l'appareil. Une autre enveloppe en tôle mince, percée de trous, entoure le tuyau d'échappement des produits de la combustion et s'élève jusqu'au plafond de la voiture. L'appareil est fixé au plancher au moyen d'un fer cornière qui l'entoure comme une ceinture, à mi-hauteur de l'enveloppe extérieure.

Un tuyau en forme de trompe amène l'air frais dans l'intérieur de l'appareil.

La partie inférieure qui entoure le foyer est placée au-dessous du plancher et présente une enveloppe double renfermant entre ses parois une couche de sable évitant les pertes de chaleur.

La prise d'air chaud se fait dans le bas de l'enveloppe près du foyer. Cet air est distribué par un tuyau rectangulaire de 0^m,09 sur 0^m,10, posé contre la paroi du wagon.

Quant à l'air échauffé par son ascension le long du tuyau de fumée, il s'échappe dans la voiture près du pavillon.

Le chargement se fait par le haut en enlevant la cloche, une demi-heure avant le départ. La charge est de 9^k,500 de charbon de Paris, durant environ trois heures; on a dû renoncer au coke, d'abord employé parce qu'il brûlait très rapidement la tôle. L'appareil, dans une voiture de troisième classe, occupe juste la place d'un voyageur. Dans les voitures mixtes de première et deuxième classes, le calorifère est placé contre la cloison de séparation, dans le compartiment de deuxième classe; il occupe la place de deux voyageurs.

Les frais d'installation sont d'environ 180 francs par voiture. La dépense de combustible par heure est de 2^{kg},850 environ de charbon de Paris, à 16 francs les 100 kilogrammes, soit 0^f,457 par voiture et par heure.

639. *Essais de la Compagnie de l'Est français, chauffage Mousseron.* — La Compagnie des Chemins de fer de l'Est a fait l'essai du système de M. Mousseron dans lequel le mouvement de la voiture fait entrer l'air frais dans une chambre enveloppant le foyer, et, de là, le chasse

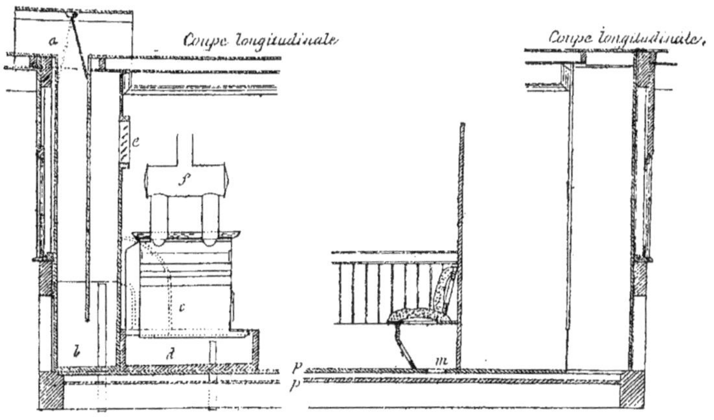

Fig. 1134 et 1135. — Calorifère à air chaud du Grand-Trunk (Canada).

dans le véhicule à travers des bouches de chaleur.

Cet appareil a donné de mauvais résultats : la température était toujours trop basse aux pieds des voyageurs, et congestive vers le pavillon ; les foyers, trop petits, nécessitaient trop souvent des rechargements de combustible, et de fréquentes réparations.

D'autres essais furent tentés avec un nouvel appareil suspendu à l'extérieur vers le milieu d'un des longerons de châssis. C'est un foyer en fonte pouvant contenir 16 kilogrammes de coke, entouré de deux enveloppes en fonte qui compriment et échauffent deux couches d'air superposées, amenées par des manches à vent inférieures. Chaque enveloppe a son conduit spécial qui mène l'air chaud, l'un à droite, l'autre à gauche du foyer, dans des chaufferettes en tôle installées entre les banquettes, sous le plancher. Une tôle intérieure placée obliquement, de l'extrémité au milieu de la chaufferette, empêche l'air chaud de frapper directement le dessus de la chaufferette, en sortant de la conduite.

Malgré les expériences les plus soignées, les résultats furent encore mauvais : l'air chaud avait une odeur désagréable, les voyageurs avaient toujours la tête plus chaude que les pieds, et quittaient la voiture ou détruisaient toute l'économie du chauffage en ouvrant les portières.

Chauffage à l'air chaud en Amérique.

640. *Appareil du Grand Trunk au Canada.* — Le grand Trunk au Canada a employé l'appareil de chauffage suivant :

Une boîte *a*, placée sur le pavillon du véhicule, est ouverte à ses deux extrémités dans le sens de la marche du train, de sorte que l'air s'y engouffre, quel que soit le sens de cette marche. Cet air est conduit à l'intérieur du véhicule au moyen d'un clapet mobile autour d'un axe horizontal et d'un conduit vertical qui est divisé en deux parties par une cloison ;

duit au dehors l'air vicié qui pénètre par des ouvertures placées sous les sièges, et ménagées dans le double plancher (*fig.* 1135).

641. *Calorifère américain du chemin de fer de Saint-Pétersbourg à Moscou.* — Ce poêle américain, adopté en Russie, est dû à MM. James Spear et Cie, il est également disposé de manière à ventiler et à chauffer la voiture.

Un tuyau horizontal contigu à la boîte vue plus haut est placé sur la toiture du wagon : il est muni de deux ouvertures dans le sens de l'axe du véhicule et permet

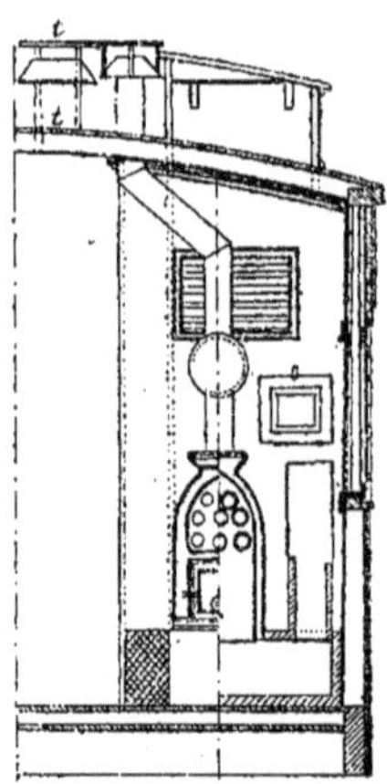

Fig. 1136. — Calorifère à air chaud du Grand-Trunk (Canada). — Coupe transversale.

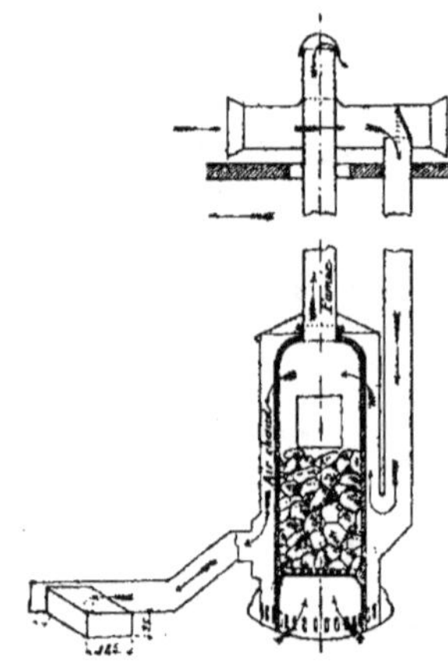

Fig. 1137. — Calorifère américain du chemin de fer de Saint Petersbourg à Moscou. Coupe verticale.

cette dernière s'arrête à 0^m,12 environ au-dessus d'une nappe d'eau contenue dans une caisse en fonte *t* (*fig.* 1134 à 1136). Cette eau débarrasse l'air des poussières qu'il pourrait entraîner, après quoi il remonte par le second compartiment et pénètre dans la voiture par une ouverture grillagée, ménagée à cet effet, *e*. En hiver, on le fait passer sur un bain d'eau tiède, *d*, où il se sature de vapeur d'eau ; puis il circule dans les tuyaux et autour d'un poêle calorifère *cf*, où il s'échauffe avant de se répandre dans le véhicule.

Il y a ventilation en même temps que chauffage. En effet, un conduit vertical, placé à l'autre extrémité de la voiture, con-

l'entrée de l'air dans ce dôme, quel que soit le sens de la marche du train (*fig.* 1137) ; un clapet à axe horizontal le conduit encore dans un tuyau vertical par lequel il descend dans un vide ménagé entre le fourneau et une enveloppe en tôle.

L'air chaud est distribué dans la voiture par un canal à section rectangulaire de 0,185 de largeur et de 0,095 de hauteur.

Systèmes autrichiens.

642. Au chemin de fer du Nord-Empereur-Ferdinand, on fait usage d'un fourneau cylindrique en tôle placé sous le châssis et dans lequel on place un panier en tringles de fer, rempli de combustible.

L'air nécessaire à la combustion est amené par un registre disposé dans la porte du cendrier placé sous ce cylindre ; cet air est pris à l'extérieur par deux manches à vent. La fumée sort par un tuyau rivé au-dessous du fourneau et retourné vers l'arrière de la voiture.

La chambre à air est constituée par une enveloppe en tôle qui entoure complètement le fourneau et préserve en même temps de l'incendie les parties voisines du véhicule. L'air chaud est distribué dans les compartiments, au niveau du plancher de la caisse, par deux tuyaux, allant l'un d'un côté, l'autre du côté opposé. Dans les compartiments de première et seconde classes, l'entrée de l'air chaud est réglée par des registres mus à l'aide de boutons placés au-dessus des dossiers. Un écran protecteur est placé à chaque bouche de chaleur. L'air vicié est expulsé hors de la voiture par deux ventilateurs à papillons, encastrés dans le pavillon.

Le combustible est formé, pour une charge, de 8 kilogrammes de coke de la grosseur d'une noix, et de 4 kilogrammes de charbon de bois dur placé au-dessus du coke. Le prix de revient du chauffage d'une voiture est de $0^f,28$ à $0^f,37$ par heure, tout compris.

Les chemins de fer de l'Etat hongrois chauffent leurs voitures de toutes classes au moyen de calorifères à fourneau vertical placé sous les caisses, chargés avec du coke ou de la houille. La dépense atteint $0^f,125$ à $0^f,1483$ par voiture et par heure.

Prix de revient des calorifères à air chaud.

643. Il résulte de ce qui précède que le système suisse est le seul applicable en pratique, quoique encore fort imparfait. Il paraît supérieur seulement aux bouillottes-chaufferettes ou poêles ordinaires, mais fort inférieur à d'autres systèmes que nous verrons plus loin.

Pour en évaluer les dépenses de premier établissement, nous admettrons qu'un appareil installé coûte 500 francs par voiture, qu'il y aura à chaque tête de ligne et au milieu un dépôt de combustible pour renouveler la charge de route et que chacun de ces dépôts avec son outillage coûtera 500 francs.

Les dépenses de premier établissement comprendront donc pour le même train que précédemment :

40 appareils à 500 francs..	20 000 fr.
3 dépôts et outillage à 500.	1 500
Pièces de rechange, somme à valoir	1 500
Total des dépenses de 1er établissement.................	23 000 fr.

Ce qui donne par voiture :

$$\frac{23\ 000}{40} = 375 \text{ francs,}$$

et par compartiment :

$$\frac{575}{4} = 143^f,75.$$

Admettons maintenant une consommation de 2 kilogrammes de coke par heure de marche et de 1 kilogramme par heure de stationnement. Chaque foyer consomme 40 kilogrammes de coke en 20 heures de marche, plus 1 kilogramme pendant une heure avant chaque départ. Les 40 foyers consommeront donc par jour 40×42 kil. $= 1\ 680$ kilogrammes et, pendant 150 jours de chauffage, $1\ 680$ kil. $\times 150 = 252\ 000$ kilogrammes de coke à 40 francs la tonne, soit..............

...la tonne, soit..............	10 080 fr.
Matières pour l'allumage..	600
Personnel : 4 hommes à 3 fr. par jour $= 12$ francs, et pour 150 jours..................	1 800
Entretien et nettoyage des appareils à 40 francs par appareil et par an..............	1 600
Amortissement du capital en dix ans, annuité........	2 300
Intérêt du capital à 5 0/0..	1 150
Somme à valoir.........	470
Total des dépenses d'exploitation....................	18 000

Chaque journée de chauffage coûtera 120 francs, chaque voiture 3 francs, chaque compartiment $0^f,75$; par heure de service chaque voiture $0^f,150$, et chaque compartiment $0^f,0375$. (Goschler.)

Chaufferettes à acétate de soude.

644. Le chauffage à l'acétate de soude a été imaginé par M. l'ingénieur Ancelin. Il repose sur l'emploi d'un corps ayant la propriété de présenter une chaleur latente de fusion considérable. En fondant à une température déterminée, il absorbe donc une grande quantité de chaleur qu'il restitue aussitôt qu'il vient à se solidifier en refroidissant. M. Ancelin s'est arrêté à l'acétate de soude, parce qu'il possède à un haut degré cette propriété, et qu'en outre il est parfaitement maniable, parfaitement sain et peu coûteux.

Il suffit d'introduire une fois pour toutes dans les bouillottes ordinaires que l'on peut plomber ensuite, la quantité nécessaire d'acétate de soude ; on opère la fusion du sel en le plongeant dans l'eau bouillante, de manière à l'amener à 100 degrés. Puis on met les bouillottes en place dans les compartiments et on les laisse refroidir, ce qui demande de douze à quinze heures au lieu de deux à trois heures comme les bouillottes à eau. La durée du chauffage est donc au moins quadruplée.

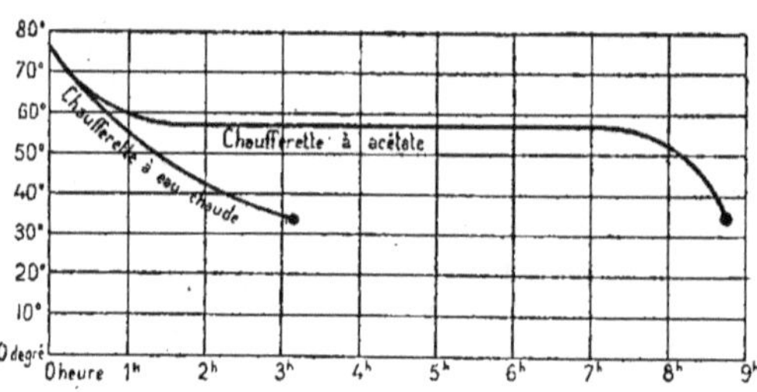

Fig. 1138.

Ce système a été appliqué sur différentes Compagnies, entre autres au chemin de fer de Paris-Lyon-Méditerranée et au chemin de fer de l'Ouest.

Les chaufferettes qui renferment l'acétate de soude doivent être en cuivre. La tôle de fer est, en effet, attaquée par ce produit.

645. *Chaufferettes à acétate de soude de la Compagnie de l'Ouest.* — La Compagnie de l'Ouest a appliqué en grand ce système, essayé dès 1879 sur un train express de Paris à Rennes ; elle l'a ensuite mis en service sur tous les trains express ou omnibus des lignes du Havre et de Dieppe, à la ligne de Versailles, rive droite, dont les voitures peuvent ainsi effectuer plusieurs voyages sans qu'on ait besoin de les réchauffer. C'est, en effet, dans l'intention de supprimer le renouvellement fréquent des bouillottes en cours de route que la Compagnie a remplacé l'eau de ces dernières par de l'acétate de soude cristallisé, exempt de matières goudronneuses et renfermant 4 équivalents d'eau. Ce sel, en raison de la chaleur latente nécessaire à sa fusion, emmagasine à volume égal, et entre les mêmes limites de température, une quantité de chaleur utile quintuple de celle de l'eau.

Les courbes ci-dessus (*fig.* 1138) relevées en service sur des chaufferettes à acétate et à eau ont été établies en prenant pour abscisses les temps et pour ordonnées les températures. Elles montrent qu'en pratique, la chaufferette à acétate de soude met environ neuf heures pour descendre de 75 ou 80 degrés à 40 degrés, tandis que, dans les mêmes conditions, la chaufferette à eau ne met que deux heures et demie pour se refroidir de la même quantité, soit un temps d'utilisation environ quatre fois plus grand en faveur de la chaufferette à acétate.

On voit en outre qu'au lieu de perdre sa chaleur d'une manière régulière, comme la bouillotte à eau, la chaufferette à acétate se refroidit assez rapidement jusqu'à 59 degrés, température qu'elle atteint en une heure et demie environ; puis, elle conserve cette température pendant une longue période de cinq heures, correspondant à la solidification du sel, et, enfin, se refroidit à la manière ordinaire, pendant la dernière période de deux heures environ.

Il arrive parfois qu'au lieu de se solidifier à partir de 59 degrés, l'acétate se refroidit au-dessous de cette température et donne lieu à un phénomène de surfusion. Il suffit dans ce cas d'une secousse pour déterminer sa cristallisation. Toutefois il y a intérêt à éviter ces surfusions; on y arrive d'une part, en plaçant dans la chaufferette des boulets mobiles en métal, dont le mouvement provoque la cristallisation du sel au moment voulu, et, d'autre part, en n'employant pour le remplissage que de l'acétate bien débarrassé de ses impuretés et à 4 équivalents d'eau ; ce dernier degré d'hydratation est en effet celui qui convient le mieux d'après les expériences.

On obtient ce résultat en introduisant dans les chaufferettes, avant le remplissage, 5 à 6 0/0 d'acétate anhydre.

Le remplissage des chaufferettes a lieu, une fois pour toutes, chaque année. Cette opération comporte :

1° L'introduction de l'acétate anhydre ;

2° Celle de l'acétate ordinaire fondu à la température de 120 degrés, point d'ébullition du sel. Après le remplissage, les chaufferettes sont fermées hermétiquement au moyen de bouchons soudés.

Le réchauffage se fait par immersion dans des cuves remplies d'eau, entretenue bouillante par un courant de vapeur. L'immersion dans les cuves dure environ une heure et demie.

On a constaté qu'après plusieurs réchauffages successifs, l'acétate de soude se modifie et se transforme partiellement en une substance amorphe, qui, en trop grande quantité retarde ou empêche la cristallisation et devient une cause de surfusion. En conséquence, après chaque campagne d'hiver, lorsqu'on vide les chaufferettes pour les visiter ou les réparer, on débarrasse l'acétate de soude de cette substance amorphe en la faisant cristalliser à l'air libre, après addition d'une petite quantité d'eau. On obtient ainsi l'acétate de soude vitrifié, acétate normal à 4 équivalents d'eau, qui est employé à nouveau pour le remplissage des chaufferettes.

Afin d'assurer la condition essentielle de l'étanchéité, qui empêche les rentrées d'eau lors du réchauffage, et les fuites de sel fondu, les chaufferettes sont consolidées, à l'intérieur, au moyen d'une armature, et les tôles, au lieu d'être rivées, sont agrafées et soudées.

646. *Chauffage à l'acétate de soude système Scholte.* — L'ancien système de chauffage à l'acétate de soude présentait deux inconvénients principaux :

1° Il demandait beaucoup trop de temps pour la préparation des chaufferettes. L'acétate de soude froid adhère fortement au métal : il est très dur, très mauvais conducteur de la chaleur, et met beaucoup de difficultés à fondre, surtout dans les premiers moments. Il en résulte encore cette conséquence fâcheuse que l'immersion dans l'eau bouillante pour amener la fusion du produit entraîne une dilatation brusque et contrariée du métal, ce qui déforme la chaufferette, fatigue les joints, les soudures et les rivets; de là des fuites.

2° Les chaufferettes sont loin de présenter une durée identique de refroidissement. Certaines d'entre elles restent chaudes pendant sept à huit heures, tandis que d'autres se refroidissent rapidement, en se mettant en état de surfusion.

Il résulte des études de M. Scholte, en Hollande, que la surfusion est le résultat du refroidissement dans le vide, tandis que la présence de l'air entraîne forcément la cristallisation. Il suffit donc de munir les chaufferettes d'un petit robinet à air, et on arrive à faire fonctionner le système d'une manière satisfaisante.

Les chaufferettes Scholte contiennent environ 10 kilogrammes d'acétate : elles sont hermétiquement rivées, mais présentent, sur un fond, un petit robinet à air qui se manœuvre à l'aide d'une clef carrée.

On réchauffe ces appareils en les disposant verticalement, le bouchon en dessus et fermé, dans des bacs à eau réchauffée par des serpentins de vapeur, comme dans le procédé de MM. Ancelin et Gillet. Au bout de quatre à cinq quarts d'heure, un ouvrier muni d'une clef ouvre et referme immédiatement chaque bouchon, ce qui laisse évacuer une petite quantité de vapeur d'eau et rentrer un peu d'air à l'intérieur, et, d'après M. Scholte, empêche toute surfusion.

Partant de ces idées, le constructeur hollandais a exécuté des chaufferettes encastrées à poste fixe dans le plancher de chaque compartiment, et pouvant contenir jusqu'à 45 kilogrammes d'acétate. Elles présentent une longueur de 2 mètres sur une epaisseur de 6 centimètres.

Chaque chaufferette renferme un tube en cuivre en S formant serpentin et pouvant recevoir de la vapeur provenant des deux conduites générales qui règnent de chaque côté de la voiture. La vapeur est fournie à ces conduites par un générateur quelconque : elle entre par une extrémité et sort par l'extrémité diagonalement opposée, après avoir parcouru toutes les chaufferettes.

La figure 1139 représente une coupe transversale de la voiture ; les extrémités des chaufferettes sont reliées par de petits tubes aux deux tuyaux de distribution de vapeur, qui courent le long du véhicule et que l'on aperçoit sur la figure 1140, donnant une élévation et une coupe longitudinale.

Ces deux tuyaux portent à l'une de leurs extrémités un robinet qui permet de les vider de la vapeur qu'ils contiennent ou de l'eau condensée ; et, à l'autre extrémité, un robinet de retenue.

La figure 1141 permet de se rendre compte de la façon dont la chaufferette est encastrée dans le plancher ; l'intervalle qu'elle laisse entre elle et la cavité de ce plancher est bourré d'amiante ; enfin des bandes de tôle fixent la bouillotte sur le parquet et permettent de la visiter facilement. Les tubes de vapeur arrivent sous le plancher.

Le réchauffage se fait comme suit :

Au milieu de l'entrevoie, on dispose, de distance en distance, des tubes verticaux (*fig.* 1142), terminés à leur extrémité supérieure par une pièce (*fig.* 1143) qui sert à faire le raccord avec le tube de vapeur fixé sur le véhicule (*fig.* 1144).

La vapeur peut être fournie par un générateur spécial placé dans la gare, ou par une machine spéciale, si l'on ne veut se servir de la locomotive elle-même du train avant son attelage ou pendant son stationnement.

La pièce (*fig.* 1143) peut être munie de deux tuyaux permettant de chauffer deux voitures à la fois à l'aide d'un seul tube vertical. L'un des avantages de cette disposition, c'est qu'on peut chauffer les voitures séparément, si on le désire.

Des expériences ont montré que, pour obtenir une restitution de chaleur lente et continue pendant une quinzaine d'heures, il suffit de faire passer, pendant quarante-cinq minutes environ, un courant de vapeur à 2 kilogrammes de pression.

M. Scholte donne un peu d'air à l'acétate de soude, avant de fermer la prise de vapeur. Pour cela, les chaufferettes sont munies, à leur partie supérieure, d'un petit robinet à air, dissimulé dans la boiserie, et qu'il suffit d'ouvrir pendant un temps très court, quand la masse est entièrement en fusion. Comme plus haut, il s'en échappe un peu de vapeur d'eau et il rentre un peu d'air. Ce robinet, d'ailleurs, ne doit pas se fermer hermétiquement, afin que, si le vide tendait à se produire à l'intérieur de la chaufferette, il en soit toujours empêché par une aspiration d'air.

On constate ce phénomène constant que la température remonte toujours sensiblement pendant la marche du train, tandis qu'elle baisse au moment des stationnements. Elle part de 90 degrés pour tomber assez rapidement, entre la deuxième et la troisième heure, à 55 degrés. Entre la dixième et la onzième elle atteint 50 degrés. Quinze heures après, elle est encore de 38 degrés.

Au point de vue du chauffage, les résultats sont donc très bien appropriés à nos

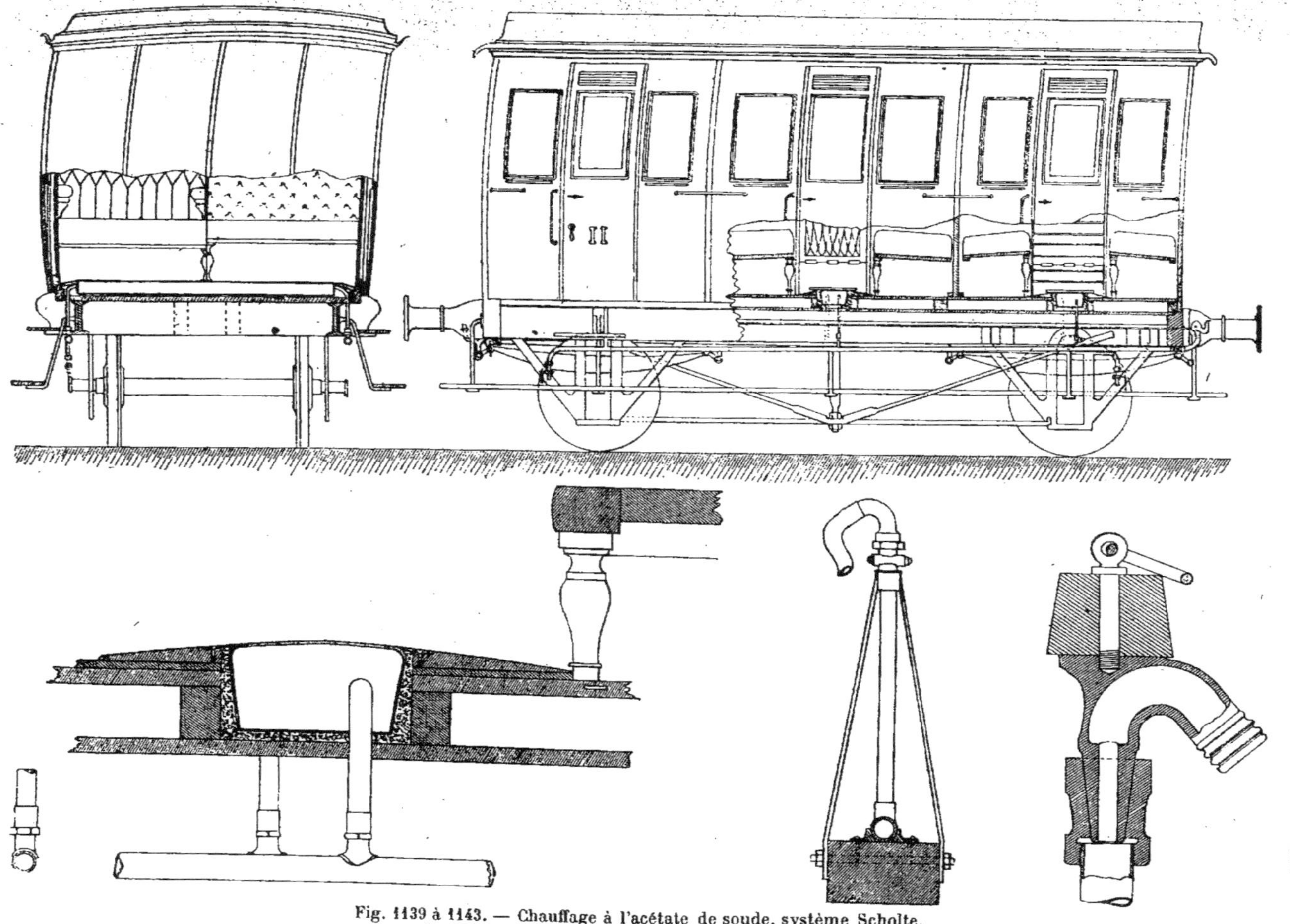

Fig. 1139 à 1143. — Chauffage à l'acétate de soude, système Scholte.

climats, et ce système rendrait de réels services s'il ne présentait pas la difficulté du réchauffage à la vapeur.

Or, en pratique, il n'est pas commode de se procurer le courant de vapeur nécessaire à la fusion du sel. L'obligation de réchauffer chaque voiture pendant trois quarts d'heure exigerait des installations fixes ou des machines de réserve prêtes dans certaines gares, ce qui n'est pas pratique.

Si l'on revient à la chaufferette Scholte mobile, même munie du robinet à air, il faut la plonger pendant cinquante minutes dans l'eau bouillante ; le débit de la méthode devient alors insuffisant pour une exploitation un peu chargée.

647. *Chauffage à l'acétate de soude, type de la compagnie du Nord.* — Le problème à résoudre restait donc le même et comportait trois questions :

1° Porter mécaniquement la chaleur dans tous les points de la masse pour obvier à un défaut de conductibilité, de façon à la fondre tout entière dans un temps aussi court que possible et à ne transmettre la chaleur à l'enveloppe métallique qu'après échauffement de la substance, suffisant pour diminuer son adhérence et permettre la libre dilatation du métal ;

2° Répartir à l'extérieur la chaleur intérieure, même en cas de surfusion ;

3° Éviter la surfusion.

Voici comment MM. Sartiaux et Jacquin sont arrivés à résoudre ce problème au chemin de fer du Nord (*Revue générale des Chemins de fer*, 2ᵉ sem. 1892).

Premier problème. — Pour opérer la fusion de l'acétate de soude à l'intérieur des chaufferettes, on réchauffe à l'aide de la vapeur, comme pour les bouillottes à eau chaude ; seulement, la vapeur, au lieu de barbotter directement dans l'eau, est conduite dans toutes les parties de la masse à l'aide d'un serpentin en cuivre rouge, débouchant ensuite au dehors.

Ce serpentin a environ 8 mètres de développement ; son diamètre intérieur est de 12 millimètres. Ses extrémités débouchent à l'extérieur de la chaufferette à l'aide de bouchons qui font joint hermétique avec elle. Le bouchon d'introduction est formé d'une cuvette tronc conique, dans laquelle peut pénétrer à frottement doux l'extrémité de l'injecteur de vapeur. Quant au bouchon de sortie situé à proximité du premier, il est simplement percé d'un trou de 2 millimètres de diamètre pour permettre l'échappement de la vapeur.

Deuxième problème. — Pour permettre à la chaleur renfermée dans l'intérieur de la chaufferette de se porter à la surface, on fait usage de collecteurs de chaleur, composés de cloisons métalliques ayant la double propriété d'assurer la solidité de l'appa-

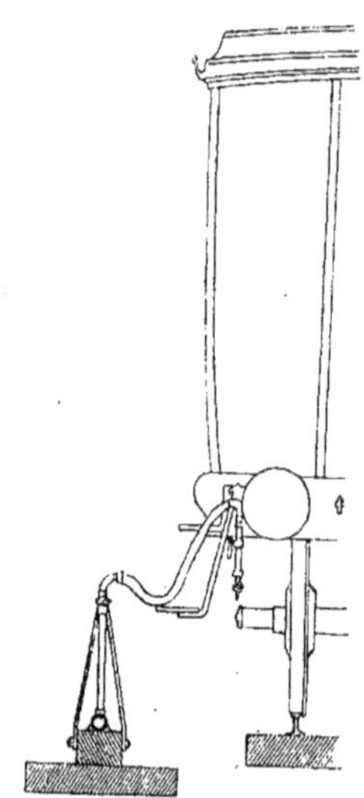

Fig. 1144. — Chauffage à l'acétate de soude, système Scholte.

reil et de répartir la chaleur par conductibilité.

Quand l'acétate de soude commence à se refroidir, sa surface se recouvre, en effet, d'une couche de cristaux, d'abord fort mince, mais dont l'épaisseur augmente rapidement. Cette croute est incapable de laisser passer la chaleur par conductibilité ; elle isole donc la matière encore chaude, qui est dans le réservoir de la chaufferette, de la surface métallique sur laquelle les voyageurs posent les pieds.

Pour recueillir cette chaleur intérieure et la forcer pour ainsi dire à remonter à

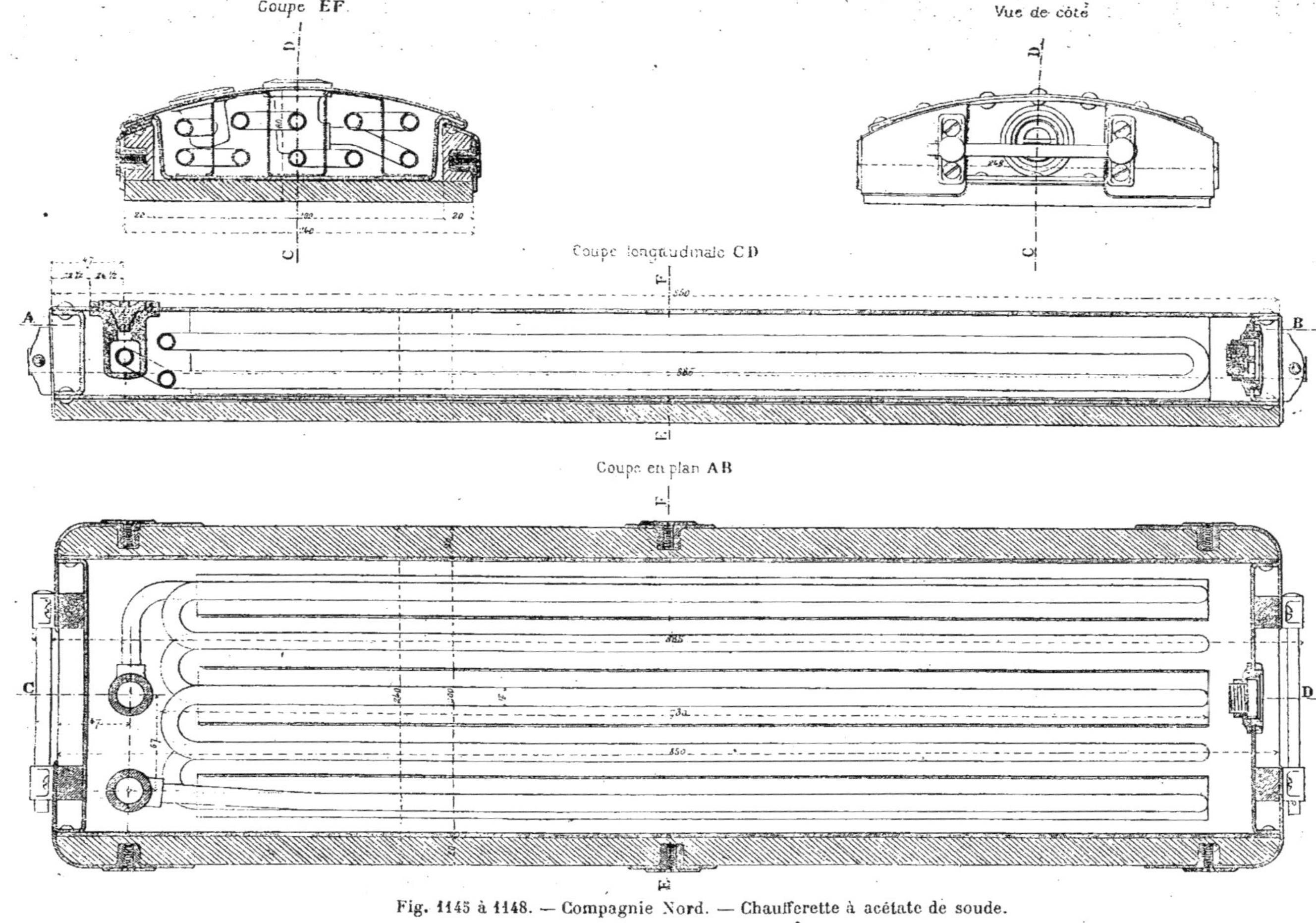

Fig. 1145 à 1148. — Compagnie Nord. — Chaufferette à acétate de soude.

la surface, il faut en favoriser la répartition à l'aide de cloisons métalliques, et l'expérience a démontré que les collecteurs donnaient, en effet, de bons résultats. Pour éviter d'ailleurs le rayonnement latéral et inférieur de la chaufferette et pour concentrer toute la chaleur à la partie supérieure, on avait, à l'origine, conservé l'enveloppe ordinaire en bois des chaufferettes à eau des modèles en usage à la compagnie du Nord. On a préféré depuis, utiliser le volume perdu par la suppression de la chemise en bois, en augmentant le volume de la chaufferette, et, par conséquent, le poids de l'acétate de soude, plutôt que de chercher à éviter le rayonnement latéral. On pourrait d'ailleurs réaliser les deux améliorations si les dimensions des chaufferettes n'étaient pas limitées, comme elles le sont, à la compagnie du Nord, par la disposition des appareils réchauffeurs existants.

Troisième problème. — On évite la surfusion, et par suite le refroidissement de la chaufferette sans cause apparente, en ne réchauffant pas la masse d'acétate de soude au-dessus de 70 degrés. Des études spéciales, faites sur la cristallisation de ce sel ont démontré en effet que, si on le chauffe au-delà de 70 degrés, il tend à se solidifier dans un système de cristaux qui ne dégagent pas de chaleur; dans le cas contraire, les cristaux qui se forment abandonnent toute la chaleur disponible, en restant plusieurs heures à une température stationnaire de 65 degrés.

La solution de cette question revient donc, soit à ne pas chauffer l'acétate au-dessus de 70 degrés soit, si, on le chauffe davantage, pour lui faire emmagasiner une plus grande quantité de chaleur, à favoriser sa cristallisation dans le système qui produit le dégagement de chaleur.

648. *Chaufferettes du Nord.* — Sur ces données, on a construit une chaufferette représentée figures 1145 à 1148. Elle est en tôle d'acier doux étamé et divisé en cinq compartiments par quatre cloisons longitudinales formant collecteurs de chaleur.

La caisse peut renfermer 8 à 9 kilogrammes d'acétate de soude; le serpentin la parcourt dix fois dans sa longueur, et

il présente un développement d'un mètre pour 1 kilogramme d'acétate de soude à fondre. Le poids total de l'appareil est de 27 kilogrammes.

Le réchauffage, sous l'influence d'un courant de vapeur, ne demande pas plus de 10 à 18 minutes suivant l'état de l'acétate de soude et la température extérieure. La pression de la vapeur, à l'origine du serpentin, ne doit pas dépasser $1^{kg},5$. Quand l'acétate est en service courant et qu'il n'est pas absolument refroidi, on réchauffe parfaitement une chaufferette en 10 à 12 minutes. Quand, au contraire, l'acétate est absolument froid, il faut compter sur 15 à 18 minutes pour la réchauffer convenablement; on juge de tout cela en tâtant à la main.

Il est à remarquer que l'acétate de soude se réchauffe d'abord très difficilement: il commence par absorber une quantité énorme de chaleur avant que celle-ci devienne sensible sur la chaufferette, et encore ne l'est-elle que sur quelques points seulement. Cela tient, d'abord à ce que l'acétate de soude a, en effet, besoin de beaucoup de chaleur pour fondre, et ensuite, à la disposition même du serpentin qui, ainsi que nous l'avons déjà dit, ne permet à la chaleur d'arriver à l'enveloppe, qu'après avoir traversé la masse peu conductrice de la matière à fondre. Mais, dès que celle-ci est fondue, ou à peu près, l'élévation de température se propage très rapidement.

Les derniers modèles de chaufferettes de ce genre sont entièrement métalliques (*fig.* 1149 à 1153). Tout en ayant les mêmes dimensions, elles sont dépourvues d'enveloppe en bois, ce qui permet en outre de se mieux rendre compte des fuites; ces nouvelles chaufferettes contiennent 12 kilogrammes d'acétate de soude au lieu de 8.

Le réchauffage ne se faisait pas d'une manière absolument régulière dans une même chaufferette, et surtout identique pour toutes les chaufferettes. On a fait des tentatives de réchauffage électrique, en disposant d'un rhéostat présentant un très grand développement et un très grand nombre de points de contact avec la ma-

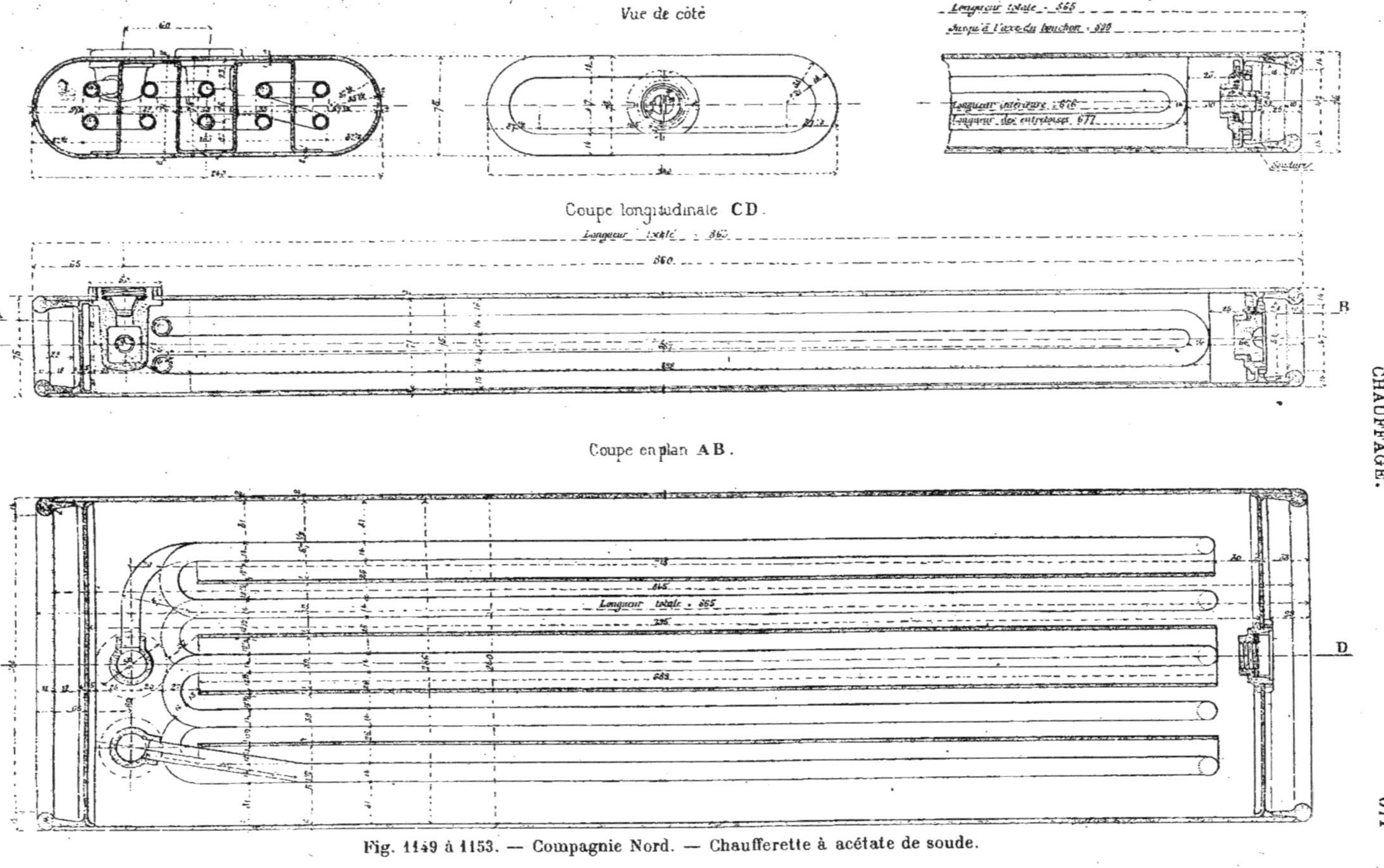

Fig. 1149 à 1153. — Compagnie Nord. — Chaufferette à acétate de soude.

tière à fondre. Ce rhéostat est un tube de cuivre contournée plusieurs fois sur lui-même et présentant une résistance électrique de 0^w,014. La chaufferette contient 14^{kg},400 d'acétate, et, la température initiale étant 25°,5, on a fait passer un courant d'une intensité moyenne de 396,8 ampères, sous une différence de po-tentiel de 6,01 volts pendant 20 minutes ; la température fixe a été ainsi amenée à 74°,5. Avec une intensité de 426 ampères, sous 5,97 volts, on a amené en 20 minutes la température à 75 degrés.

Nous verrons, dans l'avenir, ce que réservent ces essais comme conclusions pratiques.

CHAUFFAGE A LA VAPEUR

649. *Chemins de fer du Brunswick.* — Dès 1865, un certain nombre de lignes allemandes, parmi lesquelles celle du Brunswick, avaient essayé le chauffage des véhicules à la vapeur.

La vapeur était prise directement à la chaudière de la locomotive et conduite à l'intérieur des voitures par deux tuyaux de cuivre rouge logés dans l'épaisseur du plancher, la jonction de ces tuyaux étant faite d'une voiture à l'autre au moyen de boyaux flexibles. Les robinets avaient 0^m,032 de diamètre et les tuyaux 0^m,076 ; ceux-ci étaient partout à découvert, sauf au passage entre les banquettes, où ils étaient garantis des chocs par des plaques de de tôle perforée. Un écran, placé sous les sièges, ramenait l'air chaud vers les pieds. On obtenait ainsi un excédent de 12 à 15 degrés sur la température extérieure.

650. *Chemins de l'Est prussien.* — La même année, les lignes de l'Est prussien firent un essai de chauffage à la vapeur, au moyen d'une chaudière spéciale du système tubulaire et verticale, placée dans le fourgon à bagages voisin du tender. La vapeur, à la pression maximum de deux atmosphères, était amenée dans les caisses par une conduite générale de 0^m,034 de diamètre, dont les divers tronçons étaient réliés entre les voitures par des boyaux en caoutchouc emmanchés par des garnitures à baïonnettes. Des robinets, placés à chaque extrémité de la portion de conduite d'un véhicule, permettaient d'isoler ce tronçon en cas de manœuvre ; un petit robinet de purge, fixé au milieu du boyau en caoutchouc, servait à évacuer l'eau de condensation pendant les stationnements.

De cette conduite principale partaient des tuyaux secondaires de chauffe de 1^m,50 à 2 mètres de long et de 0^m,130 de diamètre, légèrement inclinés sur l'horizontale, afin de ramener toujours les eaux de condensation au point bas. Ces branchements secondaires étaient placés sous les banquettes, et un robinet, manœuvré de l'extérieur, permettait de régler à volonté l'admission de vapeur.

On arrivait ainsi aisément à chauffer les quinze compartiments de trois voitures, en obtenant une température dépassant de 25 à 30 degrés celle du dehors. La consommation de houille était d'environ 0^{kg},400 à 0^{kg},450 par kilomètre.

Cette première tentative a été développée, et le chauffage à la vapeur a été appliqué, sur l'Est prussien, à tous les trains circulant sur les lignes principales. Pour les trains ordinaires, on a continué à prendre la vapeur dans une chaudière spéciale ; les trains de grande vitesse sont alimentés par la locomotive ; la pression de la vapeur ne dépasse pas 2 kilogrammes par centimètre carré.

La chaudière spéciale usitée pour les trains omnibus est toujours placée dans un compartiment du fourgon. Voici ses principales données (Goschler) :

Surface de grille............	0^{m2},175
— de chauffe..........	4 ,531
Volume d'eau	0^{m3},1930
Poids de la chaudière vide ..	525 k.
Volume de vapeur	0^{m3},0868
Poids de l'eau vaporisée par kilogramme de houille	4 k.
Volume des caisses à eau ...	0^{m3},873
— — à houille.	0 ,309
Poids de l'outillage	29 k.

Le nombre des voitures que l'on peut

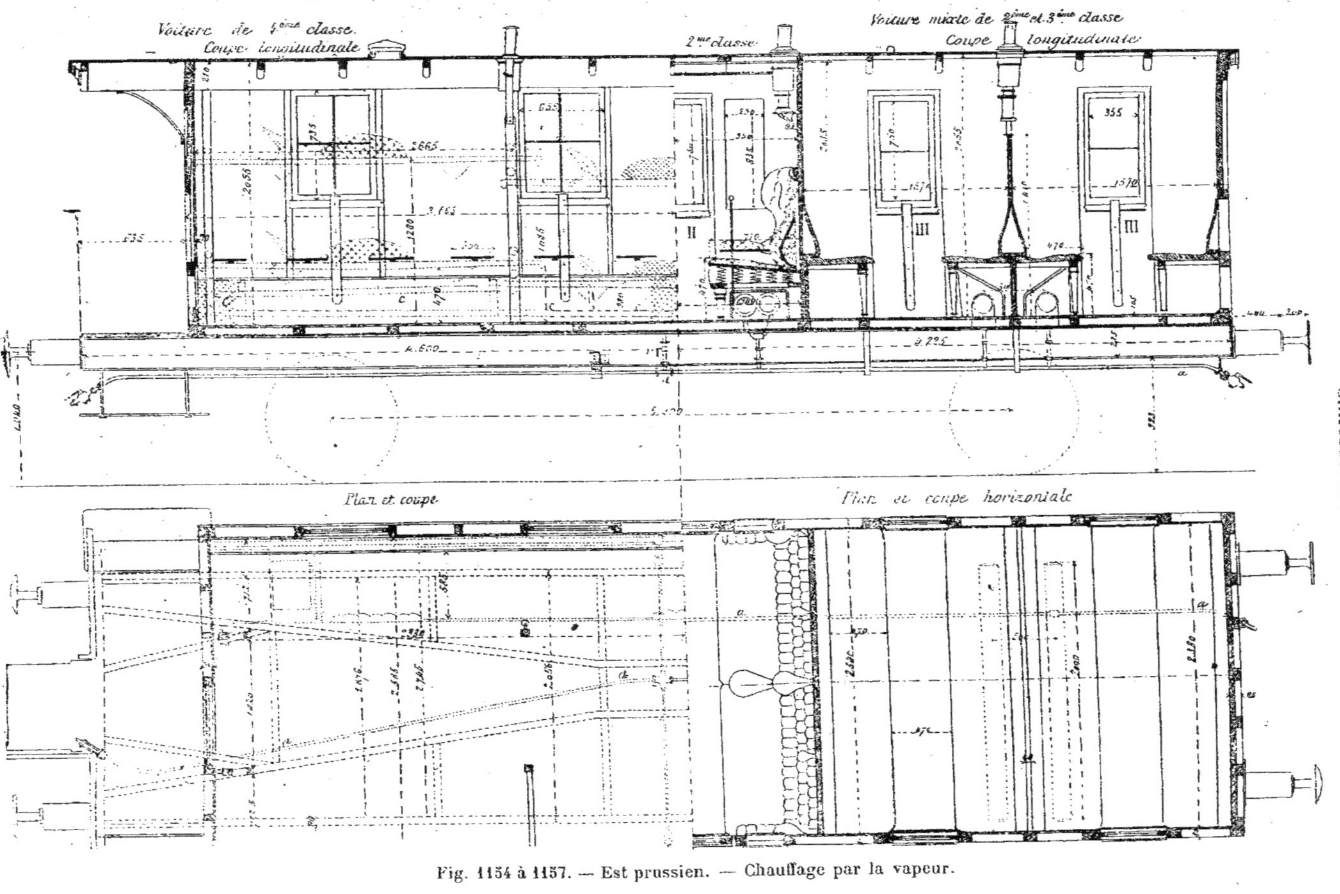

Fig. 1154 à 1157. — Est prussien. — Chauffage par la vapeur.

chauffer avec une chaudière spéciale derrière le tender est de douze ; en moyenne,
on ne compte que sur 10. Quand le train
est plus long, on intercale une seconde
chaudière montée sur un fourgon.

La vapeur prise sur cette chaudière, ou
sur la locomotive, est envoyée aux caisses
par une conduite générale en fer de 0^m,033
de diamètre intérieur et 0^m,0025 d'épaisseur, placée en diagonale sous le châssis,
avec une légère inclinaison, afin d'éviter
l'accumulation de l'eau de condensation
(*fig.* 1154 à 1157).

Le tronçon de la voiture suivante se pré-

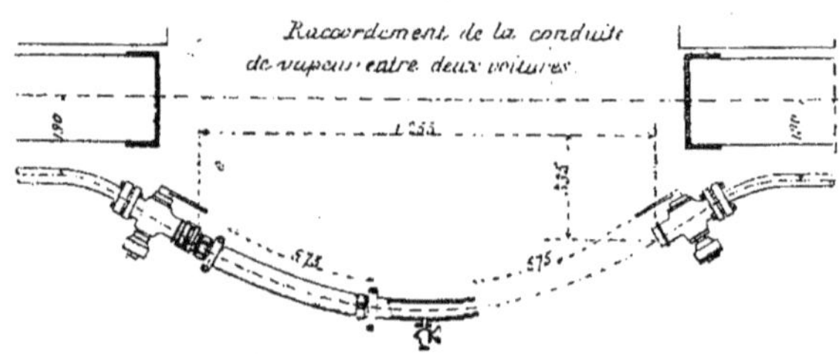

Fig. 1158. — Est prussien. — Chauffage par la vapeur.

sentant de la même manière, le raccord
flexible reliant deux voitures consécutives
et passant sous le tendeur d'attelage, a
une direction à peu près perpendiculaire à
la direction diagonale de la conduite ;
chaque extrémité porte un robinet à brides
tournées suivant des surfaces sphériques
convexes, ainsi que les rondelles inter-
posées.

« A l'extrémité libre du robinet, on
visse, puis on soude à l'étain, une douille
portant deux oreilles saillantes, à surface
intérieure hélicoïdale. Ces oreilles reçoivent les griffes d'une virole de serrage,
dont sont munis les raccords formés de
deux tuyaux en caoutchouc (*fig.* 1158 et
1159), réunis par un tuyau cintré en cuivre

rouge, qui porte en son milieu un petit

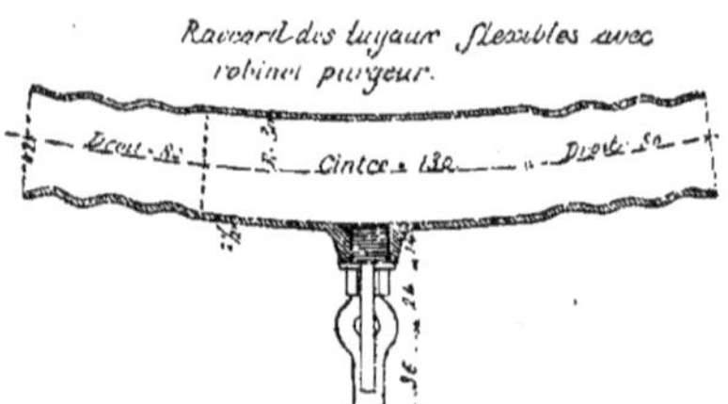

Fig. 1159. — Est prussien. — Chauffage par la
vapeur.

robinet purgeur. A l'extrémité de la con-

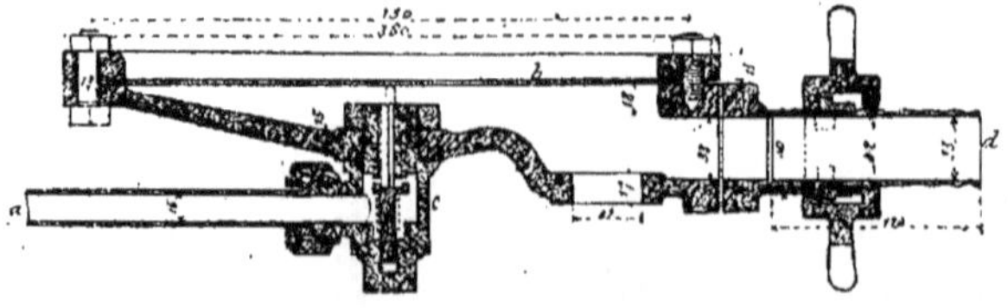

Fig. 1160. — Est prussien. — Chauffage par la vapeur. — Coupe transversale du régulateur de pression.

duite, on place un petit robinet toujours
ouvert. »

« Chaque compartiment de première ou
de deuxième classe est chauffé par deux

tuyaux transversaux en tôle, placés sous la même banquette ; chaque compartiment de troisième classe par un seul (*fig.* 1155 et 1157). Un double écran préserve les sièges d'un trop fort échauffement.

Les voitures de quatrième classe (*fig.* 1154 à 1156) sont chauffées par des tuyaux longitudinaux placés dans l'angle du plancher et des parois latérales, sous une enveloppe de tôle perforée.

Voici les dimensions de ces divers tuyaux, ainsi que des compartiments qu'ils chauffent, avec les frais d'installation (Goschler).

CAISSES DES COMPARTIMENTS	CLASSES			
	1	2	3	4
Longueur	2.040	1.885	1.570	7.390
Largeur	3.380	3.380	3.380	2.585
Hauteur	2.035	2.035	2.035	2.056
Volume	9.900	9.120	7.700	39.000
TUYAUX				
Longueur	1.800	1.725	2.008	12.600
Diamètre extérieur	0.130	0.130	0.152	0.050
Épaisseur	0.0025	0.0025	0.0025	0.0025
Surface de chauffe	1.520	1.460	1.000	1.860
PRIX D'INSTALLATION	fr.	fr.	fr.	fr.
Par voiture à 4 compartiments	750	719	687	575

Par les plus grands froids, le nombre des voitures que l'on peut chauffer avec la machine ne dépasse pas dix-sept. Le plus souvent on n'en attèle que quinze.

Lorsque la vapeur est ainsi prise sur la locomotive, il faut en détendre la pression de manière à la ramener à 2 kilogrammes par centimètre carré, afin de diminuer les chances de fuites et d'avaries dans la conduite. On fit d'abord usage pour cela de dispositions spéciales dues à M. Graff. Ensuite on se servit du régulateur Grundl (*fig.* 1160).

Cet appareil se compose d'une cuvette en fonte fermée par une plaque circulaire en acier non trempé, de 0^m,0028 d'épaisseur; une tubulure coudée, rapportée au centre de cette cuvette, supporte, dans le sens vertical, une soupape, et, dans le sens horizontal, le raccord avec le tuyau de prise de vapeur.

Un ressort à boudin, fixé sur la base de la tubulure, relève cette soupape contre son siège ; mais elle est arrêtée dans sa course par la plaque d'acier contre laquelle butte le prolongement de l'une des ailes de la soupape. La vapeur venant de la locomotive pénètre dans la cuvette par l'intervalle ménagé entre la soupape et son siège. Sous l'action de la vapeur, la plaque d'acier se bombe, et, lorsque la pression atteint 2 kilogrammes effectifs, la baie de la soupape est réglée pour laisser passer la quantité de vapeur nécessaire au chauffage du train.

Si la pression augmente, la plaque d'acier se soulève, la soupape se rapproche de son siège et réduit le débit, par conséquent la tension de la vapeur. L'effet inverse se produira si la tension demeure au-dessous de 2 kilogrammes effectifs. Une petite soupape de sûreté, maintenue sur son siège par un ressort, est placée sur la cuvette en fonte. Elle se soulève lorsque la pression dépasse 2 kilogrammes effectifs.

651. *Chemins de fer du Hanovre.* — Les chemins de fer du Hanovre ont également appliqué le chauffage à la vapeur au moyen d'une chaudière verticale tubulaire placée dans un compartiment du fourgon à bagages. Cette chaudière avait un diamètre de 0^m,575 et renfermait dix-neuf tubes de 0^m,95 de long. Les tuyaux de chauffe étaient disposés comme au chemin de fer du Brunswick ; on les a fait alternativement en fer et en cuivre, avec un diamètre uniforme de de 0^m,075. Ces tuyaux étaient à découvert sous les sièges et masqués par un clapet de réglage d'air chaud,

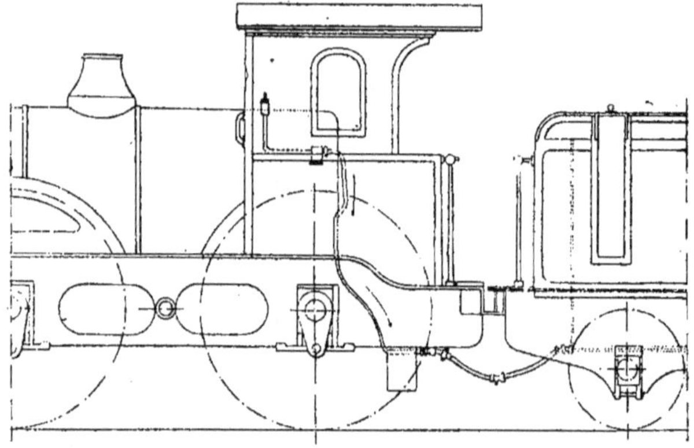

Fig. 1161. — Est bavarois. — Chauffage par la vapeur. — Prise de vapeur sur la locomotive.

manœuvrable à la fois du dehors et du dedans du compartiment. Entre les banquettes, les tuyaux étaient aplatis à 0^m,030 de diamètre vertical et le plancher relevé d'autant, de sorte que la tôle perforée qui les recouvrait se trouvait de niveau avec le reste du passage.

La consommation était de 12 à 13 kilo-

Brunswick et du Hanovre ont abandonné depuis le chauffage à la vapeur : le premier, parce que la pose des raccords lui a paru retarder et rendre coûteuse la manœuvre des voitures et que la prise de va-

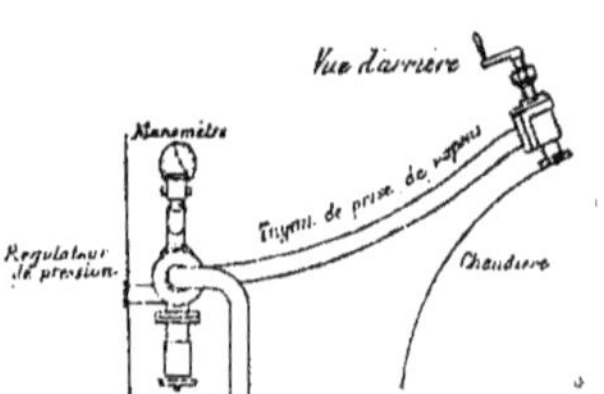

Fig. 1162. — Est bavarois. — Chauffage par la vapeur. — Vue arrière de la locomotive.

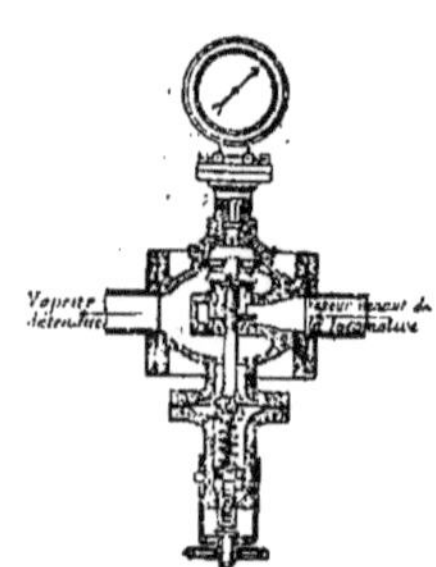

Fig. 1163. — Est bavarois. — Chauffage par la vapeur. — Régulateur de pression.

grammes de houille à l'heure, avec une consommation d'eau de 87 à 88 litres, pour obtenir 12 à 13 degrés de différence de tempérarature avec l'extérieur.

Le même système fut mis en service sur les chemins de fer de Basse-Silésie et Marche.

Remarque. — Les chemins de fer de

peur effectuée sur la locomotive diminue la puissance de celle-ci ; le second, à cause de la difficulté de chauffer chaque compartiment au degré convenable.

Cependant, depuis 1868, les applications du chauffage à la vapeur s'étaient propa-

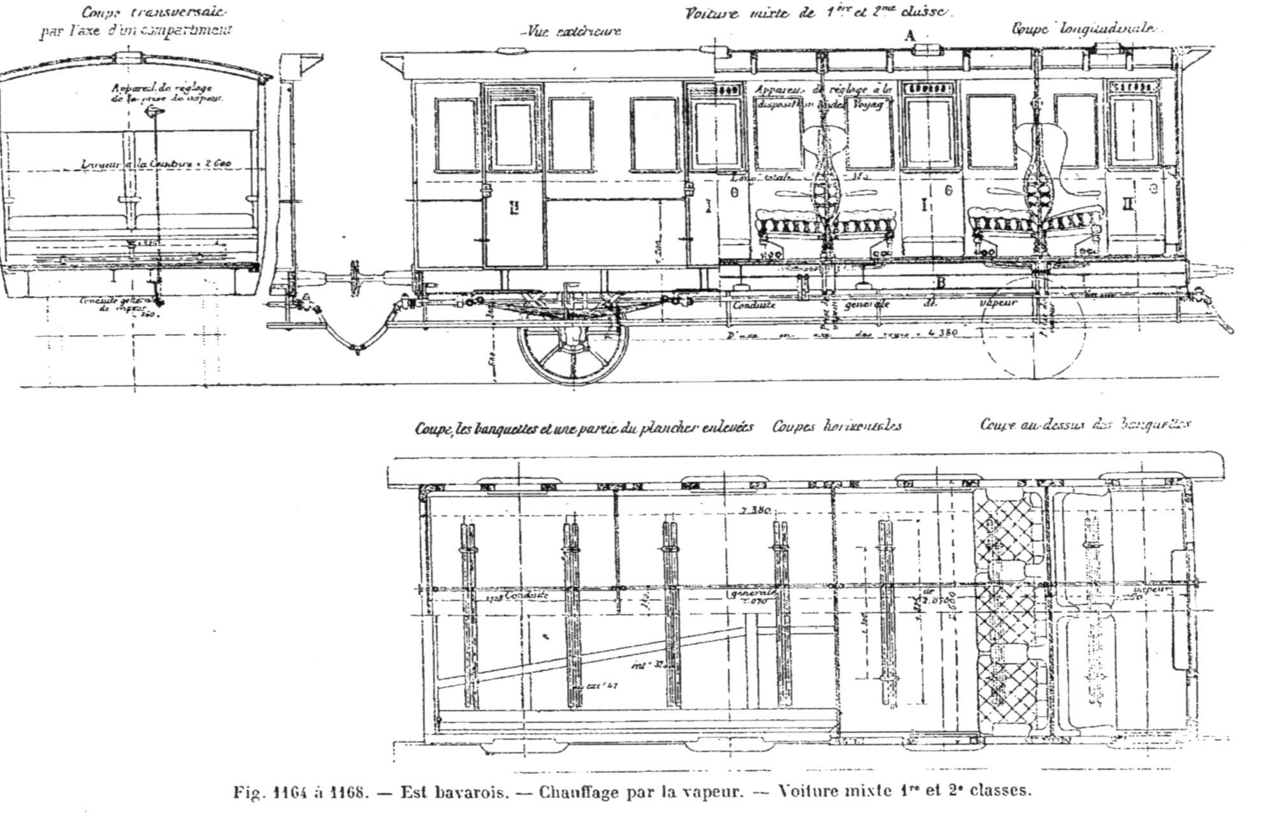

Fig. 1164 à 1168. — Est bavarois. — Chauffage par la vapeur. — Voiture mixte 1re et 2e classes.

gées sur les lignes allemandes, et, au Congrès de Dusseldorf, en 1874, on constatait treize lignes l'ayant adopté ou expérimenté.

652. *Chemins de l'Est bavarois.* — La Compagnie des chemins de fer de l'Est bavarois, rachetée depuis par l'Etat, chauffe à la vapeur les véhicules de tous ses trains

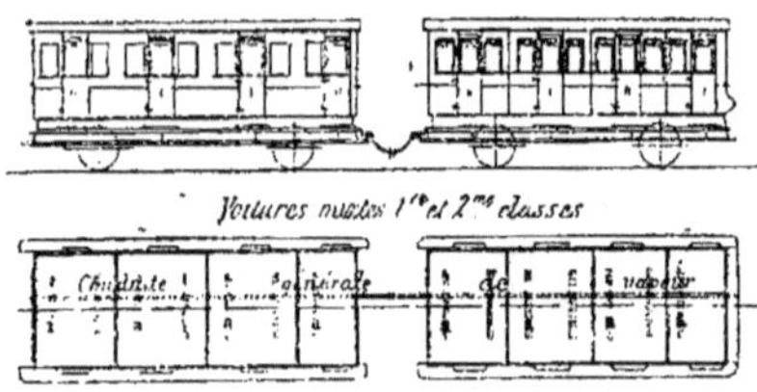

Fig. 1169 et 1170. — Est bavarois. — Chauffage par la vapeur. — Voiture mixte 1re et 2e classes.

à voyageurs, sauf ceux compris dans les trains mixtes ou à marchandises.

La vapeur est fournie par la locomotive (*fig.* 1161 et 1162), où elle se trouve à la pression de 8 kilogrammes par centimètre carré et réduite à 3 kilogrammes, à l'aide d'un régulateur de pression spéciale (*fig.*

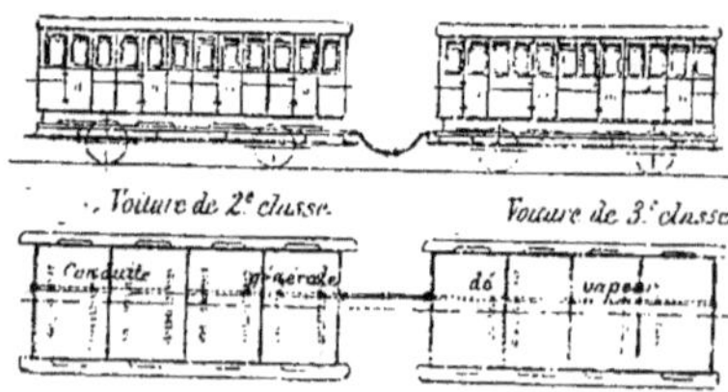

Fig. 1171 et 1172. — Est bavarois. — Chauffage par la vapeur. — Voiture de 2e et 3e classes.

1163). Elle est amenée aux compartiments par une conduite générale placée sous les châssis des voitures et dont les divers tronçons sont reliés par des boyaux flexibles en caoutchouc (*fig.* 1164 à 1172) formés de cinq couches de caoutchouc alternant avec cinq couches de toile. Chacun de ces tronçons, appliqué à une voiture, se compose d'un tube en fer de 0m,032 de diamètre intérieur, allant d'une traverse

de tête du châssis à l'autre, à peu près dans l'axe du véhicule, et présentent deux pentes vers les extrémités de la voiture. Ce tube est enveloppé d'une couche de matière isolante de 0m,015 d'épaisseur (*fig.* 1164 à 1168).

Chaque extrémité de ce tube porte un robinet à presse-étoupe dont l'une des branches présente en outre un petit robinet de purge et l'autre branche, le raccord avec le boyau de caoutchouc (*fig.* 1173).

Ces derniers sont munis aux deux bouts de viroles (*fig.* 1174 et 1175) métalliques à écrou roulant d'une part, à talon de l'autre, et au milieu, d'une soupape auto-

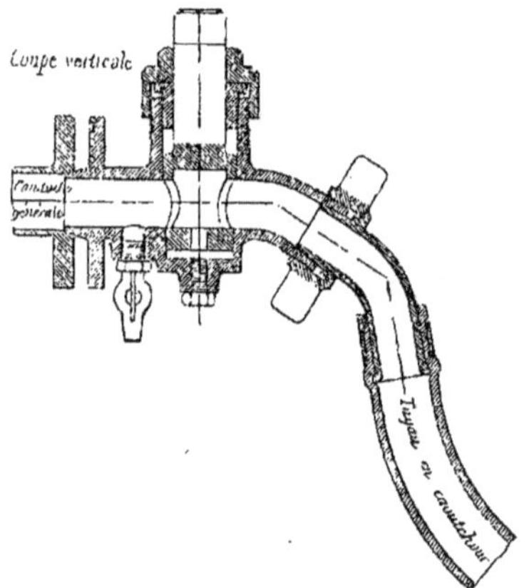

Fig. 1173. — Est bavarois. — Chauffage par la vapeur. — Raccord de la conduite de vapeur.

matique de purge. Celle-ci se soulève sous l'action d'un ressort à boudin tant que la pression de la vapeur dans la conduite n'atteint pas un demi-kilogramme ; il en résulte que, quand on cesse d'envoyer de la vapeur, l'eau de condensation peut s'écouler par tous les points bas des pentes et contre-pentes ménagées sur la longueur de la conduite.

Les tuyaux de chauffe des compartiments sont transversaux à la voiture et fixés sur le plancher. Dans les premières et deuxièmes classes, on dispose, sous chaque banquette, deux tuyaux accolés, communiquant avec la conduite de vapeur à l'aide d'un raccord (*fig.* 1176) et d'un piston-tiroir cylindrique (*fig.* 1177 et 1178) qui règle l'admission de la vapeur dans les tuyaux de chauffe par deux tubes de jonction. Ce piston est percé de lumières posées de façon que l'on peut, à volonté, donner libre entrée à la vapeur dans les deux tuyaux de chauffe ou dans un seul, ou bien l'intercepter complètement en soulevant ou en abaissant ce piston. Cette manœuvre est mise à la disposition des

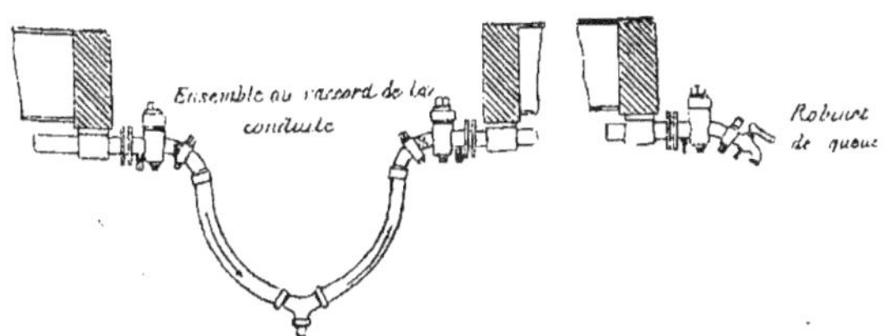

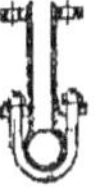

Fig. 1174 et 1175. — Est bavarois. — Chauffage par la vapeur.
Raccord de la conduite de vapeur.

Fig. 1176. — Est bavarois.
Chauffage par la vapeur.
Conduite générale.

voyageurs renseignés par les indications du levier (*fig.* 1177) placé dans chaque compartiment (*fig.* 1164-1168).

Dans les coupés de première classe, les tuyaux de chauffe, au nombre de deux par compartiment, ont une longueur de 1^m,825 avec un diamètre intérieur de 38 millimètres.

Dans les compartiments de première et seconde classes, les tuyaux, au nombre de quatre, ont 1^m,825 de long avec 0^m,032 de diamètre intérieur.

Les compartiments de troisième classe ne sont chauffés que par deux tuyaux de 2^m,125 de long sur 50 millimètres de diamètre intérieur.

Tous ces tuyaux sont en fer de 5 à 6 millimètres d'épaisseur. Le régulateur qui permet d'amener la pression de la vapeur de 8 à 3 kilogrammes, est une soupape à double siège, placée sur le tuyau de prise de vapeur, et sous laquelle se trouve une membrane en caoutchouc dont la face inférieure est pressée par l'atmosphère et un ressort à boudin, et la face supérieure par la vapeur. A la pression de 3 atmosphères, il faut régler la tension du ressort pour que la vapeur circule à travers la soupape. Le ressort étant réglé, toute variation de pression fait ouvrir ou fermer la soupape qui régularise la pression de la vapeur, indiquée par un petit manomètre placé en dessus de l'appareil. Avant de livrer la vapeur à la conduite, on prend la précaution de placer à la suite du régulateur une soupape de sûreté qui s'ouvre sous une pression un peu supérieure à 3 atmos-

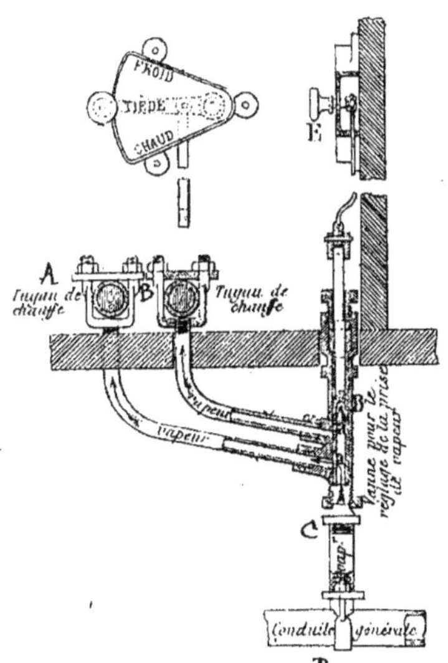

Fig. 1177 et 1178. — Est bavarois. — Chauffage par la vapeur. — Appareil de réglage.

phères, puis une petite soupape automatique de purge (Goschler).

Les dépenses d'installation de ce mode

de chauffage s'élèvent à 790 francs par voiture et 500 à 600 francs par locomotive et tender. Le nombre de voitures chauffées dans un train ne dépasse pas douze.

Chemins de fer de l'Etat bavarois. — Les dispositions adoptées par les chemins de l'Etat bavarois ne diffèrent des précédentes que par de légers détails. Les trains express sont chauffés par de la vapeur prise sur la machine; les trains-postes, omnibus et mixtes, par une chaudière spéciale. Quand par hasard on est obligé de mettre quelques voitures dans un train de marchandises, elles ne sont pas chauffées. La chaudière spéciale qui, d'ailleurs, a depuis été supprimée, avait les dimensions suivantes :

Surface de grille............ $0^m,159$
Diamètre extérieur.......... 0, 746
Hauteur totale non compris le cendrier ni le chapiteau........ 1, 340
Distance entre la grille et la plaque tubulaire intérieure..... 0, 435
Nombre de tubes............ 90
Longueur des tubes........ 0, 885
Diamètre des tubes.......... 0, 041
Surface de chauffe du foyer... 0, 950
Surface de chauffe des tubes.. 10, 670
Surface de chauffe totale..... 11, 620
Volume total de la chaudière. 0, 330
Volume total de l'eau........ 0, 275
Timbre.................... 10 kil.
Poids de la chaudière à vide.. 1 200 kil.

Les tuyaux de chauffe sont en fer forgé à fonds soudés et essayés à 20 atmosphères.

Dans les coupés de première classe, il n'y en a qu'un de $1^m,65$ de long, $0^m,094$ de diamètre intérieur et $0^m,003$ d'épaisseur.

Dans les compartiments de première et deuxième classes, il y en a également un seul présentant les mêmes dimensions que le précédent.

Dans les troisièmes classes, il y en a quatre pour cinq compartiments ; leur longueur est la même, $1^m,65$, et leur épaisseur également 3 millimètres, mais leur diamètre intérieur est notablement plus fort : il atteint $0^m,140$.

Les tuyaux de conduites qui amènent la vapeur de la locomotive ont $0^m,032$ de diamètre intérieur et $0^m,042$ de diamètre

extérieur. Ils sont en fer recouverts d'un enduit calorifuge et, de plus, renfermés dans un coffrage en bois.

Le régulateur de pression (*fig.* 1179), est installé avec une double tubulure qui porte à l'une des extrémités la soupape de sûreté, et à l'autre le manomètre indicateur de pression.

Les dépenses d'installation atteignent 625 francs par voiture à quatre compartiments de première et deuxième classes ; 508 francs par voiture à cinq compartiments de troisième classe ; 406 francs pour le fourgon du chef de train. En outre, la chaudière spéciale installée dans le fourgon revient à 2 120 francs.

653. *Chemins badois.* — Les chemins badois et rhénans ont très peu mo-

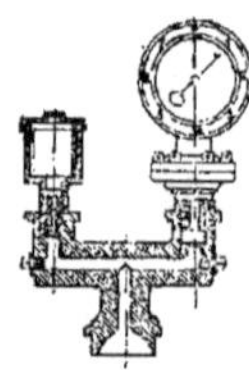

1179. — Est bavarois. — Chauffage par la vapeur. Régulateur de pression.

difié le système de chauffage à la vapeur en usage sur les chemins bavarois. Sauf quelques variantes dans des détails sans importance, ils ont adopté le mode bavarois à peu près dans son intégralité.

La chaudière employée timbrée à 4 kilogrammes est installée dans un fourgon. Avec tous ses accessoires elle revient à 2 320 francs.

Dans les première et deuxième classes à quatre compartiments, l'appareil avec robinet de réglage revient de 570 à 769 francs.

Pour les voitures de troisième classe à cinq compartiments et sans robinet de reglage, le prix est de $537^f,50$.

Sur les chemins rhénans, l'aménagement d'une voiture à quatre compartiments coûte $412^f,50$.

654. *Chemins de fer hollandais.* — Les chemins hollandais ont adopté les modes de chauffage à la vapeur des chemins de fer allemands avec certaines modifications intéressantes.

Ainsi, on a admis en principe que les tuyaux de chauffe ne devaient pas se trouver seulement sous les banquettes, parce que ce sont les pieds qui ont le plus besoin d'être chauffés. En même temps, on a jugé inutile de placer dans l'intérieur des compartiments des robinets permettant aux voyageurs de régler eux-mêmes la circulation de la vapeur ; avec ce système, en effet, un compartiment inoccupé peut être trop chauffé pour les voyageurs qui montent à une station de passage. Cela posé, chaque compartiment de voitures de première et deuxième classe a été muni d'abord d'un tuyau de laiton de $0^m,076$ de diamètre et de $2^m,10$ de longueur, noyé dans le plancher entre les sièges, et couvert d'une plaque en laiton ; puis d'un tube de laiton de $0^m,051$ de diamètre et de $1^m,500$ de longueur, placé sous une banquette, ces deux tuyaux sont en communication constante avec la conduite générale. Enfin, un tuyau de laiton, de $1^m,200$ de long et de $0^m,076$ de diamètre, est placé sous les dernières banquettes ; il sert de réserve en cas de très grands froids ; on le met alors en communication avec la conduite générale, à l'aide d'un robinet placé à l'intérieur de la caisse et manœuvré par le personnel du train.

Dans les voitures de troisième classe, le premier tuyau court seul sous le plancher.

655. *Chauffage à la vapeur système de Derschau.* — M. de Derschau, ingénieur russe, a installé le chauffage à la vapeur au moyen d'une chaudière spéciale placée au milieu du train, sur les lignes de Pétersbourg à Moscou, de Koursk à Kiew, de Gallicie, etc., qui font usage de grands wagons à couloirs, du type américain (*fig.* 1180).

Les chaudières sont tubulaires et de dimensions proportionnelles au service qu'elles doivent effectuer ; celles du chemin de Koursk à Moscou desservant huit grandes voitures, ont une hauteur de $1^m,70$ sur $0^m,60$ de diamètre : la surface de chauffe tubulaire est de $2^m,52$.

Cette compagnie emploie des voitures portées par trois essieux. La vapeur est amenée au véhicule par une conduite principale de $0^m,025$ de diamètre, placée sur le toit avec une enveloppe de feutre et de bois. Les raccords flexibles se font avec des boyaux de caoutchouc. Les pièces partielles de chauffe, par des branchements de $0^m,013$, qui pénètrent dans la voiture vers ces deux extrémités.

On a placé de chaque côté, près du plancher, une paire de tuyaux de chauffe masqués par des grillages métalliques entre les banquettes. Ces tuyaux ont $0^m,05$ de diamètre dans les voitures de première et deuxième classes et $0^m,04$ dans celles de troisième classe, chacun de ces tuyaux longe la paroi avec une pente régulière d'un bout à l'autre : ils sont reliés à leur extrémité par un coude en cuivre, qui permet à la vapeur de revenir vers son point de départ où elle est à peu près condensée et se rend par un branchement de $0^m,017$ dans un collecteur général régnant sous le châssis (*fig.* 1181 à 1185).

Dans les longues voitures à couloir du chemin de Pétersbourg à Moscou, on a remplacé ces deux tuyaux de chauffe accolés par un tube unique de $0^m,065$ de diamètre, divisé en deux parties de longueur égale.

La conduite principale envoie la vapeur dans chacune de ces sections, au moyen d'un branchement spécial. Un petit robinet d'évacuation d'air est disposé au sommet commun de la pente. Cette installation, en y comprenant l'achat des chaudières (environ une pour neuf voitures), a coûté au chemin de fer de Moscou-Koursk, 1 580 francs par voiture.

Sur la ligne de Pétersbourg-Moscou, les grandes voitures de 12 mètres, ont exigé 1 920 francs chacune. Les chaudières ont coûté 5 500 francs avec tous leurs accessoires.

656. *Modifications du système de Derschau pour les voitures à compartiments.* — M. de Derschau a essayé de généraliser son système, applicable seulement d'abord aux voitures à intercommunications.

Nous en donnons ci-dessous les idées principales, quoique nous n'en connaissions aucune application (*fig.* 1186 à 1188).

La vapeur est toujours fournie par une chaudière spéciale placée au milieu du train (*fig.* 1180). Elle arrive par une con-

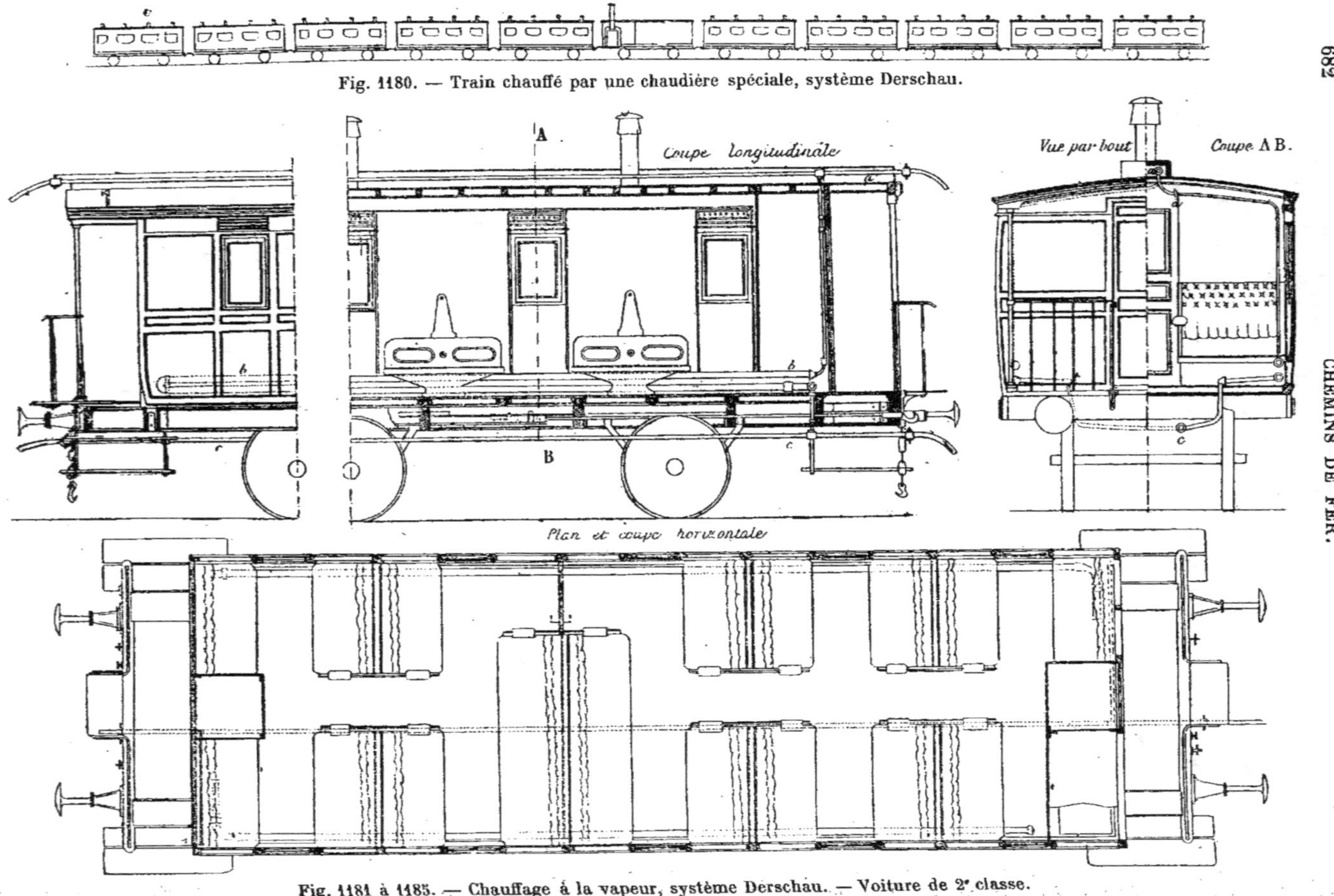

Fig. 1180. — Train chauffé par une chaudière spéciale, système Derschau.

Fig. 1181 à 1185. — Chauffage à la vapeur, système Derschau. — Voiture de 2e classe.

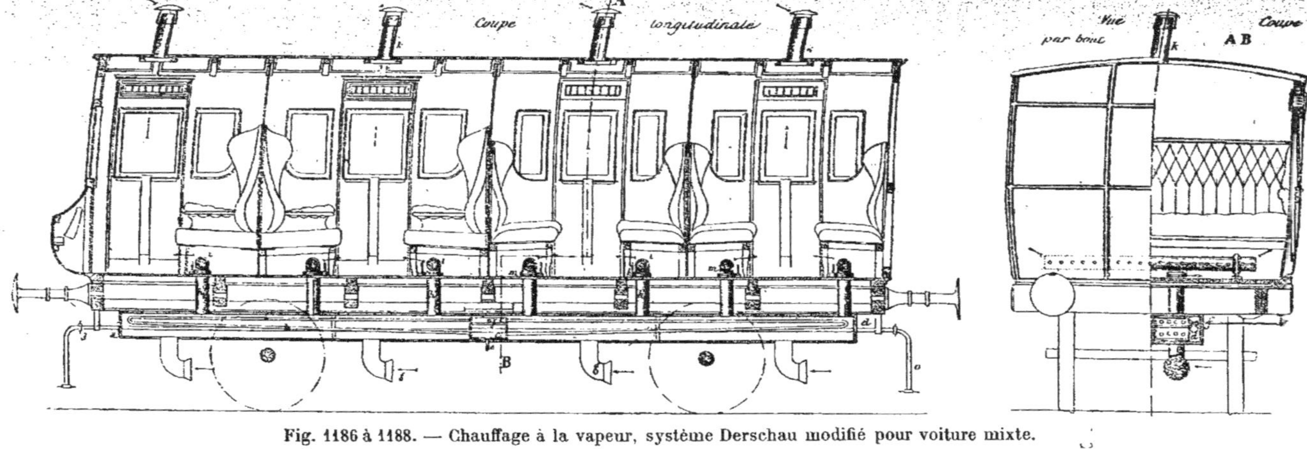

Fig. 1186 à 1188. — Chauffage à la vapeur, système Derschau modifié pour voiture mixte.

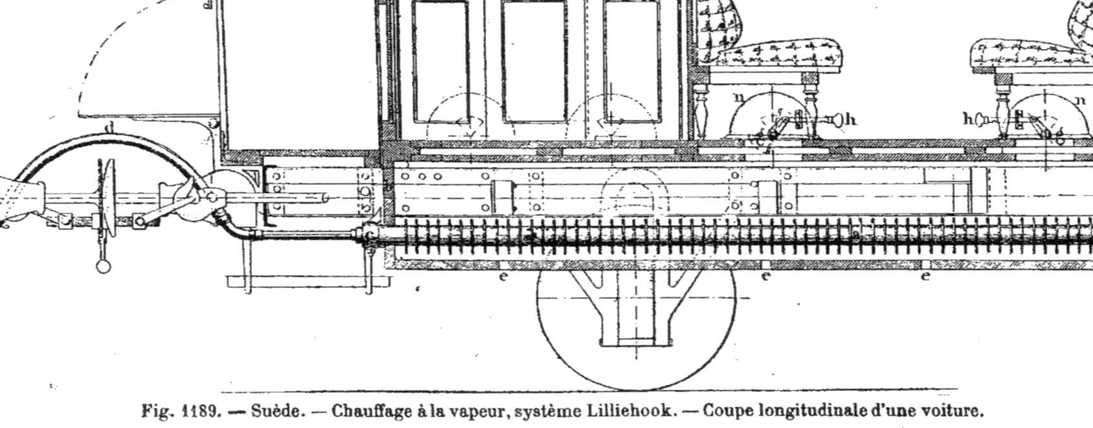

Fig. 1189. — Suède. — Chauffage à la vapeur, système Lilliehook. — Coupe longitudinale d'une voiture.

duite spéciale dans une caisse en fonte *f*, divisée en deux compartiments, par une cloison horizontale, à laquelle aboutissent les tuyaux de chauffe *b*. Le tout est placé dans une caisse en bois *a* revêtue de feutre et de tôle mince.

Des manches à vent inférieures amènent l'air du dehors dans la caisse *a* où il

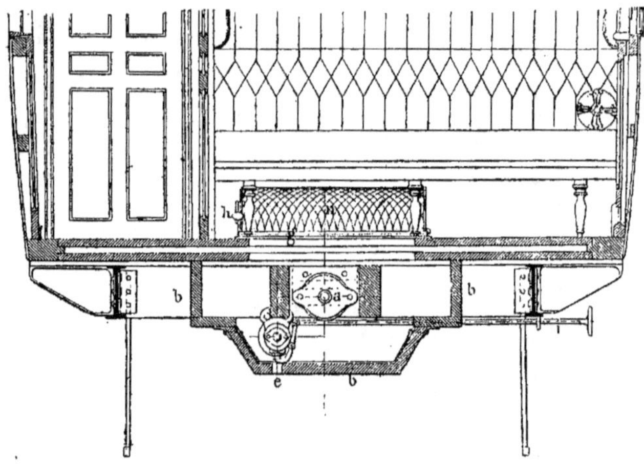

Fig. 1190. — Suède. — Chauffage à la vapeur, système Lilliehook. — Coupe transversale d'une voiture.

s'échauffe et se distribue dans chaque compartiment par des tuyaux percés de trous placés sous chaque banquette. Il s'échappe ensuite sous forme d'air vicié, par des cheminées ventilateurs K, fixées au toit des véhicules.

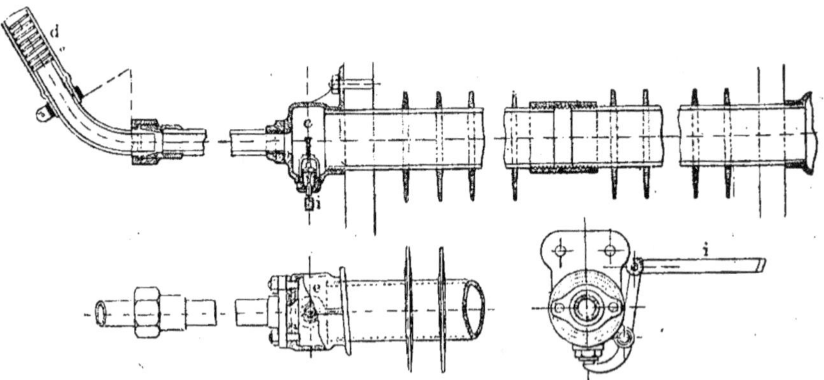

Fig. 1191 à 1194. — Suède. — Chauffage à la vapeur, système Lilliehook. — Plans et coupes du tuyau de chauffage.

657. *Chemins de fer suédois ; chauffage Lilliehook.* — Le système Lilliehook, appliqué d'abord sur les lignes de Gæfle à Dala et d'Ystad à Eslof, puis sur les lignes de l'État suédois, est un chauffage à la vapeur.

Celle-ci est fournie soit par la locomotive, soit par une chaudière spéciale placée dans un fourgon, et circule dans une conduite générale formée de tuyaux placés sous les voitures et munis d'ailettes qui en augmentant la surface de chauffe (*fig.* 1189 à 1197).

A chaque voiture correspond au tuyau *a* placé dans une boîte longitudinale *b* en charpente à section trapézoïdale (*fig.* 1191 à 1194), située entre les brancards de la voiture, et percée à la partie inférieure d'ouvertures *e* pour l'arrivée de l'air.

Les deux tronçons de conduites de deux voitures différentes sont reliés entre eux par des raccords en caoutchouc et vissés, de sorte que chaque tuyau se termine à l'une de ces extrémités, par une boîte à soupape *c* et un pas de vis, et, à l'autre, par un raccord en caoutchouc. Les tuyaux sont d'ailleurs placés obliquement par rapport à l'axe de la voiture, de manière que l'accouplement, qui ne peut se faire dans l'axe, à cause de la présence du crochet d'attelage, puisse toujours être effectué symétriquement entre deux voitures quelconques.

Les raccords en caoutchouc sont munis à l'intérieur d'anneaux métalliques qui leur donnent assez de rigidité pour supporter la pression de 1 atmosphère, quand le vide se produit à l'intérieur de la conduite,

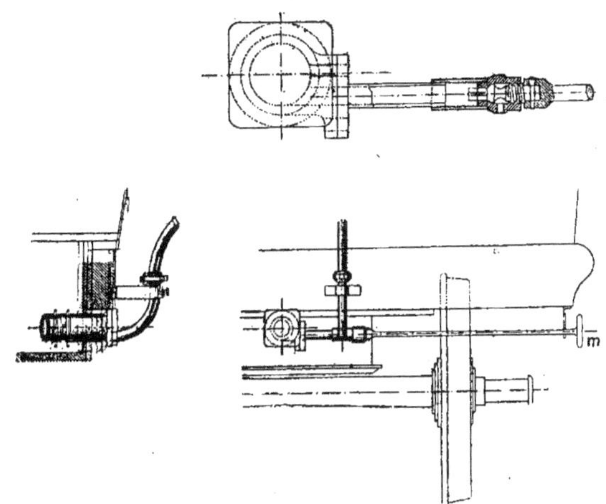

Fig. 1195 à 1197. — Suède. — Chauffage à la vapeur, système Lilliehook. — Manœuvre de la soupape de purge.

par suite de la condensation de la vapeur; leur embouchure est garnie de métal et filetée.

Les tuyaux sont légèrement inclinés et leurs raccords sont recourbés au-dessous des crochets d'attelage, de sorte que, sur chaque voiture, la boîte à soupape *c* qui joue le rôle d'un purgeur, et sert à l'écoulement de l'eau de condensation, est située au point le plus bas de la conduite.

Ces soupapes sont automatiques, ou se manœuvrent de l'extérieur. Dans le premier cas, la soupape est équilibrée par un ressort, et, dès que la vapeur se condense, le vide se produisant dans la conduite, la soupape se lève sur son siège, sous l'action de la pression atmosphérique, et laisse écouler l'eau condensée.

Dans le second cas, on la manœuvre, soit à l'aide d'un levier *i* (*fig.* 1190), soit à l'aide d'une manivelle *m* (*fig.* 1195 à 1197), commandant une tige filetée. Cette opération peut se faire à toutes les stations où s'arrête le train ; mais l'expérience a prouvé que, même parmi les plus grands froids, elle n'est nécessaire que toutes les deux heures.

L'air à échauffer pénètre par les ouvertures de la caisse *b* (*fig.* 1189 et 1190), circule autour des rondelles du tuyau de vapeur, et, après s'y être échauffé, vient affluer à des bouches de chaleur situées sous les banquettes. Ces ouvertures sont protégées par un grillage demi-cylindrique, n, et fermées par une valve g, que les voyageurs peuvent ouvrir ou fermer à volonté au moyen d'un poussoir h.

Dans les voitures où l'air chaud doit arriver, non pas sous les banquettes, mais au milieu du plancher de chaque compartiment, on fait usage de registres à glissières, communément employés pour la fermeture des bouches de ventilation.

Cet appareil présente sur les analogues certains avantages. D'abord, le chauffage qu'il procure est parfaitement hygiénique, puisque la ventilation des compartiments se fait précisément par l'arrivée de l'air chaud à la partie inférieure, et par l'évacuation de l'air vicié qui sort par des ouvertures placées au-dessous des fenêtres.

La circulation de l'air s'effectue donc dans les meilleures conditions : les voyageurs ont les pieds plus chauds que la tête.

Le plancher de la voiture est lui-même chauffé par l'air emmagasiné dans la boîte qui est située au-dessous de lui. Les ouvertures sont d'ailleurs calculées de manière que l'air ne se renouvelle pas trop facilement pendant la marche du train.

Les fuites de vapeur ne peuvent, à la rigueur, se produire qu'aux joints, c'est-à-dire en dehors des compartiments.

La température peut être réglée par les voyageurs eux-mêmes, et la chaleur atteint rapidement une grande intensité, car l'emploi direct de la vapeur est, on le sait, le procédé qui utilise le mieux la chaleur dépensée.

Enfin, grâce à la simplicité de construction de l'appareil, les frais d'entretien sont minimes, et le nettoyage en est extrêmement facile ; le caoutchouc n'étant jamais baigné par l'eau provenant de la condensation, se conserve très longtemps sans s'altérer.

On obtient aisément avec ce système une température de 20 à 25 degrés à l'intérieur des compartiments, lorsque la température extérieure est elle-même de — 10 degrés, ce qui représente un effet utile de 30 à 35 degrés.

Ces appareils comportent des frais d'installation notablement inférieurs aux dispositions analogues, adoptées sur les chemins bavarois ou de l'Est prussien.

Voici, en effet, ce qu'ils coûtent, chargés sur wagon à l'usine de Malmoë (Suède), et tels qu'ils ont été appliqués sur les véhicules de Gaefle à Dala par M. l'ingénieur Hvasser.

Tuyaux en fonte de $0^m,133$ de diamètre avec joints, prix du mètre courant.............	29 fr.
Garniture de soupape, manœuvrée de l'extérieur, avec tuyaux de raccord filetés....	86 »
Garniture de soupape automatique avec tuyaux filetés et levier pour manœuvre de l'extérieur....................	183 »
Raccords en caoutchouc, avec joints métalliques et écrous....................	44 »
Bouche de chaleur avec grille et obturateur en fer forgé, de $0^m,0876$ de surface....	33 »
Charpente et montage.....	133 »
Prix moyen de l'installation, par voiture, environ........	520 »
Prix de la chaudière spéciale à vapeur..............	4 282 »

D'après les expériences de M. Théodore Hvasser, ce système appliqué, pendant six mois d'hiver, au chauffage des trains de voyageurs, sur un parcours de 92 kilomètres, a coûté :

Dépenses d'entretien et de combustible.....	5 177^{f}40
Intérêts des frais de premier établissement et annuité de renouvellement, soit 15 0/0 d'une dépense de 25.280 fr........	3 792 »
Total..........	9^f,509 40

Pour un mouvement de 727 trains, cela représente une dépense de $0^f,15$ par train-kilomètre, et pour un mouvement de près de 5 000 voitures, une dépense de $0^f,02$ environ par voiture-kilomètre.

658. *Chauffage du Calédonian par la vapeur d'échappement de la machine.* — On a essayé en Angleterre, au Calédonian railway, d'appliquer la vapeur d'échappement au chauffage des voitures, et généralement celle du moteur du frein Westinghouse suffit; quand il ne fonctionne pas, on emploie celle de la locomotive. De toutes façons, la conduite de chauffage est reliée à une prise directe sur la chaudière de manière à faire face à tous les imprévus.

Sous les véhicules court une conduite générale en fer forgé de $0^m,025$ de diamètre : des boyaux flexibles analogues à ceux du frein, relient deux wagons voisins, et au point bas on perce un trou de un millimètre et demi qui sert à l'évacuation de l'eau condensée.

Le chauffage a lieu dans chaque compartiment au moyen d'un réservoir cylindrique en fonte de faible épaisseur, présentant une surface de rayonnement de $0^{m2},75$ placé sous une banquette. Cette surface de chauffe est en général de 1 décimètre carré pour 1 mètre cube et demi d'espace à chauffer. Dans ces conditions, et avec une surface de baies vitrées de $1^{m2},86$ par compartiment, on est parvenu à maintenir une température maximum de 16 degrés centigrades pendant les hivers les plus rigoureux.

Les réservoirs de chauffe sont placés dos à dos de chaque côté de la même cloison, de manière à pouvoir être desservis par le même branchement. Ils présentent une pente de $0^m,0125$ dans le sens de la longueur et un trou de 1 millimètre et demi au point bas, auquel aboutit un petit tuyau qui passe sous le plancher et demeure toujours ouvert à l'air libre pour évacuer l'air et l'eau de condensation.

La dépense nécessaire pour aménager une machine, son tender et des wagons est de 112 francs pour la locomotive et 45 francs pour chaque véhicule. On laisse généralement les voyageurs régler eux-mêmes la température à l'aide d'un ventilateur établi au-dessus de la porte.

Chauffage à la vapeur en Amérique.

659. Nous avons dit précédemment ce que nous pensions du chauffage par poêles et le grand inconvénient de ce système, c'est-à-dire les chances d'incendie.

Les Américains, qui avaient d'abord fait grand usage de ce mode de chauffage, ont fini peu à peu par y renoncer, et un grand nombre de compagnies ont décidé de le remplacer par l'emploi d'une canalisation d'eau chaude ou de vapeur.

Ce dernier mode de chauffage, qui paraît au premier abord le plus indiqué, a montré rapidement un point faible : la difficulté de proportionner le chauffage au degré de froid extérieur, c'est-à-dire à l'abaissement correspondant de la température des véhicules. On ne peut dans ce cas, que modifier la pression de la vapeur en circulation ; or la modification ainsi obtenue dans la radiation des tuyaux de chauffe n'est guère que la moitié ou même le tiers de celle qu'il faudrait déterminer pour correspondre aux températures extérieures.

Le chauffage à l'eau chaude se prête au contraire plus facilement au réglage, mais il est beaucoup moins économique; son prix de revient revenant à environ 500 francs de plus par wagon. Or tout le monde sait qu'en Amérique on est, d'une manière générale, beaucoup plus porté à l'économie dans l'exploitation qu'au souci du confortable des voyageurs; aussi le chauffage par la vapeur redevient-il rapidement de plus en plus en faveur auprès des administrations de chemins de fer.

Ainsi, la Safety Car Heating C, qui exploite généralement un système à l'eau chaude, se mit-elle à étudier un nouveau mode d'emploi de la vapeur, dans lequel elle fait varier la surface de radiation dans les voitures, suivant l'état de la température, au lieu de s'attacher, comme on l'avait fait jusqu'alors, à faire varier la pression dans les conduites.

Ce mode de chauffage présente en outre l'avantage de supprimer tout appareil de radiation sous les sièges et la complication correspondante. Il a été appliqué sur le Jacksouville Southeastern Railroad (Illinois). Voici en quoi il consiste.

La vapeur est toujours prise sur la locomotive et amenée sous le plancher de chaque wagon par une conduite générale de $0^m,037$ de diamètre, avec joints élastiques, et disposée de manière qu'à chaque extrémité, son axe soit à $0^m,30$ de celui du véhicule (*fig.* 1198).

En un point situé près d'une des extrémités de ce dernier, elle porte un T près duquel sont placés des robinets *b.b.*, qui sont tous maintenus ouverts à l'exception de celui qui est à l'arrière du T sous la dernière voiture ; sa fermeture empêche l'échappement de la vapeur. De la sorte on évite le système ordinaire, qui consiste à mettre un robinet au bout de la conduite ; l'eau de condensation vient en effet s'accumuler près de ce dernier, qui est exposé à la congélation.

Des conduites de 0^m,025 de diamètre partent du T, gagnent les deux longs côtés du véhicule et se relèvent aux angles par des coudes à angle droit aboutissant dans des boîtes *c.c.*, sur lesquelles sont branchés deux à deux quatre tuyaux de chauffe de 0^m,065 de diamètre régnant également sur les côtés et commandés par les robinets *f* et *g*. Les tuyaux de radia-

tion aboutissent à l'autre extrémité du véhicule aux boîtes *d.d.*, où l'eau condensée se dépose pour être évacuée à l'extérieur par des soupapes automatiques.

Cela posé, si le froid est peu intense, on n'introduit la vapeur que dans une seule des conduites inférieures ; si cela est nécessaire, on l'amène dans les deux, toujours en ouvrant les robinets *f.f.* Si les besoins l'exigent, on fait fonctionner à volonté une des conduites supérieures ou les deux en ouvrant les robinets *gg*.

Un détendeur placé près des robinets *f.f.* permet de réduire la pression à 1/10 d'atmosphère. Son emploi n'est pas indispensable.

En même temps que s'ouvre le robinet *g*, s'ouvre également une soupape d'arrêt *h*, et l'eau condensée se rend dans la boîte *d*, puis de là à la soupape *e*.

Cette soupape *e* est en fonte avec une

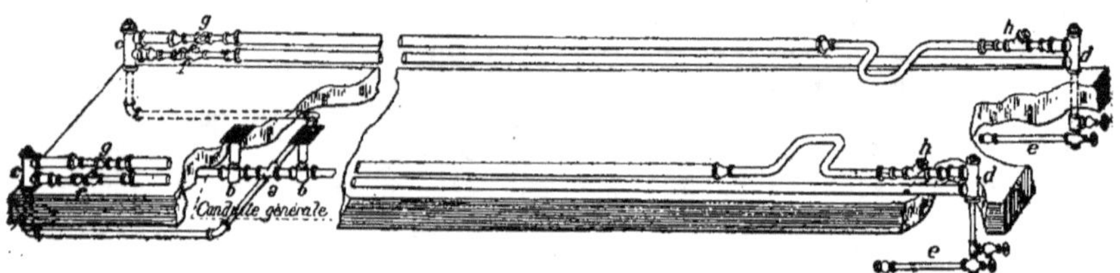

Fig. 1198. — Amérique. — Disposition de chauffage à vapeur du chemin de fer de l'Illinois.

tige de cuivre, métal beaucoup plus dilatable que le fer. Par suite, lorsque la température descend au-dessous de 100 degrés, la tige de cuivre se contracte plus que le corps en fonte et amène l'ouverture de la soupape.

Le détendeur, avons-nous dit, n'est pas d'un emploi indispensable, mais en raison la faible résistance opposée par la soupape *h*, l'eau de condensation tend généralement à se concentrer dans la conduite supérieure, ce qui entraîne une perte de chaleur et par suite de chauffage. Le détendeur maintient au contraire la pression dans la conduite inférieure, un peu au-dessous de celle de l'autre, ce qui amène l'ouverture de la soupape *h* et facilite l'écoulement de l'eau.

Les coudes placés sur la conduite supérieure en permettent la dilatation ou la

contraction faciles, sans qu'il en résulte de mauvais effet sur le joint. Cette précaution est d'autant plus utile que les deux conduites peuvent être à des températures fort différentes ; ainsi l'une peut être remplie de vapeur lorsque l'autre est complètement froide.

La même compagnie emploie également un système à six conduites au lieu de quatre. Ces conduites n'ayant plus alors que 0^m,04 de diamètre extérieur, la surface de chauffe extérieure est la même. La conduite principale a toujours accès direct avec le tuyau de chauffe inférieur. Les deux autres sont reliées à la première comme dans le type exposé plus haut.

On dispose ainsi d'un plus grand nombre de combinaisons dans le fonctionnement, ce qui permet un réglage beaucoup plus parfait du chauffage.

660. *Compagnie du Pensylvania-Railroad.* — Comme les autres compagnies américaines, la compagnie du Pensylvania Railroad a subi la pression de l'opinion publique en abandonnant les poêles de tous systèmes, perfectionnés ou non, et en étudiant un système de chauffage à la vapeur.

Le système adopté consiste à utiliser la vapeur d'échappement de la locomotive. Une conduite générale de 50 millimètres de diamètre amène la vapeur sous tous les véhicules, dans lesquels elle se répand au moyen de tuyaux à ailettes placés sous les banquettes. Une autre conduite générale de même diamètre sert au retour, toujours formé en grande partie d'eau de condensation, qui est ramenée à la machine au moyen d'une pompe à vide fixée sur le tender et maintenue toujours en fonctionnement.

Ces deux conduites sont disposées de manière à desservir chaque voiture, indépendamment de toutes les autres.

Les voitures sont en outre ventilées au moyen de 40 ouvertures de 50 millimètres de diamètre, ménagées sous les banquettes dans le plancher. L'air extérieur entre et s'échauffe avant d'arriver dans l'intérieur.

661. *Compagnie du Milwaukee and Saint-Paul Railway.* — M. W. Gibbis, ingénieur de la Milwaukee and Saint-Paul Ry. C^y, ne se contente pas de modifier les appareils de chauffage, il supprime l'éclairage au pétrole, qui a donné lieu, lui aussi, à des accidents très graves, et profite de l'installation d'une chaudière spéciale destinée au chauffage à la vapeur, pour produire l'éclairage électrique.

Les premières expériences avaient été faites avec des accumulateurs ; mais on ne put obtenir des employés des lignes les manipulations et les soins nécessaires, et les batteries furent rapidement hors de service. On essaya alors de supprimer ces éléments en employant un système de distribution directe.

Une machine à vapeur, reliée par courroie à une dynamo, s'alimentait à la chaudière de la locomotive qui fournissait déjà la vapeur au chauffage des wagons.

Le système se montra excellent dans la belle saison ; mais, dans les mois d'hiver, alors que la locomotive aurait dû disposer d'une plus grande puissance pour balayer la neige, ou pour remorquer les trains sur des rampes à rails glissants, elle était au contraire affaiblie par la vapeur qu'elle devait fournir au chauffage et à l'éclairage des trains.

La Compagnie se décida alors à créer un modèle de wagon, véritable station centrale ambulante de chaleur et de lumière. Ce véhicule, très robuste de construction, s'attèle directement derrière la locomotive ; il a 10^m,20 de long sur 2^m,70 de large ; la caisse est tout entière, portes comprises, en tôle d'acier de 6 millimètres d'épaisseur. Le châssis est lui-même excessivement solide et se pose sur les deux bogies classiques. Le poids total, matériel intérieur compris, est de 30 tonnes.

Des portes en acier séparent ce véhicule en deux compartiments ; le plus grand, à l'avant, de 6 mètres de long, renferme une chaudière tubulaire en acier du type locomotive, avec des caisses à charbon latérales approvisionnées pour une marche de 10 heures. Elle est normalement alimentée par un injecteur allant chercher l'eau dans le tender de la machine au moyen d'un tuyau de caoutchouc : en cas d'avarie, une caisse spéciale à eau est suffisante pour largement assurer le fonctionnement pendant deux heures.

Dans le second compartiment, le plus petit des deux, se trouve une dynamo Compound Edison, type n° 4, de 15 kilowatts, commandée directement par courroie, par une machine à vapeur, type Westinghouse, de 18 chevaux. L'évacuation peut se faire, soit directement à l'air libre, par un tuyau débouchant au-dessus du toit, soit dans le conduit de fumée de la chaudière, une valve permettant d'obtenir l'une ou l'autre communication. Ce second compartiment renferme naturellement en outre les commutateurs, boîtes de résistance, ampèremètres, voltmètres, etc., en un mot tous les appareils indispensables d'une station électrique. Le poids de la dynamo et de son moteur est équilibré par une caisse à eau qui contient une réserve d'un mètre cube ; c'est cette caisse, déjà signalée plus haut, qui permet l'alimentation en cas d'avarie.

Les tuyaux de vapeur destinés au chauffage du train sortent vers le haut des cloisons transversales et sont reliés d'un wagon à l'autre par des raccords.

En été la dynamo et son moteur sont transportés dans la partie antérieure des wagons à bagages, et la vapeur est de nouveau empruntée à la locomotive.

Ces wagons spéciaux ont, paraît-il, donné d'excelents résultats, surtout pendant les mauvaises journées d'hiver. Le

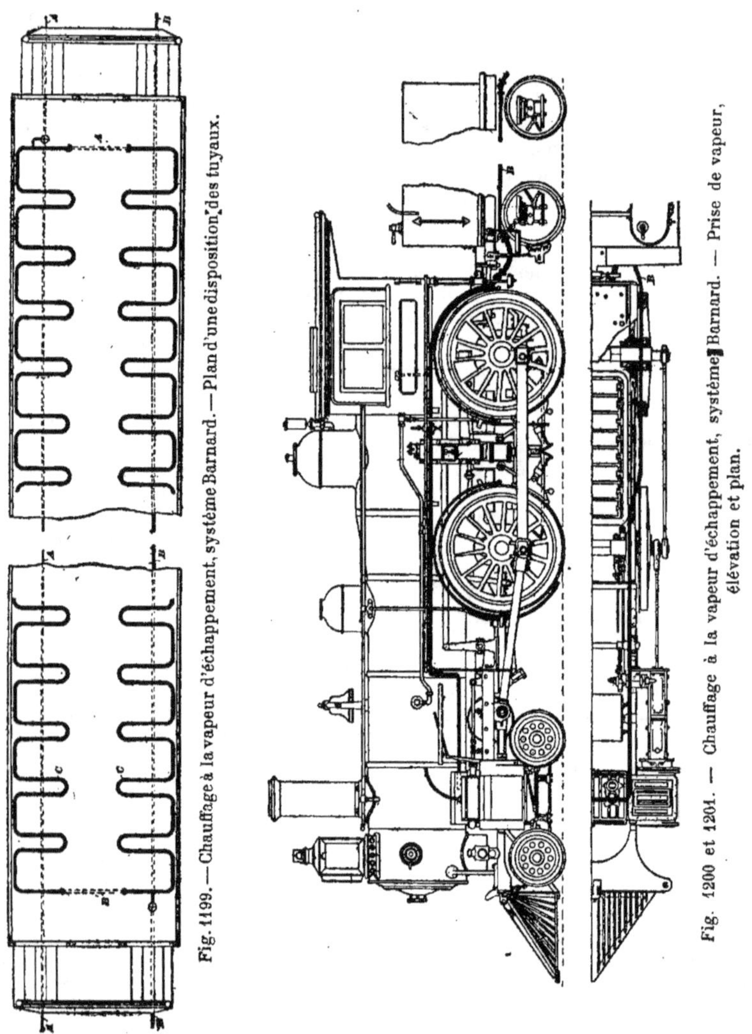

Fig. 1199. — Chauffage à la vapeur d'échappement, système Barnard. — Plan d'une disposition des tuyaux.

Fig. 1200 et 1201. — Chauffage à la vapeur d'échappement, système Barnard. — Prise de vapeur, élévation et plan.

service d'éclairage et de chauffage a toujours pu être régulièrement effectué sans que la locomotive perde la moindre parcelle de sa puissance de traction, ce qui, nous le répétons, est de première importance dans la mauvaise saison.

L'éclairage obtenu est plutôt excessif, puisque chaque voiture renferme une vingtaine de lampe de 16 bougies, fixées au plafond ou disposées sur les parois, de telle façon qu'elles ne puissent gêner

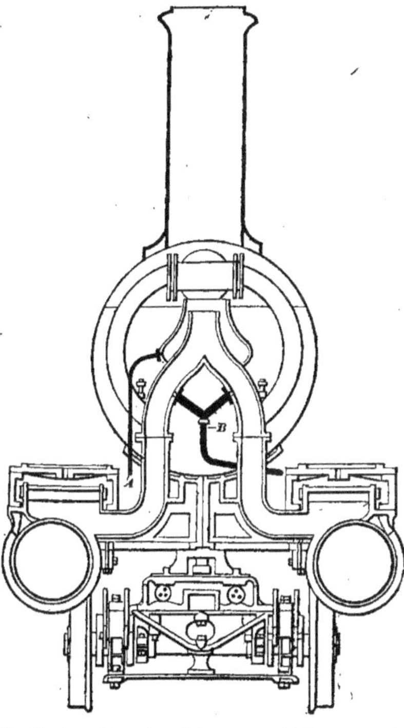

Fig. 1202. — Chauffage à la vapeur d'échappement, système Barnard. — Détails de la boîte à fumée.

la vue et permettent toujours de lire aisément.

Il n'en est pas moins vrai que ce pro-

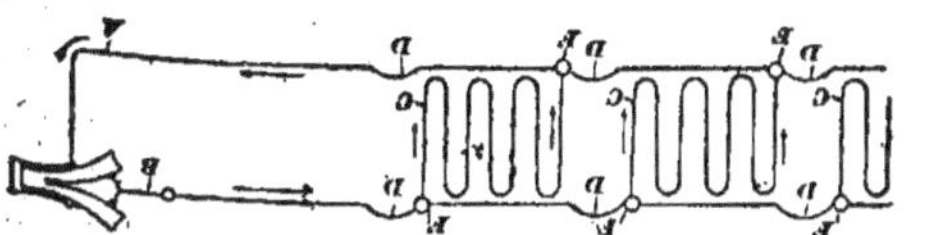

Fig. 1203. — Chauffage à la vapeur d'échappement, système Barnard. — Ensemble de la circulation.

cédé doit coûter fort cher, et nous regrettons de n'avoir aucun chiffre à ce sujet. La compagnie n'a pas cru devoir hésiter

à employer ce procédé de luxe pour être à l'abri de tout danger et pouvoir cependant satisfaire aux besoins d'un train de 10 à 14 voitures américaines circulant dans une région aux hivers très rigoureux et très prolongés.

661 bis. *Chauffage à la vapeur d'échap-*

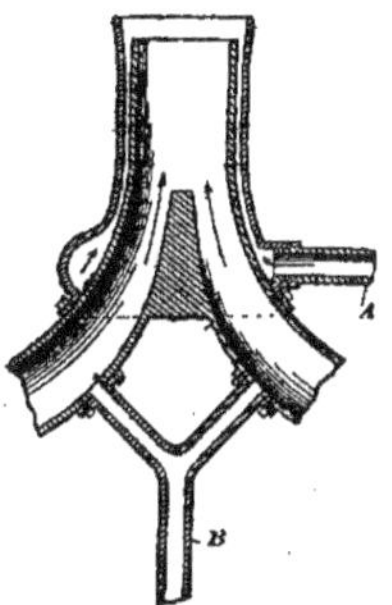

Fig. 1204. — Chauffage à la vapeur d'échappement, système Barnard. — Vue de la culotte modifiée.

pement. Système Barnard. — M. Barnard, en Amérique, a fait également usage de la vapeur d'échappement pour chauffer les véhicules d'un train (*fig.* 1199 à 1205).

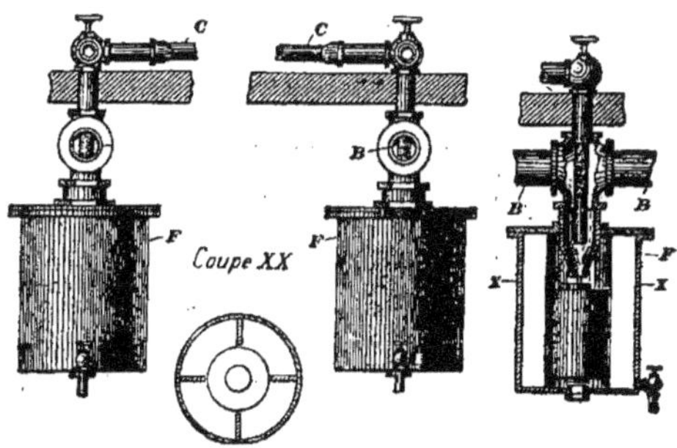

Fig. 1205. — Chauffage à la vapeur d'échappement, système Barnard. — Réservoirs de purge automatiques.

La culotte d'échappement aboutit dans une tuyère, sur laquelle est branché le tuyau de retour de vapeur A, après circulation à travers les différents véhicules dans des tuyaux de chauffe en serpentins C qui peuvent affecter différentes formes (*fig.* 1199 et 1203). La prise de vapeur se fait sur la culotte elle-même par un tuyau à fourche B (*fig.* 1202 à 1204), conduite générale symétrique de la précédente A et, comme cette

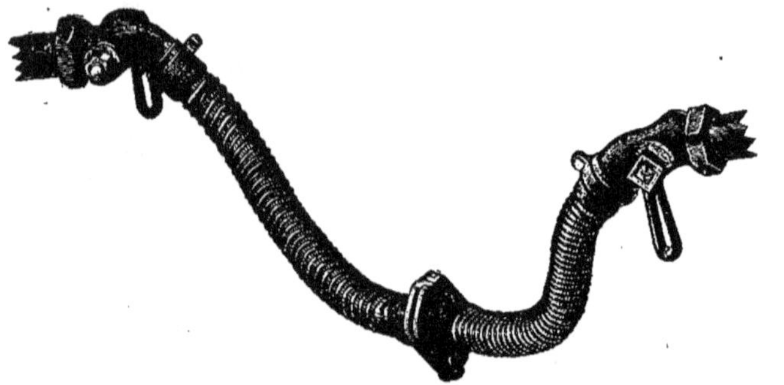

Fig. 1206. — Chauffage à la vapeur d'échappement, système Barnard. — Raccord de jonction Eames

dernière, formée de tronçons reliés entre eux d'un véhicule à l'autre au moyen de raccords flexibles D (*fig.* 1203).

Entre les tuyaux de prise de vapeur, sous chaque véhicule, et le tuyau de chauffe C, se trouve intercalé un réservoir de purge automatique F. Un autre semblable est disposé au branchement des tuyaux C sur la conduite de retour. Une double enveloppe (coupe XX, *fig.* 1205) prévient autant que possible le refroidissement, et l'eau de condensation est dans tous les cas enlevée par un bouchon inférieur et un robinet de purge disposés au fond du réservoir (*fig.* 1205).

Fig. 1207. — Chauffage à la vapeur d'échappement, système Barnard. — Appareil d'alimentation.

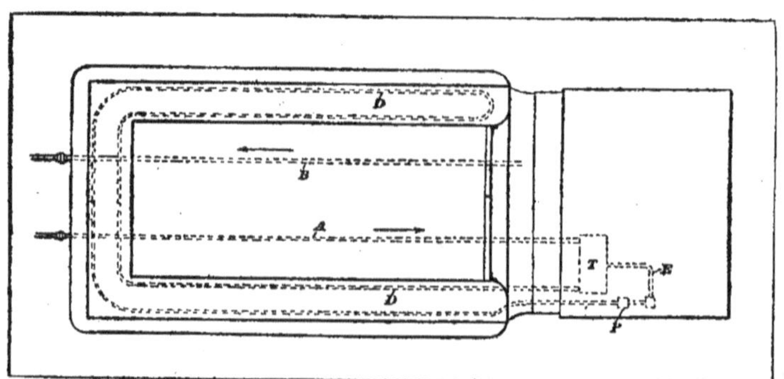

Fig. 1208. — Chauffage à la vapeur d'échappement, système Barnard. — Aspiration par condensation.

Le courant de vapeur dans les tuyaux résulte d'une véritable succion qui s'opère grâce à l'effet de tirage produit par l'échappement dans la culotte annulaire et supplémentaire, qui entoure la culotte principale (*fig.* 1202 et 1204). Il en résulte aussitôt que la locomotive est en marche, un balayage complet des conduites qui sont débarrassées de l'air, de l'eau de condensation, et remplies de vapeur à la pression atmosphérique, circulant dans le sens des flèches (*fig.* 1203).

Les tuyaux partant de la boîte à fumée passent sous le tender, et les jonctions sont opérées au moyen de raccords Eames, analogues à ceux du frein à vide (*fig.* 1206). Il y a d'ailleurs identité complète entre les conduites des véhicules qui peuvent indistinctement servir à l'arrivée ou à la sortie de la vapeur; cela afin de permettre le fonctionnement du système, quelle que soit l'orientation de l'installation sur la locomotive.

Pendant les arrêts, et aux stations terminus, on alimente le chauffage directement au moyen de la chaudière de la locomotive ou par l'échappement de la pompe à air du frein à vide. On emploie alors pour cela l'appareil représenté figure 1207.

Au lieu d'employer le système d'aspiration directe que nous venons de voir, on peut faire usage d'un système à condensation (*fig.* 1208).

Pour cela, la tuyauterie aboutit à un réservoir T, en communication avec un condenseur à surface D, long tuyau en fer à cheval placé au fond des caisses à eau du tender; une extrémité de ce tuyau communique avec le réservoir T, et l'autre avec une petite pompe à air à consommation insignifiante, qui amène dans le condenseur le contenu du réservoir et produit le vide nécessaire pour entraîner le courant.

Nous ne possédons pas de renseignements ni de chiffres concernant les services rendus par ces appareils.

Accouplements divers pour le chauffage à la vapeur.

662. La partie la plus délicate et la plus intéressante du chauffage à la vapeur par conduite générale et raccord flexible entre véhicules, est évidemment ce dernier accouplement. Il faut en effet qu'il puisse former une jonction absolument étanche tout en permettant les manœuvres les plus rapides.

Nous allons examiner les principaux systèmes étudiés dans cette intention, et la plupart appliqués en Amérique.

663. *Système Gold.* — Le raccord présente la forme d'un petit tambour percé d'une ouverture à garniture étanche (*fig.* 1209 à 1212). A l'extérieur, ce tambour présente une forme A hélicoïdale (*fig.* 1212). Il est accompagné d'un bras N muni d'un petit talon rectangulaire fixé sur le milieu d'un plan incliné (*fig.* 1210). Les deux extrémités en regard l'une de l'autre sont identiques et symétriques, et, lorsqu'on les rapproche, les deux parties pénètrent à fond l'une dans l'autre, les talons T venant se placer au centre des

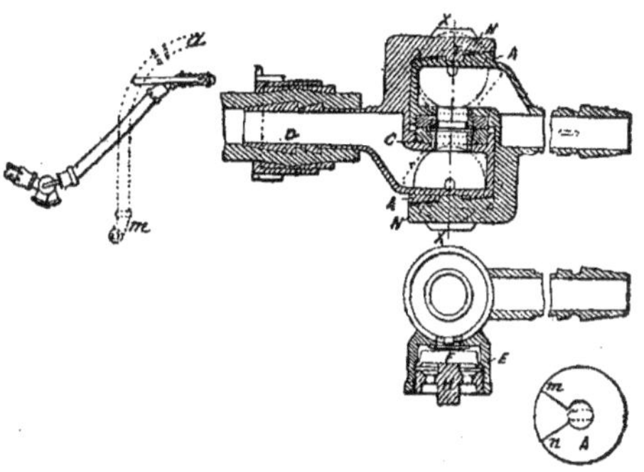

Fig. 1209 à 1212. — Accouplement, système Gold.

surfaces hélicoïdales des tambours en passant par des encoches *mn* (*fig.* 1212).

Lorsqu'on abandonne le joint à lui-même, les deux parties tournent autour de l'axe XX, et l'accouplement reste suspendu aux extrémités des tuyaux flexibles (*fig.* 1209).

Le tout est complété par un purgeur automatique, porté par chaque boîte de jonction (*fig.* 1211). C'est un petit cylindre de fonte E, relié à la boîte correspondante par une ouverture et mis en communication avec l'atmosphère par un bouchon à vis H percé de trous.

Ce cylindre renferme une capsule métallique F, à parois flexibles, rempli d'alcool qui se volatilise sous l'action de la vapeur; lorsque celle-ci est remplacée par de l'eau de condensation, la température s'abaisse, les parois de la capsule se contractent, l'orifice d'écoulement est dégagé en partie, et cette eau peut s'écouler au dehors.

On règle ce purgeur au moyen du bouchon à vis H, qui permet de rapprocher plus ou moins la capsule F de l'extrémité du cylindre purgeur.

664. *Système Gold* (2ᵉ *type*). — Dans un second type analogue au précédent, les purgeurs à alcool sont situés sur l'axe

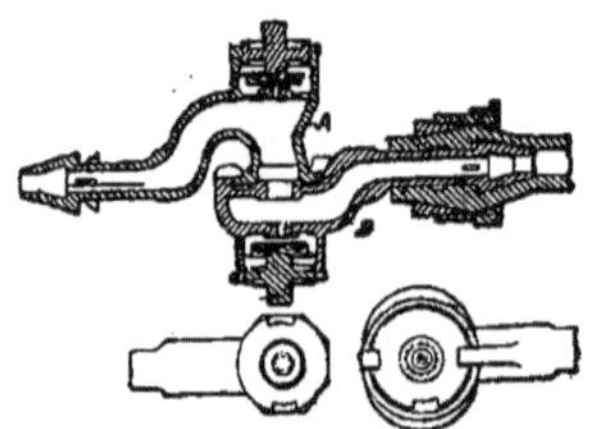

Fig. 1213 à 1215. — Accouplement, système Gold 2ᵉ type.

transversal des boîtes de jonction A et B (*fig.* 1213 à 1215). Celles-ci portent deux encoches et une rainure en forme de rampe hélicoïdale, dans laquelle entrent et s'engagent les talons ménagés sur la partie A.

Le serrage ainsi obtenu procure l'étanchéité entre les surfaces en regard au moyen d'une rondelle élastique.

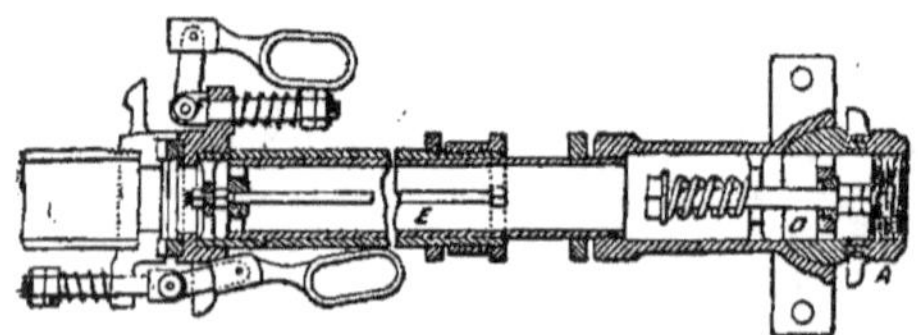

Fig. 1216. — Accouplement, système Martin.

665. *Système Martin.* — On remplace ici le boyau flexible par un tube télescopique, c'est-à-dire dont les parties peuvent rentrer les unes dans les autres, de manière à pouvoir s'allonger ou se raccourcir suivant les besoins (*fig.* 1216).

En outre, l'accouplement est rendu mobile en tous sens au moyen d'une articulation à coquille D. On empêche la dis-

parition complète des deux tuyaux télescopés au moyen d'une tige E.

L'accouplement des deux tronçons de conduite se fait ainsi bout à bout et le serrage s'obtient au moyen de deux crochets manœuvrés par deux leviers coudés.

666. *Système M'. Gée.* — Dans ce système, les tuyaux sont terminés par des brides pourvues d'une garniture et d'un mouvement de baïonnette (*fig.* 1217). Le joint est en amiante vulcanisée disposée en couches battues au marteau. On applique

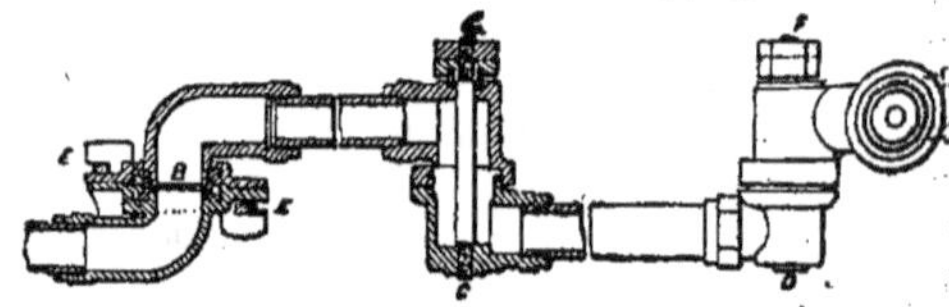

Fig. 1217. — Accouplement, système M'. Gée.

les brides l'une contre l'autre, l'amiante interposée à l'avance, et on les fait tourner d'un certain angle, comme la baïonnette d'un fusil, de manière à enclencher les deux coins E et à opérer la liaison en même temps que la fermeture.

La flexibilité du raccord s'obtient comme suit : la partie du tuyau qui existe entre le joint et le tronçon fixé sous le véhicule, est composée de trois tubes articulés entre eux comme une genouillère à gaz. Ces trois tronçons peuvent tourner autour des deux axes CG et DF, de manière à se

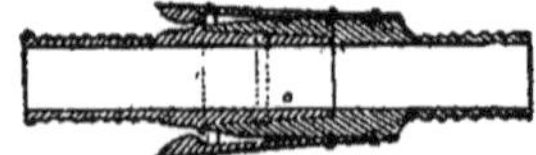

Fig. 1218. — Accouplement, système Boston, Revère, Beach and Lynn.

développer ou à se resserrer. Ils sont recouverts d'une couche d'amiante servant d'isolant et permettant de les saisir à la main sans courir le risque de se brûler.

667. *Système Boston, Revere, Beach, and Lynn.* — Cet accouplement est d'une extrême simplicité : chacun des tronçons de la conduite générale est terminé par un cône, l'un en saillie, l'autre en creux disposés de manière à pouvoir s'ajuster rigoureusement l'un dans l'autre (*fig.* 1218).

Le joint est réalisé par une bague en caoutchouc interposée entre les surfaces de contact et assurant l'herméticité. Le serrage est obtenu au moyen de deux bandes d'acier flexibles maintenues par des crochets.

668. *Système Curtis.* — Cet appareil est plus récent et très simple. Chaque extrémité du raccord est muni de trois crochets ou oreilles recourbées, à surface inférieure inclinée, s'engageant les unes dans les

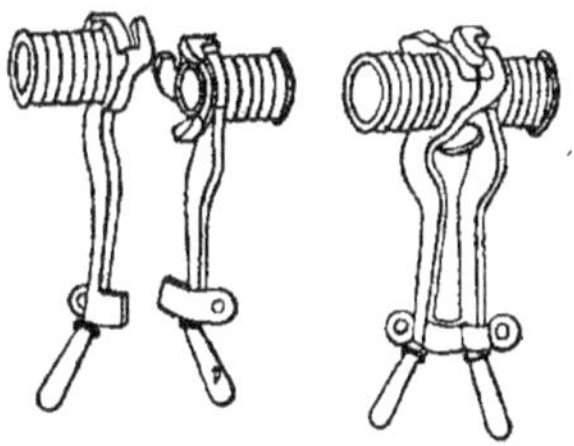

Fig. 1219 et 1220. — Accouplement, système Curtis.

autres et formant trois cônes qui opèrent la fermeture énergique du joint. Un levier spécial adapté à l'extrémité de chaque tronçon permet de produire le serrage nécessaire (*fig.* 1219-1220).

669. *Système Williams.* — Dans le système excessivement simple de M. Williams, les deux conduites flexibles sont superposées et réunies d'une manière invariable. Celle qui amène la vapeur, la plus petite, est placée au-dessous de l'autre (*fig.* 1221).

Fig. 1221. — Accouplement, système Williams.

La plus grande est uniquement consacrée au retour à la chaudière : la première se recourbe à chaque jonction de manière à entrer dans la plus grande, ce qui permet d'obtenir l'accouplement des deux conduites à la fois ; ce résultat est obtenu au moyen de deux caisses à emboîtement, mues par des leviers.

670. *Système Sewal.* — Chaque tuyau flexible (*fig.* 1222 et 1223), placé à l'extrémité du véhicule, est muni d'une boîte de jonction portant des griffes D. E., qui s'emboîtent rigoureusement dans des pièces identiques ménagées sur la boîte voisine ; l'assemblage a lieu par simple

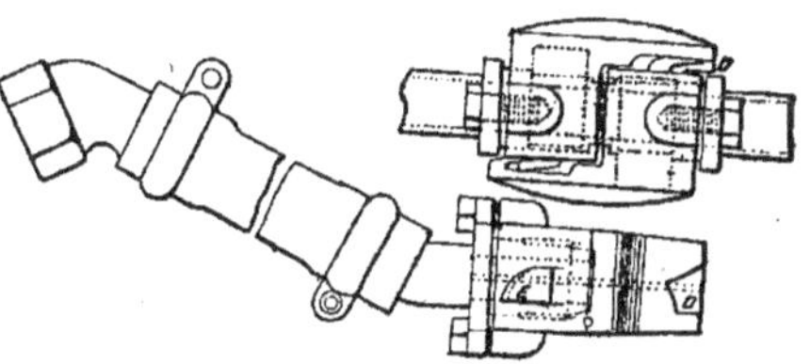

Fig. 1222 et 1223. — Accouplement, système Sewal.

juxtaposition sans faire glisser ni tourner les pièces les unes sur les autres, ce qui présente l'avantage de ménager la matière des joints. Celui-ci consiste simplement en un bourrage de matière non conductrice de la chaleur, qui, grâce au

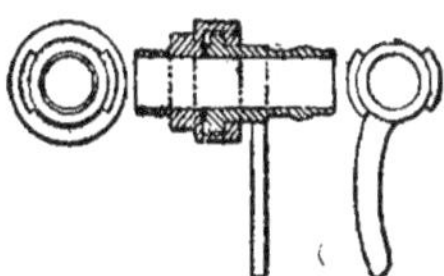

Fig. 1224. — Accouplement, système Hitchcok.

système de fermeture employé, ne se détériore pas rapidement à l'usage. Le poids même des pièces suspendues maintient leur contact, et le désaccouplement se

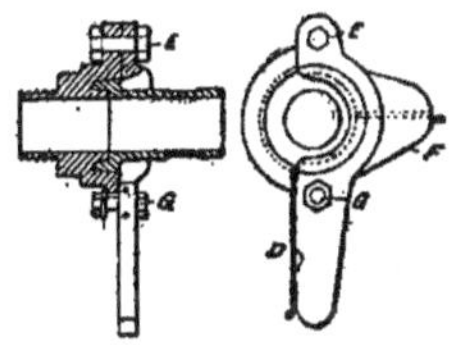

Fig. 1225. — Accouplement, système Emerson.

produit rien qu'en séparant les véhicules les uns des autres.

671. *Système Hitchcok.* — Un seul des tronçons de la conduite se termine par un tuyau flexible muni à son extrémité d'un raccord cylindrique avec deux ailettes.

Le tronçon correspondant de l'autre conduite est rigide et présente une boîte creuse vissée à son extrémité, dans laquelle deux rainures correspondent aux ailettes précédentes, qu'on y introduit pour produire l'accouplement. Cela fait, on opère un mouvement de rotation au moyen d'un levier (*fig.* 1224), ce qui produit la jonction comme dans un mouvement de baïonnette. En outre, cela rapproche les surfaces en contact qui sont taillées obliquement et séparées, comme d'ordinaire, par une garniture.

672. *Système Emerson.* — L'appareil Emerson est analogue au précédent, avec cette différence que les deux parties de l'accouplement sont simplement juxtapo-

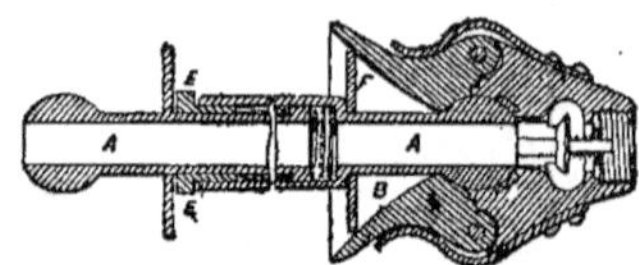

Fig. 1226. — Accouplement, système Pennicuick.

sées. Comme tout à l'heure l'un des tronçons de la conduite générale reste rigide, tandis que l'autre se termine par un boyau flexible (*fig.* 1225).

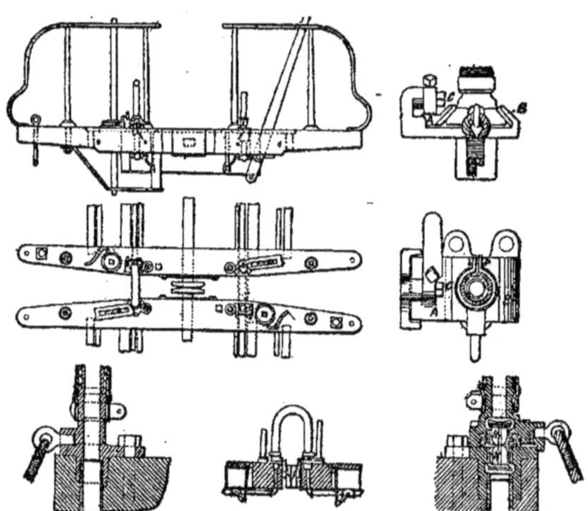

Fig. 1227 à 1233. — Accouplement, système de la Safety car Secting Cy d'Albany.

Ce dernier, ou bout mâle, présente un épaulement tronconique pénétrant dans une bride bien dressée, à l'intérieur de laquelle est ménagée une gorge de même forme, appartenant au tronçon rigide, ou bout femelle; la jonction a lieu par l'emboîtement de ces deux parties avec interposition de substance élastique.

Un levier articulé sur le bout mâle en E embrasse par sa partie mi-circulaire le bout femelle, qu'il vient recouvrir une fois son rabattement terminé. Pendant cette manœuvre, le boulon G glisse le long de la saillie F, au bas de laquelle on l'immobilise ensuite par le serrage de son écrou. En D se trouve une petite encoche pouvant recevoir une corde qui sert à défaire l'accouplement.

673. *Système Pennicuick.* — Chaque extrémité de conduite présente une cloche évasée vissée B, formée par une série de segments maintenus par des ressorts en contact avec une rotule intérieure appartenant à la pièce A de jonction (*fig.* 1226). Cette dernière repousse pendant l'accouplement la tige d'une soupape, qui reste ainsi ouverte au passage de la vapeur et se referme par suite aussitôt l'accouplement détruit.

Les deux rotules sont munies d'avant-corps tubulaires qui sont télescopés l'un dans l'autre avec jonction opérée par la boîte à barrage E. Toute cette partie tubulaire est d'ailleurs maintenue au centre des cloches B par des disques F.

674. *Système de la Safety car Heating Cy d'Albany.* — Cet accouplement permet l'usage de tuyaux flexibles ou de tubes métalliques souples (*fig.* 1227 à 1233).

Les deux conduites de vapeur sont relevées verticalement sur la plateforme du véhicule (*fig.* 1232) et réunies par un tube flexible en forme d'U renversé, vissé d'un côté à poste fixe, et de l'autre raccordé par les deux pièces d'emboîtement A et B (*fig.* 1228 et 1230). La première A est mobile autour de l'axe C et peut s'appuyer sur l'élargissement de la base du tuyau, de manière à comprimer le joint.

Pendant l'accouplement, deux soupapes M se tiennent mutuellement ouvertes, et au contraire ferment toute issue à la vapeur (*fig.* 1231) dans le cas de disjonction.

Quand on disloque le train, la séparation se fait automatiquement grâce à une corde qui réunit les pièces de raccord à leur véhicule.

Prix de revient du chauffage à la vapeur.

675. En prenant la vapeur sur la locomotive, mode qui nous paraît le plus économique et le plus convenable à tous les points de vue, et en limitant l'appareil de chauffage au strict nécessaire, comme sur le chemin Nord-Empereur-Ferdinand, deux tuyaux en tôle mince, au diamètre de $0^m,100$ sur 2 mètres de longueur par compartiment, sans luxe de construction ou de précautions superflues, on pourrait, comme sur les chemins rhénans, installer le chauffage à vapeur ou prix de $412^f,50$ par voiture; mettons 500 francs.

Admettons que les frais d'appropriation de la locomotive s'élèvent à pareille somme. Les frais de premier établissement pour la ligne de 300 kilomètres qui nous a constamment servi de type se résument comme suit :

40 appareils à 500 francs..	20 000 fr.
4 prises de vapeur sur locomotive à 500 francs........	2 000
Prix de rechange, réserve, etc.................	2 000
Total des dépenses de premier établissement.......	24 000 fr.

Soit par voiture $\dfrac{24\ 000}{40} = 600$ francs, et par compartiment $\dfrac{600}{4} = 150$ francs.

Au point de vue de l'exploitation, chaque voiture a, en 24 heures, 20 heures de marche et 4 heures de stationnement. Comme on peut vider les tuyaux à l'arrivée de chaque train, le chauffage ne comprendra pour chaque train que 10 heures de marche à 2 kilogrammes de houille par voiture et par heure, et, en moyenne, une heure de préparation pendant laquelle on brûlera $1^{kg},500$ de houille par voiture. La consommation journalière de chaque train sera donc :

$$10^v \times 2^k \times 10^h + 10^v \times 1^k,5 \times 1^h$$
$$= 215 \text{ kilogrammes de houille.}$$

Celle des huit trains sera $215 \times 8 = 1\ 720$ kilogrammes, et pour les 150 journées de chauffage $1\ 720 \times 150 = 259\ 500$ kilogrammes.

Soit 260 tonnes de houille à 30 francs.................	7 800 fr.
Supplément aux agents des trains, primes d'économie, etc., 8 francs par jour $\times$ 150 =	1 200
Entretien : 40 appareils à 50 francs par an...........	2 000
Amortissement en dix annuités sur un capital de 24 000 francs.................	2 400
Intérêt du capital........	1 200
Somme à valoir..........	1 400
Total des dépenses d'exploitation...................	16 000 fr.

Le chauffage à vapeur coûtera donc $\dfrac{16\ 000}{150} = 106^f,66$ par jour. Chacune des 40 voitures en service dépensera $\dfrac{106.66}{40} = 2^{kg},665$ par jour, $\dfrac{2,665}{70} = 0^f,1838$ par heure de service, et chaque compartiment $\frac{2,665}{4} = 0^r,666$ par jour, $\frac{0^r,666}{20} = 0^r,0333$ par heure de service (Goschler).

Conclusion

676. Les compagnies françaises se sont tout d'abord montrées assez récalcitrantes au chauffage à la vapeur et en général à tout système consistant à emprunter à une source unique, mobile avec le train, la chaleur qui doit être distribuée dans chaque compartiment.

Elles ont beaucoup insisté sur les inconvénients qui sont les suivants : difficulté de remanier les trains en cours de route, où pendant le délai de leur stationnement dans les gares de bifurcation ; chance de fuite aux joints d'accouplement entre les véhicules ; déperdition notable de la chaleur transmise pendant les grands froids ; annulation complète de l'effet calorifique en cas de rupture d'un attelage, ou même d'un simple accouplement des tuyaux de chauffage.

A notre sens, la principale raison, non avouée par les compagnies, était l'ennui de transformer du jour au lendemain un matériel de plusieurs milliers de voitures, entraînant une dépense importante.

On a donc trop complaisamment négligé d'apprécier comme ils le méritent les avantages du chauffage continu des trains, savoir : l'économie considérable des frais d'exploitation, l'efficacité remarquable de ces procédés au point de vue calorifique ; la facilité de régler à peu près à volonté l'intensité du chauffage.

Pour quelqu'un de familiarisé avec les chemins de fer, il n'est pas douteux que la somme de ces quelques avantages incontestables surpasse de beaucoup les inconvénients · précités, qui sont plus théoriques et accidentels que sérieux en pratique.

CHAUFFAGE A L'EAU CHAUDE

Chauffage par bouillottes fixes.

677. Le principal inconvénient des bouillottes mobiles étant les manutentions qu'elles exigent pour leur réchauffage et leur mise en place, la première idée venue aux praticiens pour supprimer ces défauts a été de rendre les bouillottes fixes, en les chauffant par divers moyens.

Nous allons en examiner quelques types.

678. *Chauffage à circulation d'eau*

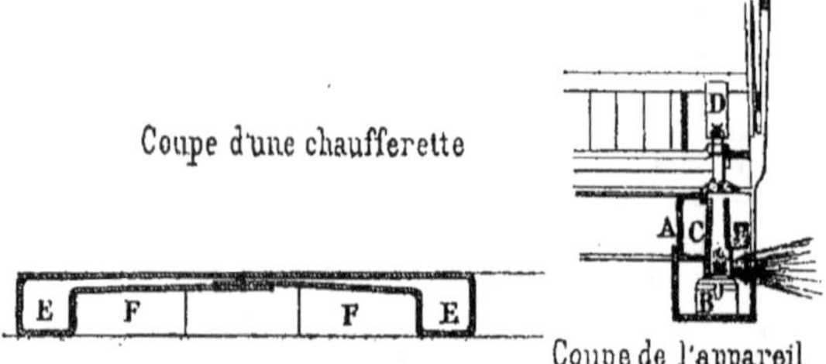

Fig. 1234 et 1235. — Chauffage à circulation d'eau chaude, système Lemeunier.

chaude système Lemeunier. — Le but de M. Lemeunier a été de diminuer au minimum le volume d'eau à employer, en même temps que le poids, le prix et les frais d'installation des appareils (*fig.* 1234 et 1235).

Un coffre prismatique en fonte A de $0^m,30$ de côté, placé sous le châssis de la voiture, renferme tout l'appareil. Celui-ci se compose simplement d'une lampe à gaz B entourée d'une mince enveloppe de tôle C contenant l'eau à réchauffer. Au-dessus de ce rudiment de chaudière, est installé un vase d'expansion D, caché par la banquette.

Les chaufferettes communiquent avec cet appareil par des tuyaux; elles sont formées de deux compartiments E en cuivre rouge très mince constituant, l'une la conduite de départ, l'autre la conduite de retour du courant d'eau. Leur fond replié et rivé établit entre elles et le plancher une sorte de canal F servant à produire une circulation d'air.

On emploie une chauffrette par compartiment, et le même appareil en alimente deux; il y a donc en général deux appareils par voiture à quatre compartiments. Le volume d'eau employé est de 12 à 15 litres par voiture, pour une surface de

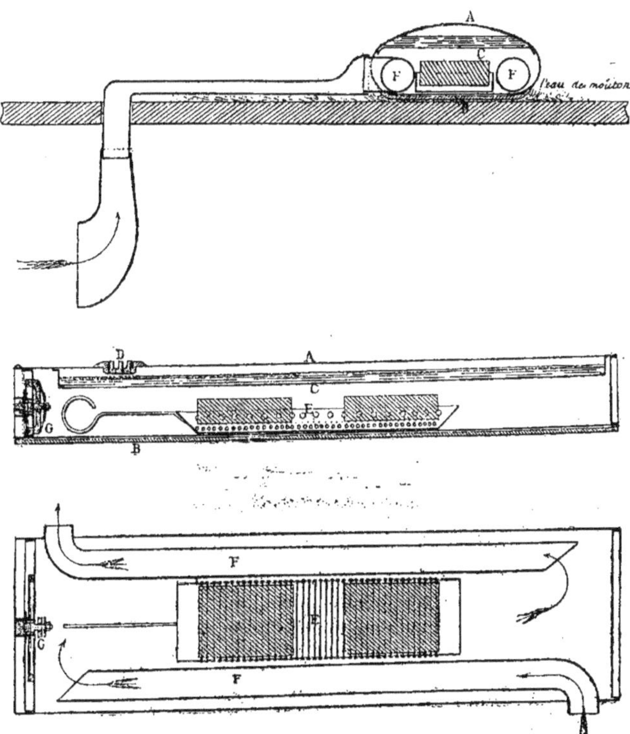

Fig. 1236 à 1238. — Compagnie Nord. — Chaufferette mixte à briquette et eau et à courant d'air continu.

chauffe de 2 mètres carrés, ce qui représente un très fort rendement. En outre, le poids des appareils ne dépasse pas 150 kilogrammes, c'est-à-dire à peu près le même poids que celui des chaufferettes mobiles nécessaires au chauffage d'une voiture par le procédé ancien.

Mais ces avantages sont compensés par le peu de chaleur que l'on emmagasine dans un espace aussi restreint, par l'extrême délicatesse des appareils, le nombre des lampes à allumer ou à éteindre, les difficultés de remplissage et de vidange; et surtout par la dépense de combustible.

Le Grand Central belge, dans ses essais, a alimenté ses lampes avec de l'huile de colza; il est arrivé à une consommation par heure et par appareil de $0^k,12$ ou $0^f,30$ par voiture et par heure, c'est-à-dire six fois la dépense du chauffage pour les chaufferettes mobiles. Quant au gaz comprimé qui a été expérimenté par l'Etat belge, avec d'autant plus de raison que l'éclairage de ses voitures se fait déjà par ce moyen, la dépense est d'environ $0^f,06$ par voiture, qui se rapproche davantage des chiffres moyens admis.

679. *Chaufferettes mixtes à briquettes et à eau de la Compagnie du Nord.* — La chaufferette dont il s'agit, due à M. l'inspecteur Ronderon, a pour but de réaliser un chauffage présentant les avantages incontestables du chauffage à l'eau chaude, et ceux du chauffage par briquettes, qui exige une manutention beaucoup plus simple et ne dérange pas les voyageurs.

Cette nouvelle chaufferette est d'une grande simplicité (*fig.* 1236 à 1238). Elle se compose d'une enveloppe en tôle A bombée à la partie supérieure, plate à la partie inférieure, et arrondie sur les côtés ; elle est munie d'un socle isolateur B reposant sur le plancher.

A l'intérieur, une séparation C forme réservoir dans sa partie supérieure et peut renfermer 3 litres d'eau. Celle-ci est introduite par un bouchon D disposé à la partie supérieure.

Les briquettes, au nombre de deux, sont placées sur un conduit mobile E dont les côtés sont perforés pour faciliter la circulation de l'air autour des briquettes et entretenir ainsi leur combustion. Cet air est amené, comme les produits de la combustion sont expulsés, au moyen de deux manches en forme d'entonnoir installées sous le plancher de la voiture et sous les banquettes ; ces manches sont continuées latéralement en F avec une section aplatie jusqu'à l'extrémité de la chaufferette. De la sorte le courant d'air s'établit normalement, quel que soit le sens de la marche des trains. L'eau est contenue dans un réservoir supérieur C muni d'un bouchon à vis D. L'introduction des briquettes a lieu par une porte G disposée de manière qu'on n'ait à craindre aucun dégagement par les interstices, des produits de la combustion ; la vapeur d'eau n'atteint jamais qu'une faible pression ; il n'y a donc pas lieu de s'en préoccuper et de lui offrir des dégagements.

La dépense par heure pour chaufferette à deux briquettes est $0^f,027$, et à une seule briquette de $0^f,015$.

La température extérieure étant de quelques degrés au-dessous de zéro, celle du compartiment est maintenue aisément à 10 degrés en moyenne.

680. *Chaufferettes à carneaux intérieurs de la Compagnie de l'Ouest.* — Ce mode de chauffage est destiné à supprimer la manutention des bouillottes à eau dans les compartiments. Il est basé sur l'emploi de chaufferettes fixes à eau, munies chacune à leur extrémité d'un foyer à combustion lente, placé au-dessous du plancher de la voiture.

A l'intérieur de la chaufferette se trouve un carneau horizontal en forme d'U. Les produits de la combustion se rendent du foyer dans une des bouches du carneau, et reviennent par l'autre branche déboucher à l'air libre, sous la voiture, par un tube pourvu d'un registre à trous permettant de régler le tirage. Le carneau intérieur est entièrement entouré d'eau.

Le foyer est constitué par une cage en tôle perforée, dans laquelle on place le combustible en ignition; cette cage se manœuvre de l'extérieur du véhicule.

Un vase d'expansion permet la dilatation du liquide et sert d'appareil de sûreté. Le liquide employé est un mélange de glycérine et d'eau ne se congelant qu'à — 17 degrés.

La température d'une chaufferette peut être entretenue à 50 degrés pendant 8 à 9 heures, sans addition de combustible. Cette addition se fait du dehors, sans que les voyageurs soient dérangés.

Ce système a été perfectionné depuis et transformé en appareil thermosiphon, comme nous le verrons plus loin.

681. *Chauffage système Laycock, du Great Northern.* — On a mis en service dans ces dernières années, sur le Manchester-Sheffield et le Great Northern, un nouveau système de chauffage consistant essentiellement en un cylindre, renfermant un liquide incongelable et placé dans la cloison qui sépare deux compartiments voisins.

Le liquide est chauffé par la vapeur arrivant de la machine, et chauffe à son tour, par rayonnement, l'air de chaque compartiment. Une soupape placée sur la

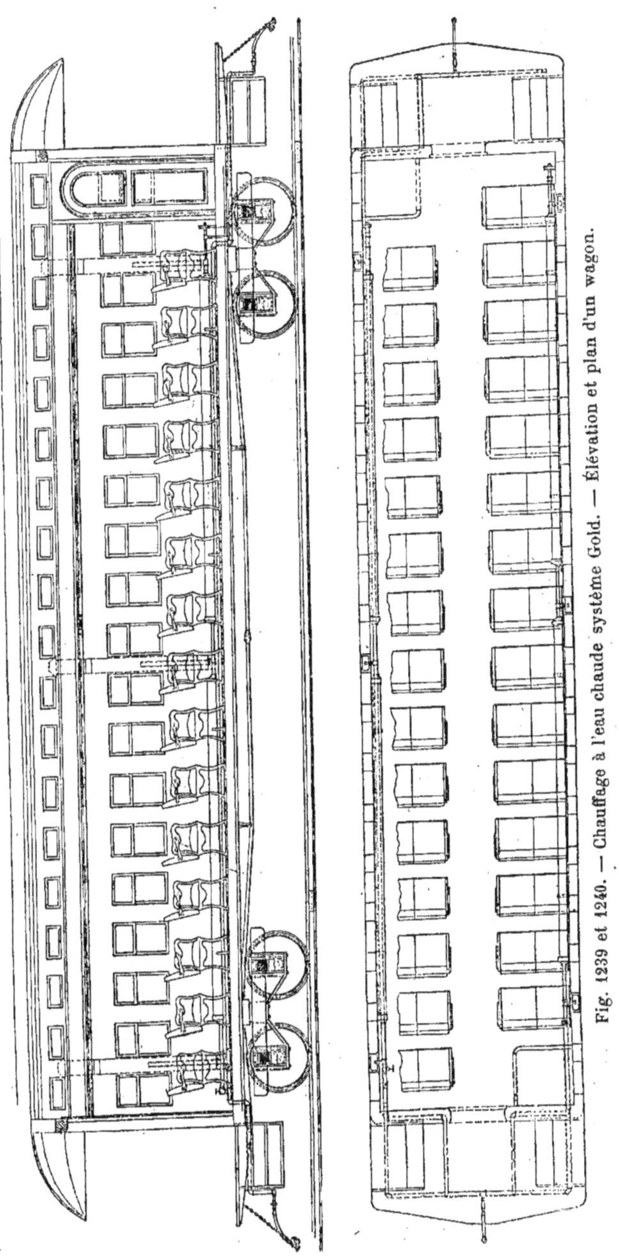

Fig. 1239 et 1240. — Chauffage à l'eau chaude système Gold. — Élévation et plan d'un wagon.

conduite de vapeur s'ouvre automatiquement pour laisser échapper l'eau de condensation pendant tout le temps néces-

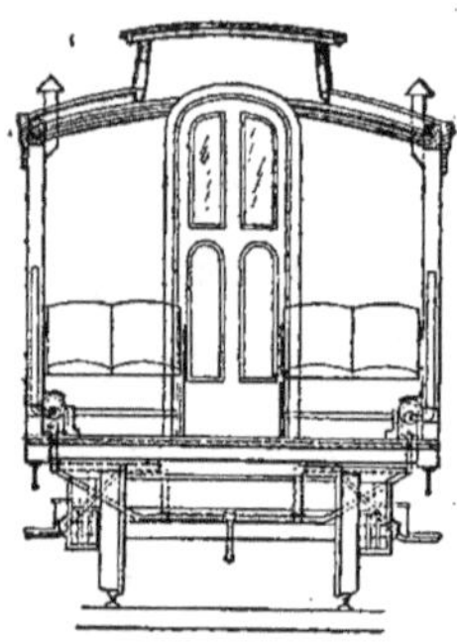

Fig. 1241. — Chauffage à l'eau chaude système Gold. Coupe transversale d'un wagon.

saire pour amener les parois du tuyau à la température de la vapeur. Une fois ce résultat obtenu, la soupape se ferme. Lorsqu'on interrompt l'arrivée de vapeur, la conduite se refroidissant, il se produit une condensation ; mais la soupape se rouvre et l'eau s'écoule, de sorte qu'il n'y a aucun danger de congélation.

Un couplage automatique réunit les tronçons de la conduite aux extrémités de chaque wagon, de sorte que l'on peut facilement ajouter ou retrancher un wagon sur le parcours du train. Dans ce dernier cas, la quantité de chaleur enmagasinée dans le récipient suffit pour maintenir la température du wagon pendant plusieurs heures. Chaque compartiment est muni d'un régulateur à portée de la main des voyageurs et permettant de modérer le rayonnement du récipient.

682. *Chauffage mixte, système Gold.* — Dans le système américain de M. Gold l'agent calorifique employé est bien encore la vapeur prise sur la chaudière de la locomotive ; mais le chauffage s'opère au

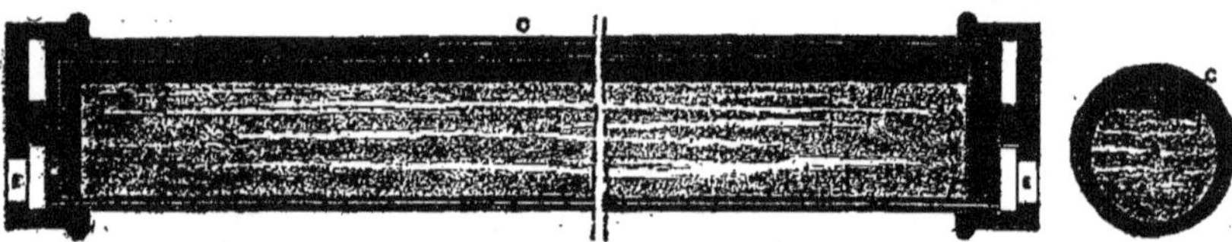

Fig. 1242 et 1243. — Chauffage à l'eau chaude système Gold. — Coupes du tuyau-bouillotte.

moyen de l'intermédiaire de l'eau renfermée dans des conduites longeant le véhicule et suivant ses deux parois, véritables bouillottes fixes continues et de grandes dimensions (*fig.* 1239 à 1241).

Ces longues chaufferettes spéciales sont formées de deux tuyaux horizontaux en fer forgé, emboîtés l'un dans l'autre ; au début, le tuyau intérieur reposait sur le fond de son enveloppe (*fig.* 1242 et 1243), de manière à laisser un vide C à la partie supérieure ; la pratique a montré qu'il était préférable de suspendre, au contraire, le plus petit des deux tuyaux dans le plus grand, au moyen de supports espacés, de manière à ménager le vide à la partie inférieure. Dans ce vide, en effet, circule la vapeur arrivant de la locomotive, et cette dernière disposition est, on le conçoit, mieux appropriée à l'écoulement de l'eau de condensation (*fig.* 1244).

Le tuyau intérieur a 0^m,093 de diamètre extérieur ; il est hermétiquement clos et

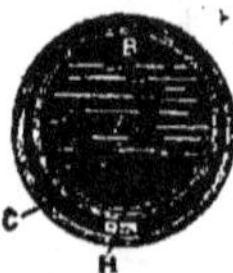

Fig. 1244. — Chauffage à l'eau chaude, système Gold. Nouvelle disposition du tuyau bouillote.

renferme aux sept huitièmes de son volume une certaine quantité d'eau A assez fortement chargée de sel marin, pour résister aux gelées ordinaires du climat où l'on opère. Cette solution est introduite par un bouchon à vis F une fois pour toutes.

Le tube extérieur, de 0ᵐ,10 de diamètre, permet la libre dilatation du premier dans son intérieur et se termine par deux chapeaux vissés D, avec ouvertures E à la partie inférieure, permettant l'arrivée et la sortie de la vapeur en même temps que de l'eau de condensation.

On voit, en somme, comment s'opère le chauffage, moitié à la vapeur directe, moitié à la bouillotte fixe, servant de volant de chaleur et beaucoup mieux chauffée par ce courant de vapeur extérieur

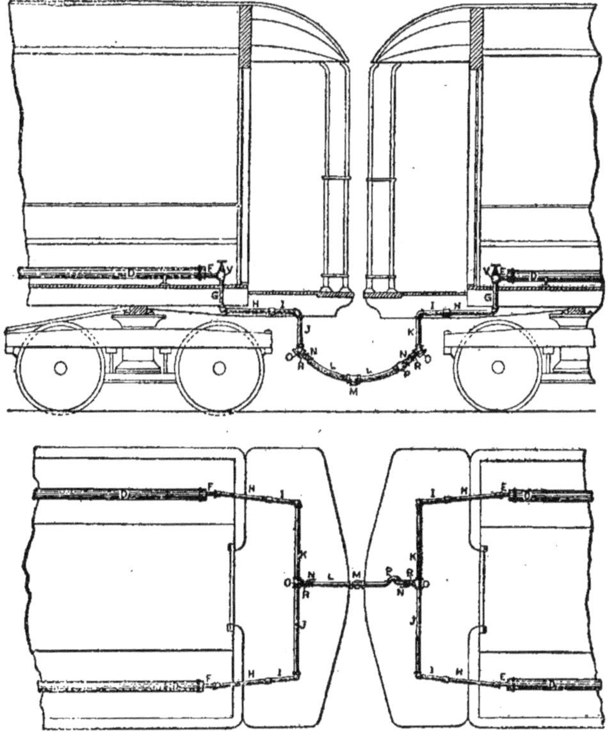

Fig. 1245 et 1246. — Chauffage à l'eau chaude système Gold. — Jonction de deux véhicules. — Élévation et plan.

que par les systèmes ordinaires traversant les chaufferettes qui présentent, en général, beaucoup moins de surface de chauffe. On peut ainsi, au moyen de soupapes disposées convenablement, régler le degré de chauffage, et même voir celui-ci continuer quand, pour un motif quelconque, comme une manœuvre de gare, la vapeur de la locomotive vient à manquer.

Les deux conduites longitudinales d'un véhicule se rejoignent aux extrémités de celui-ci de manière à se réunir en un seul tuyau NLMPR (*fig.* 1245 et 1246), où se trouve appliqué le raccord flexible Gold, deuxième type que nous avons décrit précédemment (*fig.* 1247 et 1248). Les tuyaux-bouillottes sont munis de valves d'arrêt V placées à leurs extrémités et permettant, par un temps doux, de supprimer le chauffage dans l'un des tuyaux. Le branchement de raccordement IJK en porte une autre au point R, où il se bifurque afin de supprimer complètement le passage de la vapeur dans les deux conduites à la fois, le cas échéant. Au point bas M, se trouve une soupape automatique s'ouvrant du dehors au dedans sous l'effet de la pression atmosphérique et permettant l'échappement de l'eau de condensation produite quand la température, et par suite la pression, ont baissé dans l'intérieur de la conduite.

Ce système est employé sur l'Elevated de New-York, le Manhatan Railway, le Staten Island Rapid Transit Railroad, le Hoboken Cableroad, le Suburban Rapid Transit de New-York, le Wyandotte Ry

Fig. 1247 et 1248. — Chauffage à l'eau chaude, système Gold. — Accouplement flexible.

près de Krusas-City. C'est dire qu'il jouit d'une certaine autorité en Amérique, où le chauffage par poêles, nous le répétons, est de plus en plus abandonné pour être remplacé par le chauffage à la vapeur.

683. *Chauffage continu à l'eau chaude, système Belleroche.* — M. Belleroche, chef de service du Grand Central belge est d'avis que l'avenir est aux systèmes de chauffage continus contrairement à l'opinion de nombreux ingénieurs qui pensent le contraire.

Son système consiste à envoyer de l'eau chaude prise dans la chaudière de la locomotive dans une conduite générale qui la ramène dans des bouillottes fixes placées dans les voitures. Il exclut ainsi la présence de tout foyer sur ces dernières, et par suite les conséquences graves qui

peuvent en résulter en cas d'accident. Le courant d'eau partant de la locomotive pour y revenir, est soumis dans ces deux cas extrêmes à la surveillance du chauffeur, qui peut ainsi modifier à chaque instant les températures de manière à obtenir un chauffage rationnel et constant. Un courant d'eau chaude résout pratiquement ce problème avec beaucoup de docilité, ainsi qu'on peut le démontrer facilement par un calcul simple de calorimétrie.

Ce système appliqué sur le Grand Central belge depuis 1884 a subi diverses modifications ; le voici dans sa dernière transformation (*fig.* 1249 à 1253) et la légende ci-dessous donne la description de toutes les pièces.

a, Accumulateur d'eau chaude pour le chauffage ;

b, Tuyau d'évacuation de l'eau froide du réservoir ;

c, Clapet s'ouvrant de dehors en dedans pour admettre l'eau froide dans le réservoir ;

d, Réservoir de trop-plein d'eau chaude alimentant les injecteurs d'alimentation de la chaudière ;

e, Tuyau de départ et de refoulement vers le train ;

f, Communication de trop plein pour l'eau chaude, retour du train avec l'accumulateur ;

g, Arrivée de l'eau de chauffage, retour du train ;

h, Tuyau d'injection de vapeur par le tuyau de retour ;

i, Injecteur Körting, n° 7, en charge ;

j, Appareil de dérivation de l'eau de l'injecteur ;

l, Injecteur Körting, n° 7, alimentant le chauffage et la chaudière ;

m, Tuyau du manomètre du chauffage ;

n, Prise de vapeur ;

o, Injecteur Körting, n° 5, alimentant le chauffage seul ;

p, Prise d'eau froide pour le chauffage ;

r, Réservoir mélangeur d'eau chaude et froide pour le chauffage ;

s, Soupape réglant l'admission d'eau chaude pour le chauffage ;

t, Thermomètre ;

v, Vidange du tuyau de départ.

L'injection de gauche sert à activer le

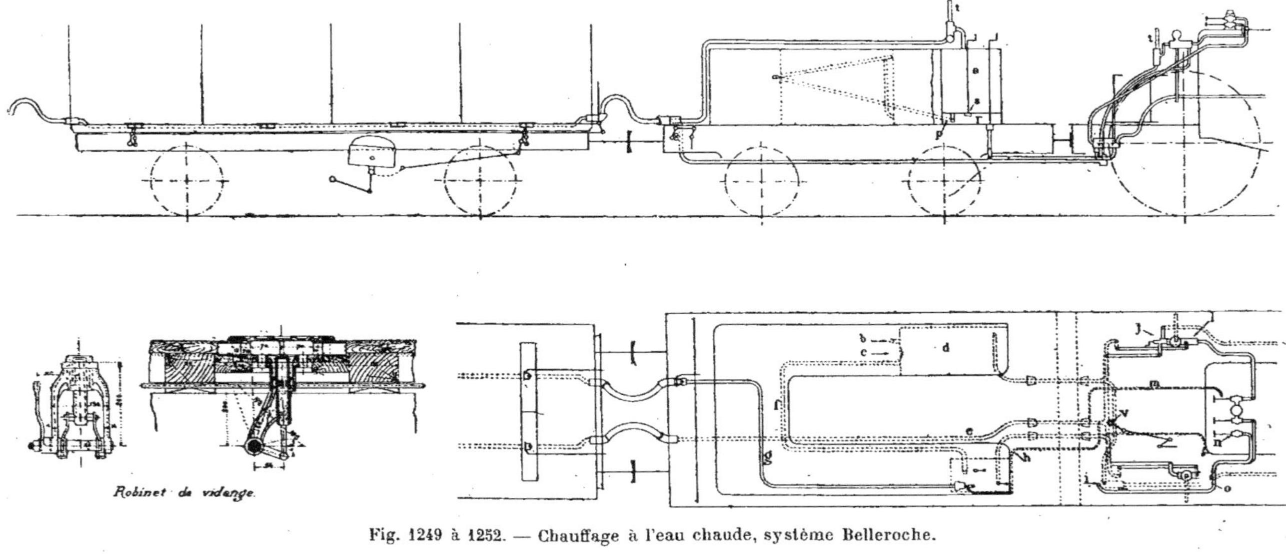

Fig. 1249 à 1252. — Chauffage à l'eau chaude, système Belleroche.

remplissage des chaufferettes à la mise
en train ; la quantité totale d'eau nécessaire pour un train de douze voitures est
de 500 litres. Les deux injecteurs d'alimentation de la chaudière prennent leur
eau dans le réservoir et le trop-plein d'eau
chaude, ménagé à gauche dans la soute à
eau du tender ; l'emploi des injecteurs
Körting est exigé par la température de
l'eau.

Un troisième injecteur O placé à droite
et alimentant le chauffage seul prend son
eau dans le réservoir mélangeur v, où une
proportion déterminée d'eau chaude de
retour du train se mélange avec de l'eau
froide venant des tenders.

Un manomètre indiquant la pression et
un thermomètre la température de l'eau

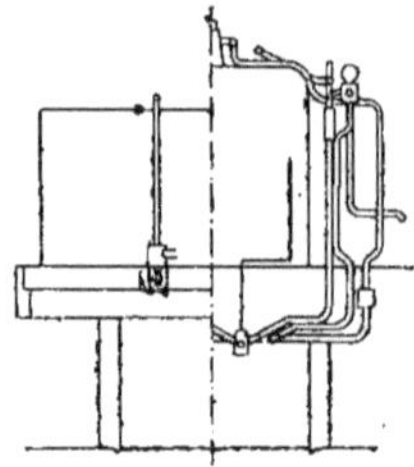

Fig. 1253. — Chauffage à l'eau chaude,
système Belleroche.

laissée dans le train, accompagnent l'injecteur O du chauffage.

Ce dernier injecteur est relié, ainsi que
celui de gauche l, par des tuyaux, à un
robinet qui commande la rotule accouplant
les conduites de départ à la machine avec
la conduite de départ du tender. Ce robinet V sert à la vidange des conduites de
départ de la locomotive et du tender.

La locomotive porte en outre un tuyau
d'injection de vapeur, accompagné d'une
pièce spéciale et permettant de substituer
la mise en train à la vapeur par les grands
froids.

Le tender porte une conduite de départ
et une conduite de retour avec sa vidange
en queue. Cette conduite se termine par un
robinet spécial qui la raccorde avec l'accumulateur a d'eau chaude. Quand ce robinet est fermé, il permet une injection

directe de vapeur dans la conduite de retour ; quand au contraire il est ouvert,
l'eau de retour se déverse dans l'accumulateur. La température de retour est indiquée par un thermomètre.

L'accumulateur a d'eau chaude est ménagé à droite dans la soute à eau. Il est
entièrement clos et sert de réservoir à
l'eau chaude revenant du train.

Une conduite établissant une pression
constante par la différence de niveau de
ses extrémités, relie le bas de l'accumula-

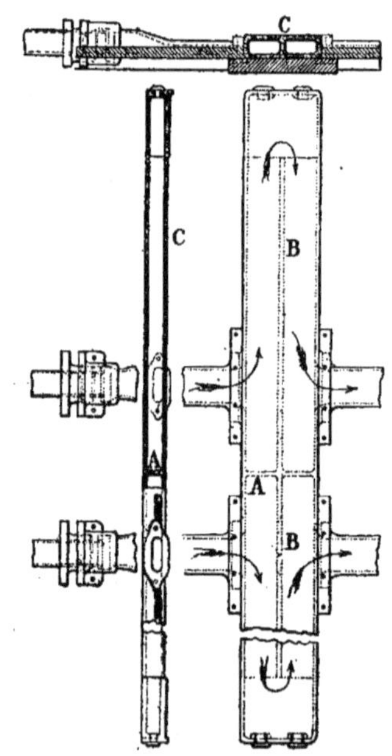

Fig. 1254 à 1256. — Chauffage à l'eau chaude,
système Belleroche. — Coupes et plan
d'une chaufferette.

teur avec le haut du réservoir de trop-plein
d'eau chaude, à gauche. L'accumulateur
porte à la partie supérieure un petit robinet de purge d'air, que l'on ouvre pendant
le remplissage du tender.

Il communique, en outre, à sa partie
inférieure, par l'intermédiaire d'une soupape, avec le réservoir mélangeur. La
manœuvre de cette soupape sert à régler
la quantité d'eau chaude nécessaire au

chauffage ; cette eau se mélange avec la quantité voulue d'eau froide fournie par le tender, de façon à amener, à l'appel de l'injecteur *o* de chauffage, un débit régulier et en harmonie avec la température.

Le réservoir de trop-plein d'eau chaude *d* est entièrement isolé du tender ; les injecteurs d'alimentation viennent y prendre l'excès d'eau de retour non réemployée au chauffage et la renvoient dans la chaudière. Le supplément d'eau froide nécessaire à la l'alimentation y est introduit par un clapet. Une petite ouverture ménagée dans sa paroi supérieure y donne accès à l'air.

Les voitures portent deux chaufferettes en fonte par compartiments (*fig.* 1254 à 1256) fixées au plancher. Celles-ci sont à chicanes intérieures forçant l'eau chaude à circuler.

Ces chaufferettes sont reliées par deux séries de conduites (aller et retour) en fer étiré, terminées aux pignons des voitures par des amorces, sur lesquelles se fixent les raccords flexibles de jonction des véhicules. Ces raccords sont en caoutchouc fixés par un bout à demeure pendant la saison du chauffage, à une extrémité de chacune des conduites. L'autre bout est muni d'un emmanchement à étrier analogue à celui du chauffage à la vapeur.

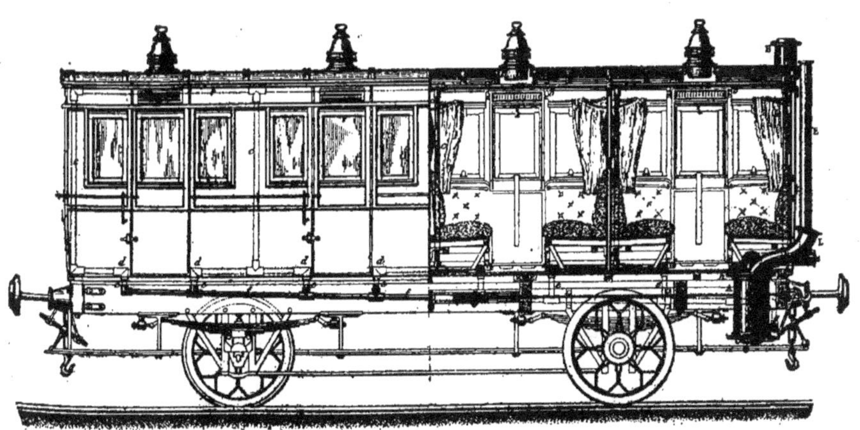

Fig. 1257. — Circulation d'eau chaude à basse pression, système Weibel, Briquet et C⁰. — Voiture de 2ᵉ classe.

Des robinets de vidange sont établis au milieu de chaufferettes extrêmes, soit quatre par trains ; cette situation les met à l'abri de toute chance de congélation (*fig.* 1251 et 1252).

La manœuvre simultanée des quatre robinets de vidange se fait par un tambour analogue à celui des freins à vide de Clayton. D'ailleurs, la manœuvre des robinets de vidange et celle du frein automatique des voitures sont solidaires, de sorte que les roues d'un véhicule étant calées par le fait du découplement, il faut manœuvrer la commande de la vidange pour les rendre libres. Le retrait d'une voiture qui devait

être abandonnée en cours de route exige donc la vidange préalable des appareils de chauffage.

Les avantages de ce système résident surtout en somme, dans la possibilité de contrôler et de régler à volonté le chauffage qui est constant et uniforme ; mais il présente l'inconvénient de nécessiter un emprunt à la locomotive, ou l'addition d'une chaudière dans un fourgon, et surtout un accouplement de plus entre tous les véhicules des trains. Ce système, en outre, ne doit être applicable qu'aux trains de faible longueur et a besoin d'une double conduite.

Chauffage par circulation d'eau chaude à basse pression.

684. Dès 1872, les chemins de fer de la Suisse occidentale avaient installé le chauffage par circulation d'eau chaude d'après le programme suivant :

Indépendance complète de voitures entre elles ;

Appareil pouvant fonctionner sans aucune surveillance entre deux stations principales pendant au moins trois heures, et n'exigeant qu'un temps de service très court en stations ;

Conservation de toutes les places de la voiture ;

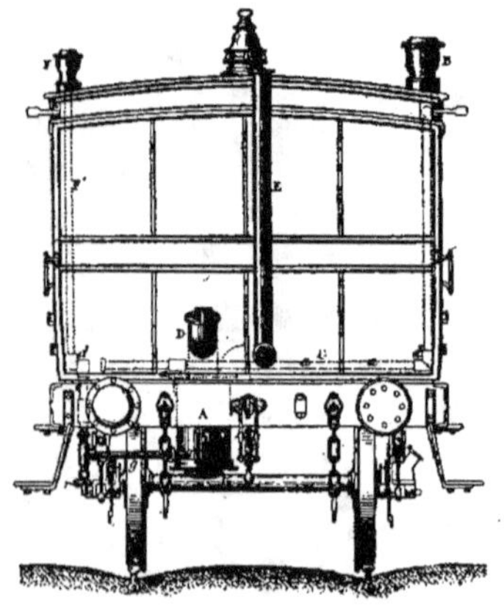

Fig. 1258. — Circulation d'eau chaude à basse pression, système Weibel, Briquet et Cⁱᵉ. Voiture de 2ᵉ classe vue en bout.

Entrée et sortie sans aucune gêne pour les voyageurs ;

Absence complète de toute saillie pouvant faire obstacle aux manœuvres de gare.

Ce programme fut réalisé par MM. Weibel, Briquet et Cⁱᵉ, de Genève, de la manière suivante, dont nous extrayons la description d'une notice publiée par la compagnie elle-même.

Une chaudière A est installée sous le plancher de la voiture, sous l'une des banquettes adossées à la paroi extrême. Un tuyau d'eau chaude *a* part de sa partie supérieure, longe la banquette sous laquelle se trouve la chaudière, atteint l'angle de la voiture et monte au niveau du toit, où se trouve le vase d'expansion B. A l'intérieur de la voiture, le tuyau *b* se détache du tuyau *a*, longe l'angle supérieur jusqu'à l'autre extrémité ; ce tuyau distributeur d'eau chaude alimente les embranchements descendants *c* (*fig.* 1257 et 1258).

Chacun de ces tuyaux suit l'angle d'un compartiment et descend au niveau du plancher, où il se bifurque en deux branches formant les tuyaux de chauffe proprement dits et qui traversent la voiture,

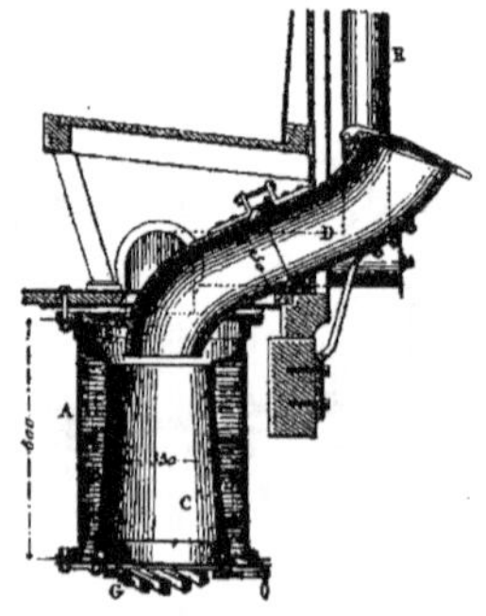

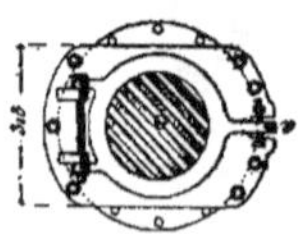

Fig. 1259 et 1260. — Circulation d'eau chaude à basse pression, système Weibel, Briquet et Cⁱᵉ. — Coupe longitudinale et vue en dessous d'une chaudière.

sur le plancher, au droit du bord de chacune des banquettes. Arrivés de l'autre côté, ils traversent le plancher, et par les descentes *e* rejoignent le tuyau collecteur *f*, qui ramène l'eau refroidie à la chaudière par le tuyau *g*.

On avait d'abord essayé de placer la chaudière en dehors du wagon, contre la paroi du bout, portée sur des consoles au-dessus de l'un des tampons. On y renonça parce que cette disposition présentait des dangers pour les hommes chargés des manœuvres. Après quelques tâtonnements ayant surtout pour but de déterminer le volume minimum que pouvait recevoir la chaudière, tout en conservant un bon fonctionnement, on reconnut qu'il était possible de lui donner un volume assez restreint pour la loger sous le plancher de la voiture.

La place dont on dispose est assez resserrée. Le diamètre extérieur de la chaudière est déterminé par la distance entre la barre du crochet d'attelage et celle du crochet d'une des chaînes de sûreté. Sa hauteur est limitée par la hauteur des chariots roulants en usage pour le service des remises de chemins de fer de la Suisse occidentale. Non seulement

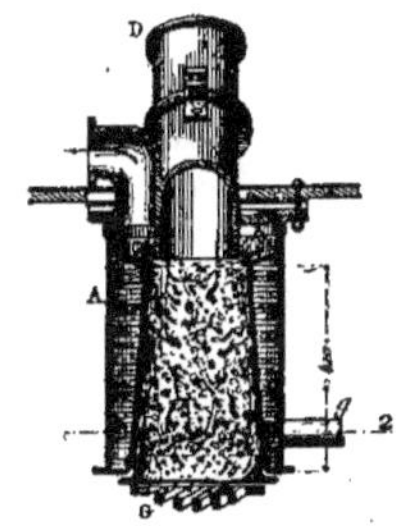

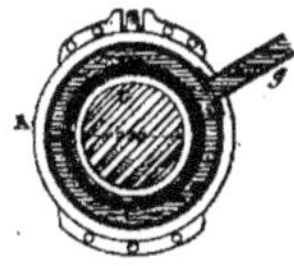

Fig. 1261 et 1262. — Circulation d'eau chaude à basse pression, système Weibel, Briquet et Cie. Coupes d'une chaudière.

il fallait tenir compte de la hauteur de la traverse de ces chariots au-dessus des rails, mais encore de la position que prend la voiture en montant sur le chariot ou en le quittant ; il fallait encore prévoir les flexions exigées des ressorts, flexions sortant quelquefois des limites prévues.

On est arrivé à satisfaire à toutes ces conditions en donnant à la chaudière un diamètre de 0^m,350 et une hauteur de 0^m,500 (fig. 1259 à 1263). Elle est fermée à la partie supérieure par une plaque de fonte h fixée par des boulons à la cornière circulaire supérieure. Cette plaque de

fonte porte au centre la trémie de chargement D, et sur le côté, la turbulure de départ du tuyau de fumée E. La trémie est prolongée à l'intérieur par une sorte d'entonnoir.

Le foyer C a la forme d'un tronc de cône de 0^m,250 de base inférieure ; à sa partie supérieure il est resserré de manière à laisser autour de l'entonnoir de la trémie un vide d'un centimètre seulement de largeur. C'est par cette ouverture annulaire que s'échappent les produits de la combustion, qui se rassemblent autour du prolongement de la trémie et gagnent le tuyau de fumée.

À la partie supérieure, le foyer n'a que 0^m,190 de diamètre ; ce rétrécissement a pour but de gêner la combustion du coke en ce point et de diminuer le rayonnement contre la plaque de fonte; grâce à

Fig. 1263. — Circulation d'eau chaude à basse pression, système Weibel, Briquet et Cie. Vase d'expansion.

cette précaution, en effet, la température de la plaque de trémie reste basse, et les produits de la combustion ne chauffent que très faiblement le tuyau de fumée.

La grille G (fig. 1252) est portée par une cornière circulaire fixée au bas de la chaudière ; elle est à charnière et maintenue dans sa position horizontale par un verrou v ; son diamètre est de 0^m,220, ce qui correspond à une surface de 3^{cm},80.

L'alimentation de combustible se fait par la trémie D, dont l'ouverture est placée sur le pignon du véhicule; le foyer peut renfermer 6 kilogrammes de coke et la trémie 4^k,5. En laissant le feu se consommer jusqu'au bout, un chargement complet peut durer 10 heures et demie, la dépense étant d'environ 1 kilogramme par heure. Cependant la quantité de combustible contenue dans la trémie constitue seule la réserve réellement disponible quand il s'agit de poursuivre le chauffage ; elle suffit alors pour quatre heures et demie.

Il serait facile d'augmenter le combustible en augmentant la hauteur de la trémie ; on pourrait sans inconvénient l'élever jusqu'au niveau du toit, de sorte que le chargement pourrait se faire en montant sur les voitures, comme on procède pour l'entretien des lampes ordinaires.

L'eau circule comme d'ordinaire dans les tuyaux, à cause de la différence de poids spécifique qu'elle éprouve par suite de sa dilatation par la chaleur ; l'eau chaude tend à monter tandis qu'elle est remplacée par de l'eau froide qui retourne à la chaudière.

On règle la pression de l'eau, et on l'empêche de s'élever en mettant le point le plus haut de la circulation en libre communication avec l'atmosphère. On obtient ce résultat au moyen du vase d'expansion B. (*fig.* 1257, 1258 et 1263), placé sur le toit du wagon et ouvert à sa partie supérieure de manière à donner issue aux bulles d'air qui peuvent se dégager de l'eau par suite du chauffage.

Ce vase d'expansion doit toujours contenir une certaine quantité d'eau au moment du remplissage afin de pouvoir suppléer aux vides qui se produisent par suite du dégagement des bulles d'air contenues dans les tuyaux ; de plus, pendant le chauffage, l'eau se dilate, et ce vase sert de trop-plein permettant de recevoir sans inconvénient le supplément d'eau résultant de cet excès de volume. Il a fallu prendre quelques précautions pour que les chocs résultant des manœuvres des véhicules ne fissent point projeter au dehors l'eau contenue dans ce vase d'expansion.

Pour cela, l'ouverture de ce vase porte à l'intérieur une petite tubulure conique b^1 (*fig.* 1263), dont l'extrémité débouche dans une petite coupe en cuivre b^2 supportée par trois pattes fixées au couvercle. Cette coupe en cuivre est percée de petits trous. Lorsqu'un coup de tampon projette l'eau du vase contre le couvercle, la coupe se remplit d'eau et s'oppose à la projection de celle-ci au dehors. Quand l'eau est revenue au repos, celle qui rem-

plissait la coupe s'écoule par les trous, et la communication avec l'atmosphère est rétablie.

Dans les installations fixes de ce genre on prend la précaution de disposer tous les tuyaux avec une pente montant vers le vase d'expansion, afin de favoriser le dégagement de l'air. On évite avec soin les parcours horizontaux et à plus forte raison les contrepentes, parce que l'air se loge dans ces parties et fait obstacle à la circulation de l'eau.

Ici, il est moins commode de tenir compte de ces nuances et la pratique a démontré que c'était inutile. Le tuyau de distribution b et les tubes de chauffe d sont complétement horizontaux ; on a simplement compté pour opérer le dégagement des bulles d'air sur les inclinaisons inévitables et variées que prend le véhicule sous l'influence des déclivités de la voie et du devers des courbes, aidée des trépidations dues au roulement. Ces prévisions se sont parfaitement réalisées, et la circulation se fait en marche avec la plus grande régularité.

Les tuyaux de circulation d'eau chaude sont en fer étiré de 31 millimètres de diamètre intérieur.

Ils sont assemblés à vis dans des manchons taraudés comme des tuyaux de conduite de gaz. Ce mode d'assemblage très simple a fort bien tenu ; il n'y a eu aucune fuite produite par les ébranlements de la marche. Il n'y a d'ailleurs dans l'appareil entier que deux joints à bride sur le tuyau g. Le but de ces joints est d'offrir un démontage facile lorsqu'on sépare la caisse de son train pour les réparations.

L'appareil tout entier est fixé à la caisse et s'enlève avec elle : la chaudière passe entre les barres du crochet d'attelage et de la chaîne de sûreté (*fig.* 1258). Seul, le tuyau g, qui passe par-dessous le châssis du train, ferait obstacle ; il a donc fallu le rendre facilement démontable.

La longueur totale des tuyaux de circulation est de 44^m,50 dont 36^m,30 placés à l'intérieur de la voiture fournissent une surface de chauffe réellement utilisée de 4^{m2},50.

La surface de refroidissement de la voiture, soit le total de ces surfaces extérieures, est de 68 mètres carrés.

Les différentes surfaces sont donc entre elles dans les proportions suivantes : la surface de chauffe de la chaudière est le 1/53 de la surface d'émission totale, et la surface d'émission utilisée à l'intérieur de la voiture est le 1/15 de la surface de refroidissement du véhicule.

L'entonnoir de remplissage F communique par le tuyau F' avec le point le plus bas de la circulation, en g. En procédant ainsi on est certain que l'appareil se remplit complètement ; l'eau monte en chassant devant elle l'air qui sort par le vase d'expansion. En même temps cela rend le remplissage facile dans le cas où l'on voudrait vider la circulation pendant les intervalles du service afin de se soustraire aux effets de la gelée.

Le plus souvent pendant la nuit on se contente de laisser brûler le feu. Normalement en effet la consommation de coke reste au-dessous de 1 kilogramme par heure, soit 263 grammes par décimètre carré de grille. C'est là un chiffre extrêmement faible qui provient en première ligne de ce que le coke brûle mal au contact de surfaces maintenues par l'eau à une basse température ; la combustion vive reste limitée à la partie centrale du foyer, et la périphérie brûle peu. Malgré cela, une surface de chauffe de $0^{m2},1138$ de chaudière en contact avec le combustible (la surface du tronc de cône inférieur, la seule qui voit le feu, est de $0^{m},0855$) suffit pour chauffer $6^{m2},090$ de surface de refroidissement, savoir :

Surface des tuyaux à l'intérieur de la voiture............ $4^{m2},500$

Surface des tuyaux à l'extérieur (collecteur et retour d'eau). 1 060

Surface extérieure de la chaudière (cette surface devra recevoir une enveloppe)............... 0 530

—————

Total.. $6^{m2},090$

Lorsque la voiture ne marche pas, la consommation de combustible tombe de moitié, soit à 500 grammes par heure. On ne recharge pas la trémie, et il suffit que le veilleur fasse tomber la cendre une fois au milieu de la nuit ; cette précaution fort

simple met à l'abri de tout accident. Pour une plus longue interruption de service, on vide la circulation par le robinet r : la quantité d'eau renfermée dans l'appareil entier n'est que de 55 litres, y compris la chaudière. On pourrait, d'ailleurs, éviter toute crainte de gelée en mélangeant à l'eau 40 0/0 de glycérine qui se congèle à — 17°,5.

En résumé, la consommation par heure de marche est d'environ 1 kilogramme par voiture pour un écart de température avec l'extérieur d'environ 15 degrés.

La perte d'eau due à l'évaporation par le vase d'expansion est d'environ 1 litre par jour ; comme le niveau dans ce vase peut varier un peu sans inconvénient, on ne rajoute de l'eau que tous les deux ou trois jours.

On peut faire varier dans certaines limites l'intensité du chauffage au moyen d'un petit registre à bascule placé dans le tuyau de fumée et disposé de manière à ne pouvoir jamais fermer complètement ce tuyau afin d'éviter des extinctions par imprudence.

Les avantages préconisés par les inventeurs sont les suivants :

a) La chaleur est uniformément répartie d'un bout à l'autre de la voiture, et les surfaces d'émission étant placées sous les pieds des voyageurs, le chauffage est très agréable ;

b) Le foyer est extérieur à la voiture ; les voyageurs ne sont pas incommodés par la chaleur rayonnante, par les produits de la combustion et par le service ;

c) L'appareil ne prend dans la voiture aucune place utile.

d) L'emploi de ce système n'entraîne aucune sujétion dans la composition des trains, ni aucune complication dans l'attelage des voitures ;

e) Le chauffage de chaque voiture peut se faire isolément et en fort peu de temps, soit avant la composition des trains, soit au moment du départ, si le train est plus considérable qu'on ne l'avait prévu ;

f) Le service, ne se faisant qu'aux stations principales, est facile à surveiller et le personnel qui accompagne le train n'a pas à s'en occuper ;

g) La consommation de combustible est

réduite par heure et par voiture à 1 kilogramme de coke, en marche, et à 500 grammes, en stationnement ;

h) Le combustible employé, le coke, n'est pas cher et se trouve partout facilement.

Au besoin on pourrait employer la houille ;

i) L'économie résulte :

1° Par rapport au chauffage par les bouillotes : d'une extrême simplification dans le service, de la suppression de tout local de chauffage et de chaudières fixes dans les gares, de l'entretien des bouillottes et du tapis, etc. ;

2° Par rapport au chauffage à vapeur : de la simplification du service de manœuvres de gares, de l'absence de consommation d'eau, d'une moindre consommation de combustible, de la suppression du fourgon portant la chaudière, sa provision d'eau et de combustible ou de celle des tuyaux de jonction avec la chaudière de la locomotive ;

3° Par rapport au chauffage par le charbon chimique aggloméré (briquettes) : du prix du coke comparé à celui des briquettes.

Le chauffage au charbon chimique coûte par compartiment et pour 12 heures 2f,50 soit pour 4 compartiments....... 10f00

La consommation de coke pour le chauffage par circulation d'eau chaude, pour une voiture à 4 compartiments, est dans les 24 heures, en tenant compte du chauffage en stationnement, de 20 kilogrammes, qui, à raison de 4f,50 par 100 kilogrammes, coûtent... 0 90

L'économie par voiture et par jour est donc au moins de 1 fr... 9 10

Ces avantages ont été constatés par le service régulier que six voitures chauffées par ce système ont fait pendant l'hiver 1872-1873 sur la ligne de la Compagnie des chemins de fer de la Suisse occidentale.

Le résultat favorable des essais du premier hiver a engagé cette Compagnie à employer ce système sur une plus grande échelle.

685. *Appareil Weibel et Briquet de la Compagnie de l'Est.* — Les essais précédents ont été repris en France par la Compagnie des chemins de fer de l'Est, et en Allemagne par les chemins de fer rhénans.

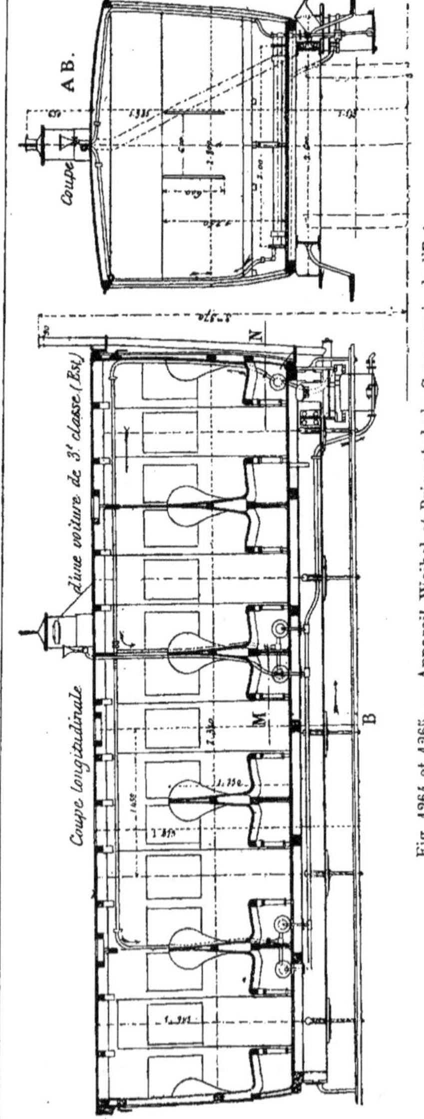

Fig. 1264 et 1265. — Appareil Weibel et Briquet de la Compagnie de l'Est.

Nous nous occuperons d'abord de la première (*fig.* 1264 à 1277).

L'appareil employé par la Compagnie de l'Est en troisième classe, ressemble beaucoup au précédent et n'en diffère que

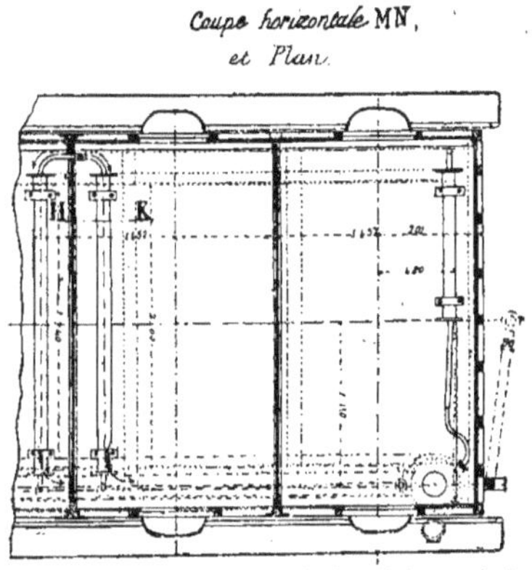

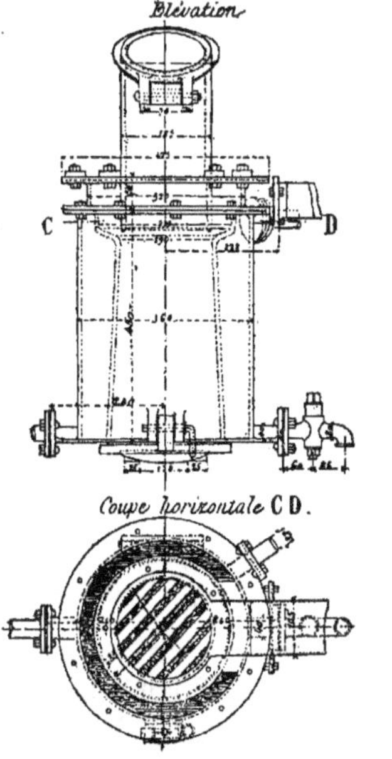

Fig. 1266. — Appareil Weibel et Briquet de la Compagnie de l'Est.

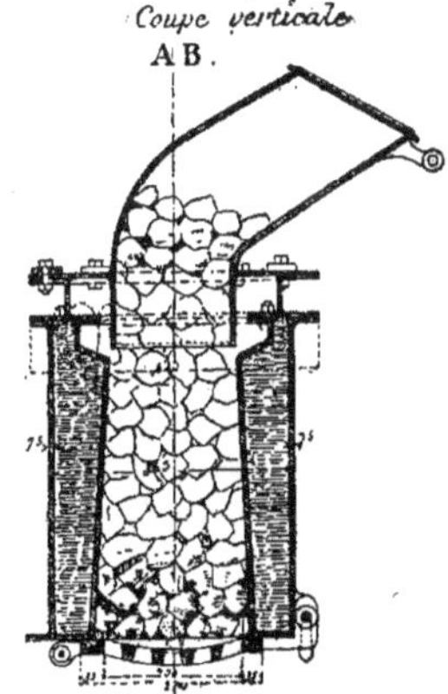

Fig. 1269. — Appareil Weibel et Briquet de la Compagnie de l'Est. — Chaudière.

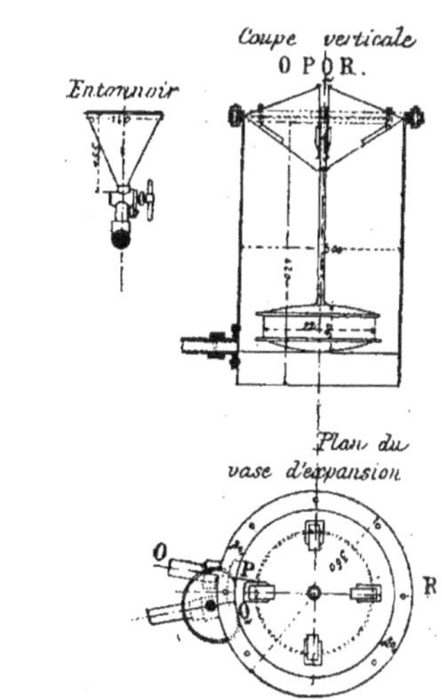

Fig. 1267 et 1268. — Appareil Weibel et Briquet de la Compagnie de l'Est. — Chaudière.

Fig. 1270 à 1272. — Appareil Weibel et Briquet de la Compagnie de l'Est. — Vase d'expansion.

seule pièce ; le couvercle seul est à part et porte la tubulure du tuyau de fumée. La

grille, en fonte et à charnière, est maintenue en place par un verrou ; le foyer et la

trémie peuvent contenir 10 kilogrammes de coke.

Les tuyaux de chauffe sont en cuivre

par certains détails. Ainsi la chaudière (*fig.* 1267 à 1269) est en fonte coulée d'une rouge de 0^m,090 de diamètre et de 2 mètres de longueur ; ils sont tous placés sous les banquettes, savoir : le premier contre le pignon du véhicule voisin de la chaudière ; deux autres adossés de chaque côté de la seconde cloison, et les deux derniers également adossés près de la dernière sépa-

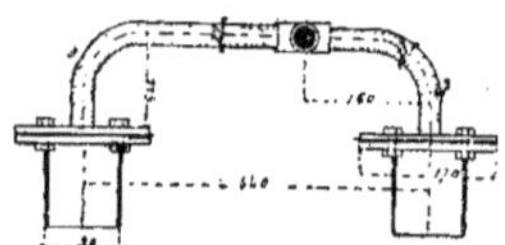

Fig. 1273. — Appareil Weibel et Briquet de la Compagnie de l'Est. — Plan du raccord de deux bouillottes.

ration, à l'autre extrémité de la voiture (*fig.* 1264). Ces couples de tuyaux sont réunis par des raccords en fer courbé (*fig.* 1274) maintenus au plancher par une bride en fer forgé (*fig.* 1274).

Le premier tuyau de chauffe isolé près du pignon, reçoit l'eau chaude de la chaudière par une conduite de départ en cuivre

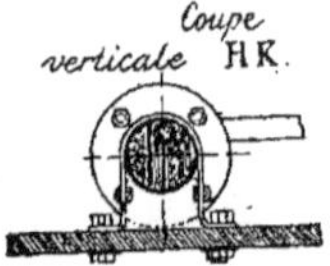

Fig. 1274. — Appareil Weibel et Briquet de la Compagnie de l'Est. — Coupe verticale HK de la figure 1266.

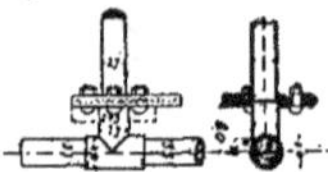

Fig. 1275. — Appareil Weibel et Briquet de la Compagnie de l'Est. — Raccord des retours d'eau.

qui traverse le plancher de la caisse (*fig.* 1264 et 1266). A l'extrémité de ce premier tuyau de chauffe, une conduite

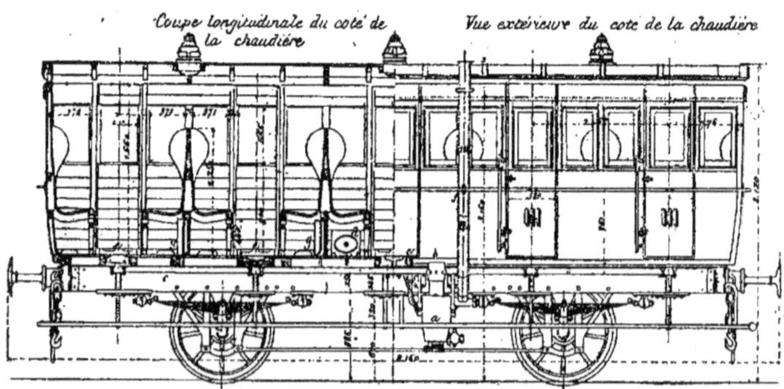

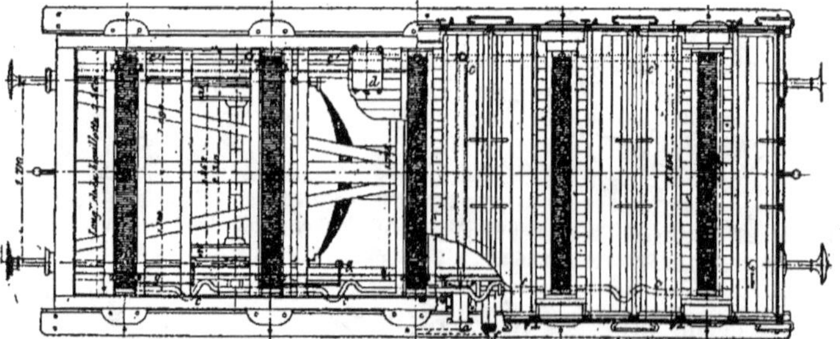

Fig. 1276 et 1277. — Compagnie Est. — Chauffage par thermo-siphon.

générale en tuyaux à gaz, en fer forgé de
0^m,027 de diamètre, se relève verticalement
dans l'angle de la voiture et, se recourbant à angle droit, longe la naissance du
pavillon pour se diriger vers le dernier
compartiment et alimenter les deux tuyaux
jumeaux qui s'y trouvent, pendant qu'une
dérivation alimente ceux de la seconde
cloison vue plus haut.

Le vase d'expansion (*fig.* 1270 et 1271)
est soudé sur le pavillon et en communication avec l'appreil par un tuyau
branché sur la conduite de départ. Au
moyen d'un entonnoir (*fig.* 1272), on verse
dans les tuyaux une quantité d'eau atteignant cent litres. Ce vase d'expansion
renferme un flotteur, dont la tige prolongée
à l'extérieur renseigne à chaque instant
sur la position du niveau de l'eau, et un
appendice en cône renversé soudé au
couvercle qui atténue les oscillations de
l'eau, tout en laissant échapper au dehors
les bulles d'air et de vapeur qui se
dégagent.

Les conduites de retour d'eau sont placées à l'extérieur du véhicule, le long des
châssis et du côté opposé à la conduite

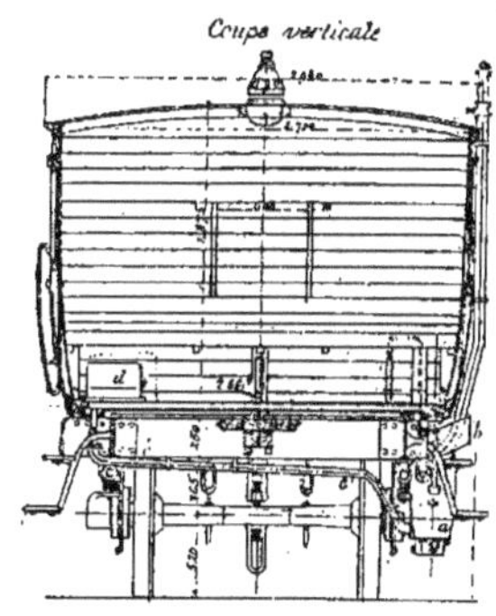

Fig. 1278. — Compagnie Est. — Chauffage par
thermo-siphon.

d'arrivée de vapeur; elles ont 0^m,027 de
diamètre, comme cette dernière (*fig.* 1275).

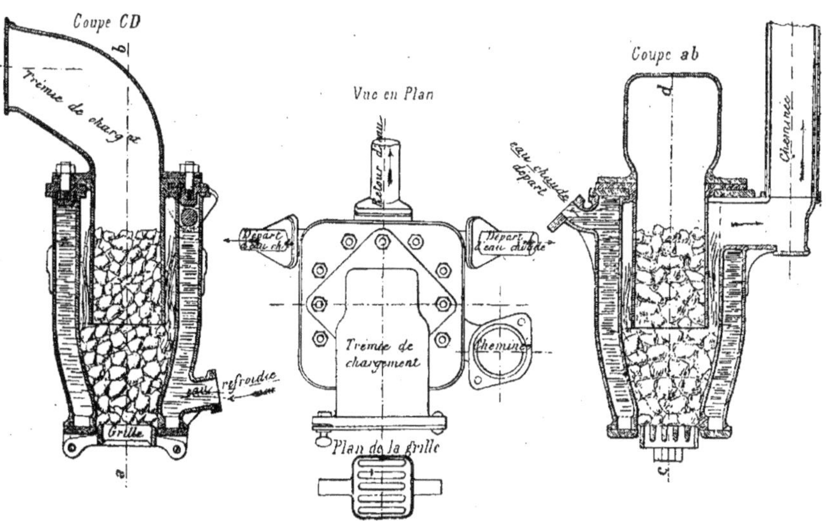

Fig. 1279 à 1281. — Compagnie Est. — Chauffage par thermo-siphon. — Chaudière.

L'appareil complet vide pèse 400 kilogrammes.

686. Cet appareil a lui-même été
perfectionné à la Compagnie de l'Est; les
conduites de départ et de retour ont été
portées à 0^m,033 de diamètre ; l'appareil
avait une contenance de 120 litres; la consommation par heure de marche était de

2 kilogrammes de coke, chiffre tombant à 1^k,300 en stationnement.

La température, un peu plus élevée sous le pavillon que sous le plancher, avec des écarts maximum de 3 à 4 degrés, dépassait la température extérieure de 14 degrés environ.

Le prix de revient était de 800 francs.

Conclusion. — Il résulta des expériences faites à la Compagnie de l'Est que le système Weibel et Briquet ne fut pas adopté. Il présentait trois défauts capitaux :

Une consommation trop élevée de combustible ; l'insuffisance du chauffage sur plancher de la voiture ; l'emploi d'une longue conduite d'eau à l'*intérieur* du véhicule.

Après une étude approfondie, M. Regray s'arrêta à un nouveau type de chauffage à circulation d'eau dans des chaufferettes fixes.

687. *Appareil de chauffage à thermo-siphon de la Compagnie de l'Est.* — Cet appareil de chauffage était exposé en 1878. Il ne diffère que par quelques détails de l'appareil décrit par M. Regray dans son rapport publié en 1876 sur le *chauffage des voitures de toutes classes sur les chemins de fer.*

En voici la description d'après la notice même de la Compagnie pour un voiture de 3ᵉ classe (*fig.* 1276 à 1278).

Le principe est le suivant : une chaudière à foyer intérieur (*fig.* 1279 à 1281) fournit de l'eau à 100 degrés ou environ,

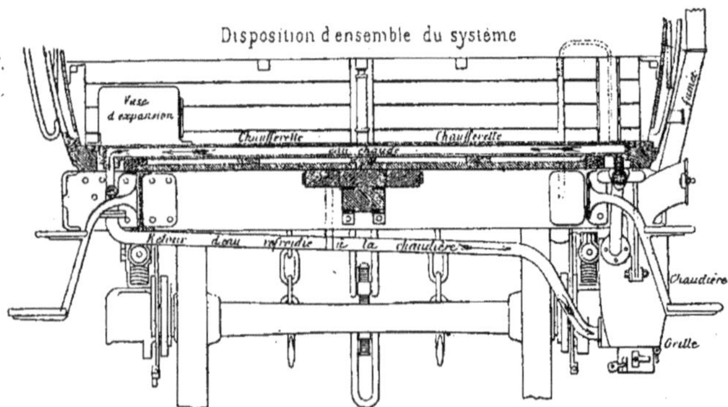

Fig. 1282. — Compagnie Est — Chauffage par thermo-siphon.

qui s'élève par une canalisation partant du niveau supérieur de cette chaudière dans une série de chaufferettes encastrées dans le plancher de la voiture, au milieu de l'intervalle qui sépare les deux banquettes de chaque compartiment et dans lesquelles elle se refroidit en produisant le chauffage.

Une canalisation de retour sur laquelle sont branchées les chaufferettes à leur extrémité opposée recueille l'eau refroidie et la ramène par un tuyau de retour à la partie inférieure de la chaudière, où elle se réchauffe à nouveau pour recommencer le même circuit.

La *chaudière* est en fonte, à foyer inté-

rieur ; elle est fixée contre un des brancards extérieurement au châssis, au moyen de supports en col de cygne ; les ouvertures ménagées pour la facilité du moulage à sa partie supérieure et à sa partie inférieure, sont fermées au moyen de brides serrées par des goujons vissés dans des parties pleines, qui réunissent les deux parois intérieure et extérieure de la chaudière.

La bride inférieure porte les axes pour le mouvement de la grille.

La bride supérieure sert à fixer les deux parties qui forment la trémie de chargement.

Un tuyau de départ de la fumée traverse l'épaisseur de la chaudière et reçoit le tuyau de fumée qui s'élève, en traversant la voiture, au-dessus de sa toiture.

Pour assurer une égale répartition de la chaleur, la chaudière a été placée vers le milieu de la voiture, et elle alimente par deux branchements distincts les chaufferettes des compartiments d'avant et celles d'arrière. Cette canalisation est formée de tuyaux en fer creux galvanisés,

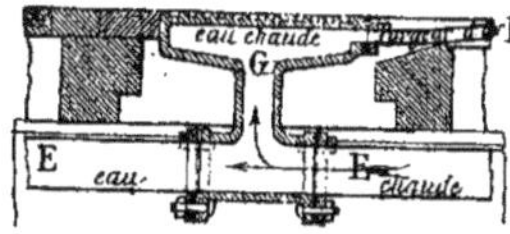

Fig. 1283. — Compagnie Est. — Chauffage par thermo-siphon. — Coupe d'une chaufferette.

dont les tronçons sont assemblés au moyen de manchons à vis, de **T** et de brides vissées et brasées.

Entre deux branchements consécutifs, se trouve un tuyau coudé en forme d'S pour assurer une certaine flexibilité et éviter les fuites qui se produiraient aux joints, si la dilatation rencontrait une trop grande distance.

L'un des tuyaux de départ se termine par un entonnoir placé à l'extrémité de la voiture et servant au remplissage ; un ro-

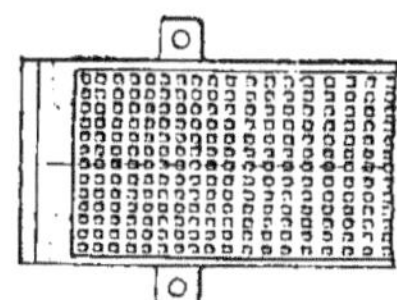

Fig. 1284. — Compagnie Est. — Chauffage par thermo-siphon. — Plan de la chaufferette.

binet à trois voies permet d'établir la continuité de la conduite et, le remplissage terminé, de vider l'eau restant dans l'entonnoir et qui pourrait se congeler.

Les *chaufferettes* sont en fonte : elles ont été coulées ouvertes à leurs deux extrémités pour la facilité du moulage et sont fermées au moyen de brides et de boulons ou goujons (*fig.* 1282 et 1284).

Elles sont réunies de la même façon,

avec les tubulures des deux conduites d'amenée et de départ de l'eau, qui aboutissent à chacune de leurs extrémités.

Elles présentent, en outre, sur l'une de leurs faces latérales, une bride sur laquelle est fixé un petit tuyau suffisamment élargi à son extrémité, de façon à ce qu'il ne puisse former siphon, et qui vient se terminer au-dessous du plancher de la voiture. Ce tuyau sert à l'évacuation de l'air lors du remplissage de l'appareil.

La *canalisation de retour* de l'eau refroidie à la chaudière ne diffère de celle de départ de l'eau chaude, qu'en ce qu'elle

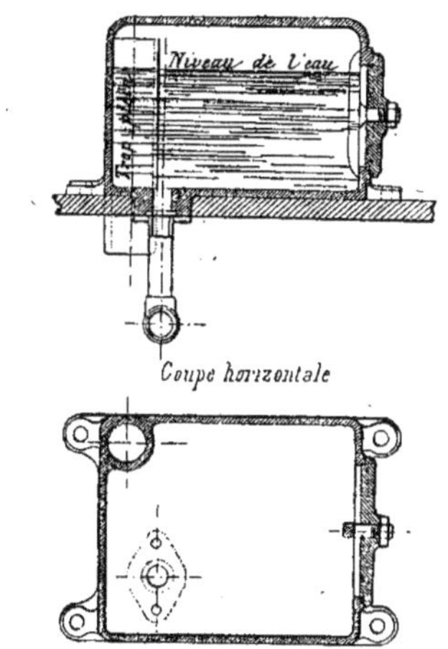

Fig. 1285 et 1286 — Compagnie Est. — Chauffage par thermo-siphon. — Vase d'expansion.

est formée, dans toute sa longueur, de tuyaux droits sans disposition spéciale pour la dilatation.

Les conduites de retour, distinctes pour les chaufferettes placées à l'avant et celles placées à l'arrière de la chaudière, se réunissent en une seule, qui aboutit à la tubulure venue de fonte à la partie inférieure de la chaudière.

C'est sur cette canalisation de retour d'eau, à peu près vers le milieu de sa longueur, qu'est branchée la tubulure qui va au vase d'expansion.

Le *vase d'expansion* (*fig.* 1285 à 1288) a pour but de recevoir le trop-plein de l'appareil, résultant de la dilatation, en même temps qu'à emmagasiner une certaine quantité d'eau destinée à remplacer celle perdue par évaporation ; il repose sur le plancher de la voiture au-dessous de la banquette du compartiment du milieu. Ce vase communique d'une part avec la canalisation de l'appareil, d'autre part avec l'atmosphère par un tuyau de trop-plein.

La communication avec l'atmosphère est assurée, d'autre part, pour chaque chaufferette par les tuyaux de départ d'air,

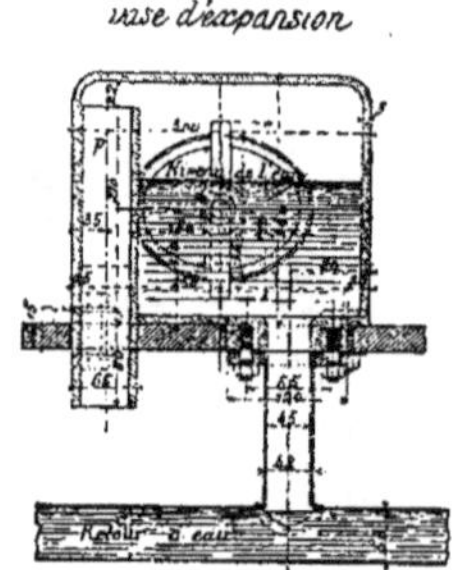

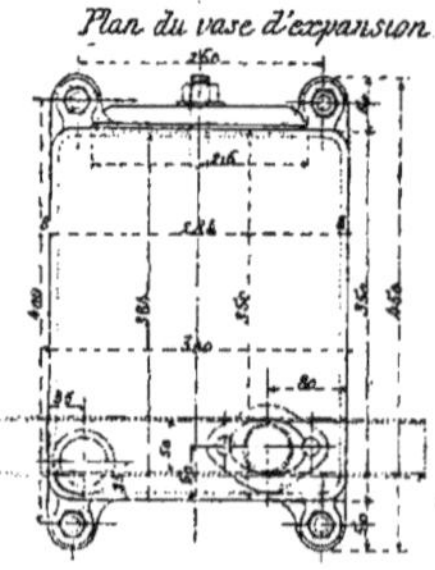

Fig. 1287 et 1288. — Compagnie Est. — Chauffage par thermo-siphon. — Vase d'expansion.

de sorte qu'il n'y a pas à craindre que la pression intérieure puisse dépasser la pression atmosphérique.

Nous indiquerons, en outre, que des *enveloppes* en feutre ou en tôle garantissent la chaudière et les conduites contre les pertes de calorique.

Cet appareil, tel qu'il vient d'être décrit, a été appliqué en service courant, pendant la durée des hivers 1876-1877 et 1877-1878, à six trains faisant le service de la grande ligne d'une manière régulière.

Les résultats de cette application ont pleinement confirmé les conclusions du rapport fait sur cet appareil en 1876, c'est-à-dire que ce système de chauffage a été très goûté des voyageurs, en ce que :

1° *Il maintient sous les pieds une température comprise entre 50 et 60 degrés ;*

2° *Il élève la température intérieure de la voiture d'environ 10 degrés au-dessus de la température extérieure, donnant 8 à 10 degrés pour la température extérieure 0 degré ;*

3° *Il évite l'ouverture des portières.*

Quant aux inconvénients signalés au même rapport qui consistent dans ce que :

1° Chaque voiture est munie d'un foyer ;

2° L'eau est exposée à se congeler ;

3° Le nombre de joints peut donner lieu à de fréquentes avaries ;

L'essai en service courant a prouvé qu'ils ne présentaient pas une grande gravité. En effet, l'entretien des foyers s'est fait avec régularité ; les appareils ont été entretenus en feu pendant toute la durée du chauffage ; et il n'y a pas eu de cas de congélation ; les fuites par les joints ont été très rares, et les appareils n'ont donné lieu qu'à un entretien insignifiant.

Enfin, la dépense de combustible n'a été que de 0f,05 par heure de marche et par voiture de troisième classe à cinq compartiments, renfermant cinquante voyageurs.

Nous sommes donc autorisés, dit la notice, à conclure que le système à circulation d'eau chaude a répondu à ce que des essais, sur une plus petite échelle, avaient permis d'en attendre.

Prix de revient du chauffage. — En comprenant les frais de combustible pour chauffage avant et pendant le départ, avec main-d'œuvre, entretien et réparation des appareils, intérêts et amortissement du capital, on arrive à une dépense d'environ 0f,30 par voiture et par heure.

Poids des appareils. — Les poids des appareils pour les voitures de chaque classe sont évalués, par la Compagnie de l'Est, ainsi qu'il suit :

	1re CLASSE	2e CLASSE	3e CLASSE
	kil.	kil.	kil.
Partie métallique	550	650	750
Partie métallique avec traverses en chêne et autres pièces en bois	650	775	900

Dépenses d'installation des appareils. — En supposant que ces appareils soient montés sur des voitures neuves et en admettant des tubes en fer pour la canalisation, les prix d'installation s'estiment de la manière suivante :

510 francs par voiture de 1re classe ou mixte à 3 compartiments ;

600 francs par voiture de 2e classe ou mixte à 4 compartiments ;

650 francs par voiture de 3e classe ou mixte à 5 compartiments.

688. *Thermo-siphon perfectionné.* — Quelques perfectionnements de détail ont été apportés aux différents appareils qui constituent ce mode de chauffage, lequel n'a pas eu le succès écrasant que lui attribuaient ses auteurs à l'origine.

Le plus important paraît être la protection de la chaudière par une garniture de feutre (*fig.* 1289), l'adoption d'une grille tournante qui facilite le décrassage des barreaux.

Les chaufferettes un peu lourdes en fonte se font aujourd'hui quelquefois en tôle galvanisée ; celles en fonte sont toutes ouvertes à leur extrémité pour la facilité du moulage et sont fermées ensuite au moyen de brides boulonnées.

Nous avons vu plus haut que la communication avec l'atmosphère est assurée pour chaque chaufferette par les tuyaux de départ d'air, de sorte qu'il n'y a pas à redouter que la pression intérieure vienne à dépasser la pression atmosphérique.

En outre, et pour diminuer la température trop élevée des voitures de 1re classe, ne comportant que quatre chaufferettes pour la même chaudière, on leur a appliqué des robinets de réglage, modérant le courant d'eau chaude aux points d'arrivée d'eau dans les chaufferettes, entre ces dernières et les tuyaux de départ.

Les boisseaux de ces robinets présentent une ouverture triangulaire ; leur manœuvre permet de modérer, soit indépendamment l'une de l'autre, soit uniformément, les températures des trois chaufferettes de la voiture, ou même d'isoler complètement du circuit une ou plusieurs, et même toutes les chaufferettes de cette voiture.

Lorsqu'un compartiment est isolé, il suffit de quelques minutes pour obtenir une température normale en ouvrant le robinet correspondant à la chaufferette de ce compartiment.

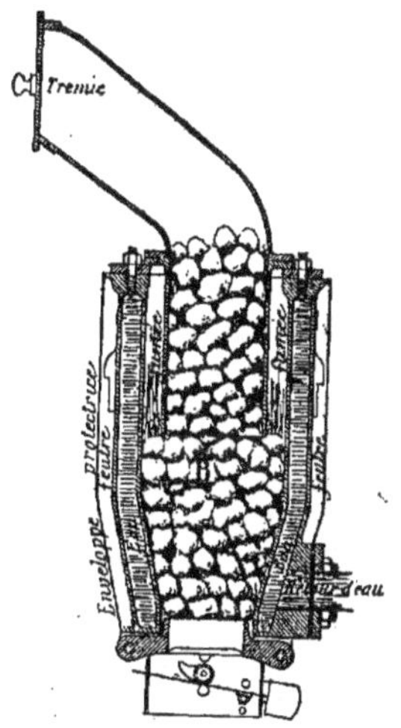

Fig. 1289. — Thermo-siphon perfectionné.
Coupe de la chaudière.

Enfin l'adjonction de ce robinet modérateur a nécessité celle d'un deuxième vase d'expansion dans les premières classes. Ce dernier est destiné à parer aux pertes d'eau par ébullition ou évaporation, qui sont plus importantes lorsque le circuit n'a lieu que dans une ou deux chaufferettes.

La quantité d'eau aujourd'hui contenue dans l'appareil est de 80 litres pour une première classe, 100 pour une deuxième classe, et 115 pour une troisième classe.

Le poids de l'appareil vide est de :

650 kil. pour une 1re classe

775   »   »   2e   »

900   »   »   3e   »

Les foyers, avons-nous dit, peuvent être alimentés au coke ou à l'anthracite. On leur préfère la *tête de moineau* d'Ardimont.

Les appareils sont visités et soignés pendant les stationnements des voitures dans les gares terminus, et à leur passage dans les gares intermédiaires, par des hommes spéciaux, remplissant également les fonctions de chauffeurs pendant l'hiver.

Depuis, la Compagnie de l'Est a appliqué ce système de chauffage à ses nouvelles voitures de première classe à couloir latéral et water-closet; les appareils sont disposés de manière à réchauffer non seulement les compartiments, mais l'eau du réservoir de water-closet et du cabinet de toilette afin d'empêcher sa congélation en hiver.

689. *Le thermo-siphon à la Compagnie de Paris-Lyon-Méditerrannée.* — Quelques grandes compagnies françaises, à la suite des essais du chemin de fer de l'Est, ont essayé le mode de chauffage au thermo-siphon.

Ainsi la Compagnie Paris-Lyon-Méditerranée a installé ces appareils dans ses nouvelles et excellentes voitures à bogie, à couloirs ou à compartiments séparés. Les bouillottes mobiles à eau chaude ne servent plus qu'à chauffer l'ancien matériel.

Ces nouveaux véhicules de première classe se composent :

1° De voitures de première classe à inter-communication, à huit compartiments séparés, dont six communiquent deux à deux, et deux à fauteuils-lits communiquant ensemble.

Chaque groupe de deux compartiments est chauffé par un foyer spécial à thermo-siphon desservant des bouillottes fixes à eau chaude placées sur le plancher; cela fait donc en tout quatre foyers ;

2° De voitures à bogies à intercirculation, avec huit compartiments fermés et couloir latéral brisé.

Le chauffage s'obtient au moyen de deux poêles à thermo-siphon placés aux extrémités du véhicule et en desservant chacun une moitié, par une circulation continue d'eau chaude dans des conduites qui parcourent les compartiments et le couloir.

3° De voitures à intercirculation et couloir central avec quatre compartiments de chacun quatre places (deux à chaque extrémité de la voiture), les autres places au nombre de trente et une n'étant séparées par aucune cloison. Le couloir central règne d'une extrémité à l'autre.

Ces véhicules sont chauffés par deux poêles thermo-siphons placés aux deux bouts et desservant chacun la moitié de la voiture par une circulation d'eau chaude dans des bouillottes fixes placées dans le plancher.

4° Des voitures à lits-salons à trois compartiments communiquant chacun avec un cabinet de toilette et water-closets. Le chauffage s'obtient par un seul poêle thermo-siphon envoyant ainsi de l'eau chaude dans des bouillottes fixes encastrées dans le plancher.

690. *Le thermo-siphon à la Compagnie d'Orléans.* — Le chauffage à thermo-siphon paraît être approprié aux grandes voitures modernes à intercirculation; il vient en effet d'être également adopté dans ce cas par la Compagnie des chemins de fer d'Orléans.

Celle-ci met en effet en service depuis quelques années, entre Paris et Bordeaux, des voitures de première classe à sept compartiments et couloir latéral, dont le chauffage est obtenu au moyen de deux poêles thermo-siphons, un à chaque extrémité, desservant la moitié de la voiture. L'eau chaude est envoyée dans des chaufferettes en tôle galvanisée placées dans chaque compartiment. On peut régler à volonté la température au moyen d'un mécanisme de réglage adapté à chaque chaufferette et permettant de modérer ou même d'arrêter la circulation de l'eau dans la chaufferette correspondante.

Le couloir est chauffé par la circulation des conduites venant des poêles, autour desquelles on a ménagé une circulation d'air ; les inconvénients pouvant résulter pour les boiseries et tentures d'un trop fort chauffage sont évités au moyen d'une double enveloppe de laine de scorie.

Tous les autres véhicules sont chauffés par la classique bouillotte mobile à eau chaude.

691. *Le thermo-siphon à la Compagnie*

de l'Ouest. — Le foyer F est encore à l'extrémité de la voiture ; à ce foyer aboutissent les conduites d'aller et de retour d'eau aux chaufferettes fixes C posées ici

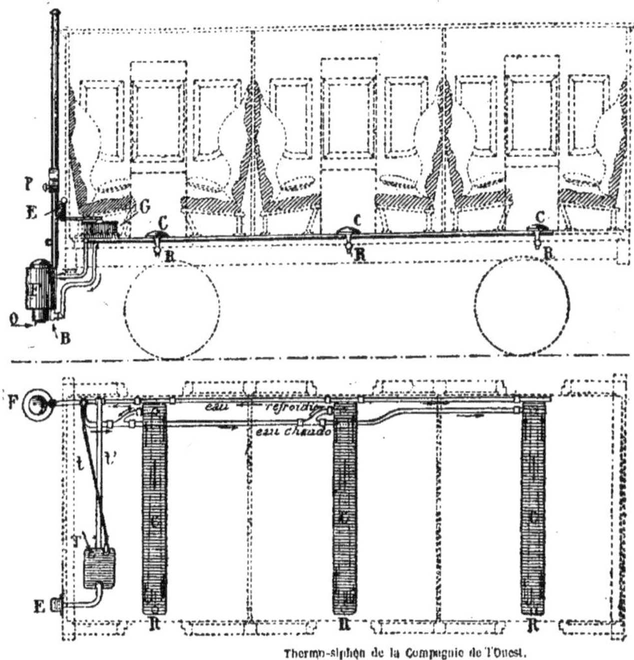

Fig. 1290 et 1291. — Compagnie Ouest. — Chauffage par thermo-siphon. — Coupe et plan d'une voiture de 1re classe.

au-dessus du plancher du wagon, avec une forme très aplatie et une faible saillie, les rendant moins incommodes que les bouillottes mobiles ordinaires. B est un bouchon de vidange générale et R un robinet de purge adapté à chaque chaufferette (*fig.* 1290 à 1292).

Le foyer se compose d'un panier ou cylindre en tôle percé de trous, placé de manière à permettre le chargement facile du combustible sans gêner l'entrée des voyageurs dans le véhicule ; ce combustible est du charbon de Paris placé dans le panier perforé précité, qui est mobile au centre d'un serpentin renfermant l'eau à échauffer (*fig.* 1293 à 1296). Le tout est entouré d'une enveloppe isolante en tôle. Les trous n'existent que sur un tiers de la hauteur du panier, de manière à limiter la zône de combustion et à permettre de réserver

ainsi une réserve supérieure de combustible.

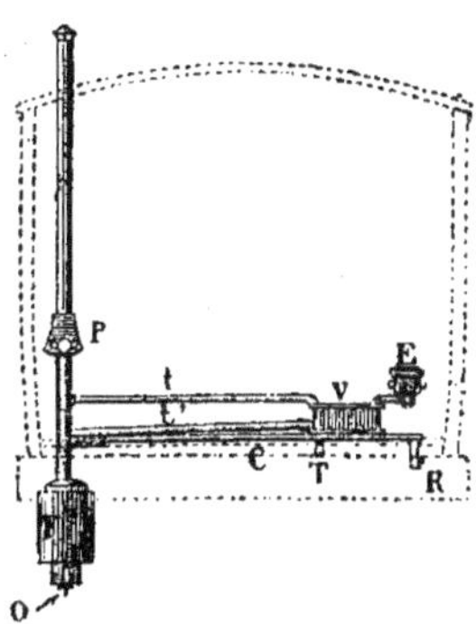

Fig. 1292. — Compagnie Ouest. — Chauffage par thermo-siphon. — Coupe d'une voiture de 1re classe.

Ce panier central peut contenir $2^k,500$ de charbon de Paris en rondins, dont le tiers seulement est en feu ; il suffit de procéder au chargement environ toutes les quatre heures. Ainsi on peut aller aisé-ment de Paris au Havre en express sans s'occuper du foyer.

Un papillon P placé dans la cheminée (*fig.* 1290-1292) permet de faire varier la combustion et par suite la température

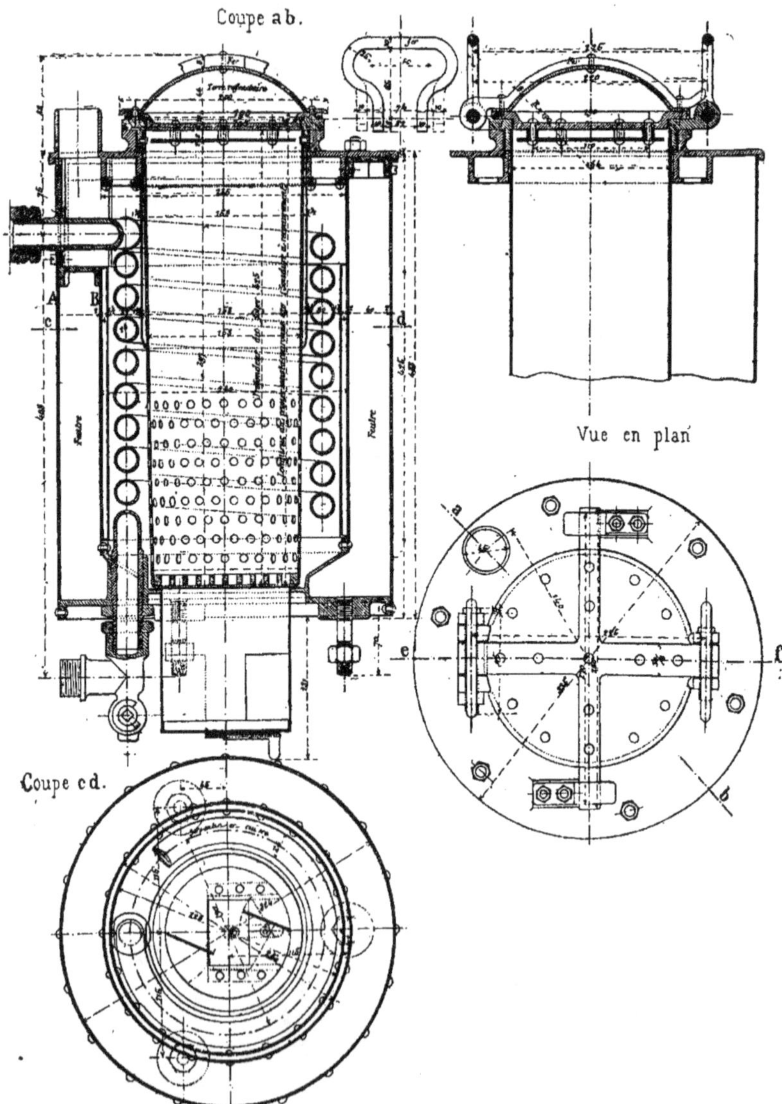

Fig. 1293 à 1296. — Compagnie Ouest. — Chauffage par thermo-siphon. — Foyer.

de l'eau des chaufferettes suivant les besoins de la température extérieure. Le volume d'eau renfermé dans l'appareil tout entier est en effet très faible : il n'est que de 24 litres, et la nature du combustible permet facilement d'activer ou de modérer l'intensité du feu. Par les temps froids, la température

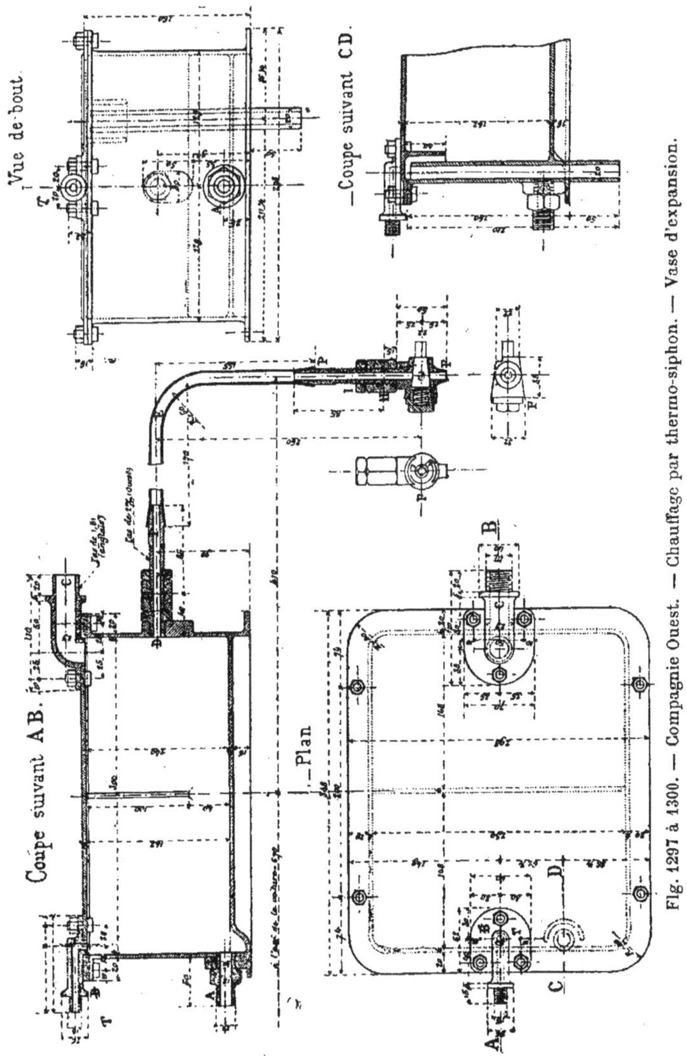

Fig. 1297 à 1300. — Compagnie Ouest. — Chauffage par thermo-siphon. — Vase d'expansion.

moyenne sur les chaufferettes atteint facilement 65 degrés, qui peut descendre à 35 ou 40 par les temps doux.

Le nettoyage du cendrier se fait par une trappe O.

L'eau chaude se rend par un premier

tube dans les chaufferettes, où des cloisons intérieures l'obligent à suivre un circuit déterminé de manière à régulariser la température sur toute la surface. L'eau condensée revient ensuite à la partie inférieure du serpentin par un autre tube.

Un vase d'expansion V pour le liquide est placé à l'extérieur, au niveau du plancher de la voiture, et sert en même temps d'appareil de sûreté, pour le cas où la température de l'eau atteindrait l'ébulli-tion. Une glace de face G permet de se rendre compte du niveau de l'eau (*fig.* 1290).

Le remplissage des chaufferettes se fait par ce vase, qui possède à cet effet une tubulure traversant les panneaux de bout de la voiture, et par laquelle on verse l'eau (E *fig.* 1290 et C, *fig.* 1297 à 1300). Ce vase, comme le foyer, se trouvant en dehors du véhicule, l'entretien et la conduite de ces appareils se font entièrement de l'extérieur, sans bruit, et sans incom-

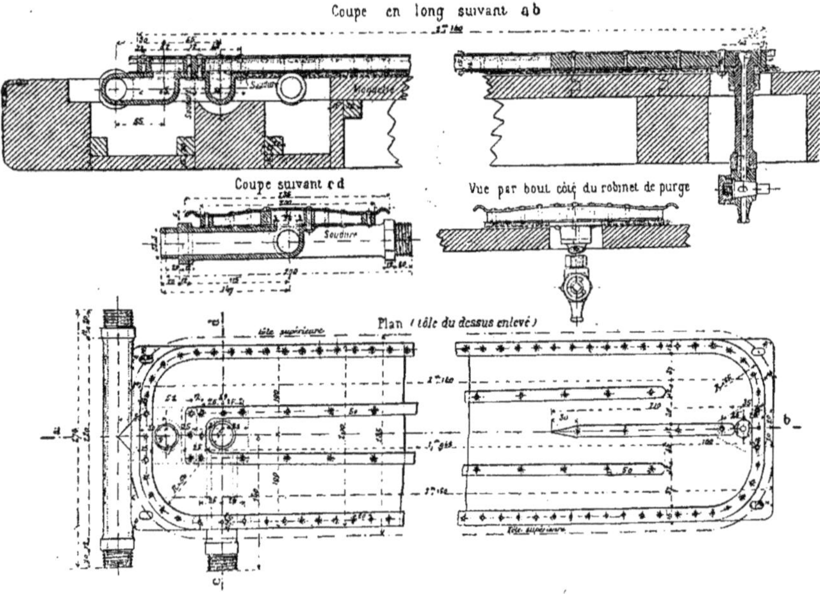

Fig. 1301 à 1304. — Compagnie Ouest. — Chauffage par thermo-siphon. — Chaufferette.

moder en quoi que ce soit les voyageurs. Le tuyau inférieur A conduit au serpentin, tandis que le supérieur T aboutit à la cheminée ; il laisse échapper l'air d'abord et la vapeur ensuite, s'il y a lieu.

On peut employer à volonté dans l'appareil, soit de l'eau pure, soit un mélange difficile à congeler, comme de l'eau additionnée de glycérine par moitié, ou de 15 pour cent de sel marin, qui ne gèle qu'à 10 degrés et n'a pas d'action sur les métaux, cuivre, plomb, etc. Dans ce cas, on peut laisser éteindre le feu dans les intervalles de service ; sinon il est préférable de l'entretenir légèrement.

L'appareil tel qu'il vient d'être décrit permet de chauffer deux compartiments pendant quatre à cinq heures sans en charger le foyer.

Les chaufferettes présentent à l'intérieur un carneau horizontal en forme d'U, qui reçoit l'eau chaude et la force à circuler dans leur parcours en chicane (*fig.* 1301 à 1304) pour finir par déboucher dans le tuyau de retour. On voit qu'avec de semblables chaufferettes on pourrait faire circuler

toute autre chose que de l'eau : de la vapeur, de l'air chaud, etc., suivant la même
méthode.

L'appareil à thermo-siphon de la Compagnie de l'Ouest est celui qui consomme
le moins de combustible.

Vue longitudinale

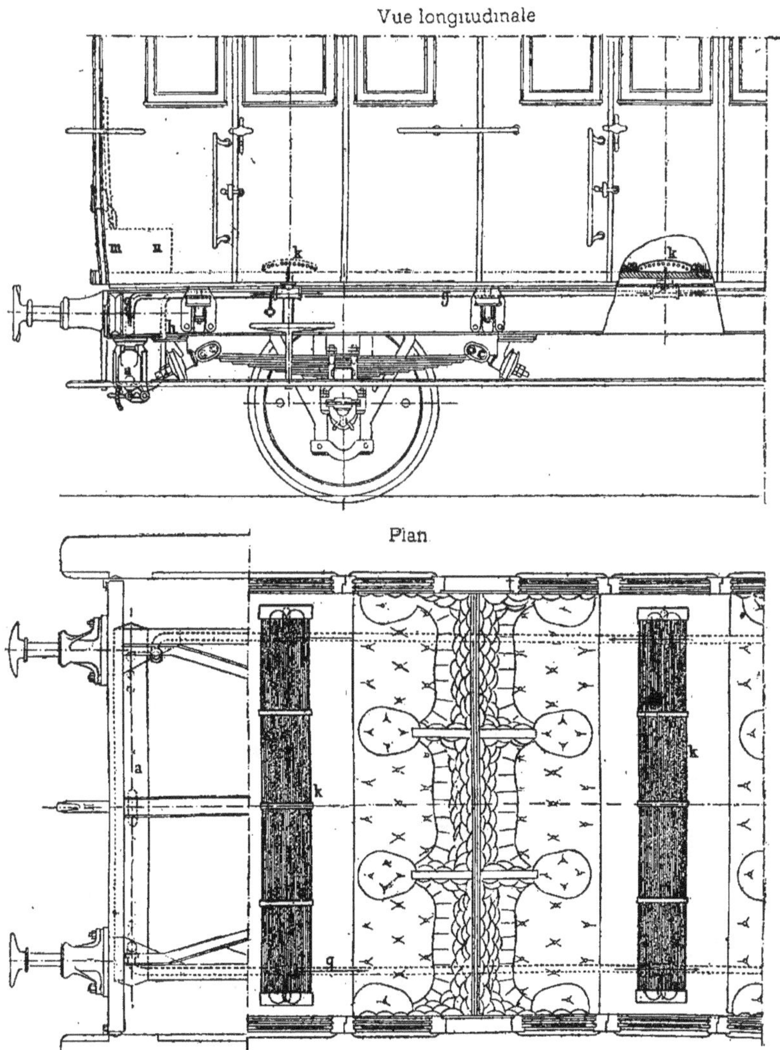

Fig. 1305 et 1306. — État français. — Chauffage par thermo-siphon d'une voiture de 1re classe.

692. *Le thermo-siphon aux chemins de fer de l'État français.* — Le système de chauffage au termo-siphon a été appliqué avec quelques modifications par M. l'ingénieur Parent, aux chemins de fer de l'État, en France.

Le système de MM. Parent et Gallet, le constructeur (de Tours), se compose comme d'ordinaire de chaudières fixées sous le châssis de chaque voiture, distri-

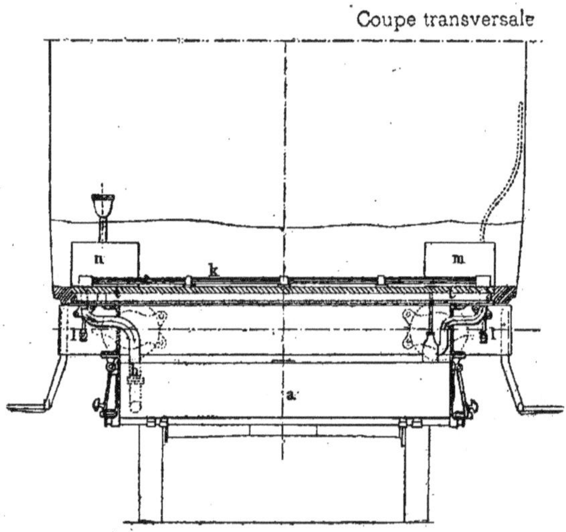

Fig. 1307. — Etat français. — Chauffage par thermo-siphon. — Coupe d'une voiture.

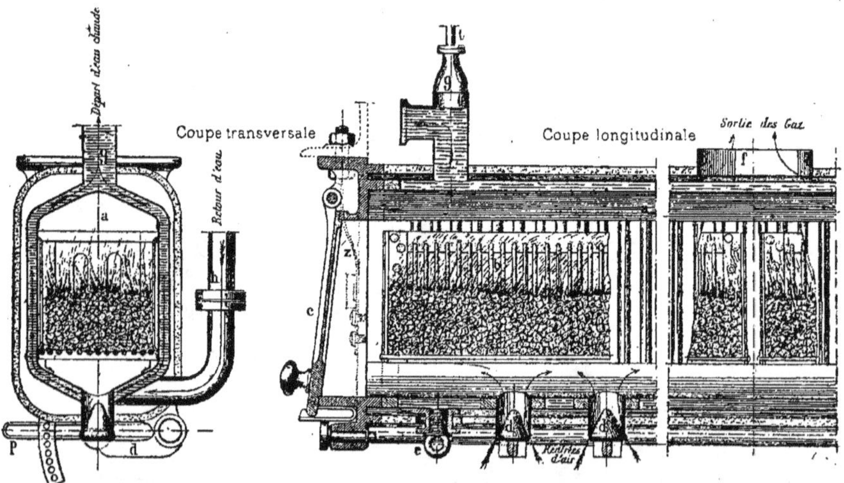

Fig. 1308 et 1309. — Etat français. — Chauffage par thermo-siphon. — Chaudière tubulaire.

buant l'eau chaude dans des bouillottes installées transversalement, dans chaque compartiment, sous les pieds des voyageurs. Une de ces chaudières *a* est placée à chaque extrémité des nouvelles voitures de première, deuxième ou troisième classe, à bogies, adoptées par l'Administration. Le combustible employé est du coke de tourbe renfermé dans des sortes de grilles amovibles en forme de panier *b* que l'on introduit de l'extérieur par des portes *c* (*fig.* 1305 à 1307), maintenues levées ou baissées par un ressort *z* ; cette porte est en outre munie d'une fermeture de sûreté composée d'un ressort à bec et d'une came réglant la position de ce bec (*fig.* 1308-1309). L'air nécessaire à la combustion arrive à la partie inférieure par des orifices munis de cônes de réglagle *d*, montés sur un arbre extérieur qui en permet la manœuvre. Celle-ci se fait au moyen d'une poignée *p* garnie d'un ressort qui s'engage à volonté dans les trous d'un secteur disposé à cet effet (*fig.* 1308).

La chaudière présente une forme spéciale : ce sont deux bâches en forme de V très aplati et réunies par une série de tubes verticaux, le tout plein d'eau : un bouchon inférieur à vis *e* permet au besoin d'en effectuer la vidange (*fig.* 1309). Le tout est enveloppé d'une caisse en fonte dans laquelle circulent les produits de la combustion et que l'on peut recouvrir d'un enduit calorifuge. L'orifice *f* par lequel s'échappe la fumée est orienté de manière que les voyageurs ne puissent en aucun cas en souffrir.

De la bâche supérieure de la chaudière part la prise d'eau chaude *g* qui longe le dessous de la voiture et aboutit aux deux chaufferettes fixes K, peu bombées et peu saillantes sur le tapis (*fig.* 1310 et 1311).

Le raccord avec les bouillottes K se fait de manière à permettre les mouvements des tuyaux dus à la dilatation et aux oscillations de la caisse : ce sont des joints *i* munis de bagues en caoutchouc.

Le tuyau d'arrivée *h* aboutit à l'une des

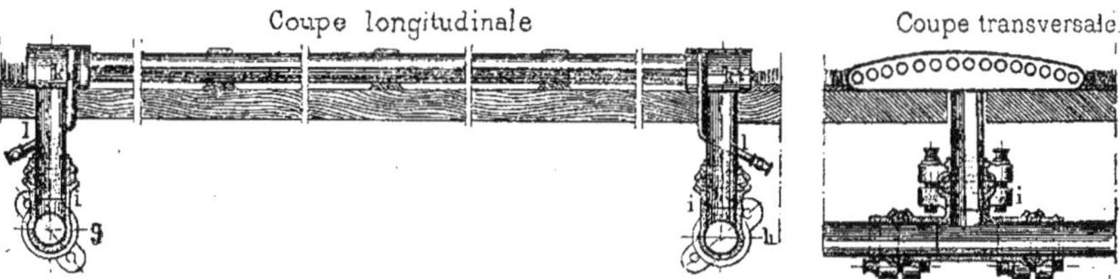

Fig. 1310 et 1311. — État français. — Chauffage par thermo-siphon. — Bouillotte tubulaire.

extrémités de la chaufferette, dans une chambre K_1, d'où partent quinze tubes parcourus par l'eau chaude ; à l'autre extrémité, ces tubes se rattachent à une chambre K_2 identique à la première, communiquant avec le tuyau de retour d'eau *h*. Ces tubes sont en acier de 10 millimètres de diamètre intérieur et $1^{mm},5$ d'épaisseur, sertis et rivés sur des fonds également en acier de manière à permettre la libre dilatation de l'ensemble. Avant leur livraison, les bouillottes sont essayées à froid sous une pression de 10 kilogrammes, et à chaud à l'ébullition. On place ainsi les bouillottes sur le plancher après y avoir percé deux trous pour le passage des tuyaux, et il s'établit une communication continue entre celles-ci et la chaudière. La saillie totale de la bouillotte ne dépasse pas 25 millimètres, en partie rattrappés par le tapis, surtout si c'est un tapis-brosse. Enfin un tuyau *l* partant de chaque chambre de bouillote sert à la vidange.

Il va de soi qu'un vase d'expansion *m* est nécessaire ; il communique avec la conduite *g* de départ (*fig.* 1305 et 1307), par un tuyau *f* ; il sert comme toujours à l'évacuation au dehors de l'air et de la vapeur. De l'autre côté, et communiquant avec la conduite de retour par le tuyau *i* se trouve un vase *n* de remplissage et de réserve d'eau.

Toutes ces pièces sont faciles à installer ou à démonter, et l'on n'a de supplément de poids mort pendant la saison chaude, que la chaudière avec la tuyauterie correspondante. Les installations n'exigent pas la rentrée du véhicule à l'atelier.

Le réglage et l'entretien des feux se fait

de l'extérieur de la voiture en dehors des heures de marche du train. La provision de charbon de tourbe de chaque grille peut durer dix-huit heures consécutives, au bout desquelles on les retire pour les nettoyer et faire tomber les cendres, et pour les charger à nouveau sans qu'il soit nécessaire de rallumer les feux. C'est un

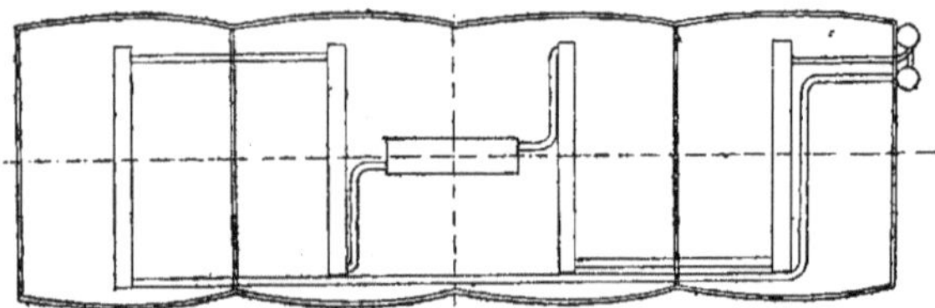

Fig. 1312. — Chemins de fer rhénans. — Chauffage par l'eau chaude d'une voiture-salon.

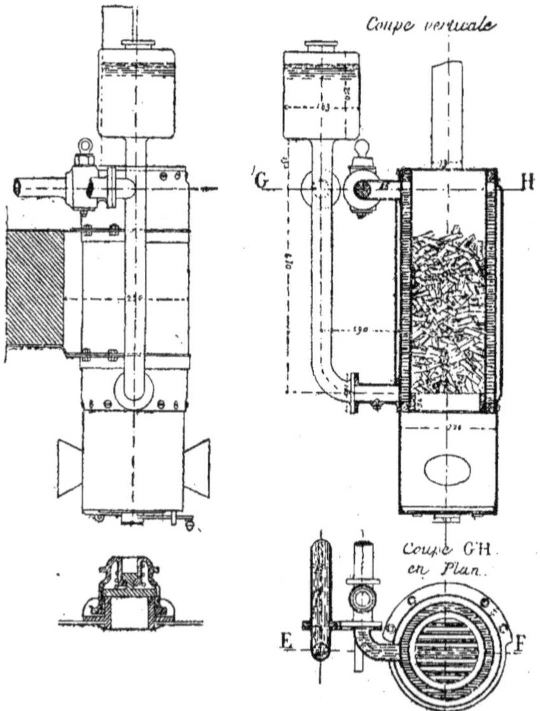

Fig. 1313 à 1316. — Chemins de fer rhénans. — Appareil de chauffage à eau chaude.

travail de dix minutes que l'on peut effectuer en retirant la grille par l'une des portes et en l'emportant dans la chaufferetterie.

Ces portes ne peuvent d'ailleurs s'ouvrir qu'à l'aide d'une clef de voiture, de sorte que les charbons incandescents ne peuvent jamais s'échapper de la grille. Quant aux produits de la combustion, ils se dégagent à l'air libre au-dessous de la voiture, entre les tampons, à une température qui ne dépasse pas 75 degrés.

Les cônes de réglage pour l'admission de l'air permettent d'obtenir la régularité de la combustion de la tourbe. En outre, les extrémités des tubes de retour d'eau de condensation sont disposées de telle sorte que la circulation de l'eau puisse également se régler, de manière à obtenir dans toutes les bouillottes à peu près la même température, quel que soit leur éloignement de la chaudière.

Voici les prix de ces appareils :

Pour une voiture de 1re classe ; poids 650 kilogrammes ; prix 1 400 francs.

Pour une voiture de 2e classe ; poids 675 kilogrammes; prix 1 500 francs.

Pour une voiture de 3e classe ; poids 700 kilogrammes; prix 1 600 francs.

693. *Appareil à circulation d'eau chaude des chemins de fer rhénans.* — La Compagnie des chemins de fer rhénans a appliquée à ses wagons-salons l'appareil suivant (*fig.* 1312 à 1316), consistant en un envoi d'eau chaude fabriquée sur place dans des chaudières fixes.

Chaque véhicule porte sa chaudière suspendue haut et bas, à la traverse de tête du châssis au moyen de cornières. Cette chaudière (*fig.* 1313 à 1316) est à foyer intérieur cylindrique et à double enveloppe avec deux tubulures, l'une à la partie supérieure, l'autre à la partie inférieure. De la première part le courant d'alimentation de cinq chaufferettes fixées dans le plancher du wagon (*fig.* 1313); à la seconde aboutissent tous les retours d'eau après passage à travers le vase d'expansion surmontant la conduite de retour.

La consommation était assez élevée, $3^k,125$ de houille par heure de marche (congrès de Dusseldorf, 1874). Les frais de construction et d'installation de l'appareil s'élevaient à $562^f,50$.

Avantages et inconvénients du chauffage à l'eau chaude.

694. Le chauffage à l'eau chaude et, en particulier, en faisant usage du thermo-siphon présente certains avantages.

D'abord les températures prises au niveau du plancher et sous le pavillon ne présentent pas une grande différence, et l'excédent sur la température extérieure est aisément de 10 degrés. Quant aux chaufferettes elles-mêmes, elles restent facilement à 50 ou 60 degrés au-dessus de la température du dehors.

En outre, tout le service se fait de l'extérieur sans jamais déranger les voyageurs, et le thermo-siphon a l'avantage de maintenir l'indépendance des véhicules.

Comme inconvénients il faut noter la lenteur à prendre la température voulue pour le voyage et le danger de congélation aussitôt que le feu est éteint, accidentellement ou par suite d'un arrêt. Nous avons vu que dans ce dernier cas on préfère quelquefois entretenir le feu allumé au procédé coûteux, qui consiste à mélanger l'eau de glycérine ou autre matière retardant le degré de congélation.

Prix de revient.

695. Supposons le thermo-siphon tel qu'il est employé au chemins de fer de l'Est, et le feu entretenu pendant les arrêts. Appliquons ce procédé de chauffage au train type déjà vu plus haut.

En admettant que le prix d'un appareil installé sur une voiture à quatre compartiments soit de 600 francs, la dépense totale pour les voitures sera de $600 \times 40 =$ .. 24 000 fr.

Pièces de rechange, de réserve, accidents, etc........ 1 200

Installation des dépôts, outillage, etc. Deux de tête et deux intermédiaires, soit quatre installations à 500 fr.. 2 000

Total des dépenses de premier établissement........ 27 200 fr.

Soit par voiture $\dfrac{27\,200}{40} = 680$, et par compartiment $\dfrac{680}{4} = 170$ francs.

En outre, chaque voiture, présentant vingt heures de marche et quatre heures de stationnement par vingt-quatre heures, consommera :

$$20 \times 1^k,400 + 4^k \times 0^k,800 = 31^k,20 \text{ de coke.}$$

Les quarante voitures consommeront

donc par jour $40 \times 31^k,20 = 1\,248$ kilogrammes de coke, et pendant les 150 jours de chauffage, $150 \times 1\,248^k = 187^t,200$ de coke à 40 francs, ce qui donne un produit de. . . . . 7 488 fr.

Le personnel exigible est journellement de six agents à $3^f = 18^f \times 150$ jours = . . .   2 700

L'entretien des appareils est d'environ 50 francs par an, soit pour 40. . . . . 2 000

L'amortissement en 10 ans, par année 2 700

L'intérêt du capital 1 360

A reporter. . . . . . 16 248 fr.

Report. . . : . 16 248 fr.

Somme à valoir. 752

Total des dépenses d'exploitation. 17 000 fr.

Le chauffage coûtera donc $\dfrac{17\,000}{150} =$ $113^f,33$ par jour ; chacune des quarante voitures en service dépensera par jour $\dfrac{113^f,33}{40} = 2^f,83$, et par heure de service $\dfrac{2^f,83}{20} = 1^f,415$. Chaque compartiment, $\dfrac{2^f,83}{4} = 0^f,707$ par jour, et $\dfrac{0^f,707}{20} = 0^f,0353$ par heure de service (Goschler).

SYSTÈMES DE CHAUFFAGE PERFECTIONNÉS

Chauffage par la vapeur et l'air comprimé combinés, système Lancrenon.

696. La Compagnie de l'Est a mis à l'essai, il y a peu de temps, un système mixte de chauffage à la vapeur combinée avec l'air comprimé, afin de supprimer les inconvénients qu'on a toujours attribués, dans cette Compagnie, au chauffage à la vapeur seule.

L'emploi de l'air comprimé ajouté à la vapeur avait déjà été indiqué en Allemagne, mais aboutit à un échec absolu, parce qu'on voulut envoyer dans les conduites fermées des anciens appareils, le mélange d'air et de vapeur en proportion déterminée ; l'air en effet finissait par s'accumuler dans ces conduites et par empêcher tout nouvel accès de la vapeur. Quand on emploie l'air ajouté à la vapeur, il est de toute nécessité de permettre l'évacuation de cet air des tuyaux de chauffage, par la bonne raison que lui ne peut se condenser, et il supprime au bout de peu de temps tout chauffage.

On fit donc usage au chemin de fer de l'Est, de tuyaux ouverts à leurs deux extrémités, et dans lesquels on fait circuler, à une vitesse toujours assez forte, un mélange de vapeur et d'air comprimé. L'appareil dû à M. Lancrenon, ingénieur en chef du matériel et de la traction au chemin de fer de l'Est, présente les dispositions suivantes (*Revue générale des Chemins de fer*) :

Le mécanicien envoie de la locomotive, dans une conduite générale régnant d'un bout à l'autre du train, le mélange d'air chaud et de vapeur. Cette conduite est terminée à son extrémité par un appareil permettant d'évacuer au dehors l'air et l'eau de condensation. De cette conduite partent en dérivation à chaque véhicule, des tuyaux de chauffage munis de robinets d'admission et d'appareils permettant également la sortie au dehors de l'eau condensée et de l'air ; ces tuyaux circulent, noyés dans le plancher, au milieu des compartiments, de manière à chauffer particulièrement les pieds des voyageurs sans cependant se trouver au contact des chaussures qu'ils brûleraient à cause de leur température élevée qui dépasse 100 degrés. On les recouvre donc d'une tôle formant chaufferette, qui prend une température plus basse et supportable à leur contact ; ces tuyaux de chauffage sont toujours au nombre de trois par véhicule afin de pouvoir obtenir par l'isolement d'un ou deux d'entre eux, le réglage de la température intérieure ; ce nombre est en même temps utile pour que la tôle de recouvrement prenne la température voulue ; ces trois tuyaux partent de la conduite générale à une extrémité de la voiture, pénètrent dans la caisse, puis circulent successivement et côte à côte, dans les divers compartiments, pour sortir finalement de la caisse à l'autre extrémité, en évacuant à

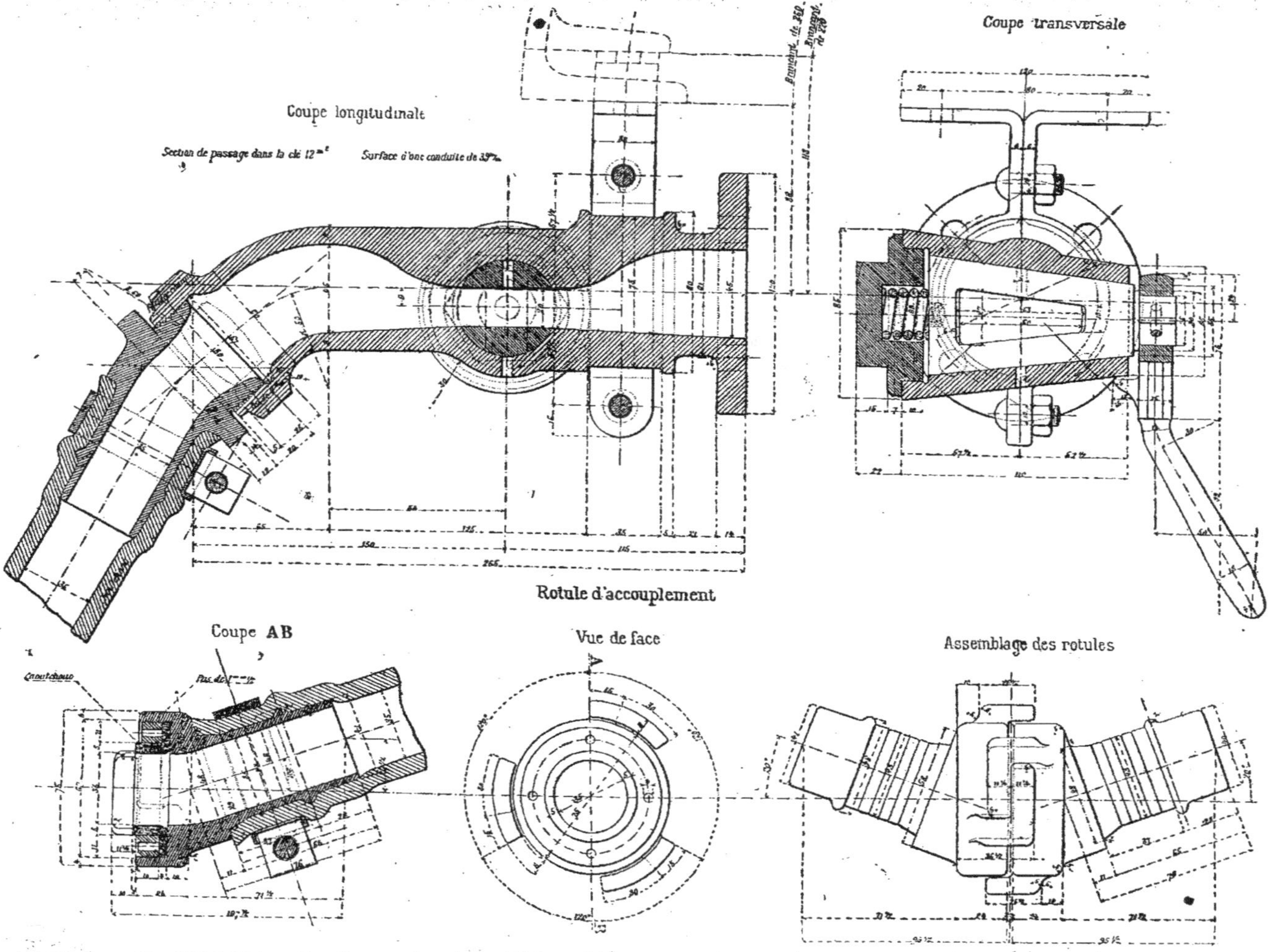

Fig. 1317 à 1321. — Chauffage par la vapeur et l'air combinés, Système Lancrenon. — Robinet d'arrêt de la conduite générale.

l'extérieur l'eau condensée et l'air refroidi.

La conduite générale (*fig.* 1317 à 1321) a un diamètre intérieur de 45 millimètres et les boyaux d'accouplement présentent 35 millimètres seulement. Cette réduction permet d'employer des boyaux plus solides, plus souples, moins coûteux, et d'y augmenter la vitesse du courant gazeux; on réduit ainsi les accumulations d'eau condensée dans ces accouplements et les résistances qui en résultent pour le passage de la vapeur. Le diamètre de cette conduite constitue d'ailleurs une chose délicate à préciser; la circulation s'y fait mal quand il est trop petit, comme cela se présente sur les lignes allemandes, et, si on l'augmente trop, on augmente en même temps le poids des wagons à transporter et à chauffer, les surfaces de condensation, et cela entraîne aux accouplements, à des tuyaux plus épais, moins flexibles, difficiles à manier et plus fragiles. Le juste milieu adopté plus haut a été arrêté à la suite de nombreux essais effectués sur un train comptant normalement dix-huit voitures ou, par exception, vingt-quatre.

Les rotules d'accouplement (*fig.* 1319 à 1321) sont à griffes et basées sur le même principe que celles du frein à air comprimé de Westinghouse, mais en supprimant les coudes brusques créés par ces dernières. Ces coudes, agissant ici sur un courant fluide moitié gazeux, moitié liquide, y produisent une trop forte perte de charge. Les nouvelles griffes employées sont d'une manœuvre facile, mais ont l'inconvénient de ne pas se désaccoupler automatiquement en cas de rupture d'attelage, par exemple, comme celles du frein.

La conduite générale porte sur chaque véhicule deux robinets d'arrêt analogues aussi à ceux du frein à air comprimé. Ici, ces robinets ont une disposition spéciale (*fig.* 1317 et 1318), telle que lorsque le robinet est fermé il y ait communication entre l'accouplement et l'extérieur de manière à permettre à la vapeur renfermée de s'échapper. On peut alors désaccoupler les rotules sans risquer de se brûler. De cette manière, on peut opérer une coupure en un point quelconque du train, même lorsque la conduite est en pression.

Les tuyaux de chauffage, qui partent de la conduite générale pour se rendre dans les compartiments, sont d'un très petit diamètre, ce qui serait inadmissible avec un système de chauffage à la vapeur seule. Ce sont des tuyaux en fer de 19 millimètres de diamètre intérieur et 27 de diamètre extérieur; l'épaisseur totale de l'appareil de chauffage, tuyaux et tôle de recouvrement, n'est que de 34 millimètres, ce qui a permis de les poser sur les frises du parquet, sans modifier en rien le plancher du véhicule. Avec l'addition de l'air comprimé qui balaie continuellement les tuyaux en entraînant l'eau de condensation au dehors, on n'a à craindre aucune obstruction provenant de l'eau ou même de la glace l'hiver.

Il est indispensable, à l'extrémité de la conduite, d'évacuer l'air et l'eau de condensation, mais non point la vapeur qui peut rester dans les tuyaux et servir encore au chauffage. Pour cela, de simples robinets réglés à l'avance ne peuvent suffire, parce que la pression de la vapeur est loin d'être constante dans la conduite. Il a fallu faire usage de purgeurs automatiques spéciaux.

Leur fonctionnement est basé sur la dilatation d'un liquide; ils laissent échapper l'eau et l'air, mais se ferment aussitôt que la vapeur arrive. On place un de ces appareils à l'extrémité de la conduite générale et un à chaque dérivation des tuyaux de chauffage. L'addition de l'air comprimé a encore permis d'employer une fois ces purgeurs qui ne donnent pas toujours des résultats satisfaisants avec le chauffage à la vapeur seule, à cause des obstructions par la glace, qui s'y produiraient par les temps froids. Pour la même raison, on s'est contenté de faire aboutir les trois tuyaux de chauffage à leur extrémité dans les purgeurs sans l'interposition d'aucun robinet pour empêcher les retours de vapeur dans les tuyaux non mis en service, l'air qui s'accumule dans ces tuyaux empêchant absolument la vapeur d'y pénétrer.

697. *Purgeur automatique à dilatation.* — Le purgeur automatique employé à l'extrémité de toutes les conduites de chauffage est un organe indispensable pour laisser échapper seulement l'eau condensée avec l'air, et non la vapeur.

On fit usage pour cela d'un liquide, l'oléonaphte, dont la dilatation ne fut pas suivie d'émissions de vapeurs, aux tempé-

nent de minimes ouvertures pouvant être

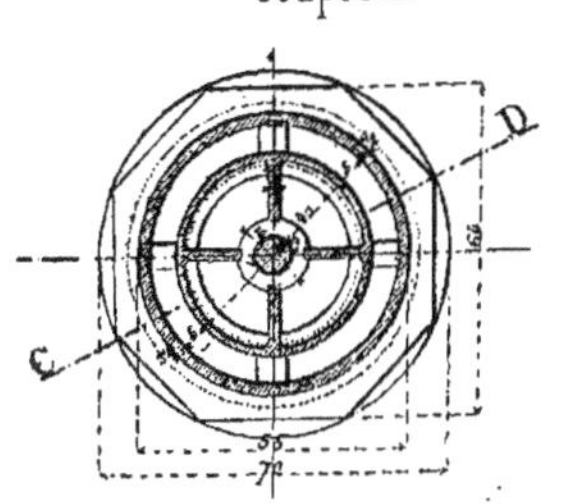

Coupe AB

Fig. 1322 et 1323. — Purgeur automatique à dilatation, système Legat.

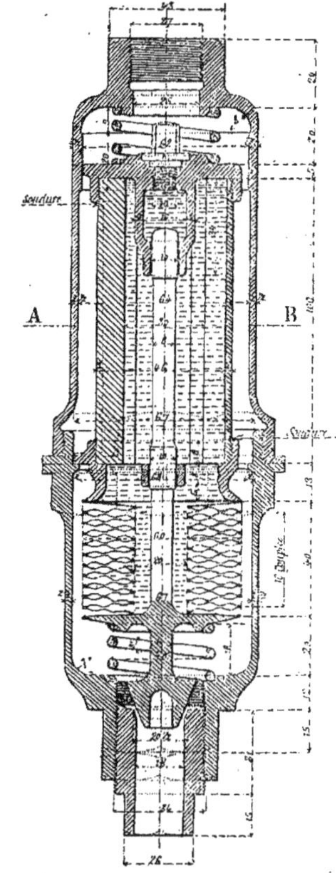

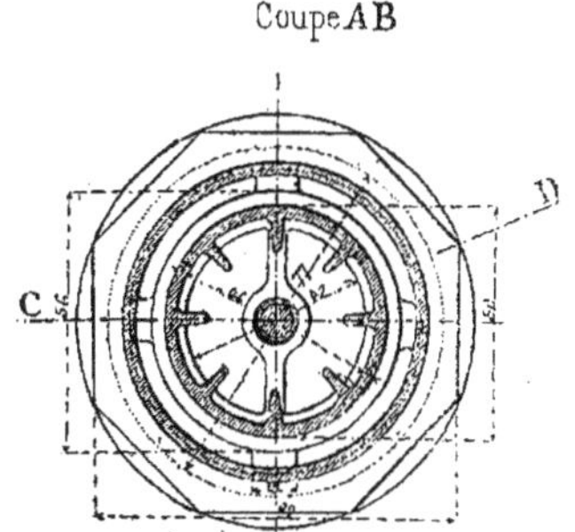

Coupe AB

Fig. 1324 et 1325. — Purgeur automatique à dilatation, système de l'Est.

ratures atteintes. Les solides présentent en effet des dilatations trop faibles et don-

obstruées par la moindre goutte d'eau con-

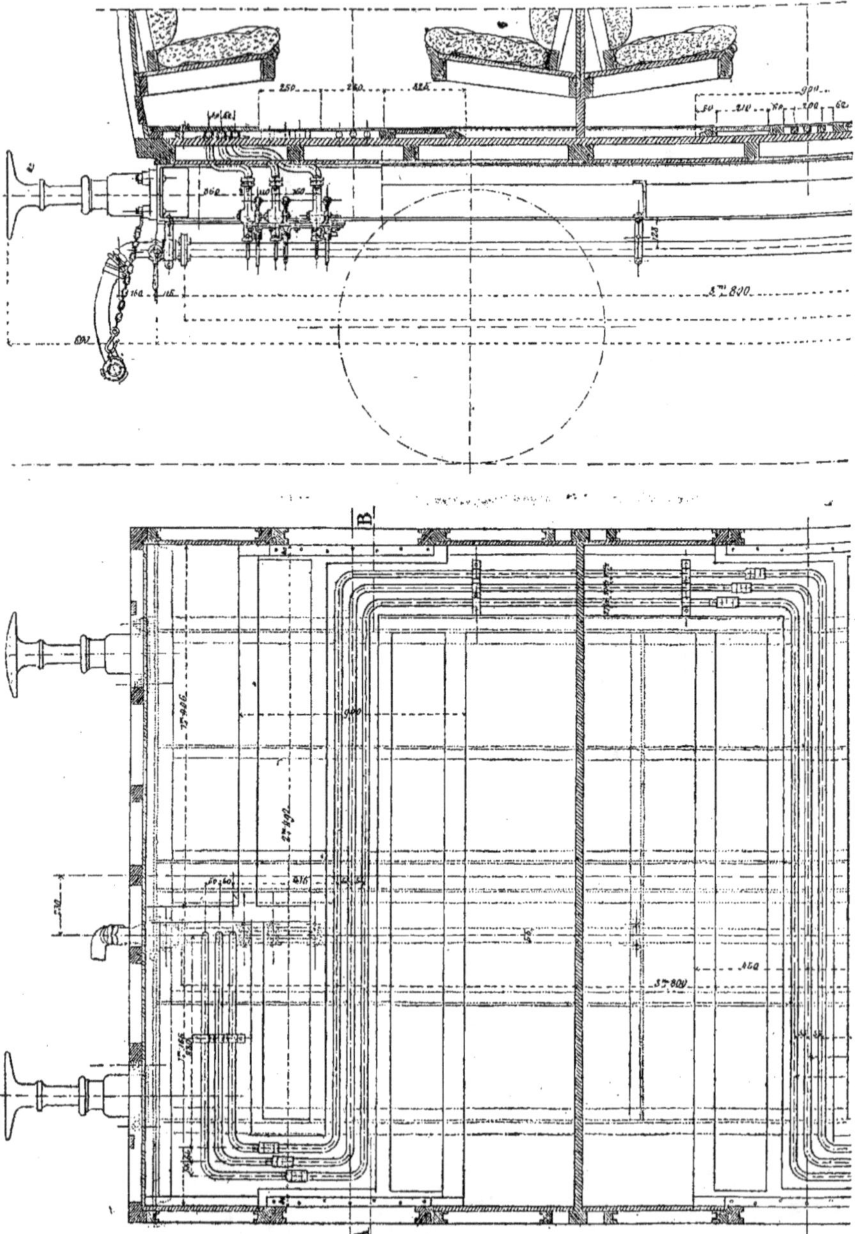

Fig. 1326 et 1327. — Chauffage par la vapeur et l'air combinés. — Voiture de 2ᵉ classe; coupe et
plan, les tôles de recouvrement enlevées.

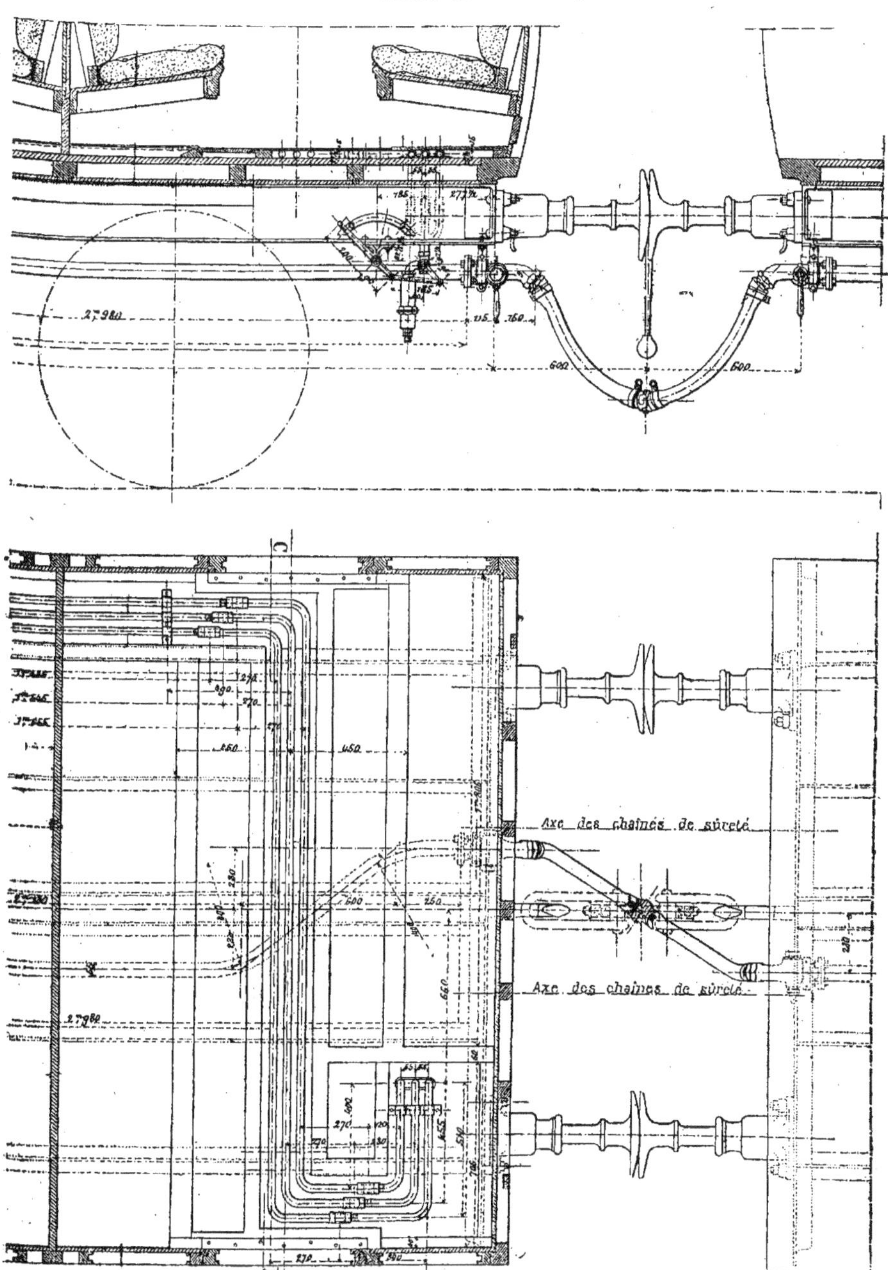

Fig. 1328 et 1329. — Chauffage par la vapeur et l'air combinés. — Voiture de 2ᵉ classe ; coupe et plan, les tôles de recouvrement enlevées.

gelée. Quant aux gaz, ou aux liquides émettant des vapeurs dans les conditions du chauffage, ils eussent été influencés non seulement par la température, mais par les changements de pression.

L'oléonaphte rectifié est, en outre, aussi inaltérable que possible, de manière à conserver toujours le même volume à la même température, et absolument neutre, c'est-à-dire sans action sur les enveloppes.

Le premier appareil, étudié avec le concours de M. Legat (*fig.* 1322 et 1323), était formé d'une enveloppe métallique se fixant sur l'extrémité des tuyaux de chauffage ou sur la tubulure du robinet d'évacuation. A l'intérieur se trouve une capsule métallique terminée par un soufflet également métallique et entièrement remplie d'oléonaphte. Ce liquide est ainsi renfermé dans un réservoir absolument étanche et, malgré cela, susceptible de suivre les variations de volume du liquide. Lorsque la vapeur pénètre dans l'enveloppe, le liquide se dilate, le soufflet s'allonge et porte une soupape qui vient fermer l'orifice d'évacuation. Le liquide se contracte, au contraire, quand l'appareil se remplit d'eau et d'air refroidi; alors la soupape s'ouvre et laisse échapper le mélange au dehors, jusqu'à ce qu'une nouvelle arrivée de vapeur la fasse fermer, et ainsi de suite.

On peut aisément régler la température à laquelle doit se fermer l'appareil en élevant ou abaissant le siège de la soupape, ainsi que par la simple manœuvre d'un écrou portant le siège de celle-ci.

698. *Purgeur perfectionné.* — Au bout de quelque temps de service, les purgeurs précédents se sont détériorés ; les soufflets se sont rompus, laissant échapper le liquide qu'ils contenaient. M. Legat a employé alors des soufflets beaucoup plus souples qui ont donné de bons résultats.

Mais la Compagnie ne s'est pas arrêtée là, et a fait fabriquer des appareils plus grands (*fig.* 1324 et 1325), formés de rondelles de cuivre embouties et soudées. La même capsule métallique fondue a été remplacée par un tube à ailettes étiré, présentant moins de chances de fuites que le métal fondu. Ce tube est fermé à une extrémité et, à l'autre, raccordé au soufflet par des bouchons métalliques vissés et soudés portant des guides pour la tige de la soupape.

Le bouchon supérieur porte lui-même un bouchon plus petit qui sert au remplissage ; ce dernier doit se faire dans le vide et avec précaution, afin d'expulser tout l'air qui se trouve entre les rondelles du soufflet. Le remplissage terminé, on soude hermétiquement le bouchon de remplissage.

On ne peut se dissimuler que ce purgeur constitue un appareil délicat, un peu en dehors des types particulièrement robustes qu'on a coutume et qu'on est obligé de prendre dans les chemins de fer. La pratique seule pourra nous dire s'il répond réellement aux espérances qu'on a fondées sur lui. Les premiers essais ont paru satisfaisants.

699. *Application du purgeur.* — Nous avons dit comment se fait, dans les circonstances actuelles, l'application de ce purgeur. Un cas particulièrement intéressant s'est présenté à la queue du train où il est indispensable de placer un de ces appareils pour évacuer l'eau de condensation qui s'est formée et l'air correspondant.

On avait primitivement monté un branchement spécial sur le fourgon de queue ; ce branchement était commandé par un robinet pouvant être manœuvré de l'intérieur du fourgon, et aboutissant au purgeur à dilatation.

En manœuvrant convenablement le robinet, on pouvait mettre la conduite générale en communication avec le purgeur et même avec l'atmosphère ou l'isoler de l'un et de l'autre.

Cette disposition n'a pas donné de bons résultats pour plusieurs motifs: d'abord, par les très grands froids, il y avait des congélations dans les robinets d'arrêt du fourgon ; mais, de plus, elle présente l'inconvénient de ne permettre exclusivement que l'addition des fourgons en queue du train. Aussi y a-t-on renoncé et l'on se contente aujourd'hui d'accrocher en queue du dernier véhicule chauffé, un fourgon mobile, pourvu pour cela d'un raccord à griffes identique à celui des rotules d'accouplement. Ce purgeur termine ainsi la conduite générale et présente une solution simple qui sera probablement adoptée à titre définitif, quand un usage suffisant aura consacré ces divers organes.

700. *Agencement de la locomotive.* — La locomotive est munie des appareils suivants :

1° Une conduite générale portant à

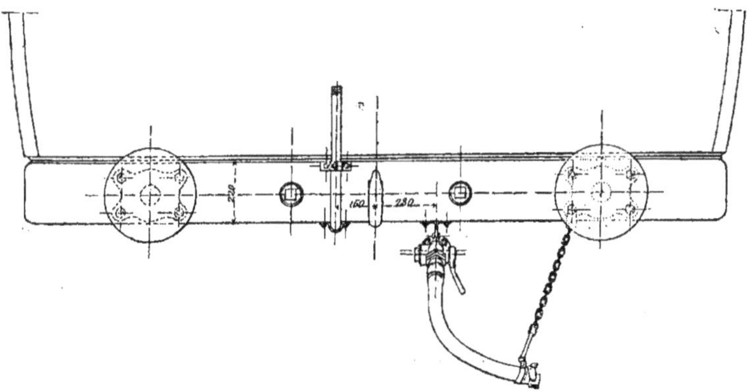

Fig. 1330. — Chauffage par la vapeur et l'air combinés. — Voiture de 2° classe, vue par bout.

chaque extrémité un robinet d'arrêt et une bague avec une rotule d'accouplement comme sur un véhicule ordinaire ;

2° Une soupape de sûreté à action directe type Adams réglée à 3 kilogrammes et montée sur la conduite générale ;

3° Un manomètre monté sur la conduite générale.

4° Une prise de vapeur directe permettant d'admettre la vapeur du dôme de la chaudière dans la conduite générale. Le robinet de prise de vapeur est semblable au robinet d'admission des pompes Westinghouse.

5° Une deuxième pompe de compression d'air avec sa prise de vapeur générale, toutes deux du type des appareils Westinghouse. Cette pompe envoie directe-

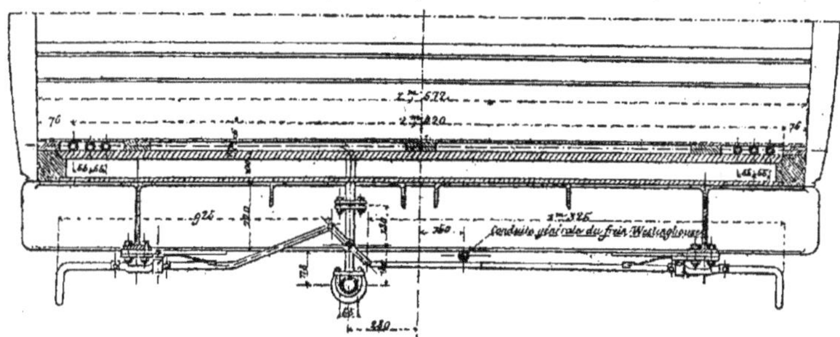

Fig. 1331. — Chauffage par la vapeur et l'air combinés. — Coupe AB de la figure 1327.

ment et sans intermédiaire dans la conduite générale l'air qu'elle comprime et la vapeur détendue qui a produit la compression ;

6° Une valve permettant au mécanicien d'envoyer à volonté dans l'atmosphère, ou dans la conduite générale du chauffage, l'échappement de vapeur de la pompe à air du frein.

En ouvrant la prise de vapeur de la

pompe et agissant sur le robinet de prise de vapeur, le mécanicien peut régler le débit du mélange d'air et de vapeur qu'il envoie dans la conduite générale. D'ordinaire, ces proportions sont à peu près égales. Il peut à volonté ajouter au mélange la vapeur d'échappement du frein ou de la vapeur prise directement dans la chaudière. Le manomètre indique la pression dans la conduite et la soupape de sûreté empêche toute exagération de cette pression.

701. *Application aux voitures de deuxième et troisième classe.* — Les tuyaux de chauffage, au nombre de trois, sont branchés sur la conduite générale, vers l'une des extrémités du véhicule et, comme nous l'avons dit, viennent circuler côte à côte successivement dans l'axe de chaque compartiment, de manière à se trouver sous les pieds des voyageurs ; ils sont recouverts d'une tôle striée suspendue à 1 millimètre au dessus, au moyen de bagues de 10 millimètres de largeur, 1 millimètre d'épaisseur, et disposées tous les 0^m,25 environ, de manière à obtenir sur la tôle une température sans exagération et bien répartie (*fig.* 1326 à 1332).

Ces tuyaux sortent ensuite de la caisse et se réunissent pour aboutir à un appareil de purge ; chacun de ces tuyaux est commandé à son origine par un robinet d'admission, pouvant être manœuvré de l'extérieur et des deux côtés de la voiture, au moyen de tringles. Un robinet spécial, disposé sur les culottes réunissant les

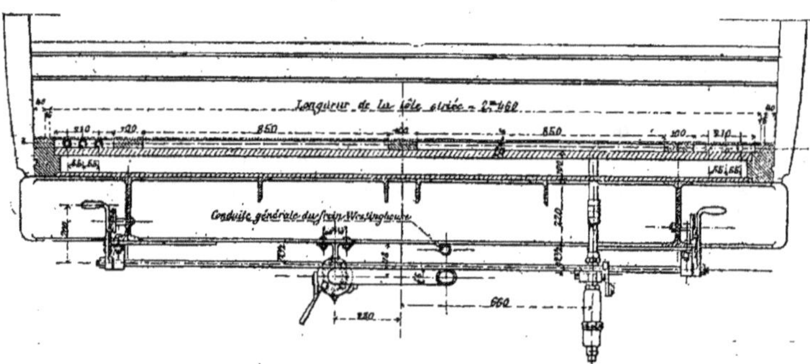

Fig. 1332. — Chauffage par la vapeur et l'air combinés. — Coupe CD de la figure 1329.

tuyaux et les purgeurs, permet de mettre ces tuyaux soit en communication directe avec l'atmosphère, soit ensuite en communication avec le purgeur, soit en communication avec l'atmosphère par une légère ouverture, de manière à permettre le chauffage de la voiture, même si le purgeur est avarié. On est ainsi, en outre, à l'abri des temps très froids au moment de la mise en charge : en effet, l'eau de condensation, bien que chassée vivement par l'air, peut venir se congeler dans le purgeur et l'obstruer ou le détériorer.

Il va de soi que les tuyaux placés en dessous de la caisse doivent être munis d'enveloppes isolantes.

Cette disposition des appareils de chauffage dans une voiture a l'avantage d'être très simple, économique et robuste. Mais elle présente l'inconvénient de ne permettre qu'un seul et unique réglage pour tous les compartiments d'une même voiture et de rendre le chauffage de chacun d'eux dépendant de celui des autres. Aussi a-t-on cru devoir y apporter quelques perfectionnements pour les voitures de première classe.

702. *Voitures de première classe.* — On a cherché ici à réaliser l'indépendance du chauffage dans chaque compartiment, à obtenir, en cas de besoin, un chauffage intense, et à mettre les leviers de réglage à la portée des voyageurs.

Pour cela, un branchement spécial de chauffage est fait sur la conduite générale pour chaque compartiment ; ce branchement simple aboutit à un robinet à voies multiples d'où partent trois tuyaux qui pénètrent dans la caisse et servent au chauffage (*fig.* 1333 à 1336). Deux de ces tuyaux

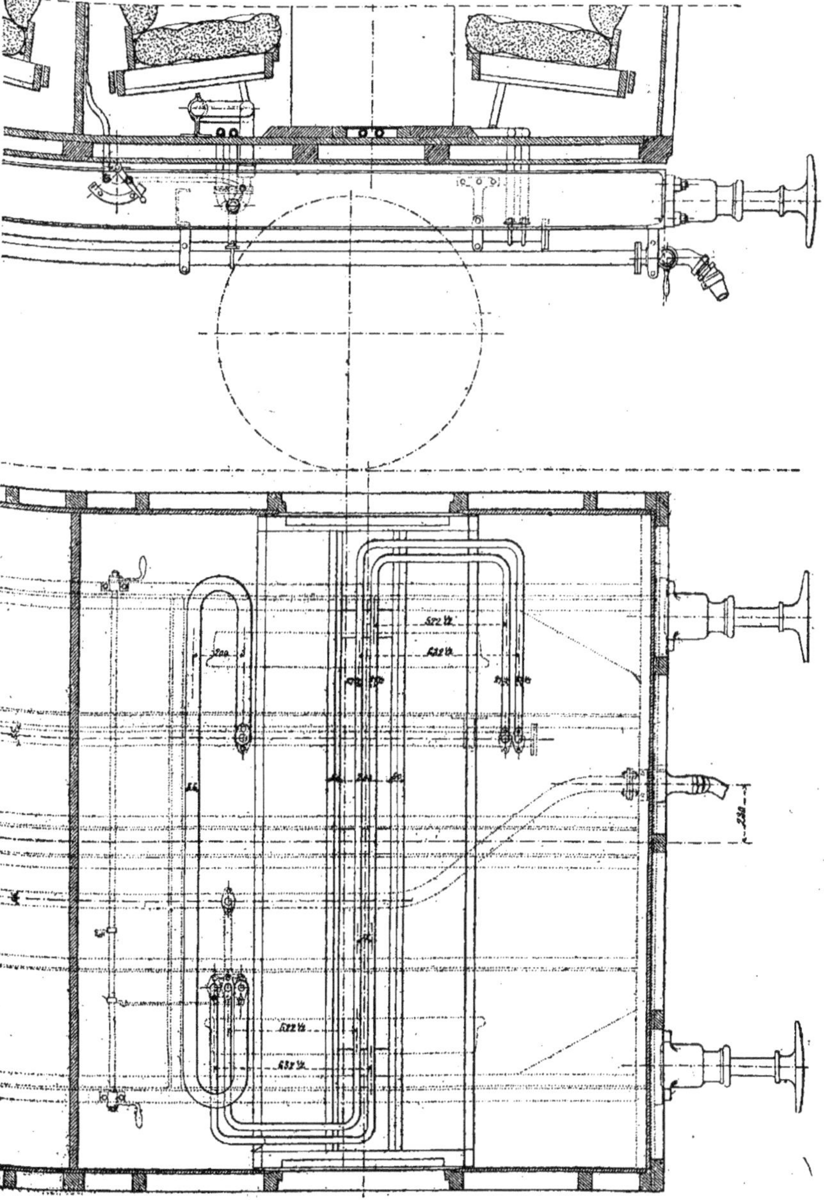

Fig. 1333 et 1334. — Chauffage par la vapeur et l'air combinés. — Voiture de 1re classe ; coupe et plan.

ont un diamètre de 27 millimètres et passent au centre du compartiment sous les pieds des voyageurs dont ils sont séparés par la tôle striée vue precédem-

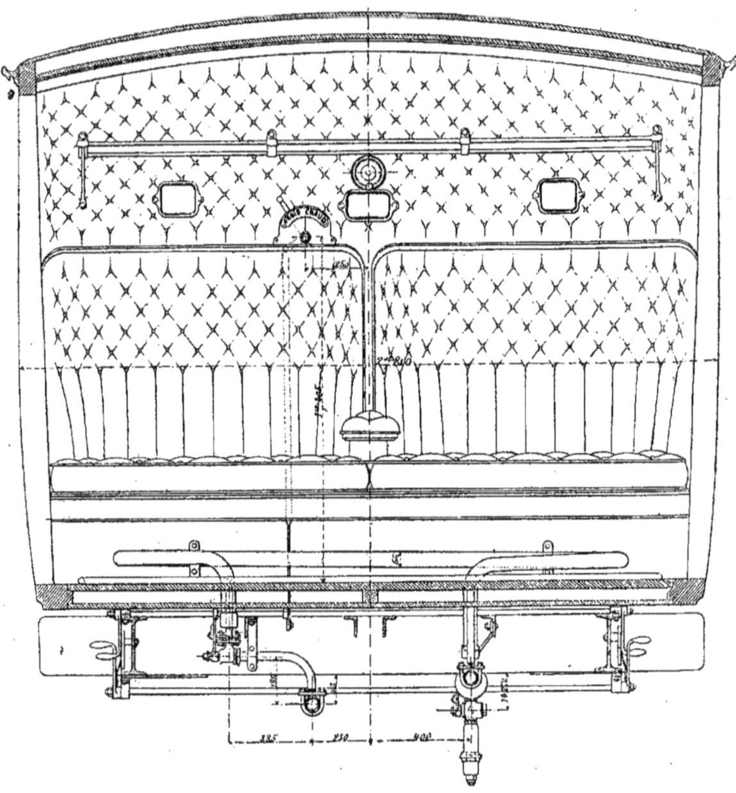

Fig. 1335. — Chauffage par la vapeur et l'air combinés. — Voiture de 1re classe. — Coupe transversale.

ment; le troisième, de diamètre notablement plus fort, passe sous une des banquettes. Les trois tuyaux ressortent ensuite de la caisse et aboutissent à un collecteur

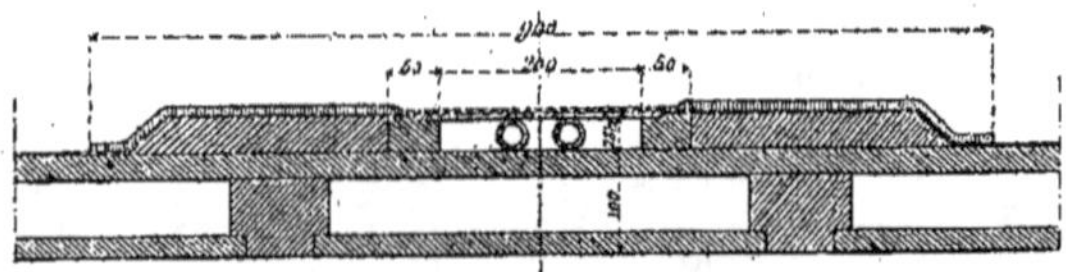

Fig. 1336. — Chauffage par la vapeur et l'air combinés. — Coupe transversale d'une chaufferette.

général qui reçoit de même tous les tuyaux de chauffage de la voiture. Ce collecteur est fermé à l'une de ses extrémités, terminé à l'autre par un purgeur automatique et précédé d'un robinet d'évacuation (*fig.* 1337 et 1338) comme dans les autres voitures.

Le robinet d'évacuation peut occuper quatre positions différentes (*fig.* 1339 et 1340).

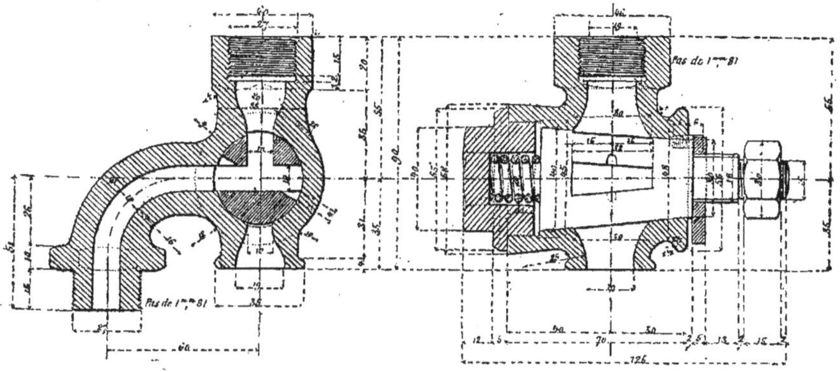

Fig. 1337 et 1338. — Chauffage par la vapeur et l'air combinés. — Robinet d'évacuation.

Dans la première, il isole les trois tuyaux de chauffage de la conduite générale, et tout chauffage est impossible.

Dans la seconde, il admet la vapeur à un seul des tuyaux de chauffage sous la tôle médiane.

Dans la troisième, il admet la vapeur aux deux tuyaux de chauffage sous la tôle en question.

Enfin, dans la quatrième, il admet la vapeur dans les trois tuyaux, aussi bien sous les pieds des voyageurs que sous

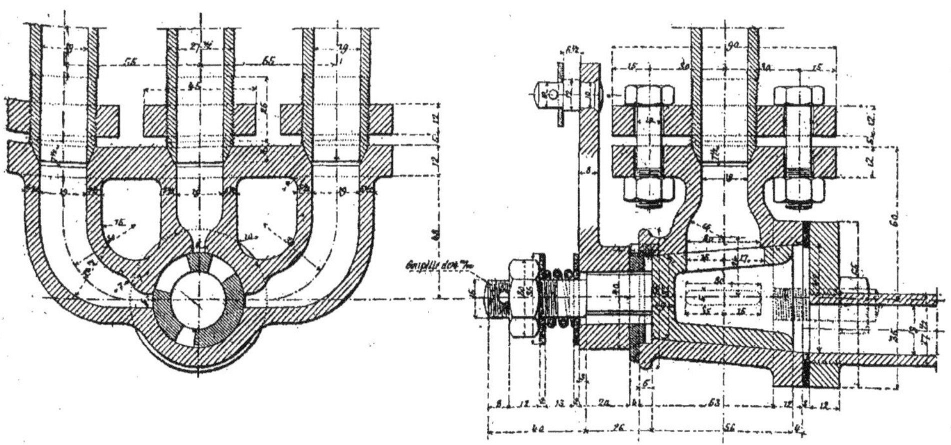

Fig. 1339 et 1340. — Chauffage par la vapeur et l'air combinés. — Robinet d'admission.

la banquette; ce dernier chauffe l'air du compartiment par contact direct. On peut ainsi donner au chauffage toute son intensité.

Ce robinet peut être manœuvré aussi bien par les voyageurs dans le compartiment que de l'extérieur par les agents du train.

Le seul inconvénient de ce système est l'emploi du tuyau sous la banquette, dont la température, de 120 à 130 degrés, constribue puissamment au chauffage du compartiment. Mais en même temps, à cette température, toutes les poussières qui se déposent sur ce tuyau sont décomposées et répandent une odeur désagréable, qui persiste ensuite malgré la ventilation la plus énergique. Aussi la

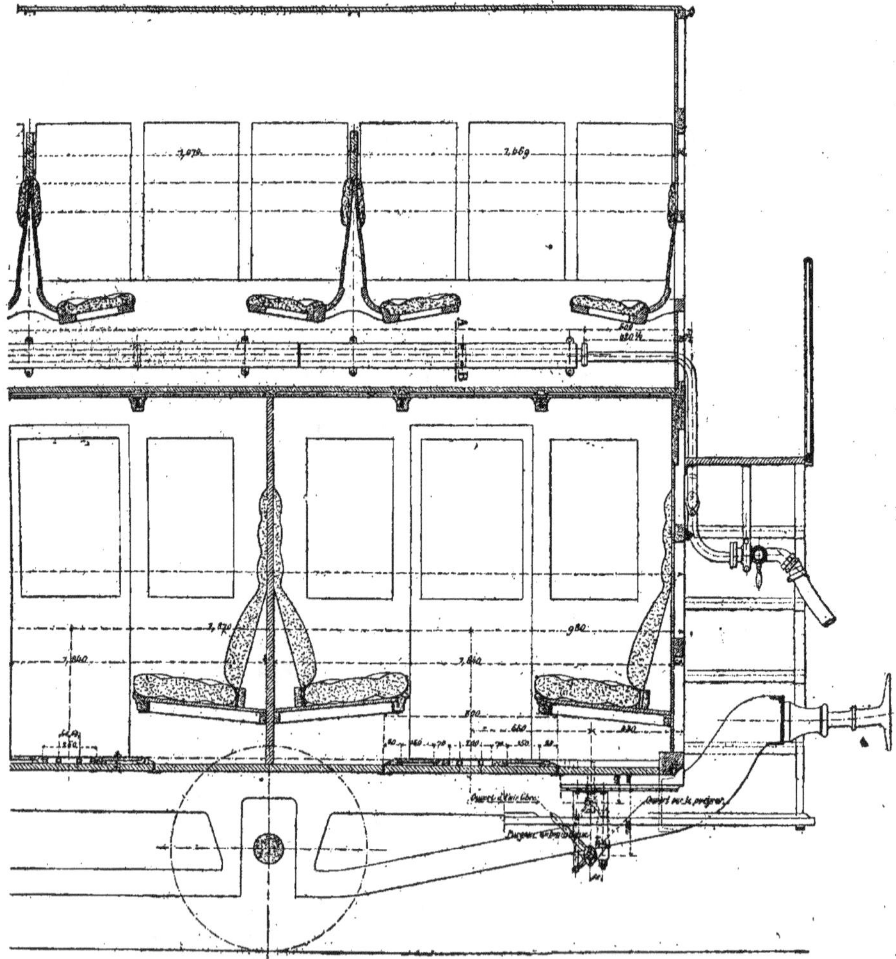

Fig. 1341. — Chauffage par la vapeur et l'air combinés. — Voiture à 2 étages. — Coupe.

Compagnie de l'Est a-t-elle été amenée à supprimer ce troisième tuyau, nullement indispensable d'ailleurs dans nos climats plutôt tempérés.

703. *Fourgons.* — Le fourgon ne porte que la conduite générale, un manomètre monté sur cette conduite et, s'il y a lieu, un appareil pour le chauffage de l'agent du train. Cet appareil se compose d'un tuyau unique branché sur la conduite générale, pénétrant dans la caisse et formant sur le plancher un serpentin qui est recouvert par une tôle de chauffage ; ensuite il sort de la caisse et aboutit directement à un purgeur sans robinet d'évacuation. On met cet appareil en service, ou on l'isole à volonté au moyen d'un robinet d'admission.

704. *Voitures à étages, type Bidard, de la ligne de Vincennes.* — Les véhicules usités sur la ligne de Vincennes ont une forme spéciale à deux étages, type Bidard, que nous connaissons, et ont nécessité également une installation spéciale pour leur chauffage.

Nous avons vu que, jusqu'à ces derniers temps, la caisse inférieure de ces voitures était chauffée par des bouillottes mobiles à eau chaude du vieux système et que la caisse supérieure renfermait un poêle à combustion lente. Il y avait là un intérêt tout particulier à remplacer ces systèmes primitifs par le chauffage à la vapeur. Voici comment M. Lancrenon pense y être

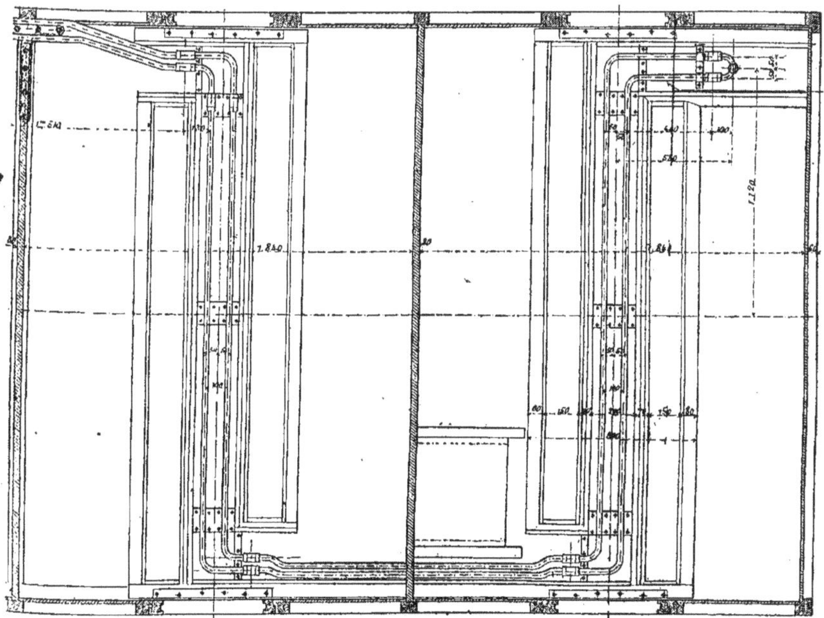

Fig. 1342. — Chauffage par la vapeur et l'air combinés. — Voiture à deux étages.
Tuyauterie de la caisse inférieure.

arrivé, en tenant compte que l'on ne fait dans ces voitures que de courts trajets de banlieue.

La conduite générale venant de la locomotive, au lieu de régner sous le plancher des véhicules, passe au contraire sur le toit de la caisse inférieure, c'est-à-dire en même temps sur le plancher de la caisse supérieure. A chaque voiture, elle se dédouble en deux tuyaux qui courent le long des parois de la caisse supérieure, dissimulée sous une tôle mince empêchant les voyageurs de se brûler (*fig.* **1341 à 1346**).

L'accouplement de ces voitures devant pouvoir se faire à volonté avec des voitures du type ordinaire, il a fallu maintenir le boyau de raccordement à la hauteur des tampons, ce qui entraîne à chaque véhicule une forte dénivellation atteignant 1ᵐ,35. Avec le système de chauffage employé où l'air est mélangé à la vapeur, cela ne paraît présenter aucun inconvénient.

L'accouplement avec une voiture ordinaire nécessite un raccord mobile spécial conformé d'un boyau en caoutchouc terminé à chacune de ses extrémités par une rotule d'accouplement à griffes.

La caisse supérieure n'a pas d'autre organe de chauffage que sa double conduite générale. Quant à la caisse inférieure, son chauffage s'opère au moyen d'un tuyau branché sur la conduite générale au point le plus élevé, de manière à

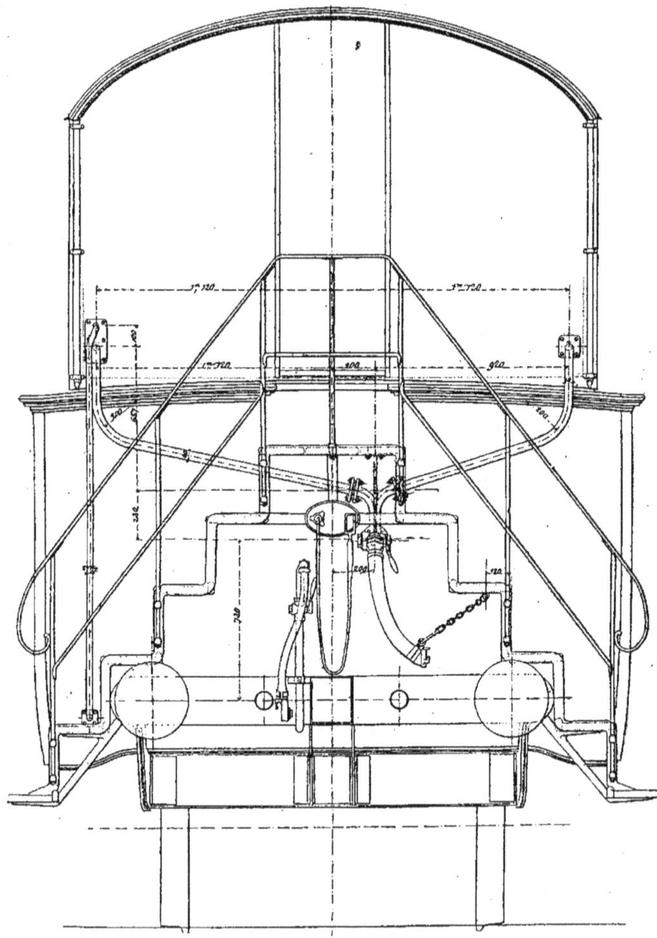

Fig. 1343. — Chauffage par la vapeur et l'air combinés. — Voiture à deux étages. — Vue par bout.

ne recevoir, autant que possible, que de l'air et de la vapeur sans eau de condensation. Ce tuyau sort naturellement de la caisse supérieure, descend à l'intérieur le long du pignon, puis pénètre dans la caisse inférieure. Là, il se bifurque en deux autres qui circulent côte à côte et successivement dans tous les compartiments sous les pieds des voyageurs ; puis les branchements se groupent à nouveau pour sortir de la caisse et aboutir à un purgeur automatique précédé d'un robinet d'évacuation, comme dans les autres véhicules. Dans les compartiments, les tuyaux sont toujours recouverts par des tôles de chauffage.

A l'extrémité inférieure du tuyau de prise de vapeur qui descend de la caisse supérieure, et à l'origine des tuyaux de chauffage, on a placé des purgeurs automatiques à dilatation. A l'origine du tuyau des prises de vapeur se trouve un robinet d'arrêt destiné à permettre, en cas d'avarie, l'isolement des appareils de la caisse inférieure. Ce robinet ne peut être manœuvré qu'au moyen d'une clef.

Ces voitures exigeant naturellement une importante quantité de vapeur pour leur chauffage, on a adopté le diamètre de 45 millimètres pour les accouplements de la conduite générale.

Le mécanicien seul a une action sur le chauffage qui est à l'abri de l'action des voyageurs comme de celle des agents du train.

Ce système, un peu primitif, surtout en ce qui concerne le premier étage, a paru

suffisant pour une ligne de banlieue à court trajet.

705. *Conduite volante pour franchir une voiture ordinaire.* — Comme nous l'avons déjà dit précédemment, un des-

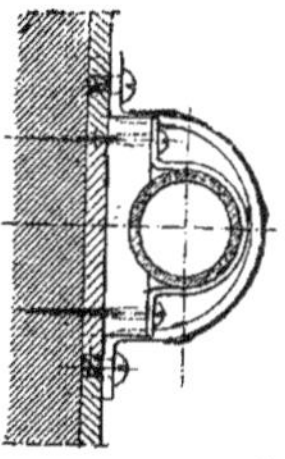

Fig. 1344. — Chauffage par la vapeur et l'air combinés. — Montage de la conduite.
(Coupe AB de la fig. 1341.)

inconvénients du chauffage continu soit à la vapeur, soit à l'eau chaude, c'est la difficulté d'accoupler aux véhicules aménagés spécialement, des véhicules ordinaires qui ne sont pas disposés pour

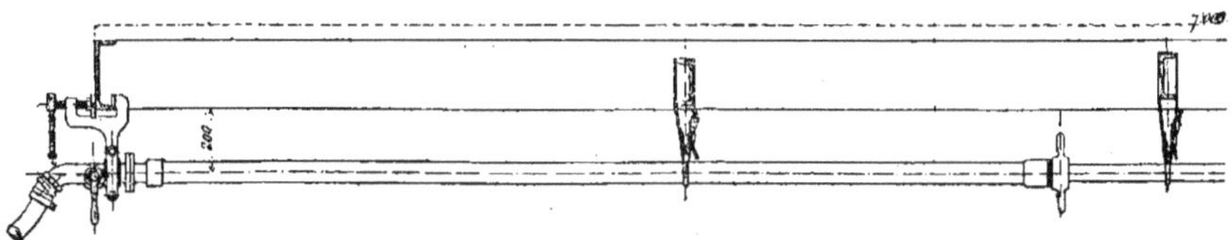

Fig. 1345. — Chauffage par la vapeur et l'air combinés. — Montage de la conduite volante.

recevoir ce système de chauffage. En effet, ou bien il est impossible d'atteler ces derniers en queue du train, ou bien, si cela est possible, ils nécessitent un mode de chauffage particulier différent du système courant, ce qui est peu commode.

On a supprimé la difficulté, comme nous l'avons déjà exposé plus haut dans des cas analogues, en franchissant l'obstacle au moyen d'une conduite volante permettant de relier les deux véhicules voisins de celui qu'il s'agit d'isoler (*fig.* 1345 et 1346). Cette conduite s'adapte facilement aux véhicules ayant des châssis de 4 à 7 mètres, elle est analogue à celle qu'on emploie de la même manière et dans le même cas

pour les freins continus. Son poids est de 90 kilogrammes et elle ne demande que cinq à six minutes pour être montée sur un véhicule.

Néanmoins, c'est un engin assez lourd et assez encombrant dont il faut éviter autant que possible de se servir.

706. *Données diverses.* — Il suffit ordinairement d'une demi-heure pour chauffer une rame de dix-huit véhicules. Une rame de voitures à étages demande dix minutes de plus, soit quarante minutes en tout.

La perte de charge dans la conduite générale de la tête à la queue du train est peu élevée, quand le régime est bien établi; elle ne dépasse guère 0^{kg},50 pour des rames de dix-huit véhicules et un kilogramme pour celles de vingt-quatre véhicules. La différence correspondante de chauffage est donc elle-même assez peu sensible entre ces deux points extrêmes et ne va pas au-delà de 5 à 6 degrés pour le compartiment, et 2 à 6 degrés sur les tôles des pieds.

Quant à la température de ces dernières, lorsqu'elles sont en fer, elle atteint en moyenne les chiffres suivants:

Avec un tuyau ouvert, 40 à 50 degrés;

Avec deux tuyaux ouverts, 50 à 60 degrés;

Avec trois tuyaux ouverts, 60 à 70 degrés;

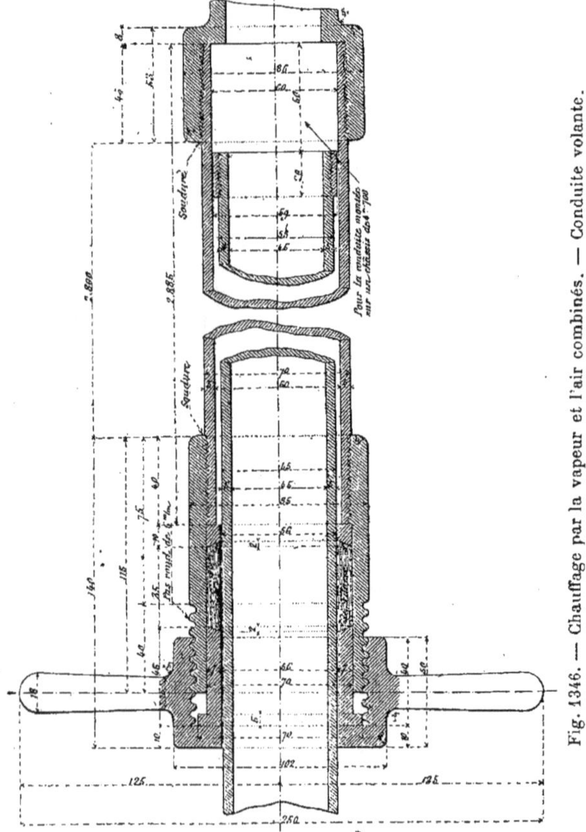

Fig. 1346. — Chauffage par la vapeur et l'air combinés. — Conduite volante.

La tôle de laiton chauffe mieux; elle donne à peu près les mêmes résultats avec un tuyau ouvert que la tôle de fer avec deux, et avec deux tuyaux ouverts, les mêmes résultats que la tôle de fer avec trois.

Une tôle de 2ᵐ,46 de long sur 0ᵐ,25 de large, noyée dans le plancher au milieu du compartiment et portée à la température de 60 ou 65 degrés, suffit pour obtenir en moyenne une surélévation de 15 degrés dans ce compartiment, ce qui suffit le plus souvent dans nos climats, surtout avec le chauffage direct des pieds.

Cette élévation de température peut atteindre 20 degrés en première classe avec le tuyau sous la banquette.

Dans les impériales des voitures à étages, le chauffage par les conduites générales dédoublées produit une surélévation de 10 à 12 degrés sur la température extérieure.

Les règles suivies pour le chauffage pendant l'hiver sont d'ailleurs les suivantes :

Température extérieure.		Mode de chauffage.
	— 5° et au-dessous.	Chauffage continu avec 3 tuyaux.
	+ 5° à — 5°.	Chauffage continu avec 2 tuyaux.
Rames de voitures ordinaires.	+ 10° à + 5°.	Chauffage continu avec 1 tuyau.
	+ 15° à + 10°.	Chauffage intermittent avec 1 tuyau.
	+ 15° et au dessus.	Cessation du chauffage.
	+ 5° et au dessous.	Chauffage continu.
Rame de voiture à étage.	+ 15° à + 5°.	Chauffage intermittent.
	+ 15° et au dessus.	Cessation du chauffage.

Ces règles n'ont d'ailleurs rien d'absolu et doivent nécessairement se plier aux exigences du moment.

Quant à la consommation du charbon, M. Lancrenon reconnaît qu'il est difficile de la préciser, puisque c'est la même machine qui sert à tous les usages : traction, frein, chauffage. « On peut admettre, dit-il, d'après certains essais, que le maximum de la dépense de ce chef ne dépasse pas 2 kilogrammes de charbon par voiture chauffée et par heure, pour les voitures ordinaires, et le double ou 4 kilogrammes pour les voitures à étages, même par les temps froids. C'est sur ces bases que l'on a réglé les allocations supplémentaires de combustibles aux mécaniciens, qui n'ont fait à ce sujet aucune réclamation. »

Le soir, en arrivant, il est indispensable d'ouvrir tous les robinets d'arrivée ou d'évacuation, et de défaire tous les accouplements. Malgré tout l'air envoyé, il reste toujours, en effet, dans les derniers accouplements du train, un peu d'eau qui peut se congeler, obstruer les conduites et rendre impossible le chauffage le lendemain.

707. *Avantages et inconvénients du système Lancrenon.* — Les avantages de ce système sont les suivants :

D'abord une très grande modérabilité, une réelle flexibilité et la facilité avec laquelle on peut l'adapter à toutes les circonstances atmosphériques. La source de chaleur est, en effet, à peu près indéfinie et, par les temps les plus froids, on peut avoir un chauffage aussi intense qu'on le désire. Il suffit pour cela de donner dans les compartiments, aux surfaces de chauffe, les dimensions voulues. Il y a là une grande supériorité sur les bouillottes et même sur le thermosiphon qui, une fois allumé, ne peut plus être éteint, et dont le réglage, dans des limites très étendues, s'obtient difficilement.

En dehors de la suppression des bouillottes et de leurs incommodes manipulations, nous signalerons encore la facilité d'ajouter au train, même au dernier moment, des voitures froides qui sont rapidement chauffées, avantage qui n'existe pas avec l'emploi du thermosiphon ; puis la facilité de l'installation de l'appareil sur les voitures de toutes catégories, à couloirs où à compartiments ; l'absence de tout foyer incandescent dans les trains, et enfin l'économie.

Telles sont les raisons qui ont décidé la Compagnie de l'Est à faire l'essai en grand de ce système ; un avenir prochain nous dira si le succès a été définitif.

Il présente bien, en effet, quelques inconvénients, que voici : d'abord la continuité de la conduite entraînera l'impossibilité d'ajouter, en tête des trains, des véhicules non outillés dans ce but. Il faut nécessairement les ajouter en queue du train, ce qui est souvent difficile. Ce défaut est d'ailleurs inhérent à tous les systèmes continus, y compris les freins.

En second lieu, le train, une fois formé, il est indispensable de le munir de sa machine en tête, un certain temps avant le départ, pour obtenir la température voulue au moment de la montée des voyageurs. En outre, au moment de la mise en charge, et tant que les purgeurs restent ouverts, il se dégage des nuages de vapeur assez désagréables.

Il ne faut pas oublier non plus l'augmentation du poids mort des véhicules. Cet inconvénient est celui de tous les systèmes fixes, thermosiphon ou autres ; puis de nombreuses manœuvres d'accouplements ou de robinets, et enfin le prélèvement sur la locomotive d'une certaine quantité de vapeur affaiblissant forcément la puissance de traction de celle-ci.

La plupart de ces inconvénients, on le voit, sont ceux de tout chauffage continu, et en particulier du chauffage à la vapeur ; et nous n'en persistons pas moins à croire que là est l'avenir, sauf certaines exploitations exceptionnelles.

Il n'y aurait donc rien de surprenant à ce que le système de M. Lancrenon triomphât de toutes ces difficultés et sortît victorieux de la lutte.

CHAUFFAGE PAR LE GAZ

708. *Chauffage au gaz des voitures de l'État belge.* — Le chemin de fer de l'État belge a profité de ce qu'il avait déjà l'éclairage au gaz pour installer un système de chauffage de ses voitures par le gaz.

Il se compose d'une chaufferette en tôle

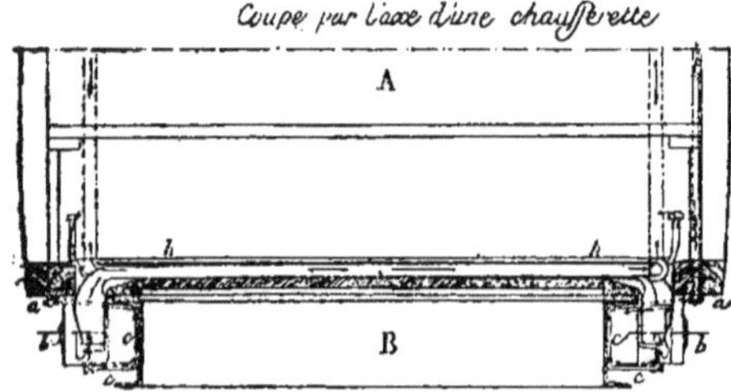

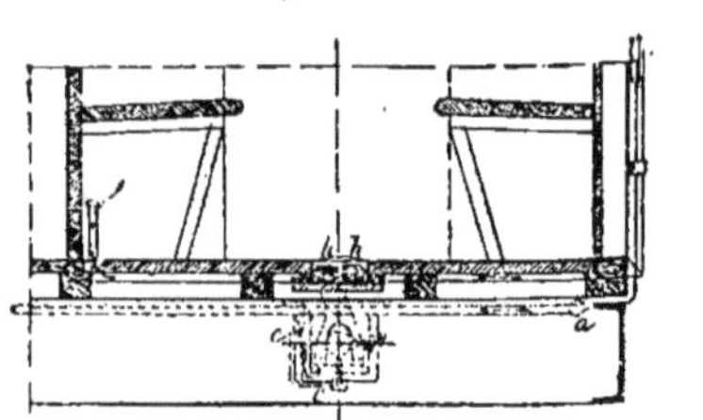

Fig. 1347 et 1348. — Chauffage par le gaz. — État belge (Système Chaumont).

placée dans une boîte en bois garnie de feutre ; cette boîte est elle-même placée entre les sièges, à l'intérieur du plancher (*fig.* 1347 à 1348). Cette chaufferette est traversée par deux tuyaux en cuivre rouge à sections ovales de 0^m,065 sur 0^m,040 ; en outre, deux becs de gaz disposés l'un à droite, l'autre à gauche des compartiments, en dessous du brancard de la caisse et contre le brancard du châssis, envoient respectivement les produits de leur combustion dans ces tuyaux. Après avoir ainsi traversé la chaufferette sur toute sa longueur, les gaz chauds s'échappent au dehors par un tuyau vertical de 0^m,04 de diamètre placé le long de la paroi, à l'intérieur de la voiture. Le gaz est amené aux brûleurs au moyen d'un petit tuyau en cuivre qui descend de la conduite principale en suivant le dessous du brancard de la caisse.

Les chaufferettes ainsi chauffées ne font guère plus d'effet que les bouillottes ordinaires, si ce n'est que leur température est constante. Ce résultat est obtenu par une consommation de 0^f 208 par voiture et de 0^f,052 par compartiment. Le coût d'installation des appareils est assez élevé : il atteint environ 1 000 francs par voiture, surtout à cause des modifications à faire subir aux marchepieds.

La distribution de la chaleur, avec ces appareils, ne s'effectue pas régulièrement dans les compartiments ; leur fonctionnement et leur surveillance ne sont pas non plus très commodes. Aussi explique-t-on qu'ils se soient peu répandus.

709. *Chauffage au gaz comprimé, sys-*

tème Pintsch. — M. Pintsch, de [Berlin, dont nous avons déjà parlé, à l'occasion de l'éclairage des voitures, a pensé triompher des obstacles signalés au numéro précédent, au moyen de l'appareil suivant (*fig.* 1349 et 1350).

C'est un petit fourneau placé sous le plancher du véhicule et formé d'un coffre recouvert d'une substance isolante, dans lequel est placé le conduit de chauffe P (*fig.* 1349).

Le brûleur G est placé dans une chambre inférieure E, munie d'une porte et d'un tuyau d'arrivée d'air *j*. Ce tuyau est protégé par le chapeau H, et porte devant son orifice intérieur un clapet en tôle K, qui empêche l'air d'arriver brusquement par

Les produits de la combustion passent par le conduit cannelé P qui sert de tuyau principal de chauffe, après avoir franchi la trémie D et s'échappent ensuite dans l'atmosphère par le conduit *c*. L'air qui doit être échauffé arrive dans le coffre ci-dessus par un canal latéral présentant de nombreuses ouvertures *b* le mettant en communication avec celui-ci. Cet air est puisé à l'extérieur par un double entonnoir N muni d'un clapet qui s'oriente automatiquement, de manière à livrer toujours accès à l'air qui vient de la tête du train. Une paroi *a*, percée de trous, est placée immédiatement au-dessous du conduit de chauffe P, de sorte que chaque trou débouche dans une cannelure de ce conduit

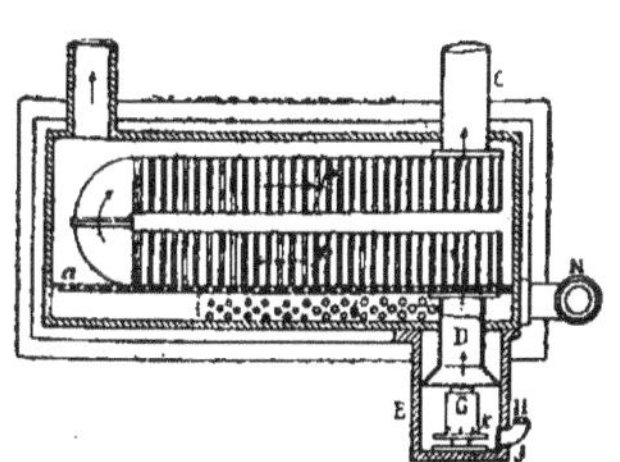

Fig. 1349. — Chauffage par le gaz. — Système Pintsch. — Coupe transversale du fourneau.

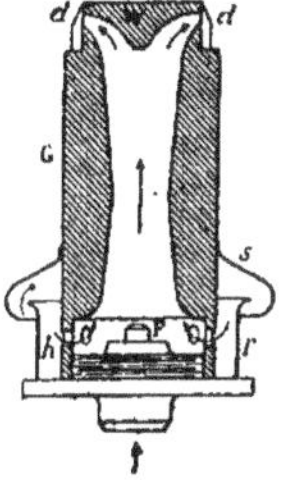

Fig. 1350. — Chauffage par le gaz. — Système Pintsch. — Coupe du brûleur.

le brûleur et ménage une distribution de chaleur uniforme dans la chambre E.

Le brûleur lui-même est une pièce métallique à parois épaisses présentant, à la partie inférieure, une chambre dans laquelle débouche la conduite à gaz F et dont les parois sont percées de trous d'aérage. L'orifice inférieur est surmonté d'une plaque *w* munies de fentes biscautées par lesquelles s'échappe le mélange d'air et de gaz (*fig.* 1350). On empêche l'air d'arriver brusquement contre les parois du brûleur, avant de pénétrer dans l'appareil, au moyen d'un chapeau de tôle *r* et d'un clapet protecteur S. Le mélange s'échauffe encore dans le conduit aux épaisses parois avant de sortir par les fentes de combustion.

P ; l'air frais qui arrive et monte pénètre donc forcément contre les parois de ces cannelures ; on peut de la sorte modérer ou accélérer la transmission de la chaleur.

Tableau récapitulatif des dépenses des divers systèmes.

710. Voici, d'après Goschler, le tableau récapitulatif des dépenses de chauffage, applicables à la ligne-type choisie plus haut de 300 kilomètres, avec quatre trains par jour dans chaque sens.

A ce tableau il y aura lieu d'ajouter, dans quelques années, les derniers systèmes perfectionnés dont nous avons parlé, quand ils auront suffisamment fait leurs preuves.

TYPE DE CHAUFFAGE	PREMIER ETABLISSEMENT DÉPENSE		EXPLOITATION ET ENTRETIEN DÉPENSE	
	par COMPARTIMENT	TOTALE	JOURNALIÈRE (20 heures) par COMPARTIMENT	ANNUELLE TOTALE
Bouillottes à eau...............	187.50	30 000	0.937	21 646
Chaufferettes à feu...............	176.06	28 650	1.500	36 000
Chaufferettes à gaz...............	250.00	40 000	1 040	24 660
Poêles.................	37.50	6 000	0.375	8 500
Calorifères à air chaud............	143.75	23 000	0.750	18 000
Calorifères à eau chaude...............	170.00	27 200	0.707	17 000
Calorifères à vapeur...............	150.00	24 000	0.666	16 000

Chauffage des wagons de marchandises.

711. Une idée qui peut paraître originale au premier abord, c'est le chauffage des wagons de marchandises. C'est cependant ce qui est arrivé en Allemagne pendant l'hiver exceptionnellement rigoureux de 1894-95, afin d'éviter la congélation des produits transportés, malgré tous les soins donnés à l'emballage. Les fleurs, les légumes, les fruits, la bière, le vin, les liqueurs, les eaux minérales, etc., ont notablement à souffrir de cette congélation et peuvent même être complètement avariés.

Les chemins allemands reliant Coblentz et Wiesbaden à Berlin ont ainsi mis en circulation, du 4 décembre 1894 à la fin de février 1895, des trains dans lesquels se trouvaient des wagons chauffés, d'ailleurs d'une façon élémentaire. Ces wagons étaient simplement munis d'une double paroi, à l'intérieur de laquelle circulent les gaz provenant de la combustion d'un foyer.

RÉSUMÉ

Considérations générales.

712. Le véritable but à atteindre théoriquement serait de communiquer à l'air des voitures une température constante, quelles que fussent les variations de la température extérieure. Cela ne pourrait être réalisé d'une manière absolue qu'en faisant varier la quantité de chaleur intérieure, c'est-à-dire la quantité de combustible; or, on ne peut y arriver qu'en laissant aux voyageurs eux-mêmes la direction absolue du chauffage, ce qui présente plusieurs inconvénients ; d'abord les voyageurs aiment bien, une fois installés, à n'avoir plus aucune préoccupation d'aucune sorte jusqu'à destination; et ensuite il y aurait à redouter les excès de consommations, inutiles pour tout le monde et sensibles aux intérêts de la Compagnie.

On admet donc le plus souvent que l'on fournira le même nombre de calories, quelle que soit la température extérieure.

En prenant pour base le cas d'une journée froide, on peut toujours mitiger l'excès de chaleur en ouvrant plus ou moins les glaces des portières. Il faut reconnaître néanmoins que tout cela est loin d'être parfait, l'ouverture des portières gèle les voyageurs voisins, constitue un palliatif insuffisant pour ceux qui en sont éloignés et, dans le cas où elles sont ouvertes aux deux extrémités des compartiments, elles entraînent un courant d'air des plus dangereux. D'ailleurs, tout le monde sait que, dans la pratique, les voitures sont loin de pécher par l'excès de chaleur, mais bien plutôt par le contraire.

En second lieu, la ventilation doit toujours accompagner le chauffage sous peine d'incommoder les voyageurs; il est indispensable que la partie inférieure des compartiments auprès des pieds, soit plus chaude que la partie supérieure, excepté dans les pays très froids, comme la Russie, où la nuance serait inutile et insaisissable, vu le grand froid extérieur. Mais un besoin impérieux est que l'air échauffé soit respirable. Il ne doit donc emprunter aucune des propriétés toxiques des agents employés à lui communiquer le nombre de calories nécessaires.

Le système adopté ne doit pas, autant que possible, entraîner de modifications profondes et coûteuses dans la construction du matériel roulant. D'autant plus que le chauffage n'a lieu que pendant quelques mois dans les climats tempérés. Il faut en même temps qu'il soit économique.

Les appareils employés doivent être robustes, faciles à entretenir et à visiter et pouvant résister aux plus fortes gelées. Il est utile qu'ils n'apportent aucune entrave à la continuité et à la rapidité du service ; ils ne doivent enfin occasionner aucune chance d'explosion, d'incendie ni d'accident.

Eh bien! nous devons constater, d'après l'étude qui précède, qu'aucun des systèmes essayés ou adoptés ne réalise complètement toutes les données de ce problème. La plupart d'entre eux sont applicables à des conditions de climat ou d'exploitations déterminées, et l'on est obligé de sacrifier un ou plusieurs points de ce programme afin de pouvoir donner meilleure satisfaction à d'autres nécessités.

En France, l'emploi de la bouillotte simple à eau chaude est le système le plus répandu ; on rencontre bien exceptionnellement, des bouillottes à acétate de soude, des thermosiphons, des poêles, des briquettes, et même le chauffage à la vapeur ; mais aucun de ces modes de chauffage ne s'est largement développé.

A l'Etranger, au contraire, on ne trouve des bouillottes qu'à titre de rares exceptions. On a d'abord employé des poêles et calorifères à air chaud qu'on tend de plus en plus à remplacer par le chauffage à la vapeur.

Conclusion.

713. Nous avons, dans ce qui précède, donné en détail les avantages et les inconvénients de chacun des systèmes de chauffage que nous avons étudiés, en regard des diverses dépenses correspondantes. Tout cela peut se résumer ainsi :

Il est impossible, dans l'état actuel de progrès de l'industrie en général, et des chemins de fer en particulier, de conserver un système de chauffage intermittent, et spécialement le procédé barbare et antique des bouillottes mobiles dont le moindre défaut est de ne pas chauffer.

Le chauffage par chaufferettes à briquettes est coûteux et dangereux à plusieurs points de vue. Les poêles constituent des appareils des plus dangereux qui devraient être absolument proscrits de l'exploitation des trains de chemins de fer.

Le chauffage par calorifère à air chaud est beaucoup trop irrégulier, mal réparti et coûte fort cher. Les systèmes au gaz ne sont que fort peu répandus et insuffisamment étudiés.

En résumé, le doute ne peut subsister qu'entre le chauffage à l'eau chaude et à la vapeur.

Le chauffage par thermosiphon a pour lui l'avantage de maintenir l'indépendance des véhicules, la facilité de la composition des trains, des manœuvres de gare. Par contre, il a l'inconvénient de présenter quelques difficultés d'application dans les grands froids et d'être d'un prix plus élevé.

Le système à la vapeur n'a contre lui qu'une seule objection, la continuité des conduites. Nous avons déjà dit, en son temps, ce que nous pensions de cette objection, plus apparente que réelle et croyons que c'est, en effet, là le système de chauffage appelé à se généraliser dans l'avenir, surtout si certains perfectionnements le rendent plus modérable et plus pratique.

VENTILATION DES VOITURES A VOYAGEURS

Considérations générales.

714. La ventilation des voitures de chemins de fer est un problème encore fort mal résolu et qui laisse beaucoup à désirer. Des expériences faites par M. Dudley, au Pensylvania Railroad, ont montré qu'il ne pénètre dans les voitures, et qu'il n'en sort que le huitième ou le dixième de l'air pur qui serait nécessaire.

Il faut reconnaître, en effet, que le problème présente de nombreuses et importantes difficultés. Ainsi, pour les voitures américaines sur lesquelles M. Dudley a fait ses expériences, le volume long, étroit et peu élevé des véhicules, est de 113 mètres cubes. Dans cet espace il faut recevoir et garder soixante personnes pendant quatre heures, leur fournir une température suffisante par les temps les plus froids, et envoyer assez d'air pour amener la ventilation, tout en excluant les cendres, la poussière, la fumée, etc.

Et l'aérage est souvent aussi utile l'été que l'hiver, car sur les lignes poussiéreuses, il est impossible de compter pour cela sur l'ouverture des glaces.

M. Dudley a conclu tout d'abord qu'on ne peut songer à introduire dans les voitures une quantité d'air froid suffisante pour les ventiler, ou du moins cela n'est admissible que dans des climats exceptionnels. Mais, en règle générale, le système de ventilation doit être intimement lié au système de chauffage, sous peine de donner de fort mauvais résultats.

Les produits à expulser, et qui sont dégagés par les êtres vivants renfermés dans le véhicule, sont de l'acide carbonique, de la vapeur d'eau et des substances organiques entraînant l'odeur caractéristique connue de tous. M. Dudley donne comme mesure de la bonne ventilation une proportion d'acide carbonique dégagé, gaz facile à mesurer, ne dépassant pas $\frac{1}{5\,000}$; dans ces conditions, il est impossible de sentir aucune odeur organique fournie par les substances qui accompagnent cet acide. Si l'on ajoute que normalement l'air en contient à peu près le double, il en résulte que, dans un local bien ventilé, l'air ne doit pas contenir plus de $\frac{3}{5\,000}$ ou $\frac{1}{1\,667}$ d'acide carbonique.

La question revient donc à connaître exactement la proportion de ce gaz dégagé dans un temps donné ; en une heure, par exemple, par un être humain. De nombreuses expériences ont donné le chiffre de 17 litres à l'heure : par conséquent, tout revient à savoir la quantité d'air à introduire dans une voiture et à en expulser pour que la quantité d'acide carbonique ne dépasse pas $\frac{1}{5\,000}$.

Or un calcul très simple montre que ce chiffre devrait atteindre plus de 5 000 mètres cubes (chiffre exact, 5 100) pour diluer, dans la proportion indiquée plus haut, l'acide carbonique fourni par les soixante personnes du véhicule. En d'autres termes, pour avoir une bonne ventilation, il faudrait 85 mètres cubes d'air par heure et par voyageur, ou encore il faudrait renouveler la totalité de l'air contenu dans la voiture quarante-cinq fois par heure ou toutes les quatre-vingt-cinq secondes.

Il y a évidemment là presque une impossibilité pratique. Au Pensylvania-Railroad, on se contente de la moitié de ce chiffre, ce qui est déjà assez important, c'est-à-dire 42 mètres cubes par heure et par voyageur, ou 2 550 mètres cubes par voiture et par heure, chiffres déjà fort respectables.

Le chauffage et la ventilation devant être intimement liés, il s'agit de savoir quelle quantité de chaleur est nécessaire pour chauffer cette quantité d'air.

En supposant un train américain composé de douze voitures remplies de voyageurs , la température extérieure de 0 degré, il faudra environ 3 à 4 0/0 de la chaleur totale fournie par la locomotive pour chauffer l'air nécessaire à une bonne ventilation. Ce point n'est pas résolu, mais ce n'est pas la seule difficulté à surmonter.

Expériences de M. Dudley sur le Pensylvania-Railroad.

715. M. Dudley fit ses expériences en 1875 et disposa les choses de la manière suivante :

L'air arrivait du dehors par un entonnoir ou capuchon placé à chacun des angles de la voiture ; sur la plate-forme, il était amené par un tube en bois en dessous du plancher, entre le longeron latéral et la première traverse. L'air passait ensuite dans une caisse placée juste au-dessous du plancher, le long de la paroi de la voiture, et contenant les tuyaux de chauffage. Dans cette caisse, l'air s'échauffait au contact des tuyaux, était distribué dans la voiture sur toute la longueur de chaque côté, pour être ensuite expulsé par des ventilateurs placés dans le pavillon du véhicule.

Les ouvertures pratiquées dans le plancher, et permettant à l'air de passer dans les caisses de chauffage, avaient 32 millimètres de largeur et étaient disposées tous les 10 centimètres. Dans ces conditions, on trouve qu'il était facile d'admettre dans la voiture 2 550 mètres cubes d'air par heure, chiffre égal à l'air expulsé ; mais, par les temps très froids, il était impossible d'élever la température de cet air de plus de 4 à 10 degrés centigrades au-dessus de la température extérieure ; en un mot, il reste acquis que, s'il est possible de faire passer dans une voiture la moitié de la quantité d'air exigible pour amener une bonne ventilation, il n'est pas actuellement possible de chauffer cet air suffisamment pour la commodité des voyageurs.

Il reste à trouver encore des moyens pratiques d'exclure la fumée, surtout sous les tunnels et, dans tous les cas, les cendres et la poussière.

Etat de la question en France.

716. La ventilation d'un espace restreint et clos, comme l'est un compartiment chauffé de voiture de chemin de fer, l'hiver, est évidemment une chose fort utile, pour ne pas dire indispensable ; comme on vient de le voir, la chose n'est pas toujours aussi facile qu'on pourrait le croire, et les dispositions les meilleures en apparence ne conduisent le plus souvent qu'à produire des rentrées désagréables d'air, de poussière ou de neige.

A l'Étranger, on attache à cette question une importance beaucoup plus grande qu'en France, et le besoin s'en fait en effet sentir davantage. Les voitures y sont en effet le plus souvent chauffées à la vapeur au moyen de tuyaux portés à une température élevée qui chauffent l'air du compartiment sans chauffer spécialement les pieds des voyageurs. Comme nous l'avons vu précédemment, les poussières sont décomposées au contact de ces tuyaux, et l'air s'en trouve particulièrement vicié. Les garnitures voisines de ces tuyaux, portées elles-mêmes à haute température, dégagent de mauvaises odeurs. Tout cela donne de l'air moins facilement respirable et qui a besoin d'être purifié et renouvelé.

La ventilation devient moins utile, lorsque le chauffage se borne à des tuyaux sous les pieds des voyageurs sans en mettre sous les banquettes. Il suffit d'enfermer les tuyaux de vapeur, d'empêcher les tôles de chauffage de dépasser 70 degrés et de les tenir bien propres, d'empêcher également la température de s'élever trop dans le compartiment, ce qui présente moins d'inconvénient, lorsque les voyageurs ont constamment les pieds bien chauds. Il ne se produit alors aucune décomposition de poussière, et l'air des compartiments n'est pas vicié. A de rares exceptions près, les portières et les châssis de glace, dont les joints ne ferment jamais hermétiquement, suffisent pour amener un renouvellement convenable de l'air.

Néanmoins, voici quelques systèmes qui donnent un commencement de satisfaction.

Ventilateur Pignatelli.

717. La première préoccupation des

inventeurs a été de permettre l'introduction de l'air extérieur dans les compartiments, sans y laisser pénétrer les
poussières. Tel est le cas du système mis
en service à la Compagnie d'Orléans,
qu'on appelle le ventilateur Pignatelli, et
qui est placé sur le toit des voitures avec
entrée dans le pavillon.

Cet appareil comporte trois pièces essentielles (*fig.* 1351 à 1354) ; une prise d'air
a en forme de trompe ou d'entonnoir articulé sur un récipient dans lequel elle

refoule l'air (*fig.* 1451 et 1452). La disposition de l'ouverture évasée *b* est telle
que l'eau de pluie ne puisse jamais pénétrer dans ce récipient. Cette prise tourne
librement autour d'un manchon, *c*, servant
en même temps à la maintenir. Elle se
termine à l'extrémité opposée par un
autre cône plus petit, *y*, qui sert à diriger
l'air avec plus de force dans le récipient *d*.
Toute la partie supérieure de l'appareil
est mobile et peut s'enlever à volonté ; il
suffit pour cela de déboulonner quatre

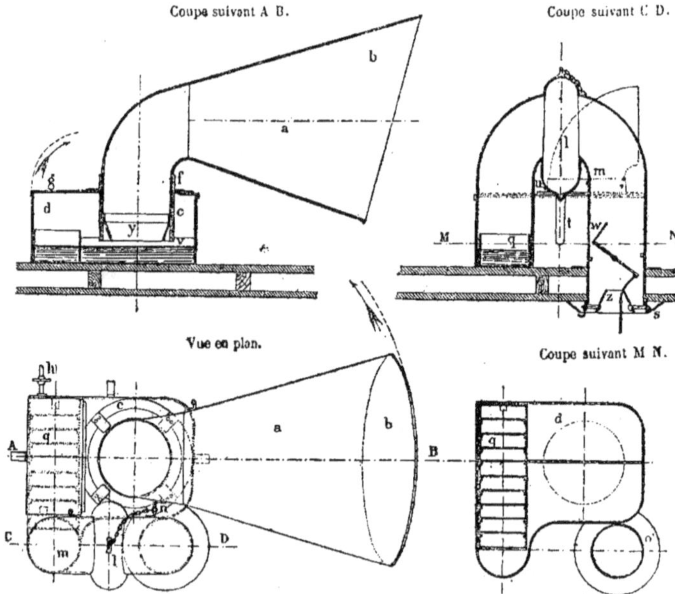

Fig. 1351 à 1354. — Ventilation des voitures. — Système Pignatelli.

pattes d'attaches fixées à la collerette *f*
formant guide et au récipient.

Le récipient *d* est de dimensions restreintes, afin que l'air qu'il renferme offre
le moins de résistance possible à celui
de l'admission. Il contient, en outre, une
certaine quantité d'eau de refroidissement
servant à éviter les poussières. Le volume
de cette eau est limité par un robinet *h*,
que l'on ouvre au moment du remplissage
pour le fermer aussitôt le niveau établi.

Ce récipient est divisé par deux cloisons dont l'une est fixe et l'autre mobile ;

une première *v* est dirigée dans le sens de
la prise d'air et détermine deux chambres
d'égales dimensions ; la seconde, *q*, est
établie de manière à servir d'épurateur à
l'eau qui, projetée en dessus, passe en
dessous, et abandonne, dans ce trajet,
toutes ses impuretés. De cette façon, on
évite que l'eau, agitée par les trépidations
des voitures en marche, ne passe dans le
tuyau d'admission de l'air, et ensuite à
l'intérieur des voitures.

L'eau est introduite par un regard *y* qui
sert en même temps au nettoyage ; enfin,

un tampon de vidange est placé à la partie la plus basse du bassin *d*, qui permet d'enlever toutes les matières abandonnées en dépôt par l'air.

La conduite d'admission de l'air dans la voiture est en forme d'∩ ; elle est reliée d'une part avec le récipient *d*, et de l'autre avec le plafond du véhicule. Le sommet de cette conduite est muni d'une sorte de tore, *l*, supplément de précaution pour empêcher l'humidité de pénétrer à l'intérieur. A la partie inférieure de ce boudin se trouve un tube *t* (*fig.* 1353), qui ramène au récipient le liquide projeté en gouttelettes par le mouvement du train ou abandonné par l'air. L'eau en excès qui aurait pu être introduite dans l'appareil est rejetée par un autre tube *u*.

La branche de la conduite recourbée qui pénètre dans le véhicule, est munie d'une valve *w* articulée en son milieu et commandée à la main au moyen d'un cordon qu'on fixe à la position voulue. Un contrepoids tend à la conserver constamment dans sa position première, et un butoir l'empêche de décrire plus d'un quart de cercle. Enfin, l'entrée dans le pavillon se fait par un cône S renfermant un cône concentrique inverse Z ayant pour but de diriger et de répartir l'air de manière à ne pas incommoder les voyageurs.

Suivant la marche du train, le cône de prise d'air est maintenu en position par l'une des deux attaches diamétralement opposés, *n*. Pour cela chacune des branches de la conduite fixe *m* possède une patte semblable qui est réunie avec celle de la paroi d'air au moyen d'une goupille retenue à une chaînette fixée sur le sommet du tore *l*.

Tout cet ensemble est fixé à la voiture au moyen d'équerres soudées à la paroi du récipient *d* et vissées sur le châssis du plafond. Par excès de précaution, une rondelle *o'* (*fig.* 1354), fixée au cylindre *m*, est boulonnée sur la toiture. Comme celle-ci a une forme cintrée, on place l'appareil bien horizontalement à l'aide d'un coin en bois introduit directement sous le récipient.

L'hiver, on peut laisser l'appareil en place sur le toit en se contentant de placer un tampon sur l'orifice de prise d'air ; on peut enlever toute la partie mobile *a* et fermer l'orifice du manchon *e* par un couvercle à poignée.

Les principaux avantages de ce système sont les suivants :

1° Il empêche la poussière, la fumée, le sable et toutes autres matières emportées par l'air, de pénétrer dans les compartiments ;

2° Il renouvelle et refroidit l'air à la volonté des voyageurs pendant toute la durée du parcours sans interruption ;

3° Il évite les courants d'air en permettant de tenir fermés les châssis des por-

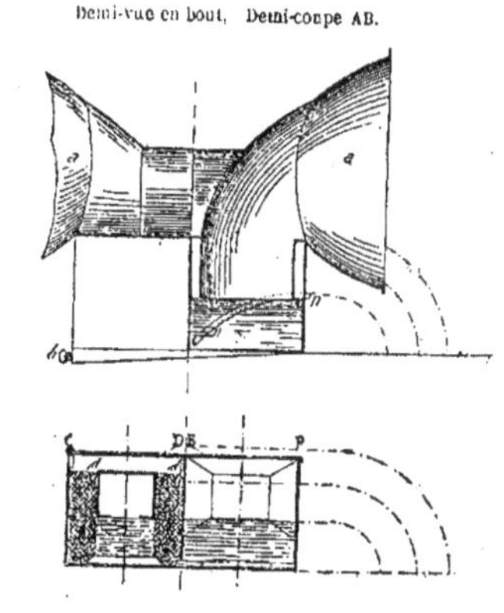

Fig. 1355 et 1356. — Ventilation des voitures. — Système Pignatelli perfectionné.

tières et réduit les frais d'entretien des étoffes qui garnissent l'intérieur des voitures.

Cet appareil a été mis à l'essai et partiellement adopté sur les Compagnies françaises du Nord de l'Est, de Lyon et d'Orléans.

718. *Ventilateur Pignatelli perfectionné de la Compagnie d'Orléans.* — Le ventilateur Pignatelli, précédemment décrit, a reçu de nombreuses améliorations de détail, à la suite desquelles il a été adopté par la Compagnie d'Orléans pour les grandes voitures de première classe, faisant le service de ses trains rapides.

L'appareil est toujours monté sur la toiture du véhicule. Deux manches à vent symétriques l'une de l'autre, *a*, sont montées dans l'axe du véhicule et permettent la prise d'air, quelle que soit le sens de la marche du train sans qu'on soit obligé de retourner les appareils. Une soupape *f*, manœuvrée automatiquement par l'action même du courant d'air, vient fermer celui des deux entonnoirs qui ne doit pas fonctionner (*fig.* 1355 à 1358).

Comme précédemment, l'air puisé au dehors est projeté dans une caisse à eau à deux compartiments séparés par une

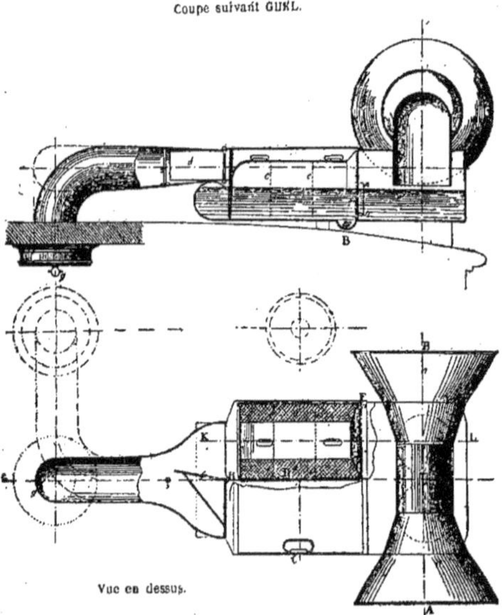

Fig. 1357 et 1358. — Ventilation des voitures. — Système Pignatelli perfectionné.

cloison *cc*, correspondant aux deux manches à vent, et où il se débarrasse des impuretés qu'il contient et des poussières. Il traverse ensuite des filtres *dd* formés de toiles métalliques renfermant des matières filtrantes et imputrescibles, sans cesse imbibées d'eau par suite du mouvement du train. Puis, au moyen d'un conduit spécial, il débouche dans le plafond de la voiture, par couches horizontales, c'est-à-dire dans les meilleures conditions pour n'incommoder personne. Les voyageurs

ont d'ailleurs à portée de la main un registre spécial leur permettant de régler à volonté l'entrée de l'air à l'intérieur du véhicule.

La quantité d'eau suffisante pour un parcours de 800 à 1 000 kilomètres est,

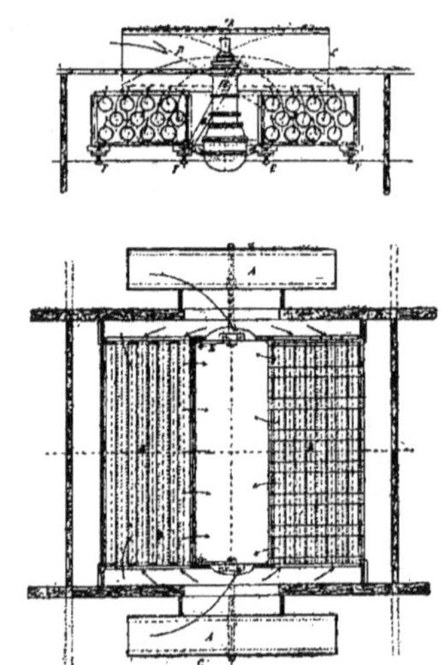

Fig. 1359 et 1360. — Ventilation des voitures. — Chemin de fer du Hanovre-Cologne. — Coupe longitudinale et plan.

d'après l'inventeur, de 25 litres. Il est d'ailleurs facile de la renouveler, si cela devient nécessaire. Avec cet appareil, on peut, l'été, maintenir fermées les glaces des compartiments pour avoir moins chaud.

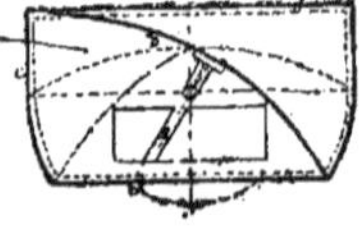

Fig. 1361. — Ventilation des voitures. — Chemin de fer du Hanovre-Cologne. — Prise.

L'air qu'on envoie par l'appareil est à une pression un peu plus élevée que celui du dehors, et qui suffit pour empêcher l'entrée des poussières par les interstices des châssis, ce qui est très avantageux pour l'agrément des voyageurs aussi bien que pour la conservation du matériel.

719. *Ventilateur du chemin de fer Hanovre-Cologne.* — L'appareil mis à l'essai récemment sur les lignes du Hanovre à Cologne utilise, comme le ventilateur Pignatelli, la marche et la vitesse du train pour faire pénétrer dans les compartiments l'air pur du dehors, convenablement tamisé, et renouveler l'atmosphère intérieure. La pression de quelques millimètres d'eau qui en résulte, empêche, également, comme dans l'appareil cité plus haut, l'entrée des poussières et de la fumée extérieure, en même temps qu'elle provoque la sortie de l'air vicié par les interstices des portières.

L'appareil se compose de deux prises d'air A (*fig.* 1359 à 1362) disposées sur la toiture ou sur les côtés des véhicules, et munies de papillons D, pouvant être orientées à volonté dans le sens de la marche du train. L'air puisé au dehors est amené dans un filtre B placé au plafond et consistant en une caisse en bois à couvercle perforé, traversé dans toute sa longeur par une douzaine de tubes d'une étoffe spéciale qui sont traversés par l'air et le débarrassent de toutes ses poussières. Ensuite, ce dernier sort par les trous du couvercle et se répand dans le compartiment sans produire aucun courant trop frais ou désagréable.

Ces tubes doivent être brossés tous les mois et lavés tous les deux mois, sans quoi le renouvellement de l'air serait insuffisant.

Les essais ont démontré que, pour une vitesse de train de 16 mètres par seconde, c'est-à-dire 55 à 60 kilomètres à l'heure, un filtre neuf laisse passer par heure environ 280 mètres cubes d'air pur, c'est-à-dire plus de trente fois le volume du compartiment. Cette quantité est d'ailleurs réglée par les papillons des prises.

Expériences de Magdebourg.

720. Nous devons signaler un système sur lequel nous manquons de détails et qui a été expérimenté à Magdebourg dans ces dernières années. Il a principalement pour but de rafraîchir l'air des compartiments pendant les grandes chaleurs de l'été.

Ce système consiste, en principe, à

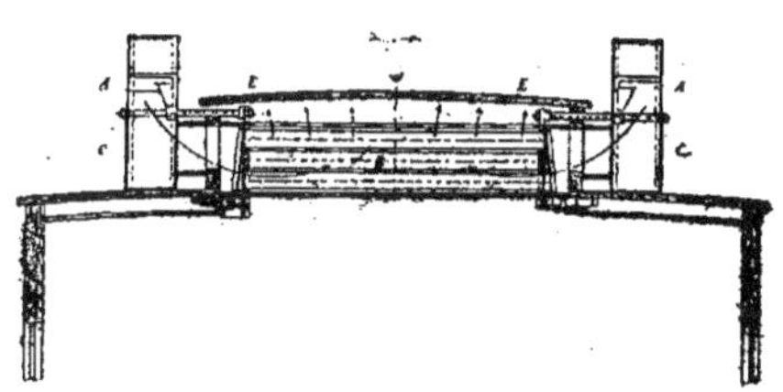

Fig. 1362. — Ventilation des voitures. — Chemin de fer du Hanovre-Cologne. — Coupe transversale.

mettre sur le toit du wagon un récipient plein de glace traversé par l'air destiné à la ventilation.

Le principal inconvénient que présente au premier abord cet appareil est la fusion de la glace et la pénétration de l'eau de fusion dans l'intérieur des voitures. Il est probable que l'on a pris où que l'on prendra les précautions voulues pour remédier à ce défaut. Quant au résultat, il serait assez pratique, puisqu'il permet d'obtenir aisément une température intérieure plus basse d'environ 10 degrés que celle du dehors.

FIN

TABLE DES MATIÈRES

TOME IV

TRACTION (*fin*). — LOCOMOTIVES COMPOUND LOCOMOTIVES ÉTRANGÈRES. — FREINS. — CHAUFFAGE, ÉCLAIRAGE ET VENTILATION DES VOITURES A VOYAGEURS

Sciences générales.

Tours. — Imprimerie DESLIS Frères, rue Gambetta, 6.